Neue Verfahren in der Technik
der chemischen Veredlung der Textilfasern

DR. LOUIS DISERENS

Ing.-Chem. ETH, Generaldirektor der Manufacture d'impression
Scheurer, Lauth & Co., Thann im Elsass

Neueste Fortschritte und Verfahren in der chemischen Technologie der Textilfasern

In zwei Teilen

Erster Teil:

Die neuesten Fortschritte in der Anwendung der Farbstoffe
in drei Bänden

Zweiter Teil:

Neue Verfahren in der Technik der chemischen Veredlung
der Textilfasern
in drei Bänden

Springer Basel AG

Neueste Fortschritte und Verfahren
in der chemischen Technologie der Textilfasern

ZWEITER TEIL:

Neue Verfahren in der Technik der chemischen Veredlung der Textilfasern

Hilfsmittel in der Textilindustrie

Zweiter Band

Von

DR. LOUIS DISERENS

Ing.-Chem. ETH, Generaldirektor der Manufacture d'impression
Scheurer, Lauth & Co., Thann im Elsass

Springer Basel AG

1953

ISBN 978-3-0348-4062-0   ISBN 978-3-0348-4136-8 (eBook)
DOI 10.1007/978-3-0348-4136-8

Inhaltsverzeichnis.   IX

Einleitung.

Zur Veredlung der Textilien werden diese einer ganzen Reihe von Behandlungen unterworfen. So werden sie gebleicht, gefärbt, bedruckt und appretiert, um möglichst den Bedürfnissen und Wünschen des Verbrauchers entgegenzukommen. Sowohl loses Fasermaterial als auch Garne oder Gewebe werden in dieser Weise veredelt.

Die Gesamtheit dieser Veredlungsverfahren wird in diesem Werke behandelt, welches in zwei grosse Abschnitte unterteilt wurde.

Der erste Teil[1]) enthält die Anwendung der Farbstoffe, d. h. die Technik des Färbens und Druckens. Im zweiten Teil[2]) werden die Veredlungsverfahren behandelt. Dieser Teil zerfällt in die folgenden beiden Abschnitte:

1. Die vorgängig dem Färben ausgeführten Behandlungen, umfassend das Schlichten, Entschlichten, Waschen, Bleichen, Mercerisieren, Herstellung von Transparent (Pergamentieren); bei der Wolle das Schmälzen, Waschen, die Entfernung des Wollschweisses (Entfetten) und Karbonisieren oder bei der Naturseide das Abkochen und Beschweren[3]).

2. Die nach dem Färben vorgenommenen Behandlungen, d. h. das Appretieren, wobei man unterscheiden kann zwischen

a) üblichen Appreturen,

b) Spezialappreturen.

a) Die üblichen Appreturen bezwecken vor allem eine Verbesserung des Griffs und des Aussehens, die Erzielung einer ansprechenden äusseren Form, um auf diese Weise das Textilmaterial möglichst vorteilhaft der Kundschaft anbieten zu können. Diese Verfahren arbeiten in wässeriger Phase oder auf mechanischem Wege.

Das Appretieren in wässeriger Phase besteht darin, dass in wässeriger Lösung Substanzen auf das Gewebe gebracht werden, die zu einer Verbesserung der physikalischen Eigenschaften des Gewebes führen. Diese Operation wird meistens durch eine mechanische Behandlung ergänzt, was auf verschiedene Arten geschehen kann, wie z. B. durch Kalandern, Dekatieren, Schrumpfen, Geradelegen der Fäden, Gauffrieren, Prägen usw.

Die bei der Nassappretur verwendeten Substanzen gehören je nach dem zu erzielenden Effekt folgenden Klassen an:

---

[1]) Die neuesten Fortschritte in der Anwendung der Farbstoffe (3 Bände).

[2]) Neue Verfahren in der Technik der chemischen Veredlung der Textilfasern (3 Bände).

[3]) Band I erschien 1948 im Verlag Birkhäuser.

1. Härtende Substanzen (Verdickungen, Stärke, Gummen usw.).

2. Weichmacher.

3. Beschwerungen und verschiedene andere Produkte, z. B. Produkte zur Verbesserung des Weiss, konservierende (Fungizide) oder schützende (Mottenschutz) Substanzen usw.

Am meisten verwendet werden die Weichmacher, die in den meisten Fällen gemeinsam mit den härtenden Produkten zur Anwendung gelangen, so z. B. mit Stärkeprodukten oder verschiedenen Gummiarten. Als Füllappreturen für die linke Stoffseite oder zur Erzielung sehr schwerer Appreturen kommen im allgemeinen Beschwerungsmittel zusammen mit härtenden Produkten und Weichmachern in Frage.

b) Die Spezialappreturen verfolgen den Zweck, den Textilien völlig neue, spezifische Eigenschaften zu verleihen, wie z. B. Knitterechtheit, Wasserdichtigkeit oder wasserabweisende Eigenschaften, Gasdichtigkeit, Unentflammbarkeit, Schrumpffestigkeit, Matteffekte usw.

Es lässt sich nicht immer gut eine scharfe Klassierung der verschiedenen Behandlungen durchführen. Die Herstellung von Krepp z. B. gehört eher zur ersten Kategorie der Behandlungsarten, d. h. zu den vorgängig dem Färben ausgeführten Operationen. Mattiert wird sowohl vor als auch nach dem Färben oder Bedrucken des Stoffes. Es kann jedoch gesagt werden, dass die hier getroffene Einteilung weitgehend der heutigen Arbeitsweise entspricht; zudem werden ähnliche Verfahren, die das gleiche Ziel verfolgen, dadurch zusammengefasst. Dies ist auch der Grund, weshalb diese Anordnung getroffen wurde.

Die Veredlungsverfahren lassen sich auf folgende Art einteilen[1]):

a) Mechanische Verfahren.

b) Verfahren, die zu einer chemischen Veränderung der Faser führen.

c) Appreturen, die darin bestehen, dass auf die Faser härtende oder weichmachende (Fette oder hygroskopische Substanzen) Füllmittel oder Beschwerungen, die der Faser mehr Gewicht und ein besseres Aussehen verleihen sollen, gebracht werden. Dabei soll die Fixierung dieser Produkte dauerhaft sein.

Unter den mechanischen Verfahren wären einmal jene zu nennen, die durch Kalandern gewisse Effekte erzielen, wie z. B. Gauffrieren, vorübergehende und dauerhafte Kreppeffekte, Prägungen. Ferner lassen sich Gewebe ebenfalls rein mechanisch schrumpffest ausrüsten (Cluet-Peabody-Verfahren, Sanforisieren oder Rigmel-Verfahren).

---

[1]) Burett, Neue Ausrüstungsmethoden, J. Text. Inst. 1947, *38*, S. 145.

Chemische Verfahren sind z. B. die Herstellung von Transparent (Pergamentierung, Glas-Batist, Opale durch Behandeln von Baumwollgeweben mit Schwefelsäure — Verfahren von Heberlein), das Mercerisieren (Behandeln von Zellulose mit konzentrierter Natronlauge), die wasserabstossende Ausrüstung nach dem Velan-Verfahren der Imp. Chem. Ind. oder durch Behandeln mit Isocyanaten, die Schrumpffestausrüstungen durch Behandeln mit Aldehyden oder Azetylieren bei der Zellulose oder durch Chlorieren bei der Wolle usw.

Zur dritten Klasse von Ausrüstverfahren gehören auch die verschiedenen Methoden der Knitterfrei- und Schrumpffestausrüstung von Reyon durch Auflagerung von Harnstoff-Formaldehyd- oder Melamin-Formaldehyd-Harzen, die Behandlungen mit löslichen Derivaten alkylierter Zellulose oder mit Vinyl- und Akrylharzen (Permanentappreturen), die flammsicheren Ausrüstungen, die permanenten Chintze (Everglaze, Patent von Bancroft) usw.

Auch über den Begriff Ausrüstung oder Nachbehandlung lassen sich einige Bemerkungen machen. Dieser entspricht dem französischen Finissage und dem englischen Finishing, wobei die englischen Techniker diesen Begriff auf alle jene Operationen ausdehnen, denen man die Textilien unterwirft, nachdem sie die Weberei in Form von Geweben oder die Spinnerei in Form des Garns (Spulen, Strangen, Vorgarn, Kardenband) verlassen haben. Dazu kommen noch die Behandlungen in der Flocke. In diesem Falle bezieht sich der Begriff der Ausrüstung (Finishing) auf alle Operationen, das Schlichten und Entschlichten, das Bleichen, Mercerisieren und Transparentieren bei der Baumwolle, das Entfetten, Waschen, Karbonisieren und Walken bei der Wolle, das Schmälzen, das Entfernen der Schmälze und das Abkochen bei der Seide. Darauf folgt dann das Färben oder Drucken sowie das Appretieren und verschiedene Spezialbehandlungen, die die Ware veredeln sollen, um sie in gefälliger Form der Kundschaft anbieten zu können und ihr neue und bessere Eigenschaften verleihen zu können (Knitterfreiheit, Unverbrennbarkeit, Undurchlässigkeit, Schrumpfechtheit usw.) Es gilt dabei also den Griff und das Aussehen der Ware zu verbessern und die vom Verbraucher verlangten Eigenschaften der Faser zu verleihen.

Im Rahmen dieses Werkes möchte ich jedoch den Begriff Nachbehandlung enger fassen — was auch dem Grundgedanken des ganzen Werkes besser entspricht — und darunter nur jene Behandlungen verstehen, denen die Textilien nach dem Bleichen, Färben und Drucken unterworfen werden. Diese Definition soll mit einigen Ausnahmen gelten, nämlich bei jenen Geweben, die, ohne gebleicht, gefärbt oder bedruckt zu werden, appretiert werden.

So fallen unter den Begriff der Ausrüstung eine Anzahl von Behandlungen, denen die Ware nach dem Bleichen, Sengen und Mercerisieren bei der Baumwolle, dem Waschen, Entschweissen, Karbonisieren und Walken bei der Wolle unterworfen wird. Das Ziel dieser Veredlung ist die Erreichung eines möglichst anziehenden Aussehens, eines angenehmen Griffs, ein Verdecken der dürftigen Ausführung bei minderwertigen Geweben oder die Verleihung der oben genannten speziellen Eigenschaften je nach den Bedürfnissen der Kunden.

Die Ausrüsttechnik ist sehr mannigfaltig. Sie wird bestimmt durch die Faserart, die Verarbeitungsstufe (Garn oder Gewebe), die physikalischen Eigenschaften und die Reaktionsmöglichkeiten der Faser mit verschiedenen chemischen Verbindungen.

Wie man also sieht, stellt sich hier eine grosse Zahl von Problemen ein; und zwar nicht nur auf dem Gebiete der üblichen Appreturen, wie z. B. bei der Verwendung von Stärke, Gummi, Leim, Weichmachern (Öle, Fette, Seifen) und Beschwerungsmitteln, sondern auch ganz speziell auf dem Gebiete der Spezialappreturen ergeben sich immer wieder neue Probleme, deren Lösung ein Studium der Materie und praktische Erfahrungen sowie eine ausgesprochene Spezialisierung erfordert.

Die eigentlichen Appreturen fallen fast vollständig in das Gebiet des Praktikers und erfordern keine besonders grossen Kenntnisse der Chemie. Ihre Ausführung ist eher eine Sache der Übung, die sich ein Appreturmeister im Verlaufe einer längeren Praxis angeeignet hat, besonders was den Griff, die Aufmachung und das Aussehen der Ware sowie die Ausbeute und die rein mechanisch erzielbaren Effekte anbetrifft. Ganz anders verhält es sich mit den Spezialbehandlungen, deren Ziel es ist, der Ware Eigenschaften zu verleihen, wie Knitterfreiheit, Dauerhaftigkeit der Appretur oder Schrumpffestigkeit. Hiezu gehören auch die Kalandriereffekte (Everglaze). Diese Verfahren erfordern gute Kenntnisse, eine sorgfältige Ausarbeitung der Methode sowie eine genaue Kontrolle seitens des Chemikers. Ihre Ausführung beruht nicht nur auf empirisch gefundenen Arbeitsbedingungen, die von gewissen Appreturfachmännern ängstlich geheimgehalten und oft lange Zeit als rein persönliches Wissen betrachtet werden.

Die Ausrüstung wurde im Laufe der letzten zwanzig Jahre zu einer eigentlichen Wissenschaft. Sie ist zum Gegenstand ausgedehnter Untersuchungen geworden, und an der umfangreichen Literatur über dieses Gebiet haben sich Chemiker aller Länder beteiligt. Der zweite Teil dieses Werkes befasst sich ebenfalls mit diesem sehr interessanten, jedoch oft komplizierten und an Hindernissen reichen Gebiet.

Wie bereits weiter oben ausgeführt wurde, umfasst die Ausrüstung einerseits physikalische oder mechanische Verfahren und andererseits chemische Operationen.

Die rein mechanischen Verfahren, wie das Trocknen, das auf die richtige Breite bringen des Stoffes, das Kalandern, das Mangeln, das Beetlen, das Pressen, das Dämpfen, das Sengen, das Rauhen, das Scheren, das Ratinieren usw., fallen nicht in den Rahmen dieses Werkes, dessen Hauptaufgabe es sein soll, die verschiedenen Verfahren vom chemischen Standpunkt aus zu studieren.

Die chemischen Ausrüstverfahren haben, sowohl was die Verwendung neuer Produkte als Auflagerungen als auch was die chemimischen Reaktionen mit der Faser selbst anbetrifft, in den letzten Jahren eine äusserst grosse Ausweitung erfahren. Ausschlaggebend war dabei zum Teil die Notwendigkeit, gewisse Auflagerungen auf die Faser zu ersetzen, wie z. B. Stärke, Glyzerin oder Seife, deren Hauptfehler war, dass sich mit ihnen nur vorübergehende Effekte erzielen liessen. Sie wurden durch dauerhafte Appreturen ersetzt, die der Wäsche widerstehen, so dass die Ware jenen Zustand beibehält, in dem sie verkauft wurde.

Zur Herstellung von Appreturen werden die verschiedenartigsten Produkte verwendet, die den Fasern Gewicht, einen weichen Griff, Geschmeidigkeit oder auch die verschiedensten anderen Eigenschaften verleihen sollen[1]).

Der zweite Teil dieses Werkes umfasst daher zwei Hauptabschnitte:

1. Die in der Appretur verwendeten Produkte.

2. Verfahren und Spezialappreturen.

Diese zwei Abschnitte sind in folgende Kapitel unterteilt:

Kapitel VII. Härtende Substanzen, Verdickungen, Kunstharze, Zellulosederivate.

1. Stärkeprodukte und ihre Abbauprodukte.

2. Eiweißstoffe (Gelatine, Eiweisse, Leime usw.).

3. Gummiarten und Schleimprodukte.

4. Kunstharze (Phenoplaste, Aminoplaste, Vinyl- und Akrylharze, synthetischer Kautschuk, Silikone).

---

[1]) J. Depierre, Traités des Apprêts, Paris 1904; P. Montavon, L'apprêt des tissus, Paris 1924; E. Hertzinger, Appreturmittelkunde, 3. Aufl., Verlag Ziemsen, Wittenberg; E. Ruf, Die Praxis der Baumwollappretur, Verlag J. Springer, 1930; J. Bergmann und Marschik, Handbuch der Appretur, Verlag J. Springer, 1928; Chwala, Textilhilfsmittel, Verlag J. Springer, 1939, Wien; Stallings, Übersicht über verschiedene Stärken und Stärkeprodukte, Amer. Dyest. Rep. 1925, *24*, S. 251, 399; J. P. Sisley, Sulfurierte Öle und moderne Reinigungsmittel, Teintex 1944, Heft 6 und 1945, Hefte 6, 7, 8; J. P. Sisley, Index des huiles sulfonées et détergents modernes, Editions Teintex, Paris 1949; Young und Coons, Surface-Active Agents, Chem. Publishing Co., Brooklyn, 1945; Schwartz und Perry, Surface-Active Agents, Interscience Publishers, New York, 1946; J. T. Marsh, An Indroduction to Textile Finishing, Chapman and Hall Ltd., London, 1947.

5. Zellulosederivate.

Kapitel VIII. Weichmacher, Netz- und Emulgiermittel.

1. Fettkörper: Öle, Fette, Wachse.

2. Ionogene oberflächenaktive Produkte.

a) Anionaktive Substanzen: Seifen, sulfurierte Öle, Fettsäure-amide, Kondensationsprodukte der Fettsäuren (Igepon A und T, Medialan A, Humectol CA und CX), Fettalkoholsulfate, Derivate des Benzimidazols (Ultravone), sekundäre Alkylsulfate (Teepol) usw.

b) Kationaktive Substanzen: Sapamine, quaternäre Ammoniumbasen, Pyridinabkömmlinge, Fettsäureoxyäthylamide (Soromin A) usw.

3. Nicht ionogene oberflächenaktive Produkte.

a) Kondensationsprodukte von Fettsäuren, Fettalkoholen oder aliphatischen Aminen mit Äthylenoxyd (Emulphor A, AG, SL, O, FL, FM, Leonil, Cemulsol A u. L).

b) Kondensationsprodukte aromatischer Verbindungen mit Äthylenoxyd (Igepale), Oxyalkylarylderivate des Äthylenoxyds (Emulphor).

4. Natürliche Harze und ihre Derivate.

5. Emulsionen von Wachsen oder Paraffinen (Weichmacher, Softening).

Kapitel IX. Beschwerungsappreturen. Chemische Produkte (Formaldehyd, Metallsalze, Eiweisse, Lezithine, hygroskopische Substanzen, wie Alkohole, Glyzerin, Kohlenhydrate, Sorbit, Glukose). Optische Weisstönungsmittel. Mittel zur Verhinderung elektrostatischer Aufladungen.

Kapitel X. Die Behandlung gegen Fäulnis und Bakterienangriff. Konservierungs- und Schutzmittel gegen Mikroorganismen. (Fungizide).

Kapitel XI. Das Mottenechtmachen der Textilien. Schutzmittel gegen Motten- und Käferfrass.

Bei den Konservierungs- und Schutzmitteln sind zwei Kategorien von Produkten und Verfahren zu unterscheiden, je nachdem ob es sich um den Schutz der Fasern gegen Mikroorganismen oder gegen Insekten handelt. Da der Abbau der Textilfaser nicht bei beiden Angriffen gleich ist, werden auch zur Bekämpfung ganz verschiedene Methoden angewendet. Hingegen können gewisse Fälle der Anwendung antiseptischer Mittel, die zum Teil sowohl für Mikroorganismen als auch für Insekten giftig sind, verallgemeinert werden.

Der Schutz der Fasern vor Insektenangriff ist besonders aktuell bei der Wolle. In diesem Falle handelt es sich um den Schutz der Wolle gegen den Angriff durch Motten und Käfer.

Aus obigen Gründen wurden die Konservierungs- und Insektenschutzmittel in zwei scharf voneinander getrennten Kapiteln behandelt.

Kapitel XII. Die Verbesserung der Widerstandsfähigkeit der Textilfasern.

    a) Verfahren zur Erhöhung der Quellfestigkeit der Zellwolle und Viskosekunstseide.

    b) Verbesserung der Reissfestigkeit.

    c) Verbesserung der Bügelbeständigkeit.

    d) Verbesserung der Hitzebeständigkeit.

Kapitel XIII. Die Permanentappreturen.

Kapitel XIV. Die Knitterechtausrüstung.

Kapitel XV. Die Herstellung undurchlässiger Gewebe, Wasserabstossendmachen, Wasserdichtmachen, Gasdichtmachen von Geweben.

Kapitel XVI. Das Flammsichermachen von Textilien.

Kapitel XVII. Die Schrumpffestausrüstung von Textilien (Sanforizing).

Kapitel XVIII. Das Kreppen von Reyongeweben.

Kapitel XIX. Das Mattieren von Reyon und synthetischen Fasern.

Kapitel XX. Verschiedene spezielle Appreturverfahren. Das Schiebefestmachen von Geweben. Die Erzeugung eines Krachgriffes. Die Erzielung von Permanenteffekten durch Kalandern, permanente Gauffriereffekte, Prägeeffekte, Chintzeffekte (Everglaze).

Kapitel XXI. Die Herstellung von Mehrlagengeweben (Trubenisieren).

Kapitel XXII. Das Beschichten von Geweben. Gewebeaufstriche.

VII. KAPITEL

Produkte zum Appretieren von Textilfasern.

A. Verdickungen und härtende Mittel[1]).

Unter Verdickungen oder härtenden Substanzen versteht man Produkte, die durch verschiedene Behandlungen, wie Gummieren, Stärken, Beschichten usw., den Textilien Fülle, Halt, Steifheit u. dgl. verleihen.

Diese Produkte lassen sich in die folgenden Klassen einteilen:

1. Stärke und ihre verschiedenen Abbauprodukte.

2. Eiweißstoffe (Gelatine, Leim, Eiweiss).

3. Gummiarten.

4. Schleimliefernde Gummisorten, Tragant, Johannisbrotkernmehl.

5. Schleimbildende Algen- und Flechtenextrakte.

1. Stärke und ihre verschiedenen Abbauprodukte.

Von all den Substanzen, die in einer Appreturmasse enthalten sein können, spielen unumstritten die Stärkeprodukte die weitaus wichtigste Rolle, sei es, dass man sie in Form der Stärkemehle (Strahlenstärke oder Kartoffelstärke) oder in Form von Umwandlungsprodukten der Stärke (Dextrin, lösliche Stärke, kaltquellende Stärke usw.) verwendet.

Obschon sich die Stärke aus den Fruchtkörnern von jener aus den Wurzelknollen chemisch nicht unterscheidet, so empfiehlt es sich doch, in der Technik diese Unterscheidung zu treffen. Wenn sich hier auch oft keine scharfe Trennungslinie zwischen beiden Stärkearten ziehen lässt, so versteht man doch unter Körner- oder Strahlenstärke Produkte, die aus den Körnern der Getreidearten und der Gräser gewonnen werden, und unter Kartoffelstärke im weiteren Sinne Stärkesorten, die aus Knollen, Wurzeln oder dem Mark bestimmter Palmen erhalten werden.

Für Appreturen kommt Körnerstärke aus Weizen, Gerste, Buchweizen, Reis, Mais, Kastanien, Sorgho (Zuckerhirse) usw. und Stärke aus Kartoffeln, Bataten, Arrowroot, Sago, Tapioka, Salep, Tavola

---

[1]) L. Diserens, Die neuesten Fortschritte in der Anwendung der Farbstoffe, 2. Aufl., 1. Teil, Bd. III, Kap. XV, S. 255—331; Möller. Mell. 1950, *31*, S. 419; Lachmann, Mell. 1943, *24*, S. 363; F. I. A. T. Final Rep. 850; siehe auch Plastics *11*, S. 488.

usw. in Frage. Ferner werden auch Roggen-, Mais-, Buchweizen- und Gerstenmehle verwendet.

Die Eignung der Stärke für Appreturmassen beruht auf ihrer Eigenschaft, in warmem Wasser zu quellen. Dabei vergrössert sich das Volumen der Stärkekörner so lange, bis die äussersten Schichten platzen und sich ein Kleister bildet (Amylopektin).

Je nach der Herkunft der Stärke beginnt die Quellung schon bei 45° C. Im allgemeinen platzen jedoch die Stärkekörner gegen 58° C, und es tritt dann eine Verkleisterung auf.

Die für Appreturen am geeignetsten befundene Stärke stellt ein weisses Pulver von einer Dichte von 1,505 dar. Sie vermag bis zu 36% Wasser zu absorbieren. Der übliche Feuchtigkeitsgehalt beträgt aber meistens nur zwischen 12 und 18%. Jede Stärkesorte besitzt ihre charakteristischen Eigenschaften, die zur Erzielung verschiedener Appretureffekte ausgenützt werden können.

Die Weizenstärke ist von allen Sorten die kostbarste, besonders wegen ihrer weissen Farbe und der Eigenschaft, dem Gewebe Fülle und Halt zu verleihen.

Die sich im Handel befindliche Maisstärke ist von hervorragender Reinheit. Als Verdickungsmittel zeigt sie eine um 10—15% höhere Ausgiebigkeit als Weizenstärke.

Ebenfalls ist die Reisstärke von ausgezeichneter Qualität bezüglich Verdickungsvermögen und Reinheit. Reisstärke wird für Appreturen verwendet, wenn man beabsichtigt, Kaolin der Appreturmasse als Erschwerungsmittel zuzugeben.

Sorghostärke wird aus Asien, Afrika oder den USA bezogen.

Die Stärken aus den Kastaniensorten wurden ohne grossen Erfolg in der Appretur angewendet, da sie einen zu hohen Gerbstoffgehalt aufweisen und eine adstringierende Wirkung haben.

Kastanienmehl dient als Futter für die Schweine, nachdem die Bitterstoffe daraus entfernt worden sind, was nach *D.R.P. 114.845* und *157.559* durch eine Sodabehandlung geschieht. Die Kastanien enthalten neben Stärke noch Öle und Saponin. Letzteres wird nach *D.R.P. 144.760* dadurch gewonnen, dass man zuerst durch eine Extraktion mit Benzol die Fettbestandteile entfernt und darauf das Saponin mit Alkohol extrahiert. Der grösste Teil des Saponins löst sich darin und kann dann durch Abdampfen des Lösungsmittels gewonnen werden.

Kartoffelstärke ist die am meisten verwendete Stärkesorte. Sie stellt ein glänzendes Pulver dar und ergibt einen sehr festen Kleister, mit dem sich schöne Effekte erzielen lassen. Kartoffelstärke besitzt ein gutes Bindevermögen und erweist sich Beschwerungen gegenüber als sehr verträglich. Sie weist zudem den Vorteil auf, keine stickstoffhaltigen Bestandteile zu enthalten und die Bildung von Schimmel auf den Geweben beim Lagern in appretiertem Zustande zu verhindern. Nach *D.R.P. 666.252* der Norddeutschen Kartoffelmehlfabrik erhält man eine Stärke, die weisse Appreturen ergibt, stabil ist und nicht gärt, wenn man zur Stärkemilch von Kartoffelstärke kleine Mengen sulfurierter Öle zugibt, die in Wasser löslich sind, wie z. B. Türkischrotöl. Sulfonate der Mineralöle eignen sich weniger hiezu, indem sie mit Stärke zusammen eine viel zu dickflüssige Masse ergeben. Auch die Schwefelsäureester der Fettalkohole sind hiefür nicht zu empfehlen. Die Zugabe von 0,5—1% Ammoniumsulforizinat erfolgt bei einer Temperatur von 55° C, d. h. bei einer Temperatur unter dem Verkleisterungspunkt. Man hält die Mischung während einer Stunde bei dieser Temperatur, zentrifugiert und trocknet. Beim Verkochen einer so behandelten Stärke mit Wasser erhält man eine flüssige Appreturmasse von einem ziemlich hohen Gehalt an Trockensubstanz.

Die Stärke der Batate, Batavia edulis, ist indischer Herkunft und wird aus den zuckerhaltigen Knollen dieser Pflanze gewonnen. Heute wird sie vor allem in Japan, Cochinchina und auf der iberischen Halbinsel angebaut. Diese Stärkesorte enthält 16% Stärke und 10% Zucker. Der daraus hergestellte Kleister ist durchscheinend, leider aber von ziemlich hohen Gestehungskosten.

Arrowroot-Stärke wird aus der Wurzel der Maranta arundinacea und der Curcuma angutifolia gewonnen. Arrowroot kommt in Hindostan, auf den Bermudas-Inseln, auf Ceylon und in Natal vor.

Aus den Wurzeln des Maniok wird Tapioka, eine vor allem zu Speisezwecken verwendete Stärkesorte, hergestellt. Maniok wird auf Java, Madagaskar, in Brasilien und auf der Insel Réunion angebaut. Um einen homogenen Kleister daraus zu erhalten, muss die Stärke während längerer Zeit gekocht werden. Es lassen sich daraus sehr weiche und leichte Appreturen herstellen, doch wird Tapioka nur selten allein verwendet.

Sago, ebenfalls eine Stärke zu Speisezwecken, wird aus dem Mark gewisser Palmen (Sagus Lewis Rumphii) gewonnen. Die Sagopalme gedeiht in tropischem Klima auf den Inseln Sumatra und Borneo. Auch hier ist zur Erzielung eines homogenen Kleisters eine längere Kochung nötig. Unter dem Namen Sago wird oft eine spezielle Art von Kartoffelstärke verkauft.

Tavolo- oder Taccastärke wird aus der auf Madagaskar heimischen Tacca pinnatifida gewonnen. Als Stärkelieferant dienen die Knollen dieser Pflanze.

Salep wird aus den Knollen verschiedener Orchideenarten gewonnen und kommt aus Kleinasien, Persien und Indien.

Es sei noch bemerkt, dass die Stärken aus Arrowroot, Tapioka und Bataten nicht für die Appretur in Frage kommen, da sie für diesen Zweck ungeeignete Eigenschaften besitzen.

Die Getreidemehle enthalten Stärke, Kleber, Eiweißstoffe, Zellulose, Fette und anorganische Salze. Nur Weizenmehl ist für die Verwendung als Appreturmittel und speziell als Schlichte interessant.

Ein weiteres Appreturmittel wird im *franz. P. 816.471* von Vulliet-Durand beschrieben. Es wird als ein Mannan betrachtet und wird aus den Knollen gewisser tropischer Pflanzen (Amorphophallus) gewonnen. Durch Oxydation dieser Mannane erhält man ein pulverförmiges Produkt, welches beim Auflösen eine viskose Flüssigkeit ergibt.

Pfeifer und Langen beschreiben im *franz. P. 811.874* ein Verfahren zur Herstellung von Produkten, die sich für Appreturen sowie für verschiedene Vorbehandlungen der Fasern eignen. Die Pektinsubstanzen, die sich in den Rückständen der Zuckerrüben und der gewöhnlichen Runkelrüben finden und meistens dem Vieh verfüttert werden, können zur Herstellung dieser Appreturmittel herangezogen werden.

Man geht dabei wie folgt vor. Man wäscht die Rüben mit warmem Wasser und behandelt dann die Masse bei 50^0 C unter Druck mit Bisulfit. Dabei gehen die Pektinsubstanzen in Lösung. Durch Vakuumverdampfung erhält man dann ein wasserlösliches und zuckerfreies Produkt, das sich zur Schlichteherstellung gut eignet.

Die Stärke[1]).

Konstitution. Reine Stärke stellt ein weisses Pulver dar. Unter dem Mikroskop lassen sich eng geschichtete Körner feststellen.

Die Stärkekörner zeigen unter dem Polarisationsmikroskop ein schwarzes Interferenzkreuz. Man nimmt an, dass die Körner Sphärokristalle sind, die sich aus mikroskopisch kleinen, radial gestellten Nadeln zusammensetzen.

Die Bruttoformel entspricht der der Zellulose, doch sind in der Stärke noch kleine Mengen Phosphorsäure und Kieselsäure enthalten, die mit den Hydroxylgruppen der Stärke Ester bilden. Die Bruttoformel lautet

$$(C_6H_{10}O_5)_n$$

Der Stärke begegnet man in allen autotrophen Pflanzen. Sie bildet die Reserve, die in den Knollen in Form kleiner Körner abgelagert wird.

---

[1]) Radley, Starch and its Derivatives, Chapman and Hall, London 1940; K. Heyns, Die neueren Ergebnisse der Stärkeforschung, Vieweg, Braunschweig, 1949; Tollens-Elsner, Kurzes Handbuch der Kohlenhydrate, 4. Aufl., J. Ambrosius-Barth, Leipzig, 1935.

Die technische Darstellung von Stärke erfolgt in Europa zur Hauptsache aus Kartoffeln, in Amerika aus Mais, Weizen oder Reis und in den Tropen auch aus der Maniokwurzel und dem Mark der Sagopalme.

Die Kartoffeln werden gewaschen und zerkleinert; dann wird die Stärke mit möglichst wenig Wasser als Stärkemilch ausgewaschen. Hieraus erhält man durch Absetzen eine Rohstärke, die weiter gereinigt und getrocknet wird. Die anfallende Kartoffelpülpe wird verfüttert.

Zur Gewinnung von Weizenstärke werden die Getreidekörner auf Walzen zerquetscht und im Körnerextraktor mit Wasser ausgeknetet.

Schema der Stärkefabrikation.

Körner ⟶ Mahlen ⟶ Kneten ⟶ Kleber
                                 ⟶ Stärke ⟶ Trocknen ⟶ Stärke (Endprodukt)

Ausbeuten: 60—62% Weizenstärke (Prima- und Sekundastärke)
                60% Maisstärke (Maizena)
                80% Reisstärke

Umfangreiche Arbeiten von Karrer, Hönig, Haworth und Hirst[1]) haben wesentlich zur Aufklärung der Konstitution der Stärke beigetragen.

Die Stärke stellt eine hochpolymere Verbindung dar, die aus Glukoseeinheiten aufgebaut ist. So lässt sich durch saure Hydrolyse aus Stärke praktisch in 100%iger Ausbeute Glukose erhalten. Da sich durch Behandeln der Stärke mit Diastase in etwa 80%iger Ausbeute Maltose bildet, darf angenommen werden, dass in der Stärke α-Glukoseringe in der 1,4-Stellung miteinander verbunden sind.

Früher wurde angenommen, dass die Stärke wie die Zellulose auch ein lineares Polymer darstelle und sie einfach ein höheres Homologes der Maltose sei.

Eine Fraktionierung der Stärke nach physikalischen Methoden und die Untersuchung der Eigenschaften dieser Fraktionen haben jedoch gezeigt, dass die Stärke eine heterogene Mischung verschiedener Polymere darstellt. Nur ein kleiner Teil der Moleküle sind linear, während der grösste Teil verzweigt ist. Diese verzweigten Moleküle sind gegenüber den linearen bedeutend grösser.

Üblicherweise wird angenommen, dass Stärke sich nur aus zwei Bestandteilen zusammensetze, wobei man zwischen linearen Molekülen oder Amylose und verzweigten Molekülen oder Amylo-

<hr>

[1]) Siehe hiezu Ullmann, Enzyklopädie der technischen Chemie, Bd. IX, S. 575; Haworth, Hirst und Webb, J. Chem. Soc. 1928, S. 2681; Hirst, Plant und Wilkinson, J. Chem. Soc. 1932, S. 2375; Hirst und Young, J. Chem. Soc. 1931, S. 1471; Haworth, Hirst, Oliver, J. Chem. Soc. 1934, S. 1917.

pektin unterscheidet. Die verschiedenen Stärkesorten enthalten unterschiedliche Mengen an diesen beiden Bausteinen der Stärke.

Dies lässt sich durch folgende Formelbilder darstellen:

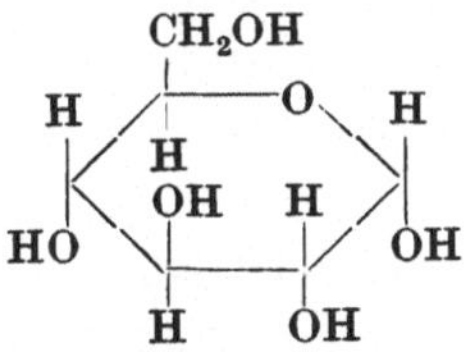

α-Glukose β-Glukose

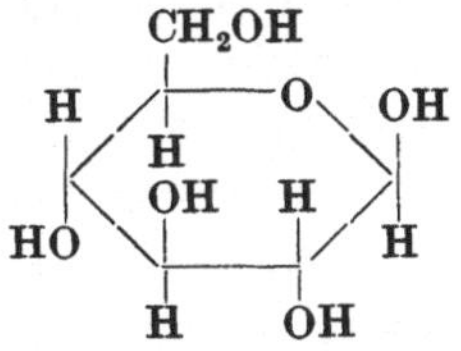

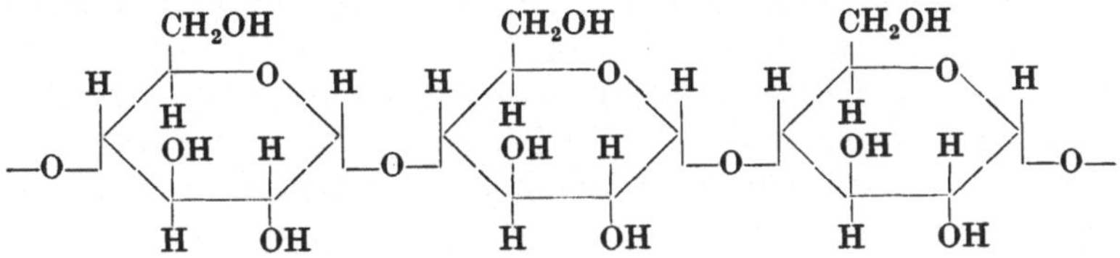

Amylose-Struktur

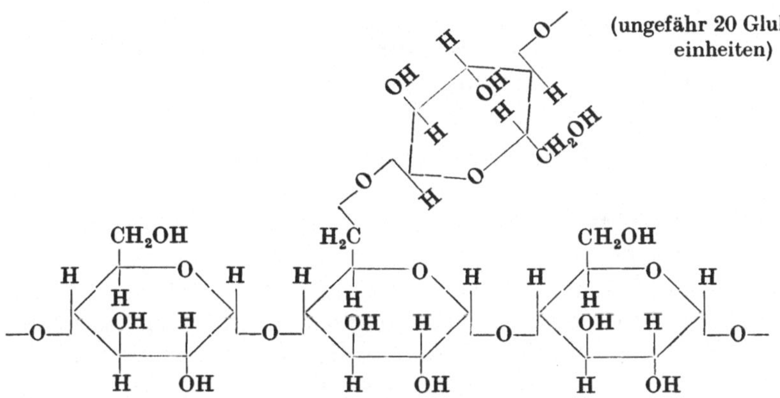

(ungefähr 20 Glukose-einheiten)

Amylopektin-Struktur

Es ist dabei interessant, hier zum Vergleiche auch die für die Zellulose entwickelte Formel anzuführen:

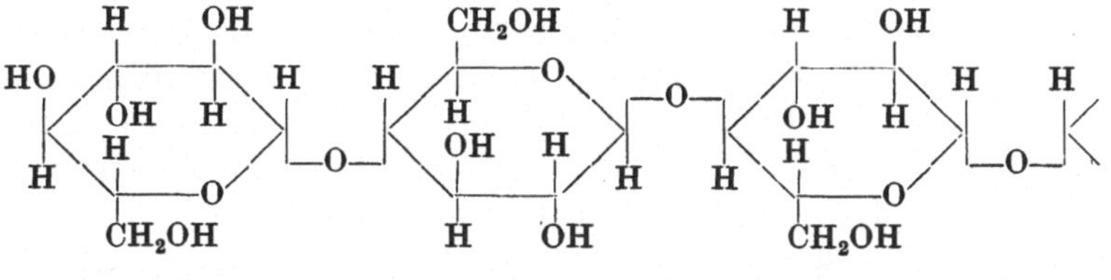

Es geht daraus hervor, dass sowohl die Moleküle der Stärke als auch jene der Zellulose als Bausteine Glukosereste enthalten, wobei der Unterschied einzig darin liegt, dass die Art und Weise, wie diese Glukosereste miteinander verbunden sind, verschieden ist. Die Stärke besitzt eine α-glukosidische und die Zellulose eine β-glukosidische Bindung. Die Stärke ist zur Hauptsache ein Polysaccharid von einem Polymerisationsgrad zwischen 600 und 6000, was einem Molekulargewicht zwischen 100 000 und 1 000 000 entspricht. Anderseits besitzt das Zellulosemolekül der Baumwolle nach Staudinger einen Durchschnittspolymerisationsgrad von etwa 2000 und dasjenige der Kunstseide einen solchen von etwa 400.

Die Unterschiede zwischen den Eigenschaften der Stärke und jenen der Zellulose sind sehr ausgeprägt. Dies konnte durch die Tatsache erklärt werden, dass im Gegensatz zur Zellulose die Stärke aus zwei verschiedenen Komponenten aufgebaut ist, und zwar aus Amylose, die ein Kettenmolekül von linearer Ausbildung mit einem Durchschnittspolymerisationsgrad von 200 bis 400 darstellt, und aus Amylopektin, welches nicht linear, sondern verzweigte Kettenmoleküle von einem Durchschnittspolymerisationsgrad von 600 bis 6000 besitzt, also ein bedeutend grösseres Molekulargewicht hat (vgl. die obigen Formeln).

Es gelang, die Amylose und das Amylopektin voneinander zu trennen. Dabei konnte festgestellt werden, dass bei Getreide- und Kartoffelstärken der Amylosegehalt zwischen 20 und 30 % liegt, während der Rest aus Amylopektin besteht.

Die verzweigte Molekularstruktur des Amylopektins ist für die Quellungseigenschaften von Bedeutung. Anderseits vermag auch diese Struktur die grossen Unterschiede zwischen der Stärke und der Zellulose zu erklären.

Obschon oft keine scharfe Trennung zwischen diesen beiden Amylose- und Amylopektinstrukturen möglich ist und auch Zwischenstufen angenommen werden müssen, so hat sich diese Unterscheidung doch eingeführt. Es wird dann eben vor allem festgestellt, welche Art Struktur in einem bestimmten Produkt vorherrscht. Die wichtigsten Eigenschaften der linearen Form, also der Amylose, sind: Mit Jod wird eine Blaufärbung erhalten, wobei das Jod absorbiert wird und einen Komplex bildet. (Amylopektin ergibt eine Rot- oder Purpurfärbung); lineare Moleküle werden aus wässeriger Lösung durch höhere Alkohole, wie z. B. Butyl- oder Amylalkohol, kristallin ausgefällt. Zudem lassen sich unverzweigte Moleküle beim Behandeln mit Diastase leicht in Zucker, vor allem Maltose, überführen. Amylose zeigt eine ausgesprochene Neigung zur Bildung nicht beständiger Kolloidlösungen. Es tritt gerne eine Orientierung der einzelnen Moleküle unter Gelbildung ein, und je nach der Konzentration wird eine trübe Dispersion oder eine Ausfällung erhalten. Dieser Effekt ist jedenfalls auf die Bildung von Querverbindungen zwischen den einzelnen linearen Ketten zurückzuführen.

Stärkeprodukte enthalten oft noch Fettsäuren, die eine Herabsetzung der Wasserlöslichkeit zur Folge haben können. Der Fettgehalt kann daher auch mitbestimmend für die kolloidalen Eigenschaften einer Stärkesorte sein. Einige aus den Wurzelknollen gewonnene Stärkesorten weisen keine Fettsäuren auf, während die Getreidestärken kleine Fettsäuremengen in den Körnern enthalten.

Die bei verschiedenen Stärkesorten beobachteten Unterschiede im kolloidalen Verhalten lassen sich jedoch kaum nur durch ihren Amylosegehalt erklären. Es muss sicherlich auch noch die chemische Natur der Amylose, wie z. B. ihr mittleres Molekulargewicht oder vielleicht auch ihre Struktur, mitberücksichtigt werden.

Neben der Amylose und dem Amylopektin sowie den fraglichen Verbindungen Amylozellulose und Amylohemizellulose enthält Stärke 12—20% Wasser, bis 0,08% stickstoffhaltige Substanzen, Kieselsäure in geringer Menge, Fettsäuren (0,04—0,83% Fettgehalt) und Phosphorsäure (0,005—0,3% P_2O_5). Der Aschegehalt schwankt je nach der Stärkesorte zwischen 0,2 und 1%.

Zum Unterschied zur Amylose enthält Amylopektin verhältnismässig viele Nebenbestandteile. Es ist vor allem mit der Phosphorsäure, den phosphor- und stickstoffhaltigen Begleitstoffen, den Fettsäuren und sehr wahrscheinlich auch mit der Kieselsäure gekoppelt. Diese ionogenen Gruppen bedingen dann auch die für das Amylopektin charakteristischen elektrochemischen Eigenschaften, wie elektrische Leitfähigkeit, Wasserstoffionengehalt, Reaktionsvermögen mit Laugen.

Amylozellulose soll die Aussenwand der Stärkekörner aufbauen. Sie soll 1% des Stärkegehaltes ausmachen. Sie ist gegen Säure und Malz recht beständig, soll viel Kieselsäure enthalten und sich mit Jod nicht färben.

Als Amylohemizellulose wird ein Produkt bezeichnet, welches sich der Einwirkung von Diastase gegenüber als beständig erweist. Bei der Hydrolyse entsteht ausschliesslich Maltose, so dass man annehmen kann, dass es sich hier um ein Grenzdextrin handelt. Die Amylohemizellulose enthält angeblich die Hauptmenge der Kieselsäure.

Im Lichte der neueren Erkenntnisse erscheint die Existenz dieser beiden Stärkebestandteile jedoch eher etwas fragwürdig.

Das in der Stärke vorhandene Wasser spielt eine grosse Rolle, und es darf angenommen werden, dass es zum Teil direkt am Aufbau der Stärke beteiligt ist.

Kieselsäure und Phosphorsäure liessen sich in der Kartoffelstärke nicht nachweisen, was diese Stärkeart von jener der Gramineen unterscheidet.

An Fettsäuren wurden aus der Stärke Palmitin-, Öl-, Linol- und Linolensäure isoliert.

Der Stickstoff kommt immer in Gesellschaft des Phosphors vor, so dass angenommen werden darf, dass neben kleinen Mengen an Proteinen vor allem noch Phosphatide vorhanden sind.

Beim trockenen Erhitzen auf 150 bis 160° C färbt sich die Stärke gelb und geht in das wasserlösliche Dextrin über. Unter Dextrinen werden dabei ganz allgemein die hochmolekularen Stärkeabbauprodukte verstanden, die sich bei einer Hydrolyse ausschliesslich in d-Glukose überführen lassen.

Bei der trockenen Destillation der Stärke im Vakuum entstehen Lävoglukosane[1]), die sich auch aus Zellulose erhalten lassen. Erfolgt die trockene Destillation jedoch unter gewöhnlichem Druck, so gelangt man neben andern Abbauprodukten auch zu Maltol oder dem 2-Methyl-3-oxy-γ-pyron[2]).

Stärke kann nach verschiedenen Methoden löslich gemacht werden (siehe Hertzinger, S. 53). Es werden hiezu vor allem Diastasen, Oxydationsmittel (Aktivin, Perborate) oder Säuren verwendet.

Wird Stärke während einer gewissen Zeit mit verdünnter Schwefelsäure erwärmt, so tritt Hydrolyse ein unter Bildung von Monosacchariden, die dann Fehling'sche Lösung im Gegensatz zur Stärke reduzieren.

Der Stärkeabbau erfolgt über die folgenden Stufen:

Stärke ⟶ lösliche Stärke ⟶ Dextrine ⟶ Maltose ⟶ Glukose
Polyamylosen   Amylodextrine

Wird die saure Hydrolyse frühzeitig abgestoppt, so erhält man Amylodextrine, amorphe Substanzen mit typisch kolloidalen Eigenschaften. Diese Amylodextrine reduzieren mehr oder weniger stark Fehling'sche Lösung.

Abbau der Stärke durch Enzyme: Die Stärke wird ebenfalls durch gewisse Enzyme, die sog. Diastasen oder Amylasen, verzuckert. Diese Enzyme werden sehr häufig sowohl im Tierreich als auch im Pflanzenreich angetroffen. So treten diese Enzyme z. B. in den keimenden Körnern auf, vor allem bei der keimenden Gerste (Malz); aber auch im Speichel und der Bauchspeicheldrüse werden sie angetroffen. Die enzymatische Hydrolyse führt nicht zur Glukose, sondern bleibt beim Disaccharid, der Maltose, stehen.

Stärke ist in kaltem Wasser, Alkohol, Äther, organischen Lösungsmitteln und Ölen unlöslich. Beim Behandeln mit verdünnten Mineralsäuren wird die Stärke in Dextrin übergeführt, wobei man etwa auf 100° C gehen muss. Eine Behandlung mit kaustischen Al-

---

[1]) A. Pictet und J. Sarasin, Helv. Chim. Acta 1918, *1*, S. 87.
[2]) E. Erdmann und C. Schäfer, Ber. 1910, *43*, S. 2398.

kalien in der Kälte hingegen führt die Stärke in eine dickflüssige Paste über, die nach dem Neutralisieren als Appreturmasse verwendet werden kann und auch unter dem Namen **Apparatin** bekannt ist. Die Stärke besitzt ein gewisses Reduktionsvermögen, das vor allem bei der Sagostärke ausgeprägt ist.

Stärke gibt mit warmem Wasser eine kolloidale Lösung und quillt mit steigender Temperatur, wobei sich ein Kleister mit erhöhtem Wassergehalt bildet.

Im nativen Stärkekorn findet man eine Ansammlung von Molekülen vor, die von kristalliner Natur ist. Dies ist auch der Grund dafür, weshalb sich in kaltem Wasser noch kein Stärkekleister zu bilden vermag.

Der durch Kochen erhältliche Stärkekleister ist eine Masse, in der sich die Stärke im gequollenen Zustande befindet. Die Quellung ist jedoch nicht vollkommen, sondern es wird angenommen, dass noch ein weitmaschiges Netz vorhanden ist, welches durch Moleküle gebildet wird, die miteinander durch kristalline Bereiche oder Nebenvalenzen verbunden sind.

Unter dem Einfluss der Alterung bilden sich die Verknüpfungsstellen der Amylose und des Amylopektins wieder zurück und man beobachtet eine Rückgängigmachung der Verkleisterung. Ein Gefrieren z. B. beschleunigt noch den Vorgang und die Stärke wird wiederum vollständig unlöslich. Dies beruht darauf, dass sich die Moleküle wiederum zusammenschliessen und nun wieder ein ähnlicher Zustand vorhanden ist, wie er im nicht gelatinierten Stärkekorn vorliegt. Die kristallisierte Stärke ist selbst in siedendem Wasser unlöslich.

Diese Veränderung des Kleisters tritt bis zu einem wohl etwas geringeren Grade auch beim Altern der Verdickungen und Appreturen auf Stärkebasis ein. Dies ist dann die Ursache der Schwierigkeiten, die sich bei ihrer Verwendung einstellen, nämlich Flüssigwerden, schlechte Entfernbarkeit, harter und steifer Griff usw. Dabei ist diese schlechte Löslichkeit der Amylose zuzuschreiben, denn infolge ihrer nicht verzweigten Struktur löst sich die Amylose weniger gut und kristallisiert bedeutend leichter.

Flesch empfiehlt im *D.R.P. 624.876* zur Herstellung von Appreturen sulfurierte und phosphatierte Stärken und ganz allgemein Kohlenhydrate.

Es wurde beobachtet, dass die Erdalkalisalze sowie die Salze der Schwermetalle dieser Derivate besser auf der textilen Unterlage haften als die entsprechenden Alkalisalze. So werden unter anderem die Magnesiumsalze erwähnt. Es erscheint jedoch schwierig, die Verbesserung des Haftvermögens und der Durchdringung im Hinblick auf die Unlöslichkeit dieser Körper zu erklären.

Franz. P. 789.811 und *brit. P. 465.301* von Ringenbach beschreiben die Herstellung kolloidaler Stärkelösungen durch ein energisches Durcheinanderwirbeln der Stärkemilch in speziellen Mühletypen. Ein ähnliches Verfahren ist auch im *franz. P. 799.035* von Seck niedergelegt.

Ferner sei noch das *D.R.P. 647.997* von Holste erwähnt, welches zur Vermeidung der schädlichen Wirkungen des harten Wassers empfiehlt, der im Haushalt verwendeten Stärke, d. h. der Stärke mit Boraxzusatz, noch eine gewisse Menge Alkaliphosphate, besonders Natriumdi- und -triphosphat, zuzufügen.

Ein Verfahren zur Stabilisierung des Stärkekleisters, zur Verhinderung der Schimmelbildung und zu einer Ersparnis an Stärke von 20—50% ist Gegenstand der *franz. P. 922.702, 922.703* und *922.704* der Aktie Bolaget Berol Prod. (einger. am 22. Februar 1946, veröffentlicht am 17. Juni 1947).

Der Prozess beruht auf der Anwendung von sulfurierten Benzolderivaten, von Phenol, von Kresol, von Naphtol oder ihrer Derivate, welche man mit Formaldehyd bei Temperaturen, die 100° C nicht unterschreiten, kondensiert. Man erhält so mehrere Kerne enthaltende sulfurierte Säuren, deren Alkalisalze man mit Chlorhydrinen ein- oder mehrwertiger Alkohole in Sulfoester überführt.

Das *franz. P. 922.704* berichtet im besonderen von einem in Wasser löslichen Kondensationsprodukt, welches seine Löslichkeit durch Trocknung nicht verliert. Gemeint sind damit die Kondensationsprodukte der Milchsäure oder anderer Oxysäuren mit Paraldehyd und Glukose mit Formaldehyd. Die Patente zitieren ferner folgendes Additionsprodukt:

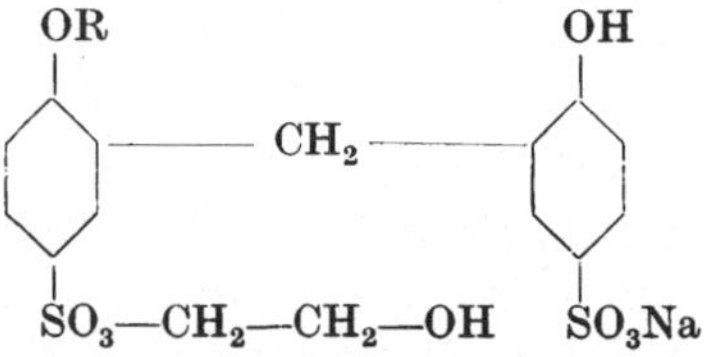

$$\text{OR}\!-\!\!\bigcirc\!\!-\!\text{CH}_2\!-\!\!\bigcirc\!\!-\!\text{OH}$$
$$\text{SO}_3\!-\!\text{CH}_2\!-\!\text{CH}_2\!-\!\text{OH} \qquad \text{SO}_3\text{Na}$$

Im *D.R.P. 653.186* der Dehydag, das als Zusatz zum *D.R.P. 569.223* gedacht ist, wird zur Herstellung von Stärkekleister die Zugabe von 1—3% Fettalkoholsulfat empfohlen. So kann hier z. B. das Sulfat des Cetylalkohols verwendet werden. 2% Fettalkoholsulfat werden z. B. zu einem 20%igen Kartoffelstärkekleister gegeben und auf 60—80° C erhitzt. Man erhält so einen nicht gelierenden Kleister von guter Viskosität. Die Verwendung als Appreturmittel erlaubt die Herstellung besonders interessanter Effekte.

Die Norddeutsche Kartoffelmehlfabrik beschreibt im *D.R.P. 666.252* ein Herstellungsverfahren für ein Produkt, das sich für Appreturen eignen soll. Es wird dabei zur Stärke ein sulfuriertes Öl und ein Fettalkoholsulfat gegeben. Das letztere soll eine gute Netzwirkung besitzen.

Das Gemisch wird darauf während genügend langer Zeit auf 55° C erwärmt, dann zentrifugiert und getrocknet. Auf diese Weise lässt sich ein dextrinfreies Produkt in Pulverform erhalten, welches beim Kochen mit Wasser eine Appreturmasse von flüssiger Konsistenz ergibt.

Nach *brit. P. 602.223*, 1948, von Neumann werden Stärkepräparate für Appreturzwecke gewonnen, indem man Stärke bzw. Stärkeabbauprodukte mit Ölen, Fetten, synthetischen- oder Naturwachsen auf Temperaturen über 100° C erhitzt. Man erhält so wasserlösliche bis quellbare Stärken.

Gemäss dem *amer. P. 2.435.901*, 1948, von Peters werden Stärkedispersionen mit Hilfe von Triäthanolaminseifen erhalten.

Stein, Hall empfehlen im *amer. P. 2.283.044*, 1942, um niedrigviskose Stärke zu erhalten, einen Zusatz von Fettalkoholsulfaten und von kleinen Mengen eines Alkalis.

Das *amer. P. 2.424.992*, 1947, von Lee Fonnd beschreibt ein Verfahren, welches mit Phosphorsäure behandelte Stärke in der Textilindustrie als Verdickungsmittel, zum Schlichten und Appretieren verwendet. Die Phosphorsäure (85%ig) wird mit Alkohol oder Azeton im Verhältnis 1:1 verdünnt, mit fein pulverisierter Stärke vermischt und dann gedämpft.

Eine zu Appreturzwecken geeignete Stärke wird laut *schweiz. P. 241.634*, 1946, von Beukenkamp hergestellt, indem man Stärke mit 20% wasserlöslichen neutralen Salzen mischt (Kochsalz, Glaubersalz, Alaun). Die Mischung wird trocken hergestellt.

Bei der Herstellung der Appreturmasse wird die Viskosität der Stärke durch die Salze vermindert, so dass diese tiefer in die Faser eindringen kann.

Die Zugabe sehr kleiner Mengen von Harnstoff-Formaldehyd- oder Melamin-Formaldehyd-Vorkondensaten wurde nicht nur zur Erzielung einer Permanentappretur durch Unlöslichmachen der Stärke, sondern auch zur Erhöhung der Viskosität des Stärkekleisters vorgeschlagen. So wird nach dem *amer. P. 2.385.438* der Chem. Develop. Inc. ein Teil Stärke und 0,25 bis 4 Teile eines Harnstoff-Formaldehyd-Vorkondensationsproduktes, welches sich in Wasser dispergieren lässt, zu einer wässerigen Suspension verarbeitet.

Röhm und Haas empfehlen im *amer. P. 2.342.785*, die Stärke durch einen Methylolallylharnstoff unlöslich zu machen.

Die Erhöhung der Viskosität von Stärkekleistern wird im *amer. P. 2.407.071* der Staley Manufact. Co. näher beschrieben. Durch Einwirkung eines wasserlöslichen Vorkondensates eines Harnstoff-Thioharnstoff- oder Melaminharzes auf Stärke werden Produkte erhalten, die beim Auflösen in kochendem Wasser sehr starke Verdickungen ergeben.

Die Arbeitsweise ist dabei wie folgt: Die Stärke wird in Wasser suspendiert, so dass sich eine Stärkemilch bildet, die dann auf den richtigen p_H-Wert gebracht wird. Man erwärmt darauf auf 50° C und fügt 0,05 bis 2% Dimethylolharnstoff (auf das Gewicht der Stärke berechnet) zu. Während fünf Stunden hält man unter ständigem Rühren dieses Gemisch auf dieser Temperatur. Der p_H-Wert soll dabei in der Gegend von 4 bleiben.

Das so erhaltene Produkt wird zuerst getrocknet und dann nachträglich in Form wasserfreier Körner zur Herstellung von Verdickungen verwendet, indem man diese Körner in kochendem Wasser löst.

In den *D.R.P. 709.652* und *holl. P. 57.225*, 1946, empfiehlt die Diamalt AG., München, Stärke mit Lösungen mehrwertiger Phenole und niedriger Alkohole zu behandeln; man erhält auf diese Weise zügige Produkte für Appretur, Schlichte und Druck.

Nach den Angaben des *D.R.P. 713.454*, 1941, einem Zusatz zum *D.R.P. 709.652* der Diamalt AG., erhitzt man Stärke und mehrwertige Phenole in einem organischen Lösungsmittel (Alkohol), wobei man in der Nähe des Siedepunktes des Lösungsmittels arbeitet. Die Lösung soll zudem neutral reagieren. Die so erhältlichen, keine Quellstärke aufweisenden Produkte stellen ausgezeichnete Druckverdickungs-mittel dar.

Im *D.R.P. 709.495*, 1941, einem Zusatz zum *D.R.P. 708.618*, empfiehlt die Diamalt AG., Stärke in Abwesenheit von Wasser mit Resorzin auf höhere Temperaturen zu erhitzen. Eventuell kann dabei auch noch ein Harnstoffzusatz erfolgen. Gleiche oder noch bessere Resultate lassen sich bei Verwendung von Pyrogallol, Hydrochinon oder Phloroglucin erzielen. So wird z. B. ein Gemisch aus 100 Teilen Stärke und 30 Teilen Pyrogallol ein bis zwei Stunden auf 120 bis 140° C erhitzt. Die Reaktionsprodukte eignen sich als Druckverdickungs-mittel. So werden sie etwa in der Rapidogendruckerei durch Rapido-genentwickler nicht ausgefällt, während in einem solchen Falle eine unbehandelte Kartoffelstärke zu einer unbrauchbaren Gallerte verwandelt würde.

Ein weiteres Patent der Diamalt AG., das *D.R.P. 742.874*, 1943, schlägt zur Herstellung einer für Druckverdickungen brauchbaren Masse vor, Kartoffelstärke mit Harnstoff vermischt so lange zu erhitzen, bis eine starke Ammoniakentwicklung eintritt und die Masse zusammensintert. So werden etwa ein Teil Stärke und ein Teil Harnstoff auf 180° C erhitzt. Aus 100 Teilen einer solchen Mischung erhält man 90 Teile Fertigprodukt. Das Patent sieht auch die Verwendung anderer Mehle oder Stärkesorten vor, wobei die erhaltenen Produkte dann als Appreturmittel und Klebstoffe brauchbar sind.

Kornis empfiehlt im *schweiz. P. 246.970*, 1947, 200 Teile Stärke mit 0,5 bis 1,5 Teilen Natriumkarbonat 6 Stunden bei 190° C zu rösten. Das dabei erhältliche Stärkeabbauprodukt kann als Druckverdickung, die keine Farbverschleierung bewirkt, dienen. Eine solche Verdickung ist gegen Säuren und Alkalien beständig.

Durch Zugabe von Kunstharzen zum Stärketeig wurde versucht, Gewebe dauerhaft zu stärken. So empfehlen die British Cyanides im *brit. P. 258.357* die Verwendung von Harnstoff-Formaldehyd-Harzen in kolloidaler Lösung. *Brit. P. 385.378* verwendet anderseits Azeton-Formaldehyd-Kondensationsprodukte. Es scheint jedoch, dass diese Methoden in der Praxis nie in grösserem Maßstabe angewendet wurden.

Fixappret der I.G. Farbenindustrie, welches um 1932 herum auf den Markt kam, bestand zum grossen Teil aus Dimethylolharnstoff und einem Katalysator. Es wurde als Zusatz zu Stärkeverdickungen empfohlen, um bei Textilien einen dauerhaften Stärkeeffekt zu erzielen[1]).

Methylolharnstoff wurde auch nach *brit. P. 543.432* und *brit. P. 543.433* von Röhm und Haas zur Stabilisierung von Verdickungen aus aufgeschlossener Stärke verwendet. Die Stärke wird partiell hydrolysiert, bei einem p_H-Wert zwischen 7 und 10 mit Dimethylolharnstoff vermischt und auf Temperaturen über 80° C erhitzt.

Man kann annehmen, dass dabei das Harnstoff-Formaldehydharz nicht nur als Emulsion zwischen den Stärkemolekülen zu betrachten ist, sondern auch wasserunlösliche Methylenäther der Stärke durch abgespaltenen Formaldehyd entstehen.

Diese Reaktion des Harnstoff-Formaldehydharzes mit Stärke ist derjenigen mit Zellulose ähnlich (siehe Band III dieses Werkes, Kap. XIV, Knitterfeste Ausrüstung).

An Stelle von Harnstoff-Formaldehydharzen kann man auch gemäss den *brit. P. 466.011* und *477.841; schweiz. P. 191.826* und *197.255* Melamin-Formaldehydharze verwenden.

Gemäss *amer. P. 2.450.377*, 1948, von Penick, Ford wird zur Herstellung wasserfester Stärkefilme Stärke mit 5—20% wasserlöslichen Harnstoff-Formaldehyd-Kondensaten so lange gekocht, bis die zuerst eintretende hohe Viskosität verschwindet und eine dünnflüssige Masse entsteht.

---

[1]) *D.R.P. 652.769, 653.427; brit. P. 414.576; öst. P. 148.375; franz. P. 766.119; amer. P. 2.099.765* und *schweiz. P. 175.998.* Stadler, Mell. 1935, *16*, S. 61. Man setzt Fixappret in Mengen von 5—10 g/l den Stärkeappreturen zu. Nach dem Auftragen der Appretur werden die Stoffe heiss getrocknet (20—30 Min. bei einer Temperatur von 90—100° C).

Hervorragende Appreturmittel werden laut *schweiz. P. 270.527, 1950,* von Scholten's Chem. Fabr. erhalten, indem man Stärke, Formaldehyd und Aminotriazin in dünner Schicht auf über 70⁰ C erhitzt.

Ein neues Verfahren zur Herstellung wasserunlöslicher Appreturen und spezieller Schlichteeffekte wird im *amer. P. 2.385.714* von Stein, Hall beschrieben. Es wird dabei gleichzeitig eine schrumpffeste und permanent versteifte Ware erhalten. Zu diesem Zwecke werden Stärkeprodukte in Verbindung mit Harnstoff-Formaldehyd-Kondensationsprodukten (Dimethylolharnstoff) und Polyvinylalkohol vorgeschlagen. So werden z. B. 65 Teile Stärke auf je 17 ½ Teile Dimethylolharnstoff bzw. Polyvinylalkohol verwendet. Die Stärke wird zunächst bei 60⁰ verkleistert, worauf die beiden andern Komponenten in Wasser gelöst zugesetzt werden. Nach dem Appretieren wird getrocknet und bei 110—130⁰ C gehärtet.

Glykogen oder tierische Stärke[1]) bildet sich in der Leber und im Blut der Säugetiere, welches die Kohlenhydrate aus der Nahrung absorbiert, wovon dann ein Teil in der Leber in Form von Glykogen in Reserve gelegt wird. Glykogen ist ein amorphes, farbloses Pulver, das sich in Wasser zu 15—20% löst und durch Enzyme zu Maltose abgebaut wird. Es lässt sich daraus kein Kleister herstellen. Es färbt sich mit Jod blauviolett.

Glykogen wurde 1855 von Claude Bernard[2]) und ein wenig später von Hensen[3]) in der Leber von Tieren und Menschen entdeckt.

Zur Gewinnung tierischen Glykogens werden Kaninchen oder Hunde gut gefüttert, getötet und schnell ausgenommen. Man trennt die Gallenblase ab und zerkleinert die Leber mit der Fleischhackmaschine oder nach Gefrieren im Mörser.

Zur Extraktion wird heute 3%ige Trichloressigsäure benützt. Der Auszug wird dann mit 95%igem Alkohol gefällt; durch mehrfaches Umfällen erhält man reine Präparate.

Produkte, die durch Abbau der Stärkeverbindungen erhalten werden.

Stärke ist befähigt, unter Einwirkung von Wärme oder chemischer Agenzien eine Reihe von Produkten zu liefern, die für die Textilindustrie ganz allgemein von grossem Interesse sind. Solche Substanzen sind z. B. das **Dextrin,** der **Britishgum,** die **geröstete Stärke, Gommeline,** die **löslichen Stärken,** der **Leiogum** usw. Sie werden durch Verändern verschiedenster Stärkesorten, wie Getreidestärke, Reisstärke, Kartoffelstärke, Maisstärke usw. erhalten.

---

[1]) A. Brault, Le glycogène dans le développement des tumeurs, Paris 1931.
[2]) C. R. 1855, *41*, S. 461; 1857, *44*, S. 578 und 1325.
[3]) Virchows Archiv f. path. Anat. 1857, *11*, S. 395.

Diese Behandlung kann sowohl auf nassem Wege (Behandlung mit verdünnten Mineralsäuren, enzymatischer Abbau mit Diastase, Versetzen mit Persalzen) als auch auf trockenem Wege (Rösten) erfolgen.

Man versteht im allgemeinen unter Dextrinen Produkte, die aus Stärke durch solche Verfahren erhalten werden. Es sind dies Polymere der Lävoglukose, die Erythro-, Amylo-, Achro- und Maltodextrine.

Es gelten dabei für die einzelnen Dextrine die folgenden Unterscheidungsmerkmale:

Amylodextrin besitzt keine reduzierende Wirkung und gibt mit Jod eine blaue bis blauviolette Färbung.

Erythrodextrin wirkt nur schwach reduzierend und gibt mit Jod eine rostbraune Färbung.

Achrodextrin zeigt ein starkes Reduktionsvermögen und ergibt mit Jod keine Färbung mehr[1]).

Die Diastasen werden in Kapitel II dieses Werkes behandelt, und es sei daher für weitere Einzelheiten auf dieses Kapitel verwiesen. Die für den Stärkeabbau in Frage kommenden Enzyme lassen sich in zwei Klassen einteilen, und zwar die α-Enzyme, die die Stärke in den löslichen Zustand überführen, und die β-Enzyme, die sie verzuckern. Die ersteren weisen ein sehr grosses Lösungsvermögen auf, aber vermögen nur sehr wenig Zucker zu bilden. Die letzteren führen die Stärke und das Dextrin in Glukose über, ohne von grosser löslichmachender Wirkung zu sein.

Stärkeabbau durch Enzyme.

Die verschiedenen Ansichten über die enzymatischen Abbauprodukte der Stärke ergeben ein verwickeltes und durch zahlreiche Widersprüche getrübtes Bild.

Bei 20° C zerlegt Malzdiastase Stärkekleister nur langsam, jedoch vollständig. Oberhalb von 72° C wird das Enzym zerstört. Das Optimum für eine Stärkeumwandlung liegt zwischen 55 und 65° C. Dabei erfolgt aber keine vollständige Überführung der Stärke in Maltose. Ein bestimmter Anteil Stärke bleibt als Grenzdextrin unverändert. Bei diesem Produkt soll es sich um Trihexosan handeln.

Bei der Einwirkung von Malzdiastase tritt zunächst eine Verflüssigung der Stärke ein, wobei jedoch die intensive Blaufärbung mit Jod noch bestehen bleibt. Man gelangt also zu einer löslichen Stärke.

Mit fortschreitendem Abbau wird die Färbung mit Jodlösung zunächst violettblau und dann immer mehr rotstichig und rotbraun, um dann schliesslich ganz zu verschwinden[2]).

---

[1]) Siehe hiezu Ullmann, Enzyklopädie der technischen Chemie, Bd. *3*, S. 627.

[2]) Siehe *amer. P. 2.472.790*, 1948, von Staley. Herstellung durch Enzyme teilweise abgebauter Stärke in Pastenform.

Huber bemerkt im *D.R.P. 662.088*, dass die Zugabe kleiner Mengen Pepsin, in Pulverform oder gelöst, eine Veränderung der Stärke erlaubt. Es wird dies auf die basischen Eigenschaften dieser Körper zurückgeführt.

Dextrinherstellung durch Behandeln mit Diastase.

Man gibt in einen Behälter 200 kg Wasser von 20—30⁰ C und ein wenig Diastase (Gerstenmalz).

Gerstenkörner enthalten 71% Stärke und 1,2% freien Zucker. Die Gerste enthält als Diastase die Sucrase (Saccharogen- und Dextrinogenamylase), welche Stärke spaltet. In der Mälzerei wird das Malz durch Einweichen der Gerste und Behandeln während 60 Stunden in Wasser hergestellt. Hierauf bringt man diese in Wasser gequollene Gerste ungefähr 9 Tage zum Keimen auf die Malztenne. Nach drei Tagen werden die Keimlinge sichtbar, die Gerste spitzt oder äugelt. Die Keime werden immer grösser und verfilzen sich ineinander nach etwa fünftägiger Keimdauer. Es hat nun eine meist mechanische Umwälzung der keimenden Gerste zu erfolgen. Nach 9 Tagen wird der Keimprozess durch Erwärmen mit warmen Gasen auf 40⁰ C abgestoppt. Je höher die Trocknungstemperatur, um so besser wird das Malz getrocknet, und da die Diastase trocken ein stärkeres Reduziervermögen aufweist, wird sie bei dieser Behandlung nicht zerstört. Die Keime werden gesammelt und zerkleinert.

Die Temperatur wird dann auf 100⁰ C gebracht, und es werden 50 kg Stärke zugegeben. Die Malzmenge ist abhängig von der Herkunft der Stärke und schwankt im allgemeinen zwischen 6 und 10%, auf das Gewicht des Stärkeprodukts berechnet. In gewissen Fällen ist es vorteilhaft, die Malzlösung für sich herzustellen und sie mit Tierkohle zu entfärben.

Das Gemisch wird 30 Minuten bei 70⁰ C gehalten, bis die dickflüssige milchige Masse dünn geworden ist. Man erhöht darauf die Temperatur, filtriert und dampft so lange ein, bis sich beim Abkühlen auf der Flüssigkeit ein Häutchen bildet. Hierauf wird die Masse auf warme Platten gegossen. Man erhält auf diese Art und Weise eine durchscheinende Masse, die in einer Trockenkammer noch getrocknet wird.

Einwirkung von Oxydationsmitteln, besonders von Persalzen, auf die Stärke.

Lösliche Stärken werden im allgemeinen in wässeriger Lösung in Anwesenheit organischer Oxydationsmittel erhalten. Es ist jedoch schwierig, den Prozess unter Kontrolle zu halten. Die besten Resultate werden bei Verwendung von Arylchlorsulfonaminen erhalten, deren bekannteste Vertreter das Aktivin von Pyrgos und Rhône-Poulenc, das Chloramin der S.P.C.M.C., das Peralbin NBA von Kuhlmann und das Chlorine von St. Denis sind.

Diese Produkte wurden bereits im ersten Teil dieses Werkes, Die neuesten Fortschritte in der Anwendung der Farbstoffe, Bd. *1*, Kapitel I, und in den Neuen Verfahren in der Technik der chemischen Veredlung der Textilfasern, Bd. *1*, Kapitel II, behandelt.

Herstellung löslicher Stärke mit Hilfe von Aktivin.

Eine für Appreturen geeignete lösliche Stärke kann leicht hergestellt werden, indem man 10 g Aktivin auf 1 kg Stärke einwirken lässt.

In einem Behälter stellt man sich zuerst eine Stärkemilch her, indem man auf 1 Teil Stärke 9 Teile Wasser gibt und 1% Aktivin, auf das Gewicht der Stärke berechnet, hinzufügt. Hierauf wird mit Dampf aufgeheizt. Der Stärkekleister verflüssigt sich rasch und nach einer gewissen Zeit erhält man eine Lösung löslicher Stärke von glasigem und farblosem Aussehen.

Im *D.R.P. 665.268* von Pyrgos-Haller-Feibelmann wird empfohlen, die Chlorsulfonamine durch andere organische Verbindungen zu ersetzen, die leicht abspaltbaren Sauerstoff enthalten. Dies ist z. B. bei Verbindungen wie Benzoylsuperoxyd oder den Persäuren wie der Monoperphtalsäure der Fall.

Ein Verfahren, das auf der oxydierenden Wirkung der freien unterchlorigen Säure an Stelle der üblicherweise verwendeten Hypochlorite beruht, wird im *brit. P. 437.890* von Seck beschrieben. Die unterchlorige Säure weist dabei den Vorteil auf, dass sie völlig in Salzsäure übergeht, welche leicht flüchtig ist.

Laut *amer. P. 2.276.984*, 1942, von Buffalo wird der Stärkeabbau mit Peroxyd in Gegenwart von Metallsalzen als Katalyten ausgeführt. Zur Herstellung von Stärkelösungen zum Appretieren werden laut *amer. P. 2.173.041*, 1949 von Müller Mischungen von Stärke mit Persulfaten unter Zusatz von Perborat oder Perkarbonat angewendet.

Ein Stärkeabbauprodukt kann nach *brit. P. 466.287* von W. Schulze & Co. auch dadurch erhalten werden, dass man während mehreren Stunden eine wässerige Stärkesuspension mit einer Chloralhydratlösung (CCl_3—$CH(OH)_2$) und Salzsäure erhitzt. Das dabei entstehende Produkt ist sehr leicht in warmem Wasser löslich und verfestigt sich bei 35° C. Je nachdem diese Behandlung bei 50—60° C oder bei 95° C erfolgt, werden Produkte von verschiedenem Aussehen erhalten, die sich auch durch ihre Löslichkeit in warmem Wasser unterscheiden. Diese Produkte werden als Klebstoffe, Appreturmittel, Schlichten sowie zur Herstellung von Artikeln, die mehrere Gewebelagen besitzen, empfohlen.

Solche Produkte werden erhalten, wenn man die rohe Stärke mit Chloralhydrat (2—3 %ige Lösung), welches 3 % Salzsäure enthält, versprüht und darauf erhitzt. Ein gutes Produkt wird durch dreistündiges Erhitzen auf 60° C erhalten. Es bildet sich dabei eine dickflüssige Lösung, die aus heissem Wasser bei 75° C fest wird. Anderseits ergibt ein Erhitzen auf 90° C ein löslicheres Produkt, dessen 10 %ige Lösung bei 35° C in den festen Zustand übergeht.

In einem Zusatzpatent, dem *öst. P. 151.930* der gleichen Firma, wird angegeben, dass die Behandlung mit Chloralhydrat bei einer 100° C nicht überschreitenden Temperatur zu erfolgen hat. Die Temperatur ist von grosser Bedeutung. So erhält man durch Behandeln bei 50—60° C ein Produkt, welches sich nicht in kaltem Wasser löst, jedoch in warmem Wasser löslich ist. Geht die Reaktion aber bei 85—90° C vor sich, so löst sich das dabei erhaltene Produkt bereits in lauwarmem Wasser und eignet sich ganz speziell für Appreturen.

Amer. P. 1.942.544 der Fuller-Nat. Adh. schlägt für die Dextrinierung ein Verfahren vor, das die Stärke mit Chlor behandelt. Es wird dabei zuerst ein Chlorderivat erhalten. Durch geeignete nachträgliche p_H-Einstellung wird nach dem Trocknen das gewünschte Dextrinprodukt hergestellt.

Die Dextrinierung von trockener Stärke erfolgt mit Chlor[1]) und Monochloressigsäure nach dem Verfahren der Corn. Refining Prod. Co., das im *amer. P. 2.287.599*, 1942, beschrieben ist (siehe auch *amer. P. 2.359.378*, 1944). Laut *amer. P. 2.472.590*, 1948, Eastman Kodak, wird eine oxydierte Stärke durch Einwirkung von NO_2 erhalten.

Das *schweiz. P. 259.428*, 1949, von Blattmann gibt an, dass Stärke im Vakuum abgebaut werden kann.

Im *D.R.P. 654.102* empfiehlt die Stein-Hall Manufact. Comp. zur Aufschliessung von Stärke die Zugabe von Agenzien wie Natriumsulfit, -bisulfit, -hyposulfit oder -metabisulfit. Durch Verwendung dieser Verbindungen wird eine flüssige und wasserlösliche Appreturmasse erhalten.

Es wird auch darauf hingewiesen, dass es nicht nötig ist, als Ausgangsprodukt Stärke selbst zu verwenden. Es ist auch möglich, die Verwendung verschiedener Mehle, d. h. Produkte mit einem gewissen Eiweissgehalt, in Betracht zu ziehen.

---

[1]) R. Haller, Zur Charakteristik der löslichen Stärken, Textil-Rdsch. 1949, *4*, S. 114 (Halogenstärken, Herstellung der Chlorstärke durch Einwirkenlassen von Chlorwasser bei gewöhnlicher Temperatur und Behandlung mit Bisulfit).

Ein anderes Verfahren zur Herstellung von Dextrin wird im *amer. P. 1.969.347* von Stein, Hall-Bauer gegeben. Man lässt dabei auf die Stärkemehle eine Substanz einwirken, die Schwefeldioxyd abzugeben vermag.

Sehr interessant sind auch die Angaben des *öst. P. 142.572* und des *brit. P. 423.286* von van der Meulen. Nach diesen Patenten lässt man Hypobromite auf die Stärke einwirken, wobei sich ein Produkt bildet, welches sich sehr deutlich von jenem unterscheidet, welches durch Einwirkung von Hypochloriten auf Stärke erhalten wird.

Eine mit Hypobromiten behandelte Stärke kann, wenn man sie in warmem Wasser quellen lässt, unter Einwirkung von Spuren alkalischer Verbindungen, wie z. B. Borax oder Ammoniak, in ein Sol übergeführt werden. Die Lösung zeigt ganz deutlich die blaue Jodreaktion, die sonst nur für nicht veränderte Stärke charakteristisch ist. Eine so behandelte Stärke erlaubt die Herstellung beachtenswerter Appreturen, die sich durch ihre Geschmeidigkeit und den guten Griff der Ware auszeichnen.

Des weiteren sei noch das *D.R.P. 624.988* von J. H. van der Meulen erwähnt, welches auch Aufschliessungsverfahren für Stärke unter Verwendung von Hypobromiten oder Hypochloriten behandelt. Als wesentliches Merkmal dieser Erfindung ist dabei die Nachbehandlung mit Ammoniak anzusehen. Auch das *öst. P. 144.377* von Meihuizen erwähnt die Einwirkung von Salzen der unterbromigen oder unterchlorigen Säure auf Stärkeaufschlämmungen. Es wird darauf Ammoniak oder ein Ammoniumsalz zugegeben, worauf sich die Stärke unter Gasentwicklung braun färbt. Diese Verfärbung des Stärkepräparates bringt es mit sich, dass noch nachträglich mit Chlor gebleicht werden muss. Man stellt eine 10%ige, viskose und klare Lösung her, die eine blaue Jodreaktion zeigt, also noch nicht dextrinhaltig sein darf.

Nach dem *brit. P. 420.275* von Meihuizen ist es unerlässlich, den Stärkeabbau durch Hypochlorit nicht bei zu hohen Temperaturen durchzuführen, da sich sonst ein Kleister bilden könnte, der die Wirkung des Hypochlorits beeinträchtigen würde. Es wurde beobachtet, dass das Hypochlorit bereits in der Kälte wirksam ist, wenn man vorgängig Ammoniumbasen zugibt, wie z. B. Ammoniak oder Äthylendiamin. Man mischt die wässerige Stärkesuspension (Stärke : Wasser = 1 : 1,4) mit Hypochlorit in der Kälte, rührt während einer Stunde und fügt Ammoniak zu. Während der Reaktion entweicht Gas, und die obere Flüssigkeitsschicht färbt sich braun. Es wird eine 10%ige, gut beständige wässerige Lösung hergestellt. Die sich bildenden braunen Verbindungen können leicht entfernt werden, und man erhält auf diese Art und Weise eine lösliche Stärke von sehr guter Qualität.

Dextrinherstellung durch Rösten.

Es sei hier noch ein Herstellungsverfahren für Dextrine durch Rösten gegeben. Kartoffelstärke wird in Kupferzylindern, die sich in einem Ölbad oder in einer Kammer, in der warme Luft zirkuliert, befinden, auf 180° C erhitzt.

Schematisch lassen sich die Operationen beim Dextrinieren wie folgt zusammenfassen.

Kartoffelstärke ⟶ Säuern ⟶ Trocknen ⟶ Rösten ⟶ Gommeline (am wenigsten abgebaut) / Amylodextrine / Achrodextrine
(100 kg)   (20 kg H_2O, 0,3—0,4 kg HCl oder HNO_3)   (60° C)   (150—200°, $^1/_4$ — 3 h)

Je nach der Erhitzungsdauer erhält man mehr oder weniger stark verzuckerte Produkte, da mit steigender Erhitzungsdauer der Stärkeabbau zunimmt.

Der Stärkeabbau auf trockenem Wege, d. h. durch Rösten, liefert im allgemeinen Produkte, die sich wegen ihrer Farbe kaum zu Appreturzwecken eignen. Anderseits stellen sie recht gute Verdickungsmittel für die Druckerei dar.

Abbau der Stärke durch Säuren.

Bei der Einwirkung verdünnter Säuren auf Stärke entstehen neben 90—95% d-Glukose noch gummiartige Dextrine.

Herstellung von weissem Dextrin durch Behandeln mit Säure.

100 kg Kartoffelstärke werden mit
250 l Wasser und
600 cm³ Schwefelsäure von 66° Bé vermischt.

Die Mischung wird zum Kochen gebracht und so lange bei Siedetemperatur gehalten, bis eine Probe davon mit Jod eine Violettfärbung ergibt.

Darauf wird mit Natronlauge oder Ammoniak neutralisiert. Das so erhaltene Produkt enthält neben Dextrin auch noch eine gewisse Menge Glukose. Dieser Glukosegehalt wirkt sich bei Appreturen günstig aus, da er erlaubt, der Ware einen geschmeidigen Griff zu verleihen.

Ein Dextrinierverfahren unter Verwendung von Säuren bildet den Gegenstand des *D.R.P. 661.734* von Amthor. In diesem Patent wird ein Apparat beschrieben, in den die Stärke in Form eines feinen Pulvers mit Hilfe rotierender Bürsten durch ein Sieb gebracht wird. Die Befeuchtung des Materials mit Säure erfolgt in dem Augenblick, in welchem das Pulver in einen Bottich fällt, durch Einspritzen von Säure. Dadurch lässt sich jegliche Klumpenbildung vermeiden.

Achrodextrine werden nach *D.R.P. 573.420* dadurch erhalten, dass man ein Gemisch von Stärke und Säure, z. B. 100 kg Stärke (Kartoffelstärke) und 0,2 kg Salzsäure, während kurzer Zeit unter einem Druck von etwa 2000—2500 atm. auf 250⁰ C erwärmt. Die wässerige Lösung soll viskos und durchsichtig sein. Auf diese Weise wird ein wasserlösliches und reines Achrodextrin erhalten.

Flesch weist im *D.R.P. 621.978* darauf hin, dass beim Mischen von Kartoffelstärke mit Schwefelsäure bei 0⁰ C sich ein wasserlösliches Produkt bildet, welches weder die charakteristischen Eigenschaften des Dextrins noch des Zuckers besitzt. Es ist dabei von Vorteil, vorgängig die Stärke noch mit einem organischen Lösungsmittel anzuteigen.

Ein Verfahren zur Herstellung von Dextrinen bildet den Gegenstand des *franz. P. 810.688* der Patent Comp. Ltd. Die Stärke wird in Gegenwart einer Mineralsäure gekocht und wird dabei in ein Gemisch von Dextrinen und Zucker übergeführt. Man neutralisiert und verzuckert dann mit Hilfe von Malzextrakten noch weiter. Die so schlussendlich erhaltene Masse, die zu Appreturzwecken verwendet wird, setzt sich aus 25% Dextrin, 25% Dextrose und 50% Maltose zusammen. Die Lösung ist durchscheinend und sehr hygroskopisch.

Im *D.R.P. 629.594* von Henkel & Co.-Schultz werden Wege aufgezeigt, die die Unannehmlichkeiten verhüten helfen sollen, die auftreten, wenn Dextrin gelöst wird. Es tritt dabei nämlich sehr gerne Klumpenbildung ein. Man hat nun beobachtet, dass dieser Mangel behoben werden kann, wenn man die Stärkeabbauprodukte unter hohem Druck und bei hoher Temperatur zwischen zwei Platten behandelt. Durch diese Behandlung wird die Struktur des Stärkekornes verändert, was sich mit Hilfe des Mikroskopes leicht feststellen lässt. Es bilden sich dabei schwammige Teilchen, die sich leicht durchtränken lassen und sich daher ohne Schwierigkeiten auflösen.

Die folgenden Dextrinsorten befinden sich im Handel:

Britishgum wird erhalten, indem man Reis-, Mais-, Sago- oder Tapiokastärke während bestimmter Zeit einer Temperatur von 160⁰ C aussetzt.

Leiogum stellt eine bei 170—180⁰ C geröstete Kartoffelstärke dar.

Geröstete Stärken werden durch Rösten von Mais- oder Getreidestärke bei Temperaturen zwischen 180 und 190⁰ C erhalten. Sie sind sehr gut wasserlöslich.

Blondes Dextrin, ein gelbes Pulver, wird durch Kneten von Kartoffelstärke mit angesäuertem Wasser (Salzsäure) und durch allmähliches Erhitzen der getrockneten Masse auf 110—120⁰ C erhalten. Es wird dabei während 1—2 Stunden in einem Trockenapparat behandelt (Verfahren von Blumenthal).

Gommeline ist ein weisses Dextrin, das durch Erwärmen auf schwach erhöhte Temperatur aus Kartoffelstärke hergestellt wird. Die Stärke wird dabei mit angesäuertem Wasser (Salzsäure) besprengt. Dieses Produkt wird speziell für Appreturen weisser Gewebe verwendet.

Lösliche Stärken werden erhalten, indem man Mais-, Kartoffel- oder Maniokstärke mit Oxydationsmitteln wie Perboraten oder Persulfaten behandelt.

Gelosine (Mabboux und Camelle) ist eine farblose, völlig wasserlösliche Stärke, die durch Einwirkenlassen von Persulfaten auf Stärke erhalten wird.

Vosgeline (Brueder & Co. in Arches, Frankreich) ist ebenfalls eine lösliche Stärke, die auch durch Behandeln von Kartoffelmehl mit Oxydationsmitteln (ursprünglich Hypochloriten) gewonnen wird.

Gloy ist eine Stärke, die in der Wärme mit Metallchloriden (Magnesium- oder Kalziumchlorid) behandelt wurde. In diesem Zusammenhang sei das *amer. P. 1.984.246* (Wengraf's Ber. 1935, Januar, S. 27) der Robert Bayer Corp. erwähnt. Nach diesem Patent wird eine viskose, kautschukähnliche Masse erhalten, wenn man Stärkemilch mit einer Zink- oder Kalziumchloridlösung behandelt und das Gemisch einer Gärung bei tiefer Temperatur unterwirft.

Apparatin oder pflanzlicher Leim ist ein Produkt, welches beim Behandeln verschiedener Stärkesorten mit Alkalilaugen in der Kälte erhalten wird. Je konzentrierter die Lauge, um so dicker wird auch der Kleister ausfallen.

W-Stärke und W-Stärke I (näheres siehe Herzinger, Bd. *2*, S. 137).

Ultra Dextrin der Gebr. Haake in Medingen bei Dresden.

Superior Dextrin.

Elsässer Gummi (gomme d'Alsace) oder **künstlicher Gummi** wird durch Behandeln von Kartoffelstärke in der Kälte mit Schwefelsäure und nachträgliches Kochen unter Druck und Eindampfen gewonnen.

Kaltquellende Stärken[1]).

Im Laufe der letzten Jahre wurden neue Produkte für die Appretur auf den Markt gebracht, die aus verschiedenen Stärkearten

---

[1]) Jambuserwala, J. Text. Inst. 1938, *29*, S. 149; 1939, *30*, S. 85 und 1940, *31*, S. 1; Dalendoord, J. Soc. D. and Col. 1932, *48*, S. 375.

Handelsnamen:	
Amylose AN, D, N	I. G. Farbenindustrie
Appretose	Pyrgos
Appreturstärke	Grünau
Purtonstärke	Zschimmer und Schwarz
Universalleim	Chem. Fabr. Pfersee

hergestellt wurden. Unter diesen als Quellstärke bezeichneten Produkten seien besonders die folgenden Marken erwähnt: Amylose der I.G. Farbenindustrie, Original Quellin von Scholten, Solvitex von Scholten und Doittau usw.

Diese Produkte besitzen den Vorteil, bereits in kaltem Wasser zu quellen und Kleister zu liefern, die sowohl für Appreturen als auch zum Schlichten und eventuell sogar zur Herstellung von Druckfarben sich eignen.

Die grundlegenden Arbeiten für dieses Herstellungsverfahren scheinen durch die W. A. Scholten's Chem. Fabr. in Foxhol, Holland, sowie die Henkelgesellschaft geleistet worden zu sein.

Es sei hier noch eine Anzahl von Patenten erwähnt, die die Herstellung solcher Produkte zum Gegenstand haben.

Kaltquellende Stärken wurden schon seit langer Zeit in der Nahrungsmittel- und Leimindustrie verwendet. Sie wurden jedoch erst kürzlich auch in der Textilindustrie eingeführt, und zwar ganz speziell in der Appretur (z. B. Quellin).

Die Umwandlung der Stärke zum Zwecke der Herstellung besonderer Verdickungs- und Appreturmittel ist in letzter Zeit von zahlreichen Forschern eingehend untersucht worden. Diese Arbeiten bilden den Inhalt vieler Patente, wie aus folgendem ersichtlich ist.

Im *franz. P. 732.306* schlägt die W. A. Scholten's Chem. Fabr. in Foxhol diese aufgeschlossene Stärke zur Herstellung von Druckverdickungen vor. Zudem erschienen in letzter Zeit mehrere neue Handelsprodukte, wie z. B. Solvitex der Firma Doittau in Corbeil, Adragoline von Brueder, welche jedoch kaum erlauben, gute Resultate zu erhalten, da sich die Verdickungen sehr rasch verflüssigen.

Das Herstellungsprinzip für diese Stärkesorten besteht in einem Abbau des Stärkekorns durch verschiedene Agenzien unter bestimmten Temperatur- und Reaktionsbedingungen, der zu einem Abbauprodukt führt, welches bei Zugabe von kaltem Wasser einen viskosen Kleister liefert.

Nach *öst. P. 130.649* von Henkel & Co. behandelt man Stärke bei 140 bis 160° C während einigen Sekunden unter einem Druck von 2 ½ atm.

Das im *brit. P. 383.786* der Metallgesellschaft AG. geschützte Verfahren besteht darin, dass Stärkemilch in einer Kammer zerstäubt wird und das Wasser bei einer Temperatur verdampft wird, die höher liegt als jene, bei der die Stärke abgebaut wird. Es bildet sich dabei ein Pulver, das leicht quillt.

Die Erzeugung von Quellstärke kann nach *öst. P. 136.009* und *schweiz. P. 160.428* der Metallgesellschaft AG. dadurch erfolgen, dass die Zerstäubung der Stärkemilch in wasserdampfhaltiger, feuchter Luft erfolgt, und zwar bei einer Temperatur unter 100° C, so dass die eigentliche Aufschliessung nicht über das Stadium der Verkleisterung hinausgeht. Man hat es also hier nur mit einer gequollenen und fein verteilten, aber nicht dextrinierten Stärke zu tun.

Das *öst. P. 135.000* der Chem. Ind. in Rannensdorf schlägt die Verwendung von Stärkeverbindungen in Gegenwart von Erdalkalisalzen vor.

Um eine zu rasche Bildung des Kleisters zu vermeiden, empfiehlt das *D.R.P. 582.679* von Henkel & Co.-Schulz ein Verfahren, bei dem Natronlauge bei gewöhnlicher Temperatur in Gegenwart organischer Lösungsmittel, wie Alkohol, chlorierte Kohlenwasserstoffe, Trichloräthylen, Aldehyde und ganz speziell Amine, auf die Stärke einwirken gelassen wird.

Nach *D.R.P. 602.832* von Gröninger soll sich eine gut kaltlösliche Quellstärke durch Vermischen von Stärkemehl mit etwa 2—3 % Triäthanolamin und Zugabe einer 25 %igen Natron- oder Kalilauge unter ständigem Rühren herstellen lassen. Zum Schluss wird noch mit einer organischen Säure, z. B. Oxalsäure, neutralisiert. Die Alkalisierung und das anschliessende Neutralisieren sind bereits aus älteren Verfahren bekannt. Neu ist hier vor allem die Verwendung des Triäthanolamins, welches die Klumpenbildung verhüten soll und eine gute Durchdringung der Reaktionsmasse durch die Säure bewirkt, so dass die getrocknete Masse feinpulvrig ist und daher nicht mehr gemahlen werden muss.

Die dünnflüssigen Dextrinlösungen können nach *D.R.P. 663.624* von Henkel & Co.-Hentrich-Lobenstein bezüglich ihrer Viskosität verbessert werden, indem man Borax oder ein Alkali zugibt. Leider erhält in diesem Falle die Lösung eine unansehnliche Farbe, die sie für bestimmte Zwecke unbrauchbar macht. Es wurde beobachtet, dass die Zugabe von Phosphaten, die weniger Wasser enthalten als die Orthophosphate, wie z. B. Metaphosphate oder Polyphosphate, zu interessanten Resultaten führen kann. Die Viskosität steigt, und es tritt keine Verfärbung auf. Die Phosphate können direkt in Pulverform zum Dextrin gegeben oder auch der Stärkelösung beigegeben werden[1]).

Henkel & Co.-Hentrich-Kohler bemerken im *D.R.P. 644.027*, 1934, dass eine kaltlösliche Stärke qualitativ dadurch verbessert werden kann, dass man ihr Phosphate mit geringerem Wassergehalt als bei den Orthophosphaten zugibt.

Es handelt sich dabei besonders um Metaphosphate, wie sie sich unter dem Namen Calgon oder Giltex im Handel befinden, sowie um Polyphosphate von der Formel $Na_5P_3O_{10}$, $Na_{11}P_9O_{28}$ usw. Der Zusatz eines solchen Salzes zur löslichen Stärke, die nach einem der bekannten Verfahren hergestellt wurde, ergibt eine bessere Zäh-

---

[1]) Siehe auch *amer. P. 2.149,734* der Hall Laboratories, 1939.

flüssigkeit und einen erhöhten Halt, während durch Orthophosphate nur die Viskosität der Verdickung beeinflusst wird.

Eine Glanzstärke, die man für Appreturen oder auch in der Hauswäsche beim Bügeln verwenden kann, wird nach *D.R.P. 647.997*, 1934, von Holste erhalten, indem man zur Stärke neben Borax auch noch Di- oder Trinatriumphosphate gibt. Man hat auch beobachtet, dass die Zugabe kleiner Mengen von Tragant günstig wirkt. Man erhält so eine sehr gleichmässige Appretur bei guter Ausbeute. Der Patentinhaber erklärt die günstige Wirkung der Phosphate durch die Tatsache, dass die Erdalkalisalze des Wassers feiner im Kleister dispergiert werden und zudem ein weiter gehender Stärkeabbau erzielt wird. Das letztere Argument steht eher im Widerspruch zu den schon seit längerer Zeit bekannten Tatsachen, da ja allgemein festgestellt werden konnte, dass der Glanzeffekt bei löslicher Stärke oder Dextrin geringer ist.

Nach *D.R.P. 663.022* von Henkel & Co. kann die Ausgiebigkeit der kaltquellenden Stärke sowie die Beständigkeit der daraus hergestellten Kleister verbessert werden, wenn man ihnen Zink- oder Zinnsalze in Gegenwart eines Überschusses einer alkalischen Verbindung zugibt.

Die Quellstärke wird mit Natronlauge befeuchtet und darauf wird Zinksulfat oder Zinkdodecylsulfonat zugegeben. So hergestellte Kleister eignen sich vor allem für das Leimen gefärbter Papiere. Dennoch können sie auch für das Appretieren von Textilien in Frage kommen.

D.R.P. 665.742 von Henkel & Co. bringt in Erinnerung, dass das einfachste Verfahren zur Herstellung von Quellstärke darin beruht, die Stärke mit Wasser anzuteigen, verschiedene Abbauagenzien zuzugeben und diesen Brei mit beheizten Platten oder Walzen in Berührung zu bringen. Der Nachteil dieses Verfahrens beruht auf der Tatsache, dass mindestens 50% des Wassers, welches zum Anteigen diente, erst beim Trocknen entfernt wird. Das neue Verfahren, welches den Gegenstand obigen Patentes bildet, bringt daher folgende Vereinfachungen.

Die Stärke wird nicht mehr mit Wasser angeteigt, sondern man bringt sie direkt auf die beheizten Platten oder lässt sie unter Druck zwischen geheizten Walzen hindurchgehen. Die Masse wird darauf gemahlen, und man erhält so eine in Wasser leicht quellende Stärke. Durch Zugabe von sauren oder alkalischen Substanzen kann das Quellungsvermögen noch gesteigert werden.

Nach *brit. P. 430.872* von Servo erhält man durch vorsichtiges Erhitzen einer dünn aufgetragenen Stärkeschicht, die mit ganz wenig Wasser (4—8%) befeuchtet wurde, ein in kaltem Wasser gut quel-

lendes und sich ohne Klumpenbildung verteilendes Produkt, was nicht
der Fall ist, wenn man die hier angegebenen Vorsichtsmassnahmen
ausser acht lässt.

Franz. P. 843.711 der W. A. Scholten's Chem. Fabr. in Foxhol,
Holland, beschreibt ebenfalls eine Herstellungsmethode für Quell-
stärke und die Vermeidung der Klumpenbildung beim Mischen mit
Wasser.

Nach *brit. P. 494.927* der W. A. Scholten's Chem. Fabr. lässt
sich eine kaltlösliche Quellstärke wie folgt herstellen: Stärke wird
mit Aldehyden oder Verbindungen, welche Aldehyde abzuspalten
vermögen, vermischt. Hierauf wird die feuchte, in dünnen Schichten
ausgebreitete Masse der Wärmeeinwirkung ausgesetzt. Das so erhaltene, in Wasser gelöste Produkt kann zum Schlichten der Gewebe
oder als Verdickungsmittel für Appreturen verwendet werden. In den
Beispielen zum Patent wird bemerkt, dass zur Beschleunigung der
Reaktion die Zugabe saurer Salze unerlässlich ist. Diese Tatsache
lässt darauf schliessen, dass man es hier mit einer ähnlichen Reaktion
zu tun hat wie beim Einwirkenlassen von Aldehyden auf Zellulose.

Als Verdickungsmittel für den Textildruck bzw. als Appreturmittel wird nach den Angaben des *schweiz. P. 240.998*, 1946, von
Scholten's Chem. Fabr. (siehe auch *holl. P. 55.779* sowie *schweiz. P.
240.997*) Quellstärke verwendet, die einen Zusatz enthält, welcher
mit der Stärke in wässeriger Dispersion lösliche Stärkeäther oder
-ester bildet. So werden etwa 1000 Teile Quellstärke mit 316 Teilen
bromäthansulfosaurem Natrium und 160 Teilen wasserfreier Soda
vermengt. Vor dem Gebrauch kann ein Teil dieser Mischung mit
2 bis 4 Teilen Wasser zu einer homogenen, viskosen Masse verrührt
werden. Nach dem Erwärmen erhält man dann eine Lösung von
stärkeäthersulfosaurem Natrium.

Ferner soll es nach *amer. P. 1.939.236* von Stokes möglich sein,
eine gut lösliche Quellstärke durch Aufquellen in heissem Wasser bis
zur Kleisterbildung, aber nicht bis zur Dextrinierung, zu erhalten.
Darauf lässt man ausfrieren, und nach dem Auftauen wird das Wasser
durch Auspressen oder Zentrifugieren entfernt.

Ein Kombinationsverfahren wird von der Nat. Adhes. Corp. im
brit. P. 383.778 beschrieben. Mit einer Chlorierung der Stärke unterhalb der Verkleisterungstemperatur wird begonnen. Darauf folgt ein
Waschprozess, wobei die Waschlauge auf einen für jede Stärkesorte
charakteristischen p_H-Wert eingestellt wird. Beim anschliessenden
Trocknen in heisser Luft scheint die Feststellung der p_H-Zahlen für
die einzelnen Aufschliessungsprodukte (also nicht die Quellstärken
im eigentlichen Sinne) von besonderer Wichtigkeit zu sein.

Um Stärkeverdickungen geschmeidig zu erhalten, sind nach
D.R.P. 596.385 und *amer. P. 1.986.360* des Hanseatischen Mühle-

werkes Lezithine, Phosphatide aus dem Sojabohnenöl, in Mineralöl dispergiert, zuzugeben (siehe Die Neuesten Fortschritte, 3. Auflage, 1. Teil, Bd. *1*, Kapitel I, S. 124).

Eine Anzahl weiterer Patente behandelt das Aufschliessen der Stärke mit Halogenen, anorganischen Salzen, verschiedenen Schutzkörpern sowie mechanischen Einrichtungen. Die wichtigsten hievon seien im folgenden kurz erwähnt.

Nach *D.R.P. 640.369* von Kühl und Soltau erhält man aufgeschlossene Stärkekleister, indem man auf Stärke Chlorkalzium unter Zusatz geringer Säuremengen zur trockenen Masse einwirken lässt. *Schweiz. P. 182.700* von Benckiser verwendet Calgon (Metaphosphate), während Stern im *brit. P. 447.810* die Verwendung von gepulvertem, kristallisiertem Metasilikat empfiehlt.

Aufgeschlossene Stärken und Dextrine, die sonst beim Anteigen mit Wasser gerne Klumpen bilden, lassen sich glatt auflösen, wenn man ihnen im Sinne des *D.R.P. 639.821* von Henkel & Co.-Schulz neutral reagierende Netzmittel (Natriumlaurylalkoholsulfat) zumischt. Dadurch wird die Lösungsgeschwindigkeit im Wasser herabgesetzt.

Wird die trockene Stärke nach den Angaben des *D.R.P. 631.722* von Krutzsch in heisses Öl (über 200° C) eingetragen, so verdampft das der Stärke anhaftende Wasser, und es bleibt eine flockige, kaltlösliche Stärke zurück.

Die Behandlungsdauer muss natürlich möglichst kurz sein, da die Stärke nur so lange mit dem heissen Öl in Berührung sein darf, dass noch keine Dextrinierung eintreten kann.

Eine Vorrichtung zum glatten Auflösen der verdickenden Substanzen beschreibt das *D.R.P. 627.673* der Jagenberg-Werke. Das Dextrin, der Gummi usw. fallen durch einen einstellbaren Schlitz auf eine sich ständig drehende Auflockerungsvorrichtung. Es bildet sich dabei ein dünner Schleier des Pulvers, der durch Flügelräder in eine Mischtrommel befördert wird und dabei sofort mit dem zur Auflösung dienenden Wasser in Berührung kommt. Dadurch lässt sich eine Klumpenbildung vermeiden. Neben diesem rein mechanisch arbeitenden Verfahren sei noch dasjenige nach dem *franz. P. 799.035* von Seck erwähnt, bei welchem der Stärkekleister oder auch die heisse Aufschlämmung in Wasser durch Kapillarröhren unter hohem Druck gepresst wird oder bei einer Geschwindigkeit von 7000 Touren in der Minute in einer Kolloidmühle verarbeitet wird.

Zur Erzielung einer Stärke, die schon in der Kälte in Wasser sich gut abbindet, wird nach *D.R.P. 606.429* von Henkel & Co. zur Stärke ein Präparat aus Zellhäutchen der Hefe, besonders der Bierhefepilze, vorgeschlagen. Dieser Zusatz kann vor oder unter Umständen auch nach der Herstellung des Kleisters erfolgen. Es ist hier jedoch zu bemerken, dass es sich nicht um eine Gärung handeln kann, da ja die Hefepilze zuerst einer Extraktion unterworfen worden sind.

Durch Behandeln von Stärke mit Natronlauge oder andern geeigneten Abbausubstanzen erhält man nach *D.R.P. 606.189* von Sichel eine dicke und Klumpen enthaltende Masse, die noch warm geknetet werden muss, um in eine flüssige und viskose Masse übergeführt werden zu können. Um diesen Nachteil zu beheben, wurde empfohlen, die Masse durch Kapillarröhren zu drücken. Nach den Angaben des Patentinhabers sollen durch diese Behandlung die kolloidalen Stärketeilchen in kleinere Teilchen übergeführt werden.

Ein weiteres Verfahren zur Herstellung kaltlöslicher Quellstärke bildet den Gegenstand des *D.R.P. 641.752* von Sichel. Man stellt einen Kleister her, erhitzt und pulverisiert die Masse, die dann noch in einer Chlorwasserstoffsäuregas-Atmosphäre geröstet wird. Während dieser Behandlung bildet sich kein Dextrin, und das Endprodukt zeigt sehr deutlich die blaue Jodreaktion, was eher auf eine Hydrolyse der Stärkeabbauprodukte (Amylose und Amylopektin) schliessen lässt.

Im *brit. P. 468.830* von Dumas wird erwähnt, dass zur Aufschliessung von Stärke diese mit Wasser angeteigt werden kann und darauf unter Druck durch eine Reibmaschine oder ein Sieb genommen wird. Die dabei entstehenden Teilchen von der Form kleiner Körner oder Bändchen werden in eine Kammer gebracht, in welche überhitzter Dampf von 350—450° C durch seitlich angebrachte Eintrittsöffnungen hineingeblasen wird. Die Stärke lässt sich auf diese Art und Weise sehr rasch aufschliessen.

Stärkepräparate für Appreturzwecke werden nach *D.R.P. 659.766* von Henkel & Co. aus den verschiedensten Stärkesorten und -qualitäten hergestellt, indem man die Stärke leicht mit Wasser befeuchtet, und zwar nur so, dass sich dabei noch kein Kleister bilden kann. Darauf wird die pulverförmige Masse auf hoch erhitzte Platten ausgeschüttet, wobei sich rasch ein Kuchen aus kaltlöslicher Quellstärke bildet.

Das *brit. P. 431.275* von Pendlebury beschreibt ein Verfahren zur Herstellung von Glanzappreturen mit Hilfe einer Mischung aus Triäthanolaminseife der Stearinsäure, Äthylenglykol, Sulforizinat und wasserlöslicher Stärke.

Die Herstellung kaltquellbarer Stärke wird im *franz. P. 941.732,* 1949, der Scholten's Chem. Fabr. beschrieben.

Es ist bekannt, dass Stärke durch verschiedene chemische Behandlungen, wie z. B. mit Alkalien, Säuren oder Oxydationsmitteln, abgebaut oder depolymerisiert werden kann, wobei Homogenitäts-

und Viskositätsänderungen eintreten können. Im *amer. P. 2.417.969* von Stein, Hall[1]) findet man ein neues Verfahren, das keinen Abbau (Depolymerisation), sondern eine Dissoziation zum Ziele hat. Dieser Prozess besteht darin, dass die Stärkemilch auf ca. 5^0 C unterhalb des Gelatinierungspunktes vorerwärmt wird und in diesem Zustande unter hohem Druck durch eine quadratische oder messerscharfe Öffnung (Matrize) in ein Gefäss gepresst wird. Hier wird diese Milch so lange gerührt, bis eine langsame und sukzessive Gelatinierung erfolgt. Bei dieser Behandlungsstufe wird keine Wärme mehr zugeführt. Die gelatinierte Stärke wird darauf auf einem Trockenzerstäuber getrocknet. Nach diesem neuen Verfahren hergestellte Verdickungen zeichnen sich durch eine gut homogene Verteilung aus.

Ein weiteres Verfahren, welches den Gegenstand des *franz. P. 925.003* der Corn Products Refining Co. bildet, besteht darin, Stärke in Gegenwart geringer Mengen Natrium- oder Kaliumstannat ($Na_2SnO_3 \cdot 3\,H_2O$ oder $K_2SnO_3 \cdot 3\,H_2O$) zu gelatinieren. Auf diese Art wird ein Stärkeprodukt erhalten, dessen kolloidale Lösungen auch im alkalischen Gebiete stabil sind. Zudem löst sich ein solches Produkt leicht in Wasser und weist eine erhöhte Viskosität auf.

Das *amer. P. 2.417.515* von Neumann[2]) beschreibt ein Verfahren, zur Herstellung kolloidal löslicher Stärke, die sich zum Schlichten, für Verdickungen und Appreturen eignet. Man erhitzt einen Stärkebrei mit einem Kondensationsprodukt aus Natriumazetat und Hexamethylentetramin und gibt noch etwas Phenol als Desinfizierungsmittel zu. Wird ein solcher Brei aus 5 g Stärke, 0,5 g Kondensationsprodukt und 100 g Wasser über freier Flamme erhitzt, so dürfen sich keine Klumpen bilden. Die Ware bleibt dabei flüssig. Bei längerem Einkochen wird die Lösung nach und nach viskoser, ohne aber beim Erkalten fest zu werden.

Im *amer. P. 2.364.590* der American Maize Prod. Comp. wird ein Stärkeleim beschrieben und gleichzeitig eine Methode für ein rasches Leimen von Papier gegeben. Getreidestärken können bekanntlich durch Zusatz von Enzymen unter Erwärmen in einen Stärkeleim übergeführt werden. Es wurde nun gefunden, dass eine Qualitätsverbesserung erzielt werden kann, wenn man nicht schon von Anfang an die gesamte Enzymmenge zusetzt. Es wird zuerst nur $\frac{1}{4}$ bis $\frac{1}{6}$ der gesamten Enzymmenge zur Stärke gegeben und dann mindestens während zwei Tagen die Masse bei einer Temperatur von nicht viel mehr als 55^0 C und bei einem p_H-Wert zwischen 6,5 und 7 belassen. Darauf wird das restliche Enzym zur Masse gegeben und aufgeheizt, um die verdünnende Wirkung des Enzyms auszulösen.

---

[1]) Amer. Dyest. Rep. 1947, *36*, S. 512.
[2]) Teintex 1947, *12*, S. 395.

Formalisierte Stärke.

Wird Formaldehyd zu einem warmen Stärkebrei gegeben, so verfestigt er sich nicht beim Abkühlen, und die Viskosität der Flüssigkeit ändert sich beim Rühren bei Zimmertemperatur weniger rasch.

Diese Reaktion ist analog der Reaktion zwischen Zellulose und Formaldehyd (siehe weiter unten Kap. XII).

Die Einwirkung von Formaldehyd auf Stärkeprodukte hat eine gewisse Bedeutung erlangt, was auch aus folgenden Patentschriften hervorgeht.

Das *brit. P. 414.576* der I.G. Farbenindustrie bezieht sich auf die Behandlung von Textilmaterialien mit Stärkeverdickungen und Formaldehyd in Gegenwart einer sauer reagierenden Verbindung. Anderseits kann das Gewebe auch mit einem Reaktionsprodukt von Stärke auf Formaldehyd, welches immer noch zur Bildung einer pastenförmigen Verdickung fähig ist, behandelt werden. In beiden Fällen wird das behandelte Material bei erhöhter Temperatur getrocknet. Als Beispiel eines Einbadverfahrens sei folgende Vorschrift wiedergegeben. Das Gewebe wird mit 100 Teilen Stärkepaste, zu welcher 15 Teile Formaldehyd (30%ig) und 0,5 Teile Oxalsäure gegeben wurden, imprägniert und darauf bei 100° C getrocknet.

Die Herstellung von Stärke-Formaldehyd-Pasten kann z. B. durch Einwirkenlassen von 75 Teilen einer 3%igen Formaldehydlösung auf 125 Teile Kartoffelstärke während einer Dauer von 24 Stunden erfolgen. Hierauf wird im Vakuum bei 50°C getrocknet. Darauf wird ein Teig hergestellt aus 8 Teilen dieses Produkts, 42 Teilen Kartoffelstärke und einem Teil Ammoniumrhodanid auf 1000 Teile Wasser von 60° C. Nach dem Imprägnieren mit der Lösung wird das Gewebe bei 100° getrocknet.

Stärke-Formaldehyd-Verbindungen wurden bereits 1897 von Classen untersucht. Mit 40%iger Formaldehydlösung liess sich eine kolloidale Lösung erhalten, die jedoch nicht wasserbeständig war. Durch Erhitzen der Stärke (100 Teile) mit Formaldehyd (1—8 Teile) auf 76° C während 50 Minuten in einem geschlossenen Gefäss kann ein wasserbeständiges Produkt erhalten werden, welches sich jedoch bei Zugabe einer verdünnten Säure zersetzt.

Wasserbeständige Stärkeprodukte konnten auch durch Einwirkung von Formaldehyd auf Stärke, die einer extremen Entwässerung unterworfen worden war, erhalten werden. Dieses Verfahren bildet den Gegenstand der *brit. P. 522.672* und *523.566* der Corn Products Refining Co. Die Wasserentziehung kann dadurch erfolgen, dass die Stärke während längerer Zeit mit trockener Luft von höherer Temperatur behandelt wird. Darauf wird die Stärke mit dem Formaldehyd, der höchstens 60% Wasser enthalten darf, vermischt. Die

Lösung muss auf einen p_H-Wert von 2 oder noch tiefer eingestellt werden. So kann z. B. die Stärke bei 130° C während 20 Stunden entwässert werden. Darauf wird sie mit der gleichen Menge 40%iger Formaldehydlösung vermengt und genügend unterchlorige Säure zugegeben, um einen p_H-Wert von 1,8 zu erreichen. Das so erhaltene Produkt kann dann auf das Textilmaterial gebracht werden. Hierauf wird während 10 Minuten bei 120° C getrocknet. Die auf diese Weise auf Baumwolle gebrachte Stärke kann während einigen Wochen in Wasser eingetaucht werden, ohne sich von der textilen Unterlage abzulösen.

Das Reaktionsprodukt zwischen Stärke und Formaldehyd ist ein Methylenäther der Stärke. Es wurde versucht, auch andere Stärkeäther herzustellen. Es sei diesbezüglich auf die weiter unten behandelten Solvitosemarken verwiesen.

Es ist auch möglich, eine Reihe von Estern der Stärke herzustellen. So wurden vor allem verschiedene Azetate dargestellt, indem man hoffte, es könnten dadurch die zur Herstellung von Appreturen und Lacken verwendeten teureren Zellulosederivate ersetzt werden. Zur Zeit ist jedoch ihre technische Anwendungsmöglichkeit sehr beschränkt.

Durch Verätherung der Stärke war es möglich, die der Stärke zukommenden Nachteile weitgehend zu beheben. Wie bereits weiter oben ausgeführt wurde, enthält das Stärkemolekül eine kleine Seitenkette, nämlich die Methylolgruppe ($-CH_2OH$-Gruppe). Diese Methylolgruppe ist die reaktionsfähigste Gruppe des ganzen Moleküls. Wird nun an diese Seitenkette eine weitere Gruppe angehängt, so führt dies zu einer Verzweigung des Amylosemoleküls, was dann natürlich eine starke Veränderung der Eigenschaften der Stärke mit sich bringt. So lässt sich eine verätherte Stärke nicht mehr in einen unlöslichen Zustand überführen, weshalb auch die Auswaschbarkeit sowie die Dispergierbarkeit bedeutend besser sind.

Die Beständigkeit solcher Verdickungen ist sehr gut, und das Auftreten einer Gelierung ist nicht mehr möglich.

Nach *schweiz. P. 267.379, 269.496*, 1950, und *holl. P. 48.512* der Scholten's Chem. Fabr. wird eine in kaltem Wasser lösliche bzw. quellbare Formaldehydstärke erhalten, indem man Stärke mit Wasser und Formaldehyd (10% vom Stärkegewicht) bei einem p_H von 5 und bei Temperaturen unter 140° C erhitzt. Zu erwähnen wäre hier auch das *schweiz. P. 247.212*, 1947, von Heberlein, welches die Verwendung von Stärke, Gelatine und Dextrinen als Appreturmittel für Gewebe zum Gegenstand hat, wobei die Ware durch ein Bad mit 40% Formaldehyd und einem sauren Katalyten genommen wird.

Die nach diesem Verfahren erhaltene Ware wird scheuerfest und steif.

Verätherte Stärke.

Solvitose H von W. A. Scholten's Chem. Fabrieken, Foxhol, Groeningen, Holland[1]).

Diese Firma hat unter dem Sammelnamen Solvitose[2]) eine Reihe neuer Stärkeprodukte auf den Markt gebracht. Diese stellen Stärkeäther dar.

Der erste Typ, Solvitose H, gibt mit 2—2 ½ Teilen Wasser verdickt eine Paste von schönem, gummiartigem Aussehen. Solvitose H löst sich leicht und ohne Klumpenbildung in kaltem Wasser auf, sofern es rasch und unter stetem Rühren in Wasser eingestreut wird. Solvitose kann auch verdickten Lösungen, die etwas zu dünn ausgefallen sind, zugegeben werden. Die Haltbarkeit einer solchen Verdickung ist praktisch unbegrenzt. Sie verwässert nicht und dickt auch kaum nach. Sie kristallisiert also nicht aus wie z. B. Dextrin-, Britishgum- und andere Verdickungen.

Das Egalisiervermögen einer Solvitose H-Verdickung ist als ausserordentlich gut zu bezeichnen, so dass Solvitose H das geeignete Verdickungsmittel zur Erzielung eines glatten, nicht wolkigen Druckes ist. Es eignet sich also gut für grosse Flächen, den Druck von Seide, mattierter Kunstseide, Plüsch und alle geschlossenen, schlecht absorbierenden Gewebe. Beim Verdünnen verliert eine Solvitose H-Verdickung nur langsam ihre Viskosität, was sie besonders für die Herstellung von Durchdruckfarben, die trotz der Verdünnung noch genügend scharf drucken sollen, geeignet erscheinen lässt.

Die bemerkenswerten Eigenschaften der Solvitosen erlauben ihre Verwendung in der Appretur zur Erzielung eines weichen Griffs. Die Solvitosen lassen sich sehr gut mit den gewöhnlichen Stärken zusammen verwenden. Eine Solvitosezugabe verbessert dabei den Griff ganz beträchtlich und erhöht die Beständigkeit der Appreturbäder aus gewöhnlicher Stärke.

Die folgenden Marken werden von W. A. Scholten's Chemische Fabrieken in Foxhol (Holland) sowie von Doittau in Corbeil (Frankreich) hergestellt:

Solvitose H: besonders für Reyon und feine Baumwollgewebe geeignet; Konzentration der Appreturbäder: 5 bis 20 g im Liter; Temperatur des Appreturbades: ungefähr 40⁰ C; unter Umständen kann man auch in der Kälte appretieren.

Solvitose H 4: für Baumwollgewebe, die mehr Fülle erfordern; Konzentration der Appreturbäder: 25 bis 50 g im Liter; Temperatur des Appreturbades: ungefähr 50⁰ C.

---

[1]) F. A. Möller, Verätherte Stärkederivate, Teintex 1950, Dezemberheft.
[2]) Mell. 1950, *31*, S. 419.

Solvitose R und Solvitose CG: für Appreturen auf der Rückseite der Teppiche an Stelle von Tierleim, Dextrin und ähnlichen Produkten. Diese Produkte ergeben ganz speziell geschmeidige Teppichrückseiten, keinen Glanz und sind geruchlos. Die Konzentration der Bäder hängt von der gewünschten Steifheit, der Anwendungsform und der Teppichqualität ab und schwankt daher zwischen 10 und 15 kg auf 100 Liter. Die Temperatur des Appreturbades liegt etwa bei 70° C.

Solvitose HDF: für waschbeständige Appreturen.

Es ist eine Eigenart der Solvitosen, dass trotz ihrer stark verbesserten reversiblen Eigenschaften des Filmes ein solcher Film aus Solvitose mit Hilfe von Vorkondensaten von Kunstharzen vollkommen in einen irreversiblen Zustand übergeführt werden kann. Man kann daher Solvitosen auch für Dauerappreturen von Stoffen verwenden. Die besten Resultate wurden dabei mit einer Kombination von Solvitose und Melaminharzen erzielt. Die entsprechenden Appreturen sind äusserst beständig gegenüber einer Seifen-Soda-Wäsche. Für diesen Anwendungsbereich ist die Solvitose HDF am geeignetsten.

Trimethylolmelamin ist das Reaktionsprodukt aus Melamin und Formaldehyd und wird von der Ciba unter dem Namen Lyofix A verkauft. Durch Verätherung gelangt man dann zum Hexaalkyläther des Hexamethylolmelamins

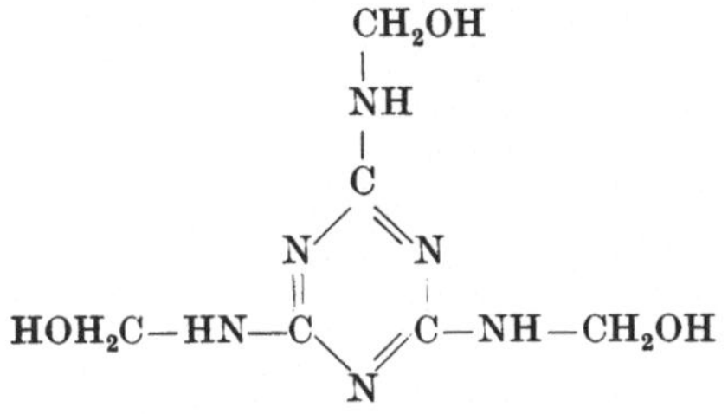

Trimethylolmelamin 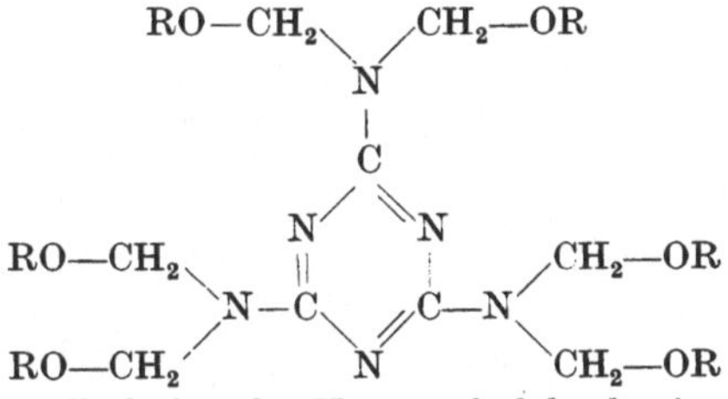   Hexaalkyläther des Hexamethylolmelamins

Man weiss, dass es möglich ist, Kartoffelstärke mit solchen Melaminvorkondensaten zu kondensieren. Man gelangt dabei zu unlöslichen Körpern, denen etwa die Formel auf der nebenstehenden Seite zuzuschreiben wäre. (Formel II).

Wenn man bedenkt, dass die Stärkemoleküle an sich schon sehr gross sind, so begreift man leicht, dass die sich aus Stärke und Trimethylolmelamin bildenden Körper schon bei Verwendung relativ geringer Mengen von Melaminvorkondensaten riesige und unlösliche Supermakromoleküle darstellen. Die Reaktionsfreudigkeit der Stärke und der unveränderten Kartoffelstärke ist dabei genügend gross, um Appreturen mit befriedigender Waschechtheit zu erzeugen.

Aus den Vorkondensaten vom Typus des Trimethylolmelamins erfolgt dann durch Polykondensation der Aufbau von Makromolekülen. Dieser Vorgang lässt sich durch das folgende Reaktionsschema veranschaulichen:

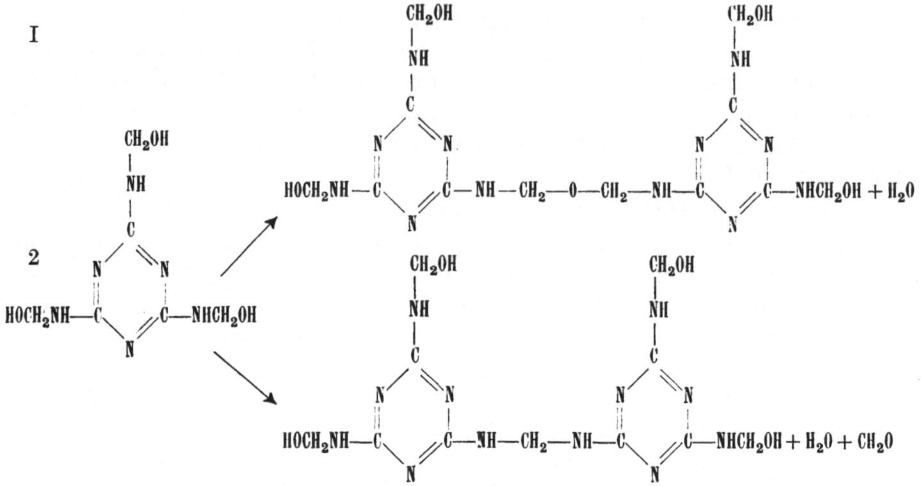

$$\text{HOCH}_2\text{NH—C} \; (\text{Triazin, } \text{NH—CH}_2\text{OH}, \; \text{CH}_2\text{OH}) \longrightarrow$$

I

2

$$\text{HOCH}_2\text{NH—C} \cdots \text{C—NH—CH}_2\text{—O—CH}_2\text{—NH—C} \cdots \text{C—NHCH}_2\text{OH} + \text{H}_2\text{O}$$

$$\text{HOCH}_2\text{NH—C} \cdots \text{C—NH—CH}_2\text{—NH—C} \cdots \text{C—NHCH}_2\text{OH} + \text{H}_2\text{O} + \text{CH}_2\text{O}$$

Wird die Getreide- oder Kartoffelstärke durch Solvitose ersetzt, so erhält man noch bessere Resultate, da die Solvitosen eine bedeutend grössere Reaktionsbereitschaft besitzen und sich sehr wahrscheinlich ein aktiveres dreidimnesionales Netz bei den Solvitosen ausbildet.

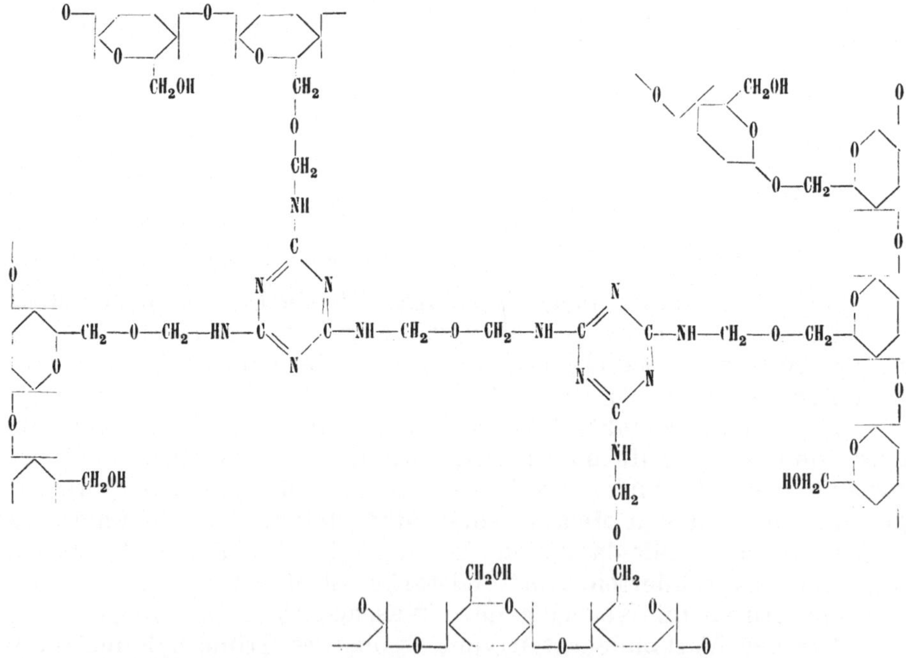

Kondensationsprodukt aus Stärke und Trimethylolmelamin.

Diese Reaktionsmöglichkeit ist für die Appretur von grosser Wichtigkeit. Man appretiert mit einem Solvitose HDF-Bad unter Zugabe von 6 bis 10% Lyofix A und Ammoniummonophosphat als Katalysator. Während 10 Minuten wird dann bei ungefähr 120° C auspolymerisiert. Es ist bemerkenswert, dass eine sehr geringe Menge Lyofix schon für eine gute Fixierung genügt.

Die Appreturen mit Solvitose HDF sind besonders für Reyon und ganz speziell für Zellwolle von Bedeutung. Es lassen sich dadurch weitgehend die Nachteile des starken Quellens im Wasser überdecken und die Gebrauchstüchtigkeit wird erhöht. Nach dem Spülen besitzt das Gewebe ebenfalls einen volleren Griff.

Im *franz. P. 881.496* empfehlen Scholten's Chem. Fabr. zum Appretieren Stärkelösungen, die erhalten werden, indem man zu Stärkeprodukten brommethansulfosaures Natrium gibt. Bei der Herstellung der Appreturlösung tritt in der Wärme die Bildung von Stärkeäthern ein. Ein anderes Verfahren zur Darstellung von Stärkeäthern mit hoher Viskosität ist im *amer. P. 2.523.709*, 1950, der Gen. Mills angegeben.

Stärkeäther können auch nach *amer. P. 2.516.632, 2.516.633* und *2.516.634*, 1950, von Penick durch Behandeln der Stärke mit Alkylenoxyden erhalten werden.

Die Starch Prod. Co. beschreibt im *amer. P. 2.500.950*, 1950, die Herstellung von Stärkeäthern, die in Form der ursprünglichen Stärketeilchen vorliegen und in Wasser verteilt nicht gelatinieren.

Scholten's Chem. Fabr. empfehlen im *amer. P. 2.451.686*, 1948, wasserlösliche Stärkepräparate, die aus Mischungen von Kaltquellstärke, veresternden oder veräthernden Mitteln und Alkali bestehen.

2. Eiweißstoffe.

Die Stoffe tierischen Ursprungs sind die am meisten benutzten Appreturmittel für Wolle; sie haben in der Appretur der pflanzlichen Fasern nur eine beschränkte Verwendung gefunden. Insbesondere kommen folgende Produkte in Frage:

Die Gelatine wird aus gewissen faserigen Teilen des tierischen Organismus gewonnen (Knorpeln und Sehnen, die durch Kochen in Wasser extrahiert werden).

Fischleim (Ichtyolleim) wird vor allem in Russland aus den Fischabfällen des Schwarzen und des Kaspischen Meeres gewonnen. Er enthält 87—93% stark wirksamen Leimes.

Knochenleim (siehe Hertzinger, S. 64) ist mehr oder weniger stark gefärbt. Er wird hergestellt, indem die Abfälle der Metzgereien und Schlachthäuser, Knochen und auch Hautreste der in die Gerbereien gelieferten Häute, ausgekocht werden.

Reine und trockene Gelatine bildet eine amorphe Masse, ist durchsichtig und beinahe farblos. In der Kälte quillt sie in Wasser, ohne sich jedoch aufzulösen, und bildet ein Gel. In der Wärme ist sie löslich. Gelatine ist in Alkohol und Äther unlöslich. Die helle Gelatine stellt ein raffiniertes Produkt dar.

Die Gelatine wird oft für Appreturen verwendet, vor allem zur Appretur von Satingeweben (Schürzensatin, satin dégravé,) einem sehr wichtigen Artikel, der in Frankreich in grossem Maßstabe ausgeführt wird (Epinal, Villefranche, Thann, Mülhausen). Es werden dabei die folgenden Druckfarben sehr oft verwendet:

a) Anilinschwarz mit einer Weissreserve allein oder in Verbindung mit Buntreserven mittels Rapidogenen, Küpenfarbstoffen (Satin impérial), oder die basische Farbstoffe und Pigmente (Ultramarin, basische Lacke, Satin féodal) enthalten.

b) Variaminblau mit Weissreserven oder mit unlöslichen Azofarbstoffen oder Indigosolen illuminiert.

c) Indigoblau mit einer Weissreserve nach dem Bichromatverfahren von C. Koechlin, um sehr feine Gravureffekte von vollkommener Schärfe zu erhalten.

Die Appretur dieser Satins soll dem Gewebe einen vollen Griff und ein schönes Aussehen verleihen und gleichzeitig die Geschmeidigkeit erhalten. Dieser Artikel wird zur Herstellung von Schürzen, Blusen, Trachten usw. verwendet.

Eine solche Appretur setzt sich wie folgt zusammen:

Rezept.

2,500 kg Chardin-Leim
2,500 kg Leim
4,000 kg Natriumsulforizinat
0,150 kg Natriumfluorid
2,000 kg Glukose
auf 100 Liter Appreturmasse.

Die zu Appreturzwecken verwendeten Leimlösungen zersetzen sich gerne, und man kann ein rasches Wachsen der Schimmelpilze beobachten.

Dieser Nachteil lässt sich nach *brit. P. 470.482* von Du Pont beheben, und die Leimverdickungen können beständig gemacht werden, wenn man zur Gelatine eine gewichtsmässig gleiche Menge Formamid gibt, so z. B. auf 15 g Gelatine 15 g Formamid in 50 cm^3 Wasser gelöst. Man lässt zuerst quellen und erhitzt dann, bis sich eine klare Lösung bildet, die dann die Eigenschaft besitzt, in der Kälte nicht mehr zu schimmeln.

Dieses Verfahren könnte interessant sein für Schlichten und die Herstellung von Druckverdickungen.

Im *brit. P. 470.486* der gleichen Firma wird bemerkt, dass Formamid ein Lösungsmittel für Azetatzellulose ist und daher eine solche Lösung auch zum Imprägnieren von Geweben dienen kann.

Gelatineappreturen, die durch eine nachträgliche Formaldehydbehandlung unlöslich gemacht wurden, sind nicht immer genügend waschbeständig. Diesbezüglich wurde von Raduner im *brit. P. 428.090* festgestellt, dass Gewebe mit einer Gelatineappretur, die mit Formaldehyd behandelt worden sind, noch nachträglich mit oder ohne Druck mit Natronlauge behandelt werden sollten. Dies verbessert ganz beträchtlich die Waschechtheit und macht die Appretur gegenüber einem Seifen bei 50° C beständig.

Gemäss *brit. P. 429.423* der Hydrierwerke sollen höhere Fettalkohole den für Appreturen verwendeten Leimlösungen zugesetzt werden, um das Schäumen zu verhindern; im übrigen ist dieser Zusatz zu Appreturen nur Nebenzweck, die Hauptanwendung liegt bei stark schäumenden Lösungen in der Gärungsindustrie.

Ein anderes ähnliches Produkt, das ebenfalls auf einer Gelatinebasis aufgebaut ist, ist der Leim aus Hasen- und Kaninchenhäuten, der in rohem Zustande sehr stark braun gefärbt ist. Aus diesem Grunde wird dieses Produkt weniger für Appreturen verwendet. Anderseits wird er zur Herstellung von Schürzensatin oft verwendet (Chardin-Leim)[1].

Man unterscheidet zwei Kategorien von Eiweisskörpern, solche, die in Wasser löslich sind, wie z. B. die Albumine der Eier und des Blutes, und solche, die wasserunlöslich sind, sich aber bei Zugabe von neutralen Salzen oder Alkalien lösen. Der wichtigste Vertreter dieser letzteren Gruppe ist das Kasein.

Das pflanzliche Kasein ist eine Eiweissverbindung, die in den Sojabohnen vorkommt. Die Sojabohne ist vor allem in Japan, China und Indochina heimisch.

Nach *brit. P. 462.114* von Albright und Wilson wird Kasein laufend zum Appretieren und Schlichten verwendet. Mit Hilfe von Hexametaphosphaten lässt es sich leicht in Lösung bringen.

Dieses Verfahren scheint jedoch weniger die Textil- als die Papierindustrie zu interessieren.

Auf Grund des *schweiz. P. 169.688* von Atwood ist es vorteilhaft, das Kasein vor dem Auflösen mit Natriumfluorid oder Ammoniumchlorid zu quellen. Es bildet sich dabei ein Gel, zu dessen Auflösung es nicht viel weniger Alkali erfordert als üblich. Dieses Alkali kann jedoch nach dem Auflösen mit Borsäure neutralisiert werden.

In den *schweiz. P. 170.084* und *180.857* der I. G. Farbenindustrie wird für Appreturen ein Produkt erwähnt, welches erhalten wird, wenn man in Essigsäure gelöstes Kasein mit Äthylenoxyd behandelt.

---

[1] Société des colles Chardin, Pantin (Seine), Frankreich.

Als Appretur auf ein Gewebe aufgetragenes Kasein verleiht der Ware eine gute, standhafte und gut die Poren füllende Steife. Eine Formaldehydnachbehandlung macht dann diese Appretur noch unlöslich.

Z. B. zur Appretur eines Batistes kann zur Nachahmung eines schweizerischen Glasbatistes folgende Verdickung verwendet werden.

Kaseinlösung. 1500 ·g Kasein
8100. g Wasser
½ l Ammoniak, 25%ig

Es wird umgerührt und darauf lässt man während 6 Stunden reagieren. An Stelle von Ammoniak kann auch Borax oder Natriumkarbonat usw. in Frage kommen.

Dem Gewebe wird dadurch eine dauerhafte Steife verliehen, die auch gegenüber Feuchtigkeit beständig ist.

Im *amer. P. 2.448.571* erwähnt die Celanese Corp. of America ein Präparat, welches man zum Appretieren von Azetatseidenfäden verwenden kann. Es besitzt die folgende Zusammensetzung:

79% Kasein
16% Triäthanolamin
5% Triäthylphosphat.

Eine so behandelte Ware kann ohne Gefahr und ohne Verlust an Geschmeidigkeit gelagert werden.

Zschimmer und Schwarz schlagen in den *D.R.P. 734.564* und *746.635*, 1944, vor, die Eiweissappreturen unlöslich zu machen, indem man Umsetzungsprodukte aus Alkylolaminen mit Aluminiumverbindungen oder aus Aluminiumchloridhexahydrat + Formaldehyd + organischen Basen (Äthylendiamin, Zyklohexylamin) verwendet.

Gemäss *D.R.P. 730.693*, 1943, der Research werden haltbare Kaseinlösungen mit p_H 8—10 hergestellt, indem man diesen geringe Mengen von quaternären Ammoniumverbindungen zugibt, z. B. Stearylpyridiniumchlorid oder Lauryltriäthylammoniumchlorid. Die Beigabe von kleinen Mengen Wasserstoffsuperoxyd wird empfohlen.

Ein interessantes Verfahren für die Herstellung von Appreturen wird von Du Pont im *amer. P. 2.436.156*, 1948, angegeben. Keratin (Wolle, Horn usw.) wird mit schwach alkalischen Lösungen von Thioglykolsäure reduziert; man löst das erhaltene Produkt in Alkali, fällt aus und löst wieder in Ammoniak, wobei ein Kunstharz, z. B. ein Styrol-Maleinsäurekopolymerisat zugegeben wird. Nach Verdunsten des Ammoniaks bleibt die filmbildende Substanz zurück.

Im *amer. P. 2.413.983*, 1947, von Lawrence Bruce werden azylierte Keratine als Appreturmittel beschrieben, die man zusammen mit Thioglykolsäure verwendet.

Borden empfiehlt im *amer. P. 2.293.385*, 1943, zu Appreturzwecken gefälltes Kasein, welches in Pyrophosphatlösungen gelöst wird.

Kleber oder Gluten ist eine viskose Masse, die in den Getreidemehlen vorkommt. Sie wird beim Abtrennen der Stärke aus diesen Mehlen gewonnen.

Diese Eiweißsubstanz stellt eine Mischung verschiedener Eiweisse dar. Es lassen sich daraus verschiedene stickstoffhaltige Verbindungen isolieren, besonders das Glutin oder pflanzliche Kasein.

Kleber ist sehr empfindlich auf Schimmelpilze. Er wird auch in Mischung mit Alginen (Handelsprodukt Glutalgin) verwendet. So werden in warmem Wasser lösliche Produkte erhalten, die sich in Verbindung mit Mehlen zur Appretur von Leinwand eignen.

3. Verschiedene Gummiarten und pflanzliche Schleimstoffe.

Schon vor mehreren Jahrhunderten hatte der Mensch festgestellt, dass beim Ritzen der Rinde gewisse Bäume knotenartige Gebilde ausschwitzen, die Gummen enthalten. Diese Gummen werden schon seit langer Zeit in der Kunst, im Gewerbe und in der Industrie verwendet, da sich daraus viskose Pasten, Verdickungsmittel und Klebemittel herstellen lassen. Das Sammeln und Verteilen solcher Gummen bildet die Grundlage eines wichtigen Handelszweiges. So z. B. werden jährlich mehr als 20 Millionen Kilogramm Akaziengummen auf dem Weltmarkt abgesetzt. Desgleichen gelangen grosse Mengen Tragant, die von den Astragalus-Stauden gewonnen werden, indische Gummen, von Sterculia stammend, und eine Reihe anderer Gummen auf den Markt und werden von der Industrie verarbeitet. Sie haben die verschiedenartigsten Verwendungsgebiete erobert: Klebemittel, Schlichten, Drucken und Appretieren von Textilien, Herstellung von Papier, Wasserfarben, Streichhölzern, Tinten, pharmazeutischer Präparate und auch als Zusätze für Konfiserieartikel. Sie besitzen recht verschiedene chemische und physikalische Eigenschaften und die Forschungsarbeiten, die sich auf dieses Gebiet beziehen, haben den Biologen und Chemikern eine Reihe wichtiger Probleme auferlegt.

Im Pflanzenreich sind die Schleime sehr verbreitet. Sie verleihen den Sekundärmembranen Halt und bilden einen Bestandteil der interzellularen und intrazellularen Substanzen. Man findet solche schleimbildende Substanzen in den Wurzeln, der Rinde, den Blättern, den Stengeln, den Blüten, dem Endosperm und den Deckblättern der Körner sowie in gewissen Knollen, die spezielle schleimhaltige Zellen enthalten. Diese Schleime haben im Leben der Pflanze die verschiedensten Funktionen zu übernehmen. Oft dienen sie als Reservestoffe, besitzen jedoch manchmal auch ganz spezielle Funktionen. Es ist wahrscheinlich, dass z. B. die physikalischen Eigenschaften gewisser Schleime Pflanzen, die in einer äusserst trockenen Umgebung leben, die Bildung einer Wasserreserve erlauben. Desgleichen kann die schleimhaltige Umhüllung der Fruchtkörner während des Keimens eine ähnliche Funktion zu übernehmen haben.

Die Schleime sind ein normales Produkt des Pflanzenwachstums und -stoffwechsels und können von diesem Gesichtspunkt aus den Gummen aus Pflanzen gegenübergestellt werden, die sich üblicherweise infolge einer zufälligen oder absichtlichen Beschädigung der Pflanze bilden, wie z. B. beim Ritzen der Rinde von Akazienarten, welches ein Ausfliessen des Gummis mit sich bringt. Die Bildung des Gummis unter diesen Bedingungen wurde eingehend untersucht. Die Stärke und andere Reservestoffe werden dabei in Gummi übergeführt, der dann als bewegliche wässerige Lösung von der Pflanze ausgeschwitzt wird. Diese Lösung trocknet ein, wird dabei fest und hart und bildet so eine Schutzschicht über die verletzte Stelle.

Vom Standpunkt der chemischen Zusammensetzung und Struktur aus stellen die Gummen und pflanzlichen Schleime komplexe Polysaccharide[1]) von hohem Molekulargewicht dar, die sich meistens durch Zusammenschluss mehrerer verschiedener Zuckerreste bilden. So enthält z. B. das Molekül des Gummi arabicum d-Galaktose, l-Rhamnose, l-Arabinose und d-Glukoronsäure. Auch andere Zuckerarten, wie z. B. d-Xylose und d-Mannose, werden ebenfalls sehr häufig in Gummen und Schleimen angetroffen.

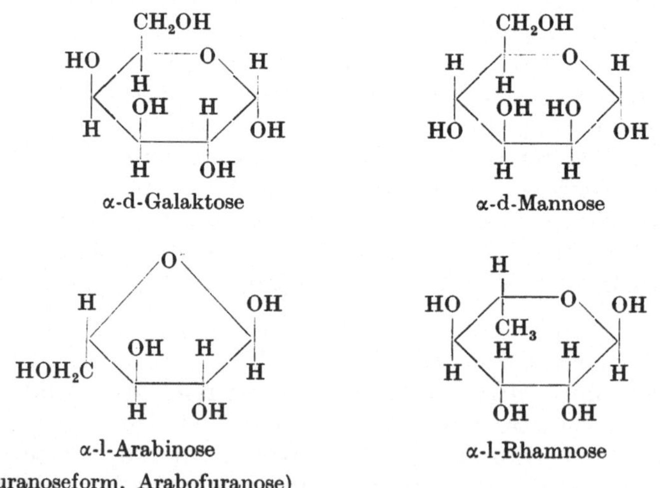

---

¹) E. L. Hirst, Chemie der Gummen und der pflanzlichen Schleime, Endeavour, 1951, X, Nr. 38, S. 106.

Die d-Glukuronsäure ist charakteristisch für die Gummen, während in den Schleimen d-Galakturonsäure gefunden wird.

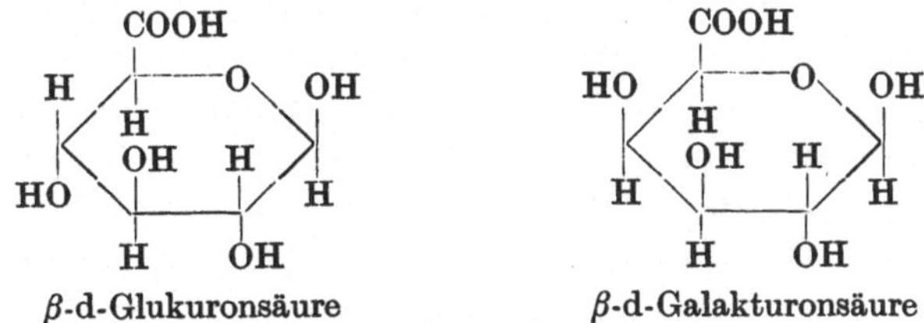

β-d-Glukuronsäure   β-d-Galakturonsäure

Die Gummen sind krankhafte Ausscheidungen gewisser Pflanzen (Akazien). Zum grössten Teil bestehen sie aus Arabinose, Arabonsäure oder Bassorin (Tragant). Sie sind afrikanischer oder asiatischer Herkunft.

Die Gummen geben mit Wasser kolloidale Lösungen, die bei Zugabe von Alkohol ausflocken. Enzyme oder Säuren spalten sie in Hexosen oder Pentosen.

Pentosane $(C_5H_8O_4)_x$ entsprechen den Arabanen (pflanzliche Gummi);
Hexosane $(C_6H_{10}O_5)_x$ entsprechen den Mannanen (in den Samenschalen reichlich vorhanden), den Galaktanen, Glukosanen (Stärke, Dextrin), Lävulosanen (Inuline) oder den Fruktosanen.

Je nachdem welches Kohlehydrat den Hauptbestandteil der betreffenden Gummisorte ausmacht, unterscheidet man drei Klassen von Gummen: Arabin, Cerasin (oder Meta-Arabin) und Bassorin.

Zur ersten Klasse, die vorwiegend Arabin enthält, gehören die Gummisorten, die von den echten Akazien stammen. Als Beispiele seien arabischer Gummi, Senegalgummi, Kapgummi, indischer Gummi, Feronia- und Mahagonigummi genannt.

Zur zweiten Klasse gehören Gummen, die neben Arabin auch noch Cerasin enthalten, nämlich Kirschengummi, Gummi von Pflaumen-, Pfirsich- und Mandelbäumen.

Die dritte Klasse machen jene Produkte aus, die verhältnismässig sehr wenig Arabin und mehr als die Hälfte ihres Gewichtes an Bassorin enthalten. Hieher gehören vor allem Tragant, Bassorah-Gummi, ferner Gummi aus der Kokospalme und von Cochlosperum Gossypium.

Von den Harzen unterscheiden sich die Pflanzengummen durch ihre Unlöslichkeit in Alkohol. Von Säuren werden sie leichter als Zellulose, aber schwerer als Stärke hydrolysiert.

Im Hydrolysat findet man mehrere Zucker und daneben als typische Bestandteile d-Galakturonsäure oder d-Glukuronsäure. Die Pflanzengummen sind demnach komplexe organische Säuren, die als Kalium-, Kalzium- oder Magnesiumsalze in der Pflanze vorhanden sind.

Die arabischen Gummisorten kommen aus Ägypten, dem Sudan, Senegal, Marokko, Cordofa und Madagaskar.

Die Bestimmung der Struktur von Gummi arabicum[1]) war der Gegenstand zahlreicher Untersuchungen. Es wurde dabei vor allem festgestellt, dass durch eine partielle Hydrolyse dieses Gummis sich eine Aldobiuronsäure und zwei Disaccharide von bekannter Konstitution isolieren lassen. Zudem liess sich durch eine Methylierung zeigen, dass der abgebaute Gummi die folgenden Reste enthält:

$$G1\ldots(1\,\text{Mol.});\ \ldots 6G1\ldots(5\,\text{Mol.});$$
$$\ldots 6G_3^1\cdots(3\,\text{Mol.});\ \ \text{Glu }1\ldots(3\,\text{Mol.})$$

Dabei bedeuten G1... ein d-Galaktopyranosemolekül, bei dem das Kohlenstoffatom in 1-Stellung mit einem andern Rest verbunden ist, ...6G1... ein Radikal der gleichen Verbindung, bei dem die Bindung durch die Kohlenstoffatome in 1- und 6-Stellung erfolgt usw. Glu bezeichnet ein d-Glukuronsäureradikal. Im Ausgangsgummi sind die folgenden Radikale vorhanden:

$$G1\ldots;\ \ldots 6G_3^1\cdots;\ R1\ldots;\ A1\ldots;$$
$$A_3^1\cdots;\ \ \text{Glu }1\ldots;\ \ \text{Glu}_4^1\cdots.$$

(R = Radikal der l-Rhamnopyranose und A = l-Arabofuranose).

Von diesen Erkenntnissen ausgehend, konnte F. Smith[2]) eine mögliche Formel für Gummi arabicum aufstellen. Diese, obwohl sie nicht als die einzig mögliche angesehen werden muss, zeigt deutlich die hauptsächlichsten strukturellen Aufbauprinzipien an, und die andern möglichen Varianten unterscheiden sich von dieser Formel nur in gewissen Einzelheiten.

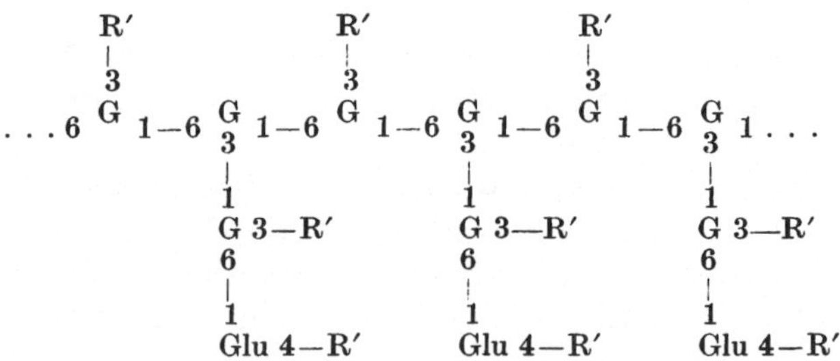

eine der möglichen Formeln für Gummi arabicum
(G = d-Galaktose; Glu = d-Glukuronsäure; R′ = l-Rhamnose oder l-Arabofuranose oder 3-β-d-galaktosido-l-arabofuranose)

Man sieht aus obiger Formel, dass das Molekül aus einer Kette von d-Galaktoseradikalen besteht, von der zahlreiche Seitenketten abzweigen, die ein weiteres Galaktoseradikal enthalten, welches

[1]) E. L. Hirst, Endeavour, 1951, *10*, Nr. 38, S. 106.
[2]) F. Smith, J. Chem. Soc. 1939, S. 1724 und 1940, S. 1035.

mit einem Rhamnose-, Arabinose- oder Glukuronsäureradikal verbunden ist.

Die wichtigsten Arten des arabischen Gummis sind:

Die am geschätzteste Sorte ist der Kordofangummi. Er kommt in Form ca. 2 cm langer Tropfen vor. Er ist meist leicht gelblich gefärbt, seltener farblos oder tief bernsteingelb. Kordofangummi wird hauptsächlich in der Gegend von Baro geerntet und gelangt dann über Dongola und Kairo nach Marseille oder Triest.

Bezüglich der Qualität stehen die Suanargummen dem Kordofangummi am nächsten.

Suakimgummi wird in den höher gelegenen Gegenden von Takka geerntet und dann über das Rote Meer verschifft. Diese Produkte sind bei weitem nicht von so grosser Reinheit wie die vorhergehenden.

Geddahgummi wird in der Umgebung von Aden geerntet und gelangt über den arabischen Hafen Geddah nach Europa. Dieser Gummi ist bedeutend weniger rein als die bereits genannten, und beim Auflösen bleibt eine ziemlich grosse Menge eines unlöslichen Bodensatzes zurück. Die Körner sind tiefgelb oder braun und manchmal sogar schwarz.

Mogadorgummi ist sowohl dem Aussehen nach als auch bezüglich der Qualität dem Geddahgummi sehr ähnlich. Er wird in verschiedenen Gebieten Marokkos geerntet.

Neben den eigentlichen arabischen Gummisorten begegnet man auch recht häufig dem Senegalgummi, der ziemlich die gleichen Eigenschaften wie der Kordofangummi besitzt. Seine Klebkraft ist jedoch etwas geringer als die der echten arabischen Gummisorten. Auch bei diesen Senegalgummen können wir verschiedene Sorten unterscheiden. Die drei Hauptsorten sind dabei:

1. Gummen vom Flussunterlauf (Gommes du bas du fleuve) oder Padorgummen.

2. Gummen vom Flussoberlauf (Gommes du haut du fleuve) oder Galamgummen.

3. Zerreibbare Gummen oder Salabredagummen.

Am verbreitetsten sind die unter 1. genannten Gummen. Sie besitzen eine dunkle, bernsteingelbe bis braune Farbe. Viele Stücke werden direkt vom Boden aufgelesen und sind dann oft mit Sand und verschiedenen pflanzlichen Überresten verunreinigt. Die groben Stücke werden Kastanien (Marrons) genannt.

Die aus den Gebieten des Flussoberlaufes stammenden Gummen sind reiner als die aus der Gegend des Flussunterlaufes. Zudem sind diese Galamgummen besser wasserlöslich als die Padorgummen.

Am reinsten und daher auch qualitativ am besten sind die unter 3. genannten Salabredasorten. Sie sind im allgemeinen farblos oder nur schwach gefärbt. Sie lassen sich am ehesten mit den Kordofangummen vergleichen.

Senegalgummi wird zur Hauptsache über Bordeaux nach Europa eingeführt, wo die Ware in etwa 15 verschiedene Sorten eingeteilt wird. Die französische Klassifikation dieser Senegalgummen ist wie folgt:

Gomme Sénégal blanche;
Gomme Sénégal petite blanche;
Gomme Sénégal blonde;
Gomme Sénégal petite blonde;
Gomme Sénégal vermicellée;
Gomme Sénégal fabrique;
Gomme Sénégal en boucles;
Gomme Galam en sorte (Galamgummi sortiert);
Gomme du bas du fleuve en sorte;
Gomme Salabreda en sorte;
Baquaques et marrons;
Gomme Sénégal gros grabeaux (Senegalgummi, grobkörnig);
Gomme Sénégal moyens grabeaux (Senegalgummi, mittelkörnig);
Gomme Sénégal menus grabeaux (Senegalgummi, feinkörnig);
Gomme Sénégal poussière de grabeaux (Senegalgummi in Staubform).

Die Gummen, die aus der Gegend des Kap der guten Hoffnung stammen, sind nicht sehr begehrt, da sie von minderwertiger Qualität sind. Sie sind auch nicht genügend wasserlöslich. Sie werden besonders an den Ufern des Oranje-Flusses gewonnen.

Die am meisten geschätzten Senegalgummiqualitäten sind die weissen Gummen. Nach ihnen kommen die hellgelb gefärbten Sorten und dann die von braungelber Farbe. Diese Gummisorten sind leicht in Wasser löslich und werden durch Borax, basisches Bleiazetat oder Natronlauge gefällt. In Alkohol oder Äther sind sie jedoch unlöslich. Gummi arabicum-Lösungen werden für die Appretur feiner Gewebe, für das Gummieren der mit Indigo dunkelblau gefärbten Ware usw. verwendet.

Die asiatischen Gummen stammen aus Indien, Haiderabad, Persien und Arabien. Die wichtigsten Handelsprodukte dieser Gummisorten sind der Schirazgummi, der Ghattigummi und der Karayagummi. Der letztere eignet sich nicht zur Herstellung von Verdickungen für basische Farbstoffe, da er mit Tannin einen Niederschlag gibt.

Diese Gummiarten können in heissem Wasser gequollen werden. Durch Kochen unter Druck bringt man sie dann in Lösung. Es werden dabei dicke, viskose Flüssigkeiten von guter Zügigkeit erhalten. Der Bassoragummi aus der Türkei enthält praktisch nur Bassorin.

Mesquitegummi steht dem arabischen Gummi sehr nahe. Er entsteht als freiwilliger Stammausfluss aus dem in Mexico heimischen

Gummibaum Prosopis inermis H und B (E. A. Anderson u. L. Sabds, Amer. Soc. 1926, *48*, S. 3172).

Die Bruttozusammensetzung ist etwa folgende:

> 11 % Wasser
> 2,1% Asche
> 0,7% Stickstoff
> 50,7% l-Arabinose
> 18,7% d-Galaktose
> 13 % Uronsäuren und ferner Formaldehyd

Die indischen Gummisorten kamen etwa vor 40 Jahren zum ersten Male auf den Markt. Wegen ihres niedrigen Preises wurden sie hauptsächlich zur Verfälschung des arabischen Gummis verwendet. Sie sind nur ungenügend in Wasser löslich und gleichen darin den aus den Rosaceen gewonnenen Gummen.

Feroniagummi lässt sich qualitativ mit den aus den Akazien gewonnenen Gummen vergleichen. Er stammt von Feronia Elephantum. Im Handel befindet er sich unter dem Namen **ostindischer Gummi**. Wie die Akaziengummen enthalten auch die zu dieser Gattung gehörenden Sorten vor allem Arabin. Feroniagummi ist völlig wasserlöslich.

Auf Grund der chemischen Zusammensetzung und der allgemeinen Eigenschaften ist der **Mahagoni-** oder **Anacardiagummi** den Gummen aus Akazien am nächsten verwandt. Diese Sorte wird von Anacardium occidentale geliefert. Diese Pflanze kommt hauptsächlich in Brasilien, auf Martinique und Guadeloupe vor. Neben dem Hauptbestandteil Arabin enthalten diese Gummen noch etwas Dextrin und Bassorin. Sie sind nicht vollkommen wasserlöslich und haben eine etwas rötliche Farbe.

Rosaceengummi oder **Gummi Nostras** fliesst im Sommer aus der Rinde der Kirschbäume, der Pflaumenbäume, Mandelbäume usw. In Wasser lösen sie sich nur zum Teil auf, und diese Lösungen zeigen niemals die gute Viskosität einer Lösung von arabischem Gummi. Im Gegensatz zu den arabischen Gummisorten zeigen diese Gummen neben einem Arabingehalt noch einen gewissen Gehalt an Cerasin. Sie befinden sich oft in Form grosser, leuchtender Stücke im Handel, die durchscheinend rot oder dunkelbernsteinfarbig sind. Der Cerasingehalt beträgt etwa 35%, worauf die unregelmässige und unvollständige Wasserlöslichkeit zurückgeführt wird. Gummen von Mandelbäumen und wilden Pflaumenbäumen dienen hauptsächlich zur Verfälschung des Tragants. Sie gelangen über Mossul und Smyrna in den Handel und werden als **Caraman** und **Mossulin** bezeichnet.

Mit Wasser erhält man aus Rosaceengummen dicke Schleime. Um sie wie Gummi arabicum auflösen zu können, werden sie fein pulverisiert und in Wasser eingeweicht. Gleichzeitig werden die Verunreinigungen, Rindensplitter usw. entfernt. Man lässt 36 Stunden quellen und erhitzt dann die schleimige Masse in einem Autoklaven während 2 Stunden unter einem Dampfdruck von 3 atm. Darauf wird abgekühlt, filtriert und durch Eindampfen konzentriert. Man kann auch im Vakuum bis zur Trockene eindampfen, um so jede Verfärbung zu vermeiden.

Kirschgummi wird gelegentlich auch in aufgeschlossenem Zustande zur Bereitung von Verdickungen verwendet. Es sei daher auf eine ausführliche theoretische Arbeit von Amy in den Annalen XI, II., S. 361, hingewiesen. Der Autor untersucht dabei vor allem die Quellungserscheinungen. Er fand dabei, dass sich die Quellung durch Einlegen in eine 8%ige Natriumsulfatlösung unterbrechen lässt. Bei der Einwirkung von Säuren soll sich dabei analog zu den Verhältnissen beim Arabin eine Cerasinsäure bilden. Der Kirschgummi enthält ein Gemisch der Salze dieser Cerasinsäure und der Arabinsäure. Eine angesäuerte Aufschlämmung wurde durch Elektrodialyse gereinigt und wies auch noch nach der Entfernung der Säure eine deutlich saure Reaktion gegenüber Phenolphtalein, Thymolblau usw. auf. Ferner wurde gezeigt, dass die Cerasin- und die Arabinsäure sich in mancher Beziehung gleich verhalten. So konnte bei beiden eine Erhöhung der Viskosität bei zunehmender Wasserstoffionenkonzentration und eine entsprechende Viskositätsabnahme bei Alkalizugabe gefunden werden. Anderseits vermag aber die Cerasinsäure ein Gel zu bilden, während die Arabinsäure wasserlöslich zu sein scheint. Eine genaue Definition dieser beiden Säuren konnte jedoch nicht gegeben werden.

D.R.P. 707.847 vom 9. Juni 1938 gibt ein Verfahren zur Herstellung von Verdickungen für den Zeugdruck aus Kirschgummi an. Der Kirschgummi wird hiezu in zerkleinertem Zustande mit Erdalkalien, besonders mit Kalziumoxyd oder -hydroxyd, in Wasser unter Erwärmen behandelt. Man gibt jedoch nur so viel Erdalkalioxyd zu, dass die Flüssigkeit noch neutral oder höchstens schwach alkalisch reagiert. So lässt sich eine gleichmässige, zügige Lösung erzielen, die ungefähr einer Britishgum-Lösung entspricht. Mit Kirschgummi hergestellte Druckpasten ergeben auf dem Gewebe bedeutend tiefere Farbtöne als solche mit Stärke-Tragantverdickungen.

In folgenden Patenten werden Einzelheiten über die Aufschliessung der asiatischen Gummiarten gegeben.

Nach einer Angabe des *amer. P. 1.990.330* der Richards Chem. Works färben sich Gummisorten, die später auf Industriegummi verarbeitet werden, wie z. B. Schiraz- oder Karayagummi, nicht dunkel, wenn man bei der ersten Abkochung Säure, z. B. Phosphorsäure, zusetzt und dann vor dem Filtrieren neutralisiert.

Durch Erhitzen der wässerigen Lösung solcher Gummisorten mit einer Sodalösung lassen sich diese Gummiarten nach *amer. P. 2.011.728* von Pfister vor einem Koagulieren bei Zusatz von Alkalien schützen. Der Erfinder führt nämlich das Gerinnen auf einen Gehalt an Kalziumverbindungen der Kohlenhydrate zurück, die sich bei der vorgängigen Sodabehandlung dann als unlöslicher Niederschlag ausscheiden.

Nach *brit. P. 427.058; D.R.P. 601.860*, 1913, und *franz. P. 769.171* von Durand & Huguenin wird eine erhöhte Dispergierfähigkeit für Farbstoffe verschiedener Art dadurch erhalten, dass man zur Verdickung Phenol oder Kresol und einen höheren, über 100⁰ C siedenden Alkohol, wie z. B. Furfurylalkohol, und zudem noch Harnstoff gibt. An Hand von Beispielen sowohl an Indigosolen als auch an Chromdruckfarben werden die verbesserten Fixationsergebnisse erörtert. Es wird dabei auch eine verkürzte Dämpfdauer möglich. Ein solches Produkt stellt das Dehapan dar[1]).

Die künstlichen Industriegummiarten.

Unter Druck aufgelöster und dann wieder eingetrockneter indischer Gummi kommt als Industrie-, Platten-, Kristall-, Labiche- oder Kunstgummi in den Handel. Auf diese Art und Weise aufgeschlossene Gummen sind schon in der Kälte in Wasser löslich. Sie weisen ferner den Vorteil auf, keine festen unlöslichen Verunreinigungen, wie Sand, Holz usw., zu enthalten. Sie eignen sich daher speziell zum Einstreuen in trockener Form in Druckfarben, um dadurch ein nachträgliches Verdicken zu erreichen.

Die obengenannten Industriegummiarten werden durch Aufschliessen von in Wasser quellbaren Pflanzengummisorten hergestellt, wodurch man wasserlöslichen Gummi erhält.

Als Gummisorten werden verwendet: persische und indische Gummi (Schiraz, Mamrah und Karaya). Dieses sogenannte Aufschliessen geschieht durch Erhitzen unter Druck oben erwähnter Gummisorten mit Wasser, vorzugsweise unter Zugabe von gewissen Säuren und oxydationshemmenden Chemikalien.

Dabei spielen die Temperatur, die Einwirkungsdauer, die Menge des Wassers und der zugesetzten Chemikalien sowie der verwendete Rohgummi eine bedeutende Rolle.

Bei sämtlichen Gummiarten hat sich eine Temperatur von 115⁰ C als am günstigsten erwiesen; hingegen schwankt die Einwirkungsdauer zwischen 1 ½—2 Stunden.

Folgende Arbeitsweise kann für die Herstellung von Industriegummi angegeben werden. Der linsengrosse, zerkleinerte Gummi wird in dem mit Chemikalien versetzten Wasser eingeweicht und je nach

---

[1]) L. Diserens, Die neuesten Fortschritte in der Anwendung der Farbstoffe, 1. Teil, Bd. 1, Kap. V, 3. Auflage 1951.

dem Rohgummi 3—10 Stunden stehengelassen: Z. B. 200 g Schirazgummi lässt man ca. 4 Stunden in 550 cm³ Wasser unter Zusatz von 1 g Natriumsulfit und 2 cm³ Essigsäure quellen. Man verschliesst das Druckgefäss und erhitzt unter Rühren 1½ Stunden.

Man lässt auf 90° C abkühlen und presst die entstandene, dicke Gummilösung noch warm durch ein Filtertuch. Dieser Gummi kann direkt vom Verbraucher verarbeitet oder zu Kristall- und Plattengummi im Vakuum eingedampft werden.

Der erhaltene Gummi löst sich in Wasser klar auf, ist in wässeriger Lösung stark viskos und besitzt eine gute Klebkraft.

Neuerdings wird unter dem Namen **Alfagum**[1]) von der Diamalt AG. in München aus natürlichem Gummi ein Verdickungsmittel hergestellt.

Alfagum löst sich bereits in kaltem Wasser, wenn man dabei etwas umrührt. Noch schneller erfolgt die Auflösung, wenn man bei etwa 50° C arbeitet. Diese Lösungen weisen eine besonders hohe Viskosität auf. Man erhält z. B. eine gute Verdickung, wenn man

250 g Alfagum in
750 g kaltes Wasser einrührt und auf 50° C erwärmt.

Nafka Kristallgummi der W. A. Scholten's Chem. Fabr. Foxhol (Holland) ist ebenfalls ein Verdickungsmittel, welches von natürlichem Gummi ausgeht. Dieses Produkt besitzt die gleichen charakteristischen Eigenschaften wie die natürlichen Gummisorten, wie z. B. Gummi arabicum, Senegalgummi usw. Die daraus hergestellten Lösungen sind sehr stabil und neigen auch bei längerem Stehen nicht zum Gelatinieren oder Gären. Die Viskosität ist auch weitgehend temperaturunabhängig.

Nafka Kristallgummi löst sich in kaltem Wasser innert sehr kurzer Zeit völlig auf. Es ist also kein Aufkochen der Verdickung erforderlich. Zu dünn ausgefallene Druckfarben lassen sich durch Einstreuen von Nafka Kristallgummi auf einfache Art und Weise verdicken.

4. Schleimliefernde Gummisorten.

Das Pflanzenreich liefert eine grosse Anzahl von Stoffen, die als Appreturmittel und Verdickungen verwendet werden können. Unter diesen nehmen der Tragant und das Johannisbrotkernmehl einen sehr wichtigen Platz ein.

Die Pflanzenschleime bestehen aus verschiedenen Polysacchariden. Allen kommt dabei die Eigenschaft zu, entweder schon in der Kälte oder aber in der Wärme mit Wasser aufzuquellen, wobei sich viskose, fadenziehende, schleimige Kolloidlösungen oder Gallerten bilden.

---

[1]) Andere Handelsmarke: Karagum der Diamalt AG.

Bezüglich ihrer chemischen Struktur sind sich die einzelnen pflanzlichen Schleime ziemlich ähnlich. Der Einfachheit halber hat sich trotzdem eine Einteilung in drei Hauptgruppen bewährt:

a) Die neutralen Polysaccharide von hohem Molekulargewicht, die eine oder mehrere Arten von Zuckerresten enthalten, jedoch keine Uronsäuren besitzen.

b) Die sauren Polysaccharide, die den Gummen nahestehen, aber üblicherweise d-Galakturonsäure als saure Komponente enthalten.

c) Häufig in Algen vorkommende Polysaccharide von komplizierter Struktur und hohem Molekulargewicht, die Schwefelsäureesterfunktionen enthalten.

Der Tragant.

Der Tragant ist ein Pflanzenschleim, der aus natürlichen oder künstlich angebrachten Verletzungen der Rinde der Astragalusarten ausfliesst. Die Astragaluspflanzen sind dornige Sträucher, die in Kleinasien, Kurdistan, Persien, Griechenland und auf der Insel Kreta beheimatet sind. Die wichtigsten Bestandteile des Tragants sind Bassorin, lösliche Gummi, Stärkemehl und verschiedene mineralische Begleitsubstanzen.

Es konnte gezeigt werden, dass Tragant ein Gemisch eines neutralen Polysaccharids, wahrscheinlich einer Arabinose, und einer sauren Verbindung darstellt. Die saure Verbindung erinnert an schleimartige Substanzen, da sie d-Galakturonsäure an Stelle der sonst bei Gummen allgemein üblichen Glukuronsäure enthält. Auf Grund des Verhaltens bei der Methylierung[1] konnte seine Grundstruktur aufgeklärt werden, wobei die folgenden Radikale von Bedeutung sind:

$$\text{F1}\ldots;\ \text{X1}\ldots;\ \text{X}_2^1\ldots;\ \text{Gal}_2^1\ldots;$$

und sich mehrere dreifache Bindungen zu den Galakturonsäureradikalen ausbilden. Es bedeuten dabei F = l-Fukose, X = d-Xylose, Gal = d-Galakturonsäure.

Tragant ist nur sehr schlecht in Wasser löslich, quillt jedoch darin ganz beträchtlich und gibt eine klebrige, teigartige Masse. Vor dem eigentlichen Lösen sollte er mindestens 24 Stunden in kaltem Wasser eingeweicht werden. Der wasserunlösliche Anteil des Tragants besteht aus Bassorin, welches im Durchschnitt etwa 53% von der Gesamtmasse ausmacht. Neben dem Bassorin enthält der Tragant aber auch noch einen arabinähnlichen Bestandteil sowie eine gewisse Menge Stärke. Tragantschleim ist ein begehrtes Verdickungsmittel, und es lassen sich damit gute Appretureffekte erzielen.

---

[1] S. P. James und F. Smith, J. Chem. Soc. 1945, S. 759.

Der wasserlösliche Anteil bildet einen Schleim, Tragacanthin, welches etwa zur Hälfte aus einer Uronsäure, der d-Galakturonsäure, besteht.

Es wird angenommen, dass je 3 Mol Uronsäure und 1 Mol l-Arabinose einen sehr schwer hydrolysierbaren Vierring bilden, mit dem zwei weitere Mol l-Arabinose glukosidisch verknüpft sind.

Tragantgummi kommt in grossen, muschelförmigen Stücken, in Form kleiner, geränderter und bandartiger Stücke oder als gerollte Blättchen in den Handel. Seine Farbe kann von Weiss bis zu einem undurchsichtigen Gelb variieren. Er ist geruchlos und amorph. Die grossen, im allgemeinen dunkler gefärbten Stücke wurden von offenen Stellen geerntet, aus denen der Gummi ganz spontan herausquillt. Die geränderten Stücke, die ein ziemlich regelmässiges Aussehen haben und fast farblos sind, stammen hingegen aus Einschnitten, die von menschlicher Hand in die Stämme und Zweige der Pflanze geritzt wurden. Fadenförmige und körnige Gebilde kommen von künstlich angebrachten, tiefen Stichen, die durch die Rinde hindurch dringen.

Im Handel werden die einzelnen Tragantsorten nach ihrer Herkunft bezeichnet. So gibt es Smyrna-, syrischen, persischen und Morea-Tragant. Des weiteren wird noch zwischen sortiertem und rohem Tragant unterschieden.

Von den bekannteren Tragantsorten gilt der Smyrna-Tragant als der qualitativ wertvollste. Er wird in Kleinasien geerntet, besonders in der Gegend von Kaisarisch, Jabolatsch und Hamid. Er gelangt in Form von Bändern oder Tafeln von 2—5 cm Länge in den Handel. Seine Oberfläche weist parallele Streifen auf.

Der syrische Tragant ist bereits bedeutend schlechter als derjenige aus Kleinasien. Er wird in den verschiedensten Formen und Grössen auf den Markt gebracht. Auch seine Färbung ist sehr unterschiedlich.

Der Morea-Tragant ist qualitativ hochwertiger als der syrische, doch ist sein Aussehen sehr verschieden. Während man einerseits Stücke in Bandform oder in Täfelchen vorfindet, die den besten Smyrnasorten gleichkommen, trifft man anderseits bei den Tragantsorten aus dieser Gegend auch unregelmässige, fadenförmige, ungleichmässig gewundene und wurmartige Gebilde oder krümelige Stücke an.

Der Rohtragant des Handels ist ein Gemisch, das durchschnittlich 40—50% weissen, tafeligen oder bandförmigen Tragant, 15—25% braunen Tragant, 10—25% wurmförmigen Tragant und 10—15% sonstige gewöhnliche Tragantsorten enthält.

Abfalltragant oder Tragantkörner bestehen aus den Trümmern und Bruchstücken aller möglichen Sorten. Er entsteht weitgehend infolge von Schädigungen während des Transportes. Er stellt im allgemeinen ein sehr unregelmässiges Gemisch dar, indem darin die verschiedenfarbigsten Sorten vorkommen. Anderseits darf er nicht als durchaus minderwertig bezeichnet werden.

Die sogenannten sortierten Tragantsorten (Gomme adragante en sorte) sind das Produkt ·spontaner Ausschwitzungen der Pflanzen. Sie werden in Smyrna gewonnen und werden auch von dort aus nach Europa exportiert.

Die Verwendung von Tragant als Verdickung in der Druckerei stellt eine gewisse Anzahl von Problemen.

Die verschiedenen im Handel unter dieser Bezeichnung erhältlichen Sorten, seine Unbeständigkeit gegenüber Alkalien, die Unsicherheit über den Verlauf seiner Löslichkeits- und Verdünnungskurve sind z. B. solche Faktoren, die eine Verallgemeinerung bezüglich der Verwendbarkeit des Tragants begrenzen.

Das Tragantgel, das sich nach dem Eintrocknen des Pflanzensaftes bildet, verwandelt sich bei einer erneuten Wasseranlagerung und Kochen in ein Salz. Der Lösungsvorgang ist nicht mit beendigtem Kochen auch zu Ende, sondern er geht noch in der Kälte weiter. Aus diesem Grunde werden auch die Tragantschleime mit der Zeit dünner.

Ein gutes Verdickungsmittel für den Druck ist jenes, bei welchem das Verhältnis zwischen Gel und Salz möglichst konstant bleibt, denn das Gel hat die Rolle des Fixierungsmittels für den Farbstoff zu übernehmen, während das Salz nur als Verdünnungsmittel angesehen werden kann.

Chagualgummi gehört zu jenen Sorten, die am meisten Bassorin enthalten. Er wird aus einer Art Puya, einem Monokotyledonendornengewächs aus der Familie der Bromeliaceen, gewonnen. Diese Pflanzen gedeihen hauptsächlich in Chile und Peru. Chagualgummi kommt in besonders voluminösen, kristallinischen, zylindrischen und hohen Stücken in den Handel. Die Rindendicke dieser Pflanzen ist nicht stärker als 15 mm. Dieser Gummi ist nur teilweise in Wasser löslich, während der unlösliche Teil in gequollenem Zustande ein kristallklares Gel von starkem Brechungsvermögen bildet. Dieses Gel besitzt nur wenig Klebkraft. Der unlösliche Anteil besteht auch hier wiederum wie beim Tragant aus Bassorin.

Bassoragummi wird häufig zur Verfälschung des Tragants verwendet. Er soll angeblich von der Acacia Leucophloca Barth stammen. Diese Herkunft wird jedoch zum Teil stark bezweifelt. Er dient vielfach auch zum Strecken von Gummi arabicum. Im Handel findet man ihn in Form grosser, manchmal knotenförmiger und manchmal eckiger Stücke vor. Meist sind diese Stücke transparent und besitzen eine Farbe von lichtem Bernsteingelb bis zu einem bräunlichen Rot. Bassoragummi ist kaum wasserlöslich, quillt aber darin und gibt dann einen dicken Schleim. Im Gegensatz aber zum Tragantschleim, der sich in grossen Mengen Wasser verteilt, entsteht bei diesen Schleimen bei einem grossen Überschuss an Wasser eine filtrierbare, jedoch trübe Lösung.

Kokosgummi weist unter den bekannten Gummisorten dieser Klasse den höchsten Gehalt an Bassorin auf, wovon er bis zu 82% enthalten kann. Er kommt aus Tahiti und soll aus der Rinde der Palmen gewonnen werden. Die Stücke sind konisch, bräunlichrot und durchscheinend, in dünnen Schichten sogar durchsichtig. Diese Gummiarten besitzen einen karamelartigen Geruch, der darauf schliessen lässt, dass es sich hier wohl kaum um ein reines Naturprodukt handelt.

Euteragummi oder Karavagummi ist dem Bassoragummi und dem Tragant sehr ähnlich. Dieser Gummi wird aus dem Saft der Hercula Urveus aus der Familie der Buttneriaceen durch Eindunsten gewonnen. Da er vor allem dem bandförmigen Tragant äusserlich sehr ähnlich sieht, wird er selten im Handel unter seinem richtigen Namen angetroffen, sondern viel häufiger mit Tragant vermischt auf den Markt gebracht. Euteragummi besteht zum grossen Teil aus Bassorin, wovon er durchschnittlich über 50% enthält. Er ist etwas besser wasserlöslich als Tragant, da er etwa 30% einer wasserlöslichen Gummisubstanz, die an Arabin erinnert, enthält.

Gummi aus Cochlosperum Gossypium kommt aus Indien und wird in Form undurchsichtiger Körner von dunkelbrauner Farbe gehandelt. Diese Gummisorte wurde noch nicht genügend erforscht, doch wird angenommen, dass sie sehr wahrscheinlich aus Cerasin und Bassorin besteht und daneben noch wasserlösliche Substanzen, deren Eigenschaften an Arabin erinnern, enthält.

Johannisbrotkernmehl[1]).

Die Herstellung eines Gummis aus Johannisbrotkernen war schon anfangs des 16. Jahrhunderts bekannt. Dennoch war man erst gegen 1905 so weit, dass man daraus ein Produkt herstellen konnte, das den Anforderungen entsprach, die seitens der Industrie und des Handels an solche Gummisorten gestellt werden.

Die wertvollste Eigenschaft des Johannisbrotkernmehls in der Textilindustrie ist die hohe Quellungsfähigkeit, die es zum wertvollen Verdickungsmittel für den Textildruck macht. Doch hat das Produkt den Nachteil der beschränkten Haltbarkeit unter Verlust der Viskosi-

---

[1]) R. Haller, Zur Kenntnis des Johannisbrotkernmehls, Das Deutsche Textilgewerbe, 1951, *53*, S. 293.

tät und der mangelnden Alkalibeständigkeit, so dass es für den Druck von Küpen- und Rapidogenfarben ungeeignet ist. Die Koagulation tritt, wenn auch nicht sofort, so doch nach längstens 12 Stunden ein. Ein weiterer Mangel der an sich so schätzenswerten hohen Quellfähigkeit ist der Mangel an „Körper" der damit hergestellten Verdickungen von sehr geringem Trockensubstanzgehalt. Dadurch ist die Möglichkeit der Beimischung flüssiger Druckfarbenbestandteile beschränkt, da die ausserordentlich lockere innere Struktur bzw. die Gerüstsubstanz der Verdickung grössere Flüssigkeitsmengen in ihren Kapillarräumen nicht mehr festzuhalten vermag. Ferner ist das Tragevermögen für feste Körper, wie Zinkweiss, Bariumsulfat, Kaolin usw., beschränkt. Das ist ja auch der Nachteil des Tragants, während z. B. Gummi mit nahezu 50% Trockensubstanzgehalt ein ideales Tragevermögen für Pigmente besitzt.

Mehrere Sorten kamen auf den Markt, von denen hier die wichtigsten erwähnt seien.

Stargum ist ein Gummi, der aus den Kernen des Johannisbrotbaumes oder des Karobenbaumes gewonnen wird, welcher in den Mittelmeerländern sehr verbreitet ist. Dieser Gummi kommt in Form eines körnigen Pulvers in den Handel. Es genügt, dieses Pulver in die 20—30fache Gewichtsmenge Wasser einzustreuen und energisch umzurühren. Der Gummi quillt dabei im kalten oder lauwarmen Wasser und lässt sich durch Aufkochen in Lösung bringen. Üblicherweise stellt man 3%ige Lösungen her, die in der Kälte gelieren. Solche Lösungen eignen sich sehr gut zum Appretieren von Tüll, Spitzen usw.

Tragasol wurde 1905 von der englischen Firma Gum Tragasol Supply Co. in Hootan bei Chester auf den Markt gebracht und ist ein aus Johannisbrotkernmehl gewonnener Schleim.

Am meisten wird dieser Gummi zum Gummieren von Geweben oder zum Schlichten verwendet. Dabei erhält die Ware eine gewisse Steife, ohne dabei an Elastizität einzubüssen.

Anderseits findet man das Johannisbrotkernmehl unter den verschiedensten Namen im Handel, wie z. B. Caroubine, Tragasol, Lisogum, Cephen, Neogum, Diagum (Diamalt AG. München), Cesalpiniagum der Cesalpinia AG., Mailand. Eine andere Qualität von Johannisbrotkernmehl ist unter dem Namen Leico-Gummi im Handel. Dieser Leico-Gummi wird von der Leico Ges. Bast & Co., Buchschlag bei Frankfurt am Main hergestellt. Dieses Produkt wird vor allem in Appreturen zusammen mit Kartoffelstärke oder zur Fixierung von Beschwerungen oder Füllmitteln verwendet.

Ein gleiches, bereits in kaltem Wasser lösliches Produkt wird auch unter dem Namen Paltaleim verkauft.

Der Johannisbrotbaum Ceratonia siliqua (Johannisbrot, Sood brot oder Siliqua dulcis) wächst im Süden Europas, in Algerien und übrigen Nordafrika. Seine Früchte werden als Karoben (Caroubes) bezeichnet. Sie sind flache Schotten von 15—25 cm Länge, die im Innern ein süssliches Fruchtfleisch enthalten. Diese Früchte dienen den Einwohnern mancher Gegenden als Nahrung. Auch wird daraus ein Sirup zubereitet, der dann vielfach auch noch zur Branntweinherstellung dient. Die in diesen Schotten enthaltenen Samen weisen einen hohen Gehalt an gummiartigen Substanzen auf. Ein Teil dieser Gummen besitzt eine ebenso starkes Verdickungsvermögen wie die zehnfache Menge Tragantgummi. Der aus diesen Samen gewonnene Schleim wird zur Herstellung von Appreturen und Verdickungen verwendet. Die Johannisbrotkerne bestehen aus einer rötlichen Samenhülle, die zwei mandelförmige, harte und etwas durchscheinende Kerne von gelber Farbe einschliesst. Zwischen diesen beiden Kernen liegt der Keim. Die beiden mandelförmigen Kerne sind hauptsächlich aus einer gummiartigen Substanz aufgebaut, die bezüglich ihres Klebevermögens an Akaziengummen erinnert und diesbezüglich bei weitem alle auf Kartoffelstärke beruhenden Präparate übertrifft.

Die chemische Zusammensetzung des Johannisbrotkernschleimes ist wie folgt:

Galaktane	28,18%
Mannane	59,42%
Pentosane	2,75%
Eiweißstoffe	5,29%
Zellulose	3,64%
mineralische Substanzen	0,82%

In Substanz handelt es sich um eine Verbindung, die durch Zusammenlagerung von Galaktan- und Mannanresten zustande kommt und die daher als eine Hemizellulose betrachtet werden kann.

Zum Desinfizieren und Haltbarmachen der aus Johannisbrotkernmehl hergestellten Kleister können nach *D.R.P. 611.967* und *öst. P. 136.997* von Tres-Budapest die Kieselfluorwasserstoffsäure oder ihre Salze dienen. Dabei ist allerdings noch nicht gesagt, dass damit auch eine alkalibeständige Verdickung erhalten werden kann, wie sie für zahlreiche Druckverfahren benötigt wird.

Nach *franz. P. 755.961* der Neogum werden die Samen zuerst mit einer Säure behandelt, und zwar so lange, bis die Oberfläche Risse aufweist. Dann wird die Säure entfernt, worauf dann die eigentliche Ablösung von der Samenschale erfolgt, was durch Verwendung organischer Lösungsmittel (Alkohole, Ketone), in denen der Gummi unlöslich ist, erfolgen kann.

Ein anderes Aufschlussverfahren für Johannisbrotkerne besteht nach *D.R.P. 259.765* darin, dass zuerst die Kernschalen durch Behandlung mit 80%iger Schwefelsäure bei Zimmertemperatur aufgelöst werden. Durch Kochen der gewaschenen Kerne in Wasser unter Druck wird dann der Schleim erhalten.

Nach der Entfernung der Rinde und der Keime werden die Johannisbrotkerne gemahlen und gelangen dann unter verschiedenen Phantasienamen auf den Markt, so z. B. Caroubine, Cephen, Diagum S (von der Diamalt AG. in München), Leico-Gummi (von der Leico-Gesellschaft Bast & Cie., Buchschlag bei Frankfurt am Main), Lisogum, Neogum (Soc. Ind. Neogum, Marseille), Stargum (Pinel Frères), Tragasol, Pantogummi, Draguline, Siliqua (Diamalt AG., München), Okatol, Adurin, Fruktangummi, Ceratoniagummi, Gum Gatto, Trogen, Hellagum (Diamalt AG., München), Meconin (Zschimmer u. Schwarz), Perasol (alte Bezeichnung), Cesalpiniagum, ferner Gummitragasol[1]), Paltaleim, Tex Gum S 28 (Soc. Chim. Elbeuvienne), Lupogum (J.W.C.) u. a. m. Diese Produkte haben sehr stark verdickende Eigenschaften und dienen in vielen Fällen zur Herstellung von Druckfarben und Appreturmitteln, um den teureren Tragant zu ersetzen.

Die Johannisbrotkernverdickung ist nicht besonders zügig und besitzt den Nachteil, nach mehrtägigem Stehen dünnflüssig und unbrauchbar zu werden.

Es ist der Schweizerischen Ferment AG. nun gelungen, ein neues Ferment aus gewissen Teilen der Johannisbrotsamen zu isolieren, welches den Handelsnamen Helisol erhielt. Da sehr wahrscheinlich dieses Ferment die Verflüssigung der Verdickungen aus Johannisbrotkernmehlen bewirkt, lässt sich mit dessen Hilfe unter Beobachtung genauer Temperatur- und p_H-Bedingungen dieser Prozess genau regeln. Es wird dabei bei einem p_H-Wert von ca. 5 gearbeitet. Man kann so Druckverdickungen herstellen, die gegen Alkalien und Reduktionsmittel unempfindlich sind. Sinngemäss sind natürlich diese Helisollösungen auch zum Ablösen der Johannisbrotkernmehlverdickungen nach dem Druck sowie zum Entschlichten geeignet.

Nach *franz. P. 895.249* und *schweiz. P. 251.101*, 1948, von Kornis wird Johannisbrotkernmehl in Mischung mit Dextrin als Verdickungsmittel für Druckpasten verwendet.

Das Haupthindernis, das der allgemeinen Verwendung dieser Verdickungen im Wege steht, ist die Schwierigkeit, mit ihnen alkalisch zu druckende Farbstoffpasten, vor allem mit Küpen-, Rapidecht- und Rapidogenfarbstoffen, in zufriedenstellender Weise erhalten zu können. Tagliani[2]) gibt an, dass diese Schwierigkeiten bei Zugabe eines Kolloids oder einer Hydroxylverbindung (Glukose, Glyzerin) nicht eintreten.

---

[1]) Tagliani, Mell. 1930, S. 460.
[2]) Tagliani, Mell. 1938, *19*, S. 438.

Um diese Nachteile zu beheben, wurden von zahlreichen Forschern eingehende Untersuchungen durchgeführt, die zum Teil zu recht brauchbaren Resultaten führten, die hier etwas näher besprochen seien[1]).

In Mell. 1938, *19*, S. 438, berichtet Tagliani über Johannisbrotkernmehlverdickungen, die ein besonderes Interesse für die Druckerei, die Schlichterei und das Appretieren haben. In einer sehr ausführlichen Übersicht und Kritik über die bisherigen Arbeiten auf diesem Gebiete wird besonders auf die noch unbekannte Struktur und Konstitution des Endosperms des Johannisbrotbaumes hingewiesen. Sicher liess sich feststellen, dass gewisse Vorgänge bei der Herstellung der kolloidalen Lösung sich nicht gleichmässig und einheitlich vollziehen und dass bei Verdickungen, die Ätzalkalien oder Alkalikarbonate enthalten, Veränderungen beim Stehen der Druckpasten eintreten. Petri und Perndanner haben durch verschiedene Vorbehandlungen der Mehle deren Empfindlichkeit gegen alkalische Mittel wesentlich zu verbessern vermocht.

Wird nach *öst. P. 150.992* der Vereinigten Färbereien AG. das trockene Mehl in einem doppelwandigen Kessel unter Erhitzen mit einer verdünnten Säure mit Hilfe einer Zerstäubungsvorrichtung besprüht und gleichzeitig gut umgerührt (etwa wie beim Dextrinieren), so scheint eine tiefgreifende Veränderung der in den Kernen enthaltenen Substanzen vor sich zu gehen, die natürlich nichts mit einer Dextrinierung zu tun hat, da Johannisbrotkernmehl kein Stärkeprodukt ist. Wird eine so erhaltene Masse zu einer Verdickung verarbeitet, so wird ein Kleister mit einem niedrigeren p_H-Wert (ca. 5,8) als gewöhnlich ($p_H = 6,2$) erhalten. Mit einer solchen Verdickung lassen sich auch alkalische Farben, wie z. B. Küpendruckfarben, drucken.

Nach *D.R.P. 578.776*, 1933, und *brit. P. 444.838* von Kästner soll man eine alkalibeständige und daher für Küpenfarben geeignete Verdickung erhalten, wenn man den Schleim aus Johannisbrotkernmehl mit Säure abkocht und darauf neutralisiert (vgl. auch 3. Auflage, 1. Teil, Bd. *1*, Kap. I, S. 128, sowie 2. Auflage, Teil I, Bd. III, Kap. XV, S. 297). Trotzdem weist die Vorschrift darauf hin, dass dadurch eine vollkommene Alkaliunempfindlichkeit nicht erreicht werden kann, da das Imprägnieren mit Pottasche-Rongalit gesondert erfolgen muss und der feuchte Stoff genau so wie beim Colloresinverfahren unmittelbar in den Schnelldämpfer eingeführt werden soll. Ausserdem weist dieses Verfahren den Nachteil auf, das Ausgangsmaterial stark zu verändern und verleiht dem Produkt reduktive Eigenschaften, wodurch es für Verdickungen mit den verschiedensten Farbstoffen nicht in Frage kommen kann.

---

[1]) Vgl. Bd. *1*, Kap. I, S. 83.

Nach *D.R.P. 749.708* von Kästner wird die Johannisbrotkernmehlverdickung so lange bei Siedetemperatur mit Säuren oder Diastasen behandelt, bis die gewünschte Konsistenz erreicht ist. Die auf diese Weise erhaltene Verdickung soll anstandslos in alkalischen Druckfarben verwendet werden können.

Um die Verflüssigung der Verdickungen zu verhüten, gibt man nach *franz. P.838.904; schweiz. P. 204.507* und *brit. P. 508.135* von Durand & Huguenin zum Johannisbrotkernmehl Proteinsubstanzen (Albumin, Leim usw.) als Schutzkolloid zu.

Das Patent führt dabei folgendes Beispiel an:

25 Teile Johannisbrotkernmehl
10 Teile gelöster Leim
 1 Teil Salicylsäure als Konservierungsmittel
auf 1000 Teile mit Wasser einstellen.

Eine solche Verdickung eignet sich ganz speziell für Küpenfarbstoffe. Von der Erfinderfirma Durand & Huguenin wird sie unter dem Namen Universalgummi in den Handel gebracht.

Die I. G. Farbenindustrie empfiehlt im *brit. P. 498.149* das Johannisbrotkernmehl mit Alkylierungsmitteln, wie Äthylenoxyd, Dimethylsulfat, Diäthylsulfat oder alkylierten Chlorhydrinen, zu behandeln. Das auf diese Art und Weise erhaltene Produkt eignet sich zur Herstellung von Druckfarben und Appreturmassen. Dem Patente seien noch folgende Einzelheiten entnommen: Dem wässerigen Johannisbrotkernenextrakt werden Natronlauge und Propylenoxyd beigemischt. Nach beendeter Reaktion wird die Masse neutralisiert und unter Druck in der Wärme getrocknet. Es wird dabei ein wasserlösliches Produkt erhalten. Das alkylierte Mehl kann von den organischen Salzen durch Ausfällen derselben oder durch Dialyse befreit werden.

Das *franz. P. 838.184,* ebenfalls von der I.G. Farbenindustrie, entspricht obigem Patente. Es enthält jedoch noch einige Einzelheiten über die Herstellung dieses Produkts. Johannisbrotkernmehl wird durch energisches Umrühren in Wasser suspendiert. Darauf lässt man eine schwach alkalische Lösung von Äthylenoxyd oder von Dimethylsulfat einwirken. Nach dem Neutralisieren mit Säure dampft man zur Trockene ein. Nach diesem Verfahren werden hauptsächlich geeignete Verdickungsmittel für den Druck mit Küpenfarbstoffen hergestellt. Das Patent erwähnt jedoch, dass mit Vorteil der Verdickung noch Britishgum, Stärke-Tragant usw. beigemischt werde.

Ein neues Verfahren zur Herstellung eines Verdickungsmittels für den Zeugdruck wird von der Diamalt AG. in München im *D.R.P. 716.912* (27. Januar 1938) beschrieben. Johannisbrotkernmehl wird mit Harnstoff im Verhältnis von 100 : 10 gemischt und dieses Gemisch 20—60 Minuten auf 150—180° C erhitzt. Dieses Erzeugnis besitzt eine bemerkenswerte Alkalibeständigkeit und gute Lösungsfähigkeiten.

Unter dem Namen Tragu S bringt die Diamalt AG. ein neues Verdickungsmittel in den Handel, dessen Verwendungsmöglichkeiten jenen des Tragants ähnlich sind. Tragu S ist ein helles, trockenes Pulver, welches aus einem Naturprodukt pflanzlicher Herkunft (Johannisbrotkernmehl) nach einem neuen, von obengenannter Firma ausgearbeiteten Verfahren hergestellt wird. Es ist in Wasser leicht und schnell löslich. Die daraus erhaltenen Verdickungen sind glatt, sehr zügig und gegen Alkalien beständiger als Tragant.

Nach den *D.R.P. 719.786* (5. August 1934), *719.787, 721.531* der Diamalt AG. lassen sich pottaschebeständige Druckverdickungen herstellen, indem man Johannisbrotkernmehl mit mehrwertigen Phenolen, wie Resorzin, Brenzkatechin, Pyrogallol, vermischt und das trockene Gemisch einige Zeit auf über 100^0 C erhitzt.

Gemäss *D.R.P. 720.573*, 1942 der Diamalt AG. werden klumpenfreie Johannisbrotkernmehlverdickungen erhalten, wenn den Mehlen anorganische, nicht quellend wirkende Salze oder Kohlenhydrate (Bittersalz, K_2SO_4, NaCl, Dextrose) zugesetzt werden.

Aus Johannisbrotkernen lässt sich nach *D.R.P. 98.435* ein farbloser Klebstoff erhalten, wenn man die Kerne bei 80^0 C mit Wasser behandelt und gleichzeitig noch 5% Mehl und 1% Salzsäure zugibt. Dieses Produkt dient bei Appreturen als Ersatz für Tragant und Talg.

Anderseits wird im *D.R.P. 263.405* eine Behandlung mit einer warmen, alkalischen Boraxlösung beschrieben. Auch hier wird bei etwa 80^0 C gearbeitet.

Die Samenkerne des Johannisbrotbaumes bestehen aus zwei durch die Samenschale zusammengehaltenen Teilen, die das Johannisbrotkernmehl enthalten. Dieses besteht aus einem äusserst quellfähigen Gummi, aus Eiweiss, Salzen und Zucker. Man gewinnt entweder den aus den Kernen extrahierbaren Pflanzenschleim (*D.R.P. 189.515, 259.765* und *263.405*) oder das durch feines Mahlen der Kerne anfallende Johannisbrotkernmehl. Der Pflanzenschleim gelangt auch in fester und in Wasser leicht löslicher Form unter diversen Bezeichnungen, wie Diagum, Leicogum, Tragin, Cefen usw., in den Handel. Das Mehl bietet wegen seiner hohen Quellfähigkeit beim Auflösen grosse Schwierigkeiten. Es bilden sich dabei gerne Knollen, die auch bei längerem Kochen und gutem Umrühren nicht in Lösung gebracht werden können. Es wurden daher verschiedene Verfahren zur Behebung dieses Übelstandes ausgearbeitet, von denen eine grosse Anzahl auch patentiert wurde. Patente, die sich darauf beziehen, sind z. B. die *D.R.P. 508.654* und *720.573*.

Besonders empfohlen wird folgende Arbeitsweise: Die erforderliche Menge kalten Wassers wird in den Stärkekocher gegeben und mit Hilfe eines Rührwerkes gut in Bewegung gehalten. Anderseits werden 85 Teile Johannisbrotkernmehl mit 15 Teilen Bittersalz gut vermengt. Diese Mischung wird dann langsam durch ein Sieb in die bewegte Flüssigkeit gebracht. Nachdem alles Mehl zugegeben ist und sich benetzt hat — eventuell kann auch noch ein Netzmittel zugegeben werden, — wird erwärmt und die Schlichtflotte unter gutem Rühren fertiggekocht.

In allerletzter Zeit ist ein Verdickungsmittel auf gänzlich neuer Grundlage unter dem Namen Alkagum (Diamalt AG. München) auf den Markt gekommen. Dieses Produkt, das chemisch weitgehend verändertes Johannisbrotkernmehl enthält, stellt ein halbsynthetisches Verdickungsmittel dar. Es hat alle günstigen Eigenschaften des Johannisbrotkernmehls behalten, ohne dass jedoch die eingangs erwähnten negativen Eigenschaften noch in Erscheinung treten. Alkagum ist vollkommen beständig gegen Pottasche und erlaubt sogar, konzentrierte Natronlauge zu verdicken, ohne dass irgendeine Koagulation eintritt. Zudem ist Alkagum gegenüber Johannisbrotkernmehl beständig gegen Gärungserreger aller Art, und es wird auch durch hohe Konzentrationen von Salzzusätzen nicht ausgeflockt. Hervorzuheben ist noch die ausserordentliche Geschmeidigkeit der Alkagum-Verdickung, die auch ihre Verwendung bei empfindlichsten Geweben (Seide) zulässt und die ausserordentlich leichte und völlige Auswaschbarkeit nach jedem Druckverfahren. Aus diesem Grunde zeigen mit Alkagum bedruckte Gewebe einen überraschend weichen Griff.

Zwei weitere Produkte von grossem Interesse wurden noch ausgearbeitet, die ebenfalls vom Johannisbrotkernmehl ausgehen. Es handelt sich dabei einerseits um Alcagum der Meypro AG. (Meyerhans) in Weinfelden (Schweiz)[1]) und anderseits um Indalca der Cesalpinia AG. in Mailand.

Als Ausgangsmaterial dieser Produkte dient ein äusserst reines und von Keimlingen befreites Johannisbrotkernmehl, welches keinerlei Spuren von der Schale der Körner mehr enthält. Durch mechanische und chemische Verfahren wird dieses Material dann völlig alkalibeständig gemacht.

Alcagum wird in zwei Qualitäten hergestellt, die den Marken N und RE entsprechen. Dieses Produkt kommt in Form eines schwach gelb-bräunlichen Pulvers in den Handel und wird in der Druckerei verwendet. Die Marke RE ist alkali- und säurebeständig.

Gele von Alcagum sind beständig und fäulnisfest.

Alcagum N wird in einer Konzentration von 50 g im Liter und Alcagum RE in einer solchen von 65 g im Liter angewendet.

---

[1]) Ein anderes Produkt wurde von Meypro AG. unter dem Namen Meyprogum CR eingeführt.

Indalca kommt ebenfalls in mehreren Varianten auf den Markt, nämlich

Indalca AR für den Druck von Pigmentfarben
Indalca concentrata
Indalca normale
Indalca policolore
Indalca R besonders für den Rapidogendruck
Indalca super

Ein weiterer, ganz bedeutender Fortschritt in der Herstellung von Verdickungsmitteln stellt der von der Cesalpinia S.A., Via Felice Casati 44, Mailand, seit kurzem unter der Bezeichnung **Indalca Universal** auf den Markt gebrachte Verdicker dar.

Es handelt sich dabei um einen Universalverdicker, der aus chemisch völlig verändertem Johannisbrotkernmehl besteht. Die vollkommene Beständigkeit gegenüber Pottasche erlaubt damit die Zubereitung von Druckpasten mit allen bekannten Farbstoffen ohne Ausnahme.

Indalca Universal besitzt eine ausserordentlich hohe Verdickungskraft bei einer Konzentration von 40 bis 45 g im Liter, woraus sich neben den technischen Vorteilen auch eine bedeutende Ersparnis ergibt.

Indalca Universal Druckpasten sind beliebige Zeit haltbar, lassen sich mit Wasser mit grösster Leichtigkeit auswaschen und geben dem Gewebe einen aussergewöhnlich weichen Griff, und zwar selbst wenn es sich um sehr umfangreich bedruckte Oberflächen handelt.

Ein ähnliches Produkt amerikanischer Herkunft wird von Jacques Wolf & Co. unter der Bezeichnung **Luposol** verkauft.

5. Schleime aus Algen und Flechten.

Unter dem Begriff Pflanzenschleime lässt sich eine ganze Reihe von im Pflanzenreich weit verbreiteten Stoffen zusammenfassen, die die gemeinsame Eigenschaft haben, durch eine einfache Behandlung mit Wasser in eine schleimartige Masse überzugehen. Diese Schleime stellen eine wässerige Lösung oder seltener eine Suspension gummiartiger Substanzen dar. Bei den Algen, die solche Schleime liefern, ist in erster Linie die Gattung Fucus zu nennen. Sie umfasst eine Reihe von Pflanzen, die durch ihren hohen Gehalt an schleimliefernden Verbindungen auffallen und daher oft zur Herstellung von Pflanzenschleimen dienen. Am wichtigsten ist dabei Fucus Crispus Carraghen. Die Flechten (z. B. die isländische Flechte oder auch das isländische Moos) geben ebenfalls mit kochendem Wasser eine schleimige Substanz, die beim Erkalten dann gelatiniert.

Gewisse Flechtenarten oder Meergrassorten liefern durch Abkochen ausgezeichnete und billige Verdickungsmittel, welche sich besonders für den Druck der Beizen- und sauren Farbstoffe eignen. Zudem werden sie auch häufig als Appretur- und Schlichtemittel verwendet. Die hiezu verwendeten Meergrase sind das **Karragheen** auch **Perlmoos, Knorpeltang** oder **isländisches Moos** (Cetraria islandica), **Agar-Agar, Hai-thao** oder auch **Gelose** genannt aus Japan, Siam oder China. Das Karraghen (Perlmoos, Knorpeltang, isländisches Moos, Fucus crispus) ist eine in den nördlichen Meeren gedeihende Alge. Die Pflanze ist kein eigentliches Moos, sondern eine Algenart von der Gattung der Rodophyceen, Florideen oder Rotalgen. Sie wachsen hauptsächlich an der nordatlantischen Küste (Irland und Schottland). In frischem Zustande sind diese Algen braun oder purpurfarbig. Im Handel erscheinen sie als trockene, runzelige und elastische Gebilde von gelblich weisser Farbe. Sie besitzen einen schwachen Geruch und einen nicht unangenehmen schleimigen Geschmack. Diese Pflanzen gehören zu jenen mit dem höchsten Schleimgehalt. Diese Schleime sind, chemisch gesehen, den Kohlenhydraten zuzuordnen, wenn es sich dabei auch um andere vegetabilische Kohlenhydrate handelt als wie bei der Getreidestärke, der Kartoffelstärke, der Zellulose usw. Auch in ihren Eigenschaften weichen diese Kohlenhydrate von den andern ab.

Der Schleim wird durch Auskochen der Alge und Filtration gewonnen. Aus den Lösungen wird der Schleim nach dem Ansäuern durch Alkohol oder durch Salze wie Ammoniumsulfat oder Kaliumazetat ausgefällt.

Unter den Hydrolyseprodukten wurden d-Galaktose und d-Fruktose sicher nachgewiesen.

Im isländischen Moos (Cetraria islandica) findet man Mannose, Galaktose und Galakturonsäure.

Präparate dieser Moose gelangen unter den verschiedensten Namen in den Handel, so z. B. **Blandola, Norgine**, beide aus Flechtenarten hergestellt, die an der Küste der Bretagne gewonnen werden. **Algin** wird aus Meergras norwegischer Abstammung hergestellt. **Gelose, Mousse de Lichen** und **Gelidine**, welche durch Plattentrocknung des Schleimes von isländischem Moos hergestellt werden, seien hier auch noch erwähnt[1]).

Die Firma Zschimmer und Schwarz, Chemische Fabrik in Chemnitz, liefert ein Karragheenextrakt, ein Extrakt aus Gracilaria lichenvidis.

Agar-Agar ist der Name der verschiedenen Algengattungen der südlichen Meere, namentlich Ostindiens (Ceylonmoos).

Lichenin oder **Moosstärke** findet sich im isländischen Moos (Cetraria islandica) und wurde bereits 1814 von Berzelius isoliert.

---

[1]) Tiba 1931, S. 1265: Die Algen und ihre Verwendung.

Dieses Kohlenhydrat ist auch noch in anderen Flechten nachgewiesen worden.

Norgine wird von der Chemischen Fabrik Norgine, Viktor Stein in Aussig an der Elbe hergestellt. Sehr wahrscheinlich wird dieses Produkt nach dem im *amer. P. 872.179* von E. Herrmann & Cie., Soc. Internationale La Norgine in Paris beschriebenen Verfahren gewonnen. Bei diesem Verfahren wird die Tangsäure in heissem Wasser ausgepresst, gepulvert und dann mit Ammoniakgas behandelt, getrocknet und vom überschüssigen Ammoniak befreit. Die so erhaltene Masse ist neutral und gibt in Wasser gelöst einen Schleim, der sich gut für Verdickungen oder Appreturen verwenden lässt.

Die Chemische Fabrik Grünau, Landshoff & Meyer AG. und May in Grünau-Berlin stellten fest, dass das wasserlösliche Norgine in eine in Wasser und verdünnten Alkalien unlösliche Form gebracht werden kann, wenn man es während kurzer Zeit Formaldehyddämpfen aussetzt oder in einer Formaldehydlösung kocht. Das überschüssige Formaldehyd muss darauf abdestilliert werden, und das Reaktionsprodukt wird dann auf dem Wasserbad zur Trockene eingedampft. Diese Reaktion kann zum Wasserdichtmachen von Geweben herangezogen werden, indem man zuerst das Gewebe mit einer Norginelösung appretiert und dann mit Formaldehyd nachbehandelt[1]).

Unter den Flechten (Lichene) ist besonders die isländische Flechte oder das isländische Moos (Cetraria islandica oder Lichen islandica) von Bedeutung. Es sind verzweigte, blattartige, unregelmässige Gebilde von bräunlichgrüner oder fahlroter Farbe. Das Lichen enthält etwa 45 % einer Stärkeart, des Lichenins, worauf auch seine nährenden und schleimbildenden Eigenschaften beruhen. In der Textilindustrie wird es als Appreturmasse für Gewebe und als Verdickung für Druckfarben, und zwar hauptsächlich für Beizendruckfarben, verwendet. Das Lichenin wird auch oft mit Moosstärke bezeichnet.

Lichenin ist ein lockeres, weisses, in heissem Wasser sehr leicht lösliches Pulver, das sich beim Erkalten der Lösung als gallertartige Masse wieder ausscheidet.

Die Darstellung erfolgt durch Heisswasserextraktion der käuflichen Flechten. Die gallertigen Niederschläge werden ausgefroren, in Zentrifugen mit kaltem Wasser gewaschen und durch Behandlung mit Alkohol und zuletzt mit Äther als lockeres Pulver gewonnen.

Lichenin gleicht im chemischen Verhalten sehr der Zellulose und wird deshalb auch als Reservezellulose bezeichnet. Bei der Hydrolyse mit Säuren oder Enzymen entsteht ausschliesslich d-Glukose.

---

[1]) Ed. Herzinger, Appreturmittelkunde, 3. Aufl., Verlag Ziemsen, Wittenberg.

Die Extrakte aus Blatt- und Riementangen (Laminarien), die zur Gattung der Algen gehören, bestehen zum grössten Teil aus Tangsäure oder Alginsäure oder Salzen dieser Säure. Sie enthalten ferner auch noch kleine Mengen anderer organischer Substanzen wie Zellulose.

Unter diesen Algen ist besonders die Laminaria flexicaulis wegen ihres hohen Algingehalts, der auch von einem erhöhten Jodgehalt begleitet ist, von Interesse.

Die Form, in welcher das Algin in den Laminarien vorliegt, ist noch nicht abgeklärt. Sicherlich liegt es zu einem beträchtlichen Teil als Kalziumalginat vor. Es ist jedoch sehr wahrscheinlich, dass diese Verbindung selbst noch mit andern Bestandteilen der Pflanze verbunden ist, solange jene im Meere lebt.

Bei der Gewinnung der Alginsäure werden die Algen zuerst durch eine systematische Auslaugung von den mineralischen Bestandteilen befreit und darauf zerlegt. Aus der dabei anfallenden Lösung werden die Zellulose und die gefärbten Pigmente entfernt und die Alginsäure darauf durch Fällen mit einer verdünnten Säure abgetrennt.

Stanford, der das Algin im Jahre 1881 entdeckte, betrachtete es als eine Stickstoffverbindung.

Axel Krefting schlug 1890 für die Alginsäure die Bruttoformel

$$(C_{13}H_{20}O_{14})_n$$

vor, wobei er darin zwei saure Gruppen annahm.

Freundler betrachtete das Algin als ein Glukoprotein, welches aus einem stickstoffhaltigen Kern besteht, an welchen sich eine Anzahl von Kettengliedern vom Typus der Kohlenhydrate der Formel

$$C_{13}H_{20}O_{13}$$

anschliessen. Das letzte Kettenglied würde dann der Formel

$$C_{13}H_{20}O_{14}$$

entsprechen.

Der Tangsäure (Alginsäure)[1] wurde auch folgende Strukturformel zugeteilt:

$$HO-CH_2-\left(\underset{\underset{\displaystyle CH}{|}}{\overset{\displaystyle OH}{}}\right)_4-\underset{\underset{\displaystyle HOOC\quad COOH}{\diagup\quad\diagdown}}{C}-\overset{\overset{\displaystyle OH}{|}}{CH}-\overset{\overset{\displaystyle OH}{|}}{C}=\overset{\overset{\displaystyle OH}{|}}{C}-CH(OH)_2 = C_{10}H_{18}O_{10}(COOH)_2$$

Diese Formel scheint jedoch kaum annehmbar zu sein, und zwar besonders wegen der zwei Hydroxylgruppen am gleichen Kohlenstoffatom.

---

[1] P. Colomb, Alginsäure und Alginate, Teintex 1939, S. 653; Tiba 1931, S. 1265; Teintex, 1939, S. 460; Teintex 1940, S. 273; J. Rière, Tiba 1938, S. 353; M. Burnand, Teintex 1939, S. 155; C. Baur, Mell. 1942, Augustheft; R. Richard, Chim. et Ind. 1951, *65*, S. 793. Siehe auch dieses Werk, Teil 1, Bd. *2*, Kap. X, S. 410, Alginatfasern.

Sie ist mit den Pektinverbindungen enge verwandt, da auch sie eine Polyhexuronsäure zu sein scheint.

Nelson und Gretscher (1930) nehmen an, dass die glukoseartig konstitutionierten Hexuronsäuremoleküle sich unter Wasserabspaltung zu $(C_6H_{10}O_7)_4$ polymerisieren.

Sie stellten fest, dass die Alginsäure bei der Hydrolyse einheitlich d-Mannuronsäure liefert.

Im Jahre 1939 bewies Hirst das Vorhandensein der Bindung in 1,1-Stellung und im Jahre 1943 bestätigte Astbury die Struktur dieser Verbindung mit Hilfe einer Röntgenanalyse.

Auf Grund dieser Arbeiten erscheint die Alginsäure als eine mehr oder weniger lange Kette von d-Mannuronsäureresten, wobei die einzelnen Reste glukosidisch miteinander verbunden sind. Die Kettenlänge ist dabei natürlich vom Polymerisationsgrad abhängig.

Man gelangt somit also zu folgender Formel:

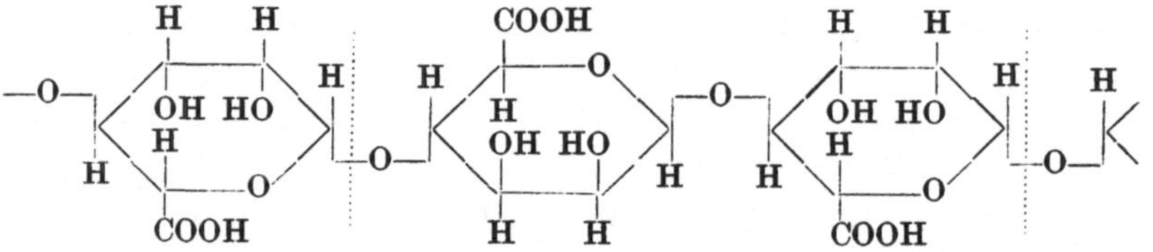

$$\text{(Strukturformel der Alginsäure: Kette von d-Mannuronsäureresten)}$$

Es besteht also eine grosse Ähnlichkeit zwischen der Alginsäure und der Pektinsäure mit der Formel

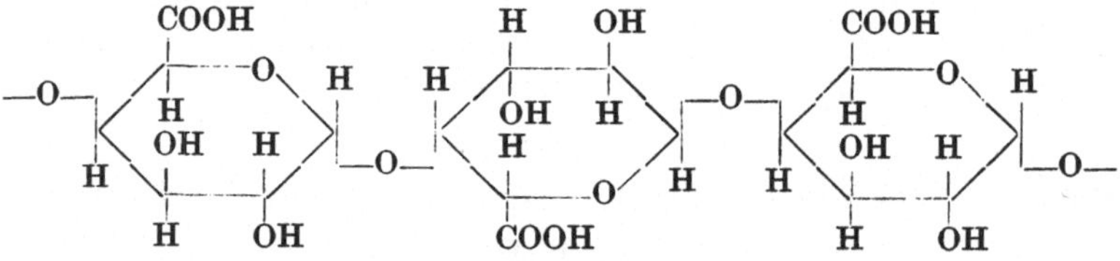

$$\text{(Strukturformel der Pektinsäure)}$$

während also die Alginsäure als eine Polymannuronsäure betrachtet werden muss, handelt es sich bei der Pektinsäure um eine Polygalakturonsäure. Anderseits unterscheidet sich die Pektinsäure von der Zellulose bezüglich ihres molekularen Aufbaus nur dadurch, dass sie statt der Methylolgruppen Karboxylgruppen enthält.

Die Tangsäure ist in Wasser nicht löslich, löst sich jedoch in Alkalien. Von den Salzen dieser Säure sind diejenigen des Natriums, Kaliums, Magnesiums und das Ammoniumsalz wasserlöslich. Die Kalzium-, Strontium- und Bariumsalze sind hingegen unlöslich. Desgleichen sind die Schwermetallsalze nicht wasserlöslich, bilden jedoch mit Ammoniak wasserlösliche Komplexe. Tangsaures Natrium oder Ammonium wird durch Kupfer- und Aluminiumsalze ausgefällt. Die Eigenschaft des tangsauren Kupfers oder Zinks, in Wasser unlöslich zu sein, ist für das Wasserdichtmachen von Geweben von Interesse.

Diese Substanzen ergeben äusserst viskose Lösungen, welche völlig homogen sind. Mit Ausnahme der Lösungen des Aluminium- und des Chromsalzes sind diese Lösungen ziemlich stabil. In den meisten organischen Lösungsmitteln sind die Metallsalze der Tangsäure unlöslich. So lösen sie sich z. B. nicht in Benzol, Toluol, Benzin oder Azeton.

Die Firma Alginate Maton Frères in Pleubian (Frankreich) sowie die Société Bretonne de Produits Chimiques et Pharmaceutiques de Quimper bringen zur Zeit die Natrium-, Kalium- und Ammoniumsalze der Alginsäure in ausgezeichnet reinem Zustande in den Handel[1]). Diese Produkte sind sehr gute Verdickungsmittel für Rapidogenfarbstoffe. Selbstverständlich sind sie für Metallbeizenfarbstoffe unbrauchbar, da die Schwermetallalginate unlöslich sind.

Die spezifische Viskosität des Natriumalginats ist stark vom p_H-Wert der Lösung abhängig. Im Bereiche des Neutralpunktes ist sie am höchsten.

Nach Cate (Amer. Dyest. Rep. 1938, S. 24 und 716) werden Alginatverdickungen am zweckmässigsten wie folgt zubereitet. Das trockene Pulver wird unter gutem Umrühren in kaltes Wasser eingestreut und darauf eine Stunde gekocht. Eine solche Paste lässt sich anstandslos mit anderen Verdickungen, wie z. B. Stärkekleister, vermischen.

Im Gegensatz zum Tragant und andern Substanzen, die durch Aufquellen verdickte Lösungen liefern, ist das Natriumalginat eine wohl definierte und chemisch rein darstellbare Verbindung. Daher ist auch die verdickende Wirkung und die Ausgiebigkeit beim Druck immer gleichbleibend. Viskosimetrische Messungen mit dem Kugelfall-Viskosimeter und dem Stormer-Viskosimeter, welches sich ganz speziell für die Untersuchung von Textildruckfarben eignet (Amer. Dyest. Rep. 1936, *25*, S. 150), zeigen, dass die Lösungen von Natriumalginat, die durch Einstreuen des trockenen Pulvers in Wasser bei Zimmertemperatur und einstündiges Kochen sich leicht herstellen lassen, die charakteristischen Daten einer guten Verdickung aufweisen. Diese Druckverdickungen lassen sich gut auswaschen, besitzen eine gute Durchdringungsfähigkeit, und auch die Ausgiebigkeit der Druckfarben ist meistens sehr gut. Ferner lassen sich damit scharfe Drucke erzielen. Da sich bis jetzt aber Messungen bezüglich der Druckeigenschaften einer Verdickung, die sich nur auf theoretische

---

[1]) P. Colomb, Teintex 1938, S. 94, Verwendung von Alginaten in der Appretur.
R. Richard, Die Alginate, Teintex 1951, S. 609.

Handelsnamen: Alginate Gomalg und   der Firma Alginate Maton
            Alginate Algocol   Frères, Pleubian (Frankreich)
            Cohäsal   der Firma H. Lau, Hamburg
            Kelgin   Kelco Co., New York.

Daten stützen, nicht bewährt haben, wäre eine systematische Erprobung der Alginate in der Praxis sicherlich von grossem Interesse.

Laut *amer. P. 2.426.125*, 1947 der Kelco können die Alginsäurederivate durch Behandlung mit Äthylenoxyd in wasserlösliche, säurebeständige Verbindungen umgewandelt werden, welche als Appretur-, Verdickungs- und Schlichtemittel verwendet werden können. Die Alginsäure kann, gemäss dem *amer. P. 2.430.180*, 1947 der Algin mit Proteinen unter besonderen Bedingungen, und zwar bei einem p_H, das zwischen dem isoelektrischen Punkt des Algins bei 2—3 und dem des Proteins (Kasein 4,7, Gelatine 5,2—5,9) liegt, komplexe Verbindungen bilden, die auch mit Zelluloseäther verbunden werden können. Solche Produkte kommen als Appreturmittel in Betracht.

Pektinsubstanzen werden aus den Rückständen der Zuckerrüben und der gewöhnlichen Runkelrüben gewonnen. Sie dienen hauptsächlich als Viehfutter, können jedoch nach *franz. P. 811.874* von Pfeiffer und Langen auch zur Herstellung von Appreturen herangezogen werden. (Siehe S. 11.)

B. Kunstharze[1]).

Während langer Zeit hatte die Textilindustrie nur aus Naturstoffen gewonnene Appreturmittel zu ihrer Verfügung: Kartoffelstärke, andere Stärke, Gelatine. Auf dem Gebiete der Kunstharze hat sie dann eine ganze Reihe von Produkten gefunden, die für die verschiedensten Behandlungen verwendet werden können.

Die Textilindustrie hat grossen Nutzen aus den Fortschritten auf dem Gebiete der Kunstharze gezogen. Einerseits hat sie unter diesen Produkten Materialien gefunden, die zur Herstellung von Fasern sich eigneten, und anderseits ermöglichten diese Kunstharze, das Aussehen und die Eigenschaften der Textilfasern dauerhaft zu verbessern.

---

[1]) R. Houwink, Chemie und Technologie der Kunststoffe, Leipzig 1942. J. Scheiber, Chemie und Technologie der künstlichen Harze, Stuttgart 1943. Simonds-Ellis, Handbook of Plastics, 7. Aufl., New York 1946. Eine sehr eingehende Arbeit über die Verwendung von Kunstharzen für Appreturen ist im Amer. Dyest. Rep. 1938, S. 638, erschienen. Der Verfasser behandelt zuerst die Harnstoff-Formaldehydharze und dann die Derivate der Akrylsäure, die für Permanentappreturen oder auch zur Schrumpffestausrüstung verwendet werden.

Jaeger, Amer. Dyest. Rep. 1947, *36*, S. 352; Lepsius, Kunststoffe 1943, *33*, S. 4 und 1944, *34*, S. 11; Fornelli, Amer. Dyest. Rep. 1947, *36*, S. 285; P. Wengraf, Kunstharzappreturen mit besonderer Berücksichtigung der Harzemulsionen, Text. Rdsch. 1948, *3*, S. 79; A. C. Nuessle, Röhm & Haas, Die Anwendung von Kunstharzen auf Zellulosetextilien in der Praxis, Canad. Text. J. 1949, *66*, S. 47 und Text. Rundschau 1951, *6*, S. 338; K. Stockhert, Die Kunstharzausrüstung, Mell. 1949, *30*, S. 77.

R. Aenishaenslin, S.V.F.-Fachorgan 1951, *6*, S. 136. F. Weiss, Die Verwendung der Kunststoffe in der Textilveredlung, Springer-Verlag, Wien 1949.

Bei den Kunstharzen unterscheidet man zwei Klassen je nach der Art ihrer Herstellung[1]).

1. Die durch Polykondensation erhaltenen Produkte (Kondensatharze).

   a) Phenoplaste, Kondensationsprodukte aus Phenol und Formaldehyd (Bakelit).
   b) Aminoplaste,
      1. Kondensationsprodukte aus Harnstoff und verschiedenen Aminoderivaten mit Formaldehyd (Harnstoff-Formaldehydharze).
      2. Melamin-Formaldehyd-Kondensationsprodukte.
   c) Alkydharze, Kondensationsprodukte aus Glyzerin und Phtalsäure (Glyptalharze).

2. Die durch Polymerisation erhaltenen Produkte (Polymerisationsharze).

   a) Die eigentlichen Polyvinylverbindungen: Polyvinylchlorid, -azetat, Polyvinyläther, Polyvinylkarbonsäureharze, Polystyrol, Polyvinylalkohol (Mowilith, Vinnapas, Emulsion MV 1, Polystyrol).
   b) Polyakrylverbindungen: Polyakrylesterharze, Polyakrylsäureharze, Polymetakrylatharze (Plextole, Appretan, Acronal, Lucrylan).
   c) Polymerisate des Divinyls oder Butadiens: Polychlorbutadien, Polyisobutylen (Oppanol, Buna, Duprene).
   d) Kumaronharze.

Nach Smith gehören zu den Thermoplasten (engl. Thermoplastics) die Vinylharze, die Polyakrylharze, die Polyäthylene, die Polyamide und die Polystyrole. Zu den härtbaren (engl. Thermosetting) gehören die Formaldehydharze, wie Harnstoff-, Phenol-, Melamin-, Kresol- und Azetonharze, ferner noch die Glyptalharze.

Die verschiedensten Verwendungszwecke dieser Harze, wie Permanentappreturen, wasserabstossende und knitterechte Ausrüstungen, werden in diesem Werke noch in den folgenden Kapiteln näher beschrieben:

Permanentappreturen Kapitel XIII.	Permanentappreturen mit Polyvinylverbindungen (Rhodopas von Rhône-Poulenc), Polyakrylverbindungen (Plextole, Appretane der I.G. Farbenindustrie), ferner mit Polykondensationsprodukten aus Harnstoff-Formaldehyd, Melamin-Formaldehyd usw.
Knitterfestappreturen Kapitel XIV.	Mit Kunstharzen auf Harnstoff-Formaldehydbasis oder auf Phenol-Formaldehydbasis.
Wasserabstossende Appreturen. Kapitel XV.	Mit Kunstharzen aus Harnstoff-Formaldehyd oder Melamin-Formaldehyd, mit Glyptalharzen, mit Polyvinyl- oder Polyakrylverbindungen.

---

[1]) Die Unterscheidung zwischen Polymerisatharzen und Kondensatharzen kann allerdings auch irreführend sein, da bekanntlich auch die Aminoplaste, die Phenoplaste und andere Kondensatharze polymere Stoffe sind.

Die Kresol- und Azetonkondensate kommen für die Textilindustrie kaum in Frage. Die Alkydharze eignen sich zur Herstellung von Glanzappreturen und spezieller Kalandereffekte. Die Neuengland-Sektion des A.A.T.C.C. (American Association of Textile Chemists and Colorists) hat untersucht, wie sich die verschiedenen Anwendungsarten der Kunstharzappreturen auf den Appretureffekt auswirken.

a) Die Aufbringung der völlig auspolymerisierten Kunstharze in Form einer Emulsion ohne nachfolgende Härtung oder Weiterkondensation ergibt typisch oberflächenhaftende Appreturen. Ein Beispiel hiefür ist z. B. die Verwendung einer Polyvinylazetatemulsion.

b) Wird ein Vorkondensat von verhältnismässig niederem Polymerisationsgrad auf das Textilmaterial gebracht und darauf erst fertig auskondensiert, so wird eine mehr oder weniger grosse Tiefenwirkung erhalten. Als Beispiele seien Melamin- oder Harnstoff-Formaldehydharze erwähnt.

c) Ferner kann das Monomere zusammen mit einem Katalysator auf das Textilmaterial gebracht werden. Die Polymerisation hat dann auf der Faser stattzufinden. Auch nach diesem Verfahren wird wiederum eine mehr oder weniger grosse Tiefenwirkung erzielt. Diallylphtalat kann z. B. nach diesem Verfahren angewendet werden.

Die Literatur, die sich auf Produkte wie Rhodopas, Rhodapprêt, Mowilith, Vinnapas, die Plextole, die Appretane und die Polystyrole an und für sich bezieht, soll in diesem Kapitel behandelt werden, während die Arbeiten über die Verwendung dieser Harze für die verschiedensten Appreturen in den entsprechenden Kapiteln über diese Appreturen zu finden sind. Es werden hier also vor allem die Polyvinylverbindungen und die Kondensationsprodukte von stickstoffhaltigen Verbindungen (Harnstoff, Melamin usw.) mit Formaldehyd zu behandeln sein.

I. Kondensatharze.

a) Die Phenoplaste.

Die Phenoplaste sind Kunstharze, die durch Polykondensation von Phenol mit Formaldehyd erhalten werden[1].

Die Phenol-Formaldehydharze werden im allgemeinen als alkoholische Lacke verwendet. In der Textilindustrie haben sie als Appreturmittel nie einen wichtigen Platz eingenommen[2].

Die durch saure Kondensation erhaltenen Produkte vom Typus der Novolacke dienen als Ersatz für Schellack.

---

[1] Baekeland, *D.R.P. 189.262; amer. P. 942.699*, Chem. Ztg. 1909, S. 358. *D.R.P. 281.454* der Bakelite Ges.

[2] *Amer. P. 2.319.876, 2.385.940*, 1945, *2.411.557*, 1946. Siehe auch ältere Arbeiten über die Verwendung von Bakelitharzen als Verdickung für Druckfarben; L. Diserens, Die neuesten Fortschritte in der Anwendung der Farbstoffe, 1.Teil, Bd. *3*, Kap. XV, S. 26.

Die durch alkalische Kondensation erhältlichen Produkte sind die Resole und eignen sich als Plastifiziermittel. Werden diese Resole mit Glyzerin verestert, so wird ein wasserlösliches Produkt erhalten, das ein geeignetes Ersatzprodukt für natürliche Gummi und Harze darstellt.

Die Novolacke[1]) haben eine geradkettige Struktur. Sie sind löslich, schmelzbar und nur wenig hitzebeständig.

Es bilden sich dabei Ketten, die durch Methylenbindungen miteinander verbundene Benzolkerne als Bausteine besitzen. Sie gehören zum Typ der Diphenylolmethane.

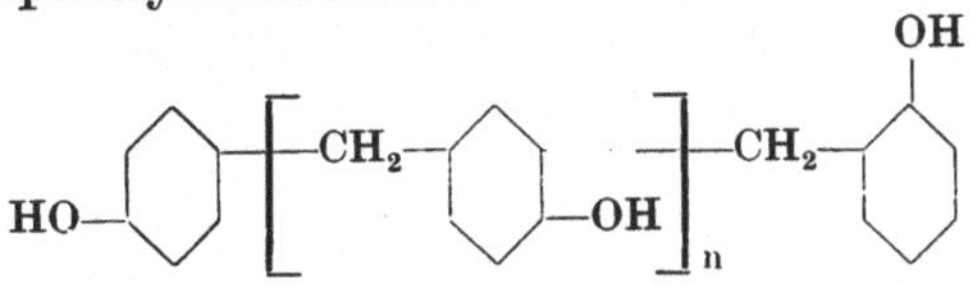

Vernetzter Phenoplast:

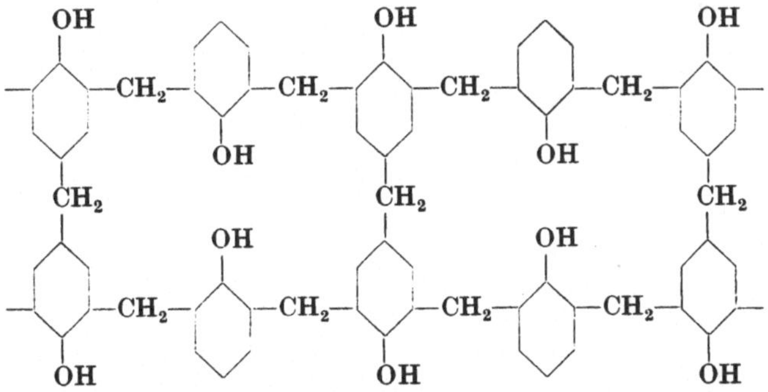

Die Resole[2]) sind Phenol-Alkohole, die in alkalischem Milieu hergestellt wurden. Sie besitzen gekreuzte Bindungen (vernetzter Phenoplast).

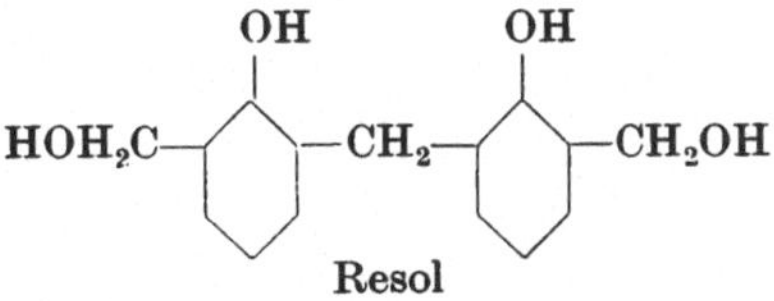

Resol (A-Harz) stellt den ersten Reaktionszustand der Formaldehyd-Phenol-Kondensation dar. Diese Harze sind löslich und schmelzbar. Die Makromoleküle sind nur durch sekundäre Kräfte miteinander verbunden.

Bei weiterer Kondensation entsteht als Zwischenprodukt Resitol (B-Harz), ein Harz, welches sich beim Erwärmen erweicht und auch in organischen Lösungsmitteln quillt.

---

[1]) Hultsch, Kunststoffe 1942, *32*, S. 69.
[2]) Houwink, Fundamentals of Synthetic Polymer Technology.

Im Resit (C-Harz) ist der Endzustand der Kondensation erreicht. Resit stellt ein unlösliches und unschmelzbares Harz dar, weshalb hier Querverbindungen zwischen den einzelnen Molekülketten angenommen werden müssen. Diese räumliche Vernetzung erstreckt sich nach drei Dimensionen[1]).

Nach K. Hultsch[2]) lässt sich die Bildung der Resitharze durch folgende Reaktionsgleichungen veranschaulichen, wobei auch noch die Bildung kleiner Mengen Chinonmethide angenommen wird.

Chinonmethide

So ist z. B. für ein Resitharz folgende Struktur möglich:

[1]) A. V. Blom, Organic Coatings, Elsevier Publ. Co. 1949, S. 82.
[2]) Hultsch, Kunststoffe 1942, *32*, S. 69.

Ferner ist noch in Betracht zu ziehen, wie die verwendeten Phenole substituiert sind.

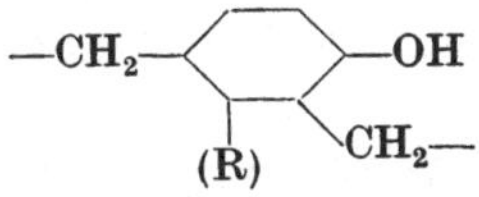

$-CH_2-$⟨Ring⟩$-OH$, (R), CH_2-

OH, $-CH_2-$⟨Ring⟩$-CH_2-$, R

Typ I: nicht oder m-substituiert. 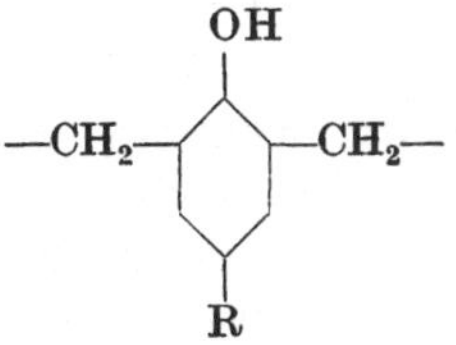   Typ II: p-substituiert.

Resole vom Typ I können durch Einwirkenlassen von natürlichen Harzen öllöslich gemacht werden, während jene vom Typ II öllöslich sind, und zwar besonders, wenn R eine höhere Alkylgruppe darstellt.

Phenol-Formaldehydharze zeigen meist eine schwach gelbe bis gelbbraune Tönung. Durch Einwirkung von Licht und Wärme dunkeln sie noch nach. Verunreinigungen von Eisenspuren verleihen ihnen eine starke Gelbfärbung. Wegen ihrer Eigenfärbung wurden sie daher z. B. bei den Knitterechtappreturen durch die farblosen Aminoplaste ersetzt. Durch Weisspigmente opak gemachte Harzfilme leiden oft an einer Herabsetzung der Lichtechtheit.

Die Phenol-Formaldehydkondensatharze sind geruchlos, brennen nur schlecht und langsam. Gegenüber einer Alterung können sie als beständig bezeichnet werden. Ferner erweichen diese Harze auch bei hohen Temperaturen nicht. Gegenüber Chemikalien sind die Phenol-Formaldehydharze grösstenteils beständig. Wohl werden sie durch starke Alkalien und speziell oxydierend wirkende starke Säuren zersetzt, weisen aber anderseits eine hohe Beständigkeit gegenüber schwachen Säuren, Alkoholen, Ketonen, Estern, aliphatischen und aromatischen Kohlenwasserstoffen sowie Mineral-, tierischen und pflanzlichen Ölen auf.

Kleeberg beobachtete als erster die energische Reaktion zwischen einer Formaldehydlösung und Phenol in Gegenwart einer starken Säure. Das Resultat dieser Reaktion war eine rötliche Masse, die in den meisten Lösungsmitteln unlöslich war (Annalen *263*, S. 283).

Andere Forscher, wie Smith (*D.R.P. 112.685*, 1899), Luft (*D.R.P. 140.552*, 1902; *franz. P. 320.991*) haben ebenfalls die Reaktion zwischen Formaldehyd und Phenol untersucht, und zwar mit dem Ziel, daraus ein elastisches Material herzustellen. Henschke (*D.R.P. 157.553*) stellte Verbindungen mit Harzeigenschaften dar, indem er Phenol in alkalischem Milieu mit Formaldehyd behandelte. Story erhielt harzähnliche Produkte, die industriell verwendbar waren (*D.R.P. 173.990*, 1906). 1910 gelang es Lebach, ein Kondensationsverfahren zu finden, bei dem in Gegenwart alkalischer oder neutraler Salze sich unlösliche, farblose Kunstharze herstellen liessen. Diese Harze waren zu jener Zeit unter dem Namen Resinit bekannt.

Dieses Verfahren wurde dann von der Bakelit Gesellschaft in Berlin übernommen. Das Verdienst, diese im Entstehen begriffene Industrie gefördert zu haben, kommt L. H. Baekeland[1]) zu (siehe Ullmann, Bd. *2*, S. 58). Das Handelsprodukt ist heute überall unter dem Namen Bakelit A bekannt.

Bakeland verwendete für die Kondensation von Phenolen mit Formaldehyd eine Kontaktsubstanz, was ihm eine Aktivierung der Reaktion erlaubte. Er vermied die Gegenwart von Säuren und Lösungsmitteln und führte die Kondensation in Gegenwart von Basen oder Salzen, die durch Hydrolyse eine schwache Säure und starke Base liefern, aus, wie z. B. mit Ammoniumkarbonat, Kalium- oder Natriumkarbonat, Natriumbikarbonat, Trinatriumphosphat, Borax, Natriumsilikat. Die zu verwendende Menge an Base soll dabei sehr gering sein.

Nach *D.R.P. 281.454* nimmt man:

50 Teile Phenol
30—70 Teile Formaldehyd 40%
1—10 Teile Ammoniak oder
1—6　Teile Natronlauge oder Soda

Man ist dann auch auf die Herstellung löslicher Harze übergegangen, die man als Ersatzprodukt fossiler Kopalharze verwenden kann. Auf diesem Gebiete wurde sehr viel gearbeitet. Die ersten Versuche wurden von L. Blumer (*D.R.P. 172.877*, 1902, *206.904, 217.560*) und von Sarason (*D.R.P. 193.136, 219.570*) ausgeführt.

Diese löslichen Kunstharze werden heute unter folgenden Namen fabriziert: Novolack der Bakelit Gesellschaft, Abalack von Fritz Pollak, Schellackersatz der I.G. Farbenindustrie. Albert und Berend gelang die Herstellung eines Produktes, welches eine vollkommene Nachahmung des natürlichen Schellackes darstellte. Dieses Produkt ist in Benzol und verschiedenen Ölen löslich. Es besteht zur Hauptsache aus Phenol und Formaldehyd. Bei erhöhter Temperatur werden die Kondensationsprodukte geschmolzen. Sie sind in Alkohol zusammen mit harzähnlichen Fettsäuren oder Ölen löslich.

Diese Produkte sind unter dem Namen Albertol (Amberolharze) der Firma Chemische Fabrik Kurt Albert in Amöneburg bekannt. Sie werden vor allem für die Herstellung von Ölfarben verwendet (*D.R.P. 254.411, 269,659, 281.939, 289.968*).

Gemäss der Anm. I. 55431 IVc/12q (16) (eingereicht am 3. Juli 1936) wurde von der I. G. Farbenindustrie gefunden, dass durch Einwirkung von α, α-Dihalogendialkyläthern der allgemeinen Formel:

$$\underset{\text{Hal}}{\overset{}{\text{R—CH}}}\text{—O—}\underset{\text{Hal}}{\overset{}{\text{CH—R}}}$$

---

[1]) *D.R.P. 281.454; brit. P. 21.566*, 1908; *amer. P. 942.809.*

auf einwertige Phenole in Gegenwart organischer Lösungsmittel harzartige Kondensationsprodukte entstehen, die eine neue Klasse von öllöslichen, bzw. mit Ölen verkochbaren Kunstharzen darstellen. Es findet hierbei vermutlich eine Reaktion von je 2 Mol des Phenols mit je einem Mol des Äthers unter Austritt von Chlorwasserstoff statt. Der Eintritt des aliphatischen Restes geht dabei wahrscheinlich in dem Sinne vor sich, dass zum grössten Teil eine Anlagerung stattfindet, denn die erhaltenen Reaktionsprodukte sind noch in Alkali löslich. Da die Löslichkeit in Alkalien jedoch keine vollkommene, wie bei den bekannten Phenolaldehyd-Harzen ist, wird wohl auch eine Ätherbildung im Sinne der Arbeiten von Claisen (Annalen *442*, S. 210) vor sich gehen.

Zur Umsetzung ist eine grosse Anzahl von einwertigen Phenolen geeignet; praktisch in Betracht kommen diejenigen, welche allgemein als Harzkomponente bekannt geworden sind, also zunächst Phenol selbst, ferner Kresole, insbesondere das sogenannte technische Trikresol, ferner Xylenole und die höher alkylierten Phenole, wie Äthyl- und Propylphenol, Butyl- und Isobutylphenol, Hexylphenol, Oktylphenol usw. Als Ätherkomponente kommt vor allem der α, α-Dichlordiäthyläther in Betracht, der leicht aus Azetaldehyd und Chlorwasserstoff nach Geuther und Laatsch (Annalen *218*, S. 16) darstellbar ist.

Bereits die Anfangsglieder dieser Kette zeigen die Eigenschaft der Verkochbarkeit mit trocknenden Ölen. Diese Eigenschaft steigert sich mit zunehmendem Alkylgehalt des Phenols, wobei man sagen kann, dass die Ölverträglichkeit und schliesslich Benzinmischbarkeit um so besser ist, je mehr aliphatische C-Atome sich am Phenolkern befinden.

Die in der Industrie verwendeten Kondensationsprodukte sind der Bakelit (Bakelit LH)[1] in Form des primären Kondensationsprodukts. Dieses Produkt wird als Verdickungsmittel für den Druck von Metallpulvern verwendet (siehe 1. Teil, Bd. *3*, Kapitel XV). Zum Steifmachen von Geweben wurden diese Produkte bis jetzt noch nicht in Erwägung gezogen, da sie zu stark gefärbt sind.

b) Aminoplaste.

1. Harnstoff-Formaldehyd-Kunstharze[2].

Im Verlaufe der letzten dreissig Jahre haben die Kunstharze, die von Harnstoff ausgehen, einen immer wichtigeren Platz in der Textilindustrie einzunehmen vermocht.

---

[1] Andere Handelsnamen: Rockite (Hughes), Resinox (Resinox Co.), Luxene (Bakelit Co.).

[2] Harnstoffharze: *Amer. P. 2.247.495, 2.253.528, 2.279.493, 2.331.926, 2.373.135,* 1945, *2.403.450,* 1946, *2.406.217,* 1946, *2.407.599,* 1946, Modifizierte Harnstoff-

Ganz speziell für Appreturen sind diese Harze von grossem Interesse, da sie gegenüber den Phenolharzen den Vorteil aufweisen, nicht gefärbt zu sein.

In der Appretur sind diese Kunstharze zur Erzielung der verschiedenartigsten Effekte herangezogen worden. So werden sie vielfach zur Herstellung von Permanentappreturen verwendet. Mit ihnen lassen sich Gewebe knitterecht und schrumpfecht ausrüsten. Ferner können sie auch zur Herstellung gewisser Mattierungseffekte verwendet werden[1]). Schliesslich lassen sich mit diesen Kunstharzen auch Pigmente, Metallpulver oder Farbstoffe fixieren.

Bei der knitterfesten und schrumpffreien Ausrüstung mittels Aminoplasten werden hauptsächlich die monomeren Harnstoff-Formaldehydvorkondensate, also Mono- und Dimethylolharnstoff, verwendet. Dagegen finden höherkondensierte Stufen in Form von wässerigen kolloiden Lösungen als Appreturmittel Verwendung. Sie sind als eine Vorstufe der eigentlichen Harzbildung zu betrachten. Wässerige Emulsionen von Harnstoff-Formaldehydkondensaten verwendet man auch für Appreturzwecke.

Auf dem Gebiete der Kunstharzappreturen muss unterschieden werden zwischen solchen Appreturen, bei denen das Harz nur auf die Faser aufgelagert wird, und solchen, bei denen das Kunstharz in die Faser eingelagert wird. Zu den ersteren gehören die Permanentappreturen, die Schrumpffreiverfahren sowie die permanenten Präge- und Gauffriereffekte (permanenter glänzender Chintz, Everglaze). Durch eine Kunstharzeinlagerung in die Faser werden z. B. Knitterechteffekte erhalten.

Das Ausgangsprodukt ist Harnstoff

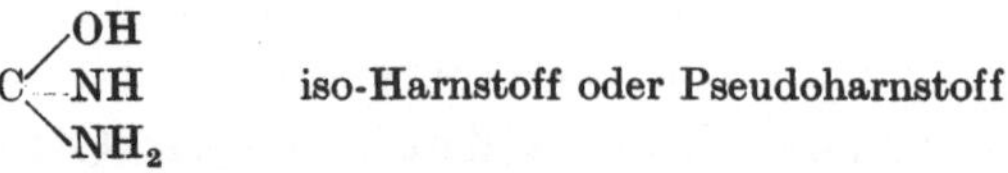

welcher ein Diamid der Kohlensäure darstellt. Er kommt auch in einer isomeren Form vor:

Der Harnstoff wurde von Rouelle im Jahre 1773 im Urin entdeckt und durch Wöhler 1828 aus Ammoniumcyanat synthetisch

kondensate: *Amer. P. 2.270.893*, 1942, *2.284.609*, *2.314.968*, 1943, *2.320.814*, *2.320.816* bis *2.320.818*, *2.331.387*, *2.376.595*, 1945, *2.402.032*, 1946, *2.410.788*, 1946. Katalysatoren für Harnstoffharze: *Amer. P. 2.293.454*, 1942, *2.322.566*, *2.338.429*, 1944, *2.340.044*, 1944, *2.343.247*, *2.343.497*, *2.410.395*, *2.414.025*, 1947.

[1]) L. Diserens, Teil 1, Bd. *3*, Kap. XII, sowie Teil 2, Bd. *3*, Kap. XIX.

hergestellt. Bei dieser Synthese tritt eine Umlagerung der Atome innerhalb des Moleküls ein. Der Schmelzpunkt des Harnstoffs liegt bei 132° C.

Durch folgende Verfahren lässt sich Harnstoff herstellen:

1. Durch direkte Reaktion zwischen Kohlendioxyd und Ammoniak (*D.R.P. 422.525*, 1922).

$$CO_2 + 2\,NH_3 \longrightarrow C{<}^{ONH_4}_{=O}_{NH_2} \underset{\longrightarrow}{\overset{135°\,C}{\longleftarrow}} C{<}^{NH_2}_{=O}_{NH_2} + H_2O$$

Bei dieser Synthese erhält man als Zwischenprodukt Ammoniumkarbamat, welches durch zweistündiges Erhitzen auf 135° C unter Wasserabspaltung in Harnstoff übergeführt wird.

2. Durch Wasseranlagerung an Cyanamid nach einem Verfahren von Lidholm der Union Carbide Co., Niagara Falls.

$$C{<}^{N}_{NH_2} + H_2O \longrightarrow O=C{<}^{NH_2}_{NH_2}$$

Man geht von einer wässerigen Lösung von Kalziumcyanamid aus und fällt das Kalzium als Karbonat aus durch Durchleiten eines Kohlendioxydstroms. Die Lösung wird darauf durch Filtration vom gebildeten Kalziumkarbonat befreit. Dann wird nach Zugabe von Schwefelsäure und Mangansuperoxyd oder Zinnsäure bei 70° C behandelt. Es gehen dabei die folgenden Teilreaktionen vor sich:

$$CaCN_2 + H_2O + CO_2 \longrightarrow CaCO_3 + C{<}^{N}_{NH_2}$$

$$C{<}^{N}_{NH_2} + H_2O \longrightarrow C{<}^{NH_2}_{O}_{NH_2}$$

3. durch Einwirken von Ammoniak auf Phosgen (Natanson, Annalen *98*, S. 185, 288)

$$C{<}^{Cl}_{=O}_{Cl} + 4\,NH_3 \longrightarrow C{<}^{NH_2}_{O}_{NH_2} + 2\,NH_4Cl$$

4. durch Hydrolyse von Guanidin

$$HN\,C{<}^{NH_2}_{NH_2} + H_2O \longrightarrow C{<}^{NH_2}_{O}_{NH_2} + NH_3$$

5. nach dem Verfahren von Wöhler (J. Liebig's Annalen 1841, *38*, S. 110; *D.R.P. 75.819*), indem eine Lösung von Kaliumcyanat und Ammoniumsulfat zur Trockene eingedampft wird[1]).

Harnstoff ist eine kristalline Substanz, die sich sehr gut in Wasser und Alkohol löst, in Äther und andern organischen Lösungsmitteln jedoch unlöslich ist. Beim Erhitzen entweicht gegen 150°C Ammoniak, und beim Aufnehmen der Masse in Wasser bildet sich Biuret, das Amid der Allophansäure.

$$2\,C{<}^{NH_2}_{O}_{NH_2} \longrightarrow NH_3 + HN{<}^{CO-NH_2}_{CO-NH_2}$$

$$\begin{array}{c} NH_2 \\ | \\ C\ \ O \\ | \\ NH-COOH \end{array}$$

Biuret   Allophansäure

das leicht erkannt werden kann an der Violettfärbung, die man beim Versetzen mit Kupfersulfat erhält (Biuretreaktion).

Harnstoff kann sich mit Aldehyden, hauptsächlich mit Formaldehyd, verbinden, und zwar unter Bildung von Kondensationsprodukten, die unter dem Einfluss von Katalysatoren und der Wärme polymerisieren und dabei Kunstharze bilden. Der industriell hiezu am meisten verwendete Aldehyd ist Formaldehyd. Man verwendet jedoch auch hie und da Azetaldehyd, Furfurol, Zimtaldehyd, Benzaldehyd oder Akrolein. Formaldehyd wird in 30 oder 40%iger wässeriger Lösung mit einem Methylalkoholgehalt von 6—14% verwendet. Diese Lösung ist zudem etwas sauer, da darin noch 0,02—0,03% Ameisensäure enthalten sind. Es können jedoch auch feste Polymere des Formaldehyds verwendet werden, so vor allem das Trioxymethylen:

$$(CH_2O)_3 = \begin{array}{c} CH_2 \\ \diagup\ \ \diagdown \\ O\ \ \ \ \ O \\ |\ \ \ \ \ \ | \\ CH_2\ \ CH_2 \\ \diagdown\ \ \diagup \\ O \end{array} \quad \text{(Protesi)}$$

oder auch Paraformaldehyd:

$$HO-CH_2-O-(CH_2O)_x-O-CH_2-OH \qquad x = 1 \text{ bis } 100$$

Dihydrat des Polyoxymethylens

Die Kondensation von Harnstoff mit Formaldehyd erfolgt in Gegenwart von Kondensationsmitteln, wie Säuren oder sauren Salzen (Kaliumbioxalat, Zitronen- oder Weinsäure usw.). Der p_H-Wert bewegt sich dabei zwischen 4 und 6. Diese Kondensationsreaktion kann jedoch auch in schwach alkalischem Gebiete erfolgen. In diesem Falle werden Basen oder basisch reagierende Salze zugegeben, wie

---

[1]) Siehe auch L. Diserens, Die Amide und Imide der Kohlensäure in der Textilindustrie, Teintex 1937, Märzheft.

z. B. Pyridin, Ammoniak, Ammoniumrhodanid, Mono- und Di-
ammoniumphosphate.

Die Reaktion zwischen Formaldehyd und Harnstoff ist exo-
therm[1]). Wird in saurem Milieu 1 Mol Harnstoff und 1 Mol Formaldehyd zusammengebracht, so bildet sich Methylenharnstoff.

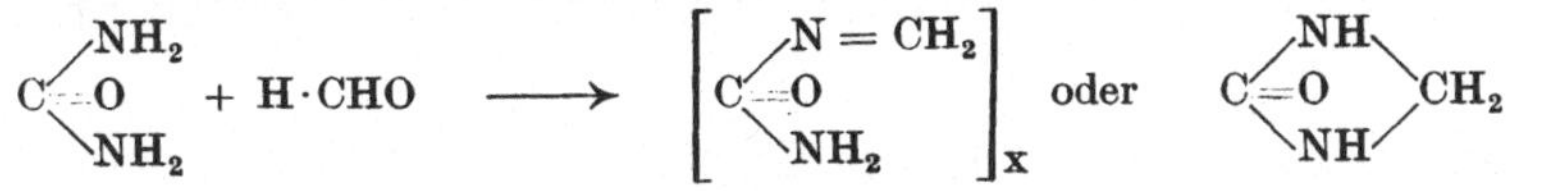

$$
C\underset{NH_2}{\overset{NH_2}{<}}O \;+\; H\cdot CHO \;\longrightarrow\; \left[C\underset{NH_2}{\overset{N=CH_2}{<}}O \right]_x \quad\text{oder}\quad C\underset{NH}{\overset{NH}{<}}\!\!O\!\!>\!CH_2 \quad \text{Smp. } 266^0\,C
$$

Thoms, Tollens   Ludy, Hemmelmeyer

Es fällt dabei ein weisses, amorphes und schlecht wasserlösliches
Pulver aus, Polymethylenharnstoff. Durch verdünnte Mineralsäuren
lässt sich dieses Kondensationsprodukt wiederum in Formaldehyd
und Harnstoff zerlegen. Wird an Stelle eines Moles Formaldehyd ein
Überschuss an dieser Reaktionskomponente verwendet, so wird ein
weisses und völlig unlösliches Pulver erhalten. Auf Grund einer
Elementaranalyse muss diesem Produkt die Formel $C_5H_{10}N_4O_3$ zugeschrieben werden (Goldschmidt). Es lässt sich durch Säuren, aber
nicht durch Alkalien zersetzen.

In alkalischem Milieu (Barytwasser) erhält man bei Verwendung
äquimolarer Mengen Harnstoff und Formaldehyd Monomethylolharnstoff.

$$
C\underset{NH_2}{\overset{NH_2}{<}}O \;+\; H\cdot CHO \;\longrightarrow\; C\underset{NH_2}{\overset{NH-CH_2-OH}{<}}O \quad \text{Smp. } 110^0\,C
$$

Einhorn und Hamburger

Mit zwei Molen Formaldehyd auf ein Mol Harnstoff bildet sich
Dimethylolharnstoff:

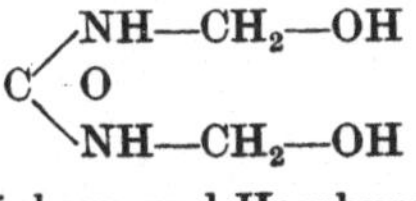

$$
C\underset{NH-CH_2-OH}{\overset{NH-CH_2-OH}{<}}O \qquad \text{Smp. } 128^0\,C \qquad \text{Kaurit KF}
$$

Einhorn und Hamburger

welcher leicht unter Formaldehydabspaltung in einen Polymethylenharnstoff übergeht:

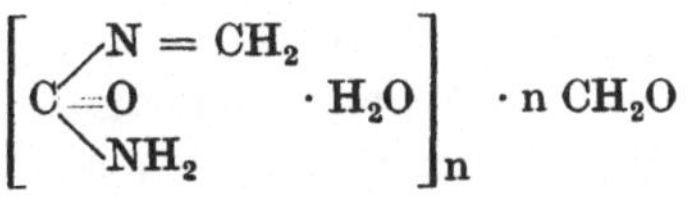

$$
\left[C\underset{NH_2}{\overset{N=CH_2}{<}}O \cdot H_2O \right]_n \cdot n\,CH_2O
$$

Wird Monomethylolharnstoff mit einer verdünnten Mineralsäure
oder mit Essigsäure behandelt, so bildet sich ein amorpher Niederschlag.

---

[1]) M. Talet, Kunstharze auf Harnstoffbasis, Journées Mat. Plast., Maison de la
Chimie 1939; Durr, Plastische Materialien und ihre Verwendung in der Industrie, Annuaire
des Anc. Elèves de l'Ecole de Chimie de Mulhouse, 1934.

Dimethylolharnstoff zerfällt in der Wärme unter Formaldehydabspaltung. Mit verdünnter Salzsäure wird eine weisse Masse der Bruttoformel $C_5H_{10}N_4O_3$ erhalten.

Kalium- oder Natriumhydroxyd ergeben bei Verwendung eines Überschusses an Formaldehyd die Ausscheidung eines amorphen Produkts, welches in warmem Wasser unter teilweiser Zersetzung löslich ist.

Endlich wird beim Arbeiten in neutralem Milieu neben Dimethylolharnstoff auch noch die Bildung eines unlöslichen Produktes von der Bruttoformel $C_5H_{12}N_4O_4$ beobachtet.

Beim Erwärmen eines äquimolekularen Gemisches in neutraler Lösung verbinden sich 5 Mole Harnstoff mit 7 Molen Formaldehyd. Wird die Aldehydmenge erhöht, so erhält man ein Produkt, welches auf 3 Mole Harnstoff 7 Mole Formaldehyd enthält und zum Schluss noch eine Verbindung von 11 Molekülen Formaldehyd mit 3 Molekülen Harnstoff. Unter der Einwirkung von warmem Wasser entweicht aus den zwei letzteren Verbindungen Formaldehyd.

Die zahlreichen Arbeiten von Dixon, Scheibler, Trostler, Scholz und Bois de Chesne haben die Aufstellung der Reaktionsmechanismen über das Stadium der Monomeren des Methylolharnstoffes und des Methylenharnstoffes hinaus erlaubt.

Dixon erklärt die Bildung der Verbindung von Goldschmidt durch eine Wasserabspaltung von jedem Dimethylolharnstoffmolekül. Gleichzeitig wird noch auf zwei Moleküle Dimethylolharnstoff ein Molekül Formaldehyd abgespalten. Es ergibt sich also dann die folgende Reaktionsgleichung:

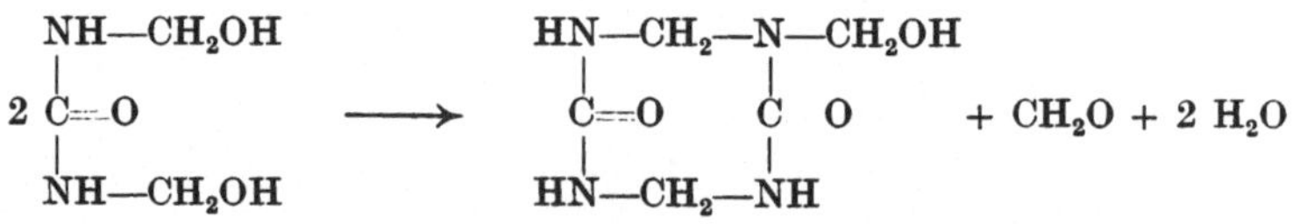

$$2\ \begin{matrix} NH-CH_2OH \\ | \\ C=O \\ | \\ NH-CH_2OH \end{matrix} \longrightarrow \begin{matrix} HN-CH_2-N-CH_2OH \\ | \qquad\quad | \\ C=O \quad\ \ C\ \ O \\ | \qquad\quad | \\ HN-CH_2-NH \end{matrix} + CH_2O + 2\ H_2O$$

Scheibler, Tröstler und Scholz erhielten beim Arbeiten in neutralem Milieu Monomethylolharnstoff, der in Anwesenheit von Spuren von Salzsäure ein Polymer von prozentual gleicher Zusammensetzung ergab. Man nimmt jedoch an, dass dieses Produkt kein Polymethylolharnstoff ist, sondern viel eher ein Polymethylenharnstoff, bei dem jedes Molekül noch fest mit einem Molekül Wasser verbunden ist:

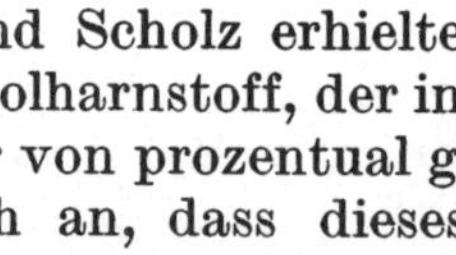

$$\left[\begin{matrix} \ \ N=CH_2 \\ C<\quad\quad\ \ \cdot\ H_2O \\ \ \ NH_2 \end{matrix} \right]_n$$

Durch Aufklappen der Doppelbindung kann dann unter Bildung einer Kette die Polymerisation stattfinden.

$$\begin{array}{cc} NH_2 & NH_2 \\ | & | \\ CO & CO \\ | & | \\ -N-CH_2-N-CH_2- \end{array}$$

wobei an den Kettenenden Wasserstoffatome oder Hydroxylgruppen die restlichen Valenzen absättigen können.

Verwendet man auf 1 Mol Harnstoff zwei Mole Formaldehyd, so gelangt man zu einem Dimethylolharnstoff, der sehr leicht Formaldehyd abspaltet und dabei in einen Polymethylenharnstoff übergeht:

$$n\begin{array}{c} NH-CH_2OH \\ | \\ CO \\ | \\ NH-CH_2OH \end{array} \longrightarrow \left[\begin{array}{cc} N & CH_2 \\ | \\ CO \\ | \\ NH_2 \end{array} \cdot H_2O\right]_n + n\,CH_2O$$

Walter und Gewing gingen von Dimethylolharnstoff aus und kondensierten in Abwesenheit eines Katalysators. Sie stellten dabei fest, dass auf ein Molekül Wasser ein halbes Molekül Formaldehyd entweicht. Diese Beobachtung stimmt mit derjenigen von Dixon überein. Gibt man jedoch ein Kondensationsmittel zu, so wird das Verhältnis von Wasser : Formaldehyd grösser als 2. Indem man die Mengen Wasser und Formaldehyd, die in Freiheit gesetzt werden, in Betracht zieht und gleichzeitig noch den Stickstoffgehalt bestimmt, kann man für die erhaltenen Kunstharze chemische Formeln aufstellen, die mit den experimentellen Daten übereinstimmen. So entspricht zum Beispiel das folgende Schema den für gewisse Harze erhaltenen Analysenresultaten.

$$\begin{array}{l} H-N-CH_2-N-CH_2-N-CH_2-N-CH_2OH \\ \quad | \qquad\quad | \qquad\quad | \qquad\quad | \\ \quad CO \qquad CO \qquad CO \qquad CO \qquad\qquad \text{Polymethylenharnstoff} \\ \quad | \qquad\quad | \qquad\quad | \qquad\quad | \\ H-N-CH_2-N-CH_2-N-CH_2-N-H \end{array}$$

Die Molekülketten können länger sein und sich verzweigen, wodurch dann dreidimensionale Gebilde entstehen.

Bois de Chesne hat eine fadenförmige Struktur angenommen. Man erhält dabei aus Monomethylolharnstoff unter Wasserabspaltung polymere Verbindungen folgender Struktur:

$$-\left[NH-CO-NH-CH_2-NH-CO-NH-CH_2-\right]_n$$

Nach Scheibler erfolgt die Polymerisation durch Aufklappen der Doppelbindungen, wobei sich fadenförmige Ketten bilden:

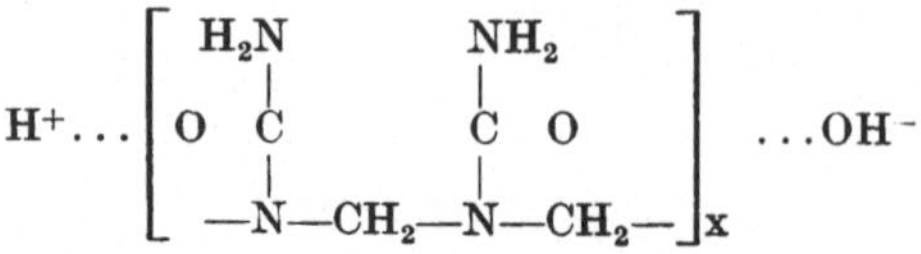

$$H^+\ldots\begin{bmatrix} H_2N & NH_2 \\ O\ C & C\ O \\ -N-CH_2-N-CH_2- \end{bmatrix}_x \ldots OH^-$$

Redfarn nimmt als primären Kondensationszustand das Dimethylolharnstoffmolekül an, welches durch Abspaltung von zwei Molekülen Wasser in Dimethylenharnstoff übergeht.

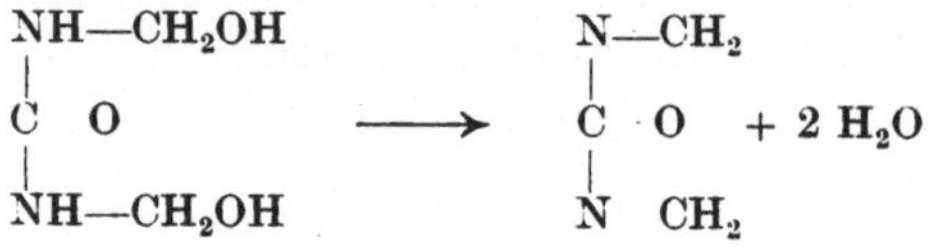

$$\begin{matrix} NH-CH_2OH \\ C\ O \\ NH-CH_2OH \end{matrix} \longrightarrow \begin{matrix} N-CH_2 \\ C\cdot O \\ N\ \ CH_2 \end{matrix} + 2\ H_2O$$

Die Polymerisation dieses Produktes erfolgt sehr leicht wegen der Anwesenheit von Doppelbindungen im Molekül. Es werden dabei Makromoleküle folgender Konstitution erhalten:

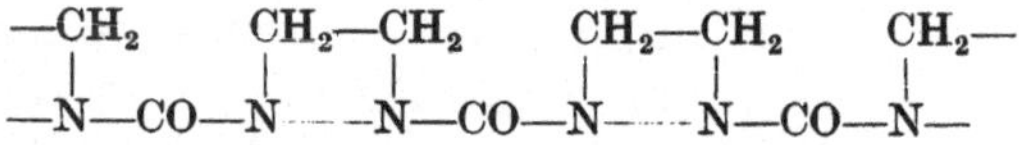

$$\begin{matrix} -CH_2 & CH_2-CH_2 & CH_2-CH_2 & CH_2- \\ -N-CO-N- & -N-CO-N- & -N-CO-N- \end{matrix}$$

Während dieser Polymerisation bilden sich auch Ringe, wobei die freien Valenzen verschwinden. Dadurch wird das Harz unlöslich und unschmelzbar.

Die Konstitution des Harnstoff-Formaldehyd-Kondensates lässt sich durch folgendes Schema veranschaulichen:

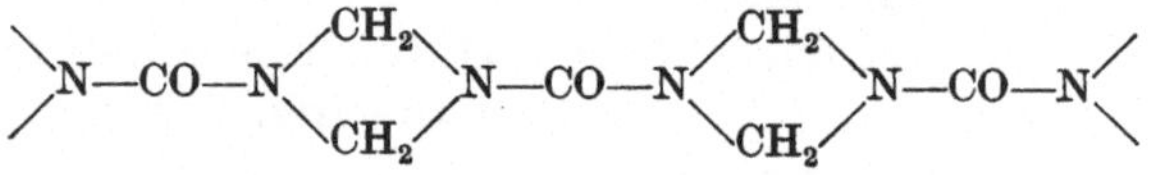

$$\begin{matrix} & CH_2 & & CH_2 \\ N-CO-N & & N-CO-N & & N-CO-N \\ & CH_2 & & CH_2 \end{matrix}$$

unvernetztes Harnstoff-Formaldehyd-Kondensat

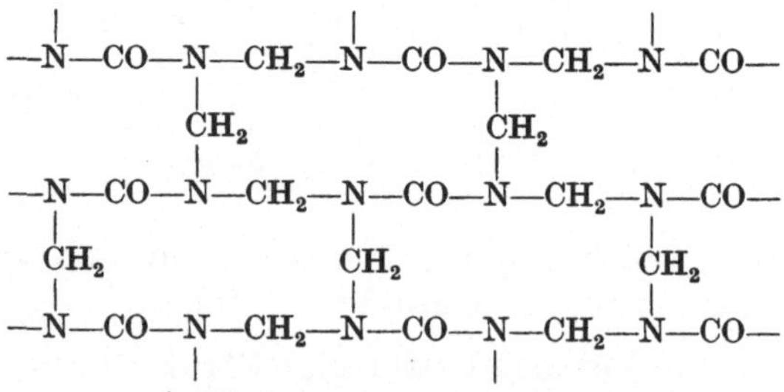

$$\begin{matrix} -N-CO-N-CH_2-N-CO-N-CH_2-N-CO- \\ CH_2 & CH_2 \\ -N-CO-N-CH_2-N-CO-N-CH_2-N-CO- \\ CH_2 & CH_2 & CH_2 \\ -N-CO-N-CH_2-N-CO-N-CH_2-N-CO- \end{matrix}$$

vernetztes Harnstoff-Formaldehyd-Kondensat

Die Entdeckung der Harnstoff-Formaldehyd-Harze verdanken wir H. John (*D.R.P. 392.183, 355.834*), welcher im Jahre 1918 beobachtete, dass durch Kondensation von Harnstoff, Thioharnstoff oder ihrer Derivate mit Formaldehyd in Abwesenheit jeglicher Kondensationsmittel sich Verbindungen bildeten, die von grossem Interesse sind, das Aussehen einer glasigen Masse haben und sehr beständig gegen Chemikalien sind. Diese Harze eignen sich ebenfalls gut zur mechanischen Bearbeitung. Die Kondensation wird durch Erwärmen auf 80° C begünstigt. Die Produkte, die John herstellte, wiesen jedoch den Nachteil auf, Formaldehyd in Freiheit zu setzen. Die Vervollkommnung dieser Entdeckung besorgte F. Pollak in Zusammenarbeit mit K. Ripper und W. Kraus. Diese Arbeiten bilden den Gegenstand zahlreicher Patente, deren erste die *D.R.P. 405.516, 418.055, 437.533, 446.998, 448.201, 456.082; brit. P. 157.416, 171.094, 181.014, 193.420, 201.906, 206.512, 213.567* und *franz. P. 654.554, 657.794, 662.627, 662.628* usw. sind.

F. Pollak, H. Bartélemy, K. Ripper und andern Forschern gelang es, Harze zu erhalten, die industriell verwertbar, hart, durchscheinend, farblos und vollkommen lichtbeständig waren. In allgemeinen Zügen muss bei der Herstellung harter Harze wie folgt vorgegangen werden: Man kondensiert in der Wärme Harnstoff mit Formaldehyd, welcher entweder in Form des Trioxymethylens oder als 30 oder 37%ige Lösung verwendet wird. Hierauf wird das überschüssige Wasser durch Destillation, mit Vorteil durch Vakuumdestillation, entfernt. Das dabei erhaltene Produkt wurde unter dem Namen Pollopas[1]) auf den Markt gebracht. Die Herstellerfirma ist die Kunstharzfabrik Dr. F. Pollak. Dieses Kunstharz ist eine farblose, glasige und gut isolierende Masse, die im Grossteil der Lösungsmittel unlöslich ist und auch weder von Alkalien noch von Säure angegriffen wird. Die üblichsten Marken sind Pollopas A, O, 6F, UVT usw. Im Rahmen dieses Werkes ist es leider nicht möglich, näher auf die Verfahren dieser Industrie einzugehen, die, wie bereits weiter oben gesagt wurde, heute Weltbedeutung erlangt hat.

Aminoplaste sind farblos, durchsichtig und lichtecht. Sie trüben die Färbungen nicht und sind selbst in allen Farben färbbar, ohne dass dadurch eine Beeinträchtigung der Lichtechtheit eintritt.

Das ungünstige Verhalten der Produkte auf Harnstoff-Formaldehyd-Basis bei der Einwirkung von Wasser kann zum Teil verbessert werden, wenn man Mischharze auf Harnstoffbasis und einer zweiten Substanz, die sich mit Formaldehyd zu verbinden vermag, heranzieht. Dabei soll dann ein hydrophobes Produkt entstehen.

So liefern z. B. Kondensationsprodukte aus Harnstoff, Thioharnstoff und Formaldehyd durchsichtige Verbindungen, die gegenüber den Einwirkungen des Wassers nicht mehr sehr empfindlich

---

[1]) Andere Handelsnamen: Crystalite (Röhm & Haas), Plastopal (I.G. Farbenindustrie), Beetle (Brit. Ind. Plastics), Plaskon (Plaskon Co.).

sind. Thioharnstoff kondensiert sich mit Formaldehyd langsamer als Harnstoff, und daher benötigt die Kondensation bedeutend mehr Zeit bis zur Erreichung des Endzustandes, was natürlich sich nachteilig auswirken kann, wenn der Faktor Zeit ebenfalls in Rechnung gestellt werden muss. Fügt man zum Harnstoff jedoch nur 25% Thioharnstoff zu, so geht die Kondensation rasch vor sich, und das Reaktionsprodukt besitzt immer noch die Eigenschaften eines Harzes, welches aus Thioharnstoff hergestellt wurde.

Thioharnstoff kann auch durch Ammoniumrhodanid ersetzt werden, welches unter dem Einfluss der Wärme in Thioharnstoff übergeht.

$$NH_4 \cdot CSN \quad \rightleftarrows \quad CS(NH_2)_2$$

Der Schwefel, der dem Harz eine gute Wasserbeständigkeit verleiht, kann auch in Form weniger kostspieliger Verbindungen als Thioharnstoff in das Harz eingebaut werden. So werden z. B. auch Schwefelwasserstoff, Alkalipolysulfide, Natriumthiosulfat und besonders Ammoniumsulfid verwendet. Diese Verfahren weisen oft eine starke Ähnlichkeit mit der Vulkanisation des Kautschuks auf. Die so erhaltenen Verbindungen werden für die Imprägnation verschiedener Materialien verwendet. Es werden daraus eher Pulver zum Formen als flüssige Produkte hergestellt.

Harnstoff kann auch mit anderen Aldehyden kondensiert werden, wobei sich ebenfalls Kunstharze bilden. So liessen sich härtbare Harze herstellen, indem man einen Teil des Formaldehyds durch Azetaldehyd ersetzte.

Ebenfalls Akrolein sowie Furfurol führen zu harten Harzen. Mit Furfurol wird ein schwarzes, dem Ebonit ähnliches Kunstharz erhalten.

Harnstoff selbst kann teilweise oder ganz durch andere Stickstoffderivate des Cyanamids ersetzt werden, wie z. B. Guanidin, Dicyandiamid, Melamin.

Guanidin liefert durchsichtige und farblose Harze, die jenen aus Harnstoff sehr ähnlich sind. Dicyandiamid und Melamin haben in der Leimindustrie und für die Herstellung geformter Massen Verwendung gefunden.

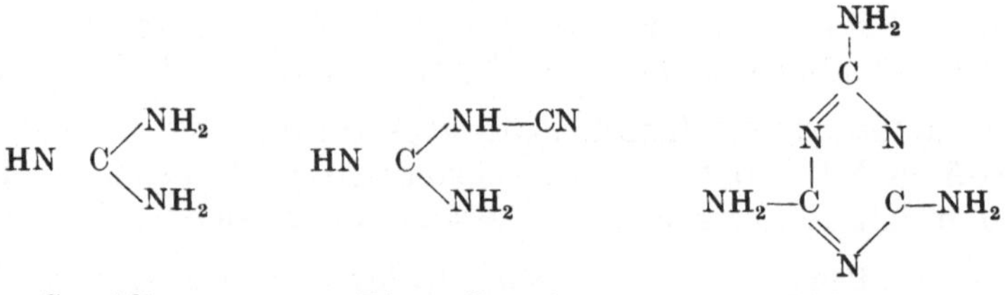

Guanidin   Dicyandiamid   Melamin

Bei der Ausrüstung von Textilien mit Harnstoff-Formaldehyd-Kondensationsprodukten[1]) kann es gelegentlich vorkommen, dass der Ware nach der Ausrüstung ein widerlicher Geruch nach Heringslake hartnäckig anhaftet, was die Ware natürlich in diesem Zustande unverkäuflich macht. Dieser Geruch ist auf die Anwesenheit von Methylaminen, und zwar namentlich von Trimethylamin, zurückzuführen. Die Bildung dieser für den Fischgeruch verantwortlichen Verbindungen bei der Ausrüstung mit Formaldehyd-Harnstoffharzen scheint wie folgt zustande zu kommen:

Bei der Umsetzung von Ammoniak oder Ammoniumsalzen mit Formaldehyd werden unter gewissen Bedingungen die Wasserstoffatome des Ammoniaks nacheinander durch Methylreste ersetzt, was sich durch folgende Reaktionsgleichungen veranschaulichen lässt:

$$1.\ 2\,NH_3 + 3\,CH_2O \longrightarrow 2\,NH_2\cdot CH_3 + CO_2 + H_2O$$
Monomethylamin

$$2.\ 2\,NH_3 + 6\,CH_2O \longrightarrow 2\,NH(CH_3)_2 + 2\,CO_2 + 2\,H_2O$$
Dimethylamin

$$3.\ 2\,NH_3 + 9\,CH_2O \longrightarrow 2\,N(CH_3)_3 + 3\,CO_2 + 3\,H_2O$$
Trimethylamin

Bei der in der Technik üblichen Verwendung von Ammoniumsalzen entstehen die entsprechenden Salze dieser Basen, so z. B.

$$2\,NH_4Cl + 9\,CH_2O \longrightarrow 2\,N(CH_3)_3\cdot HCl + 3\,CO_2 + 3\,H_2O$$

Die Möglichkeit einer Umsetzung gemäss Gleichung 3 wird durch einen grossen Formaldehydüberschuss begünstigt. Es bilden sich also grössere Mengen Trimethylamin, während Mono- und Dimethylamin weniger hervortreten, da diese beiden Verbindungen durch noch vorhandenen Formaldehyd weiter methyliert werden. Diese Reaktionen bedürfen einer beträchtlichen Wärmezufuhr. Wird jedoch bei genügend hoher Temperatur und unter Druck gearbeitet, so erhält man bei ausreichender Reaktionsdauer eine quantitative Umsetzung. Liegen jedoch die Reaktionsbedingungen für die Bildung des Trimethylamins nicht so günstig, so kann diese Reaktion ganz ausbleiben oder es bildet sich nur ein Teil des sonst möglichen Trimethylamins.

Monomethylamin ist ein farbloses Gas, welches sich leicht in Wasser löst und einen ammoniakähnlichen Geruch besitzt. Dimethylamin siedet bei 7,4° C, ist ebenfalls farblos und besitzt auch einen Ammoniakgeruch, bei dem der Fischgeruch bereits etwas mehr hervortritt. Der Siedepunkt des Trimethylamins liegt bei 3,5° C. Es löst sich leicht in Wasser und besitzt noch in starker Verdünnung einen ausserordentlich starken Fischgeruch, welcher der Ware sehr

---

[1]) H. Rath, Über die Möglichkeit der Bildung von Methylaminen bei der Kunstharzausrüstung, Mell. 1941, *22*, S. 18; R. Rath u. R. Burkhardt, Mell. 1940, *21*, S. 175.

stark anhaftet. Diese drei Amine kommen auch in der Heringslake vor, doch scheint der typische Geruch vor allem auf die Anwesenheit des Trimethylamins zurückzuführen zu sein. Bei der Kunstharzausrüstung kann es sehr gut vorkommen, dass die zur Bildung dieser Verbindungen günstigen Bedingungen erfüllt sind, nämlich die Anwesenheit von Ammoniak oder Ammoniumsalzen und von Formaldehyd. Bereits können im technischen Harnstoff geringe Mengen von Ammoniumsalzen vorhanden sein, wie z. B. Ammoniumkarbonat, -bikarbonat, -karbamat, obwohl im allgemeinen ein sehr ammoniumsalzfreier Harnstoff erhältlich ist. Die Möglichkeit der Ammoniakbildung besteht aber auch beim Erhitzen von Harnstoff mit Säuren, wie dies z. B. bei der Kondensation der Karbamidharze vorkommen kann. Aber auch bei der Vorkondensation im alkalischen Milieu kann eine Verseifung des Harnstoffs unter Kohlensäure- und Ammoniakentwicklung eintreten:

$$C \underset{NH_2\ H}{\overset{NH_2\ H}{<}} O + O \longrightarrow CO_2 + 2\,NH_3$$

Es wird angenommen, dass bei der Verseifung durch Säuren oder verdünnte Alkalien sich zunächst Ammoniumcyanat bildet. Ferner kann beim Erhitzen von Harnstoff in Wasser bei Temperaturen über 100^0 C ebenfalls eine Abspaltung von Kohlendioxyd und Ammoniak stattfinden. Ammoniak wird aber auch frei, wenn Harnstoff nur für sich allein über $150—170^0$ C erhitzt wird.

Neben diesen Zersetzungserscheinungen, die zu einer Ammoniakbildung führen können, wird aber sehr oft zur Stabilisierung der Lösungen von Harnstoff und Formaldehyd oder deren Vorkondensate Ammoniak zugesetzt, der dann vor dem Imprägnieren durch Ansäuern wieder neutralisiert wird. Es befindet sich dann in der Ausrüstmasse genügend Ammoniumsalz, um die Bildung von Methylaminen zu ermöglichen.

Aus obigen Ausführungen geht also hervor, dass bei der Ausrüstung mit Karbamidharzen die Gefahr der Methylaminbildung sehr gross ist. Experimentell liess sich dies wie folgt beweisen: Zellwollsträngchen wurden mit einer Formaldehydlösung, die einen Zusatz an Ammoniak oder Ammoniumsalzen (Ammoniumkarbonat, -glykolat), wie er bei der Ausrüstung mit solchen Harzen vorkommen kann, enthielt, imprägniert, getrocknet und bei einer Temperatur, die jener bei der Ausrüstung mit Karbamidharzen entspricht, behandelt. Die sich dabei bildenden Methylamine lassen sich sehr leicht am Geruch erkennen. Wird bei sauren Reaktionsbedingungen gearbeitet, so scheint die Methylaminbildung gehemmt zu werden.

Die Ammoniumsalzmenge ist gegenüber der zur Verfügung stehenden Formaldehydmenge immer sehr gering, was zur Folge hat, dass speziell dann, wenn bei der Kondensation der überschüssige Formaldehyd nicht gut entfernt wurde, dies zu einer sehr weitgehenden Methylierung des Ammoniaks führt. Es bildet sich also neben nur wenig Mono- und Dimethylamin hauptsächlich Trimethylamin, was natürlich auch die Bildung des Fischgeruchs begünstigt.

Zusammenfassend kann gesagt werden, dass die Bildung von Methylaminen, und zwar besonders von Trimethylamin, durch folgende Umstände begünstigt wird:

1. Anwesenheit oder Bildung von Ammoniumsalzen;
2. hohe Kondensationstemperaturen;
3. lange Kondensationsdauer;
4. grosser Formaldehydüberschuss;
5. geringe Azidität.

Das Vorhandensein oder die Bildung eines alkalischen Mediums im Verlaufe der Ausrüstung sowie eine Abspaltung der Basen infolge Hydrolyse können zum Auftreten des typischen Fischgeruchs führen. Dabei müssen die Methylamine nur in geringen Mengen vorhanden sein, da sie einen äusserst starken Geruch besitzen. Eine Hydrolyse ist in der Nähe des Neutralpunktes sehr leicht möglich, wobei sie durch Wärme und Feuchtigkeit noch gefördert wird. Je konzentrierter die Basen sind, um so leichter fällt die geruchliche Wahrnehmung dieser Verbindungen. Es kann daher eine Ware je nach den Ausrüstbedingungen oder der Art der Lagerung völlig geruchsfrei sein oder einen starken Fischgeruch aufweisen. Sehr oft besitzen die ausgerüsteten Textilien eine erhöhte Azidität, weshalb die Ware dann meistens auch bei einem Trimethylaminsalzgehalt, der ja meistens nur sehr gering ist, geruchfrei erscheint. Erfährt das Textilmaterial jedoch eine Änderung der Azidität, was z. B. beim Waschen sehr wohl eintreten kann, so kann nachträglich ein Fischgeruch wahrgenommen werden.

Die Methylaminsalze lassen sich durch Soda zersetzen. Es ist daher empfehlenswert, eine mit Karbamidharzen ausgerüstete Ware nach der Kondensation einer schwachen Sodawäsche unter Zugabe eines Emulgators zu unterziehen. Darauf wird dann gründlich gespült, damit ja kein Trimethylamin auf der Ware zurückbleibt. Zudem erscheint eine solche Behandlung auch schon mit Rücksicht auf die Scheuerfestigkeit der ausgerüsteten Ware empfehlenswert.

Zur Vermeidung des Fischgeruchs wurde auch die Zugabe einer Verbindung vorgeschlagen, welche sich leichter mit Formaldehyd verbindet als die Ammoniumverbindungen. Anderseits kann natürlich auch ein ammoniumsalzfreier Katalysator (Katalysator A) verwendet werden. Als Formaldehydakzeptor kann z. B. Harnstoff benutzt werden, da er die Kondensation in keiner Art und Weise behindert[1]).

Es konnte festgestellt werden, dass beim Lagern ungewaschener, mit Kunstharzen appretierter Gewebe oft erst nach 6—8 Monaten ein Fischgeruch festgestellt werden konnte. Die Schutzwirkung eines Harnstoffzusatzes bleibt aber auch noch nach diesem Zeitraum erhalten.

Das *D.R.P. 812.907* (6. 9. 1951) der Chem. Fabr. Stockhausen-H. Stockhausen, P. Goetze und W. Brasseler beschreibt ein Verfahren zur Verhinderung des Auftretens eines unangenehmen Geruches beim Lagern chemisch veredelter Textilien.

Das Auftreten dieses Geruchs beim Lagern von Ware, die mit Formaldehyd abspaltenden Verbindungen oder Vorkondensaten von Formaldehydkunstharzen bei Gegenwart von sauren Katalysatoren behandelt wurde, wird darauf zurückgeführt, dass die so behandelten Textilien noch einen Überschuss an freiem Formaldehyd und zudem den sauren Katalysator enthalten. Das übliche Verfahren, die Ware nach der Veredlung auszuwaschen, meist unter Zusatz von Ammoniak, gibt zwar eine einwandfreie, geruchlose Ware, bedeutet hingegen eine erhebliche Verteuerung der Ausrüstung, vor allem wegen des nochmaligen Trocknens.

Die Erfinder empfehlen, die verwendete trockene Ware mit einer Lösung zu benetzen, welche die zur Bindung des freien Formaldehyds und des sauren Katalysators erforderlichen Stoffe enthält, deren Menge und Zusammensetzung so zu wählen sind, dass das Fasergut nicht oder nur wenig gequollen wird. Eine solche Benetzungsflüssigkeit besteht z. B. aus 65 g/l Ammoniumkarbonat, 31 g/l Kaliumkarbonat und 5 g/l eines Netzmittels und Weichmachers (Natriumsalz einer Alkylsulfonsäure). Man lagert im verpackten Zustand, lüftet kurze Zeit bei mässig erhöhter Temperatur und macht dann versandfertig. Gegenüber einem ursprünglichen Gehalt an freiem Formaldehyd von $0,85\% + 0,35\%$ HCl enthält die behandelte Ware nur noch $0,05\%$ und reagiert neutral.

Das Auftragen dieser Lösung erfolgt mit entsprechend profilierten Walzen. Andere Zusammensetzungen sind: 180 g/l Harnstoff, 40 g/l Kaliumkarbonat, 11 g/l Triäthanolamin und 5 g/l Netzmittel oder: 110 g/l Äthylendiamin + 360 g/l Kaliumoleat.

Im *D.R.P. 681.818* empfiehlt die I.G. Farbenindustrie, Stärkeappreturen Dimethylolharnstoff mit $0—1\%$ Wassergehalt zuzusetzen. Gleichzeitig wird auch noch eine Verbindung zugesetzt, welche in

---

[1]) Fluck, Vermeidung des Geruchs in den mit Kunstharzen appretierten Geweben. Am. Dyest. Rep. 1951, *40*, S. 154; Text. Rdsch. 1951, *6*, S. 232; Rayonne 1951, N. 7, S. 81.

W. Kraus, Der Nachweis von Fischgeruch in Geweben, die mit Karbamidharz ausgerüstet sind, Text. Rdsch. 1950, *5*, S. 395.

G. Sulzer, Zur Frage der Katalysatoren und Stabilisatoren in der Textilveredlung mit Amid-Formaldehyd-Kondensationsprodukten, Text. Rdsch. 1950, *5*, S. 144.

Gegenwart von Dimethylolharnstoff sauer reagiert, wie z. B. Ammoniumnitrat, Mono- und Dinatriumphosphat, Ammoniumoxalat oder Oxalsäurediäthylester. Infolge der Verwendung des bis auf einen Wassergehalt von 0—1% getrockneten Dimethylolharnstoffs weisen diese Mischungen eine sehr gute Haltbarkeit auf. So sind sie auch nach sehr langer Lagerung noch wasserlöslich und ergeben zusammen mit Stärke Appreturen, die auch einer wiederholten Wäsche mit Seife und Soda widerstehen, ohne dass dabei eine wesentliche Verminderung der Appreturwirkung beobachtet werden könnte.

P. Alexander, D. Carter und C. Earland (J. Soc. Dyers Col. 1950, *66*, S. 579) empfehlen die Verwendung von Dialkyläthern des Dimethylolharnstoffs zur schrumpffreien Ausrüstung von Wolle. So wird mit dem Di-n-butyläther bereits mit 10% eine gute Wirkung erzielt. So behandelte Gewebe besitzen auch eine bessere Scheuerfestigkeit, und bei den Garnen kann eine erhöhte Reissfestigkeit durch eine solche Kunstharzappretur erzielt werden.

Bei der Verwendung von Harnstoff-Formaldehyd-Kondensaten in der Textilindustrie werden im Gegensatz zu andern Produkten keine fertig auskondensierten Substanzen verwendet. Es gelangen die einzelnen, nicht kondensierten Verbindungen zur Verarbeitung oder, wie es heute meistens üblich ist, sogenannte Vorkondensate.

Ein solches Vorkondensat ist z. B. Kaurit KF der I.G. Farbenindustrie. Wie auf fast allen Gebieten der Kunstharzherstellung und -verarbeitung bestehen auch hierüber sehr zahlreiche Patentanmeldungen. Von Bedeutung war anfänglich für die Textilindustrie nur das Tootal-Verfahren zur knitterfreien Ausrüstung von Geweben aus Kunstseide, Zellwolle und Baumwolle.

Hiezu wird die Ware mit Lösungen des Vorkondensats (Kaurit KF) unter Zusatz von Kondensationskatalysatoren und Puffersubstanzen zur Einstellung des erforderlichen p_H-Wertes geklotzt. Eventuell wird auch noch ein Weichmacherzusatz gemacht. Während des Trocknens bei einer Temperatur um 140° C wird das Kunstharz dann auf der Faser fertig auskondensiert.

So weist z. B. ein Ansatz, wie er für mittelschwere Zellwollgewebe Verwendung findet, folgende Zusammensetzung auf:

20	Teile Kaurit KF
0,5	Teile Ammoniak 25%ig
0,6	Teile Katalysator P I
0,6	Teile Katalysator P II
0,5	Teile Weinsäure
0,2	Teile Igepon T
0,5	Teile Weichmachungsmittel
77,1	Teile Wasser
100	Teile

Die Ware wird zwischen Temperaturen von 30 und 40° C imprägniert. Der Abquetscheffekt auf dem Foulard beträgt 85—100% und die Warengeschwindigkeit etwa 18 m/min.

Die durchschnittliche Harzeinlagerung beträgt 10—15%, kann aber bei einzelnen Appreturen, wie z. B. bei Futterstoffen, 20 bis 25% erreichen. Durch eine solche Harzeinlagerung kann ein Gewebe knitterecht und schrumpfecht ausgerüstet werden. Zudem wird dadurch auch eine Erhöhung der Trocken- und Nassreissfestigkeit erzielt.

Es wird angenommen, dass die Verbesserung dieser Fasereigenschaften im Zusammenhang mit der stark verminderten Quellfähigkeit des mit Kunstharz behandelten Materials steht[1]).

Kaurit KF[2]) der I.G. Farbenindustrie, der dem Dimethylolharnstoff entspricht, wird, wie bereits gezeigt wurde, durch Einwirkung von Formaldehyd auf ein Amid oder Amin erhalten, wobei sich folgende Verbindungstypen bilden

$$-CO-NH-CH_2OH \quad \text{oder} \quad -N=\overset{|}{C}-NH-CH_2OH$$

---

[1]) Auerbach, Die Knitterfestausrüstung, Klepz. Text. Z. 1938, *41*, S. 376; Übersicht über die moderne Kunstseiden- und Zellwollveredlung, Klepz. Text. Z. 1939, *42*, S. 228.

[2]) Andere Handelsnamen:

Ureol AC . . .	Ciba
Eropal SZ . . .	Röhm & Haas
Mattweiss M . .	I.G. Farbenindustrie
Dullit D	I.G. Farbenindustrie
Fixappret B . .	I.G. Farbenindustrie
Acrisin F 156, FS 115, FS 214	Röhm & Haas
Texapret K Pulver	B.A.S.F.
Appretan K Pulver	B.A.S.F.

Fixappret B: Bei gleichzeitiger Verwendung von Fixappret B und Kartoffelstärke lässt sich die Waschechtheit der Appreturen wesentlich verbessern. Es genügt bereits der zehnte Teil der Kartoffelmehlmenge an Fixappret B, um eine waschbeständige Kartoffelstärkeappretur zu erzielen. Höhere Zusätze sind ohne weiteres möglich, indem dadurch der Effekt nur noch verbessert wird. Fixappret B wird am besten mit dem Kartoffelmehl in trockenem Zustande vermischt, mit kaltem Wasser angerührt und aufgekocht. Im Gegensatz zu Appretan EMW-Appreturen verschleiern derartige Appreturen bei Buntwaren etwas den Farbton. Appretan EMW kann sogar eher noch zu einer Vertiefung des Farbtons führen.

Fixappret B wird in Mengen von 5—10 g/l Stärkeappreturen zugesetzt. Nach dem Auftragen der Appretur werden die Gewebe möglichst heiss getrocknet, um eine genügende Fixierung zu erreichen (3—5 Minuten bei 100—130° C). (*D.R.P. 652.769, 653.427; brit. P. 414.576; öst. P. 148.375; franz. P. 766.119; amer. P. 2.099.765; schweiz. P. 175.998;* Mell. 1950, *31*, S. 419; Chwala, Textilhilfsmittel, Wien, Springer-Verlag 1939, S. 428).

Acrisin F 156, Acrisin FS 115, Acrisin FS 214: Die Marke F 156 stellt eine schwach gelbliche, griesige Paste dar, die beim Erwärmen eine leicht gelbliche Lösung ergibt. Diese Lösung lässt sich mit Wasser ohne weiteres verdünnen. Es lassen sich damit knitterarme Appreturen herstellen. Zellwolle und Kunstseide können damit auch alkalifest ausgerüstet werden.

Acrisin F 156 kann für sich allein oder in Verbindung mit wasserabstossenden Imprägnierungsmitteln, Hydrophobierungsmitteln, Appreturmitteln, säurebeständigen

Solche Derivate lassen sich durch Behandeln von Harnstoff mit Formaldehyd herstellen.

$$O{=}C\begin{cases}NH_2\\NH_2\end{cases} + 2\ CH_2O \quad \xrightarrow{\text{Katalysator}} \quad O{=}C\begin{cases}NH{-}CH_2OH\\NH{-}CH_2OH\end{cases}$$

Dimethylolharnstoff

Die Hydroxylgruppen lassen sich mit Hydroxylgruppen der Zellulose veräthern.

Die Kondensation erfolgt in saurem Milieu, aber die meisten Mineralsäuren eignen sich nicht hiezu oder führen nur zu mittelmässigen Resultaten. Man verwendet daher als Kondensationskatalysatoren Verbindungen wie Ammoniumnitrat, welche bei der Kondensationstemperatur Wasserstoffionen bilden. Bei den verwendeten Arbeitsbedingungen bildet sich aus Ammoniumnitrat und dem freien Formaldehyd Urotropin, welches wiederum durch Hydrolyse in Ammoniumnitrat und Formaldehyd zerlegt werden kann.

Eine andere Möglichkeit besteht in der Verwendung organischer, einbasischer Säuren, die in γ-Stellung halogeniert sind. Beim Erwärmen dieser Säuren entsteht unter Freiwerden der Halogenwasserstoffsäure ein Lakton. Wird z. B. γ-Chlorbuttersäure auf $130{-}140^0$ C erhitzt, so erhält man folgende Reaktion

$$\underset{\underset{Cl}{|}}{H_2C}{-}CH_2{-}CH_2{-}COOH \quad \xrightarrow{130{-}140^0\ C} \quad \underset{\underset{O}{\rule{2.5cm}{0.4pt}}}{H_2C{-}CH_2{-}CH_2{-}CO} + HCl$$

Die freiwerdende Salzsäure bewirkt dann die Kondensation des Dimethylolharnstoffes innerhalb der Faser. Leider zeigt der Kaurit KF nur eine mässige Lust, sich mit den Hydroxylgruppen der Zellulose zu verbinden. Man erhält daher eher als ein Wasserabstossendmachen der Faser ein Harz, welches dem Gewebe eine gute Knitterechtheit verleiht.

Herstellung von Kaurit KF (Paste). In einen Autoklaven aus rostfreiem V2A-Stahl von 2 m³ Inhalt bringt man 1192 kg

---

Weichmachern usw. verwendet werden. Von besonderer Bedeutung ist die Möglichkeit der Mitverwendung wässeriger Kunststoffdispersionen, wie z. B. von Plextolen.

Acrisin FS 115 und FS 214 reagieren praktisch neutral und sind wasserklare, schwach gelbe und dünnflüssige Lösungen, die ohne weiteres mit Wasser verdünnt werden können. Sie sind auch in verdünntem Zustande selbst in Gegenwart saurer Katalysatoren unbegrenzt haltbar. Beide Marken besitzen die Eigenschaft, im Verlaufe der Verarbeitung 20—25% chemisch aktive Verbindungen abzuspalten, die mit dem Fasermaterial reagieren. Gleichzeitig mit dieser chemischen Umsetzung findet auch eine Einlagerung wasserunlöslicher Kunststoffe statt, die der Ware einen hervorragenden Appreturgriff verleihen. Die Abspaltung der aktiven Verbindungen erfolgt gleichmässig, wodurch ein gleichmässiger Appretureffekt garantiert wird. Die chemische Faserveränderung und der Appretureffekt sind wasserbeständig. Sie dienen zur quell- und krumpffesten Ausrüstung von Geweben und Garnen.

30%igen Formaldehyd, den man auf p_H 7,6 (Kontrolle auf Bromthymolblau) durch Zugabe von Natronlauge bringt. Hierauf gibt man 350 kg reinen Harnstoff zu. Innerhalb von 20 Minuten geht man bis auf 40⁰ C und bleibt während 10 Minuten bei einer Temperatur zwischen 40 und 50⁰ C. Dann wird der Druck auf 60 bis 100 mm Hg verringert und so lange mit Erwärmen fortgefahren, bis man eine Flüssigkeit vom spezifischen Gewicht von 1,170 erhält. Die Lösung wird darauf in grosse Aluminiumschalen abgelassen und langsam lässt man abkühlen, wobei innert 36 bis 48 Stunden die Kristallisation erfolgt. Das feste Produkt wird von der Mutterlauge in einer chargenweise arbeitenden Zentrifugentrockenmaschine mit vertikaler Achse bei einer Maschinengeschwindigkeit von 1100 Touren pro Minute abgetrennt. Man erhält so 420—450 kg feuchtes Endprodukt, welches etwa noch 25—30% Feuchtigkeit enthält. Die Mutterlauge wird zur Herstellung von Kauritleim (flüssig oder Pulver) verwendet.

Wird Kaurit KF auf Viskose-Kunstseide-Geweben angewendet, so stellt man sich das Imprägnierungsbad durch Auflösen von 150 g Kaurit KF Paste in 450 g kochendem Wasser her. Nach dem Erkalten gibt man 4 cm³ 25%iges Ammoniak, 5 g Kondensol A (Ammoniumnitrat) zu und stellt auf 1 Liter ein. Das Gewebe wird während einer Minute durch die 30—35⁰ C warme Lösung genommen, dann mit einem Abquetscheffekt von 100—108% abgequetscht. Das imprägnierte Gewebe wird auf einen Rahmen aufgespannt und während 30 Minuten bei 70⁰ C getrocknet und abschliessend noch 10 Minuten einer Temperatur von 130⁰ C ausgesetzt.

Durch eine Kaurit KF-Appretur erhält das Gewebe Halt, gute Knitterechteigenschaften und die Eigenschaft, rascher als unbehandelte Gewebe zu trocknen.

Unter dem Namen Kaurit AF 140[1]) hat die I.G. Farbenindustrie ein weiteres Produkt auf den Markt gebracht. Es handelt sich dabei um Tetramethylolazetylenharnstoff, welcher durch Ein-

$$
O = C \begin{array}{c} NH_2 \\ NH_2 \end{array} + \begin{array}{c} O \\ \| \\ CH \\ | \\ CH \\ \| \\ O \end{array} + \begin{array}{c} H_2N \\ H_2N \end{array} C = O \quad \xrightarrow{-2\,H_2O} \quad O = C \begin{array}{c} NH-CH-NH \\ | \\ NH-CH-NH \end{array} C = O
$$

$$
\xrightarrow{+\,4\,CH_2O} \quad O \cdots C \begin{array}{c} \overset{\displaystyle CH_2OH}{|} \quad \overset{\displaystyle CH_2OH}{|} \\ N-CH-N \\ | \\ N-CH-N \\ | \qquad | \\ CH_2OH \quad CH_2OH \end{array} C \cdots O
$$

---

[1]) Mell. 1949, *30*, S. 70.

wirkung von 4 Molekülen Formaldehyd auf ein Molekül Azetylendiharnstoff erhalten wird. Azetylendiharnstoff lässt sich durch Kondensieren von 2 Molekülen Harnstoff mit einem Molekül Glyoxal erhalten.

Die Methylol-Gruppen des Kaurit AF 140 sind fähig, mit den Alkoholgruppen der Zellulose zu reagieren. Es bilden sich dabei Ätherbrücken, die zu einer Hydrophobierung und Alkalibeständigkeit der Faser führen. Als Katalysator für die Kondensation auf der Faser wird entweder eine Zinkchloridlösung (20 g/l) oder eine Kondensol A-Lösung (4—5 g/l) verwendet. Die Kauritlösungen enthalten 40 bis 75 g/l 100%igen Kaurit AF 140. Solche Lösungen sind sehr stabil. Das Gewebe wird foulardiert, dann nach dem Abquetschen bei 60—70° C getrocknet und während einigen Minuten bei 130—140° C fertig auskondensiert.

Die Herstellung von Kaurit AF 140 erfolgt in zwei Stufen:

1. Herstellung des Azetylendiharnstoffs;

2. Herstellung von Tetramethylolazetylendiharnstoff.

1. In eine gesättigte, wässerige Glyoxallösung, die auch noch Chlorionen enthält, werden zwei Mol Harnstoff auf ein Mol Glyoxal eingetragen. Das schlecht lösliche Reaktionsprodukt (0,4% in Wasser von 100° C) kristallisiert sofort bei seiner Entstehung aus.

2. Um Tetramethylolazetylendiharnstoff zu erhalten, lässt man Formaldehyd im stöchiometrischen Verhältnis auf Azetylendiharnstoff einwirken, d. h. also auf ein Mol Azetylendiharnstoff 4 Mole Formaldehyd. Das so erhaltene Produkt ist in Wasser nur wenig löslich. Es bildet mit Methanol einen Äther und lässt sich ebenfalls mit den Hydroxylgruppen der Zellulose veräthern, wobei sich eine alkalibeständige Verbindung bildet.

Eine interessante Eigenschaft des Tetramethylolazetylendiharnstoffs liegt in der Möglichkeit, mit höhern Alkoholen eine Reihe von Substanzen zu bilden, die wegen der wasserabstossenden Wirkung, die sie den Geweben verleihen, von Bedeutung sind.

Kaurit AF 140 wird wie folgt angewendet:
Herstellung der Flotte: Man dispergiert 150 g Kaurit AF 140 (50%ig) in 500 cm³ Wasser von 40° C, fügt 5 g Kondensol A zu und stellt auf 1 Liter ein durch Zufügen von 40° C warmem Wasser.

Die Imprägnierung der Faser erfolgt wie bei Kaurit KF. Diese Behandlung mit Kaurit AF 140 verleiht dem Gewebe Halt und bemerkenswerte wasserabstossende Eigenschaften. Die Knitterechtwirkung lässt jedoch etwas zu wünschen übrig.

Ein weiteres, durch die I.G. Farbenindustrie entwickeltes Produkt stellt Kauron dar. Es handelt sich hier um ein Kondensationprodukt von Tetramethylolazetylendiharnstoff mit einem Molekül eines höheren Alkohols (z. B. Oktadecylalkohol).

$$O\ C \underset{\underset{\displaystyle CH_2OH}{|}}{\overset{\overset{\displaystyle CH_2OH}{|}}{\langle}} \begin{matrix} N-CH-N \\ | \\ N-CH-N \end{matrix} \underset{\underset{\displaystyle CH_2OR}{|}}{\overset{\overset{\displaystyle CH_2OH}{|}}{\rangle}} C\ O$$ wobei $R = C_{18}H_{37}$-, Oktadecylrest

Das einzige, heute bekannte Lösungsmittel für Kauron ist Methylpyrrolidon. Es schien von vornherein, dass dieses Produkt kein industrielles Interesse habe.

Wird ein Viskose-Kunstseide-Gewebe mit einer Emulsion von 100 g/l Kauron und 5 g/l Kondensol A behandelt, abgequetscht, getrocknet und unter Druck während 10 Minuten bei 130° C behandelt, so wird eine bemerkenswerte wasserabstossende Wirkung erzielt.

Zur Zeit wird nicht eine einzige oder einheitliche Verbindung mit Kauron bezeichnet, sondern eine ganze Verbindungsklasse, die durch Veräthern einer Hydroxylgruppe des Tetramethylolazetylendiharnstoffs oder des Kaurit AF 140 mit einem höheren Fettalkohol entsteht. Auf diese Weise hergestellte Äther werden für eine dauerhafte Wasserdichtausrüstung von Zellulosefasern verwendet. Es lassen sich nämlich die drei nicht mit einem höheren Fettalkohol verätherten Hydroxylgruppen des Kaurons mit den Hydroxylgruppen der Zellulose veräthern.

Es konnte festgestellt werden, dass Tetramethylolazetylendiharnstoff neben seiner Verwendung zur Veredlung von Zellulosetextilfasern auch sehr gute waschechte Effekte ergibt. Auf Grund dieser Beobachtung zog man den Schluss, dass der Tetramethylolazetylendiharnstoff chemisch mit der Zellulose unter Bildung gegenüber einer alkalischen Seifenlösung beständiger Äther reagiert.

Es wurde ferner auch die Reaktionsfreudigkeit des Tetramethylolazetylendiharnstoffs gegenüber den Alkoholen, Aminen und deren Salzen untersucht. Es wurde dabei gefunden, dass Tetramethylolazetylendiharnstoff in gewissen Lösungsmitteln und innerhalb bestimmter p_H- und Temperaturgrenzen mit diesen funktionellen Gruppen chemisch reagieren kann. Die dabei erhältlichen Verbindungen sind je nach dem Molekulargewicht der an dieser Reaktion beteiligten Verbindung in Wasser mehr oder weniger löslich oder dispergierbar.

Unter den auf diese Art und Weise hergestellten Produkten hat man ein besonderes Augenmerk auf jene Verbindungen gehabt, die durch Reaktion zwischen Tetramethylolazetylendiharnstoff und höhermolekularen, einwertigen Alkoholen entstanden. Die Löslichkeitsverhältnisse in Wasser sind bei diesen Produkten so, dass sie nur dann einen technischen Wert haben können, wenn höchstens ein halbes Molekül eines Fettalkohols auf ein Molekül Tetramethylolazetylendiharnstoff verwendet wird. Diese Produkte, die unter dem Namen Kauron bekannt sind, sind zu ausgezeichneten wasserabstossenden Mitteln für Textilfasern auf Zellulosebasis entwickelt worden.

Herstellungsverfahren: In 150 g N-Methylpyrrolidon werden durch Erwärmen 52 g ($^1/_5$ Mol) Tetramethylolazetylendiharnstoff sowie $^1/_{10}$ Mol eines Fettalkohols gelöst. Nach beendigter Auflösung gibt man 10 cm³ Eisessig zu und kocht während einer Stunde am Rückfluss. Nach dem Erkalten erhält man eine gelbe Paste, von der sich 50—70 g im Liter warmem Wasser lösen.

Die Produkte vom Kaurontypus lassen sich durch die folgende Formel darstellen.

$$
\begin{array}{c}
\mathrm{CH_2OH} \quad \mathrm{CH_2OH} \\
| \qquad\quad | \\
\mathrm{N-CH-N} \\
\mathrm{O\!-\!C} \qquad\qquad \mathrm{C\!=\!O} \qquad \text{wobei R = Fettalkoholrest} \\
\mathrm{N-CH-N} \\
| \qquad\quad | \\
\mathrm{CH_2OH} \quad \mathrm{CH_2OR}
\end{array}
$$

Die freien Hydroxylgruppen des Kauron können wie jene des Kaurit AF 140 mit überraschender Leichtigkeit mit den Alkoholgruppen der Zellulose veräthert werden, indem dadurch die letztere eine dreidimensionale Struktur erhält. Dies bewirkt einen erhöhten Widerstand gegen Benetzung und eine interessante Hydrophobierung, was auf den Fettalkoholrest im Kauronmolekül zurückgeführt werden kann. Durch die dreidimensionale Vernetzung wird zudem ein Schrumpffreieffekt erzielt.

Anwendungsbeispiel: 75 g Kauron von 33,9 % Aktivsubstanz werden erwärmt, in einen Liter Wasser von 70—80° C geschüttet und unter gutem Rühren aufgelöst. Man fügt darauf unter Rühren 4 g γ-Chlorbuttersäure zu. In diesem Bad von einem p_H-Wert von 3,5 behandelt man bei einem Flottenverhältnis von 1 : 20 die Fasern während 5 Minuten, quetscht auf 100 % ab; trocknet und kondensiert dann bei 130—140° C.

Behandelt man das Produkt mit kaltem Wasser und homogenisiert darauf, so erhält man keine Lösung, sondern eine Emulsion. Die mit einer solchen Emulsion herstellbaren Appreturen sind weniger waschecht als die nach obigem Beispiel erhaltenen.

Es scheint, dass die Herstellung der Produkte vom Typus des Kaurons noch nicht in industriellem Masstabe aufgenommen wurde. Es ist jedoch möglich, dass dies nur auf die Tatsache zurückzuführen ist, dass die B.A.S.F. nicht über genügende Mengen Lösungsmittel (N-Methylenpyrrolidon) verfügt.

Appretan NA, ein mit 2 Molen Adipinsäure veresterter Dimethylolharnstoff, ist ebenfalls ein Formaldehyd-Harnstoff-Derivat, welches in Gegenwart eines Polyalkohols (Hexantriol, 1,4-Butandiol) hergestellt wird. Dieses Produkt weist den Nachteil auf, dass es Formaldehyd abgibt. Um dies zu vermeiden, behandelt man das Produkt bei der Siedehitze mit Ammoniak, konzentriert dann im Vakuum und kondensiert zum Schluss mit Adipinsäure. Das sich bei der Kondensation bildende Wasser wird so lange abdestilliert, bis eine Masse von 75 % Trockengehalt erhalten wird. Hierauf wird mit Natronlauge auf $p_H = 8$ eingestellt.

Dieses Produkt wird zur Herstellung nicht dauerhafter, wasserabstossender Appreturen verwendet.

Ein weiteres Produkt ist das **Appretan N**, welches wie folgt hergestellt wird. Eine Lösung von 52,5 kg reinem Harnstoff in 245 kg 30%igem Formaldehyd wird so lange mit Natronlauge versetzt, bis ein p_H-Wert von 8,1 erreicht ist. Dann wird während 30 Minuten auf ungefähr 45° C erwärmt. Darauf wird die Temperatur auf 80° C gesteigert, worauf man 840 kg Adipinsäure zugibt und die Masse während 5—10 Minuten bei dieser Temperatur belässt. Man lässt die Lösung darauf abkühlen und destilliert unter vermindertem Druck bei einer Temperatur von 65° C 65 l Wasser ab. Dann gibt man zur Masse eine Mischung aus 26,25 kg Äthylenglykol und 26,25 kg Hexantriol und destilliert 125 l Wasser ab. Mit Natronlauge wird darauf das Produkt auf einen p_H von 7,5 eingestellt.

Die **Schubert FK** bzw. **FKA-Ausrüstung**[1] arbeitet ebenfalls mit Harnstoff-Formaldehyd-Harzen, denen aber noch andere Körper, wie z. B. Polyvinylalkohol und Fettsubstanzen beigegeben werden. Im Gegensatz zum Kaurit-Verfahren wird hier kein Knitterfreieffekt angestrebt, sondern nur eine Erhöhung der Gebrauchstüchtigkeit. Durch Schubert FK wird die Quellfähigkeit der Fasern herabgesetzt, was zu einer Erhöhung der Nassreissfestigkeit führt. Die Haltbarkeit der Gewebe wird ganz allgemein verbessert.

Während die Methylolharnstoffe sich schon innerhalb von 3—5 Minuten beim Erwärmen oder bei längerem Stehen bei Raumtemperatur bilden, werden die weiter kondensierten Produkte bei längerer Einwirkung in der Wärme und vor allem in saurem Mittel erhalten.

Die Unbeständigkeit der bereits bekannten Harnstoff-Formaldehydharze, die in Farben, Firnissen und Lacklösungsmitteln löslich sind, hängt augenscheinlich von dem Verhältnis des Harnstoffes zu dem verwendeten Formaldehyd ab, ausserdem aber insbesondere von

---

[1] Siehe dieses Werk Kap. XII.

der Gegenwart von Wasser, das während der Kondensation gebildet wird, und von wechselnden Katalysatormengen, die in dem gebildeten Harz zurückbleiben.

Gemäss der Anm. R. 99.892 IVc/120 (17/05) (eingereicht am 21. 7. 1937), der I.G. Farbenindustrie (The Resinous Prod. and Chem. Co., Philadelphia) werden beständige und lösliche Kondensationsprodukte von Harnstoff und Formaldehyd hergestellt. Der Gegenstand des Patentes ist ein Verfahren, das ein Produkt liefert, welches frei von Wasser und allen katalytisch wirkenden Stoffen ist.

Harnstoff und Formaldehyd werden in Abwesenheit von Wasser und in Gegenwart eines flüchtigen alkoholischen Lösungsmittels und einer sehr kleinen Menge eines flüchtigen sauren Katalysators kondensiert, indem man die Reaktionsmischung verhältnismässig lange (10 bis 15 Stunden) unter solchen Bedingungen erhitzt, dass der Katalysator und das während der Kondensation abgespaltene Wasser verdampft und aus der Reaktionsmischung, in dem Masse wie die Kondensation fortschreitet, abdestilliert.

Zur zweckmässigen Durchführung des Verfahrens ist es notwendig, einen flüchtigen Katalysator zu verwenden, d. h. einen solchen, der bei einer Temperatur unter 120° C siedet, oder einen solchen, der durch chemische Reaktion während der Kondensation eine Verbindung, wie beispielsweise einen Ester, bildet, die bei dieser Temperatur verdampft.

Die Reaktion wird am besten unter atmosphärischem Druck und beim Siedepunkt der Mischung ausgeführt. Es ist daher zweckmässig, als Lösungsmittel einen Alkohol zu benutzen, der nahe dem Siedepunkt des Wassers siedet, also zwischen 100 und 120° C. Die Butylalkohole, insbesondere n-Butylalkohol, werden bevorzugt.

Folgendes Beispiel wird im Patent angegeben:

Zu 100 kg einer 40%igen Formaldehydlösung in n-Butanol, hergestellt, indem man 60 kg n-Butanol und 40 kg Paraformaldehyd in Gegenwart von etwa 0,8 kg Hexamethylentetramin am Rückflusskühler erhitzt, werden 32 kg Harnstoff zugesetzt. Während einer Zeit von 10 bis 15 Minuten wird die Mischung von etwa 25° C bis auf 80 oder 90° C erhitzt. Während dieser Zeit löst sich der Harnstoff im Butanol, aber nahe der Höchsttemperatur wird die Masse trüb. Während etwa weiterer 5 Minuten wird die Temperatur dann auf 90 bis 95° C erhöht, und die Lösung klärt sich. Wenn die Temperatur $100—103^{\circ}$ C erreicht (nach etwa weiteren 10 Minuten), beginnt die Lösung zu sieden. Diese Temperatur wird am Rückflusskühler 15 bis 30 Minuten aufrechterhalten. Alsdann werden 0,08 kg Ameisensäure zugesetzt, die Destillation beginnt, und sie wird bei einer Temperatur, die sich allmählich bis $115—117^{\circ}$ C erhöht, fortgesetzt. Das während der Reaktion gebildete Wasser und ein Teil des Butanols werden aus der Reaktionsmischung beständig abdestilliert und kondensiert, das Wasser wird gesammelt und das Butanol zur Reaktionsmischung zurückgeführt. Wenn 19 kg Wasser gesammelt sind und 1 Volumen der Harzlösung mit etwa 7—8 Volumen Xylol mischbar ist, ist die Entfernung des Wassers und die Harzbildung vollständig. Dies erfordert in der Regel eine Zeit von etwa 12—14 Stunden. Das erhaltene klare, neutrale Produkt enthält etwa 56% Harz und ist vollkommen beständig. Eine 50%ige Harzlösung in Butanol hat eine verhältnismässig hohe Viskosität (P—S gemäss der Gardner-Holdt-Skala). Es ist mit einwertigen Alkoholen oder den gewöhnlichen Estern in jedem Verhältnis mischbar und fast vollständig mischbar mit aromatischen Kohlenwasserstoffen, d. h. mit 16 Teilen Toluol oder 10 Teilen Xylol. Dies gestattet eine Verdünnung mit aliphatischen Kohlenwasserstoffen.

Die hergestellten Harzlösungen bilden harte, lichtbeständige Filme, insbesondere wenn sie erhöhten Temperaturen ausgesetzt werden. Sie können entweder als solche in Überzugsmischungen verwendet werden, oder sie können mit anderen Harzen verschnitten werden, insbesondere solchen, die aus mehrwertigen Alkoholen (Glyzerin) und mehrbasischen Säuren (Phtalsäure) gebildet werden, einerlei, ob sie durch trocknende Öle (Leinöl) oder nicht-trocknende Öle (Rizinusöl) oder deren Fettsäuren modifiziert sind. Derartige Überzüge gehen bei verhältnismässig niedrigen Temperaturen (80° C) in ausserordentlich harte, widerstandsfähige, glänzende Filme von ausgezeichneter Farbzurückhaltung über.

Der Harzfilm erhärtet langsam bei Zimmertemperatur, aber schnell bei erhöhter Temperatur. Das Erhärten kann durch den Zusatz eines sauren Katalysators gerade vor der Aufbringung des Films beschleunigt werden. Häufig ist es notwendig, das Harz in plastischen Zustand überzuführen, um seine Brüchigkeit aufzuheben. Gewöhnliche Lackplastifizierungsmittel, wie rohes oder geblasenes Rizinusöl, die Ester der Phtalsäure (Dibutylphtalat), Trikresylphosphat und Sebacinsäureester, wie die Glycerin- und Butylester, gegebenenfalls in Verbindung mit den obenerwähnten Ölen oder deren Fettsäuren, können Verwendung finden. Die Tatsache, dass das neue Harz beim Erhitzen und Altern sehr hart wird, macht es sehr wertvoll als einen Bestandteil in Alkydharzemaillen und Nitrozellulose- oder Zelluloseazetatlacken, insbesondere wenn diese Emaillen oder Lacke zum Überziehen von Metall benutzt werden, wie bei Automobil- und Kühlschrankpolituren. Das Harz kann auch als Bindemittel in geformten oder gewalzten harzartigen Produkten benutzt werden und als Kitt, beispielsweise bei der Herstellung von Sperrholz (plywood).

Gemäss dem *brit. P. 517.011* wird ein ähnliches Produkt folgendermassen hergestellt:

60 Teile Harnstoff und
150 Teile Formaldehyd 40% werden mit
6 Teilen Hexamethylentetramin gemischt und auf einem Wasserbade während 30—120 Minuten erhitzt, bis eine Probe keine Trübung beim Abkühlen zeigt. Es bildet sich eine viskose Lösung von 40 Zentipoisen.

Die Harnstoff-Formaldehydkondensationsprodukte finden Anwendung als Appreturmittel nicht nur für sich allein, sondern auch in Kombination mit anderen Harzen, z. B. mit den aus den Methylolharnstoffen oder auch mittels Fettsäureestern modifizierten Harzen.

Für Appreturzwecke verwendet man auch wässerige Emulsionen von Harnstoff- oder Melamin-Formaldehydkondensationsprodukten, die eventuell auch modifiziert sein können.

Diese Harze werden zuerst in nicht wässerigem Milieu, z. B. in alkalischer Lösung, dargestellt.

Modifizierte Harnstoff-Formaldehyd-Harze solcher Art sind z. B. die Plastopale der I.G. Farbenindustrie und die entsprechenden modifizierten Melamin-Formaldehydkondensate, die unter dem Namen Maprenal der I.G. Farbenindustrie bekannt sind.

Die auf diese Weise erzeugten Harze, die in organischen Lösungsmitteln löslich sind, können unter Verwendung geeigneter Emulgatoren[1]) in wässerige Dispersionen übergeführt werden.

Für die Herstellung einer Emulsion werden[2])

2 Teile Methylzellulose und
3 Teile Ammoniumsalz auf
100 Teile der alkalischen Harzlösung in Wasser unter starkem Rühren langsam einlaufen gelassen.

Man erhält auf diese Weise Emulsionen, die 25% Harz enthalten (*brit. P. 512.187*).

Zum Gebrauch wird die Emulsion mit der 5—20fachen Menge Wasser verdünnt und nach Zusatz eines sauren Katalysators für Füll- und permanente Appreturen verwendet. Nach dem Imprägnieren und Trocknen wird 2 Minuten bei 135° C oder 10 Minuten bei 115° C kondensiert. Solche Emulsionen können für die Schiebefest- und Krumpffestausrüstung angewendet werden. Sie verleihen der Ware einen vollen, weichen Griff aber keinen Knitterfesteffekt.

Im *D.R.P. 718.567*, 1942, empfehlen Zschimmer und Schwarz als Appreturmittel wasserlösliche Anlagerungsverbindungen von Harnstoff-Aluminiumformiat 1:2.

---

[1]) Als Emulgatoren eignen sich besonders Mischungen von Zelluloseäthern mit quaternären Ammoniumsalzen, die einen Fettrest enthalten, z. B. Dimethylcetylbenzylammoniumchlorid.

[2]) Handelsmarken: Rhonite W 250 von Röhm und Haas;
Aerotex Resin 801 der Amer. Cyanamid Comp.

Die Lösungen von Harnstoff-Formaldehyd-Kondensaten werden, laut *amer. P. 2.406.217*, 1946 von Harvol mit tertiärem Butyl-, Amyl- oder Hexylharnstoff stabilisiert.

Man verwendet sie ebenfalls als Fixierungsmittel für Pigmente und Füllstoffe (siehe Tl. I, Bd. 3, Kap. XV, 2. Aufl., Die Neuesten Fortschritte in der Anwendung der Farbstoffe).

2. Die Kondensationsprodukte des Melamins (Aminotriazin) mit Formaldehyd[1]).

In letzter Zeit haben neben den schon seit langer Zeit bekannten und in grossem Maßstabe technisch hergestellten Polykondensaten aus Phenol und Formaldehyd bzw. aus Harnstoff und Formaldehyd oder Thioharnstoff und Formaldehyd auch die Kondensationsprodukte aus Melamin und Formaldehyd grössere Bedeutung erlangt. Die Melaminharze sind in ihrem Aussehen den Harnstoffharzen sehr ähnlich, weisen jedoch diesen Harzen gegenüber den Vorteil auf, dass sich daraus nach vollständiger Härtung bedeutend wasserfestere und temperaturbeständigere Kunstharze von nur äusserst schwacher Eigenfarbe herstellen lassen.

Die Möglichkeit, aus Melamin und Formaldehyd härtbare Kunstharze herstellen zu können, wurde zuerst im wissenschaftlichen Laboratorium der Henkel & Cie. GmbH.[2]) von H. Hentrich und R. Köhler erkannt.

Unabhängig davon wurde auch durch die Ciba in Basel und die I.G. Farbenindustrie etwas später die gleiche Beobachtung gemacht.

Die Melaminharze[3]) haben rasch verschiedene Anwendungsmöglichkeiten gefunden. So werden sie z. B. für die Herstellung von Bindemitteln für die wasserfeste Holzverleimung, als Pressmassen, als Imprägnierungsmittel für die Textilindustrie und für viele andere Zwecke verwendet. Die Eigenschaften der Melaminharze sind in zahlreichen Patenten beschrieben worden[4]).

---

[1]) Siehe auch L. Diserens, Neueste Fortschritte in der Anwendung der Farbstoffe, 1. Teil, Bd. *3*, Kap. XII, S. 42; Rudolf Köhler, Über einige Versuche zur Härtung von Melamin-Formaldehyd-Kondensationsprodukten, Kolloid Z. 1943, S. 138.

[2]) *D.R.P. 647.303* (1935) von Henkel & Cie.

[3]) **Pressal-Leime** von Henkel & Cie., **Ultrapas** der I.G. Farbenindustrie und Dynamit AG., Troisdorf, **Melocoll** und **Melopas** der Ciba.

[4]) Hieher gehören die für die Appretur wichtigen Triazinkondensate, also besonders Melamin oder Triaminotriazin und Formoguanidin oder Diaminotriazin. Grosse Bedeutung haben diese Körper für alle Arten von Appreturen, wie permanente Ausrüstungen, Knitterfestappreturen, Mattierungen usw. Es sei noch auf folgende Patente verwiesen: *Amer. P. 2.197.357*, 1940, der Ciba erwähnt besonders die Eigenschaften der Vorkondensate. *Amer. P. 2.255.901*, 1941, *2.260.239*, 1941, *2.286.228*, 1942, *2.336.370*, 1943, *2.350.139*, 1944, der Ciba erstrecken sich auf eine spezielle quaternäre Ammoniumverbindung, die dem Vorkondensat vor der Imprägnierung zugesetzt wird. *Amer. P. 2.364.900*, 1944, *2.378.363*, *2.387.547*, 1945, der Ciba behandeln Knitterfestappreturen und Dauermat-

Das Melamin ist ein Polymeres des Cyanamids:

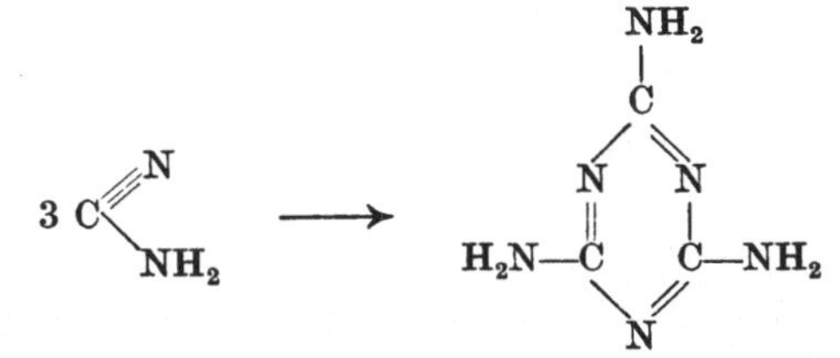

$$3\ C\underset{NH_2}{\overset{N}{\big\langle}} \longrightarrow \text{Melamin-Ring}$$

Das technisch interessante Aminotriazin, nämlich das **Melamin** (2,4,6-Triamino-1,3,5-trazin) war bis vor wenigen Jahren ein rein wissenschaftliches Präparat, welches nur in kleinen Mengen erhältlich war. Seither wurden nun von der Ciba verschiedene Verfahren zur Grossherstellung dieser Verbindung ausgearbeitet, wodurch die Grundlage zur Fabrikation von Melaminkunstharzen gesichert wurde.

Als Ausgangsprodukt kommt Kalkstickstoff oder Dicyandiamid, das sich in Gegenwart von Ammoniak in wasserfreiem Medium in Melamin umlagert, in Frage.

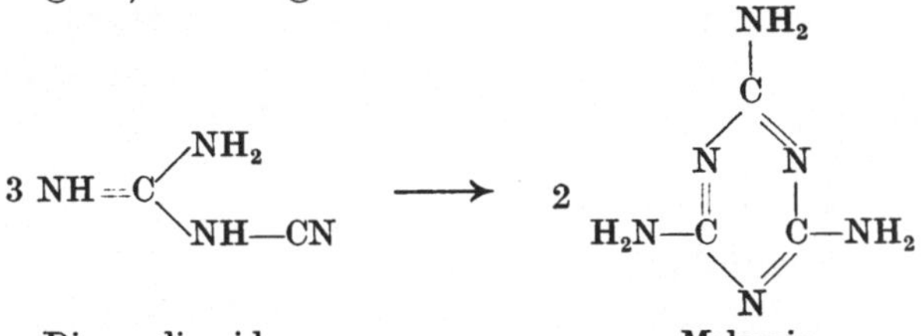

$$3\ NH=\!\!=\!\!C\!\!\underset{NH-CN}{\overset{NH_2}{\big\langle}} \longrightarrow 2\ \text{Melamin}$$

Dicyandiamid   Melamin

Melamin ist ein wasserlösliches, kristallines, weisses Pulver mit einem Schmelzpunkt von 350° C. Bezüglich der Melaminherstellung im grosstechnischen Masstabe sei auf folgende Patente verwiesen: *D.R.P. 689.944* der Ciba, Basel, und *D.R.P. 733.774* von Henkel & Cie. Nach diesen Patenten wird Melamin durch Erhitzen von Dicyandiamid unter hohem Druck in einer Ammoniakatmosphäre oder einem indifferenten Gas, wie Stickstoff, hergestellt. Sollen nur kleinere Mengen Melamin ohne Rücksicht auf die Ausbeute dargestellt werden, so hat sich folgendes Verfahren bewährt. In einer Porzellanschale wird Dicyandiamid über 200° C erhitzt. Kurz nach dem Erreichen des Schmelzpunkts (204° C) tritt eine heftige Reaktion unter Ammoniakabspaltung ein. Dabei erhitzt sich die Masse von selbst sehr stark und wird fest. Nach dem Erkalten zieht man das Reaktionsprodukt mit kochendem Wasser aus. Aus dem wässerigen Auszug kristallisieren dann 20—30% Melamin, auf die verwendete Menge Dicyandiamid berechnet, aus. Der unlösliche Rückstand besteht aus Desa-

tierungen. *Amer. P. 2.390.476,* 1945, *2.407.376,* 1946, *2.417.014,* 1947. Modifizierte Melamin- und Formoguanidinkondensate: *Amer. P. 2.309.624, 2.333.452,* 1943, *2.385.765,* 1945, *2.357.273,* 1944, *2.358.276,* 1944, *2.370.362,* 1945, *2.371.892,* 1945, *2.374.259,* 1945. der Ciba, *2.378.724,* 1945, *2.423.071,* 1947, *2.426.770.*

minierungsprodukten des Melamins, sehr wahrscheinlich aus Ammelin und Ammelid.

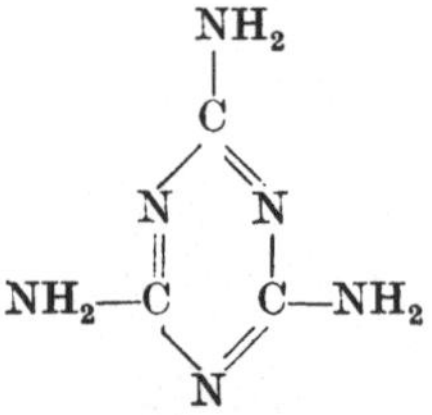

$$
\begin{array}{cccc}
\text{Melamin} & \text{Ammelin} & \text{Ammelid} & \text{Cyanursäure}
\end{array}
$$

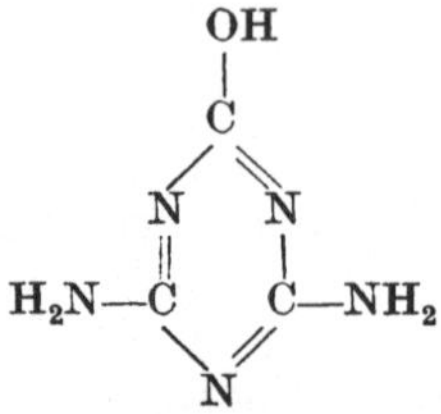

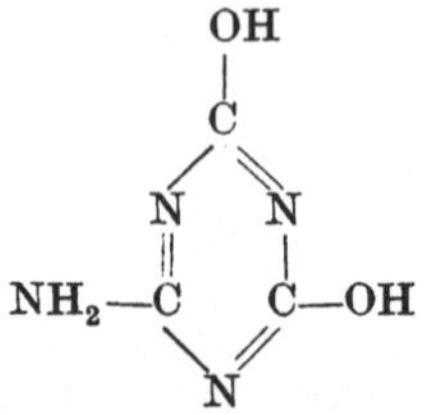

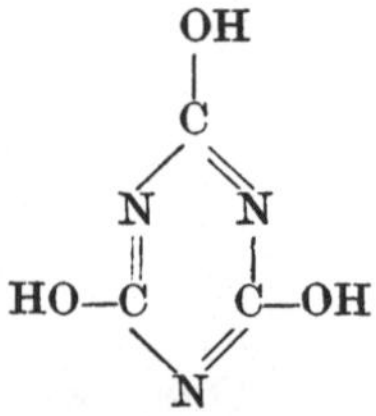

Nach dieser Methode lässt sich also auch im Laboratoriumsmaßstab Melamin darstellen.

Durch Einwirkung von Formaldehyd auf Melamin bilden sich in Analogie zu den Verhältnissen beim Harnstoff ebenfalls Methylolderivate. Unter Wasserabspaltung erfolgt dann die Kondensation zu hochmolekularen Polymeren[1]).

Wird unter Erwärmen Melamin in eine wässerige Formaldehydlösung gebracht, so löst es sich unter Bildung der Methylolverbindung auf. Melamin ist in heissem Wasser nur in geringer Menge löslich (etwa 5%). Je nach der Menge des verwendeten Formaldehyds wird dabei eine grössere oder kleinere Anzahl von Wasserstoffatomen der Aminogruppen durch die Methylolgruppe ersetzt. Verwendet man einen grossen Formaldehydüberschuss, so gelingt es, sämtliche Wasserstoffatome der Aminogruppen durch Methylolgruppen zu ersetzen; es bildet sich also ein Hexamethylolmelamin

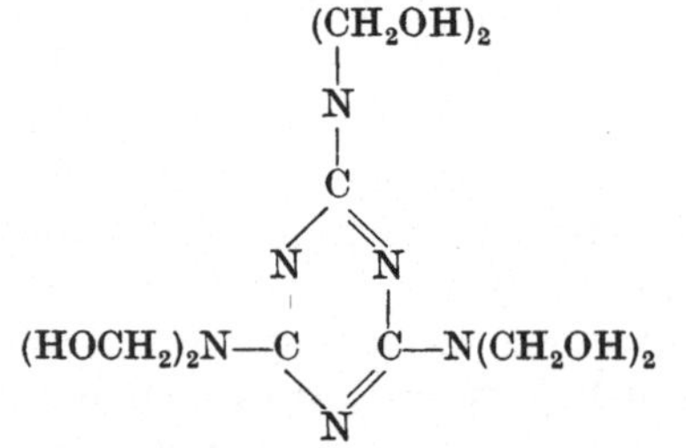

Lyofix CH

Lässt man hingegen 3 Mol Formaldehyd auf 1 Mol Melamin einwirken, so entsteht Trimethylolmelamin oder Lyofix A, bei welchem jede Aminogruppe nur eine Methylolgruppe trägt.

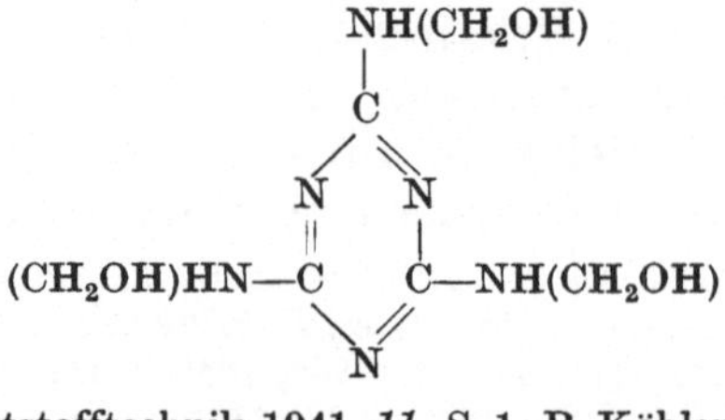

¹) R. Köhler, Kunststofftechnik 1941, *11*, S. 1; R. Köhler, Kolloid Z. 1943, S. 138.

Die Methylolmelamine sind kristallisierte Körper, die sich in heissem Wasser gut lösen, in kaltem Wasser hingegen schwer löslich sind. Präparate, die zur Hauptsache Methylolmelamine enthalten, lassen sich durch schnelles Eindampfen einer Lösung von Melamin in Formaldehyd erhalten. Unmittelbar nach dem Auflösen des Melamins hat dabei die Eindampfung zu erfolgen.

Erhitzt man andererseits die Melamin-Formaldehyd-Lösung noch eine gewisse Zeit weiter, so entsteht beim darauffolgenden Eindampfen eine harzige, nicht mehr kristallisierbare Masse. So kann z. B. ein festes und sprödes Harz durch längeres Erhitzen einer Lösung von 3 Mol Formaldehyd und einem Mol Melamin auf 80° C und nachfolgendes Eindampfen erhalten werden. Vorerst ist dieses Harz noch wasserlöslich. Wurde nur während kurzer Zeit vor dem Eindampfen erhitzt, so trübt sich beim Wiederauflösen des Harzes in Wasser die Lösung ziemlich bald und wird infolge der Ausscheidung von Methylolmelamin plastisch. Bei längerer Erhitzungsdauer werden jedoch Harze erhalten, aus denen sich klare und flüssigbleibende Lösungen herstellen lassen. Solche Harze sind in nur wenig Wasser löslich (etwa die halbe bis einfache Wassermenge auf das Gewicht des Harzes bezogen). Wird noch mehr Wasser zu einer solchen Lösung gegeben, so erfolgt eine Trennung in zwei Schichten, von denen die obere viel Wasser und wenig Harz enthält und die untere wenig Wasser und viel Harz.

Bei noch längerem Erhitzen des Formaldehyd-Melamin-Gemisches erhält man beim nachfolgenden Eindampfen immer schlechter lösliche Harze, d. h. es bilden sich bereits beim Lösen in wenig Wasser zwei Schichten. Geht man noch weiter, so kommt man zu einem Punkt, wo sich das Harz bereits aus der Kondensationslösung ausscheidet. Wird ein solches Harz noch weiter erhitzt, so entsteht eine unschmelzbare, harte und in sämtlichen Lösungsmitteln unlösliche Masse.

All diese Erscheinungen sind weitgehend vom p_H-Wert des Reaktionsgemisches abhängig. In neutraler oder schwach alkalischer Lösung dauert die Umwandlung mehrere Stunden, während in saurem Medium diese Stufen in sehr kurzer Zeit durchlaufen werden.

Aber auch beim Erhitzen der durch Eindampfen gewonnenen Harze treten ähnliche Erscheinungen auf. Auch hier nimmt die Wasserlöslichkeit immer mehr ab, bis schliesslich ebenfalls eine in allen Lösungsmitteln unlösliche, unschmelzbare Masse entsteht. Durch blosse Zugabe von Säure ist es sogar möglich, bei Zimmertemperatur diese Härtungsreaktion in wässeriger Lösung eines nicht allzu lange erhitzten Harzes durchzuführen. Die Säurezugabe bewirkt zunächst ein Zähflüssigwerden der Lösung. Hierauf tritt eine Trübung infolge Harzabscheidung ein. Zum Schluss erstarrt die Reaktionsmasse zu einem harten, unlöslichen Harz.

Diese Erscheinungen lassen sich etwa wie folgt erklären. Die Entstehung nicht kristallisierender Harze aus Methylolmelamin und die Härtung dieser Harze zu unlöslichen und unschmelzbaren Massen ist auf die Bildung höhermolekularer Körper von noch nicht bekannter Molekülgrösse zurückzuführen. Auf Grund chemischer Überlegungen können zwei Reaktionsmechanismen angenommen werden, die zum Aufbau hochmolekularer Verbindungen aus Methylolmelamin führen können. Durch Bildung von Ätherbrücken und damit verbundenem Austritt von Wasser oder durch Bildung von Methylenbrücken zwischen zwei Aminostickstoffatomen bei gleichzeitiger Wasser- und Formaldehydabspaltung kann eine Polykondensation dieser Verbindungen zustande kommen. Hiezu mögen folgende Formulierungen dienen.

$$
2 \; \underset{\text{(Melamin-Triazinring)}}{\text{HOCH}_2\text{NH–C}\;\cdots\;\text{C–NHCH}_2\text{OH}} \longrightarrow
$$

$$
\text{HOCH}_2\text{NH–C} \quad \text{C–NH–CH}_2\text{–O–CH}_2\text{–NH–C} \quad \text{C–NHCH}_2\text{OH} \;+\; \text{H}_2\text{O}
$$

$$
\text{HOCH}_2\text{NH–C} \quad \text{C–NH–CH}_2\text{–NH–C} \quad \text{C–NHCH}_2\text{OH} \;+\; \text{H}_2\text{O} + \text{CH}_2\text{O}
$$

(Jeder Triazinring trägt am oberen Ringkohlenstoff die Gruppe –NH–CH$_2$OH.)

Es treten beide Reaktionen nebeneinander auf. R. Köhler[1] fand, dass bei der Herstellung eines vollständig gehärteten Harzes durch sehr langes Erhitzen von Trimethylolmelamin auf 180° C auf ein Mol Trimethylolmelamin 0,4 Mol Formaldehyd und 1,1 Mol Wasser abgespalten werden. A. Gams, G. Widmer und W. Fisch[2] führten eine Elementaranalyse an ungehärtetem und bei 130° C gehärtetem Harz durch. Auf Grund dieser Analysen kamen sie zum Schluss, dass die Bildung von Methylenbrücken nur von untergeordneter Bedeutung

---

[1] R. Köhler, Kunststofftechnik 1941, *11*, S. 1; Stäger, Kunststofftechnik 1940, *10*, S. 65.

[2] A. Gams, G. Widmer und W. Fisch, Helv. chim. acta 1941, *24*, Engifestschrift, S. 302.

ist. Ferner errechneten diese Autoren auch die Anzahl der miteinander durch Hauptvalenzen verbundenen Triazinringe, also den Polymerisationsgrad. Auf die Schlussfolgerungen dieser Autoren wird weiter unten noch näher eingegangen.

Die Herstellung von Hexamethylolmelamin (Lyofix CH) wird im *brit. P. 468.677* beschrieben, während *brit. P. 566.347* diejenige substituierter Melamine und ähnlicher Verbindungen erwähnt, so vor allem methyliertes Melamin-Formaldehyd Kondensationsprodukt, das zum Schrumpffestmachen von Wolle von Interesse ist.

Brit. P. 486.519 und *486.577* behandeln die Darstellung von alkylierten Melaminharzen, die meistens nur in organischen Lösungsmitteln löslich sind. Nach *brit. P. 560.532* lassen sich diese wasserunlöslichen Melaminderivate auch als wässerige Dispersion verwenden[1]).

Die Ciba brachte zwei Produkte auf den Markt:

Lyofix CH, ein Hexamethylolmelamin

$$\begin{array}{c}
\text{HOCH}_2 \diagdown \qquad \qquad \diagup \text{CH}_2\text{OH} \\
\text{N--C} \quad \text{C--N} \\
\text{HOCH}_2 \diagup \qquad \qquad \diagdown \text{CH}_2\text{OH} \\
\text{HOH}_2\text{C--N--CH}_2\text{OH}
\end{array}$$

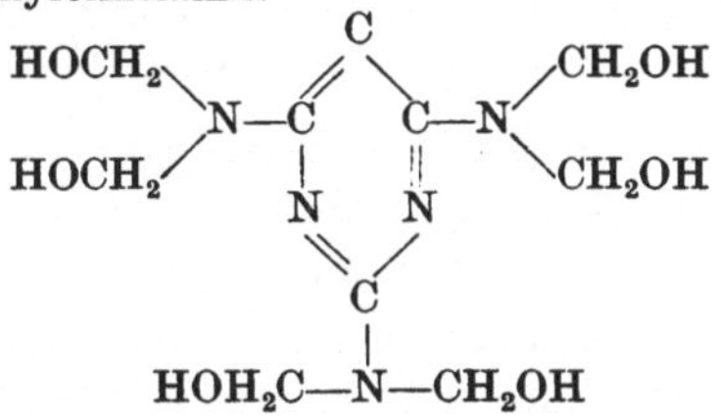

Lyofix A, ein Trimethylolmelamin

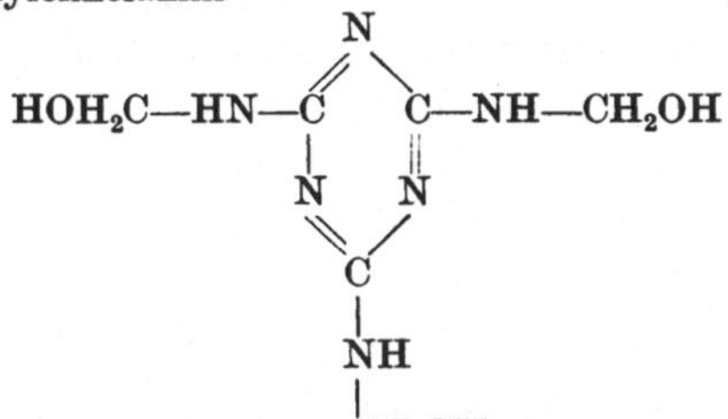

$$\begin{array}{c}
\text{HOH}_2\text{C--HN--C} \qquad \text{C--NH--CH}_2\text{OH} \\
\text{NH} \\
\text{CH}_2\text{OH}
\end{array}$$

Ein Verfahren zur Herstellung von harzartigen Kondensationsprodukten, welches der Gegenstand der Anm. I. 55.065 IVc/12p (10) der I. G. Farbenindustrie bildet, ist dadurch gekennzeichnet, dass man Triazinabkömmlinge der allgemeinen Formel:

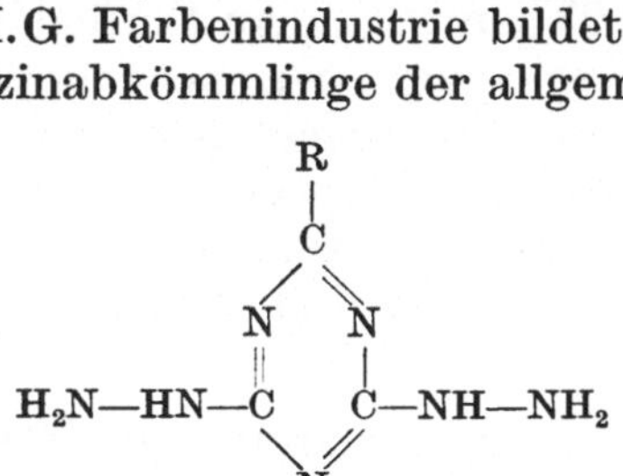

$$\text{H}_2\text{N--HN--C} \qquad \text{C--NH--NH}_2 \qquad \text{oder} \qquad \text{H}_2\text{N--C} \qquad \text{C--NH--NH}_2$$

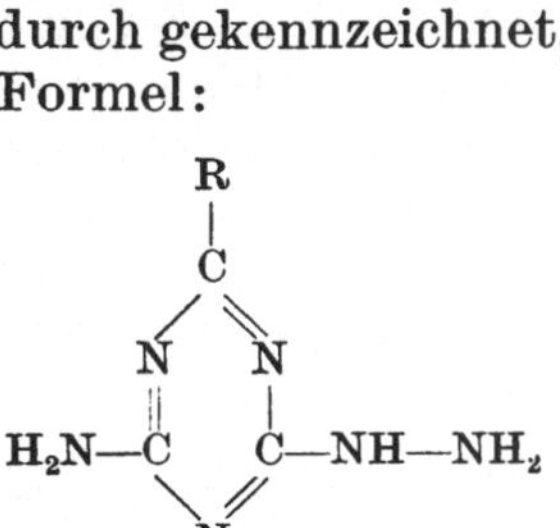

[1]) Siehe auch *brit. P. 599.847* der Amer. Cyanamid Co., J. Soc. D. and Col. 1948, S. 289.

worin R eine weitere, gegebenenfalls substituierte Hydrazinogruppe oder einwertige Reste, wie Wasserstoff, Halogen-, Alkyl-, Aryl-, Oxy-, Alkoxy- oder Aryloxygruppen bzw. entsprechende schwefelhaltige Gruppen bedeutet, und wobei Verbindungen mit zwei Aminogruppen ausgeschlossen sein sollen, mit niedrigmolekularen, aliphatischen und hydroaromatischen Aldehyden, insbesondere Formaldehyd bzw. Aldehyd abgebenden Substanzen derart kondensiert, dass ein Mol der Triazinverbindung mit mindestens einem Mol des Aldehyds umgesetzt wird.

Der besondere Wert der neuen Kondensationsprodukte beruht darauf, dass sie die guten Eigenschaften der bekannten Anilin-Formaldehyd-Harze hinsichtlich des elektrischen Isoliervermögens und der hohen Wasserbeständigkeit mit der Farblosigkeit und Lichtbeständigkeit der bekannten Harnstoffharze in sich vereinigen. Sie vertragen beispielsweise Temperaturen von 200° C und darüber ohne Zersetzung, sind sehr wasserfest, sogar gegen kochendes Wasser und heisse Wasserdämpfe, ferner farblos und lichtbeständig.

Beispiel: Unter Rühren löst man 100 Teile Cyanurtrihydrazid in 140 Teilen 40%igem Formaldehyd auf, wobei man nötigenfalls für Abführung der entstehenden Umsetzungswärme sorgt. Die wässerige Harzlösung wird sofort als Bindemittel zum Imprägnieren, Lackieren, Kleben usw. verwendet. Eine besondere Härtung erübrigt sich, da das Harz bereits bei Zimmertemperatur innerhalb weniger Stunden in den Endzustand übergeht. Erforderlichenfalls kann die Härtung noch durch Zusatz von Säuren beschleunigt werden. In manchen Fällen wird jedoch eine Verzögerung der Umsetzung erwünscht sein, die man durch Zusatz von alkalischen Mitteln oder auch Alkoholen leicht erreichen kann. Im Übergangszustand des Harzes ist auch eine Formgebung unter Druck mit oder ohne Wärmeeinwirkung möglich.

Zu Erzeugnissen mit ähnlichen Eigenschaften gelangt man, wenn man bei obigem Verfahren von Amino-äthoxy-hydrazino-1,3,5-triazin oder Oxydihydrazino-1,3,5-triazin ausgeht.

Verwendet man an Stelle von 140 Teilen 40%igem Formaldehyd 60—70 Teile Azetaldehyd in Gegenwart von etwa der doppelten Menge Wasser, so entsteht ein in Wasser sehr leicht lösliches Kondensationsprodukt, das nach Verdampfen des Wassers bei weiterem Erhitzen in einen höhermolekularen Zustand übergeht und sich dann in ähnlicher Weise wie das mit Formaldehyd erhaltene Erzeugnis verwenden lässt.

Ein weiteres Kondensationsprodukt aus Melamin und Formaldehyd wurde von der I.G. Farbenindustrie unter dem Namen Mattweiss W in den Handel gebracht.

Diese Produkte haben in der Textilveredlung mannigfaltige Verwendung gefunden, und zwar ganz speziell auf dem Gebiete der Appreturen.

So empfiehlt die Ciba Lyofix A zur Herstellung permanenter Appreturen (siehe Kapitel XIII dieses Werkes), permanenter Chintzausrüstungen (Kapitel XX), zur Schrumpffreiausrüstung der Textilien, zum Mattieren von Reyon usw.

Im 1. Teil Bd. *3*, Kap. XII wurde anderseits die Verwendung dieser Harze zur Fixierung von Weisspigmenten oder Metallpulvern, die Herstellung von Mattierungseffekten usw. behandelt.

In diesem Zusammenhang sei auch auf das *brit. P. 504.666* der Ciba verwiesen, welches ein Verfahren beschreibt, bei dem Melamin-Formaldehyd-Kondensationsprodukte zur Fixierung von Pigmenten vorgeschlagen werden. Diese Produkte besitzen zudem die Fähigkeit, unter gewissen Bedingungen die Faser zu mattieren. Es lassen sich so Matteffekte auf Stoffen erzeugen, die durch Pergamentierung durchsichtig gemacht wurden.

Das oben angeführte Patent erwähnt dabei folgendes Beispiel. Das Melamin wird in der Wärme in einer neutralisierten wässerigen Formaldehydlösung gelöst. Das entsprechende Methylolmelamin scheidet sich dann beim Erkalten aus. Der so erhaltene Niederschlag wird bei mässiger Temperatur getrocknet, pulverisiert und wieder in Wasser aufgelöst (Verhältnis 1 : 2). Diese Lösung wird hierauf mit Tragantschleim, dem ein Weisspigment (Zink- oder Titanweiss) und ein säureabspaltendes Kondensationsmittel (Äthyllaktat) zugegeben werden, verdickt. Man druckt diese Farbe auf, dämpft während 5—8 Minuten, nimmt das Gewebe durch ein Pergamentierungsbad (Schwefelsäure von 50° Bé), neutralisiert, wäscht und trocknet.

Die Ciba, Widmer, Haller, Schurch veröffentlichen im *amer. P. 2.169.546* (August 1939) ein interessantes Verfahren, nach welchem auf Zellulosefasern (Viskose) eine ganze Reihe saurer Farbstoffe und Pigmente durch Kunstharze, die durch Kondensation von 2,4,6-Triamino-1,3,5-triazin (Melamin) erhalten werden, fixiert werden können. Die nach dieser Methode fixierten Farbstoffe zeichnen sich durch ihre grosse Lebhaftigkeit aus. Die Waschechtheit darf als befriedigend bezeichnet werden, während sie leider eine sehr schlechte Lichtechtheit besitzen.

Nach den Angaben des *brit. P. 467.749* von Rotta und Quehl lässt sich ein neues Produkt erhalten, wenn man von äquimolaren Mengen Harnstoff und Zucker ausgeht. Kondensationsprodukte aus Harnstoff und Polysacchariden sind bekannt. Sie unterscheiden sich in ihren chemischen Eigenschaften vollständig von den Ausgangsprodukten. Hingegen stellen die nach den Angaben dieses Patentes

erhaltenen Produkte Additionsverbindungen dar, deren Molekül-
aufbau genau definiert werden kann. Sie haben einen scharfen Siedepunkt, und besitzen die gleichen chemischen Eigenschaften wie die
Ausgangsmaterialien. Sie unterscheiden sich jedoch bezüglich der
physikalischen Eigenschaften. Die Herstellung erfolgt durch Zu-
sammenschmelzen von Harnstoff mit Zucker. Diese Additionsverbindungen kristallisieren nicht. Ihre Verwendung für Beschwerungen
scheint sehr interessant zu sein, denn es lassen sich hievon beträchtliche Mengen auf der Faser ablagern, ohne dass die Faser dadurch
klebrig oder stark wasseranziehend würde.

c) Die Alkydharze (Glyzerin-Phtalsäure-Kondensationsprodukte).

Die durch Kondensation von Phtalsäureanhydrid und Glyzerin
erhaltenen Produkte sind unter dem Sammelnamen Glyptalharze
bekannt[1]).

Bekannt ist vor allem die grosse Bedeutung, die diese Harze
in der Lack-, Linoleum- und Wachstuchindustrie erlangt haben. Es
werden dort Kondensationsprodukte von Glyptalharzen mit natürlichen Harzen (Kolophonium) verwendet (Glycopal N, NA, NS,
Duricol, Glycolac von Francolor).

Anders verhält es sich jedoch bei der Verwendung dieser Harze
in der Textilindustrie, wo die Alkydharze zur Herstellung von Knitterechtappreturen empfohlen wurden. Diese Verfahren scheinen hingegen nicht zu besonders interessanten Resultaten geführt zu haben,
weshalb sie sich auch kaum in der Praxis eingeführt haben.

Durch Reaktion von Phtalsäureanhydrid mit Glyzerin entstehen
vernetzte, dreidimensionale Körper

---

[1]) Andere Handelsnamen: Erinoid der Erinoid Ltd., England;
Glyptal der General Electric Co.

Diese Harze, die in manchen Fällen als Fixierungsmittel angewendet werden, können durch Einbau von einbasischen Fettsäuren, die eine bessere Löslichkeit bewirken und von Aminoplasten oder Phenoplasten, welche durch ihre Sprödigkeit den weichen Charakter der Alkydharze kompensieren, modifiziert werden.

Z. B. ist das Bedafin 2001 der Imp. Chem. Ind. ein mit Rizinusöl und Harnstoff-Formaldehydkondensat modifiziertes Glyzerin-Phtalsäureanhydridharz.

Das Produkt ist in Wasser bei Anwesenheit von Ammoniak, Soda oder Triäthanolamin löslich.

Z. B.   10   Teile des Produktes werden in eine Lösung von
           1,2 Teilen Ammoniak in
        20—30   Teilen Wasser eingerührt und die erhaltene Paste mit Wasser noch
                weiter verdünnt.

Die Ware wird mit dieser Lösung imprägniert und nach der Behandlung 3—4 Minuten auf 120° C erhitzt, um die Kondensation zu beendigen.

Das wasserunlösliche, biegsame Harz, welches auf dem Gewebe sich bildet, gibt eine waschechte und weiche Appretur.

Laut der Anm. J. 30169 IVa/120 (26) aus dem Jahre 1930 der Jaroslaw's Erste Glimmerwaren-Fabrik, Berlin, hat es sich gezeigt, dass man Produkte von sehr hoher Elastizität erhalten kann, wenn man beide Arten von Kondensationsprodukten, also dasjenige aus mehrbasischer Säure bzw. Säureanhydrid und mehrwertigem Alkohol mit demjenigen aus Harnstoff oder dgl. und Aldehyd, miteinander vereinigt. Dabei kann die Vereinigung der beiden Kondensationsprodukte vor, während oder nach Ausführung der Einzelkondensationen erfolgen; indessen empfiehlt es sich meistens, die beiden Kondensationen gemeinsam vorzunehmen, d. h. die Bestandteile dieser Kondensationsreaktionen gemeinsam auf einander wirken zu lassen, also mehrbasische Säure bzw. deren Anhydrid, mehrwertigen Alkohol, Harnstoff oder dgl. und einen Aldehyd gemeinsam zur Reaktion zu bringen. Die durch solche gemeinsame Kondensation erhaltenen Produkte zeichnen sich gegenüber den nachträglich miteinander vereinigten Teilkondensationsprodukten durch noch bessere physikalische Eigenschaften aus, insofern als in diesem Falle die Elastizität der hergestellten Produkte noch grösser ist.

Beispiel: 40 g Glyzerin werden mit 15 g Phtalsäureanhydrid bis zur klaren Lösung erwärmt. Dann werden 15 g Harnstoff zugesetzt und wiederum bis zur Lösung erwärmt. Nach dem Erkalten setzt man 40 cm³ 40%ige Formaldehydlösung hinzu, erwärmt 1 Stunde auf 50° C und dampft das Wasser im Vakuum bei etwa 40° C ab. Man erhält eine glasklare Masse, die in Spiritus löslich ist.

In grossen Zügen lassen sich die Alkydharze in folgende Gruppen einteilen:

Die Glyptale sind Kondensationsprodukte aus Polyalkoholen und Polysäuren, vor allem Phtalsäure. Sie eignen sich für Permanentappreturen. Die Glycopale N, NA und NS sind Polymere des Glyzerinphtalats. Sie sind härtbar, wenig gefärbt und sehr lichtbeständig. Bei längerer Wärmeeinwirkung erfolgt eine Kondensation zu einer unlöslichen Masse. Diese Produkte eignen sich hauptsächlich zur Lackherstellung.

Die Duricole NAZ, NA und NAB von Francolor stellen modifizierte Alkydharze dar. Sie sind Additionsprodukte mit Naturharzen (Abietinsäure). Diese Harze lösen sich in einer Mischung aus Alkohol und aromatischen Kohlenwasserstoffen sowie in Äthylestern. Die Marke NA ist überdies auch in Butylestern löslich, jedoch unlöslich in Ölen. Auch diese Kunstharze werden hauptsächlich in der Lackindustrie verwendet.

Die Duricole MH, NO und MR sind ebenfalls modifizierte Alkydharze, indem hier natürliche Öle (Leinöl) als weitere Komponente auftreten.

Die Glyzerin-Malonsäure-Harze entstehen durch Kondensation von Malonsäure mit Glyzerin. Die wichtigsten Vertreter dieser Gruppe sind die Glykodiene NAH und NAC von Francolor, die sich in trocknenden Ölen lösen. Diese Produkte werden in der Lackindustrie gebraucht.

II. Polymerisatharze.

a. Die Polyvinylharze[1]).

Die Vinylharze werden durch Polymerisation der eigentlichen Vinylverbindungen, von Kohlenwasserstoffen mit einer Vinylgruppe (Styrol), der entsprechenden Halogenderivate, Alkohole, Ester und Säuren (Akrylsäure) gewonnen. Ferner werden auch durch gleichzeitige Polymerisation zweier verschiedener Vinylmonomere Kopolymerisate hergestellt. Diese Produkte werden in sehr grossem Masse für Appreturen ganz allgemein, und ganz speziell für permanente Appreturen verwendet[2]).

---

[1]) Vinylharze, gelöst und emulgiert: *Amer. P. 2.227.163*, 1940, *2.238.956, 2.271.581*, 1942, *2.328.748*, 1943, *2.341.398*, 1944, *2.341.553*, 1944, *2.348.447*; *brit. P. 573.574.*

Spezielle Herstellung der Vinylharzemulsionen: *Amer. P. 2.339.184*, 1944, *2.343.089* bis *2.343.095*, 1944, *2.398.344*, 1946, *2.400.808*, 1946, Verschiedene Mischungen und Modifikationen von Vinylharzen: *Amer. P. 2.318.429*, 1943, *2.328.922*, 1943, *2.335.582*, 1943, *2.356.897*, *2.385.714*, 1945, *2.402.075*, 1946.

[2]) M. Chatard der Etablissements Kuhlmann gab in seinem Vortrag vor der Société Ind. de Mulhouse im April 1938 (Jahresbericht der Vereinigung ehemaliger Schüler der Ecole Supérieure de Chimie, 1938) eine Übersicht über die Verwendungsmöglichkeiten dieser Derivate.

Als Polyvinylderivate werden jene organischen Verbindungen (Derivate des Äthylens) bezeichnet, die im Molekül eine ungesättigte $CH_2=CH$-Gruppe enthalten, wobei die freie Valenz durch irgendein einwertiges Atom oder Radikal abgesättigt werden kann, wie z. B. Wasserstoff, Halogen, Karboxyl usw., was dann zu Kohlenwasserstoffen, Halogeniden, Alkoholen, Säuren oder Estern auf dieser Vinylbasis führen kann.

Es ist bekannt, dass die monomeren Vinylverbindungen durch ihre starke Neigung zu polymerisieren auffallen. Sie zeigen also das Bestreben, dass eine mehr oder weniger grosse Anzahl von Grundmolekülen sich zu einem grossen, sog. Makromolekül zusammenlagern.

Die so gebildeten Vinylpolymerisate zeichnen sich durch ihre Farblosigkeit, ihre Lichtbeständigkeit und ganz speziell ihr thermoplastisches Verhalten aus.

Industrielle Bedeutung haben dabei die folgenden Harze erlangt:

1. Polyvinylchloride,
   Polyvinylazetate,
   die Mischpolymerisate aus Polyvinylchlorid und Polyvinylazetat;
2. chlorierte Polyvinylester;
3. Polyvinylalkohol;
4. Polyakrylsäuren.

Der Polymerisationsvorgang bei den Vinylderivaten ist sehr einfach. Ohne Wasserabspaltung erfolgt die Reaktion durch Aufklappen der Doppelbindungen und Absättigen der dabei entstandenen freien Valenzen untereinander.

$$CH_2=CH-R \rightarrow -CH_2-\underset{\underset{R}{|}}{CH}- \rightarrow -CH_2-\underset{\underset{R}{|}}{CH}-CH_2-\underset{\underset{R}{|}}{CH}- \rightarrow CH_3-\underset{\underset{R}{|}}{CH}-\ldots\ldots -CH=CH-R$$

aktive Form Verknüpfung von 2 Molekülen

woraus sich die schematische Formel

$$\left(-CH_2-\underset{\underset{R}{|}}{CH}-\right)_n$$

ergibt.

F. Weiss, Die Verwendung der Kunststoffe in der Textilveredlung, Springer-Verlag, Wien, 1949; A. Stoeckert, Die Kunstharzausrüstung, Mell. 1949, *30*, S. 77.

E. V. Giles, Kunststoffe und Textilindustrie, J. Text. Inst. 1949, *40*, S. 831. Der Verfasser gibt eine interessante Übersicht über die Verwendung der Kunststoffe.

1. Als Werkstoff in Textilmaschinen und Betriebseinrichtung in der Textilindustrie;
2. als Textilmaterialien;
3. als Hilfsmittel zur Imprägnierung von Textilien, und
4. als Beschichtungsmaterialien für Textilien.

F. Weiss, Die Verwendung von Vinypolymerisaten in der Textilindustrie, Text. Rdsch. 1950, S. 487.

In gewissen Fällen kann man dabei Werte für n bis zu 10 000 erreichen. Die Anzahl der Polyvinylverbindungen ist sehr gross, weshalb sie vorerst einmal in zwei Hauptkategorien eingeteilt werden:

a) die homogenen Polymere, die durch Polymerisation eines einzigen Vinylderivats erhalten werden;

b) die Kopolymere, die durch gleichzeitige Polymerisation von zwei verschiedenen Vinylmonomeren erhalten werden.

Die homogenen Polymere lassen sich ihrerseits in drei Klassen einteilen:

1. die eigentlichen Polyvinylverbindungen;

2. die Polyakrylverbindungen;

3. die Polymerisationsprodukte des Divinyls oder Butadiens.

Der einfachste Vinylkohlenwasserstoff stellt das Äthylen dar. Unter den Kohlenwasserstoffen, die hier von Interesse sind, seien erwähnt: das Vinylazetylen

$$CH_2\!-\!CH\!-\!C\!\equiv\!CH$$
(Willstätter 1913, Carothers 1928)

welches von du Pont de Nemours hergestellt wurde. Vinylazetylen ist eine neutral reagierende Flüssigkeit, die sehr leicht unter Harzbildung polymerisiert. Gleich verhält sich auch Styrol, die Vinylverbindung des Benzols

$$\langle\!\!\!\bigcirc\!\!\!\rangle\!-\!CH\!-\!CH_2$$

Styrol wird industriell durch katalytische Dehydrierung von Äthylbenzol erhalten, welches seinerseits durch Anlagerung von Äthylen an Benzol in Gegenwart von Aluminiumchlorid erhalten wird.

Vinylchlorid ist ein Derivat des Äthylens, wobei ein Wasserstoffatom durch ein Chloratom ersetzt wurde.

$$CH_2\!=\!CH\!-\!Cl$$

Diese Verbindung ist in der organischen Chemie schon lange bekannt, da bereits 1835 Regnault Vinylchlorid erhielt, indem er alkoholische Kalilauge auf Dichloräthylen $CH_2Cl\!-\!CH_2Cl$ einwirken liess.

In der Folge wurden dann noch verschiedene andere Verfahren ausgearbeitet. 1858 stellten Wurtz und Frapolli diese Verbindung her, indem sie Natriumäthylat auf Äthylidenchlorid einwirken liessen. 1902 verwendete Biltz als Kontaktfläche einen auf dunkle Rotglut erhitzten Bimsstein, während 1908 Senderens auf Aluminiumoxyd (Al_2O_3, Tonerde) bei 370° C Dichloräthylen katalytisch zersetzte.

Diese alten Methoden sind sicherlich nicht die schlechtesten, was auch daraus hervorgeht, dass 1931 die Imp. Chem. Ind. das Verfahren von Biltz einführten, wobei sie in Gegenwart von Wasserdampf bei Temperaturen zwischen 800 und 1000° arbeiteten.

Interessant ist auch das 1919 von Breteau vorgeschlagene Verfahren, bei welchem man Wasserstoff in Gegenwart von Palladium auf Dichloräthylen einwirken lässt.

1930 schlug dann die I.G. Farbenindustrie eine Dechlorierung von 1,1,2-Trichloräthan in Gegenwart von Zink, Eisen oder Aluminium in wässeriger Phase vor.

Heute wird Vinylchlorid in der Industrie durch Verseifung oder katalytische Spaltung von Dichloräthylen hergestellt. Dichloräthylen wird durch Chlorierung von Äthylen gewonnen, welches aus den Crackgasen anfällt.

$$\begin{array}{ccc} CH_2 & Cl \\ \| & + \ | \\ CH_2 & Cl \end{array} \longrightarrow \begin{array}{c} CH_2Cl \\ | \\ CH_2Cl \end{array} \longrightarrow \begin{array}{c} CH_2 \\ \| \\ CHCl \end{array} + \ HCl$$

Noch leichter lässt sich Vinylchlorid durch direkte Anlagerung von Chlorwasserstoff (Salzsäure) an Azetylen erhalten.

$$CH{\equiv}CH + HCl \longrightarrow CH_2{=}CHCl$$

Ferner sei noch eine weitere ältere Methode erwähnt, die Reboul im Prinzip bereits erwähnte, wobei er jedoch das Bromderivat herstellte. Man kann dabei in wässeriger Lösung in Gegenwart eines Katalysators, wie Quecksilber-2-chlorid, bei 80—90° C oder in salzsaurer Lösung mit Kupferchlorid ($CuCl_2$) arbeiten. Zudem kann man auch auf trockenem Wege mit Silikagel, welches mit Halogeniden der Metalle der zweiten oder vierten Gruppe des periodischen Systems aktiviert wurde, zum Vinylchlorid gelangen. Aktivkohle wirkt bei Temperaturen gegen 200° C ebenfalls als Katalysator.

Vinylchlorid ist ein farbloses Gas mit chloroformähnlichem Geruch. Es siedet bei — 13,9° C und lässt sich bei Zimmertemperatur bei einem Druck von 3 atm. verflüssigen.

Es ist ein sehr leicht diffundierendes Gas. Wenn zum Beispiel auch ein luftdichter Apparat verwendet wird, so können selbst bei gleichem Druck im Apparat wie aussen Verluste an Vinylchlorid auftreten. Infolge der leichten Flüchtigkeit ist auch noch auf die folgende Eigenheit dieser Substanz hinzuweisen: Besonders bei einem starken Ausströmen des Gases verschwindet der Geruch innert sehr kurzer Zeit. Diese Tatsache, dass der Geruch nicht mehr wahrgenommen werden kann, wird ohne Zweifel auf eine lokale Betäubung zurückzuführen sein.

Eine Polymerisation führte zum erstenmal Regnault 1838 durch, indem er durch Sonnenbestrahlung des in einem verschlossenen Rohr sich befindlichen Chlorids ein weisses Pulver erhielt.

Die Polymerisation des Vinylchlorids beruht auf den gleichen Prinzipien wie jene des Vinylazetats (siehe weiter unten). Wegen des tiefen Siedepunktes des monomeren Vinylchlorids (—13,9° C) erfolgt die Polymerisation immer unter Druck in einem emaillierten Autoklaven und bei relativ tiefen Temperaturen, ungefähr in der Grössenordnung von 35—40⁰ C, um allzu grosse Drucke zu vermeiden. Wie auch bei der Herstellung von Polyvinylazetat, erfolgt auch bei der industriellen Darstellung von Polyvinylchlorid die Polymerisation in wässeriger Suspension.

Polyvinylchlorid ist ein weisses Pulver mit einem Chlorgehalt von 56,8%. Es ist in der Kälte in den üblichen organischen Lösungsmitteln nur wenig löslich. Anderseits lässt es sich in der Wärme in Chlorbenzol und Mesityloxyd auflösen. Wird dem Polyvinylchlorid ein Weichmacher (Trikresylphosphat) zugegeben, so lässt es sich bei 156⁰ C auf dem Walzwerk oder einer Spritzmaschine mit einer Austrittsöffnung mit Dorn verarbeiten, wobei dann elastische Folien oder Röhren erhalten werden.

Polymerisiertes Vinylchlorid oder Polyvinylchlorid ist nur in wenigen Lösungsmitteln löslich. Am gebräuchlichsten sind das Azeton für die niederen Polymere, die Mono- und Dichlorbenzole und Zyklohexanon. Die Konzentration der Lösungen darf kaum 10% übersteigen bei den industriell interessanten Polymeren, da sonst die Viskosität zu hoch wird und eine Gelierung eintritt. In der Kälte geliert eine 5%ige Lösung eines Polymers mittlerer Viskosität völlig. Man hat daher das Bestreben, möglichst bei einer Temperatur in der Nähe des Siedepunktes des Lösungsmittels zu arbeiten, um so höher konzentrierte Lösungen verwenden zu können.

Polyvinylchlorid ist ein thermoplastisches Harz und lässt sich in der Hitze nicht härten im Gegensatz zu den in der Wärme härtbaren Phenol- und Harnstoffharzen. Durch Erhitzen unter Druck lässt sich eine irreversible Reaktion herbeiführen, die dem Harz seine endgültige Form verleiht. Unter gleichen Bedingungen bleibt das Chlorid wärmeempfindlich. Nur seine Plastizität erlaubt ihm, sich der Form des Modells anzupassen. Polyvinylchlorid ist äusserst undurchlässig. Ferner ist seine grosse Beständigkeit gegenüber allen in der Industrie verwendeten Chemikalien zu erwähnen. So ist es vor allem alkali- und säurebeständig. Bezüglich der Beständigkeit ist die kleine Anzahl der für Polyvinylchlorid in Frage kommenden Lösungsmittel von Vorteil. Es ist beständig gegen Alkohol, Benzol und den grössten Teil der Kohlenwasserstoffe, sofern sie nicht chloriert sind.

Das deutsche Polyvinylchlorid kommt unter dem Namen **Igelit PCU, Appretan LN** der I.G. Farbenindustrie, das amerikanische unter den Namen **Koroseal, Vinylite Q** und **V, Geon** und das englische als **Welvic** (I.C.I.) auf den Markt.

In Frankreich wird Polyvinylchlorid unter der Bezeichnung **Plastogil** und **Resovyl** der C.F.M.C., **Gobinyl** von St-Gobain und **Afeodur** von Pechiney gehandelt.

Die Verwendungsmöglichkeiten des Polyvinylchlorids in der Textilindustrie wurden von F. Weiss[1]) in einem Aufsatz eingehend beschrieben. Infolge ihrer hervorragenden Eigenschaften und der verhältnismässig einfachen Verarbeitung haben die Vinylchlorid-Polymerisate eine ganz besondere Bedeutung erlangt. Die I.G. Farbenindustrie hat 3 verschiedene Typen unter dem Namen Igelit herausgebracht, und zwar:

1. Igelit PCU, ein unverändertes Polymerisat des Vinylchlorids.

2. Igelit PC, ein durch Nachchlorierung auf einen höhern Chlorgehalt gebrachtes Produkt.

3. Igelit MP, ein Mischpolymerisat aus 80% Vinylchlorid und 20% Vinylacetat.

Die entsprechenden amerikanischen Produkte heissen Koroseal und Vinylite VYHH, das Polymerisationsprodukt aus 85% Vinylchlorid und 15% Vinylazetat. Igelit-Dispersionen mit Weichmachern haben eine grosse Bedeutung erlangt[2]). Diese Pasten werden durch Erwärmen auf 160° C und nachträgliche Abkühlung auf Normaltemperatur in weichgummi- bis lederartige Massen umgewandelt. Durch eine Wärmebehandlung wird ein hochelastischer Zustand erzielt. Auch nach der Gelatinierung bleiben die thermoplastischen Eigenschaften erhalten. Es ist daher eine nachträgliche Verformung unter Druck und Wärmezuführung möglich. Als Weichmacher werden hauptsächlich Ester der Phosphorsäure und der Phtalsäure verwendet, sowie auch Ester komplizierterer Zusammensetzung.

Polyvinylchlorid hat sich zur Herstellung von Kunstleder, Regenmantelstoffen, chemikalienbeständigen Schutzbekleidungsstoffen, Stoffen für Oberteile von Schuhen, Tischbelegstoffen, Faltboothäuten und technischen Geweben für verschiedene Verwendungszwecke sehr bewährt.

Gelangen Pasten zur Anwendung, so arbeitet man meistens nach dem Streichverfahren. Die dabei verwendete Arbeitstechnik sowie die hiezu nötige Heizanlage werden von F. Weiss eingehend beschrieben. Bei Stoffdoublierungen wird die eine Gewebebahn mit einer Polyvinylpaste bestrichen und nach der Vorgelatinierung dann mit der zweiten, nicht bestrichenen Warenbahn bei hoher Temperatur zusammengebracht. Beim Imprägnieren werden die Pasten mit hochsiedenden Lösungsmitteln verdünnt. Dieses Verfahren wird besonders für die Herstellung von Öltuch und Ölseide angewendet.

Auch F. Kainer[3]) hat eine interessante Studie über Vinylchlorid-Kunststoffe als Textilhilfsmittel veröffentlicht. Er bemerkt darin,

---

[1]) Text. Rdsch. 1948, *3*, S. 69.

[2]) Siehe *amer. P. 2.145.464* der Shell Develop. Co., sowie *brit. P. 590.999* der Bleacher's Ass.

[3]) Mell. 1950, *31*, S. 773.

dass Vinylchlorid-Kunststoffe nicht nur wertvolle Rohstoffe zur Herstellung künstlicher, vollsynthetischer Fasern sind, sondern auch in gelöster, emulgierter oder pastöser Form sowie als Folien wertvolle Textilhilfsmittel sein können. So lassen sich damit Gewebe waschecht ausrüsten, wasserabstossend, schwer entflammbar und auch scheuerfester machen. Bei Kunstseide lassen sich mit Polyvinylchlorid auch Mattierungseffekte erzielen. Diese Kunstharze werden jedoch nicht nur zur Herstellung von Spezialappreturen herangezogen, sondern dienen auch zum Imprägnieren, Kaschieren und Doublieren von Geweben. Zudem werden sie zur Erzeugung von Spezialgeweben, wie z. B. Flugzeugbespannstoffen und Ballonstoffen, von Dauerwäsche und mehrlagigen Steifgeweben herangezogen.

Wird Vinylchlorid nach erfolgter Polymerisation noch nachchloriert, so dass man ein Produkt mit einem Gesamtchlorgehalt von ungefähr 65% erhält, so gelangt man zu einem Kunstharz von ganz speziellen Eigenschaften.

Solche Verbindungen sind in Lösungsmitteln für Lacke löslich, undurchlässig, unbrennbar und noch beständiger gegen chemische Angriffe als Polyvinylchlorid. Es hat den Anschein, als ob diese Produkte den Chlorkautschuk zu verdrängen vermöchten.

Polyvinylazetat.

Vinylazetat wird durch Anlagerung von Essigsäure an Azetylen in Gegenwart eines Quecksilbersalzes erhalten.

$$CH_3-COOH + CH{=}CH \longrightarrow CH_3-C{\Big\langle}{\overset{\textstyle O}{\underset{\textstyle O-CH=CH_2}{}}}$$

Dieses Vinylderivat ist flüssig und polymerisiert sehr leicht. Die aus Vinylazetat erhaltenen Polymerisationsprodukte sind die am leichtesten löslichen Polyvinylverbindungen. Sie lassen sich gut verseifen und sind wasserempfindlich.

Die Polyvinylazetate entsprechen folgendem Konstitutionsschema

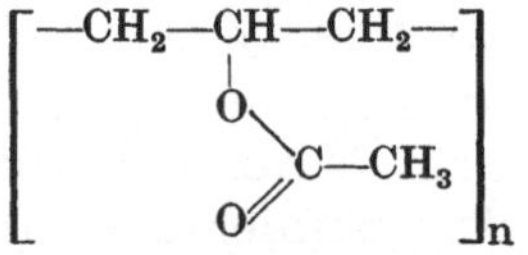

$$\left[\begin{array}{c} -CH_2-CH-CH_2- \\ | \\ O \\ \diagdown \\ C-CH_3 \\ \diagup \\ O \end{array}\right]_n$$

Sie werden für waschechte Appreturen verwendet und finden sich unter folgenden Namen im Handel:

Appretan EM, EMC und **EMW** der I.G. Farbenindustrie.

Mowilith der I.G. Farbenindustrie (für billigere Beschichtungen).

Vinylite A der Carb. Carb. Chem. Corp.

Vibatex K der Ciba.

In der Technik werden die Vinylester durch Erhitzen in Gegenwart eines Katalysators polymerisiert. Die Polymerisation wird entweder bei gewöhnlichem Druck oder unter Druck, wenn bei höherer Temperatur als dem Siedepunkt des Monomeren gearbeitet werden muss, ausgeführt.

Als Polymerisationskatalysatoren werden hauptsächlich Peroxyde (Benzoepersäure, Azetylbenzoepersäure (*franz. P. 748.972*), Peroxyd der Ölsäure (*franz. P. 792.963*)) verwendet. Ferner kommen noch Ozon (*franz. P. 682.127*), Wasserstoffsuperoxyd (*franz. P. 798.056*) sowie Perborate und Persulfate in Betracht.

Obwohl der Polymerisationsmechanismus nicht ganz genau bekannt ist, so nimmt man doch im allgemeinen an, dass die Peroxyde die Polymerisation durch Abspaltung von aktivem Sauerstoff, der sich dann an gewisse monomere Moleküle anlagert, katalysiert wird. Diese Moleküle werden dadurch aktiviert und bewirken unter Sauerstoffaustausch die Verbindung monomerer Moleküle zu Ketten, in denen die einzelnen Moleküle durch normale Valenzen miteinander verbunden sind.

Die Polyvinylharze sind in einer ganzen Reihe von Lösungsmitteln löslich, wenn sie als Grundkörper Vinylazetat enthalten.

Alkohole: Äthylalkohol (95%ig) ist bei Zimmertemperatur ein gutes Lösungsmittel, doch trüben sich die Lösungen bei weiterem Abkühlen. Die höheren Alkohole, wie z. B. Butylalkohol, Amylalkohol, vermögen diese Harze nicht aufzulösen.

Benzolkohlenwasserstoffe: Als Lösungsmittel kommen Benzol und Toluol in Betracht, wobei ein Zusatz von 10% Äthylazetat von Vorteil ist. Xylol eignet sich nicht als Lösungsmittel, kann jedoch als Verdünner gebraucht werden.

Ketone: Azeton ist ein hervorragendes Lösungsmittel für Rhodopas (Rhône-Poulenc) und ergibt hochviskose Lösungen.

Ester: Äthyl- und Butylazetat eignen sich sehr gut als Lösungsmittel für Vinylharze. Es lassen sich damit Lösungen herstellen, die auch in der Kälte sehr stabil sind.

Chlorierte Kohlenwasserstoffe: Dichloräthylen, Trichloräthylen und Dichlormethylen stellen ebenfalls gute Lösungsmittel für Vinylharze dar. Tetrachlorkohlenstoff und Perchloräthylen vermögen hingegen diese Harze nicht aufzulösen.

Weichmacher: Als Weichmacher kommen Triphenylphosphat, Trikresylphosphat, Methyl- und Butylphtalat sowie Methylglykolphtalat in Betracht.

Der Herstellung von Polyvinylazetat kommt eine ganz spezielle Bedeutung zu, da, ausser seiner Verwendung als Appretur und Klebstoff, Polyvinylazetat auch das Ausgangsprodukt für die Herstellung von Polyvinylalkohol und Polyvinylazetal ist.

Je nachdem ob man Polyvinylazetat von niederer oder mittlerer Viskosität oder aber ein sehr hochviskoses Produkt herstellen will, gelangen verschiedene Arbeitsverfahren zur Anwendung.

1. Herstellung von Polyvinylazetat niederer oder mittlerer Viskosität.

Unter Zugabe geeigneter Lösungsmittel wird das Monomere polymerisiert. Die Art und die Menge des zugesetzten Lösungsmittels bestimmt die Viskosität des Harzes. 0,4% (auf das Gewicht des monomeren Vinylazetats berechnet) Katalysator (Benzoepersäure oder ein Gemisch von Natriumperborat und Eisessig nach *brit. P. 387.323* und *387.335*) wird zugegeben.

Um ein Polyvinylazetat mittlerer Viskosität zu erhalten, wird in Benzol polymerisiert. Ein Benzol-Vinylazetat-Gemisch von 40% Benzolgehalt ergibt bei der Polymerisation ein Harz mit einer Viskosität von 32 Englergraden. Enthält das Gemisch 60% Benzol, so wird eine Viskosität von 15 Englergraden erhalten. Sollen Harze mit noch niedrigerer Viskosität erhalten werden, so polymerisiert man den monomeren Ester in Toluol. Verwendet man Mischungen mit 22, 30 und 50% Toluol, so werden Polyvinylazetate mit Viskositäten von 7, 5 und 2 Englergraden erhalten.

2. Herstellung von Polyvinylazetat von hoher Viskosität.

Bei der Polymerisation des Monomeren gibt man nur eine sehr kleine Menge Katalysator, etwa in der Grössenordnung von 0,1%, zu. Durch Ändern der Katalysatormenge lassen sich Polymere verschiedener Viskosität erhalten. Das Verfahren, welches in einer Polymerisation des Monomeren durch Erwärmen bis zur Bildung eines Harzblockes besteht, bietet beträchtliche technische Schwierigkeiten. So muss die Apparatur mit einer speziellen Einrichtung für die Herausnahme des Blockes versehen sein. Auch das Zerkleinern und Zerstossen des Harzes bietet wegen der grossen Elastizität Schwierigkeiten. Das in der Industrie verwendete Verfahren zur Herstellung von hochviskosem Polyvinylazetat ist die Polymerisation in wässeriger Suspension.

Die Mischpolymerisate aus Polyvinylazetat und -chlorid oder Polyvinylchlorid und Polyakrylsäureester werden ebenfalls wie das Polyvinylchlorid durch Polymerisation in wässeriger Suspension hergestellt. Man ersetzt dabei einfach das Vinylchlorid durch ein Gemisch der monomeren Ester in den gewünschten Proportionen.

Ein anderes, im *franz. P. 789.857* beschriebenes Verfahren besteht darin, dass das Gemisch der monomeren Ester in einer Flüssigkeit (Hexan oder Methanol) polymerisiert wird, welche ein Lösungsmittel für diese Monomeren darstellt, in der aber die Polymerisationsprodukte sich nicht lösen. Es scheidet sich dann das gebildete Polymerisationsprodukt in pulvriger Form aus dem Reaktionsgemisch ab.

Die Mischpolymerisate unterscheiden sich vom Polyvinylchlorid dadurch, dass sie in den üblichen Lösungsmitteln sich lösen, so z. B. in Azeton oder Äthylazetat. Dies ermöglicht ihre Verwendung als Lack oder für die Herstellung von Fäden oder Filmen. So werden endlose Fäden aus Polyvinylazetat-Polyvinylchlorid-Kopolymerisaten in Amerika verwendet.

Die Polymerisation der Vinylverbindungen erfolgt bereits bei gewöhnlicher Temperatur. Die Polymerisationsgeschwindigkeit nimmt jedoch mit zunehmender Temperatur, bei Sonnenlichteinwirkung, bei Bestrahlung mit ultravioletten Strahlen und vor allem in Gegenwart von Katalysatoren (Aluminiumchlorid ($AlCl_3$), Zinnchlorid ($SnCl_4$), Bortrifluorid (BF_3) usw.) oder Peroxyden (Wasserstoffsuperoxyd, Peressigsäure, Benzoepersäure, Perölsäure usw.) zu.

Die Wärmeeinwirkung beeinflusst nicht nur die Reaktionsgeschwindigkeit, sondern auch die Struktur des Polymerisats. Bei tiefer Temperatur erhält man längere Ketten als bei hoher Temperatur, wo sich nur kurze Ketten bilden. Polyvinylharze von geringem Polymerisationsgrad sind gegenüber Wasser empfindlicher als jene mit hohem Polymerisationsgrad.

Das Verfahren von Rhône-Poulenc, welches den Gegenstand des *franz. P. 913.945*, 1946, bildet, betrifft die Herstellung von Emulsionen von Polyvinylazetat, die für Appreturzwecke geeignet sind und auch bei 50° C nicht koagulieren.

Solche Emulsionen werden erhalten, indem man als Dispergiermittel eine Mischung aus Gelatine und Polyvinylalkohol verwendet. Im *D.R.P. 748.369*, 1944 von Höhne ist die Rede von Dispersionen, als Appreturmittel, die in organischen Lösungsmitteln gelöste Polyvinylharze enthalten. Als Emulgator kommen die Emulphore in Betracht.

Polyvinylalkohol und Polyvinylazetale.

Polyvinylalkohol[1]) kann aus Polyvinylazetat durch verschiedene Verfahren hergestellt werden.

a) Saure oder alkalische Verseifung des in Alkohol gelösten Polyvinylazetats bei 95° C.

b) Durch geringe Mengen Soda katalysierte Alkoholyse des in absolutem Alkohol gelösten Polyvinylazetats (*D.R.P. 642.531*).

Polyvinylalkohol ist ein weisses, amorphes Pulver, welches sich in Wasser und Formamid sowie in Glykol und Glyzerin löst, jedoch in allen andern organischen Lösungsmitteln unlöslich ist. Es kann

---

[1]) $[-CH_2-CHOH-CH_2-CHOH-]_n$.

erhalten werden, indem man entweder von konzentrierten wässerigen Lösungen ausgeht oder es in der Wärme presst. Es fällt dann in Form von Fäden, Filmen und Gegenständen jeglicher Art an, die sich durch ihre Festigkeit und beträchtliche Elastizität auszeichnen.

Polyvinylalkohole lassen sich in allen Polymerisationsgraden erhalten. Sie werden im allgemeinen in der Technik durch Vollhydrolyse bzw. Alkoholyse entsprechender Polyvinylester, -äther oder auch -azetale gewonnen (Consortium für elektrochemische Industrie, *franz. P. 766.103;* I.G. Farbenindustrie, A. Voss, W. Starck, *D.R.P. 577.284*). Unter Umständen kann jedoch auch eine Teilverseifung genügen (vgl. H. Dreyfus, *kan. P. 361.490*).

Die Polyvinylalkohole haben sich in mancher Hinsicht als wertvolle Produkte erwiesen. So ergab sich eine ganze Reihe von Anwendungsmöglichkeiten, wobei teils die kolloidalen Eigenschaften ihrer wässerigen Lösungen und teils ihre Unempfindlichkeit gegen organische Lösungsmittel usw. ausgenützt werden. Im Handel sind Polyvinylalkohole unter den Bezeichnungen Polyviol (A. Wacker AG.), Polyal, Vinarol (I.G. Farbenindustrie) und Resinoflex (USA) bekannt.

Um die Auflösung dieser Produkte im Wasser zu beschleunigen, formt man gegebenenfalls Mischungen aus 90% Polyvinylalkohol mit 10% einer Mischung aus Natriumkarbonat und Weinsäure (I.G. Farbenindustrie, Starck, *D.R.P. 613.344*). Natürlich ist ein solcher Zusatz nur möglich, wenn die Anwesenheit von Salzen nicht störend wirkt. Eine andere Methode zur Erleichterung des Auflösens ist die Verwendung relativ niederpolymerer Produkte. Durch Zusatz von Borax, Borsäure, Borsäureestern usw. lässt sich dann nachträglich die Viskosität der Lösung noch erhöhen (I.G. Farbenindustrie, *franz. P. 743.942*). Dieses Verfahren lässt sich auch auf solche Produkte anwenden, die noch Estergruppen oder Ätherbrücken enthalten.

Erhitzt man Polyvinylalkohol auf etwa 100° C, so verliert er seine Löslichkeit in Wasser (I.G. Farbenindustrie, A. Voss, *D.R.P. 536.497; poln. P. 11.922*)[1]. Diese Härtung lässt sich unter Umständen auch mit einer Streckung oder Formgebung unter Zug verbinden (vgl. Dr. Alexander Wacker GmbH., *D.R.P. 685.392*). Ein Zusatz von Formaldehyd begünstigt diesen Vorgang. Auch die Verwendung eiweissfällender Mittel oder von Gerbstoffen (Tannin) führt zum gleichen Ziel (I.G. Farbenindustrie, A. Voss, *D.R.P. 526.497*). Eine ähnliche härtende Wirkung haben auch Metallverbindungen wie Eisenchlorid, Chromate, Bichromate und Chromrot sowie Farbstoffe vom Kongorottypus, evtl. auch in Verbindung mit Tannin, Aldehyden, Anhydriden usw. (Chemische Forschungsgesellschaft, *franz. P.*

---

[1] Siehe auch *franz. P. 807.042* der Chem. Forschungsgesellschaft (1936); *amer. P. 2.130.212* von Du Pont.

807.042). Einen besonders günstigen Effekt übt das Kuprammoniumhydroxyd aus, mit dem sich eine vollständige Wasserunempfindlichkeit erzielen lässt, während die entsprechenden Komplexverbindungen von Zink, Nickel oder Silber wirkungslos sind (E. I. du Pont de Nemours & Co., W. W. Watkins, *amer. P. 2.130.212).*

Nach einem andern Vorschlag soll man Polyvinylalkohol mit Verbindungen umsetzen, wie z. B. mehrbasischen Säuren, Polyhalogenverbindungen (z. B. 2,3-Dichlordioxan), Dialdehyden oder Harnstoffharzen bzw. Dimethylolharnstoff. Zum Teil wird dadurch die·Bildung eines Azetals oder eine Härtung entsprechend den obigen Methoden erreicht. Bei den Reaktionen mit mehrbasischen Säuren oder auch mit Dihalogendioxan erfolgt jedoch eine Polykondensation (E. I. du Pont de Nemours & Co., *franz. P. 852.613).* Die wässerigen Lösungen der Komponenten können auch vor der Umsetzung zu Filmen, Fäden usw. geformt werden (vgl. *amer. P. 2.169.250).*

Ferner wurden auch noch Nachbehandlungen mit Alkylenoxyden empfohlen. Es werden dabei je nach Umständen in Wasser lösliche Produkte oder aber wasserunlösliche Massen erhalten (I.G. Farbenindustrie, *franz. P. 708.236).* Wird Polyvinylalkohol mit aliphatischen oder aromatischen Aldehydsulfosäuren umgesetzt, so werden wasserlösliche Produkte erhalten (I.G. Farbenindustrie, H. Hopff, *D.R.P. 643.650).* Schliesslich schlägt die I.G. Farbenindustrie im *franz. P. 737.744* noch die Umsetzung von hauptsächlich nur teilweise verseiften Mischpolymerisaten mit Säurechloriden, Phtalsäureanhydrid usw. vor.

Die Formgebung erfolgt bei den Polyvinylalkoholen durch Auflösen in Glykolen, Glyzerin, Formamid oder Wasser mit einem eventuellen Zusatz von Alkoholen oder Azeton. Diese Lösungen werden dann entsprechend den bei der Viskose verwendeten Verfahren auf Fäden, Folien, Bänder, Röhren usw. verarbeitet (Consortium für elektrochemische Industrie, *schweiz. P. 160.177).*

Anderseits kann man auch trockenen Polyvinylalkohol mit nur wenig Wasser anfeuchten und die so erhaltene Masse nach Zugabe von Weichmachern und Füllstoffen auf der Spritzmaschine verarbeiten. (Resistoflex Corp., E. Schnabel, *amer. P. 2.177.612).* Die nach dieser Methode hergestellten Gegenstände werden dann vorteilhaft noch mit Formaldehyd (und Salzsäure) nachbehandelt (G. E. Zelger, *franz. P. 762.711).*

Polyvinylalkohole sind völlig geschmack- und geruchlose, ungiftige Verbindungen. Es ist daher möglich, die günstigen Eigenschaften dieser Verbindungen, so hauptsächlich die Möglichkeit der Verwendung als Schutzkolloid (Consortium für elektrochemische Industrie, *D.R.P. 451.113)* nicht nur auf rein technischen Gebieten, sondern auch für kosmetische und pharmazeutische Zwecke sowie in der Nahrungsmittelindustrie auszunutzen (Consortium für elektrochemische Industrie, *D.R.P. 488.638; belg. P. 419.345*).

So werden Polyvinylalkohollösungen zur Stabilisierung von Metallseifenlösungen, zur Herstellung von Tinten und Tuschen sowie zur Bereitung von Farbpasten usw. verwendet. An Stelle von Pektin kann man auch Fruchtgelées Polyvinylalkohol als Gelierungsmittel zusetzen. Ferner kann ein Zusatz zu Speiseeis infolge Verhinderung der Bildung grösserer Kristalle zu einer sämigen Beschaffenheit führen.

In der Textilindustrie spielen Schlichten auf der Basis von Polyvinylalkohol eine wichtige Rolle (L. Blumer, *D.R.P. 606.081*). Ferner kann man in der Reproduktionstechnik Filme aus Polyvinylalkohol an Stelle von Gelatinefolien mit Vorteil benutzen (vgl. E. Trommsdorf in R. Houwink, Chemie und Technologie der Kunststoffe, Bd. 2, S. 348).

Eine ausgedehnte Anwendung findet Polyvinylalkohol auch bei der Herstellung treibstoffester Schläuche und Membranen (E. Schnabel, *D.R.P. 575.155;* Chemische Forschungsanstalt, *franz. P. 815.755;* H. Vohrer, *franz. P. 816.281;* Superflexit Ltd., *brit. P. 484.567*). Zu diesem Zwecke werden mit Glyzerin elastifizierte Gemische benutzt, die sich durch ihre hohe Zerreissfestigkeit, verbunden mit einer erheblichen Dehnung, auszeichnen. Besonders geeignet sind für derartige Zwecke auch die als Povimal bekannten Mischpolymerysate des Polyvinylalkohols mit Maleinsäureanhydrid (vgl. A. Weihe, Kunststoffe 1938, S. 140). In Wasser nur wenig löslicher oder völlig unlöslicher Polyvinylalkohol lässt sich nach Zusatz von Glyzerin oder Glykol oder durch Verwendung erhitzter Düsen verspritzen. Auf solche Weise lassen sich ebenfalls Schläuche usw. herstellen (H. Vohrer, *franz. P. 789.172*).

Polyvinylazetale[1]) lassen sich nach *franz. P 692.718* direkt aus Polyvinylazetat herstellen. Das Azetat wird zunächst in Essigsäure gelöst. Darauf gibt man zu dieser Lösung einige Prozente einer starken Säure (Salzsäure oder Schwefelsäure) und die nötige Menge Aldehyd. Die zugegebene Säure dient als Katalysator bei der Verseifung. Die Reaktionsdauer beträgt bei einer Temperatur von 30—35⁰ C ungefähr 10 Stunden. Das Arbeiten bei einer höheren Temperatur würde zu gefärbten Produkten führen. Zum Schluss erhält man eine viskose Polyvinylazetallösung, vermischt mit Essigsäure und Äthylazetat.

Diese viskose Lösung wird nach *brit. P. 466.598* in Form eines Fadens in Wasser gepresst oder durch Wasser als feines Pulver niedergeschlagen, indem man stets gut umrührt.

Ein anderes Verfahren beruht auf der Herstellung von Polyvinylazetalen aus Polyvinylalkohol. Hiezu wird letzterer durch kräf-

---

[1]) Handelsmarken: Movital, Alvar, Vinylite X.

tiges Umrühren in einem Lösungsmittel für das herzustellende Azetal suspendiert. Zu dieser Suspension gibt man einige Prozente einer starken Mineralsäure sowie die nötige Menge Aldehyd. Man erwärmt auf 40—45° C, wobei sich die Suspension allmählich in das dickflüssige Azetal verwandelt, woraus man dann das Harz, wie bereits angegeben, isoliert. Dieses Verfahren, das etwas schwieriger in der Durchführung ist als das vorher beschriebene mit Polyvinylazetat als Ausgangsprodukt, hat jedoch den Vorteil, dass es besser definierbare und bedeutend beständigere Produkte liefert.

Die Polyvinyläther[1]) finden sich im Handel unter der Bezeichnung Appretan WL der I. G. Farbenindustrie und Rhovinal F von Rhône-Poulenc und werden als Appreturmittel, an deren Waschechtheit keine besondere Ansprüche gestellt werden, vorgeschlagen, z. B. für Futterstoffe aus Kunstseide oder Mischgewebe aus Kunstseide und Baumwolle.

Die Polyvinylazetale befinden sich zur Zeit noch durchaus im Entwicklungsstadium. So ist es heute noch fast unmöglich, aus der Fülle der gegebenen Möglichkeiten diejenigen Fälle herauszunehmen, welche am interessantesten und erfolgreichsten zu werden scheinen.

So wurde versucht, einige Lackharztypen in den Handel zu bringen (Pioloform, Mowital, ferner in den USA die als Galvar bzw. Formvar bezeichneten Polyvinylazetaldehyd- bzw. Formaldehydazetale). Dies scheint jedoch nur ein erster Anfang zu sein. Wie schwierig indessen das Arbeiten mit solchen Produkten ist, lässt sich aus einer Rezeptur ersehen, die speziell für ein dem Galvar-Typ angehörendes und zu 80% azetalisiertes Produkt ausgearbeitet wurde (F. W. Skirrow, S. White, brit. P. 405.986).

Nach obigem Patent soll ein Lack für Holz oder Metall wie folgt zusammengesetzt sein: 280 Teile Polyvinylazetalharz, 40 Teile Dibutylphtalat, 20 Teile Rizinusöl, 60 Teile präpariertes Dammarharz, 100 Teile Alkohol techn., 250 Teile Diazetonalkohol, 250 Teile Glykoläther und 400 Teile Solventnaphta.

Die Kompliziertheit einer solchen Lackzusammensetzung erfährt auch keine Vereinfachung durch den Umstand, dass man unter gewissen Bedingungen als Lösungsmittel für das Polyvinylharz ein Glykolazetal auf Basis von Formaldehyd oder Azetaldehyd anwenden kann (Soc. Nobel Franc., brit. P. 481.951). Auch Vorschläge, Kombinationen mit sonstigen Harzen, wie Kopalen, Aldehydharzen, Zellulosederivaten usw. oder fetten Ölen (Imperial Chemical Industries Ltd. – A. Renfrew, D. T. Jones, R. Burns, brit. P. 407.050) oder Phenolformaldehydharzen (Shawinigan Chemicals Ltd., brit. P. 455.656) zu verwenden, haben bis jetzt auch noch nicht zu einem befriedigenden Resultat geführt.

---

[1]) Monomeres $CH_2{=}CH{-}O{-}R \rightarrow \left[-CH_2{-}\underset{OR}{CH}{-}CH_2{-}\underset{OR}{CH}{-} \right]_n$

9

Man muss die Entwicklung auf diesem Gebiet der Kunstharzindustrie also zuerst noch abwarten, darf jedoch annehmen, dass gerade aus der Gruppe der Polyvinylazetalverbindungen sich noch sehr gut brauchbare Produkte herstellen lassen werden.

Völlig offen bleibt auch noch die Frage, wie weit diese Verbindungen auch noch für andere Zwecke verwendbar sind. In den verschiedenen Mitteilungen über die Herstellung dieser Harze findet sich allerdings eine ganze Reihe von Vorschlägen betreffend die Verwendungsmöglichkeiten. Sie sollen sich verformen lassen; sie können für die Herstellung von Schallplatten, elektrischen Artikeln, Spritzmassen, Folien, Fäden, Schläuchen usw. herangezogen werden. In der Praxis hat jedoch keine dieser Verarbeitungsmöglichkeiten auf breiterer Basis seine Verwirklichung gefunden (vgl. A. Weihe, Kunststoffe 1941, *31*, S. 52; H. Gibello, Rev. gén. Caoutchouc 1941, *18*, S. 198, 223; Kunststoffe 1942, *32*, S. 180).

Die Verwendung der Polyvinylazetale scheint vorläufig am aussichtsvollsten bei der Herstellung von Verbundfolien für Sicherheitsglas zu sein, und zwar deshalb, weil nach den bisherigen Erfahrungen derartige Gebilde eine Zusammensetzung haben sollten, die eine besonders grosse Unabhängigkeit der Zähigkeit von der Temperatur (bis 40^0 C) ermöglicht (I. G. Farbenindustrie, *ital. P. 371.053*). Doch auch hier ist wiederum das genaue Einhalten ganz bestimmter Bedingungen nötig. Es lässt sich daher heute noch nicht mit Bestimmtheit sagen, ob neben dieser einen, allerdings sehr wesentlichen Grundeigenschaft auch noch die sonstigen Voraussetzungen in zureichender Weise erfüllt werden können.

Die Polyvinylazetale, die bereits industriell hergestellt werden, leiten sich von Formaldehyd, Azetaldehyd und Butyraldehyd ab. Sie sind in Wasser unlöslich. Das Azetal und Butyral sind jedoch in den üblichen Lösungsmitteln (Alkohol, Azeton, Toluol) löslich, während das Formaldehydderivat gegen diese Lösungsmittel beständig ist und sich nur in Dioxan, chlorierten Lösungsmitteln und gewissen speziellen Mischungen (Alkohol-Benzol 1 : 2) löst. Die Azetale des Formaldehyds und Butyraldehyds geben Filme von hervorragenden mechanischen Eigenschaften, die auch noch bei sehr tiefen Temperaturen — von der Grössenordnung -80^0 C — beständig sind. Diese Produkte sind daher ganz speziell für die Herstellung von Scheiben für die Flugzeuge geeignet.

Es ist natürlich möglich, Polyvinylazetale jeglicher Viskosität zu erhalten. Auch lassen sich je nach dem Arbeitsverfahren Produkte verschiedener Eigenschaften und Löslichkeiten herstellen. Solche Unterschiede lassen sich durch Azetalisieren mit einer ungenügenden Menge Aldehyd oder durch Verwenden eines Polyvinylalkohols als Ausgangsprodukt, der noch azetylierte Gruppen enthält, erzielen. Im letzteren Falle erhält man ein Ester-Azetal-Mischpolymerisat, welches thermoplastische Eigenschaften besitzt und sich hauptsächlich für die Herstellung von Pulvern zum Verformen auf der Spritzmaschine eignet.

Gemäss der Anm. I. 50 IVc/39b (4/02) der I.G. Farbenindustrie (1934) können die Vinyläther ein- oder mehrwertiger Merkaptane der aliphatischen, aliphatisch-aromatischen, aromatischen, hydroaromatischen oder heterozyklischen Reihe, die an dem Schwefelatom nur eine Vinylgruppe tragen, zu wertvollen Produkten in Gegenwart sauerstoffabgebender Stoffe oder sauer reagierender Kondensationsmittel als Polymerisationsbeschleuniger polymerisiert werden.

Beispielsweise seien folgende Thiovinyläther genannt: Vinyläther von Alkyl- oder Oxalkylmerkaptanen (Äthylen-, Propyl-, Isobutyl-, Stearyl- und Oleylmerkaptane, Thioalkylenglykole und Thioglyzerine), Vinyläther aromatischer Merkaptane (Thiophenol, Thiokresol, Di- und Polysulfhydrylbenzole, -naphtaline, anthrazene und -anthrachinone) Vinyläther von Mono- oder Polysulfhydrylen anderer ali- und heterozyklischer Verbindungen (Merkaptobenzothiazol), Vinyläther von Aralkylsulfhydrylen (Phenyläthylmerkaptan) usw.

Die Vinylpolymerisate, die auf den Markt gebracht wurden, sind unter den folgenden Handelsbezeichnungen bekannt:

Mowilith der I.G. Farbenindustrie. **Mowilith G** stellt ein Mischpolymerisat aus Vinylchlorid und -azetat dar.

Als Basis dieser Kunstharzdispersionen kann **Mowilith D** (alte Bezeichnung: Emulsion MVL) angesehen werden, welcher durch Polymerisation von Vinylazetat erhalten wird.

Diese absolut durchsichtigen und farblosen Vinylharze werden durch Polymerisation von Vinylazetat, Vinylchlorid oder eines Gemisches dieser beiden Verbindungen gewonnen. Sie werden in verschiedenen Qualitäten geliefert, welche sich vor allem im Polymerisationsgrad unterscheiden, was sich dann auch auf die Viskosität und die Löslichkeit auswirkt.

Mowilith NN	sehr niedrig viskos	entspricht dem Polyvinylazetat
Mowilith N	niedrig viskos	
Mowilith H	hochviskos	
Mowilith G	hochviskos	entspricht dem Polyvinylchlorazetat

Vibatex E (Ciba).

Igelit PCU, Igelit MPSO, Mipolam entspricht dem Polyvinylchlorid (55% Chlorgehalt).

Diese Harze sind sehr beständig gegen chemische Angriffe. In Kohlenwasserstoffen sind sie unlöslich, quellen in Azeton und Methylenchlorid und lösen sich in Anon.

Vinnapas der Gesellschaft für elektrochemische Industrie.

Résovyl von Francolor.

Vinylite A der C.C.C.C., ein Chlorid-Azetat-Kopolymerisationsprodukt. Die von der Carb. Carb. Chem. Corp. hergestellten ChloridAzetat-Mischpolymerisate unter dem Namen Vinylite H enthalten 65—88% Vinylchlorid und haben grosse Bedeutung erlangt. Die Produkte mit einem hohen Azetatgehalt sind in den üblichen Lösungsmitteln leicht löslich, während jene mit nur geringem Azetatgehalt zur Auflösung Speziallösungsmittel, wie Dioxan, Dichloräthan usw., erfordern. Sie kommen jedoch für Appreturen kaum in Frage.

Rhodopas von Rhône-Poulenc: Die Rhodopas-Marken B, M, H, HH, HV 1 und HV 2 sind durchsichtige und farblose Kunstharze, die durch Polymerisation aus Vinylazetat erhalten werden. In der obigen Reihenfolge nimmt der Polymerisationsgrad der Harze zu. Die einzelnen Marken unterscheiden sich zudem durch gewisse charakteristische Eigenschaften, so vor allem bezüglich der Viskosität ihrer Lösungen. Für Appreturen werden Rhodopas H und HH (Harze von hoher Viskosität) in alkoholischer Lösung oder, wenn man auf dem Ärograph arbeitet, in einer Lösung eines Gemisches von 95%igem Alkohol und Äthylazetat verwendet. Eine Appretur für Schuhoberstoffe wird bei Verwendung von Rhodopas H erhalten, wenn man noch einige wenige Prozente eines natürlichen Harzes (Kolophonium) zum Kunstharz gibt. Im allgemeinen wird nur einseitig appretiert.

Rhodopas X entspricht dem reinen Polyvinylchlorid von hoher Viskosität. Es hat ein spezifisches Gewicht von 1,38, ist in Wasser unlöslich und ist gegenüber Säuren bis zu einer Konzentration von 20% beständig. Dieses Harz löst sich in Cyclohexanon und Methylcyclohexanon. Seine Lösungen lassen sich mit chlorierten Lösungsmitteln verdünnen.

Rhodopas AX ist ein Mischpolymerisat von Vinylazetat (85%) und Vinylchlorid und ist in den organischen Lösungsmitteln besser löslich, insbesondere in Äthylazetat, Dioxan usw.

Die verschiedenen Rhodopas-Marken besitzen auch eine ganze Reihe gemeinsamer Eigenschaften, die im folgenden kurz zusammengestellt seien:

Dichte bei 20° C	1,18
Brechungsindex	1,46
Lichtbeständigkeit	ausgezeichnet; keinerlei Veränderung auch bei längerer künstlicher oder Sonnenbelichtung
Wärmebeständigkeit	sehr gut; keinerlei Veränderung durch Erhitzen auf 120° C während 2 h oder auf 100° C während 5 h.

Die Rhodopas sind in Wasser unlöslich, erweichen jedoch etwas, und werden unklar bei längerer Einwirkung. Die Harze von niederem Polymerisationsgrad sind gegenüber Wasser empfindlicher als jene von hohem Polymerisationsgrad.

Die Rhodopas sind in einer grossen Zahl Lösungsmittel löslich, so dass der Verbraucher die Möglichkeit besitzt, zur Herstellung von Lösungen aus einer ganzen Menge von Produkten eine Auswahl treffen zu können. So kann man schwach riechende Lösungsmittel (Alkohol 95%) oder unbrennbare (chlorierte) Lösungsmittel verwenden. Bei einer gegebenen Rhodopas-Konzentration werden mit den verschiedenen Lösungsmitteln auch unterschiedliche Viskositäten erhalten. So ergeben Azeton und Äthylazetat die am wenigsten viskosen Lösungen.

Über die Löslichkeit gibt die folgende Zusammenstellung Auskunft:

Lösungsmittel.

Ester: Methyl-, Äthyl-, Butyl-, Amyl-, Benzyl-, Zyklohexylazetat; Äthyl-, Butyllaktat; Methyl-, Butylphtalat.

Alkohole: Äthylalkohol 95%, Methyl-, Benzylalkohol.

Chlorierte Lösungsmittel: Dichloräthan, Trichloräthylen, Monochlorbenzol.

Kohlenwasserstoffe: Benzol, Toluol; ferner Zyklohexanon, Dioxan und Azeton.

Dagegen löst sich Rhodopas nicht in: Isopropyl-, Butyl- und Amylalkohol, Petroläther, Terpentinöl, Perchloräthylen, Tetrachlorkohlenstoff, Schwefelkohlenstoff, Zyklohexanol, Diäthyläther, Xylol, Ölen und Äthylenglykol.

Die meisten schweren Lösungsmittel und Weichmacher, die für Zelluloseester verwendet werden, eignen sich auch für Rhodopas. Die Öle hingegen ergeben keine guten Resultate. Das Beimischen von Weichmachern vermindert die Empfindlichkeit gegen Wasser bei diesen Harzen. Es besteht die Möglichkeit, zahlreiche Zusätze beizumischen, um so die Eigenschaften dieser Verbindungen zu verändern. So sei z. B. ein Zusatz von Nitrozellulose erwähnt, der die Härte und die Wasserbeständigkeit des Rhodopas erhöht. Dabei ist es natürlich wichtig, dass das Lösungsmittel, welches für die Herstellung des gemischten Lackes aus Rhodopas und Nitrozellulose verwendet wird, diese beiden Komponenten auch gut zu lösen vermag. So wird etwa folgendes Lösungsmittelgemisch vorgeschlagen:

15 Teile Alkohol 95%
35 Teile Äthylazetat
30 Teile Butylazetat
20 Teile Toluol
—————————
100 Teile

Zelluloseazetat lässt sich jedoch nicht in Rhodopasharze einarbeiten. Die Zugabe von Chlorkautschuk zu Vinylkunstharzen verringert ihre Wasserempfindlichkeit. So ist z. B. folgendes Lösungsmittelgemisch geeignet für die Lackherstellung aus einer Mischung von Rhodopas und Chlorkautschuk.

$$
\begin{array}{ll}
10 & \text{Teile Alkohol} \\
40 & \text{Teile Benzol} \\
35 & \text{Teile Toluol} \\
\underline{15} & \text{Teile C. E. Ester (Rhône-Poulenc)} \\
100 & \text{Teile}
\end{array}
$$

Der Naturkautschuk in Form gewalzter Blätter verträgt sich gar nicht mit Rhodopas. Gleich verhalten sich auch die meisten natürlichen Harze mit Ausnahme von Kolophonium, Elemiharz und Akaroidharz. Unter den synthetischen Harzen können die Bakelite in gelöstem Zustande, die Akrylharze (Résine synthétique CF von Rhône-Poulenc und Plextole von Röhm und Haas) dem Rhodopas einverleibt werden.

Die Rhodopas-Emulsion 6000 ist eine wässerige Dispersion eines Polyvinylazetats hoher Viskosität. Das Aussehen entspricht etwa jenem von Kautschuklatex, den es übrigens auch in den meisten Fällen zu ersetzen vermag. Zur Zeit liefert Rhône-Poulenc Rhodopas-Emulsion 6000 ohne Weichmacherzusatz mit einem Trockengehalt von 60%. Es zeichnet sich durch seine Beständigkeit aus. Selbst nach mehrmonatiger Lagerung bildet sich kein Bodensatz. Dies ist auf den sehr kleinen Durchmesser der dispergierten Polyvinylazetatpartikelchen zurückzuführen, deren Dimensionen in der Grössenordnung von einem μ liegen. Die Emulsion ist ferner auch wärme- und kältebeständig (bis zu -5^0 C).

Die Rhodopasemulsionen vermögen weitgehend den Kautschuklatex zu ersetzen. Gegenüber Latex weisen sie den Vorteil auf, sich mit Pigmenten besser zu vertragen. Ferner altern mit Rhodopas-Emulsionen hergestellte Überzüge nicht im Gegensatz zu jenen mit Latex.

Von den wichtigsten Verwendungsmöglichkeiten seien folgende erwähnt:

a) Die Verwendung als Klebstoff, und zwar besonders für Holz. Man nimmt hiezu Rhodopas-Emulsion 6000, entweder gerade so, wie sie von der Fabrik geliefert wird, oder mit 5% Butylphtalat als Weichmacher versetzt. Darauf wird mit der nötigen Menge Wasser verdünnt, um gerade die für den betreffenden Verwendungszweck günstige Klebemasse zu erhalten.

b) Herstellung von steifen Geweben für Kragen und Manschetten. Zum Steifen von Geweben und für die Herstellung von Einlagestoff (Triplure) für Manschetten und Hemdenkragen wird man ebenfalls Emulsion 6000 verwenden. Die Appretur kann wenn nötig auch noch durch ein bereits oben erwähntes Produkt unlöslich gemacht werden.

c) Verwendung von Rhodopas-Emulsion als Appreturbelag auf Leder vor dem Lackieren. Das Leder, welches mit

einem Nitrozelluloselack lackiert werden soll, muss zuerst mit einer
Appreturschicht zum Verstopfen der Poren des Leders versehen
werden. Eine Rhodopas-Emulsion 6000 mit 18% Trikresylphosphat
als Weichmacher versetzt und mit der doppelten Menge Wassers
verdünnt, eignet sich ausgezeichnet zur Herstellung einer solchen
Schicht. Die mit Rhodopas-Emulsion appretierten Leder werden
darauf lackiert und besitzen dann einen dauerhaften Glanz. Der
Überzug bleibt zudem geschmeidig und ist sehr dauerhaft.

d) Appreturen: Mehr oder weniger mit Weichmacher versetzte
und mit 3—4facher Wassermenge verdünnte Rhodopas-Emulsionen
erlauben, auf Geweben Appreturen jeglicher Art aufzubringen, die je
nach der Grösse des Weichmacherzusatzes die gewünschte Steifheit
ergeben. Solche Appreturen mit Rhodopas-Emulsion eignen sich ganz
besonders gut für Voile aus Viskose-Reyon und Filze.

Rhovinal F ist ein Polyvinylazetal von Formaldehyd mit hoher
Viskosität. Es kommt als faserige und geruchlose Masse in den Handel
und hat eine scheinbare Dichte von ca. 0,4. Es ist ein thermoplastischer Körper, der sich in der Wärme durch Kalandrieren formen
lässt. Weitere Möglichkeiten der Verformung sind das Pressen oder
der Spritzguss. Im allgemeinen wird dann noch ein Weichmacher
zugegeben, welcher die Geschmeidigkeit der erhaltenen Kunstharze
erhöht und ein Verarbeiten bei tieferen Temperaturen erlaubt.

Rhovinal F, allein oder mit einem Weichmacherzusatz verwendet, kann ebenfalls für die Herstellung von Pulvern für das
Formen auf der Spritzmaschine verwendet werden.

Rhovinal F besitzt eine Dichte von 1,23. Es ist leicht wasserempfindlich. So absorbiert es z. B. bei einer Temperatur von 20^0 C
3% Wasser, wenn es von der Feuchtigkeit 0 auf jene von 95% gebracht wird. Rhovinal ist gegenüber mineralischen und pflanzlichen
Ölen sowie Benzin völlig beständig. In den üblichen Lösungsmitteln
äuillt es oder löst sich auf.

Rhovinal F ist in einer gewissen Anzahl von Lösungsmitteln,
und zwar sowohl leichten wie schweren, löslich. Davon seien hier
einige genannt:

Methylenchlorid	Benzylalkohol
Dichloräthan	Zyklohexanon
Dioxan	Furfurol
Essigsäure	Kresol

ferner in folgenden Lösungsmittelgemischen:

Alkohol 95%, denaturiert	45 Gew. Teile
Benzol	50 Gew. Teile
Wasser	5 Gew. Teile
und	
Dichloräthan	50 Gew. Teile
Alkohol 95%, denaturiert	50 Gew. Teile

Undurchlässigmachen von Geweben: Durch Dublieren von Geweben mit kleinen Blättchen plastifizierten Rhovinals F oder durch Überziehen mit Rhovinal-Lösungen in Dichloräthan-Alkohol mit einem Zusatz von 35—40% Weichmacher erhält man undurchlässige Gewebe. Solche Gewebe zeichnen sich durch ihre Geschmeidigkeit aus, die sie sogar noch bei Temperaturen gegen —15° C beibehalten. Sie werden nicht rissig, selbst nach längerem Gebrauch.

Die Polystyrolverbindungen[1]).

Styrol ist ein Kohlenwasserstoff mit einem Benzolring und einer Äthylengruppe. Styrol und seine Derivate kommen in gewissen natürlichen Harzen vor, wie im Storax, einem wohlriechenden Balsam, der von Liquidambar orientalis, einem harzhaltigen Baum Indiens, geliefert wird. Ferner kann Styrol auch aus dem Steinkohlenteer gewonnen werden.

Diese Kohlenwasserstoffe besitzen die allgemeine Formel

$$C_nH_{2n-8}$$

wobei in dieser homologen Reihe der erste Vertreter das Styrol, Phenyläthen, Cinnamen oder Vinylbenzol ist.

$$\langle\!\!\!\!\!\!\!\bigcirc\!\!\!\!\rangle\!-CH=CH_2$$

Styrol ist eine bei 146° C siedende Flüssigkeit. Es polymerisiert sehr leicht unter Harzbildung (siehe Staudinger und Breusch, Ber. 1929, S. 450). Geht man von α-Methylstyrol

$$\langle\!\!\!\!\!\!\!\bigcirc\!\!\!\!\rangle\!-\underset{\underset{CH_3}{|}}{C}=CH_2$$

aus, so bildet sich unter Einwirkung von Zinntetrachlorid ein Distyrol, welches einen Vierring besitzt.

Von den Arbeiten über den Mechanismus der Polymerisation haben sicherlich die meisten das Polystyrol zum Gegenstand (ein grosser Teil der 250 Mitteilungen von H. Staudinger). Dies lässt sich durch die leichte Durchführung dieser Reaktion erklären, die bereits bei gewöhnlicher Temperatur vor sich geht, aber auch noch bei 200° C eine leicht messbare Reaktionsgeschwindigkeit hat. Ferner ist dies auch noch darauf zurückzuführen, dass bei der Umkehrreaktion das Monomer in genügender Ausbeute (70—80%) wiederum zurückgewonnen werden kann. Auf Grund dieser Tatsache hat die Société Naugatuck im *franz. P. 595.087* eine Extraktionsmethode schützen lassen, die von Ölgasteer ausgeht.

---

[1]) G. Roy, La fabrication des polystyrolènes (Die Herstellung von Polystyrolen), 1939.

Simon[1]) hat im Jahre 1831 gleichzeitig das Styrol und das Polystyrol entdeckt; aber Kronstein kommt das Verdienst zu, im Jahre 1901 im *D.R.P. 170.788* die Möglichkeit erwähnt zu haben, dieses Polymerisationsprodukt als Kunstharz zu verwenden. Ferner sei diesbezüglich auch noch das *franz. P. 459.134*, 1911, von Matthews erwähnt. Schliesslich gelangte dieses Produkt unter dem Namen Victron in den Handel. Die Herstellerfirma war die Société Naugatuck und die entsprechenden Patente das *franz. P. 597.842* und das *amer. P. 683.407*, 1924.

Es handelt sich also, wenigstens auf den ersten Blick, um ein schon sehr lange bekanntes Produkt. Da zudem die Polymerisation selbst in Abwesenheit von Katalysatoren, ja sogar selbst in Gegenwart von oxydationshemmenden Mitteln (Alterungsschutzmittel) vor sich geht, wenn man ohne Luftzutritt arbeitet[2]), könnte es den Anschein haben, als ob keinerlei Schwierigkeiten bei der Herstellung von Polystyrol auftreten würden.

Die Qualitäten dieses Kunstharzes, das den Kunststoffverarbeitern zur Verfügung gestellt wurde, wurden allmählich verbessert. So kann man aus dem gleichen, chemisch reinen Styrol eine ganze Reihe von Polymerisaten mit sehr verschiedenen Eigenschaften erhalten.

Styrol kann nach mehreren Methoden hergestellt werden, und zwar hauptsächlich durch Dehydratation von Phenyläthylalkohol über Ätzkali[3]) oder durch Dehydratation von Methylphenylkarbinol mit Hilfe von Phosphorsäure[4]). Durch Kracken oberhalb von 600° C lässt sich nach *amer. P. 1.541.175*, 1924, von Ostromilensky-Naugatuck auch Äthylenbenzol durch Dehydrierung in Styrol überführen. Ein anderes Verfahren beruht auf der Chlorierung von Äthylbenzol zu einer Mischung von 90% Methylphenylkarbinylchlorid und 10% Phenetylchlorid und nachträgliche Spaltung dieser Chloride in Salzsäure und Styrol durch Wärmeeinwirkung nach *amer. P. 687.903*, 1929, von Naugatuck oder katalytisch in Gegenwart von Chinolin bei Temperaturen gegen 200° C nach *franz. P. 695.575* von Naugatuck.

Äthylbenzol, die Grundsubstanz für sämtliche oben erwähnten Verfahren, wird in guter Ausbeute durch Anlagerung von Äthylen an Benzol in Gegenwart von Aluminiumchlorid erhalten. S. Natelson[5]) hat die Reaktionsbedingungen für diese Anlagerung näher beschrieben. Ein anderes Verfahren beruht auf einer Kondensation zwischen

---

[1]) Liebigs Ann. 1831, *31*, S. 265.
[2]) Breitenbach, Springer und Horeischy, Ber. *71*, S. 1438.
[3]) Sabetay, Bull. Soc. Chim. France *45*, S. 69.
[4]) Klages und Allendorf, Ber. *31*, S. 1298.
[5]) Ind. Eng. Chem. *25*, S. 1391.

Äthylenchlorid und Benzol, einer Reaktion, die von Salkind, Berkowitsch und Amussin[1]) bearbeitet wurde.

Reines Äthylbenzol schmilzt bei -94^0 C und weist einen Siedepunkt von 136^0 C bei 760 mm Hg auf. Bei 25^0 C beträgt seine Viskosität 6,07 Centipoise. Um die kleinen Mengen Polyäthylbenzol, die sich gleichzeitig bilden, zu entfernen, muss es mit grosser Sorgfalt rektifiziert werden.

Styrol erhält man mehr oder weniger rein nach den bereits genannten Methoden, von denen die Dehydratation des Phenyläthylalkohols nach Sabetay[2]) die beste ist. Aber eine sorgfältige Destillation erlaubt auch nach den andern Methoden die Herstellung eines sehr reinen Produkts.

Styrol lässt sich durch die folgenden Daten charakterisieren:

Siedepunkt bei 760 mm Hg . . . . 146^0 C
(in Abwesenheit von Peroxyden polymerisieren bei dieser Temperatur innert einer halben Stunde ungefähr 15%)
Siedepunkt bei 14 mm Hg . . . . 40^0 C
Schmelzpunkt . . . . $-30,5^0$ C
Viskosität bei 25^0 C . . . .   1,109 Centipoise
Dichte bei 15^0 C . . . .   0,9104 g/cm^3

Bei der technischen Herstellung erfolgt die Reinigung durch Destillation im Vakuum bei einer Temperatur, bei der die Polymerisation nur 1—2% innert 24 Stunden beträgt, d. h. ungefähr bei 60^0 C bei einem Druck von 50 mm Hg.

Es scheint nicht möglich zu sein, die Polymerisation des Styrols selbst bei gewöhnlicher Temperatur völlig zu verhindern. Sauerstoff oder seine Derivate, Peroxyde, Ozon, Ozonide usw. sind für die Polymerisation wirksame Katalysatoren. Es lassen sich beträchtliche Unterschiede in der Polymerisationsgeschwindigkeit feststellen, je nachdem wie weit es einem gelingt, den gelösten oder chemisch gebundenen Sauerstoff fernzuhalten. Auch in Gegenwart von Hydrochinon wird nur in Abwesenheit von Sauerstoff eine konstante Polymerisationsgeschwindigkeit erhalten, wie kürzlich Breitenbach, Springer und Horeischy[3]) zeigen konnten. Durch die Erfahrungen in der Industrie scheint jedoch gut bewiesen und belegt zu sein, dass Styrol auch ohne irgendeine Spur eines Katalysators zu polymerisieren vermag. Die von Breitenbach beobachtete Polymerisationsgeschwindigkeit unter diesen Bedingungen ergibt bei 100^0 C in der Stunde einen Umsatz von 2%.

Für die Reaktion wurde eine grosse Anzahl von Polymerisationskatalysatoren vorgeschlagen, so z. B. die Alkalimetalle[4]), Säuren, wie

---

[1]) Plast. Massy No. 1, S. 14.
[2]) Bull. Soc. Chim. France *45*, S. 69.
[3]) Ber. *71*, S. 1338.
[4]) Schlenk, Ber. *47*, S. 473.

Flußsäure *(D.R.P. 524.220)*, Metallhalogenide[1]) und die Halogene[2]) sowie Licht. Von diesen Katalysatoren sei besonders das Zinntetrachlorid erwähnt, mit welchem Staudinger theoretisch interessante Resultate erhielt[3]).

Es gibt aber auch negative Katalysatoren, wie z. B. Schwefel, Chinon, Pyrogallol und Hydrochinon. Aber aus den bereits angeführten Arbeiten von Breitenbach und seinen Mitarbeitern geht hervor, dass diese negative Wirkung weder vollständig noch von äussern Umständen (Sauerstoff) unabhängig, noch zeitlich konstant ist.

In der Praxis ist der einzige, oft unfreiwillig verwendete Katalysator der Sauerstoff, und zwar sowohl in gelöster als auch in gebundener Form (Peroxyde). In kleinen Mengen ist seine Wirkung nicht besonders stark, geht jedoch deutlich der Konzentration proportional.

Die bei der Polymerisation von Styrol auftretende Wärme ist sehr schwierig zu bestimmen. Dennoch folgert P.-J. Flory[4]) auf Grund von Resultaten des Bureau of Standards, dass sie um 20 kal. pro Gramm-Molekül beträgt. Sie entspricht einer bedeutenden Verdichtung, da die Dichte von 0,907 beim Monomeren auf 1,05 als Mittelwert für die Dichte des völlig polymerisierten Produkts zunimmt.

Wie bereits erwähnt, hängt die Polymerisationsgeschwindigkeit stark vom Katalysator ab. Diese Grösse wurde meist bei völliger Abwesenheit von Sauerstoff oder eines Katalysators bestimmt. So fanden Staudinger und Frost bei einer Polymerisation bei 100° C einen Umsatz von 2% in der Stunde, der während der ersten 24 Stunden gleich blieb. Die gleiche Geschwindigkeit fanden auch Breitenbach, Springer und Horeischy für diese Temperatur und ebenfalls unter Sauerstoffausschluss. Nach Staudinger und Frost bleibt die Geschwindigkeit während der ganzen Polymerisation praktisch konstant. Dies trifft jedoch nicht für die industriell durchgeführten Reaktionen zu, da hier immer mehr oder weniger Sauerstoff vorhanden ist und die Peroxyde sich während der Reaktion zersetzen. P.-J. Flory nimmt an, dass die Zunahme der Geschwindigkeit in Abhängigkeit der Temperatur im Mittel 1,3 für eine Temperaturdifferenz von 10° beträgt.

Die eingehenden Studien von Staudinger (250 Publikationen bis jetzt) vermochten diese Frage zu klären, indem gezeigt werden konnte, dass eine Unmenge von Polystyrolen existieren, die alle mehr oder weniger löslich sind ineinander oder auch im Monomeren. Dies führt

---

[1]) Boeseken, Rev. Trav. Chim. Holland *34*, S. 265.

[2]) Berthelot, Bull. Soc. Chim. France *6*, Nr. 2, S. 296.

[3]) Ber. *62*, S. 260.

[4]) J. Amer. Chem. Soc. *59*, S. 241.

dann dazu, dass man meistens ein homogenes Gemisch erhält, welches fest ist, wenn das Monomere völlig fehlt. Es muss angenommen werden, dass sich dieses Gemisch nicht in seine Komponenten zerlegen lässt.

Ein Kunstharz, welches durch Polymerisation von Styrol erhalten wird, wurde von Rhône-Poulenc unter dem Namen Polystyrol F auf den Markt gebracht[1]). Dieses Produkt weist hydrophobe Eigenschaften auf. Es ist in Kohlenwasserstoffen, chlorierten Kohlenwasserstoffen und Estern löslich, löst sich jedoch nicht in Alkoholen, Glykolen und Ketonen.

Polystyrol F bleibt unbeschränkte Zeit thermoplastisch, ist völlig geruchlos, farblos und durchscheinend. Es hat einen Brechungsindex von 1,66. Dieses Kunstharz ist äusserst durchlässig für ultraviolette Strahlen, so dass es sämtliche Strahlungen des Sonnenlichtes durchlässt.

Polystyrol F weist nur ein geringes spezifisches Gewicht auf, nämlich 1,05. Es ist daher eines der spezifisch leichtesten Kunstharze, die bis heute bekannt sind. Anderseits besitzt dieses Kunstharz eine Härte in der Grössenordnung der Härte von Gummilack.

Im Temperaturbereich von 80 bis 130⁰ C besitzt Polystyrol F eine Elastizität, die eher der des Kautschuks als jener von Harzen entspricht. Wie Kautschuk, lässt es sich auch strecken und dadurch in einen gewissermassen eingefrorenen elastischen Zustand überführen. Die Elastizität tritt erst gegen 80 bis 90⁰ auf, doch lässt sich durch Weichmacherzusatz diese Temperatur leicht herabsetzen.

Im Gegensatz zu Polyvinylchlorid vermag die Wärme Polystyrol von etwa 80⁰ C an nur zu Erweichen, ohne dass dabei eine Zersetzung eintritt. Hierauf wird es bei Temperaturen zwischen 130 und 180⁰ immer flüssiger. Erst etwa in der Gegend von 290⁰ C erfolgt eine Aufspaltung, die dann bedeutende Mengen Styrol, einen leicht brennbaren Benzolkohlenwasserstoff mit einem Siedepunkt von 146⁰ C, in Freiheit setzt. Aus diesem Grunde brennt Polystyrol F mit einer gewissen Leichtigkeit mit russender Flamme, obschon es beständig ist gegen relativ hohe Temperaturen.

Polystyrol F ist löslich in Benzol, Toluol und Xylol, den chlorierten Kohlenwasserstoffen wie Methylenchlorid, Cyclohexanon, Äthylazetat und Butylazetat. Polystyrol ist anderseits unlöslich in Alkoholen wie Äthyl- und Butylalkohol, den Polyalkoholen wie Glykol und Glyzerin, Azeton, den Glykoläthern, den Petrolderivaten. Immerhin vermag es in einigen dieser Lösungsmittel zu quellen.

Als Weichmacher verträgt Polystyrol F in jeglichem Verhältnis Phenylphtalat, Butylphtalat, Triphenylphosphat, Trikresylphosphat und Tributylphosphat.

---

[1]) Andere Marken: Stynon, Styroflex (I. G.); Distren (I.C.I.); Styron (Dow Chem. Co.); Lustron (Du Pont).

Bezüglich der Mischbarkeit mit andern Harzen oder Kunststoffen ist Polystyrol F mit chlorierten Diphenyl- und Naphtalinderivaten, Kumaronharzen, Estergummen und Dammargummi verträglich. Anderseits verträgt es sich nicht mit Zelluloseestern oder -äthern, besonders nicht mit Zelluloseazetat oder Nitrozellulose. Auch mit Chlorkautschuk oder Rhodopas (Vinylharz) lässt es sich nicht mischen.

Die folgende Tabelle gibt nochmals Auskunft über die Löslichkeit von Polystyrol F:

Methylazetat	O		Petroläther	O
Äthylazetat	+		Terpentinöl	+
Butylazetat	+		Dichloräthan	+
Amylazetat	+		Perchloräthylen	+
Benzylazetat	+		Trichloräthylen	+
Zyklohexylazetat	+		Methylenchlorid	+
Alkohol 95%	O		Tetrachlorkohlenstoff	+
Methylalkohol	O		Schwefelkohlenstoff	+
Isopropylalkohol	O		Monochlorbenzol	+
Butylalkohol	O		Dioxan	+
Amylalkohol	O		Zyklohexanol	O
Benzylalkohol	+		Zyklohexanon	+
Azeton	O		Äthylenglykol	O
Diäthyläther	O		Äthyllaktat	O
Benzol	+		Butyllaktat	O
Toluol	+		Methylphtalat	+
Xylol	+		Butylphtalat	+
Öle	O			

+ = löslich　　　O = unlöslich.

Polystyrol F findet für die Herstellung sehr lichtbeständiger und gut ultraviolettes Licht durchlässiger Lacke Verwendung. Ferner lassen sich damit alkoholbeständige Lacke herstellen. Wegen seiner bedeutenden dielektrischen Eigenschaften, der guten Wasserbeständigkeit und Feuchtigkeitbeständigkeit und der vollkommenen Hitzefestigkeit werden daraus auch Lacke für die elektrische Industrie fabriziert.

Gemäss dem *amer. P. 2.533.635* und *franz. P. 936.219* (Monsanto)[1] wird eine Lösung oder eine Dispersion des Styrol-maleinsäureanhydridkopolymerisats, die noch kleine Mengen von Divinylbenzol enthält, als Appreturmittel für Streich- und permanente Appreturen verwendet.

Das Natriumsalz des Polymerisats kann durch Waschen entfernt werden; das Ammoniumsalz dagegen bleibt auf der Faser fixiert und kann für permanente Appreturen in Frage kommen.

---

[1] Teintex 1948, S. 375; Amer. Dyest. Rep. 1951, S. 280.

b) Die Polyakrylharze[1]).

Die Akrylsäure ist eine farblose Flüssigkeit von stechendem Geruch, die sich sehr leicht zu einer durchscheinenden und ausserordentlich elastischen Masse polymerisieren lässt. Ihr kommt die folgende Formel zu:

$$CH_2{=}CH{-}COOH$$

Die Alkalisalze der Polyakrylsäure sowie das Ammoniumsalz

$$\left[\begin{array}{cc} -CH_2-CH-CH_2-CH- \\ \\ COONa \qquad COONa \end{array}\right]_n \qquad\qquad \left[\begin{array}{c} -CH_2-CH- \\ | \\ COONH_4 \end{array}\right]_n$$

befinden sich im Handel unter der Bezeichnung

Appretan P	I. G. Farbenindustrie
Plexileim	Röhm & Haas
Latecoll	I. G. Farbenindustrie (Ammoniumsalz)
Collacral	I. G. Farbenindustrie (Ammoniumsalz)
Appretan C neu . . .	B.A.S.F.
Fixapret C neu . . .	B.A.S.F.
Perapret AX 25 und 45	B.A.S.F.
Appretan AX 45 . . .	B.A.S.F.

Sie werden insbesondere als Schlicht-, Appretur- und Verdickungsmittel für Kunststoffdispersionen bei Streichappreturen verwendet.

Die Entwicklungsgeschichte der Akryl- und Methakrylpolymerisate reicht weit zurück. So untersuchte bereits 1901 O. Röhm in seiner Dissertation über die Polymerisationsprodukte der Akrylsäure die Akrylharze.

In jahrelanger Forschungsarbeit entwickelte dann die Firma Röhm & Haas AG. in Darmstadt Herstellungsverfahren für hochmolekulare, technisch verwendbare Produkte, die dann unter dem Namen Plextol[2]) in den Handel gelangten. Den Plextolen von Röhm & Haas entsprechen die Acronale und gewisse Appretanmarken der I.G. Farbenindustrie. Die Acronale gelangen in gelöster Form (Acronal L) oder als wässerige Dispersionen (Acronal D) auf den Markt.

---

[1]) Wie auch bei den Vinylharzen werden die Polyakrylharze in Lösung als Aufstrich oder als Emulsion verwendet. *Amer. P. 2.307.876*, 1943; *brit. P. 547.158.* Weit häufiger sind polymerisierte Akrylverbindungen in Emulsionsform anzutreffen. *Amer. P. 2.244.703, 2.244.704, 2.270.024*, 1942, *2.406.454*, 1946, *2.407.107; brit. P. 568.884; franz. P. 904.199.* Katalysatoren: Bei der Polymerisation von Vinyl- oder Akrylderivaten wird meistens Benzoylperoxyd als Katalysator gebraucht. Folgende Patente empfehlen noch weitere Katalysatoren: *Amer. P. 2.414.769*, 1947; *D.R.P. 748.690, 748.842* und *749.091; amer. P. 2.319.576.*

[2]) Literatur: Würth, Chem. Ztg. 1936, S. 1001; Walter, Die Verwendung von Kunststoffen in der Textilindustrie, Zellwolle, Kunstseide, Seide 1941, S. 514; Walter, Plextol in der Textilindustrie, Mell. 1937, S. 652; Schwen, Kunststoffe in der Textilindustrie, Mell. 1942, S. 25; Houwink, Chemie und Technologie der Kunststoffe, Bd. 2, S. 119; E. Tromsdorff, Die Akrylharze, Kunststoffe 1937, März; siehe ferner eine Übersichtsarbeit über diese Produkte im Amer. Dyest. Rep. 1938, S. 688; Wengraf's Ber. 1939, Januar, S. 31.

Acronal L 100 = Appretan A, entspricht 25% Polyakrylsäure;
Acronal L spez., Lucrylan L 100, Corialgrund entspricht einem
   Polyakrylsäuremethylester;
Acronal L 100 konz. entspricht 40% Polyakrylsäuremethylester;
Acronal L 200, Lucrylan L 200, Appretan Z, Corialgrund A
   konz. entsprechen 25% Polyakrylsäureäthylester;
Acronal L 200 konz. entspricht 40% Polyakrylsäureäthylester;
Appretan S und AX (I. G. Farbenindustrie) Mischpolymerisate,
   Polyakrylsäureester und Polymethakrylsäureester[1]).

Die Plexigum-Marken der Firma Röhm & Haas (K. Walter, Plextol in der Textilindustrie, Mell. 1937, S. 652) sind Polymerisationsprodukte der Akrylsäure oder der Methakrylsäure oder deren Derivate. Als Derivate kommen dabei in erster Linie die Ester in Frage. Diese Produkte gelangen dann in Form ihrer wässerigen Emulsionen oder in organischen Lösungsmitteln gelöst in den Handel. Der Name Plextol (Röhm & Haas) wird nur noch für wässerige Dispersionen angewendet. Die Lösungen in organischen Lösungsmitteln haben die Bezeichnung Plexigum KP erhalten. Diese Produkte werden als Appreturmittel für waschechte Appreturen vorgeschlagen. Man erreicht mit Polyakrylsäureestern und Polymethakrylsäureestern eine viel bessere Waschechtheit als mit Polyvinylderivaten (Polyvinylchlorid und -azetat).

E. Trommsdorff beschreibt in seiner Arbeit über die Akrylharze in Kunststoffe 1937, Märzheft, die Herstellungsverfahren für diese Kunstharze. Die Akrylharze werden in zwei, auf ganz verschiedenen Arbeitsweisen beruhenden und getrennten Arbeitsgängen erhalten.

Das wichtigste Verfahren, welches zu den Akrylestern führt, geht von Äthylen aus, welches zunächst in Äthylenoxyd übergeführt wird. Hierauf wird Blausäure angelagert, wodurch man zum Äthylencyanhydrin gelangt. Durch Wasserabspaltung erhält man dann aus Äthylencyanhydrin Akrylsäure. Eine nachträgliche Veresterung führt zum Schluss zum entsprechenden Akrylsäureester.

Akrylsäure wird aus Äthylen über Glykolchlorhydrin durch Behandeln mit Alkalicyaniden bei Kochtemperatur oder durch Anlagerung von Blausäuregas an Äthylenoxyd gewonnen.

$$
\begin{array}{ccccc}
CH_2 & CH_2 & CH_2{-}OH & CH_2{-}OH & CH_2{-}OH \\
\| \;\longrightarrow & \text{\textbackslash}O\; \longrightarrow & | \;\longrightarrow & | \;\xrightarrow{KCN} & | \quad + KCl \\
CH_2 & CH_2 & CH_2{-}OH & CH_2{-}Cl & CH_2{-}CN \\
& & & & \text{Äthylencyanhydrin}
\end{array}
$$

$$
\begin{array}{ccccc}
& CH_2{-}OH & & CH_2{-}OH & \\
\xrightarrow[H_2O]{NaOH} & | & \xrightarrow{H_2SO_4} & | & \xrightarrow{-H_2O} \quad CH_2{=}CH{-}COOH \\
& CH_2{-}COONa & & CH_2{-}COOH & \\
& & & \text{Hydroakrylsäure} & \qquad \text{Akrylsäure}
\end{array}
$$

---
[1]) Jetzt Perapret AX 45 und Texapret S der B.A.S.F.

Ein bekanntes Verfahren zur Herstellung von Methakrylsäure-derivaten geht von Azeton aus, das durch Blausäureanlagerung, Wasserabspaltung, Verseifung, Veresterung in Methakrylsäure bzw. Methakrylsäureester übergeführt wird.

$$\underset{\text{Azeton}}{\overset{\displaystyle CH_3}{\underset{\displaystyle CH_3}{|}} C\!=\!O} \longrightarrow \underset{\text{Azetoncyanhydrin}}{\overset{CH_3}{\underset{CH_3}{|}} C\!\!<\!\!{}^{OH}_{CN}} \longrightarrow \underset{\text{Methakrylsäurenitril}}{\overset{CH_2}{\underset{CN}{|}} C\!-\!CH_3} \qquad \underset{\text{Methakrylsäure}}{\overset{CH_2}{\underset{COOH}{|}} C\!-\!CH_3}$$

Obwohl Vinylazetat ein Isomer des Akrylsäuremethylesters ist und sich von diesem nur wenig unterscheidet

$$\underset{\text{Vinylazetat}}{-CH_2\!=\!CH\!-\!O\!-\!CO\!-\!CH_3} \qquad \underset{\text{Akrylsäuremethylester}}{-CH_2\!=\!CH\!-\!C\!\!<\!\!{}^{O}_{O-CH_3}}$$

sind die Polyakrylsäuremethylester bedeutend elastischer als die Polyvinylazetatharze[1]).

Die nach diesen Verfahren gewonnenen Monomeren sind wasserhelle, tief siedende Flüssigkeiten mit einem charakteristischen, bei den Akrylestern etwas unangenehmen Geruch. Durch Polymerisation lassen sich daraus Harze von sehr hohem Molekulargewicht herstellen.

Die Überführung der flüssigen monomeren Verbindungen in die festen polymeren Verbindungen stellt ein überaus schwieriges technisches Problem dar. Es bedurfte der Ausarbeitung ganz besonderer Methoden zur Lösung dieses Problems.

Die dünnflüssigen und leicht flüchtigen monomeren Verbindungen werden zunächst dickflüssig und mit fortschreitender Polymerisation gummiähnlich und unter gewissen Umständen schliesslich fest.

Die Polymerisation kommt durch Aneinanderlagerung der monomeren Moleküle und Verknüpfung der einzelnen Moleküle untereinander durch Absättigung der Doppelbindungen zustande. Für Akrylsäuremethylester ergibt sich dabei etwa folgende Reaktionsgleichung:

$$\overset{CH_2\!=\!CH}{\underset{COOCH_3}{|}} + \overset{CH_2\!=\!CH}{\underset{COOCH_3}{|}} + \overset{CH_2\!=\!CH}{\underset{COOCH_3}{|}} \longrightarrow$$

$$\overset{-CH_2\!-\!CH\!-}{\underset{COOCH_3}{|}}\!-\!\!-\!\!-\!\overset{CH_2\!-\!CH\!-}{\underset{COOCH_3}{|}}\!-\!\!-\!\!-\!\overset{CH_2\!-\!CH\!-}{\underset{COOCH_3}{|}} \qquad \begin{matrix}\text{Acronal (I. G.)}\\ \text{Methacrol (Du Pont)}\end{matrix}$$

---

[1]) Siehe R. Houwink, Chemie und Technologie der Kunststoffe, Bd. 2, S. 159; dieses Werk, Bd. 3, Kap. XV; ferner Chatard, Die Polyvinylverbindungen, Jahrbuch der ehemaligen Schüler der höhern Chemieschule Mülhausen, 1938.

Die Polymerisation des Methakrylsäuremethylesters führt zu folgendem linearen, nicht vulkanisierbaren Molekül:

$$-CH_2-\underset{\underset{COOCH_3}{|}}{\overset{\overset{CH_3}{|}}{C}}-CH_2-\underset{\underset{COOCH_3}{|}}{\overset{\overset{CH_3}{|}}{C}}-CH_2-\underset{\underset{COOCH_3}{|}}{\overset{\overset{CH_3}{|}}{C}}-CH_2-\underset{\underset{COOCH_3}{|}}{\overset{\overset{CH_3}{|}}{C}}-$$

Dicrylan C, L, WG der Ciba
Plextol (Röhm & Haas)
Plexigum (Röhm & Haas)
Diakon (I. C. I.)
Lucite (Du Pont)

Bei der Polymerisation werden sehr viele Grundmoleküle zu einem Makromolekül vereinigt. Es entstehen dabei Ketten von ungefähr der gleichen Grössenordnung wie bei der Zellulose (Staudinger).

Die folgenden Tabellen geben eine Übersicht über die Polymerisationsprodukte auf Akrylsäure- und Methakrylsäurebasis (Firma Röhm & Haas GmbH.) sowie über deren Löslichkeit in den verschiedenen organischen Lösungsmitteln[1]).

Plexigum.

Produkt	Plexigumgrundsorte	Lösungsmittel	Plexigumgehalt
Plexigum KP 592	Plexigum D	Ligroin	60%
Plexigum KP 89	Plexigum B	Essigester	30%
Plexigum KP 20	Plexigum A	Essigester	20%
Plexigum KP 550	Plexigum P	Lösungsbenzin	40%
Plexigum KP 421	Plexigum N	Xylol	40%
Plexigum KP 430	Plexigum M	Lösungsmittelgemisch, hauptsächlich Xylol	40%
Plexigum KP 601	Sondereinstellung	Lösungsmittelgemisch	27%
Plexigum KP 701	Mischpolymerisat	Spiritus	40%

Der Vorteil, den die Polyakrylsäureester gegenüber den Polyvinylazetaten aufweisen, liegt darin, dass sich die Härte der Polyakrylsäureester durch die Wahl des zur Veresterung verwendeten Alkohols einstellen lässt. Für die Herstellung verschieden weicher Filme ist daher kein Zusatz von Weichmachern nötig, da man über eine genügend grosse Anzahl von Polyakrylsäureestern verfügt, um die gewünschte Härte zu erhalten (Acronal 250—600 der I. G. Farbenindustrie, Plexigum D, B, A, P, N, M von Röhm & Haas). Bei Mowilith hingegen lässt sich die Härte nur durch Zusatz eines Weichmachers verändern.

---

[1]) Diese Tabellen sind dem Heft von Röhm & Haas, Plexigum und Plextol, Die Kunststoffe für die Textil- und Kunstlederindustrie, entnommen.

Löslichkeitseigenschaften der Plexigumgrundsorten.

Lösungsmittel	D	B	A	P	N	M
Azeton	+ s	+	+	+	+	+
Adronolazetat	−	+	+	+	+	+
Äthylazetat	+	+	+	+	+	+
Äthyläther	+	+	−	+	+	q
Äthylalkohol	−	±	−	q	±	−
Äthylenchlorid.	+	+	+	+	+	+
Äthylglykol	+	+	−	+	+ s	+ s
Amylazetat	+	+	+	+	+	+
Anon	+	+ s	±	+	+	+
Benzin	+	−	−	+	−	−
Benzol	+ s	+	+	+	+	+
Butanol.	+	±	−	+	q	−
Butoxyl	+	+	+	+	+	+ s
Butylazetat	+	+	+	+	+	+
Butylglykol	+	+	−	+	+ s	−
Byketol B und S.	+	+	−	+	+	−
Dekalin.	+	−	−	+	−	−
Diazetonalkohol	+	+	+	+	+	+
Dioxan	+	+	+	+	+	+
Dipenten	+	−	−	+	±	−
G. B. Ester	+	+	+	+	+	+
Hydroterpin.	+	−	−	+	q	−
Lösungsbenzol I und II	+ s	+	q	+	+	±
Lösungsmittel M4	+	+	−	+	+	−
Lösungsmittel O	+	+	+	+	+	+
Methanol	−	+	−	−	q	−
Methylazetat	+	+	+	+	+	+
Methyläthylketon	+	+	+	+	+	+
Methylanon	+	+ s	±	+	+	+ s
Methylenchlorid	+	+	+	+	+	+
Methylglykol	+	+	+ s	±	+ s	+ s
Milchsäureäthylester	−	+ s	+	+	+ s	+ s
Mineralöle.	q	−	−	q	−	−
Monochlorbenzol.	+	+	+	+	+	+
Polysolvan	+	+	+	+	+	+
Schwefelkohlenstoff	+	q	−	+	q	−
Sangajol	+ s	−	−	+	−	−
Terpentinöl	+	−	−	+	−	−
Tetrachlorkohlenstoff.	+ s	+	−	+	+	+
Tetralin.	+	+	−	+	+	−
Toluol	+	+	+ s	+	+	+
Xylol.	+	+	q	+	+	±

+ = löslich, + s = schwer löslich, ± = teilweise löslich, q = quillt, − = unlöslich.

Plextol.

Produkt	Grundsorte	Trockensubstanz	Lösungsmittel
Plextol D 40% . .	Plexigum D	40%	Wasser
Plextol B 40% . .	Plexigum B	40%	Wasser
Plextol BV 40% . .	Plexigum B	40%	Wasser
Plextol A 25% . .	Plexigum A	25%	Wasser
Plextol A 40% . .	Plexigum A	40%	Wasser
Plextol M 25% . .	Plexigum M	25%	Wasser
Plextol 189	Polymerisatmischung	ca. 48%	Wasser
Plextol 190	Polymerisatmischung	ca. 48%	Wasser
Plextol 191	Polymerisatmischung	ca. 48%	Wasser

Bei den Akrylsäure- und Methakrylsäurederivaten spielen die Ester des Methyl-, Äthyl- und Butylalkohols die grösste Rolle. Ferner sind noch besonders für Mischpolymerisate die Nitrile von Bedeutung.

Alle diese Produkte sind in reinem Zustande völlig glasklar und durchsichtig. So wird z. B. aus Polymethakrylsäuremethylester ein organisches Glas hergestellt, welches unter dem Namen Plexiglas (Röhm & Haas), Lucite (USA), Perpex (England) und Diakon (England) in den Handel gelangt.

Die Polymerisationsprodukte der Akryl- und Methakrylsäure geben zum Teil äusserst elastische Filme von bedeutender Säure- und Alkalifestigkeit. Sie eignen sich vorzüglich für permanente Appreturen, als Druckverdickungsmittel, speziell aber für das Fixieren von Pigmenten und Metallpulvern.

Die Plextole kommen in Form von wässerigen Emulsionen oder in organischen Lösungsmitteln gelöst in den Handel. Diese Produkte vermögen auf Geweben einen sehr elastischen Film zu bilden, der der Einwirkung von Säuren und Alkalien völlig widersteht. Diese Akrylharze haben für die Herstellung permanenter Appreturen sowie von Druckverdickungen, besonders zur Fixierung von Metallpulvern, grosse Bedeutung erlangt[1]).

Die Plextole besitzen in der Textilindustrie unbegrenzte Anwendungsmöglichkeiten. Sie werden für die Appretur von Kunstseide, Baumwolle, Leinen, Wolle sowie auch von Mischgeweben mit Erfolg angewendet.

Bedeutung haben die Plextole auch als Kaschiermasse an Stelle von Revertex erlangt.

Ferner besteht auch sehr oft die Möglichkeit, Gummi durch Plextole zu ersetzen. So werden eine grosse Menge von Spezial-

---

[1]) Neueste Fortschritte in der Anwendung der Farbstoffe, Bd. *3*, Kap. XII, 2. Auflage, Verlag Birkhäuser, Basel, 1949.

artikeln, wie ein- oder doppelseitig bestrichene Regenmantelstoffe, Schaflederersatz, Kunstleder und dgl. mit Plextolen hergestellt.

Für die Appretur von halbseidenen und kunstseidenen Futterstoffen werden je nach dem gewünschten Griff Plextol D 1 oder D 2 bzw. Plextol D 89 oder D 97 S verwendet. Man arbeitet dabei mit 20 bis 50 g/l Plextol, welches man für sich allein anwendet oder in Verbindung mit Leim oder Pflanzengummi, je nachdem wie der Griff der Ware ausfallen soll.

Die Divinyl-Polymerisationsprodukte.

Die einfachsten Verbindungen dieser Gruppe enthalten zwei Vinylgruppen, leiten sich also vom Butadien oder Divinyl ab.

$$CH_2{=}CH{-}CH{=}CH_2$$

Seit einigen Jahren werden diese Verbindungen in sehr grossen Mengen produziert und dienen hauptsächlich zur Herstellung von synthetischem Kautschuk. Die Polymerisation dieser Verbindungen erfolgt ziemlich langsam und führt entweder zu den reinen Polymerisaten, Buna 85 und 115, oder zu gelösten Polymeren, Buna N, oder schliesslich zu Emulsionen, Buna S, die dem Naturkautschuk sehr nahe kommen (siehe weiter unten, S. 174).

Die Kopolymerisate bewahren im allgemeinen die charakteristischen Eigenschaften der einzelnen Komponenten. Man unterscheidet Chlorid-Azetat-, Cholrid-Akrylat- und Vinyl-Maleinsäure-Kopolymerisate.

Anwendung der Polymerisatharze.

Das Anwendungsgebiet der Polymerisationsprodukte[1]) ist wesentlich umfangreicher als das von Kunststoffen einer anderen Zusammensetzung. Dies kommt in erster Linie daher, dass es möglich ist, durch Kombination verschiedener Monomerer bzw. Polymerer Mischpolymerisate bzw. Polymerisatmischungen zu erhalten, deren Härte dann je nach der Zusammensetzung von weichgummiartig bis glashart variiert werden kann. Ferner sind diese Produkte auspolymerisiert und liegen in einer Form vor, die ihre Anwendung in jedem Textilbetrieb für die verschiedensten Gebiete möglich macht.

Diese Polymerisationsprodukte gelangen in vier verschiedenen Formen in den Handel:

1. Feste Körper, wie z. B. Pulver, Brocken, Perlen, Folien.

2. Organische Lösungen in fast allen allgemein üblichen organischen Lösungsmitteln. Das hauptsächlich verwendete Lösungsmittel ist Essigester. Diese Lösungen sind alle fast durchwegs klar.

---

[1]) K. Walter, Zellwolle, Kunstseide, Seide 1941, Maiheft.

3. Wässerige Dispersionen. Diese Dispersionen sind dünnflüssig und meistens von milchigem Aussehen. Sie lassen sich mit Wasser in jedem Verhältnis verdünnen, worauf ihre einfache und beliebte Anwendung in der Textilindustrie beruht.

4. Wässerige Lösungen. Nähere Angaben über die Herstellung dieser Lösungen finden sich in Houwink, Chemie und Technologie der Kunststoffe, Leipzig 1939.

Interessante Ausführungen über die Verwendung von Polymerisaten verschiedenster Art bei der Herstellung von Kunstleder finden sich ferner noch in Kautschuk 1939, Heft 2 und in Klepzigs Textilzeitschrift 1938, Heft 46.

Zusammenfassend lässt sich über die einzelnen Polymerisatharztypen etwa folgendes sagen:

a) Polyvinylazetat und Polyvinylchlorid.

Aus diesen Produkten lassen sich fast glasklare und sehr harte Filme herstellen. Polyvinylazetatfilme sind verseifbar und quellen in Wasser, so dass ihrer praktischen Verwendung in der Textilindustrie gewisse Grenzen gesetzt sind.

Als Bindemittel für Füllkörper zur Herstellung von Streichmassen eignen sich diese Harze sehr gut. Polyvinylchloridfilme können unverseifbar und gegenüber Wasser quellfest hergestellt werden. Die aus Polyvinylazetat oder -chlorid hergestellten Filme sind allerdings etwas hart und erfordern daher einen Weichmacherzusatz, wie z. B. Trikresylphosphat, Dibutylphtalat, Palatinol O und dergleichen. Die Flüchtigkeit dieser Weichmacher wirkt sich jedoch ungünstig auf die Alterungsbeständigkeit dieser Harze aus.

b) Polyakrylsäure- und Polymethakrylsäureester.

Ein grosser Vorteil dieser Akrylharze besteht darin, dass es durch die Wahl des Esters möglich ist, ohne Mitverwendung eines Weichmachers Filme jeder gewünschten Härte herzustellen.

So ergibt Polyakrylsäureäthylester ein sehr weiches, hochelastisches Material. Diese Verbindung kommt z. B. unter dem Namen Plexigum B, der Grundsubstanz von Plextol D 2, in den Handel. Anderseits zeigt ein Film aus Polymethakrylsäuremethylester nahezu eine glasartige Härte. Als Beispiel für letztere Verbindung sei Plexiglas genannt.

Durch Mischen der einzelnen Polyakrylsäureester lassen sich nun sämtliche Variationen von weich bis hart erzielen.

Da diese Akrylharze keine Weichmacher enthalten, sind sie gut alterungsbeständig.

Zudem zeichnen sich Akrylharze noch durch die folgenden Eigenschaften aus:

1. Unlöslichkeit in Wasser und Ölen, teilweise auch gegen Treibstoffe beständig;

2. geschmack- und geruchlos, physiologische Unschädlichkeit;

3. Alterungs- und Lagerbeständigkeit;

4. farblos und lichtbeständig, auch bei Wärmeeinwirkung und gegen ultraviolette Strahlen;

5. gute Dehnung und Elastizität sowie vorzügliches Haftvermögen auf den verschiedenartigsten Unterlagen;

6. vielseitige chemische Widerstandsfähigkeit;

7. hohes Bindevermögen gegenüber Pigmenten aller Art.

In dieser Gruppe von Harzen nehmen Plexileim und Appretan P eine Sonderstellung ein. Diese Harze sind im Gegensatz zu den andern Produkten in Wasser leicht und vollständig löslich. Für die Textilindustrie hat vor allem Plexileim eine grosse Bedeutung erlangt. Da jedoch Plexileim, verglichen mit den andern Kunstharzen, vollständig aus dem Rahmen fällt, wird seine Verwendung am Schlusse dieses Kapitels gesondert behandelt.

c) Mischpolymerisate und Mischungen aus verschiedenen Polymerisaten.

Bereits im vorhergehenden Abschnitt wurden Mischungen verschiedener Polymerisate aus Akrylsäurederivaten erwähnt. Darüber hinaus werden heute ebenfalls Mischpolymerisate auf dieser Basis hergestellt. Es ist hier zu bemerken, dass es nicht gleichgültig ist, ob die fertigen Polymerisationsprodukte gemischt werden oder aber ob die monomeren Verbindungen gemischt und anschliessend gemeinsam polymerisiert werden.

Mischungen und Mischpolymerisate werden jedoch nicht nur aus gleichartigen Verbindungen hergestellt, sondern die einzelnen Komponenten können auch verschiedenen Gruppen angehören, wie z. B. Vinylazetat-Akrylat. Andere Ausgangsprodukte für den Aufbau solcher Mischungen oder Mischpolymerisate sind Akrylsäurenitril, Styrol u. a.

Die auf diese Weise aufgebauten Produkte zeigen alle ihre spezifischen Eigenschaften, lehnen sich aber im grossen und ganzen an die Vinylazetate und Akrylate an. So ist es z. B. einleuchtend, dass hartes Polyvinylazetat infolge Mitverwendung von weichen Akrylaten sich weitgehend erweichen lässt.

Um einen Überblick über die verschiedenen Eigenschaften bezüglich Härte und Griff zu geben, wurde in nachstehender Tabelle eine entsprechende Klassierung vorgenommen.

a) Dispersionen:

Plextol D 4 . . . . sehr weicher Griff

Plextol D 2 . . . . . . } weicher Griff
Acronal 200 . . . . . . }

Plextol D 1 . . . . . . }
Plextol D 189 . . . . . }
Plextol D 91 . . . . . . } mittelharter Griff
Acronal 100 . . . . . . }
Emulsion AEM . . . . . }

Plextol D 191 . . . . . }
Emulsion MV 1 . . . . } sehr harter Griff
Vinnapas . . . . }

Plextol D 114 . . . . . weicher Griff, Spezialmarke zum Verdicken geeignet.

b) Lösungen:

Plextol L 592. . . . . . sehr weicher Griff
Plextol L 89. . . . . . . weicher Griff
Plextol L 20 . . . . . . mittelharter Griff
Plextol L 550. . . . . . harter Griff
Plextol L 461. . . . . . sehr harter Griff

Durch eine geeignete Auswahl aus diesen Produkten oder Mischen verschiedener Harztypen ist es jedem Textilchemiker möglich, auf Grund einiger Vorversuche die für den vorgesehenen Zweck geeignetsten Produkte zu finden.

Diese Kunstharze besitzen, wie bereits erwähnt, mannigfaltige Anwendungsmöglichkeiten, so dass sich hier eine Unterteilung in einzelne Gebiete aufdrängt.

Kennzeichnend für alle Appreturen mit Kunststoffen dieser Art ist deren gute Waschbeständigkeit, eine Erhöhung der Biegefestigkeit usw., also im ganzen gesehen eine Gebrauchswertsteigerung. Diesbezügliches Zahlenmaterial findet sich in einer Abhandlung in Zellwolle, Kunstseide, Seide 1939, Heft 12 und 1940, Heft 5. Aus diesen Gründen wurden solche Appreturen sehr oft für Zellwollgewebe verwendet.

Bei den waschbeständigen Appreturen auf Zellwollgeweben für Kleiderstoffe, Schürzenstoffe, Trachtenstoffe und dergleichen kommt es vor allem darauf an, der Ware einen kräftigen und vollen Griff sowie ein Kretonne-ähnliches Aussehen zu verleihen.

Für Dirndl-Stoffe mit einem besonders edlen Griff kann dabei z. B. folgendes Rezept als Grundlage dienen:

$$\begin{array}{l} 100 \text{ g Plextol D 1} \\ 100 \text{ g Plextol D 2} \\ \underline{5 \text{ g Plexileim}} \\ \text{auf 1 Liter} \end{array}$$

Der Ansatz der Flotte erfolgt in der Weise, dass zuerst Plexileim in der erforderlichen Menge Wasser gelöst wird und erst dann der Plextol D 1 und D 2-Zusatz erfolgt. Plexileim hat hier lediglich die Rolle eines Stabilisators für die Plextolmarken D 1 und D 2 zu übernehmen. Der Griff der Appretur wird durch diesen Zusatz nicht beeinflusst.

Bei Schürzenstoffen wird im allgemeinen ein etwas härterer Griff verlangt, der aber anderseits auch ein wenig unedler sein darf. Es bewähren sich für solche Stoffe z. B. Appreturen folgender Zusammensetzung:

$$\begin{array}{l} 80 \text{ g Plextol D 189} \\ 20\text{—}40 \text{ g Plextol D 190} \\ \underline{\text{auf 1 Liter}} \end{array}$$

Die so erzielten Appreturen sind äusserst waschbeständig. Es findet infolge einer solchen Ausrüstung auch keine ungünstige Beeinflussung der Färbung oder des Drucks statt. Es werden im Gegenteil in den meisten Fällen die Farben noch lebhafter.

In einem sehr interessanten Aufsatz behandelt A. C. Nuessle von der Firma Röhm & Haas[1]) die Anwendung von Kunstharzen auf Textilien aus Zellulosefasern. Hiezu teilt er die in der Textilveredlung verwendeten Kunstharze in drei Klassen ein, nämlich

a) die thermoplastischen Kunstharze;

b) die in der Hitze härtbaren Kunstharze;

c) die mit dem Textilmaterial reagierenden Kunstharze.

Die unter a) genannten Kunstharze werden bereits vom Hersteller aus den monomeren Ausgangsprodukten fertig auspolymerisiert. Sie gelangen in Form von Lösungen oder Emulsionen in den Handel. Wegen der Grösse ihrer Moleküle vermögen sie nicht in die Fasern einzudringen, ergeben also nur oberflächliche Effekte. Sie dienen als Füll- und Steifappreturen. Diese Harze benötigen keine Härtung.

Die unter b) genannten Kunststoffe werden als monomere oder nur schwach vorkondensierte Verbindungen angewendet. Wegen der geringen Grösse ihrer Moleküle vermögen sie mehr oder weniger in die Faser einzudringen. Nach dem Imprägnieren mit der Kunstharzlösung

---

[1]) Canad. Text. Journ. *66*, S. 47 vom 23. Dezember 1949. Siehe auch Textil-Rdsch. 1951, *6*, S. 338.

werden die Fasern getrocknet und darauf einer Hitzebehandlung unterworfen, wobei dann die Kondensation zum unlöslichen Harz erfolgt. Es lassen sich damit vor allem Knitterecht- und Schrumpfechteffekte erzielen.

Die unter c) genannten Produkte erteilen dem Gewebe einen weichen Griff, weil sich kein Harz auf der Faseroberfläche niederschlägt. Sie werden hauptsächlich für die Stabilisierung angewandt.

Unter den thermoplastischen Kunstharzen werden die wasserlöslichen Typen als Zusatz zu Stärkeappreturen und als Schlichtemittel gebraucht. Die in organischen Lösungsmitteln gelösten Kunstharze dienen als Kaschiermittel und zur Erzeugung wasserbeständiger Streichappreturen. Die Emulsionen sind gute Appreturmittel, die nach der Aufbringung durch Erhitzen der Ware auf höhere Temperatur zwar nicht mehr weiterpolymerisiert werden, aber gewissermassen eingeschmolzen werden, so dass eine erneute Dispergierung nicht mehr möglich ist. Sie werden dadurch gewissermassen in einen waschbeständigen Zustand übergeführt.

Der Appreturfilm ist völlig klar und trübt die Färbung nicht (zum Unterschied von Stärke). Sie bedürfen keines Weichmachers, wenn eine geeignete Zusammensetzung gewählt wird. Gegen Sonnenlicht, Verbrennungsgase oder Alterung sind sie nicht empfindlich. Dem Ladungssinn ihrer Partikel nach sind diese Emulsionen Anionen und dürfen daher nicht zusammen mit kationaktiven Substanzen verwendet werden. Beim Trocknen der mit diesen Harzen imprägnierten Ware auf Trockenzylindern muss man die nötige Vorsicht walten lassen, da die Stücke zum Kleben neigen.

Neuerdings fabriziert Röhm & Haas auch ionenfreie Dispersionen, wie Rhoplex WN 75, die zusammen mit kationaktiven Weichmachern wie Ahcovel G verwendet werden können. Rhoplex SR gibt ein sehr sprödes Harz, welches sich zum Mattieren von Azetatseide eignet. Man imprägniert mit 40 g/l, quetscht nicht zu stark ab, rollt auf, lässt mindestens eine Stunde liegen und trocknet bei 115° C.

Rhoplex FRN ist ein gutes Appreturmittel für Viskose. Auf Nylon haftet es jedoch schlecht. Für letzteres wird Rhoplex WC 9 empfohlen.

Die Beschreibung der Anwendung von in der Hitze härtbaren Harzen bringt nichts Neues. Für Knitterfreiappreturen arbeitet man mit 300 g/l einer 30%igen Harnstoff-Formaldehydpaste, die unter dem Namen Rhonit 610 bekannt ist, und 7 g/l Katalysator D. Dann wird mit Voreilung auf dem Nadelrahmen getrocknet. Zum Schluss erfolgt eine Behandlung während 7 Minuten bei 140° C, während 3 Minuten bei 150° C und einer Minute bei 170° C. Dann wird bei 50—60° C noch ausgewaschen.

Zur Dimensionsstabilisierung verwendet man jedoch vorteilhafter andere Produkte. Hiezu wäre Formaldehyd am geeignetsten, doch ist es etwas zu leicht flüchtig und unsicher in der Anwendung. Es wird daher oft Glyoxal verwendet, welches jedoch in der Applikation heikel ist. Eine neue und sicherer anwendbare Substanz ist Rhonit R 1, welches als 50%ige Lösung in den Handel kommt. Es werden dabei 120 g Rhonit R 1 und 3 g Katalysator A auf einen Liter genommen. Der Arbeitsvorgang ist dabei der gleiche wie bei einer Knitterfestappretur mit dem Unterschied, dass die Ware bis und mit der Härtungsoperation unter Spannung gehalten werden muss. Hierauf wird dann spannungsfrei gewaschen und getrocknet. Es wird dabei gleichzeitig auch noch eine gewisse Knitterfreiheit erzielt, was bei einer Formaldehyd- oder Glyoxalbehandlung nicht der Fall ist.

Auch mit in der Hitze härtbaren Harzen lassen sich Oberflächeneffekte erreichen In diesem Fall verwendet man etwas weiter kondensierte Amidharze, z. B. Rhonit 313 oder 414, die einen kernigen Griff und eine beträchtliche Formfestigkeit erzeugen. Diese Harze müssen natürlich nachträglich noch gehärtet werden.

Ferner werden in dieser Arbeit vom Verfasser noch verschiedene kombinierte Anwendungen besprochen, wodurch sich z. B. eine Dimensionstabilisierung und ein guter Griff, Knitterfreiheit und ein guter Griff usw. erhalten lässt.

Eine andere interessante Kombination ist Rhonit 610 und Zelan AP. Ferner seien auch noch Kombinationen zwischen Kunstharzen und Weichmachern erwähnt.

Zum Schluss wird noch ein neueres Verfahren kurz gestreift, bei welchem ein Melaminharz kurz vor seiner Anwendung kondensiert wird und dann als kolloidale Lösung auf die Ware gebracht wird. Es lassen sich damit Steif- und Stabilisierungseffekte erzielen, wobei die Härtungstemperatur nicht höher als 105° C zu sein braucht.

Über die Verwendung saurer Kolloidlösungen von Kunstharzen in der Textilindustrie handelt ein Bericht der Rhode Island Section der A.A.T.C.C.[1]. Saure kolloide Lösungen in der Hitze härtbarer Harze haben mit den Emulsionen thermoplastischer Harze das eine gemeinsam, dass sie aus in Wasser dispergierten Teilchen bestehen. So zeigen denn auch Textilien, die mit solchen sauren Kolloidlösungen ausgerüstet wurden, charakteristische Merkmale beider Harztypen, der härtbaren und der thermoplastischen. Als Appreturmittel stellen sie etwas völlig Neues dar. Sie lagern sich an der Faseroberfläche ab und vermögen nicht in sie einzudringen, wie z. B. die Monomeren der Amidharze. Die Fasern lassen sich damit gut schrumpfecht ausrüsten, wobei jedoch kein Knitterfreieffekt erzielt wird. Es

---

[1] Am. Dyest. Rep. 1949, *38*, S. 842.

lässt sich damit eine Versteifung erzielen, ohne dass sich eine Versprödung der Fasern einstellt.

Während der mit thermoplastischen Harzemulsionen erzielte Steifeffekt oder kernige Griff nicht besonders waschbeständig ist, sind die mit kolloidalen sauren Harzlösungen erzeugten Effekte von aussergewöhnlicher Waschbeständigkeit. Bei ersteren wird die nur oberflächlich abgelagerte Schicht beim Waschen relativ leicht von der Faser abgelöst, während bei letzteren man annehmen muss, dass das Kunstharz in besonderer Weise mit der Faser eng verbunden ist. Es ist daher möglich, dass diese Art von Kunstharzen berufen sein wird, viele heute noch unerfüllte Wünsche der Ausrüstungsindustrie einer Verwirklichung näher zu bringen.

Nicht jedes Kunstharz vermag derartige Kolloidlösungen zu bilden. Ja selbst wenn es hiezu befähigt ist, so ist es nicht möglich, Lösungen mit jeder Säure und in jeder Konzentration herzustellen. In dieser Arbeit wurde das Verhalten folgender Harze geprüft: Aerotex Resin M-3 (methyliertes Trimethylolmelamin), Aerotex Resin 605 (Trimethylolmelamin), Aerotex Resin UM (Methylolmelamin), Resloom HP special (Methylolmelamin), Aerotex Resin 801 (Äther von Dimethylolharnstoff), Formaset SN (Methylolharnstoff), Formaset 10 D (Äthylenglykoläther von Dimethylolharnstoff) und Rhonit 470 (kationaktiver Methylolharnstoffsirup). Es wurden dabei verschiedene Konzentrationen bei einem Zusatz verschiedener Mengen Eisessig, Ameisensäure und Milchsäure herzustellen versucht und die Bedingungen studiert, unter denen sich solche kolloidale Lösungen zu bilden vermögen. Weiterhin wurden die als befriedigend beständig befundenen kolloidalen Lösungen auf ihre Verträglichkeit mit sauren Katalysatoren, Ammonsalzen, Alkkalien, Säuren, oberflächenaktiven Verbindungen und Appreturmitteln geprüft.

Die Haltbarkeit dieser Kolloidlösungen wurde ebenfalls auf Grund der Veränderungen der Viskosität, der Gelbildung, Trübung usw. bestimmt.

Ausser diesen mehr orientierenden Versuchen wurden auch Appreturversuche durchgeführt. Es zeigte sich dabei z. B., dass infolge einer Behandlung mit solchen sauren Kolloidlösungen, der nachfolgenden Trocknung und Härtung bei 110—165° C das Textilmaterial nichts von seiner Reissfestigkeit einbüsst. Waschversuche ergaben gegenüber gewöhnlichen Kunstharzappreturen eine viel bessere Erhaltung der Griffappretur und der Schrumpffestigkeit. Auch bezüglich der Scheuerfestigkeit wurden bessere Resultate erhalten. Anderseits erwies sich das Chlorzurückhaltevermögen als gleich stark wie bei den übrigen Kunstharzappreturen.

Die Höhe der Härtungstemperatur sowie die Dauer des Härtens weicht von den bei andern Kunstharzen üblichen Bedingungen kaum ab, doch scheint es möglich zu sein, eine befriedigende Härtung bei mit sauren Kolloidlösungen ausgerüsteten Textilien schon bei 110° C zu erzielen.

Interessant ist, dass durch Zusatz gewisser Weichmacher — versucht wurden Sterox Nr. 6, Rezyl XR 1223, Arquard 2 HT und Rhotex 200 — eine wirksame Erweichung erzielt werden kann, ohne dass dadurch die Waschbeständigkeit oder Schrumpfechtheit merklich beeinflusst würde.

Eine weitere Versuchsreihe bezog sich auf die Verwendbarkeit dieser Kunstharzlösungen zur Fixierung von Pigmenten. Auch hier wurden recht befriedigende Resultate erzielt. Weniger ermutigend waren Versuche zur Verbesserung der Licht- und Waschechtheit von Direktfärbungen. In den Fällen, wo sich eine Erhöhung der Waschbeständigkeit erzielen liess, nahm dafür die Lichtechtheit ab und wo diese erhalten blieb, wurde dafür auch keine Verbesserung der Waschechtheit beobachtet. Wenig oder gar keinen Einfluss hatten diese Harzlösungen auf Küpenfärbungen.

Polyamide.

Von Du Pont werden ebenfalls Polyamide als Appretur- und Schlichtemittel vorgeschlagen.

Nach den Angaben des *amer. P. 2.279.752*, 1942, von Du Pont kommen hiezu Polyamide in Betracht, die durch Kondensation von Phoronsäure

$$HOOC-C(CH_3)_2-CH_2-CO-CH_2-C(CH_3)_2-COOH$$

und Dekamethylendiamin hergestellt werden.

Die Kondensation erfolgt dabei in zwei Stufen, und zwar zuerst bei Atmosphärendruck und anschliessend unter vermindertem Druck.

Zu für Appreturzwecken geeigneten Emulsionen von Polyamiden gelangt man, wenn man das in einem mit Wasser nicht mischbaren Lösungsmittel gelöste Polyamid unter Rühren mit einer Mischung von Wasser und mehr als 50% eines oberhalb 100° C siedenden Alkohols (Benzylalkohol, Isobutylalkohol) versetzt. Das Ammonium- oder Natriumsalz des Kaseins dient dabei als Emulgator für das ausgefällte Polyamid.

Nach dem *franz. P. 867.508*, 1941, von Du Pont eignen sich für die Appretur von Geweben Polyamiddispersionen, die dadurch hergestellt wurden, dass man das Polyamid durch Zugabe von Nichtlösern aus seinen Lösungen feinst verteilt ausfällt, sammelt und in einem Nichtlösungsmittel dispergiert.

Kalle schlägt im *D.R.P. 718.530*, 1942, als Appreturmittel Superpolyamide vor, die aus Adipinsäure und Hexamethylendiamin oder ε-Aminokapronsäure oder dem entsprechenden Laktam durch Erhitzen mit einem Gemisch von Wasser und niedermolekularen Alkoholen erhalten werden.

Zellulosederivate.

Alkylierte oder arylierte Zellulosen.

Bereits Berthelot (Ann. Chim. Phys. 1860, *60*, S. 103) und Fischer (Ber. 1893, *26*, S. 2400) haben eine Alkylierung der Zellulose vorgeschlagen. Der Ersatz eines Wasserstoffatoms einer Hydroxylgruppe der Zellulose durch einen Alkylrest konnte jedoch erst viel später durch Suida (Monatshefte 1905, *26*, S. 413) verwirklicht werden. Leuchs[1]) erhielt Zelluloseäther durch Einwirkenlassen von Alkylhalogeniden auf Zellulosederivate.

Es kommt jedoch Lilienfeld[2]) das grosse Verdienst zu, als erster ein industrielles Herstellungsverfahren für verschiedene Zelluloseäther ausgearbeitet zu haben[3]).

Die Zelluloseäther, deren Herstellung einerseits 1912 durch Lilienfeld[2]) und andererseits durch Leuchs *(D.R.P. 385.186)* patentiert wurde, hatten einen bedeutenden Aufschwung zu verzeichnen. Sie haben für die Veredlung der Textilien eine grössere Bedeutung gewonnen als die Zelluloseester (Nitrozellulose, Azetatzellulose usw.). Sie sind sowohl als Verdickungsmittel als auch als Permanentappreturen von grossem Interesse. Es handelt sich hier um Alkylzellulosen, Derivate der durch Alkylreste von niederem Molekulargewicht der aliphatischen oder aromatisch-aliphatischen Reihe substituierten Zellulose[4]).

Je nach dem Alkylierungsgrade sind diese Körper in Wasser, Alkalien oder organischen Lösungsmitteln löslich[5]).

Man unterscheidet folglich drei Kategorien:

a) Alkalilösliche Derivate mittleren Alkylierungsgrades mit $\frac{1}{4}$ OCH$_3$-Rest auf 1 Zellul,serest: T y l o s e 4 S und SW, P a l o s t a n C und D der I.G. Farbenindustrie (Kalle), R h o d a p r e t S von Rhône-Poulenc, C e l l o f a s AF der Imp. Chem. Ind., C e g l i n der Sylvania Corp., A z a l o n D R 4 0 0.

b) Wasserlösliche Derivate mittleren Alkylierungsgrades: C o l l o - r e s i n D K der I.G. Farbenindustrie, T y l o s e SL, TWA, P a l o s t a n E

---

[1]) Leuchs, *D.R.P. 322.586* vom 26. Januar 1912.

[2]) Lilienfeld, Hauptpatent: *brit. P. 12.854*, 1912; *franz. P. 447.974* vom 17. Juli 1912.

[3]) Siehe auch *franz. P. 462.274* von Dreyfus; Denham und Woodhouse, J. Chem. Soc. *403*, S. 1735; Traill, J. Soc. Chem. Ind. 1934, S. 357.

[4]) Spönsel, Über einige nicht thermoplastische Schlicht- und Appreturmittel aus Zellulose, Mell. 1938, S. 738; Zelluloseäther und ihre Verwendung, Textil-Rdsch. 1948, *3*, S. 417.

[5]) Wallace Cohoe, Chemistry & Ind. 1937, Übersetzung in Tiba 1937, S. 621.

und F der I.G. Farbenindustrie, Hortol A und S von Böhme-Fett-chemie, Rhomellose O und S von Rhône-Poulenc, Cellofas WLD der Imp. Chem. Ind., Renose S der Ciba.

c) In organischen Lösungsmitteln lösliche Derivate hohen Alky-lierungsgrades: AT Zellulose, B, BZ-Zellulose der I.G. Farben-industrie, Tylose A von Kalle.

Unter der Bezeichnung von Tylose werden von Kalle A.G. Wies-baden-Bieberich vier Typen dargestellt.

Ia) Methylzellulose mit 1½ OCH_3 auf 1 Glukoserest.

Tylose S: Methylzellulose.
Das Produkt wird durch Einwirkung von Methyl-chlorid auf Alkalizellulose dargestellt und enthält 1½ OCH_3-Gruppen auf 1 Glukoserest.
Verwendung: Emulgiermittel, in der Schlichte und als Appreturmittel.

Ib) Methylzellulose mit ¼ OCH_3 auf 1 Glukoserest.

Tylose 4 S: Alkalilösliches Produkt.
Azalon DR 400: für Dauerappreturen.

II. Methyloxyäthylzellulose(Zell-$(OCH_3)(OC_2H_4OH)$)

Tylose SL: Wird durch Einwirkung von Äthylenoxyd und Methylchlorid auf Alkalizellulose erhalten. Das Pro-dukt enthält ¼ Oxyäthyl-OC_2H_4OH und 1½ OCH_3-Gruppen auf 1 Glukoserest.
Verwendung: Schlichtemittel.
Tylose TWA: Schlichtemittel.
Tylose KZ: Schlichtemittel.
Tylose SAP: Zum Ausschleifen der Seife.
Colloresin DK   und
Colleresin DKL: Verdickungsmittel für Druckfarben.
Glutolin: Klebemittel.
Glutofix: Klebemittel.

III. Zelluloseglykolsaures Natrium (Zell—OCH_2—COONa).

Tylose HBR: Rohprodukt, für Seifenpulver.
Tylose MGA: Rohprodukt, Schlichtemittel.
Tylose MGC: Gereinigtes Produkt, Appreturmittel, Verdickungs-mittel, Emulgiermittel.

Colloresin V: Darstellung durch Einwirkung von Natriumchlor-azetat auf Alkalizellulose, enthält 0,6—0,65 Glykol-säurerest auf 1 Glukoserest.
Tylose HB: Zusatz zu Seife.

IV. Zelluloseäthansulfonsaures Natrium (Zell—OC_2H_4—SO_3Na).

Tylose GS   erhalten durch Einwirkung von chloräthansulfon-
saurem Natrium auf Alkalizellulose.
Das Produkt ist wasserlöslich und wurde als Verdickungsmittel vorgeschlagen.

Methylzellulosen.

Die Methylzellulosen sind Methyläther der Zellulose. Unter den Zellulosederivaten nehmen sie einen speziellen Platz ein, da ihre Haupteigenschaft in ihrer Wasserlöslichkeit besteht. Es sind dabei die einen in reinem Wasser löslich, während die andern sich in Natronlauge lösen lassen. Sie besitzen die eigenartige Eigenschaft, in kaltem Wasser besser löslich zu sein als in warmem Wasser. Ja, gewisse Lösungen scheiden sogar in der Wärme wiederum Methylzellulose aus.

Anderseits lassen sich auch Methylzellulosen herstellen, die in bestimmten organischen Lösungsmitteln löslich sind. Dies sind sehr beständige, sich nicht verändernde und ungiftige Produkte. Sie besitzen ein vielfältiges Anwendungsgebiet, das noch täglich wächst. Die wasserlöslichen Methylzellulosen sind vor allem Ersatzprodukte für Gummi als verdickende und emulgierende Klebemittel. Die in Lauge löslichen Produkte dienen hauptsächlich für die Appretur von Textilien.

Das Zellulosemolekül wird durch eine regelmässige Aneinanderlagerung von Cellobioseeinheiten gebildet. Die Cellobiose ihrerseits kommt durch Zusammenschluss zweier Glukosereste zustande. Zellulose besitzt daher die Bruttoformel

$$(C_{12}H_{20}O_{10})n \text{ oder } (C_6H_{10}O_5)n$$

Jede Glukoseeinheit hat drei Hydroxylgruppen: $C_6H_7O_2(OH)_3$. Die methylierte Zellulose kann daher maximal drei Methoxygruppen je Glukoseeinheit besitzen. Dies ergäbe eine Trimethylzellulose

$$C_6H_7O_2(OCH_3)_3$$

mit einem Methoxylgehalt von $93/204 = 45,6\%$. Dimethylzellulose von der Formel

$$C_6H_8O_3(OCH_3)_2$$

hätte dann einen Methoxylindex von $62/190 = 32,6\%$ und Monomethylzellulose

$$C_6H_9O_4OCH_3$$

einen solchen von $31/176 = 17,6\%$.

Der Methoxylindex erlaubt eine einfache Klassierung der Methylzellulosen und ihrer verschiedenen Löslichkeiten. Es muss jedoch bemerkt werden, dass die Methylierung der Zellulose keine Reaktion ist, die völlig gleichmässig verläuft, d. h. dass wenn man die Methylierung in einem bestimmten Zeitpunkt abbricht, so erhält man in der Reaktionsmasse Anteile mit höherm Methylierungsgrade und solche mit niederem Methylierungsgrade als dem Mittelwert entsprechen würde.

Nach steigendem Methoxylindex lassen sich die Methylzellulosen in drei Gruppen einteilen:

Die in mehr oder weniger stark konzentrierter Natronlauge löslichen Produkte;

die wasserlöslichen Produkte;

Produkte, die zuerst quellen und sich dann in organischen Lösungsmitteln lösen.

In der Praxis werden Methylzellulosen mit einem grössern Methoxylindex als 30 % kaum verwendet, und sie sollen daher im folgenden auch nicht behandelt werden.

Die in Alkalien löslichen, aber in Wasser unlöslichen Produkte besitzen einen Methoxylindex bis zu 13 %. Sie sind nur in 5—12 %iger Natronlauge löslich.

Im folgenden seien die unteren Grenzen der Laugenkonzentration in Gramm Natriumhydroxyd pro 100 cm³ Wasser angegeben, die noch die verschiedenen Methylzellulosen bei 20° C aufzulösen vermögen.

Methoxylindex in % . . .	1	2	5	8	10,6	11,7	13
g NaOH/100 cm³	8	6	2	0,75	0,35	0,15	0

Die Verbindungen mit einem Methoxylgehalt von 20—26 % (entsprechend 1,15 bis 1,55 Methoxylgruppen pro Glukoserest) sind in kaltem Wasser löslich (20° C). Sie lassen sich in kaltem Wasser besser in Lösung bringen. Ja, es kann sogar Eiswasser hiezu verwendet werden.

Diese Produkte sind jedoch in Kalkwasser nicht löslich und werden bei höheren Temperaturen koaguliert, lösen sich aber wieder leicht beim Abkühlen auf.

Methylzellulosen dieser Zusammensetzung werden in sehr grossem Maßstabe als Appreturmittel und als Druckverdickungen angewendet.

So wird z. B. von den Gen. Anil. Works in den *amer. P. 1.870.516* und *1.922.978* als Verdickungsmittel für Küpendruckfarben Methylzellulose empfohlen. Ein solches Verdickungsmittel auf Methylzellulosebasis stellt etwa das Colloresin DK dar.

Colloresin DK, anfänglich ein reiner Methyläther der Zellulose, ist jetzt ein gemischter Methyl-Oxyäthyläther der Zellulose. In der Kälte löst es sich in Wasser. Es besitzt eine gute Ausgiebigkeit. 40 bis 50 g der festen, zellstoffähnlichen Substanz geben pro kg Verdickung eine durchsichtige, farblose und ziemlich zügige Paste. Die Hauptverwendung in der Druckerei beruht auf der Eigenschaft, in der Hitze, etwas über 60° C, und durch fixe Alkalien, insbesondere

Karbonate sowie durch Rongalit C, basische und neutrale Metallsalze, besonders Sulfate, fällbar zu sein und dabei unlöslich zu werden.
Doch ist dieser Vorgang nur reversibel, d. h. die ausgefüllte Verdickung lässt sich in kaltem Wasser wiederum auflösen. Auch Gerb-
stoffe, Phenole, Nekal BX u. ä. können zu einer Gerinnung führen.

Eine sowohl in kaltem als auch in warmem Wasser lösliche Methylzellulose von ca. 15% Methoxylgehalt erhält man, indem man die
Natronzellulose zuerst in eine komplexe Kupfer-Zelluloseverbindung
überführt (Kupfersalze) und diese methyliert.

Je mehr man sich durch stärkere Methylierung der Trimethylzellulose nähert, desto mehr nimmt die Löslichkeit in Wasser ab und
in organischen Lösungsmitteln zu.

Die Trimethylzellulose ist gegen Wasser beständig und in organischen Lösungsmitteln leicht löslich.

Nach den meisten Autoren, die Trimethylzellulose herstellten
(45,6%), löst sich dieses Produkt in kaltem Wasser[1-4]. Andere erhielten hingegen eine unlösliche Trimethylzellulose [4,5]. Diese Frage ist
nicht ganz abgeklärt (siehe Worden[4]), und es ist möglich, dass bei
diesen stark methylierten Produkten auch der Abbau der Zellulose-
ketten die Löslichkeit stark beeinflusst [4-7].

Die in organischen Lösungsmitteln löslichen Methylzellulosen
haben einen Methoxylgehalt über 22—23%.

Von 29—30% Methoxylgehalt an erhält man Produkte, die praktisch vollständig löslich sind. Methylzellulose ist übrigens in reinem
Alkohol sowie reinem Dichlormethan unlöslich. Auf diese Tatsache
wird dann noch später einmal zurückzukommen sein.

Trimethylzellulose ist in vielen organischen Lösungsmitteln löslich, wie z. B. Äthylazetat, Benzol, Chloroform und Pyridin. Sie ist
in der Kälte in aliphatischen Alkoholen unlöslich, löst sich jedoch in
einem Alkohol-Chloroform-Gemisch.

Die wässerigen Lösungen der hochmethylierten Produkte koagulieren in der Wärme. Eine 5%ige Lösung eines Produkts mit einem
Methoxylindex von 29,2% koaguliert bei 55—60° C. Bei einer Methylzellulose mit einer Methoxylzahl von 25% tritt die Koagulation bei
80° C ein. Verbindungen mit einer Methoxylzahl von 18—20% sind
auch in kochendem Wasser noch beständig.

In der Wärme koaguliert Trimethylzellulose[1,2,4]. Diese Ausschei-

---

[1]) Funk, Zur Kenntnis der Methylzellulose, Dissertation Berlin 1935 bei Jos. Rhoter.
[2]) Irvine und Hirst, J. Chem. Soc. *123*, S. 519.
[3]) Hess, Ann. Chem. *466*, S. 80.
[4]) Worden, Technology of Cellulose Ethers, Bd. *3*, Millbur., N. J. 1933.
[5]) Berl und Schupp, Zellulose-Chemie 1929, *10*, S. 41.
[6]) *Franz. P. 522.613* vom 18. August 1920.
[7]) Rock, Ind. Eng. Chem. 1937, *29*, S. 985.

dung durch warmes Wasser wird bei gewissen Verarbeitungsformen ausgenützt.

Die Lösungen der Verbindungen mit einer niedrigen Methoxylzahl in verdünnter Natronlauge trüben sich, wenn man einen Überschuss an Natronlauge von 36° Bé zufügt. Die wässerigen Lösungen der hochmethylierten Verbindungen lassen sich durch Natronlauge koagulieren. Zum Beispiel ergibt eine 2,5 %ige Lösung einer Methylzellulose mit der Methoxylzahl 27 % eine Ausscheidung, wenn man Natronlauge bis zu einer Konzentration von 15 bis 16 g Natriumhydroxyd pro 100 cm³ Lösung zugibt.

Cohoe[1]) hatte bereits in einem Vortrag vor dem Kongress der Gesellschaft für industrielle Chemie in New York darauf hingewiesen, dass die damals für Appreturen auf dem Markt erhältlichen Methylzellulosen (Methylzellulosen mit niedrigem Methoxylgehalt, wahrscheinlich gegen 5 %) in Natronlauge zwischen 5 und 12 % eine gute Löslichkeit besitzen. Verdünnt man weiter als auf 5 % oder erhöht man die Natronlaugekonzentration über 12 %, so tritt eine Ausfällung auf. Wie man sah, sind die untersuchten Produkte noch in einer Lauge von 2 g Natriumhydroxyd auf 100 cm³ Wasser löslich, wenn sie eine Methoxylzahl von 5 % aufweisen. Dies ist sehr wahrscheinlich auf ihre grosse Gleichmässigkeit zurückzuführen.

Herstellung von Methylzellulosen.

Die Patente von Lilienfeld[2]) und Leuchs[3]) bilden die Grundlage der noch heute durchgeführten Verfahren zur Herstellung von Methylzellulose. Die Zellulose wird in Gegenwart von Alkali methyliert, d. h. in der Praxis verwendet man hiezu Alkalizellulose, mit verschiedenen Methylierungsmitteln, wie Methylchlorid, -bromid, -jodid oder Dimethylsulfat. Wenn man mit Methylbromid vom Siedepunkt 21° C arbeitet, so benötigt man eine dichte Apparatur.

Um eine wasserlösliche Methylzellulose zu erhalten, muss man so lange methylieren, bis man eine Methoxylzahl von der Grössenordnung 23 % erreicht hat[4, 5]). Hiezu arbeitet man in der Gegend von 50° C mit einem grossen Überschuss an Methylierungsmittel und in konzentrierter Form, denn in einem verdünnten Milieu würde ein grosser Teil der methylierten Gruppen wieder verseift. Man arbeitet daher in einer Knetmaschine. Unterhalb 22—23 % Methoxylgehalt sind die Produkte nicht wasserlöslich, und zwischen 22 und 26 % erhält

[1]) Cohoe, Übersetzung in Tiba 1937, S. 621.
[2]) Lilienfeld, *franz. P. 447.974* vom 17. Juli 1912.
[3]) Leuchs, *franz. P. 522.613* vom 18. August 1920.
[4]) Rock, Ind. Eng. Chem. 1937, *29*, S. 985.
[5]) Traill, J. Soc. Chem. Ind. 1934, *53*, S. 537.

man Verbindungen, die in der Wärme koagulieren. Diese Angaben scheinen mit den bereits gemachten Angaben nicht übereinzustimmen. Eine diesbezügliche Erklärung soll jedoch etwas später noch gegeben werden. Es sei immerhin bemerkt, dass die Lösungen dieser Produkte nicht sehr homogen sind. Es bleibt eine ganz bedeutende Menge Unlösliches zurück, und hierin liegt bereits ein wichtiger Grund des oben angedeuteten Unterschieds.

In der Praxis legt man die Zellulose in einen genügend grossen Überschuss von Natronlauge ein, etwa 15% bis 30%, drückt die überschüssige Lösung aus und lässt das Methylierungsmittel in der Knetmaschine darauf einwirken. Darauf wird neutralisiert und, wenn die Verbindungen in warmem Wasser unlöslich sind, kann auch noch mit warmem Wasser gewaschen werden.

Auf dieses Verfahren nehmen zahlreiche Patente Bezug. Die I.G. Farbenindustrie hat vorgeschlagen, die Alkali-Zellulose in Form von Zelluloseblättern, die in Natronlauge eingelegt worden sind, mit Methylchloriddämpfen bei 5 Atm. und 70° zu behandeln[1]).

Traube[2-4]) geht von Kupferoxyd-Natrium-Zellulose nach Normann[5]) aus, die man erhält, wenn man Zellulose auf eine 15—20%ige Natronlauge in Gegenwart von Kupferoxyd oder eines Kupfersalzes einwirken lässt. Darauf wird die so erhaltene Kupferoxyd-Natrium-Zellulose in Gegenwart von Alkali mit irgendeinem Methylierungsmittel behandelt. Die Zellulosefasern quellen dabei in der Natronlauge in Gegenwart von Kupfer sehr stark.

Bock hat für die Firma Röhm & Haas ein Patent genommen (amer. P. 2.009.015), in welchem er ein neues Methylierungsverfahren für Zellulose schützen lässt. Die Zellulose wird in einer wässerigen Lösung von 35 bis 40% Trimethylbenzylammoniumhydroxyd gelöst. Hierauf wird in Gegenwart von Natriumhydroxyd z. B. mit Dimethylsulfat methyliert. Man arbeitet bei ungefähr 40° C. Dieses Verfahren hat den Vorteil sehr gleichmässig zu arbeiten. Am Ende der Reaktion wird die Methylzellulose gefällt, z. B. durch Ansäuern und Alkoholzugabe. Man erhält so wasserlösliche Methylzellulosen mit Methoxylzahlen unter 14%.

Die Äthylzellulosen zeigen ein ähnliches Verhalten wie die Methylzellulosen; sie sind aber allgemein in Wasser weniger löslich als die letzteren.

Die niedrigen Äthylierungsstufen sind nur in Alkali löslich, jedoch nicht in Wasser, die mittleren sind wasserlöslich, die höheren nur in organischen Lösungsmitteln.

---

[1]) *Franz. P. 639.150* vom 6. August 1927.
[2]) *D.R.P.* Anm. *T. 42.806* vom 21. Juli 1933.
[3]) Traube und Funk, Ber. *69*, S. 1483.
[4]) Funk, Zur Kenntnis der Methylzellulose, Diss. Berlin 1935, bei J. Rhoter.
[5]) Normann, Chem. Ztg. 1906, *1*, S. 584.

Diese Produkte haben jedoch bis jetzt keine wichtige Verwendung in der Textilindustrie gefunden.

Interessant sind die Diäthylzellulosen und Dibenzylzellulosen, welche sehr gute füllende Eigenschaften haben und als Emulsionen eine gewisse Verwendung in der Textilindustrie finden können.

Die Glykol- oder Oxyäthylzellulosen[1]).

Es handelt sich hier um einen Zelluloseäther mit einem zweiwertigen Alkohol, wobei nur eine Alkoholgruppe veräthert wird, also eine Verbindung der Formel

$$HO-CH_2-CH_2-O- \text{Zellulose}$$

erhalten wird.

Bei der Herstellung dieser Zelluloseäther geht man von einer Alkalizellulose, z. B. Natronzellulose aus, die man mit Äthylenchlorhydrin oder Äthylenoxyd umsetzt:

$$[C_6H_7O_2(OH)_3]_n + n\ HO-CH_2-CH_2-Cl \xrightarrow[-H_2O]{NaOH} [C_6H_7O_2(OH)_2(OC_2H_4OH)]_n$$

oder

$$n\ CH_2-CH_2$$

Zellulose	O	Oxyäthylzellulose
	Äthylenchlorhydrin	(Substitutionsgrad 1,0)
	oder	
	Äthylenoxyd	

Die Löslichkeit dieser Glykolzellulosen richtet sich nach dem Substitutionsgrad. Es lassen sich dabei die folgenden drei Typen unterscheiden:

1. Der Substitutionsgrad liegt zwischen 0,05 und 0,15, d. h. je Glukoseanhydridrest sind 0,05 bis 0,15 Hydroxylreste substituiert: Diese Präparate lassen sich in gekühlten alkalischen Lösungen dispergieren.

2. Der Substitutionsgrad liegt zwischen 0,2 und 0,9: Die Produkte dieser Klasse sind in Alkalien löslich.

3. Der Substitutionsgrad beträgt zum mindesten 1,4: Solche Oxyäthylzellulosen sind in Wasser löslich.

Bei einem Substitutionsgrad von 0,25, d. h. wenn auf 4 Glukosereste nur eine Hydroxylgruppe mit Glykol veräthert ist, so erhält man nach andern Angaben ein in Wasser unlösliches und in Natronlauge nur unvollständig lösliches Produkt. Wenn man aber mit verdünnter Natronlauge mischt und diese Mischung stark abkühlt und wieder schmilzt, entsteht eine Lösung.

[1]) W. E. Gloor, B. H. Mahlmann und R. D. Ullrich, Hercules Powder Comp., Wilmigton, Del., Ind. Eng. Chem. 1950, *42*, S. 2150; Mell. 1951, *32*, S. 658.

Bei einer Verätherung bis zu einem Substitutionsgrad von 0,35 bis 0,4 erhält man weisse, faserige, geruch- und geschmacklose Produkte mit einer Dichte von 1,49, die eine gute Löslichkeit in Alkalien sowie in alkalischen, 40%igen Harnstofflösungen besitzen. Ganz ähnlich wie in der Cellophanindustrie lassen sich auch hier aus den klaren Lösungen in 7%iger Lauge Filme herstellen. So gegossene Filme wurden für Testversuche mit Ammoniumsulfatlösung gewaschen, mit Wasser salzfrei gewaschen und anschliessend bei 70° C getrocknet. Solche Filme waren in allen organischen Lösungsmitteln unlöslich. Die Löslichkeit in Alkalien lässt sich durch Zugabe von 20—30% Glyoxal und einstündiges Erhitzen auf 105° C herabsetzen.

Für Oxyäthylzellulose bestehen verschiedene Verwendungszwecke, so z. B. die Herstellung von Kunstfasern (endlose Fäden oder Seiden, Stapelfasern, künstliches Rosshaar). Die Herstellung solcher Fasern ist chemisch einfacher als bei der Hydratzellulose nach dem Viskoseverfahren. Die Nassfestigkeit der Fasern aus Oxyäthylzellulose ist nach Angaben von Traill etwa so gut wie bei der Viskose-Kunstseide.

Cellophanähnliche Filme und Folien aus Oxyäthylzellulose besitzen verschiedene Verwendungsmöglichkeiten in der Textilindustrie, besonders in der Schlichterei, als Überzüge auf Textilien, Finish, Garnschlichte, Klebstoffe, Mittel zum Transparentmachen von Tuchen, Füllmittel für Florgewebe und wasserabstossende Appreturen. Aber auch in der Leder- und Papierindustrie fanden solche Filme und Folien Eingang.

Zur Koagulation alkalilöslicher Zelluloseäther hat Lilienfeld schon im Jahre 1929 eine Lösung von 10% Schwefelsäure, 25% Essigsäure, 30% Ammoniumchlorid und 20% Tannin vorgeschlagen. Die Konzentration einer Spinnlösung von Zelluloseäthern liegt dabei im allgemeinen zwischen 1 und 10% und jene an Alkali zwischen 4,5 und 8%.

Die Verwendung von Glykolzellulose wird im *brit. P. 480.774* der Imp. Chem. Ind. beschrieben. Es wird dabei bemerkt, dass man eine Glykolzellulose verwenden soll, die sich nur bei sehr tiefen Temperaturen in Alkali löst, aber bei normaler Temperatur unlöslich ist. Man erhält so eine zähflüssige Lösung, die sich noch durch Zugabe von Natriumchlorid verdicken lässt. Die Koagulation der Zellulose erfolgt dann in einer verdünnten Mineralsäure.

Ein ähnliches Verfahren bildet den Gegenstand des *franz. P. 822.438* der gleichen Firma. Man behandelt das Gewebe mit einer alkalischen Glykolzelluloselösung, die man durch eine Passage durch eine verdünnte Mineralsäure koaguliert[1]).

---

[1]) Siehe auch *brit. P. 462.824* der Bleachers Assoc. (16. September 1935).

Nach dem *D.R.P. 668.572* (19. Juni 1934) von Röhm & Haas Co., Philadelphia, wurde gefunden, dass zum Appretieren von Textilgut aus Zellulose- oder Zellulosehydratkunstseidefasern mit Vorteil eine Lösung von Zellulose in wässerigen, mindestens einen Benzylrest im Molekül enthaltenden quaternären Ammoniumbasen, die Pigmente und Farbstoff enthalten können, verwendet werden kann, wobei auf dem Textilgut nach dem Tränken mit solchen Lösungen die Zellulose durch Spülen mit Wasser, Absäuern oder Behandeln mit Salzlösungen abgeschieden wird.

Man hat zwar auch schon vorgeschlagen, Textilgut mit Hilfe von Lösungen von Zellulosethiourethan zu veredeln. Um Zellulose auf die Fasern des Textilstoffes zu fällen, wird das Zellulosethiourethan chemisch zersetzt. Gemäss der Erfindung wird demgegenüber eine Lösung zur Imprägnierung des Gewebes verwendet, die Zellulose als solche bereits enthält. Um die Zellulose abzuscheiden, ist es lediglich notwendig, die lösende Wirkung des Lösungsmittels aufzuheben. Beide Verfahren unterscheiden sich wesentlich.

Karboxymethylzellulosen.

Diese Produkte erschienen in den Jahren 1936/7 auf dem Markt. Auf dem Textilgebiet wurden sie einerseits als Verdickungsmittel für die Druckfarben und anderseits als steifmachende Appreturen empfohlen.

Der erste Vertreter dieser Gruppe wurde von der I.G. Farbenindustrie unter dem Namen Colloresin V extra in den Handel gebracht. Diese Verbindung weist gegenüber Colloresin DK verschiedene Vorteile auf. Colloresin V[1]) wird aus Holzzellulose, die mit Natronlauge behandelt wurde, durch Einwirkenlassen von Monochloressigsäure erhalten. Es bildet sich dabei ein zelluloseätherkarbonsaures Salz: zelluloseglykolsaures Natrium:

$$Zell-O-Na+CH_2Cl-COOH = Zell-O-CH_2-COOH+NaCl$$

$$Zell\begin{cases} O\!-\!CH_2\!-\!COONa \\ O\!-\!CH_2\!-\!COONa \\ O\!-\!CH_2\!-\!COONa \end{cases}$$

---

[1]) Andere Handelsnamen:

Tylose MGC, MGA . . .	Kalle
Tylose HB, HBR	Kalle
Collocel.	Dow Chem. USA.
Renose V extra	Ciba
Blanose	Novacel
Du Pont Sodium CMC . .	Du Pont
Cellappret	I.G. Farbenindustrie
Carboxymethocel	
Cellofas WFZ	I.C.I.

Siehe L. Diserens, Tl. I, Die neuesten Fortschritte, Bd. *3*, S. 314, 2. Aufl.

Da Colloresin V extra seit 1942 nicht mehr geliefert werden konnte, wurde während kurzer Zeit ein Ersatzprodukt unter dem Namen Tylose MGA oder Colloresin BL geliefert. Dieses Produkt war ebenfalls wasserlöslich. Die Zubereitung einer Verdickung mit diesem Produkt geschieht nach folgendem Rezept:

```
 100 g Tylose MGA oder MGC
 770 g Wasser, während 2 Stunden kochen und dann
  30 g Kartoffelstärkemehl in
 100 g Wasser aufgeschlemmt der gekochten Tyloselösung zugeben und noch
       20 Minuten kochen
 ─────
1000 g
```

Colloresin V extra verträgt Zusätze von Rongalit C, Pottasche, Ammoniumrhodanid, ohne sich dabei irgendwie zu verändern. Nur Chrom-, Aluminium- und Ferrisalze bewirken eine Gerinnung, die aber durch Zugabe von Ameisensäure, weinsauren Salzen, Glykol- oder Milchsäure verhindert werden kann. Die Stammverdickung gleicht in Färbung, Viskosität und Zügigkeit einer Britishgumverdickung 1 : 1. Diese Verdickung wird weder durch Säuren noch durch Alkalien in ihren wesentlichen Eigenschaften beeinflusst.

Die I.G. Farbenindustrie hat auch noch als weitere Verbindung Äthylzelluloseoxyäthansulfosaures Natrium hergestellt, das ebenfalls zur Bereitung von Druckverdickungen gedacht war. Die diesbezüglichen Forschungsarbeiten in den Laboratorien von Höchst a/Main und Ludwigshafen sollen schon sehr weit gediehen sein, doch scheint es nicht, dass dieses Produkt bereits eine praktische Anwendung erfahren hat.

Amer. P. 2.160.782 der Dow Chemical Co. empfiehlt die Verwendung von alkylarmen Methylzellulosen als Verdickungsmittel. Diese Verbindungen werden durch unvollständige Alkalisierung und darauffolgende Alkylierung mit Alkylhalogeniden dargestellt. Die so erhältlichen Substanzen, die in kaltem Wasser löslich, in der Hitze aber unlöslich sind, können analog den Albuminverdickungen für Pigmentdrucke verwendet werden.

Das *amer. P. 2.268.612*, 1942, der Dow Chemical Co. gibt folgende Einzelheiten über die Herstellung von Natriumzelluloseglykolat bekannt. Während einigen Sekunden lässt man eine 75%ige Chloressigsäurelösung auf die gleiche Menge Zellulose einwirken, worauf dieselbe mit einer 41,3%igen Natronlauge behandelt wird.

Du Pont stellt auf Grund des *amer. P. 2.236.545*, 1941, Natriumzelluloseglykolat auf folgende Art und Weise her:

```
 1000 Teile Zellulose werden mit
10000 Teilen Natronlauge 25%ig behandelt,
```

worauf durch teilweises Entfernen der Flüssigkeit die Masse auf 3000 Teile gebracht wird. Die so erhaltene Alkali-Zellulose behandelt man hierauf mit 725 Teilen Natriumchlorazetat[1]).

Verschiedene Anwendungsmöglichkeiten des Natriumzelluloseglykolats werden in den folgenden Patenten beschrieben:

Brit. P. 508.547 und *526.845* der I.G. Farbenindustrie: Verdickungen.

Brit. P. 538.909 und *537.980* von Du Pont: Plastifizierungsmittel.

Amer. P. 2.308.664 der Dow Chemical Co.: In Form des Aluminiumsalzes wird es, mit Wachsen gemischt, als Hydrophobierungsmittel verwendet. Diese Verbindung lässt sich ferner auch als Stabilisator für Emulsionen gebrauchen.

Amer. P. 2.357.469, 1944, der Imp. Chem. Ind. und *amer. P. 2.377.834* der Dow Chemical Co.: Zusatz zu Alkylzelluloseverdickungen.

Amer. P. 2.335.194 von Pauser und Nüsslein: Putzmittel.

Amer. P. 2.148.951 von du Pont de Nemours behandelt die Herstellung eines Stärkepräparates, welches durch Reaktion der Stärke mit kleinen Mengen polyfunktioneller Verbindungen derart entsteht, dass mindestens zwei funktionelle Gruppen reagieren. Es handelt sich dabei vor allem um Esterifizierungs- und Ätherifizierungsmittel, wie z. B. Epichlorhydrin, Dimethylsulfat, Dichlordiäthyl, Dichlorazetat usw., also um Substanzen, die mit zwei funktionellen Gruppen auf die alkalisierte Stärke einwirken können. Die auf diese Weise erhältlichen Produkte, besonders das Chlorazetat, werden als Verdickungsmittel, und zwar hauptsächlich für Küpenfarben, verwendet.

Aus der Patentschrift ist ersichtlich, dass man dabei Sorge tragen muss, dass wirklich beide Gruppen sich anlagern, da sich in gewissen Fällen eben trotz der Verwendung zweibasischer Säuren nur eine funktionelle Gruppe im Esterifizierungs- oder Ätherifizierungsmittel als reaktionsfähig erweisen kann. Ein Beispiel hiefür ist das Reaktionsprodukt von Benzoylchlorid auf eine beliebige Dikarbonsäure, das nach folgender Gleichung sich bildet:

$$\text{C}_6\text{H}_5{-}\text{C}\!\!\begin{array}{c}\text{O}\\ \diagdown\\ \text{Cl}\end{array} + (\text{CH}_2)_n(\text{COOH})_2 \longrightarrow \text{C}_6\text{H}_5{-}\text{C}\!\!\begin{array}{c}\text{O}\\ \diagdown\\ \text{O}{-}\text{CO}{-}(\text{CH}_2)_n{-}\text{COOH}\end{array} + \text{HCl}$$

Das an dieses Patent anschliessende *amer. P. 2.148.952* derselben Firma überträgt diesen Gedanken auf eine analoge Behandlung von

---

[1]) Siehe auch *amer. P. 2.276.704* der General Aniline and Film Corp., Darstellung durch Einwirkung von Monohalogenessigsäure oder ihrer Salze auf mit Alkalihydroxyden behandelten Zellstoff; ferner *brit. P. 305.230* der I. G. Farbenindustrie; *amer. P. 1.979.469*, *2.021.932* von Du Pont; *amer. P. 2.248.048* der Celanese Corp. of America; *amer. P. 2.259.796* von Sylvania Ind. Co.; *amer. P. 2.265.915* der Lilienfeld Patents Inc.

Ätherzellulosen. Diese werden ebenfalls für Verdickungen vorgeschlagen. Es zeigt sich dabei wieder einmal der Parallelismus zwischen
Stärke und Zellulose.

In den hier gegebenen Beispielen wird hauptsächlich Epichlorhydrin verwendet, welches man in einem Verhältnis von 0,25 bis
0,5 Teile auf 60 Teile einer in Alkalien gelösten Zelluloseätherlösung
von 7 % unter starkem Rühren während 12 Stunden bei gewöhnlicher
Temperatur einwirken lässt.

Das *brit. P. 513.917* von du Pont de Nemours beschreibt die Herstellung von Zellulosederivaten, die sich ebenfalls für Druckverdik-
kungen eignen. Man lässt zu diesem Zweck Zellulose mit einem monofunktionellen Ätherifizierungsmittel, wie Methylchlorid oder Natriumchlorazetat, in Gegenwart einer geringen Menge eines bifunktionellen
Ätherifizierungsmittels, wie Epichlorhydrin, β-β'-Dichlordiäthyläther
u. dgl. reagieren. Die Mengen des Ätherifizierungsmittels sind derart
berechnet, dass durch die Substitution mit den monofunktionellen
Mitteln allein eine wasserlösliche Zellulose entsteht; ferner rechnet
man 0,0002—0,25 Mol des bifunktionellen Reagens auf jede Glukoseeinheit. Die derart hergestellten Erzeugnisse ergeben wässerige Lösungen von einer grösseren Viskosität als diejenigen, die aus Alkylzellulose gleicher Alkylzahl, aber ausschliesslich unter Verwendung
monofunktioneller Mittel erzeugt wurden.

Foulon behandelt in Kunstseide und Zellwolle 1950, *28*, S.117,
das Zelluloseglykolat von van Baerle, Münchenstein (Schweiz). Dabei
erwähnt er die bekannten Eigenschaften und Anwendungsgebiete in
der Druckerei, Schlichterei und Appretur.

Kalle & Co. beschreibt im *D.R.P. 667.864* die Verwendung von
Alkylzellulosen in der Appretur.

Die Viskosität der Alkylzelluloselösungen, die für Permanentappreturen oder als Klebemittel verwendet werden, kann verändert
werden, ohne dass dadurch die Qualität des Produktes vermindert
wird, indem man Mikroorganismen darauf einwirken lässt. Es wird
jedoch nicht angegeben, welcher Art die dabei eintretenden Veränderungen sind. Es könnte wohl eine Entfernung der verätherten
Gruppen in Frage kommen, d. h. der Alkyl- oder Oxyalkylgruppen.
Die zu dieser Veränderung nötigen Enzyme werden von verschiedenen
Mikroorganismen geliefert, so z. B. von Aspergillus orycae.

Es wird in diesem Patente folgendes Beispiel erwähnt: Zu einer
wässerigen Lösung von 1 % Alkylzellulose gibt man eine solche Mikro-
organismen-Kultur. Nach 20 Minuten kann man eine sehr beträchtliche Erniedrigung der Viskosität feststellen. Der p_H-Wert scheint
dabei keinen nennenswerten Einfluss zu haben, so dass es möglich
ist, entweder in stark alkalischem oder aber auch schwach alkalischem
Medium zu arbeiten.

Im *brit. P. 489.614* empfiehlt Henkel diese Verbindungen als Klebemittel. Als Klebemittel oder als Leim, welche für die Herstellung von Appreturen von Interesse sein können, sollen sich Derivate von Regeneratzellulose eignen. Nach dem im Patent erwähnten Beispiel erhält man diese Produkte nach folgender Arbeitsweise. Die Sulfitzellulose wird in einer Kupferoxyd-Ammoniaklösung gelöst, die Zellulose mit Salzsäure ausgefällt und mit Alkali angeteigt. Hierauf gibt man Bromäthansulfonsäure oder irgendeine andere halogenierte aliphatische Säure zu. Die Natriumsalze der so gebildeten Zelluloseester sind, in Wasser gelöst, hervorragende Klebemittel. Ein ähnliches Verfahren wird auch im *brit. P. 463.317* der Celanese beschrieben. Es unterscheidet sich von demjenigen von Henkel dadurch, dass Lösungsmittel verwendet werden, die sich mit Wasser mischen lassen, und zwar mindestens 20% solcher Lösungsmittel. Als Lösungsmittel kommen dabei z. B. Azeton oder Dioxan in Frage.

Die Verwendung der Alkylzellulosen.

Das Anwendungsgebiet für Alkylzellulosen als Appreturen oder Schlichten scheint immer noch sich auszudehnen und an Wichtigkeit zuzunehmen. Spönsel gibt hierüber einige interessante Angaben in Mell. 1938, S. 738. Diese Produkte sind nicht nur für Dauerappreturen oder vorübergehende Ausrüstungen sehr interessant, sondern ergeben auch sehr gute Verdickungen. Es handelt sich dabei um die Ätheroxyde der Zellulose, die mit niedermolekularen Alkylen der aliphatischen oder aromatisch-aliphatischen Reihe substituierte Zellulosederivate darstellen. Je nach dem Alkylierungsgrade sind die Verbindungen dann in Wasser, Alkalien oder organischen Lösungsmitteln löslich.

Je nachdem zu welcher Kategorie diese Produkte gehören, ergeben sich dann die entsprechenden Anwendungsgebiete.

Verbindungen von niedrigem Alkylierungsgrade, die in Alkalien löslich sind, findet man unter folgenden Namen im Handel: Tylose 4 S der I.G. Farbenindustrie-Kalle, Palostane C und D von Kalle in Biebrich, Cellofas der Imp. Chem. Ind., Ceglin der Sylvania Corp. USA.

Die zu dieser Kategorie gehörenden Produkte kommen vor allem für Dauerappreturen in Frage, da sie eine beachtenswerte Waschbeständigkeit aufweisen. Ihre Anwendung ist einfach und leicht.

Das Arbeitsverfahren zur Erzielung einer Permanentappretur mit Alkylzellulosen ist relativ einfach. Das Gewebe wird mit einer Lösung von Alkylzellulose in verdünnter Natronlauge imprägniert. Die Imprägnierung kann entweder in einem vollen Bade oder, wenn es sich um eine Beschwerung handelt, mit der Rakel erfolgen. In diesem

Falle ist es wichtig, dass ein Hindurchdringen der Lösung vermieden wird, was die Hauptschwierigkeit bei dieser Arbeitsweise darstellt. Der grosse Nachteil, der sich daraus ergibt, ist, dass dadurch eine beträchtliche Verschleierung der Farben eintritt. Nach der Imprägnation koaguliert man das Zellulosederivat durch eine Passage durch ein säure- und elektrolythaltiges Bad. Als Elektrolyt wird z. B. Natrium- oder Ammoniumsulfat verwendet. Darauf wird gewaschen, neutralisiert und zum Abschluss noch geseift, gespült und getrocknet. Der Grossteil dieser Produkte ist in verschiedenen Qualitäten erhältlich, die sich bezüglich der Viskosität unterscheiden (niedrig-, mittel-, hoch- und sehr hochviskos). Es ist daher möglich, durch geeignetes Mischen die je nach der Art der Appretur verlangte Konsistenz zu erhalten.

Verbindungen von mittlerem Alkylierungsgrade[1]), die sich in kaltem Wasser lösen, in warmem Wasser jedoch unlöslich sind und sich ferner auch noch in gewissen Lösungsmitteln wie Azetin, Glyzerin oder Alkohol lösen, werden unter den folgenden Namen gehandelt: Colloresin DK, Tylose TWA, SL, KZ, SAP, Palostane E und F der I.G. Farbenindustrie-Kalle, Cellofas WLD der Imp. Chem. Ind., Rhomelose O und S von Rhône-Poulenc, Hortol A und S der Böhme-Fettchemie.

Diese Verbindungen werden für gewöhnliche Appreturen sowie als Bindemittel für Beschwerungen verwendet. In dieser Beziehung sind sie den Stärkeprodukten weit überlegen, da sie ein Vielfaches ihres Gewichts an üblichen Beschwerungsmitteln zu binden vermögen.

In 1- bis 2%iger Lösung stellen diese Alkylzellulosen auch ein wirksames Schutzkolloid dar und eignen sich ebenfalls sehr gut zur Emulgierung von Ölen, Fischölen und Fettkörpern. Man kann auch eine ausgezeichnete 10%ige Paraffinwachsemulsion mit wässerigen Lösungen mit einem Gehalt von 2 bis 5% an diesen Produkten herstellen.

Colloresin DK wird als Verdickungsmittel für Küpenfarben verwendet und lässt sich dabei mit Stärke- oder Tragantverdickungen gut kombinieren. Anderseits lassen sich keine homogenen Mischungen aus Colloresin DK und Gummen oder Britishgum erhalten.

Die wasserlöslichen Zellulosederivate kommen für eine Permanentappretur nicht in Betracht. Man verwendet sie jedoch zur Herstellung normaler Appreturen zusammen mit Stärkeprodukten oder als Ersatz für Stärke als Bindemittel für Beschwerungen, und in dieser Beziehung sind sie der Stärke weit überlegen, indem sie ein Vielfaches des üblichen Gewichts an Beschwerungsmitteln zu binden vermögen.

---

[1]) Methyloxyäthyläther, $1/_4$ Methyl- und $1/_4$ Oxyäthylreste pro Glukoserest.

Verbindungen von hohem Alkylierungsgrade sind in organischen Lösungsmitteln löslich, jedoch in Wasser und Alkalien unlöslich. Ihre Handelsbezeichnungen sind: AT Zellulose, B, BZ-Zellulose der I.G. Farbenindustrie, Tylose S von Kalle.

Appreturen mit Zelluloselösungen.

Eine besondere Art von Appreturen mit Zelluloselösungen wird von Lilienfeld im *brit. P. 390.517* vorgeschlagen. Dabei wird eine Viskoselösung mit einer Seifenlösung vermischt und dann durch eine Schlagvorrichtung so bearbeitet, dass ein steifer, dicker Schaum entsteht, mit welchem dann appretiert wird.

Brit. P. 390.290 von Gaunt gibt als Appreturmasse eine Dispersion von zerreibbarer Zellulose — also ohne vorhergehende Lösung — in einer Stärke- oder Leimappretur an. Es wird sich dabei aber wohl um eine nicht waschbeständige Füllung handeln.

Gewissermassen im Gegensatz zu obiger Erfindung steht das *brit. P. 366.351* von Kilner. Es wird dabei mit Viskoselösungen imprägniert und unmittelbar nach der Imprägnierung durch ein sog. Müllerbad genommen (Bull. Föd. Bd. 1, S. 322 und 154). Um die Unterlage im selben Ausmasse dehnen zu können, wie die ausgefällte Viskoseschicht, erfolgt diese Ausfällung unter Spannung auf dem Rahmen. Diesen Appreturen mit Kunstseidenmassen ist ein harter, papierähnlicher Griff eigentümlich. Durch die Erfindungen Lilienfelds, und zwar *öst. P. 128.834* und *D.R.P. 546.350*, soll dem abgeholfen werden. Man kann dabei entweder den Zelluloseäther in Pyridin lösen und damit imprägnieren oder in die Kunstseidenmasse Luft einblasen, wodurch diese mit Blasen durchsetzt wird und dann nach dem Ausscheiden auf der Ware mehr Elastizität zeigen soll[1]).

Verwendung von Kautschuk und Latex in der Textilindustrie.

Naturkautschuk wird aus dem milchigen Saft verschiedener tropischer Bäume der Familie der Euphorbiazeen, Apocynazeen und Morazeen gewonnen.

Die Bäume der Hevea-Art, aus Brasilien stammend (Hevea brasiliensis), liefern einen hochwertigen Kautschuk.

Die milchige Flüssigkeit, die der Pflanzensaft oder Latex darstellt, ist eine Dispersion kleiner Kautschukteilchen in einem flüssigen Pflanzensaft. Bei der Gewinnung reagiert der Latex neutral, wird jedoch sehr rasch infolge Enzymeinwirkung sauer. Frisch gewonnener Latex

---

[1]) Zu erwähnen sind die *franz. P. 939.547* und *939.613* der Sylvania Industrial Corp. betreffend die Verwendung von alkalischer Zelluloseätherdispersion zusammen mit löslichen Harzen in alkalischem Milieu.

gerinnt in diesem sauer gewordenen Milieu. Um dies zu verhindern, müssen Gerinnungsverhinderer (Ammoniak) und Antiseptika zugegeben werden.

Um Kautschuk aus Latex zu erhalten, kann man ihn entweder durch Säure zum Gerinnen bringen oder ihn an der Luft trocknen. Man erhält so eine teigige und elastische Masse.

Der Latex enthält im allgemeinen 30 bis 38% Festsubstanz. Dieser Prozentsatz kann durch Verdampfen in Gegenwart eines Stabilisators, wie Pyridin, erhöht werden, so dass sich ein Produkt mit 75% Trockensubstanz erzielen lässt, welches Revertex genannt wird.

Der Naturkautschuk verliert mit der Zeit allmählich seine Elastizität und wird hart und brüchig. Die elastischen Eigenschaften können indessen durch eine nachträgliche Stabilisierung, das Vulkanisieren, erhalten bleiben.

Im Gegensatz zum Naturkautschuk besitzt der vulkanisierte Kautschuk eine grosse Elastizität, ist nicht thermoplastisch und nur sehr wenig in Ölen und Kohlenwasserstoffen löslich.

Das Prinzip der Vulkanisation besteht in einer Schwefeleinlagerung in den Kautschuk. Der Schwefel reagiert dabei mit den Kautschukmolekülen chemisch, und zwar an den Doppelbindungen. Zwischen den einzelnen polymerisierten Kautschukmolekülen bilden sich dabei Schwefelbrücken aus. Durch vollkommene Absättigung der Doppelbindungen verliert der Kautschuk seine Elastizität völlig. Ein normal biegsamer Kautschuk enthält 3 bis 4% Schwefel. Im Ebonit hingegen erreicht der Schwefelgehalt 20 bis 30%.

Der Vulkanisiervorgang kann durch Beschleuniger aktiviert werden.

Nach den neuesten Theorien wird angenommen, dass der Kautschuk das Endprodukt einer Reihe von Verbindungen ist, die vom Isopren (ein Hemiterpen) ausgehen. Über Terpene, Sesquiterpene und Diterpene gelangt man schliesslich zum Kautschuk. Alle diese Verbindungen sind als Polymerisationsprodukte des Isoprens anzusehen:

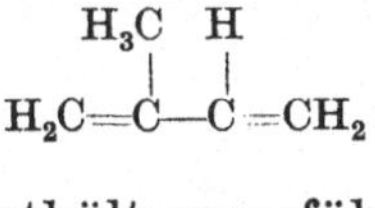

$$H_2C{=}\underset{\underset{\displaystyle H_3C}{|}}{C}{-}\underset{\underset{\displaystyle H}{|}}{C}{=}CH_2 \quad \text{oder} \quad C_5H_8$$

Der Kautschuk enthält ungefähr 200 Isopreneinheiten, die miteinander linear verbunden sind.

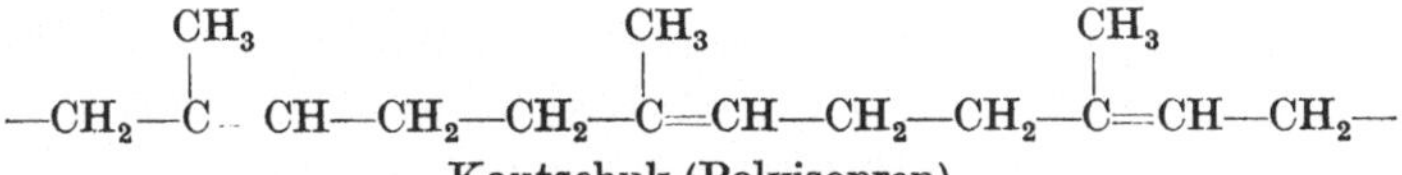

$$-CH_2{-}\underset{\underset{\displaystyle CH_3}{|}}{C}{\cdots}CH{-}CH_2{-}CH_2{-}\underset{\underset{\displaystyle CH_3}{|}}{C}{=}CH{-}CH_2{-}CH_2{-}\underset{\underset{\displaystyle CH_3}{|}}{C}{=}CH{-}CH_2{-}$$

Kautschuk (Polyisopren)

Die Vulkanisation, die zur wirklichen Elastizität des Kautschuks führt und die Löslichkeit in den Lösungsmitteln herabsetzt, führt zur Bildung einer gewissen Anzahl intramolekularer Schwefelbrücken:

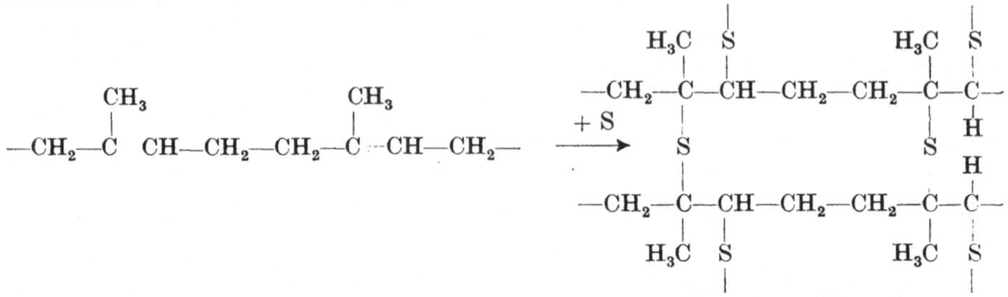

$$
\begin{array}{ccc}
& CH_3 & CH_3 \\
& | & | \\
-CH_2-C\ CH-CH_2-CH_2-C\ \cdot\cdot CH-CH_2- & &
\end{array}
\xrightarrow[]{+\ S}
$$

vulkanisierter Kautschuk

In der Textilindustrie besitzt der Kautschuk verschiedene Verwendungsmöglichkeiten: gummierte Gewebe für undurchlässige Bekleidungsstücke (Mac Intosh, 1823, Goodyear), gummierte Tücher für das Drucken usw. Man verwendet hiezu Kautschuklösungen in Kohlenwasserstoffen. Die zu bedruckende Ware darf keine Substanzen enthalten, die das Haftvermögen des Kautschuks auf Textilmaterialien herabsetzen könnten.

Latex.

Die Verwendung von Latex in der Textilindustrie geht schon auf eine frühe Zeitepoche zurück. Die Verwendung von Latex war überdies den Eingeborenen Südamerikas vor den Europäern bekannt.

Man verwendet Latex zum Imprägnieren der Ware, um sie gas- und wasserundurchlässig zu machen. Ferner wird daraus Kunstleder (Rexin, Pegamoid) hergestellt. Der Latex hat ebenfalls eine gewisse Anzahl von Verwendungsmöglichkeiten in der Appretur gefunden. So hat man vor allem vorgeschlagen, Latex verschiedenen Appreturmassen zuzufügen (*brit. P. 217.973*, 1923), um so die Waschechtheit der Appretur zu erhöhen. Anderseits ist zu bemerken, dass die mit Latex behandelten Gewebe einen wenig angenehmen Griff erhalten.

Die Zugabe von Latex zu gewöhnlichen Appreturen erlaubt, diese bis zu einem gewissen Grade beständig zu machen, wobei vor allem eine bessere Waschechtheit erhalten werden kann (siehe weiter unten Kapitel XIII, Permanentappreturen).

Synthetischer Kautschuk.

Man hat versucht, eine Kautschuksynthese z. B. durch Polymerisation von Isopren und seiner niederen und höheren Homologen, Butadien und Dimethylbutadien, zu verwirklichen.

$$CH_2=CH-CH \quad CH_2 \qquad \underset{\underset{H_3C \quad CH_3}{|\qquad|}}{CH_2=C-C=CH_2}$$

Butadien Dimethylbutadien

Als Ausgangsmaterial für diese Synthesen kommen Äthylen und Azetylen in Frage.

Man kann folgende synthetischen Kautschuke unterscheiden:

1. Die Bunasorten. Die synthetischen Bunakautschuke werden in Deutschland und den Vereinigten Staaten hergestellt. Als Ausgangsmaterial wird Butadien verwendet:

$$CH_2=CH-CH=CH_2 \longrightarrow -CH_2-CH=CH-CH_2-CH_2-CH=CH-CH_2-CH_2-CH=CH-CH_2-$$
Butadien Buna

Die Bunakautschuke sind entweder Polymerisationsprodukte des Butadiens oder Kopolymerisate mit 25 % Styrol (Buna S) oder 85 % Akrylonitril (Buna NL, Perbunan). Butadien selbst wird aus Azetylen hergestellt. Die wichtigsten Marken sind: Perbunan, Perbunan extra, Buna S, Hycar, Chemigum.

2. Die Neoprene sind amerikanischen Ursprungs (Du Pont 1931). Sie werden durch Polymerisation von 2-Chlor-butadien (1,3) oder Chloropren hergestellt, welches leicht aus Azetylen hergestellt werden kann.

$$\underset{\underset{Cl}{|}}{CH_2 \cdot C-CH=CH_2} \qquad Chloropren$$

Diese Chloroprenkautschuke (Dupren, Sovpren) besitzen sehr ähnliche Eigenschaften wie der Naturkautschuk. In gewisser Beziehung ist ihre Qualität sogar dem Naturkautschuk überlegen (bessere Wärmebeständigkeit, weniger löslich in Ölen und Lösungsmitteln).

Die Neoprene bestehen aus einer Kette von Chlorbutadienresten

$$-CH_2-\underset{\underset{Cl}{|}}{C}=CH-CH_2-CH_2-\underset{\underset{Cl}{|}}{C}=CH-CH_2-CH_2-\underset{\underset{Cl}{|}}{C} \quad CH-CH_2-$$

3. Synthetische Kautschuke, die durch Polymerisation von Isobutylen erhalten werden:

$$CH_2=C\underset{CH_3}{\overset{CH_3}{<}} \longrightarrow \left[-CH_2-\underset{\underset{CH_3}{|}}{\overset{\overset{CH_3}{|}}{C}}-\right]_n$$

Diese Produkte sind unter den Namen Oppanol und Vistanex bekannt.

4. Die Thiokole, die aus aliphatischen Dihalogeniden und Natriumpolysulfiden erhalten werden. Diese Produkte deutschen

Ursprungs besitzen einen unangenehmen Geruch. Thiokol A wird aus Dichloräthylen hergestellt:

$$Cl-C_2H_4-Cl + NaS_nNa \longrightarrow -C_2H_4-S_n-C_2H_4-S_n-C_2H_4-S_n-$$

Thiokol B wird aus Dichloräthyläther und Natriumpolysulfiden und Thiokol F aus Dichloräthylformal hergestellt.

Die Silikone[1]).

Die Textilindustrie hat in den Silikonen ein weites und völlig neues Anwendungsgebiet erhalten, das von grossem Interesse ist. Leider war es bis heute nicht möglich, die sich bietenden Möglichkeiten auf einer breiteren Basis auszunützen, was vor allem auf den hohen Preis dieser Kunststoffe und die Tatsache, dass die Silikone erst eine relativ sehr kurze Zeit der Industrie zur Verfügung stehen, zurückzuführen ist.

In Wirklichkeit waren die Silikone als chemische Verbindungen schon längere Zeit bekannt. Moissan war der erste, der diese Verbindungen kurz beschrieb; aber erst zu Beginn dieses Jahrhunderts wurden die Silikone durch den englischen Chemiker F. S. Kipping mit Hilfe seiner Mitarbeiter an der Universität Nottingham eingehender studiert. Ihre Arbeiten wurden durch die Auffindung der nach ihrem Erfinder benannten Grignard'schen Reaktion ermöglicht. Denn wenn auch Friedel und Crafts als erste Organosiliziumverbindungen mit Hilfe von organischen Zinkverbindungen im Jahre 1863 herstellten

$$2\,SiCl_4 + Zn \begin{array}{c} {}^{C_2H_5} \\ {}_{C_2H_5} \end{array} \longrightarrow 2\,Si\,(C_2H_5)\,Cl_3 + ZnCl_2$$

so müssen trotzdem Kipping und seine Mitarbeiter R. Robinson, J. Meads, H. Pink und F. Smith als die Pioniere der Silikonsynthese angesehen werden.

Diese Arbeiten von Kipping blieben unglücklicherweise nur wissenschaftliche Laboratoriumsforschungsergebnisse, die man im J. Chem. Soc. der Jahre 1899 bis 1927 beschrieben findet (Proc. Chem. Soc. 1904, S. 19; J. Chem. Soc. 1907, *91*, S. 209; 1912, *101*, S. 2106).

Der Beginn der industriellen Bearbeitung der Silikone durch E. C. Sullivan der Corning Glass Works geht nur auf das Jahr 1934 zurück. Er stützte sich auf die grundlegenden Arbeiten von Kipping, um eine plastische Masse auf Siliziumbasis zu erhalten, die als Klebstoff für Glas verwendet werden konnte (*brit. P. 572.331* und *572.401* der Corning Glass Works).

---

[1]) M. Déribéré und M. de Buccar, Les Silicones, Editions Elpi, Brüssel 1949; S. L. Bass, J. F. Hyde, Modern Plastics 1944, *22*, S. 124; A. J. Barry, J. Applied Physics, 1946, *12*, S. 1020; W. R. Collings, Transactions Amer. Inst. of Chem. Eng. 1946, *42*, S. 455.

In den Vereinigten Staaten verfolgte auch die Dow Chemical Co. laufend die Forschungsergebnisse auf dem Gebiete der Kunststoffe. Ebenfalls Marshall von der General Electric Co. und das Mellon Institut waren daran interessiert. Diese drei Pionierfirmen taten sich zusammen, und so kam die Errichtung zweier amerikanischer Fabriken für die Herstellung von Silikonen zustande, und zwar die Abteilung der General Electric, die die als elektrisches Isoliermaterial in Frage kommenden Silikone in Cleveland fabriziert, und die Dow Corning Corporation in Midland, Mich., für die Herstellung von Silikonen ganz allgemein *(brit. P. 561.136; franz. P. 867.507 und 878.234; amer. P. 2.258.318 bis 2.258.322; franz. P. 944.108,* 1947 der Dow. Chem. Co.)

Die Produktion wurde auch in gewissen andern Ländern aufgenommen, wie in Frankreich, wo die Société Rhône-Poulenc eine rasch zunehmende Produktion verwirklichen konnte. Ebenfalls die Manufacture de Glaces et de Produits Chimiques in St-Gobain nahm die Herstellung von Silikonen auf.

Die Herstellung der Silikone.

Zur Herstellung von Silikonen werden Organosilanole polymerisiert, da eine Polymerisation von Organosilanen sehr schwierig wäre. Längere Silanketten würden aufgespalten und selbst wenn der Aufbau längerer Ketten gelingen würde, würde man so kaum zu Materialien von grosser industrieller Bedeutung gelangen, da diese infolge der grossen Affinität des Siliziums zum Sauerstoff nicht genügend stabil wären. Die Si—O—Si-Bindung ist eben bedeutend beständiger als die Si—Si-Bindung, da dadurch eine grössere Ähnlichkeit zum Quarz erhalten wird.

Als Ausgangsstoff für die Silikonherstellung dient besonders das Dimethyldichlorsilan. Es ist daher vorerst die Aufgabe der Synthese dieses Körpers zu lösen gewesen, bevor man an die Grossproduktion von Silikonen herantreten konnte.

Die wichtigsten Verfahren zur Herstellung von Organochlorsilanen sind dabei:

a) Synthese mit Grignard-Reagens.

Dieses Herstellungsprinzip, welches bereits auf Kipping zurückgeht, beruht auf der Einwirkung von organischen Magnesiumverbindungen auf Siliziumtetrachlorid. Das letztere besitzt als Ausgangsmaterialien Kochsalz und Quarzsand. Die organische Magnesiumverbindung wird schlussendlich aus den Krackprodukten der Petroleumindustrie und dem Meerwasser hergestellt.

Die Grignard'sche Reaktion ist sehr heftig und muss verlangsamt werden, damit Organosiliziumchloride erhalten werden, bei denen ein, zwei oder drei Chloratome des Siliziumtetrachlorids durch organische Reste ersetzt sind.

Die Notwendigkeit, eine organische Magnesiumverbindung bei dieser Silikonherstellung verwenden zu müssen, macht die Tatsache begreiflich, dass der Einstandspreis für die Silikone sehr hoch ist. Wenn schon die Amerikaner dazu übergegangen sind, die organischen Magnesium-Brom-Verbindungen durch die billigeren chlorierten Produkte zu ersetzen, so sind diese sonst mehr für Laboratoriumszwecke bestimmten Verbindungen eben immer noch teuer.

So erfolgt z. B. die Bildung von Dimethyldichlorsilan nach der Gleichung:

$$2\ CH_3MgCl + SiCl_4 \longrightarrow (CH_3)_2\ Si\ Cl_2 + 2\ MgCl_2$$

b) Direktes Verfahren nach Rochow der General Electric Co.

Bei dieser Methode erfolgt eine direkte Umsetzung von elementarem Silizium mit einem Alkyl- oder Arylhalogenid bei einer Temperatur zwischen 260 und 300° C in Gegenwart eines Katalysators. Bei der Herstellung der Alkylderivate wird dabei Kupfer und bei jener der Arylderivate Silber als Katalysator verwendet.

$$2\ CH_3Cl + Si \xrightarrow[\mathrm{Cu}]{260\text{—}300°\,C} (CH_3)_2SiCl_2$$

Es soll sich dabei ein labiles Kupfermethyl bilden, das sich leicht in Kupfer und Methylradikale zersetzt. Das ebenfalls entstehende Kupfer-1-chlorid (CuCl) reagiert gleichzeitig mit dem Silizium, wobei sich chloriertes Silizium bildet, welches mit dem Methylradikal weiterzureagieren vermag. Die sich dabei abspielenden Vorgänge lassen sich etwa so formulieren:

$$2\ Cu + CH_3Cl \longrightarrow Cu(CH_3) + CuCl$$
$$Cu(CH_3) \longrightarrow Cu + CH_3-$$
$$CuCl + Si \longrightarrow Cu + -\overset{|}{\underset{|}{Si}}-Cl$$
$$-\overset{|}{\underset{|}{Si}}-Cl + CH_3- \longrightarrow CH_3-\overset{|}{\underset{|}{Si}}-Cl$$

Im Vergleich zum Verfahren mit Grignard-Verbindungen liegt hier eine ganz bedeutende Vereinfachung vor.

Nach beiden Verfahren werden Gemische verschiedener Organosiliziumchloride erhalten, die sich durch Fraktionierung zerlegen lassen. Durch Zugabe von Stickstoff soll sich dabei die Ausbeute bis auf 80% erhöhen lassen. Zudem kann durch Einhaltung gewisser Reaktionsbedingungen auch die Bildung eines ganz bestimmten Organochlorsilans, z. B. des Dimethyldichlorsilans, begünstigt werden.

Als weitere ausbaufähige Herstellungsverfahren seien noch erwähnt:

c) Verfahren nach D. Hurd.

Alkylhalogenide, z. B. Methylchlorid und Siliziumtetrachlorid, werden in Gasphase bei einer Temperatur zwischen 300 und 500° C in Gegenwart eines Katalysators (Zink, Aluminium) miteinander zur Reaktion gebracht.

$$SiCl_4 + CH_3Cl \xrightarrow[\text{Al, Zn}]{\text{300—500}^0\text{ C}} CH_3SiCl_3 + Cl_2$$

Es wird dabei angenommen, dass intermediär Metallalkylhalogenide erhalten werden, die sich dann mit dem Siliziumtetrachlorid weiter umsetzen.

d) Direkte Umsetzung nach russischen Arbeiten (1935).

Es erfolgt hier eine Umsetzung des Siliziumtetrachlorids mit gesättigten oder ungesättigten Kohlenwasserstoffen unter einem Druck von 10 bis 100 Atm. Als Katalysatoren verwendet diese Methode Aluminiumchlorid.

$$HC \equiv CH + SiCl_4 \longrightarrow \underset{\underset{Cl}{|}}{CH=CH-SiCl_3}$$

Die bei der anschliessenden Hydrolyse erhaltenen Produkte waren jedoch sehr spröde.

e) Katalytische Addition von Siliziumchloroform an Olefine.

Es wird dabei in Gegenwart von Peroxyden (Diazetylperoxyd) und unter Einwirkung ultravioletter Strahlen gearbeitet.

$$R-CH=CH_2 + SiHCl_3 \longrightarrow R-CH_2-CH_2-SiCl_3$$

Aus den Organosiliziumchloriden werden hierauf durch Hydrolyse die entsprechenden Organosilanole erhalten, die sich leicht unter Wasseraustritt zu den Organosiloxanen kondensieren

$$(CH_3)_2SiCl_2 + 2\,H_2O \longrightarrow \underset{\text{Silanol}}{(CH_3)_2Si(OH)_2} + 2\,HCl$$

$$n\,(CH_3)_2Si(OH)_2 \xrightarrow{-H_2O} \underset{\text{Siloxan}}{[(CH_3)_2SiO]_n}$$

Die Kondensation der Silanole ist ein intermolekularer Vorgang, wobei sich je nach den Ausgangsmaterialien und den Reaktionsbedingungen Siloxanketten oder -ringe ausbilden

So ergeben die Silanoldiole, die durch Hydrolyse des Dichlorids erhalten werden, lineare Polymerisationsprodukte. Sie können aber auch zu Ringbildungen mit —Si—O-Bindungen neigen. Diese Ringe schieben sich dann in das lineare Polymere ein.

$$
\begin{array}{cccc}
R & R & R & \\
| & | & | & \\
-Si-O-Si-O-Si-O- & & & \text{Kettenstruktur} \\
| & | & | & \\
R & R & R &
\end{array}
$$

$$
\begin{array}{cccc}
R & O & R & O \\
| & | & | & | \\
-Si-O-Si-O-Si-O-Si-O- \\
| & | & | & | \\
R & O & R & O \\
R & & R & \\
| & | & | & | \\
-Si-O-Si-O-Si-O-Si-O- \\
| & | & | & |
\end{array}
$$

mit Sauerstoffquerbrücken verbundene Ketten

Ringstruktur

Die Silanoltriole reagieren nach dem gleichen Prinzip, aber ergeben dreidimensionale Polymerisationsprodukte:

$$
SiCl_4 \ \rightarrow \ RSiCl_3 \ \rightarrow \ RSi(OH)_3 \ \rightarrow \ \left[\begin{array}{c} O \\ | \\ R-Si-O- \\ | \\ O \end{array}\right]_n
$$

Der Kettenabbruch kann durch die Anlagerung eines Trialkylsilanols erklärt werden:

$$
\begin{array}{c}
R \qquad\qquad R \\
| \qquad\qquad | \\
HO-Si-O\ldots -Si-OH + 2\,R_3SiOH \ \rightarrow \\
| \qquad\qquad | \\
R \qquad\qquad R
\end{array}
$$

$$
\begin{array}{c}
R \quad R \quad\quad R \quad R \\
| \quad | \quad\quad | \quad | \\
R-Si-O-Si-O\ldots -Si-O-Si-R \\
| \quad | \quad\quad | \quad | \\
R \quad R \quad\quad R \quad R+2\,H_2O
\end{array}
$$

Die Kondensationsgeschwindigkeit ist von der Grösse der R-Gruppe abhängig. Die niederen Alkylsilanole kondensieren sehr rasch, so dass das Monomere nicht isoliert werden kann. Anderseits lässt sich z. B. Diphenylsilanol als weisses Pulver gewinnen, das jedoch bei 100° C rasch kondensiert.

Die Anzahl der organischen Substituenten bestimmt den Grad der Vernetzung und damit Eigenschaften wie Löslichkeit, Schmelzpunkt usw. Die mechanischen und chemischen Eigenschaften werden anderseits durch die Art des Substituenten R bedingt.

Es ist leicht sich die zahlreichen Variationen vorzustellen, die möglich sind bei der Herstellung von Silikonen, die immer zu Produkten führt, die in ihren Ketten und Ringen Silizium enthalten, aber anderseits ganz verschiedenes Aussehen besitzen, indem man von Flüssigkeiten über Pasten bis zu festen Körpern gelangen kann.

Die Silikonöle und -fette besitzen eine Kettenstruktur. Die ihnen zukommenden Vorteile sind dabei: Wärmebeständigkeit, tiefer Stockpunkt, Viskositätsstabilität bei Temperaturwechsel, gute elektrische Eigenschaften, chemische Beständigkeit, tiefer Dampfdruck, gute Wärmeübertragung und ausgezeichnetes Filmbildungsvermögen.

Die Silikonharze können je nach den Ausgangsmaterialien thermoplastisch oder härtbar sein. Neben den Methylchlorsilanen werden auch höhere Alkylhomologe, rein oder gemischt sowie Kombinationen von Aryl- und Alkylverbindungen für die Silikonharzherstellung herangezogen.

Eigenschaften der Silikone.

Infolge wichtiger Unterschiede zwischen den Atomen des Kohlenstoffs und des Siliziums sind Analogieschlüsse zwischen den Verbindungen des Kohlenstoffs und den entsprechenden Verbindungen des Siliziums nicht immer zulässig. So kann das Silizium gelegentlich ausser vier auch sechs koordinative Wertigkeiten (SiF_6) betätigen. Von grosser Bedeutung ist auch, dass die Atomradien dieser beiden Elemente deutlich verschieden sind, nämlich 0,77 Å bei Kohlenstoff und 1,17 Å bei Silizium. Die wichtigen und neuartigen Eigenschaften der Silikone sind daher sicherlich diesen Unterschieden zuzuschreiben.

Unter den Polyorganosiloxanen spielt das Methylsilikon die wichtigste Rolle. Es besitzt den minimalsten Anteil an organischen Substituenten und keinerlei C—C-Bindungen, so dass der anorganische Charakter hier am deutlichsten zur Geltung kommt. Es werden daraus Öle, Harze und Gummi hergestellt.

Äthylsilikon war eines der ersten Silikone, die hergestellt wurden. Die Äthylgruppe macht das Material weicher, leichter löslich und verlängert die Härtungsdauer. Die Materialeigenschaften werden weitgehend vom Verhältnis zwischen Alkyl und Silizium bestimmt. Je mehr Äthylgruppen vorhanden sind, um so weicher wird das Material.

Propyl-, Butyl- und Amylsilikone sind farblose, ölige Flüssigkeiten oder glasige, unschmelzbare Massen. Die höhern Homologen weisen natürlich nicht die Beständigkeit der Methylsilikone auf, da sie ja bedeutend mehr organische Komponenten enthalten. So sind sie leichter oxydierbar, was sich besonders in ihrer bedeutend geringeren Wärmebeständigkeit bemerkbar macht.

Phenylsilikon ist in der Kälte spröde, wird aber bei leichtem Erwärmen rasch weich. Es ist leicht brennbar, was durch Chlorierung des Benzolkerns jedoch weitgehend behoben werden kann.

Die Alkyl-Aryl-Silikone verbinden die Eigenschaften beider Klassen miteinander und lassen sehr grosse Variationen bezüglich der Härte und Elastizität zu. Ein wichtiger Vertreter dieser Gruppe ist das Methyl-phenyl-silikon, ein gut elastisches, starkes und in gehärtetem Zustande unschmelzbares Material, dessen Eigenschaften sich ebenfalls durch das Verhältnis zwischen Methyl- und Phenylgehalt verschieben lassen.

Obschon die ganze Serie von Silikonen also aus sehr verschiedenen Substanzen besteht, so weisen sie dennoch gemeinsame Eigenschaften auf. Es sind hier vor allem ihre ganz speziellen physikalischen Eigenschaften zu nennen, die durch die ersten Forscher auf diesem Gebiete (der Gruppe von Kipping) übersehen wurden, weshalb sie auch nicht das praktische Interesse dieser neuen Verbindungen voraussehen konnten.

Vom chemischen Standpunkt aus sind die Silikone durch eine grosse chemische Trägheit ausgezeichnet; so sind sie praktisch gegen alle Chemikalien mit Ausnahme von konzentrierter Salzsäure beständig. Sie besitzen eine ausgezeichnete Dielektrizitätskonstante, sind sehr hydrophob und äusserst wärmebeständig zwischen Temperaturen von 40 und 300° C. Sie sind entzündbar, wobei jedoch nach ihrer Zersetzung kein verkohlter Rückstand bleibt.

Anderseits sind die reinen Silikone in all ihren Formen farb- und geruchlos. Sie besitzen eine Dichte zwischen 1 und 1,2 g/cm³.

Sicherlich finden die Silikone zur Zeit ihre grösste Verwendung als elektrisches Isoliermaterial, als künstliche Kautschuke und hitzebeständige Lacke. Zudem ist ihre Verwendung gegeben, wenn Schädigungen durch chemische Korrosion oder ultraviolette Strahlen zu befürchten sind. Endlich finden die Silikone auch noch Verwendung als Schmiermittel, und zwar in Fällen, wo diese sehr hohe Temperaturen auszuhalten haben.

Aber man hat auch die Verwendung dieser interessanten Produkte in der Textilindustrie ins Auge gefasst, und zwar speziell für die Herstellung von Appreturen.

Textile Verwendungsmöglichkeiten.

Die Silikone stehen in Form von Flüssigkeiten, Fetten, harzartigen und kautschukartigen Materialien als Schmier-, Schaumverhütungs-, Beschichtungsmittel und für die verschiedensten technischen Zwecke zur Verfügung. Ihre Beständigkeit über ein grosses Temperaturintervall, ihre dielektrischen Eigenschaften, und ihre Hydrophobizität machen sie für viele Zwecke geeignet und rechtfertigen ihre Anwendung in der Textilveredlung beim Spinnen, Weben und in der Ausrüstung.

Ausser als Schmiermittel für gewisse bei hohen Temperaturen arbeitende Textilmaschinen finden die Silikone auch Verwendung bei der Veredlung der Textilfasern selbst[1]).

So kann z. B. das starke Wasserabstossungsvermögen der Silikone auch für Textilien nutzbar gemacht werden. Die Silikonhersteller konnten neue Verbindungen der Silikonreihe entwickeln, die Gewebe zu hydrophobieren vermögen. Dadurch tritt keine Verschlechterung des Gewebes ein, und es sind für die Anwendung dieser Silikone auch keine speziellen Apparate nötig. Um die wasserabweisenden Eigenschaften beständig zu machen, genügt ein kurzes Erhitzen, welches auf die Faser keinen nachteiligen Einfluss hat.

Zu diesem Zwecke hat die Dow Corning Corporation ihr Produkt DC 1107 Fluid auf den Markt gebracht. Aus diesem Produkt lässt sich eine wässerige Emulsion herstellen, die, einmal auf das Gewebe gebracht, diesem ausgezeichnete wasserabweisende Eigenschaften verleiht. Diese Appretur ist wärme- und kältebeständig und widersteht auch einer Trockenreinigung. DC 1107 Fluid bewährte sich auch bei Nylon und Azetatkunstseide, besass aber den Nachteil allzustark abzuflecken und das Gewebe zu steif zu machen. Für Nylongewebe wurde ein neues Silikonharz ausgearbeitet, das unter dem Namen De Cetex 104 der Dow Corning Corp. in den Handel gebracht wurde und diese Mängel nicht zeigt.

De Cetex 104 ist ein viskoses, hochpolymerisiertes Produkt in Form einer 65 %igen Lösung in einem ungiftigen, nicht brennbaren Lösungsmittel. Das Produkt ist farb- und geruchlos und enthält auch keine korrosiven Chemikalien. Die Anwendung erfolgt als Öl-in-Wasser-Emulsion am Foulard; dann wird bei geeigneter Temperatur getrocknet und bei höherer Temperatur kurz gehärtet. Der Effekt ist wasch- und trockenreinigungsecht. Nylongewebe von locker und dicht gewobener Art können damit mit Erfolg behandelt werden, ebenso Azetat- und Azetat-Viskose-Mischgewebe. Nach Laborversuchen lässt sich auch Orlon so behandeln. Ein Verfahren zur wasserabstossenden Ausrüstung von Baumwolle und baumwollhaltigen Mischgeweben befindet sich noch im Versuchsstadium. De Cetex 104 kann

---

[1]) J. Salquain, Die Silikone in der Textilindustrie, Teintex 1950, S. 167; F. L. Dennett, Die Silikone und ihre Verwendung in der Textilindustrie, Amer. Dyest. Rep. 1947, S. 748 und 1950, *39*, S. 63; O. Eisenhut, Silikone, Mell. 1949, *30*, S. 462; Mc.Gregor, Dyer 1946, *96*, S. 547; M. J. Hunter, E. L. Warrick, J. F. Hyde, C. C. Currie, J. Amer. Chem. Soc. 1946, *68*, S. 2284.

auch in Kohlenwasserstoffen oder chlorierten Kohlenwasserstoffen gelöst angewendet werden. Die Menge Silikonharz, die zur Erzielung eines brauchbaren Effekts auf die Faser gebracht werden muss, hängt ab von der Art des Gewebes, seinem Gewicht und seiner Faserzusammensetzung. Auf Azetatseide erhält man gute Ergebnisse mit 0,5 %, auf Nylon mit 1,5 %; in andern Fällen sind 2—3 % nötig. Ein Härten während 3—5 Minuten bei 150° C genügt im allgemeinen. Man hat aber auch schon Nylon während 10—30 Sekunden bei 200° C gehärtet. Ein anschliessendes Auswaschen ist nicht nötig. Gleichzeitig mit der Wasserabstossung wird die Luftdurchlässigkeit der Gewebe etwas erhöht sowie die Schiebefestigkeit etwas vermindert. Dem kann aber durch Zusatz eines Schiebefestmittels zur Emulsion entgegengewirkt werden.

Diese wasserabstossende Wirkung der Silikone lässt sich übrigens durch die physikalischen und oberflächenaktiven Eigenschaften der Silikonüberzüge erklären, die mit den Wassertropfen grosse Kontaktwinkel (grösser als 90°, Kontaktwinkel bei Paraffin ist 105—106°) bilden, die für die Benetzbarkeit der Oberfläche verantwortlich sind[1]).

Für solche wasserabstossende Appreturen hat man Methylchlorsilane verwendet und zahlreiche Patente verschiedener Herstellerfirmen schlagen immer wieder neue Silikone zur Erzielung wasserundurchlässiger Gewebe vor[2]).

Die Silikone wurden ferner zur Herstellung schrumpffreier Wolle empfohlen[3]).

Ferner haben ebenfalls auf dem Gebiete der Textilappretur neue Forschungen zu gewissen Silikonen geführt, die den damit behandelten Geweben eine erhöhte Widerstandsfähigkeit gegen Wärmeeinflüsse verleihen[4]).

Eine weitere interessante Eigenschaft gewisser Silikone, die schon seit einigen Jahren bekannt ist und auch verschiedentlich in der Textilindustrie verwendet wird, ist ihr Schaumverhütungsvermögen.

Die Dow Corning Corporation hat eine Verbindung unter dem Namen DC Antifoam A auf den Markt gebracht, welche mit bemerkenswerter Wirksamkeit den Schaum bei einer grossen Anzahl

---

[1]) M. Peyrat, Industrie des Plastiques 1947, S. 201; F. L. Dennet, Textile World 1950, Februarheft.

[2]) *Brit. P. 593.727, 612.125, 622.970 622.985, 624.550, 624.551, 631.619, 640.162, 641.553, 645.389, 645.768, 650.822, 653.237, 654.054, 654.450; franz. P. 921.914; amer. P. 2.238.699, 2.253.128, 2.390.370, 2.404.426, 2.405.988, 2.469.625, 2.485.603, 2.507.200, 2.527.807, 2.541.154; franz. P. 944.432, 1947.*

[3]) *Brit. P. 594.901*; P. Alexander, D. Carter und C. Earland, J. Soc. D. and. Col. 1949, S. 107; Lanerès, Teintex 1949, S. 275.

[4]) *Amer. P. 2.445.794 und brit. P. 647.537.*

wässeriger Systeme zu bekämpfen erlaubt. Im besonderen gilt dies für Schlichten und Textilappreturen sowie Druckpasten (*amer. P. 2.375.007*)[1]).

DC Antifoam A ist ein farbloses, durchscheinendes Produkt von honigartiger Konsistenz, das in Wasser unlöslich, aber mit Zyklohexan, Pine Oil, Stoddard Solvent und Tetrachloräthylen dispergierbar ist und dann in wässerigen oder nichtwässerigen Medien angewendet werden kann. Ausserdem wird eine Emulsion geliefert. Das Produkt ist mit einer Wirksamkeit von 20—200 Teilen in einer Million das billigste aller Entschäumungsmittel.

Zum Schlusse dieser Übersicht über die textilen Verwendungsmöglichkeiten der Silikone seien noch die neueren Forschungen erwähnt, die darnach trachten, Silikone in Form durchsichtiger, harter und biegsamer Polymerisationsprodukte zu erhalten, die sich für die Herstellung von Textilfasern, also Textilien selbst, eignen. Die Produktion solcher Textilien ist noch in Entwicklung begriffen und daher nur gering[2]).

---

[1]) Chem. and Eng. News 1946, S. 1260.
[2]) Silk and Rayon 1946, S. 977.

Name	Erzeugerfirma	Zusammensetzung
Stärke	Brueder, Arches (Frankreich)	$(C_6H_{10}O_5)n$
Weizenstärke	Arnold, Hoffman & Co., Philadelphia	Mischung verschiedener Polymere, deren Moleküle linear (Amylosestruktur) od. verzweigt (Amylopektinstruktur) sind.
Kartoffelstärke	Clinton Industries	
Maisstärke (Maizena)		
Mondamin		
Reisstärke		
Douglas Starches	Penick a. Ford Ltd.	
Kem Gums	Kem Prod. Co.	Stärkeabbauprodukte (Dextrine).
Clinton	Clinton Industries	Stärke.
Britishgum	Brueder, Arches (Frankreich)	Wasserlösliche Modifikation der Maisstärkeabbauprodukte. Herstellung durch Behandeln der Maisstärke bei 160° C.
	Scheurer, Logelbach (Elsass)	
Sussex gum	Stein, Hall & Co.	
K A C 4 Gums	Stein, Hall & Co.	
B 2 Gum	Stein, Hall & Co.	
Royal British Gum		
Dextrin	Gebrüder Haake, Medingen	Wasserlösliche Modifikation der Kartoffelstärke, erhalten durch Rösten, Gärung oder Säureeinwirkung bei 110° C.
Ultra Dextrin	Arnold, Hoffman & Co.	
Haake Stärke	Gebrüder Haake, Medingen	
Ozonstärke		
Farilon	National Starch Prod.	Schwer verkochende Stärke, die einen besonders guten, langsam gelierenden Kleister von gut filmbildenden Eigenschaften ergibt.
Amortex	National Starch Prod.	Ersatzmittel für Britishgum. Bildet einen weichen, biegsamen Film, gibt guten Durchdruck, gleichmässig egale Böden und lässt sich leicht auswaschen.
Fibertex	National Starch Prod.	
Clearfilm	National Starch Prod.	
Atcoset GU	Atlantic Chem. Co.	

Literatur	Verwendungsgebiet
Radley, Starch and its Derivatives, Chapman and Hall, London, 1940. K. Heyns, Die neueren Ergebnisse der Stärkeforschung. Vieweg, Braunschweig, 1949. Ullmann, Enzyklopädie der Techn. Chemie, Bd. IX, S. 575. Siehe Seite 11.	Verdickungsmittel für die Druckfarben (Weizen- und Maisstärke). Härtendes Mittel; in der Appretur für das Gummieren, Stärken, Beschichten der Textilien (Kartoffel-, Reisstärke) verwendet. In der Schlichterei in grossem Maßstabe verwendet (Kartoffelstärke).
Siehe S. 29.	Ausgezeichnetes Verdickungsmittel für die Druckerei, namentlich für Küpenfarben. Finden nur geringe Anwendung in der Appretur.
Siehe S. 23 u. 28.	Verdickungsmittel für die Druckerei. Für die Appretur als Beschwerungs- und Steifungsmittel.
	Wird für das Schlichten von Baumwollketten, Kammgarn und Viskosekunstseide, für den Rouleaudruck und Filmdruck empfohlen, sowie in Verbindung mit Kaolin für die Rakelappretur.
J. Zonnenberg, J. Soc. D. and Col. 1950, *66*, S. 132.	Verdickungsmittel.
	Schlichte- und Appreturmittel für Kunstseide und mercerisierte Baumwolle. Es verkleistert in heissem Wasser und kann bei gewöhnlicher Temperatur angewendet werden. Erlaubt Färben und Appretieren in einem Bad und kann Kunstharzappreturen als Streckungsmittel beigefügt werden.
	Mittel für Steifappreturen.

Name	Erzeugerfirma	Zusammensetzung
Flovis	Glyco Products	Polymerisierter Fettsäureglykolester.
Geröstete Stärke Amidon grillé		Stärkeabbauprodukt. Herstellung durch Rösten von Maisstärke bei Temperaturen zwischen 180—190⁰ C.
Leiogum		Geröstete Kartoffelstärke.
Gomme d'Alsace Gomme factice		Wird aus Kartoffelstärke gewonnen durch Behandeln mit Schwefelsäure, nachträgliches Kochen unter Druck und Eindampfen.
Gommeline		Weisses Dextrin, welches durch Erwärmen aus Kartoffelmehl hergestellt wird.
Gloy		Behandlung von Stärke mit Metallchloriden ($MgCl_2$ oder $CuCl_2$) in der Wärme.
Gelosine	Maboux et Camelle	Stärkeabbauprodukt, welches durch Einwirkung von Persulfat auf Stärke erhalten wird.
Sta-Gel Staley's Eclipse H	A. E. Staley A. E. Staley	Stärkeprodukt.
Solvitex BG, ST	Scholten's Chem. Fabr.	Kaltquellende Stärke.
Solvitex A	Doittau Sichel-Werke AG.	
Universalleim	Chem. Fabr. Pfersee	
Quellstärke	Scholten's Chem. Fabr.	
Adragoline	Brueder, Arches	
Flotex	National Starch Prod.	
Kovat	National Starch Prod.	
Diappret DM, S	Diamalt AG., München	Modifizierte Stärke.
Appretose	Pyrgos, Radebeul	
Appreturstärke-Grünau	Chem. Fabr. Grünau	
Pürtonstärke	Zschimmer u. Schwarz	

Literatur	Verwendungsgebiet
Text. World, 1948, *98*, S. 152.	Dient zur Verhinderung des Gelierens von Stärkekleistern, wie sie als Klebmittel, Schlichtemittel und Verdickungen für die verschiedensten Zwecke verwendet werden. Ein Zusatz von 0,1% soll genügen.
Siehe S. 29.	Appreturmittel.
Siehe S. 29.	Dient hauptsächlich als Appreturmittel; für Druckzwecke wenig verwendet.
Siehe S. 30.	Verdickungsmittel für die Druckerei. Wird auch als Appreturmittel verwendet.
Siehe S. 30.	Appreturmittel.
Siehe S. 30.	Für Appreturzwecke.
Siehe S. 30.	
	Für das Schlichten von Webketten aus Zellwolle und anderen Stapelfasern.
Franz. P. 732.306, Scholten's Chem. Fabr. Siehe S. 30.	Ausgezeichnetes Verdickungsmittel für Küpen-, Rapidogen- und Indigosolfarbstoffe. Wird als Appreturmittel viel verwendet.
	Appreturmittel, kann sowohl allein als auch zusammen mit Kartoffelstärke und allen anderen Appreturmitteln verwendet werden.

Name	Erzeugerfirma	Zusammensetzung
Amylose AN, D, N Amylose ND, D	I. G. Farbenindustrie (1929) Farbenfabr. Bayer	Aus Kartoffelstärke hergestellte kaltquellende Stärke.
Vosgeline	Brueder, Arches (Frankreich)	
Apparatin Pflanzenleim Poliokoll Kristallappretur	Simon u. Durkheim	Löslicher Stärkeleim, erhalten durch Quellen von Stärke mit Lauge.
Solvitose H u. H 4 Fibrocol RT Solvitose R	Scholten's Chem. Fabr. Scholten's Chem. Fabr.	Verätherte Stärke. Oxyalkylstärke. Löst sich leicht und klumpenfrei in kaltem Wasser. $C_6H_9O_4$—OR
Solvitose CG	Scholten's Chem. Fabr.	Carboxymethylstärke.
Solvitose HDF Noredux N 150 T	Scholten's Chem. Fabr. Doittau (Sopura)	Stärkeäther.
Quellin	Scholten's Chem. Fabr. Sichel-Werke A.G. Hannover Doittau (Sopura)	Stärkebasis. Kaltquellende Stärke.
Industrie-Gummi Gomme industrielle Gomme Labiche Kristallgummi Plattengummi	Bernard & Cie., Mulhouse	Aufgeschlossener und zur Trockene eingedampfter Schirazgummi. In Wasser löslich.
Nafka Kristall- gummi	Scholten's Chem. Fabr. (1931)	Verdickungsmittel aus natürlichem Gummi.
Alfagum 55 Diatex Koragan	Diamalt AG., München Diamalt AG., München Diamalt AG., München	Kristallgummi.
Rabic BS und LS Rabic Stärke A u. G	Chem. Fabr. Pfersee, Augsburg	Lösliche Stärke, weisses Pulver.

Literatur	Verwendungsgebiet
Siehe S. 30.	Verdickungs- und Appreturmittel.
Siehe S. 30.	Verdickungs- und Appreturmittel.
	Verdickungsmittel.
Brit. P. 601.374, 621.792, 622.208. F. A. Möller, Teintex 1950, Nr. 12; Mell. 1950, *31*, S. 419. Brit. Rayon and Silk Journ. 1950, *16*, S. 60. Siehe S. 40.	Verdickungsmittel mit sehr gutem Egalisiervermögen. Für den Druck von Seide, Kunstseide und Plüsch geeignet. Eignen sich besonders für das Drucken von grossen Flächen mit Küpenfarbstoffen.
Mell. 1949, *30*, S. 166. J. Zonnenberg, J. Soc. D. and Col. 1950, *66*, S. 132. R. S. Munshi u. H. A. Turner, J. Soc. D. and Col. 1949, *65*, S. 434.	Ausgezeichnetes Produkt zur Ersetzung von Tragantgummi für das Drucken von alkalischen und neutralen Farben, wie Rapidogene, Rapidechtfarbstoffe, Indigosole, Küpenfarbstoffe, usw.
Siehe S. 41.	Appreturmittel, eignet sich besonders zusammen mit Harnstoff- oder Melamin-Formaldehydvorkondensaten (Lyofix A) für eine Dauerappretur sowie zur Erzeugung von Waren mit steifem Griff.
Siehe S. 31.	Appretur- und Schlichtemittel.
	Verdickungsmittel.
	Verdickungsmittel, leicht löslich in Wasser.
	Verdickungsmittel.
	Appretur- und Schlichtemittel.

Name	Erzeugerfirma	Zusammensetzung
Tragasol		Aus der Zichorienwurzel gewonnenes Produkt.
Hartex Gum 125 Hartex Finish 1115	Hart Products Corp.	Vegetabilische Gummilösung.
Glutalgine		Mischung von Kleber mit Alginen.
Kleber Gluten		Mischung von verschiedenen Eiweißstoffen mit Kleber.
Diagum S Siliqua	Diamalt AG., München	Johannisbrotkernmehl. Farine de graines de caroubes. Locust Bean-Gum.
Emco-Gum	Meyerhans & Co. Weinfelden	
Helisol	Schweiz. Ferment AG.	
Caroubine		
Fruktangummi		
Adurin	A. Th. Böhme, Dresden	
Tragasol	Gum Tragasol Supply Co.	
Gum Gatto		
Lisogum (alte Bezeichnung)		
Cephen		
Ceratoniagummi		
Neogum	Soc. Ind. du Neogum,	
Tragon	Tragasol Prod. Ltd.	
Paltaleim		
Leico-Gum	Leico Ges. Bast Co.	
Pantogummi		
Stargum	Pinel Frères in Deville -les-Rouen	
Draguline		
Tragu S	Diamalt AG., München	
Trogen		
Cesalpiniagum	Cesalpinia, Milan	
Perasol (alte Bezeichnung)	Cesalpinia, Milan	
Tex-Gum S 28	Soc. Chimique Elbeuvienne	
Lupogum	J. W. C.	
Hellagum	Diamalt AG., München	
Meconin	Zschimmer und Schwarz	
Okatol		
Atco Locust Bean Gum	Atlantic Chem. Co.	

Literatur	Verwendungsgebiet
	Verdickungsmittel.
Dieser Band S. 47	

Tagliani, Mell. 1930, *11*, S. 460.
D.R.P. 611.967, Tres-Budapest.
Öst. P. 136.997, Tres-Budapest.
Franz. P. 755.961, Neogum.
Öst. P. 150.992, Ver. Färbereien AG.
D.R.P. 578.776, 1933, Kästner.
Brit. P. 444.838, Kästner.
D.R.P. 749.708, Kästner.
Franz. P. 838.904; brit. P. 508.135,
    Durand-Huguenin, Universalgummi.
D.R.P. 508.654, 720.573 der Diamalt AG.
Textil Praxis 1947, S. 210.
Franz. P. 895.249 von Kornis.
Schweiz. P. 251.101 von Kornis.
Tagliani, Mell. 1938, *19*, S. 438.
D.R.P. 716.912, 1938, der Diamalt AG.
E. L. Hirst und J. K. N. Jones, J. Soc. D.
    and Col. 1947, *63*, S. 249.
R. H. Munshi u. H. A. Turner, J. Soc. D.
    and Col. 1949, *65*, S. 434.
Dieser Band S. 63.
	Verdickungsmittel für Druckerei und zu
	    Appreturzwecken.
	Diagum besitzt eine hervorragende Quell-,
	    Verdickungs- und Bindekraft.
	In der Appretur als Binde- und Beschwe-
	    rungsmittel.

Name	Erzeugerfirma	Zusammensetzung
Pektragum A u. G	Hanser & Sobotka	Ein dem oxyäthylierten Johannis-brotkernmehl ähnliches Produkt.
Luposol S	J.W.C.	Verändertes Johannisbrotkern-mehl.
Alcagum Duralca Meyprogum CR	Meyerhans & Co., (Meypro) Weinfelden Meyerhans & Co. Meyerhans & Co.	Verändertes Johannisbrotkern-mehl. Verträgt Säuren und Al-kalien.
Indalca concen-trata Indalca normale Indalca policolore Indalca R Indalca Super	Cesalpinia, Mailand	Verändertes Johannisbrotkern-mehl.
Alkagum	Diamalt AG., München	Verändertes Johannisbrotkern-mehl.
Blandola Norgine Algine Gelidine (alte Be-zeichnung) Amorine Novigont Gelose	Blandola Co. Ltd. Scheurer, Belfort	Extrakt aus Seetang und Flechten-arten.
Algin Natriumalginat Ammoniumalginat Kaliumalginat Lamitex Cohäsal Alg-Gum Na Kelgin Keltex Kelkoloid LVF, HV Superloid Alginate Algocol Alginate Gomalg	Algin Corp. of America Soc. bretonne de Prod. Chim. et Pharma-ceutiques, Quimper Herm. Lau, Hamburg Herm. Lau, Hamburg Maton Frères, Pleubian Kelco Co., New-York Kelco Co. Kelco Co. Kelco Co. Maton Frères, Pleubian Maton Frères, Pleubian	Tangsaures Natrium Natrium und Kaliumsalze. Sind wasserlöslich. Barium-, Alu-minium-, Eisen- und Chromsalze sind unlöslich in Wasser. Natriumalginat. Natriumalginat. Natriumalginat. Glykolalginat. Ammoniumalginat.

Literatur	Verwendungsgebiet
Brit. P. 498.149, I.G. Farbenindustrie. *Franz. P. 838.184*, I.G. Farbenindustrie.	Verdickungsmittel für Küpen-, Rapidogen-, Beizen- und basische Farbstoffe.
Dieser Band S. 67.	Druckverdickungsmittel; kann für alle Farbstoffe, mit Ausnahme der Chromfarbstoffe, verwendet werden. Für Druckereizwecke.
Dieser Band S. 67.	Verdickungsmittel für Maschinen- und Handdruck.
Dieser Band S. 67.	Ausgezeichnete Verdickungsmittel für Druck- und Appreturzwecke.
Die Alginsäure sowie ihre Salze sind makromolekulare Mannuronsäurederivate, die in Lösungen nur im polymerisiertem Zustand vorhanden sind. Alginate als Druckverdickungen, Dyer 1951, *106*, S. 97. Richard, Chim. et Ind. 1951, *65*, S. 793; Teintex 1951, S. 609. Dieser Band S. 71.	Verdickungsmittel, Schlichtemittel. Appreturmittel in Verbindung mit Dextrin, Kartoffelstärke usw. Appreturmittel. Verdickungsmittel. Appreturmittel. Schlichtemittel.

Name	Erzeugerfirma	Zusammensetzung
Schirazgummi Indischer Gummi Karayagummi Fabritex Tragtex Hollmark Karaya Gum	Royce Chem. Corp.	Indischer Gummi.
Atco Printex Karaya Gum Senegalgummi Arabischer Gummi Atco Gum Arabic Sol.	Atlantic Chem. Co. Innis Speiden & Co. Atlantic Chem. Co.	Karayagummi.
Hartex Print Gum	Hart Products Corp.	Hochkonzentrierte, viskose, gelblich gefärbte Lösung eines synthetischen Gummis.
Diapene B Finish H 5 Standafin 535	Quaker Chem. Prod. Corp. Burkart-Schier Chem. Co. Standard Chem. Prod.	Mischung von Gummen, Proteinsubstanzen und organischen Amiden. Mischung vegetabilischer Gummen. Mischung von wasserlöslichen Gummen und Proteinderivaten.
Tragant Atco Tragacanth-Sol. Atco Gum Trag	 Atlantic Chem. Co. Atlantic Chem. Co.	
Kasein Protovac Glycogel	Casein Corp. of America Soc. Cochimic	 Plastifizierte Gelatine.
Colle de peaux de lapin Leim aus Hasenfellen	Chardin (France)	

Pheno-

Name	Erzeugerfirma	Zusammensetzung
Bakelite Bakelite Beckolak Resinox Rockite	Bakelite Corp. Bakelite Ltd. Beckacite Kunstharz- fabrik, Homburg Resinox Co. Hughes	Primäre Phenol-Formaldehydkondensationsprodukte.
Luxene Durite	Bakelite Corp. USA.	

Literatur	Verwendungsgebiet
	Verdickungsmittel für Druck- und Appreturzwecke.
	Für Walzen- und Filmdruck auf Kunstseide, Azetatseide, Nylon, Zell- und Baumwolle.
	Appreturmittel.
	Appreturmittel.

plaste

R. Houwink, Fundamentals of Synthetic Polymer Technology, Elsevier Publ. Co. Amsterdam, 1949. R. Houwink, Chemie und Technologie der Kunststoffe, Leipzig, 1942.	Verdickungsmittel für Metallpulverdruckfarben.
J. Scheiber, Chemie u. Technologie der künstlichen Harze, Stuttgart 1943. Simonds-Ellis, Handbook of Plastics, 7. Aufl. New York 1946; Hultsch, Kunststoffe 1942, *32*, S. 69.	

Name	Erzeugerfirma	Zusammensetzung
Resol Bakelit Harze Phenodur Luplema Duroplen Beckophene	Bakelit Gesellsch. Chem. Fabrik Dr. Kurt Albert I.G. Farbenindustrie Chem. Fabrik Dr. Kurt Albert Beckacit Kunstharzfabrik	Phenol-Formaldehydkonden- sationsprodukte. Resol stellt den ersten Reaktions- zustand der Phenol-Formalde- hydkondensation in alkalischem Milieu dar. Löslich in Wasser.
Novolak Abalack Alnovole Schellackersatz Laccain	Bakelit Gesellsch. Dr. Fritz Pollak Chem. Fabrik Dr. Kurt Albert I.G. Farbenindustrie Louis Blumer, Zwickau	Phenol-Formaldehydkonden- sationsprodukte, die durch Kon- densation in saurem Milieu ent- stehen. Lösliche Kunstharze.
Resitol		Zwischenprodukte, die bei weiterer Kondensation von Phenol mit Formaldehyd entstehen. Diese Harze erweichen beim Er- wärmen und quellen in organi- schen Lösungsmitteln.
Resit		Phenol-Formaldehydharz, welches den Endzustand der Konden- sation darstellt.
Albertole (Amberolharze)	Chem. Fabrik Dr. Kurt Albert	

Amino-

Name	Erzeugerfirma	Zusammensetzung
Kaurit KF Kauritleim Kaurit KFS Ureol AC Fixappret B Eropal SZ Acrisin F 156, FS 115, FS 214 Diamonin H Resamin Mattweiss M	I.G. Farbenindustrie I.G. Farbenindustrie B.A.S.F. Ciba I.G. Farbenindustrie Röhm & Haas Röhm & Haas C.F.M.C.-Francolor Chem. Werke Albert I.G. Farbenindustrie	Dimethylolharnstoff $$O=C\begin{cases} NH-CH_2OH \\ NH-CH_2OH \end{cases}$$
Formaset SN Formaset 50 Formaset 20	Warwick Chem. Co. Warwick Chem. Co. Warwick Chem. Co.	Methylolharnstoff. Feine, weisse Paste, die in warmem Wasser löslich ist.
Synthrez D	Synthron Inc.	60%ige leicht wasserlösliche Paste die hauptsächlich aus monome- rem Dimethylolharnstoff besteht.
Atco Resin 150 u. 400 Finish EN Resifin W 1570	Atlantic Chem. Co. Sandoz J.W.C.	Wasserlösliches Harnstoff-Formal- dehydharz.
Alroresin UFB	Alrose Chem. Co.	Wässerige Lösung eines Harnstoff- Formaldehydkondensations- produktes.

Literatur	Verwendungsgebiet
Baekeland, *D.R.P. 189.262, amer. P. 942.699;* Chem. Ztg. 1909, S. 358. Siehe S. 76. G. Champetier, La Chimie macromoléculaire et le Textile; Bull. Inst. Text. France, 1947, N⁰ 4, S.115.	Plastifizierungsmittel.
	Ersatzprodukte für Schellacke.
D.R.P. 254.411, 269.659, 281.939, 289.968.	

plaste

Siehe S. 81. Teil 1, Bd. *3*, Kap. XII. Teil 2, Bd. *3*, Kap. XIX. M. Talet, Kunstharze auf Harnstoffbasis, Journées Mat. Plast., Maison de la Chimie, 1939. Dixon, J. Chem. Soc. 1918, 113, S. 238. P. D. Ritchie, A., Chemistry of Plastics and High Polymers, Cleaver Hume Press Ltd. London, 1949; C. E. H. Bawn, The Chemistry of High Polymers.	Fixiermittel für Metallfarben und Pigmente. Appreturmittel für permanente Appreturen, knitter- und quellfeste Ausrüstung. Zum Schrumpffestmachen, Griffigmachen und für Glanz- und Prägeeffekte sowie zur Fixierung der Stärke verwendet.
Calaroc U F B der I.C.I. entspricht einem niedrig kondensierten Harnstoff-Kondensationsprodukt.	Knitterfreimachen von Viskosekunstseide und Zellwolle.

Name	Erzeugerfirma	Zusammensetzung
Rhonite Resins 210, 313, 414, 604, 610	Röhm & Haas	Wässerige Lösungen von Harnstoff-Formaldehydkondensaten.
Rhonite 470	Röhm & Haas	
NFC-Paste	Burkart-Schier Chem. Co.	
Polybond	Burkart-Schier Chem. Co.	
Aerotex Resin 801	Amer. Cyanamid Co.	Äther von Dimethylolharnstoff.
Formaset 10 D	Warwick Chem. Co.	Äthylenglykoläther von Dimethylolharnstoff.
Resins	Richmond Oil Soap and Chem. Co.	
Resipon C u. D	Arkansas	Kationaktiver Methylolharnstoffsirup.
Beetle Textile Resin BT 313	The Beetle Prod. Co.	
Kaurit AF 140	I.G. Farbenindustrie B.A.S.F.	Tetramethylolazetylendiharnstoff 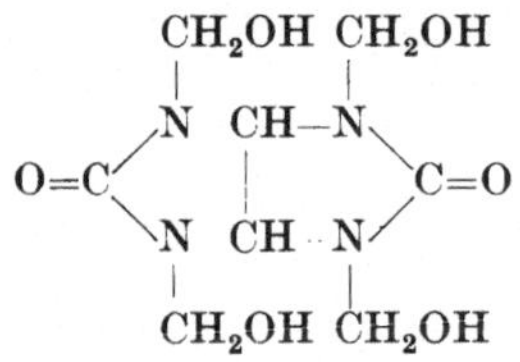 $\begin{array}{c} \text{CH}_2\text{OH} \quad \text{CH}_2\text{OH} \\ \mid \qquad\qquad \mid \\ \text{N}\quad\text{CH—N} \\ \text{O=C}\diagup\qquad\mid\qquad\diagdown\text{C=O} \\ \text{N}\quad\text{CH}\quad\text{N} \\ \mid \qquad\qquad \mid \\ \text{CH}_2\text{OH} \quad \text{CH}_2\text{OH} \end{array}$
Kaurit AFL	B.A.S.F.	Reaktionsprodukt von Glyoxal, Harnstoff und Formaldehyd.
Kondensol A	I.G. Farbenindustrie	Ammoniumnitrat.
Kauron	I.G. Farbenindustrie	Kondensationsprodukt von Tetramethylolazetylendiharnstoff mit einem Molekül eines höheren Alkohols (Oktadecylalkohol) 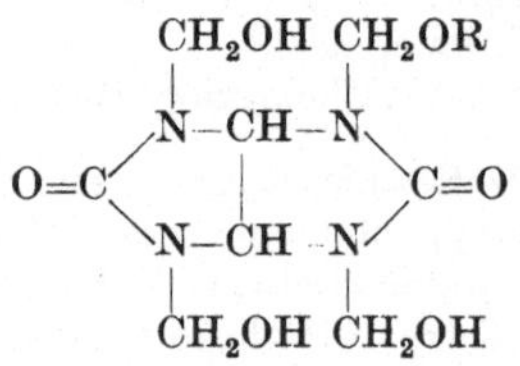 $\begin{array}{c} \text{CH}_2\text{OH} \quad \text{CH}_2\text{OR} \\ \mid \qquad\qquad \mid \\ \text{N—CH—N} \\ \text{O=C}\diagup\qquad\mid\qquad\diagdown\text{C=O} \\ \text{N—CH}\quad\text{N} \\ \mid \qquad\qquad \mid \\ \text{CH}_2\text{OH} \quad \text{CH}_2\text{OH} \end{array}$ wobei R = Oktadecylrest löslich in Methylpyrrolidon.
Appretan NA	I.G. Farbenindustrie	Dimethylolharnstoff mit 2 Molen Adipinsäure verestert, welcher in Gegenwart eines Polyalkohols hergestellt wird.
Texapret NA	B.A.S.F.	
Appretan SF	I. G. Farbenindustrie	
Syntharesin SF	Farbenfabr. Bayer	

Literatur	Verwendungsgebiet
Siehe S. 105. L. A. Fluck, C. J. Keppler, T. F. Cooke and C. L. Zimmermann, Amer. Dyest. Rep. 1951, *40*, S. 154 P; R. Aenishaenslin, Amer. Dyest. Rep. 1951, *40*, S. 432.	Kommen als Bindemittel für Pigmente, für waschechte Chintzausrüstung und zur Griffverbesserung in Frage.
Mell. 1949, *30*, S. 70.	Zur Krumpf- und Quellfestausrüstung von Textilien. Zur Fixierung wasserlöslicher Appreturmittel.
	Mittel zum Schrumpffestmachen, gut waschecht; erfordert keine Nachwäsche.
	Katalysator für die Kondensation auf der Faser.
Siehe S. 99.	
Wasserlösliches Kunstharz für die Baumwoll- und Kunstseidenausrüstung, zusammen mit Ramasit K, Kaurit KF-Paste und Kaurit AF 140.	Zur Herstellung nicht dauerhafter, wasserabstossender Appreturen. Zur Schiebefestausrüstung (Syntharesin SF).

Name	Erzeugerfirma	Zusammensetzung
Appretan N	I.G. Farbenindustrie	Primäres Vorkondensat von Harnstoff mit Formaldehyd, welches in Gegenwart von Äthylenglykol und Hexantriol hergestellt wird.
Palex Resin 44	Paulden	Harnstoff-Formaldehyd-Harzsirup.
Restex 100 u. 200	Watson-Park Co.	Harnstoff-Formaldehydvorkondensate. Mono- und Dimethylolharnstoff bzw. Dimethylenharnstoff.
Schubert FK und FKA Stephanit	Schubert	Harnstoff-Formaldehydkondensationsprodukte, denen noch andere Körper, wie Polyvinylalkohol und Fettsubstanzen, beigegeben werden.
Plastopal Plastopal I Aerotex Resin 301 Aerotex Cream 450 Polacream Resin	I.G. Farbenindustrie Amer. Cyanamid Co. Amer. Cyanamid Co. Paulden	Modifizierte Harnstoff-Formaldehydharze. 50%ige Lösung mit viel Butanol, löslich in Alkoholen, Glykoläthern, Pyranthronen. Modifizierte Harnstoff-Formaldehydkondensate.
Diapene U, UF	Quaker Chem. Prod. Corp.	Harnstoff-Formaldehydkondensat.
Hartoresin CR u. FL Homogesol SP u. LTD Fabrez F 10, F 12, F 14 Liquid-Resin SS Liquid-Resin HV Resipon PFC	Hart Prod. Corp. Woonsocket Col. and Chem. Co. Atco (Electrical Chem. Co.) Reichhold Chem. Inc. Onyx Onyx Arkansas Co.	Hochkondensierter, modifizierter Harnstoff-Formaldehyd-Harzsirup. Niedrig und hoch kondensierte Harnstoff-Formaldehydharze, die sich leicht in Wasser lösen. Hochkondensiertes Harnstoffformaldehydharz.

Literatur	Verwendungsgebiet
Siehe S. 102.	Zur Herstellung nicht dauerhafter, wasserabstossender Appreturen.
	Verwendbar für verschiedene Ausrüstungsarten, auch in Kombination mit andern Appreturmitteln (z. B. Knitterfreiausrüstung von Kunst- und Azetatseide). Die behandelte Ware kann nur getrocknet oder getrocknet und gehärtet werden.
	Zum Knitterfrei- und Schrumpfechtmachen von Baumwoll- und Kunstseidengeweben.
	Zur Quellfestausrüstung angewendet. Verminderung der Quellfähigkeit, Erhöhung der Nassreissfestigkeit.
	Als Lacke in Form von alkoholischen Lösungen auf Kunstleder. Verbesserung der Wasserbeständigkeit, der Härte, des Glanzes. Anwendung für Permanent- und Knitterfreiausrüstung von Zellwolle, Baumwolle, Nylon.
	Für Knitter- und Schrumpffreiausrüstung.
Brit. P.291.473, 291.474, 304.900, 437.361, 413.328, 450.225, 451.082, 466.535, 495.714, 495.829, 510.288, 506.721.	Für Knitter- und Schrumpffreiausrüstung angewendet. Kommt auch als Bindemittel für waschechte Chintzausrüstung und zur Verbesserung des Griffs der Ware in Frage.

Name	Erzeugerfirma	Zusammensetzung
Synthrez B Synthrez C u. D Synthrez F	Synthron Inc. Synthron Inc. Synthron Inc.	Harnstoff-Formaldehyd-Kondensationsprodukte.
Appretan K Texapret K	I· G. Farbenindustrie B.A.S.D.	Harnstoff-Formaldehyd-Kondensationsprodukt.
Ausrüstungsmittel KSF	B.A.S.F.	Harnstoff-Formaldehyd-Kondensationsprodukt, dem Kaurit KF sehr nahestehend, kondensiert schon bei Temperaturen von 105–110°C.

Melamin-

Name	Erzeugerfirma	Zusammensetzung
Melamin	Ciba	$2,4,6$-Triamino-$1,3,5$-triazin 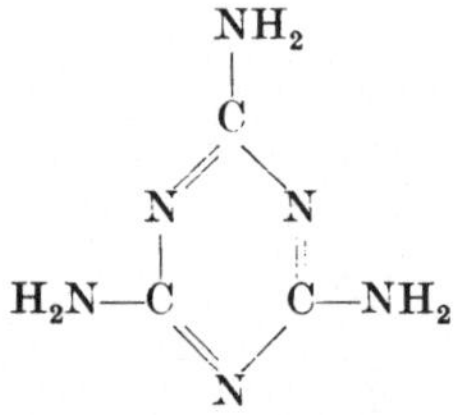 (Struktur: Triazinring mit drei NH_2-Gruppen, H_2N-C, $C-NH_2$) Bildet durch Einwirkung von Formaldehyd ein Methylolderivat analog demjenigen, das mit Harnstoff erhalten wird.
Aerotex Resin UM Resloom HP special Resloom NC 50 Resloom M 75	Amer. Cyanamid Co. Monsanto Chem. Co. Monsanto Chem. Co. Monsanto Chem. Co.	Monomethylol- und Dimethylolmelamin 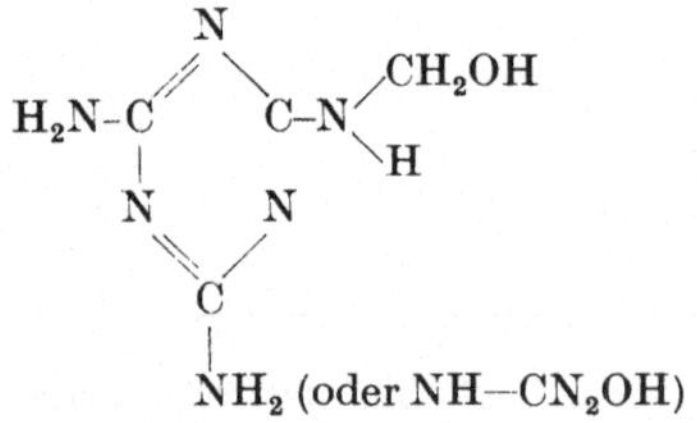 (Struktur: H_2N-C, $C-N$ mit CH_2OH und H, C, NH_2 (oder $NH-CN_2OH$))
Acrisin	Röhm u. Haas	Methylolallylharnstoff 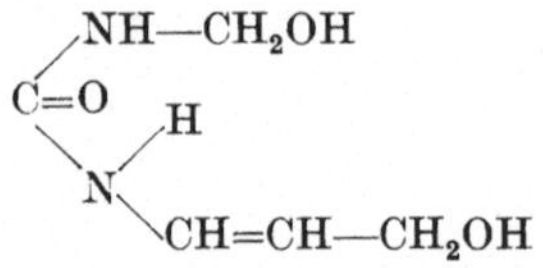 (Struktur: $NH-CH_2OH$, $C=O$, N mit H und $CH=CH-CH_2OH$)

Literatur	Verwendungsgebiet
Die Marken B, C und F sind höher kondensiert wie die Marke D.	Für waschfeste Chintzappreturen. Zum Schrumpfechtmachen von Baumwolle und für die Stärkefixierung in Permanentausrüstungen.
Durch Einstreuen in kaltes Wasser und Erwärmen auf 50⁰ C leicht löslich.	Für die Baumwoll- und Reyonausrüstung; gibt einen kräftigen Griff.

harze

Siehe S. 106. *D.R.P.689.944, Ciba; 733.774*, Henkel. R. Köhler, Kunststofftechnik 1941, *11*, S. 1; R. Köhler, Kolloid Ztg. 1943, S. 138.	Für die Kunstharzfabrikation und für knitterfeste und permanente Appreturen.
Amer. P. 2.197.357, 1940, Ciba; *2.255.901*, 1941; *2.260.239*, 1941; *2.286.228*, 1942; *2.336.370*, 1943; *2.350.139*, 1944, Ciba. *Brit. P. 601.167* u. *601.983*. Dieser Band, Seite 106.	Zur Verhinderung der Quellfähigkeit der Zellwolle. Verbesserung der Knitter- und Krumpffestigkeit der Reyon- und Zellwollkleiderstoffe. Herstellung von waschbeständigen Chintzappreturen.
	Für Quell- und Knitterfestappreturen.

Name	Erzeugerfirma	Zusammensetzung
Lyofix A Cassurit MKF konz. Pulver Kaurit MKF Diapene AEP Aerotex Resin 605 Lanaset Resin	Ciba Cassella Farbwerke I. G. Farbenindustrie Quaker Chem. Prod. Corp. Amer. Cyanamid Co. Amer. Cyanamid Co.	Trimethylolmelamin (Strukturformel)
Aerotex Resin M 3 Melantine FN, SS, A	Amer. Cyanamid Co. Ciba (USA.)	Methyliertes Trimethylolmelamin. Wasserlösliches Melamin-Formaldehydkondensat.
Lyofix CH	Ciba	Hexamethylolmelamin (Strukturformel)
Katalysator A Melantine Assistant	Ciba Ciba	Aluminiumsulfat + Borax Diammoniumphosphat.
Melaminharze Beetle Melamin Pressal-Leime Melmac Ultrapas Melocoll Melopas Maprenal MIB 50% Lösung in Butyl- alkohol	 Brit. Ind. Plastics Henkel & Cie. USA. I.G. Farbenindustrie Ciba Ciba I.G. Farbenindustrie	Modifiziertes Melamin-Formaldehyd-Kondensat.
Cassapret DN Appretan DN	Cassella Farbwerke I. G. Farbenindustrie	Auf Melamin-Formaldehydbasis
Kaurit DD	I. G. Farbenindustrie	Harze aus Dicyandiamid mit Formaldehyd.

Literatur	Verwendungsgebiet
Siehe S. 108 u. 111.	Pigmentfixiermittel. Appreturmittel zur Verhinderung der Schrumpffähigkeit und Verbesserung der Nassreissfestigkeit, sowie zur Verminderung des Quellvermögens von Reyon und Zellwolle. Wird für Permanent Chintz-Artikel (Everglaze) verwendet.
Brit. P. 480.316, 482.345. *Brit. P. 468.677* der Ciba. Dieser Band S. 111.	
	Wird als Kondensations-Katalysator für die Harnstoff- oder Melamin-Formaldehydharze verwendet.
Beetle Textile Resin BT 309 der Beetle Prod. Co. ist ein modifiziertes Melamin-Formaldehyd-Kondenstationsprodukt. 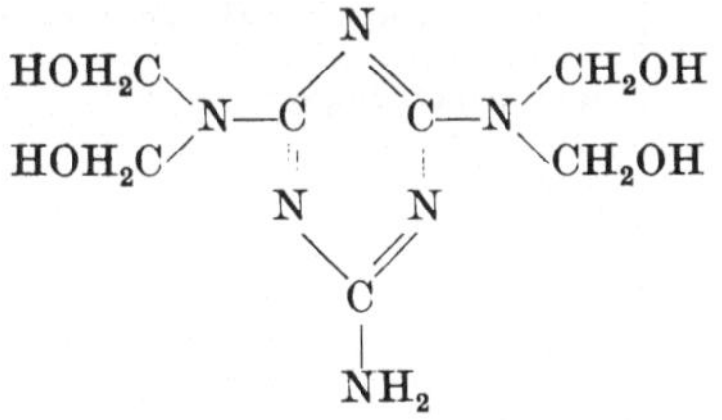 $$\begin{array}{c} \text{HOH}_2\text{C} \\ \text{HOH}_2\text{C} \end{array}\text{N}-\text{C}\cdots\text{N}\cdots\text{C}-\text{N}\begin{array}{c}\text{CH}_2\text{OH}\\ \text{CH}_2\text{OH}\end{array}$$ (Melamin-Triazinring mit NH$_2$)	
	Zur Herstellung waschbeständiger Prägeeffekte auf Reyon- und Zellwollgeweben.
	Für waschbeständige Appreturen und für Füllappreturen in Verbindung mit Dextrin, Stärke und Amylose- oder Tylose-Marken.

Name	Erzeugerfirma	Zusammensetzung
Rhonite R–1	Röhm & Haas	Neues Produkt, wird wie Harnstoff-Formaldehydkunstharz angewendet. Farblose Flüssigkeit.

Polymerisations-

Name	Erzeugerfirma	Zusammensetzung
Appretan LN	I.G. Farbenindustrie	Polyvinylchlorid
Perapret LN 25	B.A.S.F.	
Lutofan 300 D	B.A.S.F.	$$-CH_2-CH-CH_2-CH-CH_2-$$
Resin Finish P-50	Laurel Soap Co.	$$\qquad\quad\; Cl \qquad\quad\; Cl$$
Resipon V	Arkansas	
Igelit PC u. PCU	I.G. Farbenindustrie	Ein durch Nachchlorierung auf
Mipolam	I.G. Farbenindustrie	einen Chlorgehalt von 55% ge-
Welvic	I.C.I.	brachtes Polyvinylchlorid.
P.V.C.	Brit. Ind. Plastics	
Vinylite Q u. V.	C.C.C.C.	
Plastogil	CFMC – Francolor	
Resovyl	CFMC – Francolor	
Rhodopas X	Rhône-Poulenc	
Gobinyle Latex C	Saint-Gobain	Wässerige Polyvinylchloriddisper-
Afcodur	Pechiney	sion.
Geon		
Koroseal	Goodrich	
Covidur	P. Lacollonge, Villeurbanne	
Appretan EM, EMC, EMW	I.G. Farbenindustrie	Polyvinylazetat
		$$\left[\; -CH_2-CH-CH_2-CH-CH_2 \atop \qquad OOC-CH_3 \;\; OOC-CH_3 \right]_n$$
Mowilith N, H, NN	I.G. Farbenindustrie	
Mowilith D (alte Bezeichnung Emulsion MVI)	I.G. Farbenindustrie	Kunstharzdispersion.
Vibatex K	Ciba	
Vinnal H 40	A. Wacker AG.	
Rhodopas B, M, H, HH, HV 1, HV 2	Rhône-Poulenc	Vinylazetatpolymere.
Vinamul N–9121, N–2106, N 9108	Vinyl Prod. Lim. Carlshalton (England)	Polyvinylazetatemulsion.
Vinalak	Vinyl Prod. Lim. Carlshalton (England)	Lösung von Polyvinylazetat in organischen Lösungsmitteln.
Calatac VA	Imp. Chem. Ind.	

Literatur	Verwendungsgebiet
Das Produkt besitzt eine unbeschränkte Lagerbeständigkeit und hält sich lange in Appreturflotten selbst nach Zugabe des Katalysators. Amer. Dyest. Rep. 1949, *38*, S. 901.	Für die Schrumpf- und Knitterfreiausrüstung von Zellulosetextilien. Erzeugung von permanenten Appretureffekten, die vollkommen waschbeständig sind.

derivate

Literatur	Verwendungsgebiet
F. Weiss, Die Verwendung der Kunststoffe in der Textilveredlung, Springer-Verlag, Wien, 1949. M. Chatard, Jahresbericht der Ecole Supérieure de Chimie, Mulhouse, 1938. O. Albrecht, Polymerisationskunststoffe, Text. Rdsch. 1952, *7*, S. 400. F. Kainer, Mell. 1950, *31*, S. 773. Siehe S. 120. R. Honwink, Fundamentals of Synthetic Polymer Technology, Elsevier Publ. Co., Amsterdam, 1949.	Für die Erzeugung halbpermanenter und permanenter Appreturen.
Staudinger, Ber. 1927, *60*, S. 1782. Marvel, J. Amer. Chem. Soc. 1942, *64*, S. 2356. Siehe S. 122. G. Champetier, Hauts Polymères Synthétiques, Grignard, Traité de Chimie organique, Vol. XXII, Masson et Co., Paris, 1953. Aquex B.N.W.C. der Aquex Develop. Corp. ist ein kationaktives Vinylazetatmischpolymer.	Für waschechte Appreturen und Beschichtungen. Als Verdickungsmittel für Pigmente. Die Appreturen werden als Klotz- und Spritzappreturen ausgeführt. Die Waschfestigkeit einer Appretur mit Appretan EM ist geringer als eine solche mit Appretan EMW. Appretan GI kann für sich allein und in Verbindung mit Füllmitteln (Rakelappretur) zur Anwendung gelangen. Wird besonders für Textilausrüstungszwecke empfohlen. Geeignet für Wasserdichtausrüstungen und Kaschierungen und als waschbeständige Schlichte, die den Geweben eine permanente Steife erteilt.

Name	Erzeugerfirma	Zusammensetzung
Rhodopas Emulsion 6000	Rhône-Poulenc	Dispersion von Vinylazetatpolymeren.
Vinylite N	Bakelit Corp.	
Ahco P 225 u. 1250 versch. Marken	Arnold, Hoffman & Co.	Akrylsäure- und Vinylpolymerisate.
Marvinol VR 20	Naugatuck Chem. Div.	
Atco NS	Atlantic Chem. Co.	
Burkote	Burkart-Schier Chem. Co.	Plastifiziertes Vinylharz.
Comco Resin VR	Commonwealth Col. and Chem. Co.	
Diapene 1111	Quaker Chem. Prod. Corp.	Emulsion von Polyvinylazetat.
Diapene 1131	Quaker Chem. Prod. Corp.	
Xynoresins 362, AA 40, 497	Onyx	
Darex Polymer X 562, X 522 u. X 58 L	Dewey and Almy Chem. Co.	Polyvinylazetatemulsion.
Polyco 836–24	American Polymer Corp.	Feindisperse Polyvinylazetatemulsion.
Polyco 836–30	American Polymer Corp.	Feindisperse Polyvinylazetatmischpolymerisatemulsion, die mit Wasser stark verdünnt werden kann.
Polyco 895–30	American Polymer Corp.	Sehr fein zerteilte Vinylazetatmischpolymerisatemulsion. Gibt einen klaren, harten, semiflexiblen, fettbeständigen Film.
Polyco 953–7A	American Polymer Corp.	Feinzerteilte Vinylazetatmischpolymerisatemulsion mit 55% Trockengehalt. Der klare Film wird nach dem Erhitzen wasserbeständig.
Polyco 1007–340	American Polymer Corp.	Mischpolymerisat aus Vinylazetatchlorid und Akrylharz mit 50% Trockengehalt. Beim Eintrocknen der Emulsion entsteht ein biegsamer, wasser- und fettbeständiger Film.
Elvacit	Du Pont	Polyvinylazetatemulsion
Plastisol	Warwick Chem. Co.	
Organosol	Warwick Chem. Co.	
Igelit MP, MPSO	I.G. Farbenindustrie	Mischpolymerisat aus 80% Vinylchlorid und 20% Vinylazetat.
Rhodopas AX	Rhône-Poulenc	
Vinylite A	Bakelite Corp.	Vinylchlorid-azetat Kopolymerisat.
Vinylite VYHH	Bakelite Corp.	

Literatur	Verwendungsgebiet
	Für waschechte Appreturen und Beschichtungen. Als Verdickungsmittel für Pigmente. Die Appreturen werden als Klotz- und Spritzappreturen ausgeführt. Beschichtungsmittel.
	Erzeugt waschbeständigen Griff-Finish auf Baumwolle und Kunstseide. Empfohlen als Beschichtungs- und Kaschiermittel sowie als Schlichte- und Bindemittel.
Siehe S. 121 sowie 132.	

Name	Erzeugerfirma	Zusammensetzung
Mowilith G Vibatex E	I.G. Farbenindustrie Ciba	Mischpolymerisat aus 85% Vinyl-chlorid und 15% Vinylazetat. Polyvinylchlorazetat.
Polyco 337	American Polymer Corp.	Kunstharzappreturmittel (35%ig). Wasserdünnes Präparat. Ent-hält kein Lösungsmittel und be-darf keiner Härtung. Es ist nicht brennbar.
Polyco 337 XS	American Polymer Corp. — Peabody	Haltbare, wässerige Harzdisper-sion.
Polyco 1040–14 B	American Polymer Corp.	Polyvinylazetatemulsion von 55% Trockengehalt und einer Visko-sität von 1000—1300 Cp.
Comco Resin MP	Commonwealth Col. and Chem. Co.	Polymerisatkunstharz.
Aerotex Resin P114, 116, 117, 200	American Cyanamid Co.	Auf Basis eines mit trocknenden Ölen modifizierten Kunstharzes mit gutem Dispergiervermögen in Mineralölen und Lösungs-mitteln.
Resonet	E.F. Houghton & Co.	Thermoplastische Kunstharze, die nicht durch Härten in eine unlös-liche Form übergeführt werden, die jedoch beim Trocknen ge-lieren, so dass sie in Wasser nicht mehr dispergiert werden können.
Quaker Diapene VH 4, VH 9	Quaker Chem. Prod. Corp.	Ionenfreies Appreturmittel auf Vi-nylharzbasis in Form einer Emulsion.

Literatur	Verwendungsgebiet
Siehe S. 131.	
Amer. Dyest. Rep. 1949, *38*, S. 900.	Appreturmittel. Man erreicht eine höhere Scheuerfestigkeit und eine bessere Reissfestigkeit. Das Produkt verträgt sich mit Stärke, Dextrin, Gummisorten und anderen Textilappreturmitteln. Zur Erzeugung von Appreturen auf Baumwolle, die gegen Haus- und Trockenwäsche beständig sind. Das Produkt erhöht die Griffigkeit. Als Bindemittel für wasserbeständige Pigmentbeschichtungen empfohlen. Die mit dem Produkt behandelten Gewebe zeigen sehr gute Widerstandsfähigkeit des Effektes gegen Wäsche und Trockenreinigung. Permanentappretur. Kunstharzbindemittel für den Pigmentdruck.
Textile World 1949, *99*, S. 113. Amer. Dyest. Rep. 1949, *38*, S. 901.	Haltbare Appretureffekte. Resonit verträgt sich mit Stärke und wird mit ihr zusammen angewendet. Gibt einen vollen Griff.
	Wird für Baumwolle, Kunstseide und gemischte Gewebe empfohlen. Die Anwendung geschieht nach dem Foulardieren. Die so appretierte Ware erhält Körper und Fülle. Das Produkt ist sehr gut lagerecht. Verdünnte Emulsionen können ziemlich hoch erhitzt werden, ohne zu scheiden. Verträgt sich gut mit anderen Appreturmitteln, Harzen und Weichmachern. Die Waschbeständigkeit ist sehr gut.

Name	Erzeugerfirma	Zusammensetzung
Polyviol	A. Wacker AG.	Polyvinylalkohol.
Polyal		$[-CH_2-CHOH-CH_2-CHOH-]_n$
Vinarol	I.G. Farbenindustrie	
Vinarol ST	Farbwerke Höchst	
Resinoflex		
Elvanol	Du Pont	Polyvinylalkoholemulsion.
Appretan WL	I.G. Farbenindustrie	Polyvinyläther.
Texapret WL konz.	B.A.S.F.	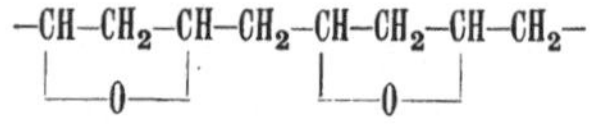 $-CH-CH_2-CH-CH_2-CH-CH_2-CH-CH_2-$ mit O-Brücken
Rhovinal F	Rhône-Poulenc	
Mowital	I.G. Farbenindustrie	
Pioloform		
Galvar	Shawinigan	Polyvinylazetal
Alvar	Shawinigan	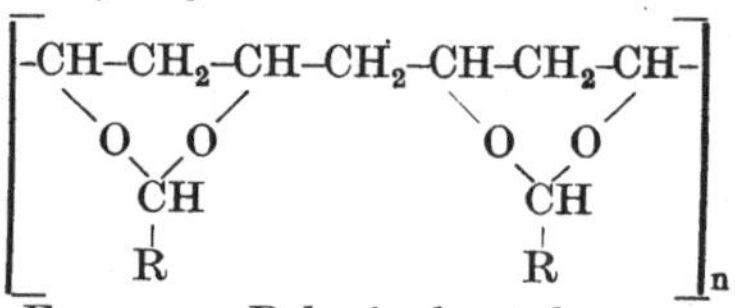 $\left[-CH-CH_2-CH-CH_2-CH-CH_2-CH-\right]_n$ mit O O / CH / R Brücken
Formvar	Shawinigan	
Butacil	Shawinigan	Formvar $=$ Polyvinylazetal von
Vinylite X	C.C.C.C.	CH_2O.
Stymer S	Monsanto Chem. Co.	Polystyrol; wird erhalten durch Polymerisation von Styrol.
Polystyrol F	Rhône-Poulenc	
Polystyrol B u. L	I.G. Farbenindustrie	
Stynon	I.G. Farbenindustrie	⬡$-CH=CH_2$ (Vinylbenzol).
Styroflex	I.G. Farbenindustrie	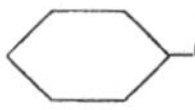
Styresin H	I.G. Farbenindustrie	Löslich in Estern, Ketonen, Benzol-
Distren	I.C.I.	kohlenwasserstoffen und chlo-
Styron	Dow Chem. Co.	rierten Kohlenwasserstoffen.
Darex Copolymer	Dewey and Almy Chem. Co.	
Lustron	Du Pont	
Standafin 77 u. 79	Standard Chem. Prod.	
Vinalak 5746	Vinyl Prod. Lim.,	Polystyrol in Emulsion.
Vinamul N–333	Carlshalton (England)	
Merlon S u. SP	Monsanto Chem. Co.	Stabile, wässerige Dispersion von Styrol.
Polyco 1678–20	American Polymer Corp.	Kationaktive Polystyrolemulsion mit 40% Trockengehalt, auf $p_H = 4,5$ eingestellt.
Polyco 220	American Polymer Corp.	Polystyrolemulsion von ca. 50% Trockengehalt, eingestellt auf einen p_H-Wert von 8—9.
Polyco 350	American Polymer Corp.	Eine auf der Basis eines Styrol-Mischpolymerisats aufgebaute Emulsion.
Styron-Latex	Dow Chem. Co.	Polystyrol-Latex.

Literatur	Verwendungsgebiet
Franz. P. 766.103, I. G. Farbenindustrie. *B.I.O.S.* Nr. 1418. Mooney, J. Amer. Chem. Soc. 1941, *63*, S. 2828. Siehe S. 126.	Verdickungsmittel.
Franz. P. 692.718. *Brit. P. 455.656.* Siehe S. 128 u. 135.	Appreturmittel für nicht permanente Appreturen. Kommt zur Herstellung von Appreturen in Frage, die einen besonders vollen Griff haben sollen. Die Waschbeständigkeit einer derartigen Appretur ist jedoch nicht besonders gross.
Amer. P. 2.533.635 und *franz. P. 936.219*, Monsanto. Siehe S. 137.	Appretur- und Verdickungsmittel; geben einen weichen, vollen Griff auf Kunstseidenwaren, einen waschechten Appret auf Baumwolle und sind besonders für Rückappreturen von Polgeweben geeignet.
	Wird für Textilien und Papier empfohlen.
Amer. Dyest. Rep. 1949, *38*, S. 318.	Wird anderen Kunstharzemulsionen zugesetzt, um die Klebkraft zu verringern und deren Zähigkeit und Härte zu erhöhen. Die Emulsion besitzt sehr geringe Teilchengrösse und kann weitgehend mit Wasser verdünnt werden.
	Appreturmittel. Steifemittel.

Name	Erzeugerfirma	Zusammensetzung
Luvican	B.A.S.F.	Polyvinylkarbazol $-CH_2-CH-CH_2-CH-CH_2$ mit N-Karbazolringen
		Polyakrylsäure- und
Appretan P Latecoll Collacral	I.G. Farbenindustrie I.G. Farbenindustrie I.G. Farbenindustrie	Alkalisalz der Polyakrylsäure. Ammoniumsalz der Polyakryl- säure $\left[-CH_2-CH-CH_2-CH-\atop COONH_4COONH_4\right]_n$
Acronal L	I.G. Farbenindustrie	Lösung von Akryl- und Methakryl- säurepolymerisaten. $-CH_2-CH-CH_2-CH-CH_2-CH-CH_2-\atop COOCH_3COOCH_3COOCH_3$
Acronal D	I.G. Farbenindustrie	Wässerige Dispersion von Akryl- und Methakrylsäurepolymeri- saten.
Appretan A Acronal L 100	I.G. Farbenindustrie	25% Polyakrylsäure.
Acronal L spez. Lucrylan L 100 Corialgrund	I.G. Farbenindustrie	Polyakrylsäuremethylester.
Acronal L 100 konz.	I.G. Farbenindustrie	40% Polyakrylsäuremethylester.
Acronal L 200 Lucrylan L 200 Appretan Z Corialgrund A konz.	I.G. Farbenindustrie	25%ige wässerige Dispersion von Polyakrylsäuremethylester.
Acronal 400 D Acronal 500 D Acronal 21 D Acronal 550 D Acronal 450 D Acronal 300 D	B.A.S.F. B.A.S.F. B.A.S.F. B.A.S.F. B.A.S.F. B.A.S.F.	Wässerige Kunststoffdispersion; Mischpolymerisat auf Akryl- säureesterbasis.

Literatur	Verwendungsgebiet

-methakrylsäurederivate

Literatur	Verwendungsgebiet
Walter, Zellwolle, Kunstseide, Seide 1941, S. 514. E. Tromsdorff, Die Akrylharze, Kunststoffe 1937, März.	
Siehe S. 143.	Appreturmittel, die im Gegensatz zu Stärke oder Leimappreturen einen sehr guten, geschmeidigen und vollen Griff geben. Kommen besonders für Kunstseide in Frage. Werden für permanente und wasserabstossende Appreturen sowie für das Zusammenkleben von Stoffen (Trubenizing) verwendet.

Name	Erzeugerfirma	Zusammensetzung
Appretan C neu Texapret C neu Appretan N 25 Appretan AX 45 Perapret AX 45 Appretan A Perapret A Perapret AX 25	B.A.S.F. B.A.S.F. B.A.S.F. B.A.S.F. B.A.S.F. B.A.S.F. B.A.S.F. B.A.S.F.	Akrylmischpolymerisat. Kunststoffdispersion.

Plextol A 20%,
  BM 25%, AS 25%,
  BV, BS 25
	Röhm & Haas, Darmstadt	Wässerige Dispersion von Polymeren der Akrylsäure und ihrer Derivate, namentlich ihrer Ester.

Rhotex A 20	Röhm & Haas (USA.)	Löslich in organischen Lösungsmitteln.
Polyco 319	American Polymer Corp.	Dispersion eines Akrylsäure-Mischpolymerisates.
Polyco 337 XS	American Polymer Corp.	
Polyco 1010–48 B	American Polymer Corp.	Emulsion eines Akryl-Styrol-Mischpolymerisats mit 35% Trockengehalt.
Polyco 1677–350	American Polymer Corp.	Emulsion eines Akrylmischpolymerisats mit 40% Trockengehalt. Auf $p_H = 5{,}5$ eingestellt.
Lucite Perpex Amberlite	Du Pont I.C.I. Röhm & Haas	
Appretan S und AX Texapret S	I.G. Farbenindustrie B.A.S.F.	Mischpolymerisat von Polyakrylsäureester und Polymethakrylsäureester.
Plexigum D, B, A, P, N, M, KP Bedacryl 188 A Diakon Acryloid Calatac MMN, MMP	Röhm & Haas I.C.I. I.C.I. I.C.I.	Lösungen in organischen Lösungsmitteln von Polymeren der Methakrylsäure und ihrer Derivate. $-CH_2-C-CH_2-C-CH_2-C-CH_2-$ $\quad H_3C\ H_3COOC\ H_3C\ H_3COOC\ H_3C\ H_3COOC$
Rhoplex WN 75	Röhm & Haas	Ionenfreie Dispersionen von Polyakrylsäureestern.
Rhoplex SR Rhoplex FRN	Röhm & Haas Röhm & Haas	

Literatur	Verwendungsgebiet
	Schlichte und Appreturmittel. Gibt vollen, kräftigen Griff und kann für sich wie auch in Verbindung mit anderen Appreturmitteln verwendet werden. Appreturmittel für das Streich- und Klotzverfahren; besonders für den Schlußstrich in Rakelappreturen geeignet. Appreturmittel für das Streich- und Klotzverfahren, Bindemittel für den Bronzedruck und Pigmentdruck in Verbindung mit anderen Verdickungsmitteln.
K. Walter, Plextol in der Textilindustrie, Mell. 1937, *18*, S. 652. Siehe S. 143.	Für Dauerappreturen. Appreturmittel für die Teppichindustrie. Anwendung für das Kaschieren der Gewebe und als Beschwerungsmittel. Bilden zusammenhängende, zähe, elastische, durchsichtige Filme. Als Grundlage für maschenfeste Ausrüstung von Nylonstrümpfen empfohlen. Für die Textilausrüstung, Papierbeschichtung und als Bindemittel für Anstrichfarben empfohlen.
Siehe S. 153.	Für Dauerappreturen.
	Appreturmittel zum Mattieren von Azetatseide. Appreturmittel für Viskose.

Name	Erzeugerfirma	Zusammensetzung
Plexileim	Röhm & Haas	Akryl- und Methakrylsäurepoly-merisate.
Acrysol A–1	Röhm & Haas	Wasserlösliches Kunstharz.
Vinamul N–323, N–343, N–353, 344, 345 Vinamul 9002	Vinyl Prod. Lim., Carlshalton (England) Vinyl Prod. Lim., Carlshalton (England)	Polymethylmethakrylatemulsion mit oder ohne Plastifizierungs-mittel. Polybutylmethakrylatemulsion.
Saran-Latex	Dow Chem. Corp.	Vinylchlorid-Akrylsäuremisch-polymerisat.
Methacrol EL	Du Pont	Wässerige Dispersion eines thermo-plastischen Methakrylsäurepoly-merisates.
Alcogu AN 5 Alcogu AN 10	Alco Alco	Wasserlösliches Präparat auf Basis von Akrylonitril.
Dicrylan C Dicrylan L Dicrylan WG	Ciba Ciba Ciba	Akrylsäurepolymerisat-Lösung. Akrylmischpolymerisat.

Alkyd-

Name	Erzeugerfirma	Zusammensetzung
Diapene GP–50 Diapene 0–30 Diapene AO Permolite Resin Finish W 1186	Quaker Chem. Prod. Corp. Quaker Chem. Prod. Corp. Quaker Chem. Prod. Corp. Amer. Cyanamid Corp. J.W.C.	Alkydharz. Kondensationsprodukt von Phtal-säureanhydrid mit Glyzerin.
Fabrez F 50	Atlantic Chem. Co.	Wasserlösliches Alkydharz, 50% Trockensubstanz.
Bedafin 2001 Bedafin 285 X	I.C.I. I.C.I.	Alkydharz, modifiziert mit einem Harnstoff-Formaldehydharz und einem nicht trocknenden Öl, das Ganze gelöst in Cellosolve (Gly-kolmonoäthyläther). Klare, gelbe, viskose Flüssigkeit, die sich in Wasser nicht löst, wohl aber in wässerigem Ammo-niak oder Triäthanolamin und in verschiedenen organischen Lösungsmitteln.

Literatur	Verwendungsgebiet
	Appretur- und Schlichtemittel.
Rayon and Synth. Textiles 1951, *32*, S. 58.	Schlichtemittel für Nylon (Monofil und Stapelfaser).
Brit. Pat. 563.707, 563.713.	
	Appreturmittel für Nylonstrümpfe, das Fülle und Griff verleiht.
	Verdickungsmittel für wässerige Pigmentdispersionen, Harz- und Latexlösungen.

harze

Literatur	Verwendungsgebiet
R. J. Smith, J. Soc. D. and Col. 1945, *61*, S. 269. C. D. Weston, J. Text. Inst. 1946, *35*, S. 25.	Appreturmittel für Kunstseide und für leichte Baumwollgewebe.
	Für die Ausrüstung von Azetatkunstseide. Bildet beim Trocknen einen durchsichtigen Film. Gibt der Ware einen vollen, schmiegsamen Griff.
Silk & Rayon 1951, *25*, S. 1236.	Zur Erzeugung von Permanentausrüstungen, die gegen Wäsche und Trockenwäsche widerstandsfähig sind. Durch blosses Imprägnieren und Trocknen des Gewebes erhält man einen vollen, steifen Griff, der sich aber wieder auswaschen lässt. Erwärmt man aber kurze Zeit auf höhere Temperatur, so wird der Finish unauswaschbar.

Name	Erzeugerfirma	Zusammensetzung
		Zellulosederivate
Colloresin DK, DKL	I. G. Farbenindustrie	Methylzellulosen.
Tylose DKL	Kalle	
Colloresin DK trocken	I. G. Farbenindustrie	
Renose S	Ciba	
Tylose TWA, A	Kalle	
Tylose SL, SAP	Kalle	
Tylose KZ	Kalle	
Glutolin	I.G. Farbenindustrie-Kalle	Methyloxyäthylzellulose
Glutofix	Kalle	Zell-(OCH_3) (OC_2H_4OH).
Celacol M u. MM	British Celanese	
Palostan E u. F	Kalle	
Hortol A u. S	Böhme-Fettchemie	Anfänglich war Colloresin DK
Methocel	Ciba u. Dow Chem. Co.	ein reiner Methyläther der Zel-
Rhomellose O u. S	Rhône-Poulenc	lulose. Jetzt ist es ein gemischter
Cellappret DK, LV, DKN, DKHN	G.D.C.	Methyloxyäther der Zellulose.
Cellosize Hydroxy-ethylzellulose NS	C.C.C.C.	
Ethocel	Dow Chem. Co.	Äthylzellulose.
Cellofas WLD	I.C.I.	Alkylzellulose von mittlerem Alky-lierungsgrad, verbunden mit nie-deren aliphatischen Alkylresten. Löslich in kaltem, unlöslich in warmem Wasser; löslich in ge-wissen Lösungsmitteln, wie Aze-tin, Glyzerin, Alkohol.
Colloresin V extra	I.G. Farbenindustrie	Karboxymethylzellulose
Ekacelle	CFMC-Francolor	
Cellcosan	Skanska Attik Fabr. (Schweden)	Zell$\diagup$OCH$_2$—COONa $\diagdown$OCH$_2$—COONa
Collocel	Dow Chem. Co.	Zelluloseäther der Glykolsäure. Zel-
Cellappret	I.G. Farbenindustrie	luloseglykolsaures Natrium, er-
Renose V extra	Ciba	halten durch Einwirkung von
Carboxymethocel	Du Pont	NaOH auf Holzzellulose und
Cellofas WFZ	I.C.I.	durch Behandeln der gebildeten
Glycelose	Sinnova	Hydrozellulose mit Monochlor-
Blanose	Novacel	essigsäure.

Literatur	Verwendungsgebiet

(Zelluloseäther)

Literatur	Verwendungsgebiet
D.R.P. 495.712, 525.182; Mell. 1927, S. 1047; 1928, S. 666. Kerth, Mell. 1937, *18*, S. 378. Kerth, Mell. 1935, *16*, S. 794. G. Sandor, Text. Rsch. 1948, *3*, S. 417. Spönsel, Mell. 1938, S. 738. W. E. Gloor, Mell. 1951, *32*, S. 658. J. Craik u. W. R. Davis, J. Soc. D. and Col. 1939, *55*, S. 597. L. G. Lawrie, J. Soc. D. and Col. 1940, *56*, S. 6.	Verdickungsmittel für Küpen- und Naphtolfarbstoffe. Appreturmittel für nicht waschechte Appreturen.
D.R.P. 495.712, 525.182; Mell. 1927, S. 1047; 1928, S. 666. Kerth, Mell. 1937, *18*, S. 378. Kerth, Mell. 1935, *16*, S. 794. *Amer. P. 2.268.612, 2.236.545, 2.357.469; brit. P. 562.581.*	Verdickungsmittel für Küpen- und Naphtolfarbstoffe. Eignet sich für Hand- und Filmdruck, sowie für Reliefdruck. Küpenfarbstoffreserven unter Anilinschwarz. Als Appreturmittel (nicht waschecht).
Siehe dieses Werk, Tl. I, 3. Aufl., Bd. *1*, Kap. I, S. 131 ff. *Amer. P. 1.979.469; brit. P. 138.166.* *D.R.P. 662.936* der I.G. Farbenindustrie. *D.R.P. 562.985* der I.G. Farbenindustrie. J. Soc. D. and Col. 1941, S. 254. Nestelberger, Mell. 1940, S. 74. Ciba Rundschau Nr. 77.	Vorzügliches Verdickungsmittel, wird in Verbindung mit Stärkeverdickung zum Druck von Küpenfarbstoffen, Indigosolen und Rapidogenen verwendet.

Name	Erzeugerfirma	Zusammensetzung
Relatin	Dehydag	Natriumsalze von Ätherkarbonsäure mit etwa 1,5 Karboxymethylgruppen je Zellobioserest.
Carbose TP	Wyandotte Chem. Corp.	Natriumkarboxymethylzellulose.
Tylose MGC, KN	Kalle	Sowohl in kaltem als auch in heissem Wasser löslich.
Tylose HB, HBR, MGA	Kalle	
C.M.C.	Hercules Powder Co.	
Du Pont Sodium CMC	Du Pont	
Cellofas B	I.C.I.	
Cellofas D special	I.C.I.	50%iges Natriumsalz der Karboxymethylzellulose. 40% bestehen aus NaCl, Na_2CO_3 und Natriumglykolat. 10% Feuchtigkeit.
Tylose 4 S und SW	I.G. Farbenindustrie	Alkylzellulose von niederem Alkylierungsgrad; löslich in Alkalien.
Palostan C und D	I.G. Kalle	
Rhodapret S	Rhône-Poulenc	
Rhodapret	Rhône-Poulenc	
Cellofas AF	I.C.I.	
Ceglin	Sylvania Ind. Corp.	
Ankord	Aqua Sec. Corp.	
Azalon DR 400	Kalle	
Hortol SL	Böhme-Fettchemie	Alkylzellulose von niederem Alkylierungsgrad; löslich in Alkalien.
Hyglin	Sylvania Ind. Corp.	
Colloresine HV, MV, LV	G.D.C.	Natriumoxyazetat des Zelluloseäthers.
Colloresine D, HMS	G.D.C.	
Tylose S	Kalle	Methylzellulose mit 1½ OCH_3 auf 1 Glukoserest.
Tylose GS	Kalle	Zelluloseäthansulfonsaures Natrium. Zell —OC_2H_4—SO_3Na.
Cellosize Hydroethyl Cellulose WP-10, WP-40, WP-300	C.C.C.C.	Zellulosederivat. Verträgt sich gut mit Formaldehydsulfoxylat und Metallbeizen, auch mit Harnstoff-Formaldehydharzausrüstungen kombinierbar.

Literatur	Verwendungsgebiet
Brit. P. 469.391, 452.506, 594.722, 614.600. *Amer. P. 1.922.978.* Sandor, Text. Rdsch. 1948, *3*, S. 417. Shinn u. Biggers, J. Text. Research 1945, *15*, S. 40.	Schlichte- Appretur- und Verdickungs-mittel.
Silk and Rayon 1950, *24*, S. 1207.	
Amer. P. 1.589.606, 1.722.927, 1.722.928. Tylose 4 S ist weniger veräthert als Tylose A und ist nur in alkalischem Milieu wasserlöslich. Die Methylzellulosen enthalten 3—4 Methoxylgruppen je Zelluloserest und besitzen damit das Optimum der Wasserlöslichkeit.	Appreturmasse für permanente Appreturen (Dauerappreturen).
	Appreturmasse für permanente Appreturen. (Dauerappreturen.)
	Emulgiermittel; in der Schlichte und als Appreturmittel verwendet.
Wasserlöslich. B.I.O.S. Nr. 547.	Verdickungsmittel.
	Gutes Verdickungsmittel und Pigmentträger im Textildruck, speziell für Weisspigmente empfohlen. In der Appretur als Steife verwendbar, um einen härteren Griff zu erzielen.

Name	Erzeugerfirma	Zusammensetzung
Celluton		Zelluloseäther.
Verdickung HD	B.A.S.F.	Zelluloseäther in Pulverform; in Wasser mit neutraler Reaktion löslich, fäulnisbeständig, nicht spröde, leicht auswaschbar.
Cellofas C	I.C.I.	Eine wasserunlösliche Natriumkarboxylmethyl-Zellulose. $[C_6H_9O_4\text{---}O\text{---}CH_2\text{---}COONa]_n$
Cellofas A	I.C.I.	Methyläthylzellulose $\left[C_6H_8O_3 \diagarrow \begin{array}{l} OCH_3 \\ OC_2H_5 \end{array} \right]_n$

Literatur	Verwendungsgebiet
Celluton und seine Anwendungsgebiete, Kunstseide und Zellwolle 1947, *12*, S. 375.	Als Verdickungsmittel für Druckfarben, als Klebemittel, als Appretur- und Schlichtemittel empfohlen.
	Verdickungsmittel.
Die mit der alkalischen Lösung imprägnierte Ware, wird durch eine 3–5%ige Schwefelsäurelösung genommen und dann ausgewaschen. Brown u. Houghton, J. Soc. Chem. Ind. 1941, *60*, S. 254 T. *Amer. P. 2.106.298, 2.248.048; brit. P. 305.230, 317.117.*	
Lawric, J. Soc. D. and Col. 1939, *55*, S. 353. Lorand, Ind. and Eng. Chem. 1939, *31*, S. 891. *Brit. P. 497.131, 503.830, 507.203, 513.917, 526.330, 531.673.*	

Produkte, die zur Ausrüstung von Fasern verwendet werden. Weichmacher, Netz- und Emulgiermittel.

Unter Weichmachern versteht man Verbindungen, die befähigt sind, den Griff, den man den Textilien durch Aufbringen einer Verdickung oder Beschwerung verliehen hat, weicher zu machen. Anderseits lässt sich damit auch Reyongeweben ein geschmeidiger Griff verleihen. Die Wirkungsweise dieser Weichmacher beruht auf einer Erhöhung der Biegsamkeit der Fasern und einer Art Schmierung der Faseroberflächen, was den Fasern erlaubt, im Gewebeverband leichter aneinander vorbeizugleiten. Dieser Effekt macht die Gewebeoberfläche bezüglich ihres Griffes weicher. Diese Weichmacher wirken wie ein Plastifizierungsmittel bei einem Stärkefilm.

Dank der Entwicklung auf dem Gebiete der Reyonindustrie und der künstlichen Fasern überhaupt war diese Körperklasse Gegenstand zahlreicher Untersuchungen, die sich auf die verschiedensten Gebiete der Chemie ausdehnten.

Die Zahl der im Laufe der letzten Jahre erteilten Patente ist im Hinblick auf das wenige, das gesagt werden kann, äusserst gross. Es ist sicherlich schwierig und auch verfrüht, zu versuchen, diese Patente in einzelne genau bestimmte Klassen einzuteilen.

Die üblicherweise verwendeten Weichmachungsmittel sind meistens auf einer Fettstoffbasis aufgebaut, wie Seifen, sulfurierte Öle (Sulforizinate), Fette oder Emulsionen verschiedener Öle und Wachse.

Diese Produkte vermögen jedoch in mancher Beziehung nicht zu befriedigen; so können sie z. B. den Gegenstand einer Oxydation bilden. Sie sind ferner in Lösung nicht sehr stabil oder sind gegenüber hohen Temperaturen empfindlich, wie sie sich im Verlaufe mechanischer Appreturverfahren ergeben können.

Durch Oxydation werden diese Verbindungen ranzig und vergilben, was dann auch ein Vergilben des Gewebes mit sich bringt, welches mit diesen Produkten imprägniert wurde. Sie neigen auch zur Zersetzung und verfärben sich bei hohen Temperaturen, wie sie z. B. beim Kalandern auftreten können. Manchmal bilden sich nur unbeständige Lösungen, die das Bestreben haben, sich wiederum in die einzelnen Komponenten, Öl oder Fett, zu trennen.

Einzelne unter ihnen sind auch gegenüber hartem Wasser empfindlich, durch welches sie ausgefällt werden, wodurch ein Materialverlust entsteht.

Die Verbesserung und Weiterentwicklung dieser Produkte wurde durch bedeutende Arbeiten der I.G.Farbenindustrie, der Böhme-Fettchemie (Bertsch), der Imp. Chem. Ind., der Ciba und mehrerer amerikanischer Unternehmen ausserordentlich gefördert. Diese Firmen gelangten auf Grund methodischer Untersuchungen zur Entwicklung synthetischer Weichmacher, die bessere Eigenschaften als die früheren Produkte aufweisen und vor allem gegen Erdalkalisalze und Säuren beständig sind, also die Nachteile der bisherigen Weichmacher nicht aufweisen. Solche Produkte sind z. B. Igepon A und T, Gardinol CA, Brillant Avirol 142 und 168. Die Forschertätigkeit der Chemiker der Laboratorien der grossen Firmen der Farbstoff- und Hilfsmittelindustrie machte hier nicht Halt, sondern dehnte ihre Studien noch auf andere Gebiete aus, so vor allem auf die aliphatischen und aliphatisch-aromatischen Aminoderivate (Sapamine der Ciba), auf die Sulfurierungsprodukte der Mineralöle und Naphtensäuren. Schliesslich wurden noch neue Verbindungen hergestellt, die durch Kondensation aliphatischer und aromatischer Körper erhalten wurden.

Gleichzeitig mit der Entwicklung auf dem Gebiete der Weichmachungsmittel wurden auch die Emulgiermittel verbessert. Diese Verbindungen dienen zur Herstellung beständiger Emulsionen von Ölen, Fetten und Wachsen. Solche durch ihre Beständigkeit ausgezeichnete Emulsionen erlauben ihre Zugabe zu den verschiedenartigsten Appreturmassen.

Endlich waren auch die Netzmittel Gegenstand äusserst zahlreicher Arbeiten, die auch verschiedene Gebiete der Chemie berührten.

Die Oberflächen- oder Kapillaraktivität eines Netz- oder Weichmachungsmittels kann entweder auf der Anwesenheit eines Anions von hohem Molekulargewicht (aliphatische Kette der Fettreihe) oder dem Vorhandensein eines entsprechenden Kations beruhen. Es existieren jedoch auch Produkte, die nicht in Ionen zerfallen. Auf Grund ihrer Konstitution und ihrer physikalisch-chemischen Eigenschaften unterscheidet man die folgenden Gruppen:

1. Die anionaktiven Verbindungen, d. h. Verbindungen, deren Anion eine hochmolekulare aliphatische Kette besitzt und deren Kation nicht wirksam ist und nur ein niedriges Molekular- bezw. Atomgewicht besitzt, wie z. B. Natrium usw.[1]). Die Wasserlöslichkeit wird durch Anziehungskräfte und Ionisierung der salzartigen Bindung

---

[1]) Bertsch, Z. f. angew. Chem. 1935, S. 52; R.G.M.C. 1935, S. 149; H. C. Borghetty, Synthetische Netzmittel in der Textilverarbeitung, Amer. Dyest. Rep. 1948, *37*, S. 112; Hetzer, Konstitution der Schaum-, Netz- und Waschmittel, Mell. 1943, *24*, S. 177; J. P. Sisley, Teintex 1944, S. 147; 1945, S. 5, 32, 75; Reumuth, Z. f. ges. Text. Ind. 1941, S. 260; Nüsslein, Mell. 1937, *18*, S. 248; J. P. Sisley, Kationaktive Verbindungen, Teintex, 1946, S. 75.

bewirkt, die in Form einer —COONa, —SO$_3$Na oder —O—SO$_3$Na Gruppe vorhanden sein kann.

Als Beispiele seien erwähnt:

die Natriumsalze einer Fettsäure, wie Natriumoleat

$$(CH_3—(CH_2)_7—CH=CH—(CH_2)_7—COO)^-Na^+$$

oder wie Natriumsulforizinoleat

$$\left[CH_3—(CH_2)_5—\underset{OSO_2ONa}{\overset{|}{CH}}—CH_2—CH=CH—(CH_2)_7—COO \right]^- Na^+$$

ferner die Fettalkoholsulfate, wie Natriumcetylsulfat

$$(CH_3—(CH_2)_{14}—CH_2—O—SO_3)^-Na^+$$

2. Die kationaktiven Verbindungen, d. h. die Kapillaraktivität beruht auf der Wirkung des Kations und das Anion ist ein Säurerest. Als Säuren kommen Chlorwasserstoffsäure (H$^+$Cl$^-$), Schwefelsäure (H$_2^{++}$SO$_4^{--}$) usw. in Frage.

Als Beispiel sei das Sapamin CH der Ciba erwähnt.

$$\left[C_{17}H_{33}—C\overset{O}{\underset{NH—CH_2—CH_2—N\overset{+}{H}}{}}\diagup\begin{matrix}C_2H_5\\C_2H_5\end{matrix} \right] Cl^-$$

Chlorhydrat des Diäthylaminoäthylenoleylamids

und Hexadecyltrimethylammoniumbromid

$$\left[C_{16}H_{33}—\underset{\overset{|}{CH_3}}{\overset{\overset{CH_3}{|}}{\overset{+}{N}}}—CH_3 \right] Br^-$$

3. Ioneninaktive Verbindungen, die sich nicht in Ionen aufspalten (nicht ionogene Verbindungen). Als Typen dieser Klasse seien die Emulphore und Igepale erwähnt. Die Löslichkeit beruht auf Anziehungskräften (Restvalenzen) von Molekulargruppen mit einer hohen Hydroxylgruppendichte.

Zwischen den kation- und anionaktiven Verbindungen bestehen wesentliche Unterschiede. Für sich allein verwendet besitzen die Verbindungen dieser beiden Gruppen eine reinigende und netzende Wirkung. Werden sie jedoch zusammen in äquimolekularem Verhältnis gemischt verwendet, so wird ihre Wirksamkeit gegenseitig aufgehoben, und sie fällen sich aus unter Zurücklassung einer klaren Flüssigkeit.

Die kationaktiven Verbindungen haben anfangs die Bezeichnung invertierte Seifen (Bertsch, Kägi, Kuhn), d. h. umgekehrte Seifen erhalten.

Bertsch[1]) hat in seiner Arbeit über die Wirkung kationaktiver Verbindungen auf pflanzliche Fasern gezeigt, dass, wenn eine kationaktive Substanz im Überschuss zu einer Seifenlösung, in der Verunreinigungen suspendiert sind, gegeben wird, eine Neutralisation der elektrischen Ladungen stattfindet und die Schmutzteilchen auf dem Gewebe in grober Form sich absetzen.

Für sich allein in saurem Milieu verwendet, vermögen die kationaktiven Verbindungen die Schmutzteilchen in kolloide Lösung zu bringen. Gibt man jedoch eine basische Verbindung (Alkalien, alkalische Salze) zu, so werden die Schmutzpartikel wiederum in grober Form auf der Faser abgelagert.

Nachdem diese Eigenschaften erkannt worden waren, haben die kationaktiven Produkte eine vielfältige Verwendung erhalten: Emulgiermittel, Fixierung von Pigmenten, Mattierungseffekte, Reinigungsmittel, Abziehmittel für Färbungen (Lissolamin A und V der Imp. Chem. Ind.), Mittel zur Verbesserung der Waschechtheit von Direktfärbungen (Fixanol der Imp. Chem. Ind., Sandofix von Sandoz, Solidogen der I. G. Farbenindustrie) usw.

Man trifft auch eine Anzahl kationaktiver Verbindungen an, die für Appreturzwecke empfohlen werden, wie z. B. als Weichmacher (Soromin), als wasserabstossende Mittel (Velan) oder als Mottenschutzmittel, Antiseptikum, Bakterizide usw.

Die verschiedenen Produkte, die entweder als Reinigungs- und Emulgiermittel oder aber als Appreturmittel (Weichmacher) in Frage kommen, können nach folgendem Schema in verschiedene Gruppen eingeteilt werden[2]):

---

[1]) Z. f. ang. Chem. 1935, S. 52, und R.G.M.C. 1934, S. 149.

[2]) Chwala, Textilhilfsmittel, Verlag Springer 1939; Herbig, Die Öle und Fette in der Textilindustrie, 2. Aufl., 1929; Alton E. Bailey, Industrial Oil and Fat Products, Interscience Publishers Inc., New York 1945, franz. Übersetzung durch P. Merat und C. P. Sisley, Edit. Teintex, Paris 1947; J. I. Marsh, An Introduction to Textile Finishing, Chapson and Hall Ltd., London 1943; A. M. Schwartz und J. W. Perry, Surface Active Agents, Interscience Publishers Inc., New York; A. Beyer, Die sulfurierten Öle, Tiba 1929, November, Dezember; 1930, Februar, Juni, Juli und September; Lorges, Die Netz- und Emulgiermittel, Rev. Chim. Ind. 1930 und 1931; Sauzay, Seifen und Fette für Textilien, Tiba 1924; Textilseifen, Seifensieder Ztg. 1929, Nr. 29; Kling, Neuzeitliche Seifen und Waschmittel und ihre Herstellung, Verlag der Seifensieder Ztg., Augsburg; Verwendung von Triäthanolamin als Emulgator in der Textilindustrie, R.G.M.C. 1933, S. 104; Gränacher, Neuere Untersuchungen über die Chemie der Fettsäuren, Bull. Föd. 1938, September; Kling, Neue Probleme der Fettchemie und ihre Bedeutung für die Textilindustrie, Mell. 1931, 12, S. 111; O. Debrus, Vortrag an der Chemieschule Mühlhausen, 5. April 1933, Jahrbuch 1933, S. 93; Ranshaw, Kolloidchemische Grundlagen der Textilveredlung, Dyer 1937, S. 427 und 531; Chwala und Martina, Waschverfahren, Gardinol, Igepon, Igepal, Mell. 1937, 18, S. 998; Nüsslein, Die Igepone, D.F.Z. 1932, Nr. 1, Mell. 1932, 13, S. 27; Nüsslein, Von der Seife zu den Igepalen, Mell. franz. Ausg. 1937, S. 65; A. Landolt, Netzmittel, Vortrag in Zürich, Mell. 1928, 9, S. 759; A. Landolt, Neue Textilprodukte für die Textilveredlung, Mell. 1930, 11, S. 610; Reumuth, Z. f. ges. Text.

I. Fettstoffe: Öle, Fette, Wachse.

II. Ionogene Verbindungen:

A. Anionaktive Produkte:

1. Seifen.

2. Sulfurierte Öle von niedrigerem oder höherem Sulfonierungsgrad.

3. Sulfurierte Ester mehrwertiger Alkohole, Typ Avirol AH extra.

4. Sulfurierte Monoglyzeride, Typ Arctic Syntex M.

5. Kondensationsprodukte der Fettsäuren, Typ Igepon A. Ester von Fettsäuren und einwertiger sulfurierter Alkohole.

6. Amide der Fettreihe:
   a) Typ Humectol CA und CX.
   b) Amide aus Aminosäuren, Typ Medialan A.
   c) Amide der Aminosulfonsäuren, Typ Igepon T der I.G. Farbenindustrie.
   d) Sulfoderivate der Fettsäureamide, Typ Sodapon, Somepon, Amitex TB.
   e) Kondensationsprodukte aus Fettsäuren mit Eiweissabbauprodukten, Typ Lamepon A, Protepon A.

7. Fettalkoholsulfate (Schwefelsäureester), auch Phosphorsäureester, Typ Gardinol der Böhme Fettchemie und Tergitol der C.C.C.C.

8. Sulfurierte Ester zweibasischer Säuren, Typ Aerosol OT der Amer. Cyanamid Co.

9. Heterozyklische Verbindungen, erhalten durch Einwirkenlassen von Diaminen auf Fettsäurechloride. Benzimidazolderivate, Typ Ultravon.

10. Alkylsulfonate der aromatischen Kohlenwasserstoffe:
    a) Die Alkylarylsulfonate, Typ Nacconol NR, Santomerse N⁰ 1, Texaryl DS, Invadin NR.
    b) Die Alkylphenolsulfonate, Typ Arescap, Aresklene 400, Triton 720.

Ind. 1941, S. 260; J. P. Sisley, Kationaktive Verbindungen, Teintex 1946, S. 75, 97, 123; Nüsslein, Mell. 1937, *18*, S. 248; Hetzer, Mell. 1943, *24*, S. 177; H. C. Borghetty, Synthetische Waschmittel in der Textilverarbeitung, Amer. Dyest. Rep. 1948, *37*, S. 112; A. Chwala und A. Martina, Theorie und Praxis der ionogenaktiven und ionogeninaktiven, seifenartigen Stoffe, Text. Rdsch. 1947, *2*, S. 147; Kling, Grenzflächenaktive Verbindungen für die Textilveredlung, Mell. 1948, *29*, S. 275; J. A. Hill, Chemie und Verwendung von Netzmitteln, J. Soc. D. and Col. 1947, *63*, S. 319; J. A. van der Hoewe, Analyse von Textilhilfsprodukten, Recueil des travaux chimiques des Pays-Bas 1948 *67*, S. 649; G. Schwen, Textilchemikalien, Mell. 1949, *30*, S. 351; K. Goetze, 50 Jahre Textilhilfsmittel, Mell. 1951, *32*, Januarheft.

11. Alkylsulfonate der aliphatischen Kohlenwasserstoffe:

a) Die Alkylsulfonate, erhalten durch Sulfochlorierung der Paraffinkohlenwasserstoffe, Typ Mersolat, Mersol D u. H.

b) Die sekundären Alkylsulfate, erhalten durch Sulfurierung von Olefinen, die durch Krakken von Petroleumderivaten hergestellt sind, Typ Teepol (Shell) und Lensex (Shell).

c) Sulfurierte Mineralöle und Naphtensäuren.

B. Kationaktive Produkte:

1. Derivate mit Stickstoff direkt an die hydrophobe Gruppe gebunden: quaternäre Ammoniumbasen, quaternäre Ammoniumverbindungen des Pyridins und Chinolins, Typ Repellat der Böhme-Fettchemie, Lissolamine A und V der Imp. Chem. Ind.

2. Derivate mit Stickstoff intermediär an die kationaktive Gruppe gebunden:

a) Esterzwischenbindung: Typ Emulphor FM, Soromin A.

b) Ätherzwischenbindung: Typ Hyamine von Röhm & Haas.

c) Amidzwischenbindung: Typ Sapamin der Ciba.

d) Sulfonzwischenbindung: Typ Alkaterge O.

e) Iminozwischenbindung:

f) Derivate mit der hydrophoben Gruppe direkt an einen heterozyklischen Ring gebunden, Benzimidazol-, Imidazolderivate.

3. Verschiedene andere kationaktive Derivate, Aminooxyde, Isoharnstoffderivate usw.

III. Nichtionogene oberflächenaktive Verbindungen:

1. Kondensationsprodukte von Fettsäuren mit Äthylenoxyd, Typ Emulphor A, AG, EL der I.G. Farbenindustrie, Cemulsol A, B der S.P.C.S. Bezons.

2. Kondensationsprodukte von Fettalkoholen mit Äthylenoxyd, Typ Emulphore O, OL der I.G. Farbenindustrie, Peregal O der I.G., Unigal TU der Sinnova, Diazopon A, AN der I.G. Farbenindustrie, Palatinechtsalz O der I.G., Inochromsalz von Francolor.

3. Kondensationsprodukte von Fettsäureamiden mit Äthylenoxyd, Typ Emulphor FM, öllöslich, Peregal OK.

  4. Oxyalkylarylderivate des Äthylenoxyds.
    a) Alkylierte Phenole, Typ **Igepal C konz., Emul-
      phor A, Leonil WS.**
    b) Alkylierte Naphtole mit einer Äthylenoxydkette, Typ
      Emulphor FFO, Leonil FFO, Lupon.
  5. Amphotere kapillaraktive Derivate.

IV. Produkte, die auf Naturharzen aufgebaut sind.

V. Wachs-, Paraffin- und Ölemulsionen (Softenings).

Die oberflächen- oder kapillaraktiven Verbindungen bilden eine
sehr wichtige Klasse von Hilfsmitteln, die in der modernen Technik
in grossem Maßstabe verwendet werden, und zwar ganz besonders für
die Textilausrüstung. Ob diese Verbindungen nun anionaktiv, kationaktiv oder nicht ionenaktiv, d. h. nicht in Ionen zerfallen, sind, so
sind sie doch alle ohne Ausnahme dadurch gekennzeichnet, dass sie
im Molekül eine hydrophile oder polare Gruppe und eine hydrophobe
oder lipophile Gruppe besitzen. Die hydrophile Gruppe kann ein
Säurerest, $-O-SO_3H$, $-SO_3H$, eine Hydroxylgruppe oder ein
Metallion sein. Als lipophile Gruppen kommt ein Kohlenwasserstoffrest oder eine aliphatische Kette in Frage, die in Ölen löslich ist. Je
nachdem sind diese Körper Netz-, Reinigungs- oder Emulgiermittel[1]).

I. Fettstoffe: Öle, Fette, Wachse.

Die Fette, Öle und Wachse gehören zu den wichtigsten Produkten, die für Appreturen verwendet werden, um der Ware einen fettigen, weichen und geschmeidigen Griff zu verleihen.

Man verwendet diese Produkte entweder direkt oder in Form ihrer
Derivate (Seifen, Fettsäuren, sulfurierte Öle, Fettalkoholsulfate usw.).

Die **Fette** und **Öle** (flüssige Fette) sind Glyzeride, die sowohl im
Tier- als auch im Pflanzenreich sehr stark verbreitet sind.

Die festen, hochschmelzenden Fette sind Glyzeride der Palmitin-,
Stearin- und Ölsäure, hauptsächlich also Ester des dreiwertigen Alkohols Glyzerin mit höheren Fettsäuren.

$$CH_2-OCOC_{15}H_{31} \qquad CH_2-OCOC_{17}H_{35} \qquad CH_2-OCOC_{17}H_{33}$$
$$CH\ -OCOC_{15}H_{31} \qquad CH\ -OCOC_{17}H_{35} \qquad CH\ -OCOC_{17}H_{33}$$
$$CH_2-OCOC_{15}H_{31} \qquad CH_2-OCOC_{17}H_{35} \qquad CH_2-OCOC_{17}H_{33}$$

   Tripalmitin   Tristearin   Triolein
  Smp. 43 und 65° C Smp. 55 und 72° C Smp. — 6° C

Die hauptsächlichsten Fette sind:
Rinds- und Schafstalg.
Klauenöl.
Wollfett oder Wollschweiss.

---

[1]) Siehe Amer. Dyest. Rep. 1950, *39*, S. 87.

Die Öle sind ebenfalls Glyzeride. Die wichtigsten in der Textilindustrie verwendeten Öle sind:

Olivenöl (Fettsäuren: Ölsäure 85%, Palmitinsäure 7%).

Rapsöl (Fettsäuren: Erucasäure 57%, Ölsäure 20%, Linolsäure 15%).

Palmöl (Fettsäuren: Ölsäure 52%, Palmitinsäure 32%, Linolsäure 8%).

Rizinusöl. Dies ist das Öl mit ungesättigten Fettsäuren, welches in der Textilindustrie am meisten verwendet wird. Es ist ein Glyzerid der Oxyölsäure oder Rizinusölsäure:

$$CH_2—O—CO—C_{17}H_{32}(OH)$$
$$CH—O—CO—C_{17}H_{32}(OH)$$
$$CH_2—O—CO—C_{17}H_{32}(OH)$$

Die Fischöle oder Trane enthalten Glyzeride von noch ungesättigteren Fettsäuren. Es seien von diesen Ölen der Waltran, Spermazetiöl, Döglingsöl usw. erwähnt. Spermazetiöl oder Walratöl ist eine hellgelbe, fast geruchlose ölige Flüssigkeit, die 20—15% leicht verseifbare Fettsäureglyzeride enthält. Der Rest besteht einerseits aus schwer verseifbaren Anteilen wie

$$C_{17}H_{33}—C\begin{smallmatrix}O\\\\O—C_{18}H_{35}\end{smallmatrix} \qquad \text{Ölsäureoleylester}$$

$$C_{15}H_{31}—C\begin{smallmatrix}O\\\\O—C_{18}H_{35}\end{smallmatrix} \qquad \text{Palmitinsäureoleylester}$$

anderseits aus einer Mischung unverseifbarer Substanzen (38—40%), wie hochmolekularer aliphatischer gesättigter Alkohole (Hexadecyl-, Tetradecyl- und Octadecylalkohol).

Das Döglingsöl wird von dem im nördlichen Eismeer lebenden Entenwal gewonnen. Es besteht aus Estern einbasischer Fettsäuren (Palmitinsäure) mit einwertigen Alkoholen (Cetylalkohol).

Im *amer. P. 2.071.459* der Lever Brothers werden als Textilhilfsmittel für verschiedene Zwecke die Fettsäureester der Polyglyzeride genannt, so z. B. der Triglyzerinmonoester der Laurinsäure.

Die Wachse[1]).

Von den mannigfachen Stoffen, die allein oder in Mischung mit andersartigen Stoffen zur Ausrüstung von Textilien Verwendung finden, sind die Naturwachse, Kunstwachse und andere wachsartige Körper von besonderer Bedeutung, um die Gleitfähigkeit zu erhöhen, den

---

[1]) H. S. Ritter, Rayon & Synthetic Textiles 1949, *30*, S. 111.

Glanz, die Elastizität und den Griff zu verbessern. Vor allem als Appreturen haben die Wachse besondere Bedeutung erlangt. Das allgemein bekannte Bienenwachs spielt jedoch dabei nicht die Hauptrolle, sondern Japanwachs und Paraffin scheinen vielmehr die beliebtesten Produkte dieser Art zu sein.

Die Wachse müssen sich leicht wieder aus der Ware entfernen lassen. Anderseits sollen damit aber auch bleibende Effekte, wie Weichheit, Glanz, Gewicht und in manchen Fällen auch wasserabstossende Eigenschaften hergestellt werden können.

Die Naturwachse sind Ester höherer Monokarbonsäuren mit höhern einwertigen Alkoholen. Meistens kommen darin noch freie Säuren, freie Alkohole und Kohlenwasserstoffe vor.

Mineralische Wachse sind höhere Kohlenwasserstoffe und gleichen den Naturwachsen durch ihre beschränkte Löslichkeit in Alkohol, Unlöslichkeit in Wasser und vollkommene Mischbarkeit mit Ölen und Fetten, sowie schliesslich auch durch ihr Aussehen und ihre mechanischen Eigenschaften.

Von den Wachsen ausgehend erhält man durch Verseifung Fettsäuren und Fettalkohole.

Die wichtigsten für Appreturen verwendeten Wachse sind:

Spermazeti oder Walrat, welcher den festen Anteil des Spermazetiöls ausmacht, wird aus dem Schädel des Pottwals extrahiert und besteht zur Hauptsache aus Cetylpalmitat.

$$C_{15}H_{31}—COOC_{16}H_{33}$$

Spermazetiöl ist ein Gemisch von Fettsäureglyzeriden (20—15 %) und Palmitinsäureestern des Oleyl- und Cetylalkohols (80—85 %), welches den festen Anteil ausmacht, der mit Walrat bezeichnet wird.

Karnaubawachs, das Wachs einer brasilianischen Palmenart, besteht aus einem Ester der Cerotinsäure mit Myricyl- oder Melissylalkohol:

$$C_{25}H_{51}—COOC_{30}H_{61}$$

und dem Ester der Palmitinsäure mit Melissylalkohol:

$$C_{15}H_{31}—COOC_{30}H_{61}$$

Dieses Wachs enthält überdies noch freie Säuren (Karnaubasäure, Cerotinsäure), höhere Alkohole und einen Kohlenwasserstoff.

Candillawachs oder Cantilla-, Candelilla- oder auch Candeliawachs wird aus Euphorbiazeen gewonnen (Mexiko, Arizona, Texas).

Bienenwachs besteht zum grossen Teil aus dem Palmitinsäureester des Myricylalkohols

$$C_{15}H_{31}—COOC_{30}H_{61}$$

ferner enthält es noch Cerotinsäure und Kohlenwasserstoffe (12 bis 17 %).

Japanwachs oder chinesisches Insektenwachs, das Exkrement eines Gallinsekts (Schildlaus), enthält den Ester der Cerotinsäure mit Cerylalkohol:

$$C_{25}H_{51}\text{—}COOC_{26}H_{53}$$

Japanwachs allein sowie auch in Verbindung mit Paraffin wird in erheblichem Umfange als Zusatzstoff für die verschiedensten Appreturen auf der Grundlage pflanzlicher Stärkeprodukte mit Vorteil verwendet.

Die Mineralwachse werden ebenfalls für zahlreiche Appreturen verwendet, besonders um den Geweben einerseits während des Kalanderns Brillanz zu verleihen, und anderseits um wasserabstossende Gewebe zu erhalten.

Als Mineralwachse kommen hauptsächlich Paraffin, Ozokerit und Ceresin in Betracht.

Man verwendet Paraffin allein sowie auch zusammen mit andern Wachskörpern in Verbindung mit pflanzlichen Stärken zur Appretur von Baumwoll-, Leinen- und Seidenstoffen.

Paraffin bildet ein unentbehrliches Zusatzmittel, besonders wenn die Stoffe kalandriert werden. Die grösste Bedeutung besitzt jedoch Paraffin für die Wasserdichtausrüstung.

Paraffin ist ein wichtiges Nebenprodukt der Erdölindustrie. Man gewinnt es aus den Schmierölfraktionen durch Kristallisation sowie aus dem aus Torf gewonnenen Teer.

Es ist ein Gemisch fester Kohlenwasserstoffe, deren Schmelzpunkt zwischen 51 und 55° C liegt (Pentakosan $C_{25}H_{52}$ und Tetrakosan $C_{24}H_{50}$).

Als unverseifbarer Kohlenwasserstoff ist Ozokerit, auch Erdwachs genannt, mit dem Paraffin verwandt. Ozokerit ist ein Gemisch gesättigter fester Kohlenwasserstoffe.

Dieses Wachs bietet gegenüber dem Paraffin nur wenig Vorteile. Es vermag die Sprödigkeit anderer Wachse zu mildern, beeinträchtigt aber deren Glanz und Erstarrungspunkt.

Ceresin[1] ist gereinigtes, farbloses oder gelbliches Erdwachs oder Ozokerit, wie es durch Erhitzen mit konzentrierter Schwefelsäure und einem Entfärbungsmittel erhalten wird. Es dient als Ersatzprodukt für Bienenwachs oder Karnaubawachs. Reines Ceresin ist sehr teuer. Dieses Ceresin ist jedoch nicht mit dem Ceresin des Handels zu verwechseln, welches mehr oder weniger Paraffin enthält. Daher wurde reines Ceresin auch als Ozokerit gelb oder weiss bezeichnet. Die Handelsceresine haben mit dem eigentlichen Ceresin nichts gemeinsam.

---

[1] Seifensieder Ztg. 1929, Nr. 43.

Ozokerit wie Paraffin sind Kohlenwasserstoffe der allgemeinen Formel C_nH_{2n+2}, doch ist die Gruppierung der einzelnen Kohlenstoff- und Wasserstoffatome im Molekül verschieden. Beide zeigen ein verschiedenes chemisches und physikalisches Verhalten.

Die Paraffinkohlenwasserstoffe sind kristallinisch, die Ozokeritkohlenwasserstoffe hingegen amorph und kolloid.

Amorphe Körper besitzen die Eigenschaft, das Kristallisationsvermögen eines kristallinen Körpers zu vermindern oder auch ganz zu unterdrücken. So bewirkt eine Zugabe von 25 bis 20% eines raffinierten und paraffinfreien Ozokerits zu Paraffin ein Ausbleiben einer kristallinischen Ausscheidung aus einer Paraffinlösung.

Man unterscheidet:

1. **Reines und raffiniertes Ozokerit:** Der Paraffingehalt von Reinozokerit darf 4% nicht übersteigen; raffinierte Produkte weisen bis 10% Paraffin auf.

2. **Ozokerit-Ceresin:** Dieses Produkt darf nur Ozokerit und Paraffin enthalten. Hartwachszusätze (Karnauba-, Montanwachs usw.) sind als Verfälschungen zu betrachten. Auf Grund der Tatsache, dass Produkte mit mehr als 11% Paraffin nicht mehr als raffiniertes Ozokerit betrachtet werden können, beginnt von diesem Prozentsatz an die Qualität der Ozokerit-Ceresine. Es ist jedoch schwierig, einen oberen Paraffingehalt anzugeben. So werden noch Ozokerit-Ceresine extra verkauft, die nur 2,5% reines Ozokerit enthalten.

3. **Die Handelsceresine:** Dies sind Paraffine, die in Wirklichkeit kein Ozokerit mehr enthalten. Diese Paraffine werden mit Anilinfarbstoffen gefärbt. Zudem gibt man ihnen noch Trübungsmittel zu, wie Benzonaphtol (**Lintrin**, **Hertolan**), um sie undurchsichtig zu machen. Der Schmelzpunkt wird durch Zugabe von Wachsen (Karnaubawachs und synthetische Wachse) gefälscht.

Unter Ozokerit-Raffinaten versteht man also die besten und reinsten Ceresinsorten, wie sie ursprünglich hergestellt wurden, bevor man sie immer mehr mit Paraffin und Harzen verschnitten hat. Ozokerit-Ceresine sind die Sorten mit mehr als 10% Paraffin. Sie besitzen jedoch meist einen bedeutend höhern Paraffingehalt als 11%. Selten enthalten sie nur 50%, sondern vielmehr liegt der untere Paraffingehalt bei 60—70% und kann bis auf 95—97,5% ansteigen.

Den hauptsächlichsten Bestandteil bildet Paraffin in den sog. Handels- und Paraffinceresinen. Ein unvergleichlich kleinerer Anteil besteht aus Karnaubawachs. Dieses verstärkt den wachsartigen Charakter, vermindert die kristallinischen Eigenschaften des Paraffins und verleiht den aus ihnen hergestellten Produkten eine grössere Stabilität. Weiterhin beeinflusst es in hohem Masse die Härte der Ceresine. So erhöht ein 1%iger Zusatz den Schmelzpunkt um 2,5° C, ein 2%iger Zusatz um 5⁰ C, und 5% Karnaubawachs erhöhen den Schmelzpunkt um 7⁰ C. Man geht mit diesen Zusätzen selten höher als 3%. Neben oder statt des Karnaubawachses bedient man sich hin und wieder raffinierten Montanwachses.

Im folgenden seien mehrere Zusammensetzungen verschiedener Handelsceresine aufgeführt.

Reinweisses Handelsceresin:

    85 kg doppelt raffiniertes und gebleichtes Paraffin
    15 kg Karnaubawachs gebleicht.

Weisses Handelsceresin:

    90 kg Paraffin, wie vorstehend
     8 kg gebleichtes Montanwachs
     2 kg gelbes Karnaubawachs.

Für ein sog. Primissima blendendweisses, hochgrädiges Produkt verwendet man bisweilen gebleichtes Karnaubawachs.

Naturelles halbweisses Handelsceresin:

    48 kg Paraffinschuppen, öl- und geruchfrei
    50 kg doppelt raffiniertes Paraffin
     2 kg Karnaubawachs, hellfettgrau.

Naturelles Handelsceresin:

    98   kg doppelt raffiniertes Paraffin
     2   kg Karnaubawachs, fettgrau
    0,25 kg rohes Montanwachs und etwas Sudan G (Farbstoff).

Für die Bewertung der Handelsceresine ist der Erweichungspunkt und die Farbe massgebend. Als Marktware kennzeichnet man sie entweder mit den Schmelzpunktsgrenzen, gewöhnlich von 60 bis 62⁰ C ab bis zu 52 bis 54⁰ C, und der Färbung, ob naturgelb, weiss oder farbig. Es sei noch bemerkt, dass es nicht ohne weiteres richtig wäre, das Paraffin als ein Verfälschungsmittel anzusehen, nur weil es sich gut dazu eignet, das beträchtlich teurere Ozokerit für viele Zwekke zu ersetzen, ja sogar in manchen Eigenschaften zu übertreffen.

Ebenso wie Paraffin werden auch die Ceresine häufig für textile Zwecke herangezogen. Schliesslich sind in dieser Reihe noch die Montanwachse zu erwähnen, von deren mannigfachen Sorten und Arten für die Textilindustrie insbesondere die Montanwachsraffinate A und St in Betracht kommen, die zur Klasse der mittelharten Glanzwachse gehören. Teilweise kommen auch noch Montanwachsraffinat Nova und Montanillawachs in Frage, die sich durch gute Verseifbarkeit und verhältnismässig gute Ölbindung auszeichnen. Diese Montanwachsraffinate werden für Textilhilfsmittel und Emulsionen für textile Zwecke in verseiftem Zustande, jedoch gewöhnlich stets noch mit einem oder mehreren andern emulgierbaren Wachsen zusammen verarbeitet. Sie werden unter anderm auch für Wasserdichtausrüstungen verwendet.

Eine grosse Bedeutung hat das Wachs in der Färberei erlangt. Während man sich sonst bei der Herstellung gemusterter Gewebe des Platten- oder Walzendrucks bedient oder die Muster durch Anwendung von Schablonen mit Farbzerstäubungsapparaturen auf das Gewebe auftrug, lehrte die kunstgewerbliche Technik der Wachsfärbekunst oder Batik eine neue Methode der Stoffärbung. Diese Art des Färbens kam erst zu Beginn dieses Jahrhunderts aus Japan oder Holland zu uns. Hiezu verwendet man häufig Ceresin, Paraffin oder gebleichtes Montanwachs.

Synthetische Wachse[1]). Die von der I.G. Farbenindustrie und später von Glyco Products Co. bearbeiteten und auf den Markt gebrachten Produkte haben in der Textilindustrie eine sehr ausgedehnte Verwendung gefunden. Man gebraucht sie zusammen mit Stärkeprodukten, Gummen, Leimen und Harzen.

Man unterscheidet verseifbare synthetische Wachse, die Fettsäureester mehrwertiger Alkohole darstellen und den Fetten, Ölen und Naturwachsen entsprechen, und nicht verseifbare synthetische Wachse, die Alkylamine, Derivate mit Stickstoffgehalt sowie langkettige Äther darstellen. Die Produkte dieser Kategorie besitzen die den wirklichen Wachsen zukommenden Eigenschaften.

Die meisten synthetischen Wachse, die von der I. G. Farbenindustrie in dem Werk Gersthofen sowie in dem Werk Oppau erzeugt wurden[2]), sind durch Oxydation des Montanwachses mit Chromsäure erhalten worden.

Das hauptsächliche Rohmaterial für die Herstellung der I.G.-Wachse ist das Montanwachs; nur in einigen Marken werden andere Materialien, in der Hauptsache Fettsäuren, mitverwendet.

Montanwachs kommt im Torf vor. Man erhält es durch Extraktion mit Benzol als Lösungsmittel. Das Wachs wird in Form dunkelbrauner Stücke erhalten, die zwischen 80 und 90° C schmelzen. Diese braunen Stücke enthalten ein Wachs, welches dem Karnaubawachs nahekommt, und ungefähr 20 bis 25% eines Harzes. Das Wachs wird durch Extraktion mit Alkohol vom Harzbestandteil getrennt.

Das für die Erzeugung synthetischer I. G.-Wachse in Frage kommende Montanwachs wurde durch Extraktion mitteldeutscher bitumenhaltiger Braunkohle mit einem Gemisch von Benzol und Alkohol

---

[1]) J. H. Dollinger, Rayon & Synth. Text. 1950, *31*, S. 106. F.I.A.T. Report No. 737, J. Vernon Steinle, Economic Study of German synthetic Waxes. B.I.O.S. Report No. 419, W. Baird, I. G. Waxes.

[2]) In Ludwigshafen war nur das IG.-Wachs V hergestellt worden.

bzw. deren Homologen gewonnen. Das Herstellerwerk für das Montanwachs waren die A. Riebeck'schen Montanwerke, Amsdorfen, Oberröblingen am See.

Das Montanwachs ist ein hartes Wachs von schwarzbrauner Farbe; es hat einen muscheligen Bruch; chemisch ist es sehr uneinheitlich und enthält etwa 16% harzige, 14% asphaltartige Bestandteile, 50% Wachsester und 20% freie Wachssäuren.

Der Oxydation wird ein entharztes Montanwachs unterworfen. Das entharzte Montanwachs wird als solches von den A. Riebeckschen Montanwerken bezogen und enthält noch etwa 5—7% Harz.

Die Gewinnung heller Wachse aus dem Montanwachs oder die Umwandlung des Montanwachses in hellfarbige Körper war ein altes Problem, da die dunkle Farbe in vielen Fällen die Verwendung des Montanwachses unmöglich machte.

Das Verfahren der Bleichung des Montanwachses durch Oxydation mit Chromsäure führt dagegen zu Ausbeuten von ca. 85% und liefert härtere Wachse, als bei der Destillation anfallen. Die Oxydation des entharzten Montanwachses nimmt man entweder mit Chromsäure in stark schwefelsaurer Lösung oder mit Kaliumbichromat und Schwefelsäure vor. Bei der ersteren Methode liegt auch nach der Reduktion der Chromsäure zu Chromsulfat noch Schwefelsäure in grossem Überschuss vor, bei der zweiten Methode entsteht Chromalaun. Die eingesetzte Schwefelsäuremenge ist so berechnet, dass nur ein geringer Überschuss an Schwefelsäure vorliegt.

$$1. \quad 2\,CrO_3 + 3\,H_2SO_4 \;\rightarrow\; Cr_2\,(SO_4)_3 + 3\,H_2O + 3\,O$$
$$2. \quad K_2Cr_2O_7 + 4\,H_2SO_4 \;\rightarrow\; 2\,K\,Cr\,(SO_4)_2 + 4\,H_2O + 3\,O$$

Beide Verfahren wurden in Oppau ausgearbeitet; das erstere wurde technisch im I.G.Werk Gersthofen ausgeführt, wo die Chrombisulfatlösungen durch anodische Oxydation wieder in Chromsäurelösungen umgewandelt wurden. Der hohe Schwefelsäureüberschuss ist notwendig, weil die Elektrolyse unter diesen Bedingungen mit dem besten Umsatz und der besten Stromausbeute verläuft. Die Bleichung mit Kaliumbichromat wurde in Oppau praktisch durchgeführt; die anfallenden Chromalaunlösungen wurden zur Kristallisation an die Chromalaunfabrik Ludwigshafen geliefert und der kristallisierte Chromalaun an Gerbereien abgesetzt.

Das oxydierte Wachs hat eine grünlichgelbe Mischfarbe, da ihm noch dreiwertiges Chrom in Form von Chromseife oder Chromsulfat beigemengt ist. Zwecks Entfernung der Chromverbindungen wird das Wachs bei 108° C in einem verbleiten Behälter mit 20—25%iger Schwefelsäure verrührt; nach mehrstündigem Absitzen hat sich das chromfreie Wachs über der von Chromverbindungen blaugrün gefärbten Schwefelsäure abgeschieden. Die Wachs-Schwefelsäure wird in den Oxydationsansatz zurückgegeben. Das Wachs wird zur Entfernung anhaftender Schwefelsäure mit Wasser in einem gummierten Behälter aufgekocht und anschliessend in einem Emaillebehälter unter Vakuum bei 110° entwässert.

Je nach der Qualität des entharzten Montanwachses und der angewandten Menge Chromsäure bzw. Bichromat werden Wachse von hellgelber bis dunkelgelber Farbe gewonnen. Bei Verwendung von 265 kg Kaliumbichromat, äquivalent 180 kg Chromsäure, auf 100 kg entharztes Montanwachs gewinnt man ein hellgelbes Wachs von der Säurezahl 140—160, Verseifungszahl 165—180, Schmelzpunkt 82° C, das I G.-Wachs S und bei Verwendung von 176 kg Kaliumbichromat (= 120 kg Chromsäure) auf 100 kg entharztes Montanwachs wird ein dunkelgelbes Wachs von der Säurezahl 120—135, Verseifungszahl 155—165, Schmelzpunkt 82°, das I G.-Wachs L, erhalten.

Die Wachse IG.-Wachs S und L zeigen keinen wesentlichen Unterschied; IG.-Wachs L ist dunkler in der Farbe und härter als IG.-Wachs S. Beide Wachse enthalten einen hohen Prozentsatz an freien Mono- und Polykarbonsäuren; sie finden an vielen Stellen Verwendung, wo Fettsäuren aus Naturfetten in ihrer Härte den Anforderungen nicht entsprechen. Sie bilden mit Alkalien sehr harte Seifen, die mit Wasser Emulsionen geben.

Von den IG.-Wachsen S und L ging nur ein kleiner Teil in die wachsverarbeitende Industrie, der grösste Teil wurde auf andere IG.-Wachsmarken weiterverarbeitet.

Wachs S wird folgendermassen hergestellt: 600 kg entharztes Rohmontanwachs werden in einem Oxydationsgefäss (homogen verbleit), in dem ca. 1000 l Chromlauge vorgelegt sind, geschmolzen. Bei laufendem Rührer werden dann in zwei Einläufen 1140 kg Chromsäure langsam zugegeben. Die Temperatur beträgt dabei bis 120° C. Nach 1 Stunde Absitzen wird erst die Lauge und dann das Wachs abgelassen. Die Lauge kommt in die Laugekühler, in denen sie mit Kondenswasser auf ca. 39° Bé verdünnt und auf ca. 50° C gekühlt wird. Dann wird sie in den Chromsäurebetrieb gepumpt. Das Wachs kommt in die Absitzgefässe, bleibt 4 Stunden stehen und wird in die Schwefelsäure-Auswaschgefässe gedrückt. In diesen wird das Wachs mit einer 30%igen Schwefelsäure bei ca. 100° C und laufendem Rührer eine halbe Stunde aufgekocht. Nach 4 Stunden Absitzen lässt man es in einen Wässerungskessel, in dem ca. 1000 l heisses Wasser vorgelegt sind, laufen und kocht gut auf. Nach 5 Stunden Absitzen wird dem Waschwasser eine Probe entnommen und die Säurezahl festgestellt. Im Liter Wasser sollen nicht mehr als 5 g Schwefelsäure sein. Das Wasser lässt man nun durch ein Schauglas so lange weglaufen, bis das Wachs kommt, welches man dann in den Entwässerer gibt. Im Entwässerer wird es bei 90—100° C unter Rühren bei 400—600 mm Vakuum getrocknet. Das Wachs kann dann als fertiges IG.-Wachs S abgelassen werden.

Nahe verwandt dem IG.-Wachs S ist das IG.-Wachs E. Die hohe Säurezahl des IG.-Wachses S ist jedoch durch Veresterung mit Äthylenglykol auf etwa 20 herabgesetzt worden; es ist also schon fast neutral; der Schmelzpunkt liegt bei 81° C. Wenn statt Äthylenglykol ein Gemisch von 1 Teil Äthylenglykol, 1 Teil Butylenglykol und 8 Teilen Propylenglykol als Veresterungskomponente für IG.-Wachs S verwendet wird, entsteht das IG.-Wachs EG. IG.-Wachs E und EG sind sich sehr ähnlich; letzteres lässt sich besonders leicht emulgieren. IG.-Wachs E findet Verwendung bei der Herstellung von Raupenleimen, in der Fertigung von Bleistiftminen und als Mittel zum Wasserdichtmachen von Schuhsohlen.

Die Herstellung des IG.-Wachses E ist folgende: 100 kg IG.-Wachs S und 10,5 kg Äthylenglykol sowie 30 cm³ 20 %ige Schwefelsäure werden zusammen in den Veresterer gegeben und bei einer Temperatur von 110—115° C mit laufendem Rührer bis zu einer Säurezahl von 18—20 verestert. Hernach wird das Wachs mit 0,0005 % Kaliumhydroxyd, in Wasser gelöst, abgestumpft.

IG.-Wachs KP, KPS und FP. Diese drei Wachstypen stellen veresterte Wachse dar. Als saure Komponenten werden beim IG.-Wachs KP und KPS mit Wasserstoffsuperoxyd voroxydierte und mit Chromsäure weiteroxydierte Gemische von entharztem und nicht entharztem Montanwachs angewandt.

KP-Wachs ist ein mit 130 % Chromsäure (CrO_3) gebleichtes und mit Äthylen-Butylenglykol verestertes Rohmontanwachs.

KPS-Wachs ist ein mit 160 % Chromsäure (CrO_3) gebleichtes und mit Äthylen-Butylenglykol verestertes Rohmontanwachs.

IG.-Wachs CR wird durch Verestern von IG.-Wachs S mit Butylenglykol bis etwa zur Säurezahl 36 hergestellt; dann wird zu dem flüssigen Gemisch die anderthalbfache Menge Montanwachs hinzugefügt und noch 1 Stunde weitergerührt. CR ist ein Grundwachs für schwarze und dunkelgefärbte Schuhcreme; es lässt sich verseifen und zu dunkelgefärbten Emulsionen verwenden.

Das IG.-Wachs Spezial ist aus verschiedenen Komponenten aufgebaut. Es enthält Rohmontanwachs, das mit Butylenglykol umgeestert ist. Die Herstellung ist auf folgender Seite beschrieben.

IG.-Wachs O wird durch Veresterung von IG.-Wachs S mit Äthylenglykol bis zu einer Säurezahl von 50—53 hergestellt und die noch vorhandenen Säuren werden mit pulverisiertem Kalziumhydroxyd bis zur Säurezahl 15 neutralisiert.

1200 kg	Rohmontanwachs werden in einem verbleiten Gefäss mit
34 kg	Butylenglykol
8,3 kg	Schwefelsäure konz.
3 kg	Wasser bei einer Temperatur von 110° C bis zu einer Säurezahl von 15—20 verestert und dann mit
1,7 kg	Kaliumhydroxyd neutralisiert.
420 kg	Rohmontanwachs, nicht entharzt
200 kg	Wachs G
30 kg	Butylenglykol
3 kg	Schwefelsäure konz.
3 kg	Wasser zusammen verestern bis zu einer Säurezahl von 20—25 bei einer Temperatur von 110—115° C
420 kg	G-Alkohol zugeben und gut mischen.
960 kg	G-Wachs
56 kg	Butylenglykol
480 cm³	Schwefelsäure konz.
520 cm³	Wasser zusammen bis zu einer Säurezahl von 55 verestern, dann in den Verseifer geben und bei einer Temperatur von 115—120° C
32 kg	Kalziumhydroxyd unter gutem Mischen zugeben. Jetzt alles zusammengeben und gut mischen.

IG.-Wachs OP unterscheidet sich in der Herstellung von IG.-Wachs O dadurch, dass zur Veresterung statt Äthylenglykol 1,3 Butylenglykol verwendet wird.

Die beiden Wachsmarken sind sich sehr ähnlich; der Schmelzpunkt ist etwa 105° C; sie haben eine braune Farbe und sind bedeutend viskoser als IG.-Wachs S, L und E. Die hervorstechendste Eigenschaft von IG.-Wachs O und OP ist ihr grosses Ölbindungsvermögen.

IG.-Wachs BJ. Die bisher aufgeführten Wachse gehören alle dem Typ der Hartwachse an. Sie sind alle aus oxydiertem Montanwachs aufgebaut. IG.-Wachs BJ stellt ein Weichwachs dar; als saure Komponente werden ausser IG.-Wachs S auch Fettsäuren natürlicher Herkunft für den Aufbau verwendet.

Palmkernölfettsäure und Stearin werden mit überschüssigem Äthylenglykol verestert. Der Glykolüberschuss bedingt, dass zum grossen Teil nur eine Hydroxylgruppe des Glykols sich mit den Säuren verestert. Nachdem die Fettsäuren zu etwa 80% verestert sind, werden IG.-Wachs S, Wollfett und eine geringe Menge Glykol zugefügt und weiterverestert, bis zu einer Säurezahl von 20. Am Schluss werden noch etwa 25% Tafelparaffin 50/52° C eingeschmolzen. Dieses IG.-Wachs hat, je nach der Qualität der Fettsäuren, eine gelbe bis braune Farbe. Da für viele Fälle eine hellgelbe Farbe erwünscht ist, wird durch Bleichung mit Chromsäure noch ein Typ IG.-Wachs BJ gebleicht hergestellt; dieses hat die Säurezahl 50—80, je nach der angewandten Chromsäuremenge. Infolge Mangel während des Weltkrieges 1939—1945 an Palmkernölfett, Stearin, Wollfett und Tafelparaffin wurden Fettsäuren aus Erdnussöl, Baumwollsamenöl,

Sonnenblumenkernöl und gelegentlich auch Fettsäuren aus der Paraffinoxydation angewandt. Auf den an sich schon geringen Wollfettzusatz wurde verzichtet und das Paraffin durch Ceresin S aus der Ölfabrik Oppau ersetzt.

Die Herstellung ist folgende:

288 kg	Palmkernölfettsäure
108 kg	Stearin
162 kg	Äthylenglykol
750 cm³	Schwefelsäure 20%ig werden zusammen bei 90⁰ C bis zu einer Säurezahl von 70 verestert.
	Dann werden
1440 kg	S-Wachs
41 kg	Äthylenglykol und
410 cm³	Schwefelsäure 20%ig zugegeben und bei 90⁰C weiter bis zu einer Säurezahl von 25 verestert.
	Nun kommen noch
47 kg	Wollfett
468 kg	Paraffin und
700 gr	Aroma dazu. Alles wird gut durchgemischt und dann zum Erkalten in Aluminiumschalen abgelassen.

Die IG.-Wachsmarken N und N neu enthalten ca. 20% IG.-Wachs S und 80% IG.-Wachs BJ ungebleicht und Marseiller Seife; IG.-Wachs N neu enthält ausserdem noch Emulphor O als emulsionsfördernden Zusatz. Die Wachse lösen sich in heissem Wasser zu fast klaren Emulsionen. Diese sind imstande, weitere Wachse und Mineralöle aufzunehmen, und bilden so gemischt verseifte Schuhcremen, Bohnerwachse, Möbelpolituren und Textilhilfsmittel (Schlichtemittel). Bei IG.-Wachs N entstehen vorzüglich Wasser- in Öl-, bei N neu Öl- in Wasser-Emulsionen.

Die Herstellung ist folgende:

320 kg	S-Wachs
24 kg	Palmkernölfettsäure
40 kg	Stearin
8 kg	Wollfett
48 kg	Äthylenglykol
180 cm³	Schwefelsäure 20%ig

werden zusammen bei 90⁰ C bis zu einer Säurezahl von 55 verestert, dann werden

100 kg	Paraffin
20 kg	Marseillerseife
32 kg	Emulphor zugegeben.

Alles zusammen wird dann bei 400—500 mm Vakuum und bei einer Temperatur von nicht über 90⁰ C entwässert und kann darauf in Schalen abgelassen werden.

Die Herstellung des IG.-Wachses Z.

IG.-Wachs L (oder S) wird mit Eisenpulver als Kontaktsubstanz bei 330° C etwa 18 Stunden verrührt, wobei Kohlensäure und Wasser abgespalten werden und ein Wachsketon (G-Keton) mit einer Säurezahl von 3—7 und einem Schmelzpunkt von ca. 97° C entsteht. Das G-Keton wird dann in Gegenwart eines Nickel-Kieselgur-Kontakts (20% Nickel als Nickelkarbonyl $Ni(CO)_4$ auf Kieselgur) bei etwa 400° C und 240 Atm. Wasserstoffdruck hydriert und dann filtriert. Dabei wird ein gelbes oder rein weisses Wachs gewonnen, das eine Säurezahl von 0 und einen Schmelzpunkt von 100° C besitzt.

Dieses ist ein reiner Kohlenwasserstoff. Wegen seiner guten Isoliereigenschaft wird es in der Elektroindustrie als Ausgussmittel für Kondensatoren gebraucht. Ferner dient es zum Härten von Kerzenmaterial, zum Tränken von Pappen und Papier für Trinkbecher und zum Polieren von Kaffeebohnen.

IG.-Wachs V wurde vom Werk Ludwigshafen hergestellt. Es ist ein Oktadecylpolyvinyläther. Die Säurezahl ist 0, der Schmelzpunkt 52° C. Das IG.-Wachs V ist leicht löslich in Mineralölen und bleibt auch bei Zimmertemperatur in Lösung; ausserdem erhöht es die Löslichkeit der anderen schwer löslichen Wachse und Paraffine, so dass es möglich ist, mit IG.-Wachs V flüssige Ölcremen mit 10—12% Festbestandteilen herzustellen.

IG.-Wachs G ist ein mit 111% Chromsäure (CrO_3) gebleichtes entharztes Rohmontanwachs.

Schmelzpunkt	82— 86° C
Säurezahl	100—110
Verseifungszahl . . .	145—155

Die Ausbeute beträgt ca. 90%.

100 kg Rohmontanwachs benötigen 100 kg Chromsäure (CrO_3).

Die Herstellung geschieht wie bei S-Wachs, nur mit dem Unterschied, dass bei G-Wachs die Oxydation in einem Einlauf gemacht wird. Da G-Wachs ein nur wenig angebleichtes Rohmontanwachs ist, darf es bei einer Behandlung mit Wasser nur wenig gekocht werden, da sonst leicht eine Wachs-Emulsion entsteht.

IG.-Wachs AD ist ein mit 7,6% Propylenglykol verestertes und mit 1,5% Kalziumhydroxyd verseiftes IG-Wachs G.

Die Schmelzpunkte der synthetischen Wachse sind sehr unterschiedlich. So besitzt Acrawax C von Glyco Prod. Co. einen Schmelzpunkt von 140° C, während Karnaubawachs als das höchstschmelzende natürliche Wachs einen Schmelzpunkt von 85° C besitzt.

Es gibt wasserlösliche Typen oder auch solche, die sich zum Dispergieren in Wasser eignen. Bei der textilen Anwendung verwendet man hauptsächlich Emulsionen.

Von den amerikanischen Produkten seien die folgenden erwähnt:

Acrawax B, C, CT	Glyco Prod. Co. Dispersion S 933 mit einem Gehalt von 31,3% Aktivmaterial
Acrawax C Dispersion S. 933	
Flexo Wax C	Glyco Prod. Co.
Glyco Wax S 932	Glyco Prod. Co.
Cumilate 2137	Scientif. Oil Compoundry Co. Chicago
Aroclor 1254	Monsanto
Ceramid	Glyco Prod. Co. (Smp. 80° C) wird als Zusatz zu Paraffin gebraucht, um die Masse härter zu machen und den Schmelzpunkt zu erhöhen[1]).
Carbowax 4000 Stearat . . .	C.C.C.C.[2])
Stroba Wax	Glyco Prod. Co. (Smp. 98—100° C)
Carbowax Compound PF 45	C.C.C.C. $HOCH_2$—$(CH_2OCH_2)_x$—CH_2OH— Mol. Gew. über 1000.
Rexowax CNN	Emkay. Synthetisches Wachs, dispergierbar in Wasser
Wax S-1167	Glyco Prod. Co. (Smp. 120—125° C)
Aldo Wax 28 und 33	Glyco Prod. Co. (Glyzerinmonostearat)
Diglycol Stearate S	Glyco Prod. Co. (Diäthylenglykolstearat)
Diglycol Laurate S	Glyco Prod. Co. (Diäthylenglykollaurat)
Aldo Wax 25	Glyco Prod. Co. (Propylenglykolmonstearat)
Diglycol Laurate S 1003 . .	Glyco Prod. Co. (Propylenglykolmonolaurat)

Ferner bringt die B.A.S.F. unter dem Namen Textilwachs W ebenfalls ein synthetisches Wachs auf den Markt[3]).

---

[1]) Ceramid (Glyco Products Co) ist ein synthetisches Wachs, hart, leicht gelblich, vom Schmelzpunkt 79,5—80,5° C. Es ist unlöslich in Wasser, aber von besserer Löslichkeit in organischen Lösungsmitteln als die natürlichen und anderen künstlichen Wachse. In absolutem Alkohol sind 5,4%, in Toluol 3,8%, in Naphta 3,4% löslich. Chemisch ist es ein Alkylstearamid und kann zum Wasserdichtmachen von Geweben benützt werden. Es verträgt sich dabei mit Asphalt, Karnaubawachs, Kumaronharzen, Äthylzellulose, Paraffin und Acrawachs.

[2]) Carbowax Compound PF 45 der Carbide & Carbon Chem. Corp. ist wasserlösliches, modifiziertes Polyäthylenglykol in 50%iger Lösung. Spez. Gew. bei 25° C = 1,10. Das Produkt ist löslich in aromatischen Kohlenwasserstoffen, Dioxan, Methanol und Äthanol, etwas auch in Cellosolve und Azeton, jedoch unlöslich in aliphatischen Kohlenwasserstoffen und Äthern; teilweise verträglich mit Gelatine-Lösungen, Stärke, Dextrin, Polyvinylalkohol und Cellosize (Oxyäthylzellulose), dagegen verträglich mit Paraffin und Karnaubawachs. Das Produkt wird empfohlen als Baumwollkettschlichte, wo es als Binde- und Gleitmittel wirkt. Sehr vorteilhaft sind Mischungen mit Stärke; ferner als Zusatz zu Appreturmassen für alle Fasern und zu Reservedruckfarben.

[3]) Textilwachs W (B.A.S.F.) ist ein schwach gelbliches, hartes Wachs, das sich in Wasser klar löst. Es ist beständig gegen Säuren, Alkalien und Härtebildner des Wassers. In Verbindung mit Stärke, Dextrin, Cellapret wird die Zügigkeit der Flotten verbessert und die Haftfestigkeit und Glätte des geschlichteten Fadens erhöht. In der Appretur kann man es zur Glanzverbesserung gebrauchen.

Wachse.

Synthetische I. G.-Wachse[1]) hergestellt von der I. G. Farbenindustrie in Oppau und in Gersthofen.

Name	Konstitution	Eigenschaften
I. G.-Wachs S	Ein mit 180% Chromsäure (CrO_3) gebleichtes, entharztes Rohmontanwachs.	Schmelzpunkt 80–83⁰ C Säurezahl 143–157 Verseifungszahl 165–180 Spez. Gew. bei 20⁰ C 1,01–1,02
I. G.-Wachs L	Ähnlich dem Wachs S; schwächer oxydiertes (120% CrO_3), gebleichtes und entharztes Rohmontanwachs.	Schmelzpunkt 80–83⁰ C Säurezahl 127–139 Verseifungszahl 155–170 Spez. Gew. bei 20⁰ C 0,99–1,00
I. G.-Wachs G	Ähnlich den beiden ersten Marken; nur mit 111% CrO_3 oxydiertes, gebleichtes, entharztes Rohmontanwachs.	Schmelzpunkt 82–86⁰ C Säurezahl 100–110 Verseifungszahl 145–155
I. G.-Wachs E	Äthylenglykolester des Wachses S.	Schmelzpunkt 79–82⁰ C Säurezahl 17–25 Verseifungszahl 158–178 Spez. Gew. 1,01–1,02
I. G.-Wachs EG	Propylenglykolester des Wachses S. S-Wachs verestert mit 1 T. Äthylenglykol, 1 T. Büthylenglykol, 8 T. Propylenglykol.	Schmelzpunkt 72–75⁰ C Säurezahl 18–26 Verseifungszahl 158–173 Spez. Gew. 1,01–1,02
I. G.-Wachs O	Äthylenglykolester des Wachses S mit Kalziumhydroxyd verseift.	Tropfpunkt 102–106⁰ C Säurezahl 10–15 Verseifungszahl 111–133 Spez. Gew. 1,03–1,04
I. G.-Wachs OP	1,3-Butylenglykolester des Wachses S mit Kalziumhydroxyd verseift.	Tropfpunkt 102–105⁰ C Säurezahl 10–15 Verseifungszahl 110–132 Spez. Gew. 1,03–1,04
I. G.-Wachs CR	Mit Rohmontanwachs vermischtes und mit 1,3-Buylenglykol verestertes S-Wachs.	Schmelzpunkt 80–92⁰ C Säurezahl 31 Verseifungszahl 115–130
I. G.-Wachs BJ ungebleicht	Mischung von mit Äthylenglykol verestertem S-Wachs mit verschiedenen anderen Wachsen und Fetten (Wollfett, Palmkernölfettsäuren + Paraffin).	Schmelzpunkt 71–74⁰ C Säurezahl 13–23 Verseifungszahl 140–160 Spez. Gew. 0,95

[1]) W. Baird, I. G. Waxes, B.I.O.S. Report Nr. 419.

Name	Konstitution	Eigenschaften
I. G.-Wachs BJ gebleicht	BJ-Wachs ungebleicht mit 30% CrO_3 gebleicht.	Schmelzpunkt 70–73⁰ C Säurezahl 65–86 Verseifungszahl 163–183 Spez. Gew. 0,96
I. G.-Wachs AD	Propylenglykolester des Wachses G mit Kalziumhydroxyd verseift.	
I. G.-Wachs Spezial	Butylenglykolester einer Mischung von Rohmontanwachs + Wachs G mit $Ca(OH)_2$ verseift.	Schmelzpunkt 90–93⁰ C Säurezahl 13–18 Verseifungszahl 95–110 Spez. Gew. 1,00
I. G.-Wachs KP	Ein mit 130% CrO_3 gebleichtes und mit Äthylen-Butylenglykol verestertes Rohmontanwachs.	Schmelzpunkt 80–82⁰ C Säurezahl 20–25 Verseifungszahl 145–155
I. G.-Wachs KPS	Ein mit 160% CrO_3 gebleichtes und mit Äthylen-Butylenglykol verestertes Rohmontanwachs.	Schmelzpunkt 80–82⁰ C Säurezahl 20–25 Verseifungszahl 145–155
I. G.-Wachs Z	Ketonisierung des I. G.-Wachses S oder L durch Erhitzen mit Eisenpulver bei 300⁰ C während 20 Stunden und Hydrierung der entstandenen Ketone mit Wasserstoff bei 200 Atm. in Gegenwart von Nickel als Katalysator.	Schmelzpunkt 100⁰ C
I. G.-Wachs N neu	I. G.-Wachs N + Emulphor O.	Schmelzpunkt 72–74⁰ C Säurezahl 33–43 Verseifungszahl 118–133 Spez. Gew. 0,97
I. G.-Wachs N	20% I. G.-Wachs S + 80% I. G.-Wachs BJ ungebleicht + Marseillerseife.	
I. G.-Wachs OZK	Ketonisierung von 50 T. entharztem Montanwachs 40 T. gehärt. Tranfettsäuren 10 T. rohen Tranfettsäuren und dann Hydrierung wie bei I. G.-Wachs Z.	

Naturwachse.

Name	Konstitution	Eigenschaften
Bienenwachs	Palmitinsäureester des Myricylalkohols $$C_{15}H_{35}-C\diagdown \begin{matrix} O \\ OC_{30}H_{31} \end{matrix}$$ sowie Kerotinsäure u. Kohlenwasserstoffe.	Schmelzpunkt 63–65⁰ C Gut verseifbar. Leicht löslich in Terpentinöl, Schwefelkohlenstoff und Chloroform. Nur teilweise löslich in kochendem Alkohol und Benzin.

Name	Konstitution	Eigenschaften
Chinesisches Insektenwachs	Enthält den Kerotinsäureester des Cerylalkohols $C_{25}H_{51}$—$COOC_{26}H_{53}$	Schmelzpunkt 81–83° C. Schwer verseifbar. Leicht löslich in kochendem Chloroform, wenig in kochendem Alkohol.
Walrat	Cetylpalmitat $C_{15}H_{31}$—$C\!\!\underset{OC_{16}H_{33}}{\overset{O}{{<}}}$	Schmelzpunkt 43–50° C. Leicht verseifbar. Leicht löslich in kochendem Alkohol, Äther und Chloroform.
Wollschweiss	Gemisch von freien Fettsäuren, wachsähnlichen Estern, Kohlenwasserstoffen und Cholesterin.	Schmelzpunkt 39–42° C. Ziemlich schwer verseifbar. Leicht löslich in Äther und Chloroform, wenig löslich in Alkohol.
Karnaubawachs	Ester der Kerotinsäure mit Myricylalkohol $C_{25}H_{51}$—$C\!\!\underset{OC_{30}H_{61}}{\overset{O}{{<}}}$ und Karnanbasäure u. Cerotinsäure	Schmelzpunkt 82–90° C. Schwer verseifbar. Leicht löslich in kochendem Alkohol und Äther.
Palmenwachs roh und gereinigt	Ester der Palmitinsäure mit Myricylalkohol $C_{15}H_{31}$—$C\!\!\underset{OC_{30}H_{61}}{\overset{O}{{<}}}$	Schmelzpunkt 102–105° C (roh), 72° C (gereinigt). Schwer verseifbar. Wenig löslich in Alkohol.
Japanwachs	Ester der Kerotinsäure mit Cerylalkohol $C_{25}H_{31}$—$C\!\!\underset{OC_{26}H_{53}}{\overset{O}{{<}}}$	Schmelzpunkt 42–55° C. Leicht verseifbar. Leicht löslich in kochendem Alkohol und Benzin.
Erdwachs (Ceresin)	Gereinigtes Ozokerit.	Schmelzpunkt 60–80° C. Sehr schwer löslich in Benzin.
Vaselin	Gemisch fester Kohlenwasserstoffe	Schmelzpunkt 60–80° C. Nicht verseifbar. Leicht löslich in Fetten, Wachsen und Paraffin. Unlöslich in Glyzerin.
Paraffin	Gemisch fester Kohlenwasserstoffe Pentakosan $C_{25}H_{52}$ und Tetrakosan $C_{24}H_{50}$.	Schmelzpunkt 30–55° C. Nicht verseifbar. Leicht löslich in Benzin, Schwefelkohlenstoff, Terpentinöl, wenig löslich in Alkohol.

II. Die ionogenen Produkte.

A. Anionaktive Verbindungen.

1. Die Seifen.

Die Seifen sind die ältesten, am besten bekannten und weitaus am wichtigsten kapillaraktiven Verbindungen. Sie spielen bei der Appretur von Baumwoll- und Reyongeweben eine sehr grosse Rolle und werden auch sehr oft bei Mischgeweben verwendet.

Die Seifen sind die Salze der höhermolekularen Fettsäuren. Sie werden durch alkalische Verseifung von Fettstoffen erhalten. Als Alkali wird dabei entweder Natronlauge oder Kalilauge verwendet. Bei den Fettsäuren spielt die im Molekül vorhandene Anzahl Kohlenstoffatome eine entscheidende Rolle bezüglich der Eignung ihrer Salze als Seife. Die Seifeneigenschaften beginnen sich bei den Fettsäuren mit 8 Kohlenstoffatomen bemerkbar zu machen. Oberhalb 20 bis 22 Kohlenstoffatomen im Fettsäuremolekül beginnen die daraus hergestellten Seifen zu schwer löslich zu werden, um als Seifen verwendet werden zu können.

Die Fettsäuren.

Die Fettsäuren, die im allgemeinen für die Textilindustrie von Bedeutung sind, lassen sich in die folgenden Gruppen einteilen:

a) Gesättigte Fettsäuren der allgemeinen Formel

$$C_nH_{2n+1}COOH$$

z. B. Laurinsäure (C 12), Palmitinsäure (C 16), Stearinsäure (C 18).

b) Ungesättigte Säuren der allgemeinen Formel (eine Doppelbindung)

$$C_nH_{2n-1}COOH$$

z. B. Ölsäure (C 18)

$$C_{17}H_{33}COOH \text{ oder } CH_3—(CH_2)_7—CH=CH—(CH_2)_7—COOH.$$

c) Ungesättigte Oxysäuren, wie Rizinusölsäure oder Oxyölsäure. Diese Säuren unterscheiden sich von der Ölsäure nur durch die Substitution eines Wasserstoffatoms durch eine Hydroxylgruppe

$$C_{17}H_{32}(OH)—COOH \text{ oder } C_{18}H_{33}O_2(OH)$$

$$\text{oder } CH_3—(CH_2)_5—CHOH—CH_2—CH=CH—(CH_2)_7—COOH.$$

Tabelle der Fettsäuren und der entsprechenden Fettalkohole.

	I	
Gesättigter Kohlenwasserstoff C_nH_{2n+2}	Fettsäure $C_nH_{2n+1}COOH$ oder $C_nH_{2n}O_2$	Fettalkohol $C_nH_{2n+1}OH$ oder $C_nH_{2n+2}O$
Oktan C_8H_{18}	Kaprylsäure $C_7H_{15}COOH$ oder $C_8H_{16}O_2$ Als Glyzerid in der Kuhbutter und im Kokosöl	Oktylalkohol $C_8H_{17}OH$
Dekan $C_{10}H_{22}$	Kaprinsäure $C_9H_{19}COOH$ oder $C_{10}H_{20}O_2$ Als Glyzerid in der Kuhbutter und im Kokosöl	Decylalkohol $C_{10}H_{21}OH$
Dodekan $C_{12}H_{26}$	Laurinsäure $C_{11}H_{23}COOH$ oder $C_{12}H_{24}O_2$ Als Glyzerid im Walrat	Laurylalkohol oder Lorol oder Dodecylalkohol $C_{12}H_{25}OH$
Tetradekan $C_{14}H_{30}$	Myristinsäure $C_{13}H_{27}COOH$ oder $C_{14}H_{28}O_2$ Als Glyzerid in der Kokosbutter	Myristylalkohol oder Tetradecylalkohol $C_{14}H_{29}OH$
Hexadekan $C_{16}H_{34}$	Palmitinsäure $C_{15}H_{31}COOH$ oder $C_{16}H_{32}O_2$ Als Glyzerid in den animalischen Fetten und pflanzlichen Ölen	Cetylalkohol oder Hexadecylalkohol $C_{16}H_{33}OH$ Bestandteil des Walrats
Heptadekan $C_{17}H_{36}$	Margarinsäure $C_{16}H_{33}COOH$ oder $C_{17}H_{34}O_2$	Heptadecylalkohol $C_{17}H_{35}OH$
Oktadekan $C_{18}H_{38}$	Stearinsäure $C_{17}H_{35}COOH$ oder $C_{18}H_{36}O_2$ Als Glyzerid in tierischen Fetten und pflanzlichen Ölen	Stearyl- oder Oktadecylalkohol $C_{18}H_{37}OH$
Eikosan $C_{20}H_{42}$	Arachinsäure $C_{19}H_{39}COOH$ oder $C_{20}H_{40}O_2$ Als Glyzerid im Erdnussöl (Arachidöl) und Rapsöl	Eikosylalkohol (Dihydrohytol) $C_{20}H_{41}OH$
Heneikosan $C_{21}H_{44}$	Eikosankarbonsäure (1) $C_{20}H_{41}COOH$ oder $C_{21}H_{42}O_2$ Im Japanwachs und Erdnussöl	Heneikosylalkohol $C_{21}H_{43}OH$
Dokosan $C_{22}H_{46}$	Behensäure $C_{21}H_{43}COOH$ oder $C_{22}H_{44}O_2$ Als Glyzerid im Raps- und Erdnussöl	Dokosylalkohol $C_{22}H_{45}OH$
Tetrakosan $C_{24}H_{50}$	Lignocerinsäure $C_{23}H_{47}COOH$ oder $C_{24}H_{48}O_2$ Im Erdnussöl und Holzteer	Tetrakosylalkohol $C_{24}H_{49}OH$

Hexakosan $C_{26}H_{54}$	Kerotinsäure $C_{25}H_{51}COOH$ oder $C_{26}H_{52}O_2$ Als Ester im Bienenwachs und andern Wachsen sowie im Wollschweiss	Cerylalkohol $C_{26}H_{53}OH$ Im Bienenwachs und Wachs des Flachses
Eitriakontan $C_{30}H_{62}$	Melissinsäure $C_{29}H_{59}COOH$ oder $C_{30}H_{60}O_2$ Im Karnauba- und Bienenwachs	Melissylalkohol oder Myricylalkohol $C_{30}H_{61}OH$
Tritriakontan $C_{33}H_{68}$	Psyllastearylsäure $C_{32}H_{65}COOH$ oder $C_{33}H_{66}O_2$ Im Wachs der Blattlaus Psylla alni	Tritriakontanol $C_{33}H_{67}OH$
II Kohlenwasserstoffe C_nH_{2n}	**II** Ungesättigte Fettsäuren, mit einer Doppelbindung $C_nH_{2n-1}COOH$ od. $C_nH_{2n-2}O_2$	Ungesättigte Alkohole mit einer Doppelbindung $C_nH_{2n-1}OH$ od. $C_nH_{2n}O$
Undecen (1) $C_{11}H_{22}$	Undecylensäure $CH_2=CH(CH_2)_8COOH$ oder $C_{10}H_{19}COOH$ oder $C_{11}H_{20}O_2$ Aus Rizinusöl bei der Vakuumdestillation	Undecen-(1)-ol (11) $C_{11}H_{21}OH$
Oktadecen (9) $C_{18}H_{36}$	Ölsäure oder Elaidinsäure $C_{17}H_{33}COOH$ oder $C_{18}H_{34}O_2$ od. $CH_3(CH_2)_7CH=CH(CH_2)_7COOH$ Im grössten Teil der tierischen und pflanzlichen Öle	Oleylalkohol oder Ocenol $C_{18}H_{35}OH$ Im Walöl, Spermazeti
Dokosen (9) $C_{22}H_{44}$	Eruca- und Brassidinsäure $C_{21}H_{41}COOH$ oder $C_{22}H_{42}O_2$ od. $CH_3(CH_2)_7CH=CH(CH_2)_{11}COOH$ Erucasäure im Senfsamenöl, Rüböl, Dorschlebertran.	Dokosen-(9)-ol (22) $C_{22}H_{43}OH$
Tetrakosen (9) $C_{24}H_{48}$	Nervonsäure $C_{23}H_{45}COOH$ oder $C_{24}H_{46}O_2$ oder $CH_3(CH_2)_7CH=CH(CH_2)_{13}COOH$ Im Cerebrosid des menschlichen Hirns	Tetrakosen-(15)-ol (1) $C_{24}H_{47}OH$
III Ungesättigte Kohlenwasserstoffe C_nH_{2n}	**III** Einfach ungesättigte Oxysäuren $C_nH_{2n-2}(OH)COOH$	Ungesättigte Dialkohole
Oktadecen (9) $C_{18}H_{36}$	Rizinusölsäure oder Oxyölsäure $C_{17}H_{32}{<}^{COOH}_{OH}$ Im Rizinusöl	Oktadecen-(9)-diol (1,12) $C_{18}H_{34}(OH)_2$

Kohlenwasserstoffe C_nH_{2n-2}	IV Zweifach ungesättigte Fettsäuren $C_nH_{2n-3}COOH$	Alkohole $C_nH_{2n-3}OH$
Hexadecin (7) $C_{16}H_{30}$	Palmitoleinsäure $C_{15}H_{27}COOH$ od. $CH_3(CH_2)_7C{=}C(CH_2)_5COOH$ Enthält eine Azetylenbindung	Hexadecin-(7)-ol (16) $C_{16}H_{29}OH$
Oktadekadien (6, 9) $C_{18}H_{34}$	Linolsäure $C_{17}H_{31}COOH$ oder $CH_3(CH_2)_4CH{=}CHCH_2CH{=}CH(CH_2)_7COOH$ Als Glyzerid im Leinöl, Hanföl und Mohnöl	Oktadekadien-(9,12)-ol (1) $C_{18}H_{33}OH$
Kohlenwasserstoffe C_nH_{2n-4}	V Dreifach ungesättigte Fettsäuren $C_nH_{2n-5}COOH$	Alkohole $C_nH_{2n-5}OH$
Oktadekatrien (3, 6, 9) $C_{18}H_{32}$	Linolensäure $C_{17}H_{29}COOH$ oder $CH_3CH_2CH{=}CHCH_2CH{=}CHCH_2CH{=}CH(CH_2)_7COOH$ Als Glyzerid im Leinöl	Oktadekatrien-(9,12,15)-ol (1) $C_{18}H_{31}OH$
Oktadekatrien (5, 7, 9) $C_{18}H_{32}$	Eläostearinsäure $C_{17}H_{29}COOH$ oder $CH_3(CH_2)_3CH{=}CHCH{=}CHCH{=}CH(CH_2)_7COOH$ Im chinesischen und japanischen Holzöl	Oktadekatrien-(9,11,13)-ol (1) $C_{18}H_{31}OH$
Kohlenwasserstoffe C_nH_{2n-6}	VI Vierfach ungesättigte Fettsäuren $C_nH_{2n-7}COOH$	Alkohole $C_nH_{2n-7}OH$
Heptadekatetraen $C_{17}H_{28}$	Therapinsäure $C_{16}H_{25}COOH$ Im Fischtran	Heptadekatetraenol $C_{17}H_{27}OH$
Eikosatetraen (2, 5, 8, 11) $C_{20}H_{34}$	Arachidonsäure $C_{19}H_{31}COOH$ oder $CH_3CH{=}CHCH_2CH{=}CHCH_2CH{=}CHCH_2CH{=}CH(CH_2)_7COOH$	Eikosatetraen-(9,12,15,18)-ol (1) $C_{20}H_{33}OH$
Kohlenwasserstoffe C_nH_{2n-8}	VII Fünffach ungesättigte Fettsäuren $C_nH_{2n-9}COOH$	Alkohole $C_nH_{2n-9}OH$
Dokosapentaen $C_{22}H_{36}$	Clupanodonsäure $C_{21}H_{33}COOH$ In Fischtranen	Dokosapentaenol $C_{22}H_{35}OH$

Als Rohmaterial für die Seifenherstellung dienen tierische Fette oder Palm-, Kokos- oder Cottonöl. Werden diese Fettstoffe mit Natronlauge erwärmt, so erhält man eine Lösung, die Glyzerin und die Natriumsalze der Fettsäuren enthält. Durch Zugabe von Kochsalz zu dieser Flüssigkeit in der Wärme lassen sich die Natronseifen durch Aussalzen gewinnen.

Es ergibt sich also folgendes Schema für die Seifenherstellung:

$$\begin{array}{ccc}
\text{H} & \text{H} & \\
| & | & \\
\text{H--C--OOC--R}_1 & \text{H--C--OH} & \\
| & | & \diagup \text{O} \\
\text{H--C--OOC--R}_2 + 3\,\text{NaOH} \longrightarrow & \text{H--C--OH} + 3\,\text{R--C} & \\
| & | & \diagdown \text{ONa} \\
\text{H--C--OOC--R}_3 & \text{H--C--OH} & \\
| & | & \\
\text{H} & \text{H} &
\end{array}$$

Fett oder Öl (Fettsäureglyzerid)   Glyzerin   Natronseife

Darstellung von Seifen:

$$CH_3(CH_2)_7CH=CH(CH_2)_7COOH + NaOH \longrightarrow CH_3(CH_2)_7CH=CH(CH_2)_7COONa + H_2O$$
Ölsäure   Natriumoleat

$$CH_3(CH_2)_{16}COOH + KOH \longrightarrow CH_3(CH_2)_{16}COOK + H_2O$$
Stearinsäure   Kaliumstearat

$$CH_3(CH_2)_5CHOH{-}CH_2CH=CH(CH_2)_7COOH + NH_3 \longrightarrow$$
Rizinolsäure   gasförmig

$$CH_2(CH_2)_5CHOH{-}CH_2CH=CH(CH_2)_7COONH_4$$
Ammoniumrizinoleat

Eine Verseifung der Fette lässt sich auch durch blosses Einwirken von Wasser durchführen. In diesem Falle arbeitet man in einem Autoklaven bei ungefähr 170° C in Gegenwart eines Katalysators (Zink- oder Kalziumoxyd). Ferner ist auch eine Verseifung mit Säure möglich (H_2SO_4).

Zudem lässt sich auch bei 40° C das Fettsäureglyzerid hydrolysieren, wenn man zu einer wässerigen Emulsion der Fettstoffe Enzyme gibt, die die Fette zu spalten vermögen (Lipasen). Ein anderes Verfahren arbeitet mit Sulfosäuren, die man durch Sulfurierung eines Gemisches aus Ölsäure und Naphtalin erhält. In diesem Falle erfolgt bei 100° C eine sehr rasche Spaltung des Fettes (Reagens nach Twitchell).

Die Natron- oder harten Seifen sind fest und werden als Kernseifen bezeichnet. Die Kaliseifen sind weich oder flüssig und gehören zu den Schmierseifen. Jedoch darf eine Schmierseife nicht einfach einer Kaliseife gleichgesetzt werden, da der Zustand der Seife auch stark von der verwendeten Fettsäure abhängt.

Das Schaumvermögen der Seifen beruht auf der langen Fettkette, doch nimmt die Löslichkeit der Seife mit zunehmender Kohlenstoffatomzahl ab.

Kaliseifen werden durch Verseifen weniger wertvoller Öle (Leinöl, Trane, Hanföl) mit Kalilauge erhalten. Es werden dabei nicht die festen Salze isoliert, so dass die Kaliseifen also noch grosse Mengen an Wasser und Glyzerin (Leimseifen) enthalten.

Als Salze einer sehr schwachen Säure mit einer starken Base hydrolysieren die Seifen in Wasser teilweise in freie Fettsäuren und Alkalihydroxyd. Aus diesem Grunde reagieren die Seifen deutlich alkalisch.

$$C_{17}H_{35}{-}COONa \xrightarrow{\ H_2O\ } C_{17}H_{35}{-}COOH + NaOH$$

$$\underset{\text{Soda}}{2\,Na^{\cdot} + CO_3{''}} + \underset{\text{Wasser}}{2\,H^{\cdot} + 2\,OH'} \longrightarrow \underset{\text{Natronlauge}}{2\,Na^{\cdot} + 2\,OH'} + \underset{\text{Kohlensäure}}{H_2CO_3}$$

$$\underset{\text{Natriumstearat}}{CH_3(CH_2)_{16}COO'} + \underset{\text{Wasser}}{Na^{\cdot} + H^{\cdot} + OH'} \longrightarrow \underset{\text{Stearinsäure im Schaum}}{CH_3(CH_2)_{16}COOH} + \underset{\text{Natronlauge}}{Na^{\cdot} + OH'}$$

Durch Schütteln einer Seifenlösung entsteht Schaum, aber dieser Schaum kann in hartem Wasser sich nicht bilden, da die Seife durch die Kalksalze ausgefällt wird. Die netzende und reinigende Wirkung der Seife beruht hauptsächlich auf kolloidchemischen Vorgängen.

Es muss jedoch auch noch bemerkt werden, dass hartes Wasser nicht nur durch Ausfällung der Kalk- und Magnesiaseifen Seifenverluste verursachen kann, sondern dass das Textilmaterial mit den unlöslichen Kalk- und Magnesiaseifen auch noch verschmiert wird, was zu einem unangenehmen Griff und mangelhaften Bleich- und Färbergebnissen führt. Anderseits bewirken verdünnte Säuren eine Spaltung der Seife in freie Fettsäuren, die einerseits dem Textilgut einen unangenehmen Geruch verleihen können und anderseits auch das Färben und Bleichen erschweren. Diese Nachteile der Seifen sind auf die Anwesenheit der Karboxylgruppe (—COOH) zurückzuführen, die nicht nur für die geringe Beständigkeit der Seife, sondern überhaupt für die Löslichkeit des Fettrestes im Seifenmolekül verantwortlich ist.

Mit den Erdalkalimetallsalzen bildet die Seife unlösliche Niederschläge, die nicht nur zu den verschiedensten Fehlern Anlass geben können, die beim Bleichen, Färben oder Ausrüsten sich bemerkbar machen, sondern es entsteht durch diese Ausfällung ein Verlust an Seife, der von Kling allein für Deutschland auf jährlich mehr als 80000 Tonnen Seife geschätzt wurde.

Die Nachteile der Seife lassen sich also wie folgt kurz zusammenfassen:

1. Hartwasserempfindlichkeit (Bildung unlöslicher Kalzium- und Magnesiumsalze in hartem Wasser, dadurch bedingt ein Verlust an Seife).

2. Schwerlöslichkeit der Magnesiumseifen (unbrauchbar in bittersalzhaltigen Appreturflotten).

3. Unlöslichkeit der Schwermetallseifen (Eisen, Kupfer, Chrom, Zink, Mangan).

4. Säureempfindlichkeit (unbrauchbar in der Seiden- und Wollfärberei und für die saure Walke).

5. Salzempfindlichkeit (unbrauchbar in Meerwasser).

6. Dissoziation bzw. Hydrolyse (unbeständig gegen konzentrierte Alkalien).

7. Lagerungsunbeständigkeit (siehe Hetzer, Mell. 1943, S. 177).

Natriumoleat oder Oleinseife:

CH_3—$(CH_2)_7$—$CH=CH$—$(CH_2)_7$—$COONa$

ist eine in der Textilindustrie sehr oft gebrauchte Seife, was auch seinen Grund darin haben mag, dass sie sehr leicht an Ort und Stelle hergestellt werden kann, indem man Ölsäure mit Natronlauge neutralisiert. Das Handelsolein ist Ölsäure, die durch Verseifung von Olivenöl oder andern Ölen und Fetten gewonnen wird.

Üblicherweise stellt man in den Appreturbetrieben die Oleinseife so her, dass man in einem doppelwandigen Gusseisenkessel von 1200 Liter Inhalt 200 Liter Olein mit Natronlauge von 30° Bé kocht. Die Lauge gibt man in kleinen Portionen zu und fügt noch ungefähr 10% einer Natriumkarbonatlösung von 30° Bé hinzu. Es wird so lange gekocht, bis sich ein herausgenommenes Muster in Wasser klar löst.

Es sei hier noch die Herstellung von Oleinseife an Hand einiger Beispiele aus der Praxis näher erläutert:

1.   50 kg Olein
        25 kg Natronlauge von 38° Bé werden mit Wasser auf
    250 kg eingestellt.

Das 20% Fettstoff enthaltende Reaktionsgemisch wird im Autoklaven während 2 Stunden bei 2 Atm. Druck gekocht. Es wird so eine bräunliche, durchsichtige und gallertige Masse erhalten. Daraus stellt man sich gewöhnlich eine Lösung mit 65 g im Liter her.

2. In einen doppelwandigen Gusseisenkessel von 1200 bis 1300 Liter Inhalt gibt man 200 Liter Olein, erhitzt unter Zugabe kleiner Mengen Natronlauge von 30° Bé, zu der noch 10% Sodalösung von 30° Bé gegeben wurden. Man gibt erst dann wieder eine neue Menge dieser Lauge zu, wenn das Aufbrausen sich praktisch gelegt hat. Es

wird so lange mit dem Kochen fortgefahren, bis sich eine Probe in Wasser klar löst.

Zur Herstellung einer Schmierseife ersetzt man die Natronlauge durch eine Kalilauge gleichen Gehalts und gibt an Stelle von Soda Pottasche zu.

3. Verfahren der Manufacture Morosoff-Twer (Kalinin, Russland)

$$96 \text{ kg Olein}$$
$$48 \text{ kg Natronlauge von } 38^0 \text{ Bé}$$
$$\underline{6 \text{ kg Soda, mit Wasser auf}}$$
$$1750 \text{ Liter stellen und kochen.}$$

Stellt man auf 480 Liter ein, so erhält man eine 20%ige gallertartige Masse.

Die ganze Operation erfolgt in grossen Holztrögen, die mit einer Dampfschlange geheizt werden. Das Ende der Reaktion wird mit Phenolphthalein (alkalische Reaktion) bestimmt. Die 5,5%ige Seife wird zum Seifen von Geweben verwendet.

4.
$$\text{In 10 } \quad \text{l kochendes Wasser gibt man}$$
$$0,5 \text{ l Natronlauge von } 36^0 \text{ Bé, rührt gut um}$$
$$\text{und giesst unter Rühren in}$$
$$\underline{1 \quad \text{l Olein. Man erhält so eine}}$$
$$10\%\text{ige flüssige Seife}$$

oder man giesst in

$$1200 \text{ cm}^3 \text{ kochendes Wasser unter Rühren}$$
$$330 \text{ cm}^3 \text{ Natronlauge von } 36^0 \text{ Bé und}$$
$$800 \text{ cm}^3 \text{ Olein.}$$

Nach dem Abkühlen erhält man eine dicke, durchscheinende Paste.

Ammoniumoleat ist eine Seife zur Herstellung sehr geschmeidiger und weicher Appreturen. Es lässt sich nach folgender Vorschrift herstellen:

$$10 \text{ l} \quad \text{Wasser und}$$
$$250 \text{ cm}^3 \text{ Ammoniak 25\%ig werden langsam zu}$$
$$1 \text{ l} \quad \text{Olein gegossen.}$$

Auch ein Gemisch aus einem Teil Olein und einem Teil Mineralöl vom spezifischen Gewicht 0,880 lässt sich ebenfalls zu einer Paste verarbeiten und kann vollständig mit Ammoniak oder Natronlauge (250 cm^3 25%iges Ammoniak oder 500 cm^3 Natronlauge von 36^0 Bé auf 1 Liter) emulgiert werden.

Die reinigende Wirkung der Oleinseife ist gut und ihre Löslichkeit ist grösser als jene des Natriumstearats. Bei gewöhnlicher Temperatur ist die Oleinseife wegen ihres ungesättigten Charakters hingegen der Oxydation unterworfen.

Die wichtigsten in der Appretur verwendeten Seifen sind die harten Marseillerseifen, Natrium- und Ammoniumoleat, Natriumstearat, die grünlichen Seifen, die nach dem Auspressen des Speiseöls aus den Oliven hergestellt werden, die Kalischmierseifen usw.

Für die weissen Seifen verwendet man Olivenöl oder als Ersatz Nelkenöl, Sesamöl, Arachidöl (Erdnussöl) und vor allem Olein. Für die Kalischmierseifen verwendet man hauptsächlich Leinöl, Rapsöl, Hanfsamenöl, Rübsamenöl und ebenfalls Olein.

Rizinusölseifen: Die Verseifung des Rizinusöls bereitet praktisch keine Schwierigkeiten. Natriumrizinat wird durch fünf- bis sechsstündiges Kochen von Rizinusöl mit einer gleichen Menge Natronlauge von 22° Bé erhalten.

Man mischt z. B.

10 kg Rizinusöl mit
3 l Natronlauge von 40° Bé, fügt
10 l Wasser zu und kocht 1½ Stunden. Darauf giesst man
20 l Wasser und
2 kg Schwefelsäure in 5 l Wasser gelöst hinzu.

Hierauf wird die Seife ausgefällt, filtriert und gepresst.

Die Verseifung erfolgt im allgemeinen in der Wärme mit einem Überschuss an Natronlauge. Der Alkaliüberschuss wird dann nachträglich mit Rizinusölsäure oder Sulforizinusölsäure neutralisiert.

Die Rizinusölseifen weisen gegenüber den aus Fetten hergestellten Seifen den Vorteil auf, besser löslich zu sein. Die Kalisalze sind sehr leicht löslich, und die Natriumsalze können zu 50%igen Pasten verarbeitet werden. Zudem ist auch die Beständigkeit gegenüber Kalksalzen bei diesen Seifen besser, doch ist ihre Reinigungswirkung weniger gross, da die Rizinusölseifen schwerer hydrolysieren. Endlich vermag Rizinusölseife Kohlenwasserstoffe leichter in Lösung zu bringen.

Die speziellen Rotöle (komplexe Oxyfettsäuren)

Die Tatsache, dass in einem gewöhnlichen Sulforizinat nur ein Drittel des gesamten der Sulfurierung unterworfenen Öles sich als Schwefelsäureester vorfindet, während ein anderer Drittel als Oxysäure und der Rest als nicht verändertes Glyzerid vorkommen, zwang die Chemiker zum Schlusse, dass in den Rotölen die Oxyfettsäuren die Hauptrolle spielen. Es folgt daraus, dass man bei Verwendung eines verseiften Öles, welches sich folglich nur aus Oxyfettsäuren zusammensetzt (Natriumrizinat), für den Beizprozess eben so gute Resultate beim Färben und Drucken von Rot erhält wie mit den Sulforizinaten. Die Fasern werden dabei vor dem Färben oder Drukken mit Alizarinrot mit den Oxyfettsäuren behandelt.

Diese Oxyseifen (Natriumrizinat), die als spezielle Rotöle gehandelt werden, enthalten also keine Sulfogruppen. Man stellt sie gewöhnlich in den Betrieben selbst her, und zwar durch Verseifung von Rizinusöl, oder indem man von frisch isolierter Rizinusölsäure ausgeht.

Die zahlreichen Spezialrotöle, die um 1890 bis 1900 herum auf den Markt kamen, sind unter folgenden Namen bekannt: Paraöl, Alsatine (Wegelin Tetaz), Sapoleine (F.P.C. Thann), Paranaphtoleine (Wacker & Schmidt) usw. Diese Produkte entsprechen den komplexen Oxyfettsäuren, die mehr oder weniger hydriert sind und mit minimalen Mengen Ammoniak, Natronlauge oder Kalilauge in Lösung gebracht werden.

Herstellung von 50prozentigem Natriumrizinat.

93,3 kg Rizinusöl (100 Mole) verbrauchen bei der Verseifung 12 kg Natronlauge oder 40 kg Natronlauge von 36° Bé (= 30%). Man kocht das Öl mit der nötigen Menge Natronlauge und dem gleichen Volumen Wasser bis zur vollständigen Lösung. Hierauf wird die erhaltene Seife mit der nötigen Menge Schwefelsäure, d. h. 15,7 kg Schwefelsäure von 66° Bé, gespalten. Die sich ausscheidende Rizinusölsäure wird abdekantiert. Durch Auflösen von 90 kg so erhaltener Rizinusölsäure in 90 Liter Wasser und 27 kg Natronlauge von 38° Bé gelangt man zu 210 kg 50%igem Natriumrizinat.

Nach einem andern Rezept, welches in einem bedeutenden Betrieb ausgeführt wurde, verwendet man zur Herstellung von Rizinusölsäure:

    100 kg Rizinusöl
    100 kg Natronlauge von 19° Bé = 13,6 kg Ätznatron,
           kocht während 1 Stunde und fügt dann
     15 l Schwefelsäure von 66° Bé bis zur sauren Reaktion zu,
           lässt über Nacht stehen und erhält dann
      95 kg Rizinolsäure.

Paraseife von Meister, Lucius und Brüning, ein Spezialprodukt für Naphtholierungsbäder, wird nach folgender Vorschrift hergestellt:

Man verseift:

     100 kg Rizinolsäure und fügt nochmals neue
     100 kg Rizinolsäure zu.

Das Produkt enthält dann 95% Fettkörper[1] und stellt ein Öl dar, da es ein saures Rizinat ist.

Es seien ferner noch einige Vorschriften aus der Praxis erwähnt.

---

[1] Sauzay, Tiba 1924, S. 1119.

I.

135 kg Rizinusöl werden in einem offenen, 180 Liter fassenden Gefäss mit
62,5 kg Natronlauge von 38⁰ Bé und

30   l   Wasser während 2 Stunden mit Dampf direkt geheizt. Man erhält so eine stark alkalische Seife. Hierauf fügt man noch
40   kg Salzsäure von 19⁰ Bé und
18   l   Wasser zu, also einen Überschuss an Säure (Prüfung auf Kongopapier). Man kocht während 15 Minuten (100⁰ C). Die Fettsäure schwimmt oben auf. Die wässerige Salzlösung lässt man ablaufen und kocht noch zweimal mit frischem Wasser, bis die Waschlösung gegenüber Kongopapier neutral reagiert. Man erhält so eine reine Rizinusölsäure, die man in einen Kupferkessel bringt und während 4 Stunden auf 155⁰ C erhitzt. Zum Schluss wird wie oben angegeben neutralisiert.

II.

Sauer reagierende Rizinusölseife[1]):

  100 kg Rizinusöl
    59 l   Natronlauge von 30⁰ Bé
  100 l   Wasser
    22 kg Salzsäure von 19⁰ Bé (= 22%).

Nach dem Emulgieren des Rizinusöls in der Lauge bringt man während 1 bis 2 Stunden zum Kochen unter Zugabe von etwas heissem Wasser, sofern dies als nötig erachtet wird. Nachdem man eine in destilliertem Wasser klar lösliche Paste erhalten hat, bringt man das Reaktionsgemisch in einen Holzbottich, welcher mit Dampfschlangen aus Blei versehen ist, und verdünnt mit dem restlichen warmen Wasser. Man lässt im Laufe einiger Stunden erkalten und gibt dann nach und nach und mit der nötigen Vorsicht unter gutem Rühren der Seifenlösung die Salzsäure zu. Nach dem Säurezusatz bringt man während 15 Minuten die durch die Zersetzung der Seife entstandene Kochsalzlösung zum leichten Sieden. Hierauf lässt man das Reaktionsgemisch noch einige Zeit stehen. Nach dem Klarwerden und Abkühlen der Seife lässt man zur Trennung von der sauren Salzlösung ablaufen.

Leichter lässt sich eine Rizinusölseife durch Verseifen mit 100 kg Natronlauge von 19⁰ Bé als bei Verwendung von einerseits 59 kg Lauge von 30⁰ Bé und anderseits 100 kg Wasser herstellen.

Eine so hergestellte Rizinusölseife enthält 70% Fettsubstanz. Zur vollständigen Neutralisation wären noch etwa 8,5—15 g Natriumhydroxyd pro Kilo erforderlich.

Die zugegebene Salzsäure vermag 7,7 kg Natriumhydroxyd zu neutralisieren. Da jedoch nach der Verseifung nur noch ein Natriumhydroxydüberschuss von 0,6 kg vorhanden ist, so werden eben durch die Säure der Seife 7,1 kg Natriumhydroxyd entzogen, die dann nur

---

[1]) Sauzay, Tiba 1924, S. 1119.

noch 5,9 kg an Stelle der 13 kg Natriumhydroxyd enthält, was auch folgende Berechnung zeigt: 100 kg Natronlauge von 19° Bé enthalten 13,6 kg Natriumhydroxyd; 22 kg Salzsäure von 19° Bé entsprechen 7,7 kg Natriumhydroxyd; folglich bleibt nach der Neutralisation 13,6—7,7 kg = 5,9 kg Natriumhydroxyd.

In dieser Form ist die Rizinusölseife schwer löslich und zur Erleichterung der Auflösung ist auch noch die Zugabe von Natronlauge erforderlich. Theoretisch wären 5,9 kg Natriumhydroxyd hiezu nötig, doch genügt in der Praxis bereits $^1/_5$ dieser Menge.

Rizinolsäure wird durch Behandeln von Rizinusöl mit Salzsäure von 22° Bé bei 90° C erhalten. Diese Säure hat den Namen Parasäure erhalten.

Die Natriumseife ist fest und hart, während die Ammoniumseife ziemlich flüssig ist.

Auf 100 kg Rizinusölsäure braucht es 25 kg Natronlauge von 40° Bé oder Kalilauge von 50° Bé oder Ammoniak von 22° Bé zur Herstellung einer neutralen Seife.

Nach Herzberg verfährt man wie folgt bei der Herstellung von Rizinolsäure:

40 kg Rizinusöl werden in einem offenen Gefäss von 180 Liter Inhalt mit Natronlauge während 2 Stunden mit direktem Dampf erhitzt. Man erhält eine stark alkalische Seife (alkalisches Natriumrizinat). Hierauf fügt man die nötige Menge Salzsäure zu, so dass man einen Säureüberschuss hat (Prüfung mit Kongopapier). Man kocht 15 Minuten bei 100° C. Die Fettsäure schwimmt dann oben auf. Die wässerige Salzlösung lässt man hierauf abfliessen und kocht noch einmal mit frischem Wasser. Nach einem zweiten Waschen mit frischem Wasser erhält man dann meistens eine Waschflüssigkeit, die sich Kongopapier gegenüber neutral verhält. Ansonst wird mit dem Waschen noch weitergefahren. Auf der Oberfläche befindet sich dann die Rizinolsäure. Man bringt sie in einen Kupferkessel und kocht vier Stunden bei 155° C. Hierauf wird mit einer ungenügenden Menge Natronlauge (40/1000) neutralisiert. Die Säure und die Lauge müssen bei der Neutralisation warm sein. Das Endprodukt darf nicht alkalisch sein.

Kopraseifen oder Kokosseifen: Diese Seifen sind bedeutend weniger löslich als die vorhergehenden. Man verwendet hauptsächlich die Kaliseifen in Form einer 10—12%igen Paste. Sie stellen ausgezeichnete Reinigungs- und Weichmachungsmittel dar und werden in der Textilindustrie besonders für die Herstellung von Weichmachern (Softenings) verwendet.

Für die Herstellung von weichmachenden Appreten (Tiba 1930, S. 187) gibt man in einen Kessel von 200 Liter Inhalt

15 kg Fettsäuren aus Kokosöl
30 l   Wasser, erhitzt mit direktem Dampf und gibt
4 kg   Soda zu. Hierauf wird der Dampf abgestellt. Die Reaktion ist sehr
       lebhaft infolge der Kohlendioxydentwicklung. Es hat keinen Wert, über
       50—60° C zu gehen. Man lässt über Nacht stehen und bringt dann auf
150 kg mit Wasser, was eine 10%ige Seifenlösung ergibt.

Weitere Rezepte:

I.

22,5 kg Kokosöl
2,5 kg   Olein
15   kg Natronlauge von 38° Bé
auf 100   kg einstellen.

Während 2 Stunden bei ungefähr 2 Atm. Druck in einem Autoklaven kochen.

II.

Weisse, kaltgerührte Kokosseife.

In einem mit Rührwerk versehenen Eisentrog mischt man

32 kg Kokosfett, welches mit Dampf geschmolzen wurde. Man fügt dazu
20 kg Natronlauge von 38° Bé, mischt gut und nach 1—2 Stunden giesst man in Formen
     zum Erkalten.

III.

Kaltgerührte Kokosseife[1]).

Man schmilzt bei 40—45° C:

45 kg Kokosfett, fügt unter Rühren, bis sich eine vollkommene Emulsion gebildet hat,
25 kg Natronlauge von 36° Bé
2 kg Kalilauge von 36° Bé und
2,5 l Wasser dazu.

Man lässt über Nacht stehen. Die Reaktionsmasse erwärmt sich dabei etwas und die Verseifung geht langsam vor sich.

IV.

Nach der Manufaktur Morosoff wird eine ausgezeichnete Seife für Appreturen wie folgt erhalten:

12	kg	Kokosöl	
20	kg	Wasser	Kochen
1,6	kg	Natronlauge von 38° Bé	
50	kg	Wasser	
48	kg	Talg	Schmelzen
30	kg	Wasser	
25,3	kg	Natronlauge von 38° Bé	
20	kg	Wasser	

oder

---

[1]) Tiba 1925, S. 265.

<table>
<tr><td>12 kg Kokosöl</td><td rowspan="4">}</td><td rowspan="4">Kochen und Zugabe von</td></tr>
<tr><td>48 kg Talg</td></tr>
<tr><td>34,6 kg Natronlauge von 38⁰ Bé</td></tr>
<tr><td>60 kg Wasser</td></tr>
<tr><td>12 kg Natriumchlorid</td><td rowspan="2">}</td><td rowspan="2">Waschen mit Salzwasser, dann Ablassen des Wassers und kochen</td></tr>
<tr><td>28 kg Wasser</td></tr>
<tr><td>132 kg</td><td></td><td></td></tr>
</table>

3 Stunden in einem Autoklaven oder Kupferkessel mit Kupferheizschlangen und Rührwerk kochen, mit 12 kg Natriumchlorid und 28 kg Wasser aussalzen, worauf das Wasser unten abgelassen wird. Die Seife wird hierauf gepresst. Ausbeute 132 kg Seife.

Stearinseife: Stearinseife wird durch Kochen von 9 kg Stearin und 3 kg Natronlauge von 36⁰ Bé in 45 Liter Wasser hergestellt. Nach einstündigem Kochen, während welchem man das verdampfende Wasser ersetzt, erhält man 57 kg Natriumstearat in Form einer schön weissen Masse.

Natriumstearat:

       62,5 kg Wasser
        5   kg Natronlauge von 38⁰ Bé
       12,5 kg Stearin
       ─────────
       80   kg Seife

Man schmilzt das Stearin und kocht darauf 10 Minuten.

Ammoniumstearat: In 1 Liter Wasser schmilzt man:

       100 g   weisses Stearin und gibt unter Rühren bei 70⁰ C
        50 cm³   Ammoniak, 25%ig verdünnt mit
       100 cm³   Wasser zu.

Man rührt bis zum Erkalten der Masse. Ammoniumstearat verleiht Baumwollgeweben einen sehr geschmeidigen Griff.

Gelbe, lösliche Seife[1]):

       400 kg Fischtran
        25 kg Palmöl
       250 kg Natronlauge von 12⁰ Bé
        50 kg Kolophonium
        40 kg Natronlauge von 20⁰ Bé

Die Kavon-Seife der Kavonwerke (Lingner-Werke Co., Dresden), ist eine feste Kaliseife.

Im folgenden seien noch einige Spezialprodukte auf Seifenbasis erwähnt, die für die Appretur von Bedeutung sind.

Man kocht 50 kg Kokosöl mit 25 kg Natronlauge von 36⁰ Bé und 5 kg Kalilauge von 30⁰ Bé. Die so erhaltene Seife kann für salzhaltige Appreturen Verwendung finden.

---

[1]) Eichbaum, Seifensieder Ztg. 1886, S. 464.

Herzinger empfiehlt Seifen, die wie folgt hergestellt werden können: 100 kg Natronlauge in Form von Ätznatron werden in 600 Liter
kaltes Wasser gebracht und die Lösung wird auf 12° Bé eingestellt.
Anderseits erhitzt man mit direktem Dampf 500 kg Olein mit 150
Liter Wasser in einem gusseisernen Kessel. Man gibt die Natronlauge
von 12° Bé zu und bringt die Masse während 1 Stunde zum Kochen.
Das Reaktionsgemisch färbt sich braun, wird klar und besitzt eine
bedeutende Zügigkeit. Zum Aussalzen gibt man 50 kg denaturiertes
Kochsalz zu und kocht noch während einer halben Stunde. Die Seife
wird darauf gesammelt, getrennt und abgekühlt.

Die Ammoniakseifen werden durch Verseifen von 34 Teilen
Fett mit 31 Teilen Ammoniak vom spezifischen Gewicht 0,96 hergestellt. Man arbeitet während mehreren Stunden unter 5 Atm. Druck
bei 100° C. Man trennt das Glyzerin von der gebildeten Seife und
mischt sie mit 16—23% einer Kochsalzlösung bei 80° C oder mit
Natriumphosphat. Das Natriumsalz setzt sich leicht ab. Man erhitzt
unter ständigem Rühren auf 100° C, um eine feste Seife zu erhalten.

Für Appreturen verwendet man kalt hergestellte Seifen. Es sei
daher zur Beschreibung eines solchen Produkts ein häufig angewandtes Rezept angegeben.

    70 kg Kokosöl
    30 kg Talg
    55 kg Natronlauge von 38° Bé
    40 kg Natriumsilikat
     3 kg Kalilauge von 32° Bé

Die ganze Masse wird auf 40° C erhitzt[1]). Oder

    80 kg Kokosfett und
    20 kg Palmkernfett werden mit
    85 kg Natronlauge von 25° Bé gemischt und
    37 kg Wasserglas von 38° Bé, dem vorher etwas Natronlauge zugesetzt wurde,
        zugefügt.

Zur Verbesserung der Konsistenz kann noch 2–3 kg Glyzerin zugegeben werden.

Ein Herstellungsrezept für kalt bereitete Seifen zu Appreturzwecken[2]) wird im *brit. P. 575.949* gegeben.

    459,5 Teile   Palmkernöl werden bei 30—35° C mit
    437,5 Teilen Natronlauge von 32° Bé versetzt. Ferner werden
    204,0 Teile   Harzöl oder Fettgemische mit
     12,5 Teilen Kalilauge von 28° Bé behandelt und zugefügt.

Es findet dabei keine vollständige Verseifung statt. Die Masse
wird vorübergehend fest und verflüssigt sich dann wieder. Hierauf

---

[1]) Seifensieder Ztg. 1911, S. 746.
[2]) Tiba 1925, S. 265.

wird bis zur vollständigen Verseifung die berechnete Menge restlichen Alkalis zugegeben. Eine so hergestellte Seife bleibt homogen.

Von Alkalisalzen anderer Karbonsäuren finden noch die Kalium- und Natriumsalze der Harzsäuren, z. B. der **Abietinsäure**, die folgender Formel entspricht, Verwendung.

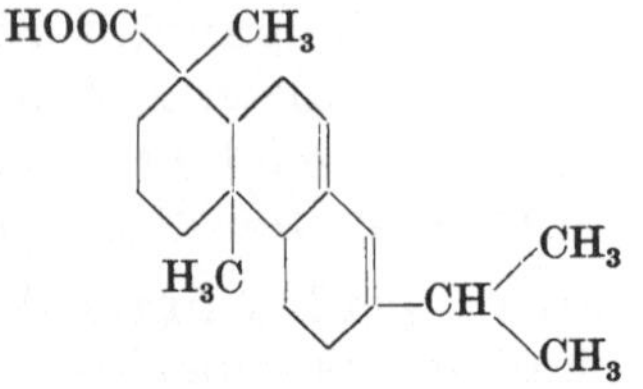

$$\text{HOOC} \diagdown \diagup \text{CH}_3$$

Man verwendet Harzseifen mit Fettsäureseifen gemischt, um die Löslichkeit zu erhöhen und das Schaumvermögen zu steigern. Solche Seifen weisen jedoch auch verschiedene Nachteile auf. Sie sind z. B. in saurem Milieu gar nicht beständig (siehe weiter unten S. 458, Harze und ihre Derivate)[1].

Die **Naphthensäuren**[2]), welche in gewissen Erdölen vorkommen, werden durch eine alkalische Extraktion aus dem Erdöl gewonnen. Es lassen sich daraus äusserst oberflächenaktive Seifen herstellen. Naphthensäuren sind gesättigte aliphatische Monokarbonsäuren, die einen Zyklopentan- oder Zyklohexanring mit einem Alkylrest als Substituenten enthalten.

Die Naphthensäuren aus russischen Erdölen enthalten einfache aliphatische Monokarbonsäuren neben sauren Verbindungen komplizierter Konstitution. So hat man z. B. eine Methylzyklopentanmonokarbonsäure

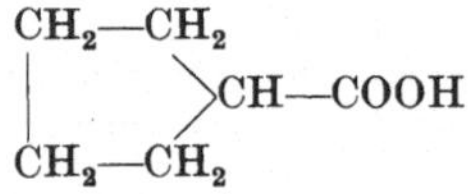

$$\begin{array}{l} \text{CH}_2\text{—CH}_2 \\ \quad \diagdown \\ \quad \quad \text{CH—COOH} \\ \quad \diagup \\ \text{CH}_2\text{—CH}_2 \end{array}$$

daraus isoliert.

Kupfernaphthenat wird als Konservierungsmittel verwendet, da es ein ausgezeichnetes Fungizid darstellt[3]). Die Naphthensäureseifen besitzen ein beträchtliches Netz-, Weichmachungs- und Reinigungsvermögen, und zwar besonders die Kalium- und Äthanolaminsalze.

Seifen aus den Säuren der Galle. Die Galle enthält ungefähr 6—7% Säuren, so besonders die Gallensäuren, wie Cholsäure $C_{23}H_{36}(OH)_3COOH$ sowie die **Glykocholsäure** $C_{24}H_{39}O_4NHCH_2$-

---

[1]) Van Zile und Borglin, Oil and Soap, 1944, *21*, S. 164.

[2]) Levinson und Minich, Soap 1938, *14*, S. 24 und 69; Textile Colorist 1938, *60*, S. 698, 705; Bachrach, Soap 1934, *10*, S. 21.

[3]) Siehe weiter unten Kap. X.

COOH, eine Verbindung mit Glycin, und die Taurocholsäure $C_{24}H_{39}O_4NHCH_2CH_2SO_3H$, eine Verbindung mit einem Taurinrest.

Cholsäure

Die Äthanolaminseifen[1]).

Die im Jahre 1897 von L. Knorr hergestellten Äthanolamine entsprechen folgenden Formeln:

Monoäthanolamin H_2N—CH_2—CH_2—OH

wasserhelle, farblose Flüssigkeit vom Siedepunkt 171° C

Diäthanolamin

erstarrt in der Kälte zu Kristallen, die an der Luft zerfliessen. Siedepunkt 270° C.

Triäthanolamin

zähflüssige Masse, Siedepunkt 277° C bei 150 mm Hg.

Alle drei Äthanolamine sind starke Basen, die aus der Luft Kohlendioxyd und Wasser anziehen. Sie sind in jedem Verhältnis mit Wasser und Äthylalkohol mischbar. In Ligroin, Benzol und Äther sind sie schwer löslich, in Chloroform leichter löslich. Als starke Basen bilden sie mit Säuren Salze, nämlich mit Fettsäuren fettsaure Salze, d. h. Seifen.

Diese Salze vermögen vortrefflich tierische, pflanzliche und Mineralöle zu emulgieren. Während das Oleat des Triäthanolamins in Lösung beständig ist, gut schäumt und seinen Seifencharakter auch bei längerem Stehen der Lösung bewahrt, wird das Stearat in wässeriger Lösung hydrolysiert, und es scheiden sich Fettsäuren ab. Gleich wie das Stearat verhält sich auch das Palmitat.

Das von der C.C.C.C. in New York auf den Markt gebrachte Triäthanolamin stellt ein Gemisch von

70—75% Triäthanolamin
20—25% Diäthanolamin
0,5 % Monoäthanolamin dar.

Diese Trioxyverbindung des Äthylamins stellt man wie folgt dar. Man geht von Äthylen, einem beim Kracken anfallenden Nebenpro-

---

[1]) Seifendieder Ztg. 1920, S. 154.

dukt, aus, das man in Dichloräthylen überführt, welches mit Ammoniak behandelt das rohe Triäthanolamin, ein Gemisch der drei Äthanolamine, liefert.

Triäthanolaminseife ist in Mineralöl löslich. Infolge der Einwirkung der Ölsäure auf die Base bildet sich immer eine ziemlich grosse Menge Wasser. Dieses trennt sich relativ rasch von der Öllösung in der Triäthanolaminseife. Es kann durch Erwärmen entfernt werden. Sobald sich Dämpfe zu bilden beginnen, hört man auf zu heizen, um eine Zersetzung der Seife zu verhindern.

Ausgezeichnete, mischbare Öle lassen sich erhalten, wenn man die Triäthanolaminseife schmilzt, das Wasser auskocht, dann Öl zugibt und nach einem Alkoholzusatz mit Hilfe von Ölsäure klärt.

Es wurde ferner gefunden, dass ein Zusatz von Benzol die Löslichkeit der Seife in Öl erhöht, so dass sich damit eine beständige Emulsion herstellen lässt.

Eine vollkommen beständige Emulsion wird erhalten, wenn man folgenden Ansatz verwendet:

1	Teil	Triäthanolamin
1,2	Teile	Ölsäure
2	Teile	Benzol
150	Teile	schweres Paraffinöl

Es zeigte sich auch, dass eine klare, in Öl regelrecht gelöste Seifenlösung, die kein Wasser absetzt, erhalten wird, wenn

1	Teil	Ölsäure mit
1,2—1,3	Teilen	Triäthanolamin reagiert und
1	Teil	der Seife in
4	Teilen	schwerem Paraffinöl und
2	Teilen	Alkohol gelöst eine gleichmässig flüssige Lösung zu bilden vermag.

Ein mischbares Öl lässt sich also darstellen, wenn man

5 Teile	Ölsäure und
6 Teile	Triäthanolamin zusammen kocht und
15 Teile	freie Ölsäure und
5 Teile	Alkohol zusetzt. Dies kann dann in
40 Teilen	leichtem oder 100 Teilen schwerem Paraffinöl gelöst werden.

Die synthetischen Karbonsäuren[1]).

Sicherlich bilden die Fettsäuren aus den Fetten und Ölen die billigsten Ausgangsstoffe für die Herstellung von Seife. Indessen haben die deutschen Autarkiebestrebungen, die im Jahre 1931 begannen, Deutschland dazu geführt, dass es sich von den Naturstoffen, die ihm fehlten, unabhängig machen wollte. Auch die Fette zählten zu

---

[1]) Bauschinger, Fette und Seifen, 1938, *45*, S. 629; Imhausen, Koll. schr. 1936, *85*, S. 204.

diesen fehlenden Rohstoffen. Aus diesem Grunde heraus wurden Versuche unternommen, aliphatische Fettsäuren synthetisch herzustellen, die sich dann für die Seifenherstellung eignen würden.

Das einfachste Verfahren sieht eine direkte Oxydation aliphatischer Kohlenwasserstoffe (Paraffine) vor, wobei sich dann ein Gemisch von Oxydationsprodukten, wie Alkohole, Ketone und Säuren bildet. Die Oxydation wird durch Einblasen von Luft durch die flüssigen Kohlenwasserstoffe bei einer Temperatur von 100—180⁰ C in Gegenwart eines Katalysators (Wasserstoffsuperoxyd, Kaliumpermanganat) bewerkstelligt. Eine Anzahl von Patenten bezieht sich auf diese Oxydationsverfahren, wobei der grösste Teil von der I. G. Farbenindustrie genommen wurde[1]).

Das in Deutschland am meisten ausgeführte Verfahren[2]) verwendet als Ausgangsmaterial entweder Spermazeti (Squale wax) oder die durch Hydrierung von Lignit bei tiefen Temperaturen erhältlichen Wachse oder auch nach dem Fischer-Tropsch-Verfahren gewonnene Wachse. Die Wachse werden einer Vorbehandlung unterworfen, um die nicht gesättigten Anteile zu entfernen und Schwefelverbindungen sowie andere Verunreinigungen vom Reaktionsgemisch fernzuhalten. Diese Vorbehandlung besteht in einem Erhitzen auf 100⁰ C mit Aluminiumchlorid. Das gereinigte Wachs wird dann in Aluminiumzylindern in Gegenwart eines Katalysators (0,1—0,15% Kaliumpermanganat und 0,05—1,15% Soda), der in Form einer Lösung zugegeben wird, oxydiert. Man erhöht die Temperatur auf 130—150⁰ C und bläst unter Atmosphärendruck Luft ein. Das oxydierte Wachs enthält ungefähr 35% Fettsäuren. Es wird noch gewaschen, um den Katalysator zu entfernen, wobei auch gleichzeitig die niederen Fettsäuren ausgewaschen werden. Hierauf wird bei 90⁰ C mit Natronlauge neutralisiert.

Werden zur Herstellung von Fettsäuren hochmolekulare Kohlenwasserstoffe der Fettreihe oxydiert, so entstehen Gemische aus verseifbaren und unverseifbaren Verbindungen. Nach *brit. P. 467.328* von Henkel wird eine für die Fettsäuredarstellung wichtige Verbesserung der bereits besprochenen Verfahren dadurch ermöglicht, dass dieses Oxydationsgemisch neutralisiert und in überhitztem Wasserdampf zerstäubt wird, wobei die flüchtigen unverseiften Bestandteile von den zurückbleibenden fettsauren Salzen getrennt werden.

[1]) *Brit.P. 433.305, 494.853* und *497.170* der I.G. Farbenindustrie; *D.R.P. 623.708, 621.979, 627.808, 684.968, 695.647, 702.143* der I.G. Farbenindustrie; *franz.P. 852.597* und *brit.P. 507.521* der Vereinigten Ölfabriken Hubbe & Farenholtz; *D.R.P. 704.428* und *706.951* der Märkischen Seifen-Industrie; *amer. P. 1.943.427* und *2.193.321* der I.G. Farbenindustrie; *amer.P. 2.216.238* und *2.230.582* der Jasco Inc; *amer.P. 1.199.184* und *2.274.632* der Standard Oil Develop. Co.; Strauss, Fettchem. Umschau 1934, *41*, S. 45; Heublyum, Seifensieder Ztg. 1935, *62*, S. 421.

[2]) Siehe Sheely, PB 2422, Office of Technical Serv. Dept. of Commerce, Washington.

Im *franz. P. 924.405* von Hustinx wird die Herstellung einer neutralen Kaliseife beschrieben, welche während sehr langer Zeit beständig bleibt. Diese Seife enthält weder freie Hydroxylgruppen noch alkalische Salze, die beim Auflösen in Wasser eine alkalische Reaktion hervorrufen könnten. Eine solche Seife wird durch Verseifen von Fetten, Ölen oder Fettsäuren unter normalem oder leicht erhöhtem Druck hergestellt. Es wird dabei soviel Kalilauge verwendet, dass die resultierende Seife, nachdem sie mindestens während 30 Minuten in der Nähe der Kochtemperatur gehalten wurde, weder freie Karboxylgruppen noch freies Alkali enthält. Es werden hiezu Kalilaugen mit oder ohne Pottaschezusatz verwendet. Für die Verseifung wird eine kleinere Menge Kalilauge benötigt, als nach der Theorie zur vollständigen Verseifung des Ausgangsmaterials nötig wäre. Auf diese Weise wird die Konsistenz, die Beständigkeit, das Schaumvermögen und die Reinigungswirkung verbessert.

Reinigungsmittel werden nach dem *franz. P. 908.258* (eingereicht am 14. Dezember 1944, erteilt am 27. August 1945, veröffentlicht am 4. April 1946) von Stefan Kveton hergestellt, indem man Mono-, Di- oder Triglyzeride von Fett- oder Harzsäuren in Gegenwart synthetischer Netzmittel, wie Fettalkoholsulfate, verseift. Während der Reaktion lässt man ein sehr fein verteiltes Silika- oder Aluminiumhydroxydgel entstehen, was zu einer bedeutenden Vergrösserung der wirksamen Oberfläche des zu verseifenden Materials führt und einen Schutz gegen frühzeitiges Austrocknen bietet.

Beispiel: Man erhält ein Reinigungsmittel durch Verseifen eines Gemisches von

100 kg	Harz oder Fett
50 kg	sulfuriertem Alkylnaphtalin
150 kg	Natriummetasilikat. Hierauf gibt man
400 kg	Bentonit und
300 kg	Wasser zu.

Weichmacher (Softenings).

Die Seifen bilden die Grundlage einer grossen Zahl von Weichmachern, für welche man verschiedene Öle verwendet, wie z. B. Olivenöl, Tallöl, Palmöl, Kokosnussöl usw. Zur Zeit nimmt man jedoch auch oft zum Stearin Zuflucht.

Die Seifen sind in kaltem Wasser nur wenig löslich, lösen sich jedoch leicht in warmem Wasser. Kühlt man eine Seifenlösung ab, so bildet sich ein Gel, welches sich beim Erwärmen wieder verflüssigt. Für die Herstellung von Softenings wird die Seife als Emulgator verwendet. Man stellt sich z. B. eine Kokosseife her und gibt einen Überschuss an Kokosnussöl zu, welches sich durch die gebildete Seife emulgieren lässt.

Unter den Weichmachungsmitteln wäre z. B. jenes zu erwähnen, welches man durch Erhitzen von Stearin mit Borax erhält, indem man folgenden Ansatz verwendet.

1 kg Borax, den man in
417 l Wasser löst. Hierauf gibt man
5 kg Stearin (Stearinsäure) zu.

Das Gemisch wird erwärmt und darauf mit Wasser auf 625 l verdünnt.

Ein anderes Weichmachungsmittel wird erhalten, wenn man 75% Kaliumstearat und 25% Stearinsäure nimmt und darauf auf 0,5—1% verdünnt. Ebenfalls hat man als Emulgatoren Triäthanolaminseifen herangezogen, die man sehr einfach dadurch erhält, dass man Triäthanolamin mit Ölsäure mischt (siehe S. 267).

Ein schaumfreies Softening erzielt man, wenn man

1½ kg   Talg in ein Gefäss gibt und auf dem Wasserbad schmilzt. Dann wird nach und nach
1½ l   kaltes Wasser zugegossen, so dass der Talg ausgefällt wird. Noch vor dem vollständigen Gerinnen des Talges wird schnell mit
500 g   Natronlauge 35° Bé, die mit
0,3 l   Wasser verdünnt wurde, tüchtig verrührt. Nach halbstündigem Stehen wird die Masse geschmolzen und noch
½ l   Wasser und
½ l   Natronlauge von 35° Bé zugerührt.

Man lässt nun noch einige Stunden, am besten über Nacht, stehen und erhitzt dann bis zum Sieden. Auf diese Weise erhält man ein schwach schäumendes Softening. Ein völlig schaumfreies Softening erzielt man durch Zugabe von Natriumaluminat ($NaAlO_2$) oder Spiritus.

Die Zusammensetzung der einzelnen Softening-Seifensorten, die in der Appretur eine grosse Rolle spielen, wechselt sehr stark von Sorte zu Sorte. Ein grosser Teil von ihnen sind wirkliche Seifen.

Bei der Herstellung sind praktisch nur zwei Verfahren möglich. Entweder wird eine fertige Seife mit der nötigen Wassermenge in Lösung gebracht und die andern Bestandteile werden dann noch zugesetzt, oder die Fette werden mit der nötigen Menge an Natronlauge verseift.

Ein gutes Weichmachungsmittel lässt sich auch aus Kokosöl herstellen. Dabei werden

10 kg   Kokosöl mit einer Natronlauge, die
2 kg   Natriumhydroxyd von 77° Bé in
44 l   Wasser gelöst enthält, verseift.

Das Reaktionsgemisch wird so lange gekocht, bis eine gleichmässige Masse erhalten wird. Dann gibt man 0,9 kg Borax zu und lässt die Masse abkühlen. Das so erhaltene Produkt enthält noch unverseifte Fette.

Ferner gibt es auch sog. flüssige Softenings, die zusammen mit Bittersalz verwendet werden, so z. B. eine Mischung von

2 Teilen Magnesiumsulfat von 30—32⁰ Bé oder Magnesiumchlorid von 33⁰ Bé
2 Teilen Zinkchloridlösung von 48⁰ Bé
5 Teilen Sirup
2 Teilen Glyzerin
½ Teil   Wasser.

II. A. 2. Die sulfurierten Öle[1].

Sulfurierte Öle werden jene Produkte genannt, die man durch Behandeln von Ölen mit konzentrierter Schwefelsäure erhält. Hieher gehören auch die Türkischrotöle, die ihren Namen der Tatsache verdanken, dass sie zuerst hauptsächlich als Hilfsmittel beim Türkischrotfärben verwendet wurden.

Die hieher gehörenden Produkte können in verschiedene Gruppen eingereiht werden, und zwar:

A. Produkte, die durch Sulfurierung der Glyzeride oder ihrer Fettsäuren erhalten werden.

a) Sulforizinate der Alkalimetalle.

b) Sulfoleate der Alkalimetalle.

c) Sulfurierter Talg.

d) Sulfurierte Öle, die als Ausgangsmaterial andere pflanzliche Öle haben als Rizinusöl oder Olivenöl.

e) Sulfurierte Trane.

f) Sulfurierungsprodukte der Abietinsäure.

g) Verseifte sulfurierte Öle (Schmitz und Tönges, 1898) = Oleyläther.

h) Geblasene Öle (Pragerunion, 1903) = Oxyoleate.

i) Oxydierte Öle und Sulfosäuren (Erban 1909 bis 1912).

j) Oxychlorierte Öle und Sulfosäuren (Imbert 1908, Vidal 1927).

B. Produkte, die durch eine normale Sulfurierung der Glyzeride erhalten werden und durch nachfolgende intramolekulare Kondensa-

---

[1] Burton und Robertshaw, The Sulfated Oils and allied Products, Harvey, London 1939, Chem. Publ. Co. New York 1940.

Eine zusammenfassende Zusammenstellung sulfurierter Öle stammt von Cremer, Mell. 1935, *16*, S. 134; ferner Chwala, Mell. 1935, *16*, S. 509; A. E. Sunderland, Soap & Sanitary Chemicals 1935, Nr. 10, S. 61, Nr. 11, S. 60 und Nr. 12, S. 67; A. Hecking, Fette und Seifen 1938, *45*, S. 628; Koppenhoefer, J. Amer. Leather Chem. Ass. 1939, *34*, S. 622; Winokuti, Igarasi und Yagi, J. Soc. Chem. Ind. Japan 1932, *35*, S. 159; Winokuti und Yagi, J. Soc. Chem. Ind. Japan 1936, *39*, S. 161; Nishizawa, J. Soc. Chem. Ind. Japan 1938, *39*, Suppl. binding S. 234 u. 488; J. Rippert und J. P. Sisley, Die Erzeugung von sulfurierten Ölen und modernen Waschmitteln in den USA, Teintex 1946, *11*, S. 35.

tion fertiggestellt werden (Polyoxysulfosäuren, komplexe Schwefelsäureester).

a) Monopolseifen (Stockhausen, 1900).

b) Universalöle (Dr. Schmitz, 1907).

c) Isoseifen (Blumer, 1908 bis 1910).

d) Turkonöle (Buch und Landauer, 1908).

e) Orthopol (Simon und Dürkheim, 1912).

f) Polysulfosäuren (Juillard).

C. Produkte, die durch energische Sulfurierung der Glyzeride erhalten werden (gemischte Sulfosäuren, 1918 bis 1930).

a) Oxyfettsäuren + Schwefelsäureester (Pseudomonopolöl).

b) Oxyfettsäuren + Fettsäuresulfonate (Neomonopolöl).

c) Oxyfettsäuren + Schwefelsäureester + Fettsäuresulfonate (Extramonopolöl).

d) Gemisch von Schwefelsäureestern und Fettsäuresulfonaten (Supermonopolöl).

Die im Laufe der letzten dreissig Jahre durchgeführten Arbeiten verfolgten hauptsächlich das Ziel, Körper zu erhalten, bei denen die Sulfogruppe direkt mit einem Kohlenstoffatom verbunden ist, um dadurch die Beständigkeit der Produkte gegenüber hartem Wasser und Säuren zu erhöhen.

Es muss daher unterschieden werden zwischen jenen Produkten, die nach den älteren Sulfurierungsmethoden hergestellt werden, welche mit konzentrierter Schwefelsäure von 66° Bé arbeiten, und jenen Verbindungen, die nach den neuen Sulfurierungsverfahren erhalten werden, d. h. mit rauchender Schwefelsäure, Schwefelsäureanhydrid, Chlorsulfonsäure usw. arbeiten.

Man hat also zu unterscheiden zwischen

$$X\text{—}CH_2\text{—}\underset{\underset{O\text{—}SO_3H}{|}}{\overset{\overset{H}{|}}{C}}\text{—}CH_2\text{—}Y$$

Schwefelsäureestern, die durch Einwirkung von konzentrierter Schwefelsäure auf ein aliphatisches Öl erhalten werden, welches eine ungesättigte Fettsäure oder eine Hydroxylgruppe oder beides zusammen enthält;

und

$$X\text{—}CH_2\text{—}\underset{\underset{SO_3H}{|}}{\overset{\overset{H}{|}}{C}}\text{—}CH_2\text{—}Y$$

eigentlichen Sulfosäuren.

Beim ersten Verbindungstyp ist die Sulfogruppe indirekt über ein Sauerstoffatom an ein Kohlenstoffatom der aliphatischen Kette gebunden, woraus sich ergibt, dass diese Verbindungen leicht hydrolysiert werden können und gegenüber Alkalien und selbst verdünnten

Säuren nur sehr wenig beständig sind. Unter Bildung der entsprechenden Oxyverbindung werden sie hydrolysiert und wirken dann wie einfache Seifen von Oxyfettsäuren.

Die Sulfonate hingegen verhalten sich ganz anders. Die Sulfogruppe ist direkt an ein Kohlenstoffatom der aliphatischen Kette gebunden, woraus folgt, dass diese Verbindungen gegen Säuren und Alkalien selbst in der Wärme beständig sind. Zudem bilden sie keine unlöslichen Salze mit Erdalkalisalzen, wie Magnesiumsulfat usw.

Sie besitzen daher die Eigenschaften eines guten sulfurierten Appreturmittels mit sehr hohem Netz- und Emulgiervermögen und von bemerkenswerter Beständigkeit. Man kann sagen, dass der Wert einer Handelsware proportional zur vorhandenen Menge Sulfosäure geht.

Es ist bekannt, dass ein energischer sulfuriertes Öl ein für das Färben und die Appretur besseres Produkt ergibt, aber sich andererseits weniger gut für die Herstellung von Alizarinrot eignet.

Die sulfurierten Öle haben im Laufe der Zeit verschiedene Verbesserungen erfahren, die auf Arbeiten von Juillard (Polysulfol), Schmitz (oxydierte Öle), Stockhausen (Monopolöl), Buch und Landauer (Turkonöle), Böhme-Fettchemie (Avirole), Flesch (Flerhenol) usw. beruhen. Diese Arbeiten lassen sich in drei Gruppen einteilen, die übrigens auch drei ganz bestimmten Entwicklungsstufen in der Druckerei und Färberei entsprechen. Die Öle hatten jeweils den Bedürfnissen der Koloristen der entsprechenden Epoche zu dienen.

Nach Beyer lässt sich die historische Entwicklung wie folgt darstellen:

Erste Periode: 1880—1900. Öle für Alizarinrot als Ersatz für die Tournantöle. Die Produkte stellen die handelsüblichen Sulforizinoleate dar.

Zweite Periode: 1900—1920. Verwendung sulfurierter Öle in der Färberei, in den Naphtol-, Schwefelfarbstoff- und Direktfarbstoffbädern, wobei eine Hartwasser- und Säurebeständigkeit verlangt wird. In diese Periode fällt die Ausarbeitung der Monopolöle von Stockhausen.

Dritte Periode: Seit 1920. Die Alizarinrotfärberei wird mehr und mehr verlassen und durch Verwendung unlöslicher Azofarbstoffe und anderer Farbstoffe verdrängt. Man versuchte beständigere Öle herzustellen, mit vor allem ausgesprochen guten Netzeigenschaften. Solche Produkte sind z. B. unter den Namen Turkonöle, Prästolöle, Prästabitöle bekannt.

Gleichzeitig wurden auch Produkte ausgearbeitet, die gegenüber Erdalkalisalzen (Kalzium, Magnesium usw.) beständig sind, sich also als Zusatz zu irgendeiner Appreturmasse eignen. Man ging dabei einerseits von Sulfoderivaten der Fettsäuren aus und blockierte zugleich die Karboxylgruppe (Avirole, Humectole, Igepone) oder verwendete anderseits Verbindungen, die keine Karboxylgruppen besitzen (Fettalkoholsulfate, Benzimidazolderivate, Igepale usw.).

Diese Produkte werden zum Teil in der Färberei für Küpenfärbungen verwendet, welche gute Dispergiermittel von grosser Beständigkeit gegen Erdalkalisalze erfordern, und zum Teil auch für die Herstellung spezieller emulgierender Appreturen. Diese neuen Körper besitzen hydrophile Gruppen, und gewisse unter ihnen sind bedeutende Weichmachungsmittel in der Appretur geworden.

A. Produkte, die durch normale Sulfurierung der Glyzeride oder ihrer Fettsäuren erhalten werden[1].

Die Sulfurierung eines Fettkörpers wurde erstmals im Jahre 1831 von Fremy[2] durchgeführt, indem er konzentrierte Schwefelsäure auf Olivenöl, Ölsäure und Mandelöl einwirken liess. Jedoch hat man schon vorher zum Beizen von Geweben Produkte verwendet, die durch Einwirkenlassen von Schwefelsäure auf Olivenöl erhalten wurden (Papillon 1790, siehe Depierre, Traité de la teinture et de l'impression).

Vor dem Erscheinen der sulfurierten Öle verwendete man für die Türkischrotfärbeverfahren Tournantöl oder ranziges Olivenöl.

Die Verwendung sulfurierter Öle in industriellem Maßstabe geht auf das Jahr 1834 zurück. Es war Runge, der als erster in seinem Werke „Die Farbenchemie" die Verwendung von Sulfoleaten und sulfurierten Cottonölen als Ersatz für Tournantöl für die Vorbehandlung der Gewebe vorschlug, die nachher mit Krapprot gefärbt wurden. Anderseits gehen Arbeiten von Dumas und Pelligot, die sich auf Schwefelsäureester und Phosphorsäureester des Cetylalkohols beziehen, auf das Jahr 1836 zurück.

Im Jahre 1846 führte J. Mercer (Hurst, Textile Soaps and Oils 1904, S. 139) sulfurierte Öle in die Praxis ein, welche er dadurch erhielt, dass er Schwefelsäure auf Olivenöl einwirken liess. Dieses Produkt nannte Mercer Sulphated Oil A. Liess man Natriumhypochlorit auf Sulphated Oil einwirken, so wurde das Handelsprodukt Sulphated Oxidised Oil, ebenfalls vom gleichen Forscher entwickelt, erhalten.

---

[1] Hilditsch, Sulfated Oils and Allied Products, London 1939; A. van der Werth und F. Müller, Neuere Sulfurierungsverfahren zur Herstellung von Dispergier-, Netz- und Waschmitteln; Erban, Die Anwendung von Fettstoffen in der Textilindustrie, 1911, S. 92; Herbig, Frb. Ztg. 1902 und 1904; Erban, Leipz. Mon. Text. Ind. 1909, S. 102.
[2] Ann. Phys. et Chim. 1836, *65*, S. 113.

Die Erfindungen von Mercer und Runge vermochten sich jedoch nicht rasch einzuführen, und erst zwanzig Jahre später verwendete die Praxis diese Öle allgemein (Gros, Roman, Marozeau & Co. in Wesserling im Elsass; M. Ziegler von der Firma Gros, Roman; Manufacture Lemaitre, Lavotte & Co. in Bolbec bei Rouen, Verwendung von sulfuriertem Olivenöl für den Alizarindruck; Schützenberger, Verwendung von Sulfoleinsäure).

Im Jahre 1874 arbeitete Horace Koechlin ein Färbeverfahren für Alizarinrot aus, welches grossen Erfolg hatte (Vorbehandlung der Gewebe mit Aluminiumbeize, Fixierung, Abkochen, Färben mit Rot unter Zugabe von Kalziumazetat, Pflatschen der gefärbten Stücke mit Sulfoleaten, Dämpfen und Seifen).

Dieses Verfahren wurde 1895 von der Firma Walter Crum in Glasgow übernommen. Bei seiner Rückkehr nach dem Kontinent hatte dieses Verfahren insofern eine Änderung erfahren, als dass als wichtige Neuerung das Sulfoleat durch das Sulforizinoleat ersetzt worden war. Bei der Herstellung des Sulforizinoleats ging man von Kastoröl (Rizinusöl)[1] aus, welches durch die Firmen John M. Summer & Co. in Manchester und P. Lhonoré in Le Havre im Jahre 1876 auf den Markt gebracht wurde.

Im Jahre 1877 stellten F. Storck und Wuth das Ammoniumsulforizinat her (Chem. Ztg. Rep. 1909, S. 353; Bull. Mulh. 1909, S. 255). Die Société industrielle de Mulhouse beauftragte eine Kommission, bestehend aus Ch. Brandt, J. Depierre, Alb. Scheurer, H. Schmid, F. Weber und A. Wehrlin, mit der Aufstellung einer historischen Studie über die sulfurierten Öle, welche in Form eines äusserst interessanten Berichts erschien. Es werden darin im einzelnen die Entwicklungen auf diesem Gebiete besprochen und ein Überblick über die wichtigsten Verfahren gegeben[2].

Seit 1900 wurde auf dem Gebiete der sulfurierten Öle sehr viel gearbeitet. Dies hatte eine etappenweise Entwicklung zur Folge, wobei als die wichtigsten Marksteine dieser Entwicklungsgeschichte die folgenden Forschungsergebnisse genannt werden sollen.

Sulfurierte Seifen und Öle von Stockhausen, die eine grössere Beständigkeit gegenüber Kalk- und Magnesiumsalzen aufwiesen.

Die Arbeiten von Grün und Woldenberg, die zur Entwicklung von Produkten mit höherem Sulfonierungsgrad führten (Grün, *D. R. P. 260.748*, 1911).

---

[1]) Kastoröl ist das Glyzerid der Rizinolsäure. Siehe ebenfalls Schulze, Textil- Betrieb 1938, *18*, Nr. 12, S. 48; Fiero und Loomis, J. Amer. Pharm. Ass. 1945, *34*, S. 218.

[2]) Bull. Mulh. 1909, S. 255.

Diese Arbeiten bildeten den Beginn einer immer lebhafter werdenden Forschungstätigkeit auf diesem Gebiete. So war dies vor allem seit 1920 der Fall, von welchem Zeitpunkt an man das Auftreten zahlreicher neuer Produkte feststellen kann. Diese Produkte bilden den Gegenstand einer Anzahl wichtiger Patente über die Sulfurierung von Ölen, Fettsäuren, aromatischen Kohlenwasserstoffen und Mineralölen.

Das wichtigste Ausgangsprodukt für die Herstellung sulfurierter Öle ist das Rizinusöl. Es können jedoch auch andere Öle in Frage kommen und werden übrigens auch in grossem Maßstabe in der Textilindustrie verwendet, wie z. B. die durch Extraktion gewonnenen Öle oder Sulfuröle, Erdnussöl (Arachidöl), welches 88% Ölsäureglyzerid, etwas Linolsäureglyzerid und 12% Glyzeride gesättigter Fettsäuren enthält. Es ist dies ein sehr interessantes Ersatzprodukt für Rizinusöl und wird daher häufig für die Herstellung sulfurierter Öle für Appreturzwecke verwendet. Weizen- oder Reisöle, die ziemlich billig sind, eignen sich eher für die Herstellung von Schmierseifen. Kopraöl, welches aus der Frucht der Kokospalme, die in Westafrika, Indien und Cochinchina angepflanzt wird, extrahiert wird, dient zur Herstellung von Kokosbutter. Es sind darin vor allem die Glyzeride der Laurin-, Myristin-, Kaprin- und Palmitinsäure enthalten. Diese Fettsäuren behindern jedoch eine Sulfurierung. Palmöl, besonders jenes aus den Schalen der Früchte, enthält wie das Kokosnussöl die Glyzeride der Palmitin- und Ölsäure[1]). Das Öl aus den Kernen der Trauben enthält 54% Linolsäure, 30% Olein, 6% Palmitinsäure und 10% Unverseifbares. Baumwollsaatöl oder Cottonöl enthält 35% gesättigte Fettsäuren, die zuerst durch Ausfrieren entfernt werden müssen. Das flüssige Öl (Winteröl) enthält dann ungefähr 30% Ölsäure und 20% Linolsäure. Je höher der Anteil an Fettsäuren ist, um so besser lässt sich dieses Produkt sulfurieren. Sojabohnenöl ist ein wichtiges Ausgangsmaterial für die Herstellung sulfurierter Öle. Es enthält 70% Ölsäureglyzeride, 4% Glyzeride der Linolsäure und 6% Glyzeride der Linolensäure sowie ungefähr 20% gesättigte Fettsäuren, die zuerst in der Kälte ausgeschieden werden müssen, wenn man ein geeignetes Sulfoderivat erhalten will. Senföl ist dem Rapsöl sehr ähnlich; besonders das Öl der weissen Körner eignet sich gut zum Verschneiden des Rizinusöls, und zwar speziell wenn es sich um die Herstellung von Sulfoderivaten handelt, die dann noch einer Verseifung unterworfen werden.

Ferner hat man auch Fischöle oder Trane sowie tierische Fette, hauptsächlich Rinderklauenöl und Talg, hiezu verwendet. Die Sulfurierung des letzteren ergibt sehr interessante Produkte, die häufig für Gewebeappreturen angewendet werden.

---

[1]) Frb. Ztg. 1907, S. 225.

A—a. Die Alkalisulforizinate.

Rizinusöl besteht zur Hauptsache aus dem Triglyzerid der Rizinolsäure:

$$HO-C_{17}H_{32}-COO-CH_2$$
$$HO-C_{17}H_{32}-COO-CH$$
$$HO-C_{17}H_{32}-COO-CH_2$$

Wie das Olein besitzt auch diese Säure eine Doppelbindung. Zusätzlich findet man jedoch noch bei der Rizinolsäure eine Hydroxylgruppe, wodurch diese Säure optisch aktiv wird. Rizinolsäure ist in Alkohol und Äther löslich, als Oxysäure in Petroläther hingegen unlöslich.

Durch Verseifung des Glyzerids erhält man Rizinolsäure, welcher die folgende Konstitutionsformel zukommt.

$$CH_3-(CH_2)_5-CH(OH)-CH=CH-(CH_2)_8-COOH = C_{17}H_{32}\begin{cases} COOH \\ OH \end{cases} \text{ (Kraft)}$$

oder

$$CH_3-(CH_2)_5-CH(OH)-CH_2-CH=CH-(CH_2)_7-COOH \quad \text{(Goldzabel)}$$

Diese letztere Konstitutionsformel wird zur Zeit allgemein angenommen.

Behandelt man Rizinusöl mit konzentrierter Schwefelsäure von 66^0 Bé, so treten eine ganze Reihe von Veränderungen auf:

a) Verseifung des Glyzerids.

b) Anlagerung des Schwefelsäurerestes an die Fettsäure, und zwar entweder an die Hydroxylgruppe unter Bildung eines Schwefelsäureesters der Rizinolsäure

$$C_{17}H_{32}\begin{cases} COOH \\ OH \end{cases} + H_2SO_4 \longrightarrow C_{17}H_{32}\begin{cases} COOH \\ OSO_2OH \end{cases} + H_2O$$

oder an die Doppelbindung, an eine CH_2-Gruppe oder auch an die Karboxylgruppe[1]).

c) Bildung von Oxysäuren (Dioxystearinsäure).

d) Bildung komplexer Säuren, komplexer Schwefelsäureester von Oxysäuren, von Anhydriden und Laktonen.

Im Sulforizinat befinden sich hauptsächlich komplexe Oxysäuren und deren Schwefelsäureester.

Erfolgt die Sulfurierung des Rizinusöles bei tiefer Temperatur mit nur wenig konzentrierter Schwefelsäure, so erfolgt eine Anlage-

---

[1]) Herbig, Die Öle und Fette in der Textilindustrie, 1929, S. 267; Liechti und Suida, Dingl. Polytechn. J. 1883, *250*, S. 543; 1884, *251*, S. 172 und 547; 1887, *254*, S. 302, 346, 350; Herbig, Über die Türkischrotöle, Chem. Rev. der Fett- und Harzindustrie *102*, Heft 1.

rung des Schwefelsäurerestes an die Hydroxylgruppe. Es bildet sich zuerst ein Schwefelsäureester des Glyzerids der Rizinolsäure und der Schwefelsäureester der Rizinolsäure, der folgender Formel entspricht:

$$CH_3-(CH_2)_5-\underset{\underset{O-SO_2OH}{|}}{CH}-CH_2-CH=CH-(CH_2)_7-COOH \;=\; C_{17}H_{32}\underset{OSO_3H}{\overset{COOH}{<}}$$

Der Schwefelsäureester kann durch Säuren und selbst durch Kochen mit Wasser hydrolysiert werden, wobei sich dann die Rizinolsäure wiederum zurückbildet. Wird also ein Sulforizinat für das Abkochen verwendet, so gelangt eigentlich in Wirklichkeit nur eine Rizinusölseife zur Anwendung. Zudem ist auch noch zu bemerken, dass die teilweise sich bildende Rizinolsäure in der wässerigen Lösung der Estersäure löslich ist und dass der grösste Teil der im Handel befindlichen Sulforizinate ein Gemisch von Schwefelsäureestern und Rizinolsäure darstellt, wobei sie mehr oder weniger neutralisiert und polymerisiert sind.

Durch Hydrolyse erfolgt auch die Verseifung des Glyzerids, und die mit der Zeit sich bildende Rizinolsäure wird sulfuriert. Zur gleichen Zeit findet auch eine Kondensation der Säuregruppe mit den alkoholischen Hydroxylgruppen statt, und es entstehen dabei Sulfopolyrizinolsäuren und Polyrizinolsäuren. Wird die Polymerisation durch Entfernung der Säure, z. B. durch Waschen mit einer Salzlösung, abgestoppt, so ist der grösste Teil des Rizinusöles in den Schwefelsäureester der freien Fettsäure, in welchem noch mehr oder weniger grosse Mengen Rizinolsäure und ein Teil nicht verändertes Glyzerid gelöst sind, übergeführt worden.

Ebenfalls erfolgt eine Anlagerung der Schwefelsäure an die Doppelbindung

$$CH_3-(CH_2)_5-\underset{\underset{OSO_3H}{|}}{CH}-CH_2-CH_2-\underset{\underset{OSO_3H}{|}}{CH}-(CH_2)_7-COOH$$

oder an eine CH_2-Gruppe unter Bildung einer echten Sulfosäure

$$CH_3-(CH_2)_5-\underset{\underset{OSO_3H}{|}}{CH}-CH_2-CH=CH-\underset{\underset{SO_3H}{|}}{CH}-(CH_2)_6-COOH$$

Beim Rizinusöl wird die Doppelbindung nur wenig angegriffen, während beim Olivenöl die Anlagerung der Schwefelsäure hauptsächlich an der Doppelbindung erfolgt.

Wird mit einer grossen Menge konzentrierter Schwefelsäure bei sehr tiefen Temperaturen sulfuriert, so bildet sich zuerst ein Additionsprodukt, dann ein Schwefelsäuremonoester des Glyzerids und die verschiedenen bereits erwähnten Verbindungen, wobei der Dischwefelsäureester vorherrscht. Dieser Dischwefelsäureester hydrolysiert leicht und gibt dann eine Reihe von Verbindungen, die sich von der Dioxystearinsäure ableiten. In Gegenwart von konzentrierter Schwefelsäure ist die Hydrolyse weniger stark, besonders wenn man die Sulfurierung zur Zeit abstoppt, so dass ein Sulfoderivat erhalten wird, das eine beträchtliche Menge des Dischwefelsäureesters enthält, aus welchem durch Kondensation die wirklichen Sulfopolyrizinolsäuren von Juillard sich herstellen lassen. Die Eigenschaften dieser Sulfoderivate sind deutlich verschieden in bezug auf das Netz- und Emulgiervermögen sowie die Beständigkeit gegen Säuren und Kalksalze[1]).

Es ist daher nötig, bei der Prüfung der Sulforizinate neben dem Fettgehalt auch noch den Sulfonierungsgrad, die Art der Sulfurierung und die Beständigkeit der Säuren gegen Kalksalze zu bestimmen, um so feststellen zu können, ob man es mit einem Sulfoderivat hohen oder niedrigen Sulfonierungsgrades, einem gekochten oder verseiften Produkt zu tun hat.

P. Juillard und Scheurer-Kestner[2]) nehmen an, dass die Verseifung des Rizinusöls durch konzentrierte Schwefelsäure und vor allem auch die Wirkung der Schwefelsäure als Kondensationsmittel zur Bildung von Polyrizinolsäuren führt; endlich reagiert die Schwefelsäure mit der Hydroxylgruppe der Rizinolsäure unter Bildung einer der Äthylschwefelsäure ähnlichen Verbindung. Aus je einem Molekül dieser letzteren Säure und der Rizinolsäure kann dann eine Dirizinolsulfosäure entstehen, und zwar nach folgendem Schema:

$$+\quad \begin{matrix} \text{HO}-\text{OC}-\text{C}_{17}\text{H}_{32}-\text{O}-\text{SO}_3\text{H} \\ \text{H}-\text{O}-\text{C}_{17}\text{H}_{32}-\text{COOH} \end{matrix} \quad \xrightarrow[\;\;\;\;\;\;]{-\,\text{H}_2\text{O}} \quad \begin{matrix} \text{OC}-\text{C}_{17}\text{H}_{32}-\text{O}-\text{SO}_3\text{H} \\ | \\ \text{O}-\text{C}_{17}\text{H}_{32}-\text{COOH} \end{matrix}$$

Juillard (J. Soc. Chim. Ind. 1894, S. 820) nimmt an, dass die Polymerisation weiter geht unter Bildung von Di-, Tri-, Tetra- und Pentarizinolsäuren. Er fand, dass in den Waschwässern (erhalten durch Waschen nach der Sulfurierung mit einer Kochsalzlösung) und im sulfurierten Produkt noch Glyzerin vorhanden ist. Er gibt auch an (Bull. Soc. Chim. 1894, [3] II, S. 280), dass die Sulforizinate folgende Verbindungen enthalten können: Mono- und Dischwefelsäureester, Dirizinolsäure, Isorizinolsäure, Polyrizinolsäure, Rizinolsäure, die Glyceride dieser Säuren und unverändertes Rizinusöl.

Juillard hat ein Sulforizinat (Türkischrotöl) hergestellt, indem er von Rizinolsäure ausging. Dieses enthielt sulfurierte Derivate der

<hr>

[1]) Grün und Woldenberg, Chem. Ztg. 1909, S. 1749; Tschilikin, Frb. Ztg. 1914, S. 419; R. Rassow und J. Rubinsky, Z. f. ang. Chem. 1913, S. 316; W. Fahrion, Seifenfabrikant 1915, S. 391.

[2]) P. Juillard und Scheurer-Kestner, Bull. Mulh. 1891, S. 53; Bull. Mulh. 1892, S. 409 und 415; C. R. *112*, S. 158; Frb. Ztg. 1890/91, S. 327; 1891/92, S. 275; Fremy, Ann. *19*, S. 269; *20*, S. 50; *33*, S. 10.

Mono-, Di- und Tririzinolsäure, die teils in Wasser löslich sind, und
anderseits einen Anteil wasserunlöslicher Verbindungen der Mono-, Di-
und Tririzinolsäure. Das Glyzerin ist in Form eines Esters der Rizinolsäure und des Rizinolsäuresulfats gebunden, z. B.

$$\begin{array}{c} HO-C_{17}H_{32}-COO \\ HO_3S-O-C_{17}H_{32}-COO \end{array}\!\!\!>\!C_3H_5-OH$$

Dieser Ester lässt sich mit Kalilauge oder Karbonaten leicht verseifen, wobei sich Glyzerin, Rizinolsäure und Sulforizinolsäure bilden.

Bogajewsky (Chem. Ztbl. 1897, II, S. 335) glaubte, dass die Verseifung nicht weiter als bis zum Diglyzerid und die Reaktion in drei
Stufen vor sich geht:

$$a)\ \begin{array}{l} CH_2-OOC-C_{17}H_{32}(OH) \\ CH-OOC-C_{17}H_{32}(OH) \\ CH_2-OOC-C_{17}H_{32}(OH) \end{array} + \begin{array}{c} HO \\ HO \end{array}\!\!>\!SO_2 \to \begin{array}{l} CH_2-OOC-C_{17}H_{32}(OH) \\ CH-OOC-C_{17}H_{32}(OH) \\ CH_2-OSO_2OH \end{array} + C_{17}H_{32}\!\!<\!\!\begin{array}{c} OH \\ COOH \end{array}$$

b) Die Schwefelsäure wird darauf vom Glyzerin abgespalten und
tritt in das Fettmolekül ein.

$$\begin{array}{l} CH_2-OOC-C_{17}H_{32}OH \\ CH-OOC-C_{17}H_{32}OH \\ CH_2-OSO_2OH \end{array} + H_2SO_4 \longrightarrow \begin{array}{l} CH_2-OOC-C_{17}H_{32}OSO_2OH \\ CH-OOC-C_{17}H_{32}OSO_2OH \\ CH_2-OH \ + \ H_2O \end{array}$$

Bei dieser Reaktion bildet sich freies Diglyzerid, Schwefelsäure,
Mono- und Disulfoglyzerid.

c) Es bilden sich Polyrizinolverbindungen, wie sie bereits Juillard
beschrieben hat.

Woldenberg sowie Grün und Woldenberg (Chem. Ztbl. 1909, I,
S. 1749; J. Soc. Chim. Ind. 1909, S. 4) haben bewiesen, dass die
Schwefelsäure zuerst mit der Hydroxylgruppe reagiert. Sie haben ge-
zeigt, dass die Jodzahl des Öls nicht abnehmen muss, bevor nicht die
Veresterung der Hydroxylgruppe eingetreten ist. Nachdem diese Re-
aktion abgeschlossen ist, lagert sich die Schwefelsäure leicht an die
Doppelbindung an. Unter gewissen Bedingungen ist die Veresterung
und nicht die Anlagerung an die Doppelbindung die Hauptreaktion.
Es tritt auch eine partielle oder vollständige Hydrolyse der vorhandenen Glyzeride ein.

Grün und Vetterkamp (Z. f. Farbenind. 1908, *7*, S. 375; 1909, *8*,
S. 279; J. Soc. Chim. Ind. 1908, S. 1212; 1909, S. 1146; Chem. Ztbl.
1909, *80*, I, S. 67) geben an, dass Dirizinolsäure sich bildet, wenn man
eine wässerige Lösung des Schwefelsäureesters der Rizinolsäure längere

Zeit in der Kälte stehen lässt. Die Reaktion lässt sich wie folgt veranschaulichen:

$$CH_3-(CH_2)_5-CH(OSO_2OH)-CH_2-CH=CH-(CH_2)_7-COOH \ +$$
$$HOOC-(CH_2)_7-CH=CH-CH_2-CH(OSO_2OH)-(CH_2)_5-CH_3 \longrightarrow$$
$$CH_3-(CH_2)_5-\underset{\underset{\underset{CO-(CH_2)_7-CH=CH-CH_2-CHOH-(CH_2)_5-CH_3}{|}}{O}}{CH}-CH_2-CH=CH-(CH_2)_7-COOH \qquad 2\ H_2SO_4$$

Die Kondensation zum Laktid der Rizinolsäure erfolgt leicht durch Erwärmen, doch lässt sie sich durch Zugabe von Mineralsäure beschleunigen. Nishizawa und seine Mitarbeiter haben eine wichtige Serie von Untersuchungen durchgeführt (Fettchem. Umschau 1929, *39*, S. 97; 1930, *40*, S. 37; Techn. Reports Tokoku 1931, *10*, S. 93; 1932, *11*, S. 416). Das Hauptprodukt, das beim Einwirkenlassen von Schwefelsäure auf Rizinolsäure erhalten wird, wenn in der Kälte gearbeitet wird, ist der Schwefelsäureester.

$$CH_3-(CH_2)_5-CHOH-CH_2-CH=CH-(CH_2)_7-COOH \ + \ H_2SO_4 \longrightarrow$$
$$CH_3-(CH_2)_5-CH(OSO_2OH)-CH_2-CH=CH-(CH_2)_7-COOH$$

Die Alkalisalze vom Typus $C_{17}H_{32}(OSO_2OK)COOH$ bilden sich, wenn man den Ester der wässerigen Lösung mit Salzen wie Kaliumsulfat versetzt.

Die neutralen Alkalisalze der zweibasischen Säure, die hygroskopisch sind, werden durch Neutralisieren des Esters oder des Salzes der Säure mit Natronlauge erhalten. Ihnen kommt die Formel $C_{17}H_{32}(OSO_2ONa)COONa$ zu. Sie kristallisieren mit einem Kristallwasser pro Molekül.

Grün nahm an, dass das Wasser, welches entsteht, wenn man Rizinolsäure mit Schwefelsäure behandelt, die Hauptreaktion stört und zu zahlreichen Sekundärreaktionen Anlass gibt. Er fand, dass der reine Schwefelsäureester der Rizinolsäure erhalten werden kann, wenn man Chlorsulfonsäure in Gegenwart eines Lösungsmittels bei tiefer Temperatur verwendet. Dieser Ester ist eine braune Flüssigkeit, die ziemlich dick, schwach fluoreszierend und in gewissen Grenzen in Wasser löslich ist. Die wässerige Lösung ist gelb und schäumt stark. Der Ester ist in kaltem Wasser beständig, in saurer Lösung jedoch unbeständig. Durch Erhitzen mit konzentrierter Schwefelsäure wird er hydrolysiert und die $-OSO_2OH$-Gruppe wird durch eine Hydroxylgruppe ersetzt[1]).

---

[1]) Gansel, Fettchem. Umschau 1929, *36*, Nr. 18, S. 284; Davidson, Öle, Fette und Wachse 1936, *35*, S. 1; Heitzer, Seifensieder Ztg. 1936. S. 242; Sunderland, Soap & Sanitary Chemicals 1935, Nr. 10, S. 60; 1935, Nr. 11, S. 61; 1935, Nr. 12, S. 67; Welwart, Seifen-

Nach Scheurer-Kestner[1]) setzt sich der lösliche Anteil des Rotöls aus Mono- und Disulforizinolsäuren zusammen:

$$C_{17}H_{32}(OSO_3H)COOH$$

$$\text{und}\quad HOOC—C_{17}H_{32}—O—CO—C_{17}H_{32}(OSO_3H)$$

während der unlösliche Anteil aus Mono- und Polyrizinolsäuren besteht.

Nach W. Fahrion[2]) erfolgt die Hauptreaktion gleichzeitig an der Karboxylgruppe und der Hydroxylgruppe sowie an der Doppelbindung (—CH=CH—).

Ferner kann die Schwefelsäure mit der Karboxyl- und Hydroxylgruppe, mit der Karboxylgruppe und der Doppelbindung und endlich mit der Hydroxylgruppe und der Doppelbindung reagieren.

Die Reaktion mit der Karboxylgruppe findet ziemlich selten statt, die Hauptreaktion erfolgt an der Hydroxylgruppe.

$$
1.\qquad
\begin{array}{c} —CH \\ | \\ OH \end{array}
+ H_2SO_4 \quad\longrightarrow\quad
\begin{array}{c} —CH \\ | \\ OSO_2OH \end{array}
+ H_2O
$$

$$
2.\qquad —COOH + H_2SO_4 \quad\longrightarrow\quad
\begin{array}{c} —C=O \\ | \\ OSO_2OH \end{array}
+ H_2O
$$

$$
3.\qquad —CH=CH— + H_2SO_4 \longrightarrow
\begin{array}{cc} —CH—CH— \\ | \quad\ | \\ H \quad OSO_2OH \end{array}
$$

Die nach der Reaktion 1 erhaltene Rizinolschwefelsäure zerfällt beim Stehen in wässeriger Lösung in Schwefelsäure und die Dirizinolsäure

$$
2\ C_{17}H_{32}\!\!\begin{array}{l}{}^{\nearrow OSO_3H}\\{}_{\searrow COOH}\end{array}
+ H_2O = 2\ H_2SO_4 + C_{17}H_{32}\!\!\begin{array}{l}{}^{\nearrow OH}\\{}_{\searrow C\diagup\!\!\diagup O}\end{array}
\begin{array}{l} O \\ \searrow C_{17}H_{32}—COOH \end{array}
$$

Diese ist natürlich auch sulfurierbar zu Dirizinolschwefelsäure

$$
C_{17}H_{32}\!\!\begin{array}{l}{}^{\nearrow O—SO_3H}\\{}_{\searrow C\diagup\!\!\diagup O}\end{array}
\begin{array}{l} \\ \searrow O—C_{17}H_{32}—COOH \end{array}
$$

<hr>

sieder Ztg. 1936, S. 549, 717; Vinokuchi und Toryama, J. Soc. Chem. Ind. Japan 1936, S. 94; J. Wilka, Allg. Öle und Fette Ztg. 1942, S. 39; W. Riess, Collegium, 1934, S. 566; Otin und Dima, J. Int. Soc. Leather Trades Chem. 1935, *19*, S. 443; P. Elbey, Ind. Text. 1942, S. 58, 520; siehe ferner Hilditsch, Sulfated Oils and Allied Products, London 1939.
[1]) J. Soc. Chim. Ind. 1891, S. 471, 555.
[2]) Seifenfabrikant 1915, S. 391.

Diese Säure könnte man nach Fahrion zweifellos als Hauptprodukt der Sulfurierung ansehen.

Nach dem Stande der heutigen Kenntnisse sind im sulfurierten Rizinusöl, dem eigentlichen Türkischrotöl, enthalten:

1. Unverändertes Tririzin

$$(C_{17}H_{32}\,(OH)\,COO)_3 \cdot C_3H_5$$

2. · Rizinolsäure

3. Rizinolschwefelsäureester

$$C_{17}H_{32}\begin{cases} O-SO_3H \\ COOH \end{cases}$$

4. Dioxystearinsäure

$$C_{17}H_{32}\begin{cases} OH \\ OH \\ COOH \end{cases}$$

5. Dioxystearinschwefelsäureester

$$C_{17}H_{33}\begin{cases} OH \\ O-SO_3H \\ COOH \end{cases} \quad\text{und}\quad C_{17}H_{33}\begin{cases} O-SO_3H \\ O-SO_3H \\ COOH \end{cases}$$

6. Dirizinolsäure

$$C_{17}H_{32}\begin{cases} OH \\ COO-C_{17}H_{32}-COOH \end{cases}$$

7. Polyrizinolsäuren,

8. Di- und Polyrizinolschwefelsäureester, deren Salze und Glyzeride.

Herstellung von Natriumsulforizinoleat[1]).

Natriumsulforizinoleat wird erhalten, wenn man Rizinusöl mit einer bestimmten Menge Schwefelsäure von 66^0 Bé, die zwischen 15% und 35% des Gewichts des Öls beträgt, behandelt. Es ist dabei von Bedeutung, dass während des ganzen Arbeitsvorgangs die Masse beständig umgerührt und durch Kaltwasserzirkulation gekühlt wird. Die Zugabe der Säure dauert etwa 8 Stunden. Man lässt die Säure darauf über Nacht einwirken, giesst dann die Masse in ein gleiches Volumen Wasser von 40^0 C, trennt das Öl ab und neutralisiert zum Schluss mit Natronlauge oder Ammoniak (Rev. Chim. Ind. 1929, S. 227).

Es sei hier ein Rezept für die Herstellung eines Natriumsulforizinats gegeben, das mit guten Resultaten durch eine bedeutende russische Firma ausgeführt wird.

---

[1]) Siehe M.L.B., Frb. Ztg. 1906, S. 165; Seifenfabrikant 1905, S. 1047; Scheurer-Kestner, Leipz. Mon. f. Text. Ind. 1892, S. 396.

90 kg Rizinusöl werden leicht mit

22,5 kg Schwefelsäure von 66⁰ Bé gemischt, wobei man die Schwefelsäure in das Öl
fliessen lässt und ständig mischt. Die Temperatur soll dabei 40⁰ C nicht überschreiten. Man wäscht mit einer Natriumchloridlösung zur Entfernung der
Schwefelsäure und des Glyzerins. Man erhält auf diese Weise

111 kg Sulforizinolsäure, welche man mit

20,5 kg Natronlauge von 22⁰ Bé neutralisiert und

8,25 kg Ammoniak 25%ig zugibt, um schliesslich

200 kg Sulforizinat mit einem Fettstoffgehalt von 45% zu erhalten.

Die hiezu nötige Einrichtung umfasst ein zylindrisches Sandsteingefäss von ungefähr 200 Liter Inhalt mit einem mechanischen Rührer.
Darüber befindet sich ein weiteres Sandsteingefäss mit 25 Liter Inhalt,
welches in seinem untern Teil eine Öffnung besitzt, durch welche ein
feiner Strahl Schwefelsäure fliesst. Man gibt zuerst das Rizinusöl in
das grosse Gefäss, nachdem man den Rührer in Bewegung gesetzt hat.
Darauf giesst man 22,5 kg Schwefelsäure von 66⁰ Bé in das kleine
Gefäss, von wo sie in das untere grössere Gefäss fliesst und sich mit
dem Öl vermischt. Das Einfliessen der Schwefelsäure soll so langsam
erfolgen, dass die Temperatur der Reaktionsmasse in keinem Moment
25 bis 30⁰ C übersteigt. Man lässt darauf während mindestens 24
Stunden reagieren, um eine vollständige Sulfurierung zu erreichen.
Hierauf gibt man ungefähr 100 Liter lauwarmes Wasser zu, rührt
während einer Stunde und lässt bis zum nächsten Tag stehen.

Man erhält so 111 kg Sulforizinolsäure, die man zweimal mit
einer Natriumchloridlösung wäscht, um die Schwefelsäure und das
Glyzerin zu entfernen. Man neutralisiert mit Alkali, wobei man 20,5 kg
Natronlauge von 22⁰ Bé und 8,25 kg Ammoniak 25%ig hiezu verwendet. So erhält man 200 kg Natriumsulforizinat mit 45% Fettstoffgehalt. Will man Ammoniumsulforizinat herstellen, so neutralisiert
man statt mit Natronlauge mit 25 Liter 25%igem Ammoniak.

Nach einem andern Rezept verfährt man wie folgt:

In einen doppelwandigen Kessel oder einen runden emaillierten
Kessel, der sich in einem Trog mit kaltem Wasser befindet, montiert
man einen Flügelrührer aus Holz. Der ganze Arbeitsvorgang erfolgt
vollmechanisch. Auf

100 kg Rizinusöl erster Qualität gibt man langsam in einem dünnen Strahl und unter
Rühren mit einer Geschwindigkeit von 30—40 Umdrehungen in der Minute

25 kg Schwefelsäure von 66⁰ Bé, die völlig klar sein soll. Das ganze Reaktionsgemisch
soll gut durchmischt werden. Die Anfangstemperatur des Öls und der Schwefelsäure soll nicht mehr als 15⁰ C betragen, und die Endtemperatur darf 30⁰ C
nicht überschreiten. Je rascher die Säure zugegeben wird, um so stärker erwärmt
sich das Gemisch. Zudem kann dann eine Verkohlung eintreten, was zu einem
dunkleren Produkt führen würde. Wenn man die Säure richtig zugibt, bildet
sich kein Schwefeldioxyd. Nachdem die ganze Säuremenge zugegeben und die
Masse gut durchgerührt worden ist, lässt man die Säure noch während 12 Stun-

den einwirken, um so die Reaktion noch ihren Endpunkt erreichen zu lassen. Hierauf geht man zum Waschen des sulfurierten Öls über, indem man

15 kg Natriumchlorid in
500 kg Wasser von 40° C löst. Man wäscht viermal unter Umrühren. Das Sauerwasser wird jedesmal unten durch einen Hahnen abgezogen. Man wäscht so lange, bis das Waschwasser fast keine saure Reaktion gegen Lackmus mehr zeigt. Man erhält so
112 kg Sulforizinolsäure.

Natriumsulforizinoleat erhält man, indem man auf

100 kg Sulforizinolsäure
5 kg Natronlauge von 36° Bé nimmt.

Ammoniumsulforizinoleat wird aus

100 kg Sulforizinolsäure und
7 kg Ammoniak von 22° Bé hergestellt.

Man rührt tüchtig um, wobei das trübe Öl klar wird.

Die Rotöle besitzen eine gewisse Beständigkeit gegenüber den Erdalkalisalzen. Hingegen vermag Türkischrotöl, zusammen mit Alkaliseifen verwendet, nur in geringem Masse die Bildung von Kalkseife zu verhindern. Es ist noch zu bemerken, dass als Peptisierungsmittel nur der Schwefelsäureester der Fettsäure wirksam ist.

Die meisten Firmen, die sich mit der Herstellung von Seifen befassen, stellen heute auch Türkischrotöle verschiedener und auch sehr unterschiedlicher Qualität her. Der Verband Deutscher Türkischrotölfabrikanten in Krefeld hat Normen für diese Produkte herausgegeben[1]), die festlegen, dass der Prozentgehalt eines Handelsprodukts durch den Sulfonatgehalt festgelegt wird, d. h. den Gehalt an sulfuriertem und gewaschenem Rizinusöl. So stellt ein 50%iges Handelsprodukt ein Produkt dar, für welches man für 100 kg Rotöl 50 kg Sulfonat verwendet hat.

Der Fettsäuregehalt des Sulfonats kann zwischen 72 und 76%, im Mittel 75%, schwanken, so dass ein 50%iges Türkischrotöl 36 bis 38% Fettsäuren enthält.

A—b. Alkalisulfoleate

Die Einwirkung von Schwefelsäure auf Olivenöl und Rinderklauenöl ist weniger übersichtlich[2]). Rinderklauenöl ist reiner als Olivenöl, welches noch Glyzeride der Palmitin-, Stearin- und selbst

---

[1]) Chem. Ztg. 1921, S. 560; Z. f. Deutsche Öl- und Fettindustrie 1921, S. 328.

[2]) Fremy, Ann. der Chemie *19*, S. 269; *20*, S. 50; *33*, S. 10; Liechti, Dingl. Polyt. J. *275*, S. 594; Lukianoff, Dingl. Polyt. J. *262*. S. 36; Müller-Jacobs, Dingl. Polyt. J. 1878, *220*, S. 552; *229*, S. 544; 1884, *251*, S. 499, 547; *253*, S. 473; *254*, S. 302; Welwart, Seifensieder Ztg. 1936, *63*, S. 549, 717; eine Übersicht über die deutschen Produkte befindet sich in Seifensieder Ztg. 1936, *63*, S. 242.

der Linolsäure enthält. Die Ölsäure besitzt eine Doppelbindung. Sie kann daher oxydativ gespalten werden, und zwar in Pelargonsäure

$$CH_3—(CH_2)_7—COOH = C_9H_{18}O_2 \quad oder \quad C_8H_{17}—COOH$$

und Azelainsäure

$$HOOC—(CH_2)_7—COOH.$$

Die Ölsäure

$$CH_3—(CH_2)_7—CH=CH—(CH_2)_7—COOH = C_{17}H_{33}—COOH = C_{18}H_{34}O_2$$

unterscheidet sich von der Rizinolsäure dadurch, dass sie keine Hydroxylgruppe enthält.

Lässt man auf ein Triolein konzentrierte Schwefelsäure einwirken, so sind folgende Reaktionen in Betracht zu ziehen:

a) Verseifung des Triglyzerids in Glyzerin und Fettsäure. Glyzerin kann dabei entweder als freies Glyzerin oder als Schwefelsäureester des Glyzerins vorhanden sein[1]).

b) Anlagerung der Schwefelsäure an die Glyzeride oder die freien Fettsäuren, Bildung von Schwefelsäureestern und Sulfosäuren[2]). Benedict und Ulzer nehmen an, dass der sulfurierte Anteil aus dem Schwefelsäureester der Oxystearinsäure bestehe, während der nicht sulfurierte Anteil Oxystearinsäure, ihr Anhydrid und unveränderte Ölsäure enthalte.

c) Bildung von Oxysäuren infolge einer Hydrolyse der Additionsprodukte mit Schwefelsäure.

d) Bildung von innern Estern und Laktonen, von Kondensations- und Polymerisationsprodukten[3]).

Durch partielle Verseifung wird ein sulfatiertes Diglyzerid erhalten[4]):

$$
\begin{aligned}
&CH_2—OH\\
&|\\
&CH—O—CO—C_{17}H_{34}—OH\\
&|\\
&CH_2—O—CO—C_{17}H_{34}—O—SO_2—OH
\end{aligned}
$$

Die Ölsäure kann durch die Schwefelsäure entweder an der Doppelbindung oder der der Karboxylgruppe benachbarten CH_2-Gruppe oder an beiden gleichzeitig angegriffen werden. Der sich bil-

---

[1]) Herbig, Die Wirkung der Schwefelsäure auf Olivenöl, Frb. Ztg. 1902, Heft 18; 1903, Heft 16, S. 722, und Heft 23; 1904, Hefte 2 und 3.

[2]) Sabanejeff, Ber. 1886, *19*, S. 239; Benedict und Ulzer, Z. d. Chem. Ind. 1887, S. 298; Mon. f. Chem. 1887, S. 208.

[3]) Dubowitz, Seifensieder Ztg. 1908, S. 728.

[4]) Fahrion, Seifenfabrikant 1915, S. 365; Grün und Correlli, Z. f. ang. Chem. 1912, S. 665; Erban, Frb. Ztg. 1915, S. 188.

dende Schwefelsäureester unterscheidet sich von jenem aus Rizinusöl dadurch, dass er keine Doppelbindung mehr aufweist:

$$CH_3—(CH_2)_7—CH—CH_2—(CH_2)_7—COOH \quad oder \quad C_{17}H_{34} \diagdown^{OSO_3H}_{COOH}$$
$$\underset{O—SO_2—OH}{}$$

Schwefelsäureester aus Ölsäure erhalten (Oxystearinsäuresulfat)

$$CH_3—(CH_2)_5—CH—CH_2—CH=CH—(CH_2)_7—COOH$$
$$\underset{O—SO_2—OH}{}$$

Schwefelsäureester aus Rizinusölsäure erhalten

Die Schwefelsäureester sind nicht beständig. Sie hydrolysieren unter Bildung von Oxyfettsäuren. So bildet sich aus Ölsäure ι-Oxystearinsäure:

$$CH_3—(CH_2)_7—CH=CH—(CH_2)_7—COOH + HO—SO_2—OH \longrightarrow$$

$$CH_3—(CH_2)_7—CH—CH_2—(CH_2)_7—COOH + H_2O \xrightarrow{100^0 C}$$
$$\underset{O—SO_2—OH}{}$$

$$H_2SO_4 + CH_3—(CH_2)_7—CHOH—CH_2—(CH_2)_7—COOH$$

Diese Oxystearinsäure bildet den weissen Bodensatz, den man bei sulfurierten Ölen findet[1]). Unter Einwirkung von Schwefelsäure kann ι-Oxystearinsäure sich zu einem Lakton kondensieren.

$$\begin{array}{|c|c|c|} \hline H & O—C_{17}H_{34}—CO & OH \\ HO & OC—C_{17}H_{34}—O & H \\ \hline \end{array} \longrightarrow \begin{array}{c} O—C_{17}H_{34}—CO \\ CO—C_{17}H_{34}—O \end{array} + 2 H_2O$$

Diese Verbindung wurde von Saytzeff in Form einer dickflüssigen Flüssigkeit erhalten, indem er Oxystearinsäure mit 50% ihres Gewichts an Schwefelsäure von 65° Bé während 24 Stunden reagieren liess. Liechti und Suida[2]) haben angenommen, dass die Schwefelsäure auf das Olivenöl verseifend wirkt. Es bildet sich dabei aus einem Molekül Triolein Monoolein unter Freisetzung von zwei Molekülen Ölsäure. Zwei Moleküle dieses Monooleins geben mit Schwefelsäure einen Ester nach folgendem Schema

$$2\ C_3H_5(OH)_2(C_{18}H_{33}O_2) + H_2SO_4 \longrightarrow 2\ H_2O + C_{18}H_{33}O_2 \diagdown$$
$$C_3H_5OH$$
$$SO_4$$
$$C_3H_5OH$$
$$C_{18}H_{33}O_2$$

[1]) Saytzeff, J. f. prakt. Chem. 1887, *35*, S. 269; 1898, *57*, S. 286.
[2]) Dingl. Polyt. J. 1883, *250*, S. 543; 1884, *251*, S. 547.

oder auch, nachdem ein Teil der Schwefelsäure die Ölsäure in Oxystearinsäure übergeführt hat, einen Glyzerinoxystearinsäureester

$$2\,C_3H_5(OH)_2(C_{18}H_{33}O_2) + H_2SO_4 \;\longrightarrow\;
\begin{matrix} C_{18}H_{35}O_3 \\[2pt] \diagdown C_3H_5OH \\[2pt] SO_4 \\[2pt] \diagup C_3H_5OH \\[2pt] C_{18}H_{35}O_3 \end{matrix}$$

Nach Liechti und Suida setzt sich der lösliche Anteil des Reaktionsprodukts bei der Einwirkung von Schwefelsäure auf Olivenöl
hauptsächlich aus gewissen Estern zusammen, die sich durch Kochen
in Schwefelsäure, Glyzerin und Oxystearinsäure aufspalten lassen.

Fremy (Ann. Phys. et Chim. 1836, *65*, S. 113) hat gezeigt, dass
die Schwefelsäure das Olein verseift und es in Ölsäure und Glyzerin
überführt. Die Ölsäure reagiert dann mit der Schwefelsäure unter
Bildung eines Derivats dieser Säure.

Müller-Jacobs (Dingl. Polyt. J. 1878, *229*, S. 544; 1884, *251*,
S. 499, 547; *253*, S. 473; *254*, S. 302) ist der Ansicht, dass die
Schwefelsäure die Ölsäure und das Olivenöl unter Bildung von
Schwefeldioxyd oxydiert. Er nimmt jedoch auch an, dass sich eine
sulfurierte Ölsäure von der Bruttoformel $C_{17}H_{32}(SO_3H)COOH$ bildet,
die bei der Zersetzung 27% Schwefelsäure ergibt.

Liechti und Suida (Dingl. Polyt. J. 1883, *250*, S. 543; 1884, *251*,
S. 172) berichten, dass die Anwesenheit von Schwefeldioxyd notwendigerweise bei einer Sulfurierung, die zu einer Oxysäure führt,
gegeben ist.

$$C_{18}H_{34}O_2 + H_2SO_4 \;\longrightarrow\; SO_2 + H_2O + C_{18}H_{34}O_3$$

Sabanejeff (Ber. 1886, *19*, S. 239, 541; J. f. prakt. Chem. 1887
[2], *35*, S. 269; 1898, *57*, S. 286) und Geitel (J. f. prakt. Chem. 1888
[2], *37*, S. 53) haben eine Oxysäure isoliert, die sich bei der Sulfurierung der Ölsäure bildet. Geitel hat die Bildung von β-Stearolakton
beobachtet,

$$C_{15}H_{31}CH\!-\!CH_2\!-\!CO \atop \diagdown\;\;O\;\;\diagup$$

wenn man die sulfurierte Ölsäure mit Wasser behandelt.

Seinerseits hat Saytzeff[1] die folgende Reaktion als die Hauptreaktion beim Arbeiten in der Kälte bezeichnet:

$$CH_3\text{-}(CH_2)_7\text{-}CH\!=\!CH\text{-}(CH_2)_7\text{-}COOH + H_2SO_4 \;\longrightarrow\; CH_3\text{-}(CH_2)_7\text{-}CH\!-\!CH_2\text{-}(CH_2)_7\text{-}COOH$$
$$\underset{\textstyle OSO_2OH}{|}$$

Schwefelsäureester der 10-Oxystearinsäure

---

[1] Saytzeff, J. f. prakt. Chem. 1887, *35*, S. 269.

Beim Kochen mit Wasser erhält man

$$CH_3\text{-}(CH_2)_7\text{-}CH\text{-}CH_2\text{-}(CH_2)_7\text{-}COOH + H_2O \rightarrow CH_3\text{-}(CH_2)_7\text{-}CH\text{-}CH_2\text{-}(CH_2)_7\text{-}COOH + H_2SO_4$$
$$\underset{OSO_2OH}{|} \qquad\qquad\qquad\qquad \underset{OH}{|}$$

10-Oxystearinsäure

Benedikt und Ulzer (Mon. f. Chem. 1887, *1*, S. 208) haben bewiesen, dass sich ein Additionsprodukt der Schwefelsäure bildet, und zwar

$$C_{18}H_{35}O_2 \,(OSO_2OH).$$

Sie vergleichen die Leichtigkeit der Verseifbarkeit dieses Esters mit der Beständigkeit der entsprechenden Sulfosäure. Sie nehmen ferner an (Z. f. Chem. Ind. 1887, *1*, S. 298), dass der sulfurierte Anteil sich aus dem Schwefelsäureester der Oxystearinsäure, seinem Anhydrid und unveränderter Ölsäure zusammensetze.

Lewkowitsch hat die Sulfurierung der Ölsäure untersucht und gefunden, dass die Jodzahl der isolierten Fettsäuren kleiner ist als jene der Ölsäure. Er nimmt an, dass die Ölsäure zuerst die Schwefelsäure gleichermassen wie Brom fixiert, d. h. unter Bildung einer gesättigten Verbindung. Hierauf werden zwei verschiedene Gruppen, die Sulfogruppe und die Hydroxylgruppe, angelagert. Man kann zwei verschiedene Produkte erwarten, je nachdem ob sich die Sulfogruppe am Kohlenstoffatom 9 oder 10 anlagert.

Im Jahre 1903 haben Schukoff und Schestakoff (J. f. prakt. Chem. 1903 [2], *67*, S. 414) gezeigt, dass die durch Sulfurierung der Ölsäure gebildete Säure die 10-Oxystearinsäure ist

$$CH_3\text{—}(CH_2)_7\text{—}CHOH\text{—}(CH_2)_8\text{—}COOH$$

C. Riess (Collegium 1930, S. 13; 1931, S. 557) hat den Einfluss der Reaktionsbedingungen bei der Sulfurierung von Ölsäure untersucht. Er fand dabei die folgenden Resultate:

1. Bei 0^0 C erfolgt eine Anlagerung an die Doppelbindung unter Bildung des Schwefelsäureesters:

$$C_{17}H_{33}\text{—}COOH + H_2SO_4 \rightarrow C_{17}H_{34}\Big\langle{\!\!\begin{array}{l} OSO_2OH \\ COOH \end{array}}$$

2. Bei 20^0 C bildet sich ebenfalls der Schwefelsäureester, der jedoch rasch zu Oxystearinsäure hydrolysiert, von welcher ein grosser Teil durch Kondensation einer Hydroxylgruppe des einen Moleküls mit einer Karboxylgruppe eines andern Moleküls einen Ester bildet:

$$R\Big\langle{\!\!\begin{array}{l} OSO_2OH \\ COO\boxed{H+OH} \end{array}} \qquad\longrightarrow\qquad R\Big\langle{\!\!\begin{array}{l} OSO_2OH \\ COO\text{—}R\text{—}COOH \end{array}} + H_2O$$
$$\underset{R\text{—}COOH}{|}$$

3. Andere Forscher haben gezeigt, dass man oberhalb 35° C oder in Gegenwart von Kondensationsmitteln, wie Essigsäureanhydrid, hochsulfurierte Verbindungen erhält, die eine beträchtliche Menge von Sulfofettsäuren $R\,(SO_3H)$ —COOH enthalten. Diese Verbindungen sind mit Kalzium- und Magnesiumsalzen weniger leicht aus ihren Lösungen fällbar.

T. Thorbjarnason und J. C. Drummond (Analyst 1935, *60*, S. 23; Chem. Abstr. B. 1935, S. 276) zeigten, dass der unverseifbare Anteil des Olivenöls 31 bis 64% Squalen enthält. Die unverseifbaren Anteile im Olivenöl machen im allgemeinen ungefähr 0,7% aus. Dieser stark ungesättigte Kohlenwasserstoff kann den Verlauf der Sulfurierung beeinflussen.

Geitel[1]) glaubte nicht, dass bei der Behandlung von Olivenöl mit Schwefelsäure Glyzerin in Freiheit gesetzt wird. Er nahm hingegen an, dass die Schwefelsäure sich direkt an das Glyzerid anlagert, wobei sich neutrale oder saure Ester der folgenden Formeln bilden:

$$(CH_3-(CH_2)_7-CH-CH_2-(CH_2)_7-COO)_3\,C_3H_5$$
$$\underset{OSO_3H}{|}$$

$$\left[\begin{matrix} CH_3-(CH_2)_7-CH-CH_2-(CH_2)_7-COO \\ | \\ SO_4 \\ | \\ CH_3-(CH_2)_7-CH-CH_2-(CH_2)_7-COO \end{matrix}\right]_3 (C_3H_5)_2$$

Nach den Angaben der *D.R.P. 524.349, 545.698; franz. P. 657.220, 659.209* und *brit. P. 293.806* soll ein Zusatz von Olein bei der Sulfurierung von Rizinolsäure, Leinöl oder Rinderklauenöl von Vorteil sein. So ergibt eine 25%ige Sulfurierung von 70 Teilen Leinöl und 30 Teilen Olein mit Schwefelsäuremonohydrat ein klares Produkt. Bei Klauenöl wird auf diese Weise eine Verbesserung der Kältebeständigkeit des sulfurierten Produkts erhalten. Die Herstellung kältebeständiger sulfurierter Klauenöle erwähnen ebenfalls die *D.R.P. 608.693* und *634.951* von Zschimmer & Schwarz. Es wird dabei das Klauenöl bei höchstens 5° C mit nicht mehr als 15% Schwefelsäure in Gegenwart oder Abwesenheit eines indifferenten Verdünnungsmittels sulfuriert.

Die Sulfurierung des Wollschweisses wird im *franz. P. 640.617* (1927) von Milch behandelt.

Herstellung der Sulfoleate.

Drei Methoden werden bei der Sulfurierung von Olivenöl oder Ölsäure verwendet:

---

[1]) J. f. prakt. Chem. 1888, *37*, S. 53.

1. Gewöhnliche Sulfurierung.

2. Beschleunigte Sulfurierung.

3. Sulfurierung mit Hilfe von konzentrierter Schwefelsäure bei tiefer Temperatur.

1. Die gewöhnliche Sulfurierung.

Diese Methode wird bei der Sulfurierung von Dorschtran, Spermazetiöl, Baumwollsaat- und Rizinusöl angewandt.

Die Temperatur des Öls beträgt 15° C. 27,5% des Gewichts an Öl wird an Schwefelsäure zugesetzt.

Man lässt die Säure möglichst rasch einlaufen, wobei man aber eine Erhöhung der Temperatur über 32° C vermeidet. Für 1000 kg beträgt so die Einlaufzeit der Säure 3 bis 4 Stunden. Das Reaktionsgemisch wird anschliessend noch weitere 5 bis 6 Stunden gerührt, oder bei Dorschtran so lange, bis ein Muster sich in destilliertem Wasser löst, und zwar ohne jegliche Trübung. Bei Baumwollsaatöl wird die Lösung leicht durchsichtig. Das Öl wird darauf tropfenweise in einen Mischer gebracht, der 2½mal das Volumen des verwendeten Öls an einer Glaubersalzlösung von 10° Bé enthält. Man rührt 4 bis 10 Minuten leicht und erwärmt auf 40° C. Darauf lässt man absetzen, trennt vom Wasser durch Dekantieren und neutralisiert mit Natronlauge beinahe vollständig gegen Methylorange. Man lässt dann über Nacht stehen. Es muss hier noch bemerkt werden, dass man durch Berücksichtigung der Azidität des Öles zu diesem Zeitpunkt, sofern man über Nacht stehen lässt, den Gehalt an freier Fettsäure im Endprodukt einstellen kann. Am darauffolgenden Morgen entfernt man das Wasser von neuem und klärt mit Natronlauge.

2. Beschleunigte Sulfurierung.

Zur Erklärung dieser Methode sollen einige Beispiele von beschleunigten Sulfurierungen gewisser Öle beschrieben werden.

Dieses Verfahren wird üblicherweise für Ölsäure, Dorschtran, Rizinusöl, Rinderklauenöl, raffiniertes Weizenöl und gemischte Öle verwendet. Der Schwefelsäurezusatz beträgt 22,5% des Gewichts des Öls.

Die Säure wird rasch zum kräftig gerührten Öl gegeben. Bei einer Beschickung von 1000 kg Öl benötigt man zur Säurezugabe kaum 30 Minuten. Die Temperatur steigt dabei rasch an und bald wird 54 bis 58° C erreicht. Das Gemisch wird dann sofort in einen unter der Sulfurierungsapparatur gelegenen Mischer abgelassen. Der Mischapparat enthält das doppelte Volumen des Öls an einer Glaubersalzlösung von 10° Bé. Diese Lösung hat Zimmertemperatur. Das mit der Glaubersalzlösung vermischte Öl wird 5 bis 10 Minuten sorgfältig umgerührt. Darauf lässt man absetzen. Nach einer halben bis einer Stunde ist die Trennung fast vollständig. Die klare wässerige Schicht wird in einen Lagertank abgelassen und nach Neutralisation mit Natronlauge für die folgende Charge von neuem verwendet. Das Öl wird mit Natronlauge gegen Methylorange fast vollständig neutralisiert (noch sehr schwach sauer). Man lässt über Nacht stehen. Am darauffolgenden Morgen trennt man von neuem. Wenn das Öl völlig abgeschieden und das Wasser entfernt ist, darf das Öl noch einen Wassergehalt von 20% aufweisen. Durch eine erneute Zugabe von Natronlauge wird darauf das Öl noch geklärt. Im Winter ist es empfehlenswert, bei der Fertigstellung des Öls Kalilauge zu verwenden, um so ein flüssigeres Öl zu erhalten. Bei der Kontrolle der Azidität des Öls nach der ersten Wasserabscheidung wird empfohlen, eine salzhaltige Ätherlösung für die Titration gegen Methylorange zu verwenden.

Beschleunigte Sulfurierung von Ölsäure.

z. B.: 362 kg Ölsäure
82 kg Schwefelsäure, 93%ig

Bei Beginn beträgt die Temperatur 26° C und jene des Kühlwassers 10° C. In zehn Minuten lässt man die gesamte Säure zufliessen. Am Schluss der Zugabe erreicht das Öl eine Temperatur von 52° C. Man rührt noch während 50 Minuten, so dass die gesamte Zeit der Sulfurierung eine Stunde beträgt. Das Öl wird darauf in 908 Liter einer 20%igen Glaubersalzlösung gegossen. In einer Stunde hat sich das Öl abgeschieden und wird darauf mit Natronlauge von 32° C neutralisiert. Zur Herstellung eines guten Endprodukts benötigt man etwa 60 kg Natronlauge.

3. Sulfurierung mit Hilfe von konzentrierter Schwefelsäure bei tiefer Temperatur.

Normalerweise verwendet man dieses Verfahren nur für Rizinusöl. Es gelangt 100%ige Schwefelsäure zur Verwendung. Es werden gleiche Gewichtsteile Öl und Schwefelsäure miteinander zur Reaktion gebracht. Als Verdünnungsmittel dient Dichloräthylen, und zwar ein gleicher Gewichtsteil wie der des Öls.

Langsam gibt man die Säure in ein Gemisch des Öles und Verdünnungsmittels, welches vorgängig abgekühlt wurde. Nachdem die gesamte Säure zugegeben worden ist, fährt man so lange mit Rühren fort, bis sich einige Tropfen völlig klar in destilliertem Wasser lösen. Ferner soll sich das Reaktionsgemisch auch in einer Natriumsulfatlösung klar auflösen. Man stellt das Rührwerk ab und gibt eine 5%ige Glaubersalzlösung zu, und zwar das dreifache Volumen des sulfurierten Gemisches. Diese Glaubersalzlösung wird mit Hilfe von Eis kalt gehalten. Die Temperatur lässt man dabei nicht über 15 bis 16° C ansteigen. Man lässt absitzen, wäscht zweimal mit einer 25%igen Glaubersalzlösung, trennt die wässerige Schicht ab und neutralisiert mit Natronlauge. Hierauf wird das Lösungsmittel abdestilliert.

Ein Rezept aus der Praxis lautet z. B. für Ammoniumsulfoleat (Verfahren nach Weber) wie folgt:

28	kg	Olivenöl
7,370	kg	Schwefelsäure von 66° Bé
10	Teile	Sulfoleinsäure
10	Teile	lauwarmes Wasser
1	Teil	Ammoniak
40	Teile	Wasser

In vier Sandsteingefässe gibt man 8 Liter Öl und setzt allmählich unter Rühren und unter Vermeidung einer zu starken Erhitzung ein Liter Schwefelsäure von 66° Bé zu. Man fährt während dreiviertel Stunden mit Rühren fort und lässt dann zwei bis drei Tage stehen. Man bringt darauf das dickflüssige Gemisch in ein Fass von 400 Liter Inhalt und verdünnt hierauf sorgfältig mit warmem Wasser, bis das Fass gefüllt ist. Man gibt dann 6,4 kg Kochsalz zu, lässt stehen, und wenn die gesamte Sulfoleinsäure obenaufschwimmt, lässt man das Sauerwasser abfliessen. Zweimal wird so nochmals das Reaktionsgemisch gewaschen. Auf diese Weise erhält man 35 kg Sulfoleinsäure.

A—c. Sulfurierter Talg.

Es ist einleuchtend, dass die Sulfurierung des Talgs üblicherweise nur zu Emulsionen gesättigter Glyzeride in Sulfoderivaten ungesättigter Fettsäuren führt.

Diese Emulsionen, sofern sie entsprechend hergestellt werden, besitzen schmierende Eigenschaften und können für viele Zusammenstellungen für Weichmachungsmittel für Textilfasern Verwendung finden. Sie dienen ferner als Hilfsmittel bei der Herstellung von Schlichten und Appreturen.

Ein sehr interessantes Produkt dieser Reihe wurde von der Chem. Fabrik Stockhausen & Co. in Krefeld unter den Namen Tallosan BWK, CH, K, L, S auf den Markt gebracht. Dieses Produkt stellt einen sulfurierten Talg dar. Es besitzt einen talgartigen Geruch und ist gut wasserlöslich. Einer der Hauptvorteile bei der Verwendung von Tallosan liegt darin, dass man bei jeder Temperatur arbeiten kann, ohne dass man Ausscheidungen zu befürchten hat.

Tallosan CH ist ein sulfurierter Talg in Form einer weissen Paste. Beim Verdünnen mit warmem Wasser wird eine Emulsion erhalten, die gegenüber Kalk- und Magnesiumsalzen beständig ist.

Die Tallosane K und L enthalten nur sulfurierten Talg und gelangen in Form weisser Pasten in den Handel. Durch Verdünnen mit warmem Wasser lassen sich daraus milchige Lösungen erhalten.

Es ist ein ausgezeichnetes Weichmachungsmittel.

Unter dem Sammelnamen Tallofin hat Stockhausen Weichmacher herausgebracht, die sich aus sulfuriertem Talg und Wachsen zusammensetzen und ferner noch Stearinsäure oder Paraffin enthalten. So entspricht z. B. Tallofin AR und BW dem Edunin NC von Francolor und ist eine Wachsemulsion mit sulfuriertem Talg.

Tallofin CH oder Edunin NAF von Francolor ist eine Emulsion von Stearinsäure mit sulfuriertem Talg. Tallofin C und JW oder Edunin NJ von Francolor besteht aus sulfuriertem Talg, Wachs und einem Fettkörper. Alle diese Produkte werden in der Appretur zum Avivieren weisser Gewebe und Wäscheartikel, zur Erhöhung der Brillanz und zur Erzielung eines vollen und fettigen Griffs der Ware herangezogen.

A—d. Sulfurierte Öle, die als Ausgangsmaterial andere pflanzliche Öle als Rizinusöl oder Olivenöl haben.

Die trocknenden Öle sind durch die Anwesenheit mehrerer Doppelbindungen gekennzeichnet, die diesen Verbindungen die Eigenschaft verleihen, in Berührung mit Luft infolge Oxydation fest zu werden. Dies erfolgt vor allem in Gegenwart von Katalysatoren (Sikkative). Bei erhöhter Temperatur entstehen Polymerisate und Kondensationsprodukte, die ebenfalls fest sind und für die Herstellung gewisser Schlichten und Appreturen Verwendung finden.

Leinöl, welches durch Pressen von Leinensamen erhalten wird, enthält 5—10% Glyzeride der Palmitin- und Myristinsäure, 15—20% Glyzeride der Ölsäure, 25—35% Glyzeride der Linolsäure, 35—45% Glyzeride der Linolensäure und 0,5—1,5% unverseifbare Verbindungen.

Die drei wichtigsten Bestandteile unterscheiden sich nur hinsichtlich der Anzahl Doppelbindungen im Molekül. So besitzt die Ölsäure eine Doppelbindung, die Linolsäure deren zwei

$$CH_3-(CH_2)_4-CH=CH-CH_2-CH=CH-(CH_2)_7-COOH$$

und die Linolensäure drei Doppelbindungen

$$CH_3-CH_2-CH=CH-CH_2-CH=CH-CH_2-CH=CH-(CH_2)_7-COOH$$

Die Linolsäure (zwei Doppelbindungen).

Lein-, Cotton-, Mais-, Sesam-, Soja- und Erdnussöl enthalten Linolsäure an Glyzerin gebunden. In kleinen Mengen findet man diese Säure auch im Rinderklauenöl. Eibner hat festgestellt, dass die Linolsäure in zwei verschiedenen Formen im Leinöl vorkommt. Er fand ferner Linolsäure im Rizinusöl (Fettchem. Umschau 1925, *32*, S. 162), und Fahrion wies sie auch im Olivenöl nach (Seifenfabrikant 1915, S. 365). Linolsäure ist flüssig und leicht in Alkohol löslich. Im Gegensatz zur Ölsäure wird mit Salpetersäure kein festes Isomer erhalten.

Eine Erklärung der Reaktion der Linolsäure mit Schwefelsäure ist schwierig. Erstens wurde ihre Konstitution erst kürzlich aufgeklärt. Ferner erschwert auch die Anwesenheit von zwei Doppelbindungen die Erklärung des Reaktionsmechanismus. Y. Loyama und T. Tsuchiya (J. Soc. Chem. Ind. Japan 1935, *38*, 35 B, 36B; Chem. Abstr. A. 1935, S. 473) haben gezeigt, dass bei der Anlagerung von Brom sich dieses vor allem an die von der Karboxylgruppe weiter entfernte Doppelbindung anlagert, welche auch sehr leicht mit Schwefelsäure zu reagieren vermag.

Die Linolensäure (drei Doppelbindungen).

Diese Säure ist ein wichtiger Bestandteil der Glyzeride des Leinöls und anderer pflanzlicher, trocknender Öle. In kleinen Mengen wurde Linolensäure auch in gewissen halbtrocknenden Ölen, wie dem Traubenkernenöl und Sojaöl, gefunden. Es wurde schon angenommen, dass die Isolinolensäure ebenfalls in gewissen Tranen vorkomme, was jedoch von andern Forschern bezweifelt wird. Die Sulfurierung ist hier nochmals etwas schwieriger zu erklären als bei der Linolsäure, da man es hier mit drei Doppelbindungen zu tun hat.

Hilditsch und Didyarthi (Sulfated Oils and Allied Products, London, 1939) haben bewiesen, dass sich die zwei ersten Doppelbindungen nach der Karboxylgruppe in 9,10- und 12,13-Stellung befinden. Die dritte Doppelbindung befindet sich nach dem 14. Kohlenstoffatom der Kette. Ungesättigte Fettsäuren mit mehreren Doppelbindungen geben mit Schwefelsäure Reaktionsprodukte, die sich völlig verschieden verhalten von jenen aus Fettsäuren mit nur einer Doppelbindung.

Die Anwesenheit von zwei oder drei Doppelbindungen in einem Molekül Fettsäure erlaubt eine noch leichtere Anlagerung der Schwefelsäure, als dies bei der Ölsäure schon der Fall ist. Es wird dadurch auch die Herstellung einer beträchtlichen Anzahl von Derivaten möglich.

Erfolgt die Schwefelsäureanlagerung normal, so erhält man ein Gemisch von Mono-, Di- und Trischwefelsäureestern, ihrer Polymeren und Hydrolysenprodukte. Es bilden sich infolge Hydrolyse Sulfoxysäuren, die wenig löslich sind. Dies führt auch zu einer mehr oder weniger grossen Volumenverkleinerung.

Dies tritt ein, wenn man mit aller nur möglichen Sorgfalt ein genügend reines Leinöl sulfuriert, wobei man entweder in Gegenwart eines geeigneten Verdünnungsmittels bei sehr tiefer Temperatur arbeitet oder in Gegenwart einer Verbindung, die die Hydroxylgruppen zu fixieren vermag, bevor eine Wasserabspaltung eintreten kann. Die Farbe der aus Leinöl hergestellten Sulfoderivate ist sehr dunkel und ist auf eine partielle Karbonisierung zurückzuführen.

Durch Chlorosulfurierung wird ein sehr stark gefärbtes Produkt erhalten, welches aber ein beträchtliches Netzvermögen besitzt.

Durch Verdünnen des Leinöls mit einem gesättigten Öl oder mit Olein kann eine regelmässige Reaktion erreicht werden. Desgleichen kann man auch die Schwefelsäure mit organischen Säuren oder anorganischen Säureanhydriden verdünnen.

Von den andern trocknenden Ölen seien noch die folgenden erwähnt[1]): Chinesisches Holzöl (Asien) besteht aus 25% Olein und 75% Eläostearin (Fettsäure mit drei Doppelbindungen). Es können daraus schwarze sulfurierte Öle ohne praktisches Interesse hergestellt werden.

Nussöl enthält alle Verbindungen des Leinöls, besitzt jedoch bessere trocknende Eigenschaften und wird auch leichter ranzig. Dieses Öl kann für die Herstellung von Sulfoderivaten nicht verwendet werden.

Mohnöl enthält 30% Ölsäure, 5% Linolensäure und 60% Linolsäure. Es besitzt nicht besonders ausgeprägte trocknende Eigenschaften, ist nur wenig gefärbt und kann zusammen mit Rizinusöl verwendet werden.

Sonnenblumenöl (vor allem aus Russland) besteht aus 50% Ölsäure, 45% Linolsäure und 5% gesättigten Säuren (siehe Petroff, Chem. Ztg. 1928, S. 2141; *brit. P. 281.896*). Dieses nur schwach gefärbte Öl eignet sich vorzüglich zum Verdünnen von Rizinusöl und Olivenöl.

Wie bereits weiter oben angedeutet, wurde die Möglichkeit der Verwendung anderer pflanzlicher Öle an Stelle von Rizinusöl studiert. Dabei kämen vor allem die trocknenden Öle sowie die Trane (von Fischen und grossen Meertieren gewonnene Öle) in Betracht.

F. Erban (Z. f. Frb. Ind. 1907, S. 169) hat die Verwendung von Leinöl, Kokosöl, Rüböl sowie von Fischtranen vorgeschlagen.

Es muss jedoch bemerkt werden, dass für Alizarinrosa sowie für weisse Appreturen diese Produkte kaum in Betracht kommen werden.

W. Herbig[2]) hat anderseits gezeigt, dass für Produkte für die Färberei nur Öle mit einer einzigen Doppelbindung in Frage kommen.

---

[1]) Z. f. Frb. Ind. 1907, S. 169.

[2]) Jahresber. über die Fortschritte der Fettindustrie für 1907; Chem. Revue 1908, S. 76.

Nach diesem Autor wären also die trocknenden Öle hiezu ungeeignet. Kokosöl, das nur 5% Ölsäure enthält, gibt nach Paulmayer negative Resultate (Chem. Ztg. Rep. 1907, S. 333).

J. Gärth gibt in der Seifensieder Ztg. 1917, S. 176, eine Übersicht über die Versuche, die unternommen worden waren, um während des ersten Weltkrieges 1914—1918 das Rizinusöl zu ersetzen. Als solche Ersatzprodukte werden dabei besonders erwähnt: das sehr stark gefärbte und unangenehm riechende Extraktionsöl, das deutsche Rizinusöl (ein Gemisch verschiedener Öle) und das Traubenkernöl. Die Versuche mit dem letzten dieser Öle ergaben jedoch gar keine befriedigenden Resultate. Dies lässt sich leicht durch die Tatsache erklären, dass dieses Öl 54% Linolsäure und nur 34,5% Olein und 7,8% Palmitin enthält.

Kokosöl (Chem. Ztg. 1911, S. 276) lässt sich wie folgt sulfurieren:

> 9,250 kg   Kokosöl
> 2   l   Schwefelsäure von 66° Bé

Man behandelt während 10 Stunden bei 25° C. Das so erhaltene Produkt kann zur Appretur von Mischgeweben (Baumwolle und Nesselfasern) herangezogen werden.

Das *D.R.P. 461.383* von Albin Hermsdorf[1]) und das *brit. P. 293.806*, 1928 von der Oranienburger Chem. Fabr.[2]) beschreiben ein Sulfurierungsverfahren für Leinöl in Gegenwart von Ölsäure, und zwar mit

> 70 Teilen Leinöl
> 30 Teilen Ölsäure (Olein)
> 25 Teilen Schwefelsäure-Monohydrat

Die *brit. P. 298.559* und *298.560*, 1928 der Böhme-Fettchemie[3]) erwähnen ein Emulgiermittel, das durch Sulfurierung ungesättigter aliphatischer Fettsäuren in Gegenwart von Säureanhydriden oder Säurechloriden erhalten wird. So kann man z. B. Ölsäure mit Schwefelsäure in Gegenwart von Essigsäureanhydrid sulfurieren. Die Erdalkalisalze dieses Sulfurierungsproduktes sind in Wasser löslich[4]).

L. G. Radcliffe und S. Medofski haben die Einwirkung konzentrierter Schwefelsäure auf Sesamöl, Cottonöl, Rapsöl, Leinöl sowie Waltran untersucht[5]).

Während die Sulfurierung gesättigter Öle keine Schwierigkeiten bereitet, war es bisher nicht ohne weiteres möglich, Leinöl oder andere höher ungesättigte Fettsäuren in befriedigender Weise zu sulfurieren. Nach dem *D.R.P. 599.837* von Stockhausen gelingt dies jedoch da-

---

[1]) Chem. Ztbl. 1928, II, S. 603.
[2]) Chem. Ztbl. 1929, I, S. 323.
[3]) Chem. Ztbl. 1929, I, S. 1151.
[4]) Gärth, Die Ersatzprodukte des Rizinusöls, Seifensieder Ztg. 1917, S. 176.
[5]) Seifensieder Ztg. 1919, S. 140; Chem. Ztbl. 1919, II, S. 436.

durch, dass man zuerst mit einem schwach sulfurierenden Mittel, wie Alkalibisulfat, eine esterartige Anlagerung durchführt und erst nachher mit konzentrierter Schwefelsäure behandelt.

Nach *D.R.P. 622.262* von Stockhausen kann man die sonst schwer durchführbare Sulfurierung des Leinöls glatt mit einer weniger als 90%igen Schwefelsäure bei Temperaturen unterhalb 30° C bewerkstelligen.

G. Tagliani versuchte, das Chrysalidenfett, welches zu 30% in den Kokons der Seidenraupen vorkommt, zu sulfurieren. Dieses Fett besitzt einen sehr unangenehmen Geruch und wird mit Hilfe von Benzol oder Tetrachlorkohlenstoff extrahiert und darauf sulfuriert (Frb. Ztg. 1919, S. 65).

Mitsumaru Tsujimoto stellte diesbezüglich noch fest, dass dieses Fett mindestens 75% ungesättigte Fettsäuren (besonders Linol-, Linolen- und Ölsäure) enthält. Daraus folgt, dass eine regelmässige Sulfurierung eines solchen Fetts als problematisch angesehen werden muss[1].

Nach in der Fettchem. Umschau 1928, S. 87, gemachten Angaben setzt sich dieses Fett wie folgt zusammen:

20,8% Ölsäure
48,9% Linolsäure
21,3% Linolensäure

Endlich sei als weiterer Ersatz für Leinöl noch das Tallöl oder schwedische Harz genannt, ein Fett, welches bei der Herstellung von Papierzellulose aus dem Holz gewonnen wird. Nach dem *D.R.P. 310.541* der Chem. Fabrik Flörsheim kann das Tallöl als Ausgangsmaterial für verschiedene Sulfoverbindungen dienen. Zu diesem Zwecke wird das Tallöl einer Vakuumdestillation unterworfen. Es wird dabei eine Säure erhalten, die auskristallisiert. Ferner wird ein harziger Rückstand und ein Öl gewonnen. Dieses letztere lässt sich sulfurieren und gibt Ersatzprodukte für Türkischrotöl, die, mit chlorierten Kohlenwasserstoffen gemischt, leicht emulgierbare Produkte ergeben. Diese Produkte eignen sich als Appreturen und ganz allgemein für die Behandlung von Textilien[2].

Nach einem andern Patent, dem *franz. P. 629.852* der Chem. Fabrik Pott[3], erhält man einen Emulgator für feste Körper oder Flüssigkeiten, welcher schwer oder nicht löslich ist in Wasser, wenn man

60 kg Fettsäuren des Tallöls mit
15 kg Benzol mischt und dann mit
16 kg Kalilauge verseift. Am Schluss gibt man zur Emulsion noch
13 kg Benzylalkohol.

---

[1] Chem. Revue 1908, S. 171; Wasaburo Kimura, J. Soc. Chem. Ind. Japan 1927, S. 223; Chem. Ztbl. 1928, I, S. 1470.

[2] Chem. Ztg. Rep. 1919, S. 62; Chem. Ztbl. 1919, IV, S. 756; siehe auch *brit. P. 340.272* der I. G. Farbenindustrie.

[3] Chem. Ztbl. 1928, I, S. 895.

Man erhält ein durchsichtiges Produkt, welches mit Mineralöl mischbar ist und mit Wasser sehr beständige Emulsionen ergibt.

Die Sulfurierung von Lanolin wird im *D.R.P. 477.959*, 1924 von Herzog beschrieben. Man nimmt

1   kg   aus Lanolin bei 50⁰ C extrahiertes Wachs;
0,2   kg   Schwefelsäure von 66⁰ Bé wird nach und nach zugegeben. Man lässt 12 Stunden stehen und gibt dann
2   kg   Wasser und
0,25 kg   Natronlauge von 36⁰ Bé zu.
          Das Ganze wird gut durchgemischt und mehrmals mit Wasser gewaschen, worauf mit Natronlauge oder Ammoniak neutralisiert wird.

oder zu

1   kg   des aus Lanolin bei 15⁰ C erhältlichen öligen Anteils gibt man bei 5⁰ C tropfenweise
0,2   kg   Schwefelsäure von 66⁰ Bé und lässt 12 Stunden stehen. Es wird mit Wasser gewaschen und mit Natriumkarbonat neutralisiert.

A—e. Trane aus Fischen und Meertieren.

Die folgenden Produkte kommen hier in Betracht:

1. **Dorschlebertran** setzt sich aus 70% Triolein, 25% Tripalmitin und aus kleineren Mengen Stearinsäure, Cholesterin und 5% Clupanodonsäure (stark ungesättigte Säure mit fünf Doppelbindungen) zusammen.

2. **Waltran.**

3. **Delphintran.**

4. **Spermazetiöl.**

Diese Produkte sind mehr oder weniger reine Oleine, die sich an der Luft braun verfärben und deren Sulfoderivate zum Schmälzen, aber nicht für Appreturen verwendet werden können.

Die Sulfurierung der Trane wurde von Bruno Rewald bearbeitet[1]. Die sulfurierten Trane englischer Herkunft enthielten 60% unverseifbare Anteile, 20% Verseifbares, 12% flüchtige Bestandteile und nur 1,5% organisch gebundene Schwefelsäure.

Karbidöl besteht aus einem sulfurierten Tran, der mit einem mit Wasser mischbaren Mineralöl vermengt ist. Diese Karbidöle wurden nach dem *D.R.P. 159.220* der Firma Korndörfer und Junginger in Wiesbaden hergestellt[2].

---

[1] Z. f. angew. Chem. 1926, S. 78; siehe auch F. Scurti und A. Fabini, Z. d. Deutschen Öl- und Fettind. 1921, S. 273.

[2] Leipz. Mon. Text. Ind. 1907, S. 218; 1908, S. 215; siehe auch K. Lindner, Z. f. angew. Chem. 1926, S. 286; Erban, Anwendung der Fettstoffe 1911, S. 194; W. Herbig, Die Öle und Fette in der Textilindustrie, S. 304, Stuttgart 1929.

Ebenfalls eine gewisse Anzahl Naturwachse wurden einer Sulfurierung unterworfen. Die beiden wichtigsten Vertreter dieser Gruppe sind das Spermazetiöl und Pottfischöl.

Spermazetiöl enthält ziemlich viel Ester hochmolekularer Fettsäuren mit Fettalkoholen, wobei der grösste Teil ungesättigt ist. In diesem Fall erfolgt die Sulfurierung an den Doppelbindungen. Die so erhältlichen Produkte werden für Appreturen verwendet. Das Spermazetiwachs enthält vor allem Cetylpalmitat, eine gesättigte Verbindung. Durch die Sulfurierung wird der Ester hydrolysiert, und der Fettalkohol wird sulfatiert. Das Sulfurierungsprodukt ist ein Gemisch von Natriumpalmitat und Cetylsulfat.

A—f. Sulfurierungsprodukte der Abietinsäure.

Die Abietinsäuren[1] sind der Hauptbestandteil des Kollophoniums. Sie werden schon seit langer Zeit mit Seifen zusammen verwendet. Man findet sie in den billigen Sulfoderivaten. Sie lassen sich leicht sulfurieren und ergeben Produkte, die zum Vergilben neigen.

Abietinsäure entspricht der folgenden Formel:

$$\text{HOOC} \quad \text{CH}_3 \qquad \text{H}_3\text{C} \qquad \text{CH} \begin{cases} \text{CH}_3 \\ \text{CH}_3 \end{cases}$$

A—g. Verseifte sulfurierte Öle nach Schmitz und Tönges (1890—1892).

Diese beiden Chemiker haben in den *D.R.P. 60.579* und *64.073*[2] ein Verfahren zur Herstellung von Oxyoleaten beschrieben, das dadurch gekennzeichnet ist, dass man entweder von Olein oder von Rizinusöl ausgeht, dieses sulfuriert und hierauf verseift.

Bei der Sulfurierung des Oleins erhält man durch Anlagerung von Schwefelsäure an die Doppelbindung Schwefelsäureester. Hierauf wird der Schwefelsäureester durch Verseifung oder Hydrolyse beim Erwärmen auf 100—120° C gespalten, wobei der Schwefelsäurerest in Form von Schwefeldioxyd und Schwefelsäure entfernt wird. Es werden dabei gesättigte Oxyfettsäuren (Oxystearinsäure aus Ölsäure) gebildet, die man zwischen 40 und 50°C mit Rizinusöl zusammenbringt und von neuem sulfuriert.

---

[1] Siehe weiter unten S. 458.
[2] Lehnes Frb. Ztg. 1891/92, S. 80, 263, 348.

Die Oxyoleate werden nach dem Verfahren von Schmitz durch Verseifung des Oleins erhalten. Die Verseifung erfolgt so, dass keine Glyzerinabspaltung erfolgt. Diese Produkte enthalten keine Doppelbindungen mehr und dürfen als gute Appreturmittel (Weichmacher) bezeichnet werden. Leider sind sie gegenüber Erdalkalisalzen nicht beständig.

Die Oxyoleate sowie die sauren Rizinusseifen werden sehr geschätzt und viel verwendet, da sie wegen der Abwesenheit einer Sulfogruppe die Nuance von Alizarinrot und -rosa nicht verändern. Die Schwefelsäureester der Rotöle hingegen hydrolysieren beim Dämpfen unter teilweiser Abspaltung von Schwefelsäure, was dann zu einem mehr oder weniger ausgeprägten Faserangriff und zu einem Vergilben der roten Nuance führt.

A—h. Geblasene Öle (1904).

Diese Produkte wurden von der Union AG. für Chemische Industrie in Prag im Jahre 1902 durch Oxydation von Rizinusöl mit ozonisierter Luft hergestellt. Es bilden sich dabei Polyoxyverbindungen, die sich nach einer Verseifung in Seifen von Oxyfettsäuren umwandeln. Sie sind den Oxyoleaten von Schmitz ähnlich und wie diese auch völlig frei von sulfurierten Verbindungen. Sie sind leicht in Wasser löslich.

Folgende Produkte gelangten in den Handel:

Natriumoxyoleat 50%ig.
Natriumoxyoleat 100%ig.
Ammoniumoxyoleat 90%ig.

Es wurde festgestellt, dass diese Produkte ausschliesslich aus den Natrium- und Ammoniumsalzen der Oxystearinsäure oder Rizinolsäure bestehen.

A—i. Oxydierte Öle und Sulfoderivate[1]).

Erban hat die Herstellung eines Rotöls beschrieben, das erhalten wird aus Fettstoffen, Ölen oder Sulfoderivaten, die mehr oder weniger energisch mit Natriumperborat, Natriumperoxyd, Natriumpersulfat oder Natriumperkarbonat oxydiert wurden.

In Anlehnung an diese Arbeiten hat E. Schmidt[2]) (*D.R.P. 245.902*, 1912) ebenfalls Polyoxysäuren hergestellt, indem er Rizinusöl mit Persulfat auf 245° C erhitzte. Diese Öle wurden für das Färben und Drucken empfohlen.

---

[1]) Erban, Leipz. Mon. Text. Ind. 1909, S. 4; Z. f. angew. Chem. 1909, S. 55; Frb. Ztg. 1912, S. 33.
[2]) Chem. Ztg. 1912, S. 97.

Schmidt gibt im oben erwähnten Patent folgendes Arbeitsverfahren an[1]).

10 kg Rizinusöl werden mit
100—150 g Natriumpersulfat in der Kälte gemischt und dann in einem offenen Gefäss unter gutem Rühren bis auf 245° C erhitzt.

Während des Erhitzens erfolgt die Einwirkung des Persulfats auf das Öl, und bei 230—245° C ist die Reaktion vollständig verlaufen. Man erhitzt dann noch kurze Zeit auf 245° C und lässt erkalten. Das Reaktionsprodukt beginnt bei 150° C zu gelatinieren. Durch kräftiges Rühren kann die Masse in ein braunes Öl verwandelt werden.

E. Freudenberg und L. Kloemann (1914) oxydierten ein nicht gesättigtes Öl mit Wasserstoffsuperoxyd in Gegenwart eines Katalysators und erhielten so, von Fischtran ausgehend, gefärbte und unreine Polyoxysäuren (Seifensieder Ztg. 1914, 5, S. 1048).

Fermentative Oxydation.

Ein schon sehr altes Verfahren besteht darin, dass man das zum Beizen verwendete Olivenöl einem Gärungsprozess unterwirft, der die Bildung von hydratierten Fettsäuren zur Folge hat. Dieses Produkt ist unter dem Namen Tournantöl bekannt.

Man hat auch geblasene Rizinusöle verwendet und anschliessend sulfuriert und verseift oder neutralisiert. Für Produkte dieser Art verwendet man als Ausgangsmaterial weniger reines Rizinusöl, gemischt mit andern billigen Ölen (Sonnenblumen- oder Senföl).

Die so erhaltenen geblasenen Öle, die alle den Vorteil besitzen, billig zu sein, werden rasch ranzig und ändern die Nuance des Alizarinrots.

A—j. Chlorierte Öle.

Schon im Jahre 1887 hat Lauber die Behandlung von Olivenöl und der Tournantöle mit Chlorkalklösungen studiert und festgestellt, dass die so erhältlichen Produkte für die Alizarinrotfärberei verwendet werden können[2]). Die Öle von Schultz wurden durch Behandeln von Sulfoleaten mit 90% Chlorkalklösung von 8° Bé erhalten[3]). Fahrion hat die Einwirkung von Luft und Ozon studiert.

Beim Druck verwendet man für Alizarinrot ein chloriertes Öl, das man nach folgender Art herstellen kann (Manufaktur Morosoff, Tver-Kalinin).

---

[1]) Frb. Ztg. 1913, S. 578.
[2]) Depierre, Bd. 2, S. 229.
[3]) Siehe diesbezüglich Fahrion, J. f. prakt. Chem. 1900, S. 66.

  20000 g Olivenöl
   25,5 l Chlorkalk von 10⁰ Bé, während 12 Stunden stehen lassen
    2,5 l Wasser
  96000 g Schwefelsäure von 66⁰ Bé. Darauf zweimal waschen. Man erhält
  22000 g chloriertes Öl.

Imbert hat eine Reihe von Patenten genommen (*D.R.P. 206.305, 208.699, 212.001,* 1917, und *franz. P. 368.543,* 1906; *amer. P. 901.905*), die er dann an das Konsortium für elektrochemische Industrie in Nürnberg abtrat. Diese Patente beziehen sich auf Verfahren zur Herstellung von Oxyfettsäuren, wobei man von ungesättigten Fettsäuren ausgeht, die man durch Einwirkung von Natriumhypochlorit in oxychlorierte Fettsäuren umwandelt. Diese werden zur Herstellung der Salze der Oxyfettsäuren unter Druck mit Alkalien erhitzt[1]).

$$C_{17}H_{33}\text{-COOH} + Cl_2 \rightarrow C_{17}H_{33}Cl_2\text{-COOH} \xrightarrow{3\ NaOH} C_{17}H_{33}(OH)_2\text{-COONa} + 2\ NaCl + H_2O$$

Nach Goldschmidt[2]) handelt es sich dabei nicht um eine Oxydation, sondern um eine Anlagerung von unterchloriger Säure unter Bildung eines Oxychlorids.

Diese Oxyfettsäuren besitzen ein beträchtliches Emulgiervermögen. Auf dieser Grundidee basiert auch das *D.R.P. 206.305*[3]) des Konsortiums für elektrochemische Industrie, welches die Herstellung der Salze halogenierter Oxyfettsäuren beschreibt, und zwar z. B.

  110 kg Olein werden in
  450   l Wasser emulgiert und
  44,6 kg Natriumkarbonat zugegeben. Darauf gibt man zu dieser Emulsion
  23,5 kg Chlorkalk.

Man erhitzt darauf während 6 Stunden unter Druck auf 150⁰ C und fällt das Reaktionsprodukt mit Hilfe von Schwefelsäure.

R. Vidal (*brit. P. 289.001,* 1927; Tiba 1930, Juliheft; *brit. P. 289.002; franz. P. 584.738,* 1923, *637.274,* 1926)[4]) hat Natriumhypochlorit auf ein Gemisch von Ölen und Fetten oder deren Sulfoderivate einwirken lassen, indem er folgende Arbeitsweise befolgte: Man behandelt zuerst die Ölsäure mit Natriumhypochlorit, trennt mit verdünnter Mineralsäure die dabei erhaltene Verbindung ab und mischt anschliessend die obenaufschwimmende oxychlorierte Fettsäure mit einem Kohlenwasserstoff und behandelt nochmals mit Hypochlorit. Man erhält so eine wasserlösliche Seife von grossem Reinigungsvermögen. Diese Seife eignet sich ausgezeichnet für Textilien. Dieses Produkt wurde unter dem Namen Lipofor auf den Markt gebracht.

---

[1]) Siehe ebenfalls *franz. P. 390.497; D.R.P. 214.154;* Chem. Ztg. 1908, S. 626.
[2]) Z. f. Chem. Ind. d. Kolloide 1908, S. 93.
[3]) Erban, Anwendung der Fettstoffe, S. 200.
[4]) Chem. Ztbl. 1929, II, S. 1954.

Nach den *franz. P. 584.738* (1923) und *637.274* (1926) lässt man

140 kg Natriumhypochlorit von 20° Bé auf
70 kg Ölsäure, eventuell unter Zugabe von
70 kg Oleonaphta einwirken

Man erhält dabei eine dicke Paste, die auf der Salzlösung obenaufschwimmt und die ohne Zweifel aus einem Oleat besteht, wenn auch
der Patentinhaber behauptet (*Zusatzpat. 34.506*, 1929), dass diese
Seifen beim Ansäuern ein neutrales Öl und keine Fettsäuren ab-
scheiden.

Ein weiteres chloriertes Öl erhält man z. B. durch Einwirkenlassen von Chlorkalk auf Rizinusöl (Alizarinrotdruck).

B. Produkte, die durch eine normale Sulfurierung der Glyzeride, gefolgt von einer intramolekularen Kondensation, erhalten werden.

B—a. Die Monopolseifen von Stockhausen.

Seit dem Jahre 1900 wurden neue Produkte auf den Markt
gebracht, die sich hauptsächlich dadurch auszeichnen, dass sie bezüglich Emulgiervermögen und Beständigkeit gegenüber Erdalkalisalzen den andern Produkten ·überlegen sind. Das erste Produkt
dieser Serie ist die Monopolseife von Stockhausen in Krefeld.
Diese Monopolseife ist in jeder Beziehung den üblichen Qualitäten
von Türkischrotöl überlegen. Das Fabrikationsprinzip ist in den
D.R.P. 113.433, 126.541, 128.691, 129.844, 159.220 und *169.930*[1])
beschrieben. Es beruht auf einer energischen Sulfurierung des Rizinusöls, welches, ohne nach der Sulfurierung zuerst gewaschen zu werden,
in der Wärme durch Zugabe einer genau bestimmten Alkalimenge
verseift wird[2]). Gleich kann auch mit Rüböl verfahren werden.

Die Patentschrift sieht auch vor, an Stelle starker Laugen auch
entsprechend grössere Mengen schwächere Laugen anzuwenden, so
dass flüssige Produkte entstehen, die unter Umständen dann auch eingedampft werden können. Ferner kann man zuerst auch nur so weit
neutralisieren, wie dies bei der Türkischrotölfabrikation üblich ist, und
anschliessend dann mit einem Laugenüberschuss erhitzen.

Da hier im Gegensatz zu den üblichen Türkischrotölen ein Laugenüberschuss angewandt und bei hoher Temperatur gearbeitet wird,
erfolgt bei den Monopolseifen nicht nur eine Neutralisation der organisch gebundenen Schwefelsäure, sondern auch eine Spaltung noch
vorhandener Glyzeride und Neutralisation der Karboxylgruppen. Es
werden so also die Eigenschaften der Türkischrotöle mit jenen der

---

[1]) Frb. Ztg. 1903, S. 375; 1904, S. 213; Rev. Chim. Ind. 1930, S. 201; R.G.M.C.
1908, S. 121; 1909, S. 13; 1928, S. 375.
[2]) Beyer, Tiba 1930, Sept.; Herbig, Die Öle und Fette in der Textilindustrie, S. 289.

Seifen vereint. Die hohe Temperatur begünstigt zudem auch eine Polymerisation.

Um Monopolöl herzustellen, führt man zuerst das Rizinusöl in die Sulforizinolsäure über, indem man das Rizinusöl mit 33% Schwefelsäure von 66° Bé behandelt.

100 kg Rizinusöl
33 kg Schwefelsäure von 66° Bé

Das sulfurierte Öl lässt man unter zeitweiligem Umrühren während 24 bis 28 Stunden stehen. Man erhält so ein Sulfurierungsgemisch aus 76 bis 78% Sulfofettsäuren und ungefähr 23% Schwefelsäure. Diese Säure wird dann nach einer der beiden folgenden Methoden in die Seife übergeführt:

a) Auf 100 Teile des sulfurierten Ölgemisches gibt man auf einmal und unter gutem Rühren 60 Teile Natronlauge von 37° Bé. Die Masse erhitzt sich allmählich und wird durchsichtig und gelbbraun gefärbt. Zum Absitzenlassen des gebildeten Natriumsulfats lässt man währnd 48—72 Stunden an der Kühle stehen. Hierauf trennt man die Kristalle von der Seife ab, die durch Kochen noch so lange konzentriert wird, bis sich beim Erkalten eine gelatinöse Masse bildet.

b) Die sulfurierten Fettsäuren werden zuerst von der überschüssigen Schwefelsäure befreit, was durch Waschen mit einer gesättigten Kochsalzlösung geschieht. Auf 100 kg Sulfoderivat benötigt man 100 bis 200 kg einer 12%igen Salzlösung. Das Sulfurierungsgemisch wird mit der Salzlauge verrührt, worauf man eine gewisse Zeit stehen lässt, nach welcher man dann die saure Salzlösung unten abzieht. Hierauf lässt man auf die gewaschene Sulfofettsäure 39% einer Natronlauge von 37° Bé einwirken. Man kocht sodann bis zur Absättigung und genügenden Konzentrierung der Seife.

Die Monopolseife weist in wässeriger Lösung eine saure Reaktion auf.

Monopolseife unterscheidet sich von den Türkischrotölen durch einen höhern Gehalt an Schwefelsäureestern von Fettsäuren und Polyrizinolseife, die durch Kondensation der Rizinolsäure und Bildung von Di-, Tri- und Polyrizinolsäure (mit Estolid bezeichnet) zustande kommen. Der Gehalt an Karboxylgruppen ist geringer. In der Monopolseife findet man also das Prinzip der Blockierung der Karboxylgruppen in seiner ursprünglichen Form verwirklicht, was eine Erhöhung der Beständigkeit gegenüber Erdalkalisalzen zur Folge hat.

Die gallertige Monopolseife zeigt gegenüber Phenolphtalein eine saure Reaktion, ist jedoch in Wasser löslich. Man kann sie den leicht sauren Färbe- und Avivierbädern zusetzen. Monopolseife wird durch hartes Wasser nicht ausgefällt wie Seife und die gewöhnlichen Sulfoderivate, welche sie sogar hartwasserbeständig zu machen vermag.

Monopolseife verträgt auch einen Zusatz von Magnesiumsulfat ohne körnige Ausfällung. Die Magnesiaseife wird in einer weisslichen Emulsion erhalten und lässt sich so gut anwenden. Das Emulgier- und Lösevermögen gegenüber Kohlenwasserstoffen und chlorierten Lösungsmitteln darf als beträchtlich bezeichnet werden.

Die Firma Stockhausen brachte ferner ein der Monopolseife ebenbürtiges, aber flüssiges Produkt als Monopolbrillantöl in den Handel, das gegen hartes, also kalkhaltiges Wasser genau so beständig ist wie Monopolseife.

Endlich ist noch das Monopolseifenöl zu erwähnen. Es stellt eine dunkelbraune durchsichtige Flüssigkeit mit ca. 95% Fettgehalt dar, die in jedem Verhältnis mit Wasser mischbar ist.

Die Handelsnamen der der Monopolseife ähnlichen Produkte sind:

Monopolseife	Stockhausen
Monopolbrillantöl	I. G. Farbenindustrie (38% Fettanteil, wässerige Lösung vonMonopolseife)
Monopolseifenöl	I. G. Farbenindustrie (dunkelbraune Flüssigkeit, 95% Fettstoffgehalt)
Pulitol	I. G. Farbenindustrie
Polysulfolöl	Laroche und Juillard
Diaminöl	A. Schmitz
Belgaviv R	Belgotex AG.
Ditex HP	Belgotex AG.
Monopolavivageöl	Stockhausen
Textilöl KS	A. Th. Böhme
Tipagöl 0, 00, 000	Tipag
Geneucol M	A. Th. Böhme
Solapolöl F	Zimmerli (Ciba)
Puropolöl A, NB	Simon-Dürkheim
Viscosil E 120	A. Th. Böhme
Hydrosan D + Harnstoff	Pfersee-Bernheim (*franz. P.610.101; D.R.P.576.366; öst. P. 133.483;* W. Seck, Mell. 1929, *10*, S. 40)
Omnapolseife	Sapic
Omnapolöl	Sapic
Ronopole Oil	Apex Chem. Co.
Proloïdine H	Menuel et Alfort
Proloïd P	Menuel et Alfort
Ultroil	Harding Chem. Co.
Mirapol	Savonneries Fournier-Cimag
Savon Monapex L.	Francolor
Savon Rhéolane S und L	S.P.C.M.C.
Savon Universel Anticalcaire	Laroche et Juillard

B—b. Die Universalöle von Schmitz.

Das Erscheinen der Monopolseife brachte es mit sich, dass alle Hersteller von Sulforizinaten neue intensive Forschungen unternahmen, um dieses Produkt nachzuahmen oder gar noch das bedeutende Präparat von Stockhausen zu überbieten. Der erste, dem es gelang, ein Produkt von industriellem Interesse herzustellen, war A. Schmitz in Heerdt am Rhein. Er brachte Produkte von hervorragenden Eigenschaften auf den Markt, die unter dem Namen Universalöle bekannt sind. Ihre Herstellung wird in *brit. P. 8.245* (1907), *amer. P. 861.397* und *D.R.P. 290.185*[1]) beschrieben.

Die folgenden Marken sind im Handel bekannt geworden:

Monopolöl I extra	Stockhausen
Universalöl	A. Schmitz
Diaminöl.	A. Schmitz
Entbastungsöl	A. Schmitz
Tetrapolöl	Stockhausen
Brillantavirol SM 100	Böhme-Fettchemie
Schiropol	Schurmann
Beuchöl PM	Zimmerli
Prästabitöl 0	Stockhausen

Man erhält diese Öle durch Sulfurierung von Rizinusöl, gefolgt von einer Wäsche mit Wasser zur Entfernung der Schwefelsäure. Hierauf werden diese Produkte solange mit Wasser gekocht, bis die Sulfogruppe abgespalten ist und sich ein in Wasser nicht lösliches Produkt bildet, welches einem komplexen Gemisch von Polyrizinolsäuren entspricht, welche bei ungefähr 100° C mit einem weiteren Teil Rizinusöl kondensiert werden. Es ist zu bemerken, dass nach dem *brit. P. 11.903* (1907) es nicht nötig ist, das Gemisch der Oxyfettsäuren und des Rizinusöls zu erwärmen, um eine Kondensation zu erzielen.

Nach der Kondensation wird von neuem sulfuriert und das Sulfoderivat mit Alkali neutralisiert[2]). Die so erhaltenen Universalöle sind gegenüber Erdalkalisalzen beständig und können auch in schwach saurer Flotte verwendet werden.

Wie die Monopolseifen von Stockhausen stabilisieren sie Seifenbäder und besitzen ein bemerkenswertes Emulgiervermögen. Man verwendet die Universalöle in der Färberei mit Direktfarbstoffen und Schwefelschwarz sowie in der Appretur.

Auf dem Markt befindet sich auch ein relativ saures Ammoniumsalz mit 75 % Fettgehalt und ein Natriumsalz mit 40 % Fettgehalt.

B—c. Die Isoseife von Blumer.

Die Firma Blumer in Zwickau in Sachsen empfahl im Jahre 1909 ein neues Produkt, die Isoseife (*D.R.P. 197.400, 227.993* von Meyer[3])). Es sollte die Monopolseife von Stockhausen und das Universalöl von Schmitz konkurrenzieren[4]).

---

[1]) Chem. Ztg. 1907, S. 461.
[2]) Siehe Beyer, Tiba 1930, September.
[3]) Chem. Rev. 1910, S. 194; A. Beyer, Tiba 1930, September.
[4]) Frb. Ztg. 1908, S. 232; Erban, Seifenfabrikant 1917, S. 233.

Dieses Produkt wird erhalten, wenn man die Fettsäuren des Rizinusöls auf 150 bis 230° C erhitzt, um sie zu kondensieren und das Lakton herzustellen, welches man dann anschliessend sulfuriert. Die Isoseife ist eine harte, nicht hygroskopische, neutrale Seife, die kein Natriumsulfat enthält. Sie bildet mit hartem Wasser keine Kalkseifen und verträgt kleine Zusätze von Ameisen- oder Essigsäure. Gegenüber den Magnesiumsalzen verhält sie sich wie die Monopolseife.

In der Folge brachte die Firma Blumer noch weitere Marken in den Handel, so besonders die Isoseife flüssig A, ein Weichmachungsmittel, das Appreturen zugesetzt werden kann. Die Thionseife ist eine Magnesiaseife, die vollkommen löslich ist und als Appretur-, Füll- und Beschwerungsmittel dient.

Thionseife	= Sauer reagierendes Produkt, Hilfsmittel für Ätzfarben mit basischen Farbstoffen
Thionseife MG	= Wasserlösliche Magnesiaseife, verwendet für Beschwerungsappreturen
Thionol, Isol S und N	= Diese drei letztern Produkte sind stärker sulfuriert als die Isoseife. Ihre emulgierenden Eigenschaften gegenüber Mineralölen sind geringer.

B—d. Die Turkonöle von Buch-Landauer.

Die Turkonöle von Buch-Landauer AG. in Berlin[1]) erschienen ums Jahr 1908 auf dem Markt. Bezüglich ihrer Beständigkeit gegenüber Säuren, hartem Wasser und Magnesiumsalzen sind diese Produkte den Isoseifen und Monopolseifen überlegen. Es handelt sich um sehr stark sulfurierte komplexe Körper, die ausser einem Schwefelsäureester noch eine Sulfosäure enthalten. Zu ihrer Herstellung verwendet man rauchende Schwefelsäure oder ein Gemisch aus konzentrierter Schwefelsäure und Schwefelsäureanhydrid. Unter diesen Bedingungen ist die Bildung wirklicher Sulfonate, d. h. Verbindungen, bei denen die Sulfogruppe direkt an den Kohlenstoff gebunden ist, möglich.

Die folgenden Marken gelangten auf den Markt:

Turkonöl A	= Ammoniumsalz der Sulforizinolsäure von neutraler Reaktion
Turkonöl S	= Ammoniumsalz eines sulfurierten Öles von saurer Reaktion. Gibt mit Wasser eine weisse Emulsion; bei Zugabe von Ammoniak in Wasser vollständig löslich.
Turkon-Avivageöl P	= Türkischrotöl
Turkonöl N	= Sulfuriertes Rizinusöl von saurer Reaktion.

[1]) Erban, Seifenfabrikant 1917, S. 44; Welwart, Frb. Ztg. 1915, S. 133.

Zu diesen neuen Produkten, die vor allem für die Appretur empfohlen werden, gesellen sich noch die alten **Avirolmarken** der Böhme-Fettchemie, und zwar:

Avirol KM und E = Netzmittel, Hilfsmittel für Färbebäder, Avivagemittel, usw.
Appret-Avirol E und R
Avirol KM extra
Brillantavirol SM 100 (mit Lösungsmitteln, Kohlenwasserstoffe und ihre Derivate)

Im folgenden seien noch die Sammelnamen der Produkte der andern Firmen gegeben, die den oben erwähnten Produkten ähnlich sind.

Flerhenol M und M sup.	Flesch-Werke
Appret Flerhenol M	Flesch-Werke
Prästabitöl V	Stockhausen
Prästabitöl GA	Stockhausen (Schlichte und Appretur)
Prästabitöl G, K	Stockhausen
Prästabitöl FE	Stockhausen (Emulsionen)
Prästabitöl BM	Stockhausen (Mercerisieren)
Prästabitöl KN	Stockhausen (Netzmittel)
Coloran B 7	Oranienburger Chem. Fabrik
Oleonate	Pfersee
Prästolöl G, GA, KN, S	Stockhausen
Orthopole und Puropolöle	Simon-Dürkheim
Sulfonite	Pfeiffer
Huile Polysulfol AA und MNP	Laroche et Juillard
Huile Topaze	Fournier
Solapolöl F.	Zimmerli
(Gezetol S = Solapolöl + Lösungsmittel)	
Appret-Gezetol	Zimmerli
Trisulfolseife SS	Laroche et Juillard
Huile MNHL	Laroche et Juillard
Rinol A sulfo	Prolor, St. Dié
Saposol	Steverlinck
Servirol D und E	Servo
Sulfopalin	Oranienburger Chem. Fabrik
Neopal	Oranienburger Chem. Fabrik
Neopalin	Oranienburger Chem. Fabrik
Epalin	Oranienburger Chem. Fabrik
Calsolene Oil HS	I.C.I.
Sandozol BB	Sandoz
Pentazikon T	Baumheier
Triumphöl spez.	Zschimmer und Schwarz
Triumphöl supra	Zschimmer und Schwarz
Intrasol	I.G. Farbenindustrie

All diese Produkte, die als Konkurrenzprodukte zur Monopolseife gedacht sind, werden auf Grund ihrer Überlegenheit gegenüber den gewöhnlichen Sulfoderivaten empfohlen. Diese Überlegenheit besteht besonders bezüglich der Beständigkeit gegen Säuren und Erdalkalisalzen. Sie dienen als Zusätze zu den Färbebädern und Appreturen.

C. Produkte, die durch energische Sulfurierung der Glyzeride erhalten werden. Gemischte Sulfoderivate (Schwefelsäureester + Fettsäuresulfonate + Oxyfettsäuren).

In den Jahren, die dem ersten Weltkrieg 1914—18 folgten, war es vor allem das Ziel der Technik, vollständig sulfurierte Verbindungen zu erhalten, die einen grossen Anteil an Sulfosäuren enthalten. Diese Sulfosäuren sind gegenüber Säuren, Erdalkalisalzen und Magnesiumsalzen vollkommen beständig. Zur Zeit stellen sie die eigentlichen Produkte für die Appretur dar.

Man gelangt zu interessanten Resultaten, wenn man Rizinusöl, welches vorher oder gleichzeitig mit Kondensationsmitteln behandelt wird, sulfuriert, so dass eine Kondensation der Fettsäuren stattfinden kann.

Dieser Reaktionstyp wurde schon im Jahre 1908 von Grün und Woldenberg[1] untersucht. Als Kondensationsmittel kommen die Anhydride und Chloride der Fettsäuren in Betracht.

Die Sulfurierung kann energischer gestaltet werden, wenn man Sulfurierungsmittel verwendet wie Chlorsulfonsäure (SO_3HCl), Oleum oder Schwefelsäureanhydrid. Diese Sulfurierungsmittel lässt man auf vorgängig mit indifferenten organischen Lösungsmitteln verdünntes Öl einwirken. Man arbeitet in Gegenwart wasserabspaltender Mittel, wie z. B. Anhydriden organischer Säuren (Essigsäureanhydrid). Es erfolgt so eine eigentliche Sulfurierung, d. h. die Sulfogruppe ist dann direkt an das Kohlenstoffatom gebunden, was zu Sulfosäuren führt, die sich durch eine bedeutende Beständigkeit gegenüber Säuren, hartem Wasser und Magnesiumsalzen auszeichnen.

Auf diesem Gebiete haben mehrere Firmen ausgedehnte Untersuchungen durchgeführt, die zur Herstellung neuer Produkte führten, welche sich durch bemerkenswerte Eigenschaften auszeichnen. Dank dieser methodischen und genialen Arbeiten durch die folgenden Firmen: I. G. Farbenindustrie, Stockhausen & Co. in Krefeld, Oranienburger Chem. Fabrik vormals Milch, Fleschwerke in Frankfurt a. Main, Ciba in Basel, Imp. Chem. Ind. usw. waren auf diesem wichtigen Gebiete, welches die sulfurierten Öle darstellen, Fortschritte möglich. Es konnten so der Textilindustrie Produkte geliefert werden, die bessere Eigenschaften besitzen und sich für die Appretur und ganz besonders für Beschwerungsappreturen mit Magnesiumsalzen eignen.

Im Rahmen dieses Werkes ist es ganz ausgeschlossen, im einzelnen auf die Untersuchungen auf diesem Gebiete während den letzten zwanzig Jahren einzugehen. Wir begnügen uns daher, hier die wich-

---

[1] Chem. Ztbl. 1908, I, S. 1240; 1909, I, S. 1749.

tigsten Patente aufzuführen, die die Entwicklung dieser neuen Verfahren kennzeichnen[1]).

Man kann fünf energische Sulfurierungsverfahren unterscheiden:

1. Sulfurierung in Gegenwart anorganischer wasserbindender Substanzen,
2. Sulfurierung in Gegenwart organischer wasserbindender Substanzen,
3. Sulfurierung in Gegenwart von Lösungsmitteln[2]),
4. Sulfurierung in Gegenwart von Kondensationsmitteln,
5. Fortschreitende Sulfurierung.

1. Man erhält die eigentlichen Sulfonate durch Einwirkung von Oleum oder Chlorsulfonsäure auf Rizinusöl oder Olein in Gegenwart von wasserabspaltenden Mitteln (Phosphorpentoxyd, Essigsäureanhydrid, Azetylchlorid, Azetylschwefelsäure)[3]).

2. Man lässt 100%ige Schwefelsäure auf Rizinusöl in Gegenwart von Essigsäureanhydrid oder Azetylchlorid einwirken. Es bildet sich dabei Sulfoessigsäure:

$$HO_3S—CH_2—COOH$$

welche als Träger der Sulfogruppe anzusehen ist.

3. Die Verwendung von Lösungsmitteln bei der energischen Sulfurierung von Ölen ist nötig, um zu vermeiden, dass die Sulfurierungsmasse zu dickflüssig wird (*franz. P. 632.738* von Stockhausen; Chem. Ztbl. 1928, I, S. 2141).

Ein Sulfurierungsverfahren für Fettsäuren mit Chlorsulfonsäure in Gegenwart von Phosphorsäure (H_3PO_4) oder Phosphoroxychlorid ($POCl_3$) oder Phosphortrichlorid (PCl_3) sowie Verdünnungsmitteln wie Essigsäureanhydrid wird im *brit. P. 293.690* der Chemischen Fabrik Servo, Holland, beschrieben[4]).

In einem andern Patent, dem *franz. P. 636.488*, 1927, gibt Carl Dreyfus ein Verfahren an, welches erlaubt, Schwefelsäureester von

---

[1]) Siehe ebenfalls *amer. P. 1.796.801, 1.822.977, 1.822.978, 1.822.979, 1.836.487* der Gen. Anil. Works; *amer. P. 1.918.372, 1.967.655, 2.032.313, 2.032.314; D.R.P. 643.052, 640.997; brit. P. 313.160, 315.832* der Böhme-Fettchemie; *amer. P. 2.352.698* von E. F. Houghton & Co. – J. T. Eaton; *amer. P. 2.344.154* der Nat. Oil Prod. Co.; *D.R.P. 591.196, 670.962* der I. G. Farbenindustrie; *D.R.P. 645.608* der Ciba; *brit. P. 272.967, 296.999, 303.917, 306.052, 298.599, 344.828* der I. G. Farbenindustrie; C. Steiner, Fettchem. Umschau 1935, *42*, S. 201.

[2]) *Amer. P. 2.280.118, 2.203.524* der Nat. Oil Prod.-Dombrow; *franz. P. 796.463* der Hansa Werke.

[3]) *Franz. P. 690.022* von St. Denis; *D.R.P. 608.692* von Rudolf & Co.; *D.R.P. 623.632* der Fettsäure und Glyzerin Fabr.; *amer. P. 1.980.342* von Baumheier-Kern; *franz. P. 688.637* der N. V. Fabr. Servo und Meindert–D. Rozenbroek; *D.R.P. 564.759, 614.347* von Flesch; *D.R.P. 666.828* der Oranienburger Chem. Fabr.

[4]) Chem. Ztbl. 1929, I, S. 323.

Polyoxyfettsäuren zu erhalten, indem man mit einer Schwefelsäure sulfuriert, die 5 bis 10% Schwefeltrioxyd enthält. Das Endprodukt ist dann eine Dioxysulfostearinsäure[1]).

In der Türkischrotölindustrie werden ungesättigte Fettsäuren in Gegenwart von Azetanhydrid oder Azetylchlorid sulfuriert, wobei echte Sulfosäuren entstehen sollen, die salzunempfindlich sind (H. Th. Böhme, *D.P. Anmeld. 133.865*, IV/12 o vom 11. Oktober 1927).

Ebenfalls das *brit. P. 288.127*[2]) der I.G. Farbenindustrie hat ein Sulfurierungsverfahren von Rizinusöl mit rauchender Schwefelsäure in Gegenwart eines Fettsäureanhydrids von niederem Molekulargewicht wie Essigsäureanhydrid oder Eisessig zum Gegenstand.

Die Fettsäure und Azetanhydrid werden bei 0° C mit Schwefelsäure behandelt. Man kühlt mit Eis die Masse ab, wäscht und neutralisiert und wäscht dann mit Trikresol (siehe ebenfalls *brit. P. 297.383* der gleichen Firma).

Das *brit. P. 284.249*, 1927, von Flesch beschreibt ein Verfahren zur Herstellung von Schwefelsäureestern der Dioxystearinsäure, die 6 und mehr % Schwefelsäure an die organische Kette gebunden enthalten.

Böhme-Fettchemie erwähnen im *franz. P. 642.392*[3]) Produkte, die durch Einwirkung des Phosphorsäureanhydrids der Azetylphosphorsäure auf Rizinusöl erhalten werden.

300 Teile Rizinusöl
150 Teile Phosphorpentoxyd
Waschen, neutralisieren, mischen von 300 Teilen des so erhaltenen Produkts mit
700 Teilen Trichloräthylen.
Man erhält eine Emulsion, die sich leicht mit Wasser verdünnen lässt.

Ein anderes ähnliches Verfahren wird von Flesch im *brit. P. 284.206*[4]) sowie von der Oranienburger Chem. Fabrik in den *brit. P. 288.126* und *289.841*[5]) beschrieben.

Nach *franz. P 624.425*, 1926, von Böhme-Fettchemie[6]) verwendet man auf ein Mol Schwefelsäure ein Mol Essigsäureanhydrid, welches das sich während der Reaktion bildende Wasser zu binden hat, um so eine Verstärkung der sulfurierenden Wirkung der Schwefelsäure zu erzielen. Im Patent wird der folgende Ansatz erwähnt:

100 Teile Rizinusöl
30 Teile Essigsäureanhydrid
30 Teile Schwefelsäure

---

[1]) Chem. Ztbl. 1928, II, S. 291.
[2]) Chem. Ztbl. 1928, II, S. 302.
[3]) Chem. Ztbl. 1929, I, S. 578.
[4]) Chem. Ztbl. 1928, I, S. 2552.
[5]) Chem. Ztbl. 1928, II, S. 291 und 2511.
[6]) Chem. Ztbl. 1927, II, S. 2108.

Auf Grund des *franz. P. 657.161*, 1928, kann man auch an Stelle des Anhydrids Natriumazetat verwenden, und zwar z. B.

> 100 Teile Rizinusöl
> 100 Teile Natriumazetat
> 100 Teile Schwefelsäure

Das gleiche Verfahren behandeln die *brit. P. 291.094* und *290.256*, 1928, von Böhme-Fettchemie[1]) sowie die *brit. P. 288.126* und *289.841* der Oranienburger Chem. Fabrik[2]).

Das *franz. P. 636.586*, 1927, von Carl Dreyfus[3]) gibt eine Beschreibung eines Verfahrens zur Herstellung hochsulfurierter Öle, bei denen die Sulfogruppe direkt an die aliphatische Kette gebunden ist. Als Sulfurierungsmittel verwendet man dabei Chlorsulfonsäure oder Schwefelsäureanhydrid unter Mitverwendung eines Anhydrids oder Chlorids einer niedermolekularen Fettsäure (Ameisen-, Essig-, Propion- oder Milchsäure).

So werden z. B. zwei Mol Azetanhydrid und zwei Mol Schwefelsäureanhydrid oder Chlorsulfonsäure bei tiefer Temperatur leicht mit zwei Mol Rizinusöl vermischt. Im allgemeinen arbeitet man bei 25 bis 30° C, wäscht dann mehrmals mit einer Salzlösung und neutralisiert zum Schluss. Das erhaltene Produkt ist kalkwasserbeständig und kann auch mit Magnesiumsalzen, verdünnten Säuren und Alkalien verwendet werden.

Nach *brit. P. 263.117* werden besondere Effekte durch Steigerung des Essigsäureanhydridszusatzes bis auf 100 % der angewandten Ölmenge erzielt.

Das Verfahren, welches den Gegenstand des *franz. P. 640.617*, 1927, der Oranienburger Chem. Fabr. vormals Chem. Fabr. Milch AG.[4]) bildet, beruht auf folgendem Prinzip: Höhere Fettsäuren, Harze oder Mineralöle werden mit Chlorsulfonsäure in Gegenwart von Kohlenwasserstoffen oder ihrer Derivate wie Alkohole, Ester oder Karbonsäuren sulfuriert.

So nimmt man 50 Teile Rizinusöl, 15 Teile Essigsäureanhydrid und 30 Teile Chlorsulfonsäure. Man arbeitet bei 25 bis 30° C. Darauf wird gewaschen und neutralisiert. Man erhält so ein Produkt, welches gegen Kalk, Magnesiasalze, Säuren und Alkalien beständig ist.

Dieses Patent ist sehr wichtig, denn es bildet die Grundlage vieler Sulfurierungsverfahren. Es gibt auch eine Sulfurierung von Wollschweiss an.

Es ist zu bemerken, dass nach den Autoren die Chlorsulfonsäure eine kondensierende Wirkung hat, was erlaubt, Produkte wie Woll-

---

[1]) Chem. Ztbl. 1928, II, S. 2753 und 2288.
[2]) Chem. Ztbl. 1928, II, S. 291 und 2511. Siehe auch *brit. P. 289.963*, 1928; *289.898, 289.903*, 1928.
[3]) Chem. Ztbl. 1928, II, S. 292.
[4]) Chem. Ztbl. 1929, I, S. 700.

schweiss in lösliche Derivate überzuführen oder komplexe Kondensationsprodukte herzustellen.

Nach dem *franz. P. 645.819*, 1927, der I. G. Farbenindustrie sulfuriert man 9 Teile aus dem Wollschweiss gewonnener Fettsäuren mit 3 Teilen Phenol gemischt mit 16 Teilen Schwefelsäuremonohydrat.

Im allgemeinen ist es nötig, dass in der Kälte gearbeitet wird, und zwar bei Temperaturen unterhalb von 10°C. Zudem muss möglichst bald nach beendeter Sulfurierung gewaschen und neutralisiert werden, um eine zu weitgehende Reaktion oder Veränderungen zu vermeiden.

Nach *franz. P. 632.738*, 1927[1]), von Stockhausen & Co. in Krefeld kann man ebenfalls in Gegenwart eines Verdünnungsmittels arbeiten, welches ein Chlorderivat ist, wie z. B. Trichloräthylen. 100 Teile Rizinusöl werden in 200 Teilen Trichloräthylen aufgelöst und mit 50 bis 100 Teilen konzentrierter Schwefelsäure bei 10 bis 15° C sulfuriert.

Das Produkt wird mit einer konzentrierten Natriumsulfatlösung gewaschen. Hierauf fügt man 200 Teile chloriertes Lösungsmittel zu und verrührt mit Wasser. Man lässt stehen und trennt das sulfurierte Produkt vom organischen Lösungsmittel durch Neutralisieren mit Alkali ab. Die obere Schicht besteht dabei aus dem organischen Lösungsmittel, während sich das Sulfoderivat unten befindet. Es sei diesbezüglich auch noch auf das *amer. P. 1.906.924* der Böhme-Fettchemie–H. Bertsch und *amer. P. 2.328.931* der Nat. Oil Prod.–Stick verwiesen.

Das gleiche Thema wird im *brit. P. 288.162* der I. G. Farbenindustrie behandelt. Die Fettsäure wird in Gegenwart eines indifferenten Verdünnungsmittels (Tetrachlorkohlenstoff, Nitrobenzol) und eines Katalysators (Phosphorpentoxyd oder Aktivkohle) bei einer Temperatur von 100° C mit rauchender Schwefelsäure oder Chlorsulfonsäure sulfuriert. Das Reaktionsprodukt wird in Wasser gegossen, gewaschen und neutralisiert.

Ein weiteres Verfahren wird von Böhme-Fettchemie im *brit. P. 284.280*[2]) mitgeteilt. Die Sulfurierung erfolgt mit einem Überschuss an Schwefelsäure bei einer Temperatur zwischen 0 und 10° C in Gegenwart von Kohlenwasserstoffen (Benzol) oder halogenierten Kohlenwasserstoffen.

Böhme-Fettchemie in Chemnitz haben anderseits eine Methode zur Herstellung von Gemischen aus sulfurierten Ölen und Phenolen ausgearbeitet (*brit. P. 297.382*, 1927[3])). Die Fettsäuren und das Anhydrid werden bei 0° C mit Schwefelsäure behandelt. Man kühlt dabei die Masse nach erfolgter Reaktion mit Eis ab, wäscht mit einer

---

[1]) Chem. Ztbl. 1928, I, S. 2841.
[2]) Chem. Ztbl. 1928, I, S. 2552.
[3]) Chem. Ztbl. 1929, I, S. 678.

Salzlauge, neutralisiert und wäscht mit Trikresol (siehe ebenfalls *brit. P. 297.383* der gleichen Firma).

Ein spezielles Verfahren wird im *franz. P. 657.799,* 1928, von Erba erwähnt. Diese Methode besteht darin, dass man 100 kg Rizinusöl mit 25 kg 96 bis 98%iger Schwefelsäure während 4 Stunden bei 70 bis 80° C sulfuriert. Man gibt dabei vorher oder in Portionen nach und nach 3 kg Wasserstoffsuperoxyd von 30% und zwar in Form einer entsprechenden Menge eines Persalzes zu. Nach beendeter Sulfurierung wird bei 25° C mit Alkali neutralisiert und das Natriumsulfat durch Alkoholzugabe abgeschieden. Man erhält so ein klares Öl, welches gegenüber Säuren und Erdalkalisalzen beständig ist (siehe *franz. P. 658.094,* welches Hydrosulfit zur Entfärbung vorschlägt).

Sulfurierte Öle werden ebenfalls durch Ausfällen der Salze mit Hilfe von Lösungsmitteln, die keine anorganischen Salze zu lösen vermögen, erhalten, wie z. B. Äthylalkohol[1]).

Was den chemischen Reaktionsmechanismus der Sulfurierung anbetrifft, ist zu bemerken, dass beim sehr einfachen Fall der Einwirkung von Schwefelsäureanhydrid auf Essigsäure sich zuerst eine Säure folgender Formel bildet:

$$CH_3COO \cdot OSO_3H$$

welche sich darauf in Sulfoessigsäure umwandelt:

$$HO_3S \cdot CH_2COOH$$

Dies vermag die Vorgänge bei einer energischen Sulfurierung der Öle zu erklären, wobei jedoch hier die direkte Anlagerung der Schwefelsäure an die Doppelbindung, die ebenfalls zu einer sulfurierten Säure führt, nicht in Betracht gezogen wird.

Vom analytischen Standpunkt aus wäre zu bemerken, dass man den Schwefel in drei verschiedenen Formen vor sich haben kann, und zwar in Form von Natriumsulfat, als Schwefelsäureester, der sich durch Kochen mit Salzsäure hydrolysieren lässt, und in Form einer Sulfonsäure, die man nur durch völlige Zerstörung der Substanz (Soda-Salpeterschmelze) bestimmen kann.

Der Sulfonierungsgrad vermag die stark sulfurierten Verbindungen zu charakterisieren. Der Sulfonierungsgrad gibt die Menge gebundener Schwefelsäure pro Molekül Rizinolsäure an. Je höher der Sulfonierungsgrad ist, um so grösser ist die Beständigkeit gegenüber Säuren und Kalksalzen.

Der Sulfonierungsgrad bildet nach Landolt[2]) eine wichtige Unterlage für die praktische Beurteilung eines sulfurierten Öles. Man bestimmt ihn nach der Formel:

---

[1]) *Amer. P. 2.285.337, 2.328.931* der Nat. Oil Prod. Co. und *franz. P. 852.077* sowie *D.R.P. 541.090* von Böhme-Fettchemie.

[2]) Mell. 1928, 9, S. 759.

$$\text{Sulfonierungsgrad} = \frac{100 \text{ berechneter Rizinolschwefelsäureester}}{\text{gewogene Gesamtfettsäure} + \text{gewogenes organisch gebundenes } SO_3}$$

Die folgende Tabelle gibt für einige industriell verwendete Produkte die wichtigsten Konstanten:

Sulfuriertes Öl	Totalfett-säuren %	Sulfonie-rungsgrad %	SO_3 org. gebunden %	Schwefel-säure be-rechnet %
Türkischrotöl	44,2	22	2,16	10,2
Monopolseife (Stockhausen) . . .	71,5	39	6,43	30,4
Avirol KM extra (Böhme)	37	51	4,5	21,2
Appret Avirol E (Böhme)	35,8	54	4,5	21,2
Flerhenol M (Flesch)	31,7	61	4,7	21,2
Prästabitöl B (Stockhausen) . . .	36	93	8,8	41,5

Zum Verständnis dieser Tabelle sei noch bemerkt, dass man aus dem Prozentgehalt an organisch gebundener Schwefelsäure (o) die Menge Schwefelsäure (s) nach folgender Formel erhält:

$$s = \frac{378 \cdot o}{80}$$

wobei 378 das Molekulargewicht der sulfurierten Rizinolsäure und 80 das Molekulargewicht von Schwefeltrioxyd ist.

Der Sulfonierungsgrad (d) berechnet sich dann zu

$$d = \frac{s \cdot 100}{g + o}$$

wobei g den Prozentgehalt an Fettsäuren bezeichnet.

Man kann anderseits die Bildung von Sulfosäuren bei der Sulfurierung mit genügend energischen Sulfurierungsmitteln erleichtern, wenn man die Hydroxylgruppe, die Schwefelsäureester zu bilden vermag, blockiert.

Dies ist ohne Zweifel das Ziel, welches das *franz. P. 696.104* (26. Mai 1930) von H. Th. Böhme AG. verfolgt. Hier kondensiert man Rizinusöl oder Rizinolsäure mit gesättigten oder ungesättigten aliphatischen oder aromatischen Kohlenwasserstoffen. Der Kondensation folgt dann eine Sulfurierung, sofern man nicht zuerst die Kohlenwasserstoffe sulfuriert und anschliessend kondensiert.

Im *franz. P. 705.710* vom 25. März 1930 der gleichen Erfinderfirma wird eine Kondensation der Oxyfettsäuren (Rizinolsäure, Oxystearinsäure) mit Monoäthylglykolester und eine energische Sulfurierung vorgeschlagen. Es bilden sich dabei je nachdem mit den

Hydroxylgruppen Schwefelsäureester oder eigentliche Sulfosäuren, deren Karboxylgruppen jedoch durch die Glykolgruppe blockiert ist.

Man kann ferner die Karboxylgruppe durch Herstellung der Säureamide ausschalten. Anstelle von Amiden können auch die Säureanilide in Betracht kommen. Als Fettsäuren höhern Molekulargewichts werden dabei vor allem die Sebazin- und die Ölsäure genannt. Hierauf wird mit Schwefelsäure, Chlorsulfonsäure usw. mit oder ohne Acetanhydridzugabe sulfuriert (*franz. P. 679.185* [23. Juli 1929] von H. Th. Böhme AG.). Die so erhältlichen Sulfurierungsprodukte besitzen ausser ihrer Unempfindlichkeit gegen Säuren und Erdalkalien auch alle jene netzenden und emulgierenden Eigenschaften, die bei ihrer Verwendung von Nutzen sind.

Der Vollständigkeit halber sei auch noch die folgende Herstellungsmethode für Sulfonsäuren erwähnt. Man bromiert Fettsäuren, z.B. Laurinsäure, mit Brom und Phosphor und tauscht dann anschliessend das Brom durch die Sulfogruppe aus, indem man Ammoniumsulfit unter den erforderlichen Reaktionsbedingungen einwirken lässt (*franz. P. 694.692* [30. April 1930] von H. Th. Böhme AG.).

Die Wirkung der Schwefelsäure auf Olivenöl[1]) oder andere Olein enthaltende Öle (Rinderklauenöl, Trane) oder direkt auf das verseifte Olein (Ölsäure) wurde weiter oben behandelt (siehe S. 286). **Monopolbrillantöl** S 100% von Stockhausen ist ein stark sulfuriertes Olivenöl. Wie im Falle des Rizinusöls erhält man beim Arbeiten mit rauchender Säure, mit Schwefeltrioxyd oder Chlorsulfonsäure und in Anwesenheit von wasserbindenden Reagentien Sulfosäuren, bei denen die Sulfogruppe direkt an das Kohlenstoffatom gebunden ist und die daher gegen hartes Wasser und Säuren beständig sind.

So hat das *franz. P. 632.155* (5. April 1927) der I.G. Farbenindustrie[2]) ein solches Verfahren zum Gegenstand. Man behandelt 282 kg Ölsäure (oder ein entsprechendes Öl) in 300 kg Nitrobenzol zwischen 5 und 10° C mit 160 kg Schwefelsäureanhydrid. Nach beendeter Sulfurierung destilliert man mit Dampf das Verdünnungsmittel ab und neutralisiert den Rückstand mit Alkali. Das gleiche Patent gibt auch noch ein anderes Sulfurierungsverfahren an, welches darin besteht, dass man Chlorsulfonsäure bei 75° C auf Palmitin-, Stearinsäure oder Paraffinöl einwirken lässt. Hierauf erwärmt man auf 100° C, was ebenfalls zu einer Seife von gallertigem Aussehen mit starkem Schäumungsvermögen führt.

---

1) Welwart, Seifensieder Ztg. 1936, *63*, S. 549, 717; Gallent, Sulfurierung von Nussöl, Amer. Dyest. Rep. 1944, *33*, S. 148.

2) Chem. Ztbl. 1928, I, S. 2313.

Man nimmt 142 kg Stearinsäure, erwärmt auf 75° C und fügt 440 kg Chlorsulfonsäure zu. Hierauf erwärmt man auf 100° C und giesst die ganze Masse in Wasser. Als Verdünnungsmittel verwendet man Tetrachlorkohlenstoff, den man durch Destillation nach dem Neutralisieren wiederum zurückgewinnt. Die so erhältlichen Produkte besitzen ein äusserst starkes Schaumvermögen und sind Emulgatoren, Netz- und Waschmittel.

Man kann übrigens in gewissen Fällen einen Teil des Oleins durch ein anderes, noch ungesättigteres Öl ersetzen, wie z. B. Leinöl. So wird nach *franz. P. 657.220* (10. Juli 1928) und *brit. P. 293.806* der Oranienburger Chem. Fabr. ein Gemisch von 70 kg Leinöl und 30 kg Olein mit 25% Schwefelsäuremonohydrat bei 15 bis 35° C behandelt. Hierauf wird wie üblich fertig gemacht[1]).

Anderseits kann eine zu weit gehende Einwirkung von Oleum auf Ölsäure durch eine Phenolzugabe abgeschwächt werden. So gibt die I. G. Farbenindustrie im *franz. P. 636.817* (29. Juni 1927) ein Verfahren an, welches empfiehlt, bei 10 bis 15° C ein Gemisch von 30 Teilen Olein und 12 Teilen Phenol mit 45 Teilen Oleum von 20% Schwefeltrioxydgehalt zu sulfurieren. Darauf lässt man stehen, gibt Eis zu und trennt die Sulfosäure ab, die mit einer gesättigten Salzlösung gewaschen wird. Darauf wird mit Alkali neutralisiert und so lange eingedampft, bis man eine dickflüssige Masse erhält[2]).

Ebenfalls eine hochsulfurierte Fettsäure erhält man nach *D.R.P. 606.776* der I. G. Farbenindustrie dadurch, dass man auf die Fettsäure ein Gemisch von Eisessig oder Essigsäureanhydrid mit Oleum einwirken lässt.

Auf Grund des *D.R.P. 640.791* wird Leinöl vor der Sulfurierung chloriert, aber nur soweit, dass ein Teil der Doppelbindungen mit Chlor abgesättigt wird, was sich durch die Gewichtszunahme feststellen lässt.

Die Seifen, Sulforizinoleate und die verschiedenen organischen Sulfosäuren können gut als Emulgiermittel für aliphatische, aromatische oder hydroaromatische Kohlenwasserstoffe, chlorierte Lösungsmittel, aliphatische oder zyklische Alkohole, Terpene usw. dienen. Eines der wichtigsten Präparate dieser Art wird im *franz. P. 344.125* (18. Januar 1904) von Stockhausen erwähnt. Es bezieht sich auf ein Gemisch von Monopolseife oder eines Sulforizinoleats mit Tetrachlorkohlenstoff oder Mineralöl, das Tetrapol oder Verapol von Stockhausen. Dieses Verfahren wurde seither von vielen andern auch noch verwendet. Es seien z. B. noch als Auswahl einiger solcher Ver-

---

[1]) Seifensieder Ztg. 1929, S. 452.
[2]) D. P. Anm. Aktenzeichen C. 36.279 der gleichen Firma. Chem. Ztbl. 1928, II, S. 291.

fahren erwähnt, und zwar ohne Anspruch auf Vollständigkeit der Zusammenstellung: *franz. P. 566.406* (8. August 1922) von M. Raymond Vidal (Natriumrizinoleat und aromatische Kohlenwasserstoffe, Steinkohlenteer, Schwefelkohlenstoff oder Tetralin); *franz. P. 641.629* (28. September 1925) von H. Th. Böhme AG. (sulfuriertes Propylnaphtalin und Pyridinbasen); *franz. P. 650.142* (10. August 1927) von M. Perraud (1 Teil Sulfoleat und 5 bis 6 Teile Petrol); *franz. P. 654.624* (23. Mai 1928) (sulfuriertes Dibutylnaphtalin und Alkylpyridin oder Chinolin); *franz. P. 666.577* (29. Dezember 1928) von Sandoz (Gemisch aus Fettsäuren und mit Alkali neutralisierten Sulfosäuren); *franz. P. 667.904* (22. Januar 1929) (250 Teile Schmierseife, 40 Teile Monobutylester des Glykols und 200 Teile Tetrachlorkohlenstoff); *franz. P. 682.227* (24. September 1929) der I. G. Farbenindustrie (1 Teil Oleyldiäthyläthylendiamin und 5 Teile sulfuriertes Propylnaphtalin) usw.

Die S.A. pour l'Ind. Chim. schlägt im *franz. P. 690.022* eine Behandlung von Fetten oder Fettsäuren mit Schwefelsäure oder Oleum im Überschuss vor. Es wird dabei unterhalb von 0° C in Gegenwart eines Katalysators wie Azetanhydrid oder Aluminiumchlorid gearbeitet.

Auch das Verfahren von Stockhausen, Buch und Landauer AG., das den Gegenstand des *D. R. P. 566.604* bildet, arbeitet in Abwesenheit eines Verdünnungsmittels bei tiefer Temperatur. Es wird dabei in die Reaktionsmasse ein Strom eines inerten Gases, wie Kohlendioxyd, eingeleitet oder das Gas durch Zugabe von Soda während der Sulfurierung erzeugt. Durch Expandieren des Gases besteht gleichzeitig eine Möglichkeit zur Kühlung. Diese Massnahme bezweckt eine Herabsetzung der Viskosität der Sulfurierungsmasse. Ähnlich ist das Verfahren des *D.R.P. 622.728* von Jahn zur Sulfurierung ungesättigter Fettstoffe. Hier erfolgt ein Zusatz von festem Kohlendioxyd (Trockeneis). Es lässt sich auf diese Art und Weise ein hochsulfuriertes, hellfarbiges Produkt herstellen.

Es ist übrigens nötig, zu betonen, dass man durch eine wahllose Mischung der verschiedenen Netzmittel nicht notwendigerweise eine Addition des Effekts erhält. Es gibt auch Produkte, die sich gegenseitig in ihrer Wirkung hemmen.

So wird beim Neutralisieren von Butylnaphtalinsulfosäure mit Pyridin (*franz. P. 645.395* der I. G. Farbenindustrie) die Vereinigung zweier Netzmittel durchgeführt. Gibt man jedoch dieses Produkt einem alkalischen Bade zu, so ist es klar, dass das stärkere fixe Alkali das Pyridin oder eine andere organische Base gleicher Art verdrängen wird. Dieser Nachteil kann vermieden werden, wenn man die Säure mit quaternären Ammoniumbasen neutralisiert oder noch einfacher durch Herstellung eines Gemisches aus 100 kg des Kaliumsalzes der Dibutylnaphtalinsulfosäure und 30 kg Dimethylphenyl-benzylammoniumchlorid (*Zusatz-P. 36.214* vom 13. Dezember 1928). Es muss hier jedoch darauf verzichtet werden, auf diese Einzelfälle einzugehen, die bei der praktischen Anwendung hin und wieder auftreten können.

Nach *öst. P. 125.178* werden die Aryl- oder Alkylester sulfurierter Fette, Öle oder Fettsäuren als ausgezeichnete Schaummittel in der Seidenindustrie empfohlen. Diese Verbindungen werden durch Veresterung der Sulfofettsäuren oder besser noch durch Sulfurierung der Fettsäureester gewonnen. Der Alkyl- oder Arylrest lagert sich dabei ganz oder teilweise an die Sulfogruppe an. In dasselbe Gebiet gehört das *brit. P. 360.602* von Böhme-Fettchemie, welches eine Reihe von Netzmitteln beschreibt, die aus ungesättigten Kohlenwasserstoffen von 10 bis 18 Kohlenstoffatomen, die eine oder mehrere Doppelbindungen enthalten, durch Behandlung mit konzentrierter Schwefelsäure bei tiefen Temperaturen von etwa —10° C erhalten werden. Als Kohlenwasserstoffe kommen z. B. Cetylen (C_{16}), Decylen usw. in Betracht.

Aus sulfurierten Fettsäuren, wie z. B. Ölsäure, soll gemäss *brit. P. 356.166* der I. G. Farbenindustrie durch Neutralisation des Reaktionsproduktes, Mischung mit der doppelten Menge Methylalkohol, Zusatz von Schwefelsäure oder der der gewünschten Azidität entsprechenden Menge Chlorzink ein interessantes Produkt erhalten werden. Nach 24stündigem Stehen wird neutralisiert und der Methylalkohol abgedunstet. Neu ist hier also, dass man die neutralen Salze der Sulfofettsäuren und nicht diese selbst verestert[1]).

Die Hydroxylgruppe der Rizinolsäure oder ihres Glyzerids kann azyliert (azetyliert, benzyliert) und das erhaltene Produkt dann an der Doppelbindung sulfuriert werden.

Als Azylierungsmittel wird im allgemeinen Azetanhydrid verwendet. Diesbezüglich sei auf *franz. P. 719.901* der Imp. Chem. Ind.; *D.R.P. 591.196* und *629.182* der I. G. Farbenindustrie; *amer. P. 1.986.808* sowie *brit. P. 404.364* der Imp. Chem. Ind. – R. Greenhalgh verwiesen.

Nach *brit. P. 357.670* der Imp. Chem. Ind. erhält man sehr kalkbeständige Produkte durch Azylieren (z. B. Azetylieren, Benzylieren usw.) von ungesättigten Oxyölen, wie Rizinusöl, bei Verwendung der entsprechenden Anhydride und darauffolgende Sulfurierung.

Brit. P. 404.364 der Imp. Chem. Ind. empfiehlt, zuerst das Rizinusöl zu azetylieren und erst dann die Sulfurierung mit einer Schwefelsäure, die im Verhältnis 1:5 in flüssigem Schwefeldioxyd gelöst wurde, vorzunehmen[2]).

---

[1]) Siehe auch *brit. P. 400.587* der Fettsäure- und Glyzerinfabriken.
[2]) Siehe auch *D.R.P. 622.728* von Hellmuth John; *kanad. P. 354.961* der Richards Chem. Works.

Aus dem *öst. P. 125.240* von Eberle erfährt man, dass höhere, mit Sulfogruppen weiter angereicherte, sehr alkalibeständige Produkte in der Weise erhalten werden können, dass man die Sulfonate ungesättigter Fettsäuren oder deren Ester mit konzentrierter Schwefelsäure, rauchender Schwefelsäure, Schwefelsäureanhydrid usw. behandelt. Eine Veröffentlichung, die bereits im März 1925 angemeldet, jedoch erst im September 1931 zum Patent erklärt wurde, nämlich das *öst. P. 124.540* von Ullmann, bringt die nun schon Gemeingut gewordene Tatsache, dass Vorteile beim Seifen in hartem Wasser erzielt werden, wenn man eine gegen Härtebildner und Salze unempfindliche Seife dadurch erzeugt, dass man zur gewöhnlichen Seife eine bestimmte Menge Monopolseife zusetzt, die der Menge und Härte des beim Waschprozess zu verwendenden Wassers angepasst sein soll. Man muss diese Erfindung, das bekannte Hydrosan, daher vom Standpunkt der Technik des Jahres 1925 beurteilen, um ihr gerecht zu werden.

Die Empfindlichkeit der Türkischrotöle rührt von der Anwesenheit polymerisierter Reaktionsprodukte her, die in jedem Sulforizinoleat enthalten sind. Entfernt man diese, so werden weitgehend beständige Produkte erhalten, wie aus *D. P. Anmeld. Sch. 83.213, IV/12 o* (8. Juli 1927) von Schlotterbeck ersichtlich ist. Gemische von Tallöl und Phenol werden bis zur Wasserlöslichkeit zwecks Herstellung von Netzmitteln sulfuriert (*schweiz. P. 156.113* [6. August 1931] von Geigy; Chem. Ztbl. 1933, I, S. 1690). Ebenso werden Kondensationsprodukte aus Säureamiden (von Fettsäuren, Naphtensäuren und Harzsäuren) mit Aldehyden (Formaldehyd, Paraldehyd) und aromatischen Verbindungen (Phenole, Kresole) sulfuriert oder polyglyzeriniert (I.G. Farbenindustrie, *D. P. Anmeld. 42.682, IV/2 o* [28. September 1931]). In diesen Fällen tritt sehr wahrscheinlich die Sulfogruppe in die Phenylreste ein.

Der Grundgedanke des *D.R.P. 597.957* von Böhme besteht darin, dass man in mindestens auf 10 bis 20° C abgekühlte Schwefelsäure ebenfalls gekühltes Rizinusöl einfliessen lässt, während dies bis jetzt im allgemeinen gerade umgekehrt gemacht wurde. Durch den ständig vorhandenen Schwefelsäureüberschuss bleibt das Reaktionsgemisch immer dünnflüssig und kann leicht umgerührt werden.

Kombinierte Fettsulfosäuren mit Alkylsulfosäuren (Butylschwefelsäure, Glyzerintrischwefelsäure), die durch Sulfurierung der entsprechenden Gemische mit Chlorsulfonsäure erhalten werden, dienen nach *amer. P. 1.980.342* von Kern und Baumheier als Netzmittel und Färbeöle, die sowohl säure- als auch alkalibeständig sind.

Das *öst. P. 139.459* von Henkel erwähnt als erdalkalibeständige Waschmittel Karbonsäuren, die eine mindestens einmalige Unterbrechung der Kohlenstoffkette gemäss der Formel $R \cdot X \cdot R' \cdot COOH$

aufweisen. X kann dabei sowohl die Sulfurylgruppe als auch Sauerstoff oder dergleichen bedeuten. Hier wird also im Gegensatz zu den bekannten Fettalkoholsulfaten die Karboxylgruppe nicht blokkiert. Aus diesem Grunde wäre eine Erklärung der behaupteten Erdalkalibeständigkeit wünschenswert.

Türkischrotölartige Verbindungen kann man auch aus andern Fettgemischen erhalten, ohne Rizinusöl verwenden zu müssen. Bei normalen Sulfurierungen von Gemischen der Triglyzeride höherer und niedrigerer schmelzender Fettsäuren treten aber, wie im *D.R.P. 631.910* von Stockhausen dargelegt wird, Aufspaltungen der den höhern Fettsäuren entsprechenden Triglyzeride auf, was zu Ausscheidungen führen kann. Dem wird durch Sulfurierung unter sehr milden Bedingungen (in der Kälte bei möglichst geringer Verdünnung des Reaktionsgemisches) abgeholfen. Dagegen soll es nach *D.R.P. 636.259* derselben Erfinderfirma möglich sein, aus polymerisierten Rizinusölen durch Sulfurierung zu dem gewöhnlichen Türkischrotöl überlegenen Netzmitteln zu gelangen. Erfindungsgemäss findet dabei die Sulfurierung gemeinsam mit einem Aldehyd oder Keton statt. Auch durch Sulfurierung der Kondensationsprodukte des Rizinusöls mit Phtalsäureanhydrid kommt man nach dem Vorschlag des *D.R.P. 636.193* von Schmitz und Neber zu türkischrotölartigen Netzmitteln von erhöhter Alkalibeständigkeit.

Ester höherer Fettschwefelsäuren, also nicht der Fettalkohole, werden nach *D.R.P. 642.414* der Oranienburger Chem. Fabr. – Lindner und Russe durch Sulfurierung der Fettsäuren oder Fette in Gegenwart wasserentziehender Mittel, wie z. B. Essigsäureanhydrid, und nachfolgende Veresterung mit niedrigen Alkoholen erhalten.

Im *D.R.P. 649.323* der Oranienburger Chem. Fabr. wird für die Herstellung sulfurierter Derivate aus den Kondensationsprodukten des Rizinusöls mit Essigsäureanhydrid oder von Kresol mit Cetylalkohol und ganz allgemein von Produkten, die durch Kondensation von Fetten, Fettsäuren und Wachsen mit Alkoholen, Ketonen und Karbonsäuren entstehen, die Verwendung von Pyrosulfurylchlorid empfohlen. Pyrosulfurylchlorid ist das Anhydrid der Chlorsulfonsäure. Seine Bildung kann durch die folgende Reaktionsgleichung ausgedrückt werden:

$$2\ SO_2 \Big\langle {}^{OH}_{Cl} \longrightarrow H_2O + S_2O_5Cl_2$$

Man erhält Pyrosulfurylchlorid auch neben Natriumsulfat beim Einwirkenlassen von Schwefelsäureanhydrid auf Natriumchlorid.

Der Vorteil, den diese Verbindung bei der Sulfurierung bietet, beruht auf der Tatsache, dass sie nicht so rasch wie die Chlorsulfonsäure hydrolysiert wird. Die Reaktion ist so weniger energisch und regelmässiger. Die so erhaltenen Sulfurierungsprodukte besitzen ebenfalls eine hellere Farbe.

Ein neues Sulfurierungsreagens wird in den *amer. P. 2.098.114* und *2.099.214* von Procter and Gamble beschrieben. Für die Sulfurierung höherer Fettalkohole werden Additionsprodukte des Schwefelsäureanhydrids mit Dioxan empfohlen, welche z. B. folgender Formel entsprechen:

$$SO_3 \cdot O \underset{\diagdown CH_2-CH_2 \diagup}{\overset{\diagup CH_2-CH_2 \diagdown}{}} O \cdot SO_3$$

Bei einer Temperatur von 60 bis 70° C zersetzt sich dieses neue Produkt leicht in Schwefeltrioxyd und Dioxan.

Nach den Beispielen, die sich in den Patenten finden, kann es nicht nur für die Sulfurierung von Fettalkoholen, sondern auch von Kohlenwasserstoffen (Benzol, Toluol, Xylol, Naphtalin) und Ölen (Olivenöl) oder Fetten verwendet werden. Die Reaktion läuft dabei regelmässiger und vor allem auch leichter ab.

Amer. P. 2.099.214 wendet dieses Verfahren auch für die Sulfurierung ungesättigter Fettalkohole an. In diesem Falle erfolgt jedoch die Anlagerung der Sulfogruppe nicht an der Doppelbindung. Dank der Erhaltung der Doppelbindung sind die so erhältlichen Produkte sehr gute Waschmittel.

Nach *D.R.P. 656.000* konnte beobachtet werden, dass die Sulfurierung der Öle und Fette sich unter besseren Bedingungen durchführen lässt, wenn die Rizinolsäure vorgängig in einem hydrierten Phenol oder Kresol gelöst wird, wie z. B. in Hexahydrokresol. Es wird dabei in der Kälte sulfuriert. Die hydrierten Phenole lassen sich nur unvollständig zurückgewinnen. Man muss daher annehmen, dass sie teilweise reagieren und an die Fettsäurereste gebunden werden.

Die so gebildeten Sulfurierungsprodukte spielen in der Küpenfärberei eine grosse Rolle (Prästabitöl-Verfahren).

Neue Produkte[1]).

Bertsch hat als erster erkannt, dass die ungenügende Widerstandsfähigkeit der Seifen und der Sulfurierungsprodukte der ungesättigten Fettsäuren (Sulforizinoleate, Sulfooleate, Sulfoderivate

---

[1]) Nüsslein, Die Igepone, D.F.Z. 1932, Nr. 1; Mell. 1932, S. 27; Nüsslein, Von der Seife zu den Igepalen, Mell. franz. Ausg. 1937, S. 65; Chwala und Martina, Mell. 1937, S. 998; Kling, Neue Probleme der Fettchemie und ihre Bedeutung für die Textilindustrie, Mell. 1931, S. 111; Lorges, Rev. Chim. Ind. 1930, S. 172, 232; Ranshaw, Kolloidchemische Grundlagen der Textilveredlung, Dyer 1937, *78*, S. 427, 537; Debrus, Vortrag in Mülhausen, Jahrbuch der Association des anciens élèves de l'Ecole Supérieure de Chimie, 1933.

verschiedener anderer Öle und Fette) gegenüber Erdalkalisalzen und Säuren auf die Anwesenheit der Karboxylgruppe zurückzuführen ist[1]).

Die relativ schwach saure Karboxylgruppe bildet leicht hydrolysierbare Salze. Die gleiche Karboxylgruppe ist ebenfalls zu wenig hydrophil, um den freien Säurerest in kolloidaler Lösung zu halten. Ferner ist es ebenfalls die Karboxylgruppe, welche unlösliche oder nur wenig lösliche Kalziumsalze bildet.

Es stellt sich daher das Problem, die Karboxylgruppe der Fettsäuren durch Blockierung zu verändern oder sie durch eine andere geeignete Gruppe zu ersetzen, die diese Nachteile nicht aufweist.

Die Arbeiten, die zur Verbesserung der Beständigkeit gegenüber Erdalkalisalzen und zur Vermeidung der schwerwiegenden Nachteile der Seifen und der Sulfoderivate der Fettsäuren durchgeführt wurden, sind dadurch gekennzeichnet, dass man sich zuerst bemühte, die aliphatische Kette möglichst wenig zu verändern. Später versuchte man dann, die Karboxylgruppe durch eine andere funktionelle Gruppe zu ersetzen, um so Verbindungen mit einer neuartigen Wirkung zu erhalten, die im allgemeinen bessere Eigenschaften (Beständigkeit gegenüber Kalksalzen und Hydrolyse) aufwiesen. Endlich hat man auch noch nicht-ionenaktive Produkte geschaffen, welche man durch Kondensation mit Äthylenoxyd erhielt und die sich durch ihre dispergierenden und emulgierenden Eigenschaften auszeichnen (Igepale).

Diese seit 1930 ausgeführten Arbeiten lassen sich wie folgt unterteilen:

I. Blockierung der Karboxylgruppe durch Veresterung.

A. Blockierung durch Alkoholreste (Esteröle).

1. Sulfurierte Ester einwertiger Alkohole.

Beispiel: **Avirol AH extra** der Böhme-Fettchemie.

$$C_{17}H_{32} \begin{cases} C \overset{O}{\diagdown} OC_4H_9 \\ OSO_3Na \end{cases}$$

2. Sulfurierte Ester mehrwertiger Alkohole, sulfurierte Monoglyzeride gesättigter und ungesättigter Fettsäuren.

Beispiel: **Arctic Syntex M**

$$\begin{matrix} CH_2-OSO_3Na \\ | \\ CHOH \\ | \\ CH_2-O-C \overset{O}{\underset{R}{\diagdown}} \end{matrix} \qquad R = \text{Fettsäurerest}$$

---

[1]) Bertsch, Mell. 1931, S. 42; 1930, S. 381, 779; R.G.M.C. 1935, S. 149; Z. f. angew. Chem. 1935, S. 52; J. Soc. D. and Col. 1932, *48*, S. 7.

3. **Produkte, die durch Veresterung einwertiger sulfurierter Alkohole mit Fettsäure erhalten werden. Als Alkohol kommt vor allem die Isäthionsäure oder 2-Oxyäthansulfosäure in Frage.**

Beispiel: Igepon A

$$C_{17}H_{33}-C\underset{Cl}{\overset{O}{\diagdown}} \quad + \quad \begin{matrix} CH_2-OH \\ | \\ CH_2-SO_3Na \end{matrix} \quad \longrightarrow \quad C_{17}H_{33}-C\underset{O-CH_2-CH_2-SO_3Na}{\overset{O}{\diagdown}}$$

Ölsäurechlorid   isäthionsaures   Ölsäureester der Isäthionsäure:
                  Natrium   Igepon A

B. Blockierung durch Aminogruppen (Anilide).

1. Durch Sulfurierung von Fettsäureamiden erhaltene Produkte.

Beispiele: Humectol CA   Humectol CX

$$C_{17}H_{34}-C\overset{O}{\underset{NH_2}{\diagdown}} \qquad\qquad C_{17}H_{34}-C\overset{O}{\underset{N\diagdown}{\diagdown}}{\overset{C_2H_5}{}}$$
$$\underset{O-SO_3Na}{|} \qquad\qquad\qquad \underset{OSO_3Na}{|}$$

Natriumsalz des Schwefelsäureesters   Natriumsalz des Schwefelsäureesters
     aus Ölsäureamid   aus Oleyläthylanilid

Dismulgan V

$$C_{17}H_{34}-C\overset{O}{\underset{N\diagdown}{\diagdown}}{\overset{C_4H_9}{\underset{C_4H_9}{}}}$$
$$\underset{OSO_3Na}{|}$$

Natriumsalz des Schwefelsäureesters aus Oleyldiisobutylamid

Die Blockierung der Karboxylgruppe durch Amidbildung führt zu Produkten, die jenen überlegen sind, die durch Veresterung erhalten werden.

2. Aus Aminosäuren hergestellte Fettsäureamide.

Beispiel: Medialan A

$$C_{17}H_{33}-C\overset{O}{\underset{NH-CH_2-COONa}{\diagdown}}$$

Natriumsalz des Oleylsarkosids

3. Aus Aminosulfonsäuren hergestellte Fettsäureamide.

Beispiel: Igepon T

$$C_{17}H_{33}-C\overset{O}{\underset{N-CH_2-CH_2-SO_3Na}{\diagdown}}$$
$$\underset{CH_3}{|}$$

Natriumsalz des Oleylmethyltaurids

4. Schwefelsäureester von Alkylamiden oder Aminoalkoholen.

Beispiele: Sodapon, Somepon, Motepon

$$R-C\overset{O}{\underset{NH-CH_2-CH_2-OSO_3H}{\big<}}$$

sulfatierte Fettsäureamide

5. Aus Polypeptidaminosäuren hergestellte Amide.

Beispiele: Lamepon A von Grünau
Protepon A von Protex
Armopon T von Sté. Armoricaine des Dérivés org. et minér., Locmaria-Quimper
Lanasan von Sandoz

II. Ersatz der Karboxylgruppe.

A. durch einen Alkoholrest.

1. Produkte, die durch Sulfatierung von Fettalkoholen erhalten werden, Natriumsalze der Schwefelsäureester der Fettalkohole (Fettalkoholsulfate).

Beispiel: Gardinol

$$R-CH_2-OSO_3Na$$

2. Schwefelsäureester sekundärer Alkohole.

Beispiel: Tergitol

B. durch einen heterozyklischen Rest

sulfurierte heterozyklische Verbindungen aromatischer Diamine, z. B. p-Phenylendiamin (Benzimidazolderivate).

Beispiel: Ultravone der Ciba

$$C_{17}H_{33}-C\overset{NH-}{\underset{N-}{\big<}}\!\!\!\cdots\!\!-SO_3Na$$

Blockierung der Karboxylgruppe durch Veresterung.

II. A. 3. Sulfurierte Ester einwertiger Alkohole (Esteröle)[1].

Die Veresterung der Karboxylgruppe der Rizinolsäure durch niedermolekulare Alkohole, z. B. Butylalkohol, mit nachfolgender Sulfurierung mit rauchender Schwefelsäure führt im allgemeinen zu

[1] Auf Avirol AH sich beziehende Patente: D.R.P. 625.637, 633.082, 634.759, 655.942, 659.528, 676.343, 681.441 der Böhme-Fettchemie–Bertsch; franz. P. 676.331, 676.336, 677.526, 677.527, 698.637, 702.626 (1930), 702.698, 721.070, Zusatz-P. zu franz. P. 677.526; brit. P. 298.599, 313.160, 313.453, 315.832, 316.132, 350.425, 351.911, 368.853; amer. P. 1.823.815, 1.974.007, 2.032.313, 2.032.314 der Böhme-Fettchemie–Bertsch; schweiz. P. 150.914, 145.686, 149.690.

L. Diserens, Die neuesten Fortschritte, Bd. 1, Kap. I, S. 230, 518, Bd. 2, Kap. VI, S. 102, Bd. 3, S. 337; J. P. Sisley, Teintex 1945, S. 5, Index des huiles sulfonées, S. 78.

Produkten, die gegenüber den Erdalkalisalzen beständiger sind als die sulfurierten Öle (Natriumsulforizinoleate). Diese Verbindungen verfügen über ein genügendes Netzvermögen, sind jedoch keine Waschmittel. Das erste Produkt dieser Art wurde von der Böhme-Fettchemie unter dem Namen Avirol AH in den Handel gebracht[1]):

$$R\!\!\begin{array}{l} \diagup \text{COOR}_1 \\ \diagdown \text{O}-\text{SO}_2\text{OH} \end{array}$$

Avirol AH ist ein Öl von bernsteinfarbenem Aussehen. Es löst sich in kaltem Wasser und ist gegen Erdalkalisalze, verdünnte organische Säuren, Alkohole und bei der Beschwerung benützte Salze beständig. Avirol AH besitzt ein befriedigendes Netzvermögen, welches man sich überall dort zunutze macht, wo man ein rasches Eindringen zu erzielen versucht, wie beim Schlichten, Entschlichten, Abkochen, Herstellen von Kreppeffekten, Bleichen mit Natriumhypochlorit, Färben mit Küpenfarbstoffen, Färben von Wolle und Azetatkunstseide und seltener beim Drucken.

$$C_{17}H_{32}\!\!\begin{array}{l}\diagup \text{C}\diagup\!\!\overset{\text{O}}{} \\ \diagdown \text{OC}_4\text{H}_9 \\ \diagdown \text{OSO}_3\text{Na}\end{array} \quad \text{oder} \quad CH_3-(CH_2)_5-\underset{\underset{\text{O}-\text{SO}_3\text{Na}}{|}}{CH}-CH_2-CH=CH-(CH_2)_7-C\diagup\!\!\begin{array}{l}\overset{\text{O}}{}\\ \diagdown\text{OC}_4\text{H}_9\end{array}$$

Diese Verbindungen sind Sulfoderivate von Estern einwertiger Alkohole, deren Herstellung drei Arbeitsstufen umfasst:

1. Alkoholyse der Öle (Rizinus- oder Olivenöl).
2. Sulfurierung.
3. Waschen und Neutralisierung.

---

[1]) Handelsbezeichnungen der dem Avirol AH entsprechenden Produkte:

Tibalène NAM	C.F.M.C.-Francolor
Astrolane MG und NM	S.P.C.M.C.
Sandozol KB	Sandoz
Sandozol NE, NEC, NECC	Sandoz
Immersol S, SG	St. Denis
Oloran B 7	Beycopal
Puropolöl S	Simon-Dürkheim
Surfax WO	Houghton
Phi-O-Sol	Onyx Oil and Chem. Co.
Parapon	Arkansas
Tergavon C	Ciba
Actilène 30	Savonneries Fournier-Cimag
Actinol CN	Savonneries Fournier-Cimag
Apasol	Jacques Wolf Co.
Doittau 14	Doittau
Geneucol M	A. Th. Böhme
Prästabitöl KG, V, VA, ZO	Stockhausen
Prästolöl G, VA, V, ZN	Stockhausen
Tinopolöl BH und NE	Geigy
Somepol TO conc.	P.C.M.N.
Nopco 2272 R	Nat. Oil Prod. Co.

1. Alkoholyse von Rizinusöl.

Rizinusöl wird mit einem Viertel seines Gewichtes an Butanol in einem mit Email ausgekleideten Autoklaven auf 90° C erwärmt. Darauf setzt man 0,5% Schwefelsäure von 66° Bé zu und verestert während 3 Stunden bei 100 bis 103° C. Nach dem Abkühlen zieht man die saure, glyzerinhaltige wässerige Lösung ab. Der so erhaltene Rizinolsäurebutylester kann hierauf sulfuriert werden.

2. Sulfurierung.

Ein emailliertes Sulfurierungsgefäss wird mit dem vierfachen Gewicht an 98%iger Schwefelsäure bezogen auf das Gewicht des Esters beschickt. Mit Hilfe einer Salzlösung wird die Säure auf −15° C abgekühlt. Hierauf wird der Ester langsam zugegeben, so dass die Temperatur des Reaktionsgemisches 5°C nicht übersteigt. Nach Zusatz der gesamten Estermenge wird sofort mit dem Waschprozess begonnen.

3. Waschen und Neutralisieren.

Das Sulfurierungsprodukt wird mit Eiswasser gewaschen, damit die Temperatur nicht über −5 bis −10°C steigt. Man lässt zwei Stunden absitzen und entfernt darauf die saure Lösung. Es wird dann nochmals im Dekantiergefäss gewaschen, und zwar diesmal mit einer etwas Soda enthaltenden Waschflüssigkeit, um eine schnellere Schichtentrennung zu erhalten. Über Nacht wird stehengelassen, wodurch eine vollständige Trennung erhalten wird. Nach erfolgter Dekantierung wird das sulfurierte Öl mit Soda in der Kälte neutralisiert.

Man kann Rizinusöl auch mit anderen Alkoholen wie Propylalkohol, Isopropylalkohol, Isobutylalkohol, Amylalkohol, Amylalkohol + Methylalkohol verestern.

Man hat ebenfalls Äther von Alkoholen verwendet, wie z. B. den Monoäther des Äthylenglykols (Cellosolve) (*brit. P. 351.456* von Böhme-Fettchemie und *amer. P. 2.371.284* der Arkansas Co.), um den Butylalkohol zu ersetzen. Im *amer. P. 2.136.379* und *kanad. P. 376.873* der Nat. Anil. and Chem. Corp. sowie im *amer. P. 2.192.721* der gleichen Firma werden zwei Mol Ölsäure mit Glykol oder Diäthylenglykol verestert. Das so erhaltene Produkt wird hierauf sulfuriert.

Endlich ist es auch von Interesse, jene Produkte zu erwähnen, die durch Veresterung der Hydroxylgruppe der Rizinolsäure mit organischen Säuren und nachträgliche Sulfurierung hergestellt werden. Diesbezüglich wurde eine gewisse Anzahl Patente erteilt, und zwar besonders:

amer. P. 2.163.133 der Unichem–W. Schrauth, welches sich auf das sulfurierte Oleylazetat bezieht;

amer. P. 2.275.413 der Böhme-Fettchemie–H. Bertsch und Amer. Hyalsol Corp. hat ein Sulfoderivat des Oleylbutylesters zum Gegenstand.

Die Veresterung von Kastoröl oder Rizinusöl an der Hydroxylgruppe mit Naphtensäuren bildet den Gegenstand der *amer. P. 2.203.641* und *2.203.642* der Nat. Oil Prod. Co.

Eine Methylierung der Fettsäuren ist auch mit Diazomethan im Sinne des *D.R.P. 557.662* von Böhme-Fettchemie möglich.

Ester von Fettschwefelsäureverbindungen können nach *D.R.P. 633.082* der Böhme-Fettchemie–Bertsch auch durch Einführung von Karboxylgruppen an die ungesättigten Reste erhalten werden. Es werden dabei zunächst die Nitrile durch Cyanwasserstoffanlagerung hergestellt, die dann nachher verseift werden, so dass man zwei- oder mehrbasische Karbonsäuren aus den Fettsäuren erhält.

Ein interessantes Verfahren zur Herstellung von Sulfoestern der Ölsäure bildet den Inhalt des *brit. P. 343.989* der I. G. Farbenindustrie. Dieses Verfahren besteht in einer Sulfurierung der Ölsäure und einer Veresterung der Karboxylgruppe mit Alkylsulfaten, wie z. B. Diäthylsulfat.

Rizinusöl kann auch mit andern Alkoholen verestert werden, und zwar mit Methyl-, Propyl-, Isobutyl- oder Amylalkohol. So stellt die Backer Castor Oil Co. Methyl-, Butyl- und Azetylester der Rizinolsäure her. Es ist dabei zu bemerken, dass die Veresterung der Karboxylgruppe zu einer Überlegenheit dieser Produkte gegenüber den sulfurierten Ölen (Polysulfosäuren, usw.) führt, die, wie bereits weiter oben ausgeführt wurde, Polyrizinolsäurederivate darstellen, bei denen die Karboxylgruppe durch die alkoholische Hydroxylgruppe eines andern Rizinolsäuremoleküls verestert ist.

II. A. 4. Sulfurierte Monoglyzeride von Fettsäuren[1]).

Dies sind Sulfoderivate von Estern mehrwertiger Alkohole, die durch Sulfurierung der Monoglyzeride gesättigter oder ungesättigter Fettsäuren erhalten werden, wie z. B.

Typus A:

$$R-C\overset{\displaystyle O}{\underset{\displaystyle O-CH_2-CHOH-CH_2-OSO_3Na}{\big<}}$$

$$C_{11}H_{23}-C\overset{\displaystyle O}{\underset{\displaystyle O-CH_2}{\big<}}$$
$$\mid$$
$$CHOH$$
$$\mid$$
$$CH_2-O-SO_3Na$$

Laurinsäuremonoglyzeridsulfat

---

[1]) Siehe L. Diserens, Bd. 3, S. 339; *franz. P. 702.626* der I. G. Farbenindustrie; *franz. P. 810.847, 812.793* der Colgate-Palmolive-Peet Co.

oder indem man von Rizinolsäure ausgeht:

Typus B:

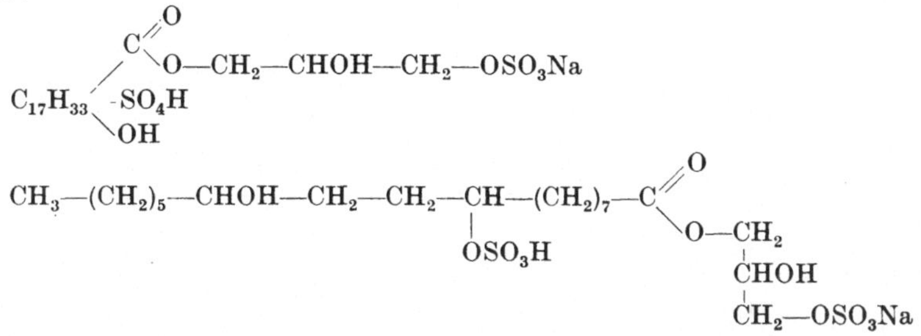

$$C_{17}H_{33}-\overset{\displaystyle C}{\underset{\displaystyle OH}{\overset{\displaystyle \nearrow O}{\diagdown}}}\ \begin{matrix} \diagup O-CH_2-CHOH-CH_2-OSO_3Na \\ -SO_4H \end{matrix}$$

$$CH_3-(CH_2)_5-CHOH-CH_2-CH_2-\underset{\displaystyle OSO_3H}{\overset{\displaystyle |}{CH}}-(CH_2)_7-C\overset{\nearrow O}{\underset{\displaystyle O-CH_2}{\diagdown}}$$
$$\underset{\displaystyle CH_2-OSO_3Na}{\overset{\displaystyle |}{\underset{\displaystyle |}{CHOH}}}$$

Diese Substanzen besitzen ein sehr gutes Waschvermögen.

Unter den im Handel befindlichen Produkten sei Arctic Syntex M[1]) der Colgate-Palmolive-Peet Co. erwähnt, welches das sulfurierte Monoglyzerid der Fettsäuren des Kokosöls ist.

Die Verbindungen vom Typus A sind wegen ihrer ausgesprochenen Reinigungskraft den Fettalkoholsulfaten ähnlich. Fasst man die zahlreichen Verbindungen zusammen, die einer Sulfurierung zugänglich sind, nämlich die Ester, Amide, Alkohole, Nitrile usw., so sind die Monoglyzeride entschieden am einfachsten aufgebaut und am leichtesten herstellbar. Schon die Tatsache, dass eine für die Seifenherstellung so massgebende Firma wie Colgate-Palmolive-Peet sich dieser Frage mit besonderem Interesse zugewendet hat, lässt die Wichtigkeit dieser Verbindungen erkennen.

Diese Verbindungen lassen sich nach verschiedenen Verfahren herstellen:

1. Direkte Sulfurierung der Monoglyzeride der Fettsäuren.

2. Sulfurierung mit gleichzeitiger Kondensation: Man lässt Schwefelsäure auf ein Gemisch aus Fettsäuren oder gesättigte Triglyzeride auf ein Reaktionsprodukt von Schwefelsäure mit Polyalkoholen einwirken. Diese letztere Methode wurde in mehreren Patenten beschrieben, so besonders im *franz. P. 702.626* der I. G. Farbenindustrie. Diese Körperklasse bildete jedoch vor allem den Gegenstand zahlreicher Forschungsarbeiten in den Vereinigten Staaten.

Das interessanteste Verfahren zur Herstellung der Produkte vom Typus des Arctic Syntex M besteht darin, dass man die Triglyzeride, Glyzerin und Schwefelsäure zusammen in den äquivalenten Anteilen reagieren lässt.

---

[1]) Handelsnamen:

Nopco 1471	Nat. Oil Prod. Co.
Oleo glycerol sulfate COS . .	Onyx
Emcol XI	Emulsol Co. Chicago
Wettal.	Emulsol Co. Chicago
Halo	Colgate-Palmolive-Peet Co.

Die ideale Reaktion bei Verwendung der Fettsäuretriglyzeride
als Ausgangsmaterial lässt sich wie folgt formulieren[1]):

$$
\begin{array}{c}
CH_2{-}O{-}C\overset{O}{\diagdown}R \\[2pt]
CH{-}O{-}C\overset{O}{\diagdown}R \\[2pt]
CH_2{-}O{-}C\overset{O}{\diagdown}R
\end{array}
\;+\; 2\;
\begin{array}{c}
CH_2OH \\ CHOH \\ CH_2OH
\end{array}
\;\xrightarrow{\;H_2SO_4\;}\; 3\;
\begin{array}{c}
CH_2{-}O{-}C\overset{O}{\diagdown}R \\ CHOH \\ CH_2{-}O{-}SO_3Na
\end{array}
\;+\; 3\,H_2O
$$

Da die Ausgangsmaterialien sehr billig sind und das Verfahren
einfach, gehören die Produkte vom Typus des Arctic Syntex zu den
preislich günstigsten oberflächenaktiven Körpern.

Es muss jedoch auch bemerkt werden, dass die Verbindungen vom
Typus Arctic Syntex wie die andern sulfurierten Ester nicht besonders
gut säure- und alkalibeständig sind, und zwar ganz speziell in der
Wärme. Die Alkalien vermögen den Karbonsäureester zu verseifen,
und die Säuren bewirken eine Hydrolyse des Schwefelsäureesters.
Im neutralen Gebiet sind diese Körper jedoch genügend beständig.

Die sonst gute Beständigkeit dieser Produkte bringt es mit sich,
dass sie mit den Fettalkoholsulfaten viel Ähnlichkeit haben.

Die für die Hilfsmittelherstellung wichtigen Monofettsäureester
des Glyzerins, z. B. das Monostearin, werden nach dem *amer.
P. 2.073.797* der Imp. Chem. Ind. aus Fettsäure, Glyzerin und Phenol
erzeugt. Es scheint, dass das Phenol hier lediglich eine bessere Vermischung der beiden andern Komponenten herbeizuführen hat und
sich in diesem Falle bevorzugt die Monoester bilden, während ohne
Phenolzusatz Di- und Triglyzeride entstehen.

Im *amer. P. 2.071.459* der Lever Brothers werden als Textilhilfsmittel für verschiedene Zwecke die Fettsäureester der Polyglyzeride
genannt, so z. B. der Triglyzerin-mono-ester der Laurinsäure.

Die entsprechenden Ester der ungesättigten Fettsäuren[2]), die
durch Sulfurierung der Monoglyzeride ungesättigter Fettsäuren er-

---

[1]) *D.R.P. 689.511, 702.598* der I. G. Farbenindustrie; *amer. P. 2.187.144, 2.242.979;
kanad. P. 426.100, 426.101, 426.103* der Colgate-Palmolive-Peet Co.; *amer. P. 2.023.387
und 2.023.388* von Benjamin R. Harris.

[2]) Handelsnamen:

Flerhenol MSS und M sup. spez. .	Fleschwerke
Tibalène NMP	C.F.M.C.-Francolor
Grada 12	Cotelle et Foucher
Prastolöl A, KN	Stockhausen
Huile Topaze	Savonneries Fournier-Cimag
Inferol 50	A. Th. Böhme
Olopal LS	Beycopal
Sandozol KB	Sandoz

halten werden, und zwar ganz speziell des Monoglyzerids der Rizinolsäure, stellen Produkte dar, die dem folgenden Typus entsprechen:

$$CH_3{-}(CH_2)_5{-}CHOH{-}CH_2{-}CH_2{-}\underset{\underset{\textstyle O{-}SO_3Na}{|}}{CH}{-}(CH_2)_7{-}\overset{\overset{\textstyle O}{\|}}{C}{-}O{-}CH_2{-}CHOH{-}CH_2{-}OSO_3Na$$

Diese Verbindungen besitzen nicht die gleichen Eigenschaften wie jene der vorhergehenden Klasse, da die Fettsäurekette noch eine Schwefelsäureestergruppe enthält. Sie besitzen ein gutes Netzvermögen, welches an jenes der sulfurierten Fettsäureester erinnert. Wie diese besitzen sie ebenfalls nur ein geringes Reinigungsvermögen.

Herstellung.

1. Herstellung des Monoglyzerids[1]).

Das Monoglyzerid der Rizinolsäure wird dadurch hergestellt, dass man während 7 bis 8 Stunden Rizinolsäure (198 kg) auf 180 bis 190° C mit wasserfreiem Glyzerin (62 kg) in Gegenwart eines Katalysators wie Borsäure (1 kg) erhitzt. Das Erwärmen wird so lange fortgesetzt, bis eine Säurezahl von 1 bis 3 erhalten wird. Das so erhältliche klare Produkt mit einer Verseifungszahl zwischen 150 und 160 und einer Jodzahl von 66 bis 71 ist somit für die Sulfurierung bereit.

2. Sulfurierung.

In ein emailliertes Sulfurierungsgefäss mit Flügelrührer und Schraubenrührer bringt man 150 kg Monoglyzerid und ein inertes Lösungsmittel, z. B. 10 kg Dichloräthyläther. Das Gemisch wird durch Zirkulieren einer Salzlösung auf 0° C abgekühlt. Hierauf gibt man langsam 300 kg Schwefelsäure von 98% zu, wobei die Temperatur immer zwischen 0 und 5° C zu halten ist. Die Sulfurierung wird abgebrochen, sobald sich das Produkt in 10%iger Schwefelsäure löst.

3. Waschen.

In einem Waschgefäss aus rostfreiem Stahl mit Rührwerk stellt man sich folgende Lösung her:

150 Liter Wasser
150 kg   Eis
75 kg   Kochsalz

Man giesst langsam das Sulfurierungsprodukt in diese Lösung, indem man die Temperatur auf 10 bis 15° C hält. Während einer

---

[1]) Über die Herstellung von Fettsäuremonoglyzeriden siehe *brit. P. 440.880* der Imp. Chem. Ind.–Hilditsch; *franz. P. 757.763* von Procter and Gamble Co; *amer. P. 2.383.581* der Colgate-Palmolive-Peet Co; *brit. P. 494.870* von Procter and Gamble Co.; *amer. P. 2.316.719* der Colgate-Palmolive-Peet Co.

halben Stunde lässt man die beiden Schichten sich trennen und zieht dann das Sauerwasser ab.

Nach der Abtrennung neutralisiert man die Reaktionsmasse bei 15°C mit Natronlauge und stellt auf die gewünschte Konzentration ein.

Verwendung.

Die Produkte dieser Klasse sind wie die Ester der einwertigen Alkohole (Avirol AH) Netzmittel, die gegen verdünnte Säuren und Alkalien beständig sind. Sie sind auch gegen Kalksalze bis zu einer Wasserhärte von 30° fH unempfindlich. Sie ersetzen mit Vorteil die Sulforizinoleate in all ihren Verwendungsgebieten.

Die Ester des Glykols[1]), die durch Einwirkenlassen von Laurin-, Öl- oder Stearinsäure auf Mono- oder Diglykole erhalten werden, können als Netz-, Weichmachungs- und Emulgiermittel Verwendung finden. Aus der grossen Zahl dieser Produkte sei das Diglykollaurat S (Diglycol Laurate S) der Glyco Prod. Co. Inc. erwähnt, das man zusammen mit Tergitol 4 der Carb. Carb. Chem. Corp. für die Emulgierung von Mineralölen verwendet.

Sulfurierte Verbindungen höherer Fettsäuren mit Glykolen werden nach *brit. P. 488.490* von Harris als Mittel zur Verminderung der Oberflächenspannung empfohlen.

Als Beispiel wird das Triäthanolaminsalz des Monooleyldiäthylenglykolsulfats genannt.

Hieher gehören auch die im *brit. P. 460.140* bzw. *schweiz. P. 185.934* von Wacker geschützten Mono-oxykarbonsäureester niederer aliphatischer Alkohole mit vier bis acht Kohlenstoffatomen. Ein Beispiel hiefür ist der Glykolsäurehexylester. Solche Verbindungen können auf allen möglichen Gebieten verwendet werden, wie z. B. in der Schlichterei, bei der Beuche, Karbonisierung usw. Auch soll durch die bessere Dispergierung der Farbflotten eine Erhöhung der Echtheiten der Färbungen möglich sein.

Die Glykole hochmolekularer Fettsäuren dienen nach *amer. P. 2.119.674* der Hyalsol-Grün als Netz- und Dispergiermittel. So kann man Stearinsäure sulfurieren und dann unter geeigneten Arbeitsbedingungen durch Einwirkung von Persulfat neben dem verseifbaren Anteil, der hauptsächlich aus Oxyfettsäuren und Stearinsäure besteht, als unverseifbaren Anteil das entsprechende Glykol erhalten. Überdies lassen sich die als Nebenprodukt erhaltenen Oxykarbonylverbindungen durch Reduktion ebenfalls in Glykole verwandeln.

Diglykololeat ist eine nicht hydrolysierbare Verbindung. Es stellt ein braunes Öl dar, welches in Wasser unlöslich ist, sich hingegen in Alkohol und Kohlenwasserstoffen löst.

---

[1]) J. Dollinger, Textil-Verwendungsmöglichkeiten der Glykolfettsäureester, Rayon Text. Monthly 1948, *29*, S. 98; Rayon Text. Monthly 1948, *29*, S. 83.

Man verwendet es in Benzin (Solvent Naphta) gelöst zur Herstellung von Seifen für die Trockenreinigung (Benzinseifen).

Die Glykoläther können bei der Woll- und Seidenwäsche verwendet werden oder auch als Weichmachungsmittel für Appreturen.

Diglykololeat wird ebenfalls für die Herstellung von Emulsionen herangezogen (Dreyfus, *franz. P. 715.813*).

II. A. 5. Ester von Fettsäuren mit einwertigen sulfurierten Alkoholen.

Diese Produkte von sehr grossem Interesse wurden von der I. G. Farbenindustrie im Jahre 1930 studiert, und zwar mit dem Ziel, die Karboxylgruppe der Fettsäuren zu blockieren und durch einen Rest mit einer wasserlöslichmachenden Gruppe zu ersetzen. Als wasserlöslichmachende Gruppe wurde dabei ganz speziell an die Sulfogruppe gedacht. Um diesen Gedanken in die Wirklichkeit überführen zu können, gingen die Chemiker der I. G. Farbenindustrie von der Ölsäure und den Oxyalkylsulfonsäuren, wie Oxyäthansulfonsäure oder Isäthionsäure, aus.

Das Produkt, welches dabei erhalten wurde, kam unter dem Namen Igepon A[1]) auf den Markt.

$$C_{17}H_{33}-C\begin{smallmatrix}O\\\diagdown\\Cl\end{smallmatrix} \quad + \quad \begin{smallmatrix}CH_2OH\\|\\CH_2-SO_3Na\end{smallmatrix} \quad \longrightarrow \quad C_{17}H_{33}-C\begin{smallmatrix}O\\\diagdown\\O-CH_2-CH_2-SO_3Na\end{smallmatrix} \quad + \; HCl$$

Ölsäurechlorid	Isäthionsaures Natrium	Igepon A Oleylisäthionsaures Natrium oder oleyloxyäthansulfosaures Natrium

[1]) Entsprechende Marken:

Arctic Syntex A . . .	Colgate-Palmolive-Peet Co.
Bétépon A	Belgotex S.A. Bruxelles
Emargol	Emulsol Co., Chicago
Emcol EMS	Emulsol Co., Chicago
Ucepon E	Union Chimique Belge
Fenopon A	G.D.C.
Neopol A	Stockhausen
Alipon A	I. G. Farbenindustrie (Höchst)
Hostapon A	Farbwerke Höchst
Luvipon A	B.A.S.F.

Siehe L. Diserens, Teil I, Bd. *3*, S. 346; Teil II, Bd. *1*, S. 188. — *D.R.P. 642.414, 652.410, 655.999 (1920), 657.404, 657.357, 679.186* der I. G. Farbenindustrie-Daimler u. Platz; *franz. P. 693.620, 705.081, 720.590, 812.792; brit. P. 359.893, 366.916, 372.005; öst. P. 138.252; amer. P. 1.881.172, 1.916.776, 1.985.747.* — Nüsslein, Mell. 1931, S. 196, 198; 1932, S. 27; 1935, S. 49, 325; 1937, S. 248, 250. — Chwala und Martina, Mell. 1937, S. 999. — Goodall, J. Soc. D. and Col. 1936, S. 211. — J. P. Sisley, Index des huiles sulfonées Teintex, Paris, S. 82. — Wengraf's Ber. 1937, *12*, S. 22.

Es gibt eine gewisse Anzahl von Igeponmarken, und zwar

Igepon A extra   = Basisprodukt
Igepon A Teig   = Mit Wasser verdünntes Igepon A konz. 35% Fettgehalt oder
                         43% Dispergiermittelgehalt
Igepon AP   = Natriumsalz des Stearinsäureisäthionsäureesters
Igepon AP extra   =
Alipon CA   = Igepon A, wobei jedoch als Ausgangsmaterial Palmkernöl
                         verwendet wird
Alipon OAN   = Wird aus einer synthetischen Fettsäure hergestellt, aus
                         einem Oxydationsprodukt eines Paraffinkohlenwasserstoffs
                         mit Isäthionsäure
Alipon SRA   = Wird aus Sonnenblumenöl hergestellt
Alipon SOAN spez.   = Aus einem Nebenprodukt der Olivenölindustrie hergestellt

Es handelt sich dabei um ein sehr leicht wasserlösliches, weisses Pulver, welches gallertige Lösungen bildet, die gegenüber Erdalkalisalzen beständig sind. Sie besitzen ein äusserst grosses Reinigungsvermögen und werden für die Wollwäsche und ganz allgemein als Reinigungsmittel verwendet. In der Appretur verwendet man Igepon als Mittel zur Verbesserung der Geschmeidigkeit.

Die Igepone lassen sich nach verschiedenen Verfahren herstellen:

1. Nach der klassischen Methode der doppelten Umsetzung, d. h. durch Einwirkenlassen von Ölsäurechlorid auf isäthionsaures Natrium. Es wird dabei auf 80 bis 100° C erwärmt, und zwar so lange, bis die Salzsäureentwicklung aufhört (*D.R.P. 652.410* der I. G. Farbenindustrie). Die Bildung des Igepons erfolgt dabei nach folgender Gleichung[1]):

$$C_{17}H_{33}-\overset{O}{C}-Cl + HOCH_2-CH_2-SO_3Na \longrightarrow C_{17}H_{33}-\overset{O}{C}-O-CH_2-CH_2-SO_3Na + HCl$$

2. Durch Kondensation von Natriumoleat mit dem Natriumsalz der Chloräthansulfosäure nach der Gleichung:

$$C_{17}H_{33}-\overset{O}{C}-ONa + Cl-CH_2-CH_2-SO_3Na \longrightarrow C_{17}H_{33}-\overset{O}{C}-O-CH_2-CH_2-SO_3Na + NaCl$$

(siehe *amer. P. 2.289.391* und *2.342.563* von Procter & Gamble & Co.)

3. Durch Einwirkung von isäthionsaurem Natrium auf Olein oder Ölsäure in Anwesenheit von wasserfreiem Chlorwasserstoff[2]):

$$C_{17}H_{33}\overset{O}{C}-OH + HO-CH_2-CH_2-SO_3Na + HCl \longrightarrow$$

$$C_{17}H_{33}-\overset{O}{C}-O-CH_2-CH_2-SO_3H + NaCl + H_2O$$

---

[1]) Das *D.R.P. 652.410* der I. G. Farbenindustrie-Daimler u. Platz schützt die Herstellung von Textilhilfsmitteln aus höheren Fettsäuren und Oxyäthansulfosäuren. Aus der dem einen Beispiel beigegebenen Formel des Endprodukts, nämlich $C_{17}H_{33}COO \cdot C_2H_4 \cdot SO_3Na$, ist zu entnehmen, dass es sich um das bekannte Igepon A handelt.

[2]) Siehe *franz. P. 705.081*, in welchem die Isäthionsäure durch andere aliphatische oder aromatische Sulfosäuren ersetzt wird, wie z. B. Propan- oder Butansulfosäure.

Dieses Verfahren wurde ausgearbeitet, um die Verwendung des Ölsäurechlorids zu umgehen. Die Reaktion verläuft direkt bei Erwärmen auf 180 bis 200⁰ C.

4. Durch Einwirkenlassen einer Fettsäure auf Karbylsulfat, welches das Anhydrid des Schwefelsäureesters der Isäthionsäure ist.

$$R-C{\overset{O}{\underset{OH}{}}} + {\overset{CH_2-CH_2}{\underset{O_2S-O}{O \quad SO_2}}} \longrightarrow R-C{\overset{O}{\underset{O-CH_2-CH_2-SO_3H}{}}} + SO_3$$

5. Durch Behandeln eines Chloräthylesters einer Fettsäure mit Natriumsulfit:

$$R-C{\overset{O}{\underset{O-C_2H_4-Cl}{}}} + Na_2SO_3 \longrightarrow R-C{\overset{O}{\underset{O-C_2H_4-SO_3Na}{}}} + NaCl$$

franz. P. 788.748 von Henkel & Co.

Darstellungsweise von Igepon A oder AP

1. Darstellung von Ölsäurechlorid.

$$C_{17}H_{33}-C{\overset{O}{\underset{Cl}{}}}$$

durch Einwirkung von Phosphortrichlorid auf Ölsäure:

$$3\ C_{17}H_{33}C{\overset{O}{\underset{OH}{}}} + PCl_3 \longrightarrow 3\ C_{17}H_{33}-C{\overset{O}{\underset{Cl}{}}} + H_3PO_3$$

2. Darstellung von isäthionsaurem Natrium durch Einwirkung von Äthylenoxyd auf Natriumbisulfit in wässeriger Lösung bei 70 bis 80⁰ C:

$${\overset{CH_2}{\underset{CH_2}{}}}\!\!>\!\!O + NaHSO_3 \longrightarrow {\overset{CH_2-OH}{\underset{CH_2-SO_3Na}{}}}$$

3. Bildung von Igepon A durch Einwirkung von isäthionsaurem Natrium auf Ölsäurechlorid:

$$R-C{\overset{O}{\underset{Cl}{}}} + {\overset{CH_2-OH}{\underset{CH_2-SO_3Na}{}}} \longrightarrow R-C{\overset{O}{\underset{O-CH_2-CH_2-SO_3Na}{}}} + HCl$$

Die Herstellung von Igepon A aus Ölsäurechlorid und oxyäthansulfosaurem Natrium bildet den Gegenstand des *D.R.P. 652.410*, wozu von der I. G. Farbenindustrie noch zwei Zusatzpatente genommen wurden, nämlich die *D.R.P. 657.357* und *657.404*. An die Stelle der

22

im Hauptpatent genannten Oxy- oder Halogenderivate der Äthansulfosäure werden nach diesen Zusatzpatenten auch halogenierte oder Oxyderivate anderer Säuren (Oxybutansulfosäure, Cyclohexanolsulfosäure) mit der Fettsäure zur Reaktion gebracht.

Das aus dem Jahre 1930 stammende *amer. P. 1.985.747* der I. G. Farbenindustrie–Steindorff-Daimler-Platz behandelt die Kondensationsprodukte höherer Fettalkohole mit Isäthionsäure:

Beispiel: $CH_3—(CH_2)_{17}—O—CH_2—CH_2—SO_3Na$

All diese Körper sind gut schäumende und kalkbeständige Waschmittel (Parallelpatent: *öst. P. 138.252*).

Igepon A konz. ist das Ausgangsprodukt für die Herstellung von Igepon A Teig und Igepon AP Pulver.

Igepon A Teig ist ein mit Wasser verdünntes Igepon A konz. Dieses Produkt weist einen Fettgehalt von 35% auf, was einem Gehalt von 43% an aktivem Wasch- und Dispergiermittel entspricht.

Bei der Herstellung von Produkten des Typus des Igepon AP verwendet man auch andere Fettsäuren als Ölsäure, so z. B. werden Stearin-, Palmitinsäure und Fettsäuren des Kokosöls sehr oft verwendet.

Während des Krieges ging man in Deutschland auch zur Verwendung von Fettsäuren über, die durch Oxydation von Paraffinwachs erhalten wurden. Desgleichen wurde auch Abietin- und Hydroabietinsäure verwendet (*franz. P. 755.769* und *amer. P. 1.984.713* und *1.984.714* von du Pont de Nemours).

Ferner seien auch noch die Alkoxyessigsäuren wie die Lauryloxyessigsäure (*franz. P. 763.743* von Henkel & Co.; *amer. P. 2.179.209* der I. G. Farbenindustrie) sowie die Säuren aus dem Tallöl (*D.R.P. 596.510* der Böhme-Fettchemie) erwähnt.

Im *franz. P. 705.081* erwähnt die I. G. Farbenindustrie, dass die Isäthionsäure auch durch ähnliche Verbindungen ersetzt werden kann, und zwar vor allem durch andere aliphatische und aromatische Sulfosäuren, z. B. Propansulfosäure, Butansulfosäure oder Phenolsulfosäure.

Die Seifenfabrik Steinfels AG. beschreibt im *schweiz. P. 195.069* und *brit. P. 486.850* ein Produkt, welches einigermassen dem Igepon ähnlich ist. Ölsäure wird mit dem Natriumsalz der Oxydopropansulfosäure behandelt:

$$C_{17}H_{33}—\overset{O}{\overset{\|}{C}}—OH + CH_2—CH—CH_2—SO_3Na \longrightarrow$$

$$C_{17}H_{33}—\overset{O}{\overset{\|}{C}}—O—CH=CH—CH_2—SO_3Na + H_2O$$

Als Ester ist das Igepon A nur beschränkt säure- und alkalibeständig und wird hauptsächlich von stärkeren Säuren oder Laugen, und zwar besonders in der Hitze, an der Esterbindung gespalten, also verseift. Bei der Alkalieinwirkung bildet sich dabei das Alkalisalz der Ölsäure und Oxyäthansulfosäure wieder zurück.

Das Waschvermögen von Igepon A für Wolle und Kunstfasern (Viskose) ist ausgezeichnet (Wäsche von Wolle, Rohwollwäsche, Hauswäsche von Wollwaren).

Das *D.R.P. 639.079* der I. G. Farbenindustrie–Daimler-Jochum-Platz bringt die Erkenntnis, dass Mischungen der beiden Igepone A und T eine unerwartete Steigerung der Säure- und Hartwasserbeständigkeit des neuen Mittels mit sich bringen.

Behandelt man höhere Fettalkohole mit Alkalipolysulfiden, so erhält man Verbindungen, die nach der Sulfurierung nach *brit. P. 483.301* von Lederer als Netz- und Waschmittel verwendbar sind. Charakteristisch für diese Verbindungsklasse ist die Disulfidgruppe

$$-S-S-$$

welche in einem Beispiel des Patents z. B. zwei Oktanolreste verbindet.

Diese dem Igepon A ähnlichen Produkte widerstehen z. B. dem Einfluss von Magnesium- und Erdalkalisalzen.

Nahe verwandt mit dem erstgenannten Igepon-Patent *(D.R.P. 652.410)* ist auch das *brit. P. 461.614* der I. G. Farbenindustrie. Nach diesem Patent sind jene Wasch-, Schaum- und Netzmittel gut säure- und erdalkalibeständig, die der allgemeinen Formel

$$R-SO-R_1-Y$$

entsprechen, so z. B. oktadecylthionyläthansulfosaures Natrium. Y kann eine Sulfogruppe oder den Rest eines Polyglykoläthers $-(O-C_2H_4)_nOH$ bedeuten.

Aus der Gruppe der Kondensationsprodukte von Fettsäuren mit Sulfosäureestern, welche mit wasserlöslichmachenden Resten, vorwiegend Sulfogruppen, kombiniert sind, sollen noch folgende typische Verbindungen unter Angabe der entsprechenden Patente hervorgehoben werden.

Das *schweiz. P. 180.400* von Waldmann und Chwala behandelt die Umsetzung einer Äthersulfosäure, wie z. B. der Methylamino-diäthyläthersulfosäure, mit Ölsäurechlorid.

Die *schweiz. P. 180.576, 180.577* und *180.578* (Zusätze zum *schweiz. P. 178.533* der Ciba) beschreiben die Kondensationsprodukte von Sulfonsäureamiden, die eine Nitrogruppe enthalten, mit Ölsäureresten. Die Sulfonsäureamide enthalten ferner noch eine Äthoxygruppe, aus der sich durch Reduktion der Nitrogruppe eine Äthoxyamidgruppe bildet, an die die Schwefelsäure unter Esterbildung angelagert werden kann.

Das *D.R.P. 628.828* der Böhme-Fettchemie hat die Reaktionsprodukte aus Ölsäure mit Piperidin zum Gegenstand.

Das *brit. P. 452.139* der Imp. Chem. Ind. empfiehlt Kondensationsprodukte des Ölsäurechlorids mit aromatischen Verbindungen, nämlich den Alkoxyamido-benzolsulfosäuren, als wirksame Netz- und Reinigungsmittel.

In den nachstehend aufgeführten beiden Patentschriften werden im Gegensatz zu den vorigen auch Hilfsprodukte erwähnt, die hydrophile Reste nicht saurer Natur besitzen. So wird nach dem *brit. P. 455.310* der I. G. Farbenindustrie eine Hydroxyl- oder Aminogruppe in der der Karboxylgruppe benachbarten α-Stellung in ein Fettsäuremolekül eingebaut. Auf diese Weise erhält man in sauren Flüssigkeiten schäumende Produkte. Diese Wirkung bleibt jedoch aus, wenn die Entfernung zwischen der Hydroxyl- und Karboxylgruppe grösser wird. In diesem Falle nimmt auch die Löslichkeit des Fettsäurederivats ab.

Das eigentliche Fettsäurekondensationsprodukt ergibt sich allerdings erst aus der Weiterbildung dieser Erfindung, wie sie im *brit. P. 456.142* der I. G. Farbenindustrie beschrieben wird. Es werden dabei aus den obengenannten Stammkörpern Alkylester gebildet und diese wiederum mit einer niederen Aminosäure (Aminopropionsäure) kondensiert.

Als Netzmittel werden ferner im *schweiz. P. 195.651* der I. G. Farbenindustrie die sulfurierten aromatischen Amide höherer Fettsäuren bezeichnet, wie z. B. Ölsäuretoluidid. Es muss hier jedoch die Bedingung gestellt werden, dass im Amin des Ausgangsmaterials die *o*-Stellung besetzt ist.

D.R.P. 661.429 der I. G. Farbenindustrie erwähnt auch Kondensationsprodukte echter Sulfosäuren mit organischen Stickstoffbasen wie Pyridin oder dessen Homologen. Diese Produkte sind gute Netz- und Dispergiermittel, wobei zu bemerken ist, dass zur erstgenannten Gruppe nicht nur die Fettsulfosäuren, sondern auch aromatische Sulfosäuren (dibutylierte Naphtalinsulfosäure) zu zählen sind.

Blockierung der Karboxylgruppe durch Amidbildung.

II. A. 6 a. Durch Sulfurierung von Fettsäureamiden erhältliche Produkte.

Im Verlaufe ihrer Untersuchungen über die Blockierung der Karboxylgruppe einer Verbindung der Fettreihe gelangte die I. G. Farbenindustrie zu für die Textilindustrie interessanten Resultaten, indem sie von den Amiden oder Aniliden der Fettsäuren ausging.

So wurde durch Kondensation von Ölsäurechlorid mit Ammoniak und nachfolgende Sulfurierung das Sulfat des Ölsäureamids erhalten, welches im Handel unter dem Namen **Humectol CA**[1]) bekannt ist.

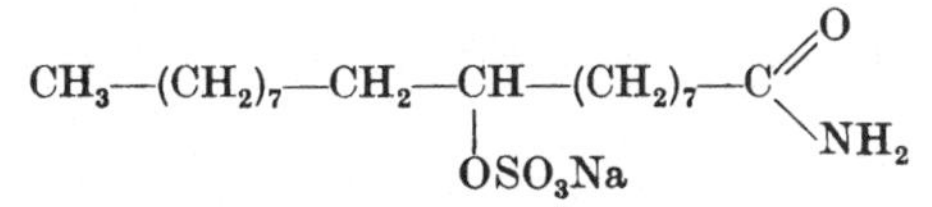

$$CH_3-(CH_2)_7-CH_2-CH-(CH_2)_7-C{\underset{\diagdown NH_2}{\overset{\diagup O}{}}}$$
$$\underset{OSO_3Na}{|}$$

Ein anderes ähnliches Produkt stellt das **Humectol CX**[2]) dar, welches erhalten wird, wenn man Phosphorchlorid auf Ölsäure einwirken lässt und dann das sich dabei bildende Säurechlorid mit Äthylanilin umsetzt. Durch Behandeln mit Natriumbisulfit wird darauf das Endprodukt erhalten:

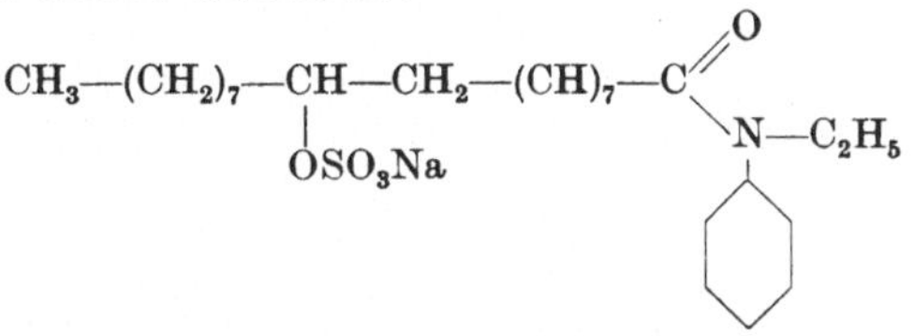

$$CH_3-(CH_2)_7-CH-CH_2-(CH)_7-C{\underset{\diagdown N-C_2H_5}{\overset{\diagup O}{}}}$$
$$\underset{OSO_3Na}{|}$$

Natriumsalz des Schwefelsäureesters von Oleyläthylanilid[3]).

---

[1]) *Öst. P. 125.182, 141.864; D.R.P. 595.173, 628.828; franz. P. 718.393; amer. P. 1.918.363* der Böhme-Fettchemie–Bertsch; *D.R.P. 634.032, 671.085, 678.731; franz. P. 679.185, 693.620, 715.205, 716.705, 735.647* der I. G. Farbenindustrie; *franz. P. 797.631* der I.C.I.; *franz. P. 816.667* der I. G. Farbenindustrie; *brit. P. 318.542, 340.272, 341.053, 343.524, 452.139* von J. Y. Johnson; *brit. P. 343.899, 388.642;* Chwala, Textilhilfsmittel, S. 442; L. Diserens, Teil I, Bd. 3, Kap. XV, S. 340; Dhingra, Uppal und Venkataraman, J. Soc. D. and Col. 1937, *53*, S. 91, und 1938, *54*, S. 526.

[2]) E. Mather, B.I.O.S., Nr. 667; Mell. 1937, S. 155; J. Soc. and Col. 1947, S. 27; *Brit. P. 341.053, 343.899* der I. G. Farbenindustrie. Wird jetzt von der B.A.S.F. unter dem Namen **Lunetzol A** fabriziert.

[3]) Bei der Sulfurierung von Olivenöl (Ölsäure, die keine Oxygruppen, dafür aber Doppelbindungen besitzt) besteht die Sulfurierungsreaktion in der Anlagerung der Schwefelsäure an die Doppelbindung der Ölsäure (Sulfatierung), wobei der gesättigte Schwefelsäureester der Oxystearinsäure entsteht:

$$CH_3-(CH_2)_7-CH=CH-(CH_2)_7-COOH \longrightarrow CH_3-(CH_2)_7-CH-CH_2-(CH_1)_7-COOH$$

Schwefelsäureester der 10-Oxystearinsäure $\quad\quad OSO_3H$

Humectol CA entspricht also dem Schwefelsäureester des 10-Oxystearinsäureamids

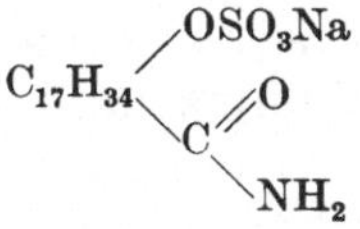

$$C_{17}H_{34}{\overset{\diagup OSO_3Na}{\underset{\diagdown C{\overset{\diagup O}{\diagdown NH_2}}}{}}}$$

und **Humectol CX** dem Schwefelsäureester des 10-Oxystearinsäureäthylanilids.

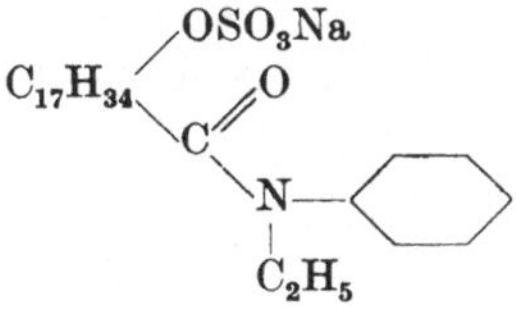

$$C_{17}H_{34}{\overset{\diagup OSO_3Na}{\underset{\diagdown C{\overset{\diagup O}{\underset{N-}{\diagdown}}}}{}}}$$
$$\underset{C_2H_5}{|}$$

Ferner entspricht noch ein weiteres Produkt der I. G. Farbenindustrie, nämlich das Dismulgan V, einem Fettsäureamid, und zwar dem Schwefelsäureester aus Oleyldiisobutylamid:

$$CH_3-(CH_2)_7-CH-CH_2-(CH_2)_7-C \overset{O}{\underset{N}{\Big<}} \overset{C_4H_9}{\underset{C_4H_9}{}}$$
$$| $$
$$OSO_3Na$$

Mit Rizinusölsäure erhält man durch Kondensation mit Ammoniak und nachträglicher Sulfatierung

$$CH_3-(CH_2)_5-CH-CH_2-CH=CH-(CH_2)_7-C \overset{O}{\underset{NH_2}{\Big<}}$$
$$|$$
$$OSO_3Na$$

Wird die Kondensation mit Anilin ausgeführt, so bildet sich bei nachträglicher Behandlung mit Sulfit das sulfatierte Rizinusölsäureanilid

$$CH_3-(CH_2)_5-CH-CH_2-CH=CH-(CH_2)_7-CO-NH$$
$$|$$
$$OSO_3Na$$

Die Überführung der Karboxylgruppe in das Säureamid ergibt im allgemeinen Produkte von höherem Werte als die Veresterung der Karboxylgruppe.

Die Verbindungsklasse vom Typus des Humectol CX lässt sich herstellen durch

1. direkte Kondensation der Fettsäuren mit aromatischen Aminen und Sulfurierung,

2. Kondensation von Fettsäuren mit Mono- oder Disulfosäuren aromatischer Amine,

3. Kondensation der Fettsäurechloride mit aromatischen Aminen und Sulfurierung.

Zur Hauptsache gelangt die letzte dieser drei Methoden zur Anwendung. So fand Venkataraman[1]), dass Produkte von ausgezeichnetem Netzvermögen, Reinigungs- und Dispergiervermögen erhalten werden können, wenn man Laurylchlorid mit den Sulfosäuren des p-Toluidids und des p-Chloranilins zur Reaktion bringt[2]).

Im *franz. P. 721.340* von Sandoz wird die Sulfurierung von Estern, die aus hochmolekularen Fettsäuren sowie mehrwertigen

---

[1]) Venkataraman, *brit. P. 318.542, 341.053, 343.524, 343.899, 452.139;* J. Soc. D. and Col. 1937, *53*, S. 91, und 1938, *54*, S. 526.
[2]) *Brit. P. 545.496.*

Alkoholen wie Glyzerin, Glykol usw. entstehen und deren Hydroxylgruppen ganz oder teilweise durch Halogen, Alkyl usw. substituiert sind, beschrieben. Diese Produkte können als Säuren oder Salze verwendet werden. Sie sind wasserlöslich, von gutem Emulgier- und Netzvermögen und eignen sich für die Verwendung in der Textil-, Papier- und Lederindustrie.

II. A. 6 b. Amide aus Aminosäuren.

Wird bei der Herstellung von Igepon T das Taurin durch Sarkosin ersetzt:

$$Na-O_3S-CH_2-CH_2-NH\cdot CH_3 \qquad CH_3\cdot NH-CH_2-COONa$$

Methyltaurin   Sarkosin

d. h. wird die Kondensation der Fettsäurechloride nach der Reaktion von Schotten-Baumann mit Aminosäuren an Stelle von Aminoäthansulfonsäuren durchgeführt, so gelangt man zu einem Ölsäureamid, dessen Eigenschaften denen des Igepon T sehr ähnlich sind. Ein solches Produkt wurde von der I. G. Farbenindustrie unter dem Namen Medialan A auf den Markt gebracht[1]):

$$C_{17}H_{33}-C\overset{O}{\underset{Cl}{\big<}} \; + \; HN\underset{|}{-}CH_2-COOH \; + \; 2\,NaOH \; \longrightarrow$$
$$\underset{CH_3}{}$$

$$C_{17}H_{33}-C\overset{O}{\underset{N-CH_2-COONa}{\big<}} \; + \; NaCl \; + \; H_2O$$
$$\underset{CH_3}{|}$$

Sarkosin ist ein Abbauprodukt des Kreatins (aus Fleisch) und wird industriell aus Methylamin hergestellt, das man mit Formaldehyd und Blausäure zur Reaktion bringt.

Medialan A zeigt eine gewisse Beständigkeit gegenüber Erdalkalisalzen. Man verwendet es zur Hauptsache als Hilfsmittel beim Walken, da es ein bedeutendes Filzvermögen besitzt.

Die I. G. Farbenindustrie–verschiedene Erfinder beschreiben im *D.R.P. 635.522* die Kondensationsprodukte von Öl- oder sonstigen höheren Fettsäurechloriden mit Aminokarbonsäuren, wie Sarkosin

---

[1]) *Amer. P. 2.215.367* der I. G. Farbenindustrie; *D.R.P. 635.522; brit. P. 455.310, 456.142, 459.039, 461.328; franz. P. 787.819, 789.004* der I. G. Farbenindustrie; B.I.O.S. Report, Nr. 418, London; Nüsslein, Mell. 1937, S. 248 und 296.

(Methylglykokoll $CH_3 \cdot NH$—CH_2—COOH), wobei der Fettsäurerest an den Stickstoff tritt.

Ein weiteres, saures und daher für tierische Fasern geeignetes Waschmittel wird nach *brit. P. 459.039* der I. G. Farbenindustrie durch Mischung eines Fettsäuresarkosids

$$R \cdot CO \cdot \underset{\underset{CH_3}{|}}{N}\text{—}CH_2\text{—}COOMe, \quad \text{z. B. Oleylsarkosid, } R = \text{Oleylrest}$$

mit einem sauer reagierenden Körper, wie Zitronensäure oder Weinsäure, gewonnen.

Andere, dem Medialan ähnliche Produkte werden erhalten, indem man alizyklische Karbonsäuren in Form ihrer Chloride mit Aminokarbonsäuren von niedrigem Molekulargewicht kondensiert, so z. B.

$$C_8H_{17}\text{—}\langle\ \rangle\text{—}OCH_2\text{—}CO\text{—}NH\text{—}CH_2\text{—}COOH$$

p-tert.-Octylphenoxyazetylglycin.

II. A. 6c. Amide aus Aminosulfonsäuren.

In Weiterverfolgung der Studien über das Igepon A, welches bekanntlich leicht verseifbar ist, da es einen Ester darstellt, stellte die I. G. Farbenindustrie Amidderivate von Fettsäuren her. So wurde Methylaminoäthansulfonsäure gemäss der Reaktion von Schotten-Baumann mit Ölsäurechlorid zur Reaktion gebracht, wobei das im Handel unter dem Namen **Igepon T** bekannte Produkt erhalten wurde[1]):

$$C_{17}H_{33}\text{—}C\!\!\begin{array}{c}\nearrow O\\ \searrow Cl\end{array} + \begin{array}{c}CH_2\text{—}NH \cdot CH_3\\ |\\ CH_2\text{—}SO_3Na\end{array} \xrightarrow{NaOH} C_{17}H_{33}\text{—}C\!\!\begin{array}{c}\nearrow O\\ \searrow N\text{—}CH_2\text{—}CH_2\text{—}SO_3Na\\ |\\ CH_3\end{array} + NaCl + H_2O$$

Methyltaurin   Igepon T
Natriumoleylmethyltaurid

---

[1]) Seifensieder Ztg. 1934, S. 256; 1931, S. 543 und 760; 1932, S. 65, 283, 358, 361, 643, 733 und 838; Mell. 1931, S. 196; Ranshaw, Dyer 1936, S. 261; Nüsslein, Die Igepone, D.F.Z. 1932, Nr. 1; Mell. 1932, S. 27; *D.R.P. 584.703, 633.334, 639.079* der I. G. Farbenindustrie; *D.R.P. 652.410, 655.999, 679.186; franz. P. 693.620* und *Zusatz-P. 40.097, 705.081, 814.166* der I. G. Farbenindustrie; *brit. P. 341.053, 343.524, 360.982, 372.389, 389.543* der I. G. Farbenindustrie; *amer. P. 1.932.176, 1.932.180* der I. G. Farbenindustrie; *franz. P. 693.815, 712.121, 715.205, 720.529; schweiz. P. 155.446.*

Andere Handelsnamen: Arctic Syntex T der Colgate-Palmolive-Peet Co.; Betepon T von Belgotex; Cimagène der Sav. P. Fournier-Cimag; Hostapon T der Farbwerke Hoechst; Luwipon T Pulver der B.A.S.F.; **Neopol T extra** von Stockhausen; **Cyclapon T** der G.D.C.

Igepon T ist ein ausgezeichnetes Ersatzmittel für Seife mit einem ihr überlegenen Reinigungs- und Netzvermögen. Igepon T lässt sich durch Alkalien und Säuren nicht verseifen, und seine Beständigkeit gegen Erdalkalisalze ist sehr gut.

Darstellung von Igepon T.

1. Herstellung von Ölsäurechlorid.

2. Herstellung von Natriummethyltaurin durch Einwirkenlassen von Natriumisäthionat auf Methylamin nach der Gleichung

$$CH_3—NH_2 + HO—CH_2—CH_2—SO_3Na \longrightarrow CH_3—NH—CH_2—CH_2—SO_3Na + H_2O$$

3. Kondensation von Ölsäurechlorid mit Natriummethyltaurin.

Darstellung: Man löst 40 Teile der Methylaminoäthansulfosäure, die durch Einwirkung von Methylamin auf die Bisulfitverbindung des Formaldehyds erhalten wird, in 250 Teilen Wasser auf. Dazu gibt man 60 Teile Oleylchlorid und gibt bei 15° C 60 Teile Natronlauge von 40° Bé hinzu, so dass ein p_H-Wert von 9 erreicht wird. Das Gemisch wird darauf während einer bestimmten Zeit reagieren gelassen, so dass ein 20%iger Teig entsteht. Nach dem Trocknen wird dieser Teig fein zerrieben.

An Stelle der Säurechloride kann man auch die entsprechenden Anhydride oder die Fettsäuren selbst verwenden, die letzteren jedoch nur unter der Voraussetzung, dass Dehydrierungsmittel noch zugesetzt werden (*franz. P. 721.988* der I. G. Farbenindustrie).

Methyltaurin wird üblicherweise in grossem Maßstabe so hergestellt, dass man von Natriumisäthionat ausgeht und dieses mit Methylamin bei 270 bis 290° C unter 200 atm. Druck zur Reaktion bringt. Die Ausbeute beträgt dabei 85% auf Isäthionsäure bezogen. Das Methyltaurin wird in Form einer 25%igen Lösung abgezogen, welche man direkt für die Kondensation mit Ölsäure verwendet.

Nach *D.R.P. 664.309* der I. G. Farbenindustrie–Hentrich werden Produkte vom Typus des Igepon T ebenfalls erhalten, wenn man die Natriumverbindnng eines Fettsäureamids mit Natriumchloräthansulfonat umsetzt.

$$R—C\overset{O}{\underset{NHNa}{\lessgtr}} + Cl—CH_2—CH_2—SO_3Na \longrightarrow R—C\overset{O}{\underset{NH—CH_2—CH_2—SO_3Na}{\lessgtr}} + NaCl$$

Das *D.R.P. 633.334* der I. G. Farbenindustrie–Ulrich-Körding beschreibt weitere, der Igepon T-Klasse angehörende Verbindungen, die durch Kondensation von Ölsäure mit Oxyalkylaminoschwefelsäuren erhalten werden, so z. B. die folgende Verbindung:

$$R—\overset{O}{\overset{\|}{C}}—NH—CH_2—CH_2—O—SO_3Na, \text{ wobei } R = C_{17}H_{33}—$$

Man kann selbstverständlich auch Methyltaurin mit andern Karbonsäuren von höherem Molekulargewicht zur Reaktion bringen. Gleichfalls lässt sich das Methyltaurin auch durch verschiedene Aminoalkylsulfonsäuren ersetzen. Eine Reihe solcher Abarten wurde auch industriell hergestellt.

So wird das **Igepon KT**, ein Produkt mit ausgezeichnetem Schaumbildungsvermögen, dadurch erhalten, dass man die Fettsäuren des Kokosöls mit Methyltaurin kondensiert.

Igepon 702 K oder **Alipon 702 K** wird durch Kondensation eines Gemisches aus Myristin- und Palmitinsäure (Palmöl) mit Methyltaurin hergestellt.

Alipon OT ist das Kondensationsprodukt aus durch Oxydation von Paraffin erhaltenen Säuren mit Methyltaurin.

Bei der Igeponherstellung ist jedoch auch noch eine andere Arbeitsmethode möglich. Man stellt sich das N-Methylbromäthylamid der betreffenden Fettsäure durch Einwirkung des Säurechlorids auf Methylbromäthylamin nach der Schotten-Baumannschen Methode her. Hierauf wird das Amid im Autoklaven 10 Stunden bei 150° C mit einer Natriumsulfit- oder -bisulfitlösung behandelt (*franz. P. 814.166* der I. G. Farbenindustrie).

Bezüglich der Kalkbeständigkeit ist das Igepon T dem Igepon A überlegen. Zudem wird es selbst in der Hitze von starken Säuren oder Alkalien nicht gespalten. Auf Grund dieser Beständigkeit, der hohen Grenzflächenaktivität und des guten Dispergiervermögens hat Igepon T auf den verschiedensten Gebieten der Textilindustrie Verwendung gefunden.

Die **Igepone**, wie auch die **Neopole** und **Prästapole** von Stockhausen, eignen sich nicht nur zum Seifen von Baumwollgeweben, sondern auch besonders gut für die Behandlung von tierischen Fasern. Ein Zusatz von 0,5 g Igepon A oder T im Liter Flotte erleichtert das Walken der Wolle. Es bildet sich dabei ein reichlicher Schaum, welcher das Filzen begünstigt und der Ware zugleich einen weichen Griff verleiht. Um z. B. die Fabrikation von Wollhüten zu vereinfachen, ist es vorteilhaft, der Walkflüssigkeit Igepon T an Stelle von Glyzerin oder Türkischrotöl zuzusetzen.

In beiden Marken, Igepon A und T, ist keine freie Karboxylgruppe mehr vorhanden; die Fettsäurekette ist erhalten geblieben und die polare Sulfogruppe befindet sich am Ende der Kette, so dass alle gestellten Bedingungen erfüllt sind.

Die Stabilität von Igepon A gegen hartes Wasser kann als gut bezeichnet werden. Das Produkt zeigt eine neutrale Reaktion. Igepon A zeichnet sich durch seine gute Reinigungskraft, hohes

Schaumbildungsvermögen und die vorzügliche emulgierende Wirkung aus. In alkalischem Bade muss jedoch seine Beständigkeit als ungenügend bezeichnet werden.

Igepon T wird anderseits weder von Säuren noch Alkalien verseift. Zudem sind seine Erdalkalisalze ebenfalls wasserlöslich.

Die Säure- und Hartwasserbeständigkeit dieser beiden Produkte lässt sich noch in ganz unerwartetem Masse steigern, wenn nach *D.R.P. 639.079* der I. G. Farbenindustrie–Daimler-Jochum-Platz eine Mischung von Igepon A und T verwendet wird.

Im *öst. P. 136.671* behandelt die I. G. Farbenindustrie die Umsetzungsprodukte der Säureanhydride oder -halogenide aliphatischer höherer Karbonsäuren mit organischen Aminosulfosäuren. Das bekannteste Beispiel für eine solche Verbindung ist das Fettsäurechlorid aus dem Kokosnussölgemisch mit Aminoäthansulfosäure (Taurin).

Das *brit. P. 414.403* der Imp. Chem. Ind. empfiehlt als Netzmittel die Kondensationsprodukte aus Fettsäureamiden und Polyalkoholen oder solche aus Fettsäuren und Polyhydroxylaminen (aus Glyzerin und Ammoniak herstellbar), die der allgemeinen Formel

$$R—CO—NH—X$$

entsprechen. X bedeutet dabei den Polyalkoholrest, z. B.

$$—CH_2—(CHOH)_4—CH_2OH$$

Zu derselben Gruppe gehören auch die erdalkalibeständigen Netzmittel der Hydrierwerke *(brit. P. 417.394)*, die aus aromatischen, keine Hydroxylgruppe enthaltenden Sulfosäuren wie Anilin-2,4-disulfosäure und Fettsäurechloriden wie Cetylchlorid hergestellt werden. Ferner seien noch die Umsetzungsprodukte aus halogenierten Fettsäureestern, wie z. B. bromierte Stearinsäureäthylester, und toluolsulfinsaurem Natrium, die das *schweiz. P. 167.374* der Ciba zum Gegenstand hat, erwähnt.

Zudem sei noch erwähnt, dass die obengenannten Kondensationsprodukte von höheren aliphatischen Karbonsäurehalogeniden mit Taurin im *brit. P. 419.048* von Geigy als geeignete Dispersionsmittel besonders für die Färbebäder unlöslicher Azetatfarbstoffe bezeichnet werden.

Ein dem Igepon T sehr ähnliches Produkt kann nach Waldmann und Chwala[1]) erhalten werden, wenn man einen sulfurierten und ami-

---

[1]) *Brit. P. 434.358; franz. P. 779.503; schweiz. P. 180.400; amer. P. 2.118.995* und *D.R.P. 677.600* von Waldmann und Chwala; *franz. P. 715.585* der I. G. Farbenindustrie; *D.R.P. 666.388* von Henkel & Co.

dierten Äther azyliert, wobei sich ein Produkt der allgemeinen Formel

$$R—CO—N(R')—R''—O—R'''—SO_3Na$$

bildet.

Das *amer. P. 2.118.995* der I. G. Farbenindustrie–Waldmann-Chwala empfiehlt dabei etwa, bei β,β'-Dichlordiäthyläther durch Behandlung mit Natriumsulfit ein Chloratom zu ersetzen:

$$Cl–CH_2–CH_2–O–CH_2–CH_2–Cl + Na_2SO_3 \longrightarrow Cl–CH_2–CH_2–O–CH_2–CH_2–SO_3Na + NaCl$$

Das zweite Chloratom wird durch Erhitzen mit einem Amin, z. B. Methylamin, durch den Aminorest ausgetauscht:

$$CH_3–NH_2 + Cl–CH_2–CH_2–O–CH_2–CH_2–SO_3Na \rightarrow CH_3–NH–CH_2–CH_2–O–CH_2–CH_2–SO_3Na + HC$$

Durch Anlagerung eines Laurinsäurerestes gelangt man dann schlussendlich zu einer Verbindung der Formel

$$C_{11}H_{23}—C\underset{\underset{\underset{CH_3}{|}}{N—CH_2—CH_2—O—CH_2—CH_2—SO_3Na}}{\overset{O}{\diagup\!\!\!\diagdown}}$$

Als wirksame Netz- und Reinigungsmittel erwähnt das *brit. P. 452.139* der Imp. Chem. Ind. Kondensationsprodukte von Öl-säurechlorid mit aromatischen Verbindungen, nämlich den Alkoxy-amidobenzolsulfonsäuren.

II. A. 6 d. Schwefelsäureester von Alkylamiden oder Amino-alkoholen (Amidöle oder Fettsäureamide)[1].

Es handelt sich hier vor allem um die Oxyäthylamide von Fett-säuren, die man erhält, wenn man Monoäthanolamin im Überschuss bei 190 bis 200° C mit Laurinsäure zur Reaktion bringt. Es können dabei Dehydratierungskatalysatoren verwendet werden oder nicht. Das so erhaltene Amid wird darauf mit Schwefelsäure bei 100° C sulfatiert. Zum Schluss wird der Schwefelsäureester mit Natron-lauge neutralisiert.

Im Handel befinden sich in Teig-, Pulver- oder flüssiger Form die Natrium-, Kalium-, Ammonium- oder Triäthanolaminsalze.

Schwefelsäureester der Amide von Aminoalkoholen.

Diese Klasse von Produkten kann auf verschiedene Arten her-gestellt werden:

---

[1] *Franz. P. 864.595* der Alframine Corp.; *franz. P. 669.517* der I. G. Farbenindu-strie; *franz. P. 713.382* von Orelup; *franz. P. 827.186* der Ciba; *franz. P. 863.793* der Chimiotechnic; *franz. P. 876.720* von P. Fournier; *D.R.P. 694.130* der I. G. Farben-industrie; siehe auch L. Diserens, Teil I, Bd. *3*, S. 344; *brit. P. 515.882; franz. P. 838.169* und *amer. P. 2.185.817* der Alframine Corp.–Mauersberger.

1. Durch Einwirkenlassen von Äthylenoxyd auf ein Fettsäureamid und nachfolgende Sulfatierung:

$$R-C\underset{NH_2}{\overset{O}{<}} + \underset{CH_2}{\overset{CH_2}{|}}O \longrightarrow R-C\underset{NH-CH_2-CH_2OH}{\overset{O}{<}}$$

$$R-C\overset{O}{<}NH-CH_2-CH_2OH \xrightarrow{H_2SO_4} R-C\overset{O}{<}NH-CH_2-CH_2-O-SO_3H + H_2O$$

2. Durch Einwirkung eines Säurechlorids auf Monoäthanolamin und nachträgliche Sulfatierung[1]):

$$R-C\underset{Cl}{\overset{O}{<}} + H_2N-CH_2-CH_2OH \longrightarrow R-C\underset{NH-CH_2-CH_2OH}{\overset{O}{<}} + HCl$$

$$R-C\overset{O}{<}NH-CH_2-CH_2-OH \xrightarrow{H_2SO_4} R-C\overset{O}{<}NH-CH_2-CH_2-O-SO_3H + H_2O$$

3. Durch Einwirkung einer Fettsäure auf Monoäthanolamin und darauffolgende Sulfatierung[2]):

$$R-C\underset{OH}{\overset{O}{<}} + H_2N-CH_2-CH_2OH \longrightarrow R-C\overset{O}{<}NH-CH_2-CH_2OH + H_2O$$
Oxyäthylamid einer Fettsäure

$$R-C\overset{O}{<}NH-CH_2-CH_2OH \xrightarrow{H_2SO_4} R-C\underset{NH-CH_2-CH_2-O-SO_3H}{\overset{O}{<}} + H_2O$$

4. Durch Einwirkung eines Säurechlorids auf den Schwefelsäureester von Monoäthanolamin in alkalischer Lösung[3]):

$$R-C\underset{Cl}{\overset{O}{<}} + H_2N-CH_2-CH_2-O-SO_3H \xrightarrow{NaOH} R-C\underset{NH-CH_2-CH_2-O-SO_3H}{\overset{O}{<}} + NaCl + H_2O$$

Bei der Umsetzung der Fettsäure mit Monoäthanolamin bilden sich auch kleine Mengen des Esters

$$R-C\underset{O-CH_2-CH_2-NH_2}{\overset{O}{<}}$$

Dieser Ester lässt sich nicht sulfatieren und seine Anwesenheit im Endprodukt beeinträchtigt deutlich die reinigenden und schaumbildenden Eigenschaften des Schwefelsäureesters. Ein verbessertes

[1]) *Amer. P. 2.355.442.*
[2]) *Franz. P. 669.517* und *Zusatz-P. 37.914, 693.930* und *Zusatz-P. 41.447, 713.382, 751.641, 751.795; franz. P. 780.208* von Orelup; *franz. P. 859.048* von Katz.
[3]) *Amer. P. 1.932.180* der I. G. Farbenindustrie-Günther-Haussman.

Produkt wird erhalten, wenn man die Fettsäuren des Kokosnussöls mit Monoäthanolamin zur Reaktion bringt[1]).

Die Äthanolamide lassen sich ebenfalls so herstellen, dass man einen Fettsäureester mit Monoäthanolamin zur Reaktion bringt[2]).

Meistens wird Verfahren 3 angewendet. Indessen sind die in Form von Pasten erhältlichen Schwefelsäureester bedeutend unbeständiger, als ihre chemische Konstitution vermuten liesse. Den Chemikern der I. G. Farbenindustrie gelang jedoch die Entdeckung, dass sich aus diesen Verbindungen neben Bisulfat ein Oxazolidin bilden kann, welches dann in den Alkylaminester übergeführt werden kann:

$$CH_3—(CH_2)_n—C\overset{O}{\underset{}{\diagup}}NH—CH_2—CH_2—O—SO_3Na \longrightarrow$$

$$CH_3—(CH_2)_n—C\begin{matrix} O—CH_2 \\ | \\ N—CH_2 \end{matrix} + H_2O + H—SO_3Na \longrightarrow$$

$$CH_3—(CH_2)_n—C\overset{O}{\underset{O—CH_2—CH_2—NH_2}{}} + H—SO_3Na$$

Diese letztere Verbindung bildet unlösliche Salze mit den Schwefelsäureestern des nicht umgesetzten Anteils. Man kann diese Umsetzung verhindern, wenn man Oxyalkylamine mit genügend langer Kette verwendet, so dass sich keine solchen Ringe bilden können. Man gelangt so zu Produkten, deren Beständigkeit etwa derjenigen entspricht, die auf Grund der chemischen Konstitution erwartet würde.

Sulfatierungsprodukte der Alkylolamide erhält man auch durch Kondensation von Fettsäuren mit Alkylolaminen und nachfolgende Sulfatierung[3]):

$$R—C\overset{O}{\underset{NH—CH_2—CH_2OH}{}} + H_2SO_4 \longrightarrow R—C\overset{O}{\underset{NH—CH_2—CH_2—OSO_3H}{}} + H_2O$$

Als Beispiel sei hier das Natriumsalz des Schwefelsäureesters des Lauryläthanolamids angeführt. Auf Laurinsäure lässt man bei 190 bis 200° C Monoäthanolamin im Überschuss einwirken. Man arbeitet entweder mit Rückfluss oder bei tiefer Temperatur und dann bei vermindertem Druck in Gegenwart oder Abwesenheit eines Dehydratierungskatalysators wie Benzolmonosulfosäure oder p-Cymolsulfosäure. Das so hergestellte Amid wird entweder im Vakuum destilliert

---

[1]) *Amer. P. 2.355.503* und *kanad. P. 427.726* der Hydronaphtene Corp.–Bertsch.

[2]) *Brit. P. 523.466* der Imp. Chem. Ind.; *amer. P. 2.167.931* der Shell Develop. Co.

[3]) *Amer. P. 1.981.792* von Orelup-John W.; *amer. P. 1.918.363* der Böhme-Fettchemie–Bertsch.

oder direkt mit dem gleichen Gewicht 100%iger Schwefelsäure bei 30°C sulfatiert. Die Neutralisation findet entweder bei tiefer Temperatur mit Soda oder unmittelbar auf dem Kollergang mit Bikarbonat statt.

Die Alkylolamide verbinden sich anderseits auch mit Formaldehyd, wobei Verbindungen vom Typus

$$R-C \overset{O}{{\underset{}{\diagup}}} N-CH_2-CH_2OH$$
$$H-C-H$$
$$R-C \underset{O}{{\overset{}{\diagdown}}} N-CH_2-CH_2OH$$

entstehen, die man ebenfalls sulfatieren kann.

Das Produkt, das durch Sulfatierung des Monoäthanolamids der Fettsäuren des Kokosnussöls erhalten wird, ist das am häufigsten verwendete unter diesen Fettsäureamiden. Es kommt diesem Produkt die allgemeine Formel

$$R-C \overset{O}{{\underset{NH-CH_2-CH_2-O-SO_3Na}{\diagup\diagdown}}}$$

zu. Indessen werden auch andere Säuren verwendet, wie Stearin-, Palmitin- und Ölsäure. Das Produkt, welches erhalten wird, wenn man ein Gemisch von Kapryl- und Kaprinsäure verwendet, ist ein ausgezeichnetes Schaummittel (*amer. P. 2.353.081* der Nat. Oil Prod. Co.).

Aber auch andere Amine als Äthanolamine können in Frage kommen, wie z. B. das 1-Amino-2,3-dioxypropan (Aminoglyzerin oder Glyzerinamin), das Trimethylolaminomethan

$$H_2N-C \overset{CH_2OH}{{\underset{CH_2OH}{\diagup\diagdown}}} CH_2OH$$

und das Diäthanolamin (*brit. P. 414.303* der Imp. Chem. Ind.).

Von der I. G. Farbenindustrie wurde unter dem Namen I g e - p o n B ein Produkt auf den Markt gebracht, welches durch Sulfatierung des Kondensationsproduktes aus einer Fettsäure und 1-Amino-butanol-(3) erhalten wird:

$$R-C \overset{O}{{\underset{}{\diagup}}} NH-CH_2-CH_2-\underset{\underset{CH_3}{|}}{CH}-O-SO_3Na$$

Die Äthanolamide der Fettsäuren des Rizinusöls sind sehr gute Emulgatoren (*schweiz. P. 187.421* und *189.302* der Ciba).

Das Betramin der Alframine Corp. gehört ebenfalls zu dieser Gruppe. Es beruht ebenfalls auf der Verwendung von Kokosfettsäuren *(franz. P. 864.595)*.

Die Äthanolamide der Fettsäuren bilden den Gegenstand zahlreicher Patente. Zu den wichtigsten gehören das *franz. P. 669.517* der I. G. Farbenindustrie, das *franz. P. 713.382* von Orelup und das *franz. P. 827.186* der Ciba. Man kann zusammengesetzte Äthanolamide darstellen und sie mit sulfurierten Amiden und sulfatierten Alkoholen der Fettreihe kombinieren oder die Amide mit dem Anhydrid der Sulfophtalsäure reagieren lassen.

Die sulfatierten Alkylolamide haben sich unter den Seifenersatzprodukten eine bedeutsame Stellung erobert. Sie waren aber im allgemeinen nicht der Gegenstand zahlreicher Veröffentlichungen in der Fachliteratur.

Nach Untersuchungen von Ringeisen sind diese Produkte Waschmittel, die sich bezüglich ihrer Wirkung am ehesten der Seife nähern. J.-P. Sisley[1]) legte der Commission du Laboratoire Central du Comité des Recherches Textiles in Paris (Ausschuss des Zentrallaboratoriums des Forschungsinstituts für die Textilveredlung) eine Arbeit vor, in welcher er nachweisen konnte, dass bei der Verarbeitung von 100 kg verseifbarer Fette 140 kg Seife mit 72% Fettgehalt oder 770 kg sulfatierte Fettsäureamide mit einem Fettgehalt von 13% erhalten werden können. Damit lässt sich beweisen, dass sich die Waschwirkung — im Verhältnis zum aufgewendeten Fettmaterial — bei den Amidsulfaten verfünffachen lässt. Dies ermöglicht eine ausserordentliche Einsparung an Fettstoffen. Aus diesem Grunde waren diese Produkte von äusserst grossem Interesse während des zweiten Weltkrieges, um dem herrschenden Fettmangel begegnen zu können. Die Amide der Fettsäuren kosten anderseits 2 bis 3mal soviel wie die regulären Seifen. Ferner ist auch ihre Herstellung schwieriger und erfordert die Verwendung von Schwefelsäure. Es ist daher erklärlich, dass die Natriumsalze der Schwefelsäureester der Äthanolamide der Kokosfettsäuren durch die Einschränkungen bezüglich des Fettmaterials für die Waschmittelherstellung einen starken Aufschwung nahmen.

Die Natriumsalze der Schwefelsäureester der Oxyäthylamide der Fettsäuren, und zwar besonders der Fettsäuren des Kokosnussöls, gelangen unter verschiedenen Bezeichnungen auf den Markt:

Enerpon O u. OL	Chimiotechnic
Mixopon	Chimiotechnic
Amitex TB	Francolor

---

[1]) J.-P. Sisley, Teintex 1945, Juni, S. 5, und Juli, S. 32.

Cyclopon A, AG . . . . I. G. Farbenindustrie u. G. D. C.
Sinnol . . . . Sinnova
Solepal AG, AGC, AGS, AGD . . . Sopura (Doittau)
Sodapon T, N . . . . Sodac
Somepon . . . . P.C.M.N.
Motepon . . . . Sema
Betramine . . . . Alframine Corp.
Omya P, PS . . . . Plüss-Staufer
Igepon B . . . . I. G. Farbenindustrie
Setal MB . . . . Sav. Fournier-Cimag
Alframine BGA und WA . . . . . Alframine Corp.
Xynomine BM und SP . . . . . . Onyx
Pervadol . . . . Schill
Hytergen BM . . . . Hart Prod. Corp.
Sulframine BLX . . . . Ultra Chem. Co.
Miranol 45, 74, CL conc., LF . . . The Miranol Chem. Co.
Emcol 3160 S . . . . Emulsol Co., Chicago
Nopco 2105 C . . . . Nat. Oil Prod. Co.
Synthogen MV . . . . Chem. Fabrik Hard

Es sind dies Reinigungsmittel von gewisser Bedeutung, die seit 1942 sich in der Praxis eingeführt haben und heute in grossem Masse in der Textilindustrie verwendet werden (*D.R.P. 694.130* der I. G. Farbenindustrie).

Die französische Firma Chimiotechnic nahm das *franz. P. 863.793*, welches die Verwendung dieser Verbindungen als Waschmittel zusammen mit Bentonit und alkalischen Verbindungen, und zwar besonders für Bleichzwecke von Wäschestücken, erwähnt.

Da die sulfurierten Alkoxylamide der Fettsäuren den Ruf guter Waschmittel erworben hatten, die in ihrer Wirkung den Seifen nahekamen, wurden sogenannte aktivierte Waschmittel aus Harzseifen mit Sulfonaten des Laurinsäurealkoxylamids hergestellt. Solche Produkte kamen unter den Namen Abiol, Mixopon, Aresol usw. auf den Markt.

Die Seifenfabrik Paul Fournier empfahl im *franz. P. 876.720* den Zusatz von Cetylalkoholsulfat zu Harzseifen mit der Absicht, die Abietinsäure zu stabilisieren und die Waschwirkung in hartem Wasser zu erhöhen.

Der I. G. Farbenindustrie wurden im *D.R.P. 694.130* (9. 5. 1935) verschiedene Netz-, Emulgier- und Weichmachungsmittel geschützt. Als solche werden Biguanide verwendet. Die Herstellung dieser Verbindungen erfolgt z. B. durch Einwirkenlassen von Dicyandiamid auf die Salze primärer oder sekundärer aliphatischer Amine in der Wärme. Als Beispiele werden Laurylbiguanid, Isopropyldodecylbiguanid, Stearylbiguanid und Oktadecylbiguanid genannt.

Auch substituierte Amide sind als Netz-, Wasch- und Dispergiermittel verwendbar. So wäre beispielsweise das *brit. P. 428.091* von

Hunsdiecker und Vogt zu nennen, welches von Cyanamid $H_2N—CN$ ausgehend ein Wasserstoffatom durch einen Fettrest und das andere durch ein Alkalimetall ersetzt. Man gelangt so zu neuen Produkten, wie zum Stearyl-cyanamid-natrium

$$CH_3—(CH_2)_{16}—CO—N—Na$$
$$|$$
$$CN$$

Die zur Netzmittelherstellung brauchbaren Amide werden nach *brit. P. 421.718* der I. G. Farbenindustrie durch Behandlung der Fettsäuren mit einer Ammoniak-Wasserstoff-Mischung oder nach dem *amer. P. 2.013.108* ebenfalls der I. G. Farbenindustrie–Reppe-Keyssner mit Ammoniak und Silica-Gel bei hohem Druck und bei Temperaturen von 200 bis 400° C dargestellt.

Nach *brit. P. 420.883* und *420.884* der I. G. Farbenindustrie lässt man Karbonsäureamide oder Sulfonsäureamide (z. B. Oxyäthyl-amid der Palmitinsäure) auf Glyzide, d. h. anhydridartige Derivate des Glyzerins, einwirken. Weitere besondere Ausführungsformen dieses Gedankens sind die sulfurierten Dioxypropylamide höherer Fettsäuren nach dem *schweiz. P. 175.871/2* der Imp. Chem. Ind. und die Reaktionsprodukte hochmolekularer Säureamide mit Äthylen-oxyd (z. B. $R—CO—NH—C_2H_4OH$) nach dem *amer. P. 2.002.613* der I. G. Farbenindustrie–Keppler.

Vom Amintypus leiten sich auch die Produkte her, die nach *brit. P. 419.588* der I. G. Farbenindustrie durch Einwirkung von Alkylenoxyden auf primäre oder sekundäre Amine entstehen. Das Patent nennt als Beispiele die Kondensationsprodukte höherer Alkylamine mit Glyzid

$$R—NH—CH_2—CH—CH_2—OR'$$
$$|$$
$$OH$$

In die gleiche Gruppe gehört auch das *franz. P. 768.732* der Imp. Chem. Ind. mit seinen Netzmitteln aus Äthylenoxyd und wasser-löslichen azylierten Aminen, wie z. B. Stearyltrioxybutylamin. Diese Verbindungen werden auch zur Verzögerung des Aufziehens von Färbungen verwendet.

Das *brit. P. 418.247* der Resin Prod. beschreibt für Netzzwecke Kondensationsprodukte von sekundären Aminen (Dimethylamin) mit Karbonsäureamiden und Formaldehyd. Gewisse Amine sind auch an sich als Dispergiermittel verwendbar, wie dies aus dem *D.R.P. 529.859* der I. G. Farbenindustrie–Ulrich-Schuster hervorgeht. Triäthanol-amin und ähnliche Produkte dienen nach dieser Veröffentlichung als Anteigungs- oder Verteilungsmittel für Küpenfarbstoffe und auch als ein selbst in der Kochhitze die Wolle nicht angreifendes Wasch-mittel. Höher substituierte Amine, in denen eine über acht Kohlen-

stoffatome enthaltende Kette und ein mit einer Sulfogruppe substituierter Karbonsäurerest an den Stickstoff gebunden sind, können
nach *brit. P. 406.862* der Hydrierwerke Carnaubawachs und Ozokerit
emulgieren. Die letztere Firma nennt auch als Dispergiermittel im
brit. P. 413.357 die leichtlöslichen alizyklischen Amine, wie das
Zyklohexylamin — das Amin des Zyklohexans —

$$H_2C \underset{\diagdown CH_2-H_2C \diagup}{\overset{\diagup CH_2-H_2C \diagdown}{}} CH-NH_2$$

Das *schweiz. P. 170.421* behandelt aromatische Aminosulfosäuren, die am Aminrest als Substituenten noch einen Alkylrest von
mindestens 8 Kohlenstoffatomen besitzen. Ein Beispiel hiefür ist
das Natriumsalz der 1-Cetylaminobenzol-2,4-disulfosäure. Ein dem
vorigen Patent sehr ähnliches ist auch das *amer. P. 1.981.792* von
Orelup, das ein Wollwaschmittel aus sulfurierten Kondensationsprodukten von Monoäthanolamin mit Fettsäuren von 12 bis 14
Kohlenstoffatomen empfiehlt.

II. A. 6 e. Von Polypeptidaminosäuren abgeleitete Amide[1].

Ein wichtiger Vertreter dieser Gruppe ist das Lamepon A[2] der
Chemischen Fabrik Grünau. Es entsteht durch Einwirkenlassen eines
Fettsäurechlorids (z. B. Ölsäurechlorid) auf abgebaute Eiweißstoffe.

$$C_{17}H_{33}-C{\overset{O}{\diagdown Cl}} + H_2N-R(CONHR')_xCOONa + NaOH \longrightarrow$$

$$C_{17}H_{33}-C{\overset{O}{\diagdown NHR(CONHR')_xCOONa}} + NaCl + H_2O$$

Lamepon ist nicht sehr kalkbeständig und nur beschränkt säurebeständig. Ein interessantes Verwendungsgebiet für dieses Produkt
liegt auf dem Gebiete der Wollveredlung, wo es als Faserschutzmittel
empfohlen wird. Diese Produkte wurden durch die Arbeiten von
Landshoff und Mayer bekannt.

Die Kondensationsprodukte höherer Fettsäuren mit Eiweissabbauprodukten nach Art der Lamepone können nach *D.R.P. 657.706*
von Landshoff und Mayer in beständige Trockenpräparate übergeführt

---

[1] *D.R.P. 550.905, 635.522; brit. P. 455.310, 456.142, 459.039, 461.328* der I. G.
Farbenindustrie; *franz. P. 787.819, 789.004;* Nüsslein, Mell. 1937, S. 248, 296; B.I.O.S.
Rep. Nr. 418, London.

[2] *Amer. P. 2.015.912; brit. P. 413.016, 435.481, 450.467; schweiz. P. 172.359,
187.094, 187.099* der Chem. Fabr. Grünau–Landshoff und Mayer; *franz. P. 772.585* der
I. G. Farbenindustrie; *D.R.P. 670.096, 670.097.*

Andere Handelsmarken: Protepon A der Firma Protex (Frankreich); May-
pon K und 4C der May Wood Chem. Works; Armopon T der Soc. Armoricaine des
Dér. Org. et Min. (Frankreich); Lanasan von Sandoz; Tephal A der Tepha AG.;
Ebropon N der Chem. Fabrik Hard, Dr. Eberle & Co. (Österreich).

werden. Um dies zu erreichen, werden sie nach der Herstellung durch Säuren ausgefällt und der Niederschlag dann mit entwässerten alkalischen Salzen (Pyrophosphat) verrührt. Das so erhaltene Gemisch wird darauf getrocknet. Durch die Erfindungen dieser Firma scheint das *amer. P. 2.131.305* der Th. Goldschmidt AG., in welchem die Reaktionsprodukte abgebauter Eiweisse mit Fettsäurechloriden als Netzmittel empfohlen werden, überholt zu sein.

Laut *D.R.P. 702.242*, 1941, der Chem. Fabr. Grünau können die Mischungen von höhermolekularen Fettsäureamiden, die in der Amidogruppe durch Alkyl- oder Arylgruppen substituiert sind, einerseits und Kondensationsprodukte aus Eiweißstoffen oder deren Abbauprodukten mit höheren Fettsäuren oder Harzsäuren andererseits insbesondere für Wollgewebe als Weichmacher benützt werden.

Ferner sind diese Kondensationsprodukte von höheren Fettsäuren mit albuminoiden Substanzen nach *franz. P. 772.585* der I. G. Farbenindustrie für die Egalisierung von Küpenfärbungen geeignet. Im Prinzip deckt sich damit das *brit. P. 413.016* von Landshoff & Mayer, nach welchem gleichfalls abgebaute höhere Eiweisskörper mit höheren Fettsäurechloriden kondensiert werden.

Nach dem *amer. P. 2.015.912* der Chemischen Fabrik Grünau können Fettsäurechloride mit den Aminogruppen von Polypeptiden unter Bildung komplexer Amide reagieren. Die so erhältlichen Produkte sind gegen verdünnte Säuren stabile Dispergier- und Emulgiermittel. Ein Beispiel einer solchen Verbindung hätte dabei etwa die folgende Formel

$$R-C\underset{\diagdown(NH-CH_2-CO)_n-NH-CH_2-CO-NH-CH_2-COOH}{\overset{\diagup O}{}}$$

Die gleiche Erfindung betrifft auch das *brit. P. 435.481* der I. G. Farbenindustrie, d. h. die Kondensation von höheren Fettsäuren mit Polypeptiden, während in *brit. P. 425.370* derselben Firma die Chlorkohlensäureester der höheren Fettalkohole mit Eiweissabbauprodukten kondensiert als Egalisierungsmittel bei Küpenfärbungen genannt werden. Die Abbauprodukte des Eiweiss an sich mit der Einschränkung, dass dieser Abbau nicht weiter als bis zum Stadium der Protalbinsäure gehen darf, werden in *brit. P. 425.689*, auch *franz. P. 786.391* von Freiberger beansprucht.

Franz. P. 875.615 erwähnt, dass komplexe Amide, die eine freie Aminogruppe enthalten, mit Azylierungsmitteln kondensiert werden können, wobei Produkte von verbesserter Säurebeständigkeit erhalten werden. Als Azylierungsmittel kommen dabei Essigsäureanhydrid oder Azetylchlorid in Betracht.

Als wertvolle Schutzkolloide haben sich nach dem *D.R.P. 637.910* von Stockhausen Verbindungen bewährt, die durch Kondensation von

Eiweissabbauprodukten mit Körpern entstehen, welche durch Einwirkung von Chlorazetylchlorid auf Xanthogenate gebildet werden. In dieselbe Klasse gehören auch die Verbindungen, die gemäss *brit. P. 443.265* der Hydrierwerke dargestellt werden und deren eine Komponente ebenfalls Eiweissabbauprodukte sind, während die andere Komponente von Estern oder Amiden halogensubstituierter Fettsäuren gebildet wird, die einen höheren Alkylrest tragen, wie z. B. das Chloressigsäure-dilaurylamid. Nach dem *brit. P. 450.467*, sowie *schweiz. P. 182.591, 182.577—82* der I. G. Farbenindustrie und *brit. P. 450.515* der Hydrierwerke lässt man Abbauprodukte des Leims mit höheren Karbonsäuren (Ölsäure oder Naphtensäure), deren Säureestern oder auch mit Chloriden höherer Fettsäuren (Laurylphenylaminoessigsäurechlorid) reagieren. Im *schweiz. P. 184.006* der I. G. Farbenindustrie ist eine Kondensation des Di-isobutylnaphtalinsäurechlorids (also eines Nekal-artigen Produkts) mit einem Peptidgemisch, worunter ebenfalls Abbauprodukte von Eiweissstoffen zu verstehen sind, wie sie sich aus mit Kalk behandelten Lederabfällen bilden, vorgesehen.

II. A. 7. Ersatz der Karboxylgruppe durch einen anderen Rest.

Ersatz der Karboxylgruppe durch einen Alkoholrest.

Natriumsalze saurer Schwefelsäureester von Fettalkoholen (Fettalkoholsulfate)[1].

Die Tatsache, dass die Karboxylgruppe bei den Seifen und den sulfurierten Ölen sich bei deren Verwendung nachteilig bemerkbar macht, hat das vollständige Weglassen dieser Gruppe als vorteilhaft erscheinen lassen. Es ist dies durch Ersatz dieser Gruppe durch eine andere funktionelle Gruppe möglich, wie z. B. durch die Alkoholgruppe ($—CH_2OH$) oder auch unter Umständen durch eine heterozyklische Gruppe, wie die sulfurierte Benzimidazolgruppe.

So hat man Schwefelsäureester von Fettalkoholen von höherem Molekulargewicht[2] hergestellt, welche Körper von beträchtlichem Netz-, Emulgier- und Schaumvermögen darstellen. Gleichzeitig besitzen diese Verbindungen eine ausgezeichnete Beständigkeit gegenüber Säuren und Erdalkalisalzen. Vor allem der Böhme-Fettchemie und ganz im besonderen Bertsch kommt das Verdienst zu, diese Produkte gründlich studiert und die Herstellung solcher Produkte er-

---

[1] Siehe L. Diserens, Teil I, Bd. *3*, S. 349; J.-P. Sisley, Index des huiles sulfonées, S. 95; J.-P. Sisley, Teintex 1944, S. 147; 1945, S. 5; Lorges, Rev. Chim. Ind. 1930, S. 233; R.G.M.C. 1935, S. 105; Seifensieder Ztg. 1934, S. 470, 491.

[2] Die Schwefelsäureester der primären, normalen aliphatischen Alkohole waren in der organischen Chemie schon seit langem bekannt; Natriumcetylsulfat $C_{16}H_{33}—OSO_3Na$ wurde zum erstenmal von Dumas (Ann. Pharm. 1836, *19*, S. 293) hergestellt.

möglicht zu haben. Diese Körper sind für die Textilveredlung von ganz grosser Bedeutung.

Die Fettalkoholsulfate gehören zur Zeit zu den wichtigsten oberflächenaktiven Produkten des Handels. Ihr Erscheinen im Jahre 1930 gab von neuem zu sehr intensiven Forschungsarbeiten auf dem Gebiete der kapillaraktiven Stoffe Anlass.

Die technischen Ausgangsprodukte für Fettalkohole sind:

a. Fischtrane und tierische Wachse, d. h. Spermazeti oder Walrat (Cetaceum), der aus dem Tran des Pottwals (Spermwal) gewonnen wird. Der Walrat scheidet sich beim Stehenlassen aus dem Spermazetiöl ab, welches aus Estern der Ölsäurereihe mit ungesättigten Alkoholen besteht. Es handelt sich um eine wachsartige, gelbliche Masse, die aus Palmitinsäurecetylester (Cetin) besteht. Spermazetiöl oder Walratöl ist eine hellgelbe, fast geruchlose ölige Flüssigkeit, welche 10 bis 15% leichtverseifbare Fettsäureglyzeride enthält. Der Rest besteht einerseits aus schwerverseifbaren Anteilen, wie

$$C_{17}H_{33}-C\begin{smallmatrix}\diagup O\\ \diagdown O-C_{18}H_{35}\end{smallmatrix}\qquad\text{Ölsäureoleylester}$$

$$C_{15}H_{31}-C\begin{smallmatrix}\diagup O\\ \diagdown O-C_{18}H_{35}\end{smallmatrix}\qquad\text{Palmitinsäureoleylester}$$

und anderseits aus einer Mischung unverseifbarer Substanzen, die 38 bis 40% ausmachen, und aus hochmolekularen aliphatischen gesättigten Alkoholen (Hexadecyl-, Tetradecyl- und Oktadecylalkohol) bestehen.

Das Döglingsöl oder der Döglingstran wird von dem im nördlichen Eismeer lebenden Entenwal gewonnen. Es besteht aus Estern von einbasischen Fettsäuren (Palmitinsäure) mit einwertigen Alkoholen (Cetylalkohol).

b. Karnaubawachs aus Cerotinsäure-melissylester

$$C_{25}H_{51}-COOC_{30}H_{61}$$

und Palmitinsäure-melissylester bestehend.

c. Bienenwachs aus Palmitinsäure-melissyl- oder -myricylester $C_{15}H_{30}-COO-C_{30}H_{61}$ bestehend.

d. Wollfett.

e. Candelillawachs oder Cantillawachs, welches in einer Menge von 2 bis 3% in einer im Norden Mexikos, in Arizona und Texas wildwachsenden binsenartigen Euphorbiazee enthalten ist. Chemisch gesehen ist das Candelillawachs eine esterartige Verbindung einer hochmolekularen Fettsäure mit einem mehrwertigen Alkohol. Daneben enthält es noch Fett- und Harzsäuren sowie Oxylaktone.

Bei einer Hydrierung erhält man aus Fetten ein Gemisch verschiedener Alkohole, die 10, 12, 14, 16 oder 18 Kohlenstoffatome enthalten, und zwar

Decylalkohol $CH_3—(CH_2)_8—CH_2OH=C_{10}H_{21}OH$, der sich also aus Kaprinsäure $C_9H_{19}—COOH=C_{10}H_{20}O_2$ bilden kann;

Laurylalkohol, Dodecylalkohol oder Lorol
$$CH_3—(CH_2)_{10}—CH_2OH=C_{12}H_{25}OH;$$

Myristylalkohol oder Tetradecylalkohol
$$CH_3—(CH_2)_{12}—CH_2OH=C_{14}H_{29}OH,$$
der der Myristinsäure $C_{13}H_{27}COOH=C_{14}H_{28}O_2$ entspricht;

Cetylalkohol oder Palmitylalkohol
$$CH_3—(CH_2)_{14}—CH_2OH=C_{16}H_{33}OH$$
oder Hexadecylalkohol, der Palmitinsäure $C_{15}H_{31}COOH=C_{16}H_{32}O_2$ entsprechend, wird aus Walrat, dem Palmitinsäurecetylester, gewonnen;

Stearylalkohol oder Oktadecylalkohol
$$CH_3—(CH_2)_{16}—CH_2OH=C_{18}H_{37}OH,$$
der Stearinsäure entsprechend $C_{17}H_{35}—COOH=C_{18}H_{36}O_2$;

Eikosylalkohol oder Dihydrophytol
$$CH_3—(CH_2)_{18}—CH_2OH=C_{20}H_{41}OH,$$
der Arachinsäure entsprechend $C_{19}H_{39}COOH=C_{20}H_{40}O_2$.

Dokosylalkohol $CH_3—(CH_2)_{20}—CH_2OH=C_{22}H_{45}OH$, der Behensäure $C_{21}H_{43}COOH=C_{22}H_{44}O_2$ entsprechend;

Cerylalkohol oder Hexakosylalkohol
$$CH_3—(CH_2)_{24}—CH_2OH=C_{26}H_{53}OH,$$
der Cerotinsäure $C_{25}H_{51}COOH=C_{26}H_{52}O_2$ entsprechend; als Cerotinsäureester im chinesischen Wachs vorkommend;

Melissyl- oder Myricylalkohol
$$CH_3—(CH_2)_{28}—CH_2OH=C_{30}H_{61}OH,$$
der Melissinsäure $C_{29}H_{59}COOH=C_{30}H_{60}O_2$ entsprechend; im Karnaubawachs und Bienenwachs als Palmitinsäureester vorhanden;

Oleylalkohol
$$CH_3—(CH_2)_7—CH=CH—(CH_2)_7—CH_2OH=C_{17}H_{33}—CH_2OH$$
oder $C_{18}H_{35}OH$ wird aus Spermazetiöl gewonnen (Ocenol der Dehydag mit 10% Cetylalkoholgehalt).

Die wichtigsten Fettalkoholsulfate leiten sich vom Oleylalkohol sowie von jenen Alkoholen ab, die durch Reduktion der Fettsäuren des Kokosnussöls erhalten werden können. Das so erhältliche Gemisch von Fettalkoholen setzt sich wie folgt zusammen:

15% Oktylalkohol (C_8) und Decylalkohol (C_{10})
40% Lauryl- oder Dodecylalkohol (C_{12})
30% Myristyl- oder Tetradecylalkohol (C_{14})
15% Cetyl-(C_{16})-, Stearyl-(C_{18})- und Oleylalkohol
———
100%

Im Handel ist dieses Gemisch unter dem Namen Lauryl- oder Kokosnussalkohol bekannt.

Die wichtigsten Markenbezeichnungen der Fettalkoholsulfate sind:

Gardinol	Böhme-Fettchemie	Primatex NTA .	C.F.M.C.-Francolor
Modinal........	Böhme-Fettchemie	Sipal, Sipon ...	Sinnova
Cyclanon N, LP .	I. G. Farbenindustrie	Meral	P.C.M.R.
Sapidan C	A. Th. Böhme	Montopol	P.C.M.N.
Stanopon, Stanol,		Duponol G	Du Pont
Soparol,		Modinal........	Du Pont
Stanopal	Doittau	Gardinol	Du Pont
Adulcinol	Fleschwerke	Orvus	Procter and Gamble
Neopol	Stockhausen	Modinal A......	Procter and Gamble
Mesapon	Blumer	Aurinol	Onyx Oil and Chem. Co.
Pulitol	A. Schmitz	Mapromol	Onyx Oil and Chem. Co.
Mullopol	Baur, Gaebel & Co.	Tergavon	Ciba Co., New York
Ocenolsulfat....	Dehydag	Cyclopon.......	Gen. Anil. Corp.
Eriopon GA....	Geigy	Cyclanon.......	G.D.C.
Sandopan WP ..	Sandoz	Amalgol	Campbell
Arburol SP	Zimmerli	Amoa Falco	Amoa Chem. Co.
Lissapol A	Imp. Chem. Ind.	Maprofix LK ...	Onyx Oil and Chem. Co.
Pentrone	Glovers	Texapon	Dehydag
Avivan	Pfersee	Neopalin AW ..	Eberle, Stuttgart

Herstellung der Fettalkohole.

Die Herstellung der Fettalkohole kann industriell nach zwei Methoden erfolgen:

1. **Durch Verseifung gewisser tierischer Wachse oder von Fischtran**, besonders von Spermazeti und Spermöl oder Spermazetiöl mit Natronlauge. Es bilden sich dabei Fettsäuren und Fettalkohole. Die Fettalkohole werden darauf durch Destillation mit überhitztem Wasserdampf oder im Vakuum oder durch Extraktion mit Lösungsmitteln von den Fettsäuren abgetrennt[1]).

In gewissen Fällen wurden die Wachse ohne vorherige Verseifung direkt sulfatiert. Dies ist z. B. bei Spermazeti, Wollfett (Lanolin) und Bienenwachs der Fall. Diese Verfahren bilden den Gegenstand der *schweiz. P. 171.359, 174.511, 174.512, 174.513* und *174.514* von Sandoz sowie des *amer. P. 1.980.414* der Oranienburger Chem. Fabr.–K. Lindner.

Während der Sulfatierung tritt jedoch eine teilweise Spaltung des Esters ein, so dass das Endprodukt ein Gemisch von Fettalkohol-

---

[1]) *Amer. P. 1.962.941* der Unichem–Schrauth; *D.R.P. 616.765* der Dehydag–Schrauth; *amer. P. 2.021.926* der Imp. Chem. Ind.; *amer. P. 2.245.538* der Refining Inc.; *amer. P. 2.114.043* der Amer. Hyalsol Corp.–Bertsch.

sulfaten und Fettsäuren darstellt, das unter Umständen neutralisiert und direkt so verwendet oder aber auch einer Extraktion mit Lösungsmitteln unterworfen werden kann (*brit. P. 354.217* der I. G. Farbenindustrie).

2. Durch Reduktion der Fettsäuren.

Man verwendet zu diesem Zwecke entweder gereinigte Fettsäuren oder ein Gemisch von Fettsäuren, wie es bei der Verseifung natürlicher Fette anfällt, wobei man noch eine teilweise Abtrennung jener Produkte durchführt, die als am wenigsten geeignet betrachtet werden müssen.

So wird z. B. die Stearinsäure des Handels reduziert und liefert dann ein Gemisch von Cetyl- und Stearylalkohol. In einem anderen Fall werden die verschiedenen in einem Fett vorkommenden Säuren der Reduktion ohne vorherige Trennung unterworfen, wie dies z. B. beim Palmöl und Kokosnussöl üblich ist[1]).

Für die Reduktion kommen zwei Verfahren in Frage, nämlich:
1. Katalytische Hydrierung,
2. Reduktion mit Natrium.

Die katalytische Hydrierung.

Die Reduktion der Fettsäuren wurde durch Schrauth[2]) und W. Normann[3]) durch Hydrieren in Gegenwart von Nickel oder Kupfer bei hoher Temperatur (300° C) und unter Druck (200 bis 300 atm.) durchgeführt. Die Ausbeute kann dabei bis zu 95 % betragen.

$$CH_3-(CH_2)_x-C{\overset{O}{\underset{OH}{\diagdown}}} + 4H \longrightarrow CH_3-(CH_2)_x-CH_2OH + H_2O[4])$$

[1]) *Amer. P. 2.195.345* von Ozren und G. Stefanovic; *brit. P. 531.194* der Imp. Chem. Ind.

[2]) Schrauth, Chem. Ztg. 1931, *55*, S. 3, 16; Seifensieder Ztg. 1931, S. 61; Z. f. angew. Chem. 1931, S. 459.

[3]) Normann, Z. f. angew. Chem. 1931, S. 471, 714, 922.

[4]) Adkins und Folkers, Amer. Soc. 1931, S. 1095; *amer. P. 2.091.800* von Röhm & Haas Co. — Adkins, Folkers u. a.; Schrauth, Ber. 1931, S. 1314; Normann, Chem. Ztg. 1931, S. 433; *D.R.P. 607.792, 626.979, 628.064, 629.444, 636.681, 639.527, 648.510* der Böhme-Fettchemie; *brit. P. 351.359, 346.237; franz. P. 689.713, 699.945* der Dehydag; *franz. P. 701.200* (1930), *703.844* von Böhme; *amer. P. 1.987.558, 1.987.559, 2.070.318* der Imp. Chem. Ind., *2.080.419* von Green, *2.096.036* von Du Pont; *öst. P. 129.768, 130.655; brit. P. 433.549* der Imp. Chem. Ind.–Green; *schweiz. P. 178.814* von Sandoz; *amer. P. 2.032.383* der Unichem.–Schrauth.

Andere Patente beziehen sich auf die Reduktionskatalysatoren wie Kupferchromit, Zink und Kupfer, Kupfer und Kieselgur, Kupferchromit und Eisenoxyd: *amer. P. 1.839.974* von Du Pont; *D.R.P. 670.832* der Dehydag; *brit. P. 440.934* von Sandoz; *D.R.P. 594.481, 617.542* der Böhme-Fettchemie; *amer. P. 2.322.095* bis *2.322.099* der Gen. Anil. and Film Corp.

Reduktion mit aktiviertem Aluminium und absolutem Alkohol: *russ. P. 31.431* (Chem. Abstr. *28*, S. 3079).

Nach *amer. P. 2.156.217* von Röhm & Haas Co. kann Methylalkohol bei 200—300° C in Gegenwart von Barium- und Chromoxyd für die Reduktion der Fettsäureester verwendet werden.

Die katalytische Hydrierung reduziert dabei sowohl die Karboxylgruppen zu Hydroxylgruppen als auch die Doppelbindungen, so dass aus Ölsäure z. B. bei der Reduktion hauptsächlich Stearylalkohol und nicht Oleylalkohol erhalten wird. Indessen kann durch sorgfältige Auswahl des Katalysators und Einhaltung gewisser Bedingungen die Reduktion der Ester oder Säuren ohne Veränderung der Doppelbindung vorgenommen werden.

Das *amer. P. 2.374.379* der Amer. Hyalsol Corp. empfiehlt z. B. für die Reduktion der Ölsäure als Katalysator Zink-Vanadium oder Kadmium-Vanadium, eine Temperatur von 250^0—300^0 C und einen Druck von 50 atm.

Die katalytische Hochdruckhydrierung findet bei Temperaturen über 200^0 C (250^0 bis 300^0 C) und bei einem Wasserstoffdruck von 150 bis 250 atm. in Gegenwart von Katalysatoren (Kupfer, Nickel, Kobalt, Mangan, Aluminium, allein oder als Mischkatalysatoren [Kupferchromat]) statt. So ergibt sich für die Hydrierung der Fettsäuretriglyzeride z. B. folgende Gleichung:

$$
\begin{array}{l}
R\!-\!C\!\!\diagup\!\!\!\!\!\diagdown\!\!\!\overset{\textstyle O}{\underset{\textstyle O-CH_2}{}} \\
R\!-\!C\!\!\diagup\!\!\!\!\!\diagdown\!\!\!\overset{\textstyle O}{\underset{\textstyle O-CH}{}} \quad\xrightarrow{\;H_2\;}\quad 3\,R\!-\!CH_2OH + CH_3\!-\!CH_2\!-\!CH_2\!-\!OH + 2\,H_2O \\
R\!-\!C\!\!\diagdown\!\!\!\!\!\diagup\!\!\!\overset{\textstyle O-CH_2}{\underset{\textstyle O}{}}
\end{array}
$$

Nach Normann ist jedoch der Reaktionsverlauf komplizierter. Es soll sich dabei zuerst ein Halbazetal bilden, hierauf der Äther, der dann durch Reduktion in den Fettalkohol übergeführt wird.

Die Reduktion mit Natrium.

Das wichtigste Verfahren zur Herstellung von Oleylalkohol ist jenes, welches den Gegenstand des *amer. P. 2.019.022* von Du Pont bildet. Es besteht in einer Reduktion des Fettsäureesters unter Verwendung von Natrium und eines niedermolekularen Alkohols als Reduktionsmittel (Bouveault-Blanc-Methode).

Die Ester R—COOR′ (pflanzliche Öle) werden in die entsprechenden Fettalkohole durch Reduktion mit Natrium in alkoholischer Lösung nach folgender Gleichung übergeführt:

$$
R\!-\!C\!\!\diagup\!\!\!\!\!\diagdown\!\!\!\overset{\textstyle O}{\underset{\textstyle OR'}{}} + R''OH + 4\,Na \longrightarrow R\!-\!CH_2OH + R'OH + 4\,R''ONa
$$

Nach dieser Methode lassen sich sämtliche Fettalkohole herstellen, d. h. gesättigte und ungesättigte.

Die Darstellung der höheren Fettalkohole durch einen Reduktionsprozess wird nach den Angaben des *D.R.P. 622.296* der I. G. Farbenindustrie–Keller-Gofferjé dadurch umgangen, dass man sich die Chlorierungsprodukte der höheren Kohlenwasserstoffe (Dichlorhartparaffin) herstellt und dann durch eine Behandlung mit alkoholischem Kali die Alkoholgruppe (OH-Gruppe) einführt.

Gemische von Alkoholen und Paraffinen werden auch durch Einblasen von Luft in Gegenwart eines Katalysators erhalten. Dabei schlägt die I. G. Farbenindustrie–Beller-Schütte im *amer. P. 2.020.453* vor der Sulfatierung eine Abtrennung der oxydierten von den nichtoxydierten Bestandteilen vor.

Durch Veresterung der Fettalkohole mit Mineralsäuren wie Schwefelsäure, Phosphorsäure (H_3PO_4) und Pyrophosphorsäure ($H_4P_2O_7$) erhält man wasserlösliche Fettalkoholester (Sulfate oder Phosphate). Durch Sulfatierung gelangt man so zu Estersalzen der Schwefelsäuren, den Fettalkoholsulfaten.

$$CH_3-(CH_2)_7-CH_2OH \xrightarrow[\text{dann} + NaOH]{+ H_2SO_4} CH_3-(CH_2)_7-CH_2-O-SO_3Na$$

Man kann zwei Fälle von Sulfurierungen unterscheiden[1]):

1. Sulfatierung gesättigter Fettalkohole (Lauryl-, Myristyl-, Cetyl-, Stearylalkohol);

2. Sulfatierung ungesättigter Alkohole (Oleylalkohol).

---

[1]) Dumas und Peligot haben zuerst den Schwefelsäureester des Cetylalkohols dargestellt (Ann. Pharm. 1836, *19/20*, S. 293).

Als Sulfatierungsmittel kommen in Betracht:

Schwefelsäure: *franz. P. 776.044; brit. P. 350.432, 354.851, 365.938; amer. P. 1.933.431.* Nach *amer. P. 2.147.785* von Du Pont soll man Schwefelsäure und Harnstoff oder Chlorsulfonsäure und Harnstoff verwenden; siehe diesbezüglich auch *brit. P. 506.049* der I. G. Farbenindustrie.

Oleum: *D.R.P. 546.807, 593.709; franz. P. 671.456; amer. P. 1.968.793* bis *1.968.797; öst. P. 143.634, 148.620, 150.296.*

Chlorsulfonsäure: *D.R.P. 592.569; brit. P. 388.485; franz. P. 669.517* und *Zusatz-P. 37.914* der I. G. Farbenindustrie; *franz. P. 693.814.*

Ähnliche Körper dürften auch beim Verfahren der *amer. P. 2.075.914* und *2.075.915* von Procter and Gamble Co. entstehen, bei welchem Schwefeltrioxyd auf Metallchloride oder auch Chlorsulfonsäure auf Chloride und Sulfate einwirken gelassen werden. Die so erhältlichen Verbindungen werden dann als Sulfatierungsmittel verwendet. Traube hat festgestellt, dass hier hauptsächlich Chlorpyrosulfonate entstehen (Ber. 1913, S. 2513).

Sulfurylchlorid: *D.R.P. 608.413.*

Nach *D.R.P. 649.323* der Oranienburger Chem. Fabr. dient das Pyrosulfurylchlorid, welches als Anhydrid der Chlorsulfonsäure anzusehen ist und nach der Gleichung

$$2\,SO_2\big\langle{}^{OH}_{\;Cl} \longrightarrow S_2O_5Cl_2 + H_2O$$

entsteht, ebenfalls als Sulfatierungsmittel. Pyrosulfurylchlorid hat den Vorteil, dass es weniger rasch hydrolytisch zerfällt, so dass man die Reaktion besser regeln kann.

Die Fettalkohole der Methanreihe[1]) (Lauryl-, Cetyl-, Stearylalkohol) ergeben Fettalkohole ohne Doppelbindung. Die Veresterung verläuft eindeutig, und es reagiert nur die Hydroxylgruppe des Alkohols unter Bildung eines Schwefelsäureesters

$$R-CH_2-O-SO_3Na$$

Natrium- oder Kaliumchlorsulfonate: *amer. P. 2.049.670, 2.075.914* und *2.075.915, 2.214.254* von Procter & Gamble Co.

Glyzerinschwefelsäure: *brit. P. 442.198; franz. P. 770.884; amer. P. 2.044.399; schweiz. P. 174.511, 174.514.*

Äthylschwefelsäure: *D.R.P. 557.428, 592.569, 606.083.*

Schwefeltrioxyd: Nach *amer. P. 2.098.114* verwendet die Firma Procter & Gamble Co. zur Sulfatierung höherer Fettalkohole Additionsprodukte des Schwefeltrioxyds an Dioxan. Diesem Additionsprodukt kommt sehr wahrscheinlich die Formel

$$SO_3-O\underset{CH_2-CH_2}{\overset{CH_2-CH_2}{\big<}}\!\!\big>O-SO_3$$

zu. Dieser Körper zerfällt bei höherer Temperatur (60—70⁰ C) in Schwefelsäureanhydrid und Dioxan

$$O\underset{CH_2-CH_2}{\overset{CH_2-H_2C}{\big<}}\!\!\big>O$$

wodurch sich nicht nur Alkohole, sondern auch Kohlenwasserstoffe sulfurieren lassen (siehe auch *amer. P. 2.099.214* von Procter & Gamble Co.).

Komplexe aus Schwefeltrioxyd und Pyridin: *D.R.P. 648.448* der Chem. Fabr. R. Baumheier; *amer. P. 2.079.347* der Imp. Chem. Ind.

Nach *D.R.P. 669.955* der Böhme-Fettchemie kann die Sulfatierung auch in Gegenwart von Essigsäure oder Azetylchlorid durchgeführt werden. Eine Sulfatierung bei tiefer Temperatur wurde im *amer. P. 2.044.929* der Unichem.–Schrauth für ungesättigte Fettsäuren vorgeschlagen.

Im *amer. P. 2.150.557* von Röhm und Haas wird in Betracht gezogen, dass sich eine Sulfatierung auch durch Erhitzen des Fettalkohols mit Ammoniumbisulfat NH_4HSO_4 auf 100⁰ bis 150⁰ C durchführen lässt. Eine weitere Methode, die den Gegenstand der *D.R.P. 557.428* und *606.083* bildet, wird von der I. G. Farbenindustrie empfohlen. Es wird dabei ebenfalls bei höherer Temperatur gearbeitet und als Sulfatierungsmittel Kaliumäthylsulfat verwendet.

Die Sulfatierung mit einem Gemisch von Schwefeldioxyd und Petroläther wird im *amer. P. 2.235.098* der Colgate-Palmolive-Peet Co. beschrieben. Siehe ferner L. Diserens, Teil I, Bd. *3*, S. 349—360; J.-P. Sisley, R.G.M.C. 1938, S. 225, 267, 349, 388; Couleru, Conf. Centr. Perfect. techn. Nr. 122 und 352.

[1]) Patente über Fettalkoholsulfate: *amer. P. 2.044.919, 2.060.254, 2.081.865, 2.091.956; D.R.P. 542.048, 609.456, 622.268, 628.064, 640.681, 643.052, 659.277; brit. P. 308.824, 317.039, 318.610, 351.403, 357.452, 357.649, 357.650, 358.539, 365.938, 406.641, 434.452, 441.601; franz. P. 679.186* (1929, Sulfatierung von Oleyl- und Sebacylalkohol), *692.862* (1931, Sulfatierung von Lauryl- und Stearylalkohol), *718.395, 735.235, 776.044; schweiz. P. 146.178, 172.043; öst. P. 144.306.*

Im deutschen wie französischen Sprachgebiet wird immer noch von Fettalkoholsulfonaten gesprochen, während in englisch sprechenden Gebieten die Bezeichnung Sulfate sich eingebürgert hat. Darnach wäre ein Laurylsulfat das übliche Hilfsmittel vom Gardinoltypus, das viel seltenere Sulfonat ist eine Verbindung, bei der die Sulfogruppe (SO_3H) direkt an ein Kohlenstoffatom gebunden ist. Die alte Bezeichnung wurde im deutschen Text nicht mehr gebraucht, obwohl sich diese Verwischung schon eingebürgert hat.

Andere Verhältnisse liegen jedoch vor, wenn man ungesättigte Alkohole (Oleylalkohol) sulfatiert. Entsprechend der Art der Sulfatierung kann die Schwefelsäure sich an die Doppelbindung anlagern; es tritt also eine Sulfatgruppe in das Molekül ein.

$$CH_3—(CH_2)_7—CH—CH_2—(CH_2)_7—CH_2OH$$
$$\mid$$
$$OSO_3H$$

Bei dieser Verbindung kann die Hydroxylgruppe des Alkoholrestes durch einen Schwefelsäurerest (SO_4H) oder Borsäurerest verestert werden.

Es kann jedoch auch eine Veresterung der alkoholischen Hydroxylgruppe wie bei den gesättigten Alkoholen stattfinden.

In diesem Falle gelangt man zu Verbindungen, die der Formel

$$R—CH_2—O—SO_3Na$$

oder

$$CH_3—(CH_2)_7—CH = CH—(CH_2)_7—CH_2—O—SO_2—ONa$$

entsprechen.

Aus Oleylalkohol lassen sich daher die folgenden Derivate herstellen:

1. Sulfat des Oleylalkohols

$$CH_3—(CH_2)_7—CH_2—CH—(CH_2)_7—CH_2OH$$
$$\mid$$
$$O—SO_3Na$$

Gardinol KO	Böhme-Fettchemie
C. F. D. 1931 FW . . .	Zschimmer und Schwarz
Solpon 100, 217	A. Th. Böhme

2. Disulfat des Oleylalkohols

$$CH_3—(CH_2)_7—CH_2—CH—(CH_2)_7—CH_2—O—SO_3Na$$
$$\mid$$
$$O—SO_3Na$$

Gardinol OTS	Böhme-Fettchemie
Gerbo OTS	
Ditex OC	Belgotex

3. Schwefelsäureester des Oleylalkohols

$$CH_3—(CH_2)_7—CH = CH—(CH_2)_7—CH_2—O—SO_3Na$$

Gardinol LS	Böhme-Fettchemie
Duponol LS	Du Pont
C. F. D. 1931 S	Zschimmer und Schwarz

4. Sulfonat des Schwefelsäureesters des Oleylalkohols.

Aus dem *D.R.P. 656.600* der Deutschen Hydrierwerke geht hervor, dass bei der Sulfatierung höherer Fettalkohole, z. B. Oleylalkohol, sich der Schwefelsäurerest an der Alkoholgruppe anlagert, wenn man bei einer Temperatur zwischen 30° und 35° C arbeitet, während die Absättigung der Doppelbindung eine längere Reaktionsdauer und eine tiefere Temperatur erfordert. Es darf also angenommen werden, dass es möglich ist, gleichzeitig den Alkoholrest und die Doppelbindung mit dem Sulfatierungsreagens reagieren zu lassen, indem man zuerst den Essigsäureester durch Behandeln mit Azetylchlorid herstellt und dann bei 20 bis 50° C sulfatiert. Der Azetylrest wird dann bei der Sulfatierung und zwar bei Verwendung von Chlorsulfonsäure als Azetylchlorid abgespalten. Da sich bei der Reaktion kein Wasser bildet, also keine Verdünnung stattfindet, ist es nicht notwendig, mit einem Überschuss an Sulfatierungsmitteln zu arbeiten.

Es ist auch noch zu erwähnen, dass die Fettalkoholsulfate mit einer intakten Doppelbindung die besseren oberflächenaktiven Körper sind als die entsprechenden gesättigten Verbindungen.

Oleylalkohol wird aus Spermazetiöl gewonnen, welches durch Behandlung mit Natronlauge einen Rückstand von 60% an unverseifbaren Bestandteilen zurücklässt, die aus Ölsäureoleylester bestehen. Daraus wird dann durch Destillation in Gegenwart von Ätzkali der Oleylalkohol erhalten.

Wird bei der Sulfatierung ungesättigter Fettalkohole darauf geachtet, dass die Doppelbindung erhalten bleibt, so gelangt man zu Produkten, die schon in der Kälte oder bei nur schwach erhöhter Temperatur waschaktiv sind.

Sulfate des ungesättigten Oleylalkohols kommen unter folgenden Bezeichnungen in den Handel:

Gardinol LS, KO	Böhme-Fettchemie
Sapomeran A, FL u. ST	Chem. Fabr. Meerane
Mapromol	Onyx
Cyclanon O und OA	I. G. Farbenindustrie
C. F. D. 1931 S	Zschimmer und Schwarz
Duponol LS	Du Pont
Primatex CG	C.F.M.C.

Bei der Verseifung von Spermazetiöl oder Walrat wird ein Gemisch von Oleyl- und Cetylalkohol erhalten. Die Sulfatierung dieses Gemisches ist stark vom Prozentsatz an ungesättigten Alkoholen abhängig. Liegt der Gehalt an Oleylalkohol unterhalb 60%, so arbeitet man analog wie bei der Sulfatierung von Cetylalkohol. Ist jedoch mehr als 60% des Gemisches Oleylalkohol, so kommen die Verfahren für reinen Oleylalkohol zur Anwendung.

Die Schwefelsäureester der Oleyl- und Cetylalkohole finden sich im Handel unter folgenden Bezeichnungen:

Gardinol GE, K, KX, KD	Böhme-Fettchemie
Ocenolsulfat	Dehydag
Cyclanon WN und W	I. G. Farbenindustrie
Modinal 64 S	Böhme-Fettchemie
Sandopan WP, WPA, N	Sandoz
Mapromol AD	Onyx

Die Reinigung der Sulfatierungsprodukte[1]) bezweckt in erster Linie die Entfernung nicht sulfatierter Fettalkohole sowie eventuell vorhandener unlöslicher organischer Verbindungen. Sie besteht im allgemeinen in einer Extraktion der wässerigen Lösung der sulfatierten Produkte mit einem chlorierten Kohlenwasserstoff (Tetrachlorkohlenstoff) oder einem aliphatischen Kohlenwasserstoff (Petrol, Gasolin). Diese Lösungsmittel vermögen die Verunreinigungen zu lösen, lösen jedoch die Fettalkoholsulfate nicht.

Die Sulfurierung kann auch in Gegenwart von Essigsäureanhydrid vorgenommen werden (*franz. P. 671.065*, 1929, *671.456, 701.190*, 1930, Sulfonate des Oktadecenylisopropylenäthers, Bildung einer sehr säurebeständigen Sulfosäure, *701.256*, 1930, *703.090*).

Es besteht jedoch nicht nur die Möglichkeit der Bildung eines Schwefelsäureesters des Fettalkohols, sondern es können auch Sulfonsäuren des Schwefelsäureesters des Fettalkohols entstehen, so z. B.

$$C_{16}H_{32} \Big\langle {}^{O-SO_2-OH}_{SO_3H}$$

Durch Einwirkung von Natriumsulfit auf die Alkoholsulfate erhält man echte Sulfonsäuren (Sulfonate), und zwar nach der Gleichung

$$R-CH_2-O-SO_2-ONa + Na_2SO_3 \longrightarrow R-CH_2-SO_3Na + Na_2SO_4$$

Die Darstellung der Fettalkoholsulfate zerfällt in zwei Teilvorgänge:

1. die Sulfatierung;
2. die Neutralisation.

1. *Sulfatierung der gesättigten höheren Fettalkohole.*

Dieser Arbeitsvorgang lässt sich durch die folgenden Punkte kennzeichnen:

a) Es soll mit der berechneten Menge von 98 bis 100%iger Schwefelsäure gearbeitet werden, um ein wasserlösliches Produkt zu erhalten. Im allgemeinen schwankt die Schwefelsäuremenge zwischen der Hälfte und ¾ des angewandten Gewichts des Alkohols.

b) Die Sulfatierungstemperatur soll möglichst nahe bei 30° C liegen. Diese Temperatur kann aber entsprechend der Anzahl Kohlenstoffatome des Alkohols und unter Berücksichtigung des Schmelzpunktes des Alkohols auch überschritten werden.

---

[1]) *Amer. P. 2.149.265* von Beller und Owen; *brit. P. 448.350* von Ehrhart; *D.R.P. 682.195* der I. G. Farbenindustrie; *brit. P. 407.990* der I. G. Farbenindustrie; *amer. P. 2.047.612* der Amer. Hyalsol Corp.; *D.R.P. 546.807; franz. P. 718.395* der Böhme-Fettchemie; *amer. P. 2.081.865* von Henkel & Co.; *D.R.P. 640.681* von Rudolf & Co.

c) Sobald sich ein wasserlösliches Produkt gebildet hat, muss mit der Neutralisierung des erhaltenen Körpers begonnen werden.

d) Die Neutralisierung soll so schnell wie möglich erfolgen. Dabei darf jedoch die Temperatur 30° C nicht übersteigen. Es darf auch keine lokale Überhitzung auftreten. (Über den Vorgang der Neutralisation sei auf Punkt 2 verwiesen.)

Bei der Sulfatierung von Laurylalkohol bildet sich ein sehr zähes, teigiges Produkt. Häufig wird daher der Laurylalkohol mit Essigsäureanhydrid vermengt, um den Sulfatierungprozess zu erleichtern. Cetyl- und Stearylalkohol werden bei 40 bis 50° C sulfatiert. Zur Erläuterung dieses Vorgangs soll im folgenden die Sulfatierung des häufig vorkommenden Gemisches aus 64% Cetylalkohol und 36% Oleylalkohol beschrieben werden.

Apparatur: Die Apparatur muss der mehr oder weniger teigigen Konsistenz des Materials angepasst werden. Es werden dabei Vorrichtungen verwendet, wie sie beim üblichen Sulfurieren in Anwendung kommen. Von da aus geht die Vervollkommnung der Apparatur über zahlreiche Varianten bis zum kontinuierlichen Sulfurierungsapparat, wie er im Handbuch von Schönfeld (S. 398) beschrieben ist. Die Auswahl der Apparatur hat sich nach dem gewünschten Endprodukt zu richten.

Die Verarbeitung von 500 kg Alkohol erfordert einen doppelwandigen Sulfurierungskessel aus emailliertem Gusseisen von 2000 Liter Fassungsvermögen. Ein solcher Kessel besitzt eine Wasser- und eine Dampfzuleitung zwischen Aussen- und Innenwand und ist mit einem Rührwerk versehen, welches mit 50 Umdrehungen in der Minute läuft. Das Rührwerk ist der wichtigste Bestandteil der Apparatur; allgemein wird ein doppelt wirkender Rührer verwendet, nämlich ein zentral angetriebener Rührer mit Schraubengewinde und ein seitlicher Rührer mit Planetenbewegung, dessen Flügel sehr nahe der Kesselwandung laufen. Alle Teile des Apparates müssen aus widerstandsfähigem Material, mit Bleifutter oder womöglich aus rostfreiem Stahl, hergestellt sein.

Die Sulfatierung selbst wird folgendermassen vorgenommen: Man setzt das Rührwerk in Gang und lässt das Kühlwasser in den Kesselmantel einfliessen. Hierauf beschickt man den Kessel mit dem leicht über den Schmelzpunkt erwärmten Alkohol. Die Schwefelsäure (Dichte 1,84) wird in dünnem Strahl sehr langsam zugesetzt, wobei die Temperatur nicht über 30° C ansteigen soll. Die Rührwirkung und die Abkühlung sollen vollkommen und gleichmässig sein, andernfalls ist das Endprodukt wertlos. Auf 100 kg Cetyl-Oleylalkoholgemisch werden etwa 70 kg Schwefelsäure benötigt. Die Sulfatierung ist abgeschlossen, wenn das Sulfatierungsprodukt, das anfangs einen violetten, später einen grau-violetten Teig bildet, in heissem Wasser vollkommen und ohne jegliche Rückstände löslich ist.

Die Sulfatierung des Fettalkoholgemisches erfolgt nach *amer. P. 2.081.865* von Henkel & Co., – Elbel durch Auflösung desselben in Tetrachlorkohlenstoff und Behandlung mit Schwefelsäure, wobei sich zwei Schichten bilden, deren obere die hochkonzentrierten Sulfate enthält.

Das *brit. P. 462.202* von Mauersberger geht bei der Herstellung der Schwefelsäureester der höheren Alkohole von Chlorierungsprodukten, in diesem Falle von chlorierten Fettalkoholen, aus, die man zuerst destilliert und dann erst sulfatiert.

Nach dem *D.R.P. 648.448* von Baumheier–Kern wird der Fettalkohol in Pyridin verteilt, in welchem man Schwefeltrioxyd aufgelöst hatte. Dieses Verfahren scheint sich ganz besonders für die Sulfatierung von ungesättigten Fettalkoholen zu eignen.

Durch Sulfatierung mit Pyrosulfat in Gegenwart von Pyridin erhält man laut *amer. P. 2.079.347* der Imp. Chem. Ind. Sulfatierungsprodukte, bei denen die Doppelbindung des Ausgangsproduktes erhalten bleibt, was als ein wünschenswerter Vorteil eines Verfahrens anzusehen ist.

Nach *D.R.P. 640.681* von Rudolf & Co.–Wenzel macht man nach der Herstellung der Fettalkoholsulfate einen Zusatz eines in Wasser schwer löslichen Alkohols, wie z. B. Butylalkohol. Dieser als Lösungsmittelalkohol bezeichnete Hilfsstoff nimmt das entstandene Fettalkoholsulfat auf und es bildet sich eine, vom Sauerwasser leicht sich trennende Schicht, die man abhebt und neutralisiert. Dabei muss man den niederen Alkohol, der die Dispergierwirkung erhöht, vom Sulfat gar nicht abtrennen.

Einen weiteren Ausbau der Darstellungsverfahren für Fettalkoholsulfate bringt das *brit. P. 479.482* von Procter and Gamble Co.

In diesem Patent wird empfohlen, an Stelle der Chlorsulfonsäure ein Alkalisalz dieser Säure anzuwenden, so z. B. Natriumchlorsulfat

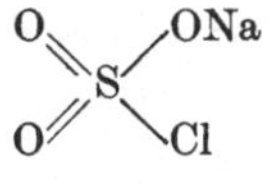

$$\begin{array}{c} O \diagdown \quad \diagup ONa \\ \diagdown\!\!S\!\!\diagup \\ O \diagup \quad \diagdown Cl \end{array}$$

Das *D.R.P. 663.953* von A. T. Böhme–Engel nennt als Netzmittel für die Verwendung in neutralen oder alkalischen Lösungen die Monoschwefelsäureester der ungesättigten Fettalkohole, die dadurch erhalten werden, dass das Verhältnis zwischen verwendeter Chlorsulfonsäure und verwendetem Fettalkohol eng abgegrenzt ist und genau eingehalten wird.

Ein in Säure lösliches Sulfatierungsprodukt beschreibt das *amer. P. 2.101.831* der Imp. Chem. Ind., und zwar entsteht dieses durch

Sulfatierung des α-Oleylglyzeryläthers (im Handel als Selachyl-alkohol bekannt) mit Natriumpyrosulfat in Gegenwart von Pyridin.

Eine Mischung von Sulfatierungsprodukten des im Wollfett enthaltenen Alkohols Cholesterin mit gewöhnlichen Fettalkoholen wird nach dem Verfahren des *D.R.P. 657.705* von Mauersberger am besten dadurch erhalten, dass man sowohl die Cholesteringemische als auch die Fettalkohole zuerst in die Borsäureester überführt und diese dann erst sulfatiert.

Die Herstellung halogenierter Fettalkoholsulfate beschreibt das *brit. P. 418.139* und deren Anwendung in der Textilindustrie das *brit. P. 419.308*, beide von Stockhausen. Ähnlich ist auch das die Herstellung von Emulgatoren aus halogenierten Sulfonaten schützende *D.R.P. 616.055* der Oranienburger Chem. Fabr.

Die I. G. Farbenindustrie hat im *franz. P. 789.004* die theoretisch bedeutsame Erkenntnis niedergelegt, dass hydrophile Gruppen in derartigen Körpern eine um so grössere Steigerung der Netz- und Emulgierwirkung mit sich bringen, je näher sie der Karboxylgruppe der betreffenden Fettsäure stehen.

Nach beendeter Sulfatierung schreitet man dann direkt anschliessend zur

2. *Neutralisierung.*

Diese wird bei Verwendung von Natronlauge in einem ähnlichen Apparat durchgeführt, wie bereits bei der Sulfatierung beschrieben wurde.

Wird jedoch mit Bikarbonat neutralisiert, oder wenn man grosse Partien herstellt, verwendet man hiezu eine horizontale Knetmaschine neuerer Konstruktion mit zwei in entgegengesetzter Richtung rotierenden Wellen. Die beiden Flügel der Homogenisierungsvorrichtung müssen aus rostfreiem Stahl hergestellt sein; die Verwendung eines anderen Materials führt zu minderwertigen Produkten. Die Homogenisierungsvorrichtung hat den Vorteil, schnell zu arbeiten. Die Nachteile, die durch die Entwicklung von Kohlendioxyd in der Masse erwachsen könnten, sind auf ein Minimum beschränkt. Auf diese Art und Weise lassen sich Partien bis zu 2 Tonnen verarbeiten.

Der Apparat wird dabei mit gleichen Teilen Fettalkoholschwefelsäureester und Wasser beschickt. Im Wasser wird 10% kristallisiertes Glaubersalz gelöst. Die Zugabe des sulfatierten Produktes erfolgt in Portionen von etwa 2 kg. Ein Nachsatz wird jeweils erst dann gemacht, wenn die vorher zugesetzte Partie gründlich homogenisiert ist. Es wird langsam gearbeitet, um einen von Klumpen freien Teig zu erhalten. Die Temperatur darf bei der Verarbeitung nicht über 20°C steigen.

Nachdem der Teig vollkommen homogen ist, gibt man vorsichtig die vorberechnete Menge Neutralisierungsmittel zu. Man verwendet hiezu entweder Natronlauge von 40° Bé oder fein gepulvertes Natriumbikarbonat, welches vorher gesiebt wurde. Letzteres hat den Vorteil, das Sulfat nicht zu verdünnen und überdies die Masse auch noch abzukühlen, während die Natronlauge zu einer Temperaturerhöhung führt. Anderseits entwickelt sich Kohlendioxyd bei der Verwendung von Bikarbonat, was zu einer Aufblähung der Masse führt. Die langsamen Zusätze haben den Zweck, dem Gas die Möglichkeit zum Entweichen zu geben und einen gleichförmigen Zustand im Gemisch zu erzielen. Man setzt solange Neutralisierungsmittel zu, bis ein Muster beim Auflösen in der Wärme in reinem Wasser und Aufkochen mit Phenolphtalein eine schwache Rosafärbung gibt.

Das Reaktionsprodukt ist von lichtgelber Farbe und wird mit reinem Wasser auf etwa 30% Trockengehalt gestellt. Für 106 kg Schwefelsäure (spez. Gew. 1,84) benötigt man ungefähr 84 kg Natriumbikarbonat, wobei etwa 44 kg davon als Kohlendioxyd entweichen.

Nach *D.R.P. 644.686* von Landshoff und Meyer liegt ein besonderer Vorteil bei der Sulfatierung darin, die Sulfatierungsgemische gleichzeitig mit den neutralisierenden Alkalien der Rührvorrichtung zufliessen zu lassen.

Gemäss dem *öst. P. 150.290* der Böhme-Fettchemie erfolgt die Neutralisierung der höhermolekularen Alkoholsulfate durch Basenzusatz ohne Wasser oder Alkohol, wobei auch organische Basen wie Piperidin verwendet werden können. Auf diese Weise gelangt man direkt zu den Salzen in fester Form.

Handelsübliche Sorten. Das Fettalkoholsulfat wird als Teig oder in Pulverform geliefert. Dabei weist das letztere vor allem den Vorteil der besseren Löslichkeit und einer ansprechenderen äusseren Form auf.

Man erzeugt das Produkt in Pulverform mit Hilfe von Absorptionsmitteln, die das Wasser zu binden vermögen, oder vorteilhafter durch Zerstäuben. Eine billigere Methode besteht darin, gerade nur die nötige Wassermenge in Form von zerkleinerten Eisbrocken zuzusetzen. Nach Beendigung der Kohlendioxydentwicklung breitet man dann die Masse auf sauberen Brettern (ungehobelten Eichenplanken) aus, wo sie sich an der Luft abkühlt. Hierauf mischt man sorgfältig wasserfreies, kalziniertes Natriumsulfat darunter, so dass man ein Produkt von einem Aktivsubstanzgehalt von 25% erhält. Doch lässt sich dieses Pulver weder vermahlen noch sieben, da es weich und klebrig ist.

Die Nachfrage nach glaubersalzfreiem Alkoholsulfat ist nicht häufig. Man kann ein solches Produkt immerhin erhalten, wenn man nach der Vorschrift des *D.R.P. 661.883* von Henkel & Co. arbeitet. Es wird dabei in Gegenwart von aliphatischen, chlorierten oder unchlorierten Kohlenwasserstoffen, wie z. B. α,β-Dichloräthan oder Tetrachlorkohlenstoff usw. gearbeitet. Die Schwefelsäure (85%) scheidet sich nach der Sulfatierung beim Erwärmen auf 40° C ab. Die obere Schicht wird im Vakuum vom chlorierten Kohlenwasserstoff befreit und das Sulfatierungsgemisch mit Natronlauge neutralisiert. Nach dem Trocknen enthält das Fettalkoholsulfat etwa 95% neutralisiertes Produkt. Dieses Verfahren eignet sich vor allem für die Verarbeitung der den Kokosfettsäuren entsprechenden Alkohole.

Grössere Sorgfalt erfordert die Sulfatierung des Oleylalkohols. Man muss dabei die Temperatur während des Zusatzes der ersten Hälfte der Säure sehr aufmerksam beobachten. Zur Herstellung von hochsulfatierten, gegen kalkhaltige Wässer widerstandsfähigen Produkten verwendet man Chlorsulfonsäure. Manchmal verdünnt man auch den Oleylalkohol mit Essigsäureanhydrid, um eine weitergehende Sulfatierung zu erhalten. Neutralisiert wird mit Natronlauge, und die Trocknung kann nur mit grossen Schwierigkeiten vorgenommen werden. Man arbeitet dabei mit dem Zerstäubungstrockner, wobei man wasserfreies Natriumsulfat zumischt.

Löslichkeit. Die höheren Fettalkoholsulfate werden im allgemeinen in Form ihrer wasserlöslichen Natriumsalze gehandelt. Es besteht eine grosse Ähnlichkeit in den Eigenschaften der Seifen und der entsprechenden Fettalkoholsulfate. Die aus ungesättigten Fettkörpern hergestellten Produkte sind leichter löslich als die entsprechenden gesättigten Verbindungen. Oleylalkoholsulfat ist besser zum Waschen in der Kälte geeignet. Die Sulfate der Alkohole der Methanreihe von C_{12} bis C_{14} sind leichter löslich als die höheren Homologen dieser Reihe und können bei mittleren Temperaturen als Waschmittel verwendet werden. Dagegen haben die höheren Fettalkoholsulfate (C_{16} bis C_{18}) den besten Wascheffekt bei höheren Temperaturen, und zwar über 60° C für Cetylalkohol und Kochtemperatur für Stearylalkohol.

L. Bert[1]) gibt folgende Tabelle der Löslichkeiten der Natrium- und Kalziumsalze von Fettalkoholsulfaten an.

Alkylgruppe	Natriumsalz	Kalziumsalz
Oktyl (C_8)	über 50%	über 400 g/l
Decyl (C_{10})	über 45%	200—300 g/l
Lauryl (C_{12})	über 40%	300—400 mg/l
Myristyl (C_{14}) . . .	5—7,5 g/l	30—40 mg/l
Cetyl (C_{16})	unter 0,5 g/l	unter 5 mg/l
Stearyl (C_{18})	unter 0,2 g/l	unter 2 mg/l

---

[1]) L. Bert, Soap, Perfumes & Cosmetics 1948, *21*, S. 48.

Beständigkeit gegen Kalksalze. Je nach der Länge der Kohlenwasserstoffkette und je nachdem diese gesättigt oder ungesättigt ist, können auch Unterschiede bezüglich der Beständigkeit gegen die Härtebildner des Wassers festgestellt werden. Vollkommen beständig in Wasser bis zu 30 franz. Härtegraden sind die Fettalkoholsulfate mit Fettketten von 12 bis 14 Kohlenstoffatomen. Diese Produkte können auch die Bildung von schmierigen Kalk- und Magnesiumseifenablagerungen verhindern. Gesättigte Fettalkohlsulfate mit 16 bis 18 Kohlenstoffatomen im Molekül sind beständig gegen hartes Wasser nur bis zu 20 franz. Härtegraden. Sie wirken fast nicht mehr dispergierend auf Kalkseifen. Ihre Kalkseifen sind wenig löslich, und sie besitzen nur ein geringes Schutzvermögen für Seifen.

Hingegen besitzt das Natriumsalz des sauren Schwefelsäureesters des Oleylalkohols ein Wasch- und Emulgiervermögen, das zum mindesten dem der entsprechenden Seife gleichkommt. Dieses Produkt weist zudem eine grosse Härtebeständigkeit auf. Die Produkte, die in der Mitte der Kette sulfatiert sind, sowie die Disulfate sind noch beständiger, doch ist ihr Wasch- und Emulgiervermögen geringer.

Die Verhinderung der Kalkseifenablagerung kann ebenfalls auf physikalisch-chemischen Erscheinungen beruhen. Die Dispergierung dieser Seifen kann durch Verbindungen mit grossen Molekülen zustande kommen, die dann als Schutzkolloide wirken. Die kolloidale Suspension kann durch Zugabe von Stabilisierungs- und Peptisierungsmitteln begünstigt werden, wie z. B. durch Harnstoff, Aminosäuren, die durch Hydrolyse von Gelatine erhalten werden, usw.

Auf diesem Prinzip sind die folgenden Produkte aufgebaut:

Hydrosan von Bernheim (Ulmann, *franz. P. 610.101* [1926]; Seck, Mell. 1929, S. 40).
Oleonat von Bernheim (Seife vom Typ Monopolseife).
Intrasol der I. G. Farbenindustrie (Z. f. ang. Chem. 1929, S. 750).

Dagegen ist die Waschwirkung der gesättigten Fettalkoholsulfate mit 16 bis 18 Kohlenstoffatomen im Molekül in der Hitze grösser als bei den niedrigeren Gliedern:

Tetradecylalkoholsulfat besitzt die grösste Waschwirkung bei 40° C
Hexadecylalkoholsulfat besitzt die grösste Waschwirkung bei 60° C
Oktadecylalkoholsulfat besitzt die grösste Waschwirkung bei 100° C

Die Sulfate der Fettalkohole reagieren neutral, verhindern in hartem Wasser die Bildung von Kalkseife und können sogar schon gebildete Kalkseife wieder in Lösung bringen.

Sie zeigen als Schwefelsäureester eine für nahezu alle Prozesse der Textilveredlung ausreichende Säurebeständigkeit und sind auch gegenüber Chlorlösungen und Wasserstoffsuperoxyd durchaus beständig. Ihre Kalzium- und Magnesiumsalze sind wasserlöslich. Die

Salzbeständigkeit gestattet auch eine volle Ausnützung der Waschkraft im Meerwasser. Die Härtebeständigkeit ist bei den niederen Homologen hervorragend, bei den höhern ausreichend.

Die Waschkraft der Fettalkoholsulfate ist derjenigen der Seife mindestens ebenbürtig.

Fettalkoholsulfate mit 12 bis 14 Kohlenstoffatomen im Molekül sind in Wasser leichter löslich als ihre höheren Homologen und daher schon bei gewöhnlicher oder nur mässiger Temperatur netz- und waschaktiv.

Die Fettalkoholsulfate mit 8 bis 18 und noch mehr Kohlenstoffatomen sind typische oberflächenaktive Produkte.

Die niedermolekularen Verbindungen besitzen bei gewöhnlicher Temperatur bereits oberflächenaktive Eigenschaften, während mit steigendem Molekulargewicht die optimale Kapillaraktivität, das höchste Wasch- und Schaumvermögen erst bei höheren Temperaturen erreicht wird.

Ausser diesen Feststellungen können wir uns bezüglich der zahlreichen Anwendungen der Fettalkoholsulfate auf die ausführlichen Arbeiten von Couleru[1]) und J.-P. Sisley[2]) beziehen.

Eine gewisse Anzahl anderer Alkohole als primäre Fettalkohole, deren Schwefelsäureester ebenfalls oberflächenaktive Eigenschaften besitzen, bildeten den Gegenstand verschiedener Forschungsarbeiten. Im allgemeinen haben jedoch diese Produkte keine Bedeutung im Handel erlangt. Dennoch werden einzelne von ihnen in der Praxis verwendet.

In diesem Zusammenhang sei an die Sulfate des Cholesterins erinnert (Sobel und Spoerri, J. Amer. Chem. Soc. 1941, *63*, S. 1259). Bei der Reduktion des Lanolins erhält man ein Gemisch von Sterinen und Fettalkoholen, die durch Sulfatieren in Reinigungs- und Waschmittel übergeführt werden können.

Die Reduktion der Ester der Harzsäuren führt zu Abietyl- und Hydroabietylalkohol, deren Sulfate ein hohes Waschvermögen besitzen und sehr oberflächenaktiv sind[3]).

Die Naphtenylalkohole werden durch Reduktion von Naphtensäuren oder ihrer Ester erhalten. Ihre Sulfate sind ebenfalls in hohem Masse oberflächenaktiv. Eine diesbezüglich interessante Dokumentation findet sich in dem *amer. P. 2.000.994* der Unichem.–Schrauth und Turkiewiecz, Koll. Chem. 1940, *92*, S. 208.[4])

---

[1]) Couleru, Cours Conf. Perf. Techn. Nr. 122 und 352.

[2]) J.-P. Sisley, R.G.M.C. 1938, S. 225, 267, 349, 388.

[3]) *Amer. P. 2.021.100; brit. P. 430.578* von Du Pont; *kanad. P. 377.543* der Can. Aniline and Extract Co.; *amer. P. 2.203.339* von Du Pont.

[4]) Siehe ebenfalls *amer. P. 1.981.901* der Imp. Chem. Ind., das sich auf das Sulfat des Elaidylalkohols, des Transisomeren des Oleylalkohols bezieht; ebenfalls *amer. P. 2.174.127* von Du Pont.

Nach *D.R.P. 682.579*, 1939, der I. G. Farbenindustrie dienen zum Weichmachen von Kunstseide Mischungen von höhermolekularen Fettsäureamiden und deren Derivaten sowie sauren Schwefelsäureestern höhermolekularer aliphatischer Alkohole oder von Fettsäureoxyalkylamiden.

Im *D.R.P. 669.955*, 1939, der Böhme-Fettchemie werden als Weichmacher für Kunstseide die Sulfatierungsprodukte von Alkoholen (höhermolekulare der aliphatischen Reihe) in Gegenwart von niedrigen aliphatischen wasserbindenden Säuren oder deren Chloriden empfohlen.

Phosphor- und Pyrophosphorsäureester der Fettalkohole[1]).

Die Pyrophosphorsäureester der Fettalkohole werden in den *franz. P. 772.787* und *D.R.P. 664.514* der Böhme-Fettchemie beschrieben. Sie entsprechen der Formel

$$\begin{array}{ccc} \text{P} \overset{OR}{\underset{OH}{=\!O}} & & \\ \text{O} & \text{oder} & R\text{—}O\text{—}\overset{\displaystyle O}{\underset{\displaystyle OH}{\overset{\|}{P}}}\text{—}O\text{—}\overset{\displaystyle O}{\underset{\displaystyle OH}{\overset{\|}{P}}}\text{—}OH \\ \text{P} \overset{OH}{\underset{OR}{=\!O}} & & \end{array}$$

Sie besitzen Netz- und Waschvermögen und erweisen sich stabilisierend für Natriumperborat- oder Wasserstoffsuperoxydbäder.

Die *D.R.P. 594.806; schweiz. P. 188.878* und *franz. P. 772.787* der Böhme-Fettchemie beschreiben ein sehr interessantes Verfahren, welches sich auf die Verwendung von Fettalkoholsulfaten zusammen mit aktiven Sauerstoff enthaltenden Produkten bezieht. Diese Patente bilden die Grundlage der Waschmittel mit oxydierender Eigenschaft, die unter dem Namen Ondal bekannt sind und von Böhme-Fettchemie für das Fertigmachen von Färbungen und Drucken von Küpenfarbstoffen vorgeschlagen wurden, und zwar als Oxydationsmittel anstelle von Bichromat. Ondal soll ein Pyrophosphorsäureester von Fettalkoholen sein (peroxydierter Pyrophosphorsäureester der Laurinsäure)[2]).

Nach *D.R.P. 646.290* der Böhme-Fettchemie kommen ebenfalls höhere Ester der Phosphinsäure, wie z. B. oxyoktylphosphinsaures Natrium

$$C_8H_{16} \overset{OH}{\underset{PO(ONa)}{\big\langle}}$$

---

[1]) L. Diserens, Teil I, Bd. *3*, S. 361.

[2]) Heide, Z. f. ges. Text. Ind. Klepzig 1936, *39*, S. 133; 1937, *40*, S. 178; siehe dieses Werk, 3. Aufl. Tl. I, Bd. *1*, Kap. I, S. 187.

als Dispergier- und Netzmittel und allenfalls auch für Spinnschmälzen in Frage.

Die Sulfatierungsprodukte höherer Fettalkohole, die im *öst. P. 149.672* von Mauersberger beschrieben werden, können über die Borsäureester dargestellt werden. Dabei werden die Borsäureester mit Naphtalin gemischt und dann sulfatiert (Grada 150 von Cotelle-Foucher).

Ebenfalls ist noch das Verfahren des *brit. P. 474.229* der Chem. Fabr. Servo zu erwähnen, welches in einer Veresterung mit Phosphoroxychlorid ($POCl_3$) oder Borsäure und einer nachfolgenden Sulfatierung besteht.

Die Oranienburger Chem. Fabr. schützt im *D.R.P. 664.514* ein Verfahren zur Herstellung gemischter Ester der höheren, mindestens zweiwertigen Fettalkohole, wie z. B. des Schwefelsäure-Phosphorsäureesters. Nach diesem Patent verwendet man als Emulgier- und Waschmittel hochmolekulare Fettalkoholmischester, die wenigstens zehn Kohlenstoffatome und zwei Hydroxylgruppen im Alkoholrest enthalten. Dabei wird zuerst milde in einem neutralen Lösungsmittel sulfatiert, und zwar derart, dass noch eine Hydroxylgruppe frei bleibt. Diese freie Hydroxylgruppe wird dann anschliessend mit Hilfe von Phosphorsäure verestert. Zum Schluss erfolgt dann noch die Neutralisierung des Esters.

Die Handelsprodukte weisen z. B. folgende Zusammensetzungen auf:

Homogenit B u. W: 15% Laurylsulfat + Magnesiumsulfat + Natriumpyrophosphat.
Ondal: ein Produkt der Böhme-Fettchemie, ist auf Grund der Patentschriften ein peroxydhaltiger Pyrophosphorsäureester eines Fettalkohols (Laurylalkohol). In Wirklichkeit ist es ein Gemisch von Gardinol WA, Natriumperborat, Trinatriumphosphat und Natriumpyrophosphat.

In diesem Zusammenhang ist es auch interessant, die Ester der Fettalkohole mit phosphoriger Säure zu erwähnen, die die I. G. Farbenindustrie im *D.R.P. 646.480* beschreibt und als Weichmachungsmittel für die Appretur sowie als Waschmittel empfiehlt.

Man erhält diese Phosphorigsäureester beim Behandeln von Fettalkoholen mit Phosphoroxychlorid. Es bilden sich dabei chlorhaltige Ester, die dann verseift werden und dabei in den Phosphorigsäureester übergehen.

Nach dem *franz. P. 706.182* (1930) der I. G. Farbenindustrie können die Natrium- oder Triäthanolaminsalze der Phosphorsäureester des Cetylalkohols und ähnlicher Alkohole ebenfalls als Reinigungs- und Waschmittel dienen.

Das *franz. P. 763.691* (10. November 1933) von Böhme (R.G.M.C. 1935, S. 110) beschreibt die Herstellung von Netzmitteln mit Bleicheffekt. Es werden hiezu Fettalkoholsulfate mit Peroxyden kombiniert. Dadurch wird die bleichende Wirkung mit den netzenden Eigenschaften vereint. So verestert man z. B.

268 kg   Oleylalkohol mit
 30 kg   Borsäure bei 140⁰ C und lässt auf diesen Ester
200 kg   wasserfreie Phosphorsäure bis zur völligen Wasserlöslichkeit einwirken.

Man behandelt die butylalkoholische Lösung mit Wasser, um die Säure zu entfernen, neutralisiert und gibt einen Überschuss an Wasserstoffsuperoxyd von 40% zu. Zum Schluss wird getrocknet.

Sulfatierte sekundäre Alkohole.

Die normalen sekundären Alkohole von hohem Molekulargewicht und ihre Sulfate wurden in einer gewissen Anzahl von Patenten studiert: *amer. P. 2.163.651, 2.326.270* von Du Pont; *amer. P. 2.321.020* der Colgate-Palmolive-Peet Co.; *D.R.P. 589.946* der I. G. Farbenindustrie.

Die sekundären Alkohole werden durch Reduktion der entsprechenden Ketone in Gegenwart eines Katalysators oder mit Hilfe von Natrium und Alkohol erhalten.

Gewisse sulfatierte oder disulfatierte Glykole von höherem Molekulargewicht bilden ebenfalls oberflächenaktive Körper, so z. B. nach *amer. P. 2.007.492* der Böhme-Fettchemie–Bertsch das 7,18 Stearylglykol, welches durch Reduktion von Rizinolsäure erhalten wird.

Im *amer. P. 2.091.956* von du Pont de Nemours wird die Verwendung der Alkalisalze der Schwefelsäureester der hochmolekularen Glykole anstelle der einwertigen Fettalkoholsulfate als Wasch- und Emulgiermittel geschützt. Die Patentschrift enthält dabei folgendes Beispiel:

$$C_{11}H_{23}\text{—CH————————CH—}C_{11}H_{23}$$
$$\quad\quad\quad |\quad\quad\quad\quad\quad\quad\quad |$$
$$\quad\quad O\text{—}SO_3Na\quad\quad\quad O\text{—}SO_3Na$$

Natriumdiundecyläthylenglykoldisulfat

Diese Verbindung wird durch Sulfatierung des Diglykols

$$R_1\text{—CHOH—CHOH—}R_2$$

mit Chlorsulfonsäure erhalten.

Die Säuren, die durch Oxydation von Paraffinwachs erhalten werden, ergeben bei der Reduktion Alkohole, die sich ebenfalls sulfatieren lassen. Solche Produkte behandeln die *amer. P. 2.341.218* und *2.151.106* sowie *brit. P. 489.863* von Henkel & Co. und die *D.R.P. 682.195* und *684.927* der I. G. Farbenindustrie. In Deutschland haben diese Produkte im Handel Bedeutung erlangt.

Interessant sind die sulfatierten sekundären Alkohole, wie z. B. das Tergitol 08 und Tergitol 4[1]) der Carb. and Carb. Chem. Corp. wegen ihrer Säure- und Alkalibeständigkeit. Neben Schaum- und Waschvermögen weisen diese Verbindungen auch eine gute Netzwirkung auf.

Tergitol 4 ist eine 25%ige Lösung des Natriumsalzes des Schwefelsäureesters des Tetradecylalkohols (7-Äthyl-2-methylundecanol-(4)):

$$C_4H_9{-}CH{-}(CH_2)_2{-}CH{-}CH_2{-}CH\!\!<^{CH_3}_{CH_3}$$
$$\qquad\quad\; |\qquad\qquad\quad |$$
$$\qquad\quad C_2H_5\qquad\quad O{-}SO_3Na$$

Der Alkohol wird aus dem Tetradecylazeton hergestellt, welches wiederum durch Einwirkenlassen von Methylisobutylketon

$$CH_3{-}CO{-}CH_2{-}CH\!\!<^{CH_3}_{CH_3}$$

auf 2-Äthylkapronaldehyd (2-Äthyl-hexanal)

$$C_4H_9{-}CH{-}CHO$$
$$\qquad\quad |$$
$$\qquad\; C_2H_5$$

in Gegenwart von Alkali erhalten wird.

Die Reaktion verläuft dabei nach folgender Gleichung:

$$^{H_3C}_{H_3C}\!\!>CH{-}CH_2{-}C{=}O + O{=}CH{-}CH{-}C_4H_9 \longrightarrow$$
$$\qquad\qquad\qquad\quad |\qquad\qquad\qquad\; |$$
$$\qquad\qquad\qquad\; CH_3\qquad\qquad\quad C_2H_5$$

$$^{H_3C}_{H_3C}\!\!>CH{-}CH_2{-}CO{-}CH_2{-}CH{-}CH{-}C_4H_9$$
$$\qquad\qquad\qquad\qquad\qquad\quad |\quad\; |$$
$$\qquad\qquad\qquad\qquad\qquad OH\; C_2H_5$$

Das Ketol gibt dann durch Wasserabspaltung die Verbindung

$$^{H_3C}_{H_3C}\!\!>CH{-}CH_2{-}CO{-}CH{=}CH{-}CH{-}C_4H_9$$
$$\qquad\qquad\qquad\qquad\qquad\qquad\qquad |$$
$$\qquad\qquad\qquad\qquad\qquad\qquad\; C_2H_5$$

2-Methyl-7-äthyl-undecen-(5)-on-(4)

[1]) *Franz. P. 782.835, 786.734, 789.406, 798.967; brit. P. 446.026; ital. P. 332.636; schweiz. P. 184.005; belg. P. 406.925; kanad. P. 370.638* der C.C.C.C.; *amer. P. 2.088.019* der Union Carb. and Carb. Chem. Corp.; *brit. P. 407.187, 437.869; franz. P. 832.072* der I. G. Farbenindustrie; *amer. P. 2.052.027* von Benjamin R. Harris; *amer. P. 2.161.857* der C.C.C.C.

Durch Hydrierung gelangt man dann zum 2-Methyl-7-äthylundecanol-(4):

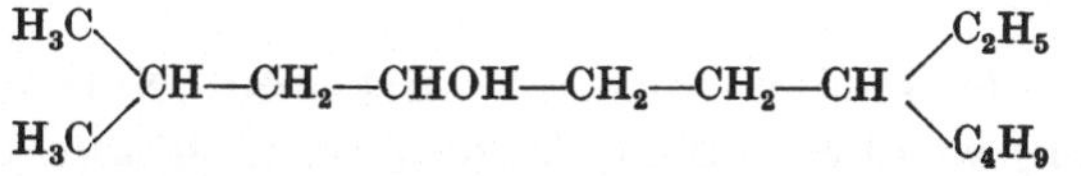

$$H_3C\!\!\diagdown_{\displaystyle CH-CH_2-CHOH-CH_2-CH_2-CH}\!\!\diagup^{C_2H_5}_{C_4H_9}$$
$$H_3C\!\!\diagup$$

Dieser Alkohol wird mit der gleichen Menge 95%iger Schwefelsäure in Gegenwart von Essigsäureanhydrid bei 0 bis 10° C sulfatiert. Das Sulfat wird hierauf in das Alkalisalz übergeführt, welches dann durch fraktionierte Kristallisation aus Methanol, Hexan oder Wasser gereinigt werden kann.

Tergitol 08 der Carb. and Carb. Chem. Corp. ist eine 25%ige wässerige Lösung des Natriumsalzes des 2-Äthylhexylsulfats (*amer. P.2.052.027* und *2.161.857* der Carb. and Carb. Chem. Corp.)

$$C_4H_9-CH-CH_2-O-SO_3Na$$
$$\qquad\quad\;\; |$$
$$\qquad\quad C_2H_5$$

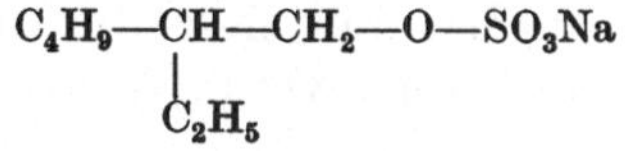

Tergitol 08 wird erhalten aus Butyraldehyd durch Polymerisation in Gegenwart eines schwach alkalischen Katalysators unter Bildung eines Aldehydalkohols

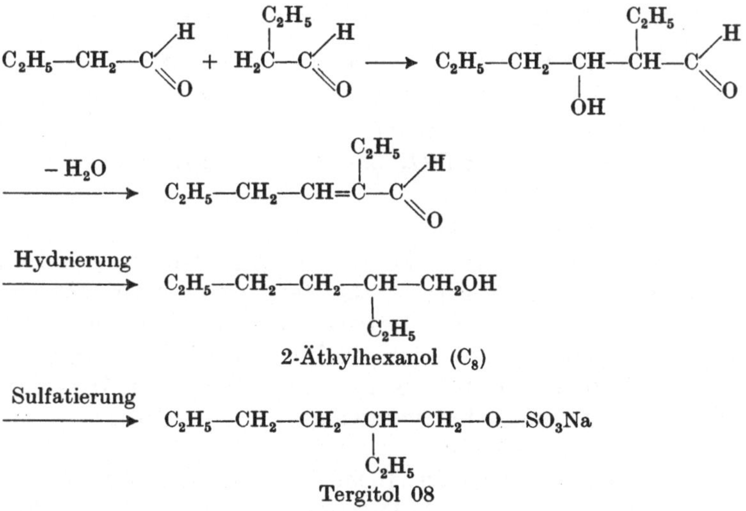

$$C_2H_5-CH_2-C\!\!\diagup^{H}_{\diagdown O} + H_2C-C\!\!\diagup^{H}_{\diagdown O} \longrightarrow C_2H_5-CH_2-CH-CH-C\!\!\diagup^{H}_{\diagdown O}$$

$$\xrightarrow{-H_2O} C_2H_5-CH_2-CH=C-C\!\!\diagup^{H}_{\diagdown O}$$

$$\xrightarrow{Hydrierung} C_2H_5-CH_2-CH_2-CH-CH_2OH$$
$$\text{2-Äthylhexanol (C}_8\text{)}$$

$$\xrightarrow{Sulfatierung} C_2H_5-CH_2-CH_2-CH-CH_2-O-SO_3Na$$
$$\text{Tergitol 08}$$

Tergitol 7 ist 3,9-Diäthyltridecyl-6-sulfat

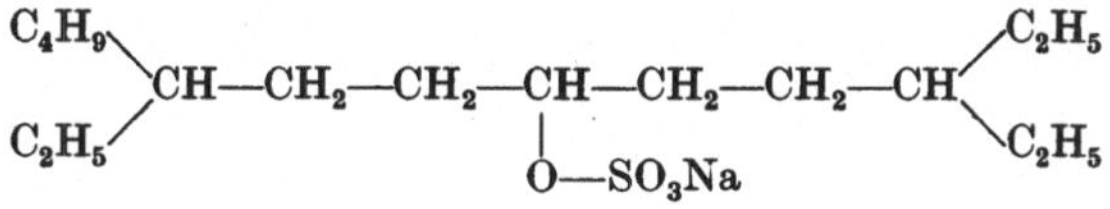

$$C_4H_9\!\!\diagdown_{\displaystyle CH-CH_2-CH_2-CH-CH_2-CH_2-CH}\!\!\diagup^{C_2H_5}_{C_2H_5}$$
$$C_2H_5\!\!\diagup \qquad\qquad\qquad |$$
$$\qquad\qquad\qquad O-SO_3Na$$

und wird aus einem Alkohol mit 17 Kohlenstoffatomen, dem 3,9-Diäthyltridecanol-(6) erhalten:

$$\begin{array}{c} C_4H_9 \\ \diagdown \\ \diagup \\ C_2H_5 \end{array} CH-CH_2-CH_2-CHOH-CH_2-CH_2-CH \begin{array}{c} \diagup C_2H_5 \\ \\ \diagdown C_2H_5 \end{array}$$

Die Tergitole stellen äusserst wirksame Netzmittel dar. Ihr grösster Wirkungsgrad wird in neutralen, schwach sauren (0,5 % Schwefelsäure) oder schwach alkalischen Bädern (0,5 % Natronlauge) erreicht. Ihre Beständigkeit gegen die Härtebildner des Wassers darf als hervorragend bezeichnet werden. Breton hat in Rev. Produits Chim. 1938, *41*, S. 289, (siehe auch Ind. Chim. 1937, S. 850) ihre Anwendungsgebiete besprochen.

Nach *D.R.P. 657.704* und *amer. P. 2.084.253* von Henkel & Co.- Hintermaier eignen sich auch die Sulfurierungsprodukte der tertiären Alkohole, die zum mindesten einen höheren Fettrest besitzen, als Schaum- und Netzmittel. Ein Beispiel eines solchen Alkohols ist das Undecyldiäthylkarbinol. Es handelt sich hier um echte Sulfurierungsprodukte, also echte Sulfosäuren, wie z. B. die Sulfosäure des Heptadecyldiäthylkarbinols

$$C_{17}H_{35}-C \begin{array}{c} \diagup C_2H_5 \\ -OH \\ \diagdown C_2H_5 \end{array}$$

II. A. 8. Sulfurierte Ester zweibasischer Säuren.

Ausgezeichnete Netzmittel sind die sulfurierten Ester zweibasischer Säuren, die von der Amer. Cyanamid Chem. Co.[1] gründlich studiert und in den Grundpatenten

> *amer. P. 2.028.091, 2.176.423, 2.251.768;*
> *brit. P. 446.568;*
> *franz. P. 776.495*

beschrieben wurden. Obwohl eine ganze Reihe Dikarbonsulfonsäuren von der oben genannten Firma als Netzmittel empfohlen werden, haben sich ohne Zweifel die Derivate der Bernsteinsäure und der Maleinsäure am besten bewährt, insbesondere die Sulfobernsteinsäureester (Sulfosuccinate) und Sulfomaleinsäureester, in welchen der Alkoholrest eine gerade oder verzweigte Kohlenstoffkette mit 6—9 Kohlenstoff-Atomen darstellt.

Die Sulfosuccinate werden durch Veresterung von Maleinsäureanhydrid mit Alkoholen und Anlagerung von Bisulfit erhalten:

$$2\,R-OH + \begin{array}{c} HC-COOH \\ \| \\ HC-COOH \end{array} \longrightarrow \begin{array}{c} HC-COOR \\ \| \\ HC-COOR \end{array} + 2\,H_2O \xrightarrow{NaHSO_3} \begin{array}{c} COOR \\ | \\ CH_2 \\ | \\ NaO_3S-CH \\ | \\ COOR \end{array} + 2\,H_2O$$

---

[1] C. R. Caryl und W. P. Ericks, R.G.M.C. 1939, S. 230; Ind. Eng. Chem. 1939, *31*, S. 44; 1941, *33*, S. 731. Siehe auch dieses Werk 3. Aufl., Tl. I, Bd. 1, S. 159.

Die Dialkylsulfosuccinate wurden von der Amer. Cyanamid Chem. Co. unter den allgemeinen Bezeichnungen Deceresol, Alphasol und Aerosol in den Handel gebracht[1])

Aerosol IB   entspricht dem Diisobutylester;
Aerosol AY   entspricht dem Diamylester;
Aerosol MA   entspricht dem Dihexylester;
Aerosol OT   entspricht dem Dioktylester;
Aerosol AS   wäre ein Diisopropylester.

Es sind farblose Produkte mit sehr grossem Netzvermögen, die in heissen alkalischen Lösungen hydrolysiert werden.

Die entsprechenden Ester einer Sulfotrikarbonsäure wurden auch untersucht und als oberflächenaktive Mittel vorgeschlagen[2]); z. B. entspricht Nekal NS der G.D.C. dem Trihexylester der Sulfotrikarballylsäure

$$\begin{array}{c}
H_2C-C(=O)OC_6H_{13} \\
| \\
NaO_3S-C-C(=O)OC_6H_{13} \\
| \\
H_2C-C(=O)OC_6H_{13}
\end{array}$$

Interessante Waschmittel dieser Klasse sind das Dinatriumsalz des N-oktadecylsulfobernsteinsäureamids

$$\begin{array}{c}
CH_2-CONH-C_{18}H_{37} \\
| \\
NaO_3S-CH-COONa
\end{array}$$
Aerosol 18

und das Tetranatriumsalz des N-Oktadecyl-1,2-dikarboxyäthylsulfobernsteinsäureamids

$$\begin{array}{c}
CH_2-COONa \\
| \\
CH-COONa \\
| \\
N-C_{18}H_{37} \\
CH_2-C(=O) \\
| \\
NaO_3S-CH-COONa
\end{array}$$
Aerosol 22[3])

---

[1]) Andere Handelsmarken:

Rapidnetzer	B.A.S.F.
Dismulgan VII	I.G. Farbenindustrie
Arosin SK	Böhme-Fettchemie

Siehe auch *amer. P. 2.181.087* und *2.265.944* der Amer. Cyanamid Co. (Guanidin- und Biguanidinsalze).

[2]) *Amer. P. 2.315.375* der Gen. Aniline and Film Co; *amer. P. 2.345.041* der Amer. Cyanamid Co. und *brit. P. 551.246* der Nat. Oil Prod. Co.

[3]) *Amer. P. 2.283.214*, siehe auch das *amer. P. 2.252.401* der Amer. Cyanamid Co.

II. A. 9. Benzimidazolderivate. Die Ultravone.

Die Ciba brachte ebenfalls vor einigen Jahren eine Reihe neuer, interessanter Waschmittel unter dem Namen Ultravone[1]) auf den Markt. Es sind dies Benzimidazolderivate folgender allgemeiner Formel:

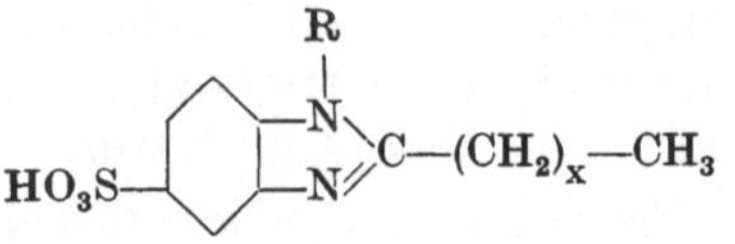

$$HO_3S{-}\text{[Benzimidazol]}{-}C{-}(CH_2)_x{-}CH_3 \quad (N{-}R)$$

z. B. das Natriumsalz der N-Methyl-2-heptadecylbenzimidazolsulfosäure

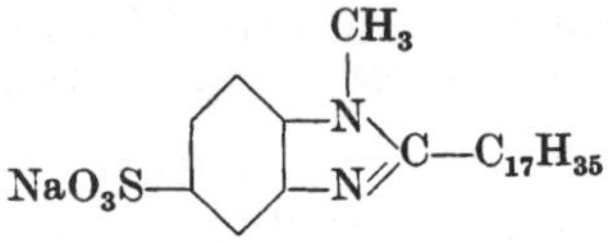

$$NaO_3S{-}\text{[Benzimidazol]}{-}C{-}C_{17}H_{35} \quad (N{-}CH_3)$$

welches durch Kondensation der Fettsäure mit Monomethyl-o-phenylendiamin und nachträgliche Sulfurierung des erhaltenen Kondensationsproduktes erhalten wird.

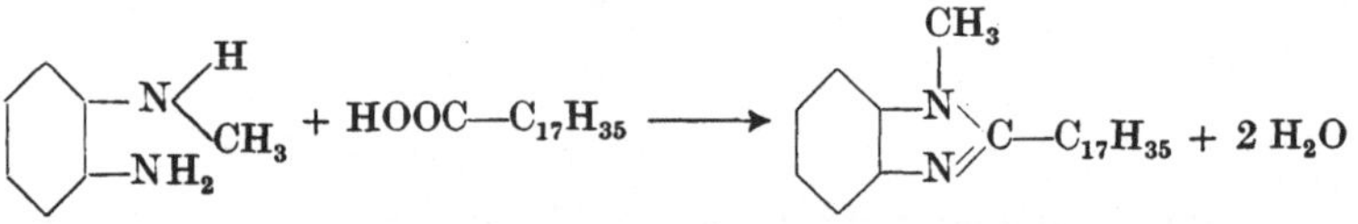

$$\text{[o-Phenylen]}{-}N{<}^{H}_{CH_3},\ -NH_2 + HOOC{-}C_{17}H_{35} \longrightarrow \text{[Benzimidazol]}{-}C{-}C_{17}H_{35}\ (N{-}CH_3) + 2\,H_2O$$

Bei der Sulfurierung dieser Verbindungen gelangt man zu wasserlöslichen, stark anionaktiven Produkten von ausgezeichneter Säure- und Kalkbeständigkeit. Diese Verbindungen besitzen zudem ein hervorragendes Reinigungsvermögen.

Ultravon K stellt das Monosulfonat des N-Methyl-heptadecylbenzimidazols dar. Es wird weniger als Waschmittel verwendet, sondern hauptsächlich zur Dispergierung von Kalkseife. Die Herstellerfirma empfiehlt das monosulfurierte Produkt (Ultravon K) auch als Egalisiermittel und als Zusatz zum reduktiven Abziehbad, während die disulfurierten Produkte (Ultravon W und FA) sich ganz besonders als Waschmittel für Wolle eignen.

Ultravon W ist das Disulfonat des N-Methyl-heptadecylbenzimidazols. Es ist gegen Säuren und Alkalien noch beständiger als die anderen Marken und eignet sich sehr gut für das Waschen und Walken der Wolle.

---

[1]) *Franz. P. 754.626, 778.476; brit. P. 398.150, 441.296; amer. P. 2.036.525, 2.170.474, 2.297.760;* Ch. Gränacher, Bull. Föd., Bd. *3*, Heft 3, S. 257; *D.R.P. 605.687; brit. P. 403.977; schweiz. P. 163.005, 163.274, 164.730* bis *164.736, 196.533, 208.534, 210.980, 214.093, 213.253;* L. Diserens, Neue Verfahren in der Technik der Veredlung der Textilfasern, Bd. *1*, S. 424 und 425.

Andere Handelsmarke: Tergavon (Ciba).

Ultravon FA, dessen Lösungen neutral reagieren, verhindert das Ausfallen der Kalkseifen.

Das *franz. P. 818.919* der Ciba beschreibt die Herstellung eines ähnlichen Waschmittels durch Kondensation des Heptadecylbenzimidazols mit Benzaldehyd in einer Kohlendioxydatmosphäre. Das so sich bildende Benzylidenheptadecylbenzimidazol wird dann noch sulfuriert. Auf diese Art und Weise gelangt man zu einem ausgezeichneten Waschmittel von hervorragender Beständigkeit in hartem Wasser und von grosser Reinigungskraft.

Aus Benzimidazol entstehen durch Kondensation mit Aldehyden (z. B. Benzaldehyd) in borsaurer Lösung nach der Vorschrift des *brit. P. 490.774* der Ciba sehr interessante Hilfsmittel für die Textilindustrie (Waschmittel), die ebenfalls zur Gruppe der Ultravone gehören (siehe Gränacher, Bull. Föd. 3, S. 268).

Eine von den bisher genannten gänzlich verschiedene Gruppe ist der Ciba in den *schweiz. P. 164.730* bis *164.736*, dem *franz. P. 774.107* und dem *brit. P. 419.010* geschützt worden. Es handelt sich dabei um Abkömmlinge der Azole, nämlich um substituierte Benzimidazole, die als Netzmittel mit ausgesprochen seifenartigen Eigenschaften, als Schaum- und Waschmittel, aber auch zum Niederschlagen, d. h. Fixieren substantiver Farbstoffe — entsprechend der Art der Wirkung anderer kationaktiver Substanzen — empfohlen werden. Man geht dabei vom Benzimidazol aus

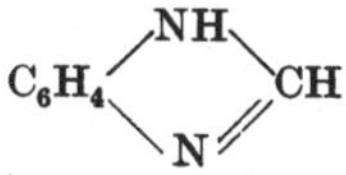

$$C_6H_4 \diagup \begin{matrix} NH \\ \\ N \end{matrix} \diagdown CH$$

und kondensiert es mit höheren Alkylresten. Als Beispiel der teilweise komplizierten Konstitution dieser Körper sei z. B. folgendes Produkt erwähnt:

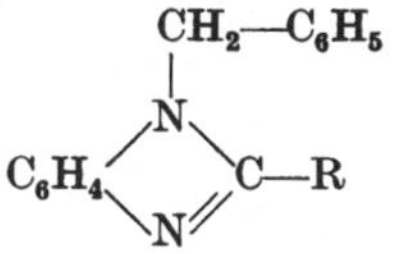

$$C_6H_4 \diagup \begin{matrix} N-CH_2-C_6H_5 \\ \\ N \end{matrix} \diagdown C-R$$

wobei R einen Heptadecyl- oder Pentadecylrest darstellen kann.

Solche Benzimidazole werden nach den *schweiz. P. 170.682* bis *schweiz. P. 170.685* der gleichen Firma auch erhalten, wenn man unter Sauerstoffausschluss in gehärteten Tran, Olivenöl oder Leinöl o-Phenylendiamin hineindestilliert und dieses Gemisch im Stickstoffstrom bis zum Verschwinden des Phenylendiamins erhitzt.

Alkylsulfonate der aromatischen Kohlenwasserstoffe.
II. A. 10a. Die Alkylarylsulfonate.

Die Alkylarylsulfonate sind meistens Alkalisalze von Sulfoderivaten von Kondensationsprodukten aus einem aromatischen Kohlenwasserstoff (Benzol, Naphtalin) und einer aliphatischen Kohlenwasserstoffkette. Die aliphatische Kohlenwasserstoffkette besitzt im allgemeinen mehr als neun Kohlenstoffatome, wenn der aromatische Kern ein Naphtalinkern ist, und 12 oder mehr Kohlenstoffatome, wenn der aromatische Teil einen Benzolkern darstellt.

Die aromatischen Sulfosäuren, bei denen der aromatische Kern einen wesentlichen Bestandteil des hydrophoben Teils ausmacht, werden von den synthetischen Wasch- und Reinigungsmitteln in der Praxis wohl am meisten verwendet.

Die wichtigsten und wohl auch am meisten verbreiteten Produkte dieser Art sind:

Nacconol NR der Nat. Aniline Div., Allied Chem. and Dye Corp.

Santomerse D, N° 1, 2, 3 von Monsanto Chem. Co.

Texaryl DS, DSA, DST, TA der C.F.M.C.–Francolor.

Igepal NA der I. G. Farbenindustrie (Natriumsalz der Dodecylbenzolsulfosäure).

Invadin NR der Ciba.

Der ausschlaggebende Vorteil dieser Produkte ist ihr billiger Einstands- und Fabrikationspreis sowie ihre Beständigkeit gegenüber einem hydrolytischen Abbau.

Die Sulfonate der nicht substituierten aromatischen Kohlenwasserstoffe[1]) (Benzol, Naphtalin usw.) besitzen keine kapillaraktiven

---

[1]) Sulfurierte Derivate der aromatischen Kohlenwasserstoffe sind z. B. Benzylsulfanilsaures Natrium, Solutionssalz der I.G. Farbenindustrie (siehe L. Diserens, Tl. I, 3. Aufl., Bd. *1*, Kap. I, S. 145).

Dimethylmetanilsaures Natrium, Dinaton (I.G. Farbenindustrie)

L. Diserens, Tl. I, 3. Aufl., Bd. *1*, Kap. I, S. 145.
Natriumsalz des 1,3,6-Trisulfonaphtalin

Paradurol (I. G. Farbenindustrie), Stabilisierungsmittel für Diazolösungen. L. Diserens, Tl. I, 3. Aufl., Bd. *1*, Kap. IV.
Tetrahydronaphtalinsulfosaures Natrium, β-Majamin (Dehydag), Sapogil (Progil). L. Diserens, Tl. II, Bd. *1*, K. II.
Oktahydroanthrazensulfosaures Natrium, Toktaton.

Eigenschaften. Durch Ersatz von einem oder mehreren Wasserstoffatomen durch eine aliphatische Kette oder einen Aralkylrest gelangt man zu Verbindungen, deren Sulfonate kapillaraktiv sind. Die kapillaraktiven Eigenschaften sind von der Grösse der Substituenten sowie von der Grösse des aromatischen Kerns abhängig.

Der aliphatische Kohlenwasserstoff kann durch eine Fraktionierung des Petrols erhalten werden, wobei eine sehr weitgehende Trennung und Raffinierung durchzuführen ist. Bei der Festlegung der Eigenschaften der Petrolfraktion (z. B. für die Herstellung eines möglichst reinen Dodecylbenzols mit einer 12 Kohlenstoffatome enthaltenden Seitenkette) muss man ganz besonders die für das Endprodukt gewünschten Qualitäten ins Auge fassen, da das Molekulargewicht der Petrolfraktion bei konstanter Konzentration des Endprodukts dessen Eigenschaften stark beeinflusst. So konnte in der Tat festgestellt werden, dass

die reinigende Wirkung mit steigendem Molekulargewicht der Petrolfraktion ebenfalls steigt;

das Schaumvermögen mit steigendem Molekulargewicht der Petrolfraktion abnimmt;

die Hartwasserbeständigkeit verbessert wird, wenn das Molekulargewicht des aliphatischen Teils abnimmt;

das Netzvermögen besser wird, wenn die Länge der aliphatischen Kette abnimmt.

Man kann sich vorstellen, welche Vielfalt von Variationsmöglichkeiten besteht, wenn es gelingt, die Anzahl und die Kettenlänge der Substituenten sowie die aromatischen Kerne selbst zu verändern. Diese Produkte sind im allgemeinen dadurch gekennzeichnet, dass sie nur eine einzige Sulfogruppe enthalten. Es ist jedoch auch möglich, mehrere solche Gruppen in das Molekül einzuführen.

Die aromatischen Kerne, denen man in den üblichen Produkten am meisten begegnet, sind der Benzol- und Naphtalinkern sowie die Diphenylgruppe.

So lässt sich z. B. ein Dodecylbenzol, ein Nonylnaphtalin usw. herstellen. Indessen werden in gewissen Spezialfällen auch andere aromatische Kohlenwasserstoffe verwendet, wie Xylol, Toluol.

Man hat auch aus Harzen Sulfurierungsprodukte hergestellt, und zwar besonders solche von der Abietinsäure[1]).

Der Steinkohlenteer sowie die höher siedenden Teerfraktionen enthalten wahrscheinlich niedrig alkylierte zyklische Systeme. So gelangt man durch direkte Sulfurierung dieser Fraktionen gemäss *D.R.P. 545.968, 596.943* der Chem. Fabr. Pott & Co.; *franz. P.*

---

[1]) Siehe weiter unten, S. 461; *amer. P. 1.931.257* von Du Pont; *amer. P. 2.348.200* des Inst. of Paper Chem.; *amer. P. 2.376.381* der Nat. Oil Prod. Co.

789.993 der I. G. Farbenindustrie und *kanad. P. 426.101* der Colgate-Palmolive-Peet Co. zu oberflächenaktiven Produkten.

Indessen werden die Alkylarylsulfonate industriell durch eine Synthese in zwei Arbeitsstufen hergestellt, nämlich durch eine Alkylierung und eine Sulfurierung. Es kann dabei die Alkylierung vor oder nach der Sulfurierung erfolgen, oder aber auch eine gleichzeitige Durchführung beider Operationen ist möglich.

Die älteste Methode zur Alkylierung eines aromatischen Kerns ist die klassische Methode von Friedel-Crafts[1]). Dabei lässt man ein Alkylhalogenid in Gegenwart von wasserfreiem Aluminiumchlorid auf einen aromatischen Kohlenwasserstoff einwirken:

$$R\text{—}Cl + Ar\text{—}H \xrightarrow{\ AlCl_3\ } R\text{—}Ar + HCl$$

Man gelangt so zu Produkten wie Methylnaphtalin, Monoamyldiphenyl (Pentaryl A), Diamyldiphenyl (Pentaryl B), Mono- und Di-oktylnaphtalin usw.

Die Alkylarylsulfonate lassen sich in zwei scharf getrennte Gruppen einteilen:

1. Die Alkyl- oder Polyalkylnaphtalinsulfonate, d. h. jene Alkylarylsulfonate, die einen oder mehrere Alkylreste mit 8 oder weniger Kohlenstoffatomen besitzen.

In dieser Gruppe findet man die Produkte, die unter dem Namen Nekale grosse Bedeutung erlangt haben.

Nekal A, das von der B.A.S.F. im *D.R.P. 336.558* (1917)[2]) beschrieben wird, ist ein Netz- und Schaummittel, welches gegenüber Kalksalzen und Mineralsäuren sehr beständig ist. Es besitzt jedoch nur eine schwache Waschwirkung[3]). Dieses Produkt entspricht dem isopropylnaphtalinsulfosauren Natrium.

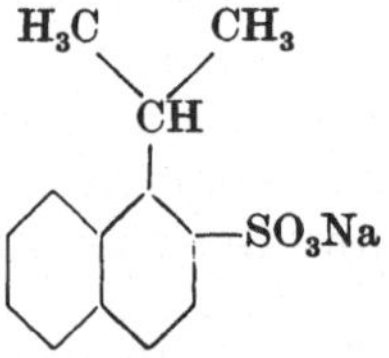

$$\begin{array}{cc} H_3C & CH_3 \\ & CH \\ & | \\ & \text{—}SO_3Na \end{array}$$

---

[1]) C. A. Thomas, Anhydrous Aluminium Chloride in Organic Chemistry, Reinhold, New York 1941; Hammett, Phys. Org. Chem., Mc Graw-Hill, New York, 1930, Kap. 10; Nightingale, Chem. Rev. 1939, *25*, S. 329; *amer. P. 2.260.625* der C.C.C.C.

[2]) P. Sisley, Sulfoderivate aromatischer Kohlenwasserstoffe, R.G.M.C. 1938, S. 41, 84, 124, 161. Siehe auch *D.R.P. 544.889* der Chem. Fabr. Pott; *amer. P. 2.020.385* der I.C.I.

[3]) Handelsmarken:

Alkanol B	Du Pont
Nekal A	I. G. Farbenindustrie und G. D. C.
Naccosol A	Nat. Anil. Div. Allied Chem. & Dye Corp.
Aerosol OS	Amer. Cyanamid Corp.
Brecolane N, NT . .	Kuhlmann-Francolor
Oranit B, BN	Oranienburger Chem. Fabr.
Coptal BN, BNA . .	C. F. M. C.

Häufig werden Polyalkylnaphtalinsulfonate mit zwei oder mehr Alkylresten auf einen Naphtalinkern verwendet. Davon seien vor allem die butylierten oder isopropylierten Produkte erwähnt, wie z.B.

Aerosol OS (Vatsolos)	Amer. Cyanamid Corp.
Aresket	Monsanto Chem. Co.
Brécolane NCK, NTS, NVX . . .	Kuhlmann-Francolor
Coptal N	C.F.M.C.
Emogil PS.	Progil
Invadin B, C, D	Ciba
Leonil SH	G.D.C.
Leonil S und SB	I. G. Farbenindustrie
Nekal BX, BXW	I. G. Farbenindustrie
Neomerpin N	Pott und Du Pont
Oranit Pulv.	Oranienburger Chem. Fabr.
Perminal NF, WI	Imp. Chem. Ind.
Perminal BX, WA und EML	Imp. Chem. Ind.
Resolin B	Sandoz
Supralan	Zschimmer u. Schwarz
Surfax	Houghton
Nekanil S (= Leonil S)	B.A.S.F.
Leonil DB	Höchst
Avolan P	Bayer
Arosin N	Böhme-Fettchemie
Lychromal	Buna
Tinovalin N	Geigy
Erkantol BX	Bayer
Omya R	Plüss-Stauffer
Acidol	Onyx
Novonacco	Nat. Anil. Div.
Alkanol B	Du Pont
Tensol R und S	Synth. Chem. Co.
Marvepon N	Doittau
Solepal WH	Doittau
Alkylène B und IP	Doittau

Leonil SB ist ein benzylnaphtalinsulfosaures Natrium und wird als Karbonisiermittel vorgeschlagen.

Aerosol OS und **AS** der Amer. Cyanamid Co. sind Netzmittel auf Basis von Isopropylnaphtalinsulfosäure (Natriumsalz) von guter Säure- und Alkalibeständigkeit. Die Marke OS ist ein neutrales, hygroskopisches, wasserlösliches braunes Pulver; die Lösungen bis zu 0,5 % sind trübe, werden jedoch klar, wenn man 10 % Glaubersalz zusetzt.

Die sich von alkyliertem Diphenyl[1]) ableitenden Sulfonsäuren[2]) sind ausgezeichnete Netzmittel. Ein Handelsprodukt dieser Klasse

---

[1]) Siehe auch *amer. P. 1.737.792, 1.836.588, 1.901.507* der I. G. Farbenindustrie – Günther.

[2]) *Amer. P. 2.081.876* von Du Pont; *2.202.686, 2.320.846* der Hercules Powder Co.; *2.315.951* von Du Pont.

trägt den Namen Aresket (Monsanto Chem. Co.) und entspricht dem Natrium-monobntyldiphenylmonosulfonat[1]).

Man gelangt zu den Produkten dieser ersten Gruppe nach verschiedenen Methoden:

1. Alkylierung des Naphtalins mit einem Alkohol von 8 Kohlenstoffatomen und nachträgliche Sulfurierung;

2. Alkylierung mit einem Alkylhalogenid nach Friedel-Crafts.

2. Die Alkylarylsulfonate[2]) mit einer Alkylgruppe von 10 und mehr Kohlenstoffatomen.

Die zu dieser Gruppe gehörenden Produkte zählen zu den häufigsten Wasch- und oberflächenaktiven Mitteln. Enthält die Fettkette 1−7 Kohlenstoffatome, so hat man es mit Schaum-, Netz-, Egalisier-, Dispergier- und Emulgiermitteln zu tun. Mit mehr als 8 Kohlenstoffatomen im Alkylrest gelangt man in den Bereich der eigentlichen Waschmittel; am besten sind diejenigen mit mindestens 10 Kohlenstoffatomen in unverzweigter Kette. Diese Waschmittel sind säure-, alkali- und hartwasserbeständig und entfalten ihre Wirksamkeit bei p_H-Werten zwischen 2 und 13[3]).

Einige Handelsmarken der zu dieser Gruppe gehörenden Produkte sind:

Nacconol NR, NRSF, E, EP, EF, FSNO, HG	Nat. Anil. Div.
Alkanol WXN, GN, DD, DH, DW	Du Pont
Santomerse No. 1, 2, 3	Monsanto Chem. Co.
Texaryl DS, DSA, DST, TA	C.F.M.C.
Invadin NR	Ciba
Nopco 1067	Nat. Oil Prod. Co.
Sivanon N, NA, NS	Sinnova
Beycopon S 35 . . . . ·	Beycopal-Paix & Co.

Diese Körper lassen sich nach zwei Verfahren herstellen:

Methode I.

a) Ausgangsmaterial: eine ausgewählte Petrolfraktion, die aus raffiniertem pennsylvanischem Petrol stammt, vom Typus Kerosin, welches Kohlenwasserstoffe zwischen 16 und 18 Kohlenstoffatomen enthält. Der Siedepunkt liegt zwischen 200 und 300° C.

---

[1]) Andere ähnliche Produkte sind:

Areskap   (Monsanto Chem. Co.) = Natriummonobutylphenylphenolsulfonat
Aresklene (Monsanto Chem. Co.) = Natriumdibutylphenylphenolsulfonat

[2]) Patente, die sich auf die Herstellung von Natriumalkylarylsulfonaten beziehen: *brit. P. 416.379* der I. G. Farbenindustrie; *franz. P. 766.903* und *amer. P. 2.220.099* der I. G. Farbenindustrie–Günther; *amer. P. 2.210.962* der Sharples Solvents Corp.; *amer. P. 2.161.173* der Monsanto Chem. Co.; *amer. P. 2.223.364, 2.233.408, 2.247.365, 2.267.725, 2.283.199, 2.314.929, 2.340.654, 2.387.572, 2.390.295, 2.393.526, 2.394.851, 2.397.133* der Allied Chem. and Dye Corp.; *amer. P. 2.230.922, 2.364.767* ebenfalls der Allied Chem. and Dye Corp.

[3]) E. Wulkow, Mell. 1949, *30*, S. 248.

b) Chlorierung dieser Fraktion bei 60 bis 70⁰ C, um zum Alkylhalogenid zu gelangen. Das Alkylchlorid wird darauf bei 30 bis 35⁰ C nach der Methode von Friedel-Crafts in Gegenwart eines Katalysators (Aluminiumchlorid oder Zinkchlorid) mit der aromatischen Komponente kondensiert. Als aromatischer Körper kommt z. B. Benzol in Betracht.

c) Nach der Sulfurierung wird gewaschen und das Alkylbenzol mit Oleum bei 60⁰ C gereinigt. Das so erhältliche konzentrierte Produkt stellt **Nacconol NRSF** dar. Wird es mit Natriumsulfat (60%) verschnitten, so gelangt man zu **Nacconol NR 40%**[1]).

$$\text{Paraffinkohlenwasserstoff} \xrightarrow{\text{Chlorierung}} \text{Alkylhalogenid}$$

$$C_{12}H_{25}Cl + \langle\text{Benzol}\rangle \xrightarrow{\text{AlCl}_3} \langle\text{Benzol}\rangle - C_{12}H_{25}$$

Dodecylbenzol

$$\xrightarrow{\text{Sulfurierung}} \langle\text{Benzol}\rangle - C_{12}H_{25}, \quad SO_3Na$$

Dodecylbenzolsulfonat

Santomerse D der Monsanto Chem. Co. ist ein sulfuriertes Alkylbenzol, in welchem die Alkylgruppe ein Decylrest ist.

$$C_{10}H_{21} - \langle\text{Benzol} - SO_3H\rangle$$

Andere Produkte, wie

Ultrawet E . . . . Atlantic Ref. Co.
Oronite Detergent . . . . . Oronite Chem. Co.

sind ähnliche Derivate, die von Toluol oder Xylol ausgehen.

Methode II.

a) Kondensation eines aromatischen Kohlenwasserstoffs in Gegenwart von Aluminiumchlorid mit Alkylderivaten, die nach der Fischer-Tropsch-Synthese erhalten werden und von der I. G. Farbenindustrie mit **Mepasin** von 12 bis 14 Kohlenstoffatomen bezeichnet wurden und zudem vorgängig noch chloriert worden sind.

b) Sulfurierung der substituierten aromatischen Verbindung und Neutralisation.

Nach dieser Methode werden Produkte wie das Natriumdodecylbenzolsulfonat, das **Igepal NA** der I. G. Farbenindustrie[2]), das

---

[1]) H. Flett, *amer. P. 2.340.654.*
[2]) Jetzt **Basopal NA** (B.A.S.F.).
Andere Handelsmarken: **Marlon E** (Hüls), **Stokopol N 56** (Stockhausen), **Resolin B** (Sandoz), **Supralan F** (Zschimmer u. Schwarz), **Silastan** (Schill), **Oleonat NE** (Pfersee), **Oxalfon** (Rudolf).

Natriumdecylbenzolsulfonat, das Natriumdilaurylnaphtalinsulfonat und das Natriumoleylnaphtalinsulfonat hergestellt.

Ein ähnliches Produkt wird auch erhalten, wenn Tetrapropen (12 Kohlenstoffatome) mit Benzol kondensiert und darauf das Alkylarylderivat sulfuriert wird.

Emulphor STX ist das dodecylxylolsulfosaure Kalium:

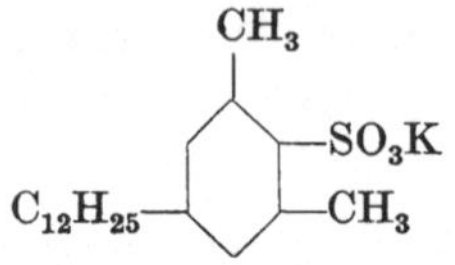

$$C_{12}H_{25}-\text{Benzolring}(CH_3, SO_3K, CH_3)$$

II. A. 10b. Die Alkylphenolsulfonate[1].

Phenole, Kresole, Anisole und Phenetole können ebenfalls alkyliert werden, wobei sich die Alkylgruppen vom Kerosin (15 bis 16 Kohlenstoffatome) ableiten. Die Alkylverbindungen werden dann sulfuriert, wodurch man zu den Alkylphenolsulfonaten gelangt, die interessante oberflächenaktive Produkte darstellen. Diese Derivate sind jedoch bedeutend teurer als die entsprechenden Benzolderivate, weshalb ihre industrielle Verwendung auch beschränkt ist. Man unterscheidet wie bei den Benzolderivaten Produkte mit kurzen und mit langen aliphatischen Seitenketten.

Produkte dieser Klasse sind:

Triton 720 . . .   Röhm und Haas
Arescap . . . . .   Monsanto Chem. Co., entspricht dem Natrium-monobutyl-phenylphenolmonosulfonat
Aresklene 400. .   Monsanto Chem. Co., entspricht dem Natrium-dibutylphenyl-phenoldisulfonat *(amer. P. 1.921.546)*.

Die Produkte mit langen Alkylketten (12 und mehr Kohlenstoffatome)[2] können an Stelle von Seife verwendet werden, und zwar besonders an Stelle von Kokosfettseifen. Man gelangt zu diesen Produkten durch Sulfurierung eines Alkylphenols, das man durch Kondensation eines Fettalkohols (Cetylalkohol) mit Phenol in Gegenwart von Zinkchlorid bei 175—185° C herstellt.

Interessant sind auch noch jene Produkte, die aus Kardonol und Anakardol, welches im Kern mit einer normalen Pentadecenyl-kette substituierte Phenole sind, hergestellt werden können[3].

---

[1] *Amer. P. 2.337.924* der Gen. Anil. and Film Corp.; *brit. P. 495.414* der I. G. Farbenindustrie; *amer. P. 2.133.287, 2.134.711, 2.134.712; 2.166.136, 2.178.571, 2.196.985, 2.205.946, 2.205.947, 2.223.363, 2.249.757; brit. P. 447.898; franz. P. 790.447,* alle der Allied Chem. and Dye Corp.

[2] *Amer. P. 2.008.017* von Röhm & Haas Co.; *amer. P. 2.332.555* der Standard Oil Div. Co.; *amer. P. 2.189.805* der Monsanto Chem. Co.; *amer. P. 2.205.949* der Allied Chem. and Dye Corp.

[3] *Amer. P. 2.098.824, 2.317.607, 2.324.300, 2.377.552* der Harvel Corp.

Alkylsulfonate der aliphatischen Kohlenwasserstoffe.

II. A. 11 a. Alkylsulfonate, die durch Sulfochlorierung aus Paraffinkohlenwasserstoffen entstehen.

Die primären Sulfosäuren der normalen Alkane entsprechen der allgemeinen Formel[1])

$$R-SO_3H, \text{ wobei } R = \text{Alkylrest von 8 bis 20 Kohlenstoffatomen.}$$

Sie besitzen eine bemerkenswerte Oberflächenaktivität. Trotzdem diese Produkte schon seit längerer Zeit bekannt waren, haben sie dennoch bis heute in der Industrie nur eine beschränkte Verwendung gefunden. Dies ist besonders auf ihre hohen Gestehungskosten zurückzuführen. Zudem bieten diese Verbindungen nur sehr kleine Vorteile gegenüber andern oberflächenaktiven Produkten. Ihre Herstellung erfolgt nach der klassischen Methode, die darin besteht, dass man auf das Alkylhalogenid (Bromid) Natriumsulfit einwirken lässt.

$$R-Br + Na_2SO_3 \longrightarrow R-SO_3Na + NaBr$$

Bei der Herstellung dieser Verbindungen kann man ebenfalls die entsprechenden Schwefelsäureester mit Natriumsulfit umsetzen[2]) nach der Gleichung

$$R-OSO_3Na + Na_2SO_3 \longrightarrow R-SO_3Na + Na_2SO_4$$

Eine weitere Methode besteht darin, dass man mit Hilfe der üblichen Oxydationsmittel (Kaliumbichromat, Kaliumpermanganat, Peroxyde oder Halogene) die entsprechenden Merkaptane ($R-SH$) oder Di- oder Polysulfide ($R-S-S-R$) oxydiert. Die letzteren Schwefelverbindungen werden leicht erhalten, wenn man die Halogenide mit Natriumsulfid oder -polysulfid behandelt.

Schon seit langer Zeit hatte man versucht, die Paraffinkohlenwasserstoffe direkt in die Sulfosäuren überzuführen[3]), doch erwiesen sich diese Ausgangsverbindungen als unempfindlich gegenüber den Sulfurierungsmitteln, wodurch sie sich ganz wesentlich von den aromatischen Kohlenwasserstoffen unterscheiden.

Man ist nun jedoch dazu übergegangen, die normalen Kohlenwasserstoffe von mittlerem Molekulargewicht direkt mit gasförmigem Schwefeltrioxyd zu sulfurieren[4]). Hingegen lassen sich die Fettsäuren

---

[1]) Reed und Tartar, J. Amer. Chem. Soc. 1935, *57*, S. 570, und 1936, *58*, S. 322; Flaschenträger und Wannschaff, Ber. 1934, *67*, S. 1121; Heimilian, Ann. 1873, *168*, S. 475; Zuffanti, J. Amer. Chem. Soc. 1940, *62*, S. 1044.

[2]) *Amer. P. 2.170.380* und *franz. P. 716.705* der I. G. Farbenindustrie; *brit. P. 433.312* der Imp. Chem. Ind.

[3]) Möllering und Luttgen, Sulfohalogenierung und Sulfohalogenide, Stuttgart 1942; Helberger, Z. f. ang. Chem. 1942, S. 172.

[4]) *Amer. P. 2.383.752* von Du Pont.

und die gesättigten Ketone bedeutend leichter sulfurieren, wobei die Sulfogruppe in der α-Stellung in das Molekül eintritt. Gleich verhalten sich auch die Ester und Anhydride der Fettsäuren, die sich durch direkte Sulfurierung ebenfalls in die entsprechenden α-Sulfonsäuren überführen lassen.[1])

Eine wichtige Methode, die die Herstellung der Sulfonsäuren der Alkane erlaubt, besteht in der Verwendung von sehr energischen Sulfurierungsmitteln wie Schwefeltrioxyd oder Chlorsulfonsäure, die man in Gegenwart eines Lösungsmittels auf Olefine oder Alkohole einwirken lässt (siehe weiter oben: sulfurierte Öle von hohem Sulfonierungsgrade)[2]).

Die direkte Einführung der Sulfogruppe gelang erst den Amerikanern Cortes P., Reed und Horn (*amer. P. 2.046.090, 2.174.110, 2.263.312*), die Schwefeldioxyd und Chlor oder Sulfurylchlorid als Sulfurierungsmittel verwendeten[3].) Die dabei auftretenden Reaktionen lassen sich nach dem folgenden Reaktionsschema beschreiben:

$$R-H + SO_2 + Cl_2 \longrightarrow R-SO_2-Cl + HCl$$
$$Cl_2 \longrightarrow 2\,Cl$$
$$R-H + Cl \longrightarrow R- + HCl$$
$$R- + SO_2 \longrightarrow R-SO_2-$$
$$R-SO_2- + Cl_2 \longrightarrow R-SO_2Cl + Cl \text{ usw.}[4])$$

Man gelangt auf diese Weise zu Sulfochloriden, die durch Verseifung sich dann in die Natriumsalze der echten Alkylsulfosäuren überführen lassen.

Üblicherweise verwendet man Paraffinkohlenwasserstoffe, die nach dem Fischer-Tropsch-Verfahren synthetisiert wurden, d. h. ein Gemisch, das besonders reich an Kohlenwasserstoffen mit 12 bis 18 Kohlenstoffatomen ist und zwischen 220 und 330° C siedet. Diese Kohlenwasserstoffe sind in Deutschland unter dem Namen Kogasin II bekannt.

Diese Fraktion wird zuerst in Gegenwart eines Nickelwolframat-Katalysators unter hohem Druck bei 200 bis 300° C hydriert, um die sauerstoffhaltigen und die ungesättigten Verbindungen in Paraffinkohlenwasserstoffe überzuführen.

Das hydrierte Produkt wird Mepasin genannt. Es wird darauf durch Behandeln mit Schwefeldioxyd und Chlor oder mit Sulfuryl-

---

[1]) *Amer. P. 2.195.145, 2.195.186, 2.195.187, 2.195.188* der Solvay Process Co.; *amer. P. 2.195.088* der I. G. Farbenindustrie; *brit. P. 353.475* der Böhme-Fettchemie.

[2]) *Amer. P. 1.931.491* der I. G. Farbenindustrie; Pomeranz, Seifensieder-Ztg. 1932 *59*, S. 3, 79.

[3]) Möllering und Luttgen, Sulfohalogenierung und Sulfohalogenide, Stuttgart 1942; Helberger, Z. f. ang. Chem. 1942, S. 172.

[4]) Kharasch, T.H. Chas und Brocon, J. Amer. Chem. Soc. 1940, *62*, S. 2394.

chlorid (SO_2Cl_2) in das Sulfochlorid (Mersol) übergeführt. Diese Reaktion lässt sich durch aktinisches Licht aktivieren. Der Verlauf der Reaktion von Reed war der Gegenstand einer ganzen Reihe von Arbeiten, und verschiedene Verbesserungen wurden vorgeschlagen[1]).

Die Mersole[2]) sind also die durch Umsetzung von Paraffinen mit Sulfurylchlorid SO_2Cl_2 entstandenen Sulfochloride z. B.

$$C_{15}H_{31}-SO_2Cl.$$

Es sind keine reinen Körper.

Man erhält zwei Arten von rohen Sulfochloriden, und zwar

Mersol D, welches 50% Monosulfonylchlorid
                30% Disulfonylchlorid
                20% nicht veränderte Kohlenwasserstoffe (Mepasin) enthält, und
Mersol H, welches 50% Monosulfonylchlorid
                50% nicht veränderte Kohlenwasserstoffe enthält.

Diese Produkte dienen als Ausgangsmaterialien für die Fabrikation der Mersolate. Sie werden direkt den Seifenfabriken geliefert, die durch Hydrolyse mit kaustischer Soda und nachträgliche Abtrennung der nicht umgesetzten Kohlenwasserstoffe ein Wasch- und Reinigungsmittel erhalten, welches die I. G. Farbenindustrie unter den Namen Mersolat D und H ($C_{15}H_{31}-SO_3Na$) auf den Markt brachte[3]). (*Belg. P. 443.917, 445.473* und *franz. P. 853.686* der I.G. Farbenindustrie.)

Die Mersole, d. h. die rohen Sulfochloride der Paraffinkohlenwasserstoffe ($C_{15}H_{31}-SO_2Cl$), wurden während des Weltkrieges in sehr grossen Mengen hergestellt. So erreichte die Produktion 75 000 Tonnen, was etwa 80 000 bis 85 000 Tonnen Alkylsulfonaten 100%ig entspricht.

Die Herstellung der Mersolate zerfällt demnach in die folgenden Reaktionsstufen:

1. Stufe: Die Sulfohalogenierung.

$$CH_3-(CH_2)_x-CH_3 \xrightarrow{\;SO_2 + Cl_2\;} CH_3-(CH_2)_{x-1}-\underset{\underset{SO_2Cl}{|}}{CH}-CH_3 + HCl$$

Mersol

---

[1]) Asinger, Ber. 1944, 77, S. 191; Schumacher und Stauff, Die Chemie 1942, *55*, S. 341; Möllering, Chem. Ztg. 1943, *67*, S. 224; Hoyt, PB 3868, Office of Techn. Services, Dept. of Commerce, Washington; *amer. P. 2.193.824, 2.212.786, 2.319.121, 2.321.022, 2.333.568, 2.333.788, 2.334.764, 2.337.552, 2.346.568, 2.346.569* von Du Pont; *amer. P. 2.288.598; 2.392.841, kanad. P. 427.348* von Du Pont; *brit. P. 545.541, 549.512* von Du Pont; *brit. P. 548.276* der Colgate-Palmolive-Peet Co.; *brit. P. 553.467* der Imp. Chem. Ind.; *D.R.P. 742.741* der I. G. Farbenindustrie (Katalysator: $FeCl_2$).

Siehe auch A. van der Werth, Die Entwicklung in der Herstellung von Seifen aus Kohlenwasserstoff-Oxydationsprodukten, Seife, Öle, Fette, Wachse, 1948, *74*, S. 299.

[2]) Andere Handelsmarken: Witol, Wofapon (Wolfen), Witopal (Imhausen), Levapon ML (Bayer), Melavin B (Leuna).

[3]) Silk and Rayon 1949, *23*, S. 130.

Das Chlor, das sich im status nascendi befindet, vermag die einander folgenden Reaktionen auszulösen, die durch aktinische Strahlen katalysiert werden. Alle organischen Verbindungstypen lassen sich so in die Sulfohalogenide überführen, so z. B. die aliphatischen Kohlenwasserstoffe oder auch die Reaktionsprodukte aus Kohlenmonoxyd und Wasserstoff. Diese Methode hat sich am besten bei den nach dem Fischer-Tropsch-Verfahren hergestellten Produkten bewährt. Die nach diesen Arbeitsverfahren hergestellten Sulfochloride werden als Mersole bezeichnet, während die entsprechenden Kalisalze der Alkylsulfosäuren den Namen Mersolat erhielten[1]).

Die Mersolate wurden entweder für Waschzwecke — einschliesslich der Hauswäsche — mit Seifen aus Fettsäuren gemischt oder zusammen mit Alkalien und anderen Füllmaterialien für allgemeine Reinigungszwecke im Haushalt verwendet. Die Bedeutung dieser Produkte lag vor allem darin, während des Krieges die vorhandenen andern Reinigungsmittel zu strecken. Diese Mersolate besitzen weder die Wirksamkeit der neuen synthetischen Waschmittel, noch stellen sie einen wirklichen technischen Fortschritt dar[2]).

Bei der Sulfohalogenierung verfährt man wie folgt: Chlorgas und Schwefeldioxyd werden in den gesättigten Kohlenwasserstoff bei 90 bis 95° C in Gegenwart eines Katalysators eingeleitet. Das Reaktionsgefäss wird dabei mit chemisch wirksamem Licht (aktinischen Strahlen) bestrahlt. Während einiger Zeit wird bei obiger Anfangstemperatur gearbeitet, worauf die Temperatur auf 40 bis 50° C gesenkt wird. Als Katalysatoren werden hauptsächlich Amine oder Hydroxylamine verwendet[3]).

Anschliessend werden die Sulfochloride von jenen Kohlenwasserstoffen abgetrennt, die nicht reagiert haben. Hiezu werden selektive Lösungsmittel, wie flüssiges Schwefeldioxyd, Acetonitril, verschiedene Alkohole, Ketone oder Aldehyde, verwendet[4]).

2. Stufe: Die Verseifung.

Die Verseifung wird mit kaustischen Alkalien durchgeführt, und zwar nach der Gleichung

$$R-SO_2Cl + 2\ NaOH \longrightarrow R-SO_3Na + NaCl + H_2O$$

$$\text{Mersol} \xrightarrow{2\ NaOH} CH_3-(CH_2)_{x-1}-\underset{\underset{SO_3Na}{|}}{CH}-CH_3 + NaCl + H_2O$$

Da die Sulfochloride in Wasser nicht löslich sind, müssen sie vor der Verseifung in Emulsionen übergeführt werden. Das erhaltene

---

[1]) Seifensieder-Ztg. 1941, *68*, S. 524; 1942, *69*, S. 177; 1947, *73*, S. 21.
[2]) Textil Rdsch. 1951, S. 368; Text. Man. 1950, Dezember.
[3]) *Franz. P. 870.294.*
[4]) *D.R.P. 711.821* und *725.800.*

Produkt wird dann durch Extraktion mit Lösungsmitteln vom Kochsalz und dem nicht umgesetzten Kohlenwasserstoff abgetrennt. Dieser Arbeitsvorgang erfordert grosse Sorgfalt.

Doch auch noch andere Methoden wurden für die Herstellung solcher Verbindungen vorgeschlagen.

So empfiehlt das *franz. P. 877.672*, die Kohlenwasserstoffe gleichzeitig Schwefeldioxydgas und Sauerstoff (Sulfoxydation) auszusetzen unter Bestrahlung mit chemisch wirksamem Licht.

$$R{-}CH_3 + SO_2 + O \longrightarrow R{-}CH_2{-}SO_3H$$

Die Sulfurierung kann wie bei der Sulfochlorierung ebenfalls mittelständig oder endständig erfolgen.

Die Colgate-Palmolive-Peet-Co. empfiehlt, ein rohes Teerdestillat, welches durch eine Tieftemperaturbehandlung einer bituminösen Kohle aus Pennsylvanien gewonnen wird, mit Oleum und schwefliger Säure bei tiefer Temperatur zu behandeln. Das so erhältliche Erzeugnis ist ein vorzügliches Schaummittel und kann bezüglich seiner Wirkung mit Seife verglichen werden.

Man versuchte auch, Schwefeldioxyd und Chlor durch Phosgen zu ersetzen. Dabei gelang es, die Gruppe COCl in die aliphatischen Kohlenwasserstoffe einzuführen. Diese Produkte sind noch wenig bekannt, doch scheinen sie eine vielversprechende industrielle Zukunft zu haben. Sie vermochten sich in Deutschland sehr gut einzuführen und werden auch in Russland und den Vereinigten Staaten verwendet.

Die Mersolate sind gegen Säuren, Kalk- und Magnesiasalze beständig. In sehr hartem Wasser ist jedoch die Waschwirkung der Mersolate geringer.

Die echten Alkylsulfonate geben klare, nicht kolloidale Lösungen, die eine gute Schaumkraft, gutes Netzvermögen und bedeutende Dispergiereigenschaften besitzen. Sie sind auch kalkbeständig. Diese Produkte eignen sich sowohl für die Hauswäsche als auch für die Textilindustrie. In der Industrie werden sie dabei vor allem für die Entfettung der Wolle, die saure Walke und als Durchdringungsmittel in der Textilfärberei verwendet. Ferner werden diese Verbindungen in der Lederindustrie für die Dispergierung von Pigmenten und als Emulgiermittel in der kosmetischen Industrie verwendet. Genauere Angaben finden sich diesbezüglich in der Patentschrift von Reed.

Neben diesen industriellen Verwendungsmöglichkeiten ist auch noch eine Reduktion der Sulfochloride zu Sulfinsäuren

$$R - SO_2Cl \longrightarrow R - S - OH$$

oder Merkaptanen

$$R - SO_2Cl \longrightarrow R - SH$$

möglich.

Die Sulfinsäuren können dann mit Aethylenoxyd zur Reaktion gebracht werden, wobei sich nicht-ionogene Verbindungen bilden, wie sie im *ital. P. 391.675* beschrieben werden.

II. A. 11 b. Sekundäre Alkylsulfate.

Die Herstellung synthetischer Waschmittel aus den Nebenprodukten der Erdölindustrie wurde vom Shellkonzern studiert. Die dort durchgeführten Forschungsarbeiten haben zu einem Verfahren geführt, nach welchem die Natriumsalze höherer Alkylsulfate aus den Nebenprodukten der Erdölverarbeitung gewonnen werden können. Solche Produkte befinden sich unter der Bezeichnung Teepol oder Lensex im Handel und spielen auf dem Gebiete der synthetischen Reinigungs- und Netzmittel eine grosse Rolle[1]).

Auf dem Gebiete der aus Erdöl erhaltenen Waschmittel hat der Shellkonzern mit der Schaffung des Teepols eine führende Rolle erlangt. Ganz allgemein ist das Teepol der Vertreter der Klasse von Waschmitteln, die man als höhere Alkylsulfate bezeichnet.

Als Ausgangsmaterial dient eine sorgfältig ausgewählte Fraktion von Paraffinkohlenwasserstoffen, die man beim Raffinieren von Schmierölen erhält. Dieses verhältnismässig reaktionsträge Rohmaterial wird zunächst durch einen Krackprozess bei hoher Temperatur in hochreaktionsfähige, ungesättigte Olefine übergeführt. Eine ganz bestimmte Fraktion dieser ungesättigten Verbindungen wird dann mit konzentrierter Schwefelsäure in Alkylschwefelsäuren übergeführt. Zur Vermeidung einer Polymerisation oder anderer Nebenreaktionen müssen die einmal ermittelten Reaktionsbedingungen genau eingehalten werden.

$$R\!-\!CH\!=\!CH\!-\!R' \xrightarrow{\;H_2SO_4\;} R\!-\!CH_2\!-\!\underset{\underset{\displaystyle OSO_3Na}{|}}{CH}\!-\!R'$$

Die nächste Arbeitsstufe besteht in einer Alkalibehandlung, wobei durch Neutralisation der Alkylschwefelsäuren die Alkylsulfate entstehen. Die letzte Stufe der Teepol-Herstellung bildet dann die Reinigung der bei der Neutralisation erhaltenen Alkylsulfate. Dies erfolgt im wesentlichen durch eine Extraktion mit niedrig siedenden

---

[1]) Textil Rdsch. 1947, *2*, S. 343; *amer. P. 1.958.630* der Patent and Licensing Corp.; *amer. P. 2.036.469* der Standard Oil of California; *amer. P. 2.266.084* der Socony-Vacuum Oil Co.; *amer. P. 2.252.957* der Petrolite Corp.; *amer. P. 1.963.257, 2.035.106, 2.214.037* der Standard Oil Develop. Co.; *D.R.P. 510.403, 595.604* von Sudfeldt & Co.
 Amer. P. 1.999.128, 2.139.669, 2.157.320, 2.153.286; kan. P. 381.193, 430.059 der Standard Oil Develop. Co.; *amer. P. 2.078.516, 2.139.393, 2.152.292, 2.155.027, 2.339.038* der Shell Develop. Co.

Petrolfraktionen, denen noch ein passendes Emulgiermittel zugefügt wird. Das Produkt wird schliesslich noch konzentriert und gelangt dann auf den Markt.

In ausgedehnten praktischen Versuchen wurde während der letzten fünf Jahre festgestellt, dass ein Produkt mit noch verbessertem Netz-, Wasch- und Emulgiervermögen bei gleichbleibenden wirtschaftlichen Vorteilen noch grössere Nachfrage bei den Verbrauchern finden würde und gleichzeitig bei den wichtigsten Textilprozessen verwendet werden könnte.

Eingehende und systematische Versuche ermöglichten die Darstellung eines solchen Produktes im technischen Masstab durch sorgfältige Auswahl der umzusetzenden Olefine und eine entsprechende Verfahrenstechnik. So gelangte im November 1950 ein solches Produkt unter der Bezeichnung Teepol 610 in den Handel[1]).

Sulfurierung der Mineralöle.

Die Mineralöle werden durch Destillation von Petrol, Holzteer oder bituminösen Körpern erhalten.

Nach der Raffinierung bestehen die Mineralöle aus einem Gemisch von Kohlenwasserstoffen, Paraffinen und aliphatischen Olefinen mit hydroaromatischen Naphtenen.

Die Sulfurierung der Kohlenwasserstoffe der Mineralöle hat ihren Niederschlag in einer ganzen Reihe von Arbeiten gefunden. Unter den Forschern auf diesem Gebiete seien vor allem Lehmann, Sentke, Istrati und Michailesen[2]) genannt.

Die I.G. Farbenindustrie hat in den *brit. P. 271.474, 269.942*; *franz. P. 632.633* und *633.661* (Chem. Ztbl. 1926, I, S. 2313; 1927, II, S. 1063, 2231) die Sulfurierung der Mineralöle mit Chlorsulfonsäure beschrieben.

Nach dem *brit. P. 272.967* der I. G. Farbenindustrie (1928, Chem. Ztbl. 1928, II, S. 1389) gelangt man zu aliphatischen oder hydroaromatischen Sulfonsäuren, indem man von Paraffinöl ausgeht, welches man bei 15° bis 100°C mit Schwefelsäureanhydrid behandelt, bis sich ein wasserlösliches Produkt bildet.

In jenen Ländern, in denen die Rohstofffrage eine grosse Rolle spielt, dürften die Mineralölsulfonate und ähnliche auf Mineralölbasis hergestellte Produkte in der nächsten Zeit in gesteigertem Masse für textile Zwecke Verwendung finden.

Spezielle Angaben findet man z. B. im *D.R.P. 630.679* der I. G. Farbenindustrie–Marx-Brodersen, welches die Sulfurierung von Braun-

---

[1]) Textil Rdsch. 1951, *6*, S. 368. Shell, Herstellung synthetischer Seifen aus Nebenprodukten der Erdölverarbeitung S.V.F. Fachorgan 1949, *4*, S. 112.

[2]) Schönfeld, Herstellungsverfahren für sulfurierte Öle, S. 361.

kohlenteeröl-Kohlenwasserstoffen (des sog. Solaröls) in Gegenwart geringer Mengen von Methylalkohol beschreibt.

Im *amer. P. 2.043.923* der Alex Corp. wird eine besondere Art der Herstellung von Emulsionen aus Petrolkohlenwasserstoffen geschützt, die dadurch gekennzeichnet ist, dass ein Gemisch solcher Kohlenwasserstoffe teilweise oxydiert wird, wobei sich ein bestimmter Anteil an Wachssäuren bildet, die zur Verteilung der Kohlenwasserstoffe beitragen. Vermutlich eignet sich ein solches Produkt zum Schmälzen von Textilfasern.

Zu Weichmachungsmitteln für Textilgewebe und auch zu Netz- und Emulgiermitteln gelangt man nach *D.R.P. 647.988* der I. G. Farbenindustrie durch Überführung der Mineralöle in ihre Chlorierungsprodukte und nachfolgende Kondensation dieser Verbindungen mit aromatischen Körpern, wie z. B. Toluol, Benzol oder Naphtalin. Erst jetzt nimmt man die Sulfurierung bei einer Temperatur zwischen 30⁰ und 50⁰ C vor.

Es sei auch hier bemerkt, dass man gewöhnliche Mineralölsulfonate schon seit längerer Zeit als Textilhilfsmittel verwendete, dass aber die oben beschriebenen gemischt aliphatisch-aromatischen Sulfonate neu sind.

Für die Herstellung der von aromatischen Resten freien Mineralölsulfonate ist dagegen das Verfahren des *D.R.P. 652.541* der I. G. Farbenindustrie–Beller-Schütte von Interesse. Hier werden Paraffine, Schwer- oder Mittelöle oder auch Erdölfraktionen durch Einblasen von Luft in Anwesenheit geringer Säuremengen oxydiert. Darauf erfolgt die Sulfurierung. Die Herstellung der Oxydationsprodukte an sich wird nicht als die eigentliche Erfindung betrachtet. Vielmehr ist es die Massnahme, solche Sulfurierungsprodukte zu schaffen, die noch im Gemisch einen erheblichen Gehalt an neutralen, d. h. unoxydierten Kohlenwasserstoffen aufweisen. Dadurch wird ganz besonders die Kalkbeständigkeit gesteigert.

Auch die Patente der Standard Oil Develop. Co. liegen auf diesem Gebiete. Nach dem *amer. P. 2.071.512* werden Gemische von Fettalkoholsulfaten mit 16 bis 18 Kohlenstoffatomen im Molekül mit Sulfonaten aus dem Mineralölsäureschlamm verarbeitet, die an sich keine netzenden Eigenschaften aufweisen, aber in obiger Mischung gut lösliche Netz- und Waschmittel darstellen. Nach *amer. P. 2.079.803* werden Mineralölsulfonate aus dem Spindelöl (hier seien die Handelprodukte Nujol oder Marcol genannt) mit Triäthanolaminseifen höherer Fettsäuren gemischt, um gute Wollschmälzen zu ergeben.

Das *amer. P. 2.049.043* der Standard Oil Develop. Co. und I.G. Farbenindustrie erwähnt eine Mischung aus Produkten der katalytischen Hydrierung der Petroleumkohlenwasserstoffe, Mineralölsulfonaten und Triäthanolamin als Hilfsmittel für die Textilindustrie. Nach *amer. P. 2.061.601* der Standard Oil Develop. Co. werden die öllöslichen Anteile der bei der Sulfurierung der Mineralöle erhältlichen Sulfosäuren in Form der Äthanolaminsalze verwendet, während die ölunlöslichen Nebenprodukte sich im sogenannten Säureschlamm anreichern.

Eine weitere Veröffentlichung, das *amer. P. 2.040.673* der Standard Oil Develop. Co., behandelt die Abtrennung der Mineralölsulfonate, der sogenannten Mahogany-Seifen, durch Waschen mit verdünnten Laugen, wodurch man die Bildung einer Zwischenschicht verhindert und leichter die reinen Alkalisalze dieser Sulfonate abtrennen kann.

Gemäss dem *amer. P. 2.126.054* der Standard Oil Develop. Co. erzeugt man Emulgatoren aus öllöslichen Sulfonaten des Petroleums und Triäthanolaminoleat, während das *amer. P. 2.111.911* derselben Firma eine Anleitung für die entsprechende Sulfurierung des Mineralöls — ebenfalls zwecks Gewinnung von Hilfsmitteln — gibt. Dabei hält man nicht nur beim Sulfurierungsvorgang selbst Tieftemperaturen ein, sondern behält dieselben so lange bei, bis das Sulfurierungsmittel durch Neutralisation oder blosse Verdünnung entfernt wurde. Als Emulgatoren für Mineralöle kommen nach dem *brit. P. 489.372* von West und Dold Salze polymerisierter Fett- oder Naphtensäuren (z.B. die sulfurierte Dioxystearinsäure) mit Monoäthanolamin, welche überhaupt bei der Emulgierung der Mineralölprodukte eine grosse Rolle spielen, in Betracht. Hinsichtlich ihres Einreichungsdatums liegen die beiden Patentschriften *D.R.P. 656.730* und *658.650* der Oranienburger Chemischen Fabrik sehr lange zurück. Sie enthalten den Schutz für die Verwendung der Sulfurierungsprodukte der Mineralöldestillate bei Veredlungsprozessen tierischer Fasern, wie bei der Entbastung von Seidenabfällen, beim Färben der Wollgarne mit Chromfarbstoffen usw. bzw. die Anwendung von höheren Ketonen, wie des Laurons, bei der Sulfurierung von Paraffinen und sonstigen Mineralölderivaten.

Ein Gemisch von Mineralölsulfonaten mit Leim als Schutzkolloid und fein verteilten, wasserunlöslichen Körpern, wie frisch gefälltem Kalziumkarbonat, soll nach *öst. P. 136.996* von Pilat ein gutes Emulgiermittel darstellen. Dabei wird besonderer Wert auf den Umstand gelegt, dass erst durch das Vorhandensein all dieser drei Komponenten die emulgierende Eigenschaft dieser Mischung zustande kommt. Die Mineralölsulfonate, die aus dem Säureteer anfallen, sind gewöhnlich dunkel gefärbt, weshalb im *D.R.P. 604.641* von Pott vorgeschlagen wird, durch fraktioniertes Aussalzen diese Körper zu reinigen. Aus der ersten, schwer löslichen Fraktion werden so wiederum wertvolle Hilfsmittel gewonnen.

Aus aromatischen Kohlenwasserstoffen und Olefinen, vorwiegend solchen, die beim Kracken des Petroleums gewonnen werden, gelangt man zu Hilfsmitteln, wie sie das *brit. P. 416.379* der I. G. Farbenindustrie beschreibt. Das dabei erhältliche Kondensationsprodukt wird sulfuriert. Der Arylrest lagert sich dabei an die aliphatische Kette an, und zwar

$$-C-C-C-$$
$$Ar(SO_3H)_n$$

Solche Verbindungen werden für die Wäscherei und die industrielle Reinigung empfohlen.

Die Extraktion der Mineralsulfonsäuren soll nach *D.R.P. 605.444* der Standard Oil Develop. Co. mit flüssigem Ammoniak durchgeführt werden (an Stelle der kostspieligeren Alkohole). Dabei gehen vor allem die niedermolekularen wertvolleren Produkte in Lösung. Eine andere Art der Extraktion der Mineralölsulfonsäuren, die bei der Sulfurierung in einer mit Mineralölen gemischten Schicht obenaufschwimmen, erfolgt nach dem *D.R.P. 595.987* von Sudfeldt & Co. und Gelbke in der Weise, dass die bei der Neutralisation mit Alkali und Extraktion mit Wasser entstehenden Seifenöle abgeschieden und dann mit Azeton behandelt werden. Nach dem Abdestillieren des Azetons bleibt ein sehr hygroskopischer Emulgator zurück, der als Aviviermittel und zum Degummieren der Rohseide sehr gute Dienste leisten soll.

Eine Verbesserung der sulfurierten Mineralöle wird durch gemeinsame Sulfurierung mit aliphatischen oder hydroaromatischen Alkoholen, die nicht über 10 Kohlenstoffatome im Molekül enthalten, nach dem *D.R.P. 614.227* der Oranienburger Chem. Fabr.–Lindner-Zickermann angestrebt. In einem Zusatzpatent, dem *D.R.P. 616.312*, werden hier auch noch die Aldehyde miteinbezogen, wie z.B. Paraformaldehyd.

Aus dem Paraffin durch Verseifung der Oxydationsprodukte erhältliche Seifen sind im allgemeinen dunkel gefärbt, während die nach *brit. P. 433.305* bzw. *franz. P. 781.854* der I. G. Farbenindustrie durch Oxydation des Paraffins in Gegenwart eines Katalysators (z. B. Natriumpalmitat) entstehenden Verbindungen, die man in einem wasserunlöslichen Lösungsmittel gelöst sulfuriert und dann bei niedriger Temperatur mit wässerigen Alkalien verseifen kann, nahezu geruchlose und helle Produkte sind.

Nach dem *brit. P. 435.385* der I. G. Farbeinindustrie werden zu analogen Vorgängen Mittelöle vom Siedepunkt 325° C, die aus Lignit erhalten werden, herangezogen. Diese Mittelöle müssen neben den eigentlichen Kohlenwasserstoffen noch Alkohole und Säuren enthalten. Als Emulgatoren sollen nach *amer. P. 1.998.583* der I.G.

Farbenindustrie – mehrere Erfinder – die mit niedrigen aliphatischen Alkoholen verätherten, chlorierten Derivate der Mineralöle geeignet sein. Ein solches Produkt entsteht z. B. durch Einleiten von Chlor in Petroleum und Verätherung mit Äthylenglykol. Ähnlich werden auch nach dem *brit. P. 433.206* der Fleschwerke Naphtensäuren mit Polyalkoholen veräthert, wobei ebenfalls Netzmittel erhalten werden. Als Polyalkohol kommt dabei z. B. Glyzerin zur Verwendung.

Nach dem *öst. P. 141.026* von Chwala und Waldmann sind für Schmälzen für Textilfasern die öfters empfohlenen Gemische aus Seife und Mineralölsulfonaten nicht geeignet, weil sich nach dem Eintrocknen des Emulgators eine gallertige, nicht mehr ablösbare Schicht bildet. Um hier Abhilfe zu schaffen, empfiehlt die Patentschrift die Verwendung von neutralisierten, sulfurierten, tierischen Ölen an Stelle von Seife. Die dabei verwendeten Öle sollen mindestens drei Kohlenstoffdoppelbindungen im Molekül aufweisen. Ein Beispiel für ein solches Produkt ist ein Gemisch aus Haifischtran und Mineralöl, welche gemeinsam sulfuriert werden.

Eine besondere Verwendung der Mineralölsulfonate als Netzmittel beim Karbonisieren wird im *D.R.P. 608.829* der I. G. Farbenindustrie beschrieben. Anderseits sollen solche Verbindungen nach dem *amer. P. 1.996.391* von Straus auch als Lösungsmittel für basische Farbstoffe geeignet sein.

Aus Montanwachs und Chromsäure lässt sich die Montansäure herstellen, aus der nach *schweiz. P. 170.302* der I.G. Farbenindustrie der für Netzzwecke sehr wichtige Montanalkohol durch Hydrierung mit einem fein verteilten Katalysator (Kobalt, metallisch) im Autoklaven bei 150° bis 400°C gewonnen wird.

II. A. 11 c. Sulfurierte Naphtensäuren.

Die Naphtensäuren entsprechen den Kohlenwasserstoffen der Zyklohexenreihe. Sie werden besonders aus dem Erdöl von Baku gewonnen. Diese Säuren verhalten sich wie die Zyklopentane, d. h. wie Verbindungen, die einen fünfgliedrigen Kohlenstoffring besitzen.

Die Alkalisalze der Naphtensäuren wurden als Ersatzprodukte für die Sulforizinoleate vorgeschlagen, wie das Epiphasol (Soukarewski), welches ein Sulfonaphtenat ist, das einer Naphtensäure von der Formel $C_{12}H_{23}COOH$ entspricht[1]).

Die Sulfurierung ist um so schwächer, je niedriger das Molekulargewicht der Naphtensäure ist.

---

[1]) N. Chercheffski, La technique moderne, 1910, Dunod; Hathorne, Amer. Dyest. Rep. 1931, S. 19.

Lidow[1]) hat vorgeschlagen, sulfurierte Naphtensäuren als Türkischrotöle zu verwenden. Dabei verfährt man wie folgt:

> 100 Teile Naphtensäuren werden in der Kälte mit
> 36 Teilen Schwefelsäure von 66⁰ Bé während 2 Stunden behandelt.
> Hierauf gibt man
> 100 Teile Wasser zu.

Nachdem sich die ölige Schicht abgetrennt hat, fügt man Kochsalz zu und neutralisiert mit

> 85 Teilen Natronlauge von 18,5⁰ Bé.

E. Pyhala[2]) gelang es, die Naphtensäuren mit einem Überschuss an 95%iger Schwefelsäure zu sulfurieren. Er erhielt dabei ein öliges und sehr zähflüssiges Produkt.

Der sehr unangenehme und stechende Geruch dieser Produkte bildet ein ernstes Hindernis in der Verwendung der sulfurierten Naphtensäuren.

Ein weiteres Produkt, welches sich in der Industrie einzuführen vermochte, ist Kontakt T oder die Petroff-Säure[3]). Dieser Körper wird durch Sulfurierung einer Fraktion von Baku-Erdöl erhalten. Es ist ein auf die Fette hydrolysierend wirkendes Mittel.

Die als Hilfsmittel anzusehenden Naphtenalkohole aus den Naphtensäuren oder Abietinsäuren entstehen nach *brit. P. 417.582* der Imp. Chem. Ind. durch Reduktion mit Wasserstoff im Überschuss und Arbeiten bei höheren Temperaturen und Drucken.

Die Firma Du Pont nimmt im *amer. P. 2.121.611* den Patentschutz für saure Phosphorsäureester der Naphtenalkohole für Hilfsmittelzwecke im allgemeinen in Anspruch.

II. A. 12. Sulfamide, die sich von Paraffinkohlenwasserstoffen herleiten lassen.

Lässt man Ammoniak auf die Sulfochloride der Paraffinkohlenwasserstoffe einwirken, die nach der Methode von Reed und Horn hergestellt wurden, so gelangt man zu Sulfamiden.

Im allgemeinen enthalten die modernen synthetischen Waschmittel die folgenden löslichmachenden Gruppen:

$$-C\diagup^{O}_{\diagdown OH} \qquad -SO_3H \qquad -OSO_3H$$

[1]) Seifensieder-Ztg. 1911, S. 791.

[2]) Seifenfabrikant 1915, S. 142; Davidsohn, Seifenfabrikant 1915, S. 285.

[3]) *D.R.P. 264.786, 271.433, 310.455*; Bergelle, Seifensieder-Ztg. 1915, S. 42; 1924, S. 627.

Die Hydroxylgruppe (OH) und der Sulfamidrest ($-SO_2NH_2$) werden nur selten in diesen Produkten angetroffen, da sie nur zu einer Löslichkeit in Laugen führen und ihre Alkalisalze weitgehend hydrolytisch gespalten sind.

Hingegen ist eine neue löslichmachende Gruppe, nämlich die $-SO_2-NH-CO$-Gruppe, in Vorschlag gebracht worden. Ihre Alkalisalze sind weit weniger leicht hydrolysierbar als diejenigen der Sulfamide. Netzmittel der schematischen Konstitution

$$R-SO_2-NH-CO-CH_3,$$

die im *franz. P. 874.768* beschrieben werden, sind in Natriumkarbonatlösungen löslich.

Nach dem *franz. P. 858.875* der I. G. Farbenindustrie kann man bei den Sulfamiden eine löslichmachende Gruppe einführen, indem man sie mit Formaldehyd oder einem Salz einer Aminokarbonsäure oder Aminosulfosäure reagieren lässt. So erhält man aus Oktadecylsulfamid mit Methyltaurin in Gegenwart von Formaldehyd nach folgender Gleichung eine solche Verbindung:

$$C_{18}H_{37}-SO_2-NH_2 + CH_2O + \underset{\overset{|}{CH_3}}{NH}-CH_2-CH_2-SO_3Na \longrightarrow$$

$$C_{18}H_{37}-SO_2-NH-CH_2-\underset{\overset{|}{CH_3}}{N}-CH_2-CH_2-SO_3Na + H_2O$$

Diese Produkte nähern sich bezüglich ihrer chemischen Zusammensetzung dem Igepon T. Sie gewinnen durch den Umstand, dass sie die Verwendung von Fetten zu umgehen vermögen, an Bedeutung.

II. A. 13. Sulfimide, die sich von Paraffinkohlenwasserstoffen herleiten lassen.

Die azylierten Derivate der Arylsulfamide sind in alkalischer Lösung nicht hinreichend beständig. Bessere Ergebnisse wurden durch die Einführung einer andern löslichmachenden Gruppe erzielt, nämlich der Gruppe

$$-SO_2-NH-SO_2-$$

Das Natriumsalz des Oktadecylmethylsulfimids

$$C_{18}H_{37}-SO_2-\underset{\overset{|}{Na}}{N}-SO_2-CH_3$$

kann als ein typisch kapillaraktives Produkt bezeichnet werden und zeigt seifenähnliche Eigenschaften. Es wird nach dem Verfahren des *franz. P. 858.596* der Deutschen Hydrierwerke hergestellt.

II. B. Kationaktive Verbindungen[1].

Wie bereits ausgeführt wurde, wird ein Körper als anionaktiv bezeichnet, wenn er ein grosses Anion besitzt, wie z. B. eine Fettsäurekette, die zu kapillaraktiven Eigenschaften führt. Als kationaktiv wird ein solcher Körper bezeichnet, der seine kapillaraktiven Eigenschaften dem Kation verdankt.

In seinen ausgezeichneten Arbeiten über die kationaktiven Substanzen konnte Bertsch von der Böhme-Fettchemie zeigen, dass die hochmolekularen Gruppen, welche die oberflächenaktiven Eigenschaften bedingen, wie die Kohlenwasserstoffketten der Säure- oder Alkoholradikale, entweder im Anion oder im Kation vorhanden sein können[2].

Anionaktive Körper, die in ein Anion von hohem Molekulargewicht (in denen also die aliphatische Kette, welche die Kapillaraktivität bedingt, im Anion anzutreffen ist) und in ein Kation von kleinem Molekulargewicht (z. B. Natriumion) zerfallen, können in die folgenden Hauptgruppen eingeteilt werden:

a) die Natriumsalze der Fettsäuren (Seifen)

$$[CH_3-(CH_2)_7-CH=CH-(CH_2)_7-COO]^-Na^+$$
Natriumoleat

b) die Natrium- oder Ammoniumsalze der sulfurierten Fettsäuren

$$\left[\begin{array}{c} CH_3-(CH_2)_5-CH-CH_2-CH=CH-(CH_2)_7-COO \\ | \\ O-SO_3^-Na^+ \end{array}\right]^-Na^+$$
Natriumsulforizinoleat

c) die Fettalkoholsulfate

$$[CH_3-(CH_2)_{14}-CH_2-O-SO_3]^-Na^+$$
Natriumcetylsulfat

---

[1]) Bertsch, Z. f. ang. Chem. 1935, S. 52; R.G.M.C. 1935, S. 149; Mell. 1930, S. 779; 1934, S. 319; Ranshaw, Dyer 76, S. 261; Wengraf's Berichte 1936, Oktober, S. 19; Tiba 1937, S. 195; R.G.M.C. 1937, S. 300; M. Battegay, R.G.M.C. 1934, S. 461; O. Debrus, Vortrag gehalten 1933 in Mülhausen, Jahrbuch der Association des anciens élèves de l'Ecole Supérieure de Chimie 1933, S. 93; Pinte, R.G.M.C. 1935, S. 24; Ch. Gränacher, Neuere Untersuchungen über die Chemie der Fettsäuren, Bull. Föd. 1938, September; Landolt, Leipz. Mon. Text.-Ind. 1932, Heft 3.

Kationenweichmacher; Chem. Kennzeichen und letzte Verbesserungen, Mell. 1951, S. 341; Rayon Synth. Text. 1950, 31, S. 73.

J. P. Sisley, Kationaktive Verbindungen; ihre Verwendung in der Textilindustrie, Teintex 1946, 11, S. 75.

A. J. Hall, Die Erzeugung von Weichheit und Seife in der Ausrüstung, Textile Ind. and Fibres 1951, 12, S. 385.

G. Wiesemann, Über kationaktive Weichmacher, Rayon and Synthetic Text. 1949, 30, S. 107.

[2]) L. Diserens, Tl. I, Bd. 2, Kap. VI, S. 61, 2. Aufl.

d) die durch Einwirkung des Ölsäurechlorids auf Methyltaurin
entstehenden Verbindungen

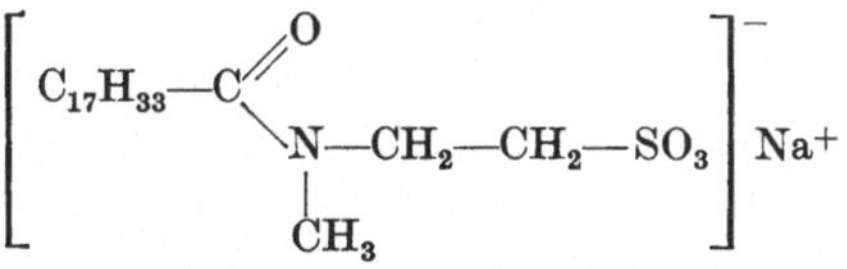

$$\left[C_{17}H_{33}-C \underset{\underset{CH_3}{\overset{|}{N}-CH_2-CH_2-SO_3}}{\overset{O}{\diagup}} \right]^{-} Na^{+}$$

Oleyl-N-methyltaurid = Igepon T

Die kationaktiven Verbindungen verdanken ihre Kapillaraktivität dem Kation. Ihre Anzahl ist bedeutend geringer als jene der
anionaktiven. Zu dieser Klasse von Produkten gehören die Sapamine von Hartmann und Kägi der Ciba:

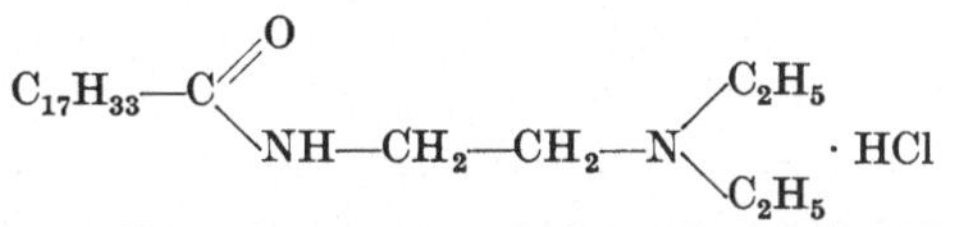

$$C_{17}H_{33}-C \underset{NH-CH_2-CH_2-N}{\overset{O}{\diagup}} \overset{C_2H_5}{\underset{C_2H_5}{\diagdown}} \cdot HCl$$

Sapamin CH (salzsaures Diäthylaminoäthyloleylamid)

sowie die quaternären Ammonium- oder Pyridiniumverbindungen,
die irrtümlich auch saure Seifen genannt werden.

Bei diesen Verbindungen ist der kolloidale und aktive Anteil
das Kation, während ihr Anion inaktiv ist.

Man hat auch Substanzen hergestellt, welche sowohl ein Anion
als auch ein Kation mit einer oberflächenaktiven Gruppe enthalten.
Dies ist z. B. bei folgenden Verbindungen der Fall:

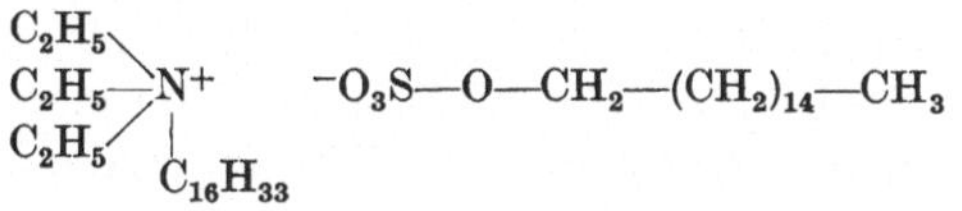

$$\overset{C_2H_5}{\underset{C_2H_5}{\overset{C_2H_5}{\diagdown}}} N^{+} \underset{C_{16}H_{33}}{\diagup} \qquad {}^{-}O_3S-O-CH_2-(CH_2)_{14}-CH_3$$

Triäthylcetylammoniumcetylsulfat (Reychler)

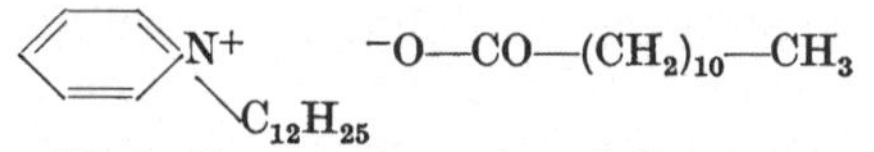

$$\langle \rangle N^{+} \underset{C_{12}H_{25}}{\diagdown} \qquad {}^{-}O-CO-(CH_2)_{10}-CH_3$$

Laurylpyridiniumlaurat (Bertsch und Götte, Böhme-Fettchemie)

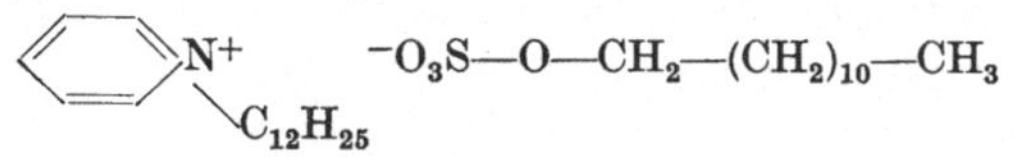

$$\langle \rangle N^{+} \underset{C_{12}H_{25}}{\diagdown} \qquad {}^{-}O_3S-O-CH_2-(CH_2)_{10}-CH_3$$

Laurylpyridiniumlaurylsulfat

Die Auffindung der kationaktiven Körper, ihrer wertvollen
Eigenschaften und der Möglichkeiten ihrer praktischen Verwendung
auf dem Gebiete der Textilveredlung gab der Chemie der Fettsäuren
einen neuen Auftrieb, deren Entwicklung sich auch von andern
Gesichtspunkten aus als sehr fruchtbar erwies.

Sehr wahrscheinlich beschrieb Reychler im Jahre 1913 als erster
kationaktive Körper der Fettreihe. So stellte er das Chlorhydrat
des Diäthylcetylamins und das Jodid des Triäthylcetylammoniums
dar und prüfte diese Verbindungen auf ihre Eigenschaften. Er machte

dabei die Beobachtung, dass diese Verbindungen wie die Seife eine schaumbildende wässerige Lösung ergeben, die auch ein gewisses Netz- und Dispergiervermögen aufweist.

Später stellten Fourneau (1914) und dann Karrer (1922) Fettsäurederivate des Cholins dar. In Analogie zum biologisch sehr wirksamen Azetylcholin wollten sie weitere Verbindungen von biologischem Interesse darstellen. Es zeigte sich dabei aber, dass diese Verbindungen vom biologischen Standpunkt aus nicht sehr interessant waren, weshalb sie auch keiner weiteren Prüfung unterzogen wurden. Im Jahre 1924 beschrieb S. Sabetay das Stearinestersalz des Chlorhydrats des Dioxyaminopropans, welches jedoch ebenfalls keine praktische Bedeutung erlangte.

Ohne Zweifel waren es Hartmann und Kägi von der Gesellschaft für Chemische Industrie in Basel, die als erste ein industrielles Verfahren für die Herstellung kationaktiver Verbindungen der Fettsäurereihe vorschlugen. Sie gaben dadurch auch Anlass zur Erforschung der Wirkung solcher Körper auf die Textilien und stellten diese Verbindungen der Textilveredlungsindustrie zur Verfügung.

Die kationaktiven Körper richten ihre positiv geladenen Kationen gegen die Grenzfläche, weshalb sie sich auf der Oberfläche einer pflanzlichen Faser ansammeln und dabei die Fäden mit einer Filmschicht überziehen, die ihnen eine positive Ladung verleiht. Eine solche Faser zeigt dann eine Affinität zu all jenen Körpern, die eine negative Ladung besitzen. Auf diesem Prinzip beruht z. B. das Mattierungsverfahren für Kunstseide mit Radium-Mattin T 53 (Böhme-Fettchemie; P.C.M.R. in Mülhausen), das Färben mit Küpenfarbstoffen, das Fixieren von Pigmenten usw.

Hingegen eignen sich nach Bertsch von der Böhme-Fettchemie diese kationaktiven Verbindungen nicht als Waschmittel, da dadurch die Faseroberfläche positiv aufgeladen wird. Die zu entfernenden Schmutzteilchen sind jedoch meistens negativ aufgeladen. Im Gegensatz zur Seife vermögen also die kationaktiven Körper die Schmutzteilchen nicht zu peptisieren, sondern flocken sie aus, d. h. schlagen sie auf der Faser nieder.

Die kationaktiven Körper haben in der Textilindustrie eine mannigfache Verwendung gefunden. Sie ergeben Lösungen von grossem Schaum-, Reinigungs- und Netzvermögen. Daher rührt auch der Name invertierte Seifen, der ihnen zu Anfang gegeben wurde, da sie sich von den gewöhnlichen Seifen dadurch unterscheiden, dass das Vorzeichen der Ladung des wirksamen, langkettigen Ions dem der Seifen umgekehrt ist. Die Entwicklung der kationaktiven Reinigungsmittel war ebenso intensiv wie jene der anionaktiven. Indessen sind die Anwendungsbereiche dieser beiden Kategorien von Produkten verschieden.

Die anionaktiven Verbindungen haben hauptsächlich als Reinigungs-, Netz- und Emulgiermittel Verwendung gefunden. Die kationaktiven Produkte wurden einerseits für die gleichen Zwecke vorgeschlagen, fanden aber auch auf Spezialgebieten Eingang, so vor allem als keim- und bakterientötende Mittel und als Desinfektionsmittel. Die Feststellung, dass die quaternären Ammoniumverbindungen mit einer primären, normalen aliphatischen Kette von höherem Molekulargewicht (12 bis 18 Kohlenstoffatome) wirksame Mittel zur Bekämpfung der Bakterien sind, hat zu zahlreichen Arbeiten Anlass gegeben, die zur Herstellung neuer Produkte vom Typus der quaternären Ammoniumverbindungen führten (*amer. P. 2.295.504, 2.295.505* von W. S. Merrell, siehe Kap. X dieses Werkes).

Ein Beispiel für eine solche Verbindung ist das Zephirol der I. G. Farbenindustrie[1]), das durch Behandeln von Benzylchlorid mit Dimethyldodecylamin erhalten wird:

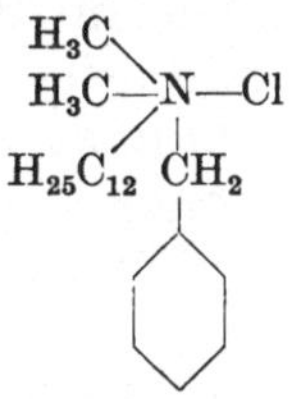

$$H_3C, H_3C-N-Cl, H_{25}C_{12}, CH_2$$

Dimethylbenzyldodecylammoniumchlorid.

Ein anderes Gebiet, auf welchem die kationaktiven Verbindungen sich einen wichtigen Platz zu erobern vermochten, ist jenes der wasserabweisenden Appreturen. Sie vermögen nämlich die Textilien zu hydrophobieren. Hier haben die Imp. Chem. Ind. die Initiative ergriffen und das Velan ausgearbeitet. Einige Jahre später folgte ihnen dann Du Pont, dessen Untersuchungen zur Herstellung eines Produktes unter dem Namen Zelan führte

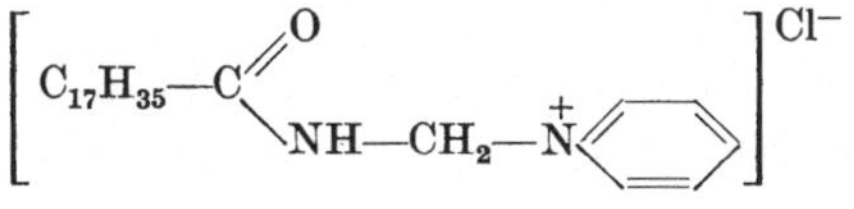

$$\left[C_{17}H_{35}-C \begin{matrix} \nearrow O \\ \searrow NH-CH_2-\overset{+}{N} \end{matrix} \right] Cl^-$$

(siehe Kap. XIV dieses Werkes).

---

[1]) *Franz. P. 771.746.*

Andere Handelsnamen:

Texamin K 60	Röhm und Haas
Cequartyl A	S.P.C.S. (Bezons)
Zephiran	G. D. C.
Onyx BTC	Onyx
Quartol	Onyx
Ammonyx BC u. T	Onyx
Roccal	Rhodes Chem. Co.
Triton K 60	Röhm und Haas

Endlich haben sich die kationaktiven Produkte noch auf einem weiteren Gebiete, nämlich jenem der Kunstseidenappretur, als bemerkenswerte Weichmachungsmittel erwiesen. Hauptsächlich eignen sich hiezu jene Verbindungen, die einen Stearylrest im Molekül besitzen. Diese Produkte vermögen den Reyon- und Baumwollfasern einen geschmeidigen und vollen Griff zu verleihen. Zu diesem Zwecke sind sie den sulfurierten Ölen klar überlegen und besitzen unter anderm den Vorteil, eine waschbeständige und semipermanente Appretur zu liefern[1]).

Des weiteren wurden diese Produkte auch zur Verbesserung der Waschechtheit von Färbungen und Drucken mit Direktfarbstoffen empfohlen (siehe dieses Werk, Teil I, Bd. 2, Kap. VI).

Für die Darstellung der kationaktiven Produkte werden im allgemeinen die gleichen Methoden verwendet, wie sie auch bei den anionaktiven Verbindungen zur Anwendung kommen, d. h. es werden die gleichen Ausgangsmaterialien für die hydrophoben Gruppen verwendet, und die gleichen Bindungstypen (Ester, Amide, Äther usw.) verbinden das hydrophobe Radikal mit dem hydrophilen kationischen Rest. Die Wahl des ionogenen Radikals bildet jedoch den wesentlichen Unterschied zwischen diesen beiden Gruppen von oberflächenaktiven Körpern.

Bei den anionaktiven Verbindungen kommen vor allem drei Hauptgruppen in Frage, die Ionen zu bilden vermögen, nämlich die Karboxylgruppe (COOH), die Sulfogruppe (SO_3H) und das Sulfatradikal ($—O—SO_2—OH$). Bei den kationaktiven Körpern ist hingegen einzig das Stickstoffatom der Vermittler der ionogenen Eigenschaften. Es ist jedoch eine beträchtliche Anzahl kationischer Verbindungen möglich, da die Wasserstoffatome der Aminogruppe (NH_2) durch andere Substituenten ersetzt werden können. So können z. B. die beiden Wasserstoffatome der Aminogruppe des n-Octadecylamins

$$C_{18}H_{37}—NH_2$$

durch eine ganze Reihe von Resten ersetzt werden. Hierauf kann das Amin noch in die quaternäre Ammoniumverbindung überge-

---

[1]) G. Wiesemann (Ciba), Über kationaktive Weichmacher, Rayon and Synthetic Text. 1949, *30*, S. 107.

Auf Azetatseide angewendet verbessern einige kationaktive Weichmacher die Gasechtheit der Färbungen. Die für die weichmachende Ausrüstung verwendeten Mengen schwanken in der Regel zwischen 0,5—1,5% vom Gewicht der Ware, oder 10—40 g/l Foulardierflotte. Zum Unterschied zu den quaternären Basen, die den Farbton und die Lichtechtheit beeinflussen, zeigen die entsprechenden Salze diese Nachteile nicht. Ihre wässerigen Lösungen weisen keinen Gelbstich auf und sie können für alle Fasern verwendet werden, namentlich für schrumpffrei ausgerüstete Wolle. Man behandelt sie während 10 Minuten in der Kälte, wobei das Weichmacherbad vollständig ausgezogen wird. Gewöhnliche Wolle wird bei höherer Temperatur behandelt, weil ihre Affinität zum Weichmacher geringer ist. Sehr nützlich haben sich die tertiären Weichmacher auch für Ware erwiesen, die zum Rauhen geht und für Nylon. Als wichtigen tertiären Weichmacher, der die geschilderten Eigenschaften verkörpert, kann man Sapanin WL nennen.

führt werden, wobei sich die verschiedenartigsten kationaktiven Substanzen bilden.

Bei den kationaktiven Verbindungen kann man zwischen den folgenden Klassen unterscheiden:

1. Verbindungen, bei denen der basische Stickstoff direkt an die hydrophobe Gruppe gebunden ist. Pyridinderivate und andere quaternäre Ammoniumverbindungen.

2. Verbindungen, bei denen die hydrophobe Gruppe durch eine Zwischenbindung mit der kationischen Gruppe verbunden ist. Die Zwischenbindung kann dabei folgende funktionelle Gruppe sein:

a) ein Ester: Typ **Emulphor FM, Soromine A**;

b) ein Äther: Typ **Hyamine von Röhm und Haas.**

c) ein Amid: Typ **Sapamine der Ciba**;

d) ein Sulfid oder Sulfon;

e) eine Iminogruppe.

3. Verbindungen, bei denen der hydrophile Rest direkt an einen heterozyklischen Ring gebunden ist, wobei jedoch der langkettige hydrophobe Rest nicht an den Stickstoff des heterozyklischen Rings gebunden ist.

4. Verschiedene andere kationaktive Derivate, Aminooxyde, Isoharnstoffderivate.

II. B. 1. Verbindungen, bei denen der Stickstoff direkt an die hydrophobe Gruppe gebunden ist.

Quaternäre Ammoniumbasen und Verbindungen des Pyridins.

Sicherlich ist dies die wichtigste Gruppe kationaktiver Reinigungsmittel. Sie besteht aus Aminen mit aliphatischen Substituenten (Kettenlänge von 8 bis 18 Kohlenstoffatomen). Diese Amine werden dadurch erhalten, dass man von den Fettsäuren[1]) ausgeht, die man durch Hydrierung der entsprechenden Nitrile in die Amine überführt. Diese letzteren werden erhalten, wenn man die Ammoniumsalze der Fettsäuren erhitzt:

$$R-C\underset{ONH_4}{\overset{O}{\lessgtr}} \longrightarrow H_2O + R-C\underset{NH_2}{\overset{O}{\lessgtr}} \longrightarrow R-C\equiv N + 2\,H_2O$$

Die Hydrierung der Nitrile erfolgt in der flüssigen oder gasförmigen Phase in Gegenwart von Nickel oder eines anderen für die Hydrierung geeigneten Katalysators.

$$R-C\equiv N + H_2 \longrightarrow R-C\underset{NH}{\overset{H}{\lessgtr}} \xrightarrow{NH_3} R-\underset{NH_2}{CH}-NH_2 \xrightarrow{H_2} R-CH_2-NH_2 + NH_3$$

Aldimin

---

[1]) Sheely, PB 2424 Office of Techn. Services, Dept. of Commerce, Washington; *brit. P. 439.274; franz. P. 773.367; amer. P. 2.160.578* der I. G. Farbenindustrie; *amer. P. 2.166.971; D.R.P. 667.627* der I. G. Farbenindustrie; *brit. P. 425.927; amer. P. 2.143.751* von **Röhm und Haas.**

Das *brit. P. 438.793* der I. G. Farbenindustrie beschreibt ganz allgemein die Herstellung höher substituierter Amine durch Reduktion der entsprechenden Nitrile und deren Verwendung als Textilhilfsmittel.

Nach Ueno und Takase[1]) können die Amine der Fettreihe auch durch Ammonolyse der Fettalkohole erhalten werden. So lässt sich z. B. aus Cetylalkohol durch Behandeln mit Ammoniak bei 380 bis 400° C und 120 bis 130 atm. in Gegenwart von Tonerde[2]) (Al_2O_3) mit einer Ausbeute von 95% Hexadecylamin herstellen.

Bei der Herstellung der quaternären Ammoniumsalze bedient man sich dabei der Alkylsulfate.

Eines der bekanntesten Produkte dieser Klasse ist das Alkyldimethylbenzylammoniumchlorid[3]), welches durch Methylierung des primären Amins entsteht. Dabei gelangt man zum Alkyldimethylamin, welch letzteres durch Anlagerung von Benzylchlorid in das quaternäre Ammoniumsalz übergeführt wird.

Die übliche Methode zur Herstellung quaternärer Ammoniumverbindungen besteht darin, dass man ein tertiäres Amin mit einem Alkylhalogenid zur Reaktion bringt, wobei sich das Salz bildet. Anderseits lässt sich das quaternäre Ammoniumhydroxyd durch Einwirkenlassen von Äthylenoxyd auf ein tertiäres Amin darstellen[4]).

Verwendet man einen Überschuss an Äthylenoxyd, so kann man drei β-Oxyäthylgruppen einführen:

$$R-NH_2 + 3\ O\!\!<\!\!\begin{array}{c}CH_2\\|\\CH_2\end{array} + H_2O \longrightarrow \left[R-N\!\!<\!\!\begin{array}{c}C_2H_4OH\\C_2H_4OH\\C_2H_4OH\end{array}\right]^+ OH^-$$

Diese Reaktion lässt sich jedoch auch leicht bei einer Zwischenstufe abstoppen, wie etwa

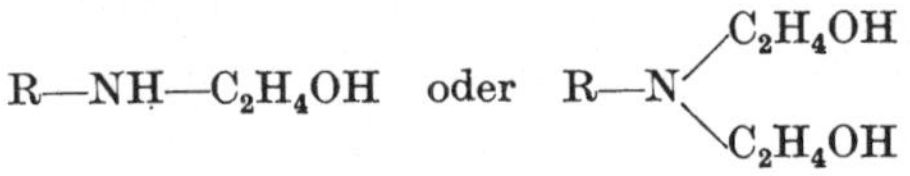

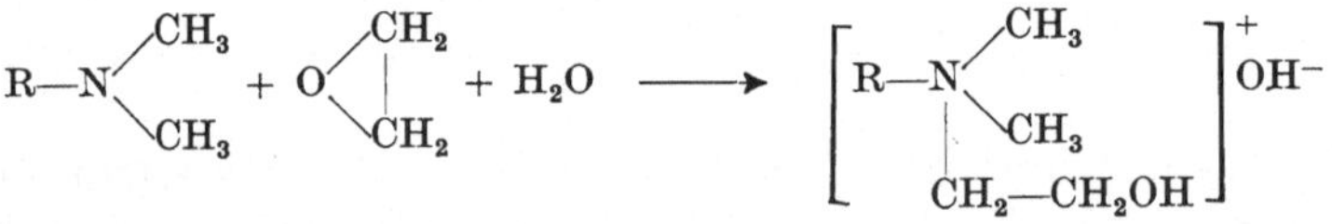

$$R-NH-C_2H_4OH \quad \text{oder} \quad R-N\!\!<\!\!\begin{array}{c}C_2H_4OH\\C_2H_4OH\end{array}$$

$$R-N\!\!<\!\!\begin{array}{c}CH_3\\CH_3\end{array} + O\!\!<\!\!\begin{array}{c}CH_2\\|\\CH_2\end{array} + H_2O \longrightarrow \left[R-N\!\!<\!\!\begin{array}{c}CH_3\\CH_3\\|\\CH_2-CH_2OH\end{array}\right]^+ OH^-$$

---

[1]) Ueno und Takase, J. Soc. Chem. Ind. Japan, 1941, *44*, S. 29, 58; Chem. Abstr. *34*, S. 2787, und *35*, S. 3963.

[2]) *D.R.P. 611.924* der I. G. Farbenindustrie; *franz. P. 779.913; brit. P. 436.414* der I. G. Farbenindustrie.

[3]) *Amer. P. 2.108.765; D.R.P. 680.599, 708.076* der Alba Pharmaceutical Co. Handelsbezeichnungen: Zephirol, Zephiran, Roccal, Ammonyx BC, Triton K 60. (Siehe Kap. X dieses Werkes, S. 710).

[4]) *Amer. P. 2.127.476, 2.137.314, 2.143.388; 2.173.069, brit. P. 380.851, 419.588* der I. G. Farbenindustrie; siehe auch *brit. P. 372.325; franz. P. 809.360* ebenfalls der I. G. Farbenindustrie.

Die Salze des Cetyltrimethylammoniums sowie die entsprechenden von Oktadecyl- und die Kokosölfettsäuren abgeleiteten Produkte haben ein wichtiges Verwendungsgebiet gefunden; sie werden durch erschöpfende Methylierung von primären aliphatischen Aminen von hohem Molekulargewicht mittels Methylbromid, -chlorid oder -sulfat dargestellt.

Das *amer. P. 2.454.547* von Röhm und Haas Co. bezieht sich auf polymerisierte quaternäre Ammoniumsalze der allgemeinen Formel

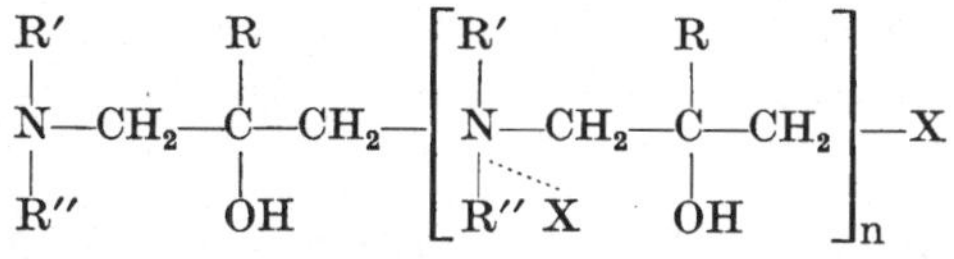

$$
\begin{array}{c}
R' \qquad\quad R \\
| \qquad\qquad | \\
N-CH_2-C-CH_2- \left[N-CH_2-C-CH_2 \right]-X \\
| \qquad\qquad | \\
R'' \qquad\quad OH \qquad\quad R''X \qquad\quad OH \quad{}_n
\end{array}
$$

wobei R = Wasserstoff oder Methylgruppe
    R′ = Äthyl- oder Methylgruppe
    R″= aliphatische Kette, Aralkylrest oder Äther von 8 bis 18 Kohlenstoffatomen
    X = Chlor oder Brom
    n = Zahl zwischen 1 und 19, vor allem zwischen 3 und 11.

Das Molekulargewicht einer solchen Verbindung liegt bei etwa 4000.

Man stellt sich diese Verbindungen dadurch her, dass man in der Wärme ein sekundäres Amin vom Typus

$$R'-NH-R'',$$

wobei R′ und R″ den oben angegebenen Resten entsprechen, auf ein Epihalohydrin vom Typus

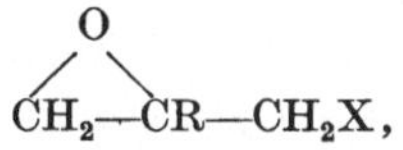

$$
\overset{O}{\overset{\diagup\diagdown}{CH_2-CR-CH_2X,}}
$$

wobei R und X den obengenannten Gruppen entsprechen, einwirken lässt. Es erfolgt dabei eine Reaktion nach folgender Gleichung:

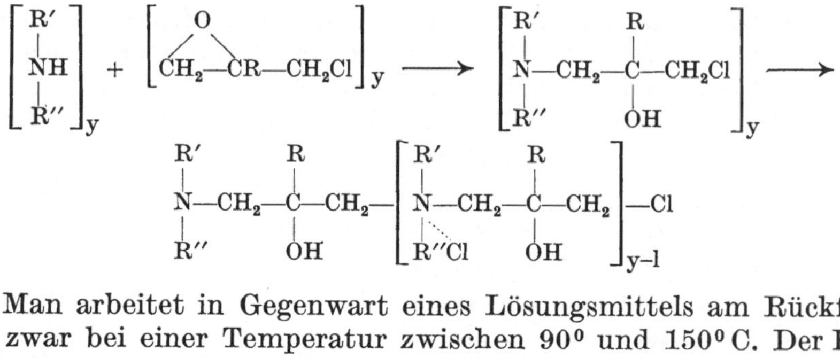

$$
\left[\begin{array}{c} R' \\ | \\ NH \\ | \\ R'' \end{array} \right]_y + \left[CH_2-CR-CH_2Cl \right]_y \longrightarrow \left[\begin{array}{c} R' \qquad R \\ | \qquad\quad | \\ N-CH_2-C-CH_2Cl \\ | \qquad\quad | \\ R'' \qquad OH \end{array} \right]_y \longrightarrow
$$

$$
\begin{array}{c}
R' \qquad\quad R \\
| \qquad\qquad | \\
N-CH_2-C-CH_2- \left[N-CH_2-C-CH_2 \right]-Cl \\
| \qquad\qquad | \\
R'' \qquad\quad OH \qquad\quad R''Cl \qquad\quad OH \quad{}_{y-1}
\end{array}
$$

Man arbeitet in Gegenwart eines Lösungsmittels am Rückfluss, und zwar bei einer Temperatur zwischen 90° und 150° C. Der Polymerisationsgrad wird nach der Methode der Siedepunktserhöhung kontrolliert.

Als Beispiel einer solchen polymeren Verbindung sei folgende erwähnt:

$$\underset{\underset{\displaystyle C_{12}H_{25}}{|}}{\overset{\overset{\displaystyle CH_3}{|}}{N}}-CH_2-\underset{\underset{\displaystyle OH}{|}}{\overset{\overset{\displaystyle H}{|}}{C}}-CH_2\left[-\underset{\underset{\displaystyle C_{12}H_{25}\ Cl}{|}}{\overset{\overset{\displaystyle CH_3}{|}}{N}}-CH_2-\underset{\underset{\displaystyle OH}{|}}{\overset{\overset{\displaystyle H}{|}}{C}}-CH_2\right]_{11}-Cl$$

Amine, die für die Textilhilfsmittelherstellung geeignet sind, lassen sich nach *amer. P. 1.989.325* der I. G. Farbenindustrie–Lommel-Schröter durch Umsetzung höherer Fettsäuren in Ketone und Behandlung der letzteren mit gasförmigem Ammoniak unter Druck herstellen.

Nach *brit. P. 424.717* von Hunsdiecker-Vogt entstehen aus Hexamethylentetramin und Alkylhalogeniden neutrale, kalkbeständige Textilhilfsmittel. In dieser Gruppe wären ebenfalls noch die Kondensationsprodukte aus polymerisierten Äthylendiaminen mit Cyanurchlorid nach *brit. P. 423.933* der I. G. Farbenindustrie und Oxyde, die aus tertiären Aminen nach *brit. P. 437.566* der Ciba erhalten werden, zu erwähnen. So wird im letzteren Patent als Beispiel das 4-Dimethylamino-1-laurophenon, also eine ketonartige Verbindung, genannt.

Zahlreiche Hilfsmittel werden aus substituierten Aminen erhalten, die wieder am Stickstoffatom höhere Fettketten tragen. In diesem Zusammenhange wäre z. B. das *brit. P. 446.813* der I. G. Farbenindustrie zu nennen, welches wie auch das spätere *brit. P. 449.081* derselben Firma als Weichmacher und Dispergiermittel die Kondensationsprodukte aus höher substituierten Aminen (z. B. Methyldodecylamin) und Halogenkarbonsäuren (z. B. Monochloressigsäure) oder Estern von Polykarbonsäuren (z. B. Oxalsäurediäthylester) empfiehlt. Zur gleichen Klasse gehört wohl auch das *amer. P. 2.063.934* der I.G. Farbenindustrie, welches die Einwirkung halogenierter Paraffine auf hochsubstituierte organische Stickstoffbasen behandelt. Auch durch unmittelbare Sulfurierung derartiger Amine, wie z. B. Benzyloleylamin oder Methyloleylamin der Buttersäure, gelangt man nach *schweiz. P. 180.402, 184.168, 184.169* der I. G. Farbenindustrie zu klar löslichen Netzmitteln.

In der Ciba wurden die Erfindungen ausgearbeitet, die die Kondensationsprodukte aus Fettsäureamiden mit Aminen, z. B. Bromlaurinsäureanilid mit Trimethylamin, als säurebeständige Textilhilfsmittel beschreiben. In den *schweiz. P. 177.574, 179.654* und *184.597* werden diese Verfahren geschützt[1]).

---

[1]) Siehe auch *amer. P. 2.087.565* der Gen. Anil. Works; *2.168.253* der I.G. Farbenindustrie und *2.359.884* von Du Pont.

Das *amer. P. 2.410.788*, 1946, von Anold, Hoffman Co. (siehe auch *amer. P. 2.410.789*) erwähnt ein Kondensationsprodukt aus Stearinsäure mit N-(3-Aminopropanol-(2))-äthylendiamin, der folgende Formel zugeschrieben wird

$$
\begin{array}{c}
\qquad\qquad\overset{\displaystyle O}{\|}\qquad\qquad\qquad\qquad\overset{\displaystyle O}{\|}\qquad\overset{\displaystyle O}{\|}\\
-O-CH-CH_2-N-C-N-CH_2-CH-O-C-(CH_2)_8-C-\\
\quad\ \ |\qquad\qquad\ \ |\qquad\quad\ \ |\qquad\ \ |\\
\quad\ \ CH_2\qquad\ \ CH_2\qquad CH_2\qquad CH_2\\
\quad\ \ |\qquad\qquad\ \ |\qquad\quad\ \ |\qquad\ \ |\\
\quad\ \ NH\qquad\ \ CH_2\qquad CH_2\qquad NH\\
\quad\ \ |\qquad\qquad\ \ |\qquad\quad\ \ |\qquad\ \ |\\
\quad\ \ CO\qquad\ \ NH\qquad\ NH\qquad CO\\
\quad\ \ |\qquad\qquad\ \ |\qquad\quad\ \ |\qquad\ \ |\\
\quad\ \ C_{17}H_{35}\quad COC_{17}H_{35}\ COC_{17}H_{35}\ C_{17}H_{35}
\end{array}
$$

Als Weichmachungsmittel für Textilien empfiehlt Du Pont im *amer. P. 2.359.884*, 1944, quaternäre Ammoniumverbindungen der Formel

$$
\begin{array}{c}
R-CH-COO-N(CH_3)_3-CH-R\\
\quad\ |\qquad\qquad\qquad\qquad\ \ |\\
\quad\ N(CH_3)_3\qquad\qquad\quad COOR_1\\
\quad\ |\\
\quad\ X
\end{array}
$$

insbesondere die Verbindung

$$
\begin{array}{c}
C_{14}H_{29}-CH-COO-N(CH_3)_3-CH-C_{14}H_{29}\\
\qquad\ \ |\qquad\qquad\qquad\qquad\qquad\ \ |\\
\qquad\ \ N(CH_3)_3\qquad\qquad\qquad\quad COOCH_3\\
\qquad\ \ |\\
\qquad\ \ Br
\end{array}
$$

(vgl. diesbez. auch *amer. P. 2.359.863*).

Die Ciba erwähnt im *amer. P. 2.338.178*, 1944, Verbindungen, die zu den Zellulosefasern Affinität besitzen und als Netzmittel und zum Weichmachen und Wasserabstossendmachen von Textilien verwendet werden können. Es handelt sich dabei um Verbindungen vom folgenden Typus:

$$
\begin{array}{c}
\qquad\ \overset{\displaystyle O}{\diagup}\qquad\qquad\qquad\qquad NH\\
R-C\qquad\qquad\qquad\qquad\diagup\\
\quad\ \ \diagdown N-CH_2-S-C\cdot HCl\\
\qquad\ \ |\qquad\qquad\qquad\ \ \diagdown NH_2\\
\qquad\ \ CH_2\qquad\qquad\qquad\ NH\\
\qquad\ \ |\qquad\qquad\qquad\ \ \diagup\\
\qquad\ \ N-CH_2-S-C\cdot HCl\\
R-C\diagup\qquad\qquad\qquad\ \diagdown NH_2\\
\quad\ \ \diagdown O
\end{array}
\quad\text{oder}\quad
\begin{array}{c}
\qquad\qquad\qquad O\\
\qquad\qquad\qquad\diagup\\
C_{17}H_{35}-C\qquad\qquad\qquad\qquad NH\\
\qquad\quad\ \diagdown N-CH_2-S-C\cdot HCl\\
\qquad\qquad\ \ |\qquad\qquad\qquad\ \diagdown NH_2\\
\qquad\qquad\ \ \langle\text{Cyclohexyl}\rangle
\end{array}
$$

Als Weichmacher und Hydrophobierungsmittel für Textilien wird dabei im *amer. P. 2.327.213*, 1943, von Du Pont eine Verbindung folgender Konstitution genannt:

$$
\begin{array}{c}
\qquad\qquad\qquad\qquad\qquad\qquad\ NH\cdot HCl\\
\qquad\qquad\qquad\qquad\qquad\quad\ \diagup\\
C_{17}H_{35}-CO-N-CH_2-S-C\\
\qquad\qquad\ |\qquad\qquad\qquad\ \diagdown NH_2\\
\qquad\qquad\ CH_2\\
\qquad\qquad\ |\qquad\qquad\qquad\qquad NH\cdot HCl\\
\qquad\qquad\ |\qquad\qquad\qquad\quad\ \diagup\\
C_{17}H_{35}-CO-N-CH_2-S-C\\
\qquad\qquad\qquad\qquad\qquad\qquad\diagdown NH_2
\end{array}
$$

Ferner soll dieses Produkt auch bei der Knitterechtausrüstung gute Dienste leisten

Wird Stearinsäuremethylolamid mit tert. Stickstoffbasen umgesetzt, so gelangt man zu Weichmachungsmitteln, denen etwa die folgende Formel zukommt.

$$C_{17}H_{35}-CO-NH-CH_2-\overset{\overset{\text{Cl}}{|}}{N}-(CH_2)_y-\overset{\overset{\text{Cl}}{|}}{N}-CH_2-NH-CO-C_{17}H_{35}$$
$$\overset{|}{CH_3}\quad\overset{|}{CH_3}\quad\overset{|}{CH_3}\quad\overset{|}{CH_3}$$

Du Pont beschreibt im *amer. P. 2.259.650*, 1941, Weichmacher von diesem Typus.

Im *amer. P. 2.253.773*, 1941, erwähnt Geigy zum gleichen Zwecke Verbindungen nachfolgender Konstitution:

$$C_{17}H_{35}-NH-CO-NH-\hexagon-N\overset{\overset{\displaystyle CH_3}{}}{\underset{\underset{\displaystyle CH_3}{}}{\overset{\diagdown}{\diagdown}}}\begin{matrix}CH_3\\CH_3\\OSO_3C_2H_5\end{matrix}$$

oder

$$C_{17}H_{35}-N-CO-NH-CH_2-CH_2-N\begin{matrix}CH_3\\CH_3\\CH_3\end{matrix}$$
$$CH_3-SO_3-O$$

Ebenfalls ein aus einer quaternären Ammoniumverbindung bestehender Weichmacher wird von der. Amer. Cyanamid Co. im *amer. P. 2.459.062*, 1949, beschrieben. Es handelt sich dabei um eine Verbindung der Formel

$$C_{17}H_{35}-CO-NH-(CH_2)_3-\overset{\overset{\text{Cl}}{|}}{\underset{\underset{\text{CH}_2-\hexagon}{|}}{N}}(CH_3)_2$$

Nach den Angaben von Geigy im D.R.P. *676.853*, 1939, welches einen Zusatz zum *D.R.P. 675.616* bildet, gelangt man zu einem auch in saurer Lösung wirksamen Netzmittel und Weichmacher, wenn man 2-Heptadecyl-2,3-dihydroindol mit Dimethylsulfat methyliert und darauf mit Benzylchlorid die quaternäre Ammoniumverbindung herstellt.

Oktadecyloxyäthylaminazetat wird von der I.G.-Farbenindustrie im *D. R. P. 722.281*, 1942, als Weichmachungsmittel vorgeschlagen.

Das *D.R.P. 734.194*, 1943, von Geigy schützt quaternäre aromatische Amine, die am Stickstoffatom einen höhermolekularen gesättigten oder ungesättigten aliphatischen Rest tragen, der mehr als acht Kohlenstoffatome besitzt. So wird z. B. die Behandlung von Oktadecylanilin mit Dimethylsulfat vorgeschlagen.

Verbindungen der allgemeinen Formel

$$R_1\text{---}(OR_2)_n\text{---}NH_2$$

werden von Goldschmidt im *franz. P. 887.285*, 1943, als Weichmacher erwähnt. Dabei bedeuten R_1 einen unverzweigten oder verzweigten Alkylrest mit mehr als 8 Kohlenstoffatomen, R_2 eine Alkylengruppe (Äthylen- oder Propylengruppe) und n ist grösser als 1. Als Beispiel wird das Isopentadecyltrioxyäthylamin genannt.

Um Textilien einen weichen Griff zu verleihen, eignet sich nach einer Mitteilung von Geigy im *schweiz. P. 210.987*, 1940, einem Zusatz zum *schweiz. P. 208.532* – siehe auch *schweiz. P. 210.986* –, ebenfalls die folgende Verbindung:

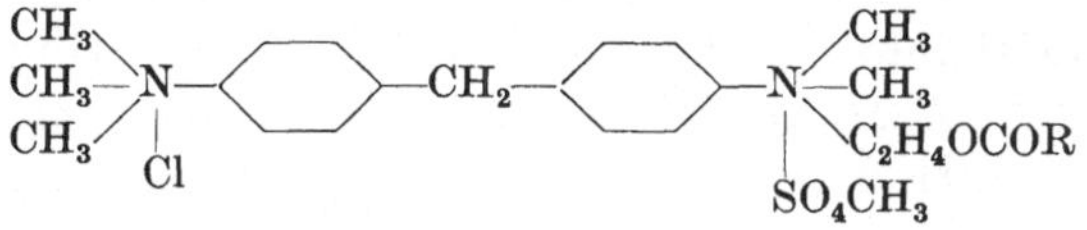

Das *schweiz. P. 208.532*, 1940, von Geigy beschreibt einen Weichmacher für Textilien, dem die Formel

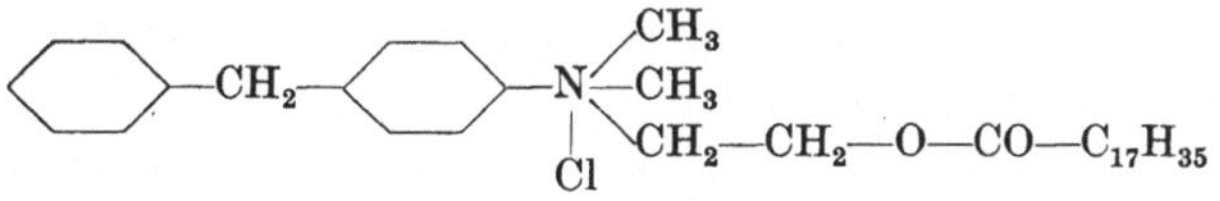

zukommt.

Die Imp. Chem. Ind. erwähnen im *schweiz. P. 206.917*, 1939, auch das Reaktionsprodukt aus Ölsäure und Oktadecyloxymethylpyridiniumsulfat, das ebenfalls einen kationaktiven Körper darstellt.

Zum Weichmachen von nativer oder regenerierter Zellulose soll sich nach den Angaben von Geigy im *schweiz. P. 202.727*, 1939, einem Zusatz zum *schweiz. P. 200.365*, p-Trimethylammonium-ms-hexadecyl-desoxybenzoinmethylsulfat eignen.

Dodecyldimethylanilinmethylsulfat stellt nach den Angaben des *schweiz. P. 200.669*, 1939, von Geigy einen Weichmacher, ein Abziehmittel für Naphtolfärbungen, ein Mottenschutzmittel und ein Mittel zur Verbesserung der Nassechtheiten von Direktfärbungen dar. (Vgl. diesbez. auch *amer. P. 2.293.826*.)

Nach dem *amer. P. 2.229.803*, 1941, von Geigy können auch Verbindungen der Formel

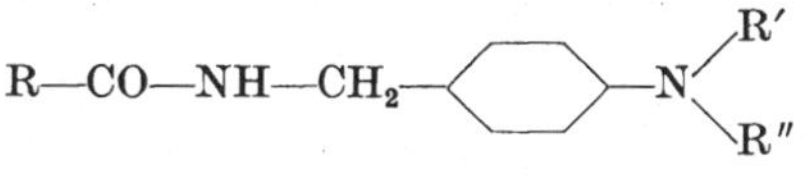

mit Alkylierungsmitteln, die auch ein Halogenatom oder eine Hydroxylgruppe enthalten können, quaterniert werden.

Fettsäurediamide werden im *amer. P. 2.425.392* (einger. am 23. Juni 1943, veröff. am 12. August 1947) der Nopco Chem. Co. als Mittel zur Verbesserung der Gleitfähigkeit und als Weichmacher vorgeschlagen. Diesen Diamiden kommt dabei die allgemeine Formel

$$R_1-\overset{\overset{O}{\|}}{C}-\overset{\overset{R_3}{|}}{N}-X-\overset{\overset{R_3}{|}}{N}-\overset{\overset{O}{\|}}{C}-R_2$$

zu, wobei die Gruppe R_1-CO – ein Fettsäurerest mit 8 bis 22 Kohlenstoffatomen und R_2-CO – einen solchen mit 2 bis 5 Kohlenstoffatomen bedeutet. R_3 kann ein Wasserstoffatom oder eine Alkylgruppe sein und X eine aliphatische Kette, die von Äther- oder Ketogruppen unterbrochen sein kann.

Diese Diamide werden in der Textilindustrie zur Erzielung eines weichen Griffes oder als Schmälze verwendet, können aber ebenfalls als synthetische Wachse und als Zusätze zu Kosmetika und Schaumverhütungsmittel usw. in Frage kommen. Als Beispiel nennt das Patent das Reaktionsprodukt aus Äthylendiamin, Ölsäure und Azetanhydrid.

Als Zusatz zum *brit. P. 533.219*[1]) erwähnt die Ciba im *brit. P. 581.339,* 1947, Weichmachungs- und Reinigungsmittel, die durch Kondensation eines Karbonsäuremethylolamids mit wenigstens 7 Kohlenstoffatomen oder eines Gemisches von Formaldehyd und eines Karbonsäureamids mit mindestens 6 Kohlenstoffatomen mit einem aliphatischen Merkaptan erhalten werden. Die Kondensation erfolgt dabei in wässeriger Dispersion. Als Beispiel wird die Reaktion zwischen Stearinsäuremethylolamid und Thioglykolsäure genannt.

Die so erhältlichen Textilhilfsmittel sind vor allem Weichmacher und Reinigungsmittel und werden für sich allein oder zusammen mit andern Hilfsmitteln verwendet Speziell kommen dabei Kombinationen mit Produkten in Frage, die einen aliphatischen Rest mit mehr als 12 Kohlenstoffatomen enthalten, wie etwa μ-Heptadecyl-α-benzylbenzimidazoldisulfonsäure.

Lässt man Kohlendioxyd auf höhere aliphatische Amine von mindestens 12 Kohlenstoffatomen einwirken und kondensiert dann in wässeriger Lösung mit Cyanamid, so gelangt man nach den Angaben im *franz. P. 926.773* (1947; amer. Prior. 1945) der Amer. Cyanamid Co. zu Weichmachern für die Textilindustrie. Um die Reaktion mit dem Cyanamid unter Kontrolle behalten zu können, führt man 50 bis 70 % der Amine in die Guanidinkarbamate der Formel

$$R-NH-\overset{\overset{NH}{\|}}{C}-NH_2\cdot HOCO-NH-R$$

---

[1]) J. Soc. D. and Col. 1941, *57,* S. 238.

über, wobei R einen gesättigten oder ungesättigten aliphatischen Rest mit mindestens 12 Kohlenstoffatomen bedeutet. Der Rest besteht aus Salzen von Aminen mit am Stickstoff substituierten Karbaminsäuren

$$R-NH_2 \cdot HOCO-NH-R.$$

Die dabei erhältlichen Reaktionsprodukte werden dann mit Alkylenoxyden mit 2—4 Kohlenstoffatomen (Äthylen-, Propylen- oder Butylenoxyd) in eine wasserlösliche Form übergeführt.

Diese Produkte werden besonders im Gemisch mit anionaktiven Verbindungen mit einem langkettigen aliphatischen Rest verwendet. Hiezu kommen die Lauryl-, Cetyl- und Oktadecylmonoester oder -amide der Sulfobernsteinsäure in Betracht.

$$\begin{matrix} & H & \\ & | & \\ MeO_3S & -C-CO-OMe & \\ & | & \\ & H_2C-CO-NH-R & \end{matrix} \qquad oder \quad Me\ O_3S-CH-COOMe \\ | \\ CH_2-COOR$$

R ist dabei ein gesättigter oder ungesättigter aliphatischer Rest mit mindestens 12 Kohlenstoffatomen, und zwar insbesondere eine unverzweigte Kette von 16 bis 18 Kohlenstoffatomen, Me ein salzbildendes Kation, wie Natrium, Ammonium usw.

Als Vorteil dieser Verbindungen kann ihre gleichzeitige Verwendungsmöglichkeit mit härtbaren Kunstharzen, wie Methylolmelamin, Dimethylolharnstoff usw., angesehen werden, so dass in einem Arbeitsgang sowohl die Kunstharzappretur als auch der Weichmacher auf das Textilmaterial gebracht werden kann.

Die Gen. Anil. and Film Corp. empfiehlt im *amer. P. 2.256.186*, 1941, als Weichmacher und als Mittel zur Verbesserung der Echtheiten von Direktfärbungen die folgenden Verbindungen

$$\begin{matrix} & & Cl & & & & H \\ CH_3 & & | & & & & \diagup \\ & \diagdown N-CH_2-CO-N & & \\ CH_3 & \diagup & | & & & H \diagdown C_{18}H_{37} \\ & & CH_2-CO-N & \\ & & & \diagdown C_{12}H_{25} \end{matrix}$$

oder

$$\begin{matrix} & & Cl & & \\ C_2H_5 & & | & & \\ & \diagdown N-CH_2-CH_2-CO-NH-CH_2-CH_2-OH \\ C_2H_5 & \diagup & | & & \\ & & CH_2-CO-N & \diagup H \\ & & & \diagdown C_{18}H_{37} \end{matrix}$$

usw.

Pyridinderivate.

Die alkylierten Pyridiniumhalogenide von höherem Molekular-
gewicht, wie das Cetylpyridiniumbromid (**Fixanol** der Imp. Chem.
Ind.) sind sehr wichtige kationaktive Verbindungen. Sie werden durch
Einwirkenlassen von Alkylhalogeniden auf Pyridin erhalten (*brit.
P. 379.396* der Imp. Chem. Ind.)[1])

Man hat ebenfalls die entsprechenden Chinolinsalze hergestellt,
indem man Chinolin mit Alkylhalogeniden von höherem Molekulargewicht erhitzte.

Die Vertreter der Alkylpyridiniumverbindungen werden dank
der bereits erwähnten Eigenschaften der kationaktiven Körper viel-
seitig verwendet.

Pyridinderivate mit einer hochmolekularen Seitenkette wurden
für verschiedene Zwecke vorgeschlagen:

a) Als Mittel zur Verbesserung der Wasserechtheit von substantiven Färbungen, wie z. B. das **Fixanol**[2]) der Imp. Chem. Ind.,
welches dem Octadecylpyridiniumsulfat entspricht:

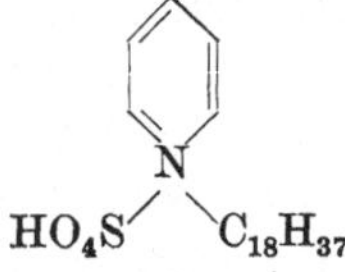

$$HO_4S \diagdown N \diagup C_{18}H_{37}$$

Man gelangt zu dieser Verbindung, indem man Cetylbromid mit
Pyridin erhitzt. Fixanol ist in warmem Wasser genügend löslich,
aber es ist nötig, dass es in der Kälte oder in lauwarmem Wasser
(ca. 40° C) in einer Konzentration von 0,5 bis 1% verwendet wird.

b) Als Verzögerungsmittel für das Aufziehen von Küpenfarbstoffen. Zu diesem Zwecke wird es von der Böhme-Fettchemie unter
dem Namen **Repellat**[3]) auf den Markt gebracht. Es handelt sich
dabei um das Laurylpyridiniumsulfat.

$$HO_4S \diagdown N \diagup C_{12}H_{25}$$

Man erhält diesen Körper durch Erhitzen von Laurylalkohol
mit Pyridinsulfat.

Durch Eintragen verschiedener höherer Alkohole (Oktadecylalkohol) in ein Pyridin-Chlorsulfonsäuregemisch entstehen die bekann-

<hr>

[1]) Fawcett und Gibson, J. Chem. Soc. 1938, S. 396.

[2]) Siehe Neueste Fortschritte, Teil I, Bd. *2*, Kap. VI., 2. Aufl.; *Franz. P. 738.028,
748.510; brit. P. 398.175* der Imp. Chem. Ind.

[1]) Siehe Neueste Fortschritte, Teil I, Bd. *1*, Kap. I, S. 314, 3. Aufl.

ten kationaktiven Netzmittel der Firma A. Th. Böhme, die durch die *schweiz. P. 173.257* bis *173.261* geschützt sind. Hingegen wird den analogen, aus andern heterozyklischen Basen (Piperidiniumtypus) abgeleiteten Substitutionsprodukten nach *brit. P. 433.356* der Hydrierwerke ein besonders gutes Emulgiervermögen zugeschrieben. Dabei lagert man mit Hilfe eines Alkylierungsmittels noch eine weitere Alkylgruppe an..

c) Als Abziehmittel, welche von den Imp. Chem. Ind. unter den Namen D e c a m i n und L i s s o l a m i n A und V[1]) in den Handel gebracht werden.

Die mit höheren Fettresten substituierten Ammoniumbasen, die für die verschiedensten Zwecke, wie z. B. das Abziehen von Färbungen und dgl. verwendet werden, können nach der Vorschrift des *brit. P. 419.942* der Imp. Chem. Ind. hergestellt werden. Sie bestehen aus sekundären Aminen (z. B. Dimethylamin) und einem höheren Fettsäurehalogenid (z. B. Cetylbromid). Auf das so erhältliche Kondensationsprodukt lässt man darauf noch Benzylchlorid einwirken, wobei man dann wie in vorstehendem Beispiel zum Benzyldimethyl-hexadecylammoniumchlorid gelangt.

Analog gebaute heterozyklische Basen wie z. B. Pyridinium-oktadecylbromid, eignen sich nach *amer. P. 1.981.292* derselben Firma in Verbindung mit einem Schutzkolloid, wie z. B. Gelatinelösung, als Emulgatoren. Ein solcher Emulgator gestattet sogar, die Emulsion bis zur Trockene einzudampfen und dann wieder in Wasser zu verteilen.

d) Emulgiermittel nach dem *franz. P. 746.440* der Imp. Chem. Ind.

e) Mittel zur Erzielung wasserdichter Gewebe nach *franz. P. 819.945* von Holte und Meny.

Man kann von den Amiden der Karbonsäuren oder ihrer Ester ausgehen, nämlich

$$\text{R--CO--NH--R}' \quad \text{oder} \quad \text{RO--CO--NH--R}',$$

die mit Formaldehyd und gasförmigem Chlorwasserstoff quaternäre Ammoniumsalze bilden, wie z. B. Stearamidomethylenpyridinium-chlorid

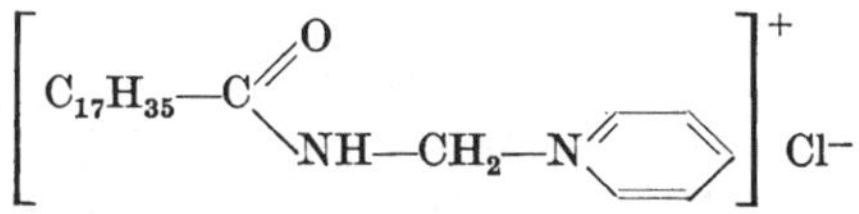

$$\left[C_{17}H_{35}-C{\overset{\displaystyle O}{\diagdown}}{\underset{\displaystyle NH-CH_2-N}{}} \right]^{+} Cl^{-}$$

welches das Z e l a n von du Pont de Nemours darstellt.

Z e l a n ist in Wasser löslich und bildet seifenartige Lösungen. Es kann in Lösung oder in Form einer Dispersion für die Behandlung der Fasern verwendet werden. Die Textilfasern werden mit einer solchen Lösung imprägniert, dann getrocknet und auf höhere Tem-

---

[1]) Siehe Neueste Fortschritte, Teil I, Bd. *1*, Kap. I und IV, 3. Aufl.

peratur erhitzt. Zelan dissoziiert dabei, indem Pyridin in Freiheit gesetzt wird. Durch Veresterung der Hydroxylgruppen der Zellulose gelangt man dann zu hydrophoben Komplexen, nämlich

$$C_{17}H_{35}-C{\overset{\displaystyle O}{\underset{\displaystyle NH-CH_2-O-Zellulose}{}}}$$

Nach der Ansicht anderer Forscher bildet sich dabei das Methylendistearamid von der Formel

$$\left(C_{17}H_{35}-C{\overset{\displaystyle O}{\underset{\displaystyle NH}{}}}\right)_2 = CH_2$$

welches auf der Faser einen sehr feinen und gut haftenden Film bildet.

Gute Netz- und Dispergiermittel sollen sich auch nach dem *öst. P. 152.833* von Hunsdiecker und Vogt durch Umsetzung von heterozyklischen Stickstoffbasen, also Pyridin, mit halogenierten aliphatischen Ätheralkoholen, z. B. dem Bromäthyldecyläther

$$Br-C_2H_4-O-C_{10}H_{21}$$

bilden, wobei der Endpunkt der Reaktion durch das Übergehen des Reaktionsprodukts in den wasserlöslichen Zustand erkannt werden kann.

Aber auch aus halogensubstituierten aliphatischen Sulfosäuren, wie aus Chloroxypropansulfosäure

$$ClCH_2-CH(OH)-CH_2-SO_3H$$

lassen sich nach den Verfahren der *D.R.P. 651.733* der I. G. Farbenindustrie–Nicodemus-Schmidt bzw. *brit. P. 462.720* der I. G. Farbenindustrie durch Kondensation mit tertiären Basen wie Pyridin quaternäre Verbindungen erhalten, die als Textilhilfsmittel besonders im Küpendruck verwendet werden.

Die Imp. Chem. Ind. schlagen im *amer. P. 2.146.392*, 1939, als Weichmacher Verbindungen etwa folgender Konstitution vor:

$$C_{17}H_{35}-CO-NH-CH_2-N-O-SO_3H$$

Nach dem *amer. P. 2.146.408*, 1939, von Du Pont soll sich bei Textilien ein weicher Griff auch durch die Verwendung von Körpern erzielen lassen, die der allgemeinen Formel

$$R-CO-NH-CH_2-N-OCOCH_3$$

entsprechen.

Nach den Angaben des *D.R.P. 720.936*, 1942, der I.G. Farben-industrie (siehe auch *D.R.P. 691.970*), wird Epichlorhydrin mit Pyridinazetat und nachher mit Oktadecylamin zur Reaktion gebracht. Anderseits eignet sich besonders als Weichmachungsmittel für Azetatseide auch das Reaktionsprodukt aus Tetrachloroxypropyl-pyridiniumchlorid und Kaliumoleat.

II. B. 2. Kationaktive Verbindungen, bei denen die hydrophobe Gruppe durch eine Zwischenbindung mit der kationischen Gruppe verbunden ist.

a) Die Esterfunktion: Quaternäre Ammoniumverbin-dungen der Amide aus Aminoalkoholen.

Diese Produkte werden durch Kondensation der Aminoalkohole (Mono-, Di- oder Triäthanolamin) mit Fettsäuren und nachfolgende Alkylierung erhalten.

Erhitzt man Mono- oder Diäthanolamin mit einer Fettsäure, so bildet sich das Amid

$$R-\underset{\underset{H}{|}}{\overset{\overset{O}{\|}}{C}}N-C_2H_4OH \quad \text{resp.} \quad R-\underset{\underset{C_2H_4OH}{|}}{\overset{\overset{O}{\|}}{C}}N\overset{C_2H_4OH}{\diagup}$$

$$R-\overset{\overset{O}{\|}}{C}-OH + H_2N-CH_2-CH_2OH \longrightarrow R-\overset{\overset{O}{\|}}{C}-NH-CH_2-CH_2OH + H_2O$$

leichter als der Ester. Will man jedoch den Ester erhalten, so ist es nötig, vorerst die Aminogruppe z. B. durch Bildung des Chlor-hydrats zu blockieren und darauf dann mit einem Säurechlorid nach folgendem Reaktionsschema zu verestern[1]):

$$R-\overset{\overset{O}{\|}}{C}-Cl + HOCH_2-CH_2-NH_2 \cdot HCl \longrightarrow R-\overset{\overset{O}{\|}}{C}-O-CH_2-CH_2-NH_2 \cdot HCl + HCl$$

$$R-\overset{\overset{O}{\|}}{C}-Cl + \underset{HOCH_2-CH_2}{\overset{HOCH_2-CH_2}{\diagdown\diagup}}NH \cdot HCl \longrightarrow R-\overset{\overset{O}{\|}}{C}-O-CH_2-CH_2-\underset{|}{N}H \cdot HCl \quad(CH_2-CH_2-OH)$$

Endlich gibt das *amer. P. 2.096.749* von Kritchevsky noch an, dass die aus Äthanolamin mit Fettsäuren, Fetten usw. erhältlichen, an sich bereits bekannten Emulsionen durch weitere Alkylierung mit Dimethylsulfat gute Textilhilfsmittel ergeben, die sich z. B. als Weichmacher verwenden lassen.

---

[1]) *Amer. P. 2.305.083, 2.322.202, 2.355.442, 2.391.831* der Amer. Cyanamid Co.; *D.R.P. 626.718, 677.698* der Ciba.

Der wichtigste Aminoalkohol, welcher für die Reaktion in Frage kommt, ist Triäthanolamin, dessen Hydroxylgruppen esterifiziert werden können[1]).

Andere Aminoalkohole wie Diäthanolamin, Monoäthanolamin, sowie komplizierte Aminoalkohole, wie die Kondensationsprodukte von Äthanolaminen mit Glyzerinchlorhydrin oder Epichlorhydrin, wurden auch vorgeschlagen[2]).

In dieser Körperklasse findet man Emulgatoren, wie z. B. **Emulphor FM**, die öllöslich sind und dem Oleyltriäthanolamin entsprechen (*franz. P. 669.517* der I. G. Farbenindustrie). Ferner finden sich darunter auch Weichmachungsmittel für Kunstseide, wie das **Soromin A** der I. G. Farbenindustrie, welches Stearyltriäthanolamin (Monostearylester des Triäthanolamins) ist, und **Soromin DB**, welches dem Stearinsäureester des Dibutylaminoäthanols entspricht (*D.R.P. 546.406*; *amer. P. 2.187.823* der I.G. Farbenindustrie).

Wenn man Fettsäuren mit Trialkylolaminen verestert[3]) so bilden sich aus den tertiären Basen quartäre kationaktive Salze. **Soromin A** wird durch Veresterung der Stearinsäure mit Triäthanolamin erhalten.

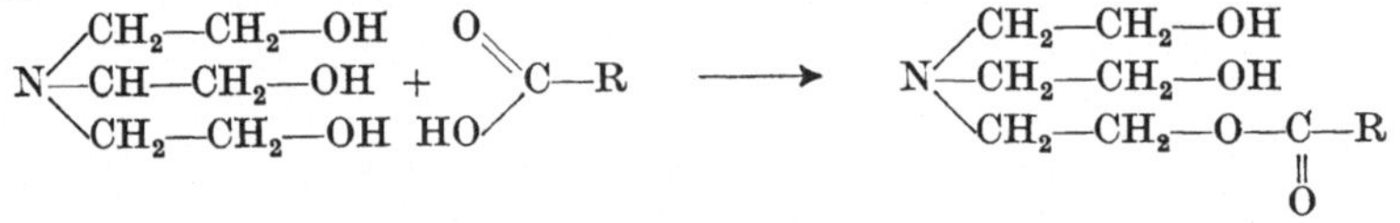

$$N\begin{cases} CH_2{-}CH_2{-}OH \\ CH{-}CH_2{-}OH \\ CH_2{-}CH_2{-}OH \end{cases} + \begin{matrix} O \\ \diagdown \\ C{-}R \\ \diagup \\ HO \end{matrix} \longrightarrow N\begin{cases} CH_2{-}CH_2{-}OH \\ CH_2{-}CH_2{-}OH \\ CH_2{-}CH_2{-}O{-}\underset{\underset{O}{\|}}{C}{-}R \end{cases}$$

Das Produkt wird mit Ameisensäure quaterniert und gibt das **Soromin A**.

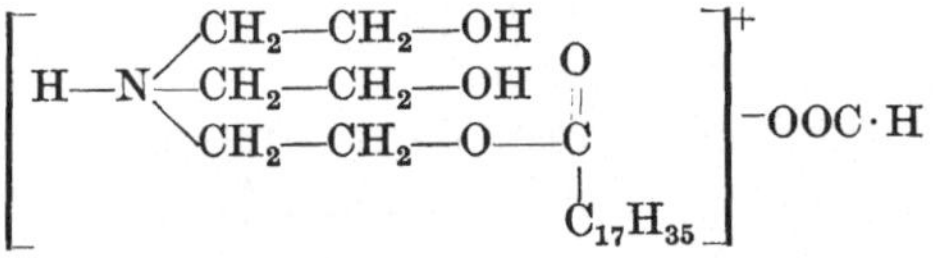

$$\left[H{-}N\begin{cases} CH_2{-}CH_2{-}OH \\ CH_2{-}CH_2{-}OH \\ CH_2{-}CH_2{-}O{-}\underset{\underset{C_{17}H_{35}}{|}}{\overset{\overset{O}{\|}}{C}} \end{cases} \right]^+ {}^-OOC{\cdot}H$$

Die veresterten Alkylolamine können durch Sulfurieren in wasserlösliche Produkte übergeführt werden, die ausgezeichnete Weichmacher sind.

Zu erwähnen wäre noch **Norane R** der Warwick Chem. Co., welchem folgende Konstitution zugeschrieben werden kann:

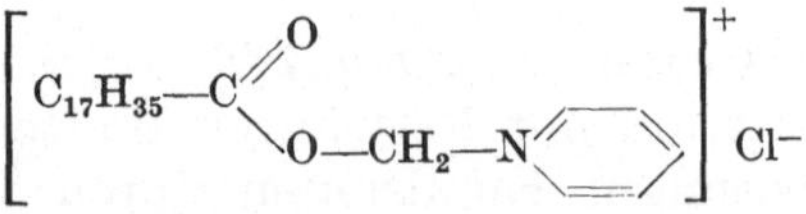

$$\left[C_{17}H_{35}{-}C\diagdown^{\diagup O}_{\diagdown O{-}CH_2{-}N}\diagdown\!\!\!\!\bigcirc \right]^+ Cl^-$$

<hr>

[1]) *Amer. P. 1.946.079* und *1.946.080* von du Pont de Nemours; *2.173.058, 2.022.678* von J. W. C. – Kritchevsky; *2.228.985* der Petrolite Corp.

[2]) *Amer. P. 2.149.527* von Sandoz-Kartaschoff; *D. R. P. 737.738* und *franz. P. von 866.855* von Sandoz.

[3]) Siehe weiter unter S. 451 Ninole.

b) Die Ätherfunktion.

Die einfachsten kationaktiven Substanzen enthalten eine Ätherbindung und entsprechen der allgemeinen Formel[1])

$$R—O—X—N\diagdown_b^a$$

Entspricht X einer Methylengruppe und gehört das Stickstoffatom einem Pyridinkern an, so gelangt man zu Produkten vom Typus des Velan PF.

Franz. P. 822.785 der Imp. Chem. Ind. schützt das unter dem Namen Velan PF bekannte Produkt auf der Basis von Oktadecylmethylenpyridiniumazetat bzw. -chlorid[2]).

$$CH_3—CO—O \diagup \diagdown CH_2—O—C_{18}H_{37} \qquad \text{oder} \qquad \left[C_{18}H_{37}O—CH_2—N \diagup \diagdown \right]^+ Cl^-$$

Man gelangt zu diesen Verbindungen mit einer Ätherfunktion, wenn man Epichlorhydrin auf Fettalkohole einwirken lässt[3]).

$$R—OH + CH_2—CH—CH_2Cl \longrightarrow R—O—CH_2—CH—CH_2Cl$$
$$\diagdown O \diagup \qquad\qquad\qquad\qquad |$$
$$\qquad\qquad\qquad\qquad\qquad\qquad OH$$

Die wichtigste, zu dieser Gruppe gehörende Verbindung ist das desinfizierende und keimtötende Produkt, welches Röhm und Haas unter dem Namen Hyamine und Parks, Davis & Co. unter der Bezeichnung Phemerol in den Handel gebracht haben. Es wird durch Kondensation von p-tert.-Oktylphenol mit Dichlordiäthyläther und nachträgliche Bildung der quaternären Ammoniumverbindung mit Benzyldimethylamin[4]) erhalten.

$$\left[C_8H_{17}—\langle\,\rangle—O—CH_2—CH_2—O—CH_2—CH_2—N \diagdown_{CH_2—\langle\,\rangle}^{CH_3} \right]^+ Cl^-$$

Ein weiteres Verfahren wurde von den Imp. Chem. Ind. in dem *D.R.P. 662.538* sowie dem entsprechenden *brit. P. 475.119* niedergelegt. Man lässt dabei Fettalkohole (z. B. Cetylalkohol) mit Formaldehyd und Pyridin reagieren und leitet dann in das Reaktionsge-

---

[1]) *D.R.P. 704.338* der Dehydag.
[2]) Siehe Neue Verfahren, Bd. *3*, Kap. XIV und weiter unten S. 367.
[3]) *Amer. P. 2.231.502* der Gen. Anil. and Film Corp. und *amer. P. 2.334.517* von Procter and Gamble Co.
[4]) *Brit. P. 494.766; amer. P. 2.170.111, 2.229.024* von Röhm & Haas Co.

misch schweflige Säure ein. So erhält man quaternäre Ammoniumverbindungen von der Formel

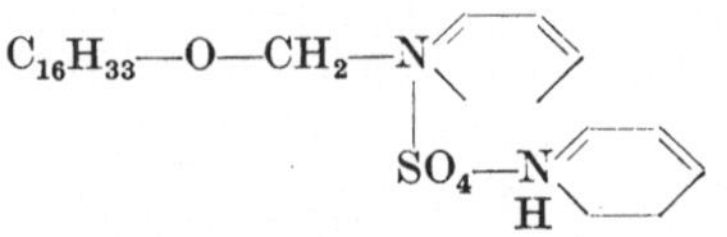

$$C_{16}H_{33}-O-CH_2-N\overset{\displaystyle\diagup}{\underset{\displaystyle SO_4-N}{\diagdown}}$$

Pyridinsulfat des Cetyloxymethylenpyridiniums

Das Pyridinsulfat des Cetyloxymethylenpyridiniums ist wasserlöslich und besitzt eine gute Reinigungswirkung.

Von der I. G. Farbenindustrie–Ulrich-Nüsslein stammt das *D.R.P.*
664.818, das die Erzeugung von Weichmachungsmitteln aus Äthern
niedermolekularer aliphatischer Alkohole mit Oxyaminen durch Kondensation mit höheren Karbonsäuren betrifft. Als Beispiel wird das
Produkt aus Stearinsäure und dem Triäthanolamintrioxyäthyläther
genannt

$$C_{17}H_{35}-CO-O-C_2H_4-O-C_2H_4$$
$$HO-C_2H_4-O-C_2H_4-N$$
$$HO-C_2H_4-O-C_2H_4$$

Als Spezialverwendung dieser Verbindungen wird die Unterstützung des Durchfärbens bei sauren Farbstoffen angegeben.

Weitere Netzmittel entstehen auch nach dem *schweiz. P. 184.877*
der Ciba, wenn man Aminoäther, z. B. Diäthylaminoäthylalkyläther

$$C_2H_4\overset{\displaystyle N(C_2H_5)_2}{\underset{\displaystyle OR}{\diagdown}}$$

auf Laurinsäurechlorid einwirken lässt.

Lässt man nach *brit. P. 465.200* der I. G. Farbenindustrie
alkylierende Mittel wie Äthylenoxyd auf Ammoniumbasen oder
hochmolekulare Amine (z. B. Stearylamin) einwirken, so erhält man
verätherte basische Produkte, die als Dispergiermittel Verwendung
finden können. Das dieser Erfindung verwandte *brit. P. 459.309* der
I. G. Farbenindustrie nennt Reaktionsprodukte von höher substituierten tertiären Aminen mit Alkylenoxyden, z. B. das tertiäre
Amin der Formel

$$\overset{\displaystyle CH_3}{\underset{\displaystyle CH_3}{\diagdown\diagup}}N-R \qquad R = Alkylrest$$

So gelangt man auch aus Palmkernöl und Äthylenoxyd zu einer
Verbindung der Formel

$$\overset{\displaystyle CH_3}{\underset{\displaystyle CH_3}{\diagdown\diagup}}N\overset{\displaystyle R}{\underset{\displaystyle OH}{\diagdown}}C_2H_4-OH$$

Diese Mittel werden zur Unterstützung des reduktiven Abziehprozesses empfohlen.

Auch Reaktionsprodukte der tertiären Aminoxyde mit Äthylenoxyd führen nach *brit. P. 460.710* derselben Firma zu Dispergiermitteln. Als Beispiel nennt der Patentanspruch einen Körper der Formel

$$CH_3 \diagdown \atop R-N=O \atop CH_3 \diagup$$

In dieselbe Reihe gehört auch das *brit. P. 474.671* der I. G. Farbenindustrie, welche die Erzeugung von Wasch- und Schaummitteln aus höher substituierten Basen (z. B. Oktadecylamin) und halogensubstituierten Äthern (z. B. Dichloräthyläther) unter Patentschutz stellen liess. Ein weiterer Ausbau dieser und ähnlicher Verfahren ergibt sich dann noch aus dem *öst. P. 150.306* der I. G. Farbenindustrie. Nach diesem Patent können nämlich nicht nur Alkohole, Amine oder Karbonsäuren mit Alkylenoxyden zur Reaktion gebracht werden, sondern die dabei entstehenden Körper können auch noch mit Harnstoff weiterkondensiert werden. Die Zusammensetzung der so erhältlichen Verbindungen ist anscheinend nicht bekannt. Immerhin wird angegeben, dass man z. B. bei der Einwirkung von Propylenoxyd auf Äthylendiamin und Erhitzen mit Harnstoff ein amorphes, für den Küpendruck geeignetes Hilfsmittel erhält.

c) Die Amide: Die Sapamine der Ciba.

Die Blockierung der Karboxylgruppe einer Seife erfordert die Einführung einer andern löslichmachenden Funktion am Ende der aliphatischen Kette. Von diesem Prinzip ausgehend unterwarf die Ciba (Hartmann und Kägi) eine ganze Reihe solcher Körper einer eingehenden Untersuchung. Dabei gelangte sie zu verschiedenen interessanten Verbindungen, bei denen die Kapillaraktivität durch ein Kation von hohem Molekulargewicht bedingt wird.

Der von Hartmann und Kägi beschrittene Weg zur Herstellung neuer, oberflächenaktiver Verbindungen war folgender:

$$CH_3-(CH_2)_7-CH=CH-(CH_2)_7-COOH + H_2N-CH_2-CH_2-N \diagup^{C_2H_5} _{\diagdown C_2H_5}$$

Ölsäure   asymmetrisches Diäthyläthylendiamin

$$\downarrow$$

$$CH_3-(CH_2)_7-CH=CH-(CH_2)_7-CO-NH-CH_2-CH_2-N \diagup^{C_2H_5} _{\diagdown C_2H_5} + H_2O$$

asymmetrisches Oleylamidoäthylendiäthylamin

$$\downarrow + (CH_3)_2=SO_4$$

$$CH_3{-}(CH_2)_7{-}CH{=}CH{-}(CH_2)_7{-}CO{-}NH{-}CH_2{-}CH_2{-}N\begin{matrix}CH_3\\C_2H_5\\C_2H_5\\SO_4CH_3\end{matrix}$$

Sapamin MS

Methylsulfat der entsprechenden quaternären Ammoniumbase

Diesen Verbindungen wurde auch der Name invertierte Seifen gegeben, oder es wurde von sauren Seifen gesprochen. Diese Bezeichnungen sind jedoch keineswegs exakt, wenn man im Begriff Seife eine reinigende Wirkung einschliesst. Will man z. B. Schweisswolle in einer Lösung eines kationaktiven Körpers waschen, so stellt man fest, dass zuerst eine scheinbare Waschwirkung eintritt, aber nach einiger Zeit gerade ein gegenteiliger Effekt erzielt wird, so dass der gesamte Schmutz sich auf der Wolle niederschlägt.

Diese Erscheinung lässt sich ohne Schwierigkeit erklären, wenn man sich darüber Rechenschaft ablegt, was über die kolloidalen Elektrolyte bereits weiter vorne gesagt wurde. Die Textilfasern besitzen im allgemeinen eine wenn auch sehr schwache negative Ladung. Beim ersten Zusammentreffen der Textilfaser mit der Lösung des kationaktiven Körpers, z. B. mit der Sapaminlösung, erfolgt eine mehr oder weniger deutliche Ablösung des Schmutzes infolge der grossen netzenden Wirkung der Lösung. Sind jedoch die Waschmittelteilchen einmal von der Faser absorbiert, so erfolgt infolge der kationaktiven Eigenschaft des Sapamins eine positive Aufladung der Faser. Der negativ geladene Schmutz wandert wieder zur Faser zurück und schlägt sich auf ihr nieder. Das positive Sapamin schlägt sich auf der negativen Faser nieder und bildet ein positiv geladenes kolloidales Ion.

Aus den obigen Überlegungen geht hervor, dass die kationaktiven Verbindungen als Waschmittel praktisch nicht in Frage kommen. Man wird sie jedoch vor allem verwenden, wenn es sich darum handelt, Substanzen auf den Textilfasern zu fixieren. Daraus folgt also, dass man die Sapamine z. B. als Weichmachungsmittel für Textilien gebrauchen kann, ein Verwendungsgebiet, auf welchem sie zu grosser praktischer Bedeutung gelangt sind.

Durch geeignete Kombination gewisser Fettsäuren mit einem basischen Rest lassen sich kationaktive Produkte herstellen, bei denen sich der Teil, der den Säurerest enthält, auf der Faser niederschlägt. Diese Produkte sind in der Lage, allein oder in Verbindung mit andern Substanzen, den Textilfasern einen weichen und seidigen Griff zu verleihen (Sapamin KW der Ciba).

Die Sapamine von Hartmann und Kägi der Ciba sind azylierte Diamine, also Fettsäureamide, die sich von disubstituierten Äthylendiaminen ableiten. Sie entsprechen folgendem Schema:

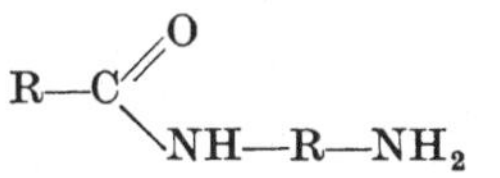

$$R-C\underset{NH-R-NH_2}{\overset{O}{<}}$$

Der erste Vertreter dieser Gruppe war das Sapamin CH[1])

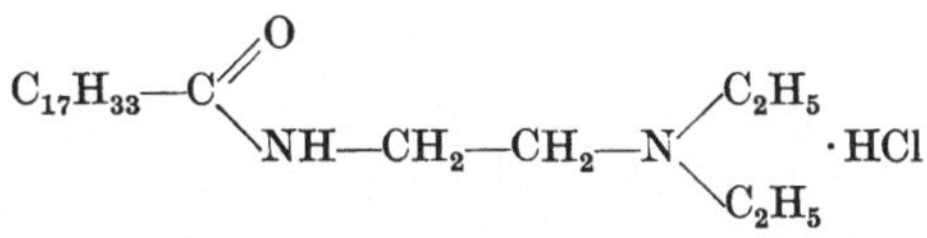

$$C_{17}H_{33}-C\underset{NH-CH_2-CH_2-N}{\overset{O}{<}}\underset{C_2H_5}{\overset{C_2H_5}{<}}\cdot HCl$$

Chlorhydrat des Oleylamidoäthylendiäthylamins asym. oder Oleyldiäthyläthylendiamin

Man erhält die Sapamine durch Azylierung eines asymmetrischen Dialkyläthylendiamins[2]) mit einem Fettsäurechlorid, im allgemeinen mit Ölsäurechlorid

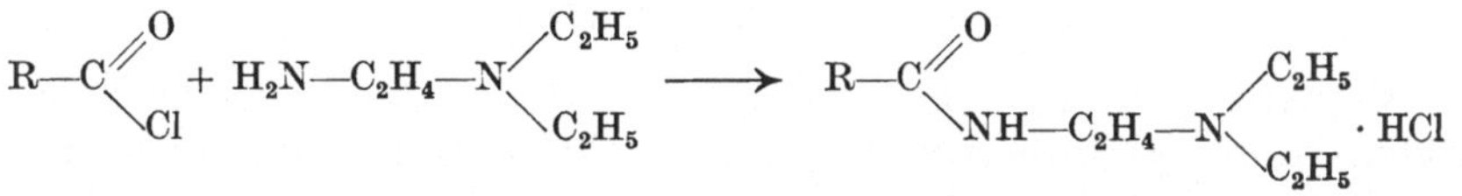

$$R-C\underset{Cl}{\overset{O}{<}}+H_2N-C_2H_4-N\underset{C_2H_5}{\overset{C_2H_5}{<}}\longrightarrow R-C\underset{NH-C_2H_4-N}{\overset{O}{<}}\underset{C_2H_5}{\overset{C_2H_5}{<}}\cdot HCl$$

Man verwendet die Azetate und Chloride dieser Basen oder stellt sich daraus quaternäre Ammoniumverbindungen durch Anlagerung eines Alkylhalogenids oder eines Alkylsulfats her[3]).

Zur Herstellung der Sapamine, und zwar besonders des Diäthylaminoäthylölsäureamids

$$(C_2H_5)_2=N-C_2H_4-NH-OC-R$$

bringt das *D.R.P. 666.066* der I. G. Farbenindustrie–Brodersen-Quaedvlieg ein neues Verfahren zur Umsetzung höherer Fettsäureamide mit Tetramethylendiamin $H_2N-(CH_2)_4-NH_2$. Der Vorteil liegt dabei hauptsächlich in der leichten Erhältlichkeit der Ausgangsmaterialien.

Zur Gruppe der Sapamine gehören auch die quaternären Ammoniumbasen, die aus den Fettsäureamiden der disubstituierten Amine hergestellt werden können. Sie werden durch Alkylierung

---

[1]) Siehe dieses Werk, Teil I, Bd. *2*, Kap. VI, S. 61, 98; Z. f. ang. Chem. 1928, *41*, S. 127; Landolt, Leipz. Mon. Text. Ind. 1932, Heft 3; *D.R.P. 464.142, 559.500, 567.921, 582.101, 626.718, 666.066, 671.782; brit. P. 219.304, 294.582, 294.890, 390.553, 366.918; franz. P. 595.672, 657.974, 716.500, 725.637 (1931); amer. P. 1.737.458, 2.004.476 (1923);* Bull. Föd. *1*, S. 515; R.G.M.C. 1934, S. 64, 111; A. Chwala, Mell. 1936, *17*, S. 583; A. Landolt, Über das Fixieren von Direktfarbstoffen mit kationaktiven Mitteln nach dem Färben, Textil-Rdsch. 1946, *1*, S. 14, 41; Hartmann und Kägi, Saure Seifen, Z. f. angew. Chem. 1928, *41*, S. 127.

[2]) *Amer. P. 2.387.201* der Bonneville Inc.

[3]) *Amer. P. 2.186.464, 2.357.598* der Alframine Corp.

der letztgenannten Produkte gewonnen. So kann z. B. Methylsulfat auf das asymmetrische Oleyldiäthylaminoäthylendiamin einwirken unter Bildung des Methylsulfats des quaternären Oleylmethyldiäthyläthylendiamins

$$CH_3-(CH_2)_7-CH=CH-(CH_2)_7-C\overset{O}{\underset{NH-CH_2-CH_2-\underset{CH_3O_4S}{\overset{CH_3}{N}}-C_2H_5}{\diagup}}$$

Sapamin MS der Ciba nach *brit. P. 294.582; amer. P. 1.737.458; D.R.P. 559.500.*

Erwärmt man hingegen das obengenannte Diamin mit Benzylchlorid, so entsteht das Chlorid des Oleylamidoäthylendiäthylbenzylammoniums

$$C_{17}H_{33}-C\overset{O}{\underset{NH-CH_2-CH_2-\underset{Cl}{N}}{\diagup}}\begin{matrix}C_2H_5\\C_2H_5\\CH_2-\end{matrix}$$

Sapamin BCH der Ciba nach *schweiz. P. 133.372.*

Sapamin KW ist das Methylsulfat des Monostearylamidoäthylentrimethylammoniums (bzw. -triäthylammoniums) oder einer ähnlichen quaternären Base

$$C_{18}H_{37}-C\overset{O}{\underset{NH-CH_2-CH_2-\underset{CH_3O_4S}{N}}{\diagup}}\begin{matrix}CH_3\\CH_3\\CH_3\end{matrix}$$

brit. P.396.992

Diese Verbindung wird durch Erhitzen von Stearinsäure mit Aminodimethyläthylamin unter Zugabe von Dimethylsulfat erhalten.

Die verschiedenen Sapaminmarken erlauben die Fixierung bestimmter Körper auf den Textilfasern. So werden sie zur Mattierung von Kunstseide und als Fällungsmittel für Farbstoffe verwendet. Dabei werden die Partikel mit einer positiv geladenen Schicht umhüllt, worauf das Fixierungsvermögen auf der Textilfaser beruht. Beim Färben lässt sich dadurch die Wasserechtheit ebenfalls erhöhen.

Die Körper dieser Gruppe werden durch Erhitzen von Ölsäure mit asymmetrisch disubstituierten Äthylendiaminen hergestellt. Sie stellen wasserlösliche Basen dar, die mit Säuren Salze bilden, deren wässerige Lösungen Seifencharakter aufweisen.

Aus den Sapaminen lassen sich kolloide wässerige Lösungen herstellen, die in stark saurer Lösung sich ähnlich wie Seifenlösungen verhalten, indem sie schmutzauflockernd, fettemulgierend, dispergierend, netzend und waschend wirken.

Die Schaumkraft solcher Lösungen ist noch grösser als die der Seifenlösungen. Ihre Säurebeständigkeit ist so gross, dass ihre Ver-

wendung bei der Karbonisation möglich ist. Gegen Metallsalze sind
sie beständig. Von Kochsalz werden sie jedoch gerne ausgesalzen.
Die Kalkbeständigkeit ist sehr hoch. Laugen und Seifen sowie andere
anionaktive Körper vermögen diese Stoffe auszufällen.

Ihr Hauptverwendungszweck ist das Weichmachen von Textilien, insbesondere von Kunstseide. Es wird dabei ein weicher Griff
erhalten.

Ein den Sapaminen analoges Produkt ist auf dem 1,3-Propylen-
diamin aufgebaut und wurde unter dem Namen S u r f a c e A c t i v e
A g e n t M von der Amer. Cyanamid Corp. auf den Markt gebracht.
Dieser Verbindung kommt die folgende Konstitutionsformel zu:

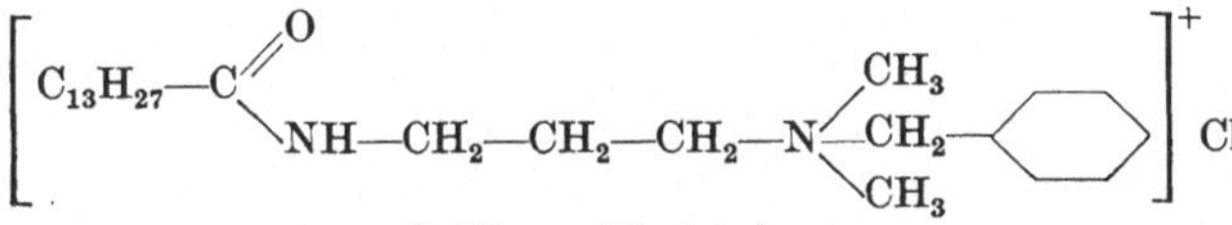

$$\left[C_{13}H_{27}-C{\overset{\displaystyle O}{\underset{\displaystyle NH-CH_2-CH_2-CH_2-N{\overset{CH_3}{\underset{CH_3}{-CH_2-}}}}{}}} \right]^+ Cl^-$$

C_{13}H_{27} = Myristylrest

Andere Polyamine wurden mit einem oder mehreren Fettsäure-
molekülen azyliert, um zu kationaktiven Produkten zu gelangen.
Solche Verbindungen sind in einer ganzen Anzahl von Patenten
beschrieben, wie z. B. *franz. P. 716.238* und *amer. P. 1.947.951* der
Gen. Anil. and Film Corp.; *amer. P. 2.304.369* der Arnold, Hoffman
Co.; *amer. P. 2.347.178* der Nat. Oil Prod. Co.; *amer. P. 2.163.807*
der Imp. Chem. Ind.; *amer. P. 2.340.881* der Nat. Oil Prod. Co.;
amer. P. 2.391.830 der Amer. Cyanamid Co.

Nach *brit. P. 490.637* von Sandoz[1]) eignen sich zum Weichmachen
von Garnen und Geweben Verbindungen, die sich von den Polyalkylenpolyaminen, z. B. dem Polydiäthylentriamin, ableiten und
durch Umsetzung dieser Verbindungen mit Fettsäuren, Fettsäurechloriden oder -anhydriden sich bilden. Die schematische Formel
solcher Verbindungen ist

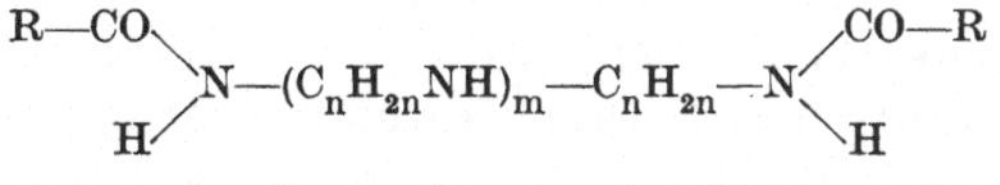

$$\overset{R-CO}{\underset{H}{}}{\diagdown}\!N-(C_nH_{2n}NH)_m-C_nH_{2n}-N\!{\diagup}\overset{CO-R}{\underset{H}{}}$$

R = aliphatischer Rest mit mehr als 8 Kohlenstoffatomen.

Die Behandlung der Gewebe erfolgt in neutraler oder schwach
saurer wässeriger Lösung, wobei normale Wasserhärten nicht stören.
In der Regel wird mit einer schwach angesäuerten Appreturflotte
gearbeitet.

In den *amer. P. 2.163.807* und *brit. P. 475.095* der Imp. Chem.
Ind. ist von einem Produkt die Rede, welches dadurch erhalten wird,

---

[1]) Siehe *amer. P. 2.243.980* von Sandoz, S. 432.

dass man eine Fettsäure oder ihr Amid mit Äthylenimin reagieren lässt.

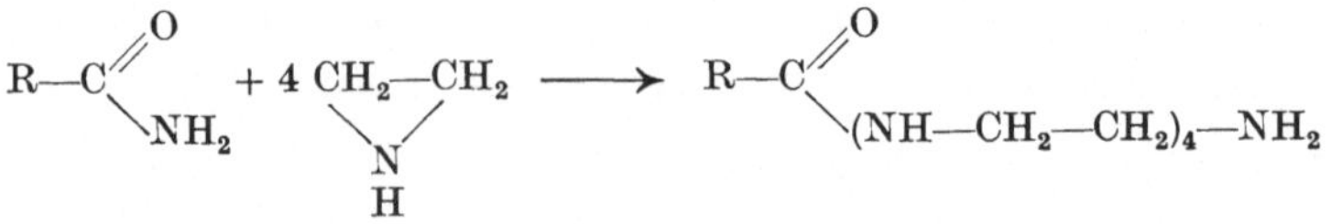

$$R-C\underset{NH_2}{\overset{O}{<}} + 4\ CH_2\!-\!CH_2 \longrightarrow R-C\underset{(NH-CH_2-CH_2)_4-NH_2}{\overset{O}{<}}$$

Kondensationsprodukte von Alkylenaminen, z. B. des wasserlöslichen polymerisierten Methyläthylenimins der Formel

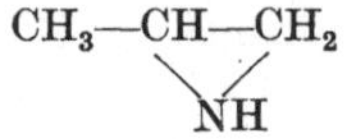

$$CH_3\!-\!CH\!-\!CH_2$$

mit den höheren Fettsäuren oder deren Halogenverbindungen (z. B. Stearylbromid) bilden den Gegenstand der *brit. P. 466.270* und *466.344* bis *466.346* der I. G. Farbenindustrie. Diese Körper werden als Emulgatoren sowie als Weichmachungsmittel für Kunstseide verwendet.

J. R. Geigy AG. hat in den *amer. P. 2.229.803; brit. P. 500.412* und *schweiz. P. 199.452* die Herstellung von Verbindungen schützen lassen, bei denen das basische Eigenschaften besitzende Stickstoffatom an einen aromatischen Kern gebunden ist, z. B.

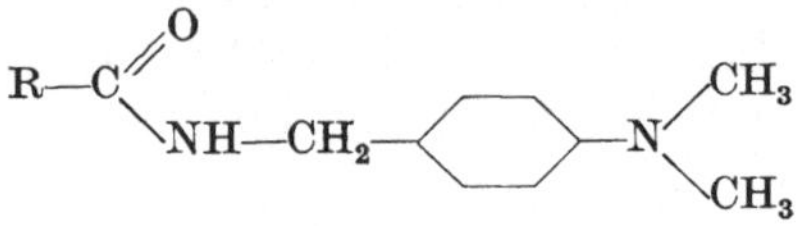

Diese Verbindungen werden in Form ihrer Salze oder als quaternäre Ammoniumbasen verwendet. Sie werden durch Erhitzen von p-(Dimethylamino)-benzylchlorid mit Fettsäureamiden dargestellt.

Die gleiche Firma hat ebenfalls die Harnstoffbindung herangezogen, um bei Aminen die hydrophoben und hydrophilen Teile zu einer kationaktiven Verbindung zu vereinigen. So wurde ein azylierter Harnstoff vom Stearinsäureureid ausgehend hergestellt[1]).

Das Produkt stellt ein Weichmachungsmittel dar und wird aus dem Ammoniumkarbamat erhalten:

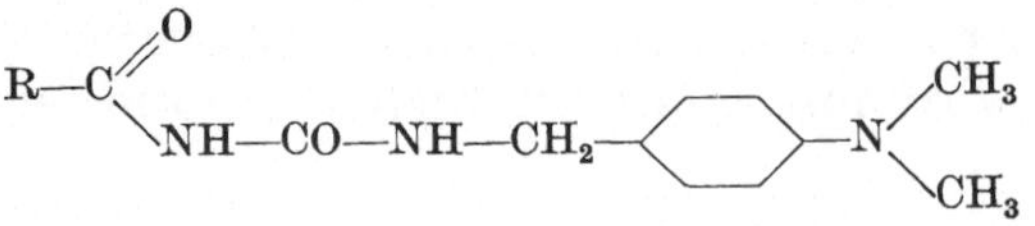

---

[1]) *Schweiz. P. 207.299, 207.300; amer. P. 2.312.395* der J. R. Geigy A.G.; *schweiz. P. 198.680, 199.452, 206.594, 213.837, 213.838, 213.839, 213.840* der J. R. Geigy A.G.; *amer. P. 2.253.773* ebenfalls der J. R. Geigy A.G.

Nach dem *amer. P. 2.109.941* von Du Pont stellt man substituierte Säureamide, die als Dispergiermittel Verwendung finden können, durch Einwirkenlassen von Harnstoff oder dessen Alkylsubstitutionsprodukten auf aliphatische höhere Karbonsäuren her. Es ist dabei festzuhalten, dass nur die eine der beiden Aminogruppen des Harnstoffs mit der Fettsäure zu reagieren vermag.

$$O=C{<}_{NH_2}^{NH_2} + HOOC-R \longrightarrow O=C{<}_{NH_2}^{NH-CO-R} + H_2O$$

Das *schweiz. P. 196.615* der Ciba schützt die Darstellung eines Schaummittels, die dadurch gekennzeichnet ist, dass Stearylmethylamid mit Benzoesäuresulfochlorid kondensiert wird. Diese Verbindung wird dann in Form ihres Alkalisalzes verwendet.

Das *brit. P. 476.843* der J. R. Geigy AG. beschreibt Textilhilfsmittel aus halogenierten Fettsäuren und Lorylamin (Loryl bedeutet den Alkylrest, der in dem aus Kokosöl gewonnenen Fettalkohol enthalten ist), die sich leicht in quaternäre Basen überführen lassen. Diese Produkte werden zum Abziehen von Färbungen und zur Verbesserung der Echtheit substantiver Färbungen empfohlen.

Einfachere, als Schaummittel zu gebrauchende Verbindungen können nach *amer. P. 2.108.725* der I. G. Farbenindustrie durch Kondensation von höheren Halogenfettsäuren mit Monoäthanolamin gewonnen werden.

Als Netz- und Schaummittel nennt das *amer. P. 2.114.256* der Hydrierwerke–Schenk auch die Sulfurierungsprodukte höhermolekularer Amine, die nach dieser Patentschrift aus den entsprechenden Glykolen über die Säureester, Erhitzung mit Ammoniak und Sulfurierung dargestellt werden. Im *franz. P. 821.107* der Ciba wird die Herstellung von Emulgiermitteln aus höheren Fettsäuren und alizyklischen sekundären oder tertiären Basen (Dimethylzyklohexylamin) unter Patentschutz gestellt.

Netz- und Schaummittel entstehen nach *brit. P. 432.356* der Imp. Chem. Ind. durch Kondensation von Harnstoff und Äthylenoxyd. Hierauf wird an diesen Körper noch eine Fettsäure angelagert. Ähnlich wirkende Produkte werden auch erhalten, wenn man primäre oder sekundäre Amine auf Chlorkohlensäureester im Sinne des *D.R.P. 619.500* der I. G. Farbenindustrie–Ulrich-Körding einwirken lässt. So wird z. B. der Chlorkohlensäureester des Oktadecylalkohols und als Amin Monobutanolamin (also ein Amin mit einer alkoholischen Funktion) verwendet.

Als Weichmacher werden von der I. G. Farbenindustrie im *D.R.P. 699.110*, 1940, die Salze aus den Kondensationsprodukten von höheren aliphatischen Karbonsäuren und Oxyalkylaminen einerseits und organischen Säuren oder Basen anderseits genannt. Ein Beispiel eines solchen Salzes wäre etwa das Sulfopalmitinsäuresalz des Kondensationsproduktes aus Stearinsäure und Triäthanolamin.

Nach *amer. P. 2.243.980*[1]), 1941, von Sandoz sind auch azylierte Polyalkylene als Weichmacher verwendbar.

$$\begin{array}{c} RCO \\ \diagdown \\ N{-}(C_nH_{2n}NY)_m{-}C_nH_{2n}{-}N \\ \diagup \\ R_1 \end{array} \begin{array}{c} X \\ \diagup \\ \\ \diagdown \\ R_2 \end{array}$$

Man kann gehärtetes Spermazetiöl mit Diäthylentriamin umsetzen. Eine Emulsion mit 4–5 g dieses Produktes im Liter erzeugt auf Kunstseide einen weichen Griff.

Kondensate von Äthanolaminen mit Harnstoff oder dessen Derivaten ergeben nach *brit. P. 443.436* der I. G. Farbenindustrie Wasch- und Seifmittel sowie Emulgatoren.

Das *D.R.P. 640.581* der I. G. Farbenindustrie beschreibt die Herstellung von Netz- und Dispergiermitteln durch Sulfurierung von Amiden, die durch Kondensation niederer Fettsäuren mit hochsubstituierten Aminen entstanden (z. B. Propionsäurechlorid und Oleylamin geben das Propionsäureoleylamid). Durch Kondensation von höheren Fettsäureestern mit tertiären, einen Aralkylrest enthaltenden Aminen (Dimethyl-o-chlor-benzylamin) lassen sich nach den Angaben des *brit. P. 459.033* der I. G. Farbenindustrie Verbindungen erzeugen, die den Charakter quaternärer Basen besitzen und neben einem guten Netzvermögen auch noch antiseptische Eigenschaften aufweisen.

Durch Kondensation aromatischer Amine mit Polykarbonsäuren gelangt man nach dem *brit. P. 463.828* der I. G. Farbenindustrie zu härtebeständigen Waschmitteln, z. B. zum Kondensationsprodukt aus Oktylanilin und Maleinsäure. Diese Körper sind als Amide vom schematischen Aufbau

$$\begin{array}{c} X \\ \diagup \\ R{-}N{-}CO{-}R{-}COOH \end{array}$$

anzusehen. Es geht daraus hervor, dass eine Karboxylgruppe der Verbindung noch frei bleibt. Man hat es also hier mit neuen synthetischen Waschmitteln zu tun, die nicht auf höheren Fettketten aufgebaut sind.

Quaternäre Ammoniumverbindungen, die Derivate des Betains darstellen.

Eine gewisse Anzahl von Weichmachungsmitteln gehören dieser Gruppe an. Sie besitzen auch gleichzeitig die Eigenschaft, die Wasserechtheit der Färbungen zu verbessern. Man gelangt zu diesen Pro-

---

[1]) Siehe *brit. P. 490.637* von Sandoz, S. 429.

dukten, indem man Triäthylamin auf Methylmonochlorazetat in Gegenwart von Oktadecylamin einwirken lässt[1]).

Es bildet sich dabei das Chlorid des Oktadecyldimethylazetatammoniums oder des Methylesters des Dimethyloktadecylbetains.

$$C_{18}H_{37}\diagdown\quad\diagup Cl$$
$$N$$
$$CH_3\diagup\ |\ \diagdown CH_2-COOCH_3$$
$$CH_3$$

brit. P. 466.734

Nach dem *franz. P. 811.808* der I. G. Farbenindustrie kann dieses Produkt mit Dodecylamin in das Amid übergeführt werden.

$$C_{18}H_{37}\diagdown\quad\diagup Cl$$
$$N\diagdown\qquad\qquad O$$
$$CH_3\diagup\ |\ \ CH_2-C\diagup$$
$$CH_3\qquad\qquad\diagdown NH-C_{12}H_{25}$$

Chlorid des Oktadecyldimethylaminoazetomonododecylamids.

Das Persistol KF der I. G. Farbenindustrie ist eine Verbindung vom Betaintypus, nämlich Chlor-diäthyl-oktadecylaminoessigsäuremethylester

$$C_{18}H_{37}\diagdown\quad\diagup Cl$$
$$N-CH_2-COOCH_3$$
$$C_2H_5\diagup\ |$$
$$C_2H_5$$

Die substituierten Betaine — Trimethylglykokoll — kommen nach *öst. P. 145.504, 145.505* sowie *franz. P. 789.304* der I. G. Farbenindustrie für die Herstellung von Reinigungsmitteln und dergleichen in Betracht, wobei der aliphatische Rest an den Stickstoff des Betains angelagert wird. Dies geht auch aus dem angegebenen Beispiel hervor, welches das Umsetzungsprodukt aus Dodecyldimethylamin und Chloressigsäure erwähnt.

d) Produkte, bei denen die Zwischenbindung eine Sulfid- oder Sulfongruppe darstellt.

Produkte von diesem Typus wurden bereits untersucht, aber es scheint indessen, dass sie noch nicht in die Praxis eingeführt worden sind. So ging man z. B. anstelle der Alkohole von Alkylmerkaptanen aus, die man mit Aminen zur Reaktion brachte, wobei

---

[1] *Brit. P. 403.883, 408.754* von Henkel & Co.; *schweiz. P. 206.717* von J. R. Geigy A.G.; *amer. P. 2.367.878* von Hoffmann-La Roche & Co.; *amer. P. 2.087.565* der Gen. Anil. Works.

man zu Thioäthern gelangte[1]). Als Beispiel diene etwa folgende Reaktion:

$$C_{12}H_{25}-SH + Cl-C_2H_4-N\begin{smallmatrix}C_2H_5\\C_2H_5\end{smallmatrix} \longrightarrow C_{12}H_{25}-S-C_2H_4-N\begin{smallmatrix}C_2H_5\\C_2H_5\end{smallmatrix} + HCl$$

Dodecylmer-   Diäthylaminoäthyl-
kaptan   chlorid

Andere, jedoch im Aufbau kompliziertere Sulfide wurden in mehreren Patenten beschrieben, und zwar im besonderen in den *schweiz. P. 209.972, 211.245, 211.246* der Ciba; *brit. P. 437.285* der Imp. Chem. Ind., usw.

Nach den *schweiz. P. 200.667, 203.590, 203.591, 203.592* sowie *franz. P. 841.506* von Geigy können oberflächenaktive Aminoarylsulfone erhalten werden, und zwar nach folgendem Reaktionsschema:

$$Cl-\langle\bigcirc\rangle-SO_3Na + C_{16}H_{33}Br \longrightarrow Cl-\langle\bigcirc\rangle-SO_2-C_{16}H_{33} + NaOBr$$

$$\xrightarrow{(CH_3)_2NH} (CH_3)_2N-\langle\bigcirc\rangle-SO_2-C_{16}H_{33} + HCl$$

e) Verbindungen mit einer Iminozwischenbindung.

Im *franz. P. 716.560* der I.G. Farbenindustrie wird eine kationaktive Verbindung als gutes Schaummittel beschrieben, die durch Einwirkung von Heptadecylamin auf 1-Diäthylamino-2-chloräthan erhalten wird.

$$C_{17}H_{35}-NH_2 + Cl-C_2H_4-N(C_2H_5)_2 \longrightarrow C_{17}H_{35}-NH-C_2H_4-N(C_2H_5)_2 + HCl$$

Die gleiche Verbindung lässt sich natürlich auch durch Reaktionen zwischen einem Alkylhalogenid und N,N-Diäthyläthylendiamin herstellen.

Hochsubstituierte Polyamine eignen sich nach *brit. P. 464.756* und *franz. P. 807.984* der I.G. Farbenindustrie nicht nur zum Weichmachen von Kunstseide und zur Unterstützung des reduktiven Abziehprozesses sondern auch zur Animalisierung pflanzlicher Fasern. Es wird dabei z. B. das Reaktionsprodukt aus Diäthylaminochloräthan

$$(C_2H_5)_2-N-C_2H_4-Cl$$

und Stearylamin genannt.

Verbindungen mit einer Iminogruppe werden von Sharp (J. Chem. Soc. 1939, S. 1855) auch durch Alkylierung von 2-Aminopyridin mit langkettigen aliphatischen Halogeniden erhalten, und zwar nach folgender Reaktionsgleichung

$$\langle N \rangle-NH_2 + RI \longrightarrow \langle N \rangle-NHR + HI$$

---

[1]) *Brit. P. 436.725* der I.G. Farbenindustrie.

Im *amer. P. 2.152.047* der Alba Pharm. Co.-Hahl-Leuchs werden auch alkylierte Aminochinoline als oberflächenaktive Produkte genannt.

Im *D.R.P. 736.194*, 1943, bemerkt die I. G. Farbenindustrie, dass die azylierten Alkylenimine als wasserbeständige Weichmacher für Kunstseide angesehen werden können.

Das *amer. P. 2.296.225*, 1942, der Gen. Aniline and Film Corp., schützt ein Verfahren zur Erzielung von Weichmacher- und Knitterfreieffekten, das in einer Behandlung von kunstseidenen Textilien mit Kondensationsprodukten aus Polyalkyleniminen und Aldehyden oder Ketonen besteht.

Ein weiteres Patent der Gen. Aniline and Film Corp., das *amer. P. 2.296.226*, 1942, beschreibt ein Weichmachungsmittel, das bei der Behandlung von 1,2-Alkyleniminen oder deren nicht kristallisierten Polymerisate mit Fettsäurechloriden entsteht.

f) Verbindungen, die eine hydrophile Gruppe enthalten, die direkt an den heterozyklischen Ring gebunden ist.

Zu dieser Gruppe gehören eine gewisse Anzahl interessanter oberflächenaktiver Verbindungen. Diese Körper sind durch die Tatsache gekennzeichnet, dass die lange aliphatische Kette direkt an den heterozyklischen Ring und nicht an den Stickstoff gebunden ist. Die Ciba hat ganz besonders die Benzimidazolderivate[1] dieses Typus von Waschmitteln studiert, nämlich die verschiedenen Ultravone. So ist in den *schweiz. P. 163.274, 170.762, 172.953* bis *172.962*; *brit. P. 419.010*; *amer. P. 2.043.164* der Ciba–Gränacher die Rede von den 2-Alkylbenzimidazolen

Diese Verbindungen stellen sehr interessante Schaummittel dar.

---

[1] Der Stammkörper, das Benzimidazol oder auch Phenylenformamidin hat die Formel

Die Benzimidazoliumderivate weisen demnach statt des dreiwertigen einen fünfwertigen Stickstoff auf.

Substituierte zyklische Amidine, wie das Heptadecylbenzimidazol und die daraus abgeleiteten Imidazoliumbasen[1]), dienen nach den Patenten der Ciba, z. B. *franz. P. 784.869*; *schweiz. P. 170.762* und Zusatzpatente *schweiz. P. 172.953* bis *172.962* sowie parallele Patente in anderen Staaten, als Schaum- und Netzmittel.

Aus dem Benzimidazol entstehen durch Kondensation mit Aldehyden (z. B. Benzaldehyd) in borsaurer Lösung nach dem *brit. P. 490.774* der Ciba die in der Praxis bekannten Hilfsmittel, worüber im Bull. Föd. *3*, S. 268, von Gränacher Näheres berichtet wurde.

Arylendiamine geben nach *brit. P. 403.977* der Ciba mit Fettsäuren, aber auch mit Naphtensäuren nach der Sulfurierung Wasch- und Netzmittel sowie Hilfsmittel für alkalische Operationen wie Beuchen, Mercerisieren und Färben mit Naphtolfarbstoffen.

Die Alkyloxazole von höherem Molekulargewicht werden durch Kondensation der Fettsäuren mit β-Aminoalkoholen, z. B. 2-Methyl-2-amino-1,3-propandiol erhalten.

Man erhält Produkte der Formel

$$R-C\underset{O-CH_2}{\overset{N-C=(CH_2OH)_2}{<}}$$

(*franz. P. 840.125* der Ciba).

Das Oxazolin, welches aus Ölsäure und 2-Amino-2-methyl-1,3-pentandiol erhalten wird, ist unter dem Namen Alkaterge O der Commercial Solvents Corp. *(amer. P. 2.402.791)* bekannt.

Laut *amer. P. 2.186.894*, 1940, der Gen. Aniline and Film Corp. können die Kondensationsprodukte von Oxazolinen mit hochmolekularen aliphatischen Aminen als Weichmacher für Azetatseide sowie als Mittel zur Erhöhung der Wasserechtheit von Direktfärbungen Verwendung finden.

Die Imidazoline oder Glyoxalidine[2]).

Die Imidazoline werden durch Kondensation von Diaminen mit benachbarten Aminogruppen mit höheren Fettsäuren erhalten. Nach den Patenten von Waldmann und Chwala, *brit. P. 460.858*; *D.R.P. 644.475*; *franz. P. 811.423*; *schweiz. P. 189.136, 193.046*, sind sie härtebeständige Textilhilfsmittel für die verschiedensten Zwecke[1]). Die Gleichung, nach der sich die Reaktion vollzieht, ist beispielsweise die folgende:

$$\begin{array}{l}CH_2-NH_2\\ |\\ CH_2-NH_2\end{array} + HOOC-C_{17}H_{35} \longrightarrow \begin{array}{l}CH_2-NH\\ |\qquad\quad\!\!>C-C_{17}H_{35} + 2\,H_2O\\ CH_2-N\end{array}$$

---

[1]) *Brit. P. 479.491, 501.727; amer. P. 2.155.877* und *2.155.878, 2.115.861, 2.115.862, 2.115.863* und *2.115.864* der Gen. Anil. and Film Corp.–Waldmann und Chwala.

[2]) Siehe auch S. 457.

Diese Körper können entweder nachträglich sulfuriert werden oder eine der verwendeten Komponenten kann schon eine Sulfogruppe enthalten.

Bei diesen Patenten bildet besonders die neue Darstellungsweise den Gegenstand des Schutzes, da die andern aus der Literatur bekannten Methoden keine guten Ausbeuten liefern.

Auch das *schweiz. P. 201.926* von Waldmann und Chwala empfiehlt das Imidazol und dessen Derivate als Textilhilfsmittel. Man erhält durch Kondensation von Imidazolinen, die mit höheren Fettresten verbunden sind, mit Formaldehyd und Natriumbisulfit Produkte, die ein erhebliches Schaumvermögen besitzen und in der Färberei angewendet werden.

$$R-C\begin{array}{c} NH-CH_2 \\ \\ N----CH_2 \end{array} \quad \text{Imidazolin}$$

$$C_{17}H_{35}-C\begin{array}{c} CH_2-SO_3Na \\ N----CH_2 \\ \\ N----CH_2 \end{array}$$

Natriumsalz der Heptadecylimidazolin-N-methansulfosäure.

Durch Behandeln höhermolekularer Imidazoline mit Äthylenoxyd gelangt man nach Angaben des *amer. P. 2.211.001*, 1940, der Gen. Aniline and Film Corp. (siehe auch *öst. P. 159.870*) zu Produkten, die der Ware einen weichen Griff zu verleihen vermögen. Einer solchen Verbindung kommt dabei etwa die folgende Formel zu:

$$C_{11}H_{23}-C\begin{array}{c} N-CH_2 \\ \\ N-CH_2 \end{array}$$
$$CH_2-CH_2-NH-CH_2-CH_2-O-CH_2-CH_2OH$$

Die Richards Chem. Works empfehlen im *amer. P. 2.372.985*, 1945, eine Mischung von Laurylimidazolin mit Emulphor EL oder Mineralöl zum Weichmachen von Wolle und Zellulosefasern.

Die Oxyäthylimidazoline können nach dem *amer. P. 2.211.001* der Gen. Anil. and Film Corp.–Chwala durch Kondensation einer Fettsäure mit 2-Aminoäthyläthanolamin erhalten werden.

$$R-C\begin{array}{c} O \\ \\ OH \end{array} + H_2N-C_2H_4-NH-C_2H_4OH \longrightarrow R-C\begin{array}{c} N-CH_2 \\ \\ N-CH_2 \end{array} + 2H_2O$$
$$C_2H_4OH$$

Die Reaktion geht bei 150° C in Gegenwart eines Lösungsmittels wie Xylol leicht vor sich. Das so aus Ölsäure erhältliche Oxyäthylimidazolin wird von der C.C.C.C. unter dem Namen Cationic Amine 220 in den Handel gebracht. Es stellt eine ölige Flüssigkeit von grossem Schaumvermögen dar (*amer. P. 2.267.965, 2.268.273* der C.C.C.C.).

Im *amer. P. 2.268.273*, 1941, werden von der C.C.C.C. als Weichmachungsmittel für Textilien, und zwar besonders für solche auf Zellulosebasis, substituierte Glyoxalidine vorgeschlagen.

$$\begin{array}{c} N \\ R-C \diagup \diagdown CH-R_1 \\ | \qquad | \\ X-R_2-N----CH-R_1 \end{array}$$

Nach dem *amer. P. 2.268.273* werden Textilien aus Zellulosefasern durch eine Behandlung mit Glyoxalidinen, in die noch eine Fettkomponente eingebaut ist, ein weicher Griff, gute Biegsamkeit und schöner Faltenwurf verliehen. Man arbeitet dabei bei einer Konzentration von 2,5 g/l in schwach saurem Gebiet (p_H zwischen 4,5 und 6) und bei einer Temperatur von 60° C.

Ein weiteres Produkt dieser Klasse wird durch Kondensation von Fettsäuren mit Polyaminen (Diäthylentriamin usw.) erhalten.

$$R-C\diagup^{O}_{\diagdown OH} + H_2N-C_2H_4-NH-C_2H_4-NH_2 \longrightarrow R-C\diagup^{N-CH_2}_{\diagdown N-CH_2} \quad \underset{C_2H_4-NH_2}{|}$$

Dieses Produkt befindet sich in seiner azetylierten Form im Handel und wird von der Onyx Chem. Co. unter dem Namen Onyxsan als Weichmachungsmittel empfohlen (*amer. P. 2.355.837* der C.C.C.C.; *amer. P. 2.200.815* und *brit. P. 549.328* der Richards Chem. Works).

Das *schweiz. P. 213.176*, 1946, der I. G. Farbenindustrie erwähnt als Zusatz zum *schweiz. P. 206.407* ein Imidazolderivat der Formel

$$C_{15}H_{31}-C\diagup^{NH-CH_2}_{\diagdown N---CH_2}$$

als Weichmacher.

Wässerige Lösungen von 0,1 % 2-Heptadecyl-N-azetamidoäthylimidazolinchlorhydrat u. a. werden von den Richards Chem. Works im *brit. P. 549.328*, 1942, vorgeschlagen. Die allgemeine Formel dieser Verbindungen wäre

$$\text{Alkyl}-C\diagup^{N-C\diagup^{X}_{\diagdown X'}}_{\diagdown N-C\diagdown^{X''}_{X'''}} \quad \underset{CH_2-R'-NH-R''}{|} \qquad\qquad C_{17}H_{35}-C\diagup^{N-CH_2}_{\diagdown N-CH_2} \quad \underset{CH_2-CH_2-NH-CO-CH_3}{|}$$

Verbindungen der Formel

$$\begin{array}{c} CH_2\!-\!\!N \\ | \qquad\quad C\!-\!R\!-\!C \qquad\quad | \\ CH_2\!-\!NH \qquad\qquad\qquad NH\!-\!CH_2 \end{array}$$

verleihen nach den Angaben der I. G. Farbenindustrie im *brit. P. 501.522*, 1939, – siehe auch *D.R.P. 695.473* – den Textilien einen weichen Griff.

Im *schweiz. P. 217.482*, 1942, erwähnt die Ciba ferner das Kondensationsprodukt aus N-Methyl-μ-heptadecylbenzimidazol und Äthylenoxyd als Weichmachungs- und Egalisiermittel.

Nach *brit. P. 443.551* der Ciba können auch substituierte Imidazole mit Alkylchloriden zur Reaktion gebracht werden.

II. B. 3. Verschiedene kationaktive Verbindungen, die nicht in eine der oben erwähnten Klassen eingereiht werden können.

Zuerst seien hier einmal die Isothioharnstoffderivate erwähnt, die den Gegenstand einer gewissen Anzahl von interessanten Arbeiten liefern.[1])

Man gelangt zu diesen Verbindungen, indem man ein Alkylhalogenid auf Isothioharnstoff einwirken lässt:

$$R\!-\!Br + HS\!-\!C{\overset{NH}{\underset{NH_2}{}}} \longrightarrow \left[R\!-\!S\!-\!C{\overset{NH}{\underset{NH_2}{}}}\right] HBr$$

Ein Produkt dieser Art wird nach dem *amer. P. 2.051.947* von Hunsdiecker und Vogt erhalten, wenn man Chlormethylstearamid mit Thioharnstoff zur Reaktion bringt:

$$\left[R\!-\!C{\overset{O}{\underset{NH\!-\!CH_2\!-\!S\!-\!C{\overset{NH}{\underset{NH_2}{}}}}{}}}\right] HCl$$

(*D.R.P. 705.355* der Böhme-Fettchemie)

Eine neue Gruppe stellen die Kondensationsprodukte aus Akylchloriden und Thioharnstoff dar, die im *franz. P. 765.475* von Hunsdiecker und Vogt beschrieben werden. Es bilden sich dann durch Umlagerung Isothioharnstoffderivate der allgemeinen Formel

$$\left[H_2N\!-\!C{\overset{S\!-\!R}{\underset{NH}{}}}\right] HAc$$

wobei R den Alkylrest und Ac den an diesen gebundenen Säurerest bedeuten. Die gleichen Autoren nennen als Dispersionsmittel für un-

---

[1]) *Amer. P. 2.336.868* der Amer. Cyanamid Co.

lösliche Farbstoffe das Hexamethylentetramin in Form seiner Alkyl-
oder Arylderivate *(brit. P. 416.658)*.

Die Salze der substituierten Guanidine sind nach den Angaben
des *brit. P. 421.862* von Hunsdiecker und Vogt als Netz- und Waschmittel verwendbar. Im *brit. P. 422.461* erwähnen dann dieselben
Erfinder auch noch die Eignung dieser Verbindungen als Emulgatoren. Ein Beispiel für solche Produkte ist das Decylguanidin

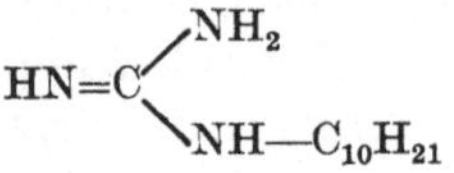

$$HN{=}C\begin{cases}NH_2\\NH{-}C_{10}H_{21}\end{cases}$$

oder nach *brit. P. 426.508* der Böhme-Fettchemie[1]) ein substituiertes
Isoharnstoffderivat der allgemeinen Formel

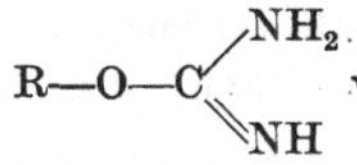

$$R{-}O{-}C\begin{cases}NH_2\\NH\end{cases}\quad\text{wobei R} = \text{Alkyl-, z. B. Dodecylrest.}$$

In den *D.R.P. 694.130; brit. P. 475.039* und *franz. P. 805.768* der
I.G. Farbenindustrie werden als Weichmachungsmittel die hochsubstituierten Biguanide bezeichnet, d. h. Körper, die sich vom Dicyandiamid ableiten und denen die folgende schematische Formel
zukommt:

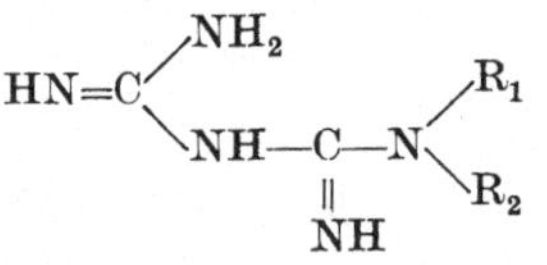

$$HN{=}C\begin{cases}NH_2\\NH{-}\underset{\underset{NH}{\|}}{C}{-}N\begin{cases}R_1\\R_2\end{cases}\end{cases}$$

Diese Verbindungen werden erhalten, indem man vom Dicyandiamid ausgeht und es mit einem substituierten hochmolekularen
Körper zur Reaktion bringt. Man gelangt so z. B. zum Oktadecylbiguanid, Laurylbiguanid usw.

Im *amer. P. 2.149.709*, 1939, erwähnt die I. G. Farbenindustrie
Oktadecylbiguanid, Dodecylbiguanid bzw. Substanzen der allgemeinen Formel

$$H_2N{-}C\begin{cases}NH{-}\underset{\underset{NH}{\|}}{C}{-}N\begin{cases}R_1\\R_2\end{cases}\\NH\end{cases}$$

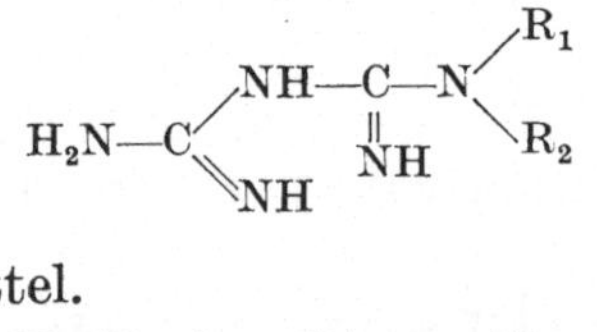

als Weichmachungsmittel.

Ein Gemisch aus alkylierten Biguaniden und hydroxylgruppen-
haltigen Fettsäureestern, also den Sulforizinoleaten, ergibt nach den
Angaben der I.G. Farbenindustrie im *D.R.P. 714.416*, 1941, interessante Weichmacher.

---

[1]) *D.R.P. 705.355* der Böhme-Fettchemie.

Zur gleichen Gruppe gehört auch das *D.R.P. 722.458*, 1942, der I.G. Farbenindustrie, welches als Weichmachungsmittel die komplexen Salze behandelt, die aus Schwermetallsalzen, hochmolekularen Aminen, Guaniden oder Biguaniden entstehen.

Es sei hier auch noch festgehalten, dass nach den Angaben im *D.R.P. 737.543*, 1943, der I. G. Farbenindustrie die Reaktionsprodukte aus hochmolekularen Biguaniden, wie etwa Dodecyl- oder Stearylbiguanid, und aliphatischen Aldehyden (Formaldehyd) oder Produkten, die Formaldehyd abzugeben vermögen, wie Hexamethylentetramin, ausgezeichnete Weichmacher sind, die auch den Farbton nicht verändern.

Die Reaktionsprodukte der höhermolekularen Amine mit Dicyandiamid werden von der I.G. Farbenindustrie im *D.R.P. 737.543*, 1943, als Weichmacher empfohlen. Diese Produkte dienen auch zur Verbesserung der Echtheiten von substantiven Färbungen, wobei sie jedoch in gewissen Fällen den Nachteil aufweisen, dass der Farbton verändert wird.

Des weiteren sei hier noch auf eine Reihe neuerer schweiz. Patente der Firma J. R. Geigy hingewiesen, die sich ebenfalls mit kationaktiven Verbindungen befassen:

So erwähnt das *schweiz. P. 232.285*, 1944, quaternäre Verbindungen des Stearyltriaminotriäthylenbiguanids (siehe diesbez. auch die *schweiz. P. 232.277, 232.278, 232.283, 232.284*).

Im *schweiz. P. 232.822*, 1944, einem Zusatz zum *schweiz. P. 225.155*, findet sich eine Methode zur Methylierung von Stearylcyanguanidin und nachträglichen Umsetzung mit Monoäthanolamin.

In einer weiteren Arbeit, die den Gegenstand der *D.R.P. 735.596* und *746.596*, 1944, bildet, erwähnt Geigy ein Produkt zur Verbesserung der Wasserechtheit von Direktfarbstoffen, das gleichzeitig auch als Weichmachungsmittel für Kunstseide verwendet werden kann. Zur Herstellung dieser Verbindung lässt man Methylphenylbiguanid auf ein Fettsäurechlorid, z. B. Stearinsäurechlorid, einwirken und sulfuriert noch nachträglich.

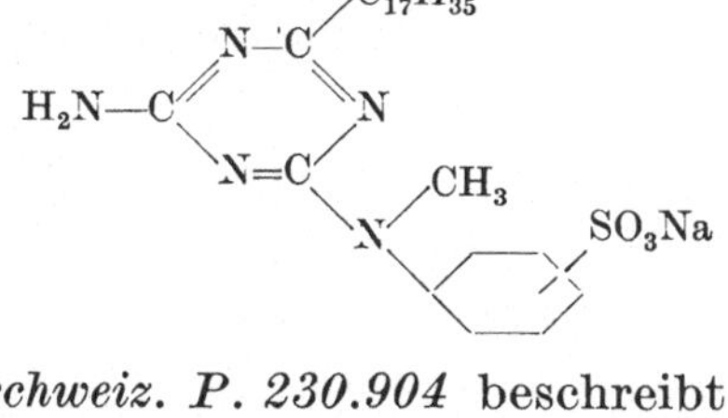

$$\text{H}_2\text{N-C} \underset{\text{N=C}}{\overset{\text{N-C}}{\Big\langle}} \;\overset{\text{C}_{17}\text{H}_{35}}{\underset{\text{CH}_3}{\Big\rangle}} \text{N} \quad \text{SO}_3\text{Na}$$

Als Zusatz zum *schweiz. P. 230.904* beschreibt das *schweiz. P. 233.345*, 1944, die Kondensation von Stearylaminomethylcyanguanidin mit einem Gemisch von Mono- und Diäthanolamin (1 : 2).

Hierauf wird noch erschöpfend methyliert, wobei man dann zu einem vorzüglichen Weichmacher gelangt.

Ferner werden im *schweiz. P. 234.350*, 1945, als Weichmacher wasserlösliche, höhermolekulare Guanamine geschützt, die aus Azylbiguaniden nach den *schweiz. P. 225.155* und *232.822* durch Erhitzen auf eine Temperatur oberhalb von 170⁰ C gewonnen werden. Die so gewonnenen Verbindungen werden dann noch in die quaternäre Ammoniumverbindung übergeführt. Auch Wasch-, Abzieh- und Egalisiermittel auf dieser Basis werden erwähnt.

Nach *schweiz. P. 234.581*, 1945, gelangt man ebenfalls durch erschöpfende Alkylierung von Aralkyl- oder Alkylazylcyanguanidinen zu kationaktiven Körpern.

Nach den Angaben des *schweiz. P. 238.785*, 1945, einem Zusatz zum *schweiz. P. 234.581*, quaterniert man Äthyllaurylcyanguanidin, zu dem man aus Laurylcyanguanidin und Diäthylsulfat gelangt, durch erschöpfende Äthylierung.

Im *schweiz. P. 240.357*, 1946, einem Zusatz zum *schweiz. P. 234.350* (siehe auch *schweiz. P. 240.354*), wird empfohlen, Stearinsäure mit Dicyandiamid und o-Phenetidin zu behandeln und dann mit Dimethylsulfat zu methylieren. Neben ihrer guten, kalkseifendispergierenden Wirkung besitzen die so erhältlichen Verbindungen auch noch einen ausgesprochenen Weichmachungseffekt.

Die Aminooxyde.

Die Aminooxyde mit einer langen Fettkette wurden ebenfalls als oberflächenaktive Körper erkannt. Die sekundären Aminooxyde sind den disubstituierten Hydroxylaminen gleichzusetzen. Sie werden durch Oxydation eines sekundären Amins mit Hilfe von Wasserstoffsuperoxyd erhalten und können in Form ihrer Salze verwendet werden. Geht man z. B. vom Dodecylmethylamin aus, so gelangt man zum entsprechenden Hydroxyd

$$\begin{array}{c} C_{12}H_{25}\!-\!N\!-\!OH \\ | \\ CH_3 \end{array} \qquad \textit{(Franz. P. 786.334 der I.G. Farbenindustrie)}$$

Die Aminooxyde der tertiären Amine werden durch Oxydation tertiärer Amine mit Wasserstoffsuperoxyd oder Hypochloriten erhalten. Das Oxydationsprodukt des Dodecyldimethylamins hat dabei die folgende Formel

$$C_{12}H_{25}\!-\!N{\underset{\diagdown CH_3}{\overset{\diagup CH_3}{\cdots O}}} \quad \text{oder} \quad \left[C_{12}H_{25}\!-\!N{\underset{\diagdown CH_3}{\overset{\diagup CH_3}{\cdots OH}}} \right]^{+} OH^{-}$$

Diese Produkte sind wasserlöslich.[1]

---

[1] *Amer. P. 2.159.967* von Du Pont; *amer. P. 2.220.835* von Röhm und Haas; *schweiz. P. 175.351, 181.444, 182.592, 183.587, 199.451; franz. P. 786.911, 792.822; brit. P. 437.566, 462.881* der Ciba; *D.R.P. 675.411; brit. P. 460.710; amer. P. 2.185.163* der I. G. Farbenindustrie.

Die Aminooxyde dienen gemäss *D.R.P. 664.425* und *amer. P. 2.169.976* der I.G. Farbenindustrie-Günther-Saftien auch unmittelbar als Netz- und Dispergiermittel. Man gelangt im vorliegenden Falle aus hochmolekularen sekundären oder tertiären Aminen zu ihnen, indem man das höhere Amin in alkoholischer Lösung mit der nötigen Vorsicht mit Superoxyden behandelt.

Aus Verbindungen, die mehr als eine Aminogruppe enthalten, wie z. B. dem Diäthylentriamin, gewinnt man nach *D.R.P. 663.808* der I.G. Farbenindustrie–Ulrich-Nüsslein durch Kondensation mit einer Fettsäure und nachfolgende Sulfurierung sulfurierte Karbonsäureamide, die Textilhilfsmittel für die verschiedensten Zwecke ergeben.

Die Aminooxyde ganz allgemein, die durch Oxydation der Amine erhalten werden, haben bis heute in der Praxis noch keine Bedeutung erlangt. Von der Ciba werden sie jedoch in verschiedenen Publikationen, wie z. B. im *schweiz. P. 182.592*, als Schaum- und Netzmittel bezeichnet.

G. Wieseman[1]) berichtet über die Anwendung kationaktiver Hilfsmittel in der Textilveredlung. Der grosse Fortschritt, den die kationaktiven Hilfsmittel gegenüber den früher für das Weichmachen von Zellulosefasern verwendeten Ölen und Talgpräparaten gebracht haben, ist ihre Substantivität, die sie befähigt, vermöge ihrer positiven Ladung aus schwach sauren Lösungen substantiv auf die Faser zu ziehen. Schon Mengen von 0,75—1,5% eines kationaktiven Weichmachers geben auf Azetat- oder Viskosegeweben einen Effekt, der sonst unerreichbar wäre. In diesem speziellen Fall lässt sich das Weichmachen mit einer Behandlung zur Gasechtheitsverbesserung verbinden. Der für die letztgenannte Behandlung verwendete Inhibitor ist zwar anionaktiv und besitzt einen p_H-Wert von 10,5. Tatsächlich tritt eine Fällung ein, aber diese ist so fein dispers, dass keine Störung bei der Anwendung eintritt. Im allgemeinen aber werden die kationaktiven Hilfsmittel allein verwendet und zwar entweder nach dem Färben oder am Appreturfoulard; im letzteren Falle benützt man 1—4%ige Lösungen und Temperaturen zwischen Zimmertemperatur und 45° C, je nach der vorliegenden Färbung. Gegen die bekannten Weichmacher vom quaternären Typus besteht ein gewisses Vorurteil, weil sie den Nachteil haben, die Lichtechtheit der Färbungen herabzusetzen. Neuerdings erschienen auf dem Markt neuartige Weichmacher, die dem tertiären Typus angehören und die Nuancen und Echtheiten wenig beeinflussen und auch kein Vergilben der Ware hervorrufen. Ausserdem geben sie der Ware einen vollen Griff. Für die Griffverbesserung schrumpffest ausgerüsteter Wolle (Harriset-, Schollerize- und Kroy-Verfahren)

---

[1]) Can. Text. Journ. 1949, *66*, S. 43.

sind sie unerreicht. Man behandelt ein Garn während 10 Minuten kalt mit 0,5 bis 1,5% des Weichmachers. Diese Behandlungsdauer genügt für ein vollständiges Ausziehen, weil die Affinität der chlorierten Garne für den Weichmacher grösser ist. Gewöhnliche Wollgarne werden mit 1,5–2% während 20 Minuten bei 40—55°C behandelt. Bei Geweben, die gerauht werden sollen, werden die Rauheigenschaften durch eine Behandlung mit einer 1—2%igen Lösung stark verbessert. Während die quaternären Weichmacher auf Nylonstapelgarn, versagten, haben sich die tertiären Produkte sehr gut bewährt. Der Verfasser gibt hierauf eine Vorschrift zur Wertbestimmung eines tertiären Weichmachers (Sapamin WL). Man titriert eine 0,2%ige Lösung desselben mit einer 1%igen Lösung von Neolanrosa G. 5 cm³ der Farbstofflösung sollen 15 cm³ der Weichmacherlösung verbrauchen. Der Endpunkt der Titration wird durch Tüpfeln auf Filterpapier erkannt. Quaternäre Weichmacher sind waschbeständiger, halten aber auch mehr Chlor zurück als die tertiären Produkte. Die letztere Eigenschaft lässt sich leicht mit Jodkali + Stärke kontrollieren. Die Menge des auf die Faser aufgezogenen Weichmachers kann sehr gut durch eine 5 Minuten dauernde Behandlung bei 50° C mit 0,5 Tuchechtbrillantblau R und 3% Essigsäure, Flotte 1:30, durch verschieden starke Anfärbung bestimmt werden.

III. Nichtionogene oberflächenaktive Körper[1]).

Die Kondensationsprodukte des Äthylenoxyds.

Die nichtionogenen synthetischen Waschmittel bilden eine Gruppe von Erzeugnissen, die den Gegenstand zahlreicher Untersuchungen der letzten 15 Jahre waren. Die grössten Verdienste an diesen bemerkenswerten Arbeiten kommen hauptsächlich den Chemikern der I.G. Farbenindustrie zu, indem es ihnen gelang, Verbindungen herzustellen, die den kolloidalen Charakter der Seife oder ganz allgemein der ionenaktiven (anionaktiven oder kationaktiven) Verbindungen besitzen, anderseits aber nicht Salze zu bilden vermögen.

Die Oberflächenaktivität dieser Körper ergibt sich aus ihrer Molekularstruktur, indem sie eine mehr oder weniger grosse Anhäufung hydrophiler Gruppen im hydrophoben Molekülgerüst aufweisen.

Die auf diese Weise erhaltenen Verbindungen zeichnen sich durch eine weitaus grössere Beständigkeit gegenüber Schwermetallsalzen und Erdalkalisalzen aus, als man sie bei den anionaktiven oder kationaktiven Produkten findet.

Aber auch ihre emulgierenden und weichmachenden Eigenschaften sind bedeutend besser.

[1]) J.-P. Sisley, Die nichtionogenen Verbindungen und ihre Anwendung in der Textilindustrie, Teintex 1949, *14*, S. 53.

Die am besten bekannten, nichtionogenen grenzflächenaktiven Körper sind jene, die man erhält, wenn man eine hydroxylhaltige hydrophobe Verbindung (z. B. Phenol oder Alkohol) mit mehreren Molekülen Äthylenoxyd zur Reaktion bringt.

Das Äthylenoxyd lagert sich bei nur schwach erhöhter Temperatur in Gegenwart eines alkalischen Katalysators an die Hydroxylgruppe an

$$R\text{—}OH + \underset{O}{\overset{CH_2\text{—}CH_2}{\diagdown\diagup}} \longrightarrow R\text{—}O\text{—}C_2H_4\text{—}OH$$

Die löslichmachende Eigenschaft der Äthylenoxydmoleküle beruht darauf, dass die Äthersauerstoffbrücken Wassermoleküle zu binden vermögen ohne dass eine Ionisation eintritt.

Die Anzahl der Äthylenoxydmoleküle, die nötig ist, um ein wasserlösliches Produkt zu erhalten, ist vom Molekulargewicht und der Struktur des hydrophoben Rests des Moleküls abhängig.

Geht man von Oleylalkohol aus und lagert eine zunehmende Anzahl von Äthylenoxydmolekülen an, so gelangt man mit 6 bis 8 Molekülen Äthylenoxyd zu einem wasserlöslichen Produkt. Die erhaltenen Produkte sind Wollwaschmittel und Emulgatoren für Mineralöle.

Mit 10 bis 15 Molen Äthylenoxyd auf ein Mol Oleylalkohol erhält man Waschmittel für Baumwolle und Kunstseide, und die Produkte mit 20 bis 30 Molen Äthylenoxyd sind ausgezeichnete Emulgatoren[1]).

---

[1]) G. Rohrdorf, Äthylenoxyd-Addukte in der Faserveredlung, Dtsch. Textilgewerbe 1951, *53*, S. 585.

Die Zahl der eingelagerten Moleküle kann 1—40 betragen. Niedrige Oxalkylierung gibt gute Emulgatoren für Mineralöle, z. B. Emulphor A öllöslich der I.G. Farbenindustrie, Emulsogen A der Anorgana. Mit 6 Mol Äthylenoxyd erhält man gute Wollwaschmittel wie Igepal W der I.G. Farbenindustrie oder Lavagent WS der Anorgana (Isododecylphenol + 6 Mol Äthylenoxyd), welches die höchste chemische Resistenz, eine absolute Hartwasserbeständigkeit und geringes Schaumvermögen mit ausreichender Netzkraft, höchstem Fettlösevermögen, sehr guter Emulgierkraft und fehlender Affinität zum Fasermaterial verbindet. Das Produkt ist flüssig und kann 100%ig hergestellt werden.

Höheroxalkylierte Produkte sind Emulphor A und O der I.G. Farbenindustrie und Emulsogen A, O, SG, OT und P der Anorgana.

Mit 7 bis 10 Mol Äthylenoxyd im Molekül gelangt man wieder zu Waschmitteln wie Lavagent C, CF und NA der Anorgana. Ferner sind auch verschiedene Alkylphenolderivate des Äthylenoxyds hier zu nennen, wie Igepal B (Diisohexylheptylphenol + 5 Mol Äthylenoxyd), Igepal C (Dodecylphenol + 12 Mol Äthylenoxyd) und Igepal NA (Diisohexylisoheptylphenol + 5 Mol Äthylenoxyd) der I.G. Farbenindustrie.

Werden mehr als 10 Mol Äthylenoxyd mit Fettalkoholen kondensiert, so erhält man wertvolle Emulgatoren und Färbereihilfsmittel. In diese Gruppe gehören Peregal O der I.G. Farbenindustrie sowie Eganal O und ON der Anorgana; Diazopon A der I.G. Farbenindustrie oder Dispersogen AS der Anorgana für die Küpen-. und Naphtolfärberei; Emulphor CL der I.G. Farbenindustrie oder Emulsogen EL der Anorgana aus Rizinusöl als Spezialemulgatoren für Olein. Noch höher oxalkylierte Produkte sind Dismulgatoren und vermögen wasserhaltige Rohöle in die beiden Phasen zu trennen.

Die Einlagerung von Äthylenoxyd kann bei Fettsäuren, Fettalkoholen, Phenolen, Alkylphenolen, Naphtolen usw. vorgenommen werden.

Die nichtionogenen Körper dieser Klasse können nach den folgenden Verfahren erhalten werden:

A. durch Kondensation von Fettkörpern oder deren Derivaten mit Äthylenoxyd, wobei man unterscheidet zwischen

1. Derivaten der Fettsäuren mit Äthylenoxyd: die Emulgiermittel:

$$Fettsäurepolyglykolester \quad R-C\overset{O}{\underset{O(CH_2-CH_2-O)_x-CH_2-CH_2OH}{<}}$$

Emulphor A, AG, Cemulsol A (Olivenöl + Äthylenoxyd),
Emulphor EL, Cemulsol B (Rizinusöl + 40 Mol Äthylenoxyd)

2. Derivaten der Fettalkohole mit Äthylenoxyd: die Emulgier-, Dispergier- und Egalisiermittel:

Alkylpolyglykoläther

$$R-CH_2O(CH_2-CH_2O)_x-CH_2-CH_2OH$$
$$R = Alkylrest \quad X = 10-40$$

Emulphor O (Oleylalkohol + 20 Mol Äthylenoxyd),
Leonil OX und O, Nekanil O (B.A.S.F.)
Emulphor OL (Abietinol + 40 Mol Äthylenoxyd),
Peregal O . . . . . .
Unigal TU . . . . . .
Palatinechtsalz O . .   }   sind wässerige Lösungen von Emulphor O
Sel Inochrome O . . .
Diazopon A und AN .

3. Derivaten von Fettsäureamiden mit Äthylenoxyd: die Emulgiermittel:

Fettsäureamidpolyglykoläther

$$R-C\overset{O}{\underset{NH(CH_2-CH_2-O)_xCH_2-CH_2OH}{<}}$$

und Alkylaminpolyglykoläther

$$R-N\overset{H}{\underset{(CH_2-CH_2O)_x-CH_2-CH_2OH)}{<}}$$

Emulphor FM öllöslich (Fettsäureoxyäthylamid + Äthylenoxyd)
Peregal OK (Oleylamid + 6 Mol Äthylenoxyd)
Katepol K

B. durch Kondensation von Oxyalkylarylverbindungen mit Äthylenoxyd. Hier unterscheidet man wiederum zwischen

1. Derivaten von Alkylphenolen mit Äthylenoxyd. Alkylphenylpolyglykoläther.

Vor allem zu dieser Gruppe gehören die interessantesten Waschmittel. Ihr Dispergiervermögen hängt von der Anzahl der Äthylenoxydmoleküle ab, welche die aliphatische Kette bilden. Sie wurden von der I.G. Farbenindustrie unter dem Namen Igepal in den Handel gebracht,

Igepal C konz. u. CTA[1]) (Dodecylphenol + 12 Mol Äthylenoxyd)
Igepal F . . . . (Isooktylphenol + 9 Mol Äthylenoxyd)
Igepal W . . . . (Isododecylphenol + 6 Mol Äthylenoxyd)
Igepal B . . . . (Diisohexylheptylphenol + 5 Mol Äthylenoxyd)
Emulphor STS[2]) . . . (Dodecylphenol + 7,5 − 8 Mol Äthylenoxyd)
Emulphor A extra . . (Diisoheptylhexylphenol + 6,5 Mol Äthylenoxyd)
Emulphor ELN . . . (Diisoheptylphenol + 20 Mol Äthylenoxyd)
Emulphor MW . . . . (Diisoheptylhexylphenol + 8 Mol Äthylenoxyd)
Alipal CL . . . . . . (sulfatiertes Kondensationsprodukt von Alkylphenol + 3 Mol Äthylenoxyd)
Alipal D . . . . (sulfatiertes Kondensationsprodukt von Diisohexylheptylphenol + 4 Mol Äthylenoxyd)
Dismulgan III . . . . (Dodecylphenol + 30 Mol Äthylenoxyd)

Weiterhin gehören in diese Gruppe:

Leonil WS
Lissapol N der Imp. Chem. Ind.
Triton NE, 720 und 770 von Röhm und Haas (Polyoxyäthylenäther eines Alkylphenols)

2. **Derivaten von Alkylnaphtolen mit Äthylenoxyd,** Alkylnaphtylpolyglykoläther, im Handel unter den Bezeichnungen:

Emulphor FFO u. Leonil FFO (Hexylheptyl-β-naphtol + 9 Mol Äthylenoxyd)
Lupon der BASF (Hexylheptyl-β-naphtol + 8 Mol Äthylenoxyd)

III. A. Derivate, die durch Kondensation von Fettkörpern oder deren Derivaten (Fettsäuren, Fettalkoholen, Estern, Amiden) mit Äthylenoxyd erhalten werden.

Die einfachsten Verbindungen dieser Reihe sind die linearen Polyäthylenglykolester der Fettsäuren (Fettsäurepolyglykolester). Allgemeine Formel:

$$R-C\overset{\displaystyle O}{\underset{\displaystyle O(CH_2-CH_2-O)_nCH_2-CH_2-OH}{}}$$

Die Herstellung dieser Derivate erfolgt durch Einwirkung von Fettsäuren auf Äthylenoxyd unter Druck nach derselben Methode wie für die Polyoxyäthylenester. Für diese Reaktion kann auch Propylenoxyd oder eine Mischung beider Oxyde verwendet werden[3]).

---

[1]) Jetzt Hostapal-Marken der Farbwerke Höchst.
[2]) Jetzt Emulgator STS der Farbwerke Höchst.
[3]) *Amer. P. 2.174.760* der I.G. Farbenindustrie.

Man erhält auch diese Körper durch Veresterung von Polyäthylenglykolen mit einer Fettsäure. Die Polyäthylenglykole von bekanntem Molekulargewicht werden von der Carb. Carb. Chem. Corp. hergestellt und vertrieben[1]).

Polyäthylenglykole werden nach den üblichen Methoden mit Fettsäuren verestert. Neben dem erwünschten monoazylierten Produkt bildet sich dabei auch etwas der diazylierten Verbindung. Bei der Reaktion zwischen Äthylenoxyd und Fettsäuren wird hingegen nur das monoazylierte Polyäthylenglykol erhalten.

Die Handelsbezeichnungen der Polyäthylenglykolester sind dabei:

Emulphor A, AG   I.G. Farbenindustrie (Cemulsol A der S.P.C.S. Bezons)
Emulphor EL .   I.G. Farbenindustrie (Cemulsol B der S.P.C.S. Bezons)
Neutronyx . . .   Onyx Oil and Chem. Co.
Glycaid . . . .   Glyco Prod. Co.

In dem von der I.G. Farbenindustrie stammenden *D.R.P. 686.311* vom 27. April 1933 wird die Verwendung von Gemischen aus wasserlöslichen Kondensationsprodukten, die durch Einwirkung von Äthylenoxyd oder Polyglykoläthern auf organische Verbindungen, die eine oder mehrere Oxy-, Karboxyl- oder Aminogruppen im Molekül besitzen, erhalten werden, und von höher molekularen aliphatischen Alkoholen, Karbonsäuren, Aminen oder deren in Wasser nicht oder nur schwer löslichen Derivaten empfohlen. Unter Umständen können auch noch die üblichen Wasch-, Netz- oder Weichmachungsmittel der Textil-, Leder- und Papierindustrie zugegeben werden.

Ein neues Verfahren zur Erzielung eines seidigen und geschmeidigen Griffs bildet den Gegenstand des *amer. P. 2.410.382* (eingereicht am 12. September 1942, veröff. am 19. Oktober 1946) der Onyx[2]). Zu diesem Zwecke verwendet man gewisse höhere Fettsäureester, die in Form ihrer Emulsionen angewendet werden und gleichzeitig noch Schutzkolloide und Desinfektionsmittel usw. enthalten können. Die Patentschrift nennt z. B. folgende Zusammensetzung: Äthylenglykolmonolaurat, Gelatine, diisopropylnaphtalinsulfosaures Natrium (Nekal), Natriumpentachlorphenolat als Desinfektionsmittel und 77 % Wasser.

Im *amer. P. 2.069.303* erwähnt die Celanese, dass ein seidiger Griff erhalten werden kann, wenn man das Gewebe mit Estern aus höheren Fettsäuren mit niedermolekularen Alkoholen, z. B. Stearinsäuremethylester, imprägniert.

Mehrere Patente beschreiben Produkte, in denen Oxyester oder Oxyamide einer Fettsäure mit Äthylenoxyd behandelt werden, um einen löslichen Polyäthylenester zu erhalten.

---

[1]) *Amer. P. 2.275.494* von Harry Bennett.
[2]) Amer. Dyest. Rep. 1947, S. 396; Teintex 1949, Dezember.

Harnstoff oder Dimethylolharnstoff z. B. können nach dem *brit. P. 432.356* der Imp. Chem. Ind.[1]) mit 20 bis 30 Molen Äthylenoxyd kondensiert werden. Das Reaktionsprodukt wird darauf mit Stearinsäure azyliert.

Eine der am weitesten verbreiteten wasserlöslichen, grenzflächenaktiven, nichtionogenen Verbindungen ist das T w e e n der Atlas Powder Co. Es sind dies Fettsäureester mit Anhydrosorbitolen, die man durch Veresterung mit Äthylenoxyd wasserlöslich macht.

Die drei Anhydrosorbitole entsprechen den Formeln:

$$
\begin{array}{ccc}
\text{1,5-Anhydrosorbitol} & \text{1,4-Anhydrosorbitol} & \text{1,4,3,6-Dianhydrosorbitol}
\end{array}
$$

Das Handelsprodukt stellt ein Gemisch dieser drei Komponenten dar, von denen jede mindestens 2 Hydroxylgruppen enthält. Eine Hydroxylgruppe wird für die Veresterung mit der Fettsäure verwendet, während die andern für die Verätherung mit Äthylenoxyd zur Verfügung stehen.

Die nichtverätherten Anhydrosorbitole sind im Handel unter dem Namen S p a n bekannt.

Die T w e e n - Marken[2]) sind Emulgatoren, Netz- und Lösungsmittel (Peptisiermittel).

T w e e n (Atlas Powder Co.) ist der Sammelname für Kondensationsprodukte aus Sorbitolverbindungen (siehe unter S p a n) mit Äthylenoxyd. Ein typischer Vertreter ist

$$
\begin{array}{l}
\text{H}(\text{O—CH}_2\text{—CH}_2)_n\text{—O} \quad \text{OH} \qquad \text{O—(CH}_2\text{—CH}_2\text{—O)}_n\text{H} \\
\quad \text{CH}_2\text{—CH—CH—CH—CH—CH}_2\text{—O—OC—R} \\
\quad \underline{\qquad\text{O}\qquad}
\end{array}
$$

Einzelne Marken sind Tween 20, 21, 40, 60, 61, 65, 80, 81 und 85. Sie dienen hauptsächlich als Emulgatoren.

S p a n (Atlas Powder Co.) ist die Sammelbezeichnung für eine Anzahl verschiedener Fettsäureester des Anhydrosorbitols. Zur Erklärung der Konstitution diene folgendes: S o r b i t o l ist die Verbindung

$$
\underset{1}{\text{CH}_2(\text{OH})}\text{—}\underset{2}{\text{CH(OH)}}\text{—}\underset{3}{\text{CH(OH)}}\text{—}\underset{4}{\text{CH(OH)}}\text{—}\underset{5}{\text{CH(OH)}}\text{—}\underset{6}{\text{CH}_2(\text{OH})}
$$

---

[1]) Siehe auch *franz. P. 768.732* und *Zus. P. 46.129* der Imp. Chem. Ind.

[2]) *Amer. P. 1.959.930; D.R.P. 544.921, 628.715* der I.G. Farbenindustrie; *amer. P. 2.322.820, 2.322.821, 2.380.166* der Atlas Powder Co.

Die Anhydrosorbitole können folgende Formeln aufweisen:

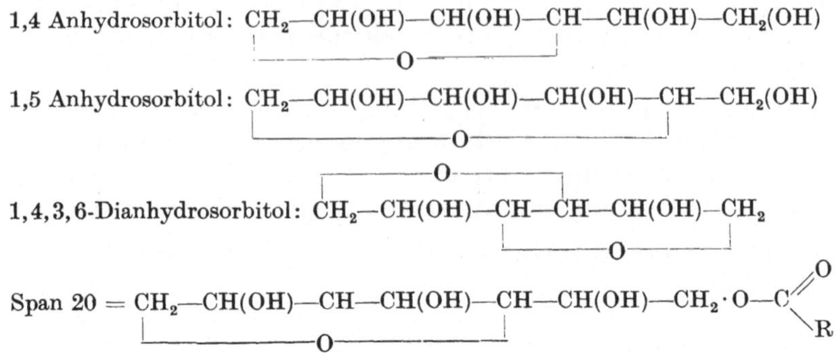

1,4 Anhydrosorbitol: CH_2—$CH(OH)$—$CH(OH)$—CH—$CH(OH)$—$CH_2(OH)$

1,5 Anhydrosorbitol: CH_2—$CH(OH)$—$CH(OH)$—$CH(OH)$—CH—$CH_2(OH)$

1,4,3,6-Dianhydrosorbitol: CH_2—$CH(OH)$—CH—CH—$CH(OH)$—CH_2

Span 20 $=$ CH_2—$CH(OH)$—CH—$CH(OH)$—CH—$CH(OH)$—$CH_2 \cdot O$—$C\begin{smallmatrix} O \\ R \end{smallmatrix}$

$R =$ Laurinsäurerest

An Stelle der Laurinsäure kann die Verbindung Palmitin-, Stearin- oder Ölsäure enthalten. Die Produkte sind ölig bis wachsartig. Sie sind in Wasser unlöslich, wenig löslich in organischen Lösungsmitteln. Durch Kondensation mit Äthylenoxyd erhält man Produkte der Tween-Reihe, die als Emulgatoren von Bedeutung sind.

Ein nichtionogenes oberflächenaktives Mittel entspricht einem Phosphorsäureester. Diese Verbindung wird von Victor Chem. Works unter dem Namen Victawet 12 hergestellt und vertrieben. Es stellt einen Phosphorsäureester dar, bei welchem ein Wasserstoffatom durch ein Polyäthylenglykol ersetzt ist und die beiden restlichen Wasserstoffatome mit einem hydrophoben Alkohol mittleren Molekulargewichts verestert wurden.

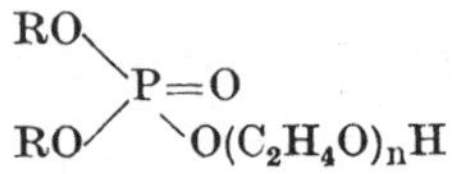

$$RO{\diagdown}\!\!\!\underset{RO{\diagup}}{}\!\!\!P{=}O,\quad O(C_2H_4O)_nH$$

Nach dem *brit. P. 480.117* der I. G. Farbenindustrie geht man von höheren Kohlenwasserstoffgemischen, die man aus Paraffin, Naphta und dgl. gewinnt, aus. Hierauf wird mit Äthylenoxyd alkyliert, wobei man zu Verbindungen des Emulphortypus gelangt.

Die entstandenen Polyglykoläther enthalten aber auch noch nicht umgesetzte Verbindungen. Man behandelt daher mit einem wasserunlöslichen Lösungsmittel (z. B. Benzin), wobei diese Verbindungen in Lösung gehen. Hierauf setzt man Pyridin oder Alkohol und schliesslich noch Wasser zu.

Die wässerige Schicht, die nun den Emulgator enthält, lässt sich dann leicht von der oberen Lösungsmittelschicht (Benzinschicht) abtrennen; durch Konzentrieren der wässerigen Lösung gelangt man zum Emulgator.

Ähnliche, jedoch schwefelhaltige Verbindungen beschreibt das *D.R.P. 665.371* der I.G. Farbenindustrie–Schütte-Schöller-Wittwer.

Aus dem Dodecylmerkaptan und Äthylenoxyd erhält man nach dem Verfahren dieses Patents einen Körper, dem sehr wahrscheinlich die folgende Konstitutionsformel zukommt:

$$C_{12}H_{25}—S—CH_2—CH_2—(O—C_2H_4)_4—OH$$

Diese Verbindung wird von der Erfinderfirma als Emulgator vorgeschlagen.

Im Jahre 1946 brachte die Firma Sandoz in Basel ein Produkt unter dem Namen Sandopan KDF auf den Markt, welches in chemischer Hinsicht dem Igepal M der I.G. Farbenindustrie entspricht, also ein Kondensationsprodukt von Fettsäuren mit Polyoxyäthylenamid darstellt.

Andere Reinigungsmittel, die ebenfalls als nichtionogene oberflächenaktive Produkte bezeichnet werden dürfen, sind die Produkte, die als Ninole[1]) bekannt sind. Sie werden in den *amer. P. 2.089.212, 2.094.608* und *2.094.609* von J.W.C. – Kritchevsky sowie im *amer. P. 2.404.297* der Alrose Chem. Co. beschrieben.

Diese Produkte befinden sich unter verschiedenen Bezeichnungen auf dem Markt, und zwar:

Dianol G	Quaker Chem. Co.
Alrosol	Alrose Chem. Co.
N—100	E. F. Houghton and Co.
Detergent 1000	E. C. Drew Co.

Man erhält sie durch Erhitzen eines Mols einer höhermolekularen Fettsäure mit 2 Molen Diäthanolamin auf 150° bis 170° C. Man verwendet dabei hauptsächlich die Fettsäuren des Kokosnussöls. Man muss darnach trachten, das Wasser direkt im Moment seiner Entstehung zu entfernen. Auch die Säurezahl nimmt ab, was auf die Bildung des Amins nach folgender Reaktionsgleichung hinweist:

$$R—C\underset{OH}{\overset{O}{<}} + HN\underset{CH_2—CH_2OH}{\overset{CH_2—CH_2OH}{<}} \longrightarrow R—C\underset{N}{\overset{O}{<}}\underset{CH_2—CH_2OH}{CH_2—CH_2OH} + H_2O$$

Man unterbricht die Reaktion, sobald die ausgeschiedene Wassermenge den theoretisch errechneten Wert erreicht und wenn die Menge der freien Fettsäuren unterhalb 5% gesunken ist.

Das so erhältliche Produkt ist flüssig und sehr viskos, von gelblich brauner Farbe, wasserlöslich, und die Lösung besitzt einen p_H-Wert von 9. Es ist ein Netz- und Waschmittel. Das Diäthanolamin kann sehr gut auch durch ein anderes Amin ersetzt werden, wie z. B. Trimethylolaminomethan

$$H_2N—\overset{\overset{\textstyle CH_2OH}{|}}{\underset{\underset{\textstyle CH_2OH}{|}}{C}}—CH_2OH$$

---

[1]) Siehe S. 422.

oder bis-(Dioxypropyl)-amin (Diglyzerylamin)

$$HN \begin{cases} CH_2-CHOH-CH_2OH \\ CH_2-CHOH-CH_2OH \end{cases}$$

Lässt man Verbindungen vom Typus des Ninols mit Körpern wie Thionylchlorid, Chlorazetylchlorid oder Chloressigsäure reagieren, so gelangt man zu interessanten Reinigungsmitteln, die auch in saurer Lösung beständig sind[1]).

Als Weichmacher für Garne und Gewebe empfehlen Ninol Inc. im *amer. P. 2.213.673*, 1940, Kondensationsprodukte von Diäthanolamin und Stearinsäure, welche mit Dimethylsulfat nachbehandelt wurden. Es werden dabei Lösungen von einer Konzentration zwischen 0,003 und 0,01% verwendet und bei einer Temperatur zwischen 50 und 80° C gearbeitet.

III. B. Kondensationsprodukte von Oxyalkylarylverbindungen mit Äthylenoxyd.

Wie schon oben angegeben, unterscheidet man zwischen

1. Derivaten von Alkylphenolen mit Äthylenoxyd (Igepale),
2. Derivaten von Alkylnaphtolen mit Äthylenoxyd.

Ergänzende Einzelheiten über die Igepale findet man in den Auszügen des British Intelligence Objectives Subcommittee (B.I.O.S. Nr. 148) und Richardson, PB 6684, Office of Techn. Services, Dept. of Commerce, Washington[2]).

Hieraus geht hervor, dass die Igepale Kondensationsprodukte von alkylierten Phenolen mit Äthylenoxyd sind. Diese Moleküle können entweder eine lange Kette von 12 bis 14 Kohlenstoffatomen oder zwei kürzere Ketten mit 6 bis 7 Kohlenstoffatomen besitzen.

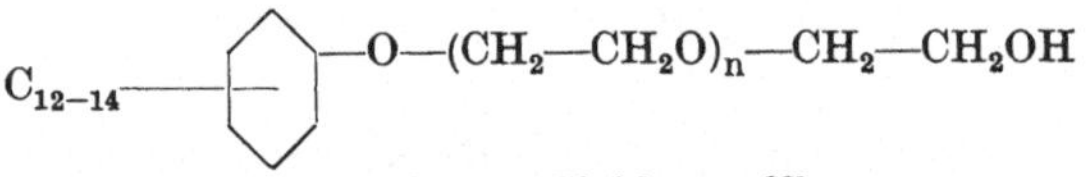

$$C_{12-14}\!-\!\!\langle\bigcirc\rangle\!-\!O-(CH_2-CH_2O)_n-CH_2-CH_2OH$$

Igepal mit langer Kohlenstoffkette

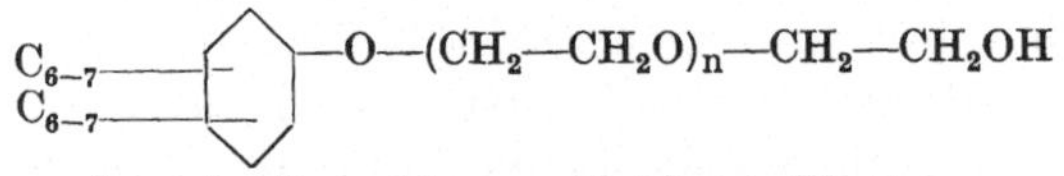

$$\begin{matrix} C_{6-7}\!- \\ C_{6-7}\!- \end{matrix}\!\!\langle\bigcirc\rangle\!-\!O-(CH_2-CH_2O)_n-CH_2-CH_2OH$$

Igepal mit zwei kurzen Kohlenstoffketten

n variiert mit der Natur der alkylierten Kette.

---

[1]) *Amer. P. 2.192.664, 2.325.062* der Ninol Inc.-Kritchewsky.

[2]) *Franz. P. 713.426, 713.427, 727.202, 752.831, 770.804; D.R.P. 548.201, 605.973, 634.037, 670.419, 680.245; brit. P. 346.550, 367.420, 380.431, 409.336, 443.559, 443.631; amer. P. 1.970.578, 2.085.706, 2.213.417, 2.213.477.*

Amer. P. 2.214.352 der Gen. Anil. and Film. Corp.

Nüsslein, Mell. 1937, *18*, S. 248; Krüger, Klepzig's Text. Zeit. 1938, *41*, S. 558.

Für Igepale, die als Dispergiermittel für Baumwolle in Frage kommen, liegt n zwischen 8 und 11. Igepale mit n > 11 eignen sich ganz speziell zum Waschen der Wolle.

Die Ausgangsprodukte für die Herstellung der Igepale sind Olefine, die in den Fabriken von Leuna in Ludwigshafen hergestellt wurden.

Die I.G. Farbenindustrie stellte ebenfalls ein Sulfat eines Igepals her, welches mit Höchst 153/DO/SR bezeichnet wurde. Dieser Verbindung kommt die folgende Formel zu:

$$CH_3 - \langle \rangle - O - (CH_2 - CH_2O)_5 - CH_2 - CH_2 - OSO_3Na$$
$$C_{12-14}$$

Dieses Sulfat wird den andern Igepalmarken zugesetzt, um deren Löslichkeit zu verbessern. Ein solches Mischprodukt besteht z. B. aus Igepal B + Sulfat eines Igepals obiger Formel.

Igepal C 35% = Gemisch aus 30% Igepal C 100%ig mit 12 Mol Äthylenoxyd
                              5% Igepalsulfat 100%ig, Höchst 153/DO/SR mit 6 Mol Äthylenoxyd
                             65% Wasser
                            ─────
                            100%

Igepal W 35% = Gemisch aus 30% Igepal W 100%ig mit 6 Mol Äthylenoxyd
                              5% Igepalsulfat 100%ig
                             65% Wasser
                            ─────
                            100%

Als Beispiele für isozyklische Hydroxylverbindungen im Sinne obiger Ausführungen kann man das n-Butylphenol, das Diisobutylphenol, das Dodecylphenol usw. nennen. Diese Verbindungen entstehen, wenn man Olefine mit Phenolen zur Reaktion bringt. Die Olefine werden synthetisch durch Reduktion von Kohlenmonoxyd in Gegenwart bestimmter Katalysatoren oder durch Polymerisation von niedermolekularen Homologen der Olefinreihe dargestellt, die man ihrerseits aus primären Alkoholen mit 4 bis 6 Kohlenstoffatomen im Molekül bei der katalytischen Reduktion des Kohlenmonoxyds gewinnt.

So schmilzt man beispielsweise 206 Teile p-Isooktylphenol (erhalten durch Kondensation von Phenol mit Diisobutylen) und setzt 2 Teile einer 40%igen Natronlauge zu. Darauf führt man unter heftigem Schütteln und Rühren bei 120 bis 130° C Äthylenoxyd ein, bis 10 Mol Äthylenoxyd sich eingelagert haben, und zwar auf ein Mol p-Isooktylphenol gerechnet. Man gelangt also zu einem Gesamtgewicht von 644 Teilen. Das so erhältliche Produkt ist in kaltem Wasser unter Bildung einer klaren und stark schäumenden Lösung löslich und stellt ein gutes Netzmittel für Baumwolle dar.

Je nach der Kettenlänge der Polyglykole, die durch die Äthylen-oxydeinlagerung eingeführt wurden, gelangt man zu Produkten unterschiedlicher Löslichkeit. Mit 6 Molen Äthylenoxyd erzielt man ein in kaltem Wasser lösliches Öl, dessen wässerige Lösung sich beim Erwärmen trübt. Diese Verbindung findet Verwendung als Woll-waschmittel.

Die I.G. Farbenindustrie brachte die Igepale als Wasch- und Dispergiermittel auf den Markt. Sie sind sehr härtebeständig und vermögen die Kalkseifenbildung zu verhindern. Diesbezügliche Arbeiten wurden von Nüsslein[1]) und Reumuth[2]) veröffentlicht.

Die Emulgiermittel dieser Klasse wurden auch vielfach als Weich-macher empfohlen[3]).

Im *D.R.P. 693.028* vom 24. November 1935 liess sich die I.G. Farbenindustrie ein Waschmittel schützen, welches aus einer Mi-schung von Polyglykoläthern, aromatischen Oxyverbindungen, die im Kern durch einen höhern aliphatischen Kohlenwasserstoffrest substituiert sind, wasserlöslichen Salzen oberflächenaktiver Sulfo- oder Karbonsäuren oder Schwefelsäureestern und gegebenenfalls anderer üblicher Waschmittelzusätze besteht. Als Polyglykoläther kommen in erster Linie die Umsetzungsprodukte von alkylsubsti-tuierten Phenolen mit Äthylenoxyd und seinen Homologen in Betracht.

Zur Herstellung von Dispergiermitteln werden nach dem Ver-fahren des *schweiz. P. 193.077* von Henkel & Co. Gemische von Alkyl-kresolen zuerst hydriert und anschliessend mit Äthylenoxyd alkyliert, wobei sie sich in eine wasserlösliche Form überführen lassen.

Nach *brit. P. 594.475* und *594.479* von Röhm und Haas (Silk and Rayon 1948, *22*, S. 546) können Polymerisatwaschmittel er-halten werden, wenn man alkylierte Phenole vorerst mit Formaldehyd vorkondensiert und dann mit Äthylenoxyd zur Reaktion bringt. Die endständige Hydroxylgruppe kann dabei verestert bzw. durch eine Sulfo- oder Karboxylgruppe ersetzt werden.

Oxyäthylierter Monostearyltriäthanolaminester kommt als Weich-macher unter dem Namen Soromin AF in den Handel und wird in den *franz. P. 748.091* und *809.360* von der I.G. Farbenindustrie be-schrieben[4]). Das Produkt wird durch Kondensation von Äthylenoxyd mit dem Monostearylester des Triäthanolamins erhalten.

---

[1]) Nüsslein, Mell. 1937, *18*, S. 248, und Mell. franz. Ausg. 1937, S. 65.

[2]) Reumuth, Klepzig's Text. Zeit. 1941, *44*, S. 260.

[3]) W. Scheer, Mell. 1941, *22*, S. 632; H. C. Borghetty, Amer. Dyest. Rep. 1948, *37*, S. 112.

[4]) Siehe auch *D.R.P. 710.228; brit. P. 404.931; amer. P. 2.133.480, 2.164.431.*

$$N \Big\langle \begin{matrix} CH_2-CH_2OH \\ CH_2-CH_2OH \\ CH_2-CH_2OH \end{matrix} + HOOC-C_{17}H_{35} \longrightarrow N \Big\langle \begin{matrix} CH_2-CH_2-OH \\ CH_2-CH_2-OH \\ CH_2-CH_2-OOC-C_{17}H_{35} \end{matrix}$$

$$\xrightarrow{\text{Äthylenoxyd}} N \Big\langle \begin{matrix} CH_2-CH_2-OOC-C_{17}H_{35} \\ CH_2-CH_2-O(CH_2-CH_2O)_x-CH_2-CH_2OH \\ CH_2-CH_2-O(CH_2-CH_2O)_x-CH_2-CH_2OH \end{matrix}$$

Das Produkt ist ionenfrei (siehe Soromin A u. DB, S. 422).

Die nichtionogenen, öllöslichen Verbindungen.

Es sind dies Verbindungen mit einem sehr geringen Gehalt an hydrophilen Gruppen, d. h. Gruppen, die einen Körper wasserlöslich zu machen vermögen. Immerhin genügt der Gehalt an solchen Gruppen, um diesen Verbindungen einen polaren Charakter zu verleihen. Diese Produkte sind im allgemeinen in chlorierten Lösungsmitteln, organischen Lösungsmitteln und in gewissen Fällen auch in Mineralölen löslich. Es sind kräftige Emulgatoren, die Wasser-in-Öl-Emulsionen zu bilden vermögen, wenn man sie in der Ölphase gelöst in Wasser gibt.

Die einfachsten dieser Verbindungen sind die Fettalkohole selbst. Die Sterine im besonderen bilden leicht Wasser-in-Öl-Emulsionen, aber man verwendet sie nur recht selten allein, sondern viel häufiger zusammen mit andern derartigen Körpern.

Die am häufigsten verwendeten nichtionogenen Emulgatoren sind die Ester oder Äther der Fettalkohole, wie z. B. das Glyzerinmonostearat, welches durch Erhitzen von Glyzerin mit dem Tristearat erhalten wird[1].

Die Äthylenglykolester (Di-, Tri- und Polyäthylenglykolester) werden üblicherweise ebenfalls als Emulgatoren verwendet. Sie werden durch Veresterung der Glykole oder durch Behandeln der Fettsäuren mit Äthylenglykol nach den Angaben der *franz. P. 842.943* der I.G. Farbenindustrie oder *amer. P. 1.914.100* von Harry Bennet hergestellt.

Die durch Kondensation von Ölsäure mit 6 Molen Äthylenoxyd erhaltenen Ester stellen das Emulphor A der I.G. Farbenindustrie dar.

Die Zuckeralkohole und Anhydrosorbitole sowie die Zucker selbst können ebenfalls mit Fettsäuren verestert werden[2]. So hat die Heyden Chem. Co. unter dem Namen Pentamul Ester des

---

[1] Verwendung von Polyglyzeriden für die Veresterung der Fettsäuren: *amer. P. 2.023.388* von Benj. H. Harris; *D.R.P. 623.482* der I. G. Farbenindustrie; *franz. P. 767.788* der Fleschwerke; *amer. P. 2.154.977* der Lever Broth.

[2] *Amer. P. 2.147.241* der Corn. Prod. Refin. Co.; *franz. P. 716.458; brit. P. 375.842* der I. G. Farbenindustrie, siehe Goldsmith, Chem. Rev. 1943, *33*, S. 257.

Pentaerythrits, so z. B. den entsprechenden Monoester des Pentaerythrits[1]) auf den Markt gebracht.

$$R{-}COO{-}CH_2{-}\underset{\displaystyle \overset{|}{CH_2OH}}{\overset{\displaystyle \overset{CH_2OH}{|}}{C}}{-}CH_2OH$$

Nach *D.R.P. 738.974*, 1943, werden Verbindungen der allgemeinen Formel

$$R{-}O{-}R_1$$

als Netz-, Wasch-, Reinigungs- und Dispergiermittel verwendet. R bedeutet dabei einen mit mindestens einem aliphatischen, aromatisch- aliphatischen oder alizyklischen Rest mit mehr als 3 Kohlenstoffatomen substituierten aromatischen oder hydroaromatischen Kohlenwasserstoffrest und R_1 einen mindestens eine saure, salzbildende Gruppe tragenden aliphatischen Kohlenwasserstoffrest, der auch noch Hydroxylgruppen enthalten kann.

Im *amer. P. 2.455.730* der Eastman Kodak Co. ist von grenzflächenaktiven Verbindungen die Rede, die für Emulsionen und die Textilausrüstung Verwendung finden können. Diesen Verbindungen kommt die folgende Formel zu:

$$X{-}SO_3{-}Aryl{-}O{-}(Alk{-}O)_n{-}CO{-}R$$

wobei R eine Alkylgruppe von 9 bis 24 Kohlenstoffatomen und X eine Gruppe wie

$$\begin{matrix} C_4H_9\diagdown \\ \diagup \\ C_4H_9 \end{matrix}NH_2{-} \qquad \begin{matrix} C_2H_5\diagdown \\ C_6H_{11}{-} \\ C_2H_5\diagup \end{matrix}NH{-} \quad \text{oder} \ {-}\text{Metall usw.}$$

bedeuten.

Diese Verbindungen werden durch Veresterung eines oxyalkylierten Phenols mit einer Fettsäure, nachfolgende Sulfurierung und Neutralisation gewonnen. Als Beispiel diene die folgende Verbindung:

$$HO{-}C_2H_4{-}NH_3{-}SO_3{-}\hexagon{-}O{-}C_2H_4{-}O{-}CO{-}C_{17}H_{35}$$

Es ist dies ein Hilfsprodukt für die Färberei und Textilausrüstung.

Nach *brit. P. 508.519*, 1939, der Atlas Powder Co. wird eine Mischung von Sorbitol, Natriumsalzen von Karbonsäuren, Monoanhydrohexitolen und Alkoholen als Weichmachungsmittel vorgeschlagen.

---

[1]) *Amer. P. 2.371.333* der Shell Develop. Co.

Amphotere oberflächenaktive Produkte.

Diese Verbindungen besitzen im gleichen Molekül sowohl eine saure als auch eine basische Gruppe. In der Praxis haben sie noch keine ausgedehnte Verwendung gefunden[1]).

In dieser Kategorie von Verbindungen kann man mehrere Gruppen unterscheiden.

1. Amphotere Karbonsäuren[2]).

Dies sind Alkylaminosäuren von hohem Molekulargewicht, die erhalten werden, indem man von einem Amin der Fettreihe (z. B. mit 12 Kohlenstoffatomen) ausgeht und dieses mit einer chlorierten Fettsäure (z. B. Chloressigsäure) umsetzt.

$$R-NH_2 + Cl-CH_2 \underset{\underset{COOH}{|}}{} \longrightarrow R-NH-CH_2-COOH + HCl$$

In diese Gruppe gehört auch das Lamepon A, welches bereits weiter oben unter den anionaktiven Verbindungen behandelt wurde.

2. Die Schwefelsäureester und amphoteren Sulfonsäuren.

Diesbezüglich findet man zahlreiche Arbeiten, so z. B. die folgenden Patente: *brit. P. 353.232; D.R.P. 669.541; amer. P. 1.951.469* der Böhme-Fettchemie — Bertsch, die sich auf die Sulfurierung des Oleylamins beziehen.

Das *brit. P. 512.022* der I.G. Farbenindustrie hat die Sulfurierung von Oxymethyl- und Dioxypropyl-Derivaten von höhermolekularen Aminen zum Gegenstand.

Die Azylierungsprodukte der Aminoäthyläthanolamine mit gesättigten oder ungesättigten Fettsäuren

$$R-C\underset{\underset{NH-C_2H_4-NH-C_2H_4-OH}{\diagdown}}{\overset{\diagup O}{}}$$

wurden ebenfalls sulfuriert. Die gleichen Produkte können auch erhalten werden, indem man bei 150° C sulfurierte Ölsäure mit Aminoäthyläthanolamin kondensiert (*amer. P. 2.329.086* der Nat. Oil Prod. Co.).

Die Imidazole[3]), die bereits weiter oben besprochen wurden, können ebenfalls durch Sulfurierung in amphotere Produkte übergeführt werden, z. B.

[1]) Rumpf, C. R. 1941, *212*, S. 83.
[2]) *Amer. P. 2.206.249* der Gen. Anil. and Film Corp.; *brit. P. 460.372; franz. P. 793.473; brit. P. 518.656* der I. G. Farbenindustrie.
[3]) *Brit. P. 460.858, 507.766; franz. P. 796.917; D.R.P. 705.132; amer. P. 2.154.922, 2.199.780* der I. G. Farbenindustrie – Waldmann – Chwala. Siehe S. 436.

$$R-C\begin{array}{c}N-CH_2\\ \big|\\ N-CH_2\\ \big|\\ C_2H_4-SO_3H\end{array}$$

Nach *brit. P. 499.784* von Chwala und Waldmann kann man Aminoäthylimidazole mit Sulfonsäuren von Aldehyden kondensieren, um zu amphoteren Verbindungen mit folgender Grundkonstitution zu gelangen:

$$R-C\begin{array}{c}N-CH_2\\ \big|\\ N-CH_2\\ \big|\\ C_2H_4-N=C\end{array}\overset{H}{\underset{}{\diagdown}}\!\!-\!\!\diagup\!\!\diagdown\!\!-SO_3H$$

Aminoverbindungen mit Alkylenoxyden kombiniert.

Die letzterwähnte Veröffentlichung leitet auf jene Gruppe über, welche ganz allgemein Wasch- und Aviviermittel umfasst, die aus Fettalkoholen, welche mit Alkylenoxyden und Stickstoffverbindungen kondensiert werden, hergestellt werden. Es gehören hieher die *brit. P. 425.680*; *schweiz. P. 171.583, 171.584, 173.974, 173.975* der I.G. Farbenindustrie. Gemische aus den bekannten Kondensationsprodukten von Fettalkoholen mit Äthylenoxyd (wie sie in der Gruppe der Emulphore vorkommen) und Alkylaminen oder andern Aminen, sowie Alkohole aus dem Spermöl, das mit Äthanolamin behandelt und dann mit Äthylenoxyd umgesetzt wurde, oder analoge Einwirkungsprodukte aus Äthanolaminen pflanzlicher Fette (z. B. aus Sojaöl und Äthanolamin) kommen ebenfalls als oberflächenaktive Stoffe in Frage.

Nach *amer. P. 1.981.108* von Kalischer-Nüsslein-Müller dienen auch Mischungen unlöslicher Amidoverbindungen (Stearylamid) mit Fettalkoholsulfaten (Laurylsulfat) oder nach *schweiz. P. 178.101* bis *178.103* der Imp. Chem. Ind. Reaktionsprodukte substituierter Glukamine (Oleylglukamin) mit Äthylenoxyd als Weichmachungsmittel. So gibt z. B. das *schweiz. P. 174.644* das Stearylmethylglukamin an:

$$CH_2(OH)-(CHOH)_4-CH_2-\underset{\underset{CH_3}{\big|}}{N}-CO-C_{17}H_{35}$$

IV. Von den Naturharzen sich ableitende Verbindungen.

Fichtenharz oder Terpentinharz[1]).

Fichtenharze werden aus Fichten verschiedensten Ursprungs extrahiert. In Frankreich kommt nur die Meer-Föhre in den heideartigen Wäldern in Frage.

---

[1]) G. Dupont, Das Kolophonium und die Harzsäuren, Bull. Ass. Anc. Elèves de l'Ecole de Chimie de Mulhouse, 1938, S. 187.

Die Gewinnung des Harzes erfolgt durch Anbringen von Einschnitten in den Stamm. Durch häufiges Anbringen von Stichen, die den Einschnitt allmählich gegen den obern Teil des Stammes hin verlängern, wird das Ausfliessen des Harzes immer wieder von neuem gefördert. Das Fichtenharz (in Frankreich wird es mit la gemme bezeichnet) rieselt in den Einschnitt und wird in einem unten aufgestellten Sandsteintopf aufgefangen.

Dieses Fichtenharz hat das Aussehen eines teilweise kristallisierten Honigs. In Wirklichkeit enthält es einerseits kristallisierbare, nichtflüchtige Säuren (Harzsäuren), und anderseits einen flüchtigen Anteil, das Terpentinöl.

Das Fichtenharz ist also eine unvollständige Lösung von Harzsäuren in Terpentinöl. Die Trennung dieser zwei Komponenten erfolgt industriell durch Wasserdampfdestillation. In den modernsten Apparaten wird das Harz, durch Dekantieren und Filtrieren bereits gereinigt, oben einer Kolonne zugegeben. Während es dann von einer Platte zur andern langsam nach unten fliesst, wird es bei 150º C durch einen unten eingeblasenen Dampfstrom immer mehr und mehr vom Terpentinölanteil befreit.

Der oben bei der Kolonne abziehende Dampf, der mit Terpentinöl beladen ist, wird hierauf kondensiert. Das dabei erhaltene Wasser-Terpentinöl-Gemisch lässt sich dann leicht durch Dekantieren trennen.

Unten an der Kolonne wird eine geschmolzene Masse, die Harzsäuren, aufgefangen. Beim Erkaltenlassen erhält man daraus eine mehr oder weniger gefärbte, glasartige Masse, das Kolophonium. Je weniger gefärbt dieses Produkt ist, um so wertvoller ist es. Eine Verringerung der Färbung des Kolophoniums lässt sich oft dadurch erreichen, dass man es in dünnen Schichten der Sonnenbestrahlung aussetzt. Auf diese Art erhält man die schönen, fast farblosen Kolophoniumtafeln (colophane au plateau), die den Stolz der französischen Hersteller bilden.

Das Kolophonium besteht beinahe vollständig aus einem Gemisch normalerweise nichtkristallisierender Harzsäuren, die alle die gleiche Bruttoformel $C_{20}H_{30}O_2$ besitzen. Diese Säuren entstanden infolge Veränderung der vorher im Fichtenharz vorhandenen Säuren, die auch hauptsächlich den kristallinen Teil des Harzes (Galipot) ausmachten.

Man soll nach Duffour denn auch die Harzsäuren in zwei Klassen einteilen:

1. die im Harz vorhandenen Terpentinbestandteile,

2. die Kolophoniumanteile, die sich aus den vorhergehenden durch Isomerisation unter Einwirkung der Hitze bilden.

Der Isomorphismus dieser Verbindungen erschwert das Studium dieser Körperklasse sehr.

Geschichtliches. Die Zahl der Arbeiten, die die Harzsäuren behandeln, ist ganz beträchtlich. Braconnot (1808) hat als erster die sauren Eigenschaften des Kolophoniums erwähnt. Riess (1814), Baup (1826), Unverdorben, Calliot, Laurent, Sievert, Maly, Flückiger, Duvernois, Dietrich, Haller gewannen daraus kristallisierte Säuren, aber deren Eigenschaften und Namen sind von Autor zu Autor verschieden. Indessen konnten diese Säuren im Jahre 1885 bereits in zwei Gruppen eingeteilt werden, nämlich die Abietinsäuregruppe (rhombisches Kristallsystem) und Pimarsäuregruppe (tetragonales Kristallsystem). Die Säuren der zweiten Gruppe bilden sich übrigens auch durch Einwirkung von Wärme aus den Säuren der ersten Gruppe.

In der folgenden Zeitperiode (1885—1920) gelang es Westerberg, aus den Pimarsäuren zwei reine Komponenten zu isolieren:

die α-Pimarsäure oder Dextropimarsäure,

die β-Pimarsäure oder Laevopimarsäure.

Anderseits gelang es Schultz, aus der Abietinsäuregruppe eine reine Verbindung zu gewinnen.

Im folgenden sollen nun auf Grund der Arbeiten des Institut du Pin einerseits und von Ruzicka und seinen Mitarbeitern anderseits der heutige Stand der Forschung auf diesem Gebiete erläutert werden.

1. Die primären oder Terpentinsäuren.

Wir finden bei diesen Säuren zwei Typen:

a) Die Pimarsäuren, die ziemlich beständig und nur wenig oxydationsempfindlich sind und deren Natriumsalze kristallisierbar und nur wenig wasserlöslich sind. Im Harz der Meer-Föhre (pin maritime) kommen zwei Pimarsäuren vor:

die α-Pimarsäure oder Dextropimarsäure, die sehr beständig ist, und

die β-Pimarsäure oder Laevopimarsäure, die weniger beständig und etwas leichter löslich ist.

b) Die Pinsäuren, die weniger stabil sind und leichter oxydierbar als die Pimarsäuren. Sie sind sehr gut löslich. Zu diesem Typ gehören die α-Pinsäure aus der Aleppotanne und die α- und β-Pinsäuren aus der Meerföhre.

2. Die Kolophoniumsäuren.

Die Kolophoniumsäuren entstehen durch Isomerisation der primären Säuren unter der Einwirkung von Wärme oder Säuren. Bei

Wärmeeinwirkung erfolgt in der Tat aus diesen Säuren die Bildung eines Gemisches von vier isomorphen Säuren. Ferner weiss man auch, dass ein solches Säuregemisch eine äusserst kleine Kristallisationsgeschwindigkeit besitzt, sich also in dieser Beziehung ähnlich wie die Gläser verhält. So wird denn wohl auch der glasartige Zustand des Kolophoniums diesem Umstand zuzuschreiben sein.

Die Aufstellung der Formeln für die Harzsäuren erfolgte vor allem durch ausgezeichnete Arbeiten der Schule von Ruzicka.

1. Abietinsäure.

Ruzicka hat dieser Säure die folgende Formel zugeteilt unter Annahme von zwei Doppelbindungen im Molekül:

Der Ring A enthält keine Doppelbindungen und widersteht daher der Oxydation.

2. Die Laevopimarsäure unterscheidet sich von der Abietinsäure nur durch die Stellung der Doppelbindung:

Laevopimarsäure reagiert bereits in der Kälte mit Maleinsäureanhydrid (Reaktion nach Diels-Alder). Es kann daraus also geschlossen werden, dass diese Säure eine konjugierte Doppelbindung enthält. Auch Abietinsäure vermag Maleinsäureanhydrid anzulagern, jedoch nur in der Hitze (über 100° C). Ruzicka nimmt daher an, dass ein Gleichgewicht zwischen Abietinsäure und Laevopimarsäure bei dieser Temperatur besteht.

Oft wird die Lage der Doppelbindungen als noch nicht ganz abgeklärt angesehen.

3. Die Dextropimarsäure besitzt ein anderes Kohlenstoffskelett als die beiden vorhergehenden. Ihr kommt die folgende Formel zu:

Dimethyl-1,7-phenanthren

Dehydrierung

oxydativer Abbau

Kolophonium zersetzt sich bei 350° C unter Bildung eines Harzöls. Ganz allgemein lässt sich diese Reaktion so formulieren:

$$C_{20}H_{30}O_2 \longrightarrow C_{19}H_{30} + CO_2$$

Der gebildete Kohlenwasserstoff destilliert ab unter gleichzeitigem Mitreissen von mehr oder minder grossen Mengen Harzsäuren. Anderseits ist die Reaktion von einem Krackprozess und einer partiellen Dehydrierung begleitet, so dass das Harzöl ein äusserst komplexes Gemisch von Kohlenwasserstoffen und nicht zersetzten Harzsäuren darstellt. Auf diesen Eigenschaften basiert eine Industrie der Harzöle. Diese Öle dienen zur Herstellung von Tinten für die Druckerei, Wagenfetten usw.

Vom glasigen Zustand des Kolophoniums macht die Linoleum- und Lackindustrie Gebrauch. Für diese Zwecke weist das Kolophonium jedoch einen schweren Nachteil auf, nämlich seine geringe Widerstandsfähigkeit gegenüber den Einflüssen der Witterung, welche die gebildeten Filme sehr rasch zu zerstören vermag. Die Qualität von Kolophoniumlacken kann jedoch bedeutend verbessert werden, wenn man als Sikkativöl chinesisches Holzöl (huile d'aleurites) verwendet. Ein solches Produkt besitzt dann zufriedenstellende Eigenschaften.

Kolophonium ist eine sehr schwache Säure, etwa von der Stärke eines Phenols. Es lassen sich jedoch daraus Salze und Ester herstellen, die in der Industrie sehr viel verwendet werden.

Kolophonium gibt mit Natron- oder Kalilauge sehr gut wasserlösliche Alkalisalze, welche das Alkali stark zurückhalten. Diese Salze vermögen zu schäumen und besitzen ein beträchtliches Reinigungsvermögen, weshalb sie auch oft als Seifen gebraucht werden. Allein verwendet, ergeben sie jedoch nur mittelmässige Seifen infolge ihrer starken Hydrolyse, aber zusammen mit Fettsäureseifen verbessern sie deutlich die Eigenschaften letzterer, indem sie das Reinigungsvermögen erhöhen. Der Grossteil der weissen, mit 72% bezeichneten Seifen sowie der Schmierseifen enthält heute eine gewisse Menge Harzsäure, die bis zu 8% der Fettsäuren ausmachen können. Dieser Verwendungszweck gehört zu den bedeutendsten des Kolophoniums.

Die emulgierenden Eigenschaften der Harzseifen sind ebenfalls die Ursache verschiedener Verwendungszwecke dieser Produkte. So werden sie z. B. zur Herstellung von Bitumenemulsionen für Strassenbeläge verwendet.

Die Schwermetallsalze sind in Wasser nicht löslich. Man, kann sie entweder durch doppelte Umsetzung oder durch direkte Vereinigung des Kolophoniums mit den Metalloxyden bei Temperaturen gegen 200° C erhalten. Zink- und Kalziumresinate verwendet man zur Herstellung von Lacken und Bodenwichse. Sie widerstehen den Einflüssen der Witterung besser als das Kolophonium. Kobalt- und Manganresinate stellen ausgezeichnete Sikkative dar.

Estersalze. Die Methyl- oder Äthylresinate werden ab und zu als Plastifiziermittel (Weichmacher) verwendet. Zwei Estersalze des Kolophoniums haben jedoch vor allem eine grössere Bedeutung in der Lack- und Farbenindustrie erlangt, wobei sie oft vorteilhaft die Kopalharze zu ersetzen vermögen.

Dies sind einerseits die Glyzerinresinate (Harzsäureester) und anderseits die Resinate des Bakelits, die durch Einwirkenlassen von Harzsäuren auf die Kondensationsprodukte (mit alkoholischen Funktionen) aus Phenol und Formaldehyd erhalten werden. Diese letzteren Resinate, die hauptsächlich unter dem Namen Albertole bekannt sind, haben in der Lackindustrie eine grosse Bedeutung erlangt. Endlich lässt man oft auch Kolophonium auf Glyzerin-Phtalsäure-Harze einwirken.

Kolophoniumseife.
Bei 76° C bis zur vollständigen Auflösung erwärmen:

    4 kg Kolophonium
  1,2 kg Natronlauge von 36° Bé
  4 Liter Wasser, hierauf das Ganze auf

12 Liter stellen.

Harzseife 20%ig.
  100 kg Kolophonium
   35 kg Natronlauge von 36° Bé auf

550 Liter stellen und 2 bis 3 Stunden kochen.

Mit dem Ziel, die Beständigkeit der Harzseifen zu verbessern, schlagen eine gewisse Anzahl von Verfahren eine Veränderung des

Harzbestandteiles durch Hydrieren, Dehydrieren oder Polymerisation vor.

Die Hydrierung soll die Doppelbindungen eliminieren und auch die gefärbten Verunreinigungen, die zu Verfärbungen Anlass geben können. Es bildet sich bei der Hydrierung Di- und Tetrahydroabietinsäure.

Durch Dehydrierung erhält. man oxydationsbeständigere Verbindungen, die sich für die Herstellung kapillaraktiver Verbindungen eignen. Endlich erhält man durch Polymerisation bedeutend beständigere Seifen. Van Zile und Borghin haben die Verwendung solcher veränderter Produkte studiert[1]) und fanden, dass diese Harze die Löslichkeit und das Netzvermögen der Fettsäureseifen erhöhen, ohne dass dabei das Reinigungsvermögen merklich verändert wird, sofern die Konzentration nicht 50% übersteigt (*amer. P. 2.285.333* der Hercules Powder Co. – Humphrey).

Nach den Angaben der Hercules Powder Co. im *amer. P. 2.488.385* gelangt man zu nicht stäubenden und beständigen Appreturmischungen auf der Basis verseifter Harze, wenn man zu diesen sekundäre Amine als Schutzmittel gegen Oxydation sowie einen wachsartigen Körper zur Verstärkung oder Wirkung des Amins gibt. Solche Mischungen sind in Wasser gut dispergierbar und ergeben qualitativ gute Appreturen. Es soll dabei gerade so viel sekundäres Amin verwendet werden, dass eine Oxydation vermieden wird. Der Zusatz des wachsartigen Körpers liegt zwischen 15 und 25%.

Die Herstellung eines solchen Produkts erfolgt etwa nach folgender Rezeptur: 100 Teile des Harzgemisches werden im Autoklaven auf 175° C erhitzt und dann mit 12,1 Teilen konzentrierter Natronlauge bei 170° C während 10 Minuten unter Druck verseift. Hierauf gibt man in den Autoklaven ein Gemisch aus 28,8 Teilen Paraffin und 0,3 Teilen Phenyl-β-naphtylamin. Nach 10 Minuten wird der Autoklav entleert und das Reaktionsgemisch getrocknet. Das Endprodukt reagiert neutral, stäubt nicht und ist ziemlich oxydationsbeständig.

Das Tallöl ist ein Nebenprodukt bei der Herstellung von Holzzellstoff. Es enthält Fettsäuren und Harzsäuren, aber die letzteren unterscheiden sich von der Abietinsäure. Das Rohöl ist stark gefärbt und besitzt einen widerlichen Geruch. Die aus Tallöl erhaltenen Seifen besitzen interessante Reinigungs- und Emulgiereigenschaften. Unter den kapillaraktiven Produkten gehören sie zu den billigsten.

Eine sehr eingehende Arbeit über Tallöl erfolgte durch Hess, in der man Herstellungsverfahren für Tallöl aus verschiedenen Tannenhölzern, die Zusammensetzung von Tallöl europäischen und

---

[1]) Oil and Soaps 1945, *22*, S. 331.

amerikanischen Ursprungs sowie Angaben über die Raffination des Rohöls und die Trennung der Fett- und Harzsäuren findet.

Rohes Tallöl, welches Fettsäuren und Harzsäuren enthält, wurde während des Krieges in grossem Maßstabe für die Herstellung von Kunstharzen und Sikkativen an Stelle von Leinöl und andern trocknenden Ölen verwendet. Es ist auch noch von Interesse zu bemerken, dass durch fraktionierte Destillation des Tallöls amerikanischer Provenienz man dem Leinöl sehr ähnliche Produkte erhält, doch lassen sich Verbindungen mit drei und mehr ungesättigten Stellen (Doppelbindungen) nur aus gewissen amerikanischen Tallölsorten gewinnen.

Tallöl europäischen Ursprungs hingegen ergibt völlig andere Produkte, die eher mit dem Soyabohnenöl vergleichbar sind.

Von Interesse in diesem Zusammenhang ist auch das *D.R.P. 479.085* (1925)[1], welches ein Verfahren zum Gegenstand hat, das erlaubt, Tallöl in Form eines wasserlöslichen Öls herzustellen.

Es wurde in der Tat festgestellt, dass Tallöl sich in ein wasserlösliches Öl überführen lässt, wenn man als Lösungsmittel oder Emulgiermittel Anilin oder seine Homologen in Mischung mit Naphtolen verwendet.

Das Verfahren arbeitet wie folgt: Seifen werden entweder mit Kohlenwasserstoffen und Anilin oder Anilin-Naphtolen gemischt und das Tallöl dann mit dieser Mischung behandelt. Im Verlaufe der Verarbeitung geht dann die Verseifung vor sich.

> 100 kg Seife werden in einer Mischung von
> 30 kg Anilin und
> 30 kg Naphtol gelöst.

Es entsteht dabei ein in Wasser lösliches Produkt, welches grosse Mengen Tallöl in wasserlösliche Form überzuführen vermag. Ein solches Produkt kann als wasserlösliches Öl, Bohröl, Textilöl, Netzmittel usw. Verwendung finden.

Die Phrix-Arbeitsgemeinschaft liess im *franz. P. 884.961* ein Verfahren zum Avivieren schützen, bei dem die Fettsäuren des Tallöls, die nicht mehr als 1% Harzsäuren enthalten dürfen, Verwendung finden. In einem Zusatzpatent zu obigem Patent, welches die Herstellung eines Schmälz- und Aviviermittels aus Tallöl beschreibt, dem *franz. Zusatzpatent 52.714*, wird nachträglich noch mitgeteilt, dass auch Fettsäuren mit einem Harzsäuregehalt von über 50%, ja sogar rohe Harzseife, wie sie bei der Zellulosefabrikation anfällt, zum Schmälzen von synthetischer Wolle und Jute gebraucht werden kann. Bessere Resultate sollen Mischungen aus Tallöl resp. Harzseife und Türkischrotöl resp. Mineralöl ergeben.

---

[1] Seifensieder-Ztg. 1929, S. 341.

Produkte, die durch Sulfurierung von Harzen und deren Derivaten entstehen.

Im Fichtenharz findet man zahlreiche saure Produkte, denen die Bruttoformel $C_{20}H_{30}O_2$ zukommt. Unter dem Einfluss der Wärme werden sie in ein und dieselbe isomere Säure, die Abietinsäure, übergeführt. Das Kolophonium ist ein derartiges Umwandlungsprodukt primärer Harzsäuren, wie es bei der Wärmeeinwirkung sich bildet. Diese Körper lassen sich nicht direkt sulfurieren. Die Sulfurierung hat in einem organischen Lösungsmittel oder in Gegenwart von Essigsäureanhydrid zu erfolgen.

Direkte Sulfurierungsprodukte der Harze ergeben keine kapillaraktiven Stoffe, da sie im allgemeinen ihre klebrige Beschaffenheit beibehalten.

Diese klebrigen Eigenschaften der sulfurierten Harze werden im Handelsprodukt Nerail PAS der Imp. Chem. Ind. bei der Schlichterei von Kunstseidengarnen, speziell zur Verhinderung eines Schiebens der Gewebe, ausgenützt.

Die in Anwesenheit von Rizinusöl durchgeführte Sulfurierung der Abietinsäure ermöglicht die Darstellung eines Sulfonats, welches netzende und schäumende Eigenschaften besitzt. Diesbezüglich sind diese Sulfonate sogar den gewöhnlichen sulfurierten Rizinusölen überlegen (Sulfo 2 B von Paix).

Um kalkbeständige, sulfurierte Harzabkömmlinge zu erhalten, sind zwei Arbeitsgänge nötig, und zwar eine Sulfurierung mit 100%-iger Schwefelsäure in Gegenwart von Azetanhydrid in der Kälte und eine darauffolgende Sulfurierung mit 20%igem Oleum bei 30° C. Die dabei erhaltenen Sulfonate haben Netzmittelcharakter, besitzen jedoch keine Waschwirkung.

Hingegen kann die von Lombard[1]) hergestellte Dehydroabietinsäure leicht sulfuriert werden. Auch die Sulfurierungsprodukte des Abietens haben ebenfalls eine gewisse Bedeutung als Waschmittel erlangt. Abieten entsteht bei der chemischen Zersetzung von Abietinsäure. Es ist ein öliger Kohlenwasserstoff, der unmittelbar durch Behandlung des rohen Harzes erhalten werden kann. Es hat bei 15° C ein spezifisches Gewicht von 0,99 und destilliert bei 340° bis 350° C. Es enthält dabei nurmehr weniger als 1% Abietinsäure. Diese ölige Substanz lässt sich sulfurieren, indem man sie langsam in die doppelte Menge an 98%iger Schwefelsäure einlaufen lässt. Nach zwei Stunden wird das Reaktionsgemisch in so viel Wasser gegossen, dass eine Endkonzentration von 40% Schwefelsäure erreicht wird. Dabei schwimmt das Sulfurierungsprodukt als ein dickes

---

[1]) Lombard, Diss. Contribution à l'étude des acides résiniques, Verlag Masson, Paris.

Öl oben auf. Dieses wird darauf mit Alkali neutralisiert, filtriert und eingedampft. Die dabei entstehenden Alkalisalze sind beständig, nicht hygroskopisch, von etwa gleicher Widerstandsfähigkeit wie Nekal, besitzen jedoch ein geringeres Netzvermögen als jenes. Mischt man diese Alkalisalze mit Terpineol oder Pine-oil, so gelangt man zu einer gleichförmigen klaren Lösung, die einen ausgesprochenen Netzmittelcharakter besitzt. Das Produkt Neopen SS der du Pont de Nemours ist ein abietensulfosaures Natrium[1]).

Ebenfalls sind dekarboxylierte Harze einer Sulfurierung unterworfen worden. Hier wäre das Mixopon der Chimiotechnic zu erwähnen, das ein Gemisch von N-Äthoxysulfonsäureamiden (Kokosfettsäuren) mit dekarboxylierten und sulfurierten Harzen darstellt. Dekarboxylierte Harze, die auf besondere Weise hergestellt wurden, ergeben nichtoxydierbare Öle, die zur Herstellung von Aviviermitteln dienen (Alipol der Chimiotechnic).

Bei dieser Gelegenheit sollen auch die Sulfatierungsprodukte des Abietinols erwähnt werden. Durch Reduktion der Naturharze unter starkem Druck oder durch Hydrierung mit metallischem Natrium erhält man alkoholartige Verbindungen. Kolophonium gibt bei der Reduktion der Abietinsäure

$$C_{19}H_{29}COOH$$

Dihydroabietylalkohol[2]

$$C_{19}H_{31}CH_2OH$$

und endlich Tetrahydroabietylalkohol

$$C_{19}H_{33}CH_2OH$$

Der Abietylalkohol führt an und für sich zu nur wenig interessanten Sulfatierungsprodukten. Hingegen sind die beiden oben angeführten hydrierten Abietylalkohole geeignet, durch Sulfatierung Alkylsulfate zu bilden, die denjenigen, die aus Fettalkoholen erhalten werden, in ihren Eigenschaften sehr nahe stehen. Diese Erzeugnisse wurden von du Pont de Nemours im *amer. P. 2.076.563* und von der I.G. Farbenindustrie im *franz. P. 796.059* als Netzmittel für die kosmetische Industrie, als Bestandteile von Knitterfestappreturen, als Schlichtemittel und als Komponenten für die Herstellung plastischer Massen empfohlen.

---

[1]) Gubelmann, Ind. Eng. Chem. 1931, *23*, S. 1462.

[2]) Über die Herstellung des Hydroabietylalkohols findet man im *amer. P. 2.021.100* von Du Pont die Angabe, dass man Ester der Hydroabietinsäure mit metallischem Natrium reduzieren kann. Diese Reduktionsprodukte führen erfindungsgemäss wieder durch Sulfatierung zu Netz- und Dispergiermitteln *(amer. P. 2.103.140)*.

Durch Sulfurierung hydrierter Abietylalkohole (z. B. Dihydroabietylalkohol $C_{19}H_{31}CH_2OH$), die sich aus der Abietinsäure $C_{19}H_{29}COOH$ darstellen lassen, erhält man nach dem Verfahren des *amer. P. 2.107.508* der Hercules Powder Co., Netz- und Emulgiermittel. In einem früheren Patent, dem *amer. P. 2.103.140*, hat dieselbe Firma bereits den Schutz auf die gleiche Verwendung solcher Körper erhalten, die aus den Abietylalkoholen durch Alkalisierung und Xanthogenierung mit Schwefelkohlenstoff erhalten werden.

Ferner behandelt die Ciba im *franz. P. 740.013* Sulfurierungsprodukte des Terpineols oder allgemein Erzeugnisse, die durch Sulfurierung von Terpenen oder Terpenalkoholen erhalten werden. Diese Verbindungen werden dabei als Netzmittel empfohlen.

Nopco 2105 der Nat. Oil Prod. Co. ist ein Sulfurierungsprodukt von Fettsäureglyzeriden und Terpenprodukten. Dieser Körper wird als Weichmachungsmittel für Kunstseide und ähnliche Zwecke empfohlen.

Als Netz- und Emulgiermittel dienen im Sinne des *brit. P. 466.170* der I.G. Farbenindustrie auch Kondensationsprodukte von Polykarbonsäuren (z. B. Maleinsäure, Fumarsäure) mit ungesättigten Kohlenwasserstoffen, welche aus Hydroabietinolen durch Wasserabspaltung enthalten werden.

Das Terpineol

$$H_3C-C \underset{CH-CH_2}{\overset{CH_2-CH_2}{<}} CH-C(OH) \underset{CH_3}{\overset{CH_3}{<}}$$

Bruttoformel: $C_{10}H_{17}OH$

Terpineol kann mittels Naphtalinsulfosäuren sulfuriert werden. Diese Sulfonate werden als Netzmittel in Schädlingsbekämpfungsmitteln für die Landwirtschaft verwendet. In unzutreffender Weise werden dabei als sulfurierte Terpenalkohole einfach Gemische von Oleylalkohol- oder Laurylalkoholsulfaten mit Pine-oil bezeichnet (Novemol).

Nach den Angaben des *amer. P. 2.073.464* der Hercules Powder Co. soll sich Terpineol in einer Seifenemulsion besser als reinigendes Mittel bewährt haben als das häufig empfohlene Öl.

Ferner werden noch als Netzmittel empfohlen: das Kondensationsprodukt aus den Harzsäuren enthaltenden Anteilen des Tallöls mit Isäthionsäure nach *D.R.P. 596.510* von Böhme—Prütz; das aus Pine-oil und Chlorphenol durch Kondensation und Sulfurierung unter Kühlung erhältliche Produkt nach *schweiz. P. 169.923* der Ciba.

Die der Abietinsäure entsprechenden Alkohole ergeben nach *öst. P. 148.167* der I.G. Farbenindustrie bei der Veresterung mit mehrbasischen organischen Säuren wie Maleinsäure Netzmittel, die in Form ihrer Alkalisalze gut wasserlöslich sind. Nach dem *franz. P. 797.201* von Vidal entstehen bei der Umsetzung der Harzsäuren, wie der Abietinsäure, mit wasserfreiem Alkalikarbonat Waschmittel, denen der Erfinder aldehydalkoholischen Charakter zuschreibt und ihnen die schematische Endformel gibt:

$$R-C\begin{cases} O-Na \\ O-COONa \\ OH \end{cases}$$

Zum Einfetten von Textilfasern wird im *amer. P. 2.060.425* der Union Oil–Neukomm ein Gemisch eines Naphtenats mit einem Glykol, einem Mineralöl und etwas Harz empfohlen.

Im *amer. P. 2.063.987* von Dreyfus werden für die verschiedensten Textilhilfszwecke Verbindungen genannt, die aus Naphtenchlorid mit aliphatischen Aminokarbonsäuren (z. B. Sarkosin) entstehen. Das *amer. P. 2.052.210* der Hercules Powder führt anderseits analoge Verwendungszwecke für merkaptanartige Verbindungen an, die aus in Toluol gelösten Harzen durch Einleiten von Schwefelwasserstoff unter Luftabschluss gewonnen werden können. Dieselbe Firma gibt auch im *amer. P. 2.058.389* eine Vorschrift zur Herstellung von Emulgatoren durch Polymerisation von Terpenen und gemeinsame Sulfurierung derselben mit höheren Alkoholen oder Fettsäuren.

Für verschiedene Zwecke der Textilindustrie, wie Appretur, Klebstofferzeugung usw. dienen nach *franz. P. 804.344* der Hydrierwerke die aus den natürlichen Harzen (Dammarharz, Manilakopal) durch Reduktion der Säuren oder Ester sich bildenden Alkohole.

Sulfurierten Netzmitteln aus Harzen begegnet man unter anderm auch im *amer. P. 2.015.023* von Du Pont. Das Harz wird dabei in einem indifferenten Lösungsmittel mit Schwefeltrioxyd behandelt. Eine kompliziertere Verbindung ähnlicher Art ist das Produkt, das nach *brit. P. 425.217* derselben Firma aus Abietinsäure oder Baumharzen, welche diese enthalten, durch Kondensation mit Halogenalkylsulfonsäuren hergestellt werden kann. Als Halogenalkylsulfonsäure kommt dabei z. B. 1-Chlor-2-propanol-3-sulfosäure in Betracht.

Durch gemeinsame Sulfurierung von Terpenen mit höheren Fettsäuren oder durch Sulfurierung polymerer Terpene gelangt man nach *amer. P. 1.993.415* sowie *amer. P. 2.003.471* der Hercules Powder zu Hilfsmitteln für die Textilindustrie, die einen seifenartigen Charakter aufweisen.

Die I.G. Farbenindustrie empfehlen im *schweiz. P. 223.066*, 1942, Adipinsäure mit 1,4-Butylenglykol und β,β'-Dioxyäthylmethylamin zu kondensieren.

In einem weiteren Patent, dem *schweiz. P. 227.070*, 1943, erwähnt die gleiche Firma die Herstellung eines Weichmachungsmittels aus Adipinsäure, 1,4-Butylenglykol, β,β'-Dioxyäthylmethylamin und 1,6-Hexamethylendiamin. Dieses Produkt soll sich besonders für die Appretur von Kunstseide eignen.

V. Wachsemulsionen.

Paraffin- oder Wachsemulsionen haben eine ausgedehnte Verwendung in der Appretur gefunden, um der Ware einen Glanz und gute Gleitfähigkeiten zu verleihen. Ebenfalls erhält die Ware dadurch einen fettigen vollen Griff. Mit einer solchen Appretur werden hauptsächlich Baumwolle und Kunstseide ausgerüstet.

Eine andere Verwendung, die ebenfalls als Hauptverwendung in Betracht gezogen werden muss, ist die in zwei Arbeitsgängen erfolgende Ausrüstung zu undurchlässiger Ware. Das erste Bad besteht dabei aus einer Paraffinemulsion, während die zweite Behandlung in einer Imprägnierung mit einem Aluminiumsalz besteht.

Auf dem Markte befindet sich eine beträchtliche Anzahl von Produkten, die aus Paraffinemulsionen bestehen. Die wichtigsten Handelsmarken sind dabei:

Ramasit I, K	I.G. Farbenindustrie
Ceranin P und W	Sandoz
Tallofin AR, BW, CH	Stockhausen
Waxol W, P, PC, TJ	Imp. Chem. Ind.
Migasol, Migafar P	Ciba
Edunine R, NSV, NC, NAF	Francolor
Cerol S	Sandoz
Sodasit R und K	Sodac

Durch geeignete Auswahl des Emulgiermittels für das Paraffin gelangte man zu Produkten, die einen Zusatz eines Aluminiumsalzes oder von Aluminiumhydroxydgel (Tonalon H) vertragen. Die so erzielbare beständige Emulsion, die einzig für das Wasserdichtmachen von Geweben bestimmt ist, erlaubt die Behandlung in einem Arbeitsgange auszuführen.

Die wichtigsten Handelsprodukte dieser Kategorie sind (siehe auch die Tabellen des Kap. XV, Bd. *3*):

Aridex DCX, HW, LX, WP	Du Pont
Edunine NR	Francolor
Hydrophobol	Protex
Impregnol M und S	Protex
Migasol P, PC, PJ	Ciba
Ramasit (versch. Marken)	I.G. Farbenindustrie
Simol	Geigy
Prädigen T	Böhme-Fettchemie

Die Weichmachungsmittel, die sog. Softenings, sind Wachsemulsionen oder Emulsionen von Fettsäuren oder andern Fettkörpern.
Sie spielen eine sehr wichtige Rolle in der Appretur und werden zur
Verleihung eines geschmeidigen, fettigen und vollen Griffs verwendet.
Die Zahl der Arbeiten, die die Zubereitung solcher Emulsionen behandeln, ist sehr gross, weshalb es nötig ist, dass man sich hier nur auf
eine begrenzte Anzahl von Patenten beschränkt.

Auf kolloidchemischen Erkenntnissen beruht das *brit. P. 436.956*
von Stöhr & Co. Es beschreibt die Herstellung von dauerhaften Emulsionen zum Fetten der Wolle. Das Prinzip des Verfahrens besteht
darin, dass Paraffin als Hauptbestandteil des Fettungsmittels vor der
Emulgierung mit einem der bekannten wasserlöslichen Emulgatoren
(Seife, Fettalkoholsulfate) mit einem Körper zusammengerührt oder
-geschmolzen wird, der an sich in Wasser nicht löslich, aber doch so
hydrophil ist, dass er genügend Wasser aufzunehmen vermag. Zu
dieser letzteren Körperklasse gehören insbesondere die höheren Fettalkohole (z. B. Hexadekanol usw.). Man schafft also zuerst die Grundlage für eine Wasser-in-Öl-Emulsion, die dann nachträglich durch
die Wirkung des eigentlichen Emulgators (z. B. Türkischrotöl) in
eine Öl-in-Wasser-Emulsion umgewandelt wird (siehe diesbezüglich
auch *amer. P. 2.019.758* und *brit. P. 435.452*).

Als Appreturmittel im Sinne des *D.R.P. 611.441* von Böhme
sind Gemische von Hartwachsemulsionen mit aufgeschlossener Stärke
anzusehen. Der eigentliche Erfindungsgedanke besteht in der Emulgierung verhältnismässig grosser Mengen von Hartwachs mit kleinen
Mengen an Fettalkoholsulfat. So werden z. B. 100 g Karnaubawachs
mit 5 g Laurylalkoholsulfat emulgiert.

Nach *brit. P. 435.412* der Ciba kann man Paraffinemulsionen in
fester, mit Wasser in beliebigen Verhältnissen mischbarer Form durch
Trocknung der mit einem Schutzkolloid gemischten Paraffinemulsion
in einem Zerstäubungstrockner ohne vorhergehende Konzentrierung
herstellen. Die Zerstäubung soll dabei nach den Angaben des Patents
nach dem System von Krause erfolgen.

Das *franz. P. 943.513* der Imp. Chem. Ind. beschreibt eine neue
wässerige Wachsemulsion.

Diese Emulsionen enthalten 10 bis 25 % Wachs, 1 bis 5 % modifiziertes Eiweiss aus Rinderblut und 0,1 bis 1 % eines amphoteren
Metallsalzes.

Der in Frage kommende Eiweisskörper wird durch Behandeln
von Eiweiss aus Rinderblut mit einer wässerigen alkalischen Lösung
bei 20 bis 60° C während 2 Stunden hergestellt. Hierauf gibt man Amei-
sen- oder Essigsäure zu und stellt den p_H-Wert der Lösung auf 4,4 ein.

Als Wachsbestandteile werden Paraffin, Bienenwachs, Harze und andere wasserabstossende Wachskörper, die unterhalb von 90° C schmelzen, verwendet.

Das amphotere Metallsalz kann Aluminiumformiat, -azetat oder -sulfat, oder Zirkonoxychlorid oder -formiat sein. Die Herstellung der Emulsion kann mit einem gewöhnlichen Homogenisierapparat erfolgen.

Das Aufbringen auf die Textilien erfolgt durch Imprägnieren in einem Foulard oder Vollsaugenlassen des Gewebes und nachträgliche Trocknung.

Die Kombination von Stearinsäure mit Triäthanolamin, Athylenglykol, Sulforizinoleat und löslicher Stärke bildet den Gegenstand des *brit. P. 431.275* von Pendlebury. Sie soll eine Verbesserung in der Erzeugung stark glänzender Appreturen bilden.

Zum Emulgieren von Wachs und Leinöl kann man sich laut *amer. P. 1.981.608* von Bennett des Triäthanolamins bedienen, das z. B. für Paraffinemulsionen schon bekannt ist. An Stelle des Wachses in Appreturemulsionen kann nach *amer. P. 1.971.305* der I.G. Farbenindustrie Karnauba- und Montanwachs treten, welches mit Kalk verseift wird. Die Seife wird mit verdünnter Schwefelsäure zerstört, und man erhält ein feinverteiltes Gemisch der den Wachsen entsprechenden Alkohole mit Karbonsäure, die man für obigen Zweck, ebenfalls in Mischung mit Paraffin, verwenden kann. Stabile Paraffinemulsionen, die sich nicht durch Ausfrieren oder Stosswirkung verändern können, kann man nach *schweiz. P. 168.722* der Ciba herstellen, wenn man das Emulsionsgemisch (z. B. Paraffin, Borsäure, Gelatine in Wasser zu einer 20%igen Emulsion angerührt) der Zerstäubungstrocknung aussetzt, wodurch man ein sich in Wasser leicht kolloidal lösendes Pulver erhält.

Das *amer. P. 2.487.899* der Nopco Chemical Company[1]) betrifft Appreturverfahren unter Anwendung von Wachsen und eines kationischen oberflächenaktiven Stoffes.

Es handelt sich um Appreturen von Papier unter Verwendung von Wachsen. Bisher war es üblich, Wachse in emulgierter Form zu verwenden und dann, um die Emulsion zu brechen, mit Alaun zu behandeln, so die Wachse zu fällen und auf der Papierfaser zu fixieren. Gemäss vorliegender Erfindung kann das Wachs direkt auf der Faser niedergeschlagen werden, zum Teil im geschmolzenen Zustande unter Anwendung eines kationaktiven Emulgators. Der Papierbrei wird in einem Kneter auf 54—65° C erhitzt, dann das Wachs zugefügt und schliesslich 3% der angewandten Menge Wachs an kationaktiver Substanz zugesetzt. Der oberflächenaktive Körper wird formel-

---

[1]) Mell. 1951, *32*, S. 168.

mässig erklärt. Er stellt ein Aminoderivat mit einer aliphatischen Kohlenstoffkette von 7 bis 21 Kohlenstoffatomen dar.

Will man schwer emulgierbare Fettkörper, wie sie zum Weichmachen und Avivieren häufig angewendet werden, ohne Schutzkolloide verarbeiten, so ist dies nach der schon öfters erwähnten Methode von Böhme zur kolloidchemischen Aufbringung nach *schweiz. P. 183.676* der Böhme-Fettchemie möglich. Das Fett oder Weichparaffin wird mit einem höheren Fettalkoholsulfat (Dodecyl-schwefelsäureester), also einem anionaktiven Mittel, verrührt und dann durch Versetzen mit einem kationaktiven Mittel (Laurylpyridiniumbisulfat) gefällt. Ein solches Präparat kann man je nach Bedarf durch entsprechende Aufladung in eine negativ oder positiv geladene Emulsion überführen.

Zur Emulgierung weichmachender Mittel sind auch nach den Angaben des *brit. P. 452.532* der Ciba die tertiären Aminoxyde (Cetyl-methyl-zyklohexylaminoxyd) geeignet sowie die Einwirkungsprodukte höherer Fettsäuren wie Palmitinsäure oder Ölsäure auf zyklische Alkohole (Terpineol oder Fenchylalkohol sowie Naphtenalkohol) nach dem *amer. P. 2.056.114* von Du Pont — Schrauth. Nach *brit. P. 440.760* der Hydrierwerke sind zum gleichen Zwecke auch einfach höhere Alkohole wie Oleylalkohol, deren Ester oder Äther verwendbar, wobei jedoch in erster Linie an das Weichmachen von Kunstharzen und erst in zweiter Linie an Fasern gedacht werden dürfte.

Zur Herstellung von Emulsionen aus Paraffin oder Öl sind nach den im *D.R.P. 646.289* der Ciba gemachten Angaben die als Sapamine bekannten einseitig azylierten Diamine verwendbar. Eine so bereitete Emulsion soll einer solchen überlegen sein, die mit Sulforizinoleat, Nekal usw. erzeugt wurde. Zudem soll eine derartige Paraffinemulsion auch ohne Zuhilfenahme von Netz- und Emulgiermitteln durch gemeinsames Schmelzen von Paraffin und Harz unter Zusatz von Lauge herstellbar sein. Dieser im *brit. P. 463.187* von Sonder beschriebene Emulgiervorgang weicht also nur bezüglich der Reihenfolge der Arbeitsgänge von den andern bekannten Emulgierungen von Paraffinen mit Seifen ab, da hier ja eine Harzseifenbildung bei der Behandlung des Harzes mit Lauge angenommen werden darf.

Weichmachungs- und Avivagemittel

In diese Untergruppe fallen solche Verfahren, die nach dem eigentlichen Appretieren der Ware noch einen weichen Griff zu verleihen bestimmt sind. Hier wären die folgenden Patente zu nennen: das *D.R.P. 611.780* der I.G. Farbenindustrie–Brodensen, welches hiefür die Monoester mehrwertiger Alkohole mit seifenbildenden Fettsäuren als wirksam bezeichnet, z. B. den Glyzerinmonolaurinsäureester. Ferner erwähnt das *brit. P. 436.925* der Celanese für diesen

Zweck Teesamenöl, über welches leider in der Literatur nur die Angabe zu finden ist, dass es durch Pressung aus den Samen von Thea sasangua gewonnen wird.

Das *brit. P. 450.208* der Celanese schlägt als Weichmachungsmittel Emulsionen von Olivenöl mit Kondensationsprodukten eines Aldehyds mit einem Äther (z. B. Monomethyläther des Äthylenglykols) vor, während im *brit. P. 454.666* derselben Firma nicht trocknende Öle mit einem Zusatz an aromatischen Verbindungen, die in p-Stellung eine Hydroxylgruppe tragen (z. B. Hydrochinon), zur Hintanhaltung von Oxydationsvorgängen ebenfalls als Weichmachungsmittel erwähnt werden.

Das Eindringen der als Weichmacher in Frage kommenden höheren Alkohole oder deren Ester (z. B. Cetylazetat) kann nach *brit. P. 441.162* der Hydrierwerke durch eine Vorbehandlung mit niederen wasserlöslichen Alkoholen oder Ketonen (z. B. Azeton) begünstigt werden. Dadurch wird nämlich das in der regenerierten Zellulose enthaltene Wasser entfernt.

Den Chemical Lab. wird im *amer. P. 2.446.682*, 1948, ein Verfahren geschützt, welches auf einer Behandlung von Zellulosefasern mit Kupferalkylaminen beruht. Diese Applikation erfolgt vor dem Färben und Ausrüsten. Es lässt sich so der Griff verändern, der Glanz herabsetzen und das Aussehen überhaupt beeinflussen.

Kupferchlorid ($CuCl_2 \cdot 2\ H_2O$) wird in Wasser gelöst und 2-Amino-2-methyl-1,3-propandiol zugegeben, wobei sich ein Kupferkomplexsalz bildet. Ein gebleichtes und so behandeltes Gewebe färbt sich bei der Behandlung mit einem gelben Farbstoff weniger stark an als ein unbehandeltes.

Kompliziertere Körper, die durch höhere Substitution des Dimethylbetains erhalten werden, dienen nach dem *franz. P. 811.808* dem gleichen Zweck. Ferner werden im *brit. P. 459.457* der Ciba als Weichmacher noch Mischungen von hochsulfurierten Ölen mit esterartigen Verbindungen mehrwertiger organischer Säuren mit höheren Alkoholen genannt, wie z. B. mit dem Semiester des Phtalsäureanhydrids mit Hexadecylalkohol, also mit einem ähnlichen Körper, wie er im *D.R.P. 652.956* von Zschimmer & Schwarz beschrieben wird. Nach *D.R.P. 649.027* der Hydrierwerke können auch Xanthogenate höherer Fettalkohole verwendet werden, die aus dem Alkohol durch Einwirkung von Alkali und Schwefelkohlenstoff erhältlich sind. Als Beispiel diene das Cetylxanthogenat, welches wasserlöslich ist und, ähnlich wie dies bei der Viskoseherstellung erfolgt, durch Einwirkung von sauren Salzen unlöslich auf der Faser abgeschieden werden kann.

Im *amer. P. 2.072.155* der Warwick Chemical Co. werden zum Weichmachen sulfurierte Öle empfohlen, die das eigentlich wirksame

Öl emulgieren und dabei noch Lösungen milchsaurer Salze enthalten. Bei längerer Behandlungsdauer soll dann die Emulsion brechen, wobei die Fetteilchen langsam in die Faser eindringen.

Der Grundgedanke der allgemeinen Appreturvorschrift des *brit. P. 394.816* von Erba sowie des *franz. P. 739.214* ist der, dass man mit Emulsionen irgendwelcher Art appretiert und die elektrische Ladung der Emulsion entgegengesetzt wählt zu jener des Gewebes. Man wird also vegetabilische Fasern vorteilhafter mit einer sauren, positiv geladenen Ölemulsion und Wolle, die noch Säure absorbiert enthält, mit einer negativ geladenen Emulsion behandeln. Das Patent gibt dabei im Beispiel eine Paraffinemulsion an. Unter Beobachtung dieses Grundsatzes soll eine viel bessere Ausnützung der in der Appretur verwendeten Emulsionen möglich sein.

Zum Weichmachen von Geweben sowie zum Schlichten in besonderen Fällen haben sich nach dem *öst. P. 130.203* von Böhme die ölartigen festen Alkohole bewährt. Diese Alkohole entsprechen den höhermolekularen Fettsäuren. Bis zu diesem Zeitpunkt waren für diesen Zweck nur die niederen, leichtflüssigen Alkohole bekannt, die allgemein für solche Zwecke verwendet werden. Neu ist demnach bei dieser Erfindung die Verwendung der hochmolekularen Alkohole, die entweder in Lösungsmitteln wie Pyridin oder Benzin gelöst werden oder dann in Form einer Emulsion zur Anwendung gelangen. Für Appreturzwecke kommt praktisch nur letztere Art der Anwendung in Betracht.

Speziell zum Weichmachen von Kunstseide empfiehlt die I.G. Farbenindustrie im *D.R.P. 550.905* die als Dispergier- und Emulgiermittel bereits bekannten Produkte, welche aus einer primären oder sekundären Aminokarbonsäure bestehen, die am Stickstoff als Substituenten noch einen höheren Fettsäurerest enthält[1]). Für Azetatseide oder ganz allgemein für Esterseiden schlägt die Celanese —Platt im *amer. P. 1.857.163* zur Erzielung eines knirschenden Griffs eine viertelstündige Behandlung in einem Bad von mehrbasischen Säuren (z. B. Weinsäure, Zitronensäure), deren Salzen oder von Ölemulsionen dieser Substanzen bei 45⁰ C vor.

Nach einer Mitteilung im *amer. P. 2.098.527* der Unichem — Stickdorn sollen auch Amine allein, wie z. B. die hydroaromatischen Amine (Zyklohexylamin), als Waschmittel in Betracht kommen. Man bringt sie dabei mit Seife oder deren Ersatzmitteln (Gardinole) in wässerige Dispersion.

Von Interesse ist auch das *D.R.P. 731.981*, 1943, der I.G. Farbenindustrie, welches Weichmacher beschreibt, die durch Kondensation

---

[1]) Als Beispiel sei erwähnt: Stearylsarkosin

$$C_{17}H_{35}\!-\!CO\!-\!N\diagup^{CH_3}_{\diagdown CH_2\!-\!COONa}$$

von Polyalkylenpolyaminen mit 2 oder mehr Stickstoffatomen mit mindestens einem Mol Harnstoff und nachträgliche Behandlung mit einem Mol einer höhermolekularen Fettsäure erhalten werden.

Dass auch Polymerisationsprodukte des Äthylenimins für die gleichen Zwecke in Frage kommen, geht aus den *brit. P. 461.354* und *461.666* der I.G. Farbenindustrie hervor.

Zum Weichmachen von Seidengeweben können nach den Angaben des *D.R.P. 660.326* der Hydrierwerke Emulsionen in der Weise hergestellt werden, dass in der wässerigen Phase Alkali und in der Ölphase, z. B. im Paraffinöl, ein mit Wasser nicht mischbarer saurer Schwefelsäureester (Schwefelsäurelaurylester) verteilt ist, so dass sich der Emulgator erst beim Zusammentritt beider Komponenten durch Bildung des Schwefelsäureestersalzes bildet und dadurch um so energischer wirkt.

Den Gedankengängen der substantiven Mattierung entsprechend wird im *öst. P. 154.886* der Böhme-Fettchemie unter Vermeidung der Verwendung von Schutzkolloiden durch die Vermischung von kationaktiven (Laurylpyridiniumsulfat) und anionaktiven (Kokosfettalkoholsulfonat) Hilfsmitteln eine elektrisch neutrale Verbindung hergestellt, zu der man noch das für das Weichmachen erforderliche Neutralfett zugibt. Dieses an und für sich wasserunlösliche Gemenge wird mit einem der beiden vorgenannten Bestandteile peptisiert und dadurch in eine Emulsion übergeführt.

Eine Emulsion von Ölen, wie z. B. Rizinusöl oder Olivenöl, der man irgendeine aromatische Paraoxyverbindung, z. B. Hydrochinon, zusetzt, wird von der Celanese im *amer. P. 2.103.497* als besonderes Weichmachungsmittel für Azetatseidengarne erwähnt. Die aromatische Paraoxyverbindung soll dabei eine Oxydation verhindern und somit ein Ranzigwerden der Emulsion ausschliessen. (Vgl. *brit. P. 454.666*).

Im *D.R.P. 669.849*, 1939, der I.G. Farbenindustrie werden Weichmacher besprochen, die der allgemeinen Formel

$$R_1\text{—}O\text{—}R_2\text{—}N\underset{R_4}{\overset{R_3}{\diagdown}}$$

entsprechen, so z. B. Oktadecylpiperidyläther.

Kondensationsprodukte, die aus organischen Verbindungen mit einer langen, chlorhaltigen Kohlenstoffkette, die aber keine Karboxylgruppe besitzen, und aromatischen oder aliphatischen Derivaten entstehen, werden von der I.G. Farbenindustrie im *D.R.P. 672.710*, 1939, als Weichmacher erwähnt. Z. B. chloriert man Paraffin und lässt darauf Methylolamin einwirken, oder man bringt chloriertes Paraffin mit einem Polyäthylendiamin zur Reaktion.

Das *D.R.P. 689.247*, 1940, der I.G. Farbenindustrie hat Weichmacher zum Gegenstand, die vom Palmitinsäuremethylamid ausgehen, auf welches man Paraldehyd, Pyridin und Schwefelsäure einwirken lässt.

Quaternäre Ammoniumverbindungen der Kondensationsprodukte aus Aminen und Äthylenoxyd werden von der I.G. Farbenindustrie im *D.R.P. 697.780*, 1940, als Weichmacher und als Hilfsmittel für die Walke empfohlen.

Im *D.R.P. 697.170*, 1939, beschreibt die I.G. Farbenindustrie Verbindungen der Formel

$$C_{15}H_{31}-C\underset{O-CH_2-CH_2-N}{\overset{O}{\diagdown}}\underset{CH_2-CH_2-O-CH_2-CH_2-OH}{\overset{CH_2-CH_2-O-CH_2-CH_2-OH}{<}}$$

Gemische von Schwefelsäureestern und Äthern, die aus Äthylenoxyd und Oktyl- oder Oleylalkohol erhalten werden können, stellen nach den Angaben der I.G. Farbenindustrie im *D.R.P. 710.228*, 1941, interessante Weichmacher dar, die eine gute netzende Wirkung besitzen.

Kunstseide kann nach *D.R.P. 713.961*, 1941, der I.G. Farbenindustrie mit Lösungen von Alkylaminotriazolen, deren Alkylrest mehr als 8 Kohlenstoffatome aufweist, ein weicher Griff verliehen werden.

Für die Kunstseideappretur schlägt Geigy im *D.R.P. 682.642*, 1939, und *brit. P. 506.610* die Sulfurierungsprodukte von Verbindungen der Formel

$$Ar-\overset{\overset{\textstyle X}{|}}{C}H-C\overset{\diagup O}{\underset{\diagdown Ar}{}}$$

vor.

Es bedeuten dabei Ar einen Arylrest und X einen aliphatischen oder alizyklischen Rest in meso-Stellung. Das Patent nennt als Beispiel das Hexadecyldesoxybenzoinsulfonat.

Die gleiche Firma beschreibt im *amer. P. 2.235.471* und im *D.R.P. 705.436*, 1941, in wässeriger Lösung verwendbare Weichmacher, die man durch Einwirkenlassen von Äthyloktadecylanilin auf Chlormethylsalizylsäure erhält. Als Beispiel wird der Ester der Amino-o-oxykarbonsäure der Diarylmethangruppierung genannt.

Die Merkaptolsulfonsäuren sind nach den Angaben von Geigy im *öst. P. 157.718*, 1940, ebenfalls interessante Weichmacher.

Eine neue Untersuchung von Geigy, die ihren Niederschlag im *öst. P. 165.059*, 1950, fand, erwähnt Azylbiguanide, z. B. Stearyl-oxyäthylbiguanid.

Die Firma Blumer beschreibt in den *D.R.P. 738.299*, 1943, und *743.928*, 1944, Aviviermittel, die Ester mehrwertiger Alkohole und Aryläther darstellen, wobei besonders die Sulfurierungsprodukte solcher Verbindungen von Bedeutung sind.

Hiezu sei das folgende Beispiel erwähnt: Man lässt den Mono-phenyläther des Glyzerinchlorhydrins auf Rizinolsäure einwirken und unterwirft das dabei erhältliche Reaktionsprodukt einer Sulfurierung.

Im *D.R.P. 680.774*, 1939, schlagen Zschimmer und Schwarz als Weichmacher die Salze des Monoesters der Phtahlsäure mit einem Fett-alkohol vor.

Kondensationsprodukte aus aliphatischen Diaminen mit mehr als sechs Kohlenstoffatomen, organischen Säuren und Formaldehyd werden von der Gen. Aniline and Film Corp. im *franz. P. 925.788*, 1947, als Weichmachungsmittel genannt.

Ferner erwähnt die Gen. Aniline and Film Corp. im *amer. P. 2.483.969*, 1949, als Weichmacher Verbindungen der allgemeinen Formel

$$R-CO-NH-(CHR'-CHR''-NH)_x-\underset{\underset{NH}{\|}}{C}-NH-\underset{\underset{NH}{\|}}{C}-NH_2$$

Nach den Angaben des *franz. P. 881.787*, 1943, der Dehydag werden als Weichmacher für Kunstseide die Ester der Adipinsäure mit Hexyl- oder Furfurylalkohol und Nitrilotriessigsäure verwendet.

Zum gleichen Zwecke empfiehlt die I.G. Farbenindustrie im *franz. P. 879.190*, 1943, Kondensationsprodukte von Fettsäuren mit Polyaminen und Harnstoff.

Im *franz. P. 879.053*, 1943, werden Produkte genannt, die durch Verseifung sulfochlorierter Kohlenwasserstoffe von mehr als acht Kohlenstoffatomen erhalten werden. Es handelt sich dabei um die unter dem Namen Mersolate bekannten Produkte[1]).

Die Ester der Karbaminsäure, die durch Einwirkung von Iso-cyanaten auf Aminoalkohole erhalten werden, können nach einer Mit-teilung der I.G. Farbenindustrie im *franz. P. 879.487*, 1943, zur Ver-leihung eines geschmeidigen und vollen Griffs bei Geweben oder Garnen aus Kunstseide verwendet werden.

Geigy beschreibt in einer ganzen Anzahl von Patenten Weich-macher für Reyon. Es handelt sich dabei um die *schweiz. P. 199.782, 202.720, 202.722, 202.723, 202.724,* wobei speziell das Natriumsalz der Sulfonsäure des Methylesters der N-Azeto-N-heptadecylkarb-

---

[1]) Siehe S. 391.

aminsäure genannt wird. Ferner wird im *schweiz. P. 202.550*, 1939, noch eine Verbindung

$$\text{Indol–N–CO–CH}_2\text{–N}\langle{}^{R_1}_{R_2}$$

angegeben.

Auch die Ciba hat sich auf dem Gebiete der Weichmachungsmittel betätigt und eine Reihe diesbezüglicher Patente genommen.

Besonders die *schweiz. P. 203.357, 203.947, 204.237, 209.637, 210.974* und *211.248* beziehen sich auf Produkte, die bei Einwirkung von Stearinsäuremethylamid auf das m-Benzoesäuresulfochlorid oder von N-Oxymethylstearinsäureamid auf Phtalsäureanhydrid und Pyridin entstehen. Ferner wird im *schweiz. P. 208.001*, 1948, noch das Reaktionsprodukt aus Laurinsäuremethylolamid und Chloressigsäure und Pyridin als Weichmacher genannt (siehe diesbez. auch die *schweiz. P. 206.173* und *210.958*, 1940, die sich auf ein Produkt aus Laurinsäure-N-methylolamid und Benzoylsulfochlorid beziehen).

Nach den Angaben in den *schweiz. P. 208.530, 236.917, 238.622, 247.984*, 1940, kommt dem Kondensationsprodukt aus Stearinsäure-N-methylolamid und Thioglykolsäure die folgende Formel zu:

$$C_{17}H_{35}\text{–C}{\overset{\displaystyle O}{\underset{\displaystyle \text{NH–CH}_2\text{–S–CH}_2\text{–C}}{\big\langle}}}{\overset{\displaystyle O}{\underset{\displaystyle OH}{\big\langle}}}$$

Dieses Produkt stellt einen interessanten Weichmacher für Reyon dar.

Die *schweiz. P. 209.972, 211.245, 211.246, 211.247*, 1940, der Ciba beziehen sich auf die Verbindung

$$C_{12}H_{25}\text{–S–CH}_2\text{–O–CH}_2\text{–CH}_2\text{–N}\langle\text{C}_6\text{H}_5\rangle\text{–Cl}$$

und die *schweiz. P. 211.243* und *211.244* auf die Verbindung

$$C_{15}H_{31}\text{–CO–O–CH}_2\text{–CO–CH}_2\text{–N}\langle\text{C}_6\text{H}_5\rangle\text{–Cl}$$

Ferner empfiehlt die gleiche Firma im *öst. P. 166.457*, 1950, eine Verbindung der Formel

$$C_{17}H_{35}\text{–}\overset{\displaystyle O}{\overset{\|}{C}}\text{–NH–CH}_2\text{–S–CH}_2\text{–}\overset{\displaystyle O}{\overset{\|}{C}}\text{–H}$$

und im *öst. P. 166.462* Imidazolderivate.

Reaktionsprodukte von Karbonsäuremethylolamiden oder Gemischen von Karbonsäureamiden und Formaldehyd mit Merkaptanen werden als Weichmacher im *öst. P. 166.925*, 1950, und im *franz. P. 858.459* empfohlen. Nach den Angaben in den *öst. P. 166.924* und *166.926* lässt man tertiäre Amine, die mindestens eine Hydroxylgruppe an einen wenigstens aus zwei Kohlenstoffatomen bestehenden Alkylrest gebunden enthalten, mit Formaldehyd und Amiden mit einem freien Wasserstoffatom am Amidstickstoff aufeinander einwirken.

In den *schweiz. P. 211.655, 211.656* und *211.657* wird das Reaktionsprodukt aus Stearinsäureamid, Dichlormethyläther und Thioharnstoff erwähnt, während die *schweiz. P. 212.562, 212.563* und *212.564* quaternäre Ammoniumverbindungen behandeln, die aus α-Undecylbenzyldimethylaminoazetamid durch Quaternierung mit Benzylchlorid erhalten werden.

Ferner gelangt man zu Weichmachern nach *schweiz. P. 219.925*, wenn man Stearinsäureanilid mit N-Methylolchlorazetanilid zusammenbringt. Lässt man auf dieses Kondensationsprodukt dann noch einen Alkylthioharnstoff einwirken, so gelangt man zu dem im *schweiz. P. 222.451* beschriebenen Weichmacher.

Im *öst. P. 162.919*, 1949, den *franz. P. 827.014, 867.109* und den *schweiz. P. 228.440, 231.424, 231.425* und *251.642*, 1948, schlägt die Ciba als Weichmacher und Mittel zum Wasserdichtmachen Kondensationsprodukte aus Amiden und Urethanen mit Formaldehyd und Harnstoff vor. Unter anderm erwähnt die Patentschrift eine Verbindung der folgenden Formel:

$$NH—CO—NH—CH_2—NH—CO—C_{17}H_{35}$$
$$|$$
$$CH_2$$
$$|$$
$$NH—CO—NH—CH_2—NH—CO—C_{17}H_{35}$$

Das *öst. P. 162.920*, 1949, sowie das *schweiz. P. 249.633* der gleichen Erfinderfirma geben ein Verfahren zur Herstellung von Weichmachungs- und Reinigungsmitteln, das dadurch gekennzeichnet ist, dass man von zyklischen Äthern mit mindestens zwei Ätherfunktionen ausgeht und dann mindestens ein Wasserstoffatom der Aminogruppe durch einen organischen Rest ersetzt.

Als Beispiele werden genannt:

$$H_2N—CH_2—CH—CH_2 \quad oder \quad CH_2—CH—CH_2—NH—CH_2—CH—CH_2$$

Bringt man N,N'-Di-(chlormethyl)-N,N'-distearyl-methylendiamin mit Monochloressigsäureamid zur Reaktion und setzt dann dieses Reaktionsprodukt mit Pyridin um, so erhält man den von der Ciba im *schweiz. P. 235.767*, 1945, empfohlenen Weichmacher.

Ein weiteres Weichmachungsmittel erhält man nach den Angaben des *schweiz. P. 236.995*, 1945, wenn man Stearinsäure mit Diäthanolamin umsetzt und anschliessend durch Erhitzen mit Ameisensäure auf 100° C das Formiat dieser Verbindung gewinnt.

Die Ciba empfiehlt zudem im *schweiz. P. 238.329*, 1945, Stearinsäure mit einem Ammoniumsalz und Formaldehyd umzusetzen.

Als Zusätze zum vorhergehenden Patent sind die *schweiz. P. 240.104, 240.105, 240.106, 240.107*, 1946, anzusehen, in welchen die Ciba vorschlägt, Stearinsäureamid mit Methylolamid und Formaldehyd zur Reaktion zu bringen und dann ein Salz des p-Aminodimethylanilins und Formaldehyd einwirken zu lassen.

Auch das Umsetzungsprodukt aus Stearinsäure-N-methylolamid und Guanidinnitrat stellt nach *schweiz. P. 238.330*, 1945, der Ciba einen Weichmacher dar.

Die *schweiz. P. 241.142, 241.143* und *241.144*, 1946, der Ciba sind Zusätze zum *schweiz. P. 238.330*. Es werden darin die Umsetzungsprodukte aus Ölsäure- oder Stearinsäure-N-methylolamid mit Biguanidnitrat und einer kleinen Menge Gunanidinnitrat besprochen.

Nach den als Zusatz zum *schweiz. P. 236.995* geltenden *schweiz. P. 238.948, 238.949* und *238.950*, 1945, der Ciba gelangt man aus Ölsäurediäthanolamid und Ameisensäure zum Salz eines Aminoesters, welches ebenfalls weichmachende Eigenschaften besitzt.

Als Weichmachungsmittel für Viskosekunstseide sind nach den *schweiz. P. 237.621, 241.820, 241.821, 241.822, 241.823*, 1946, der Ciba Säureamidderivate verwendbar, die bei der Einwirkung von Säureamiden auf Alkylolamine und Formaldehyd entstehen. So kann etwa Stearinsäure- oder Ölsäureamid mit Triäthanolamin und Formaldehyd im Verhältnis 1 : 1 : 1 oder 2 : 1 : 2 zur Reaktion gebracht werden.

Den gleichen Gedankengang verfolgen auch die *schweiz. P. 244.507*, 1947, und *247.918*, 1948, der Ciba, indem sie empfehlen, Kokosfettsäureamid mit Formaldehyd in das Kokosfettsäure-N-methylolamid überzuführen und dann unter Essigsäurezusatz mit einer äquimolaren Menge Triäthanolamin umzusetzen. Man gelangt so zu einem schäumenden Textilhilfsmittel, das sich unter Umständen auch zum Weichmachen eignet.

Wird je ein Mol Ölsäureamid, Formaldehyd und Triäthanolamin miteinander zur Reaktion gebracht, so erhält man das von der Ciba im *schweiz. P. 247.919*, 1948, geschützte Weichmachungsmittel.

Desgleichen ist in den *schweiz. P. 242.605* und *245.277*, 1947, der Ciba die Rede von Weichmachern für Viskosekunstseide, die sich aus einem Mol technischem Ölsäureamid, einem Mol Formaldehyd und einem Mol Triäthanolamin herstellen lassen.

Wird N-(β-Oxyäthyl)-stearinsäureamid mit einer äquimolaren Menge Maleinsäure oder dessen Anhydrid zur Reaktion gebracht, so kommt man nach den Angaben der Ciba im *schweiz. P. 248.209*, 1948, zu einem Weichmacher.

Zum Avivieren von Zellwolle empfiehlt die Ciba in den *schweiz. P. 244.048* und *248.687*, 1948, das Kondensationsprodukt aus einem Mol Stearinsäure und zwei Molen Äthylenoxyd.

Verbindungen der allgemeinen Formel

$$\text{Me—O—}\underset{\underset{O}{\|}}{C}\text{—A—Y—Z}$$

wobei A ein Alkyl-, Aryl- oder Zykloalkylrest, Y eine Karboxylgruppe und Z einen aliphatischen Rest von mehr als acht Kohlenstoffatomen bedeuten, erwähnt die Ciba im *amer. P. 2.175.101*, 1939. Ein Beispiel für eine solche Verbindung wäre etwa

$$\text{CO—OMe}$$
$$\text{CO—O—}(CH_2)_{17}\text{—}CH_3$$

Die Imp. Chem. Ind. liessen in den *brit. P. 596.153* und *596.154*, 1947, ein Produkt von weichmachenden und wasserabweisenden Eigenschaften schützen, welches man aus dem Kondensationsprodukt aus Stearinsäureamid und Hexamethoxymethylmelamin durch Behandlung mit Formaldehyd und Pyridin in Gegenwart von Salzsäure erhält.

Asparaginsäureester sollen sich ebenfalls nach den Angaben des *brit. P. 575.608*, 1947, der Cyanamid als Weichmacher eignen.

Für Polyamidfasern schlägt du Pont im *brit. P. 574.488*, 1946, Verbindungen wie etwa

$$CH_3\text{—}\underset{\underset{O}{\|}}{C}\text{—O—}(CH_2)_8\text{—CH—}(CH_2)_7\text{—}CH_3$$
$$\text{OH}$$

als Weichmacher vor.

Dieses Patent deckt sich dabei weitgehend mit dem *amer. P. 2.396.715*, 1946, von Du Pont, das als Weichmacher für Polyamidfasern Verbindungen der allgemeinen Form

$$\text{R—O—CO—R}'\text{—CH—R}''$$
$$\text{OH}$$

erwähnt, wobei R einen aliphatischen Rest mit ein bis sechs Kohlenstoffatomen, R' eine Alkylengruppe und die Gruppe $-CO-R'-CH(C_6H_4OH)-R''$ bis zu 22 Kohlenstoffatome besitzt.

Die Herstellung von Weichmachern wird von der Arkansas Co. auch im *amer. P. 2.525.771*, 1950, behandelt. Man setzt dabei höhermolekulare Fettsäuren mit 12 bis 14 Kohlenstoffatomen mit wasserlöslichen, gesättigten aliphatischen Aminen bei Temperaturen zwischen 165 und 205° C um und bringt hierauf Polyäthylenglykol mit einem Molekulargewicht zwischen 200 und 1500 mit diesem Kondensationsprodukt bei Temperaturen zwischen 150 und 175° C zur Reaktion.

Kondensationsprodukte aus Ammelin, einem Triazinderivat, und Äthylenoxyd eignen sich ebenfalls nach den Angaben der Amer. Cyanamid Co. im *amer. P. 2.413.755*, 1947, als Weichmacher für Textilien. Diese Produkte weisen eine gute Netz- und Emulgierwirkung auf und sind auch für Knitterfreieffekte bei Kunstseide interessant.

Das *amer. P. 2.417.513*, 1947, von Attorney schützt die Verwendung basischer linearer Esterpolymerer aus aliphatischen Dikarbonsäuren und aliphatischen zweiwertigen Alkoholen als Weichmachungsmittel für die Textilindustrie. Man gelangt z. B. zu einem solchen Produkt, indem man Adipinsäure mit 1,4-Butylenglykol und Hexamethylendiamin oder Adipinsäure mit β,β'-Dioxyäthylmethylamin kondensiert. Die erstere Reaktion ist ähnlich jener, die im *schweiz. P. 223.066* beschrieben wird.

Im *amer. P. 2.427.242*, 1947, der Amer. Cyanamid Co. wird ein Kondensationsprodukt aus 5 bis 7 Molen Äthylenoxyd und einer Mischung aus 50 bis 70 Mol-Prozent eines alkylierten Guanidinium-N-alkylkarbamats und 50 bis 30 Mol-Prozent eines Alkylamino-N-alkylkarbamats beschrieben, wobei die aliphatischen Reste 16 bis 18 Kohlenstoffatome aufweisen. 90 bis 94 Teile dieses Kondensationsproduktes werden dann mit 10 bis 6 Teilen einer anionaktiven Substanz, die eine einzige aliphatische Kette von 16 bis 18 Kohlenstoffatomen besitzt, vermischt und zu dieser Mischung noch 0,1 bis 4% eines wasserlöslichen Aluminiumsalzes zugegeben.

Als Weichmacher kann auch nach dem *amer. P. 2.402.767*, 1946, der Solvent Corp. eine wässerige Emulsion von Alkylaminoazetoxim verwendet werden, wobei die Alkylgruppe sich von einer höheren Fettsäure ableiten soll.

Kondensationsprodukte von 1,2-Alkyleniminen und Chloräthansulfonsäuren werden von der Gen. Aniline and Film Corp. im *amer. P. 2.368.082*, 1945, als Weichmacher vorgeschlagen.

Sandoz schlägt im *amer. P. 2.359.043*, 1944, als Weichmacher eine Verbindung folgender Formel vor:

$$C_{17}H_{35}-CH \begin{cases} C_2H_4-COOC_{11}\dot{H}_{25} \\ C_2H_4OH \end{cases}$$

Alframine Corp. beschreibt im *amer. P. 2.357.598*, 1944, als weichmachende Textilhilfsmittel Verbindungen der allgemeinen Formel

$$R-CO-(NH-C_xH_{2x})_n-NH-C_yH_{2y}-OH$$

Dabei stellt R eine aliphatische Kette von mindestens 7 Kohlenstoffatomen dar, x und y bedeuten Zahlen zwischen 2 und 5 und n eine Zahl zwischen 1 und 3.

Im *amer. P. 2.345.632*, 1944, erwähnt die Nat. Oil Prod. Co. als Weichmacher Amide der allgemeinen Formel

$$R_1-CO-NR_3-X-CO-R_2$$

Dabei bedeutet R_1-CO- einen Fettsäurerest mit 16 bis 22 Kohlenstoffatomen, $-CO-R_2$ einen solchen mit 2 bis 5 Kohlenstoffatomen, R_3 ein Wasserstoffatom oder ein Azylrest mit 2 bis 5 Kohlenstoffatomen, X eine Gruppierung der allgemeinen Formel

$$-(CR_4R_5-CR_4R_5-CH_2)_n-$$

wobei R_4 und R_5 ein Wasserstoffatom oder einen Alkylrest und n eine Zahl grösser als eins darstellen. Zu einem solchen Produkt gelangt man z. B., wenn Tetraäthylenpentamin mit Kokosnussöl und Essigsäureanhydrid erhitzt wird und das Reaktionsprodukt darauf im geschmolzenen Zustande nochmals mit Essigsäure behandelt wird. Man erhält so ein wasserlösliches Produkt.

Zum Weichmachen von Textilien schlägt die Alrose Chem. Co. im *amer. P. 2.334.852*, 1943, Bäder vor, die Salze von Kondensationsprodukten höherer Fettsäuren enthalten, so etwa das Kondensationsprodukt aus Stearinsäure und Trimethylolaminomethan

$$NH_2-\underset{\underset{\textstyle CH_2OH}{|}}{\overset{\overset{\textstyle CH_2OH}{|}}{C}}-CH_2OH$$

oder 2-Amino-2-methyl-1,3-propandiol

$$HO-CH_2-\underset{\underset{\textstyle CH_3}{|}}{\overset{\overset{\textstyle NH_2}{|}}{C}}-CH_2OH$$

Substituierte Guanidinderivate der Formel

$$C_{17}H_{35}CO-NH-CH_2-CH_2-N-CH_2-CH_2OH$$
$$|$$
$$C=NH \qquad usw.$$
$$|$$
$$C_{17}H_{35}CO-NH-CH_2-CH_2-N-CH_2-CH_2OH$$

werden von Arnold, Hoffman im *amer. P. 2.304.369*, 1942, als Weichmacher für Textilien genannt.

Im *amer. P. 2.304.157*, 1942, von Du Pont, ist von Weichmachern für Zellulosefasern die Rede, die den Formeln

$$R-N-CH_2-PO(OH)_2 \qquad oder \qquad R-N-CH_2-PO(OH)_2$$
$$| \qquad\qquad\qquad\qquad\qquad\qquad |$$
$$R' \qquad\qquad\qquad\qquad\qquad\qquad CH_2$$
$$|$$
$$R'-N-CH_2-PO(OH)_2$$

entsprechen. R' bedeutet dabei ein Wasserstoffatom oder einen niedermolekularen Alkylrest, R einen Alkylrest mit mehr als 10 Kohlenstoffatomen, der frei von wasserlöslichmachenden Funktionen ist und am Stickstoffatom mittels einer –CO– oder –CS–-Gruppe befestigt ist. Nach diesem Verfahren behandelte Textilien zeigen auch wasserabweisende Eigenschaften.

Arnold, Hoffman erwähnt im *amer. P. 2.304.113*, 1942, das dem im *amer. P. 2.304.369* (siehe weiter oben) beschriebenen Guanidinderivat entsprechende Harnstoffderivat

$$C_{17}H_{35}CO-NH-CH_2-CH_2-N-CH_2-CH_2OH$$
$$|$$
$$CO$$
$$|$$
$$C_{17}H_{35}CO-NH-CH_2-CH_2-N-CH_2-CH_2OH$$

als Weichmachungsmittel für Textilien.

Von der Gen. Aniline and Film Corp. werden ferner im *amer. P. 2.271.708*, 1941, auch Verbindungen der allgemeinen Formel

$$R-CH_2-CH-CH_2-COR'$$
$$|$$
$$ONa$$

zum Weichmachen genannt.

Eine 0,2%-ige wässerige Natriumcetylsulfatlösung mit einem Zusatz von 0,4% Harnstoff soll sich bei 50° C nach einer Mitteilung von Du Pont im *amer. P. 2.246.085*, 1941, gut zum Weichmachen von Textilien eignen.

Das *amer. P. 2.231.502*, 1941, der Gen. Aniline and Film Corp. empfiehlt, hochmolekulare, stickstoffreie Verbindungen der Formel

$$R-CH_2-O-R_1-Z,$$

wobei R einen Abietinrest, R_1 einen Alkylen- oder Oxyalkylenrest und Z ein Halogenatom bedeuten, mit organischen Stickstoffbasen umzusetzen. Man gelangt so zu Weichmachern etwa der Formel

$$R-CH_2-O-CH_2-\underset{\underset{OH}{|}}{CH}-CH_2-\underset{\underset{Cl}{|}}{N}\hspace{-0.3em}\begin{array}{c}\diagup\hspace{-0.3em}\diagdown\\ |\\ \diagdown\hspace{-0.3em}\diagup\end{array}\quad\text{oder}$$

$$R-CH_2-O-CH_2-\underset{\underset{OH}{|}}{CH}-CH_2-\underset{\underset{Cl}{|}}{N}\hspace{-0.3em}\begin{array}{c}\diagup CH_3\\ -CH_3\\ \diagdown CH_3\end{array}$$

Solche Produkte eignen sich zudem zum Schiebefestmachen von Kunstseidegeweben.

Weichmachende Effekte auf Textilien, besonders Kunstseide, werden nach dem *amer. P. 2.183.721*, 1939, von Du Pont auch durch eine Behandlung mit wässerigen Dispersionen von 0,2% Natrium-cetylsulfat und 0,1% Natriumsulfamat bei 50° C erhalten.

Im *D.R.P. 699.028*, 1940, wird von der I.G. Farbenindustrie eine Behandlung der Textilien mit Lösungen von Salzen kationaktiver Stickstoffbasen, die schwer lösliche Phosphate oder Sulfate bilden, und Dispergiermitteln vorgeschlagen (vgl. *D.R.P. 699.110*).

5-Oktadecyloxymethyl-2-oxybenzoesäure kann nach dem *schweiz. P. 219.930*, 1942, von Geigy als Weichmacher für Textilien Verwendung finden (vgl. diesbez. auch *schweiz. P. 222.458* und *222.461*).

Halogenierte Methyloxybenzoesäure sowie deren Derivate, die mit Cetyl- oder Oleylalkohol kondensiert wurden, sind nach den *schweiz. P. 222.458—460*, 1942, von Geigy ebenfalls Weichmacher.

Ferner gehört als weiterer Zusatz zum *schweiz. P. 219.930* noch das *schweiz. P. 222.461*, 1942, von Geigy in diese Gruppe. Auch hier ist die Rede von Alkyloxymethylderivaten der o-Oxybenzoesäure. So stellen z. B. die 5-Cetyloxymethyl-5-methyl-2-oxybenzoesäure oder die 5-Oktadecyloxymethyl-2-oxybenzoesäure ebenfalls Weichmacher dar.

Zum Weichmachen werden im *franz. P. 948.595*, 1949, der Ciba Ester oder Amide von Säuren (Ölsäure usw.) oder Sulfurierungsprodukte dieser Verbindungen vorgeschlagen.

Laut *amer. P. 2.399.559* der Courtaulds werden an Stelle der Natriumsalze der üblichen Weichmachungsmittel Ammoniumsalze nahe bei Kochtemperatur so angewendet, dass die anfänglich schwach alkalischen Bäder im Laufe der Behandlung schwach sauer werden.

Gemäss *D.R.P. 717.938*, 1942, der I.G. Farbenindustrie werden Kunstseidengewebe weichgemacht durch Behandlung mit wässerigen

Lösungen von Salzen von Sulfonsäuren höhermolekularer aliphatischer oder gemischt aliphatisch-aromatischer Verbindungen, wie sulfopalmitinsaurem Natrium usw.

Nach *D.R.P. 680.835* (14. 11. 1928) der Dehydag haben sich bei der Behandlung von Fasern, Fäden oder Geweben aller Art die Oxyäther oder sauren Ester von Fettalkoholen, die mehr als 10 Kohlenstoffatome im Molekül enthalten, mit mehrwertigen aliphatischen Alkoholen bzw. mit niedermolekularen mehrbasischen Karbonsäuren als Weichmachungsmittel sehr bewährt. Sie lassen sich nach der Behandlung leicht aus der Faser entfernen, sie erfahren unter dem Einfluss von Licht und Luft keine Veränderung und greifen den Faden nicht an. Als Beispiele werden der Monoglyzerinäther von Octadecyl- und Hexadecylalkohol und der saure Oxalsäureester des Oleinalkohols genannt.

II. A. 1. Die Seifen für die

Name	Erzeugerfirma	Zusammensetzung
Oleinseife Permalin KWK Cykloran M Benzapon Benzapon I & II Colgate Formula 10, 20 u. 25 Nopco Soap No. 9	 Rudolf The Hexoran Co. Stockhausen Thomann Colgate Palmolive- Peet Co. Nat. Oil Prod. Co.	Natrium- und Kaliumsalz der Öl- säure CH_3—$(CH_2)_7$—$CH=CH$— $(CH_2)_7$—COOMe. Saure Seife.
Amber Soap Flakes Badger Soap Pearl Soap Diamantseife Supralan W 280 Viscosil spez. Omnapolseife Radiactine flüssig und fest Atco Soap 55, M Desenco JB	Procter & Gamble Colgate-Palmolive- Peet Co. Colgate-Palmolive- Peet Co. Stockhausen Zschimmer und Schwarz A. Th. Böhme Sapic, St-Denis Atlantic Chem. Co.	Konzentrierte, neutrale Talgseife. Seife 43%ig aus Ölsäure, Talg und Palmkernöl.
Hydralène Boaltex Kokosölseife Crissolène Epalin Flint Chips Foulogène Foulonnex NK Certified Cotonyl Nopco Soap N	Sav. Fournier-Cimag Simon u. Dürkheim Piesvaux Oranienburger Chem. Fabrik Armour S.P.C.M.C. C.F.M.C. Armour Sav. Réunies de Bou- logne et de St-Denis Nat Oil Prod. Co.	 Kokosnussölseife. Kokosnussölseife $+7\%$ Na_2CO_3. Neutrale Seife. Baumwollsaatölseife.
Polsope	Paulden	Eine Kombination von Seife und synthetischen Waschmitteln in Form eines Gels.

---

[1]) Produkte auf Grundlage von Seifen und Lösungsmitteln, siehe Teil II, Bd. *1*, Kap.
III, S. 178 und folgende.

nichtionogene kapillaraktive Derivate[1])

Literatur	Verwendungsgebiete
Textilindustrie.	
Silk and Rayon 1952, *26*, S. 673.	Ausgezeichnete Wasch- und Appretur-mittel, bilden mit den Erdalkalisalzen unlösliche Niederschläge. Permalin KWK wird als Walkmittel empfohlen; ist beständig gegen Säuren und hartes Wasser.
Mell. 1930, S. 610.	Waschmittel für Textilien. Entschlichten der Kunstseide. Beuchen der Baumwolle. Als Zusatz zur Appretur.
Das Produkt ist alkalibeständig und widersteht einer gewissen Wasserhärte und schwachen Säuren.	

Name	Erzeugerfirma	Zusammensetzung
Kavonseife	Kavonwerke	Kaliseife.
Kaliseife	Pott	
Kalischnitzelseife	Stockhausen (1924)	Kaliseife, hellgelbe, transparente Schnitzel.
Lanablankseife	Böhme-Fettchemie	
Thionseife MG	L. Blumer, Zwickau	Magnesiaseife.
Benzibel O, OL	Belgotex	Magnesiumsalz einer Fettsäure.
Olivenölkaliseife 40%	Simon u. Dürkheim	
Olivenöl-Avivage	Zschimmer u. Schwarz (1919)	Olivenölkaliseife.
Olivenöl-Avivage	Chem. Fabrik Meerane	
Olivenöl-Avivage	Simon u. Dürkheim	Olivenölseife-Emulsion.
Arctic Crystal Flakes	Colgate-Palmolive-Peet Co.	Techn. Natriumstearat.

Salze der Naphten-

Name	Erzeugerfirma	Zusammensetzung
Nusope 33 A, P 50	Nuodex Prod. Co.	
Sulfo TR	S.P.C.M.C.	

Seifen der Abietin-

Name	Erzeugerfirma	Zusammensetzung
Sodium abietate	Glyco Prod. Co.	Natriumsalz der Abietinsäure.
Potassium abietate	Glyco Prod. Co.	Kaliumsalz der Abietinsäure.

Salze der Rizinusölsäure

Name	Erzeugerfirma	Zusammensetzung
Paraseife PN	M.L.B.	Natriumrizinoleat, Rizinusölseife.
Türkischrotöl D	I.G. Farbenindustrie	
Turkey Red Oil	I.C.I.	
Cytol	Et. Blancher, Lyon	Rizinusölseife von saurer Reaktion.
Emulgol	St-Denis	Mischung von mehr oder weniger hydrierten Oxyfettsäuren, welche durch Ammoniakzusatz löslich werden.
Humectine A	St-Denis	
Emulgateur P	S.P.C.M.C.	
Emulgin	Simon u. Dürkheim	Polyrizinolsaures Natrium.
Appreturöl W	Stockhausen	
Alsatine (alte Bezeichnung)	Wegelin Tétaz, Mulhausen	
Sapoléine (alte Bezeichnung)	F.P.C. Thann	
Paranaphtoléine (alte Bezeichnung)	Wacker u. Schmidt	
Türkischrotöl F (alte Bezeichnung)	Laroche & Juillard	

Literatur	Verwendungsgebiete
Nicht beständig gegen Alkalien und Säuren.	Verwendung in der Textilindustrie. Zum Waschen von Wollstückwaren aller Art. Zum Fertigmachen von gefärbter Baumwolle. Zum Entbasten von Seide. Reinigungsmittel in der Trockenreinigung. Thionseife MG wird als Füll- und Beschwerungsmittel verwendet. Zum Avivieren. Besonders für die Seidenavivage.
	Appreturmittel.

säuren (Naphtenate)

	Waschmittel für Textilien.

säuren

Levinson u. Minich, Soap 1938, *14*, S. 28 u. 69.	Waschmittel.
Textile Colorist. 1938, *50*, S. 698, 705.	Emulgiermittel für vegetabilische Öle.

(Rizinoleate)

Literatur	Verwendungsgebiete
Seifensieder Ztg. 1917, S. 44. 1. 100 Teile Rizinusöl + 59 Teile NaOH 36⁰ Bé + 100 Teile H_2O, während einer Stunde im Kupferkessel kochen, hierauf 22 Teile HCl 19⁰ Bé zugeben und teilweise mit 2 Teilen NaOH 38⁰ Bé neutralisieren. 2. 100 Teile Rizinusöl + 100 Teile NaOH von 19⁰ Bé (13,6 Teile NaOH) 1 Stunde kochen, hierauf sehr langsam 15 Teile H_2SO_4 66⁰ Bé bis zur sauren Reaktion zugeben. Abdekantieren der Rizinusölsäure (95 Teile) und bei 30⁰ C mit 0,12 Teilen NH_4OH 25% und 2 Teile Rizinusölsäure neutralisieren.	Für Naphtolbäder; Pararotfärberei. In der Türkischrotfärberei. Zum Vorölen der für die Alizarin- und Nitroalizarinrotfärberei oder für den Druck bestimmten Ware. Als Emulgiermittel zur Herstellung von Emulsionen von Kohlenwasserstoffen.

Name	Erzeugerfirma	Zusammensetzung

II. A. 2. Sulfurierte Öle von niedrigerem

a) Sulforizinoleate

Name	Erzeugerfirma	Zusammensetzung
Coloran L	Oranienburger Chem. Fabrik	Türkischrotöl von niedrigem Sulfonierungsgrad.
Flerhenol T	Flesch-Werke	Gemisch von Tririzin, von Tririzinusölsäure und Dioxystearinsäure sowie ihrer Sulfoester und von Polyrizinussäuren. $C_{17}H_{32}(OSO_3H)\cdot COOH$.
Huile AS	Laroche & Juillard	Gelbbraune, ölartige Flüssigkeiten von schwach alkalischer Reaktion, mit Wasser in jedem Verhältnis mischbar.
Huile MNHL	Laroche & Juillard	
Ahcolein 810	Arnold, Hoffman Co.	Hochwertiges, hellfarbiges Türkischrotöl von sehr mildem, fettsäureartigem Geruch.
Sulfonated Castor Oil	Atlantic Chem. Co.	Siehe S. 284.
Sulfonated Red Oil	Atlantic Chem. Co.	
Sulphonated Castor Oil No. 75	Swift and Co.	
Super Sulfonal 1 u. 13	Soc. per Ind. Chimica Italiana	
Turkey Red Oil No. 50	Yokum Faust Co.	
Turkey Red Oil	Yocum Faust Co.	
Turkey Red Oil PO	Imp. Chem. Ind.	
Ultra Sulpha X	Amalgamated	
Olinor DKM	Böhme-Fettchemie	
Turkey Red Oil A und P	G. D. C.	

Literatur	Verwendungsgebiete

oder höherem Sulfonierungsgrad.

(Rizinusrotöle, Türkischrotöle).

Literatur	Verwendungsgebiete
Erban, Frb. Ztg. 1915, S. 187; Beyer, Tiba Nov. 1927; *D.R.P. 128.691*, 1902, M.L.B.; Fischer's Ber. 1922, S. 515.	Präparieren der Ware für die Alizarinrot- oder -rosafärberei oder für den Druck mit Alizarinfarben: 30 bis 65 g Sulforizinoleat 50%ig pro Liter und Zusatz von 2,5$^0/_{00}$ NH_4OH 25%ig.

Eine zusammenfassende Zusammenstellung sulfurierter Öle stammt von Cremer, Mell. 1935, *16*, S. 134; ferner Chwala, Mell. 1935, *16*, S. 509; A. E. Sunderland, Soap.& Sanitary Chemicals 1935, *11*, Nr. 10, S. 61, Nr. 11, S. 61 und Nr. 12, S. 67; A. Hecking, Fette und Seifen 1938, *45*, S. 628; Koppenhoefer, J. Amer. Leather Chem. Ass. 1939, *34*, S. 622; Winokuti, Igarasi und Yagi, J. Soc. Chem. Ind. Japan 1932, *35*, S. 159; Winokuti und Yagi, J. Soc. Chem. Ind. Japan 1936, *39*, S. 161.

Als Netzmittel beim Färben von Alizarin- und Pararot.

In der Appretur als Weichmachungsmittel.

Herstellung.

In 3 Phasen: a) Einwirkung von konz. H_2SO_4 auf Rizinusöl: 100 Teile Rizinusöl + 35 Teile H_2SO_4 66⁰ Bé, langsames Zufliessenlassen der Säure, damit die Temperatur nicht über 35⁰ C steigt.

b) Entfernen der überschüssigen Schwefelsäure, zuerst mit Kochsalzlösung und darauf mit reinem Wasser.

c) Neutralisieren der Sulforizinussäure mit Natronlauge oder Ammoniak.

Hilditsch, Sulfated Oils and Allied Products, London 1939; A. Van der Werth und F. Müller, Neuere Sulfonierungsverfahren zur Herstellung von Dispergier-, Netz- und Waschmitteln; Erban, Die Anwendung von Fettstoffen in der Textilindustrie, 1911, S. 92; Herbig, Frb. Ztg. 1902 und 1904.

Burton und Robertshaw, The Sulfated Oils and allied Products, Harvey, London 1939, Chem. Publ. Co. New-York 1940.

Name	Erzeugerfirma	Zusammensetzung
Puropolöl A, S, N B	Simon u. Dürkheim	Produkte von niedrigem oder mitt-
Puropolseife	Simon u. Dürkheim	lerem Sulfonierungsgrad.
Triumphöl	Zschimmer und Schwarz	
Natex	Belgotex	
Mortex O, R und C	Belgotex	
Nopco SHCO	Nat. Oil Prod. Co.	
Appreturöl	Simon u. Dürkheim	
Arbylöl 50%, 95%	Grünau	
Universalöl	Dr. A. Schmitz	
Efinol M	Dr. A. Schmitz	
Olitex 6-B	Laurel	Sulfuriertes Pflanzenöl von nie-
Isomerpin	Pott	drigem Titer.
Tibalène NMP	Francolor	
Pantosulfol	S.P.C.M.C.	
Sandozol KB	Sandoz	
Viscosil E 120	A. Th. Böhme	

b) Sulf-

Name	Erzeugerfirma	Zusammensetzung
Avirol	Böhme-Fettchemie	Einwirkung von Schwefelsäure auf Olivenöl oder Rinderklauenöl.
Avivan 99	Pfersee Protex	
Brillant Avirol SM 100	Böhme-Fettchemie	$CH_3-(CH_2)_7-CH-CH_2-(CH_2)_7-COOH$
Visko Flerhenol A	Flesch-Werke	
Edunex H	S.P.C.M.C.	$\quad\quad\quad\quad O-SO_2OH$
Edunine NH	Kuhlmann	oder
Edunol S	St-Denis	
Sodapol M	Sodac	$C_{17}H_{34}\begin{cases} O-SO_2OH \\ COOH \end{cases}$
Finish KB	Sandoz	
Lanolubric F	Houghton	Rinderklauenöl besteht aus 20% Palmitinsäure, 75% Ölsäure als Glyzeriden.
Nopco 2031	Nat. Oil Prod.	
Olivene C	Commonwealth	
Olivenol O	Commonwealth	
Congogel	Continental	Auf Basis eines Alkyloleatsulfonats.
Orappret SW 100	Paix	
Softenol	Simon u. Dürkheim	
Sulphonated pure Neats Foot Oil	Swift and Co.	
Sulphonated Neatsfoot Oil	Yocum Faust Ltd. Canada	

Literatur	Verwendungsgebiete
Seifensieder Ztg. 1930, S. 495; 1931, S. 760.	Für Schlichte und Appretur.
	Können jeder Appretur zugesetzt werden.
Hilditsch, Sufated Oils and Allied Products, London 1939; Herbig, Die Öle und Fette in der Textilindustrie, 1939, S. 267.	Färbe-, Appretur- und Schlichteöle.
Nishizawa, J. Soc. Chem. Ind. Japan, Supply binding 1935, *39*, S. 488 und 1936, *39*, S. 234.	
A. Hecking, Fette und Seifen 1938, *45*, S. 628.	
Th. Burton and Robertshaw, The Sulfated Oils and Allied Products, 1940, Chemical Publishing, New York.	Weichmachendes Appreturmittel für Baumwoll- und Kunstseidenwaren.
	Auch als Zusatz zum Sanforisieren empfohlen.

oleate.

Mell. 1928, S. 759.	Avivagemittel, verleiht der Ware einen weichen Griff.
Mell. 1930, S. 610.	
Seifensieder Ztg. 1931, S. 543.	
Herbig, Die Wirkung der Schwefelsäure auf Olivenöl, Frb. Ztg. 1902, Heft 18; 1903, Heft 16, S. 722 und Heft 23; Frb. Ztg. 1904, Hefte 2 und 31.	
Siehe S. 286.	

Name	Erzeugerfirma	Zusammensetzung
Oleonat D Monopolbrillantöl SO 100% Viscosil S	Pfersee Stockhausen A. Th. Böhme	Olivenölsulfonat (geringer Sulfonierungsgrad).
Hydrosan	Pfersee	Seife, die mit Monopolseife + Harnstoff stabilisiert ist.
Hydrosan D	Pfersee	Sulfoleat + Harnstoff.

c) Sulfurierter

Name	Erzeugerfirma	Zusammensetzung
Tallosan K, L, S, RC, CH	Stockhausen	Sulfurierter Talg.
Estosan T	Böhme-Fettchemie	Weisser Teig, gibt beim Verdünnen
Estamol T	Böhme-Fettchemie	mit Wasser eine feine, weisse
Talfurol M	A. Th. Böhme	Emulsion.
Viscosil A, SE 48	A. Th. Böhme	Sulfurierter Talg und Wachs.
Universat S u. SW	A. Th. Böhme	Sulfurierter Talg + Talg.
Waxol T	I.C.I.	Talg enthält ungefähr
Torridex	Warwick	30% Palmitinsäure
Solanos CT	P.C.M.N.	20% Stearinsäure
Estamit TH	P.C.M.R.	38% Olsäure
Sebumol extra	Zschimmer u. Schwarz	als Glyzeriden
Talvon SE, T, 100	Zschimmer u. Schwarz	
Talvon M extra		
Textal T, T neu, 22	Pfersee, Protex	
Belgappret SS	Belgotex	
Belgaviv SS	Belgotex	
Cados	Sodac	
Setal AB	Sav. Fournier-Cimag	
Talfurol M	A. Th. Böhme	
Talfurol P 50	A. Th. Böhme	
Tallofin AR, BW	Stockhausen	Wachsemulsion in Tallosan K.
Tallofin SH	Stockhausen	Stearinsäureemulsion in Tallosan K.
Tallofin C, JW	Stockhausen	Wachs- und Fettemulsion in Tallosan K.
Tallofin N extra	Stockhausen	Paraffinemulsion in Tallosan K.
Edunine NAF u. NJ	Francolor	
Ceranin	Sandoz	
Irgafinish A u. A 300	Geigy	Kokosfettemulsion mit sulfuriertem Talg.
Sulfonated Tallow	Atlantic Chem. Co.	Hochsulfurierter Talg.
Teinon	Baumann	

Literatur	Verwendungsgebiete
Mell. 1930, S. 610.	Avivagemittel für Kunstseide.
D.R.P. 576.366. 1925; *öst. P. 128.241,* 1925, *124.540,* 1925; *öst. P. 133.483; franz. P. 610.101.* Seifensieder Ztg. 1926, S. 624, 714, 833; 1930, S. 495; 1932, S. 733; Mell. 1929, S. 40; Z. f. ges. Text. Ind 1931 S. 42; R.G.M.C. 1931, S. 310; Ullmann, Z. f. angew. Chem. 1926, S. 837.	Zur Enthärtung des Wassers und zur Verhütung der Kalkseifenbildung. Wird beim Nachseifen von Bleichware und gefärbter Ware verwendet.

Talg.

Schreiterer, Mell. 1930, *11*, S. 617. Dieses Werk S. 294.	Schlichte- und Appreturmittel, das der Ware einen angenehmen weichen Griff gibt. Zur Avivage und Appretur von Geweben und Gewirken aus Kunstseide, Baumwolle oder Mischgeweben.
Marke BW = Bienenwachs Marke C = Karnaubawachs Marke JW = Japanwachs Marke SH = Stearin	Für chargierte Appreturen; erhöht den Glanz und die Geschmeidigkeit. Zur Erhöhung von Glätte und Glanz in Füllappreturen. Zur Erzeugung eines geschmeidigen, glatten Griffes; Glanzavivage.

Name	Erzeugerfirma	Zusammensetzung

d) Sulfurierte Öle aus

Name	Erzeugerfirma	Zusammensetzung
Gamafon K, KN, L, N, R	Masure & Fils	Sulfuriertes Kokosnussöl, gelb-oranger Teig, in Wasser löslich.
Yocum soluble Coconutoil	Yocum Faust Co.	
Sulphonated Coconut Oil	Yocum Faust Co.	
Sulfopalmitine	Laroche & Juillard	
Sulfonated Peanut Oil	Atlantic Chem. Co.	50—75%iges hochsulfuriertes, raffiniertes Erdnussöl (peanutoil).
Sulfonated Soya Bean Oil	Atlantic Chem. Co.	50—75%iges hochsulfuriertes Soyasamenöl.
Atcotal	Atlantic Chem. Co.	Sulfuriertes Tallöl.
Sanfotal	Stodghill	Sulfuriertes Tallöl.

e) Sulfurierte

Name	Erzeugerfirma	Zusammensetzung
Duonal AM u. DG	S.P.C.M.C.	Sulfurierte Fischöle, erhalten durch Sulfurierung von kondensiertem Spermazetiöl. Gelber Teig.
Finish WFS	Sandoz	
Sandopan A, WP	Sandoz	Spermazetiöl, zweimal sulfuriert, weisses Pulver.
Primatex NLD, NTA	Francolor	
Nopco 214, 9 A	Nat. Oil Prod. Co.	
Sulphonated Sperm Oil	Swift and Co.	

f) Sulfurierungsprodukte der Glyzeride oder der Fett-

Name	Erzeugerfirma	Zusammensetzung
Isoseife flüssig A	L. Blumer (1907).	Türkischrotölähnliche Produkte.
Isoseife A	L. Blumer	
Vegta-Seife A	L. Blumer (1898)	
Thionol	L. Blumer	Dunkelbraune, feste Riegel wie Kernseife. Klar löslich in heissem Wasser.
Isol N u. S	L. Blumer	Beständig gegen Säuren und Kalksalze.
Universalöl	Dr. A. Schmitz	Ölsulfonat.
Universalöl C, FD, GKW	Dr. A. Schmitz	Sulfurierungsprodukt von Rizinusöl.
Universalöl-Monosolvol	Dr. A. Schmitz	Leicht löslich in Wasser, ziemlich beständig gegen Alkali und Säuren.

Mittel	Literatur	Verwendungsgebiete
anderen pflanzlichen Ölen.		
	Dieses Werk S. 295. Kokosnussöl besteht aus 40% Laurinsäureglyzerid 17% Myristylsäureglyzerid 8% Kaprinsäureglyzerid 10% Palmitinsäureglyzerid 7% Olsäureglyzerid 10% Verschiedene andere Produkte.	Waschmittel.
Fischöle.		
	Dieses Werk S. 300. W. Herbig, Die Öle und Fette in der Textilindustrie, S. 304, Stuttgart 1929.	Waschmittel. Appreturmittel. Weichmachungsmittel.
säuren mit nachfolgender intramolekularer Kondensation.		
	Seifensieder Ztg. 1930, S. 495; 1931, S. 37; *D.R.P. 227.993, 197.400*, Meyer. Chem. Rev. 1910, S. 194; A. Beyer, Tiba 1930, Sept. Dieses Werk S. 308.	Zusatz zur Appreturflotte, erzeugt weichen Griff. Als Füll- und Beschwerungsmittel verwendet.
	Brit. P. 8.245 (1907); *amer. P. 861.397* und *D.R.P. 290.185*; Chem. Ztg. 1907, S. 461. Mell. 1928, S. 759. Seifensieder Ztg. 1930, S. 495. Dieses Werk S. 307.	In der Appretur; verleiht weichen und vollen Griff. Als Färbeölzusatz zu Färbebädern.

Name	Erzeugerfirma	Zusammensetzung
Turkonöl A	Stockhausen	Ammoniumsalz der Sulforizinus-ölsäure, von neutraler Reaktion.
Turkonöl S	Stockhausen	Ammoniumsalz eines sulfurierten Öles von saurer Reaktion; gibt mit Wasser eine weisse Emulsion; bei Zugabe von Ammoniak in Wasser vollständig löslich.
Turkonöl 2	Stockhausen	
Turkon-Avivageöl P	Stockhausen	Sulfuriertes Rizinusöl von saurer Reaktion.
Turkonöl N	Stockhausen	
Monopolbrillantöl	Stockhausen	Rizinusöl-Spezialsulfonat.
Monopolbrillantöl konz.	Stockhausen	
Monopolbrillantöl SO 100%	Stockhausen	Ölsäuresulfonat.
Monopolbrillantöl DX, DX konz.	Stockhausen	
Monopolbrillantöl F, G, NFE	Stockhausen	
Monopolöl	Dr. A. Schmitz	
Monopolöl I extra	Dr. A. Schmitz	
Huile Polysulfol	Laroche & Juillard	Hellgelbes Öl; reagiert schwach sauer gegen Phenolphthalein; in Wasser klar löslich.
Solapolöl F	Zimmerli	
Tipagölseife und	Tipag A.G., Basel	
Tipagöl spez., 0, 00, 000	Tipag AG., Basel	
Belgaviv R	Belgotex	
Diaminöl	Dr. A. Schmitz	
Ditex HP	Belgotex	
Omnapolöl	Sapic	
Proloidine H	Menuel & Alfort	
Pulitol	I. G. Farbenindustrie	
Viscosil S	A. Th. Böhme	
Triumph-Seife	Zschimmer & Schwartz (1924)	Höher sulfuriertes Rizinusöl.
Monopolseife	Stockhausen	
Monopolseifenöl	I. G. Farbenindustrie	Dunkelbraune Flüssigkeit, 95% Fettstoffgehalt.
Monopolavivageöl	Stockhausen	
Textilöl KS	Böhme-Fettchemie	
Geneukolöl M	Böhme-Fettchemie	
Savon Rhéolane L et S	S.P.C.M.C.	
Savon Monapex L	Francolor	
Proloïd Mono	Menuel & Alfort	
Mirapol	Sav. Fourn.-Cimag	
Belgapprêt HP	Belgotex	

Literatur	Verwendungsgebiete
Erban, Seifenfabrikant 1917, S. 44. Dieses Werk S. 309.	Als Appreturmittel empfohlen.
D.R.P. 113.433, 126.541, 128.691, 129.844, 159.220 und *169.930.* Frb. Ztg. 1903, S. 375; 1904, S. 213; Rev. Chim. Ind. 1930, S. 201; R.G.M.C. 1908, S. 121; 1909, S. 13; 1928, S. 375; Beyer, Tiba 1930, Sept.; Herbig, Die Öle und Fette in der Textilindustrie, S. 289. Welwart, Seifensieder Ztg. 1928, S. 405; Mell. 1926, Heft 10; 1928, S. 759 und 1930, S. 610. Seifensieder Ztg. 1926, S. 749; 1928 S. 372. Griffiths, Über Monopolöl, Dyer 1951, *106*, S. 875. Dieses Werk S. 305.	Avivagemittel in der Appretur. Verwendung in der Färberei, besonders beim Färben mit Küpenfarbstoffen; zum Anteigen der Farbstoffe. Zum Weichmachen von Kunstseide. Die Marke F kommt insbesondere für Appreturzwecke in Betracht. Zum Färben und Appretieren. Als Anteigemittel für Farbstoffe.

Name	Erzeugerfirma	Zusammensetzung
Savon Universel Anticalcaire	Laroche & Juillard	
Ronopol Oil	Apex Chem. Co.	
Ultroil	Harding Chem. Co.	

g) Hochsulfurierte

Name	Erzeugerfirma	Zusammensetzung
Appret Flerhenol M	Flesch-Werke	Hochsulfuriertes Rizinusöl, wasserlöslich; beständig in hartem Wasser und gegen $MgSO_4$. Braune Flüssigkeit.
Flerhenol M u. M Sup.	Flesch-Werke	
Flerhenol M Sup. Spez.	Flesch-Werke	
Appret Gezetol	Zimmerli	
Tibalène d'apprêt NE	Francolor	
Arbylöl A	Grünau	
Geneukol MM	A. Th. Böhme	Hochsulfuriertes Rizinusöl. Mittelsulfuriertes Rizinusöl.
Inferol 50 und 015	A. Th. Böhme	
Coloran B und B 7	Oranienburger Chem. Fabrik	
Prästabitöl G	Stockhausen	Hochsulfuriertes Rizinusöl. Braune Flüssigkeit, sehr beständig gegen Kalk, Säure, Bittersalz, Chlor und Alkalilauge.
Prästabitöl GA	Stockhausen	
Prästabitöl K spez.	Stockhausen	
Prästabitöl FE, BM, KN	Stockhausen	
Prästabitöl V	Stockhausen	
Prästolöl G, GA, KN, S	Stockhausen	
Gezetol ES	Zimmerli	
Grada H	Cotelle & Foucher	
Huile Topaze	Sav. Fournier-Cimag	
Calsolene Oil HS	I.C.I.	
Excelsior Öl	Geigy	
Triumphöl Supra	Zschimmer&Schwarz	
Triumphöl Supra Z	Zschimmer&Schwarz	
Triumphöl spez.	Zschimmer&Schwarz	
Triumphöl spez. L u. M	Zschimmer&Schwarz	
Tytrovonöl N u. F	Rudolf	
Intrasol	I. G. Farbenindustrie	
Neberon	Dr. A. Schmitz	
Kierole	Warwick	
Colorole	Warwick	
Olopal PA	Beycopal	
Penetronyx C, O	Onyx	
Pentazikon T	Baumheier	
Pentazikon N, TN, TI, TS und X	Baumheier	
Perintrol	I. G. Farbenindustrie	

Literatur	Verwendungsgebiete

Produkte.

Literatur	Verwendungsgebiete
Seifensieder Ztg. 1931, S. 650. *D. R. P. 557.088, 568.209;* Mell. 1930, S. 610. Dieses Werk, S. 309, 311 u. ffg.	Netzmittel in der Färberei von Wolle, Reyon und Baumwolle. Wird in den Bittersalzappreturen verwendet. Erteilt der Ware einen weichen Griff. Egalisierungs- und Durchfärbemittel besonders in saurem Bade.
Mell. 1928, S. 759; 1930, S. 610; 1931, S. 196. Seifensieder Ztg. 1932, S. 45. Perndanner u. Hackl, Mell. 1928, *9*, S. 913 Steitz, Zeit. f. ges. Text. Ind. 1932, S. 87 und 1933, S. 36 und 210. Fridrich, Mell. 1933, *14*, S. 78; 1935, *16*, S. 736. Rupp, Amer. Dyest. Rep. 1946, *35*, S. 151. Münz, Z. f. angew. Chem. 1929, *42*, S. 734. Mell. 1930, *11*, S. 208 u. 218; Z. f. ges. Text. Ind. 1934, *37*, S. 413.	Egalisierungs- und Durchfärbemittel besonders in saurem Bade. Wird in der Appretur verwendet.
Z. f. ges. Text. Ind. 1934, *37*, S. 400, 412 u. 414.	

Name	Erzeugerfirma	Zusammensetzung
Oleonat C, D, EW und N Avivan N	Pfersee, Protex Pfersee	
Vinkol	Schill	
Appret Avirol	Böhme-Fettchemie	Hochsulfuriertes Rizinusöl + Amylazetat.
Appret Avirol E u. R Avirol E u. KM extra	Böhme-Fettchemie Böhme-Fettchemie	Hochsulfuriertes Rizinusöl; säure-, alkali- und magnesiumbeständig.
Sandozol SB Servirol, A, D, E Setall NP Sirrix O Warco A 84, A 90	Sandoz Servo Sav. Fournier-Cimag Sandoz Warwick	Hochsulfuriertes vegetabilisches Öl.
Aquasol (verschiedene Marken)	Amer. Cyanamid Co.	Hochsulfuriertes Rizinusöl. Die Marke AR ist säurebeständig, gutes Egalisiervermögen. Die Marke M ist wenig säurebeständig. Die Marke W ist gar nicht säurebeständig.
Glyopen N Emkafol CT Emkafol DC	Arkansas Emkay Emkay	Hochsulfurierter Fettsäureester. Hartwasserbeständig und beständig gegen Säure und Alkalien im p_H-Bereich von 4—10. Hochsulfurierter Fettsäureester. Leicht in warmem Wasser löslich. Hochsulfurierter Fettsäureester. Klares, gelbes Öl. In kaltem Wasser leicht löslich.
Atco Finishing Oil DR	Atlantic Chem. Co.	Hochsulfuriertes vegetabilisches Öl.
Duofol	Hart Prod. Corp.	Hochsulfurierter Fettsäureester.

Literatur	Verwendungsgebiete
Z. f. ges. Text. Ind. *1934, 37*, S. 400.	
Siehe S. 310.	Weichmachungsmittel. Mit Beschwerungsmitteln in den Appreturbädern verwendbar.
Mell. 1928, S. 259; 1930, S. 610; 1932, S. 421; 1935, S. 62, 134 und 288. Seifensieder Ztg. 1931, S. 87; Fettchem. Umschau 1936, S. 38. *D.R.P. 553.503, 555.278, 557.710.*	Weichmachungsmittel. In den Appreturbädern in Gegenwart von Magnesiumsulfat verwendbar. Netzmittel, Hilfsmittel für Färbebäder, Avivagemittel.
	Entfaltet im Färbebad sehr gute egalisierende und durchfärbende Eigenschaften. Gutes Dispergiermittel für Azetatseidenfarbstoffe im Druck. Rapidnetzer speziell für baumwollene Ware, welche sanforisiert wird. Ausgezeichnetes Netz- und Egalisiermittel mit gleichzeitig weichmachenden Eigenschaften.
	Netz- Egalisier- und Weichmachungsmittel.

Name	Erzeugerfirma	Zusammensetzung
Deceresol Q	Amer. Cyanamid Co.	Sulfuriertes Fettsäurederivat.
Diseron DO und EL	Rudolf	Hochmolekulare Sulfonate.

II. A. 3. Sulfurierte Ester

Name	Erzeugerfirma	Zusammensetzung
Avirol AH extra	Böhme-Fettchemie P.C.M.R.	Natriumsalz des sauren Schwefelsäureesters des Rizinolbutylesters.
Astrolane MG u. NM	S.P.C.M.C.	
Actinol CN	Sav. Fournier-Cimag	
Doittau 14	Doittau	
Actilène 30	Sav. Fournier-Cimag	
Meral AH	P.C.M.R.	
Meral A	P.C.M.R.	

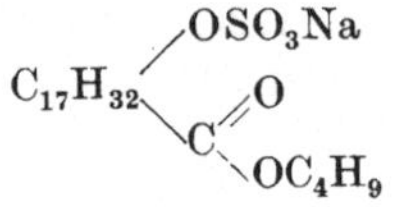

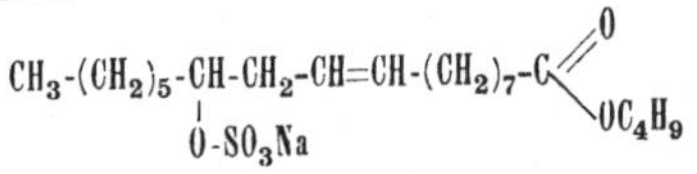

Typus:

$$C_{17}H_{32} \diagdown\!\!\!\!\!\overset{\textstyle OSO_3Na}{\underset{\textstyle C\diagup\!\!\!\!\overset{O}{\diagdown OC_4H_9}}{}}$$

oder

$$CH_3\text{-}(CH_2)_5\text{-}CH\text{-}CH_2\text{-}CH=CH\text{-}(CH_2)_7\text{-}C\diagup\!\!\!\!\overset{O}{\diagdown OC_4H_9}$$
$$\underset{O\text{-}SO_3Na}{|}$$

Name	Erzeugerfirma	Zusammensetzung
Geneucol M	A. Th. Böhme	Sulforizinoleat des Butyl- oder Amylalkohols. Enthält einen kleinen Überschuss von Butylalkohol; löslich in kaltem Wasser. Gute Erdalkalibeständigkeit. Kann in Gegenwart von Füllmitteln, Beschwerungsmitteln ($MgSO_4$) verwendet werden.
Immersol S u. SG	St-Denis	
Sandozol N, NE, NEC, NECC	Sandoz	
Tergavon C	Ciba	
Tibalène NAM	Francolor	
Somépol TO conc.	P.C.M.N.	
Phi-O-Sol	Onyx	
Parapon	A.R.K.	
Tinopolöl NE, PO	Geigy	
Tinopolöl BH extra	Geigy	
Prästolöl NR, V, ZN	Stockhausen	
Prästolöl, G, VA	Stockhausen	
Prästabitöl ZO, ZN, VG, VH, KG, V, VA	Stockhausen	
Diatex M	Etab. Boissier	
Ahcowet RS	Arnold, Hoffman Co.	
Apasol	J.W.C.	
Surfax WO	Houghton	
Warcolene 171	Warwick	
Inferol DF	A. Th. Böhme	
National Avirol AH	Nat. Anil. Div.	
Nopco 2272 R, 1285	Nat. Oil Prod. Co.	
Servirol RA	Servo	

Literatur	Verwendungsgebiete
	Netz- und Weichmachungsmittel; speziell für sanforisierte Ware empfohlen.
	Walk- und Waschmittel.

einwertiger Alkohole (Esteröle).

Literatur	Verwendungsgebiete
Franz. P. 676.331, 676.336, 677.526, 677.527, 1929; *Zusatzpat. 38.077,* 1930 der Böhme-Fettchemie. *Franz. P. 698.637, 702.626,* 1930, *702.698,* 1930, *721.070,* Zusatzpat. zu *franz. P. 677.526.* Rev. Chim. Ind. 1931, S. 172. Bertsch, Mell. 1930, S. 779. Kling, Mell. 1931, S. 112. Mell. 1930, S. 381, 610, 788. Mell. 1926, S. 841. Landolt, Mell. 1928, S. 759; 1935, S. 62, 134,288. Seifensieder Ztg. 1928, S. 372 und 405; 1932, S. 45. Z. f. ges. Text. Ind. 1930, Nr. 38, Das Deutsche Wollengewerbe 1931, S. 92 und 1685. Hüttenlocher, Mell. 1927, S. 538. Perndanner und Hackl, Mell. 1928. S. 913. Kling, Mell. 1928, S. 48 und 111. Nopitsch, Mell. 1928, S. 136, 241. *Amer. P. 2.093.576.* *D.R.P. 625.637, 633.082, 634.759, 655.942, 659.528, 676.343, 681.441,* der Böhme-Fettchemie – Bertsch. *Brit. P. 298.599, 313.160, 315.832, 316.132, 343.989, 350.425, 351.911, 368.853.* *Amer. P. 1.823.815, 1.974.007, 2.032.313, 2.032.314, 2.344.154* der Böhme-Fettchemie – Bertsch. *Schweiz. P. 145.686, 149.690, 150.914.* Dieses Werk, S. 325, 327 u. ffg.	Ausgezeichnetes Egalisier- und Durchdringungsmittel von guter Beständigkeit gegen Kalk- und Magnesiumsalze. Wird besonders für die Apparatefärberei verwendet. Anteigungsmittel; verwendbar für substantive, saure und Azetatseidenfarbstoffe.

Name	Erzeugerfirma	Zusammensetzung
Sodaline Oloran B 7 Pénétrol AH	Sodac (Barnier) Oranienburger Chem. Fabrik Sema, Asnières	Dem Avirol AH entsprechende Produkte.
Belgaviv RB	Belgotex	Triäthanolaminsalz des sauren Schwefelsäureesters des Rizinolsäureesters.
Warcosol NF	Warwick	Ester-Typus. Klare, strohgelbe Flüssigkeit, die sich bei allen Temperaturen leicht und klar in Wasser löst.
Palapene 100	Paulden	Auf Basis eines sulfurierten Esters. Kommt als weisser, zähflüssiger Teig in den Handel. Netzt sehr gut in der Kälte und bis 60° C und erweist sich dabei als besonders wirtschaftlich.
Palex Penetrator	Paulden	Auf Basis eines sulfurierten Esters.
Burkester 252	Bur art Schier	Modifizierter Fettsäureester.
Profine	Procter & Gamble	Auf Basis eines Fettsäureesters. Das in Flockenform gehandelte Produkt dispergiert sich leicht in Wasser in Form einer kochbeständigen Emulsion von sehr feiner Teilchengrösse und leicht alkalischer Reaktion.
Belgoblanc	Belgotex	Butylester der Rizinolsulfosäure.

Literatur	Verwendungsgebiete
	Aviviermittel.
	Nichtschäumendes Netzmittel, das innerhalb eines weiten p_H-Bereiches wirksam ist und normale Konzentrationen von Elektrolyten verträgt.
	Netzmittel.
	Besonders als Finish für sanforisierte Ware empfohlen. Als Zusatz zum Färbebad verzögert es das Aufziehvermögen des Farbstoffes nicht, fördert dagegen das Durchfärben und Egalisieren. Wird ferner zum Anteigen von Azetatseidenfarbstoffen empfohlen, auf die es lösend wirkt.
	In der Appretur von Stückware als weichmachendes Hilfsmittel verwendet.
	Wirkt weichmachend und plastifizierend, antistatisch und die Wasserzurückhaltung erhöhend. Es ist verträglich mit Harnstoff, Polyvinylazetat, Stärke, Dextrose, Gummi, alkalischen Antigasfading-Produkten usw.

Name	Erzeugerfirma	Zusammensetzung
		II. A. 4. Sulfurierte Monoglyzeride
Arctic Syntex M Nopco 1471, 1471 M Oleoglycerol Sulfate COS Wettal Emcol XI Halo Vel	Colgate-Palmolive- Peet Co. Nat. Oil Prod. Onyx Emulsol Co. Chicago Emulsol Co. Chicago Colgate-Palmolive- Peet Co. Colgate-Palmolive- Peet Co.	Monoglyzerid der Fettsäuren des Kokosöls. $$R-C{<}^{\;O}_{\;O-CH_2-CHOH-CH_2-OSO_3Na}$$ Beständig gegen verdünnte Säuren und Alkalien. Unempfindlich gegen Kalkseife bis zu einer Wasserhärte von 30^0 fH. Dieses Werk, S. 330.
Flerhenol MSS und M sup. spez. Tibalène NMP Grada 12 Prästolöl A, KN Huile Topaze Inferol 50 Olopal LS Tissol O	Flesch C.F.M.C.-Francolor Cotelle & Foucher Stockhausen Sav. Fournier-Cimag Böhme-Fettchemie Beycopal Doittau	Ester der ungesättigten Fettsäuren, die durch Sulfurierung der Monoglyzeride ungesättigter Fettsäuren erhalten werden, speziell des Monoglyzerids der Rizinolsäure. CH_2-OSO_3Na | $CHOH \qquad\qquad OSO_3Na \qquad OH$ | $CH_2-OOC-(CH_2)_7-CH-(CH_2)_2-CH-(CH_2)_5-CH_3$
Huile Universelle Doittau 32 Sopramyl 36 M Sopramyl ST Sopramyl SM Glyceryl Ricinoleate S	Doittau Doittau Doittau Doittau Glyco Prod. Co.	Auf Basis eines sulfurierten Monoglyzerids der Rizinolsäure CH_2OH | $CHOH \qquad\qquad\qquad OSO_3Na$ | $CH_2-OOC-(CH_2)_7-CH=CH-CH_2-CH-(CH_2)_5-CH_3$ Es ist dem Türkischrotöl in mancher Beziehung überlegen und vermag Öle und Fette leicht zu emulgieren sowie Farbstoffe zu dispergieren.
Diglycol Laurate S Diglycol Stearate S, 3147, 351, 352	Glyco Prod. Co. Glyco Prod. Co.	Ester des Glykols. $CH_2-O-CO-C_{17}H_{35}$ | $CH_2-O-CH_2-CH_2OH$
CPH Series Hallco Series	Hall Co. Hall Co.	Typus Fettsäureester: Äthylenglykol-, Diäthylenglykol-, Propylenglykol-, Glyzerin-, Diglykol-, Polyäthylenglykollaurat, -oleat, -stearat, -rizinoleat.

Literatur	Verwendungsgebiete
von Fettsäuren.	
Franz. P. 702.626 der I. G. Farbenindustrie; *franz. P. 810.847, 812.793* der Colgate-Palmolive-Peet Co. *Amer. P. 2.023.387, 2.023.388* von Benjamin R. Harris. *D.R.P. 689.511, 702.598* der I. G. Farbenindustrie. *Amer. P. 2.187.144, 2.242.979; kanad. P. 426.100, 426.101, 426.103* der Colgate-Palmolive-Peet Co.	Netzmittel.
Sisley, Teintex 1945, S. 5. Ähnliche Produkte: Glyceryl Laurate S und Glyceryl Monostearate der Glyco Prod. Co., entsprechen den Monoglyzeriden der Laurin- und Stearinsäure und werden als Weichmacher sowie als Emulgiermittel empfohlen.	Netz- und Weichmachungsmittel.
J. Dollinger, Textile Application of the Glycol Fatty Acid Esters, Rayon Text. 1943, S. 83; 1948, S. 98.	Netz- und Weichmachungsmittel.

Name	Erzeugerfirma	Zusammensetzung

II. A. 5. Kondensationsprodukte

Name	Erzeugerfirma	Zusammensetzung
Igepon A u. A extra	I. G. Farbenindustrie	Natriumsalz der Oleylisäthion-säure
Arctic Syntex A	Colgate-Palmolive-Peet Co.	$C_{17}H_{33}-C\underset{\textstyle O-CH_2-CH_2-SO_3Na}{\overset{\textstyle O}{\diagup}}$
Ucepon E	Union Chim. Belge	Beständig gegen hartes Wasser.
Hostapon A	Farbwerke Höchst	Die Lösungen schäumen und be-
Antaron N	Amer. Anil. Prod.	sitzen eine grosse dispergierende
Luwipon A	B.A.S.F.	und reinigende Wirkung, sind aber gegen Alkalien nur wenig beständig.
Fenopon A	G.D.C.	Teig von schmierseifenartiger Kon-
Repcol A-20	Refined Products	sistenz, Marke A leicht löslich
Alipon A	I. G. Farbenindustrie	in Wasser. Pulver (A extra).
Bétépon A	Belgotex	
Emargol	Emulsol Co. Chicago	
Emcol EMS	Emulsol Co. Chicago	
Neopol A	Stockhausen	
Igepon AP Igepon AP extra	I. G. Farbenindustrie (1931)	Natriumsalz des Stearinsäureis-äthionsäureesters $C_{17}H_{35}-CO-O-CH_2-CH_2-SO_3Na$ Gelbliches Pulver, besitzt eine hohe Waschkraft. Leicht löslich in Wasser, beständig gegen Säuren und Alkalien.
Igepon AP extra konz.	G.D.C.	85% Natriumsalz der Oleylis-äthionsäure $CH_3-(CH_2)_7-CH=CH-(CH_2)_7-CO-O-CH_2-CH_2-SO_3Na$
Alipon CA	I. G. Farbenindustrie	Ähnlich dem Igepon A. Ausgangs-material ist Palmkernöl.
Alipon OAN	I. G. Farbenindustrie	Ähnlich dem Igepon A. Aus einer synthetischen Fett-säure, aus einem Oxydations-produkt eines Paraffinkohlen-wasserstoffs mit Isäthionsäure hergestellt.
Alipon SRA	I. G. Farbenindustrie	Ähnlich dem Igepon A. Ausgangs-material ist Sonnenblumenöl.
Alipon SOAN spez.	I. G. Farbenindustrie	Aus einem Nebenprodukt der Oli-venölindustrie hergestellt.

Literatur	Verwendungsgebiete
der Fettsäuren.	
D.R.P. 642.414, 652.410, 655.999, 657.357, 657.404; 679.186, franz. P. 693.620, 705.081, 720.590, 772.476, 812.792; brit. P. 359.893, 366.916, 372.005, 398.150, 441.296. Mell. 1932, *13*, S. 332; Z. f. ges. Text. Ind. 1932, *35*, S. 16, 54, 120, 261. Folgner, Mell. 1933, *14*, S. 445, 502. Chwala und Martina, Mell. 1937, *18*, S. 999. Lindner, Mell. 1934, *15*, S. 416, 557. Nüsslein, Mell. 1931, *12*, S. 196, 198; 1937, *18*, S. 248; Münch, Mell. 1934, *15*, S. 416; Battegay, R.G.M.C. 1934, S. 457. Nüsslein, Mell. 1935, *16*, S. 49, 325. Cremer, Mell. 1935, *16*, S. 134, 288, 362. Goodall, J. Soc. D. and Col. 1936, *52*, S. 211. Seifensieder Ztg. 1931, S. 543, 760; 1932, S. 65, 358, 608, 733 und 838; Z. f. ges. Text. Ind. 1931, *34*, S. 29, 42; Chem. Umschau, Fette 1932, S. 218. R. Hulter, Chem. Umschau, Fette 1932, S. 273. Dieses Werk, S. 335.	Dispergier-, Wasch- und Reinigungsmittel. Wird als Waschmittel für Wolle und Seide empfohlen.
Seifensieder Ztg. 1931, S. 543, 760; 1932, S. 358, 733, 838. *Amer. P. 1.881.172, 1.916.776, 1.985.747.* Nüsslein, Mell. 1942, *23*, S. 27. J. P. Sisley, Index des huiles sulfonées, Teintex, Paris, S. 82. Wengraf's Ber. 1937, *12*, S. 22. *Öst. P. 138.252.*	Verwendung als Wasch- und Reinigungsmittel.

Name	Erzeugerfirma	Zusammensetzung

II. A. 6. Amide der

1. Sulfurierte Fettsäureamide des Ammoniaks

Name	Erzeugerfirma	Zusammensetzung
Humectol C, CA Nopco DID Betepon AS Humibel special	I. G. Farbenindustrie Nat. Anil. Prod. Belgotex Belgotex	Schwefelsäureester aus Ölsäure-amid. $CH_3-(CH_2)_7-CH_2-CH-(CH_2)_7-C{\overset{\displaystyle \diagup^O}{\diagdown_{NH_2}}}$ $\qquad\qquad\qquad\quad \mid$ $\qquad\qquad\qquad O-SO_3Na$ Das entsprechende Rizinusöl-säurederivat entspricht der Formel: $CH_3-(CH_2)_5-CH-CH_2-CH=CH-(CH_2)_7-CONH_2$ $\qquad\qquad\quad \mid$ $\qquad\qquad OSO_3Na$
Humectol CX Humectol C konz. Dismulgan IV Lunetzol A	I. G. Farbenindustrie Farbwerke Casella I. G. Farbenindustrie B. A. S. F.	Natriumsalz des Schwefelsäure-esters des Ölsäureäthylanilids $CH_3-(CH_2)_7-CH-CH_2-(CH_2)_7-C$ $\qquad\qquad\qquad \mid$ $\qquad\qquad\quad O-SO_3Na \qquad N-C_2H_5$ Blockierung der COOH-Gruppe durch Amidbildung. Erhalten durch Einwirkung von Phosphortrichlorid auf Ölsäure und durch Behandeln des entstandenen Säurechlorids mit Äthylanilin und zuletzt mit Natriumbisulfat.
Dismulgan V	I. G. Farbenindustrie	Schwefelsäureester aus Oleyldiiso-butylamid $CH_3-(CH_2)_7-CH-CH_2-(CH_2)_7-C{\diagup^O}$ $\qquad\qquad\qquad \mid \qquad\qquad\qquad C_4H_9$ $\qquad\qquad\quad O-SO_3Na \qquad N$ $\qquad\qquad\qquad\qquad\qquad\qquad C_4H_9$ Durch Kondensation von Oleyl-chlorid mit Diisobutylamin und nachfolgende Sulfatierung mit H_2SO_4 100% in Gegenwart von Trichloräthylen.
Dismulgan VI	I. G. Farbenindustrie	Wie Dismulgan V, enthält jedoch eine gewisse Menge Natrium-oleat und Benzyltrimethylam-moniumchlorid.

Literatur	Verwendungsgebiete
Fettsäuren. und der aliphatischen Amine. *Öst. P. 125.182, 141.864; D.R.P.595.173, 634.032; franz. P. 679.185, 693.620, 715.205, 735.647; brit. P. 318.542, 340.272, 341.053, 343.524, 343.899, 388.642, 452.139; franz. P. 716.705, 797.631, 816.667; amer. P. 1.932.176.* Chwala, Textilhilfsmittel, S. 442; siehe dieses Werk Teil I, Bd. *3*, Kap. XV, S. 340; Dhingra, Uppal und Venkataraman, J. Soc. D. and Col. 1937, *53*, S. 91, und 1938, *54*, S. 526.	Netzmittel; Waschmittel von geringer Waschkraft. Werden für die Apparatefärberei, besonders mit Küpenfarbstoffen, verwendet
E. Mather, H. M. Stationery Office, B.I. O.S., Nr. 667; Mell. 1937, *18*, S. 155; J. Soc. D. and Col. 1947, S. 27. *Brit. P. 341.053, 343.899* der I.G. Farbenindustrie. Siehe Bd. *2*, Kap. VI, S. 108/109. Köster, Mell. 1935, *16*, S. 271. E. Ebbinghaus, Mell. 1937, *18*, S. 155. Dieses Werk, S. 341.	
	Dismulgator.

Name	Erzeugerfirma	Zusammensetzung
		2. Amide aus
Medialan A Pulv.	I. G. Farbenindustrie (1935)	Natriumsalz des Oleylsarkosids $$C_{17}H_{33}-C{\overset{\textstyle O}{\underset{\textstyle N-CH_2-COONa}{}}}$$ $\overset{|}{CH_3}$ Gegen hartes Wasser beständiges Produkt; ebenfalls sehr gut säurebeständig.
Medialan AL	I. G. Farbenindustrie (1936)	Marke A + Lösungsmittel (Xylol)
Soromin F Leomin F Soromin F	I. G. Farbenindustrie (1931) Farbwerke Höchst Farbwerke Höchst	Mischung von Natriumsalzen von Lauryl- und Palmitylsarkosiden mit Igepon KT und Seife. In Wasser leicht lösliche Paste.
Soromin S	I. G. Farbenindustrie (1936)	Triäthanolaminsalz des Oleylsarkosids + Igepon T.
Soromin WF	I. G. Farbenindustrie (1934)	Oleylsarkosid + Soromin DM (Mischung von Fettsäurepolyglyzeriden des Talges + Emulphor EL).
		3. Amide aus Amino-
Igepon T u. T Pulv. Igepon TP, TS Neopol T extra Arctic Syntex T Igepon T Fenopon T Ebrolin BG Antavon	I. G. Farbenindustrie I. G. Farbenindustrie Stockhausen Colgate-Palmolive-Peet Co. G.D.C. G.D.C. Hard Amer. Anil. Prod.	Natriumoleyl-N-methyltaurid od. Natriumsalz der Methyloleyl-amidoäthansulfosäure $$C_{17}H_{33}-C{\overset{\textstyle O}{\underset{\textstyle N-CH_2-CH_2-SO_3Na}{}}}$$ $\overset{|}{CH_3}$ Gelbliches Pulver; erleidet keine Hydrolyse in wässeriger Lösung; leicht löslich in Wasser; alkali- und säurebeständig.

Literatur	Verwendungsgebiete
Aminosäuren.	
D.R.P. 635.522; brit. P. 455.310, 456.142, 459.039, 461.328; franz. P. 787.819, 789.004. B.I.O.S. Report Nr. 418, London. Nüsslein, Mell. 1937, *18*, S. 248, 296. Siehe Neue Verfahren in der Praxis der Veredlung der Textilfasern, Bd. *1*, Kap. II, S. 190/191. Dieser Band, S. 343.	Wasch- und Dispergiermittel, das gegen Säuren und Härtebildner ziemlich beständig ist. Ausgezeichnetes Walkmittel. Zum Walken und Waschen in der Streichgarn- und Kammgarnindustrie.
	In der Appretur von Reyonstückwaren, allein oder zusammen mit anderen Weichmachungsmitteln.
Hetzer, S. 261. In Wasser leicht lösliche Paste.	Weichmacher für Reyon. Wird in den Färbebädern verwendet, ferner in der Nachavivage von Kunstseide und Mischgeweben.
D.R.P. 529.859; brit. P. 307.948; amer. P. 1.930.845, 1.935.217; franz. P. 646.819. Hetzer, S. 262.	Aviviermittel; gibt einen angenehmen, weichen Griff; wird für Trikotagen, Strümpfe, Wirkwaren verwendet. Zum Weichmachen im Färbebad für Reyon, besonders für Kupferseide.
Mell. 1937, *18*, S. 100, 155. Hetzer, S. 263.	Als Weichmachungs- und Appreturmittel, besonders für die Nachappretur von Viskose- und Azetat-Kunstseide. Als Egalisier- und Durchfärbemittel in der Färberei.
sulfosäuren.	
Brit. P. 341.053, 343.524, 359.893, 360.982, 366.916, 372.005, 372.389, 389.543. *D.R.P. 584.703, 633.334, 639.079, 652.410, 655.999, 657.357, 657.404, 664.309, 679.186.* *Franz. P. 693.620, 705.081, 720.590, 814.166.* *Amer. P. 1.932.176, 1.932.180, 2.213.984.* *Öst. P. 138.252.* Nüsslein, Die Igepone, D.F.Z. 1932, Nr. 1.	Ausgezeichneter Seifenersatz; beständig gegen Säuren und Alkalien. Die Erdalkalisalze sind wasserlöslich. Hervorragendes Wasch-, Schaum- und Emulgiermittel in neutraler, alkalischer und saurer Lösung für alle Fasern. Igepon T besitzt speziell in heissen Flotten gutes Netzvermögen und eine hohe reinigende Wirkung verbunden mit guter Schaumkraft. Die gute Härte-, Alkali-

Name	Erzeugerfirma	Zusammensetzung
Galloran	Protex	
Igepon KT	I. G. Farbenindustrie	Entspricht dem Igepon T. Ausgangsmaterial: Fettsäuren des Kokosöls, die mit Methyltaurin kondensiert werden.
Igepon G	I. G. Farbenindustrie	
Igepon NF	I. G. Farbenindustrie	Ähnlich dem Igepon T.
Alipon CT	I. G. Farbenindustrie	Entspricht dem Igepon CT: Aus Kokos- oder Palmkernöl + Sarkosin.
Hostapon T	Farbwerke Höchst	
Luwipon T Pulv.	B.A.S.F.	
Bétépon T	Belgotex	
Ucépon MT	Union Chim. Belge	
Cimagène 46	Sav. Fournier-Cimag	
Atcopon Special	Atlantic Chem. Co.	Oleylmethyltaurid in Gelform.
Merid T	P.C.M.R.	Natriumsalz der Laurylamido-N-äthylschwefelsäure $C_{12}H_{25}\text{-}CO\text{-}NH\text{-}CH_2\text{-}CH_2\text{-}O\text{-}SO_3Na$
Cyclopon A extra u. A extra conc.	G.D.C.	Natriumsalz des Palmitylmethyltaurids
Cyclopon T	G.D.C.	$C_{15}H_{31}\text{–}CO\text{–}N\text{–}CH_2\text{–}CH_2\text{–}SO_3Na$
Antara	G.D.C.	$\overset{\displaystyle\vert}{CH_3}$
Depcogel	De Paul	Natriumsalz von Oleylmethyltaurid.
Igepon 702 K	I. G. Farbenindustrie	
Alipon 702 K (alte Bezeichnung)	Farbwerke Höchst	Kondensationsprodukt eines Gemisches aus Myristin- und Palmitinsäure (Palmöl) mit Methyltaurin.
Alipon OT (alte Bezeichnung)	Farbwerke Höchst	Kondensationsprodukt aus durch Oxydation erhaltenen Säuren mit Methyltaurin.
Nuva H	Farbwerke Höchst	

$$C_{17}H_{33}\text{–}C\underset{\textstyle\diagdown NH\text{–}CH_2\text{–}CH_2\text{–}\underset{\textstyle\underset{\vert}{OSO_3Na}}{CH}\text{–}CH_3}{\overset{\textstyle\diagup O}{}}$$

Name	Erzeugerfirma	Zusammensetzung
Syntholite 5	Synthron	Enthält als wirksame Substanz eine Verbindung der Formel

$$R\text{–}CO\text{–}\underset{\textstyle\underset{\vert}{R'}}{N}\text{–}CH_2\text{–}CH_2\text{–}SO_3Na$$

in der R eine höher molekulare und R′ eine niedrigmolekulare Alkylgruppe bedeutet.

Literatur	Verwendungsgebiete
Nüsslein, Igepon, Mell. 1932, S. 27; 1937, S. 248. Molnar, Mell. 1936, S. 234. Ranshaw, Dyer 1936, *77*, S. 261. Brandenburger, Z.·f. ges. Text. Ind. 1933, S. 37. Jochum, Mell. 1931, S. 196; Mell. 1932, S. 147. Perndanner, Mell. 1932, S. 322. *Amer. P. 1.981.792, 2.116.931; brit. P. 523.466, 515.882; franz. P. 838.169.* Dieser Band, S. 344.	und Säurebeständigkeit gestattet eine vielseitige Anwendung auf den verschiedensten Gebieten der Textilveredlung. Als Zusatz zu Karbonisier-, Mercerisier- und stark alkalischen Krepponierbädern ist Igepon T Pulver nicht geeignet.
	Netz-, Egalisier-, Weichmachungs- und namentlich Reinigungsmittel. Zusatz zum Färbebad.
	Ausgezeichnetes Waschmittel für rohe Wolle; verwendbar als Wasch- und Färbereihilfsmittel wie das frühere Igepon T. Eine gute Wirksamkeit entfaltet es oberhalb 42⁰ C.
	Gutes Wasch-, Reinigungs-, Netz- und Emulgiermittel von ausgezeichneter Kalkbeständigkeit. Besonders geeignet zum Nachwaschen von Druckware.
	Waschmittel.
Silk & Rayon 1951, *25*, S. 1090.	Wird empfohlen als Waschmittel für den allgemeinen Gebrauch, Wollwäsche, Kreppen von Kunstseidengeweben, als Färbezusatz, als Seifendispergiermittel und zum Nachwaschen von Druckware.

Name	Erzeugerfirma	Zusammensetzung
		4. Sulfoderivate der
Amitex TB	C.F.M.C.-Francolor	Oxyäthylamide von Fettsäuren, die man erhält, wenn man Monoäthanolamin im Überschuss bei 190° bis 200° C z. B. mit Laurinsäure zur Reaktion bringt und nachfolgend sulfatiert $$R-C{\overset{\displaystyle\nearrow O}{\underset{\displaystyle\searrow NH-CH_2-CH_2-OSO_3Na}{}}}$$
Solepal AG pâte, AGC, AGSO, ACS, AGD	Doittau	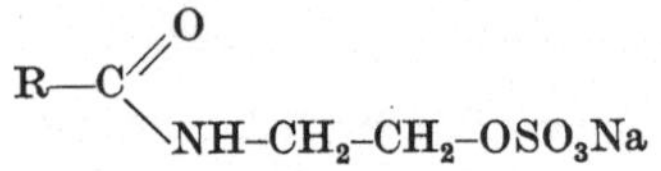
Solepon	Doittau	
Oxapon	Doittau	Enthält neben dem sulfatierten Oxyäthylamid Persalze und Stabilisatoren.
Enerpon O u. OL	Chimiotechnic	
Mixopon	Chimiotechnic	
Somepon	P.C.M.N.	
Sodapon T u. N	Sodag (Barnier)	
Cetapon poudre	Doittau	
Alframine BGA u. WA	Alframine Corp.	Natriumsalze der Schwefelsäureester der Oxyäthylamide der Fettsäuren.
Betramine	Alframine Corp.	
Cyclopon A u. AG	I. G. Farbenindustrie	
Sinnol	Sinnova	
Omya P u. PS	Plüss-Stauffer	
Igepon B	I. G. Farbenindustrie	Kondensationsprodukt aus einer Fettsäure und 1-Aminobutanol-(3) $$R-C{\overset{\displaystyle\nearrow O}{\diagdown}}NH-CH_2-CH_2-\underset{\underset{\displaystyle CH_3}{\displaystyle\vert}}{CH}-O-SO_3Na$$
Setal MB	Sav. Fournier-Cimag	
Motepon D 13	Sema	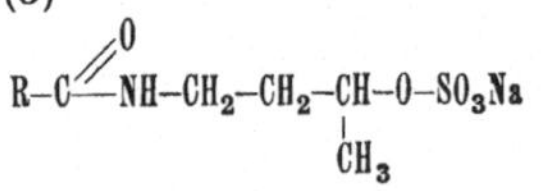
Alkamine W u. KJ	Amalgamated	
Liquid Alkamin	Amalgamated	
Aquatergent	Aqua Sec. Corp.	Natriumsalz des Lauryloxyäthylenamidsulfats.
Atco 990 und X 500	Atlantic Chem. Co.	
Atcopon 30, RA, LB	Atlantic Chem. Co.	
Auxil	Auxi-Chimique	
Auxol A 11 poudre	Auxi-Chimique	
Auxol A 12 liquide	Auxi-Chimique	
Auxol A 13 poudre	Auxi-Chimique	
Belgaviv extra	Belgotex	
Cominol	Commonwealth	
Condensine	Alframine Corp.	
Emcol 3160 S	Emulsol Co., Chicago	
Emcol 3812 S	Emulsol Co., Chicago	
Emcol 3912 S u	Emulsol Co., Chicago	

Literatur	Verwendungsgebiete
Fettsäureamide (Amidöle).	
Franz. P. 864.595 der Alframine Corp.; *franz. P. 669.517* der I.G. Farbenindustrie; *franz. P. 713.382* von Orelup; *franz. P. 827.186* der Ciba; *franz. P. 838.169; 863.793* der Chimiotechnic; *franz. P. 876.720* von P. Fournier. *D.R.P. 694.130* der I. G. Farbenindustrie. *Amer. P. 2.185.817* der Alframine Corp.; *amer. P. 2.329.086* der Nopco. *Brit. P. 515.882.* *Amer. P. 2.355.442.* *Franz. P. 669.517* und *Zusatzpat. 37.914, 693.930* und *Zusatzpat. 41.447, 751.641, 751.795, 780.208* von Orelup; *franz. P. 859.048* von Katz. *Amer. P. 1.932.180* der I. G. Farbenindustrie-Günther-Haussman. *Amer. P. 2.355.503* und *kanad. P. 427.726* der Hydronaphtene Corp.-Bertsch. Dieser Band, S. 348.	Waschmittel zum Fertigmachen der Ware. Können auch für das Beuchen unter Druck (2 Atm.) verwendet werden. Zum Waschen und Entfetten der Wolle. Zum Entbasten der Seide. Zum Abkochen der Kunstseide.

Name	Erzeugerfirma	Zusammensetzung
Lavekol HWA	G.D.C.	Schwefelsäureester eines alkylierten Ölsäureamids $CH_3-(CH_2)_7-CH-CH_2-(CH_2)_7-CO-NH-R$ $\quad\quad\quad\quad\quad\quad\lvert$ $\quad\quad\quad\quad\quad O-SO_3Na$
Leucamine	Doittau	
Nopco 2105 C	Nopco	
Oratol L 48 u. S	J.W.C.	
Oriéthol E	Piesvaux	
Percène 142, 146	Comp. Franc. Prod. Ind. Asnières	
Quix	E. C. Drew Co.	
Quixite T	E. C. Drew Co.	
Clarapon A	Atlas	
Sulfanole AN, CP	Warwick	
Sulfanole S Gel conc.	Warwick	
Xynocol	Onyx	
Xynomine BM, SF Powder	Onyx	
Xynomine Degum AM	Onyx	
Alrosol CS	Geigy	Auf Basis eines Fettsäureamids.
Pervadol S	Schill	
Acidol 25 A	Onyx	
Synthogen MV	Hard	
Hytergen BM	Hart Prod. Corp.	$R-C{\overset{\textstyle O}{\underset{\textstyle NH-CH_2-CH_2-OSO_3Na}{}}}$
Sulframin BLX u. DRB	Ultra Chem. Works	
Miranol 45, 74, CL u. LF	The Miranol Chem. Co.	
Sandopan TFL extra	Sandoz	Klare viskose Flüssigkeit von leicht alkalischer Reaktion und anionaktiven Eigenschaften; beständig gegen Säuren und Alkalien von normaler Stärke sowie gegen hartes Wasser.
Xynomine Paste u. Powder	Onyx	Sulfatiertes Ölsäureamid $R-C{\overset{\textstyle O}{\underset{\textstyle NH_2}{}}}$ OSO_3Na oder Fettsäuremonoäthanolamid $R-C{\overset{\textstyle O}{\underset{\textstyle NH-CH_2-CH_2OH}{}}}$ (Onyxol 9162)
Onyxol 9162	Onyx	
Estramine 95	Onyx	
Bernaterge O	Bernard Color Co.	
Bickanol	Bick & Co.	
Dianol G 2, GR	Quaker	
Dianol N, SX, SXC	Quaker	
Dianol G-2-H, GA	Quaker	
Michelene D-1 u. D-2	M. Michel & Co.	
Michelene DCA	M. Michel & Co.	
Alromine R, XX	Alrose Chem. Co.	

Literatur	Verwendungsgebiete
D.R.P. 595.173, 628.828, 671.085, 678.731. *Brit. P. 343.899, 341.053.* *Franz. P. 718.393.* *Amer. P. 1.918.373.* *Amer. P. 2.329.086* der Nopco. **Marke BM:** Phosphoborsäureester des Ölsäuremonoäthanolamidschwefelsäureesters.	Als farbstoffzurückhaltende Mittel in der Küpenfärberei; als Lösungsvermittler in der Naphtolfärberei und Stabilisator im Naphtolbad; als Zusatz zu Druckfarben und zur Verbesserung des Durchfärbens in der Apparatefärberei empfohlen.
	Waschmittel.
Sulframin DRB ist eine Mischung von Fettsäureamid und Alkylarylsulfonat. Andere ähnliche Marken sind **Sulframin DR Liquid** **Sulframin LW** **Ultramin Softener SS.**	Wasch- und Dispergiermittel.
	Waschmittel mit sehr guten egalisierenden und dispergierenden Eigenschaften auf direkte und Azetatseidenfarbstoffe. Egalisiermittel bei schwierig zu färbenden Farbstoffkombinationen. Besonders empfohlen in der Strumpffärberei.
Xynomine Paste entspricht dem Borsäureester des Ölsäuremonoäthanolamidschwefelsäureesters.	

Name	Erzeugerfirma	Zusammensetzung

<table>
<tr><td colspan="3">5. Kondensationsprodukte aus Fettsäuren</td></tr>
</table>

Name	Erzeugerfirma	Zusammensetzung
Lamepon A	Grünau	Polypeptidoleylamid. Kondensationsprodukt aus Fettsäuren und Abbauprodukten der Eiweisse, vom Typus der Oleyllysalbinsäure.

$$C_{17}H_{33}-C{\overset{O}{\underset{Cl}{\Big<}}} + H_2N-R-COONa \rightarrow$$

$$\rightarrow C_{17}H_{33}-C{\overset{O}{\underset{NH-R-COONa}{\Big<}}} + HCl$$

$$R = \text{Eiweissrest}$$

Name	Erzeugerfirma	Zusammensetzung
Lamepon A	Chem. Marketting Co.	Gelbbraunes, dickflüssiges Öl; reagiert schwach alkalisch.
Armopon T	Soc. Armoricaine des Dérivés Org. et Min.	
Protepon A	Protex, Paris	
Maypon K u. 4 C	Maywood Chem. Works	In Wasser leicht löslich; beständig gegen Alkalien und hartes Wasser.
Peticoll	Degussa	
Rexol 869	Doittau	
Rexol	Doittau	Eiweiss-Spaltprodukt.
Unital G	Doittau	
Ebropon N	Hard	
Tephal A	Tepha	
Lanasan	Sandoz	

Literatur	Verwendungsgebiete
mit Eiweissabbauprodukten.	
Siehe dieses Werk, Neue Verfahren in der chemischen Veredlung der Textilfasern, Bd. *1*, Kap. IV, S. 338 542; und L. Diserens, Die neuesten Fortschritte in der Anwendung der Farbstoffe, Bd. *1*, Kap. I, S. 237.	Waschmittel. Egalisier- und Durchdringungsmittel für das Färben von Wolle mit Küpenfarbstoffen.
Brit. P. 455.310, 456.142, 459.039, 461.328 der I.G. Farbenindustrie; *brit. P, 413.016, 435.481, 450.467; franz. P. 772.585, 787.819, 789.004.* *Amer. P. 2.015.912, 2.041.205, 2.119.872.* *Schweiz. P. 172.359, 187.094, 187.099.*	Schutzmittel für Wolle in alkalischen Bädern. (Indigo und Küpenfarbstoffe)
Nüsslein, Mell. 1937, S. 248, 296; B.I.O.S. Rep. Nr. 418, London.	
Dieser Band, S. 355.	Von hohem Reinigungs-, Dispergier-, und Emulgiervermögen.

Name	Erzeugerfirma	Zusammensetzung
		II. A. 7. Fettalkohol-
	1. Auf Basis von Laurylalkohol (Fettalkohole	
Cyclanon L, LA u. LO	I. G. Farbenindustrie	Cyclanon L entspricht dem Gardi-
Cyclanon LA konz. Pulv.	B.A.S.F.	nol WA, enthält Natriumlauryl-
		sulfat + Emulphor O + Igepon T.
Gardinol CA, CAX	Böhme-Fettchemie	Natriumsalz des Schwefelsäure-
Gardinol R	Böhme-Fettchemie	esters des Laurylalkohols.
Gardinol V	Böhme-Fettchemie	$C_{12}H_{25}$—O—SO_2ONa.
Avirol W	Böhme-Fettchemie	Fettalkoholsulfate aus technischem
Brillant Avirol SV	Böhme-Fettchemie	Laurylalkohol.
Fewa	Böhme-Fettchemie	61% Laurylalkohol $C_{12}H_{25}OH$
Smenol WA	Böhme-Fettchemie	23% Myristylalkohol $C_{14}H_{29}OH$
Gardinol WA, WAN	Böhme-Fettchemie	16% Alkohole mit 10, 16, 18 C-
Gardinol WA und special	Du Pont	Atomen.
Gardinol WA	Procter and Gamble	In Wasser lösliche Produkte;
Gardinol WS	Procter and Gamble	Schaum bildend; beständig ge-
Sapidan LN	A. Th. Böhme	gen Säuren, Alkohole, Elektro-
Texapon	Dehydag	lyte und hartes Wasser.
Primatex LW poudre, extra, conc. pâte et double conc.	C.F.M.C.-Francolor	
Primatex LM	C.F.M.C.-Francolor	
Sipon L 20, 30, 230, LK3, LK4, LK 6	Sinnova	Entsprechen dem Gardinol WA; L 30, L 40, LK 3, LK 4 und
Motepon	Sema (Soc. Sopro- mine)	LK 6 sind Natriumsalze; L 20 ein Ammoniumsalz und L 230
Sétalène L	Sav. Fournier-Cimag	ein Triäthanolaminsalz.
Enerpon V	Chimiotechnic	
Valerone LR	Chimiotechnic	
Grada 40	Cotelle & Foucher	
Resopan HW	Sandoz	
Ekapon SH liq.	Kuhlmann	
Ekapon LB pâte	Kuhlmann	Laurylalkoholsulfat.
Dulsodol L 20 poudre u. L 30 pâte	Barnier-Sodac	
Tapon L 30, L 59	Lambert & Rivière	Natriumsalz des Laurylschwefel-
Tapon L 60, S 52	Lambert & Rivière	säureester.
Tapon TT 20	Lambert & Rivière	Triäthanolaminsalz des Lauryl-
Hylan	Dehydag	schwefelsäureesters.
Valérone Lissage	Menuel & Alfort	Ammoniumsalz.
Valérone TN poudre	Menuel & Alfort	
Lissapol A und AT	I.C.I.	
Lissapol LD	I.C.I.	
Amoa Falco WA	Amoa Chem. Co.	
Modinal A	Gardinol Chem. Co.	
Gardinol WS Paste	Gardinol Chem. Co.	
Duponol ME, WA	Du Pont	

Literatur	Verwendungsgebiete

sulfate.

aus den Fettsäuren des Kokos- und Palmkernöls).

Amer. P. 1.962.941 der Unichem.-Schrauth; *D.R.P. 616.765* der Dehydag-Schrauth; *amer. P. 2.021.926* der Imp. Chem. Ind.; *amer. P. 2.245.538* der Refining Inc.; *amer. P. 2.114.043* der Hyalsol Corp.-Bertsch; *amer. P. 2.195.345* von Ozren und Stefanovic; *brit. P. 531.194* der Imp. Chem. Ind. Schrauth, Chem. Ztg. 1931, *55*, S. 3, 16; Seifensieder Ztg. 1931, S. 61; Z. f. angew. Chem. 1931, S. 459. Normann, Z. f. angew. Chem. 1931, S. 471, 714 und 922. *Amer. P. 2.044.919, 2.060.254, 2.081.865, 2.091.956; D.R.P. 542.048, 609.456, 622.268, 628.064, 640.681, 643.052, 659.277; brit. P. 308.824, 317.039, 318.610, 351.403, 357.452, 357.649, 357.650, 358.539, 365.938, 406.641, 434.452, 441.601; franz. P. 679.186, 692.862, 718.395, 735.235, 776.044; schweiz. P. 146.178, 172.043; öst. P. 144.306.* Mell. 1931, *12*, S. 111; 1932, *13*, S. 423; 1933, *14*, S. 23 und 297; 1934, *15*, S. 518; 1935, *16*, S. 62, 134, 288. Z. f. ges. Text. Ind. 1931, S. 283, 422, 434, 515. Fettchem. Umschau, 1932, S. 217, 274; 1933, S. 31, 88, 104; 1936, S. 38, 179. Koll. Ztg. 1933, *64*, S. 222, 327, 371.	Netz-, Wasch-, Egalisier-, Kalkseifendispergier- und Weichmachungsmittel.
Franz. P. 671.456, 671.065, 701.256, 703.090, 704.756, 712.913, 801.106. *D.R.P. 638.302, 644.686, 646.480, 686.332.* *Amer. P. 1.906.484, 2.079.347, 2.082.576, 2.096.036* (Gardinol WA). *Brit. P. 308.824, 350.432, 359.839.* Nüsslein, Mell. 1935, *16*, S. 519. Dieser Band, S. 357.	Netz-, Wasch-, und Egalisiermittel. Kalkseife dispergierend und schaumbildend. Weichmachungsmittel.

Name	Erzeugerfirma	Zusammensetzung
Brillant Avirol L 144	Böhme-Fettchemie	Wachsemulsion + Gardinol CA.
Avitex AD	Du Pont	
Duponol L 144	Du Pont	
Duponol IN 181	Du Pont	Natriumlaurylsulfat
Orvus WA u. ES	Procter & Gamble	$CH_3-(CH_2)_{11}-OSO_3Na$
Belgapon L	Belgotex	
Ucénol LS	Union Chim. Belge	
Omnilène L	Piesvaux	
Stanol L u. LCH	Doittau	
Doittau 27 C	Doittau	
Stanopon L und LCN	Doittau	
Meral WA	P.C.M.R. (1951)	
Mapro Degum Powder A	Onyx	
Maprofix Paste und NEU Powder	Onyx	Weisses Pulver
Maprofix LK	Onyx	90%iges Natriumlaurylsulfat.
Äthalin	Böhme-Fettchemie	Natriumsalz des Laurylschwefelsäureesters.
Novapon NL	Oranienburger Chem. Fabr.	
Orethal LL	Despé	
Orethyl LL	Despé	Lösung von Laurylsulfat.
Despesine LL	Despé	
Trimin	Lambert & Rivière	
Belgoblanc L	Belgotex	
M 171, IN 181	Du Pont	
Wetanol	Glyco Prod. Co.	
Lanapon L u. O	Adjubel S.A.	
Hydropon	Romano Bottazi Figli	
Lardonat X, XX	Rudolf Schwarz, Budapest	
Lardosol FD	Rudolf Schwarz,	
Lardostabilisator 707	Rudolf Schwarz,	
Neogen	Dai-Ichi Kogyo Solyska	
Estralene LS Paste	Stockport	
Estralene LA	Stockport	
Loritone CLS	Stockport	
Belgapon L liq.	Belgotex	
Dispersol AC	Union Chim. Belge	Triäthanolaminsalz des Laurylschwefelsäureesters.
Ucénol LT	Union Chim. Belge	
Linopon E	Union Chim. Belge	

Literatur	Verwendungsgebiete
	Weichmachungsmittel.
Amer. P. 1.968.793, 2.114.042; kan. P. 356.113 der Amer. Hyalsol Corp.-Bertsch. *Amer. P. 1.968.797, 2.264.737.* *Brit. P. 351.452.* A. Kertess, J. Soc. D. and Col. 1933, *49*, S. 69 und 1936, *52*, S. 42. D e t e r - M e r a l LM und LMT von P.C.M.R. bestehen aus Natriumlauryl-sulfat und organischen Lösungsmitteln.	Waschmittel. Netz-, Reinigungs- und Dispergiermittel. Färbereihilfsmittel. Netz-, Wasch- und Egalisiermittel.
Andere Handelsmarken: L i m s o p o n 6 7 8 der F.W. Berk and Co. S a p i d a n H der Dr. Th. Böhme Chem. Fabr. M o n t o p o l L der P.C.M.N.	Wasch- und Weichmachungsmittel.

Name	Erzeugerfirma	Zusammensetzung
Brillant-Avirol L 168 Brillant-Avirol L 168 konz. Avitex W Avi-Meral L 168	Böhme-Fettchemie Böhme-Fettchemie Du Pont P.C.M.R.	Stabilisierte Wachsemulsion + Triäthanolaminlaurylsulfat.
Concosulphate WA extra	Continental	Laurylalkoholsulfat. Sehr gute Säurebeständigkeit.
Nacconol LAL	Nat. Anil. Div.	Laurylsulfoessigsaures Natrium aus Kokosöl. $$C_{12}H_{25}\!-\!O\!-\!\overset{\displaystyle \|}{\underset{\displaystyle O}{C}}\!-\!CH_2\!-\!SO_3Na$$ erhalten durch Einwirkung von Chloressigsäure auf einen Fettalkohol und Überführung des Chloroesters in ein Sulfonat mittels Natriumsulfit.

2. Auf Basis von

Name	Erzeugerfirma	Zusammensetzung
Adulcinol 7, MR, O CFD 1931 Nr. 1 Eriopon GA Servofoam PCH, PAC Servon PB 1 Sapidan C, CT, TK Soparol C, CU Stéolène 31 Paste ZS Mirapon Alcopon poudre Orethal 44 und OS Maproset Monol	Flesch-Werke (Patec, P.C.M.R.) Zschimmer & Schwarz Geigy Servo Servo A. Th. Böhme Doittau Doittau Zschimmer & Schwarz Zimmerli Chimiotechnic Despé Onyx Monopol Boras	Natriumsalz des Schwefelsäureesters des Cetylalkohols $C_{16}H_{33}\!-\!O\!-\!SO_2ONa$ oder $CH_3\!-\!(CH_2)_{14}\!-\!CH_2\!-\!OSO_3Na$ Weisse Paste, die als aktiven Bestandteil das Cetylalkoholsulfat enthält.
Estamit 302 Edunine J Avi-Meral L 302 Edunol A extra Mapromol HSX	Böhme-Fettchemie C.F.M.C.-Francolor P.C.M.R. (1951) St. Denis Onyx	Cetylalkoholemulsion +Cetylsulfat Natriumsalz des Schwefelsäureesters des Cetylalkohols, unvollständig sulfatiert.

Literatur	Verwendungsgebiete
Mell. 1930, S. 610; 1934, S. 21. Seifensieder Ztg. 1931, S. 543. Chem. Ztg. 1932, S. 835 und 893. Fettchem. Umschau 1932, S. 217, 274.	Weichmachungsmittel für Reyon. Avivagemittel für Reyon.
	Waschmittel.
	Wasch- und Schaummittel.

Cetylalkohol ($C_{16}H_{33}OH$ oder $C_{15}H_{31}{-}CH_2OH$).

Literatur	Verwendungsgebiete
Dieser Band, S. 363.	Weichmachungsmittel. Wasch-; Netz- und Egalisiermittel. Werden beim Färben und bei Appreturen verwendet, insbesondere für Bittersalzappretur.
Mell. 1951, *32*, S. 733.	Hochwirksames Appretur- und Avivagemittel; gibt Fülle sowie einen fliessenden Griff. Als Schlichtemittel angewendet erhöht es die Geschmeidigkeit des Fadens.

Name	Erzeugerfirma	Zusammensetzung
Mapromol HSY	Onyx	Cetylalkohol + Cetylalkoholboro-sulfat.
Maprofix	Onyx	Cetylalkoholborosulfat.
Brillant Avirol L 23 Brillant Avirol L 24	Böhme-Fettchemie Böhme-Fettchemie	Unvollständig sulfatierter Cetyl-alkohol.
Mapro Degum and Scour	Onyx	Cetylalkoholborosulfophosphor-saures Natrium.
Collone SE Cirrasol SB	Glovers I.C.I.	Emulsion von Cetylalkohol $C_{16}H_{33}$—OH die gegen verdünnte Säuren, Alka-lien und hartes Wasser gut be-ständig ist.
Gardinol L	Böhme-Fettchemie	Natriumcetylsulfat + $(NH_4)_2 SO_4$ + $(NH_4)_2CO_3$.
Gardinol J, K und KX Gardinol J Meral J	Böhme-Fettchemie P.C.M.R. P.C.M.R.	Cetylalkoholsulfat + kleine Men-gen von Oleylalkohol.

3. Auf Basis von

Adulcinol 7 S Mapromol Pulv. Sterial B Soparol S, SU	Flesch-Werke Onyx Böhme-Fettchemie Doittau	Natriumstearylsulfat $C_{18}H_{37}$—O—SO_2ONa
Brillant Avirol L 142 Avitex SW Duponol L 142	Böhme-Fettchemie Du Pont Du Pont	Natriumstearylsulfat + Natrium-und Ammoniumphosphat.

4. Schwefelsäureester aus Oleyl-

Amendol Gardinol G, GE Gardinol SE, KXY Cyclanon LK konz. Inferol 229 B und G Sapidan W Herial B Merpinol 100 A und B Ocenolsulfat Modinal 64 S dopp. konz. Modinal D und DN	Böhme-Fettchemie Böhme-Fettchemie Böhme-Fettchemie I. G. Farbenindustrie A. Th. Böhme A. Th. Böhme A. Th. Böhme Pott Dehydag Böhme-Fettchemie Böhme-Fettchemie	Natriumsalz des Schwefelsäure-esters des Oleocetylalkohols. $C_{18}H_{35}$—O—SO_2ONa $C_{16}H_{33}$—O—SO_2ONa Fettalkoholsulfat des Spermazeti-öls + Dextrin oder Tylose HBR.

Literatur	Verwendungsgebiete
	Weichmachungsmittel.
Avi-Meral L 24 von der P.C.M.R.	Weichmachungsmittel.
	Anionaktives Weichmachungsmittel speziell für Kunstseide empfohlen. Wirkt der Entstehung statischer Elektrizität entgegen.
	Waschmittel.
	Waschmittel. Appreturmittel für Wolle.

Stearylalkohol. $(C_{18}H_{37}OH$ oder $C_{17}H_{35}{-}CH_2OH)$

	Avivagemittel für Reyon. Weichmacher.
	Weichmacher in der Appretur. Avivagemittel für Reyon.

und Cetylalkohol, erhalten aus Spermazetiöl.

D.R.P. 644.686, 696,480; öst. P. 149.672; franz. P. 671.456, 671.065, 701.256, 1930, 703.090, 801.106; brit. P. 409.598 von Böhme. *Amer. P. 2.079.347, 2.082.576, 2.096.036.*	Hervorragende, in jeder Beziehung beständige Seifenersatzmittel. Zum Seifen aller Textilfasern.
Nüsslein, Mell. 1935, *16*, S. 49; Mell. 1936, *17*, S. 232; Z. f. ges. Text. Ind. 1932, S. 371; 1933, S. 431; 1934, S. 413; 1936, S. 39, 198; Franz, Mell. 1935, *16*, S. 277; Hasse, Mell. 1937, *18*, S. 456. Über Gardinole: Chwala und Martina, Mell. 1937, *18*, S. 999; Reumuth, Z. f.	Waschen, Walken. Zusatz zu Färbebädern, als Emulgier- und Durchdringungsmittel. Waschen, Reinigen.

Name	Erzeugerfirma	Zusammensetzung
Modinal DN Paste	Procter and Gamble	Enthält Pyridinbasen.
Sandopan WP, WPA	Sandoz	
Sandopan A und N	Sandoz	
Mullopol	Baur, Gäbel & Co.	Fettalkoholsulfat + Talg + Oliven-
Pulitol	Dr. A. Schmitz	öl.
Sulfetal P	Zschimmer & Schwarz	Enthält Pyridinbasen wie Modinal.
Tytrovon BH, RZB	Baumheier	
Metapon	L. Blumer	
Montopol	P.C.M.N.	
Arburol SP	Zimmerli	
Estralene SA Paste	Stockport	Natriumoleocetylsulfat.
Melioran 800	Beycopal-Paix	
Pentrone T	Glovers	Natriumsalz des Oleocetylalkohol-sulfats.
Adulcinol LL	Flesch-Werke	
Eufullon SK	Flesch-Werke	$C_{18}H_{35}$—O—SO_3Na
Primatex CM	C.F.M.C.	$C_{16}H_{33}$—O—SO_3Na
Primatex TA, NIOTA	C.F.M.C.	
Primatex LD	C.F.M.C.	} Sulfatiertes Spermazetiöl.
Duonal AM und AMC	S.P.C.M.C.	
Duonal DG	S.P.C.M.C.	
Celatosol 1, 2, 3	Sapic	
Doittau 25 OC	Doittau	
Grada 20	Cotelle & Foucher	
Garbritol SE	Gardinol Chem. Co.	
Gardinol CS Paste	Gardinol Chem. Co.	
Agofoam A, S, F, K, V, G, H	Servo	Borsäureester.
Mapromin	Onyx	
Mapromol AD	Onyx	
Melioran F 6, 744, R	Oranienburger Chem. Fabr.	
Neopol T Pulv. konz.	Stockhausen	
Dulsodol OC poudre u. pâte	Barnier-Sodac	
Cyclanon WN dopp. konz.	B.A.S.F.	Schwefelsäureester der Sperma-zetiölalkohole + Dextrin + Tylose HBR.
Cyclanon WN	I. G. Farbenindustrie	
Cyclanon W	I. G. Farbenindustrie	Schwefelsäureester der Sperma-zetiölalkohole + Emulgator.
Cyclanon WNL	I. G. Farbenindustrie	Cyclanon W + 12,4% Methyl-zyklohexanol + 2% Chloro-form.
Cyclanon WNM	I. G. Farbenindustrie	Cyclanon WN + sulfuriertes Me-pasin.
Levapon WK	Farbenfabr. Bayer	

Literatur	Verwendungsgebiete
ges. Text. Ind. 1937, S. 283; Battegay, R.G.M.C. 1934, S. 457; Pflumm, Leipz. Mon. Text. Ind. 1936, Nr. 5 und 1936, S. 134; Ranshaw, Dyer 1936, 77, S. 261; Thompson, Text. Manuf. 1937, S. 451; Kling, Mell. 1931, S. 111; Perndanner, Mell. 1932, S. 421; Brandenburger, Z. f. ges. Text. Ind. 1933, S. 37; Porzky, Z. f. ges. Text. Ind. 1936, S. 198. Huetern, Mell. 1931, Nr. 8. *Öst. P. 149.672* von Mauersberger: Borsäureester der Fettalkohole. Dieser Band, S. 363.	Weichmachungsmittel.
Amer. P. 2.149.265 von Beller und Oven; *brit. P. 448.350* von Ehrhardt; *D.R.P. 682.195* der I. G. Farbenindustrie; *brit. P. 407.990* der I. G. Farbenindustrie; *amer. P. 2.047.612* der Amer. Hyalsol Corp.; *D.R.P. 546.807; franz. P. 718.395* der Böhme-Fettchemie; *amer. P. 2.081.865* von Henkel & Co.; *D.R.P. 640.681* von Rudolf & Co. Dieser Band, S. 363.	Weichmachungsmittel. Durchdringungs- und Egalisiermittel in der Färberei.
D.R.P. 529.859; franz. P. 648.819; brit. P. 307.948; amer. P. 1.935.217.	Waschmittel.

Name	Erzeugerfirma	Zusammensetzung
Neopol T Pulv.	Stockhausen	Natriumsalz des Oleocetylalkohol-sulfats.
Neopol T extra	Stockhausen	
Neopol extra Pulv.	Stockhausen	
Neopol TB	Stockhausen	
Ocenol KD	Du Pont	
Rucopol	Rudolf	
Meral CA	P.C.M.R. (1951)	
Ucénol OCS und OCT	Union Chim. Belge	OCT = Triäthanolaminsalz.
Valérone PY	Chimiotechnic	
Valérone OC	Chimiotechnic	
Stanol OC	Doittau	Natriumsalz des Oleocetylalkohol-sulfats.
Soparol COC	Doittau	
Stanopal OC	Doittau	$C_{16}H_{33}$—O—SO_3Na und
Stanopon OC	Doittau	$C_{18}H_{35}$—O—SO_3Na
Cetapon	Doittau	
Reinol RS2, LC	Laroche & Juillard	
Reinol PSR und R	Laroche & Juillard	
Alsatol	Wacker & Schmitt	
Tapon O pâte, OCL	Lambert & Rivière	
Tapon O 67, O 58	Lambert & Rivière	
Alphonate D Powder	Du Pont	
Taosap T	Böhme-Fettchemie	
CFD 1931 N	Zschimmer & Schwarz	
Setavin ON	Zschimmer & Schwarz	
Gesavon AS Pulv., JP, TC	Zimmerli	
Jokalin PL, PS	Baur, Gäbel & Co.	
Sétalène C und CO	Sav. Fournier-Cimag	
Sipon OC, OC pâte	Sinnova	
Omnilène C et L	Piesvaux	Wässerige Lösung von Oleocetyl-sulfat.
Oréthyl A 46	Despé	
Supon	Despé	
Soltex 330	Beissier	
Petrosel P	Sav. Steverlink	
Servirol Pulv.	Servo	
Servon DA, PAC, PACF, PBT, PCH	Servo	
Auxil ALS 100	Auxi-Chimique	
Belgapon OC	Belgotex	
Amalgol	J. Campbell & Co.	
Amoa Falco ES, FA, S	Amoa Chem. Co.	
Jaromine BE	Cowles Detergent Co.	
Limsopon 528 und 574	F. W. Berk Co.	
Idropol	Tacconi	

Literatur	Verwendungsgebiete
	Weichmachungsmittel.
D.R.P. 648.448, 690.628. *Brit. P. 350.432, 350.080, 499.373.* *Amer. P. 2.079.347, 2.049.670, 2.214.254, 2.187.284.* M. Briscoe, J. Soc. D. and Col. 1932, *48*, S. 127, 1933, *49*, S. 71. J. A. Hill, J. Soc. D. and Col. 1947, *63*, S. 319.	Weichmachungsmittel.

Name	Erzeugerfirma	Zusammensetzung
Pentolyll T	Stockport	Amidester der Cetyl- und Oleyl-alkoholsulfate.
Cirrasol LC	I.C.I.	Natriumsalz des Schwefelsäure-esters des Oleo-Cetylalkohols + Oleo-Cetylalkohol.

5. Natriumsalze der Schwefel-

Name	Erzeugerfirma	Zusammensetzung
Cyclanon O konz.	B. A. S. F.	$CH_3-(CH_2)_7-CH{=}CH-(CH_2)_7-CH_2-OSO_3Na$
Cyclanon O und OA	I.G. Farbenindustrie	oder
Gardinol LS, KO, KD	Böhme-Fettchemie	$CH_3-(CH_2)_7-CH_2-CH-(CH_2)_7-CH_2OH$
CFD 1931 S, 1931 FW	Zschimmer & Schwarz	$\overset{\mid}{O}SO_3Na$
Levapon OL	Farbenfabr. Bayer	Leicht löslich in warmem Wasser,
Solpon 100, 217	A. Th. Böhme	in kaltem und warmem Methyl-
Duponol LS Paste	Du Pont	alkohol, Pyridin und Pine-Oil.
Gardinol LS	Du Pont	Beständig gegen Säuren, Alkalien
Mapromol	Onyx	und hartes Wasser.
Gamafon T	G. Masure Fils, Rouen	
Lissapol C Paste u. Powder	I.C.I.	
Neosapol B und BN	St-Denis	
Primatex CG	C.F.M.C.-Francolor	
Sipon O, O 30	Sinnova	
Stanol O liq.	Doittau	
Stanopal	Doittau	
Stanopon O	Doittau	
Sapomeran FL, ST	Chem. Fabr. Meerane	
Gardinol OTS	Böhme-Fettchemie	Natriumsalz des Dischwefelsäure-esters aus Oleylalkohol.
Gerbo OTS	Böhme-Fettchemie	$CH_3-(CH_2)_7-CH_2-CH-(CH_2)_7-CH_2-OSO_3Na$
Ditex OC	Belgotex	$\overset{\mid}{O}SO_3Na$
Diatex OC	Belgotex	
Geopon R und R konz.	Oranienburger Chem. Fabr.	Schwefelsäureester des Oleylalko-hols.
Alsatol 45	Wacker & Schmitt	
Pentanol TB 11	Baumheier	
Unitron	Scholten's Chem. Fabr.	
Ebroline BG Pulv.	Dr. G. Eberle Chem. Fabr. (Hard)	
Deter-Meral C	P.C.M.R.	
Gemepon	Georg Mayer & Co.	
Olantin U	M. Bruckner	
Oleyol	Lambert & Rivière	
Setalène FO	Sav. Fournier-Cimag	
Belgapon O	Belgotex	
Noiratex LL	Belgotex	

Literatur	Verwendungsgebiete
	Waschmittel; wird auch als Färbezusatz empfohlen.
Cirrasol XL ist eine Emulsion von Stearamid und Natriumoleylsulfat.	Weichmachungsmittel.

säureester des Oleylalkohols.

Literatur	Verwendungsgebiete
Cyklanon O ist Natriumoleylsulfat + Cetylalkohol + Emulphor O + Igepon T. **Cyclanon OA** und **OH** konz. Paste ist reiner Oleylalkohol. Mell. 1937, S. 248, 357, 456. **Duponol LS** Paste ist das Natriumsalz des Oleylalkoholsulfats. **Duponol D** enthält ausserdem noch das Sulfat eines gesättigten Fettalkohols. Beide Marken entfalten ihre Netz- und Waschwirkung in Gegenwart von Alkalien, Oxydationsmitteln und Härtebildnern. A. F. Kertess, J. Soc. D. and Col. 1936, *52*, S. 46. M. Briscol J. Soc. D. and Col. 1933, *49*, S. 71. Dieser Band, S. 365.	Netz-, Schaum- und Emulgiermittel. Als Waschmittel und Aviviermittel angewendet. Sehr gute Weichmachungsmittel mit dispergierenden Eigenschaften. Die Produkte sind als Beuchzusatz zum Waschen gefärbter oder bedruckter Ware empfohlen.
Dieser Band S. 365. **Andere Handelsmarken:** **Alcos X, Product 110** der J. C. Oxleys Dyes and Chemicals.	Waschmittel für Wolle. Wird beim Walken verwendet.
D.R.P. 656.600 der Dehydag. *Brit. P. 350.432, 351.452, 354.217; franz. P. 776.044; amer. P. 1.968.793. 2.114.042; kanad. P. 356.113* der Amer. Hyalsol Corp.-Bertsch. **Andere Handelsmarken:** **Dispersol CP** der I.C.I.	Kräftige Netz- und Reinigungsmittel; werden sowohl für Baumwolle, Reyon, Nylon als auch für Wolle verwendet.

Name	Erzeugerfirma	Zusammensetzung
Alcopon pâte	Chimiotechnic	
IN 438	Du Pont	
Aurinol	Onyx	
Detersol	Alrose Chem. Co.	
Pemeko	J. Campbell & Co.	
Santol T	Charlotte Chem. Lab.	
Alcos A, S, SP und konz.	Oxleys Dyes and Chem. Ltd.	
Cepecon	Productos Conen, Buenos Aires	
Dalpon A und S neu	Soc. Der. Amidi e Fecole	
Hydrosapon T und R	Teka, Budapest	

6. Auf Basis verschiedener Fettalkohole

Name	Erzeugerfirma	Zusammensetzung
Gardinol WPP	Böhme-Fettchemie	Fettalkoholsulfate.
Stenolat V	Böhme-Fettchemie	Lauryl-, Stearyl-, Cetyl- und Oleyl-sulfate.
Brillant-Avirol L 333	Böhme-Fettchemie	
Inferol 229 BNS, 229 W	A. Th. Böhme	
Inferol NFK	A. Th. Böhme	
Perenin F	A. Th. Böhme	
Viscosine ES	A. Th. Böhme	
Neosetavin Paste	Zschimmer & Schwarz	
Zetesap	Zschimmer & Schwarz	
Zetesap K	Zschimmer & Schwarz	
Laneran W Pulv.	Oranienburger Chem. Fabr.	
Tytrovon RZB	Baumheier	
Jokalin 130, LL	Baur-Gäbel & Co.	
Merapon	Chem. Fabr. Meerane	
Olantol B 3, B 8, ST	M. Bruckner	
Lanapex B	C.F.M.C.	
Sipal	Sinnova	
Setalène F, CL	Sav. Fournier-Cimag	
Celatosol NW 26	S.A.P.I.C.-St-Denis	
Tapon N 26 liq.	Lambert & Rivière	
Tapon LOW poudre	Lambert & Rivière	
Gamafon VAC, VAZ	Mazure, Rouen	
Percène 245	Cie. Franç. Prod. Ind.	
Acitex L	Belgotex	

Literatur	Verwendungsgebiete

hergestellte Schwefelsäureester von Fettalkoholen.

Literatur	Verwendungsgebiete
	Wasch-, Detachier-, Emulgier- und Weichmachungsmittel.

Name	Erzeugerfirma	Zusammensetzung
Burkem 288	Burkart-Schier	Fettalkoholsulfat.
Feutribel	Alcobel	
Resopan S	Sandoz	
Serfoam	Servo	
Servon PC	Servo	
Aquarex D	Du Pont	
Merpol B und C	Du Pont	
Petrowet WN	Du Pont	
Duponol OS, G	Du Pont	
Alrosene 31	Alrose Chem. Co.	
Orvus D	Procter & Gamble	
Detergent 31	Eavenson Chem. Co.	
Aquanol SO	Beacon Co., Chicago	
Beaconal A, M, T, S	Beacon Co., Chicago	
Emcol K 480	Emulsol Co., Chicago	
Persol 40	Perkins Soap Co.	
Supersulfate FS Pulv. und NT Paste	Laurel Soap Co.	
Santol I	Charlotte Chem. Lab.	
RN 100 Pulv., 31	Riches Nelson Inc.	
Oleijol	T. Mitchinson	
Amoa Falco (versch. Marken)	Amoa Chem. Co.	
Colma	Amoa Chem. Co.	
Alsatol	Wacker u. Schmidt	
Sekurit	Gardinol Corp.	
Bradfield SFA	Bradford Chem. Prod.	
Empicol	Marchon Prod. Ltd.	
Sulphayrols	Ayrton Co. Ltd.	
Metanol	B. Keegan Ltd.	
Lissapol LS Paste und Powder	I.C.I.	Natriumsalz der Oleyl-p-anisidin-sulfonsäure
Dispersol IR	I.C.I.	$NH{-}CO{-}(CH_2)_7{-}CH{=}CH{-}(CH_2)_7{-}CH_3$ ... SO_3Na ... OCH_3

Literatur	Verwendungsgebiete
Starkes Netz- und Waschvermögen. Säure-, alkali- und hartwasser beständig.	Waschmittel. Interessant als Beuchzusatz.

Name	Erzeugerfirma	Zusammensetzung
Culco Alkasol konz. Pulv.	Culberson	
Lavelon 33 P		
Superlanol	Barzaghi	
Gamopon D, DX, DXA	Barzaghi	
Cetilanol	Lamberti	
Effesay	Norman Evans & Rais Ltd.	Fettalkoholsulfate (Lauryl-, Cetyl-, Stearyl- und Oleylsulfate).
Rucopol D 36	Rudolf	Fettalkoholschwefelsäureestersalze
Rucopol FW 31	Rudolf	D 36 enthält noch hochsiedende Fettlöser.
Rucopol FW 50	Rudolf	
Rucopol PS	Rudolf	P S enthält heterozyklische Basen.
Estrol WS	Stockport	Auf Fettalkoholbasis.
Alcopol T	Allied Colloid	Fettalkoholsulfat.
Sandopan N	Sandoz	Hochsulfuriertes Rizinusöl + Fettalkoholsulfat.
Eriopon RS	Geigy	
Sulfatol	Standard Chem. Co.	Enthält Cetyl-, Oleyl und Laurylsulfat.
Perrostol NF, NFK, NFZ	Rudolf	Fettalkohol- und Fettalkoholsulfatgemische.

7. Sulfatierte sekundäre

Name	Erzeugerfirma	Zusammensetzung
Tergitol 4	C.C.C.C.	Natriumsalz eines höheren sekundären Alkohols. 25%ige wässerige Lösung des Natriumtetradecylalkoholsulfats. Darstellung durch Sulfatierung des sekundären Tetradecylalkohols (7-Äthyl-2-methylundecanol-4).

$$\underset{H_5C_2}{\overset{H_9C_4}{>}}CH-C_2H_4-CH-\underset{\underset{SO_4Na}{|}}{}CH_2-CH\underset{CH_3}{\overset{CH_3}{<}}$$

7-Äthyl-2-methylundecyl-4-sulfat.

Name	Erzeugerfirma	Zusammensetzung
Tergitol 4 T	C.C.C.C.	Tetradecylsulfosaures Trioxyäthylamin.

Literatur	Verwendungsgebiete
	Die Produkte werden als Netz-, Wasch- und Weichmachungsmittel für alle Fasern empfohlen.
	Netz-, Wasch- und Egalisiermittel. FW 50: Weichmachungsmittel.
	Netz- und Dispergiermittel.
	Netzmittel, das mit Vorteil Schlichte-, Färbe- und Waschbädern von geringem Alkaligehalt zugesetzt wird.
	Weichmachungsmittel.

Alkohole.

Franz. P. 782.835, 786.734, 789.406, 798.967; brit. P. 446.026; ital. P. 332.636; schweiz. P. 184.005; belg. P. 406.925; kan. P. 370.638 der C.C.C.C. *Amer. P. 2.088.019* der Union Carb. and Carb. Chem. Corp. *Brit. P. 407.187, 437.869; franz. P. 832.072* der I. G. Farbenindustrie. *Amer. P. 2.161.857* der C.C.C.C. Wilkes und Wickert, Ind. Eng. Chem. 1937, *29*, S. 1234.	Netzmittel, Karbonisiermittel.
Franz. P. 782.835. Dieser Band, S. 377.	Wie Tergitol 4.

Name	Erzeugerfirma	Zusammensetzung
Tergitol 7	C.C.C.C.	25%ige Lösung des Natriumheptadecylsulfats 3,9-Diäthyltridecyl-6-sulfat 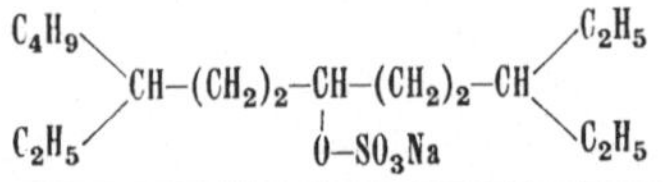 $$\underset{C_2H_5}{\overset{C_4H_9}{\diagdown}}CH-(CH_2)_2-\underset{\underset{O-SO_3Na}{\mid}}{CH}-(CH_2)_2-CH\underset{C_2H_5}{\overset{C_2H_5}{\diagup}}$$
Tergitol 08	C.C.C.C.	2-Äthylhexylsulfat in 37–39%iger Lösung. 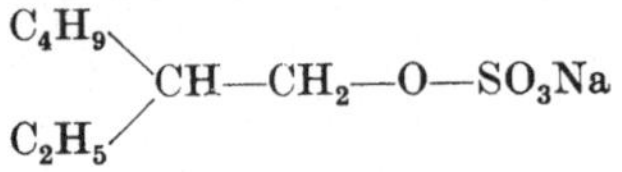 $$\underset{C_2H_5}{\overset{C_4H_9}{\diagdown}}CH-CH_2-O-SO_3Na$$
Tergitol Wetting Agent P-28	C.C.C.C.	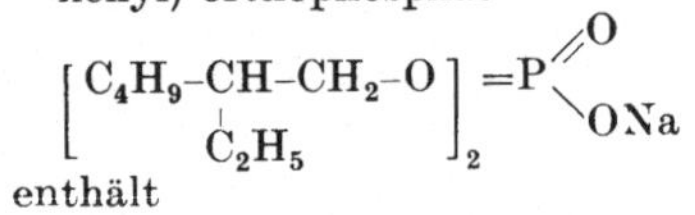 Anionaktives Netzmittel, welches 24–26% Natrium-di-(2-äthyl-hexyl)-orthophosphat $$\left[\underset{\underset{C_2H_5}{\mid}}{C_4H_9-CH-CH_2-O}\right]_2 =P\diagup^{\diagup O}_{\diagdown ONa}$$ enthält
Alropon	Alrose Chem. Co.	Natriumsalz eines sekundären synthetischen Alkohols.
Sellogen O 153 und C konz.	J.W.C.	Natriumsalz eines Fettalkoholsulfats, erhalten durch Kondensation eines sekundären Oktylalkohols.

8. Phosphorsäureester der

Name	Erzeugerfirma	Zusammensetzung
Oxyvol CA	Böhme-Fettchemie	
Victor Agent Mouillant 35 B	Victor Chem. Works	
Victor Agent Mouillant 58 B	Victor Chem. Works	
Ondal	Böhme-Fettchemie	Peroxydhaltiger Pyrophosphorsäureester des Laurylalkohols.
Ondal W 20	Böhme-Fettchemie	Gemisch von Gardinol WA+
Ondal d. c.	Böhme-Fettchemie	$NaBO_3 + Na_3PO_4$ oder $NaBO_3 +$
Leukolin	Zschimmer & Schwarz	$Na_2SO_4 + Na_4P_2O_7.$
Belgoblanc PPO	Belgotex	

Literatur	Verwendungsgebiete
Franz. P. 789.405, 789.406. *Amer. P. 2.088.014, 2.088.017 bis 021,* *2.052.027.*	Netzmittel und Lösungsmittel. Durchdringungsmittel für Färbebäder (Küpenfarbstoffe und Naphtole).
Franz. P. 786.734. *Amer. P. 2.052.027* von Benj. Harris; *2.161.857* der C.C.C.C. Breton, Rev. Prod. Chim. 1938, *41*, S. 269.	Netzmittel. Detachiermittel in alkalischem Milieu.
	Das Produkt ist besonders wirksam in wässerigen Behandlungsflüssigkeiten, die bis 2% Alkali oder 5% Neutralsalze enthalten, also Beuchlaugen, Küpen- oder Direktfärbebädern.
	Schaummittel.
	Netz-, Schaum- und Waschmittel.
Fettalkohole.	Wasch- und Reinigungsmittel.
Dieser Band, S. 375.	Netz-, Schaum- und Waschmittel.
D.R.P. 589.778, 594.806; *Brit. P. 425.084;* *Schweiz. P. 183.447, 188.878;* *Franz. P. 772.787.* Heide, Z. f. ges. Text. Ind. 1936, *39*, S. 133 und 1937, *40*, S. 178.	Wasch- und gleichzeitig Oxydationsmittel für die Entwicklung der Küpenfärbungen. Stabilisierungsmittel für Superoxydbleichbäder.

Name	Erzeugerfirma	Zusammensetzung
Grada 150	Cotelle et Foucher	Borsäureester eines Fettalkoholsulfats.
Homogenit B	Böhme-Fettchemie	13% Laurylalkoholsulfat $+ MgSO_4 + Na_4P_2O_7$
Barisol BRM	Dexter	Mischung von Phosphorsäureestern höherer Alkohole. Beständig gegen Alkalien.

II. A. 8. Sulfurierte Ester

Name	Erzeugerfirma	Zusammensetzung
Aerosol OT	Amer. Cyanamid Co.	Sulfobernsteinsäureester. Natriumdioctylsulfosuccinat $$CH_2\!-\!COOC_8H_{17}$$ $$NaO_3S\!-\!CH\!-\!COOC_8H_{17}$$
Deceresol OT	Amer. Cyanamid Co.	
Betasol OT, A	Amer. Cyanamid Co.	
Alphasol OT, OTC	Amer. Cyanamid Co.	
Alphasol MA	Amer. Cyanamid Co.	
Vatsol OT, OTC	Amer. Cyanamid Co.	
Manoxol OT	Manchester Oxide Co.	
Rapidnetzer BASF	B.A.S.F.	
Arosin SK	Böhme-Fettchemie	
Texitol	C.C.C.C.	
Synkapon TO	Union Chim. Belge	Triäthanolaminsalz.
Alcopol O	Allied Colloids Co.	
Aerosol MA	Amer. Cyanamid Co.	Natriumdihexylsulfosuccinat.
Aerosol IB	Amer. Cyanamid Co.	Natriumdiisobutylsulfosuccinat.
Aerosol AY	Amer. Cyanamid Co.	Natriumdiamylsulfosuccinat.
Aerosol NAL	Amer. Cyanamid Co.	Natriumsalz des Monolaurylesters der Sulfobernsteinsäure.
Aerosol NAO	Amer. Cyanamid Co.	Natriumsalz des Monooleylesters der Sulfobernsteinsäure.
Dismulgan VII	I. G. Farbenindustrie	Natriumdiäthylhexylsulfosuccinat.
Aerosol 18	Amer. Cyanamid Co.	Natriumsalz des Sulfobernsteinsäurestearylamids.
Deceresol 18	Amer. Cyanamid Co.	

$$CH_2\!-\!C\!\!\diagup^{\textstyle O}_{\textstyle \diagdown NH\!-\!C_{18}H_{37}}$$
$$Na_3OS\!-\!CH\!-\!COONa$$

Literatur	Verwendungsgebiete
	Waschmittel.
	Stabilisierungsmittel für Superoxydbleichbäder.
	Weichmachungsmittel.

zweibasischer Säuren.

Literatur	Verwendungsgebiete
Amer. P. 2.028.091; brit. P. 571.274. C. R. Caryl und W. P. Ericks, Ind. Eng. Chem. 1939, *31*, S. 44; R.G.M.C. 1939, S. 230. C. R. Caryl, Ind. Eng. Chem. 1941, *33*, S. 731. Siehe dieses Werk, 3. Aufl. Tl. I, Bd. *1*, Kap. I, S. 159. *Brit. P. 446.568; amer. P. 2.176.423, 2.181.087 und 2.265.944.* Amer. Dyest. Rep. 1951, *40*, S. 805. Dieser Band, S. 380. D e c e r e s o l O T - B = OT + 15% Natriumbenzoat.	Ausgezeichnete Netz- und Emulgiermittel. Werden beim Walken verwendet.
Franz. P. 776.495; amer. P. 2.181.087.	
S.R. Ramachandran, K. Venkataraman und I.S. Uppal, J. Soc. D. and Col. 1947, *63*, S. 520.	
J. A. Hill, J. Soc. D. and Col. 1947, *63*, S. 319.	

Name	Erzeugerfirma	Zusammensetzung
Acrosol 22	Amer. Cyanamid Co.	Natriumsalz des Amids aus N-Stearyl-2-aminobernsteinsäure und Sulfobernsteinsäure $$CH_2\text{—}COONa$$ $$\mid$$ $$CH\text{—}COONa$$ $$\mid$$ $$CH_2\text{—}C\text{—}N\text{—}C_{18}H_{37}$$ $$\diagdown O$$ $$\mid$$ $$NaO_3S\text{—}CH\text{—}COONa$$

II. A. 9. Heterozyklische

Name	Erzeugerfirma	Zusammensetzung
Ultravon FA Ultravon K Ultravon S Ultravon KA Ultravon W Ultravon WM Tergavon	Ciba Ciba Ciba Ciba Ciba Ciba C.ba	Benzimidazolderivate. $$HO_3S\text{—}\langle benzimidazol \rangle\text{—}C\text{-}(CH_2)_x\text{–}CH_3$$ Die Beständigkeit sämtlicher Marken wird verbessert durch Alkylierung am Stickstoff. K = Heptadecylbenzimidazoldisulfonat. W = Heptadecylbenzimidazolmonosulfonat.
Protexgel	Ciba	Sulfuriertes Laurylamid eines Alkylbenzimidazols.
Eriopon AC	Geigy	Kondensationsprodukt aromatischer Amide mit einer sulfurierten Fettsäure.

Literatur	Verwendungsgebiete
Amer. P. 2.251.768, 2.283.214.	

Verbindungen.

Literatur	Verwendungsgebiete
Franz. P. 754.626, 774.018, 778.476; brit. P. 398.150, 403.977, 441.296; D.R.P. 605.687; amer. P. 2.036.525, 2.170.474, 2.297.760; schweiz. P. 163.005, 163.274, 164.730 bis 164.736, 196.533, 208.534, 210.980, 213.253, 214.093. Ranshaw, Dyer, 1937, *78*, S. 531. Gränacher, Neuere Untersuchungen über die Chemie der Fettsäuren, Bull. Föd. 1938, *3*, Heft 3, S. 257. Mell. 1935, *16*, S. 799. Mell. 1936, *17*, S. 85. Z. f. ges. Text. Ind. 1935, S. 646. Dieser Band, S. 382.	Wasch-, Reinigungs- und Schaummittel. Neutrale, sehr wirksame, gegen hartes Wasser, Säuren und Alkalien beständige Waschmittel. In Wasser löslich. Marke FA: Entfetten der Wolle auf dem Leviathan; Zusatz zu Färbebädern mit substantiven Farbstoffen. Marke W: wird in kaltem und bis zu 60° C warmem Wasser angewendet. Marke K: in Bädern von hoher Temperatur. Marke KA: Waschen der Fertigware.
	Dispergier- und Emulgiermittel.
	Waschmittel für Wolle.

Name	Erzeugerfirma	Zusammensetzung
		II. A. 10. Alkylsulfonate der
		a) Die Alkylaryl-
Nacconol NR, E, EP, EF, FSNO, HG, NRSF	Nat. Aniline Div.	Dodecylbenzolsulfosaures Natrium
Naccolene F	Nat. Aniline Div.	
Nopco 1067, 1068 B	Nat. Oil Prod.	$C_{12}H_{25}$—⟨benzolring⟩—SO_3Na
Michelene DMA, DLC, MA-4, MA-6 u. MA-8	M. Michel & Co.	
Lanitol F und CW	Arkansas	
Lanitol P und S	Arkansas	
Santomerse D Powder N⁰ 1, 2, 3	Monsanto Chem. Co.	Leicht löslich in Wasser, beständig gegen Säure und Alkali.
Santomerse 30 X	Monsanto Chem. Co.	
Atcopen 2 T	Atlantic Chem. Co.	
Igepal NA	I. G. Farbenindustrie	
Basopal NA	B.A.S.F.	
Quaker Dianol 11, 12, ANX, ANS, ANC	Quaker	Sym. hochsubstituiertes Alkylarylsulfonat.
Quaker Dianol SO u. AHS	Quaker	
Sivanon N, NA, NS, NSL, NT, NTA	Sinnova	
Invadin NR	Ciba	
Resolin NE	Sandoz	
Beycopon S 35, S 20	Beycopal	
Marvel NN	Doittau	
Marvol	Doittau	
Marvepon A, 75, DB u. K	Doittau	
Marvepol 809	Doittau	
Pyrinol	Doittau	
Bickanol Detergent AAS, ASP und D	Bick & Co.	Modifiziertes Alkylarylsulfonat.
Orvus Neutral Granules	Procter & Gamble	
Detergent N	G.D.C.	
Palatin Salt N	G.D.C.	
Alroterge	Alrose Chem. Co.	Natriumsalz einer Alkylarylsulfosäure. Gelblich gefärbte, schwach alkalisch reagierende Flüssigkeit.
Sulfanole KB	Warwick	
Alkanol HGN, WXN, DD	Du Pont	
Texaryl DS, DSA, DST, TA	C.F.M.C.	
Tebanol B und W	Böhme-Fettchemie	
Parnol	J.W.C.	Hauptsächlich Dodecyltoluolsulfonat mit einem Gehalt von 41% an Aktivsubstanz.
Unitex	Commonwealth	
Trinolex	Commonwealth	
Comcoterg	Commonwealth	Kombination eines Alkylarylsulfonats mit einem Fettsäuresulfonat.
Vinterge 113 und 103	Jersey	
Cellopon FH	Arkansas	

Literatur	Verwendungsgebiete

aromatischen Kohlenwasserstoffe.

sulfonate.

Literatur	Verwendungsgebiete
D.R.P. 647.988. *Brit. P. 416.379* der I.G. Farbenindustrie; *franz. P. 766.903* und *amer. P. 2.220.099* der I.G. Farbenindustrie-Günther; *amer. P. 2.210.962* der Sharples Solvents Corp.; *amer. P. 2.161.173* der Monsanto Chem. Co.; *amer. P. 2.223.364, 2.233.408, 2.247.365, 2.267.725, 2.283.199, 2.314.929, 2.340.654, 2.387,572, 2.390.295, 2.393.526, 2.394.851, 2.397.133* der Allied Chem. and Dye Corp.; *amer. P. 2.330.922, 2.364.767* ebenfalls der Allied Chem. and Dye Corp. *Brit. P. 559.265* der Nat. Oil. Anil. Prod.; *amer. P. 2.340.654* von H. Flett. Morgan und Lankler, Ind. Eng. Chem. 1942, *34*, S. 1158; L. H. Flett, Ind. Eng. Chem. 1942, *20*, S. 844. Aickin, J. Soc. D. and Col. 1944, *60*, S. 60 und 286.	Sehr wirksame Wasch-, Netz- und Egalisiermittel; bilden klare Lösungen in Wasser, die von grosser Beständigkeit gegen Chemikalien sind. Werden mit Erfolg in der Reyon- und Baum- wollgarnfärberei sowie in der Wollfärberei verwendet.
Marvepon DT entspricht dem dodecyltoluolsulfosauren Natrium $H_{25}C_{12}$—⬡(CH_3)—SO_3Na	Ausgezeichnetes Netz-, Durchdringungs-, Schaum- und Waschmittel.
Marvepon NN ist nonylnaphtalinsulfosaures Natrium C_9H_{19}—⬡⬡—SO_3Na Ähnlich ist **Ceponol NA** von S.P.C.S. Dieses Kap., S. 388.	Garnbefeuchtungsmittel.
	Wirksame Wasch-, Netz- und Egalisiermittel.

Name	Erzeugerfirma	Zusammensetzung
All	Detergent Inc.	Aus Basis von Alkylarylsulfonaten.
Cerfak	Houghton	
Daconal	Day Mfg. Co.	
HHS	Publicker Industries	
Indrawet	Ind. Raw Materials Co.	
Stanyl	Esso Standard, Paris	
Erkaryl	Kuhlmann	Alkylarylsulfonat.
Primaryl NBB, NBG, SM, TA	Kuhlmann-Francolor	Auf Basis von Alkylarylsulfonaten.
Novaryl NA	Kuhlmann-Francolor	
Deceresol P	Amer. Cyanamid Co.	Gemisch von Alkylarylsulfonat + nichtionogenen oberflächenaktiven Produkten.
National Nacconol NB	Nat. Aniline Div.	Alkylarylsulfonat.
National Nacconol conc.	Nat. Aniline Div.	
National Nacconol NRCL liquid	Nat. Aniline Div.	
Arctic Syntex M, HD	Colgate-Palmolive-Peet	
Kreelon CD, 4 D, 7 D, 4 G	Wyandotte	
Marlon E	Hüls	Alkylarylsulfonat.
Stokopol N 56	Stockhausen	
Sulframin E	Ultra Chem. Works	
Supralan F	Zschimmer&Schwarz	
Silastan	Schill	
Oleonat NE	Pfersee	
Oxalfon AFT	Rudolf	Enthält einen Fettlöser.
Mercol ST	Riches Nelson Inc.	Alkylarylsulfonat.
Nycolene 2, 3, 4, 50	Color & Chem. Div.	
Titanol RMA	Titan Chem. Prod.	
Ultrawet DS, K, SK, 30 E	Atlantic Refining Co.	
Atlapon NU	Atlas	
Atlascour B Powder	Atlas	
Atco Carbowet extra	Atlantic Chem. Co.	Kombination eines Alkylarylsulfonats mit einem Alkylamidsulfat.
Marcanol C-30, AS	Maher	
Manganol ZS	Dexter	
Chemsol 990	Synthron	Konz. flüssiges Alkylarylsulfonat.
Diotrene T	Laurel	Kombination eines Alkylarylsulfonats mit einem nichtionogenen Hilfsmittel.
Atcowet	Atlantic Chem. Co.	

Literatur	Verwendungsgebiete
Andere Handelsmarken: **Limsopon 100 Paste der F.W. Berk and Co.**	Waschmittel.
	Waschmittel.
	Waschmittel.
Amer. Dyest. Rep. 1951, *40*, S. 805.	Wasch- und Emulgiermittel für sanforisierte Ware.
	Waschmittel.
Sulframin E von den Ultra Chem. Works ist ein flüssiges Alkylarylsulfonat von grosser Hartwasser- und Kalkbeständigkeit. Rayon and Synth. Text. 1949, *30*, S. 90; Textile World 1949, *99*, S. 278.	
Kamenol D von der Kamen Soap Prod. Co. ist ein Produkt vom Typus der Alkylarylsulfonate. Textile World 1949, *99*, S. 246. **Berol TVM-79** von Berol Produkter besteht aus einer Mischung eines Alkylarylsulfonats und Polyäthylenglykoläthers. Waschmittel.	Ausgezeichnetes Wasch- und Netzmittel. Für die Anwendung in sauren Bädern aller Konzentrationen empfohlen. Besitzt gute netzende und Waschmitteleigenschaften.

Name	Erzeugerfirma	Zusammensetzung
		b) Alkylphenol-
Aresklenc 400 trocken	Monsanto Chem. Co.	Sulfuriertes Kondensationspro-
Areskap	Monsanto Chem. Co.	dukt von o- oder p-Oxydiphenyl
Aresket	Monsanto Chem. Co.	mit einem Alkohol (Butylalko-
		hol).
Naphtosolvine D	S.P.C.M.C.	Butyl-o (bzw. p-)-oxydiphenyl-
Sinnopon A	Sinnova	sulfosaures Natrium
Tibalène NED	C.F.M.C.-Francolor	
Kerminol	Kem. Prod. Co.	
Orthocen	Amer. Anilin and Extracts Co.	
Quaker 700_X	Quaker Chem. Prod. Corp.	Nach anderen Angaben wäre Aresklene 400 trocken ein Dibutyl-o-phenylphenolsulfon- saures Natrium.
Beaconol MST	Beacon Co.	Monoäthylphenylphenolsulfon- saures Natrium.

$$C_4H_9-\langle\ \rangle-\langle\ \rangle-OH$$
$$SO_3Na$$

II. A. 11. Alkylsulfonate der

a) Die Alkylsulfonate, erhalten durch

Name	Erzeugerfirma	Zusammensetzung
Mersol D	I.G. Farbenindustrie	Rohe Sulfochloride der Paraffin- kohlenwasserstoffe
		$C_{15}H_{31}-SO_2Cl$
		$CH_3-(CH_2)n-CH-CH_3$
		$\mid$
		SO_2Cl
		50% Monosulfonylchlorid.
		30% Disulfonylchlorid.
		20% nicht veränderte Kohlen- wasserstoffe (Mepasin).
Mersol H	I.G. Farbenindustrie	50% Monosulfonylchlorid.
		50% nicht veränderte Kohlen- wasserstoffe.
Mersolat D	I.G. Farbenindustrie	$C_{15}H_{31}-SO_3Na$, d. h. Natrium-
Mersolat H	I.G. Farbenindusttie	salze der Alkylsulfosäure, erhal-
Mersolat I	I.G. Farbenindustrie	ten durch Verseifung der Mer-
Mesapon	I.G. Farbenindustrie	sole mit NaOH
Isolana	Hansa-Werke	$CH_3-(CH_2)n-CH-CH_3$
Duponol 646 S	Du Pont	$\mid$
Levapon ML	Farbenfabr. Bayer	SO_3Na
Diadavin W	Farbenfabr. Bayer	Alkylsulfonat + Lösungsmittel.
Witopal	Imhausen	
Melavin B	Leuna	
Wofapon	Wolfen	

Literatur	Verwendungsgebiete
sulfonate	
Amer. P. 2.337.924 der Gen. Anil. and Film Corp.; *brit. P. 495.414* der I.G. Farbenindustrie; *amer. P. 2.133.287, 2.134.711, 2.134.712; 2.166.136, 2.178.571, 2.196.985, 2.205.946, 2.205.947, 2.223.363, 2.249.757; brit. P. 447.898; franz. P. 790.447,* alle der Allied Chem. and Dye Corp. Dieser Band, S. 390.	Netz- und Schaummittel.

aliphatischen Kohlenwasserstoffe.

Sulfochlorierung der Paraffinkohlenwasserstoffe.

Literatur	Verwendungsgebiete
Reed und Tartar, J. Amer. Chem. Soc. 1935, *57*, S. 570 und 1936, *58*, S. 322.	Seifenersatzprodukte.
Flaschenträger und Wannschaff, Ber. 1934, *67*, S. 1121; Heimilian, Ann. 1873, *168*, S. 475; Zuffanti, J. Amer. Chem. Soc. 1940, *62*, S. 1044.	
Möllering und Luttgen, Sulfohalogenierung und Sulfohalogenide, Stuttgart 1942; Helberger, Z. f. ang. Chem. 1942, S. 172; *belg. P. 443.917* und *445.473; franz. P. 853.686* der I.G. Farbenindustrie.	
Amer. P. 2.383.752 von Du Pont.	
Amer. P. 2.195.145, 2.195.186, 2.195.187, 2.195.188 der Solvay Process Co.; *amer. P. 2.195.088* der I.G. Farbenindustrie; *brit. P. 353.475* der Böhme-Fettchemie.	Die Mersolate sind gut schäumende und reinigende Produkte. Nach dem Krieg ist ihre Bedeutung geringer geworden.
Amer. P. 1.931.491 der I.G. Farbenindustrie; Pomeranz, Seifensieder Ztg. 1932, *59*, S. 3, 79.	
Meyer, Mell. 1939, *20*, S. 355.	
Seifensieder Ztg. 1947, *73*, S. 21.	
Silk and Rayon 1949, *23*, S. 130.	
Dieser Band, S. 391.	

Name	Erzeugerfirma	Zusammensetzung
M.P. 189	Du Pont	Natriumsalz eines Kohlenwasserstoffsulfonats der Paraffinreihe.
M.P. 191	Du Pont	Natriumsalz des Heptadekansulfonats.
Kogasin II		Paraffinkohlenwasserstoffe, die nach dem Fischer-Tropsch-Verfahren synthetisiert wurden, d.h. ein Gemisch, das besonders an Kohlenwasserstoffen mit 12 bis 18 Kohlenstoffatomen im Molekül reich ist.
Mepasin		Hydriertes Kogasin II.
Igepal M u. CM		Sulfuriertes Mesapon N (Mersol E u. H) mit Soda neutralisiert + Igepal C.
Alaipol	Pechiney	Natriumsalz einer Sulfosäure, erhalten durch Sulfochlorierung des Gasöls und Verseifung $R{-}SO_3Na$ $R = $ Kohlenwasserstoffrest, z.B. $C_{14}H_{29}{-}$

b) Sekundäre Alkylsulfate und Alkylsulfonate erhalten

Name	Erzeugerfirma	Zusammensetzung
Teepol	Shell Chem. Ltd.	Durch Sulfatieren von unverzweigten Olefinen
Teepol 610	Shell Chem. Ltd.	
	Shell-St. Gobain	$R{-}CH{=}CH{-}R' \rightarrow R{-}CH_2{-}CH{-}R'$
		$\qquad\qquad\qquad\qquad OSO_3Na$
		Teepol entspricht einem Sulfat mit endständiger Sulfatgruppe, das aus Olefinen mit endständiger Doppelbindung erhalten wird.
Teepodol		Teepol und Lösungsmittel.
Teepex	Shell Chem. Ltd.	

Literatur	Verwendungsgebiete
A. van der Werth, Die Entwicklung in der Herstellung von Seifen aus Kohlenwasserstoffoxydationsprodukten, Seifen, Öle, Fette, Wachse 1948, *74*, S. 299.	
Sdp. zwischen 220—330° C.	
D.R.P. 605.973, 634.037, 715.747, 750.330. *Franz. P. 727.202.*	Waschmittel

durch Sulfurierung der Mineralöle.

Textil Rdsch. 1947, *2*, S. 343; *amer. P. 1.958.630* der Patent Licensing Corp.; *amer. P. 2.036.469* der Standard Oil of California; *amer. P. 2.266.084* der Socony Vacuum Oil Co.; *amer. P. 2.252.957* der Petrolite Corp.; *amer. P. 1.963.257, 2.035.106, 2.214.037* der Standard Oil Develop. Co.; *D. R. P. 510.403, 595.604* von Sudfeldt and Co. *Amer. P. 1.999.128, 2.139.669, 2.153.286, 2.157.320; kanad. P. 381.193, 430.059* der Standard Oil Develop. Co.; *amer. P. 2.078.516, 2.139.393, 2.152.292, 2.155.027, 2.339.038* der Shell Develop. Co. Textil Rdsch. 1951, *6*, S. 368. Dieser Band, S. 396.	Gutes Netz-, Dispergier- und Durchdringungsmittel, das beim Waschen, Färben und Appretieren Verwendung finden kann. Bildet keine unlöslichen Kalksalze und wirkt auf vorhandene Kalkseife stark dispergierend. Mit den meisten Farbstoffen verträgt es sich gut, ausser mit den basischen. Ist säure-, alkali- und chlorbeständig und kann Karbonisier- und Bleichflotten zugesetzt werden. Ein Zusatz von Kochsalz erhöht die Waschkraft. In Verbindung mit Magnesiumsulfat und oder Harnstoff ergibt es einen weichen, vollen Griff auf Baumwolle und regenerierten Zellulosefasern.

Name	Erzeugerfirma	Zusammensetzung
Lensex Lenka	Shell Chem. Ltd. Shell Chem. Ltd.	Weisse Paste, welche die Natriumsalze höherer Alkylsulfate vom mittleren Molekulargewicht 310 enthält $$\begin{array}{c} R_1 \\ \diagdown \\ \quad CH-O-SO_3Na \\ \diagup \\ R_2 \end{array}$$
Ekazal	Kuhlmann	Natriumsalz eines Alkylsulfonats.
Nytron	Solvay	Mischung sulfurierter Ketone und Amine mit Alkylsulfonaten. Sehr gute Hartwasserbeständigkeit; gute Löslichkeit und chemische Stabilität.
Spezial Appretur G Novoran S. V. Netzmittel 1959 Sulfo Turk S Quaker Prosotex 58	I. G. Farbenindustrie Oranienburger Chem. Fabr. Socony Vacuum Oil Co. Glyco Prod. Co. Quaker Chem. Prod. Corp.	Natriumsalz eines sulfurierten Kohlenwasserstoffs. Sulfurierte Kohlenwasserstoffe des Petroleums.
Kontakt T Emulsifiant W 763 A	Sudfeldt & Co. J.W.C.	Natriumsalze der sulfurierten Naphtensäuren.
Acto 450, 500, 530 W, 600, 630, 700 Ultrawet Fabcolene Fybrol SO, 566 und 1216 Petronate Sulphophet Penetrator NE, CP Mulsirex Petrosul C 75 Stablex G Petrosol	Stanco Dist. Inc. Atlantic Refining Fabric Chem. Co. L. Sonneborn L. Sonneborn L. Sonneborn Riches Nelson Turco Products Pennsylvania Refining Heveatex Corp. Manchester Oil Refining	

Literatur	Verwendungsgebiete
Amer. P. 2.078.516, 2.139.393, 2.139.394, 2.152.292, 2.155.027, 2.339.038. Aickin, J. Soc. D. and Col. 1944, *60*, S. 60, 170, 286.	Waschmittel von schwach alkalischer Reaktion, das sich für alle Textilfasern, native und künstliche, eignet und keine unlöslichen Kalkseifen bildet. Tierische Fasern absorbieren aus neutralen Lösungen bis 2,5% davon, in Gegenwart von Elektrolyten sogar mehr und erhalten dadurch einen weichen Griff. Ist säurebeständig und wirkt stark kalkseifendispergierend.
	Netz- und Reinigungsmittel.
	Netzmittel.
D.R.P. 264.784, 264.786, 310.455, 271.433; brit. P. 272.244. Dieser Band, S. 402.	Spaltungsmittel für Öle; Netzmittel.

Name	Erzeugerfirma	Zusammensetzung
Twitchell Bases 262 und 265	Emery Industries	Auf Fettsäure- und Mineralölbasis. Sulfonierte Mineralöle.
Twitchell Oil 3 X	Emery Industries	
Twitchell Oil für Reyon 381, 600, 681	Emery Industries	
Twitchell Oil für Wolle	Emery Industries	
Dipex	Stanco Dis. Inc.	Natriumsalze von sulfurierten Kohlenwasserstoffen des Petroleums.
Dipex SP	Stanco Dis. Inc.	
Dipex 702	Stanco Dis. Inc.	Wässerige Emulsion eines Natriumsulfonats.
Dipex 703	Stanco Dis. Inc.	
SP 315 und 317	Stanco Dis. Inc.	Sulfonate von Petroleumderivaten.
Leecolite Paste P	Riches Nelson	Gemisch von Fettsäureamid + sulfurierten Kohlenwasserstoffen des Petroleums.

Literatur	Verwendungsgebiete
Andere Marken: Twitchell Textile Oils 7170, 7230, 7231, 7240, 7250, 7681, 7810.	Schmälzmittel für Wolle und Reyon.
	Netzmittel.
	Netzmittel. Waschmittel.
Literatur	Verwendungsgebiete

Name	Erzeugerfirma	Zusammensetzung

II. B - Kationaktive

1a) Derivate, mit Stickstoff direkt an die hydrophobe

Name	Erzeugerfirma	Zusammensetzung
Lissolamin V	Imp. Chem. Ind.	Cetyltrimethylammoniumbromid
Cetalvon	Imp. Chem. Ind.	
Cetamine	The William S. Merrel & Co.	$C_{16}H_{33}-N \begin{smallmatrix} -CH_3 \\ -CH_3 \\ -CH_3 \end{smallmatrix}$ Br
Cirrasol OD	Imp. Chem. Ind.	Neutrales, gelbliches, in Wasser leicht lösliches Öl.
CTA I	The William	Cetyltrimethylammoniumjodid.
CTA B	S. Merrel & Co.	
Thoral	Turco Products	
Cetab	Rhodes Chem. Co.	
Ethylcetab	Rhodes Chem. Co.	Cetyldimethyläthylammoniumbromid.
Ethyldecab	Rhodes Chem. Co.	Oktadecenyldimethyläthylammonium-bromid.
Octimet	Rhodes Chem. Co.	Oktadecyldimethyläthylammonium-chlorid.
Du Pont Retarder LA und LV	Du Pont	Stearyltrimethylammoniumbromid.
Hydrocid	Röhm & Haas	Alkyloxybenzyldimethylammonium-phosphat.
Isonol DLI	Onyx	Dilauryldimethylammoniumbromid.
Isonol CL	Onyx	Das entsprechende Chlorid.
Triton B	Röhm & Haas	Tetraalkylammoniumhydroxyd.
Ammonyx BC	Onyx	Alkyldimethylbenzylammoniumchlorid 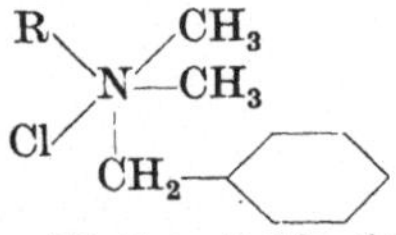 wobei R eine Kette mit 12—18 C-Atomen ist; wird durch Methylierung des primären Amins aus Kokosfett und Benzylieren gewonnen.

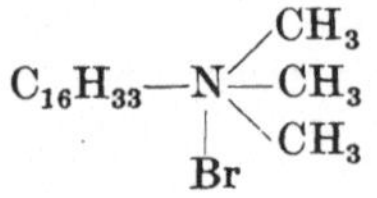

	Literatur	Verwendungsgebiete
Produkte. Gruppe gebunden; quaternäre Ammoniumbasen.		
	Brit. P. 400.239.	Abziehmittel für Küpenfarbstoffe. Mittel gegen den Angriff durch Bakterien, Antiseptikum.
	R.G.M.C. 1933, S. 465; 1934, S. 153; Tiba 1933, S. 935. Siehe Tl. I, Bd. *1*, Kap. I und IV. Dieser Band, S. 409.	Cirrasol OD dient als kationaktives Weichmachungsmittel. Wird von chlorierter Wolle substantiv aufgenommen.
	Brit. P. 400.239, 422.466, 422.556, 444.169. Rowe und Owen, J. Soc. D. and Col. 1936, *52*, S. 205.	Färbereihilfsmittel für Küpenfarbstoffe. Verzögert das Aufziehen der Farbstoffe.
		Antiseptikum – Bakterizid.
		Antiseptikum, Fungizid, Weichmachungsmittel.
		Lösungsmittel für Zellulose. Quellmittel.
		Weichmachungsmittel. Verbessert die Nassechtheit von direkten Färbungen.

Name	Erzeugerfirma	Zusammensetzung
Zephirol	I. G. Farbenindustrie	Dodecyldimethylbenzylammoniumchlorid
Zephiran Ammonyx T	I. G. Farbenindustrie Onyx	$C_{12}H_{25}$ und CH_3, CH_3, CH_2 am N, Cl (Dodecyldimethylbenzylammoniumchlorid-Formel)
Onyx BTC Quartol Cequartyl A Texamine K 60	Onyx Onyx S.P.C.S., Bezons Röhm & Haas	Trialkylbenzylammoniumchlorid.
Octab	Rhodes Chem. Co.	Oktadecyldimethylbenzylammonium-chlorid.
Roccal Rodalon	 Rhodes Chem. Co.	Alkyldimethylbenzylammoniumchlorid.
Triton K 60	Röhm & Haas	25%ige Dispersion von Cetyldimethyl-benzylammoniumchlorid (CH_3, CH_3, $-CH_2-N-Cl$, $C_{16}H_{33}$ Formel)
Triton X 400	Röhm & Haas	Cetyldimethylbenzylammoniumchlorid. Wasserlöslich (CH_2-, $C_{16}H_{33}-N-Cl$, CH_3, CH_3 Formel)
Deceresol SE	Amer. Cyanamid Corp.	Lösung von Stearamidopropyldimethyl-β-oxyäthylammoniumchlorid. Gelbliche Flüssigkeit, mischbar mit Wasser.
Tetrosan Triton K 12	Onyx Röhm & Haas	Cetyl-3,4-dichlorbenzyldimethylammo-niumchlorid ($C_{16}H_{33}$, $Cl-N-CH_2-$, CH_3, CH_3, Cl, Cl Formel)

Literatur	Verwendungsgebiete
D.R.P. 680.599, 708.076 der Alba Pharmac. Co. *Amer. P. 2.108.765* der Alba Pharmac. Co. Dieser Band, S. 407.	Mittel zur Bekämpfung der Bakterien; besonders wirksam gegen Schimmelpilze. Bakterizid, Fungizid.
	Weichmachungsmittel. Erhöht auch die Wasserechtheit von Direktfärbungen auf Zellulosefasern. Wird von Aluminiumsalzen nicht gefällt und kann auch zum Weichmachen von knitterfrei ausgerüsteter Ware benützt werden.
	Netzmittel, Weichmachungsmittel. Verbesserung der Wasserechtheit substantiver Färbungen.
	Fungizid.

Name	Erzeugerfirma	Zusammensetzung
Cepretol ETF	S.P.C.S., Bezons	Quaternäres Ammoniumsalz.
Quatronix D 40 A	Onyx	Chlorid einer quaternären Ammoniumbase. Wasserlöslich.
Paramine	Arkansas	
Burk Schier Finish	Burkart-Schier	
Ammonyx C	Onyx	
Ammonyx Q	Onyx	
Betasol O	Amer. Cyanamid Corp.	
Sonnotan	L. Sonnerborn Sons U.S.A.	
Stanteosin	Standard Chemical	
Timsol	Theo Ross and Associate	
Amerse	Vestal Laborat. St. Louis (USA)	10%ige Lösung des Oktadecyldimethyläthylammoniumbromids.
Appramine 967	Warwick	Substituiertes Fettsäureamid. $C_{17}H_{35}-C{\overset{\displaystyle O}{\underset{\displaystyle NH_2 \cdot CH_2-COOH}{<}}}$
Armid HT	Armour	
Arquad 8	Armour	Oktyltrimethylammoniumchlorid.
Arquad 10	Armour	Decyltrimethylammoniumchlorid.
Arquad 12	Armour	Dodecyltrimethylammoniumchlorid.
Arquad 14	Armour	Tetradecyltrimethylammoniumchlorid.
Arquad 16	Armour	Hexadecyltrimethylammoniumchlorid.
Arquad 18	Armour	Oktadecyltrimethylammoniumchlorid.
Arquad 20	Armour	Oktadecenyltrimethylammoniumchlorid.
Damol	Alba Pharmaceutical	Didodecylmethyl-β-oxypropylammoniumbromid.
Emulsol 606	Emulsol	Laurylglycinhydrochlorid

Literatur	Verwendungsgebiete
	Weichmachungsmittel.
	Weichmachungsmittel. Keimtötend. Fungizid.
	Kationaktives Netzmittel, Fungizid, keimtötend.
Amer. P. 2.201.041.	Weichmachungsmittel für Reyon.
Amer. P. 2.098.538, 2.297.864, 2.331.276, 2.358.871, 2.293.844, 2.407.703, 2.426.790, 2.433.449, 2.489.473, 2.510.522.	Mittel gegen Bakterienangriff. Weichmachungsmittel; Verbesserung der Waschechtheiten von Färbungen mit substantiven Farbstoffen.
	Bakterizid.
	Bakterizid, Fungizid.

Name	Erzeugerfirma	Zusammensetzung

1. b) Pyridinium-

Name	Erzeugerfirma	Zusammensetzung
Lissolamin A Decamin A	Imp. Chem. Ind. Imp. Chem. Ind.	Oktadecylpyridiniumbromid
Velan PF Cerol WB	Imp. Chem. Ind. Sandoz	Oktadecyloxymethylenpyridiniumazetat oder -chlorid
Zelan AP Paste Velan PF	Du Pont Imp. Chem. Ind.	Stearamidomethylpyridiniumchlorid.
Norane R	Warwick	
Fixanol C Fixacol Fixatol Fastogene	Imp. Chem. Ind. Ciba Onyx Amer. Anil. Prod.	Cetylpyridiniumbromid oder -sulfat
Repellat Fixanol VR Stenolat CGN	Böhme-Fettchemie Imp. Chem. Ind. Böhme-Fettchemie	Laurylpyridiniumsulfat Dodecylpyridiniumbromid. Mischung von Repellat + Fettalkohol- sulfat.

Literatur	Verwendungsgebiete
derivate.	
Brit. P. 400.239; franz. P. 748.510, 752.728, 771.349; D.R.P. 605.912, 652.317. R.G.M.C. 1933, S. 465; 1934, S. 153. Dieser Band, S. 418.	Abziehmittel für Azofarbstoffe.
Siehe Neue Verfahren, Bd. *3*, Kap. XIV. *Franz. P. 822.785* der I.C.I. *Brit. P. 466.817, 469.476, 475.170, 477.991.* R.G.M.C. 1937, S. 515; 1938, S. 231. Canad. Text. Journ. 1938, S. 31; Helv. Chim. Acta, 24, Spez. Nr. 233 Ea, 247 E. Smith, J.Soc.D. and Col. 1939, *55*, S. 247.	Appreturmittel. Zum Wasserdichtmachen.
Siehe Neue Verfahren, Bd. *3*, Kap. XIV. Dieser Band, S. 407 und 419. *Amer. P. 2.146.408, 2.268.395 u. 2.327.160.* Rayon Monthly Text. 1939, S. 73. Davis, J. Soc. D. and Col. 1947, *63*, S. 260.	Zum Wasserdichtmachen.
Dieser Band, S. 423.	Zum Wasserdichtmachen der Textilien.
Franz. P. 738.028, 748.510; brit. P. 379.396, 398.175 der I.C.I. Fawcett u. Gilson, J. Chem. Soc. 1938, S. 396. Siehe Die Neuesten Fortschritte Tl. I, Bd. *2*, Kap. VI. Dieser Band, S. 418.	Verbesserung der Wasser-, aber nicht der Seifenechtheit. Verminderung der so nachbehandelten Färbungen und Tonveränderung von Färbungen mit gewissen Farbstoffen.
Brit. P. 435.431; D.R.P. 673.158; franz. P. 770.235; schweiz. P. 173.257, 183.676; öst. P. 154.886; franz. P. 753.189; amer. P. 2.104.728. Siehe Tl. I, Bd. *1*, Kap. I, S. 314, 3. Aufl. Dieser Band, S. 418.	Verzögerungsmittel für das Aufziehen von Küpenfarbstoffen auf Baumwolle, verbessert die Egalität.

Name	Erzeugerfirma	Zusammensetzung
		II. B. 2. Derivate mit Stickstoff intermediär
		a) Esterzwischen-
Emulphor FM ölöslich Emulsol	I.G. Farbenindustrie Etabl. Despé, Haat, Belgien	Oleyltriäthanolamin. Monooleylsäureester des Triäthanolamins.
Soromin A Soromin A Base 100% Softolo Alrose R Silkopon A	I.G. Farbenindustrie B.A.S.F. Soc. Ind. Chim. Italiana Alrose Etabl. Despé, Haat, Belgien	Stearyltriäthanolamin. Monostearylester des Triäthanolamins. Veresterung von Fettsäuren mit Trialkylolaminen und Bildung von quaternären Salzen aus den tertiären Basen.$$\left[\text{HN}\begin{array}{l}\text{CH}_2\text{-CH}_2\text{OH}\\ \text{CH}_2\text{-CH}_2\text{OH}\\ \text{CH}_2\text{-CH}_2\text{-O-C}\begin{array}{l}\text{O}\\ \text{R }(\text{C}_{17}\text{H}_{35})\end{array}\end{array}\right]^+ \text{HCOO}^-$$Stearyltrioxyäthylamid.
Soromin DB	I.G. Farbenindustrie	Stearinsäureester des Dibutylaminoäthanols.
Catol 1 Catol 2	C.C.C.C. C.C.C.C.	Alkyltrimethyl- bzw. -äthylammoniumchlorid$$\text{C}_{11}\text{H}_{22}\text{-COO-CH}_2\text{-CH}_2\text{-NH-CO-CH}_2\text{-}\overset{\displaystyle \text{C}_2\text{H}_5}{\underset{\displaystyle \text{C}_2\text{H}_5 \quad \text{C}_2\text{H}_5}{\text{N}}}\text{-Cl}$$
		b) Ätherzwischen-
Hyamine 1622 Hyamine 10 X	Röhm & Haas Röhm & Haas	Diisobutylphenoxyäthoxyäthyldimethylbenzylammoniumchlorid$$\text{O-CH}_2\text{-CH}_2\text{-O-CH}_2\text{-CH}_2\text{-N}\begin{array}{l}\text{CH}_3\\ \text{CH}_3\\ \text{CH}_2\end{array}$$(mit C_8H_{17}-substituiertem Ring und Benzylrest) 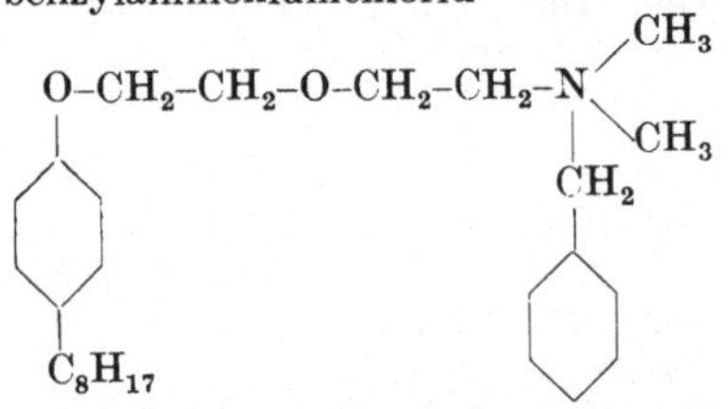 erhalten durch Kondensation von p-tert-Oktylphenol mit Dichlordiäthyläther und Quaternierung mit Benzyldimethylanilin. Diisobutylkresoxyäthyldimethylbenzylammoniumchlorid.

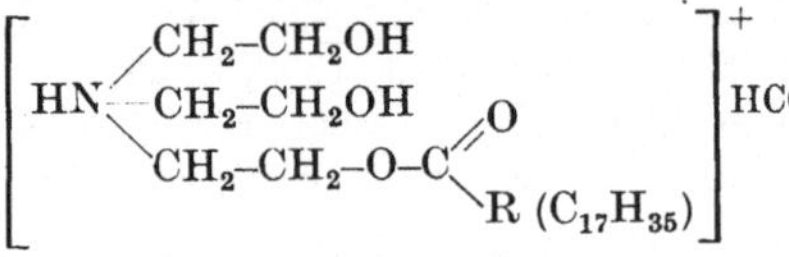

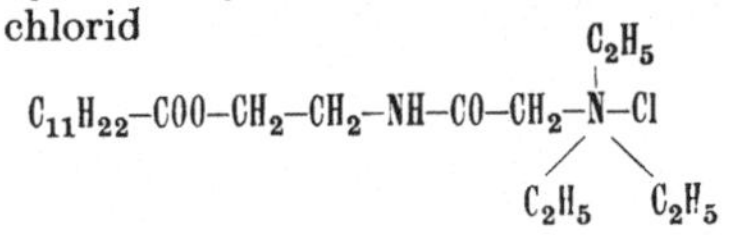

Literatur	Verwendungsgebiete
an die kationaktive Gruppe gebunden. bindung. *Franz. P. 669.517* der I.G.Farbenindustrie. Dieser Band, S. 422.	Weichmachungsmittel für Kunstseide. Emulgiermittel für Öle.
D.R.P. 546.406; amer. P. 2.187.823 der I. G. Farbenindustrie. Kunstseide u. Zellwolle 1949, *27*, S. 407. Leicht bräunlichgelbe, wachsartige Substanz; gegen die Härtebildner des Wassers und verdünnte Säuren weitgehend beständig; kann in alkalischen Bädern nicht angewandt werden. Das Produkt ist substantiv und sehr ausgiebig. Dieser Band, S. 422.	Weichmachungsmittel. Präparation- und Avivagemittel. Gibt den Textilien aller Art in loser oder Strangform einen weichen eleganten Griff von grosser Fülle und bei Flockenmaterial eine gute Öffnung. Kann auch in Verbindung mit den in der Appretur üblichen Füllmitteln wie Stärke, Dextrin, Glukose, Pflanzenschleimen und Leim angewandt werden. In Färbebädern nicht anwendbar.
D. R. P. 546.406; amer. P. 2.187.823 der I. G. Farbenindustrie.	Weichmachungsmittel für Kunstseide.
	Netz- und Emulgiermittel.
bindung *Amer. P. 2.087.131, 2.325.514.* Silk and Rayon 1951, *25*, S. 511. *Brit. P. 494.766; amer. P. 2.170.111, 2.229.024* von Röhm & Haas. Dieser Band, S. 424.	Antiseptikum, Fungizid, gegen Mehltau.

Name	Erzeugerfirma	Zusammensetzung
Phemerol US	The William S. Merrel & Co. Parks Davis & Co.	Tertiäres p-Octylphenyldiäthoxy-dimethylbenzylammonium.
Persistol KG	I. G. Farbenindustrie	$C_{18}H_{37}OCH_2$ ... CH_2—CO, N—O, CH_3 CH_3

c) Amid-

Name	Erzeugerfirma	Zusammensetzung
Sapamin CH	Ciba	Chlorhydrat des Oleylamidoäthylendi-äthylamin asym. Entsteht durch Ein-wirkung von asym. Diäthyläthylen-diamin auf die Fettsäurechloride
Sapamin L	Ciba	
Sapamin A	Ciba	R—C (O) NH—C_2H_4—N (C_2H_5)(C_2H_5) · HCl Marke L = Laktat. Marke A = Azetat.
Titafix KT	Titan Chem. Prod.	Azetat des Diäthylaminoäthylenoleyl-amids.

Literatur	Verwendungsgebiete
	Bakterizid, Fungizid.
	Zum Wasserdichtmachen; ähnlich dem Velan PF.

zwischenbindung.

Literatur	Verwendungsgebiete
Hartmann, Kägi (Ciba) *D.R.P. 464.142, 559.500, 567.921, 582.101, 626.718, 666.066, 671.782; brit. P. 219.304, 294.582, 294.890, 390.553, 366.918; franz. P. 595.672, 657.974, 716.500, 725.637; amer. P. 1.737.458, 2.004.476; öst. P. 131.103.* Landolt, Mon. f. ges, Text. Ind. 1933, Heft 3; Z. f. angew. Chem. 1928, *41*, S. 127; Bull. Föd. *1*, S. 515; R.G.M.C. 1934, S. 64 und 111. A. Chwala, Mell. 1936, *17*, S. 583. A. Landolt, Über das Fixieren von Direktfarbstoffen mit kationaktiven Mitteln nach dem Färben, Text. Rdsch. 1946, *1*, S. 14, 41. Z. f. ges. Text. Ind. 1932, *35*, S. 57. Münch, Mell. 1934, *15*, S. 55. Chwala, Mell. 1936, *17*, S. 583. Ranshaw, Dyer, 1936, *76*, S. 261. Basen, welche mit Säuren wasserlösliche Salze bilden. Säurebeständig. Sollen nicht in Gegenwart von Alkalien verwendet werden. Dieser Band, S. 425.	Das Sapamin CH ist ein gutes Netzmittel von geringer Kationaktivität. Es hat sehr gutes Netz- und Emulgiervermögen, selbst noch in sehr verdünnten Lösungen. Ausgezeichnetes Verbesserungsmittel der Wasserechtheit von substantiven Färbungen. Die Lichtechtheit wird durch Nachbehandlung mit Sapaminen ungünstig beeinflusst. Nachbehandlung in einer 1%igen Sapaminlösung.

Name	Erzeugerfirma	Zusammensetzung
Sapamin BCH	Ciba	Oleylamidoäthylendiäthylbenzylammoniumchlorid 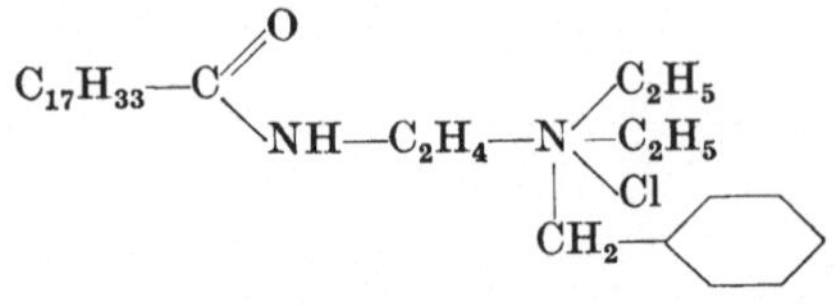 $C_{17}H_{33}$—C$\overset{O}{\diagup}$NH—C_2H_4—N$\diagdown$ mit C_2H_5, C_2H_5, Cl, CH_2—⬡
Sapamin MS	Ciba	Oleylamidoäthylendiäthylmethylammoniummethylsulfat. Einwirkung von Methylsulfat auf Sapamin CH 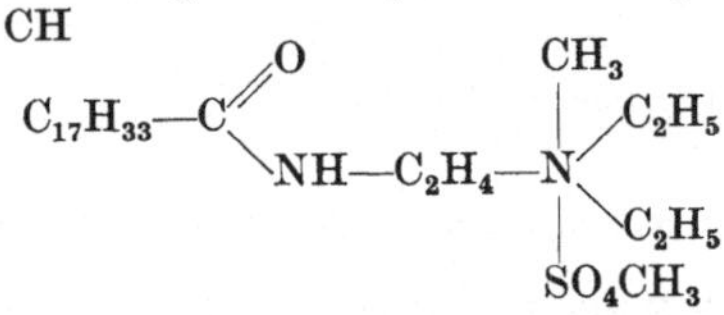 $C_{17}H_{33}$—C$\overset{O}{\diagup}$NH—C_2H_4—N mit CH_3, C_2H_5, C_2H_5, SO_4CH_3
Sapamin KW Liovatin KB	Ciba Sandoz	Methylsulfat des Monostearylamidoäthylentrimethylammoniums, bzw. -triäthylammoniums 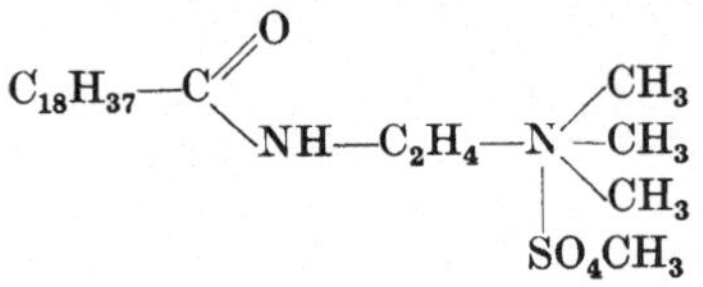 $C_{18}H_{37}$—C$\overset{O}{\diagup}$NH—C_2H_4—N mit CH_3, CH_3, CH_3, SO_4CH_3 Gelbliches Pulver; in kochendem Wasser löslich.
Sapamin FL u. FLN	Ciba	Mischung einer Ammoniumbase eines Benzimidazolinderivats mit einem anionaktiven Körper.
Sapamin R	Ciba	

Literatur	Verwendungsgebiete
D.R.P. 464.142, 559.500, 567.921, 582.101, 671.782. *Brit. P. 219.304, 294.582.* *Amer. P. 1.737.458.* *Schweiz. P. 133.372, 133.373.* Chwala, Mell. 1936, *17*, S. 583. Dieser Band, S. 428.	Gleiche Verwendung wie bei Sapamin CH. Weichmachungsmittel für Reyon.
Brit. P. 294.582. *D.R.P. 559.500.* *Amer. P. 1.737.458.* Chwala, Mell. 1936, *17*, S. 583. Dieser Band, S. 428.	Weichmachungsmittel. Gleiche Verwendung wie bei Sapamin CH.
Kommt in Pulverform in den Handel. Wasserlöslich im Verhältnis 1:10. Die Marke KW beeinflusst die Lichtechtheit weniger als die Marke MS. *D.R.P. 559.500, 626.718; franz. P. 725.637; amer. P. 2.004.476; brit. P. 390.553, 396.992; öst. P. 131.103.* Mell. 1934, *15*, S. 528. Egger, Mell. 1937; *18*, S. 651. Z. f. ges. Text. Ind. 1934, S. 262. Kollmann, Mell. 1937, *18*, S. 270. Mell. 1937, *18*, S. 994. Dieser Band, S. 428.	Wird beim Ätzdruck auf substantiven Färbungen angewandt. Die Ware wird nach dem Dämpfen in einer 1%igen Sapamin-KW-Lösung gewaschen. Das Ausfliessen wird vollständig verhindert, wodurch ein sehr reines Ätzweiss erhalten wird. Ebenfalls zur Verbesserung der Echtheit substantiver Färbungen angewendet. Die so nachbehandelten Färbungen lassen sich nach dem Drucken und Dämpfen auswaschen, ohne dass ein Ausbluten stattfindet. Als Egalisiermittel für basische Farbstoffe.
	Weichmachungsmittel für Reyon.
Textil-Rdsch. 1949, *4*, S. 300.	Weichmachungsmittel mit besonderer Eignung als Zusatz zu Knitterfestappreturflotten, in denen es keine Trübung verursacht. Die Weichheit und Fülle der behandelten Gewebe bleibt bei der für diese Ausrüstungsart üblichen Nachwäsche erhalten. Sapamin R beeinflusst die Lichtechtheit der Färbungen nicht.

Name	Erzeugerfirma	Zusammensetzung
Avasol W	Alframine Corp.	Quaternäre Ammoniumbase.
Catylon C Catylon D Intracol	Hart Prod. Corp. Hart Prod. Corp. Synthetic Chem.	Oleyläthylendiaminamidformiat. Stearyläthylendiaminamidformiat. Fettsäureamid mit einer langen, mehrere Aminogruppen enthaltenden Kette.
Ditex CAC	Belgotex	Ähnlich den Sapaminen.
Irgamin L Irgamin PNE	Geigy Geigy	Reaktionsprodukt von Polyaminen auf Fettsäuren.
Katapol CNS konz.	G.D.C.	Sulfat einer quaternären Ammoniumbase, die sich von Fettamiden substituierter Diamine ableitet.
Negamine	Synthetic Chem.	
Setavon TC	Zschimmer & Schwarz	Quaternäre Ammoniumbase, die sich von Fettamiden substituierter Diamine ableitet.
Depcosal CAW	De Paul	Polyaminofettsäurekondensations- produkt.
Perma Par ACA-100	Refined Products	Fettsäureamid-Kondensationsprodukt.
Ursolan Alromine R Alromine XX Sprodamine	I.G. Farbenindustrie Alrose Chem. Co. Alrose Chem. Co. Special Prod. Co.	Fettsäureamid.

Literatur	Verwendungsgebiete
	Fixiermittel. Verbessert die Wasserechtheit der substantiven Farbstoffe.
	Weichmachungsmittel. Weichmachungsmittel. Emulgiermittel.
	Weichmachungsmittel.
	Verbesserung der Wasserechtheit der Färbungen mit substantiven Farbstoffen.
	Weichmachungsmittel.
	Substantives kationaktives Weichmachungsmittel. Besonders geeignet für Weisswaren und helle Pastellfarben, weil nicht vergilbend. Zieht auf alle Fasern und erschöpft die Behandlungsbäder.
Frei von Wasser und unwirksamen Substanzen.	Die Lösung zeigt einen p_H-Wert von 8,5 und besitzt kationaktive Eigenschaften. Sie ist stark substantiv und erzeugt auf Textilien einen weichen, milden Griff. Die Lichtechtheit von Direktfarbstoffen wird nur sehr wenig beeinflusst. Auf Grund der alkalischen Eigenschaften kann das Produkt auch als Mittel gegen Gasfading für Azetatseidenfärbungen verwendet werden. Es oxydiert nicht u. gibt keinen Anlass zur Bildung eines unangenehmen Geruchs beim Lagern.
Amer. P. 2.266.136, 2.334.852.	Weichmachungsmittel.

Name	Erzeugerfirma	Zusammensetzung
Alronol 90 Alronol 90 AC Rewettal	Special. Prod. Corp. Special. Prod. Corp. Special. Prod. Corp.	Hydroxyliertes Fettsäureamid. Azetyliertes Fettsäureamid.
Avasol 10 Avasol 19 Avasol 33 Avasol 22	Alframine Co. Alframine Co. Alframine Co. Alframine Co.	Fettsäureamid, erhalten durch Kondensation von Fettsäuren mit Monoäthanolamin.
Cationic Agent C	Victor Chem. Works	Laurylaminsalz der Laurylamidoäthylphosphorsäure.
Cationic Agent D	Victor Chem. Works	Stearylaminsalz der Stearylamidoäthylphosphorsäure $CH_3(CH_2)_{16}-C(=O)-NH-P(=O)(OC_2H_5)-O-NH-CH_2-(CH_2)_{16}-CH_3$
Clavodrène	Dexter Chem. Co.	Kondensationsprodukt eines höhermolekularen Fettsäureamids.
Lupomin	J. W. C.	Aliphatisches Oxyäthylamid.
Soromin FL Soromin FLO	I. G. Farbenindustrie I. G. Farbenindustrie	Kondensationsprodukt von Stearinsäure mit Diäthylentriamin. Gelblich gefärbtes Wachs. $R-C(=O)-NH-(CH_2-CH_2-NH)_x-CH_2-CH_2-NH_2$
Soromin BSA Soromin BSN Soromin BSS	I. G. Farbenindustrie I. G. Farbenindustrie I. G. Farbenindustrie	Stearylbiguanid + Emulphor O; hergestellt durch Einwirkung von Stearylamin auf Cyanoguanidin.
Aerosol C 61 Deceresol C 61	Amer. Cyanamid Corp.	Kondensationsprodukt aus 1 Mol Bromfettsäure mit 2 Mol substituiertem Guanidin.
Surface Active Agent M Aerosol M	Amer. Cyanamid Co. Amer. Cyanamid Co.	Myristylamido-propylendimethyl-benzylammoniumchlorid $\left[C_{13}H_{27}-C(=O)-NH-CH_2-CH_2-CH_2-N(CH_3)(CH_3)(CH_2-C_6H_5) \right]^+ Cl^-$

Literatur	Verwendungsgebiete
	Weichmachungsmittel. Dispergiermittel für Färbebäder.
Amer. P. 2.151.188, 2.184.462, 2.329.406, 2.357.698.	Weichmachungsmittel für Zellulosefasern.
	Netz- und Dispergiermittel. Zum Weichmachen von Textilien verwendet.
	Netz- und Dispergiermittel. Zum Weichmachen von Textilien verwendet.
	Färbereihilfsmittel; verbessert die Durchfärbung.
	Emulgiermittel.
D.R.P. 598.653.	Weichmachungsmittel.
D.R.P. 605.973; franz. P. 727.202; brit. P. 380.431 und *380.851; amer. P. 1.970.578* und *2.085.706.*	Aviviermittel.
Amer. P. 2.284.086.	Weichmachungsmittel. Waschmittel.
Dieser Band, S. 429.	Weichmachungsmittel. Fungizid und Waschmittel.

Name	Erzeugerfirma	Zusammensetzung
Persistol KF	I. G. Farbenindustrie	Betainderivat. Chlordiäthyloctadecylaminoessigsäure-methylester 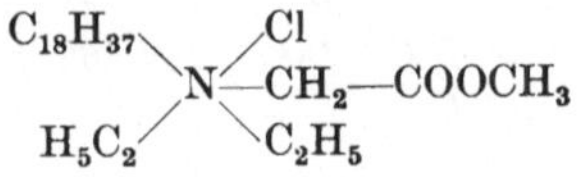 $C_{18}H_{37}$ und H_5C_2 an N, N mit Cl, CH_2—$COOCH_3$ und C_2H_5
Triton S 18	Röhm & Haas	Kondensationsprodukt eines Arylalkylamins mit Ölsäure oder Palmitinsäure.
Steramine TA	Doittau	Quaternäres Ammoniumsalz des Amino-alkylesters einer höheren Fettsäure. 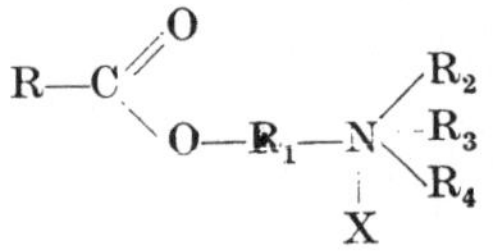 R—C mit O und O—R_1—N mit R_2, R_3, R_4; X

d) Derivate mit der hydrophoben Gruppe direkt

Alkaterge O	Commercial Solvents Corp.	Oxazolin aus Ölsäure + 2-Amino-2-methyl-1,3-pentandiol.
Alkaterge C	Commercial Solvents Corp.	
Aciterge	Commercial Solvents Corp.	

e) Benzimidazol-

| Ultravon | Ciba | Benzimidazolderivat. |
| Albatex PO | Ciba | |

Literatur	Verwendungsgebiete
Franz. P. 811.808 der I. G. Farbenindustrie; *brit. P. 466.734; D.R.P. 613.730.* Du Pont Product BC ist ein Cetylbetainderivat 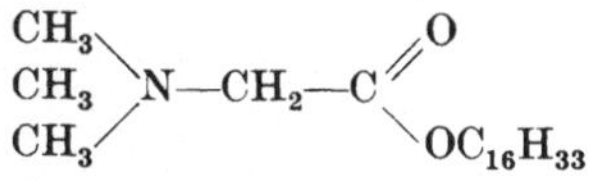 $\begin{matrix} CH_3 \\ CH_3 \\ CH_3 \end{matrix} \Big\rangle N-CH_2-C \begin{matrix} \diagup O \\ \diagdown OC_{16}H_{33} \end{matrix}$ Dieser Band, S. 433.	Weichmachungsmittel. Verbesserung der Wasserechtheit.
	Weichmachungsmittel. Keimtötende Wirkung.
Besitzt Affinität zu Zellulosefasern. Leichtlösliche bräunliche Paste.	Weichmachungsmittel für vegetabilische Fasern aller Art.

an einen heterozyklischen Ring gebunden.

Amer. P. 2.402.791. Dieser Band, S. 436.	

derivate.

Schweiz. P. 163.274, 170.762, 172.953 bis *172.962.* *Brit. P. 419.010; amer. P. 2.043.164.* *Franz. P. 778.476; brit. P. 398.150, 441.296.* Siehe Ch. Gränacher, Bull. Föd., *3*, S. 257 *D.R.P. 605.687; brit. P. 403.977; franz. P. 754.626; schweiz. P. 163.005.* Siehe L. Diserens, Neue Verfahren in der Technik der Veredlung der Textilfasern, Bd. *1*, S. 424.	

Name	Erzeugerfirma	Zusammensetzung
		Verschiedene kation-
Sapamin FLK	Ciba	
Ceranine CEL	Sandoz	
Ceranine HC 39 u. HCS	Sandoz	
Avitex R	Du Pont	Kationaktives quaternäres Ammonium-salz.
Alromine RW 53	Alrose Chem. Co.	
Zimollin GG 272 Paste	Zimmerli	Kationaktive Verbindungen. Weichmacher für Reyon, Zellulose und Baumwolle.
Zimollin FTN	Zimmerli	
Chenal konz.	Burkart-Schier	
Besconol	Burkart-Schier	
Culofix	Arkansas	
Atcosoft SD	Atlantic Chem. Co.	Kationaktive Verbindungen.
Atcosoft RA-20	Atlantic Chem. Co.	
Atcosoft RA-25	Atlantic Chem. Co.	
Atcosoft N	Atlantic Chem. Co.	

Literatur	Verwendungsgebiete
aktive Mittel.	
	Weichmachungsmittel für Zellulose- und Proteinfasern. Als Zusatz zum Färbebad bei Direkt- und Azetatseidenfarbstoffen empfohlen, um ein Steif- und Brettigwerden der Ware und damit die Bildung von Fadenbrüchen und Knitterfalten zu verhindern.
Ceramin HC 39 ist ein hochkonzentriertes, substantives Weichmachungsmittel; wird als Zusatz zu Knitterfestappreturen empfohlen. Dyer 1949, *101*, S. 383.	Weichmachungsmittel für Zelluloseazetatfasern. Gibt einen sehr angenehmen Griff und guten Fall. Hat keinen Einfluss auf gleichzeitig angewendete Mittel zur Verbesserung der Gasechtheit.
	Weichmachungsmittel für Reyon. Antistatisches Mittel.
Das Produkt wirkt ferner der statischen Aufladung bei Nylon und Azetatseide entgegen. Es ist in verschiedener Konzentration im Handel.	Weichmachungsmittel. Die damit behandelte Ware kann bei hoher Temperatur getrocknet oder gedämpft werden, ohne dass ein Vergilben eintritt. Die Effekte sind gegen Haus- und Trockenwäsche beständig. Der Finish hält kein Chlor zurück und entwickelt beim Lagern keinen unangenehmen Geruch. Der Einfluss auf die Nuance und die Lichtechtheit der Färbungen ist belanglos.
	Hochwirksames Weichmachungsmittel für Baumwollgarne und -gewebe.
	Weichmachungs- und Appreturmittel.
	Waschmittel in Pulverform. Im neutralen Bereich von hoher Waschkraft. Empfohlen zum Nachwaschen von Färbeware.
	Appreturmittel.
Von dünner Konsistenz; leicht löslich und einfach anzuwenden.	Weichmachungsmittel von sehr guter Waschbeständigkeit.

Name	Erzeugerfirma	Zusammensetzung
Emkalon C	Emkay	
Emkalon D	Emkay	
Olamine W	Laurel	
Perma Par RG	Refined Prod.	
Kalamin S	Kali	Auf Basis eines Fettsäurediamids.
Cellolube	Tanatex	Kationaktive Substanz.
Cellolube CS	Tanatex	
Textramine	Tex-Chem	
Palamine 655	Paulden	

Literatur	Verwendungsgebiete
Leicht löslich, einfach anzuwenden.	Weichmachungsmittel in flüssiger Form. Wird als Farbstoffixierungsmittel für Direktfarbendrucke empfohlen.
Leicht löslich in warmem Wasser. Enthält 45% Aktivsubstanz.	Weichmachungsmittel in Pastenform. Wird für Kunstseide, Azetatseide und Baumwolle empfohlen zur Erzeugung eines weichen Griffs, der auch waschbeständig ist.
	Weichmachungsmittel von heller Farbe für Baumwolle und gemischte Fasern.
	Weichmachendes Appreturmittel für alle Fasern ausser Proteinfasern. Es wird im letzten Spülbad angewendet und erteilt der Ware einen schweren, weichen, schwammigen und milden Griff, ist geruchlos und der Effekt beständig gegen Wäsche und Trockenwäsche.
	Weichmacher.
	Weichmachungsmittel, das gut wasch- und trockenreinigungsbeständig ist. Es beeinflusst Nuance und Lichtechtheit der Färbungen nicht und vergilbt kaum beim Erhitzen. Wirkt als waschbeständige antistatische Präparation auf Wolle, Zellulose und synthetischen Fasern.
Leicht dispergierbar in kaltem Wasser. Bildet neutrale Lösungen, die mit einer ganzen Reihe von Appreturmitteln verträglich sind.	Griffverbesserungsmittel in Form eines Öles, das auch Harnstoff-Formaldehydharzausrüstungen zugesetzt werden kann, ohne dass Nuance oder Lichtechtheit beeinflusst werden oder eine Vergilbungsgefahr entsteht.
	Weichmachungsmittel. Weisse Paste, die bei Weissware kein Vergilben erzeugt u. selbst einer Oxydation unterworfen werden kann.
	Weichmachungsmittel für Baumwolle und Azetatseide. Gibt einen weichen, schwammigen Griff, verbunden mit einer gewissen Fülle. Die Nuancen der Färbungen werden nur wenig beeinflusst.

Name	Erzeugerfirma	Zusammensetzung
Palamine E	Paulden	
Palasoft WH	Paulden	
Zavel	B. G. Zimmermann	
Gemex O, OG, Z 1, Z 2, Z 3, Z 7, Z 9, Z 10, A, G, SF	General Metallurgical and Chem. Co.	Hochmolekulares Fettsäureamid.
Alcamine Alcamine N	Allied Colloids Allied Colloids	
Setavon Setavon FT	Zschimmer&Schwarz V.V.B. Sapotex Chem. Fabr. Dölau	Kationaktive Verbindung.
Softigen SH	Imhausen	Kationaktive Verbindung.
Irgamin TP 20	Geigy	Kationaktive Verbindung. Gelbliche Paste von saurer Reaktion.
Alrosept Bionol	Alrose Chem. Co. G.D.C.	Derivat einer quaternären Ammoniumbase.
Belgaviv SAP	Belgotex	Kationaktive Verbindung.
Leomin K	Farbwerke Höchst	Kationaktives Weichmachungsmittel.
Soromin K Soromin MW	Farbwerke Höchst B.A.S.F.	

Literatur	Verwendungsgebiete
	Weichmachungsmittel, das einen trockenen, weichen Griff erzeugt. Gilbt weisse Ware nicht an, selbst wenn sie auf höhere Temperaturen erhitzt ist. Die Nuance von Färbungen und deren Lichtechtheit wird nur wenig beeinflusst.
	Weichmacher, der nach Angabe des Herstellers das Weiss nicht angilben und die Nuance und Echtheit der Färbungen nur wenig beeinflussen soll.
Kommt in den Handel in Form einer hochkonzentrierten weissen Paste, die bei 60° C zu einem leicht gelblich gefärbten, dicken Öl schmilzt. Chemisch ist es ein inertes, stark positiv geladenes Polykondensationsprodukt. Rayon Synth. Text. 1950, *31*, S. 109.	Weichmachungsmittel. Bewirkt kein Vergilben, selbst wenn die Textilien auf hohe Temperaturen wie 250° C erhitzt werden und entwickelt auch nach langem Lagern keinen Geruch. Gibt den Textilfasern eine ungeahnte Weichheit und Fülle.
Die Marken O, OG, Z 1 und Z 3 sind ölig und wasserlöslich.	Zur Herstellung von Emulsionen.
T. A. Forester, J. Soc. D. and Col. 1940, *56*, S. 497.	Weichmacher für alle Textilien.
	Weichmachungsmittel.
	Weichmachungsmittel.
Wird in schwach alkalischem Milieu angewendet. Hat keine Wirkung auf die Nuance und die Lichtechtheit der Färbungen.	Weichmachungsmittel, besonders zum Weichmachen der Wolle.
	Antisepticum.
	Aviviermittel für Reyon.
	Nachbehandlung von Reyon, Zellwolle und Perlon. Weichmachungsmittel. Weichmacher in Knitterfestausrüstung.

Name	Erzeugerfirma	Zusammensetzung
		III. Nichtionogene, ober- **III. A. Kondensationsprodukte von Fettkörpern** a) Fettsäurepolyglykol-
Emulphor A öllöslich	I. G. Farbenindustrie	Fettsäurepolyglykolester $$R{-}C\overset{\displaystyle O}{\underset{\displaystyle O{-}(CH_2{-}CH_2{-}O)_x{-}CH_2{-}CH_2OH}{}}$$
Emullat 06	Union Chim. Belge	Kondensationsprodukt höhermolekularer Fettstoffe (Fettsäuren) mit Äthylenoxyd.
Sapco A 100	Soc. Ind. Chim. Italiana	Erhalten aus Ölsäure $+6$ Mol Äthylenoxyd.
Emulphor A öllöslich	B.A.S.F.	
Emulsogen A	Anorgana	
Emulphor AG öllöslich	I. G. Farbenindustrie und G.D.C.	Fettsäurepolyglykolester.
Cemulsol A	S.P.C.S., Bezons	Polyäthylenglykoleat.
Emulphor O2	Sinnova	
Mulgofor E u. M	G.D.C.	
Emulgane OP	Doittau	Polyäthoxyester einer Fettsäure.
Diffarol M	Ciba	
Cithrol OE	Croda Ltd.	
Emulgabel extra	Belgotex	
Sunaptol A	C.F.M.C.-Francolor	
Emulphor EL oder ELA	I.G. Farbenindustrie	Kondensationsprodukte von Rizinusöl mit 20—40 Mol Äthylenoxyd.
Sapco EL 100	Soc. Ind. Chim. Italiana	Klarlöslich in Olein und in anderen Fettsäuren.
Emulgane RP	Doittau	
Cemulsol B	S.P.C.S., Bezons	Oxyäthylierungsprodukt von Fetten.
Emulsene OR	Sav. Fournier-Cimag	Polyoxyäthylrizinolsäureester.
Emulsene OR 326	Sav. Fournier-Cimag	
Emulsogen EL	Anorgana	
Soromin FFA	I. G. Farbenindustrie	Polyester der Adipinsäure $+$ Butylglykol $+$ Methyldiäthanolamin.
Soromin FFB	I. G. Farbenindustrie	Soromin FFA $+$ Phtalsäure $+$ Ammoniak.
Steramine S und SS	Doittau	Polyäthoxyester der Fettsäuren.

Literatur	Verwendungsgebiete
flächenaktive Körper. **oder deren Derivate mit Äthylenoxid.** ester.	
Franz. P. 669.517 der I. G. Farbenindustrie. Z. f. ges. Text. Ind. 1933, S. 144. *D.R.P. 694.178.* Schwen Mell. 1933, *14*, S. 22. Patel, Amer. Dyest. Rep. 1934, *23*, S. 505. *Amer. P. 2.275.494, 2.174.760, 2.085.801.* *D.R.P. 623.482, 626.491.* *Brit. P. 563.725.* Dieser Band, S. 447.	Emulgier-, Dispergier- und Egalisiermittel. Zur Herstellung von Schmälzemulsionen für die Kammgarnindustrie.
L. Ortner, Über nichtionogene kapillaraktive Stoffe, Mell. 1950, *31*, S. 263; J. P. Sisley, Teintex 1949, *14*, S. 53.	Emulgator für animalische und vegetabilische Öle.
D.R.P. 694.178. Gelblich-braunes Öl, wasserlöslich und mischbar mit pflanzlichen Ölen und Fettsäuren sowie verschiedenen organischen Lösungsmitteln.	Emulgiermittel.
Wachsähnliche Produkte; löslich in Ammoniak und Säuren.	Weichmachungsmittel.
	Weichmachungsmittel.

Name	Erzeugerfirma	Zusammensetzung
Foremul L 34, L 32, L 35	J.W.C.	
Soromin DM	I. G. Farbenindustrie	Polyglyzeride der Fettsäuren des Talges + Emulphor EL.
Spirazol S	A. Th. Böhme	Oxyäthylenderivat von Fettkörpern.
Hymotol R-31	Hart Products Corp.	
Intral 222, 231, 233	Synthetic Chem.	Fettsäureester von hohem Mol. Gew. erhalten durch Kondensation mit Äthylenoxyd.
Non ionic LG, LD	Emulsol Co, Chicago	Fettsäureester kondensiert mit Äthylenoxyd.
Crillex 17 u. 19	Croda Ltd.	Kondensationsprodukt von Monostearat-propylenglykol mit Äthylenoxyd.
Crillex 1 bis 13	Croda Ltd.	Fettsäurepolyglykolester.
Crillex 20 bis 23	Croda Ltd.	Polyäthoxystearylsäureester.
Nonesol	Alrose Chem. Co.	Fettsäurepolyglykolester.
Avistin TSN	Hüls	Fettsäurepolyglykolester.
Avigen BW	Anorgana	
Emulgator OTS	Hüls	$R-C\underset{\diagdown O(CH_2-CH_2O)_x-CH_2-CH_2-OH}{\overset{\diagup O}{}}$
Dionil SH	Hüls	
Antaron N	Amer. Anil. Prod.	
Belsam 3	Union Chim. Belge	
Cithrol EL	Croda Ltd.	Fettsäurepolyglykolester.
Cithrol O	Croda Ltd.	
Neutronyx 834	Onyx	
Berol EGA-15	Berol Produkter (Schweden)	Polyäthylenglykolderivat. $R-CO-O-(CH_2-CH_2-O)_n H$
Soromin SG	I. G. Farbenindustrie	Polyglykolester der Stearinsäure (Hexaäthylenglykol), erhalten durch Kondensation von Stearinsäure mit Äthylenoxyd.
Soromin HSG	Farbwerke Höchst	
Leomin HSG	Farbwerke Höchst	
Irgamine E	Geigy	
Belgaviv SG	Belgotex	
Edunine ON	C.F.M.C.-Francolor	Polyglykolstearat.
Edunine OS	C.F.M.C.-Francolor	
Neutronyx 330, 331, 332, 333	Onyx	Polyäthylenglykolester der Fettsäuren $R-C\underset{\diagdown O(-C_2H_4O)_n H}{\overset{\diagup O}{}}$
Glyconid	Glyco Prod. Co.	
Soromin P	I. G. Farbenindustrie	
Cenoline	S.P.C.S., Bezons	Erhalten durch Veresterung von Polyäthylenglykolen mit einer Fettsäure.

Literatur	Verwendungsgebiete
Franz. P. 748.091; D.R.P. 710.228; brit. P. 404.931; amer. P. 2.133.480, 2.164.431. Mell. 1940, S. 144.	Weichmachungsmittel.
	Dispergiermittel.
Weisses Wachs.	Wasch- und Emulgiermittel.
Wachsähnliche Paste.	Emulgiermittel.
Wachsähnliche Paste in; Wasser löslich.	
Wird durch hartes Wasser und Säuren nicht beeinflusst, dagegen durch Basen gefällt. Ist gegen Oxydations- und Reduktionsmittel beständig. Emulgiermittel in der Textilindustrie; besitzt gute netzende und dispergierende Eigenschaften.	Emulgator für Olein, und Wachse. Verwendet zum Emulgieren von dispergierten Farbstoffen beim Färben von Nylon und Azetatkunstseide. Netz- und Dispergiermittel, das beim Entschlichten, in der Wollwäsche sowie als Stabilisator für Dispersionen und Emulsionen geeignet ist.
D.R.P. 694.178. Andere Handelsmarken: Softolo SG der Soc. Ind. Chim. Italiana. Solamine SGN der P.C.M.N. Solanos special ST der P.C.M.N.	Weichmachungsmittel.

Name	Erzeugerfirma	Zusammensetzung
Synthonon NF	Synthron	Ionenfreies Polyäthylenkondensations-produkt einer Karbonsäure. Neutrale, gelbe, klare Flüssigkeit von 90% Gehalt an wirksamer Substanz.
Diazopon FFA	I. G. Farbenindustrie	Kondensationsprodukt von synthetischen Fettsäuren mit Äthylenoxyd.

b) Kondensationsprodukte höhermolekularer

Name	Erzeugerfirma	Zusammensetzung
Emulphor O	I. G. Farbenindustrie	Alkylpolyglykoläther.
Leonil OX	I. G. Farbenindustrie	$R–CH_2O–(CH_2–CH_2O)_x–CH_2–CH_2OH$
Emullat R 40	Union Chim. Belge	$C_{18}H_{35}—O—(CH_2—CH_2—O)_nH$
Emullat CO 10, CO 18, CO 25	Union Chim. Belge	Kondensationsprodukt von Oleylalkohol mit 20 Mol Äthylenoxyd.
Sapco O 100	Soc. Ind. Chim. Italiana	
Emulgator O, OB	Farbenfabrik Bayer	
Emulgator W	Farbenfabrik Bayer	
Nekanil O u. A	B.A.S.F.	
Leonil O extra u. L extra	B.A.S.F.	Gelblichbraunes, wachsähnliches Produkt, in Wasser und in verschiedenen Ölen löslich. Beständig gegen Hartwasser und verschiedene Säuren und Alkalien.
Ebropal K	Hard	
Emulsogen O	Anorgana	
Peral O	Buna	
Sapal	Buna	
Stenolat KB	Böhme-Fettchemie	
Emulphor O u. ON	G.D.C.	
Dispersol A, VL	I.C.I.	
Lubrol MO, W	I.C.I.	
Cirrasol SF	I.C.I.	Kondensationsprodukt aus Fettalkohol und Äthylenoxyd.
Emulgane O	Doittau	
Dispersolo E	A.C.N.A.	
Cemulsol C 105	S.P.C.S., Bezons	Polyäthoxyäther von Fettalkoholen.
Cemulsol T	S.P.C.S., Bezons	
Celanol A	S.P.C.S., Bezons	Polyäthylenglykoläther.
Sunaptol O	C.F.M.C.-Francolor	
Cimagal O u. SP	Sav. Fournier-Cimag	Oleocetyl-polyglykoläther.
Emulsene O	Sav. Fournier-Cimag	
Setamine	Sav. Fournier-Cimag	Polyglykoläther und -ester der Fettsäuren.
Berol EGA-07 und EMU-03	Berol Produkter	

Literatur	Verwendungsgebiete
Beständig gegen hartes Wasser, Meerwasser, Säuren und Alkalien.	Waschmittel mit minimaler Schaumentwicklung. Das Produkt besitzt keinerlei Affinität zu Textilfasern und wäscht sich sehr leicht aus.

Alkohole (Oleylalkohol) mit Äthylenoxyd.

Literatur	Verwendungsgebiete
Franz. P. 727.202; D.R.P. 605.973; Brit. P. 380.431; amer. P. 1.970.758, 2.085.706, 2.213.417, 2.213.477. Hoyt P. B. 3868, Office of Techn. Services, Dept. of Commerce, Washington. Richardson, P. B. 6684, Office of Techn. Services, Dept. of Commerce, Washington.	Emulgiermittel für Öle, Olein und Mineralöle. Zur Erzeugung stabiler Emulsionen von Ölen, Fetten und Wachsen.
Cirrasol SF: leicht bräunlich gefärbte wässerige Paste. Erzeugt Krachgriff auf allen Fasern. Lässt sich in Wasser leicht dispergieren.	Das Produkt ist ein Antistatikum für Azetatseide und Nylon.
	Schmälz- und Weichmachungsmittel.

Name	Erzeugerfirma	Zusammensetzung
Cire Sipol Nr. 2	Sinnova	
Hexamberol	Sinnova	
Enretex OAG	Belgotex	
Emulphor OL	I. G. Farbenindustrie	Kondensationsprodukt von Abietinol mit 40 Mol Äthylenoxyd.
Emulphor OL löslich	I. G. Farbenindustrie	Gelblichbraunes Öl, löslich in Wasser, mischbar mit pflanzlichen Ölen und Fettsäuren.
Peregal C	I. G. Farbenindustrie	Kondensationsprodukt von Fettalkoholen (aus Kokosnussöl) mit 9 Mol C_2H_4O.
Leonil C	I. G. Farbenindustrie	
Peregal O	I. G. Farbenindustrie G.D.C.	15%ige wässerige Lösung von Emulphor O. $C_{18}H_{35}$—O—$(CH_2$—CH_2—O$)_n$—H
Leonil O	I. G. Farbenindustrie G.D.C.	30%ige Lösung von Leonil OX.
Humifen O	G.D.C.	
Astorit	Böhme-Fettchemie	
Ekalin F	Sandoz	Kondensationsprodukte des Äthylenoxyds (20 Mol) mit höheren Fettalkoholen (Oleylalkohol).
Lissapol N	I.C.I.	
Eganal O, ON	Anorgana	
Cepegal D	S.P.C.S., Bezons	
Leucophor U	Doittau	Allgemeine Formel:
Leucophor O	Doittau	$C_{18}H_{35}(OC_2H_4)_nOH$.
Unigal TU, N	Sinnova	
Perunisol S, Teig	C.F.M.C.	
Perunisol AP	C.F.M.C.	
Latogal OR	Union Chim. Belge	
Peraltex O	Adjubel S.A. (Brüssel)	
Dispersol VL	I.C.I.	
Atconil O	Atlantic Chem. Co.	
Eganolo P	A.C.N.A.	
Solopol W und W konz.	Stockhausen	
Solopol PW und PW konz.	Stockhausen	
Solidegal K hochkonz.	Cassella	
Solidegalsalz K	Cassella	
Peregal K hochkonz.	Cassella	
Peregalsalz K	Cassella	

Literatur	Verwendungsgebiete
Brit. P. 346.550, 367.420, 409.336, 443.559. *Franz. P. 713.426, 713.427, 1932, 727.202, 752.831, 1932.* *D.R.P. 548.201, 605.973, 636.305* der I.G. Farbenindustrie; R.G.M.C. 1934, S. 153. *Amer. P. 1.970.578, 2.213.477, 2.214.352.* Mell. 1934, S. 357; 1936, S. 17; 1937, S. 234. Tiba 1934, S. 11; Bull. Föd. *1*, S. 244. Schwen, Mell. 1933, S. 22; D.F.Z. 1933, S. 145. Nüsslein, Mell. 1937, *18*, S. 245. Richardson, P.B. 6684, Office of Technical Services, Dept. of Commerce, Washington. Hoyt, P.B. 3868, Office of Technical Services, Dept. of Commerce, Washington.	In Wasser lösliche Flüssigkeit; Dispergiermittel von sehr grosser Wirksamkeit; verlangsamt das Aufziehen der Küpenfarbstoffe und wirkt daher auf die Färbungen egalisierend. In höherer Konzentration verhindert es mehr oder weniger die Anfärbung. Es erzeugt in den Hydronküpen sowie in denjenigen der bromierten oder chlorierten indigoiden Farbstoffe Niederschläge. Egalisiermittel. Abziehmittel für Küpen- und Naphtolfarbstoffe.
	Hilfsmittel zur Erzielung einwandfreier Färbungen mit Küpenfarbstoffen. Bei allen Küpenfarbstoffen verwendbar.

Name	Erzeugerfirma	Zusammensetzung
Peregal KB	I. G. Farbenindustrie (1943)	Polyaminoderivat, erhalten durch Einwirkung von Polyäthylenamin (Vulkacit) auf Dichloräthylen.
Liovatin E	Sandoz	
Palatinechtsalz O und OS	I. G. Farbenindustrie	Einwirkung von Äthylenoxyd auf Dodecylalkohol. Stellt eine wässerige Lösung von Emulphor O dar. Allgemeine Formel $C_nH_{2n+1}(OC_2H_4)_xOH$
Sel Inochrome O, P	C.F.M.C.	Polyäthoxyäther des Laurylalkohols.
Solusol AO	S.P.C.S., Bezons	
Diazopon A	I. G. Farbenindustrie	Kondensationsprodukt von Oleylalkohol mit 20 Molen Äthylenoxyd.
Diazopon AN	G.D.C.	Ist wie Peregal O eine 15%ige Lösung von Emulphor O.
Azopol A	I.C.I.	$R-O-(C_2H_4-O)_nH$.
Diazotex O konz.	C.F.M.C.-Francolor	
Diazital O	Doittau	
Solifix	Sinnova	
Diazolite N	Union Chim. Belge	33%ige Lösungen von Palatinechtsalz.
Diazolo	A.C.N.A.	
Diazopon FFA hoch konz.	I. G. Farbenindustrie (1943)	Fettfreies Dispergiermittel für Diazobäder. Austauschprodukt für Diazopon A: 1 T. FFA = 3 T. A.
Cutex OAS	Belgotex	
Stabilon	Amer. Anil. Prod.	
Dispersogen AS	Anorgana	
Pentamul	Heyden Chem. Co.	Ester des Pentaerythrits
D O 8	I. G. Farbenindustrie	$R-COO-CH_2-\underset{\underset{CH_2OH}{\mid}}{\overset{\overset{CH_2OH}{\mid}}{C}}-CH_2OH$
Cemulsol D 8	S.P.C.S., Bezons	Laurylester des Pentaerythrits.
Neutronyx 600	Onyx	Ionenfreier arom. Polyglykoläther. Gegen Säuren, Alkalien und hartes Wasser beständig.

Literatur	Verwendungsgebiete
D.R.P. 604.401, 607.750; brit. P. 411.474; amer. P. 2.040.796. *Franz. P. 771.270,* 1934, und Zusatzpatent *44.949.*	Durchdringungsmittel. Wirkt egalisierend beim Färben mit chromhaltigen Farbstoffen. Egalisiermittel; wirkt seifenähnlich in saurem Gebiet. Verbessert die Reibechtheit von Färbungen auf tierischen Fasern. Erlaubt das Auffärben der chromhaltigen Farbstoffe in schwach saurem Bade. Erleichtert das Aufziehen des Färbebades.
Brit. P. 380.431. *Amer. P. 1.970.578, 2.065.706.* Ursprüngliches Patent: *D.R.P. 593.790.* Z. f. ges. Text. Ind. 1932, S. 337. Christ, Z. f. ges. Text. Ind. 1932, S. 492. Steitz, Mell. 1935, S. 444 und 515. Schwen, Text. Manuf. 1936, S. 153. Kirst, Mell. 1937, *18,* S. 739. Metzger, Mell. 1937, *18,* S. 644. Christ, Mell. 1937, *18,* S. 368. Hellgefärbte Flüssigkeit.	Dispergiermittel, welches die Reibechtheit der Färbungen mit unlöslichen Azofarbstoffen verbessert. Erhöht die Beständigkeit der Diazotierungsflotten; begünstigt die Erhaltung der Lacke im kolloidalen Zustand, daher bessere Durchdringung. Zusatz: 2—5 g pro Liter zur Diazolösung. Übt eine stabilisierende Wirkung auf diazotierte Basen aus, indem es die Bildung gefärbter Nebenprodukte verhindert.
Amer. P. 2.147.241 der Corn. Prod. Refin Co. *Franz. P. 716.458* der I. G. Farbenindustrie. *Brit. P. 375.842* der I. G. Farbenindustrie. *Amer. P. 2.371.333* der Shell Develop. Co. Siehe L. Orthner, Mell. 1950, *31,* S. 263; Goldsmith, Chem. Rev. 1943, *33,* S. 257.	Emulgiermittel.
Oberflächenaktives Mittel in Form einer geruchlosen Flüssigkeit. In alkalischem und saurem Medium anwendbar, unempfindlich gegen hartes Wasser und absolut lagerbeständig.	Netz-, Schaum-, Reinigungs- und Egalisiermittel. Waschmittel für feine Textilien und Wollwaren.

Name	Erzeugerfirma	Zusammensetzung
Span	Atlas Powder Co.	Nicht verätherte Fettsäureester der Anhydrosorbitole.
Span 20	Atlas Powder Co.	Monolaurat des Sorbitols.
Span 40	Atlas Powder Co.	Monopalmitat des Sorbitols.
Span 60	Atlas Powder Co.	Monostearat des Sorbitols.
Span 80	Atlas Powder Co.	Monooleat des Sorbitols.
Span 85	Atlas Powder Co.	Trioleat des Sorbitols.
Tween	Atlas Powder Co.	Fettsäureester der Anhydrosorbitole, die man durch Verätherung mit Äthylenoxyd löslich macht.
Tween 20 u. 21	Atlas Powder Co.	Monolaurat des Sorbitols + Äthylenoxyd.
Tween 40	Atlas Powder Co.	Polyäthoxyäther des Monopalmitats des Sorbitols.
Tween 60, 61	Atlas Powder Co.	Polyäthoxyäther der Monostearats des Sorbitols.
Tween 80, 81	Atlas Powder Co.	Polyäthoxyäther des Monooleats des Sorbitols.
Tween 85	Atlas Powder Co.	Polyäthoxyäther des Trioleats des Sorbitols.
Brij 30 u. 35	Atlas Powder Co.	Polyoxyäthylenlaurylalkohol.

c) Fettsäure-

Name	Erzeugerfirma	Zusammensetzung
Peregal OK Remol OK Katapol K	I. G. Farbenindustrie Farbwerke Höchst G.D.C.	Fettsäureamidpolyglykoläther $$R-C{\overset{\displaystyle O}{\underset{\underset{\displaystyle H}{\displaystyle N}-(C_2H_4-O)_n-H}{}}}$$ Oleylamid + 6 Mol Äthylenoxyd; das Kondensationsprodukt wird quaterniert u. ein anionaktives Derivat (Medialan A) zugesetzt. In Wasser in jedem Verhältnis löslich.
Dionil W	Hüls	$$C_{17}H_{33}-C{\overset{\displaystyle O}{\underset{\displaystyle NH-(CH_2-CH_2-O)_n-CH_2-CH_2OH}{}}}$$
Cemulsol CT	S.P.C.S., Bezons	
Cimagras	Sav. Fournier-Cimag	Kondensationsprodukt von Äthylenoxyd mit einem Fettsäureamid.
Soromin AF	I. G. Farbenindustrie	Oxyäthylierter Monostearyltriäthanolaminester, erhalten durch Kondensation von Äthylenoxyd mit dem Monostearylester des Triäthanolamins.

Literatur	Verwendungsgebiete
Dieser Band, S. 449.	
Amer. P. 1.959.930; D.R.P. 544.921, 628.715 der I.G. Farbenindustrie. *Amer. P. 2.322.820, 2.322.821, 2.380.166* der Atlas Powder Co. Dieser Band S. 449.	Emulgatoren. Netz- und Lösungsmittel. Peptisiermittel.
Textile World 1949, *99*, S. 172.	Netz- und Emulgiermittel.

oxyäthylamide

Literatur	Verwendungsgebiete
D.R.P. 667.744, 696.780; amer. P. 2.085.706. Mell. 1937, S. 239; 1938, S. 57. S.V.F. Fachorgan 1951, *6*, S. 339.	Hilfsmittel beim Entwickeln von Naphtolfärbungen.
	Dispergier- und Waschmittel.
Franz. P. 748.091, 809.360 der I.G. Farbenindustrie; *D.R.P. 546.406; brit. P. 404.931; amer. P. 2.133.480, 2.164.431.* Dieser Band, S. 454.	Aviviermittel. Weichmachungsmittel für Kunstseide u. Baumwolle, im Färbebad verwendbar.

Name	Erzeugerfirma	Zusammensetzung
Kerapol L, 794	Doittau	Ionenfreies Kondensationsprodukt eines Fettsäureamids mit mehreren Mol Äthylenoxyd.
Sandopan KD, KDF Sandopan FL	Sandoz Sandoz	Kondensationsprodukt von Fettsäurepolyoxyäthylenamid.
Victawet 12	Victor Chem. Works	Phosphorsäureester, bei welchen ein H-Atom durch ein Polyäthylenglykolrest ersetzt ist 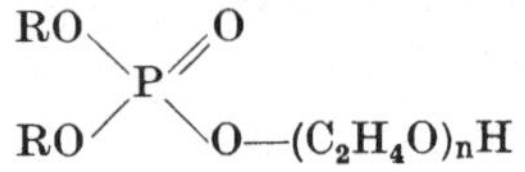 $\begin{array}{c} ROO \\ \diagdown P \diagup \\ RO O-(C_2H_4O)_nH \end{array}$
Biolene	Sav. Fournier-Cimag	Natriumsalz des Schwefelsäureesters des Lauryloxyäthylamids.
Detergent Cimag	Sav. Fournier-Cimag	Lauryloxyäthylamidderivat, Alkali und Dispergiermittel.
Setal MB	Sav. Fournier-Cimag	Natriumsalz des Lauryloxyäthylamidsulfat.
Ninol Alrosol N-100 Detergent-1000 Dianol G	Ninol Co. Alrose Chem. Co. Houghton E. C. Drew Co. Quaker	Fettsäureamid. Reaktionsprodukt einer höhermolekularen Fettsäure mit Diäthanolamin 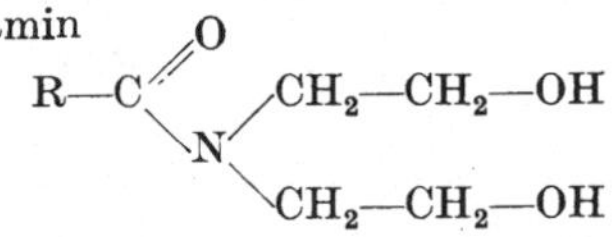 $R-C\underset{N}{\overset{O}{\diagup}}\diagdown\begin{array}{c}CH_2-CH_2-OH \\ CH_2-CH_2-OH\end{array}$
Ninol 737	Ninol Co.	Kondensationsprodukt von Oxyäthylaminen mit einer Mischung von Fettsäuren (hauptsächlich Laurinsäure).
Ninol 400 Ninol X Cerfak N-100	Ninol Co. Ninol Co. Houghton	Kondensationsprodukt von Diäthanolamin mit Stearinsäure.
Sconamine S 225	Union Chim. Belge	Kondensationsprodukt von Fettsäuren mit Alkylolaminen.
Cetapon poudre und pâte	Doittau	Mischung von Azylamidoäthoxyalkylsulfaten von der allgemeinen Formel 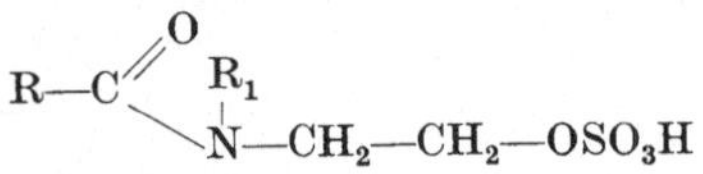 $R-C\underset{N-CH_2-CH_2-OSO_3H}{\overset{O}{\diagup}R_1}$ worin R längere R[1] kürzere Fettkette darstellen.
Nonionic OD 100	Emulsol Co. Chicago	Fettsäureamid kondensiert mit Äthylenoxyd.
Emullat O	Union Chim. Belge	Kondensationsprodukt von Alkylaminen und Äthylenoxyd mit Fettsäuren.

Literatur	Verwendungsgebiete
Sandopan FL, neue Bezeichnung für Sandopan KDF. Dieser Band, S. 451.	
Dieser Band, S. 450.	
	Waschmittel. Waschmittel. Waschmittel. Durchdringungsmittel in der Färberei.
Amer. P. 2.089.212, 2.094.608, 2.094.609 von J.W.C.-Kritchewsky. *Amer. P. 2.404.297* der Alrose Chem. Co. Dieser Band, S. 451.	Weichmachungsmittel. Netz- und Waschmittel.
	Weichmachungs- und Schaummittel.
Silk and Rayon 1952, *26*, S. 76.	Als Zusätze zu Beuchlaugen, Waschflotten und Bleichbädern sowie zum Nachwaschen von Textilien.
	Netz- und Waschmittel.

Name	Erzeugerfirma	Zusammensetzung
Emulgane CT	Doittau	Polyoxyaminoester einer Fettsäure vom Typus $$\text{R—CO—N}(C_nH_{2n}OH)_m$$ wo R = hochmolekulares Alkylradikal.

III. B. Oxyalkylarylderivate

a) Derivate von Alkylphenolen

Name	Erzeugerfirma	Zusammensetzung
Emulphor A extra Emullat E Ugepal PO	I. G. Farbenindustrie Union Chim. Belge Beycopal-Paix	Diisoheptylhexylphenol + 6,5 Mol Äthylenoxyd oder Isooktylphenol + 5 Mol Äthylenoxyd.
Igepal W u. W konz. Hostapal W Nekanil W und W extra Sapco JW 100	I. G. Farbenindustrie Farbwerke Höchst B.A.S.F. Soc. Ind. Chim. Italiana	Isododecylphenol + 6 Mol Äthylenoxyd oder Isooktylphenol + 6 Mol Äthylenoxyd.
Emulphor STS Emulphor STT Emulgator STS	I. G. Farbenindustrie Farbwerke Höchst Farbwerke Höchst	Dodecylphenol + 7,5—8 Mol Äthylenoxyd oder Isooktylphenol + 6,5 Mol Äthylenoxyd.
Remolgan A	I. G. Farbenindustrie	Isooktylphenol + 7 Mol Äthylenoxyd.
Igepal F extra konz.	I. G. Farbenindustrie	Isooktylphenol + 9 Mol Äthylenoxyd.
Igepal C u. C extra konz. Hostapal C Levapon CA Lavagent C Fenopon C Igepal CTA, CA, CE Igepal CA extra high conc. Igepal CO extra high conc. Igepal HC extra high conc. Igepal CA Sistepal C u. L Alphenyl 45 und 65	I. G. Farbenindustrie Farbwerke Höchst Farbenfabr. Bayer Anorgana G.D.C. G.D.C. G.D.C. G.D.C. G.D.C. I. G. Farbenindustrie Sav. Fournier-Cimag Doittau	Dodecylphenol + 12 Mol Äthylenoxyd oder Isooktylphenol mit 10 Mol Äthylenoxyd. Alkylphenylpolyglykoläther $$\text{R}-\!\!\langle\bigcirc\rangle\!-\!O(CH_2\text{–}CH_2O)_x\text{–}CH_2\text{–}CH_2OH$$

Literatur	Verwendungsgebiete
Unempfindlich gegen Elektrolyte.	Waschmittel. Empfohlen für Wollwäsche, Baumwoll- und Kunstseidenfärberei, Entschlichtung und Appretur.

des Äthylenoxyds

mit Äthylenoxyd

Literatur	Verwendungsgebiete
Nicht vollkommen mineralöllöslich; besitzt eine erhebliche Löslichkeit in Wasser. Dieser Band, S. 452.	Öllöslicher Emulgator zur Herstellung von sehr stabilen Mineralölemulsionen (Selbstemulgierende Öle).
B.I.O.S. Nr. 148. Richardson, P. B. 6684, Office of Techn. Serv., Dept. of Commerce, Washington.	Waschmittel für Wolle in der Wollstückwäsche. Das Produkt wird besonders für den Walkprozess empfohlen.
	Emulgator für Mineralöle.
	Pelzwaschmittel
	Ausgezeichnetes Waschmittel.
Nüsslein, Mell. 1937, S. 248. Nüsslein, Du savon aux Igepals, Mell. franz. Ausgabe 1937, S. 65. Chwala und Martina, Mell. 1937, Dezemberheft, S. 999. *Brit. P. 480.117* der I.G. Farbenindustrie; *franz. P. 823.454; D.R.P. 693.028, 686.311* der I.G. Farbenindustrie. Reumuth, Z. f. ges. Text. Ind. 1941, S. 260; B.I.O.S. Report, Nr. 418, London. *Franz. P. 727.202; D.R.P. 605.973, 634.037; brit. P. 380.431, 380.851; amer. P. 1.970.578, 2.085.706.* *D.R.P. 715.744, 750.330; franz. P. 842.219, 853.686.* L. Örthner, Mell. 1950, *31*, S. 263.	Emulgier- und Schaummittel. Waschmittel für vegetabilische Faserstoffe. Seifenersatzmittel beim Waschen und Fertigmachen der Textilien (Küpenfarbstoffe). Als Wasch- und Reinigungsmittel für pflanzliche Fasern angewendet. Besitzt hervorragende Netzwirkung sowie ein ausgezeichnetes Kalkseifenlösevermögen.

Name	Erzeugerfirma	Zusammensetzung
Emulphor ELN Emulgator ELN	I. G. Farbenindustrie Farbwerke Höchst	Diisoheptylphenol + 20 Mol Äthylenoxyd. Dodecylphenol + 20 Mol Äthylenoxyd. $C_{12}H_{25}$–⟨⟩–O–$(CH_2$–CH_2–$O)_{20}$–H
Igepal B Hostapal B Lavagent CF	I. G. Farbenindustrie Farbwerke Höchst Anorgana	Diisohexylheptylphenol + 5 Mol Äthylenoxyd. Alkylphenylpolyglykoläthersulfat R–⟨⟩–$O(CH_2$–$CH_2O)_x CH_2$–CH_2–OSO_3Na
Alipal D	I. G. Farbenindustrie	Sulfatiertes Kondensationsprodukt von Diisohexylheptylphenol + 4 Mol Äthylenoxyd.
Emulgator MF	Buna	
Diphasol M	Ciba	
Hostapal HL	Farbwerke Höchst	
Igepal PW	I. G. Farbenindustrie	
Igepal NA Lavagent NA	I. G. Farbenindustrie Anorgana	Diisohexylisoheptylphenol + 5 Mol Äthylenoxyd, sulfuriert.
Emulphor MW	I. G. Farbenindustrie	Diisoheptylisohexylphenol + 7,5 Mol Äthylenoxyd.
Alipal CL	I. G. Farbenindustrie	
Dismulgan III	I. G. Farbenindustrie	Dodecylphenol oder Isooktylphenol + 30 Mol Äthylenoxyd.
Leonil WS Leonil RW hoch konz.	I. G. Farbenindustrie Farbwerke Höchst	
Levegal K	Farbenfabrik Bayer	

Literatur	Verwendungsgebiete
	Wasserlöslicher Emulgator, der eine ausgezeichnete schutzkolloidale Wirkung aufweist.
Krüger, Klepzig's Text. Ztg. 1938, *42*, S. 558. W. Scheer, Mell. 1941, *22*, S. 632; H. C. Borghetty, Amer. Dyest. Rep. 1948, *37*, S. 112.	Igepal B = sulfuriertes Igepal. Die anderen Marken sind Mischungen von Alkylphenolpolyglykoläther mit Igepal B, welches die Löslichkeit des Produktes in heissem Wasser ermöglicht.
	Emulgator für Mineralöle.
	Emulgator zur Herstellung von Öl-in-Wasser Emulsionen.

Name	Erzeugerfirma	Zusammensetzung
Triton NE	Röhm & Haas	33%ige Lösung eines Polyoxyäthylenäthers eines Alkylphenols.
Triton N 100	Röhm & Haas	Kondensationsprodukt aus Alkylphenolen und 3 Mol Äthylenoxyd. 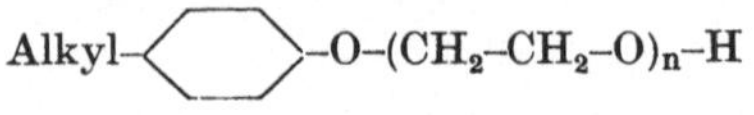 $Alkyl\!-\!\langle\bigcirc\rangle\!-\!O\!-\!(CH_2\!-\!CH_2\!-\!O)_n\!-\!H$
Alrowet CA	Alrose Chem. Co.	Bis-(alkylphenol)-polymethylensulfonat von 65% Aktivsubstanz.

b) Alkylnaphtole mit

Name	Erzeugerfirma	Zusammensetzung
Emulphor FFO	I. G. Farbenindustrie	Alkylnaphtylpolyglykoläther Isohexylheptyl-β-naphtol $+8$ Mol Äthylenoxyd.
Leonil FFO	I. G. Farbenindustrie	Isohexylheptyl-β-naphtol $+8$ Mol Äthylenoxyd.
Peregal ON	I. G. Farbenindustrie	Isohexylheptyl-β-naphtol $+8$ Mol Äthylenoxyd.
Lupon	B.A.S.F.	Isohexylheptyl-β-naphtol $+8$ Mol Äthylenoxyd.

c) Verschiedene ionenfreie

Name	Erzeugerfirma	Zusammensetzung
Triton 773	Röhm & Haas	Alkylarylpolyäthersulfosaures Ammonium
Triton X 30	Röhm & Haas	
Triton E 79	Röhm & Haas	
Triton X 500	Röhm & Haas	
Triton 720 Triton X 200	Röhm & Haas Röhm & Haas	Natriumsalz einer Sulfosäure eines Alkylarylpolyäthers, erhalten durch Kondensation von Alkylphenol mit Äthylenoxyd.
Triton 770 Triton X 300	Röhm & Haas Röhm & Haas	20%ige Lösung der Verbindung von folgender Formel in wässerigem Isopropylalkohol $CH_3\!-\!\underset{CH_3}{\overset{CH_3}{C}}\!-\!CH_2\!-\!\underset{CH_3}{\overset{CH_3}{C}}\!-\!\langle\bigcirc\rangle\!-\!O\!-\!(CH_2\!-\!CH_2\!-\!O)_2H$ Alkylarylpolyäthersulfosaures Natrium.

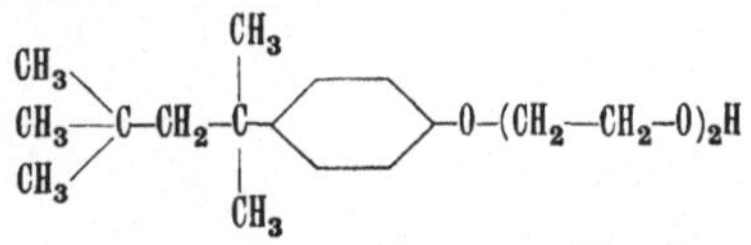

Literatur	Verwendungsgebiete
Nichtionogene, in kaltem und warmem Wasser lösliche Produkte, die sich auch in organischen Lösungsmitteln wie Glyzerin und Alkohol lösen, nicht aber in aliphatischen Kohlenwasserstoffen. Sie vertragen sich mit Säuren und Basen, anion- und kationaktiven Substanzen und werden auch durch hohe Konzentrationen von Elektrolyten nicht gefällt.	Netz- und Emulgiermittel.
	Netz- und Dispergiermittel. Karbonisiernetzmittel.

Äthylenoxyd kondensiert.

Mell. 1943, S. 36; *D.R.P. 605.973.*	Rohwollwäsche.

Produkte.

	Netzmittel.
Amer. P. 2.115.192.	Emulgier- und Waschmittel.

Name	Erzeugerfirma	Zusammensetzung
Nonic 218 Sterox S u. 6 Sterox Sterox SE, SK	Sharples Chem. Inc. Monsanto Chem. Co.	Nichtionogenes Produkt von der Formel $$C_{12}H_{25}—S—(C_2H_4—O)_n—H$$ Tert. Dodecylthioäther des Polyäthylenglykols.
Atcopal D u. D konz.	Atlantic Chem. Co.	Nicht ionogenes Äthylenoxydkondensationsprodukt.
Atcolan	Atlantic Chem. Co.	
Sandozin W Sandozin NJ	Sandoz Sandoz	Ionenfreies Produkt, lässt sich mit anion- oder kationaktiven Substanzen kombinieren. Ionenfreies Netz- und Reinigungsmittel von besonderer Beständigkeit gegen Säuren, Alkalien und hartes Wasser.
Emulser CF	Arkansas	
Dergopal Dergopal C	Arkansas Arkansas	Synthetischer Fettsäureester + optisches Aufhellmittel.
Dergopen PS u. PX	Arkansas	Synthetischer Fettsäureester.
Sokopol W	Stockhausen	Nichtionogenes Produkt.
Ultravon JF	Ciba	Ionenfreies Produkt.
Soromin HWZ neu	Farbwerke Höchst	Ionenfreies Produkt.
Invadin JFC	Ciba	Ionenfreies Produkt, ohne Affinität zu Textilfasern.

Literatur	Verwendungsgebiete
Löslich in Wasser und in zahlreichen organischen Lösungsmitteln. Beständig gegen hartes Wasser und Alkalien. Gegenüber Säuren und Oxydationsmittel ist es nur beschränkt beständig.	Als kräftiges Wasch- und Netzmittel empfohlen.
	Wasch-, Emulgier- und Reinigungsmittel, speziell für Wachs- und Ölflecken.
Oberflächenaktives Hilfsmittel. Schwach gelbliche, neutrale Flüssigkeit; bildet farblose, wässerige Lösungen, ist beständig und wirksam in hartem Wasser, sauren oder alkalischen Bädern, verträgt Kalk, Magnesia, Eisen oder andere Metalle und enthält keine salzbildende Gruppen.	Dispergier-, Reinigungs-, Emulgier- und Beuchmittel.
Dyer 1951, *106*, S. 384.	Dispergier- und Weichmachungsmittel; als Zusatz zu Färbe- und Kunstharzappreturbädern empfohlen. Dispergiermittel für Farbstoffe und Enzyme beim Foulardieren; befördert das Schlichten und Entschlichten, ohne die Enzyme zu schädigen.
	Ionenfreies Emulgiermittel; ausgesprochenes Netz- und Waschmittel.
Viskose Flüssigkeit von leicht alkalischer Reaktion ($p_H = 8,5$).	Ionenfreies Waschmittel. Eignet sich besonders für die Vorbehandlung der Wolle.
Sehr beständig gegen hartes Wasser und anorganische Salze. Verträgt sich mit kationaktiven Produkten wie Anthomie und Paramine.	Ionenfreies Netzmittel.
	Findet Verwendung für die saure Wollwäsche und die Entfernung kationaktiver Avivage.
Mell. 1951, *32*, S. 800.	Waschmittel von hoher Wirksamkeit für Wollwäsche.
	Weichmachungsmittel.
	Netzmittel.

Name	Erzeugerfirma	Zusammensetzung
Cerfak Nr. 453	Houghton	Gemisch von anionaktiven und ionen-freien Verbindungen.
Cerfak Nr. 435	Houghton	
Cerfak Nr. 1301; 1300	Houghton	
Rexol 125	Hart Products Corp.	Nichtionogener aliphatischer Äther.
Pluronic	Wyandotte Chem. Corp.	Ionenfreies oberflächenaktives Produkt.
Palamite NB	Paulden	
Polyon	Jersey	Polyäthylenoxydäther.
Richonic	Richmond	
Miranol HM konz.	Miranol	Alkalialkylolate von Alkylimidazolen.
Miranol CM konz.	Miranol	
Miranol SM konz.	Miranol	
Bradsyn SB Softener	Bradford	Fettsäureamidkondensationsprodukt von amphoterem Charakter, d. h. kation-aktiv bei tiefen p_H-Werten und anion-aktiv bei p_H-Werten über 7.
Atconil PW 35	Atlantic Chem. Co.	Gemisch von ionenfreien und anionakti-ven Waschmitteln.
Monamine AA 100	Mona Laboratories	Ionenfreies Produkt.
Monamine AD 100	Mona Laboratories	
Monamine ADC 100	Mona Laboratories	
Wooncopen GW	Woonsocket	Ionenfreies Fettamidkondensations-produkt.

Literatur	Verwendungsgebiete
Gute Beständigkeit in Bleichbädern.	Netzmittel. Empfohlen für Artikel, welche sanforisiert werden sollen. Wasch- und Netzmittel. Zusatz beim Reinigen und Färben von Wolle in Garn- und Stückform.
Schwach olivegefärbte, ölige Flüssigkeit; leicht löslich in kaltem und heissem Wasser.	Als Egalisiermittel beim Färben und zum Abziehen von Küpenfarbstoffen empfohlen. Das Produkt wirkt im Küpenfärbebad zurückhaltend, ohne die Ausgiebigkeit der Farbstoffe zu beeinträchtigen.
	Netz- und Dispergiermittel.
Kommt in Form eines braunen, in Wasser leicht dispergierbaren Öles in den Handel.	Waschmittel. Besitzt dispergierende Eigenschaften für Azetatseidenfarbstoffe.
Als oberflächenaktives Mittel verwendbar und gegen Metallsalze sehr beständig.	Für alle Fasern ein sehr gutes Waschmittel.
Nichtionogenes Produkt, das durch Kochtemperaturen, alkalische und sauer Flüssigkeiten nicht zerstört wird.	Waschmittel; in der Wollwäsche sowie zum Abkochen von Viskose- und Azetatkunstseide verwendet.
Leicht dispergierbar in schwachen Säuren, Alkalien oder Salzlösungen. Verhindert die Fleckenbildung auf Weissware bei hohen Temperaturen. Entwickelt keinen Geruch beim Lagern.	Amphotere synthetische Waschmittel, Netz- und Egalisiermittel. Gibt Fülle und Weichheit, verbessert den Fall und die Trageigenschaften, ohne die Farbechtheit zu beeinträchtigen. Kann zusammen mit Stärke und Gummi verwendet werden.
	Waschmittel, besonders zum Fertigmachen der Druckware angewendet.
	Emulgiermittel. Wird für Emulgierung von wasserabstossenden Mitteln auf Silikonbasis empfohlen.
	Waschmittel.

Name	Erzeugerfirma	Zusammensetzung
		Verschiedene Weichmachungs-
Soromin T Triton X 301 Warco A 84	I. G. Farbenindustrie Röhm & Haas Warwick	Substituiertes hochmolekulares Amid.
Warcolene 171 Appretole 120 Appretole 172	Warwick Warwick Warwick	
Atco Resin Softener UF	Atlantic Chem. Co.	Anionaktives Produkt.
Avitone A	Du Pont	Alkylsulfonat $R\text{—}SO_3Na.$
Avitex R	Du Pont	Enthält ein quaternäres Ammoniumsalz mit langer Kohlenwasserstoffkette.
Cirrasol SB	I.C.I.	Wässerige Emulsion von Cetylalkohol $C_{16}H_{33}\text{—}OH.$
Cirrasol XL	I.C.I.	Emulsion von Stearamid und Natriumoleylsulfat.
Aerotex Softener H	Amer. Cyanamid Corp.	Mischung aus kation- und anionaktiven Derivaten.
Houghto-Size CW	Houghton	

Literatur	Verwendungsgebiete
und Avivagemittel.	
	Gutes Netz-, Emulgier- und Waschmittel.
Dünne Paste; leicht in Wasser löslich. Nicht oxydationsempfindlich und wenig geruchbildend.	Universalweichmachungsmittel, für Baumwolle und Kunstseide geeignet.
Gelbliche Paste; löst sich leicht und klar in warmem Wasser. Empfindlich gegen Oxydation. Wird als Weichmachungsmittel mit Harnstoff-Formaldehydkondensaten verwendet.	Appreturmittel für alle Zellulosefasern, das nach dem Foulard- und nach dem Ausziehverfahren angewandt werden kann. In geringer Konzentration wirksam und erzeugt einen weichen und vollen Griff der Ware.
	Weichmachungsmittel.
Hellbraun gefärbte Paste. Beständig gegen hartes Wasser; verträgt sich nicht mit Seifen und anderen anionaktiven Produkten.	Weichmachungsmittel, vor allem für Kunstfasern. Auf Azetatseide angewandt wirkt es der Bildung statischer Elektrizität entgegen.
Säure-, alkali- und hartwasserbeständig.	Weichmachungsmittel. Wirkt der Entstehung statischer Elektrizität entgegen.
Neutrale, gelbliche Paste. In Wasser leicht löslich, gegen verdünnte Säuren bei mittleren Temperaturen, gegenüber Alkalien und gegen hartes Wasser beständig. Verhindert das Hartwerden von Baumwollgarnen.	Weichmachungsmittel für alle Fasern.
	Synthetisches Weichmachungsmittel; kann irgendwelchen synthetischen Harzen zugesetzt werden.
Gibt mit Stärke und Wasser eine gebrauchsfertige Schlichte. Textile World 1947, *97*, S. 222.	Bindungs- und Weichmachungsmittel.

Name	Erzeugerfirma	Zusammensetzung
Bradsyn B Softener	Bradford	Auf Basis eines Diamin-Kondensationsprodukts.
Bradsyn KN	Bradford	Auf Basis eines Kondensationsprodukts aus aliphatischen Aminen.
Bradsyn OC Softener	Bradford	Kationaktives Diaminkondensat.
Quaker TT 4331	Quaker	
Quaker TT 4296	Quaker	
Quaker TT 4283	Quaker	
Emkalon SA	Emkay	
Emkalon WAX	Emkay	
Palaminer Conditioner	Paulden	
Burk-Schier KGF	Burkart-Schier	
Chemsol 916	Synthron	
Chemsol 920	Synthron	
Chemsol 925	Synthron	
Ampitol A	Dexter	
Ampitol KZA	Dexter	
Unfaid	Jersey	

Literatur	Verwendungsgebiete
Besitzt gute Substantivität gegenüber Zellulose- und Zelluloseazetatfasern; bildet auf ihnen eine monomolekulare Schicht. Sehr beständig in kochenden alkalischen Lösungen.	Substantives Weichmachungsmittel. Erteilt Textilien einen weichen, samtenen Griff. Synthetisches Waschmittel; besonders als Beuchzusatz empfohlen. Gibt Baumwolle, Azetat- u. anderen Kunstseiden einen samtweichen Griff, ohne den Weissgrad und die Lichtechtheit der Farben allzusehr zu beeinträchtigen.
Beständig gegen hartes Wasser und andere erschwerende Bedingungen. Über ein weites p_H-Gebiet wirksam. Verträgt sich mit Aluminiumsalzen.	Ionenfreier, füllender Weichmacher. Für Baumwolle und Kunstseide empfohlen; auch für Weissware, weil es keine Tendenz zum Vergilben zeigt.
Die Netzwirkung ist in kalten und heissen Bädern gleich gut.	Anionaktives Netz- und Dispergiermittel. Als Egalisiermittel für das Küpenfärbebad, als Karbonisiermittel und Beuchzusatz in der Druckkochung und beim Bleichen mit Superoxyd empfohlen.
	Weichmacher, der ionenaktive und ionenfreie Eigenschaften in sich vereinigt.
	Synthetischer Weichmacher. Emulgiertes Wachspräparat von substantiven Eigenschaften.
	Eine Kombination von Weichmacher und Waschmittel.
	Weichmachungsmittel.
Chemsol 935-N ist ein hochkonzentriertes, komplexes, organisches Phosphat.	Netz- und Weichmachungsmittel. Netz- und Weichmachungsmittel. Netz- und Weichmachungsmittel.
Beeinflusst die Lichtechtheit von Direktfarbstoffen nicht.	Amphoteres Weichmachungsmittel, das sowohl im sauren als auch im alkalischen Medium verwendet werden kann. Substantives Weichmachungsmittel, das im alkalischen u. sauren Medium wirkt.
	Substantives Weichmachungsmittel, das im Azetatseidenfärbebad angewendet werden kann und die Gasechtheit der Färbungen verbessert.

Name	Erzeugerfirma	Zusammensetzung
Nilaton Finish R	Commonwealth	
Paramel G	Arkansas	
Silver Bland	Carolina	
Catylon 1689	Hart Products Corp.	
Conco Softener 99	Continental	
Cellolube ELF	Tanatex	
Cellolube MSC	Tanatex	Anionaktive Substanz; besitzt eine hohe Substantivität für Zellulose.
Fibramoll C Soromin C	Cassella I. G. Farbenindustrie	
Fibramoll F	Cassella	
Avivan B J Avivan B T Avivan B W	Pfersee Pfersee Pfersee	
Softex 460	Houghton	Anionaktives, substantives Appretur-Mittel.
Novappret TM	Maag	
Amoline SO	Amalgamated	Gemisch von Estern und ionenfreien synthetischen Kondensationsprodukten.
Ampitol KZ3H	Dexter	Besitzt Substantivität für Baumwollfasern ohne Einfluss auf die Lichtechtheit von substantiven Färbungen.
Apex Velvapex H 214	Apex Chemical Co.	Kationaktive Verbindung.

Literatur	Verwendungsgebiete
	Appreturmittel für Nylonstrümpfe.
	Anionaktives Weichmachungsmittel mit substantiven Eigenschaften.
	Weichmachungsmittel.
Dicke, gelbliche Paste, die sich in heissem Wasser leicht löst und stabile opalisierende Lösungen bildet.	Weichmachungsmittel, das kationaktive und nichtionogene Bestandteile enthält.
	Weichmacher von Amin-Typus. Erzeugt auf allen Fasern einen weichen, vollen Griff.
Gibt schwach alkalische Lösungen.	Anionaktives substantives Appreturmittel zum Weich- und Gleitendmachen von Baumwoll- und Kunstseidengarnen.
Leicht in Wasser dispergierbar und gibt schwach alkalische Lösungen.	Anionaktives Weichmachungsmittel, das in Verbindung mit thermoplastischen Kunstharzen und als Farbstofffixierungsmittel verwendet werden kann.
Besitzt gute Affinität zur Faser und zieht fast quantitativ auf.	Weichmachungsmittel von grosser Ausgiebigkeit im Nachbehandlungsbad für Reyon, Zellwolle und Baumwolle.
	Weichmachungsmittel.
	Hochaffine Weichmachungsmittel.
	Stark substantiver Weichmacher von anionaktiven Eigenschaften.
	Substantiv aufziehendes Appreturmittel für zellwollhaltige Gewebe.
	Softening.
	Anionaktives Softening.
	Softening; erteilt der Ware einen schönen, vollen Griff.

Name	Erzeugerfirma	Zusammensetzung
Gezetan A 6	Zimmerli	
Gezetan A 7	Zimmerli	
Bel-Ro-Sot 50 XP	Frank Ross Co.	
Bel-Ro-Tex 51 G	Frank Ross Co.	Ionenfreies Produkt.
Dextrol 1219	Dexter	
Dextrol GM 94	Dexter	
Dextrol Rayon Crepe Oil 114	Dexter	
Dextrol Silk Oil 42	Dexter	
Dextrol Silk Oil 14 DUP	Dexter	
Dextrol Warp Softener 919	Dexter	
HI-Temps	Richmond	Kationaktives Produkt.
Irgamine RU 100	Geigy	Substantives Produkt.
Marcamine MAC	Maher	Aminkondensationsprodukt.
Marcaton O-20	Maher	Azetyliertes, kationaktives Fettsäure-kondensationsprodukt.
Marco Emulsifier MAC	Maher	Fettsäureamid.
Monamine DT 100	Mona Laboratories	Kationaktive Verbindung.
Quaker Velvetol AL	Quaker	
Quaker Velvetol MS, SS	Quaker	
Quaker Velvetol T	Quaker	
Quaker Velvetol RW	Quaker	
Woonco 400 A	Woonsocket	Kationaktives Produkt.
Rotta Avivage W, M, K	Th. Rotta	Hochdisperse Emulsion.

Literatur	Verwendungsgebiete
SVF-Fachorgan 1949, *4*, S. 120.	Pastenörmiger Weichmacher für alle Kunstseidenarten und Zellwollen. Pulverförmiger Weichmacher für Garne, Web-, Wirk- und Strickwaren aus Kunstseide und Zellwolle.
Amer. Dyest. Rep. 1951, *40*, S. 803.	Appreturmittel; gibt einen vollen Griff; Beschwerungsmittel.
	Weichmachungsmittel.
	Weichmachungsmittel.
	Weichmachungsmittel für Seide.
	Weichmachungsmittel.
	Weichmachungsmittel.
	Emulgier- und Dispergiermittel.
	Weichmachungsmittel.
	Wasch-, Netz- und Weichmachungsmittel
	Weichmachungsmittel.
	Weichmachungsmittel.
	Weichmachungsmittel.
	Fettfreie Avivagemittel; ergeben weichen Griff mit oder ohne Knirscheffekt.

Name	Erzeugerfirma	Zusammensetzung
Mollan GS Mollan, A, P u. L	Th. Rotta Th. Rotta	
Sulfetal	Zschimmer & Schwarz	Fettalkoholsulfat.

Paraffin-

Name	Erzeugerfirma	Zusammensetzung
Persistol N 1939	I. G. Farbenindustrie	Wachsemulsion (I. G. Wachs + Paraffin + Ceresin u. ZrO) mittels eines ionenfreien Emulgators (Emulphor O).
Persistol N 1941	I. G. Farbenindustrie	I. G.-BJ Wachsemulsion. (I. G.-Wachs-L + Ceresin + Zirkoniumoxydgel + Harnstoff).
Ceranin P Ceranin W	Sandoz Sandoz	Paraffinemulsion.
Crissol N Apprêt Soie Edunine K Textal S Ceranin S konz. Primatex NSS	Kuhlmann-Francolor S.P.C.M.C. Francolor Pfersee, Protex Sandoz Francolor	Softening auf Basis von Stearin mit einem sulfuriertem Öl.
Textal K	Protex	Emulsion von Kokosfett.
Tallosan LWK	Stockhausen	Talgemulsion mit Sulforizinat und Alkylnaphtalinsulfonat (Nekal AEM).
Textal W	Protex	Japanwachsemulsion.
Tallosan ST Brillant Avirol K 10	Stockhausen Böhme-Fettchemie	Fettalkoholsulfat + Sojaöl. Fettalkoholsulfat + Olivenöl.
Textal PL u. WR	Pfersee	Paraffin- resp. Paraffin-Wachs-Emulsion.
Ceranin S Edunine C Edunex C Hystalène Cirrasol SA	Sandoz C.F.M.C. S.P.C.M.C. Piesvaux I.C.I.	Softening auf Basis von Stearin + Paraffinöl + Oleocetylsulfat.
Edunine I	C.F.M.C.	

[1]) Die Paraffinemulsionen + Aluminiumsalze, die besonders für das Wasserdichtmachen

Literatur	Verwendungsgebiete
	Appreturmittel für Reyon und gemischte Textilien.
	Reinigungsmittel.

emulsionen[1]).

Literatur	Verwendungsgebiete
D.R.P. 630.525, 609.752; franz. P. 766.528; brit. P. 417.340; amer. P. 1.951.718.	Zum Wasserdicht- und Wasserbeständigmachen.
	Weichmachungsmittel.

der Gewebe bestimmt sind, werden in Bd. *3*, **Kap. XV** dieses Werkes behandelt.

Name	Erzeugerfirma	Zusammensetzung
Noranc W Impregnole	Warwick Warwick	Wachsemulsion + Metallsalz.
Dipsanil V Waxol PA	I.C.I. I.C.I.	Paraffinemulsion + Aluminiumazetat. Paraffinemulsion + Aluminiumazetat.
Atco-Mulsion	Atlantic Chem. Co.	Paraffinemulsion.
Palaperm Water- proofer	Paulden	Braunes Paraffinprodukt.
Palawax Veridry	Paulden	Paraffinemulsion.
Syntholite	Synthron	Konzentrierte, stabile, anionaktive Paraffinemulsion.
Witrol	Imhausen	Paraffinemulsion.
Amoa Solo-Prufe	Amoa Chemical Co.	Wachsemulsion.
Resistol K u. W	Scholten's Chem. Fabr.	Leicht sauer eingestellte Paraffinemulsionen mit Zusatz von Aluminiumsalzen.
Ramasit I u. WD Edunine R Edunex R Cerol S Migasol P	I. G. Farbenindustrie C.F.M.C.-Francolor S.P.C.M.C. Sandoz Ciba	Paraffinemulsion.
Ramasit III	B.A.S.F.	Leimfreie Wachsemulsion.
Edunine AF Avitex M Ceranin F	C.F.M.C.-Francolor Du Pont Sandoz	Paraffinemulsion mit Oleocetylsulfat.
Edunine J Edunol A extra Estamit 302	C.F.M.C.-Francolor St. Denis Böhme-Fettchemie	Wachsemulsion (Cire de Lanette) + Fettalkoholsulfat.
Avi-Meral 302	P.C.M.R.	Cetylalkoholemulsion + Cetylsulfat.
Orapret 49	Beycopal-Paix	Fettalkoholemulsion mit einem Fettalkoholsulfat.

Literatur	Verwendungsgebiete
Gegen Säuren, Alkalien und Salze beständig.	Kann Druckfarben und Appreturen zugesetzt werden. Für wasserabstossende Ausrüstung.
Weisses Gel.	Für die wasserabstossende Ausrüstung.
Weisse, dickliche Flüssigkeit; in Wasser leicht dispergierbar. In heissem Wasser gut löslich.	Zum Weich- und Gleitendmachen von Textilien und zum einbadigen Wasserabstossendimprägnieren zusammen mit Aluminium- und Zirkonsalzen verwendet. Gibt weichen, vollen Griff, erhöhten Glanz auf Baumwolle und Kunstseide. Für wasserabstossende Imprägnierung empfohlen. Wird zum einbadigen Wasserdichtmachen von Textilien aller Art verwendet. Für wasserabweisende Ausrüstung von Textilien. Die Marke W ist speziell für Wolle und Viskosekunstseide geeignet.
	Appreturmittel zum Wasserdichtmachen von Geweben.
	Appreturmittel.
	Weichmachungsmittel.
	Weichmachungsmittel.

Name	Erzeugerfirma	Zusammensetzung
Tallosan S Edunine T Edunex T Tapon OS	I. G. Farbenindustrie C.F.M.C.-Francolor S.P.C.M.C. Lambert & Rivière	Emulsion von Talg mit Oleocetylsulfat.
Persistol Grund A u. D Adsorbin JU	I. G. Farbenindustrie I. G. Farbenindustrie	Paraffinemulsion + Ceresin + I.G.-Wachs BJ + Ölsäure und Seife oder Triäthanolaminoleat.
Talfurol P 50	A. Th. Böhme	Emulsion von Talg + Paraffin.
Tallofin AR u. BW	Chem. Fabr. Stockhausen	Wachsemulsion mittels sulfuriertem Talg.
Tallofin CH	Chem. Fabr. Stockhausen	Stearinemulsion mit sulfuriertem Talg.
Tallofin C, JW	Chem. Fabr. Stockhausen	Sulfurierter Talg + Wachs + Fettkörper.
Tallofin N extra	Chem. Fabr. Stockhausen	Paraffinemulsion mit sulfuriertem Talg.
Weissappret IV	Böhme-Fettchemie	Paraffinemulsion.
Appreturmittel PE	Böhme-Fettchemie	Paraffinemulsion + Seife.
Cerafil J 30, P 40, P 60	Böhme-Fettchemie	Paraffin + Wachs + Emulgiermittel ohne Schutzkolloid.
U. V. Avivage	Böhme-Fettchemie	Paraffinemulsion + Wachs.
Anthydrin PA u. PL	Zschimmer & Schwarz	Paraffinemulsion.
Impregnator CFD	Zschimmer & Schwarz	Paraffinemulsion + Wachs.
Alka Paralin Z	Th. Rotta	Paraffinemulsion.
Rayonit	Simon u. Dürkheim	Paraffinemulsion in Puropolöl.
Ceroid P	Doittau	Paraffinemulsion + sulfuriertes Öl.
Imper 44	Mazure & Fils	33%ige Paraffinemulsion.
Migafar P	Ciba	20%ige Paraffinemulsion in Gelatine.
Permex A	Adjubel	Emulgiertes Paraffin.
Textal BT	Pfersee, Protex	Paraffinemulsion mit Seife.
Prolopol	Sav. Menuel et Alfort	Paraffinemulsion.
Rayonix Finish	Onyx	
Proofir	Glyco Prod. Co.	Stabilisierte Paraffinemulsion.
Alco Finish MP	Monsanto Chem. Co.	Paraffinemulsion.
Hartuwet	Hart Products Corp.	Wachsemulsion + Metallseife.
Cirrasol LC	I.C.I.	Natriumoleocetylsulfat + Oleocetylalkohol.
Edunine ASG	C.F.M.C.-Francolor	Fettalkoholemulsion mit Fettalkoholsulfat.

Literatur	Verwendungsgebiete
	Weichmachungsmittel.
	Appreturmittel zum Wasserdichtmachen von Geweben.
	Weichmachungsmittel.
Weisse Paste. Marke BW auf Basis von Bienenwachs. Marke JW – Japanwachs. Marke C – Karnaubawachs. Marke AR – Stearin.	Weichmachungsmittel. Avivagemittel. Appreturmittel. Weichmachungsmittel.
	Weichmachungsmittel.

Name	Erzeugerfirma	Zusammensetzung
Estamit CV	Böhme-Fettchemie	Fettalkoholemulsion mit Fettalkoholsulfat.
Lorinol E	Böhme-Fettchemie	Laurylalkoholemulsion mit einem Fettalkoholsulfat.
Mapromol BSX	Onyx	Cetylalkoholemulsion mit Natriumcetylsulfat.
Mapromol HSX	Onyx	Cetylalkoholemulsion mit Natriumcetylborosulfat.
Solpon F Viscosil FA Viscosil FA konz. Viscosil SP 70 spez. Viscosil G	A. Th. Böhme A. Th. Böhme A. Th. Böhme A. Th. Böhme A. Th. Böhme	Ähnlich dem Brillant-Avirol L 142. Fettalkoholsulfat + Fettalkohol. Fettalkoholsulfat + Fett.
Avirol OS u. SW	Böhme-Fettchemie	
Queron NH	Th. Rotta	Emulsion von Wachs, Stearin und Paraffinöl mittels des Natriumsalzes des Oleocetylalkoholsulfats.
Gravidol FL, FLK, P neutral, WZ	Th. Rotta	Gemisch von Queron W + Kokosseife + Stearin und Natriumborat.
Melanol NH	Th. Rotta	Hochkonzentrierte Emulsion.
Waxol P	I.C.I.	Paraffinemulsion mit hydrolysiertem Leim.
Waxol	I.C.I.	Gemisch von Montanwachs + Paraffin emulgiert mit Leim + Harnstoff + Aluminiumazetat.
Orappret 80 RR, R Orappret 80 Orappret WTNB Edunine NSV	Beycopal-Paix Beycopal-Paix Beycopal-Paix Francolor	Auf Basis von Fettalkoholsalzen + Vaselinöl.
Mystolene P S	Cotomance	Wachsemulsion.
Mystolene KP	Cotomance	Wachsemulsion + Protein.

Literatur	Verwendungsgebiete
	Weichmacher.
	Zum Weichmachen harter Wollwaren und zur Erzeugung schliffiger Griffe auf wollenen Geweben.
	Avivagemittel für Zellulose, Reyon und Mischgespinste.
	Weichmachungsmittel.
	Weichmachungs- und Hydrophobierungs-mittel.
	Weichmachungs- und Füllmittel.
	Wird zur wasserabstossenden Ausrüstung verwendet.